科学经典品读丛书

改变历史的数学名著

God Greated the Integers

上帝创造整数

（上）

【英】史蒂芬·霍金　编评

李文林◎等译

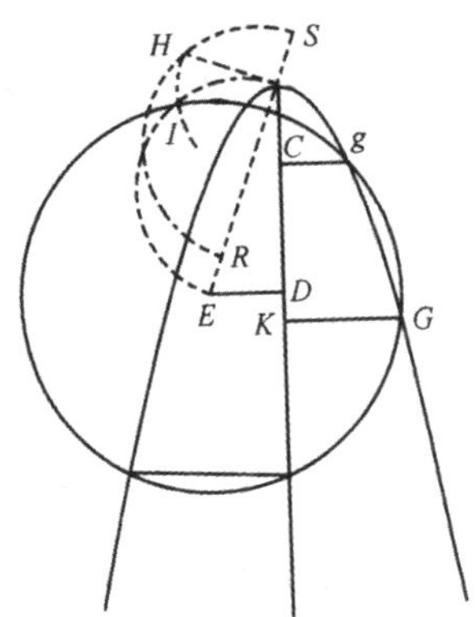

湖南科学技术出版社

本书译者（排名不分先后）

兰纪正 朱恩宽 冯汉桥 周 畅 王晓斐 常心怡 王青建 周冬梅 杨宝山 袁向东 赵振江 王幼军 贾随军 朱尧辰 周畅 李文林 程钊 胥鸣伟 潘丽云 杨显 罗里波

图书在版编目（CIP）数据

上帝创造整数 / （英）史蒂芬·霍金编 ；李文林等译. -- 长沙 ：湖南科学技术出版社，2019.3

（科学经典品读丛书） 书名原文：God Created the Integers

ISBN 978-7-5357-9985-2

Ⅰ. ①上… Ⅱ. ①史… ②李… Ⅲ. ①数学一文集Ⅳ. ①01-53

中国版本图书馆 CIP 数据核字(2018)第 249628 号

God Created the Integers

© 2007 by Stephen Hawking

All rights reserved under the Pan-American and International Copyright Conventions

湖南科学技术出版社通过博达著作权代理有限公司独家获得本书简体中文版中国大陆出版发行权

著作权合同登记号：18-2014-242

SHANGDI CHUANGZAO ZHENGSHU

科学经典品读丛书

上帝创造整数

编　　评：[英]史蒂芬·霍金

译　　者：李文林等

责任编辑：孙桂均　吴　炜　李　蓓　杨　波

文字编辑：陈一心

出版发行：湖南科学技术出版社

社　　址：长沙市湘雅路 276 号

http://www.hnstp.com

湖南科学技术出版社天猫旗舰店网址：

http://hnkjcbs.tmall.com

印　　刷：湖南众鑫印务有限公司

（印装质量问题请直接与本厂联系）

厂　　址：长沙县榔梨镇保家工业园

邮　　编：410129

版　　次：2019 年 3 月第 1 版

印　　次：2019 年 3 月第 1 次印刷

开　　本：710mm×1000mm 1/16

印　　张：72

字　　数：1270000

书　　号：ISBN 978-7-5357-9985-2

定　　价：278.00 元（上、下册）

（版权所有 · 翻印必究）

致 谢

在本书编撰的各个阶段，许多能人作出了不同的贡献，没有他们的帮助，本书不可能完成. 这里要特别感谢朗宁出版社顾问罗辛（Michael Rosin）、姆洛迪诺（Leonard Mlodinow）、史蒂芬·霍金教授的助手赛姆女士（Karen Sime）、安德斯（John Anders）和安萨尔迪（Michael Ansaldi）出色的翻译技巧，感谢普罗布斯特（John Probst）和他在技术书局（Techbooks）的杰出团队.

作者还要感谢朗宁出版社现任和过去的职员格兰迪纳梯（Deborah Grandinetti）、冯格拉恩（Diana von Glahn）、格雷齐洛（Kathleen Greczylo）、路德维克（Julia Ludwig）和史密斯（Nicole Smith）.

译 者 序

摆在我们面前的是一部由著名理论物理家史蒂芬·霍金（Stephen Hawking）主编和评注的数学经典原著选集. 霍金是蜚声世界的剑桥大学卢卡斯数学教授，在学术界有“当代爱因斯坦”之誉，这样一位科学大师亲自编注数学原始文献，可谓是对数学原始著述的意义与价值的权威性宣示.

数学是最古老的科学领域之一. 在几千年数学发展的历史长河中，产生过无数不朽的篇章，它们是数学进化的记录，人类智慧的珍宝. 阅读数学家特别是数学大师们的原始著述，是了解数学的起源与发展的最直接与最可靠的途径. 同时，这些原始著述向我们提供了数学创新思维的范例，学习历史范例，可以“促进数学发现的艺术，揭示数学发现的方法”①，推动现实的数学研究.

然而，数学原始著述的意义远不止此. 本书的副题“改变历史的数学名著”昭示了数学改变人类历史进程的作用. 霍金在引言中对此有进一步解释. 他写道：“长期以来，数学一直影响着我们的世界观.”“我们认识世界的方式的变革总是与数学思想的变革携手并进.”并指出，“数学的未来发展将一如既往，肯定会（直接或间接地）影响我们的生活方式和思维方式”. 当然，作为数学家数学思想主要载体的数学原著，就具有更深层的思想意义和文化价值. 通过这些原始经典，人们可以跟随人类文明进步的步伐，感受人类思想革命的脉搏. 因此可以说，阅读数学家特别是数学大师们的原始著述，是了解整个人类文明史和思想史的重要的、不可或缺的途径.

站在这样的视角，霍金这部数学原始文献选集自有其不同于已有的同类著作的特色. 这部巨型文集追溯了 2500 年间 17 位数学家 31 篇里程碑式的著作. 选择的权重放在引起思想变革的突破性发展上，因而使本书在描绘数学进化图像的同时，展开了一幅人类思想变革的历史画卷.

---

① G. Leibniz, *Historia et origo Calculi differentialis*（《微积分的历史与起源》，1714），英译本见 J. M. Child, The Early Mathematical Manuscripts of Leibniz, Open Court, 1920

霍金为每一位入选的数学家撰写了传记，这些传记不仅介绍了数学家的生平，更重要的是包含有对相关著作的影响和意义的独到精辟的分析．在多数文献正文中，霍金加插了大量评注，这些评注或诠释疑难，或阐幽发微，对读者阅读理解艰深的原文大有启迪．生动的传记和言简意赅的评注与原始正文浑然一体，使一向让人感到冷冰冰故纸堆般的原始文献，变成焕然一新、鲜活可读的思想宝典．

读者也许不难发现，本书在数学发展的时段上有两个明显的缺项，即中世纪和18世纪．中世纪的欧洲数学在宗教思想的束缚下处于停滞时期，但在东方，中国、印度与阿拉伯的数学却有重大的进展，特别是阿拉伯代数著作在文艺复兴前夕的西传，对欧洲近代数学的兴起有不容忽视的影响；18世纪则被称为“分析时代”，这个时代的数学家们发展、拓广了牛顿、莱伯尼茨的微积分，建造了春色满园的分析王国，他们中最杰出的代表是欧拉，欧拉因此而被加冕“分析的化身”．不过从另一方面看，生活在18世纪的数学英雄们也许有他们的不幸，那就是：“只能发明一次”的微积分刚刚被发明了！我们无意去妄测本书忽略上述两个时代的原因，过于求全往往以减失特色为代价．当然，就整个数学史而言，欧拉无论如何是不能忽略的人物．对上述两个时期的数学经典感兴趣的读者，可以参考其他的数学原著选集（例如文献［1］，［2］，［3］，［4］，［5］）①．

概而言之，本书是登高望远、独具特色、荟萃巨著的巨著．由于霍金的声誉与非同一般的眼光，本书一经出版便受到了广泛的瞩目，影响远远超出了数学界的范围．

霍金精心选评的数学经典，是科学创新思维最生动的教材，致力于创造性研究的数学工作者和相关领域的科学工作者，都可从中学习历史范例，汲取创新灵感．

本书是科学史和思想史工作者的袖珍资料库，为他（她）们的进一步深入研究提供线索，引导方向．

对于广大的科学爱好者来说，本书是值得珍藏的数学青花瓷，一篇篇原汁原味的数学原著，会带给你鉴赏艺术珍品一般的享受．

为了方便中文读者阅读，中译者为本书做了必要的脚注，原来英译本的脚注以尾注的形式放在文后．

《上帝创造整数——改变历史的数学名著》，大师选大师，名家释名家．一

---

① 霍金本人在本书第二版（2007）中已增选了欧拉、罗巴切夫斯基和伽罗瓦等3位数学家的著述．

卷在握，众星在手. 读读大师，走近数学，走向科学！

中国科学院数学与系统科学研究院　李文林

2012 年 12 月于中关村

参考文献

[1] D. E. Smith (ed.). A Source Book in Mathematics, McGraw-Hill, New York, 1929

[2] D. J. Struik (ed.). A Source Book in Mathematics, 1200—1800, Harvard University Press, Cambridge, Massachusetts, 1969

[3] R. Carlinger (ed.). Classics of Mathematics. Moore Publishing Company Inc. 1982

[4] J. Fauvel &J. Gray (eds.). A History of Mathematics: A Reader, Macmillan Education Ltd. in association with the Open University, London, 1987

[5] 李文林. 数学珍宝——数学历史文献精选. 北京：科学出版社，1998

引　　言

> 我们很幸运生活在一个继续发现的时代. 就像发现美洲新大陆一样——你只能发现一次. 我们是生活在一个发现自然基本定律的时代.
>
> ——美国物理学家　理查·费恩曼　1964 年

本书摘选了数学史上最重要的 31 部典范之作，它们汇成了对那些推进人类认识世界并为现代科学技术开山铺路的数学家们的赞歌.

许多世纪以来，数学家们努力帮助人类达到对自然的伟大洞察，诸如认识到地球是圆的、使苹果落地和使重物运动的是同一种力、空间是有限的和非永恒的、时空相互联系并因物质和能量而弯曲，以及未来只能或然地确定. 我们认识世界方式的变革总是与数学思想的变革携手并进. 没有笛卡儿的解析几何和牛顿自己发明的微积分，牛顿绝不可能建立其力学定律；没有傅里叶的方法和由高斯、柯西引领的微积分和复变函数论研究，很难想象电动力学和量子理论的发展——正是勒贝格的测度理论使冯·诺伊曼得以奠定量子力学的严格基础；同样，不借助黎曼的几何思想，爱因斯坦也不可能完成他的广义相对论；而事实上，如果没有拉普拉斯的概率统计概念，整个近代科学就不可能如此影响巨大（如果确有影响的话）.

迄今还没有哪一种智力探索比数学研究对物理科学更为重要. 然而数学不仅仅是科学的工具和语言，它还有自身的目的. 长期以来，数学一直影响着我们的世界观. 魏尔斯特拉斯提出了崭新的函数连续性概念；康托尔的工作革新了人们对无限的认识；布尔的《思维规律》揭示了逻辑作为一种程序系统服从与代数相同的规律，从而阐明了思维的本质，最终能够在一定程度上使思维的机械化，即现代数字计算机得以实现；早在有可能在计算机上进行熟练的计算之前很久，图灵就阐明了数值计算的威力和局限；哥德尔证明了一条使许多哲学家和所有其他相信绝对真理的人大感困惑的定理：任何一个足够复杂的逻辑系统（例如算术）一定存在一个既不能证明也不能证伪的命题. 更糟糕的是，他同时还证明了：一个系统在逻辑上是否相容的问题不可能由该系统本身获得证明.

这部引人入胜的文集展示了所有这类突破性的发展，25 个世纪来数学的核心思想，通过原始文献来追踪古往今来数学思想的进化与变革.

本书选载的第一篇文献是公元前 300 年左右欧几里得的著作，不过早在公元前 3500 年以前埃及人和巴比伦人就已经发展了令人印象深刻的数学计算能力. 埃及人运用这种技能建造了伟大的金字塔并实现了其他令人惊异的目标，然而埃及人的计算缺乏某种后来被认为对数学来说至关重要的品质，即严格性. 例如，古代埃及人将一个圆的面积等同于一个边长为其直径的 8/9 的正方形的面积. 这一方法相当于取数学常数 π 的值为 256/81. 一方面，这是了不起的，因为它与精确值的误差还不到百分之零点五. 但另一方面，这一结果是完全错误的. 为什么要在乎百分之零点五的误差呢？因为埃及人的近似值忽视了 π 的真值的一个深刻而基本的性质：它根本不可能写成任何分数的形式. 这是一个原则问题，与任何纯粹的数量精确性问题无关. π 的无理性直到 19 世纪后半叶才被证明，早期希腊人确实发现了不能用分数表示的数，这使他们感到困惑和震惊. 希腊人的高明之处在于：他们认识到数学中原则的重要性，认识到数学本质上是一门从一套概念和法则出发、严格地推导出精确结果的学科.

公元前 300 年左右，亚历山大城欧几里得的《原本》集希腊几何知识之大成. 在随后几个世纪里，希腊人在几何与代数两个领域里都作出了重大的推进. 阿基米德可谓古代世界最伟大的数学家，他深入研究几何图形的性质并创造了求面积和体积以及计算 π 的新的近似值的天才方法. 另一位亚历山大数学家丢番图考察了代数问题中文字和数字混杂的情况，指出抽象可以使数学极大地简化. 因此丢番图应该是在代数中引进符号的第一人. 1000 多年以后，法国人笛卡儿将代数与几何两大领域结合起来而开创了解析几何. 笛卡儿的工作为牛顿发明微积分铺平了道路，微积分与解析几何共同标志着科学研究的崭新方法. 自牛顿时代以来，数学创新的步伐始终激动人心，数学的基础学科代数、几何与微积分（或函数理论）相互渗透、相互滋养，并引发在诸如概率论、数论和热的理论等各种不同领域的深入应用. 随着数学的成熟，它所提出的问题也越来越深刻：本书选录的最后两位思想家哥德尔和图灵也许提出了最深刻的问题——什么是可知？数学的未来发展将一如既往，肯定会（直接或间接地）影响我们的生活方式和思维方式. 古代世界创造了体力的奇迹，例如埃及的金字塔. 而正如本书所阐明的，现代世界的奇迹则是我们自身智力的奇迹.

（李文林　译）

目　　录

欧几里得（约前 325—前 265）

生平和成果

可能除了牛顿（Newton，I.）之外，欧几里得（Euclid）（约公元前 325—前 265）是最有名的数学家. 直到 20 世纪，他的唯一幸存的著作《原本》（*Elements*）一直是第二大畅销图书，仅次于《圣经》（*Bible*）. 欧几里得无疑是他那个时代有名的数学编辑家，正像 19 世纪伟大的辞典编辑家韦伯斯特（Noah Webster），美国最大的辞典是以他的名字命名的.

关于欧几里得人们知道得很少，只知道他在亚历山大（Alexandria）的一个学院里教书，亚历山大是亚历山大大帝（Alexander the Great）建立在埃及尼罗河口岸的一座希腊城市. 由于他的工作是一个编辑家，欧几里得熟悉在他之前的全部希腊数学，特别地，他熟悉第一次数学危机：无理数的危机.

毕达哥拉斯（Pythagoras，卒于大约公元前 475 年）是早期希腊数学研究者中的一个神秘人物. 如果说我们关于欧几里得知道得很少，那么我们关于毕达哥拉斯知道得就更少. 然而，我们确实知道毕达哥拉斯学派的一些事情. 毕达哥拉斯学派认为整个宇宙可以用整数1，2，3等来描述. 正如亚里士多德所说："毕达哥拉斯学派认为事物是数，而且整个宇宙是一个比例和一个数."勾股定理（表述在这一章）说明了这个论断. 小小的整数，像3，4，5，不仅能描述一个直角三角形的边长，而且具有下述性质：建立在两个较小边上的正方形的面积之和等于建立在最长边（斜边，即直角所对的边）上的正方形的面积. 注意，古希腊人陈述勾股定理用的是几何术语而不是数！

后来有一个人提出了一个有趣的问题，如果有一个边长是一个单位长的正方形，以及其面积是这个正方形面积2倍的另一个正方形，那么另一个正方形的边与这个正方形的边的比是多少？这正是2的平方根问题的原始提法.

古埃及人发现了其答案的一个很好的近似，另一个正方形的边与这个正方形的边的比几乎就是7比5. 这当然不会使我们吃惊，由于我们知道7/5也可以表示为1.4，它很接近我们知道的$\sqrt{2}$的小数表示. 但是接近不能使毕达哥拉斯学派满意，毕竟勾股定理不能断定正方形的面积是接近相等的，它断言的是它们相等.

后来一个人（我们不知道他的名字）提出了一个深刻的见解，假定2的平方根可以表示为两个整数的比，并且这两个整数没有除了单位1之外的公因子，称这两个整数为p和q，建立在边长为p的正方形P的面积正好是建立在边长为q的正方形Q的面积的2倍. 现在如果P是Q的2倍，那么P一定是一个偶数！毕达哥拉斯学派已经知道如果一个正方形的面积是偶数，那么这个面积必然是4的倍数，因而这个正方形的边长必然是一个偶数.

再者，任何人都知道，如果有一个正方形，就能找到另一个其面积是这个正方形面积$\frac{1}{4}$的正方形：只要在长为已给正方形边长一半的边上建立一个正方形即可. 此时，做一个正方形T，它的边长t是p的一半，因为p的长是偶数，所以t的长必然是一个整数，由于正方形T的面积是P的面积的1/4，故正方形Q的面积是正方形T的面积的2倍. 于是，正方形Q的面积是偶数，正像正方形P一样，正方形Q的面积也是4的倍数. 因而，边q的长度应当是一个偶数. 此时，这个数学推理像打网球一样——球在两个运动员之间来来回回运动.

终于这个推理达到它的高峰，开始假定这两条边没有1之外的公因子，终于产生一个矛盾：它们有公因子2！毕达哥拉斯学派找不出这个推理的任何毛病. 事实上，没有人能找到一个方法把2的平方根表示为两个整数之比，毕达哥拉斯学派面临这样一个现实，已经证明2的平方根不能表示为两个整数之比.

于是无理数就诞生了，它作为数学对象至少有 2000 年不能用整数来表示，这是克罗内克（Kronecker）所说的最早的人为的工作.

毕达哥拉斯学派谨慎地保守这个重大发现，由于它制造了一个危机，这个危机影响到他们的宇宙观的根源. 当毕达哥拉斯学派知道他们的一个成员把这个秘密泄露给他们圈子之外的某个人时，他们很快作出决定把泄密者开除并且把他扔进深海之中，这个人是第一个为了数学而死的殉道者！

无理数的危机也教育了古希腊人，他们不能企望用算术来构成其余数学的基础，也不能用它来解释宇宙的构造，他们必须寻找另外的办法，他们转向了几何.

欧几里得的《原本》是最应当提及的几何著作，特别地，应当提及他对平行线的处理，平行线的定义是：

平行直线是这样一些直线，他们在同一平面内，并且在两个方向上无限延长时，在每个方向上都不相交.

而在第五公设中，平行公设是：

如果一条直线与两条直线相交，并且在同一侧的内角和小于两个直角，那么，如果无限延长这两条直线，则这两条直线必然在这一侧相交，并且其交角小于两个直角.

这与通常的表述很不相同，通常的表述是：

给出一条直线及不在这条线上的一个点，至多可以画一条直线通过已知点并且平行于这条直线.

这是一个等价但不同的形式，是由苏格兰数学家普莱费尔（Playfair，J.）于 1795 年给出的.

在牛顿时代的高潮期间，哲学家，譬如康德（Kant，I.）从来也没有怀疑过欧几里得平行公设的真实性. 人们只是质疑其真实性的性质. 平行公设在宇宙中是必然地真还是偶然地真？当然，自从爱因斯坦的革命以后，我们知道平行公设在宇宙中完全不是真的. 我们居住的爱因斯坦的时空宇宙是弯曲的，欧几里得几何以及牛顿的物理只是它的近似.

于是，我们要问希腊人到底如何想象平行公设的性质？我相信在考查了古希腊人关于世界的概念之后，我们就会作出这样的解释，他们也是把平行公设看作一个有用的东西，而不是看作物理世界的真实描述. 古希腊人相信我们居住在科学史家考瑞（Koyre，A.）所说的一个“封闭的世界（closed world）”里，这是一个球形的宇宙，在它之中实际上没有延伸到无穷的直线. 在月球轨道之下，沿直线运动的物体或者朝向地心或者远离它而去. 在月球轨道的上方，物体的轨道是以地球中心为中心的圆，在这个宇宙中，实际上完全没有任何直线.

但是，希腊人有一个问题，他们需要找到他们的数学的基础，毕达哥拉斯学派已经把算术作为基础并且出现了一次危机，为了找到另外一个基础，继承泰勒斯（Thales，卒于大约公元前547年）的另一个学派认为数学的基础是几何，这个学派发现没有平行公设他们能得到的很少！例如，他们不能证明勾股定理，事实上，他们不能证明许多几何命题，这对2500年后的我们现代人来说不会感到惊奇，因为我们受惠于2500年之后的认识并且知道了勾股定理在非欧几何中不成立. 我相信古希腊人知道平行公设只是一个有用的近似，不，让我来说，一个非常有用的近似.

如果说平方根无理性的证明给予我们第一次数学危机，那么它也给予我们**归谬法**（reductio ad absurdum）推理的第一个例子. 这种推理形式的第二个例子可以在欧几里得证明素数无限多的证明中看到，另外的证明当然源自另一个人.

一个素数是一个正整数，例如3或23，它的正整数因子只有1和它本身. 证明素数有无限多个是意想不到的简单. 假定存在一个最大的素数 P，把所有的素数 P，包括 P 乘起来，再加上1，其结果既不能被 P 整除，也不能被任何一个小于 P 的素数整除，由于 P 和所有小于它的素数显然能整除加1之前的乘积，于是，存在最大素数的假定导致矛盾. 这就是归谬法！

希腊人注意到许多素数是成对出现的，例如11和13，17和19，29和31，这些素数称为孪生素数. 希腊人猜测不只有无限多个素数，而且也应当有无限多个孪生素数. 但是他们不能证明这个，直到现在也没有一个数学家能证明这个.

同样地，没有一个数学家能否证存在**奇完全数**. **完全数**，听起来确实奇怪！什么是完全数？一个完全数是这样一个数，它的大于等于1的但小于它本身的整数因子之和等于它. 这样的因子称为它的**真**因数. 古希腊人发现的全部偶完全数如下：

注意：2的幂，从1，即 2^0，到 2^{n-1} 的和等于 2^n-1，对于 $n=3$，$1+2+4=7=8-1$. 现在，我们做一个简单的算术：

$$7=1+2+4=2^0+2^1+2^2$$

$$7=8-1=2^3-2^0$$

$$14=16-2=2^4-2^1$$

逐列相加，得到28.

$28=1+2+4+7+14=2^2+2^3+2^4=2^2(2^0+2^1+2^2)=2^2(2^3-1)$，28是它的所有真因子的和. 注意这些因子，前面都是2的幂，一直到某一个指数，而后是下一个2

的幂减去 *1*，这个因子称为转向点因子，再后是转向点因子乘 2 的所有幂，直到某一个指数. 再注意，如果 7 不是素数，那么 28 就不等于它的所有真因子的和. 如果转向点因子有一个素数因子，那么，所有真因子的和就会超出，利用上述观察，希腊人证明了：

如果（2^n-1）是一个素数，那么 $2^{n-1}(2^n-1)$ 是一个完全数，并且偶完全数必然有这种形式.

2000 多年后，仍然没有人发现奇完全数、没有一个数学家相信奇完全数的存在，但是没有人能够证明奇完全数不存在！

毕达哥拉斯学派试图并且失败于以算术为全部数学的基础. 把数学的基础建立在几何上意味着算术的基础是几何.

快！$\frac{7}{5}$与$\frac{10}{7}$哪一个比较大？这个对你来说可能是太容易了. 不要计算，试比较$\frac{19}{12}$与$\frac{30}{19}$哪一个比较大？试着只用乘法而不用除法来做一下. 在欧几里得的《原本》第 V 卷中的欧多克索斯比例论提供了只用乘法就得到答案的方法.

遵照欧多克索斯（Eudoxus 卒于约公元前 355 年），欧几里得提出如下问题：考虑 4 个长度——a，b，c 和 d，如何决定 a 比 b 是大于，小于，或等于 c 比 d? 欧多克索斯开始于断言："称两个量彼此有一个比，当倍数其中任一个可以超过另一个时." 他认识到，如果 a 比 b 大于 c 比 d? 那么，a 比 b 的倍数大于 c 比 d 的相同的倍数. 知道了这个事实，欧多克索斯就知道整个事情就是要找到一个有用的倍数来解决这个问题，他选定的倍数是 b 和 d 的乘积，a 比 b 乘以 b 和 d 的乘积给出了 a，b 和 d 的乘积比 b，即边为 a 和 d 的矩形的面积. 类似地，c 比 d 乘以 b 和 d 的乘积给出了 c，b 和 d 的乘积比 d，即边为 c 和 b 的矩形的面积.

于是，边 a 和 d 的矩形的面积大于边为 c 和 b 的矩形的面积当且仅当 a 比 b 大于 c 比 d. 因而，毕达哥拉斯学派试图把几何算术化失败了，而欧多克索斯试图把算术几何化却成功了！顺便指出，因为 19×19 大于 30×12，所以$\frac{19}{12}$大于$\frac{30}{19}$!

欧几里得是最伟大的数学百科全书式的数学家. 现在，不同领域的数学家难以懂得不同领域前沿的工作，没有一个数学家能够编辑所有已知数学的概要. 但是，在数学界保留了这样一个理想，在 20 世纪后半叶，法国数学界的布尔巴基（Bourbaki，N.）走出了模仿欧几里得的一步. 布尔巴基不是一个人，他是法国 20 多个各领域数学家集体的笔名！直到现在欧几里得的书仍然是数学教科书的典范.

《原本》节选[①]

第Ⅰ卷　几何基础——定义、公设、公理及命题47（勾股定理推导）

定　义

1. **点**是没有部分的.

2. **线**只有长度而没有宽度.

3. **线**[②]的两端是点.

4. **直线**是它上面的点一样地平放着的线.

5. **面**只有长度和宽度.

6. 面的边缘是线.

7. **平面**是它上面的线一样地平放着的面.

8. **平面角**是在一平面内但不在一条直线上的两条相交线相互的倾斜度.

9. 当包含角的两条线都是直线时，这个角叫做**直线角**.

10. 当一条直线和另一条直线交成的邻角彼此相等时，这些角的每一个叫做**直角**，而且称这一条直线**垂直**于另一条直线.

11. 大于直角的角叫做**钝角**.

12. 小于直角的角叫做**锐角**.

13. **边界**是物体的边缘.

14. **图形**是由一个边界或几个边界所围成的.

15. **圆**是由一条线围成的平面图形，其内有一点与这条线上的点连接的所有线段都相等.

16. 而且把这个点叫做**圆心**.

---

① 译文选自T. L. Heath：*The Thirteen Books of Euclid's Elements*（Dover Publications，Inc. New Yock，1956），其中的小体辅文是Heath的评注，脚注①、②…是汉译者的注释（下同）.

② 不一定是直线.

17. 圆的**直径**是任意一条经过圆心的直线在两个方向被圆周截得的线段，且把圆二等分.

18. **半圆**是直径和由它截得的圆周所围成的图形．而且半圆的心和圆心相同.

19. **直线形**是由直线围成的，**三边形**是由三条直线围成的，**四边形**是由四条直线围成的，**多边形**是由四条以上直线围成的.

20. 在三边形中，三条边相等的，叫做**等边三角形**；只有两条边相等的，叫做**等腰三角形**；各边不等的，叫做**不等边三角形**.

21. 此外，在三边形中，有一个角是直角的，叫做**直角三角形**；有一个角是钝角的，叫做**钝角三角形**；有三个角是锐角的，叫做**锐角三角形**.

22. 在四边形中，四边相等且四个角是直角的，叫做**正方形**；角是直角，但四边不全相等的，叫做**长方形**；四边相等，但角不是直角的，叫做**菱形**；对角相等且对边也相等，但边不全相等且角不是直角的，叫做**斜长方形**；其余的四边形叫做**不规则四边形**.

23. **平行直线**是在同一平面内的一些直线，向两个方向无限延长，在不论哪个方向它们都不相交.

公　设

1. 由任意一点到另外任意一点可以画一条直线.
2. 一条有限直线可以继续延长.
3. 以任意点为心及任意的距离①可以画圆.
4. 凡直角都彼此相等.
5. 同平面内一条直线和另外两条直线相交，若在某一侧的两个内角的和小于二直角的和，则这二直线经无限延长后在这一侧相交②.

公　理

1. 等于同量的量彼此相等.
2. 等量加等量，其和仍相等.
3. 等量减等量，其差仍相等.

---

① 到此原文中无“半径”两字出现，此处“距离”即圆的半径.

② 这就是大家提到的欧几里得第5公设，即现行平面几何中的平行公理的原始等价命题.

4. 彼此能重合的物体是全等的.
5. 整体大于部分.

命　题

命题 47　在直角三角形中，直角所对的边上的正方形等于夹直角两边上正方形的和.

设 *ABC* 是直角三角形，角 *BAC* 是直角.

则可证 *BC* 上的正方形等于 *BA*，*AC* 上的正方形的和.

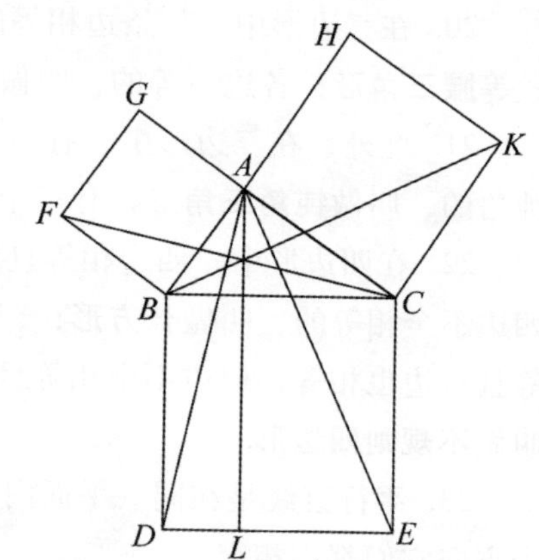

事实上，在 *BC* 上作正方形 *BDEC*，且在 *BA*，*AC* 上作正方形 *GB*，*HC*. ［i. 46］

过 *A* 作 *AL* 平行于 *BD* 或 *CE*，连接 *AD*，*FC*.

因为角 *BAC*，*BAG* 的每一个都是直角，在直线 *BA* 上的点 *A* 处有两条直线 *AC*，*AG* 不在它的同一侧，所成的两邻角的和等于二直角，于是 *CA* 与 *AG* 在同一条直线上. ［i. 14］

同理，*BA* 也与 *AH* 在同一条直线上.

又因角 *DBC* 等于角 *FBA*：因为每一个角都是直角：给以上两角各加上角 *ABC*；

所以，整体角 *DBA* 等于整体角 *FBC*. ［公理 2］

又因为 *DB* 等于 *BC*，*FB* 等于 *BA*；两边 *AB*，*BD* 分别等于两边 *FB*，*BC*.

又角 *ABD* 等于角 *FBC*；所以底 *AD* 等于底 *FC*，且三角形 *ABD* 全等于三角形 *FBC*. ［i. 4］

现在，平行四边形 *BL* 等于三角形 *ABD* 的二倍，因为它们有同底 *BD* 且在平行线 *BD*，*AL* 之间. ［i. 41］

又正方形 *GB* 是三角形 *FBC* 的二倍，因为它们又有同底 *FB* 且在相同的平行线 *FB*，*GC* 之间. ［i. 41］

［但是，等量的二倍仍然是相等的.］

故，平行四边形 *BL* 也等于正方形 *GB*.

类似地，若连接 *AE*、*BK*，也能证明平行四边形 *CL* 等于正方形 *HC*.

故，正方形 *BDEC* 等于两个正方形 *GB*，*HC* 的和. ［公理 2］

而正方形 $BDEC$ 是在 BC 上作出的，正方形 GB，HC 是在 BA，AC 上作出的.所以，在边 BC 上的正方形等于边 BA，AC 上正方形的和.

证完

普罗克洛斯（Proclus，410—485）说："如果我们读一些古代史，我们就可以发现他们中的某些人把这个定理归功于毕达哥拉斯，并且说有人奉献了一头牛以表彰他的发现. 但是，就我而言，虽然我敬佩那些首先发现这个定理的人，但我更敬佩《原本》的作者. 不只是因为他做出了一个最简单明了的证明，而且因为他在卷Ⅵ中把这个定理推广到更一般的情形. 在卷Ⅵ中他证明了在直角三角形中，在斜边上的图形等于在两个直角边上的相似的且在相似位置的两个图形."

此外，普卢塔克（Plutarch），狄俄真尼斯·莱尔修斯［Diogenes Laertius（viii. 12）］以及阿瑟内乌斯［Athenaeus（x. 13）］同意把这个定理归功于毕达哥拉斯，正如容吉（G. Junge）（"Wann haben die Griechen das Irrationale entdeckt?" in Novae Symbolae Joachimicae，Halle a. S.，1907）所说，这些都是后来人们的说法，而在毕达哥拉斯之后的前五个世纪的希腊文献中，没有特别指出这个或者其他特别重大的几何发现归功于他. 然而，阿波罗多拉斯（Apollodorus）在"计算器（calculator）"中说存在一个"著名的命题"是由毕达哥拉斯发现的. 阿波罗多拉斯的生平时间不能确定，但他至少早于普卢塔克，并且可能早于西塞罗（Cicero，M. T. 公元前106—前43）. 西塞罗在评论（*De nat. deor.* iii. C. 36，§88）时似乎也没有争论这个几何发现的事实，他只是涉及奉献的故事. 容吉强调普卢塔克及普罗克洛斯的话的不确定性. 但是，当我阅读普卢塔克的著作时，我没有看到任何与普卢塔克的推测不协调的东西，普卢塔克毫不犹豫地接受毕达哥拉斯对这**两个**定理的发现，一个是关于斜边上正方形的定理，另一个是贴合面积的问题，他怀疑的只是奉献贡品给这两个定理中哪一个更合适. 也有其他证据支持这个说法. 这个定理与欧几里得卷Ⅱ的全部内容紧密相关，在卷Ⅱ中，最重要的东西是使用磬折形（gnomon）（亦称为曲尺或拐尺形）. 磬折形是毕达哥拉斯学派都熟悉的术语，亚里士多德也把围绕着正方形（开始于1）放置磬折形的奇数以形成新的正方形归功于毕达哥拉斯（Physics iii 4，203 a 10-15）. 在另一个地方（Categ. 14，15 a 30）术语磬折形以同样的意义出现："例如，当一个磬折形围着一个正方形放置时，正方形增大但不改变形状." 因此，可以断言，卷Ⅱ的主旨是毕达哥拉斯. 另外，海伦（Heron，大约第3世纪）像普罗克洛斯一样，相信毕达哥拉斯给出了用整数作为边来构成直角三角形的一般规则. 最后，普罗克洛斯的"概论"（summary）相信毕达哥拉斯是无理数的理论与研究的发现者. 作者认为适用于可公度量的比例的算术理论也应当归功于毕达哥拉斯，它不同于欧几里得卷Ⅴ中的归功于欧多克索斯的比例论. 而对于毕达哥拉斯发现无理数是没有争论的（参考the scholium No. 1 to Book X.）. 现在，每件事都说明无理数的发现与正方形的对角线与它的边的比$\sqrt{2}$有关．显然，这要预先假定 i. 47 关于等腰直角三角形是成立的；并且对某些有理直角三角形也是成立的事实提示，质疑一个正方形的对角线与边的比是否可以表示为整数．因而，从整体来说，我认为没有充分的理由来怀疑希腊几何的传统说法（关于这个命题可能早先在印度发现的说法将在后面讨论）．毕达哥拉斯是首先引入定理 i. 47 并且给出一般证明的人．

在这个前提下，毕达哥拉斯是如何得到这个发现的？通常认为埃及人注意到边的比是 3，4，5 的三角形是直角三角形．康托尔（Cantor）推断，如果我们可以接受维特鲁维乌斯（Vitruvius）的证言（ix. 2），毕达哥拉斯教人们如何用长为 3，4，5 的东西作一个直角，这正是毕达哥拉斯开始使用的三角形．因而，如果他知道了埃及人的 3，4，5 三角形，他也就知道了它的性质．现在，人们相信埃及人至少在公元前 2000 年就知道了$4^2+3^2=5^2$．康托尔在哈亨（Kahun）12 世纪新发现的纸莎草纸的碎片中找到了证据．在这个草纸中有开方，例如，16 的方根是 4，$1\frac{9}{16}$ 的方根是 $1\frac{1}{4}$，$6\frac{1}{4}$的方根是 $2\frac{1}{2}$，以及下列等式：

$$1^2+\left(\frac{3}{4}\right)^2=\left(1\frac{1}{4}\right)^2,$$

$$8^2+6^2=10^2,$$

$$2^2+\left(1\frac{1}{2}\right)^2=\left(2\frac{1}{2}\right)^2,$$

$$16^2+12^2=20^2.$$

容易看出，$4^2+3^2=5^2$ 可以从这些等式中的每一个导出，只要同乘或同除一个数即可．埃及人知道$4^2+3^2=5^2$．但是，没有证据说明他们知道三角形（3，4，5）是直角三角形，根据最新的权威著作（T. Eric Peet, *The Rhind Mathematical Papyrus*, 1923），在埃及的数学中没有任何东西提示埃及人知道勾股定理或者它的特殊情形．

那么，毕达哥拉斯是如何发现了一般定理？注意，3，4，5 是一个直角三角形，同时$4^2+3^2=5^2$，这可能导致他考虑是否类似的关系对于一般直角三角形也成立，最简单的情形是几何地研究等腰直角三角形，在这个特殊情况下，定理的真实性容易从图形的构造看出，康托尔和阿曼（Allman）（*Greek Geometry from Thales to Euclid*）用一个图形证明了这个，在这个图形中，正像在 i. 47 中一样，正方形是画在外面的，并且被对角线划分为相等的三角形；但是我认为定理的真实性更容易从比科（Bürk）（Das Āpastamba-Šulba-Sūtra in Zeitschrift der deuts hen morgenländ. Gesellschaft, LV., 1901）所提示的印度人是如何达到这一点的一类图形看出，这两个图形画在了旁边．从图形的几何构造就可以看出等腰直角三角形具有这个性质．从算术的观点进一步研究这个事实，将导致另一个重要发现，即正方形的对角线的长用它的边表示的无理性．

无理数将在后面讨论，下一个问题是：假定毕达哥拉斯已经从几何上观察到这个定理在两种特别的三角形以及有理直角三角形中是真的，他是如何建立了它的一般性？

关于这一点没有一个确切的证据．有两条可能的线索：

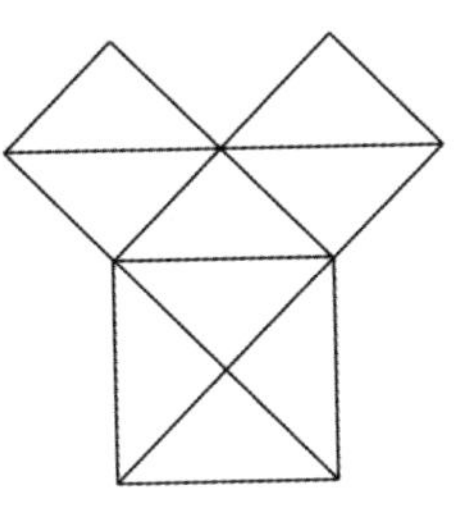

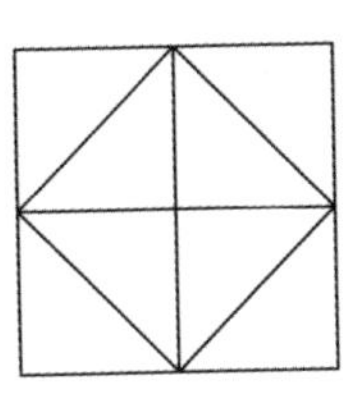

（1）唐内里（Tannery）说（La Géométrie grecque）毕达哥拉斯的几何足以使他用相似三角形来证明这个定理. 他没有说明用什么方式来使用相似三角形. 而相似三角形的使用必须涉及使用比例，为了使这个证明是完满的，比例论也应当是完满的，即能使用到可公度的情形与不可公度的情形. 欧多克索斯是第一个使比例论摆脱可公度的假设的人. 因而，在欧多克索斯之前，这不可能完成，由毕达哥拉斯给出的用比例的任何证明至少都是不完满的. 但是这并没有构成反对这样的假设，一般定理的真实性的发现使用这样的方式；相反地，假设毕达哥拉斯的证明使用了不完满的比例论也比另外的解释要好，像普罗克洛斯所说的欧几里得必须设计一个全新的在 i. 47 中所做的证明. 这个证明必须与比例论无关，由于按《原本》的计划，比例论在卷Ⅴ和卷Ⅵ，而勾股定理在卷Ⅱ. 另外，如果毕达哥拉斯的证明只基于卷Ⅰ和卷Ⅱ的内容，那么，欧几里得就不必提供一个新的证明.

使用比例的证明可能限制在两种情形：

（a）一种方法是从三角形 ABC 和 DBA 相似开始，证明矩形 CB，BD 等于 BA 上的正方形，再从三角形 ABC 和 DAC 的相似形开始，证明矩形 BC，CD 等于 CA 上的正方形，而后把它们相加即得其结论.

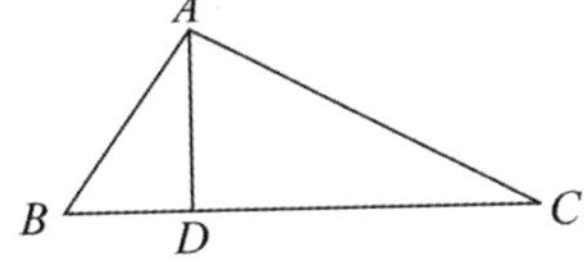

注意，这个证明在本质上与欧几里得的证明相同，仅有的区别是这两个小正方形与相应的矩形相等是由卷Ⅵ的方法推出的，而不是由卷Ⅰ中建立的同底同高的平行四边形与三角形的面积之间的关系推出的. 我认为，如果毕达哥拉斯的证明已经有了，甚至在本质上是如此地与欧几里得的证明相近，那么，普罗克洛斯就应当做更多的强调，像他强调欧几里得的证明的原始性一样，或者对这个定理的证明比对这个定理的原始发现更加感到惊奇. 尽管有舍朋浩尔（Schopenhauer）的无知的指责，他要求某种东西明显地就像在等腰直角三角形情形的第二个图形，并且声称欧几里得的证明是一个“下等的证明”（a mouse-trap proof），是一个平凡的证明（“Des Eukleides stelZbeiniger，ja，hinterlistiger Beweis”），但是，我认为，从整体上看，无疑用比例的证明提示了欧几里得的 i. 47 的方法，并且转换比例方法为基于卷Ⅰ的方法只是一个令人敬佩的技巧.

（b）另一个方法如下：容易看出，由直角顶点到斜边的高把原来的三角形划分为两个相似三角形，并且它们也与原来的三角形相似，在这三个三角形中，在原来三角形中的两条直角边与原来三角形中的斜边是对应边，并且前两个相似三角形的和等于斜边上的相似三角形，由此可以推出，这个关系对画在三条边上的正方形也是真的，这是因为正方形以及相似三角形彼此之间的比等于相应边的平方比. 而且，同样的事情对任意相似的直线形也成立，于是，这个证明实际上建立了欧几里得Ⅵ.31 的推广定理，普罗克洛斯认可这个推广定理完全是欧几里得的发现. 总起来看，我认为毕达哥拉斯很可能使用了方法（a），他使用了他所知道的，即有缺陷的比例论，这个有缺陷的比例论一直用到欧多克索斯时代.

（2）我已经指出了只用欧几里得卷Ⅰ及卷Ⅱ的原理的毕达哥拉斯证明的困难. 为了消除这个困难，布莱茨耐德（Bretschneider），后来还有汉克尔（Hankel）的猜想是最诱人的. 根据这个猜想，我们要假定有一个像欧几里得卷Ⅱ.4 的一个图形，在这个图形中，a 和 b 分别是一个大正方形内的两个小正方形的边，$a+b$ 是大正方形的边. 而后把两个剩余的部分（它们是相等的）用它们的对角线把它们分为四个相等的三角形（边为 a，b，c），我们可以把这些三角形如第二个图所示的那样放置在另一个与大正方形大小相同的正方形内，于是相邻三角形的边 a，b 作成这个大正方形的一条边. 容易看出，取掉这四个三角形后所剩的正方形一方面是边为 c 的正方形，另一方面是边分别为 a 和 b 的两个正方形的和. 因而，c 上的正方形等于分别以 a 和 b 为边的两个正方形的和. 可以反对这个猜想证明的意见只能说它没有希腊人的特色，而更像印度的方法，婆什迦罗（Bhāskarq，生于 1114 年，印度数学家）简单地在一个正方形内画了四个与原来直角三角形相等的直角三角形，正方形的边是它们的斜边，无须任何灵感，并且说“瞧!”.

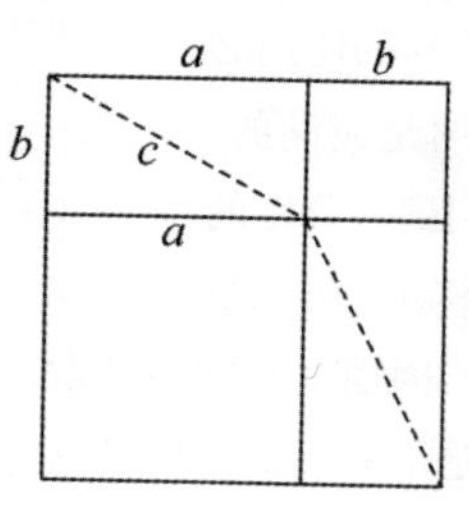

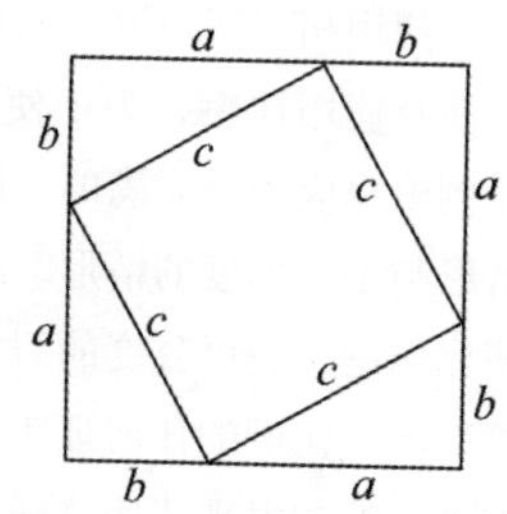

$$c^2=4\frac{ab}{2}+(a-b)^2=a^2+b^2.$$

尽管承认毕达哥拉斯使用了这种一般证明存在困难，它当然适用于其边可公度和不可公度的直角三角形，但是，我认为没有人反对在最初有理直角三角形的情形（例如，3，4，5），命题的证明是使用这种类型的证明. 当边可公度时，正方形可分为一些小正方形，这就很容易比较它们. 这种细分实际上来源于增大和缩小正方形，而这可能是由亚里士多德在 *Physics* Ⅲ.4 中作出的把奇数作为磬折形围着单位正方形放置以形成逐次增大的正方形，这就意味着正方形是用点排成的形式表示的，而磬折形是由围着它的点构成的，或者磬折形被划分为单位正方形. 塞乌腾（Zeuthen）已经指出，对于三角形 3，4，5 用这种方法，命题是多么容易证明，为了使两个较小的正方形边接着边，取一个长为 7（=4+3）个单位的线段上的正方形，并且把它划分为 49 个小正方形. 显然，大正方形可以看成由四个边为 4，3 的矩形（绕着这个图形）以及在中间的一个单位正方形构成（康托尔用这个图形来说明在中国的《周髀算经》中给出的方法），容易看出：

（Ⅰ）大正方形（7^2）是由两个正方形 3^2 和 4^2 以及两个矩形 3，4 构成的.

（Ⅱ）同一个正方形是由正方形 *EFGH* 以及四个同样的矩形 3，4 的一半构成的，因而，正方形 *EFGH* 必然包含 25 个单位正方形，并且等于两个正方形 3^2 与 4^2 的和，或者说每个矩形的对角线包含 5 个单位的长度.

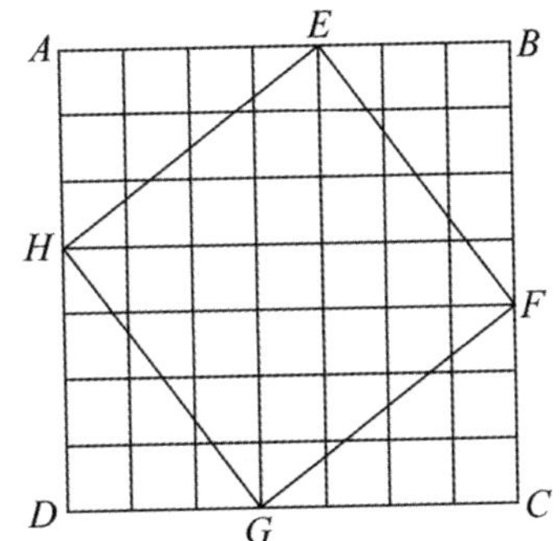

这个结果同样可由下述观察得到：

（Ⅰ）矩形的对角线上的正方形 *EFGH* 是由四个矩形的一半以及中心的单位正方形构成的，并且

（Ⅱ）放在大正方形相邻角落的两个正方形 3^2 及 4^2 由两个矩形 3，4 以及中心的单位正方形构成.

这个程序对有理三角形同样适用，并且一旦真正看到像 3，4，5 这样的三角形确实包含一个直角时，这就是证明这个性质的一个自然的方法.

塞乌腾（Zeuthen）在同一论文中给出了另一种方法，把矩形细分为相似的小矩形，我给出这个方法只是为了兴趣，它对那些第一次证明这个特殊三角形的这个性质的人来说无疑是太高级了.

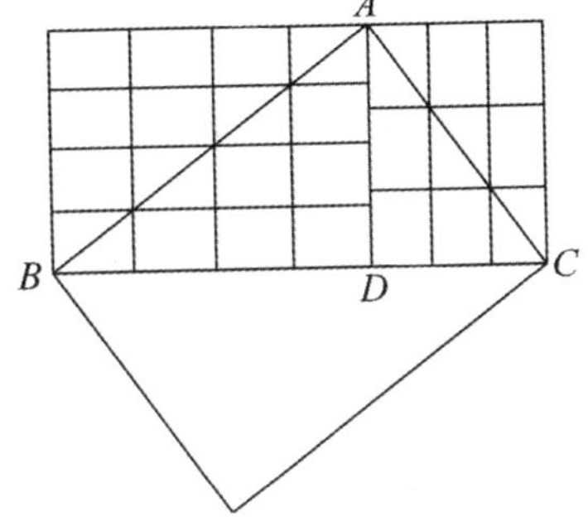

设 *ABC* 是一直角三角形，直角顶点为 *A*，边 *AB* 和 *AC* 的长分别是 4 和 3 个单位. 作高 *AD*，并把 *AB*，*AC* 划分为单位长，过分点作 *BC* 和 *AD* 的平行线，把矩形分为一些小矩形.

因为这些小矩形的对角线都等于单位长，所以这些小矩形都相等. 以 *AB* 为对角线的矩形包含 16 个小矩形，以 *AC* 为对角线的矩形包含 9 个小矩形.

因为三角形 *ABD* 与 *ADC* 的和等于三角形 *ABC*，所以以 *BC* 为对角线的矩形包含 $9+16=25$ 个小矩形. 因而，$BC=5$.

从算术观点来看有理直角三角形

毕达哥拉斯研究了这样的算术问题，求可以构成直角三角形的边的有理数，或者说求可以表示为两个平方数的和的平方数. 在此，我们发现了不定分析的开端，丢番图（Diophantus）使不定分析达到一个很高的程度. 普罗克洛斯把毕达哥拉斯的解法表述为下面一段话："发现这类三角形的某些方法留传下来，一个属于柏拉图（Plato），另一个属于毕达哥拉斯. 后者是从一个奇数开始，由于它可以作为较小的直角边；而后，取它的平方，减去单位，并把差的一半作为较大的直角边；最后，再给它加一个单位以构成斜边. 例如，取 3，平方它，从 9 减去 1，再取 8 的一半，即 4，再给它加 1，得 5，于是构成了边为 3，4，5 的直角三角形. 但是，柏拉图的方法是从偶数开始的，以它为一条直角边，而后，取这个数的一半，并且平方它，再加上 1 以构成斜边，减去 1 以构成另一个直角边. 例如，取 4，它的一半是2，平方它得到4，减1得到3，加1得到5. 于是构成同样的三角形. ”

如果 m 是一个奇数，毕达哥拉斯的公式是

$$m^2+\left(\frac{m^2-1}{2}\right)^2=\left(\frac{m^2+1}{2}\right)^2,$$

这个直角三角形的边是 m，$\frac{m^2-1}{2}$，$\frac{m^2+1}{2}$. 康托尔采用罗思（Röth）的意见（Geschichte der abendiändlschen Philosophie，Ⅱ. 527），给出毕达哥拉斯公式来源的如下解释. 如果 $c^2=a^2+b^2$，那么

$$a^2=c^2-b^2=(c+b)(c-b).$$

要满足这个方程的数，必须是（1）$c+b$ 和 $c-b$ 两个同时为偶数或者同时为奇数；（2）$c+b$ 和 $c-b$ 相乘后是一个平方数. 第一个条件是必需的，由于为了使 和 都是整数，其和与差 $c+b$ 与 $c-b$ 必须同时是偶数或同时是奇数. 满足第二个条件的数称为相似数（similar numbers）；这样的数在柏拉图之前普遍知道，可能来自斯买拉（Smyrna）的泰奥恩（Theon）（Expositio rerum mathematicarum ad legendum Platonem utilium，ed. Hiller），他说相似平面数首先是所有平方数，其次是这样的长方形数（oblong numbers），包围它们的边是成比例的. 例如，6 是一个长方形数，它的长是3，而宽是2，24 也是一个长方形数，它的长是6，而宽是4，因为6 比 3 等于4 比2，所以，6 和 24 是相似数.

最简单的相似数是 1 和 a^2，因为 1 是奇数，所以，条件（1）要求 a^2，因而 a 也是奇数. 我们可以把它们取为 1 和 $(2n+1)^2$，并且使它们分别等于 $c-b$ 和 $c+b$，因而，我们有

$$b=\frac{(2n+1)^2-1}{2},$$

$$c=\frac{(2n+1)^2-1}{2}+1,$$

$$a=2n+1.$$

正如康托尔所说，c 和 b 的形式相当接近普罗克洛斯的教科书中的描述.

另一种可能性是令 $c-b=2$（不是 $c-b=1$），此时相似数 $c+b$ 必然等于某个平方数的 2 倍，即 $2n^2$ 或者偶平方数的一半，即$\frac{(2n)^2}{2}$. 这就给出

$$a=2n,$$

$$b=n^2-1,$$

$$c=n^2+1,$$

这正是由普罗克洛斯给出的柏拉图解.

这两个解相互补充，有意思的是由罗思及康托尔所提示的方法很像欧几里得卷Ⅹ中的命题28之后的引理1. 我们将在后面讨论这个，应当在此指出，问题是要找到两个平方数，使得它们的和也是一个平方数. 欧几里得在那里使用了 ii. 6 的性质，如果 AB 被 C 平分并且延长

到 D，则

$$AD \cdot DB+BC^2=CD^2,$$

可以写成
$$uv=c^2-b^2,$$
其中
$$u=c+b,\ v=c-b.$$

为了使得 uv 是一个平方数，欧几里得指出，u 和 v 必须是相似数，并且 u 和 v 必须同时是奇数或者同时是偶数，以便 b 是一个整数. 我们可以把相似数写为 $\alpha\beta^2$ 和 $\alpha\gamma^2$，我们得到解

$$\alpha\beta^2 \cdot \alpha\gamma^2+\left(\frac{\alpha\beta^2-\alpha\gamma^2}{2}\right)^2=\left(\frac{\alpha\beta^2+\alpha\gamma^2}{2}\right)^2.$$

但是，我认为对康托尔和罗思的猜想有一个重要的反对意见，这个方法能够很容易地导出毕达哥拉斯及柏拉图三角形系列. 如果这个方法已被毕达哥拉斯使用，我认为，它就不会留给柏拉图去发现第二个这种三角形系列. 我似乎认为毕达哥拉斯可能使用了某种方法只产生他自己的规则，并且这个方法不太深奥，可能由直接观察提示而不是从一般原理推出. 满足这个条件的一个解答是由布莱茨耐德（Bretschneider）提出的下述简单方法. 毕达哥拉斯当然注意到逐次增长的奇数是磬折形，或者是逐次增长的平方数的差. 而后用一个简单的方式写下三行：(a) 自然数，(b) 它们的平方，(c) 逐次增长的奇数，它们是行 (b) 的相邻数的差；

(a)		1	2	3	4	5	6	7	8	9	10	11	12	13	14
(b)		1	4	9	16	25	36	49	64	81	100	121	144	169	196
(c)	1	3	5	7	9	11	13	15	17	19	21	23	25	27	

而后，毕达哥拉斯只取出第三行中的平方数，他的规则是找到一个公式把第三行中的平方数与第二行中与它相邻的平方数联系起来，即使这个要求一点推理，但是大部分来自纯粹的观察，一个较好的提示来自特里乌勒（Treutlein，P.）（Zeitschrift für Mathematik und physik XXⅧ.，1883，Hist. -litt. Abtheiluug）.

我们有很多证据（例如，斯买拉的泰奥恩）用点或者符号表示正方形数（平方数），以及用点或者符号排成特殊形状来表示其他图形数，例如，长方形数，三角形数，六角形数（Cf. Aristotle，Metaph. 1092 b 12）. 于是，特里乌勒说，容易看出，为了把正方形数转换为下一个较高的正方形，只要把一行点围绕两个相邻的边放成一个磬折形（见下面的图）.

如果 a 是一个特定的正方形的边，则围绕它的磬折形有 $2a+1$ 个点或者单位. 现在，为了使得 $2a+1$ 本身是一个平方数，假设

$$2a+1=n^2,$$

因而
$$a=\frac{1}{2}(n^2-1),$$

并且
$$a+1=\frac{1}{2}(n^2+1),$$

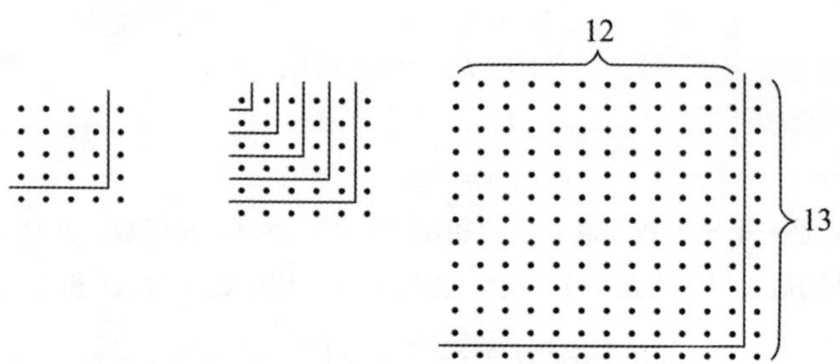

为了使得 a 和 $a+1$ 是整数，n 必然是奇数，我们有毕达哥拉斯公式.

$$n^2+\left(\frac{n^2-1}{2}\right)^2=\left(\frac{n^2+1}{2}\right)^2,$$

我认为特里乌勒的假设被证明是正确的，由于亚里士多德的《物理》已经引用了它，在那里参考文献无疑是毕达哥拉斯以及奇数明显地等于“围着 1 放置”的磬折形. 但是，古代的评论使得事情更明显. 菲洛波努斯（Philoponus）说：“作为证明……毕达哥拉斯注意到了增加数时所发生的情形，当奇数加到一个正方形数时，它们仍然是一个正方形……. 因而，奇数被称为磬折形，由于把它们加到正方形时，仍然保持正方形的形状……. 亚历山大（Alexander）明确地解释，‘当磬折形被绕着放置’的意思是用奇数作一个图形……，它正是毕达哥拉斯用图形表示事物的实践.”

下一个问题是：假定这是毕达哥拉斯公式的解释，那么，柏拉图公式的根源是什么？当然它可以看成欧几里得卷 X 的一般公式的一个特殊情形；但是，也有另外两个简单的解释：

（1）布莱茨耐德注意到，为了得到柏拉图公式，我们只要在毕达哥拉斯公式中把正方形的边变为 2 倍即可，

$$(2n)^2+(n^2-1)^2=(n^2+1)^2,$$

而其中 n 不必是奇数.

（2）特里乌勒的解释是推广磬折形的概念. 他说，毕达哥拉斯公式的获得是把一行点绕着正方形的两个相邻边放成一个磬折形，自然地，可以把两行点绕着正方形排列一个磬折形来求另一个解答. 这样的磬折形也是把一个正方形变为一个较大的正方形，而问题是两行的磬折形是否本身是一个正方形. 如果原来的正方形的边是 a，容易看出，两行的磬折形的数是 $4a+4$，并且我们只要令

$$4a+4=4n^2,$$

因而

$$a=n^2-1,$$

$$a+2=n^2+1.$$

我们有柏拉图公式

$$(2n)^2+(n^2-1)^2=(n^2+1)^2,$$

我认为在本质上这是一个正确的解释，但是在形式上不大正确. 我认为希腊人没有把两行的

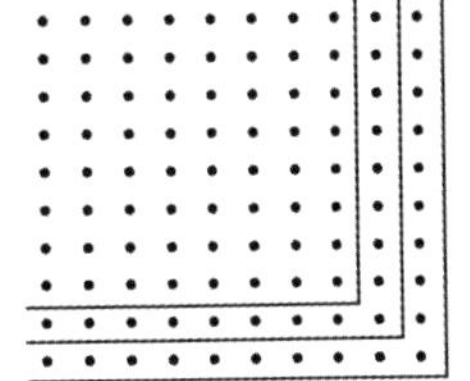

看作磬折形. 他们比较的是（1）一个正方形加上一个一行的磬折形和（2）同一个正方形减去一个一行的磬折形. 因为应用欧几里得 ii. 4 到边长为 a，$b=1$ 的正方形能够得到毕达哥拉斯公式，像特里乌勒得到它一样，于是，我认为欧几里得 ii.8 证实了得到柏拉图公式是比较了一个正方形加上一个磬折形与同一个正方形减去一个磬折形，因为 ii.8 证明了

$$4ab+(a-b)^2=(a+b)^2,$$

因而，用 1 代替 b，我们有

$$4a+(a-1)^2=(a+1)^2,$$

只要令 $a=n^2$，就得到了柏拉图公式.

勾股定理在印度

这个问题最近几年再度被讨论，这是由布尔科（Albert Bürk）关于 Das Āpastamba-Ŝulba-Sūtra 的两篇重要论文引起的. 它们发表在 Zeitschrift der deutschen morgenländischen Gesellschaft (lv.，1901，and lvi.，1902). 第一篇包含介绍与原文，第二篇包含翻译及注记. 这些材料中最重要的部分是泰保特（Thibaut，G.）的论文，发表在 Journal of the Asiatic Society of Bengal，XLIV.，1875，Part I.(reprinted also at Calcutta，1875 as The Ŝulvasūtras，by G. Thibaut). 在这个工作中，泰保特给出了分别由 Bāudhāyana，Āpastamba 及 Kātyāyana 写的三篇关于 Ŝulvasūtras 的论文的摘要的有意义的比较，评论和时间的估计，以及印度几何的源泉. 布尔科做了很好的工作，使得人们可以看到 Āpastamba 的全部工作并且重新审查它. 作为一个有热情的编辑者，他的工作不只包含了远在毕达哥拉斯之前（大约公元前580—500）的印度所有人知道的勾股定理的内容及证明，而且还说他们已经发现了无理数，并进一步说喜爱旅游的毕达哥拉斯可能从印度得到他的理论. 随后有三个重要的注记和批评，分别来自：H. G. Zeuthen ("Théorème de Pyhagore"，Origine de la Géométrie scientifique，1904，already quoted)，MoritZ Cantor (Über die älteste indische Mathematik in the Archiv der Mathematik und Physik，Ⅷ.，1905) and by Heinrich Vogt (Haben die alten Inder den Pythagoreischen LehrsatZ und das Irrationale gekannt? In the Bibliotheca Mathematica，$Ⅶ_3$，1906. See also Cantor's Geschichte der Mathematik，I_3).

这些批评是要说明在接受布尔科的结论时至少要有极大的警惕性.

我来给出 Āpastamba-Ŝ. -S. 的内容的一个简短的摘要，它与现在的内容有重要的联系. 我首先要说，这本书的主要内容是说明如何建筑某些形状的祭坛，以及变化祭坛的大小而不改变形状，它是完成某些建筑的规则的汇集. 没有证明，最接近证明的工作是获得等腰梯形面积的规则，从两条平行边的较小边的一个端点作一条较大边的垂线，而后取掉所画出的三角形并且把它倒过来放在梯形的另一个相等边上，这样就把梯形变成了矩形. 同时注意，Āpastamba 没有说直角三角形，而是说一个矩形的两条相邻的边及对角线. 为了简明起见，我将使用“有理矩形”来记这样一个矩形，它的两条边以及对角线都可以用有理数表示，括号内是 Āpastamba 著作的章节及编号.

（1）用下述长度的绳索来构造直角：

$$\begin{cases}3,\ 4,\ 5\ (\text{i. }3,\ \text{v. }3)\\ 12,\ 16,\ 20\ (\text{v. }3)\\ 15,\ 20,\ 25\ (\text{v. }3)\end{cases}$$

$$\begin{cases}5,\ 12,\ 13\ (\text{v. }4)\\ 15,\ 36,\ 39\ (\text{i. }2,\ \text{v. }2,\ 4)\end{cases}$$

$$8,\ 15,\ 17\ (\text{v. }5)$$

$$12,\ 35,\ 37\ (\text{v. }5)$$

（2）勾股定理的一般表述：“一个矩形的对角线产生［即对角线上的正方形等于］较长边和较短边分别产生［即两个边上的两个正方形］的和.” (i. 4)

（3）应用勾股定理于正方形（代替长方形）［即一个等腰直角三角形］：“正方形的对角线产生［原正方形的］二倍面积.” (i. 5)

（4）$\sqrt{2}$ 的近似值：正方形的对角线是边的$\left(1+\frac{1}{3}+\frac{1}{3\cdot 4}-\frac{1}{3\cdot 4\cdot 34}\right)$ 倍。 (i. 6)

（5）应用这个近似值来构造一个正方形. (ii. 1)

（6）用勾股定理构造 $a\sqrt{3}$ ，作为边长 a 和 $a\sqrt{2}$ 的矩形的对角线. (ii. 2)

（7）给出了下述等式：

(a) $a\sqrt{\frac{1}{3}}$是$\frac{1}{9}(a\sqrt{3})^2$ 的边，或者 $a\sqrt{\frac{1}{3}}=\frac{1}{3}a\sqrt{3}$. (ii. 3)

(b) 长为 1 个单位上的正方形给出 1 个单位面积 (iii. 4)

长为 2 个单位上的正方形给出 4 个单位面积 (iii. 6)

长为 3 个单位上的正方形给出 9 个单位面积 (iii. 6)

长为 $1\frac{1}{2}$个单位上的正方形给出 $2\frac{1}{4}$个单位面积 (iii. 8)

长为 $2\frac{1}{2}$个单位上的正方形给出 $6\frac{1}{4}$个单位面积 (iii. 8)

长为$\frac{1}{2}$个单位上的正方形给出$\frac{1}{4}$个单位面积 (iii. 10)

长为$\frac{1}{3}$个单位上的正方形给出$\frac{1}{9}$个单位面积 (iii. 10)

(c) 一般地，任一长度上的正方形包含的行数与这个长度包含的单位数相同. (iii. 7)

（8）用勾股定理作图

(a) 两个正方形的和作为一个正方形. (ii. 4)

（b）两个正方形的差作为一个正方形. （ii. 5）

（9）变换一个矩形为一个正方形. （ii. 7）

［这个不是像欧几里得在Ⅱ. 14 中那样直接作成，而是首先把矩形变换为一个磬折形，即变换为两个正方形的差，再把这个差用上述规则变换为一个正方形. 如果 $ABCD$ 是已给的矩形，较长边是 BC，取掉正方形 $ABEF$，并作 HG 平行于 FE 并且平分剩余的矩形 DE，移动上半个矩形 DG 到矩形 AK. 那么，矩形 $ABCD$ 就等于这个磬折形，它是正方形 LB 与正方形 LF 的差. 换句话说，Āpastamba 变换矩形 ab 为正方形 $\left(\frac{a+b}{2}\right)^2$ 与 $\left(\frac{a-b}{2}\right)^2$ 的差. ］

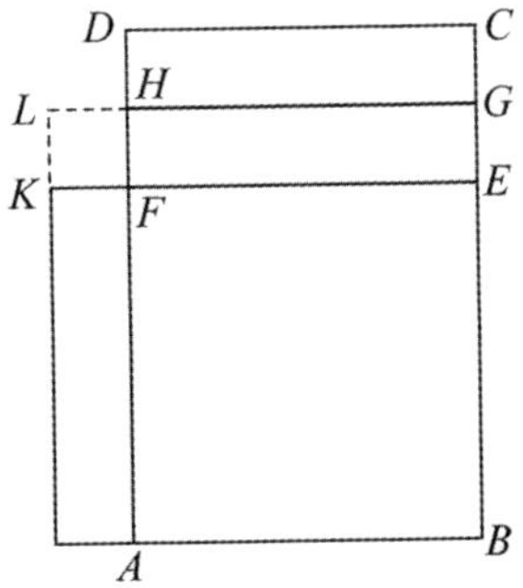

（10）变换正方形（a^2）为一个矩形，矩形的一条边是已给长（b）. （iii. 1）

［这里没有像欧几里得Ⅰ. 44 那样的程序，实际上是从 a^2 减去 ab，而后把剩余的 a^2-ab 改变成能"安装"在矩形 ab 上的矩形. 因而，这个问题归结为另一个同类问题，后面这个问题当 a，b 是给定的数值时已经**算术地**得到解决. 因而，印度人距离这个问题的一般的几何解答还很远. ］

（11）把一个已给的正方形增大为一个较大的正方形. （iii. 9）

［这等于说增加两个矩形（a，b）和一个正方形（b^2），使得正方形 a^2 变换为 $(a+b)^2$，这是欧几里得 ii. 4 中的公式 $a^2+2ab+b^2=(a+b)^2$］.

与上述有关的第一个重要问题是时间问题. 布尔科认为 Āpastamba-Ŝulba-Sūtra 的年代至少早于公元前5 世纪或4 世纪. 他也注意到书中的材料要比书本本身早得多，并且，他指出关于用长 15，36，39 的绳索构造直角的问题早在 Tāittirīya-Samhitā 及 Satapatha-Brāhmana 时代就已经知道，至少属于公元前 8 世纪的工作. 但是，布尔科承认发现以有理数 a，b，c 为边并且满足 $a^2+b^2=c^2$ 的三角形是直角三角形这件事在印度不会如此的早. 然而，我们发现两本古代中国的专著中有：①一个命题，矩形（3，4）的对角线是 5；②从直角三角形的边求斜边的规则，通常把这两个工作与周公（卒于公元前 1105 年）的名字相联系.（D. E. Smith，History of Mathematics）.

应当注意，Āpastamba 用到的 7 个"有理矩形"中，有两个，即 8，15，17 及 12，35，37 不属于毕达哥拉斯序列，其中两个，即 3，4，5 及 5，12，13 及其他们的倍数属于毕达哥拉斯序列. 当然，正像塞乌腾所指出的，ii. 7 及 iii. 9［上面编号为（9）和（11）］的规则提供了寻求任意多个"有理矩形"的方法. 但是，好像印度人没有构成它的任何一般规划，否则，他们列举的这种矩形不会如此的少. Āpastamba 仅提及了 7 个，实际上只能归结为 4 个（虽然还有另外一个 7，24，25，出现在 Bāudhāyana Ś. -S 工作中，可能早于 Āpastamba）. 这些就是

Āpastamba 知道的所有“有理矩形”，他在（V．6）中还说：“就有这么多可辨别的构造”，这隐含着他不知道其他的“有理矩形”．但是，这句话也隐含着对角线上的正方形的定理对另外一些矩形也是真的，这些矩形不属于“可辨别类型”，即其边和对角线不是整数的比．实际上这隐含着对于$\sqrt{2}$，$\sqrt{3}$等，一直到$\sqrt{6}$的构造（参考 ii. 2，viii. 5），这就是我所要说的一切．这个定理可以看作一个一般的命题，但是没有任何标记它有一个一般证明，没有任何东西证明它的普遍的真实性的来源好于不完善的归纳法，从经验上发现一些其边是整数比的三角形具有性质（1）最长边上的正方形等于其他两个边上的正方形的和总是伴随着性质（2）后面两条边包含一个直角．

剩下来考虑布尔科宣称印度人发现了无理数，这基于$\sqrt{2}$的近似值，Āpastamba 在规则i. 6［上面编号为（4）］中给出，没有任何东西说明这个近似值是如何得到的，但是，泰保特的提示似乎是最好和最自然的．印度人可能注意到 $17^2=289$ 大约是 $12^2=144$ 的 2 倍，如果是这样，下一个问题自然是边 17 减少多少才能使得在它上面的正方形正好是 288，依据印度人的习惯，应当从边为 17 的正方形减去其面积为一个单位的磬折形，这个可以由磬折形的宽大约为$\frac{1}{34}$来保证，由于$2\times17\times\frac{1}{34}=1$，于是这个较小正方形的边就是$17-\frac{1}{34}=12+4+1-\frac{1}{34}$，再除以 12，近似地有，

$$\sqrt{2}=1+\frac{1}{3}+\frac{1}{3\cdot4}-\frac{1}{3\cdot4\cdot34}.$$

但是，从这个近似值的计算到无理数的发现还有遥远的距离．首先，我们要问是否存在任何标志说明这个值是不精确的？在命题（i. 6）“一个正方形的对角线上的正方形二倍于这个正方形”的后面直接说：“把单位长增长三分之一，并且把后者再增长本身的四分之一，再减去这一部分的三十四分之一．”对这个规则的合理性没有作出任何说明，而且这个近似规则实际上用于构造其边在（ii. 1）中给出的正方形．这个公式是如此地熟悉，它曾经作为细分一个长度的根据．泰保特注意到（Journal of the Asiatic Society of Bengal XLIX）Būudhāyana 曾经把单位长分割为 12 个**手指宽**的小段，并且把一个小段分为 34 个**芝麻粒**宽的小段，并把这个细分归功于$\sqrt{2}$的公式．这个细分用在边长为 12 个**手指宽**的正方形中，它的对角线就是 17 个**手指宽**减去 1 个**芝麻粒**宽，是否可以想象细分一个长度是基于一个已知不精确的估值？无疑，第一个发现者注意到宽为$\frac{1}{34}$，而外边长为 17 的磬折形不是正好等于 1，而比 1 小$\frac{1}{34}$的平方$\left(即\frac{1}{1156}\right)$，他没有把这个小分数算在内，因为整个过程的目的纯粹为了实用，略去这个在实用上没有多大关系．因而，这个公式留传下来并且没有怀疑它的精确性．这个假定可以证实，只要参考一类规则，印度人允许把它们看成是精确的．例如，Āpastamba 本人在构造一个其面积等于一个已知正方形的圆时，实际上取 $\pi=3.09$，并且说这正好（exactly）是所求的圆

(iii.2)，而在构造“正好”等于一个圆的正方形时，取正方形的边等于这个圆的直径的$\frac{13}{15}$ (iii.3)，这等于取$\pi=3.004$．即使有人在使用$\sqrt{2}$的近似式时意识到它不是很精确的（关于这个没有证据），有这种意识与发现无理性有重大的差别，正像Vogt所说，正方形对角线的无理性的发现之前必须通过三个阶段：①必须认识到所有由直接测量或者基于它的计算的数值都是不精确的．②必须深信不可能得到这个值的一个精确的算术表达式．③不可能性必须得到证明．现在，没有任何真实的证据证明印度人那时已经达到了第一阶段，更缺少第二和第三阶段．

布尔科的论文及其批评的最终结果是：①必须承认印度几何已经达到在Āpastamba书中可以找到的这样一个阶段，并且它与希腊的影响无关．②古老的印度几何纯粹是经验的和实践的，远离像无理数这样的抽象性．事实上，印度人用特殊情形的试验使他们自己相信勾股定理的真实性并且宣称它的一般性；但是，他们没有建立它的科学证明．

其他证明

Ⅰ．一个有名的证明i.47是把两个正方形边靠着边，底相连，并且把直角三角形放在不同的位置上，这个归功于Thābit ibn Qurra（约826—901）．

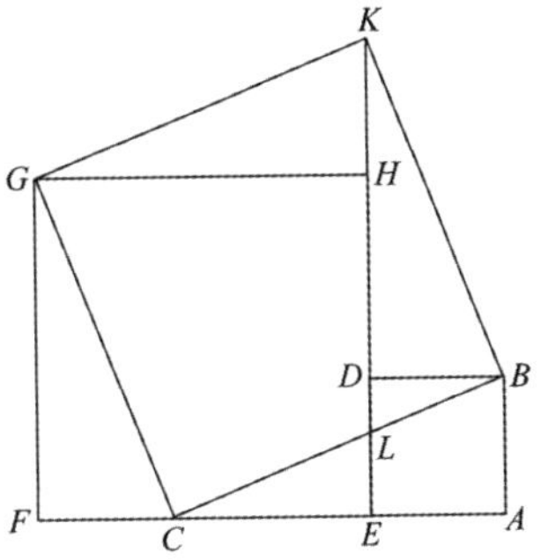

他的实际构造如下：设ABC是已知三角形，直角在A．在AB上作正方形AD，延长AC到F，使得EF等于AC．

在EF上作正方形EG，延长DH到K，使得DK等于AC．

而后证明在三角形BAC，CFG，KHG，BDK中，边BA，CF，KH，BD都相等，并且边AC，FG，HG，DK也都相等．

这些相等边包含的全都是直角，因而，这四个三角形是全等三角形．

故BC，CG，GK，KB都相等．

角DBK和角ABC相等，因而，如果我们对每个加一个角DBC，则角KBC等于角ABD，所以角KBC是直角．

同样地，角CGK是直角，因而，$BCGK$是正方形，即BC上的正方形．

现在，把四边形$GCLH$和三角形LDB放在一起，若再加上两个相等的直角三角形就形成AB，AC上的两个正方形；若再加上另外两个相等的直角三角形就形成BC上的正方形．

因而，等等．

Ⅱ．另一个证明是下述帕普斯（Pappus）更一般命题的特殊情形，此时已知三角形是直角三角形，直角边上的平行四边形是正方形．如果画出这个图形，那就容易看出，再增加一根线，它就包含了Thābit的图形，因而，Thābit的证明可以从帕普斯的证明导出．

Ⅲ．最有趣的证明如下页右图所示，它是由米勒（Müller，J. W.）给出的［Systematische

Zusammenstelung der wichtigsten bisher bekannten Beweise des Pythag. LehrsatZes（Nürnberg，1819），and in the second edition（MainZ，1821）of Ign. Hoffmann，Der Pythag. LehrsatZ mit 32 theils bekannten theils neuen Beweisen（3 more in second edition）］它好像来自 Lionardo da Vinci（1452—1519）的一篇科学论文.

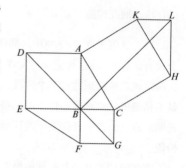

在 *KH* 上作三角形 *HKL*，使其边 *KL* 等于 *BC*，边 *LH* 等于 *AB*.

因而，三角形 *HLK* 与三角形 *ABC* 及三角形 *EBF* 全等.

现在，*DB*，*BG* 分别平分角 *ABE*，*CBF*，并且在一条直线上，连接 *BL*.

容易证明，四个四边形 *ADGC*，*EDGF*，*ABLK*，*HLBC* 都是全等的.

因而，两个六边形 *ADEFGC*，*ABCHLK* 是全等的.

从前者减去两个三角形 *ABC*，*EBF*，而从后者减去两个全等的三角形 *ABC*，*HLK*，就证明了正方形 *CK* 等于两个正方形 *AE*，*CF* 的和.

帕普斯关于 i. 47 的推广

在这个优美的推广中，三角形可以是任意三角形（不必是直角三角形），而且任意平行四边形代替了两条边上的正方形. 帕普斯的定理如下：

若 *ABC* 是一个三角形，在 *AB*，*BC* 上分别画两个任意的平行四边形 *ABED*，*BCFG*，延长 *DE*，*FG* 到 *H*，连接 *HB*，则这两个平行四边形 *ABED*，*BCFG* 等于由 *AC* 和 *HB* 形成的平行四边形，其夹角等于角 *BAC* 与角 *DHB* 的和.

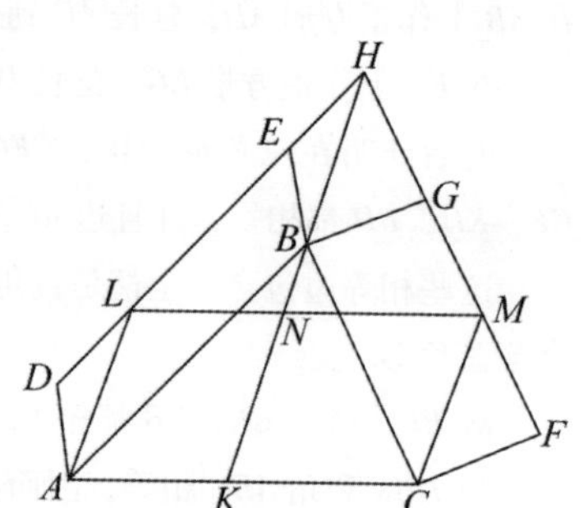

延长 *HB* 到 *K*，过 *A*，*C* 作 *AL*，*CM* 平行于 *HK*，并连接 *LM*.

因为 *ALHB* 是平行四边形，所以 *AL*，*HB* 平行且相等.

类似地，*MC*，*HB* 平行且相等.

因而，*AL*，*MC* 平行且相等，故 *LM*，*AC* 平行且相等，并且 *ALMC* 是平行四边形.

这个平行四边形的角 *LAC* 等于角 *BAC*，*DHB* 的和，由于角 *DHB* 等于角 *LAB*.

现在，平行四边形 *DABE* 等于平行四边形 *LABH*（因为它们同底 *AB* 且同高）.

类似地，*LABH* 等于 *LAKN*（因为它们同底 *LA* 并且同高）.

因而，平行四边形 *DABE* 等于平行四边形 *LAKN*.

同样地，平行四边形 *BGFC* 等于平行四边形 *NKCM*.

因而，两个平行四边形 *DABE*，*BGFC* 的和等于平行四边形 *LACM*，即等于由 *AC*，*HB* 形成的其夹角是角 *BAC*，角 *DHB* 之和的平行四边形.

"并且这个远比在《原本》中证明的在直角三角形中关于正方形的定理更一般."

海伦（Heron）证明在欧几里得的图中，*AL*，*BK*，*CF* 三线交于一点

普罗克洛斯关于 i. 47 的注记的最后一段话具有历史意义. 他说："由《原本》的作者所做的证明是明白无误的，我认为不必再附加任何东西，并且我们满意所写的一切，因为，事实上那些已经附加一点东西的人，像帕普斯和海伦，被迫去注释卷Ⅵ中已证明的东西，因为此处没有再需注释的东西." 这些话当然不是指帕普斯关于 i. 47 的推广，但是，与他们有关的重要事情是在 NairīZī 关于 i. 47 的评论中找到海伦证明欧几里得图中的三线 *AL*，*FC*，*BK* 交于一点. 海伦证明这个基于三个引理，这些引理可以自然地从类似于卷Ⅵ的原理来证明，但是，海伦用他的绝技证明了这些，仅用卷 I 的原理. 第一个引理如下：

在三角形 *ABC* 中，若作 *DE* 平行于底 *BC*，并且作 *AF*，*F* 是 *BC* 的中点，则 *AF* 也平分 *DE*.

过 *A* 作 *HK* 平行于 *DE* 或 *BC*，过 *D*，*E* 分别作 *HDL*，*KEM* 平行于 *AGF*，连接 *DF*，*EF*.

三角形 *ABF*，*AFC* 相等（等底同高），并且三角形 *DBF*，*EFC* 也相等（等底同高）.

因而，三角形 *ADF*，*AEF* 相等（等量减等量），平行四边形 *AL*，*AM* 相等.

这两个平行四边形在同一平行线 *LM*，*HK* 之间，因而，*LF*，*FM* 相等，*DG*，*GE* 相等.

第二个引理是把这个引理扩张到 *DE* 与 *BA*，*CA* 的延长线相交的情形.

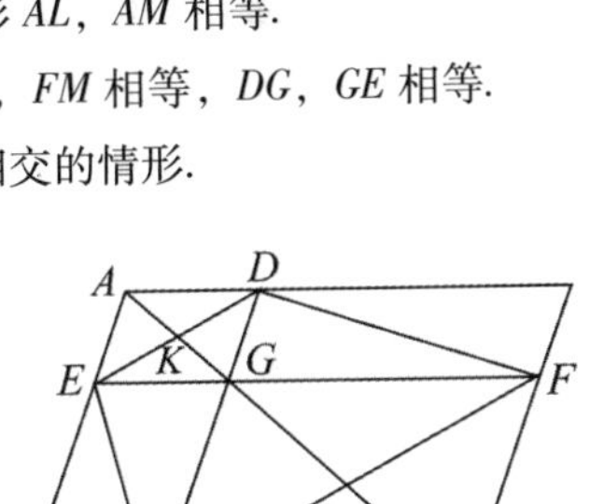

第三个引理证明了欧几里得 i. 43 的逆，**若平行四边形 *AB* 分为四个平行四边形 *ADGE*，*DF*，*FGCB*，*CE*，使得平行四边形 *DF*，*CE* 相等，则公共顶点 *G* 将在对角线 *AB* 上.**

海伦延长 *AG* 交 *CF* 于 *H*，连接 *HB*，我们必须证明 *AHB* 是一条直线. 证明如下：

因为面积 *DF*，*EC* 相等，所以三角形 *DGF*，*ECG* 相等. 如果我们对每一个加上三角形 *GCF*，则三角形 *ECF*，*DCF* 相等，因而 *ED*，*CF* 平行.

现在，从 i. 34，29，26 推出，三角形 *AKE*，*GKD* 全等，因而 *EK* 等于 *KD*.

由引理 2，*CH* 等于 *HF*.

因而，在三角形 *FHB*，*CHG* 中，两条边 *BF*，*FH* 等于两条边 *GC*，*CH*，并且角 *BFH* 等于角 *GCH*，故这两个三角形全等，并且角 *BHF* 等于角 *GHC*，对每一个加上角 *GHF*，我们得到角 *BHF*，*FHG* 分别等于角 *CHG*，*GHF*，故角 *BHF* 与角 *FHG* 的和等于两直角.

因而，*AHB* 是一条直线.

海伦现在来证明这个命题：在下页右图中，若 *AKL* 垂直于 *BC* 交 *EC* 于 *M*，连接 *BM*，*MG*，

则 BM，MG 在同一条直线上.

如图作一些平行四边形，连接平行四边形 FH 的对角线 OA，FH.

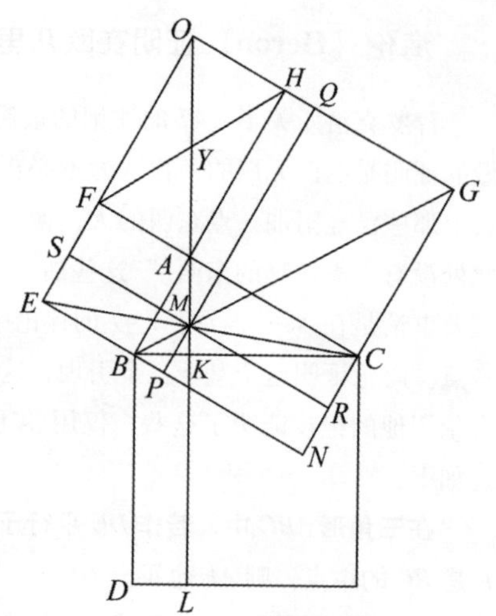

显然，三角形 FAH 与三角形 BAC 全等. 因而，角 HFA 等于角 ABC，也等于角 CAK（由于 AK 垂直 BC）.

矩形 FH 的两条对角线交于 Y，FY 等于 YA，并且角 HFA 等于角 OAF.

因而角 OAF，CAK 相等，故 OA，AK 在一条直线上，OM 是矩形 SQ 的对角线，从而，矩形 AS 等于矩形 AQ. 并且，若给每一个加矩形 AM，则矩形 FM 等于矩形 MH.

因为 EC 是平行四边形 FN 的对角线，所以矩形 FM 等于矩形 MN.

因而，矩形 MH 等于矩形 MN，再由第三个引理，BM，MG 在一条直线上.

第 V 卷　欧多克索斯的比例论——定义和命题

定　义

1. 当一个较小的量能量尽一个较大的量时，我们把较小量叫做较大量的一**部分**.

2. 当一个较大的量能被较小的量量尽时，我们把较大的量叫做较小量的**倍量**.

3. **比**是两个同类量彼此之间的一种大小关系.

4. 把两个量中任一个量几倍以后能大于另外一个量时，则说这两个量彼此之间**有一个比**.

5. 有四个量，第一量比第二量与第三量比第四量叫做有**相同比**，如果对第一与第三个量取任何同倍数，又对第二与第四个量取任何同倍数，而第一与第二倍量之间依次有大于、等于或小于的关系，那么第三与第四倍量之间便有相应的关系①.

6. 有相同比的四个量叫做**成比例**的量.

7. 在四个量之间，第一、第三两个量取相同的倍数，又第二、第四两个量取另一相同的倍数，若第一个的倍量大于第二个的倍量，但是第三个的倍量不大于第四个的倍量时，则称第一量与第二量的**比大于**第三量与第四量的**比**②.

8. 一个比例至少要有三项③.

9. 当三个量成比例时，则称第一量与第三量的比是第一量与第二量的**二次比**④.

10. 当四个量成〈连〉比例时，则称第一量与第四量的比为第一量与第二量的**三次比**. 不论有几个量成连比都依此类推⑤.

11. 在成比例的四个量中，将前项与前项且后项与后项叫做**对应量**.

12. **更比**是前项比前项且后项比后项⑥.

13. **反比**是后项作前项，前项作后项⑦.

14. **合比**是前项与后项的和比后项⑧.

15. **分比**是前项与后项的差比后项⑨.

16. **换比**是前项比前项与后项的差⑩.

17. **首末比**指的是，有一些量又有一些与它们个数相等的量，若在各组每取

---

① 设 a、b 是同类的两个量，c、d 也是同类的两个量，对任意的整数 m 与 n，若三个关系式 $ma \gtreqless nb$ 中之一成立时，必有三个关系式 $mc \gtreqless nd$ 中相应的一个成立. 则说 a 比 b 与 c 比 d 有相同的比. 即四个量成比例，称为 a 比 b 如同 c 比 d. 这就是欧几里得对四个量成比例所下的定义. 这个定义与现代对比例所下的定义是等价的. 在注释中将用 $a:b=c:d$ 表示四个量成比例.

② 设 a、b、c、d 是四个量，有某一对数 m、n，使得 $ma>nb$，而 $mc \leqslant nd$，则说，a 比 b 大于 c 比 d，即 $a:b>c:d$.

③ 有三个量 a、b、c，其比例式为 $a:b=b:c$.

④ 当三个量 a、b、c，有 $a:b=b:c$ 时，则称 $a:c$ 为 $a:b$ 的二次比.

⑤ 当四个量 a、b、c、d 有 $a:b=b:c=c:d$ 时，则称 $a:d$ 为 $a:b$ 的三次比. 依此类推.

⑥ 如果 $a:b=c:d$，则其更比为 $a:c=b:d$. [v. 16]

⑦ 如果 $a:b=c:d$，则其反比为 $b:a=d:c$. [v. 7 推论]

⑧ 如果 $a:b=c:d$，则其合比为 $(a+b):b=(c+d):d$. [v. 18]

⑨ 如果 $a:b=c:d$，则其分比为 $(a-b):b=(c-d):d$. [v. 17]

⑩ 如果 $a:b=c:d$，则其换比为 $a:(a-b)=c:(c-d)$.

二量作成相同的比例，则第一组量中首量比末量如同第二组中首量比末量①.

或者，换言之，这意思是取掉中间项，保留两头的项.

18. **波动比**是这样的，有三个量，又有另外与它们个数相等的三个量，在第一组量里的前项比中项如同第二组量里的中项比后项，同时，第一组量里的中项比后项如同第二组量里的前项比中项②.

命　题

命题 1　如果有任意多个量，分别是同样多个量的同倍量．则无论这个倍数是多少，前者的和也是后者的和的同倍量.

设量 AB，CD 分别是个数与它们相等的量 E，F 的同倍量.

A——G——B　C——H——D

E——　F——

则可证无论 AB 是 E 的多少倍，则 AB，CD 的和也是 E，F 的和的同样的多少倍.

因为，AB 是 E 的倍量，CD 是 F 的倍量，其倍数相等，则在 AB 中有多少个等于 E 的量，也在 CD 中有同样多少个等于 F 的量.

设 AB 被分成等于 E 的量 AG、GB，并且 CD 被分成等于 F 的量 CH、HD. 那么，量 AG、GB 的个数等于量 CH、HD 的个数.

现在，因为 AG 等于 E，CH 等于 F，故 AG 等于 E 并且 AG、CH 的和等于 E、F 的和.

同理，GB 等于 E，且 GB、HD 的和等于 E、F 的和. 故在 AB 中有多少个等于 E 的量，于是在 AB、CD 的和中也有同样多少个量等于 E、F 的和.

所以，不论 AB 是 E 的多少倍，AB、CD 的和也是 E、F 的和的同样多少倍.

证完

德·摩根关于卷 V. 1–6 评论道，它们是“一些简单具体的算术命题，但由于使用语言陈述，使现代人不易理解”. 正如这样的语句，十英亩与十路德等于一英亩与一路德的十倍. 因此，关于这些命题以及卷 V 中其他命题的注记的目的之一就是使用简短和熟悉的现代（代数）符号来表达相同的事实，以便读者理解. 为此，我们将用字母表中前面的字母 a，b，c 等表示

---

① 如果四个量 a、b、c、d，又有四个量 e、f、g、h，且 $a:b=e:f$，$b:c=f:g$，$c:d=g:h$. 则 $a:d=e:h$. 把 $a:d=e:h$ 叫做首末比.

② 设有三个量 a、b、c，又有三个量 d、e、f. 其波动比是：
$a:b=e:f$ 且 $b:c=d:e$.
由此可得首末比 $a:c=d:f$. 见 V. 23.

量，使用小写字母而不用大写字母是为了避免与欧几里得的字母系统混淆，我们将使用小写字母 m，n，p 等来表示整数，于是，ma 总意味着 m 乘以 a 或者 a 的 m 倍（$1a$ 是 a 的 1 倍，$2a$ 是 a 的 2 倍，等等）.

因而，命题 1 断言，如果 ma，mb，mc 等是 a，b，c 等的同倍数，则

$$ma+mb+mc+\cdots=m(a+b+c+\cdots).$$

命题 2　如果第一量是第二量的倍量，第三量是第四量的倍量，其倍数相等；又第五量是第二量的倍量，第六量是第四量的倍量，其倍数相等．则第一量与第五量的和是第二量的倍量，第三量与第六量的和是第四量的倍量，其倍数相等.

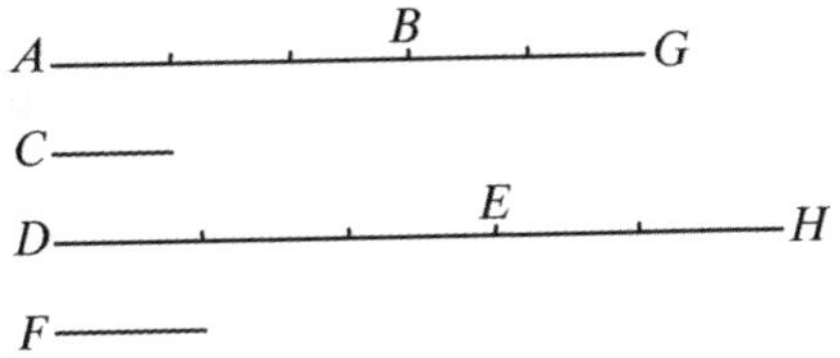

设第一量 AB 是第二量 C 的倍量，第三量 DE 是第四量 F 的倍量，其倍数相等；又第五量 BG 是第二量 C 的倍量，第六量 EH 是第四量 F 的倍量，其倍数相等．

A B G
C
D E H
F

则可证第一量与第五量的和 AG 是第二量 C 的倍量，第三量与第六量的和 DH 是第四量 F 的倍量，其倍数相等.

事实上，因为 AB 是 C 的倍量，DE 是 F 的倍量，其倍数相等．故在 AB 中存在多少个等于 C 的量，则在 DE 中也存在同样多少个等于 F 的量．

同理，在 BG 中存在多少个等于 C 的量，则在 EH 中也存在同样多少个等于 F 的量．因此，在整体 AG 中存在多少个等于 C 的量，在整体 DH 中也存在同样多少个等于 F 的量．

故无论 AG 是 C 的几倍，DH 也是 F 的几倍．

所以，第一与第五量的和 AG 是第二量 C 的倍量，第三量与第六量的和 DH 是第四量 F 的倍量，其倍数相等．

证完

为了找到与该命题的结论所对应的公式，设第一个量为 ma，第二个量为 a，第三个量为 mb，第四个量为 b，第五个量为 na，第六个量为 nb. 则该命题断言，

$$ma+na=(m+n)a,\qquad \text{并且}\quad mb+nb=(m+n)b.$$

更一般地，如果 pa，qa，…以及 pb，qb，…也是 a，b 的倍数，则

$$ma+na+pa+qa+\cdots=(m+n+p+q+\cdots)a,$$

$$mb+nb+pb+qb+\cdots=(m+n+p+q+\cdots)b,$$

这个推广叙述在 v. 2 的西姆森（Simson）的推论中：

“由此显然可知，如果任意个量 AB，BG，GH 是另一个量 C 的倍数，并且同个数的量 DE，EK，KL 分别是 F 的相同倍数，则前面量的总和 AH 关于 C 的倍数与后面量的总和 DL 关于 F

的倍数相同.”

在证明时，把 m 和 n 分拆为单位，证明过程告诉我们，a 的倍数是 $m+n$，即两个倍数的和，可表示为

$$ma+na=(m+n)a,$$

更一般地

$$ma+na+pa+\cdots=(m+n+p+\cdots)a.$$

命题 3　如果第一量是第二量的倍量，第三量是第四量的倍量，其倍数相等；如果再有同倍数的第一量及第三量．则同倍后的这两个量分别是第二量及第四量的倍量，并且这两个倍数是相等的．

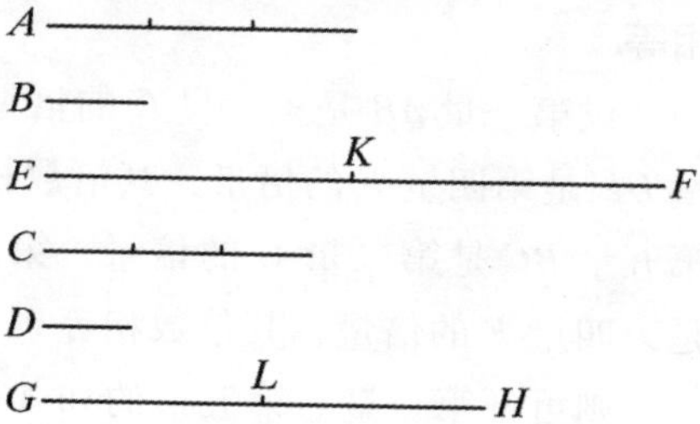

设第一量 A 是第二量 B 的倍量，第三量 C 是第四量 D 的倍量，其倍数相等．又取定 A，C 的等倍量 EF，GH.

则可证 EF 是 B 的倍量，GH 是 D 的倍量，其倍数相等．

事实上，因为 EF 是 A 的倍量，GH 是 C 的倍量，其倍数相等，故在 EF 中存在多少个等于 A 的量，也在 GH 中存在同样多少个等于 C 的量．

设 EF 被分成等于 A 的量 EK，KF；又 GH 被分成等于 C 的量 GL，LH. 那么，量 EK，KF 的个数等于量 GL，LH 的个数．

又因为 A 是 B 的倍量，C 是 D 的倍量，其倍数相等；这时 EK 等于 A，且 GL 等于 C，故 EK 是 B 的倍量，GL 是 D 的倍量，其倍数相等．

同理，KF 是 B 的倍量，LH 是 D 的倍量，其倍数相等．

那么，第一量 EK 是第二量 B 的倍量，第三量 GL 是第四量 D 的倍量，其倍数相等．

又第五量 KF 是第二量 B 的倍量，第六量 LH 是第四量 D 的倍量，其倍数也相等．故第一量与第五量的和 EF 是第二量 B 的倍量，第三量与第六量的和 GH 是第四量 D 的倍量，其倍数相等．

[V.2]

证完

在公布这个命题时，海伯格（Heiberg）曾用到首末二字，实际上，它与首末比的定义（17）没有关系. 但是，从下述可以看出，此处使用的表达方式与首末比定义中的表达方式是很类似的，这个命题断言，如果

na，nb，是 a，b 的同倍数，

并且如果

$m\cdot na$，$m\cdot nb$ 是 na，nb 的同倍数，

则 $m \cdot na$ 关于 a 的倍数与 $m \cdot nb$ 关于 b 的倍数相同. 显然，这个命题可以推广，我们可以证明

$p \cdot q \cdots m \cdot na$ 关于 a 的倍数

与 $p \cdot q \cdots m \cdot nb$ 关于 b 的倍数相同，

其中两个表示式中的数列 $p \cdot q \cdots m \cdot n$ 是完全相同的；而首末二字表示这样的事实，在两个序列 na，$m \cdot na$，…和 nb，$m \cdot nb$…中，分别到 a，b 有相同距离的项有同倍数.

此处的证明再次把 m，n 分拆为单位，并且说明 a 的倍数 $m \cdot na$ 是数 m，n 的乘积，即（mn）倍，即

$$m \cdot na = mn \cdot a.$$

命题 4　如果第一量比第二量与第三量比第四量有相同的比，取第一量与第三量的任意同倍量，又取第二量与第四量的任意同倍量．则按顺序它们仍有相同的比．

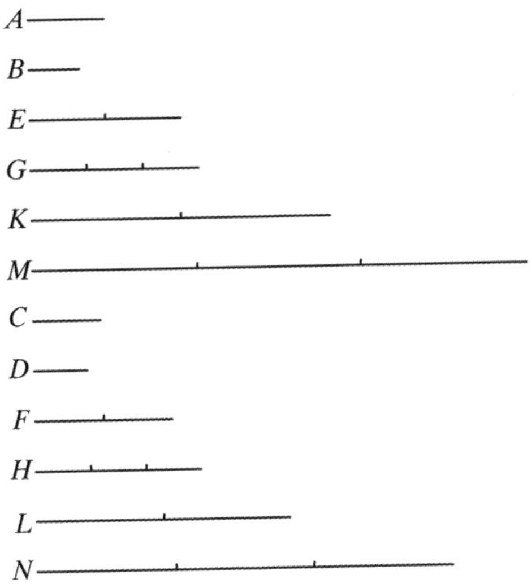

设第一量 A 比第二量 B 与第三量 C 比第四量 D 有相同的比．

取 A、C 的等倍量为 E、F；又取 B、D 的等倍量为 G、H.

则可证 E 比 G 如同 F 比 H.

事实上，令 E、F 的同倍量为 K、L；另外，G、H 的同倍量为 M、N.

因为，E 是 A 的倍量，F 是 C 的倍量，其倍数相同．又取定 E、F 的同倍量 K、L.

故 K 是 A 的倍量，L 是 C 的倍量，其倍数相同．［v. 3］

同理，M 是 B 的倍量，N 是 D 的倍量，其倍数相同．

又因为 A 比 B 如同 C 比 D，且 K、L 是 A、C 的同倍量；

另外，M、N 是 B、D 的同倍量，

因而，如果 M 大于 K，N 也大于 L；

如果 M 等于 K，N 也等于 L；

如果 M 小于 K，N 也小于 L.［v. 定义 5］

又，K、L 是 E、F 的同倍量，

另外，M、N 是 G、H 的同倍量，

故 E 比 G 如同 F 比 H.

[v. 定义 5]

证完

这个命题证明了，如果 a，b，c，d 成比例，则

$$ma : nb = mc : nd$$

证明如下：

取 ma，mc 的任意倍数 pma，pmc，并且取 nb，nd 的任意倍数 qnb，qnd.

因为 $a : b = c : d$，可推出 [v. 定义 5].

若 $pma >=< qnb$，则相应有 $pmc >=< qnd$.

但是，p 和 q 是任意的，因而 [v. 定义 5]

$$ma : nb = mc : nd.$$

注意，欧几里得关于取 A、C 的任意同倍数以及 B、D 的任意同倍数的短语的原话是“取 A，C 的同倍数 E，F 以及 B，D 的同倍数 G，H”，E，F 称为ἰσάκισς πολλαπλάσια，而G，H称为ἄλλα，ἃ ἔτυχεν，ἰσάκις πολ λαπλάσια．并且类似地，取 E，F 的任意同倍数（K，L），以及 G，H 的任意同倍数（M，N）．但是，后来欧几里得使用了同样的短语于原来量的新的同倍数，譬如说“取 A，C 的同倍数 K，L 以及取 B，D 的同倍数 M，N”；而 M，N 不是 B，D 的同倍数，它是（G，H）的同倍数，并且（G，H）是 B，D 的同倍数，尽管这些是随便取的．西姆森在第一个地方，在短语 A，C 的同倍数 E，F 以及 E，F 的同倍数 K，L 那里加上了ἃ ἔυχεν，由于这个词是“完全必要的（wholly necessary）”，并且，在第二个地方又取掉了它们，并且把 M，N 称为 B，D 的ἄλλα，ἃ ἔτυχεν，ἰσάκις πολλαπλάσια，由于取 B，D 的同倍数 M，N 不是真的．西姆森又说：“奇怪的是布里格斯（Briggs）及格雷戈里（Gregory）都没有在命题 4 的第一个地方以及本卷命题 17 的第二个地方把它们取掉，布里格斯在本卷的命题 13 的一个地方取掉了这些词，格雷戈里在命题 13 的三个地方把它们变为词某个（Some），而在第四个地方取掉了它们．在希腊文本（Greek text）中没有一个地方取掉词 α ἔτυχε，他们这样做是对的．同一个词ἃ ἔτυχε 出现在本卷命题 11 的四个地方，在第一个和最后一个地方它们是必要的，而在第二个和第三个地方它们是多余的，尽管它们是真的；类似地，在本卷命题 12，22，23 的第二个地方它们是多余的；但是在卷 XI 的命题 23，25 的最后一个地方是必要的．”

泰奥恩（Theon）关于这个命题说道：“因为已经证明了若 K 超过 M，则 L 也超过 N；若 K 等于 M，则 L 也等于 N，若 K 小于 M，则 L 小于 N，所以，显然，若 M 超过 K，则 N 也超过 L；若 M 等于 K，则 N 也等于 L；若 M 小于 K，则 N 也小于 L，因而

$$G : E = H : F.$$

推论：明显地，若四个量成比例，则其反比也成比例．”

西姆森正确地指出，泰奥恩想要证明若 E，G，F，H 成比例，则其反比也成比例，即 G

比 E 等于 H 比 F，其证明并不依赖于命题 4 及它的证明；因为，当说到“若 K 超过 M 时，则 L 也超过 N，等等”时，它不是由 E，G，F，H 成比例的事实来证明的（它是命题 4 的结论），而是从 A，B，C，D 成比例的事实证明的.

若 A，B，C，D 成比例，则其反比也成比例这个命题不是由欧几里得给出的，西姆森在他的命题 B 中给出了证明. 实际上，从卷 V 的第 5 个定义来看这是显然的，可能欧几里得认为它是不必要的，因而省略了它.

在泰奥恩的推论处，西姆森说：“类似地，如果第一个与第二个的比等于第三个与第四个的比，则第一个和第三个的任意同倍数对第二个和第四个的比相同；并且第一个和第三个对第二个和第四个的任意同倍数有相同的比.”

其证明当然可以从欧几里得的命题的方法推出，只有一点差别，代替两对同倍数，可以取这些量的本身. 换句话说，结论

$$ma : nb = mc : nd$$

当 m 或 n 等于单位时也是真的.

正如德·摩根所说，西姆森的推论只对那些不承认 M 在序列 M，$2M$，$3M$ 等中的人是必要的；例外只是语法的而不是别的. 同样的话对西姆森的命题 A 也是有效的，“如果四个量的第一个比第二个等于第三个比第四个，那么若第一个大于第二个，则第三个大于第四个；若第一、第二相等，则第三、第四相等；若第一小于第二，则第三小于第四”. 这个对那些相信一个 A 也在倍数之列的人来说是不必要的，尽管倍数（multus）意味着多个（many）.

命题 5　如果一个量是另一个量的倍量，而且第一个量减去的部分是第二个量减去的部分的倍量，其倍数相等．则剩余部分是剩余部分的倍量，其倍数与整体之间的倍数相等．

设量 AB 是量 CD 的倍量，部分 AE 是部分 CF 的倍量，其倍数相等．

A　E　B
G　C　F　D

则可证剩余量 EB 是剩余量 FD 的倍量，其倍数与整体 AB 与整体 CD 的倍数相等．

无论 AE 是 CF 的多少倍，可设 EB 也是 CG 的同样倍数．

因为 AE 是 CF 的倍量，EB 是 GC 的倍量，其倍数相等．故 AE 是 CF 的倍量，AB 是 GF 的倍量，其倍数相等．［v. 1］

但是，由假设，AE 是 CF 的倍量，AB 是 CD 的倍量，其倍数相等．

所以，AB 是量 GF，CD 的每一个的倍量，其倍数相等.

从而，GF 等于 CD.

设由以上每个减去 CF，故余量 GC 等于余量 FD.

又因为 AE 是 CF 的倍量，EB 是 GC 的倍量，其倍数相等．且 GC 等于 DF．故，AE 是 CF 的倍量，EB 是 FD 的倍量，其倍数相等．

但是，由假设，AE 是 CF 的倍量，AB 是 CD 的倍量，其倍数相等．

即余量 EB 是余量 FD 的倍量，其倍数与整体 AB 对整体 CD 的倍数相等．

证完

这个命题对应于命题 v. 1，只是把加号换成了减号，该命题证明了公式

$$ma-mb=m(a-b).$$

欧几里得的作图假定了若 AE 是 CF 的任意倍数，并且 EB 是任意另一个量，则可找到第四个线段，使得 EB 是它的倍数，其倍数是 AE 关于 CF 的倍数，换句话说，任给一个量，我们可以把它分为任意个相等部分．然而，在此并未证明．直到在命题 vi. 9 中，佩尔塔里乌斯（Peletarius）看出了其作图的这个缺点．把它看成一个假设的作图，并未克服其困难，作为假设的作图也不是欧几里得的风格．在佩尔塔里乌斯及坎帕努斯（Campanus）的阿拉伯文翻译之后，由西姆森给出了另外一个作图加以纠正，只需要把一个量加到它本身若干次，其证明严格遵循欧几里得的风格．

"取 FD 的倍数 AG，其倍数是 AE 关于 CF 的倍数；因而，AE 关于 CF 与 EG 关于 CD 的倍数相同．但是，由假设 AE 关于 CF 的倍数与 AB 关于 CD 的倍数相同；因而，EG 关于 CD 的倍数与 AB 关于 CD 的倍数相同；因此

$$EG=AB.$$

取掉它们的公共部分 AE，则剩余部分 AG 等于剩余部分 EB．

因为 AE 关于 CF 的倍数等于 AG 关于 FD 的倍数，又因为 AG 等于 EB，所以 AE 关于 CF 的倍数等于 EB 关于 FD 的倍数．

但是，AE 关于 CF 的倍数等于 AB 关于 CD 的倍数，因而，EB 关于 FD 的倍数等于 AB 关于 CD 的倍数．"证完．

G A E B C F D

欧几里得的证明等于下述证明．假设取一个量 x，使得

$$ma-mb=mx,$$

两边加上 mb，有（由命题 v. 1）

$$ma=m(x+b)$$

因而 $a=x+b$，或 $x=a-b$，

于是 $ma-mb=m(a-b)$.

西姆森的证明如下：

取 $x=m(a-b)$，它关于（$a-b$）的倍数等于 mb 关于 b 的倍数．而后，给两边加上 mb，有（由命题 v. 1）

$$x+mb=ma,$$

或 $x=ma-mb$,

即
$$ma-mb=m(a-b).$$

命题 6　如果两个量是另外两个量的同倍量，而且由前二量中减去后两个量的任何同倍量．则剩余的两个量或者与后两个量相等，或者是它们的同倍量．

设两个量 AB、CD 是两个量 E、F 的同倍量，由前二量减去 E、F 的同倍量 AG、CH.

则可证余量 GB、HD 或者等于 E、F，或者是它们的同倍量．

A G B
E
K C H D
F

为此，首先可设 GB 等于 E，则可证 HD 也等于 F.

因为可作 CK 等于 F.

因为 AG 是 E 的倍量，而 CH 是 F 的倍量，其倍数相等．这时，GB 等于 E 且 KC 等于 F，故 AB 是 E 的倍量，而 KH 是 F 的倍量，其倍数相等．

[v. 2]

但是，由假设，AB 是 E 的倍量，而 CD 是 F 的倍量，其倍数相等，

所以，KH 是 F 的倍量，而 CD 是 F 的倍量，其倍数相等．

则量 KH、CD 的每一个都是 F 的同倍量．

故 KH 等于 CD.

由上面每个量减去 CH，

则余量 KC 等于余量 HD.

但是，F 等于 KC，

故 HD 也等于 F.

因此，如果 GB 等于 E，HD 也等于 F.

类似地，我们可以证明，如果 GB 是 E 的倍量，则 HD 也是 F 的同倍量．

证完

这个命题对应于命题 v. 2，只是把加号换成了减号．该命题断言，若 n 小于 m，则 $ma-na$ 关于 a 的倍数等于 $mb-nb$ 关于 b 的倍数．证明分为 $m-n$ 等于 1 和大于 1 两种情形．

西姆森注意到，只有第一种情形（较简单的情形）早在古希腊已被证明，两种情形的证明叙述在从阿拉伯文翻译的拉丁文本中；西姆森提供了第二种情形的证明，而第二种情形的证明是欧几里得留给读者的．事实上，第二种情形的证明与第一种情形的证明完全一样，除了在作图中令 CK 关于 F 的倍数与 GB 关于 E 的倍数相同，并且在末了，当证明了 KC 等于 HD 之后，代替结论 HD 等于 F，我们应当说"因为 GB 关于 E 的倍数与 KC 关于 F 的倍数相同，并且 $KC=HD$，所以 HD 关于 F 的倍数与 GB 关于 E 的倍数相同".

命题 7　相等的量比同一个量，其比相同；同一个量比相等的量，其比相同.

A——　D——　设 A、B 是相等的量，且设 C 是另外的任意量.

B——　E——

C——　F——

则可证量 A、B 的每一个与量 C 相比，其比相同；且量 C 比量 A、B 的每一个，其比相同.

设取定 A、B 的等倍量 D、E，且另外一个量 C 的倍量为 F，

则，因为 D 是 A 的倍量，E 是 B 的倍量，其倍数相等；这时，A 等于 B，故，D 等于 E.

但是，F 是另外的任意量.

如果，D 大于 F，E 也大于 F；如果前二者相等，后二者也相等；如果 D 小于 F，E 也小于 F.

又由于，D、E 是 A、B 的同倍量，这时，F 是量 C 的任意倍量，故，A 比 C 如同 B 比 C.　[v. 定义 5]

其次，可证量 C 比量 A、B，其比相同.

因为，可用同样的作图，类似地，我们可以证明 D 等于 E；又 F 是某个另外的量.

如果，F 大于 D，F 也就大于 E；如果 F 等于 D，则 F 也等于 E；如果 F 小于 D，则 F 也小于 E.

又 F 是 C 的倍量，这时 D、E 是 A、B 另外的倍量；

故，C 比 A 如同 C 比 B.　[v. 定义 5]

推论　由此容易得出，如果任意的量成比例，则其反比也成比例.

证完

在这个命题中类似地使用了在命题 4 下面讨论过的词ὁ ἔτυχεν. 取 C 的任意倍数 F，现在有了四条钱，“F 是另一个量”. 当然，它不是随便的任意量，而西姆森取掉了这个句子，但是这一次没有提及注意它.

关于这个命题的推论，海伯格说该推论放在此处在原稿中是最好的地方；正如奥古斯特（August）注意到的，如果泰奥恩把这个命题放置的地方（在 v. 4 的末尾）是正确的地方，那么，这个命题的第二部分的证明就是不必要的. 但是，其真实情况是推论不在此处. 这个命题所证的结果是：若 A、B 相等，并且 C 是任意另一个量，则同时有两个结论，(1) A 比 C 等于 B 比 C. (2) C 比 A 等于 C 比 B. 其第二个结论不是由第一个结论建立的（因为它应当证明

推出推论是合理的），而是由第一个结论所依赖的假设推出的；并且这不是四个量之间的一个一般形式的比例，而只是结果相等的特殊情形.

亚里士多德在《天象论》（*Meteorologica*）iii.5，376 a 14～16 中默认其逆是成立的（结合欧几里得的命题 vi. 11 的解）.

命题 8　有不相等的二量与同一量相比，较大的量比这个量大于较小的量比这个量；反之，这个量比较小的量大于这个量比较大的量.

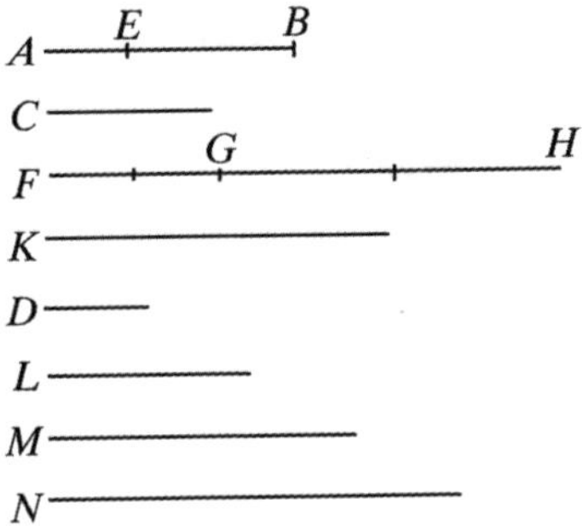

设 AB、C 是不相等的量，且 AB 是较大者，而 D 是另外任意给定的量.

则可证 AB 与 D 的比大于 C 与 D 的比；且 D 与 C 的比大于 D 与 AB 的比.

因为，AB 大于 C，取 BE 等于 C.

那么，如果对量 AE，EB 中较小的一个量，加倍至一定次数时它就大于 D.

［v. 定义 4］

［**情况 1.**］

首先设，AE 小于 EB，加倍 AE，并令 FG 是 AE 的倍量，它大于 D.

则无论 FG 是 AE 的几倍，就取 GH 为 EB 同样的倍数，且取 K 为 C 同样的倍数；

又令 L 是 D 的二倍，M 是它的三倍，而且一个接一个逐倍增加，直到 D 递加到首次大于 K 为止. 设它已被取定，而且是 N，它是 D 的四倍. 这是首次大于 K 的倍量.

故 K 是首次小于 N 的量. 所以，K 不小于 M.

又因为 FG 是 AE 的倍量，GH 是 EB 的倍量，其倍数相等. 故，FG 是 AE 的倍量，FH 是 AB 的倍量，其倍数相等.　［v. 1］

但是，FG 是 AE 的倍量，K 是 C 的倍量，其倍数相等，故，FH 是 AB 的倍量，K 是 C 的倍量，其倍数相等，从而，FH、K 是 AB、C 的同倍量.

又因为 GH 是 EB 的倍量，K 是 C 的倍量，其倍数相等，且 EB 等于 C.

于是 GH 等于 K.

但是，K 不小于 M；故，GH 也不小于 M.

又 FG 大于 D，于是整体 FH 大于 D 与 M 的和.

但是 D 与 M 的和等于 N，因此 M 是 D 的三倍. 且 M，D 的和是 D 的四倍，

这时，N 也是 D 的四倍；因而得到 M，D 的和等于 N.

但是 FH 大于 M 与 D 的和，故 FH 大于 N，这时 K 不大于 N.

又 FH、K 是 AB、C 的同倍量，这时 N 是另外任意取定的 D 的倍量，

故 AB 比 D 大于 C 比 D [v. 定义 7]

其次，可证 D 比 C 也大于 D 比 AB.

因为，用相同的作图，我们可以类似地证明 N 大于 K，这时 N 不大于 FH.

又 N 是 D 的倍量，这时，FH、K 是 AB、C 的另外任意取定的同倍量，

故 D 比 C 大于 D 比 AB. [v. 定义 7]

[**情况 2.**]

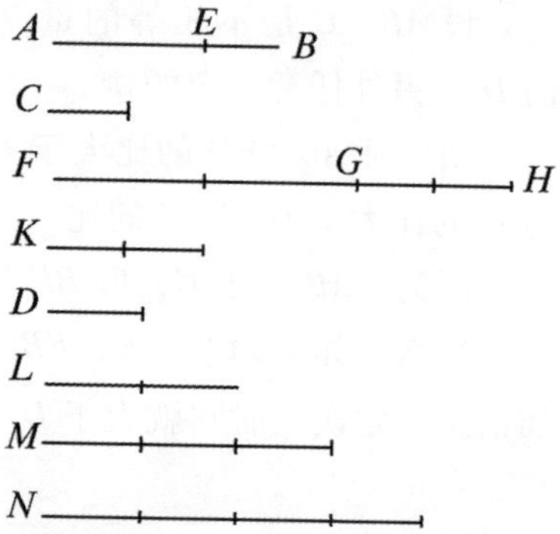

又设，AE 大于 EB.

则加倍较小的量 EB 到一定倍数，必定大于 D. [v. 定义 4]

设加倍后的 GH 是 EB 的倍量且大于 D；

又无论 GH 是 EB 的多少倍，也取 FG 是 AE 的同样多少倍，K 是 C 的同样多少倍.

我们可以证明 FH、K 是 AB、C 的同倍量；

且类似地，设取定 D 的第一次大于 FG 的倍量 N，这样，FG 不再小于 M.

A E B
C
F G H
K
D
L
M
N

但是，GH 大于 D，所以，整体 FH 大于 D、M 的和，即大于 N.

现在，K 不大于 N，因此 FG 也大于 GH，即大于 K，而不大于 N.

用相同的方法，我们可以把以后的论证补充出来.

证完

在希腊文本中的证明的两种情形实际上可以压缩成一种，并且这两种的陈述者过多地强调了它们的不同. 在每一种情形，选择了两个线段 AE，EB 中较小者并使得它的倍数大于 D 是必要的；在第一种情形，选取的是 AE，在第二种情形，选取的是 EB. 但是，在第一种情形，逐次加倍 D，为了找到第一个大于 GH（或者 K）的倍数，在第二种情形，取的是第一个大于 FG 的倍数. 这个区别是不必要的；D 的第一个大于 GH 的倍数同样地可以用在第二种情形. 最后，使用量 K 在两种情形都是不必要的；它没有实质上的用处，而只会增长其证明. 由于这些原因，西姆森认为泰奥恩以及另外某些编辑使得这个命题有了缺陷. 然而，这似乎是一个靠不住的假设；因为它不是伟大的希腊几何学家分别讨论几种不同情形的习惯（例如，在 i. 7 及 i. 35 中欧几里得证明了一种情形，而把其余的情形留给了读者）. 也存在许多例外. 例如，欧几里得的 iii. 25 和 33；并且我们知道许多基本命题是首先讨论其特殊情形，而后把

它推广到一般情形. 表述一个较新理论的卷 v. 可能企望展现比前几卷更多的不必细分的例子. 使用 K 也不伤其证明的纯洁性.

然而，西姆森的证明当然有特色，并且包括了 AE 等于 EB 的情形以及 AE，EB 都大于 D 的情形（尽管这些情形几乎不值得分开讨论）.

（1）如果 AE，EB 中非较大者不小于 D，则取 FG，GH 分别为 AE，EB 的两倍.

（2）如果 AE、EB 中非较大者小于 D，则可以加倍这个量，使其大于 D，不管它是否是 AE 或 EB.

设它加倍到大于 D，并且设另一个照样加倍；设 FG 是 AE 的这样的倍数，GH 是 EB 的这样的倍数.

因而，FG 和 GH 都大于 D.

又，在每种情形下，取 L 为 D 的二倍，取 M 为 D 的三倍，等等，直到 D 的这个倍数，它第一次大于 GH.

设 N 是 D 的那个倍数，它第一次大于 GH，设 M 是 D 的倍数，它相邻 N 且小于 N.

那么，因为 N 是 D 的第一个大于 GH 的倍数，所以相邻的前面的倍数都不大于 GH，即 GH 不小于 M.

又因为 FG 关于 AE 的倍数与 GH 关于 EB 的倍数相同，所以 GH 关于 EB 的倍数与 FH 关于 AB 的倍数相同； ［v. 1］

因而，FH，GH 是 AB，EB 的同倍数.

已证 GH 小于 M，并且由作图，FG 大于 D，因而，整体 FH 大于 M，D 之和.

但是 M，D 合在一起等于 N，因而，FH 大于 N.

而 GH 大于 N，并且 FH，GH 是 AB，BE 的同倍数，N 是 D 的一个倍数，因而，AB 比 D 大于 BE（或者 C）比 D. ［v. 定义 7］

同样地，D 比 BE 大于 D 比 AB.

由同样的作图，用同样的方式，可证 N 大于 GH，但不大于 FH；并且 N 是 D 的一个倍数，GH，FH 是 EB，AB 的同倍数. 因而，D 比 EB 大于 D 比 AB. ［v. 定义 7］

用更符号化形式，可能更容易掌握上述证明.

取 C 的 m 倍，并且取 AB 的超过 C 的部分（即 AE）的同倍数，使得每一个都大于 D. 并且设 pD 是第一个大于 mC 的 D 的倍数，nD 是相邻的较小的 D 的倍数.

因为 mC 不小于 nD，并且由作图 $m(AE)$ 大于 D，所以 mC 与 $m(AE)$ 的和大于 nD 与 D 的和，即 m（AB）大于 pD.

又由作图，mC 小于 pD，因而［v. 定义 7］，AB 比 D 大于 C 比 D.

又因为 pD 小于 m（AB），并且 pD 大于 mC，所以 D 比 C 大于 D 比 AB.

命题 9　几个量与同一个量的比相同，则这些量彼此相等；且同一量与几个

量的比相同．则这些量相等．

A————　　设量 A、B 各与 C 成相同的比．

B————　　则可证 A 等于 B.

C—————　　因为，如果不是这样，那么，量 A、B 各与 C 的比不相同，［v. 8］

但已知它们有相同的比，故 A 等于 B.

又若 C 与量 A、B 的每一个成相同的比．则可证 A 等于 B.

因为，如果不是这样，即 C 与量 A、B 的每一个成不相同的比．［v. 8］

但是，已知它们成相同的比，于是 A 等于 B.

证完

若 A 比 C 等于 B 比 C，或者，若 C 比 A 等于 C 比 B，则 A 等于 B.

西姆森给这个命题一个更清楚的证明，它的优点是只涉及基本的第 5 和第 7 定义，而不涉及前述命题的结论，正如在下一个注解里看到的，它可能造成循环论证，因而是不可靠的.

"设 A、B 中的每一个对 C 的比相同，则 A 等于 B."

因为若它们不相等，则它们中的一个大于另一个，设 A 是较大者.

在前一个命题中已证明，有 A 和 B 的某个同倍数，以及 C 的某个倍数，使得 A 的倍数大于 C 的倍数，而 B 的倍数不大于 C 的倍数.

设这样的倍数已经取定，并设 D，E 就是 A，B 的同倍数，并且 F 是 C 的倍数，于是，D 大于 F，而 E 不大于 F.

但是，因为 A 比 C 等于 B 比 C，并且 D，E 是 A，B 的同倍数，F 是 C 的倍数，D 大于 F，所以，E 必然大于 F.［v. 定义 5］

而 E 不大于 F，因而，A 大于 B 是不可能的.

其次，设 C 对 A，B 中的每一个的比相同，则 A 等于 B.

因为如果不是这样，它们中的一个大于另一个，设 A 是较大者.

因而，正如命题 8 中所证明的，有 C 的倍数 F，以及 B 和 A 的某个同倍数 E 和 D，使得 F 大于 E，而不大于 D.

但是，因为 C 比 B 等于 C 比 A，并且 C 的倍数 F 大于 B 的倍数 E，所以，C 的倍数 F 大于 A 的倍数 D.［v. 定义 5］

但是，F 不大于 D. 因而，A 大于 B 不可能，故 A 等于 B.

命题 10　一些量比同一量，比大者，该量也大；且同一量比一些量，比大者，该量较小．

设 A 比 C 大于 B 比 C.

A———————— 则可证 A 大于 B.

B—————— 因为，如果不是这样，则或者 A 等于 B 或者 A 小

C——————— 于 B.

现在，设 A 不等于 B，因为，在这种情况下，已知量 A、B 的每一个比 C 有相同的比，

［v. 7］

但是，它们的比不相同；

所以，A 不等于 B.

又，A 也不小于 B，

因为，在这种情况下，A 比 C 小于 B 比 C. ［v. 8］

但是，已知不是这样，

所以，A 不小于 B.

但是，已经证明了又不相等.

所以 A 大于 B.

再设，C 比 B 大于 C 比 A. 则可证 B 小于 A.

因为，如果不是这样，则或者相等或者大于.

现在，设 B 不等于 A，

因为，在这种情况下，C 比量 A、B 的每一个有相同的比，

［v. 7］

但是，已知不是这样，

所以，A 不等于 B.

也不是 B 大于 A；

因为，在这种情况下，C 比 B 小于 C 比 A. ［v. 8］

但是，已知不是这样，

所以，B 不大于 A.

但是，已经证明了一个并不等于另一个，

所以，B 小于 A.

证完

我认为在西姆森对《原本》评论性研究的深刻性方面以及在他研究欧几里得的巨大的服务性工作中，找不到更好的例子与关于这个命题的令人钦佩的注释相比较，在这个注释中，他指出了该文本的证明的一个严重缺陷.

因为这是欧几里得第一次讨论比的大小，通过检查这个证明的步骤，就会发现他对这个

术语附加了比它的名称更多的含义，又由于关于比的大小的全部内容只有比大于的定义（定义7），所以他必须继续向前. 现在，我们在讨论比的大小时，不能像对量一样使用同一术语，事实上，欧几里得用事实已经明确地指出了这一点，在卷Ⅰ中有一个公理，即等于同一个量的量彼此相等. 相反地，在命题11中，他证明了与同一个比相同的比也彼此相同.

现在让我们检查一下该文本中的证明的步骤. 首先，该文本中说：

"A 大于 B，因为若不然，则 A 等于 B 或者 A 小于 B.

现在，A 不等于 B；否则，A、B 对 C 有相同的比，［v. 7］

但它们不相等，所以，A 不等于 B."

正如西姆森的评注，这个推理的要点如下：

若 A 比 C 与 B 比 C 相同，然后——假设取 A，B 的任意同倍数，以及 C 的任意倍数——由定义5，若 A 的倍数大于 C 的倍数，则 B 的倍数也大于 C 的倍数.

但是，依据定义7，由假设（A 比 C 大于 B 比 C）推出，必然有 A，B 的某个同倍数以及 C 的某个倍数，使得 A 的倍数大于 C 的倍数，而 B 的倍数不大于 C 的同倍数.

而这个与前述假定 A 比 C 与 B 比 C 相同的推论相矛盾.

因而这个假定是不可能的.

这个证明继续如下：

"也不是 A 小于 B. 因为若 A 小于 B，则 A 比 C 小于 B 比 C，［v. 8］

但是，这不成立，因而，A 不小于 B."

此时，困难出现了，如前所述，我们必须使用定义7. "A 比 C 小于 B 比 C" 或者其等价命题 B 比 C 大于 A 比 C，这意味着存在 B，A 的同倍数以及 C 的某个倍数，使得

（1）B 的倍数大于 C 的倍数，而

（2）A 的倍数不大于 C 的倍数，

并且应当证明，如果这个命题的假设是真的，即 A 比 C 大于 B 比 C，则这个绝不能发生；即应当证明，在后一种情形，当 B 的倍数大于 C 的倍数时，A 的倍数总是大于 C 的倍数（因为当证明了这个，显然有 B 比 C 不大于 A 比 C）. 但是，这个却未证明（参考德·摩根关于 v. 定义7的注释，P. 130）. 因而，没有证明上述从假定 A 小于 B 得出的推论与上述假设矛盾. 故证明失败了.

西姆森认为这个证明不是欧几里得的，而是另一个人的工作，这个人显然"错误地应用了对量来说是显然的结论于比，即一个量既不能大于也不能小于另一个量".

西姆森给出了一个满意的和简单的证明.

"设 A 比 C 大于 B 比 C，则 A 大于 B.

因为 A 比 C 大于 B 比 C，所以存在 A，B 的某个同倍数以及 C 的某个倍数，使得 A 的倍数大于 C 的倍数，而 B 的倍数不大于 C. ［v. 定义7］

设它们已取定，并设 D，E 是 A，B 的同倍数，F 是 C 的倍数，使得

D 大于 F

而 E 不大于 F.

因而，D 大于 E.

又因为 D 和 E 是 A 和 B 的同倍数，以及 D 大于 E，因而

A 大于 B. ［西姆森的第4公理］

其次，设 C 比 B 大于 C 比 A，则 B 小于 A.

因为存在 C 的某个倍数 F 以及 B 和 A 的某个同倍数 E 和 D，使得 F 大于 E，而不大于 D. ［v. 定义7］

因而，E 小于 D，并且由于 E 和 D 是 B 和 A 的同倍数，所以 B 小于 A.”

命题11　凡与同一个比相同的比，它们也彼此相同．

设 A 比 B 如同 C 比 D，

又设 C 比 D 如同 E 比 F.

则可证 A 比 B 如同 E 比 F.

A———　　C———　　E———

B———　　D———　　F—

G———————　　H———————　　K————

L————————　　M———————　　N————

因为，可取 A、C、E 的同倍量为 G、H、K，又任意取定 B、D、F 的同倍量为 L、M、N.

那么，因为 A 比 B 如同 C 比 D；

又因为已经取定了 A、C 的同倍量 G、H；

且另外任意取定了 B、D 的同倍量 L、M. 故，如果 G 大于 L，H 也大于 M；

如果前二者相等，则后二者也相等；

如果 G 小于 L，则 H 也小于 M.

又因为，C 比 D 如同 E 比 F，

而且已经取定了 C、E 的同倍量 H、K，

又另外，任意取定了 D、F 的同倍量 M、N.

故，如果 H 大于 M，则 K 也大于 N；

如果前二者相等，则后二者也相等；

如果 H 小于 M，则 K 也小于 N.

但是，我们看到，如果 H 大于 M，G 也大于 L；如果前二者相等，则后二者

也相等；如果 H 小于 M，则 G 也小于 L.

这样一来，如果 G 大于 L，则 K 也大于 N；如果前二者相等，则后二者也相等，如果 G 小于 L，则 K 也小于 N.

又，G、K 是 A、E 的同倍量，

这时，L、N 是任意给定的 B、F 的同倍量.

所以，A 比 B 如同 E 比 F.

证完

代数地，若

$$a:b=c:d,$$

并且

$$c:d=e:f,$$

则

$$a:b=e:f.$$

应当注意，在习惯上应用未完成体来引用前面得到的结果. 代替“But it was proved that, if H is in excess of M, G is also in excess of L”，（但是，已证明，若 H 大于 M，则 G 也大于 L,）在希腊文本中用“But if H was in excess of M, G was also in excess of L”，ἀλλὰ εἰ ὑπερεῖχε τὸ Θ τοῦ M，ὑπερεῖχε καὶ τὸ H τοῦ Λ.（但是，若 H 大于 M，则 G 也大于 L.）

这个命题以及 v. 16 和 v. 24 默默地使用在亚里士多德的《天象论》的几何部分（Meteo ologica iii. 5，376a22-26）.

命题 12　如果有任意多个量成比例，则其中一个前项比相应的后项如同所有前项的和比所有后项的和.

设任意多个量 A、B、C、D、E、F 成比例，即 A 比 B 如同 C 比 D，又如同 E 比 F.

则可证 A 比 B 如同 A、C、E 的和比 B、D、F 的和.

取 A、C、E 的同倍量 G、H、K.

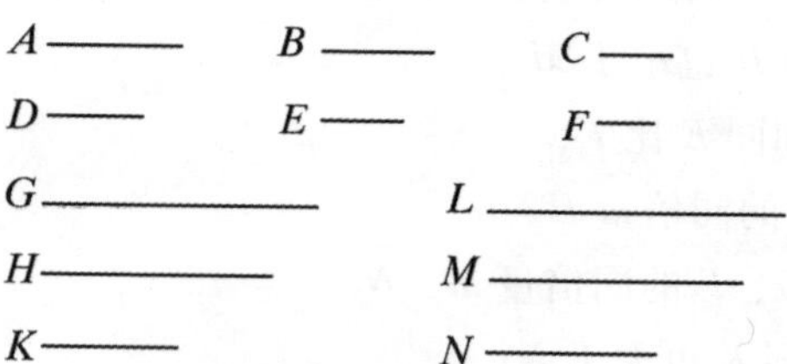

且另外任意取 B、D、F 的同倍量 L、M、N.

因为，A 比 B 如同 C 比 D，也如同 E 比 F.

又，已取定了 A、C、E 的同倍量 G、H、K，

又，取定 B、D、F 的同倍量为 L、M、N.

故，如果 G 大于 L，H 也大于 M，K 也大于 N.

如果前二者相等，则后二者也相等；

如果 G 小于 L，则 H 也小于 M，K 也小于 N.

这样一来，进一步可得，

如果 G 大于 L，则 G，H，K 的和大于 L，M，N 的和.

如果前二者相等，则后二者和也相等；

如果 G 小于 L，则 G，H，K 的和小于 L，M，N 的和.

现在，G 与 G、H、K 的和是 A 与 A、C、E 的和的同倍量. 因为，如果有任意多个量，分别是同样多个量的同倍量，那么，无论哪些个别量的倍数是多少，前者的和也是后者的和的同倍量.

[v. 1]

同理，L 与 L、M、N 的和也是 B 与 B、D、F 的和的同倍量.

所以，A 比 B 如同 A、C、E 的和比 B、D、F 的和.

[v. 定义 5]

证完

代数地，若 $a : a' = b : b' = c : c'$，等等，则每个比等于比 $(a+b+c+\cdots) : (a'+b'+c'+\cdots)$.

这个定理被亚里士多德在 Eth. Nic. v. 7，1131 b 14 中简短地引述为“整体比整体等于部分比部分”.

命题 13　如果第一量比第二量与第三量比第四量有相同的比，又第三量与第四量的比大于第五量与第六量的比. 则第一量与第二量的比也大于第五量与第六量的比.

设第一量 A 比第二量 B 与第三量 C 比第四量 D 有相同的比，

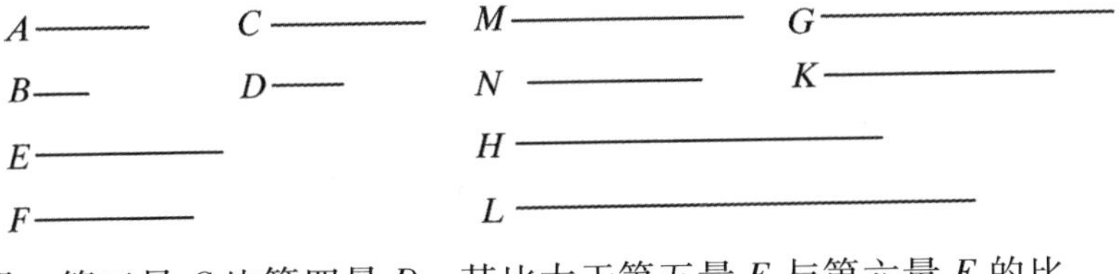

又设，第三量 C 比第四量 D，其比大于第五量 E 与第六量 F 的比.

则可证第一量 A 比第二量 B，其比也大于第五量 E 与第六量 F 的比.

因为，有 C、E 的某个同倍量，且 D、F 有另外任意给定的同倍量，使得 C

的倍量大于 D 的倍量.

这时，E 的倍量不大于 F 的倍量. [v. 定义 7]

设它们已经被取定，且令 G、H 是 C、E 的同倍量，又 K、L 是另外任意给定的 D、F 的同倍量.

由此，G 大于 K，但是 H 不大于 L.

又，无论 G 是 C 的几倍，设 M 也是 A 的几倍，且，无论 K 是 D 的几倍，设 N 也是 B 的几倍.

现在，因为 A 比 B 如同 C 比 D.

又，已经取定 A、C 的同倍量 M、G，且，另外任意给定 B、D 的同倍量 N、K.

故，如果 M 大于 N，G 也大于 K；

如果前二者相等，则后二者也相等；

如果，M 小于 N，则 G 也小于 K. [v. 定义 5]

但是，G 大于 K，于是，M 也大于 N.

但是，H 不大于 L，且，M、H 是 A、E 的同倍量，

又，对 N、L 另外任意取定同倍量 B、F，

所以，A 比 B 大于 E 比 F. [v. 定义 7]

证完

代数地，若

$$a:b=c:d,$$

并且

$$c:d>e:f,$$

则

$$a:b>e:f.$$

在证明的第一行“因为”的后面，泰奥恩加上了“C 比 D 大于 E 比 F”，因而“存在某个同倍数”开始了主要的句子.

在希腊文本中，在“且 D，F 有另外任意给定的同倍量”之后，我把“使得”（such that）换成了“并且”（and），便成了“并且 C 的倍数大于 D 的倍数”.

下面展示欧几里得的证明方法.

因为

$$c:d>e:f,$$

所以有 c，e 的某个同倍数 mc，me，以及 d，f 的某个同倍数 nd，nf，使得

$$mc>nd, \text{ 而 } me \ngtr nf,$$

但是，因为

$$a:b=c:d,$$

所以，相应地有

$$ma>=<nb, \quad mc>=<nd.$$

并且 $mc>nd$，因而

$$ma>nb，\text{而（由上述）} me \ngtr nf.$$

故 $$a:b>e:f.$$

西姆森增加了下述推论.

“若第一个比第二个大于第三个比第四个，而第三个比第四个等于第五个比第六个，同样地可以证明第一个比第二个大于第五个比第六个.”

然而，这个不值得另立命题，因为它只是改变了假设中两部分的顺序.

命题14　如果第一量比第二量与第三量比第四量有相同的比，且第一量大于第三量，则第二量也大于第四量；如果前二量相等，则后二量也相等，如果第一量小于第三量，则第二量也小于第四量.

因为，可令第一量 A 比第二量 B 与第三量 C 比第四量 D 有相同的比，又设 A 大于 C，

则可证 B 也大于 D.

A——　C——

B——　D——

因为，A 大于 C，且 B 是另外任意的量，故，A 比 B 大于 C 比 B. ［v. 8］

但是，A 比 B 如同 C 比 D，

故，C 比 D 大于 C 比 B， ［v. 13］

但是，同一量与二量相比，比大者，该量反而小， ［v. 10］

故，D 小于 B.

由此，B 大于 D.

类似地，我们可以证明，如果 A 等于 C，B 也等于 D；而且如果 A 小于 C，B 也小于 D.

证完

代数地，若

$$a:b=c:d,$$

相应地，若 $$a>=<c，\text{则}\quad b>=<d.$$

西姆森对这个命题的第二、第三部分给出了特别的证明，而欧几里得只说了“同理可证……”.

“第二，如果 A 等于 C，则 B 等于 D；因为 A 比 B 等于 C 比 D，所以，B 等于 D. ［v. 9］

第三，如果 A 小于 C，则 B 小于 D.

因为 C 大于 A，又因为 C 比 D 等于 A 比 B，所以，由第一种情形，D 大于 B，因而 B 小于 D.”

亚里士多德在《天象论》（iii. 5，376 a 11–14）中引用了其等价命题，若 $a>b$ 则 $c>d$.

命题 15　部分与部分的比按相应的顺序与它们同倍量的比相同.

设 *AB* 是 *C* 的倍量，*DE* 是 *F* 的倍量，其倍数相同.

则可证 *C* 比 *F* 如同 *AB* 比 *DE*.

因为，*AB* 是 *C* 的倍量，*DE* 是 *F* 的倍量，其倍数相同. 因此，在 *AB* 中存在着多少个等于 *C* 的量，则在 *DE* 中也存在着同样多少个等于 *F* 的量.

设将 *AB* 分成等于 *C* 的量 *AG*，*GH*，*HB*.

且将 *DE* 分成等于 *F* 的量 *DK*，*KL*，*LE*.

又，因为量 *AG*，*GH*，*HB* 的个数等于量 *DK*，*KL*，*LE* 的个数.

又因为 *AG*，*GH*，*HB* 彼此相等，且 *DK*，*KL*，*LE* 也彼此相等.

故，*AG* 比 *DK* 如同 *GH* 比 *KL*，也如同 *HB* 比 *LE*.　[v. 7]

所以，其中一个前项比后项如同所有前项的和比后项的和.　[v. 12]

故，*AG* 比 *DK* 如同 *AB* 比 *DE*.

但是，*AG* 等于 *C* 且 *DK* 等于 *F*，

所以，*C* 比 *F* 如同 *AB* 比 *DE*.

证完

代数地

$$a : b = ma : mb.$$

命题 16　如果四个量成比例，则它们的更比也成立.

设 *A*、*B*、*C*、*D* 是四个成比例的量. 由此，*A* 比 *B* 如同 *C* 比 *D*.

则可证它们的更比也成立.

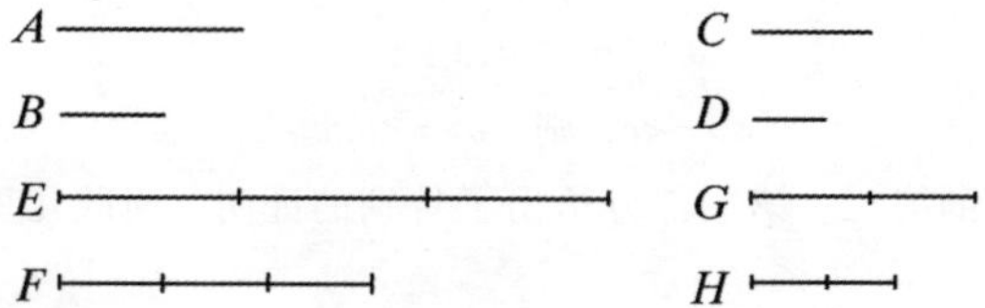

即，*A* 比 *C* 如同 *B* 比 *D*.

取定 *A*、*B* 的同倍量 *E*、*F*，

又，另外任意取定 *C*、*D* 的同倍量 *G*、*H*.

那么，因为 E 是 A 的倍量，F 是 B 的倍量，其倍数相同．且部分与部分的比与它们同倍量的比相同． ［v. 15］

故，A 比 B 如同 E 比 F.

但是，A 比 B 如同 C 比 D,

所以也有，C 比 D 如同 E 比 F. ［v. 11］

又因为 G、H 是 C、D 的同倍量，

故，C 比 D 如同 G 比 H. ［v. 15］

但是，C 比 D 如同 E 比 F,

所以也有 E 比 F 如同 G 比 H. ［v. 11］

但是，如果四个量成比例，且第一量大于第三量，

则第二量也大于第四量；

如果前二者相等，则后二者也相等；

如果第一量小于第三量，则第二量也小于第四量． ［v. 14］

因此，如果 E 大于 G，F 也大于 H;

如果前二者相等，则后二者也相等；

如果 E 小于 G，则 F 也小于 H.

现在，E、F 是 A、B 的同倍量．

且 G、H 是另外任意取的 C、D 的同倍量．

所以，A 比 C 如同 B 比 D. ［v. 定义 5］

证完

代数地，若

$$a : b = c : d,$$

则

$$a : c = b : d,$$

取 a，b 的同倍数 ma，mb，以及 c，d 的同倍数 nc，nd，由 v. 15，有

$$a : b = ma : mb$$

$$c : d = nc : nd,$$

又因为

$$a : b = c : d,$$

有［v. 11］

$$ma : mb = nc : nd,$$

所以［v. 14］，相应地，若

$$ma >=< nc,\ 则\quad mb >=< nd,$$

因而，

$$a : c = b : d,$$

亚里士多德在《天象论》（iii. 5，376 a 22-24）中默默地使用了这个定理．

这个命题中的四个量必须是同类型的，西姆森在叙述过程中插入了“是同类型的”．

这是在史密斯（Smith）及布里安特（Bryant）的《欧几里得原本，1901》中用vi. 1证明的欧几里得卷V中的命题的第一个命题，该命题中的几何量只限于线段或直线形的面积；当然，这个证明比欧几里得的证明更容易掌握. 其证明如下：

要证明若同类型（线段或者直线形的面积）的四个量成比例，则其更比例也成立.

设P，Q，R，S是同类型的四个量，并且

$$P : Q = R : S,$$

要证

$$P : R = Q : S,$$

首先，设所有的量是面积.

作一个矩形$abcd$，其面积为P，并且在bc上作矩形$bcef$，其面积为Q，在ab，bf上分别作矩形ag，bk分别等于R，S.

那么，因为矩形ac，be同高，所以它们的比等于它们的底的比. [vi. 1]

因而 $$P : Q = ab : bf,$$

但是 $$P : Q = R : S,$$

所以 $$R : S = ab : bf,$$ [v. 11]

即 $$矩形\ ag : 矩形\ bk = ab : bf,$$

因而（由vi. 1的逆），矩形ag，bk同高，于是k在直线hg上.

故，矩形ac，ag有同高ab；同样地，矩形be，bk有同高bf.

所以 $$矩形\ ac : 矩形\ ag = bc : bg,$$

并且 $$矩形\ be : 矩形\ bk = bc : bg.$$ [vi. 1]

所以 $$矩形\ ac : 矩形\ ag = 矩形\ be : 矩形\ bk$$ [v. 11]

即 $$P : R = Q : S.$$

其次，设这些量是线段AB，BC，CD，DE，作具有同高的矩形Ab，Bc，Cd，De.

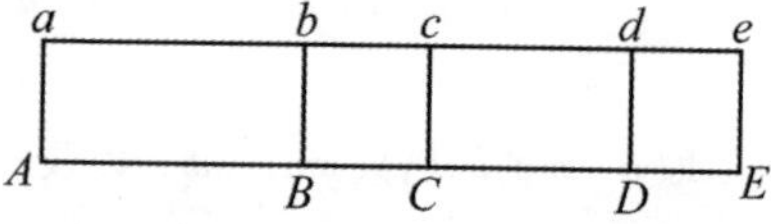

则 $$Ab : Bc = AB : BC,$$

并且 $$Cd : De = CD : DE,$$

[vi. 1]

但是 $$AB : BC = CD : DE,$$

所以 $$Ab : Bc = Cd : De.$$ [v. 11]

因此，由前面的情形，

$$Ab : Cd = Bc : De,$$

又因为这些矩形同高，所以

$$AB : CD = BC : DE.$$

命题17　如果几个量成合比，则它们也成分比.

设 AB，BE，CD，DF 成合比．

即，AB 比 BE 如同 CD 比 DF.

则可证它们也是分比，即 AE 比 EB 如同 CF 比 DF.

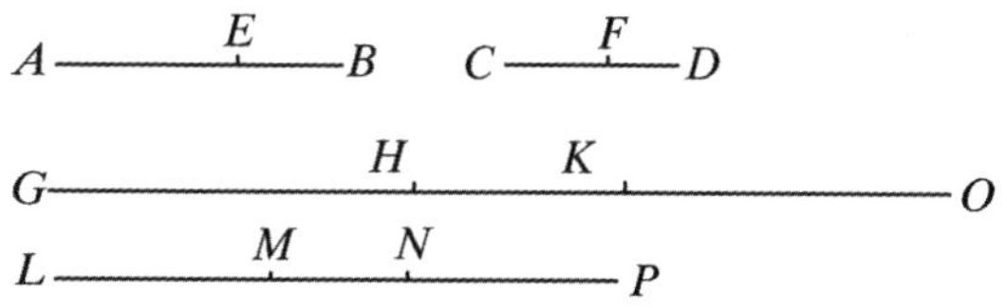

因为，可设 AE，EB，CF，FD 的同倍量各是 GH，HK，LM，MN，又，另外任意取定 EB，FD 的同倍量 KO，NP.

那么，因为 GH 是 AE 的倍量，HK 是 EB 的倍量，其倍数相同．

故，GH 是 AE 的倍量，GK 是 AB 的倍量，其倍数相同．

［v. 1］

但是，GH 是 AE 的倍量，LM 是 CF 的倍量，其倍数相同．

故，GK 是 AB 的倍量，LM 是 CF 的倍量，其倍数相同．

又因为，LM 是 CF 的倍量，MN 是 FD 的倍量，其倍数相同，

故，LM 是 CF 的倍量，LN 是 CD 的倍量，其倍数相同．［v. 1］

但是，LM 是 CF 的倍量，GK 是 AB 的倍量，其倍数相同，

故，GK 是 AB 的倍量，LN 是 CG 的倍量，其倍数相同．

从而，GK、LN 是 AB、CD 的等倍量．

又，因 HK 是 EB 的倍量，MN 是 FD 的倍量，其倍数相同，

且 KO 也是 EB 的倍量，NP 是 FD 的倍量，其倍数相同．

故，和 HO 也是 EB 的倍量，MP 是 FD 的倍量，其倍数相同．

［v. 2］

又，因为 AB 比 BE 如同 CD 比 DF.

且，已取定 AB、CD 的同倍量 GK、LN，

且，EB、FD 的同倍量为 HO、MP，

故，如果 GK 大于 HO，则 LN 也大于 MP.

如果前二者相等，则后二者也相等；

如果 GK 小于 HO，则 LN 也小于 MP.

令 GK 大于 HO，

那么，如果由以上每一个减去 HK，则 GH 也大于 KO.

但是，我们已经看到，如果 GK 大于 HO，LN 也大于 MP.

所以，LN 也大于 MP，

又，如果由它们每一个减去 MN，则 LM 也大于 NP；

由此，如果 GH 大于 KO，LM 也大于 NP.

类似地，我们可以证得，

如果 GH 等于 KO，则 LM 也等于 NP；

如果 GH 小于 KO，则 LM 也小于 NP.

又，GH、LM 是 AE、CF 的同倍量.

这时，KO、NP 是另外任意取的 EB、FD 的同倍量.

所以，AE 比 EB 如同 CF 比 FD.

证完

代数地，若

$$a : b = c : d,$$

则

$$(a-b) : b = (c-d) : d.$$

我已经注意到某种奇怪的使用分词 συγκεἶσθαι 和 διαιρεἶσθαι 来表达 σύνθεσιϛ 与 διαίρεσισ λόγου 的专业含义. 或者我们说成合比（componendo）与分比（separando），ἐάνσυγκείμένα μεγέθη ἀνάλογν ἦ，καί διαιρέθντα ἀνάλογον ἔσται ，字面的意思是“若这些量组合起来成比例，则把它们分开也成比例，”其意义是“若一个由两部分组成的量比其中一部分等于另一个由两部分组成的量比其中一部分，则第一个量的剩余部分比前面取的那一部分等于第二个量的剩余部分比前面取的那一部分.”用代数符号，a，c 是整量，b，$a-b$ 及 d，$c-d$ 分别是部分及剩余部分. 其公式可以这样叙述：

若

$$(a+b) : b = (c+d) : d,$$

则

$$a : b = c : d,$$

在此 $a+b$，$c+d$ 是整量，而 b，a 及 d，c 分别是部分及剩余部分. 看一看最后这个公式，我们注意到“被分开的”量不是 a，b，c，d，而是组合量 $a+b$，b，$c+d$，d.

由于这个证明有点长，用更符号化的形式可以压缩其证明. 为了避免减号，我们采取下面的假设形式

$$a+b \text{ 比 } b \text{ 等于 } c+d \text{ 比 } d,$$

取四个量 a，b，c，d 的任意同倍数

$$ma，mb，mc，md,$$

以及两个后项的另外的任意同倍数　nb，nd.

那么，由 v. 1，$m(a+b)$，$m(c+d)$ 是 $a+b$，$c+d$ 的同倍数，并且，由 v. 2，$(m+n)b$，$(m+n)d$ 是 b，d 的同倍数.

因而，由定义 5，因为 $(a+b) : b$ 等于 $(c+d) : d$，相应地，若

$$m(a+b)>=<(m+n)b,\quad 则\ m(c+d)>=<(m+n)d.$$

从 $m(a+b)$，$(m+n)b$ 减去公共部分 mb，并且从 $m(c+d)$，$(m+n)d$ 减去公共部分 md，相应地，若

$$ma>=<nb,\quad 则\ mc>=<nd.$$

但是 ma，mc 是 a，c 的任意同倍数，并且 nb，nd 是 b，d 的任意同倍数，因而，由定义5，

$$a\ 比\ b\ 等于\ c\ 比\ d.$$

史密斯及布里安特对这个证明做了一些修改，接着给出了下一个命题的另一个证明.

命题18　如果几个量成分比，则它们也成合比.

设 AE，EB，CF，FD 是成分比的量．即，AE 比 EB 如同 CF 比 FD.

则可证它们也成合比．即，AB 比 BE 如同 CD 比 FD.

因为，如果 CD 比 DF 不相同于 AB 比 BE.

那么，AB 比 BE 如同于 CD 比或者小于 DF 的量，或者大于 DF 的量．

首先，设在那个比中的量 DG 小于 DF.

则，因为 AB 比 BE 如同 CD 比 DG，

它们是成合比例的量．这样一来，它们也成分比例．［v. 17］

故，AE 比 EB 如同 CG 比 GD.

但是，由假设也有

AE 比 EB 如同 CF 比 FD.

故也有，CG 比 GD 如同 CF 比 FD.［v. 11］

但是，第一量 CG 大于第三量 CF，

故，第二量 GD 也大于第四量 FD.［v. 14］

但是，它也小于它：这是不可能的．

故，AB 比 BE 不相同于 CD 比一个较 FD 小的量．

类似地，我们也可证明也不是比一个较 FD 大的量．

所以，在那个比例中应是 FD 自身．

证完

代数地，若

$$a:b=c:d,$$

则

$$(a+b):b=(c+d):d,$$

在这个命题的叙述中，同样有特别的使用 διηρημένα 和 συντεθέντα，正像在上面叙述中使用 συγκείμενα 和 διαιρέθεντα．实际上，正如代数形式显示的，διηρημένα 可以略去.

下面是欧几里得使用的证明方法.

已知

$$a : b = c : d,$$

若有可能，假定

$$(a+b) : b = (c+d) : (d \pm x),$$

因而，其分比［v. 17］

$$a : b = (c \mp x) : (d \pm x),$$

由 v. 11，

$$(c \mp d) : (d \pm x) = c : d.$$

但是

$$(c-x) < c, 而 (d+x) > d.$$

并且

$$(c+x) > c, 而 (d-x) < d,$$

这些关系与 v. 14 矛盾.

西姆森指出［如萨凯里（Saccheri）在他之前所见］，欧几里得的证明是不合理的，由于没有证明就假定了对任意三个量，其中至少有两个量是同类型的，必然存在第四个比例项. 克拉维乌斯（Clavius）及另外一些编辑把这个作为一条公理. 但是它远不是公理；一直到 vi. 12，欧几里得用作图证明了三个已知量是线段的特殊情形它是真的.

为了取掉这个缺陷，必须（1）预先证明欧几里得如此假定的命题，或（2）证明 v. 18 与它无关.

萨凯里建议对于面积和线段，用欧几里得的 vi. 1，2 和 12 来证明所假定的命题. 正如他所说，没有什么可以阻止欧几里得把这些命题插在 v. 17 之后，而后用它们证明 v. 18. 当三个已知量是线段时，用 vi. 12 能作出第四个比例项；而 vi. 12 只依赖于 vi. 1 和 2. 萨凯里说，此时，我们一旦发现了作一条线段，使得它是三个已知线段的第四个比例项的方法，我们就有了一般问题的解法，"作一条线段，使其与已知线段的比等于两个多边形（之间）的比." 因为只要变换两个多边形为两个等高的三角形，而后作一条线段，使得它是两个三角形的底以及已知线段的第四个比例项.

我们将会看到，萨凯里的方法类似于史密斯和布里安特证明欧几里得的定理 v. 16，17，18，22 所采用的方法. 直至现在，用 vi. 1 解决了线段和直线形面积的情形.

德·摩根给出了所假定命题的一般证明的概要，B 是任一个量，并且 P 和 Q 是同类型的两个量，存在一个量 A，使得 A 比 B 等于 P 比 Q.

"假定有理由在推论中取任意量的任意可除得尽的部分；实际上，用连续二分的办法足以得到可除得尽的部分；前面证明的比的大于和小于的准则都没有用在任意一个比（scale）与另外一个比的比较上."

"（1）若 M 比 B 大于 P 比 Q，则每个大于 M 的量比 B 也大于 P 比 Q，并且某些小于 M 的量比 B 也大于 P 比 Q；又，若 M 比 B 小于 P 比 Q. 则每个小于 M 的量比 B 也小于 P 比 Q，并

且某些大于 M 的量比 B 也小于 P 比 Q，例如，设 $15M$ 在 $22B$ 和 $23B$ 之间，而 $15P$ 在 $22Q$ 之前，令 $15M$ 大于 $22B$ 的部分为 Z；那么，若 N 小于 M，小于部分小于 Z 的 15 个部分，则 $15N$ 在 $22B$ 和 $23B$ 之间，或者说，N 小于 M，而 N 比 B 大于 P 比 Q，对于其他情形，情况类似.

（2）当然 M 可以取得如此小，使得 M 比 B 小于 P 比 Q；并且如此大，使得 M 比 B 大于 P 比 Q；并且因为我们绝不能用增大 M 把较大的比过渡到较小的比，由此可以推出，当我们从第一个指定的值过渡到第二个指定的值时，我们就会发现一个中间量 A，使得任一个小于 A 的量比 B 小于 P 比 Q，而任一个大于 A 的量比 B 大于 P 比 Q. 现在，A 比 B 不能小于 P 比 Q，因为那就会有某些大于 A 的量比 B 也小于 P 比 Q；A 比 B 也不能大于 P 比 Q，因为那就会有某些小于 A 的量比 B 也大于 P 比 Q；因而，A 比 B 等于 P 比 Q. 上面提到的前面已证的命题证明了这三个选项就是仅有的选项. ”

V. 18 的另一个证明.

西姆森的另一个证明基于 v. 5，6. 因为第 18 命题是第 17 命题的逆，并且第 17 命题是用 v. 1 和 2 的证明的，而 v. 5 和 6 是 v. 1 和 2 的逆，所以用 v. 5 和 6 来证明 v. 18 就是很自然的；并且西姆森认为欧几里得必然应用这个方法来证明v. 18，由于“第 5 和第 6 命题没有进入本卷已有的任一命题的证明之中，也没有用在《原本》的任一其他命题之中. ”并且“第 5 和第 6 命题已经无疑地放在第 5 卷之中，其原因是为了该卷中的某些命题，正如关于同倍数的所有其他命题一样”.

然而，我认为西姆森的证明太长和太难，除非把它变成如下的符号形式.

假定 a 比 b 等于 c 比 d，要证明 $a+b$ 比 b 等于 $c+d$ 比 d.

取后面四个量的任意同倍数，

$$m(a+b),\ mb,\ m(c+d),\ md,$$

并且取 b，d 的任意同倍数　nb，nd，

显然，若　　nb 大于 mb，

则　　nd 大于 md；

若等于，则等于；若小于，则小于.

Ⅰ. 假定 nb 不大于 mb，于是 nd 也不大于 md.

现在　　$m(a+b)$ 大于 mb；

因而　　$m(a+b)$ 大于 nd.

类似地　　$m(c+d)$ 大于 nd.

Ⅱ. 假定 nb 大于 mb.

因为 $m(a+b)$，mb，$m(c+d)$，md，是（$a+b$），b，（$c+d$），d 的同倍数，

ma 关于 a 的倍数等于 $m(a+b)$ 关于 $(a+b)$ 的倍数，

并且 mc 关于 c 的倍数等于 $m(c+d)$ 关于 $(c+d)$ 的倍数，

于是 ma，mc 是 a，c 的同倍数.　　[v. 5]

又 nb，nd 是 b，d 的同倍数，并且 mb，md 也是 b，d 的同倍数，因而，$(n-m)b$，$(n-m)d$ 是 b，d 的同倍数，并且，不论 $n-m$ 等于单位或另一个整数［v. 6］，由定义 5 可以推出：因为 a，b，c，d 成比例，所以

若 ma 大于 $(n-m)b$，

则 mc 大于 $(n-m)d$.

若等于，则等于，若小于，则小于.

（1）若 $m(a+b)$ 大于 nb，从每一个减去 mb，有

ma 大于 $(n-m)b$，

因而 mc 大于 $(n-m)d$，

对于每一个加 md，$m(c+d)$ 大于 nd .

（2）类似地，可以证明

若 $m(a+b)$ 等于 nb，

则 $m(c+d)$ 等于 nd.

（3）类似地，

若 $m(a+b)$ 小于 nb，

则 $m(c+d)$ 小于 nd.

但是（在上述 I 中），已证明在 nb 不大于 mb 的情形下，

$m(a+b)$ 大于 nb，

并且 $m(c+d)$ 大于 nd，

因此，不论 m 和 n 的值是什么，$m(a+b)$ 大于，等于或小于 nd，由 $m(a+b)$ 大于，等于或小于 nb 而定.

因而，由定义 5

$a+b$ 比 b 等于 $c+d$ 比 d.

托德亨特（Todhunter）依据奥斯清（Austin）（Examination of the first six books of Euclid´s Elements）给出了下述简短证明.

“设 AE 比 EB 如同 CF 比 FD，则

AB 比 BE 如同 CD 比 DF.

因为，既然 AE 比 EB 如同 CF 比 FD，所以，由更比

AE 比 CF 如同 EB 比 FD. ［v. 16］

并且，因为一个前项比一个后项如同前项的和比后项的和. ［v. 12］

所以，EB 比 FD 如同 AE，EB 之和比 CF，FD 之和，

即 AB 比 CD 如同 EB 比 FD.

因而，由更比

AB 比 BE 如同 CD 比 FD.”

A C E F B D

反对这个证明的意见认为这个证明只是在 v. 16 有效时才是有效的，即所有四个量是同类型时才是有效的.

西姆森和布里安特的证明适用于所有四个量是线段，或者所有四个量是直线形的面积，或者是一个前项及它的后项是线段而另一前项及它的后项是直线形的面积.

假设 $$A:B=C:D.$$

首先，设所有的量是面积，作一个面积为 A 的矩形 $abcd$，并在 bc 上作一个面积为 B 的矩形 $bcef$.

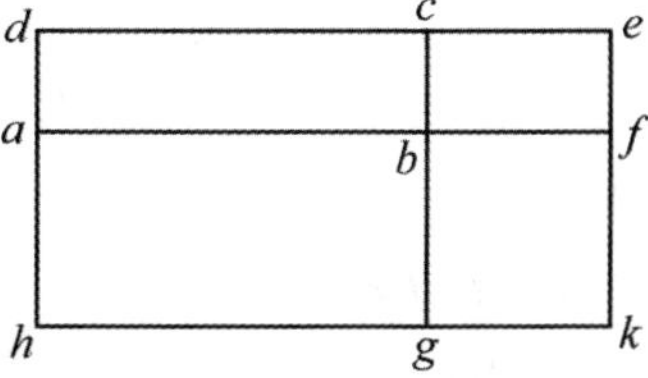

又在 ab，bf 上作矩形 ag，bk，使其分别等于 C，D.

那么，因为矩形 ac，be 有同高 bc，它们的比等于它们的底的比. [vi. 1]

因此，
$$\begin{aligned} ab:bf &= \text{矩形 } ac:\text{矩形 } be \\ &= A:B \\ &= C:D \\ &= \text{矩形 } ag:\text{矩形 } bk. \end{aligned}$$

因而［vi. 1 的逆］矩形 ag，bk 同高，于是 k 在线段 hg 上.

因此，
$$\begin{aligned} (A+B):B &= \text{矩形 } ae:\text{矩形 } de \\ &= af:bf \\ &= \text{矩形 } ak:\text{矩形 } bk \\ &= (C+D):D. \end{aligned}$$

其次，设量 A，B 是线段，而 C，D 是面积.

设 ab，bf 等于线段 A，B，并且在 ab，bf 上作矩形 ag，bk，使它们分别等于 C，D.

那么，如前，矩形 ag，bk 有同高.

现在，
$$\begin{aligned} (A+B):B &= af:bf \\ &= \text{矩形 } ak:\text{矩形 } bk \\ &= (C+D):D. \end{aligned}$$

第三，设所有的量都是线段.

在线段 C，D 上作有同高的矩形 P，Q.

那么 $$P:Q=C:D.$$ [vi. 1]

因此，由第二种情形，
$$(A+B):B=(P+Q):Q,$$
又
$$(P+Q):Q=(C+D):D,$$
因而
$$(A+B):B=(C+D):D.$$

命题 19　如果整体比整体如同减去的部分比减去的部分，则剩余部分比剩

余部分如同整体比整体 .

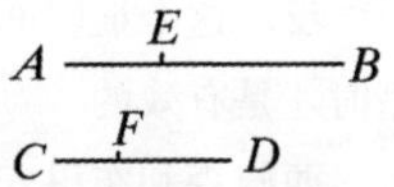

因为，可设整体 AB 比整体 CD 如同减去部分 AE 比减去部分 CF.

则可证剩余的 EB 比剩余的 FD 如同整体 AB 比整体 CD.

因为，AB 比 CD 如同 AE 比 CF，其更比为，BA 比 AE 如同 DC 比 CF. [v. 16]

又因为这些量成合比，它们也成分比， [v. 17]

即 BE 比 EA 如同 DF 比 CF.

又更比为，

BE 比 DF 如同 EA 比 FC. [v. 16]

但是，由假设 AE 比 CF 如同整体 AB 比整体 CD.

故也有，剩余的 EB 比剩余的 FD 如同整体 AB 比整体 CD. [v. 11]

[**推论** 由此，明显的可得，如果这些量成合比，则它们也成换比 .]

证完

代数地，若 $a:b=c:d$（其中，$c<a$，$d<b$），则

$$(a-c):(b-d)=a:b.$$

这个命题的末尾的“推论”是海伯格从用括号括起来的几句话导出的，由于它不是欧几里得解释推论的习惯，并且，事实上，这个推论从其性质上看不需要任何解释，它是一种副产品，无需任何努力或麻烦，απραγματεύτως（普罗克洛斯）. 但是，海伯格认为西姆森在寻找“推论的推理过程中的缺陷时犯了错误，并且，它确实包含了反比的真正的证明，我认为海伯格是明显的错了，基于命题 19 的那个证明与从命题 4 证明反比的证明同样正确，其中所述：“并且，因为已经证明了 AB 比 CD 等于 EB 比 FD,

更比例， AB 比 BE 等于 CD 比 FD;

因而，当这些量组合之后也成比例.

但是，已证明 BA 比 AE 等于 DC 比 CF，这就是换比. ”

可以看出，这就等于从假设 $a:b=c:d$ 来证明下述变换同时成立：

$$a:(a-c)=b:(b-d),$$

与

$$a:c=b:d,$$

若企图证明其逆，前者不能从后者证明.

必然有如下结论，“推论”以及导出它的推理都是添加上的，如海伯格所说，无疑是在泰奥恩之前添加上的.

反比例完全不依赖于 v. 19，正如西姆森在他的命题 E（包含由克拉维乌斯给出的证明）

中所说，命题 E 如下：

若四个量成比例，则其换比也成立，即第一量比第一与第二量的差如同第三量比第三与第四量的差.

设 AB 比 BE 如同 CD 比 DF，则 BA 比 AE 如同 DC 比 CF.

因为 AB 比 BE 如同 CD 比 DF，所以，由分比

AE 比 EB 如同 CF 比 FD. [v. 17]

又由反比

BE 比 EA 如同 DF 比 FC.

[从 v. 定义5直接得到的西姆森的命题 B]

因而，由合比

BA 比 AE 如同 DC 比 CF.

命题20　如果有三个量，又有个数与它们相同的三个量，在各组中每取两个相应的量都有相同的比，如果首末项第一量大于第三量，则第四量也大于第六量；如果前二者相等，则后二者也相等；如果第一量小于第三量，则第四量也小于第六量.

设有三个量 A、B、C；又有另外的量 D、E、F. 在各组中每取两个都有相同的比.

如，A 比 B 如同 D 比 E，

且 B 比 C 如同 E 比 F，

又设，A 大于 C，这是首末两项.

则可证 D 也大于 F；若 A 等于 C，则 D 也等于 F；若 A 小于 C，则 D 也小于 F.

又设，A 大于 C，且 B 是另外的量.

由于较大者与较小者和同一量相比，大者有较大的比.

[v. 8]

故，A 比 B 大于 C 比 B.

但是，A 比 B 如同 D 比 E，

且由反比，C 比 B 如同 F 比 E.

故也有，D 比 E 大于 F 比 E. [v. 13]

但是，一些量和同量相比，比大，则原来的量大. [v. 10]

故，D 大于 F.

类似地，我们可以证明，如果 A 等于 C，则 D 也等于 F；

如果 F 小于 C，则 D 也小于 F.

证完

虽然前面已经提及欧几里得没有给出复合比例的定义，但是命题 20 ~ 23 包含了复合比例理论的重要部分内容. 术语"复合比例"没有用到，而这些命题把它们自己与首末比的两种形式定义联系在一起，这两种形式是定义 17 的通常形式与定义 18 中所说的波动比. 复合比例处理的是复合起来的接连比例，其中一个的后项是下一个的前项，或者其中一个的前项是下一个的后项.

命题 22 陈述了关于首末比例通常形式的基本命题，

若 a 比 b 如同 d 比 e，

并且 b 比 c 如同 e 比 f，

则 a 比 c 如同 d 比 f，

并且可以推广到任意个数的这样的比例. 命题 23 给出了对应波动比情形的相应定理，即

若 a 比 b 如同 e 比 f，

并且 b 比 c 如同 d 比 e，

则 a 比 c 如同 d 比 f.

这两个命题的每一个依赖于前面一个命题，命题 22 依赖于命题 20，命题 23 依赖于命题 21，用代数符号可使其证明过程更清楚.

命题 20 断言，

若 $a:b=d:e$，

并且 $b:c=e:f$，

相应地若 $a>=<c$，　则　$d>=<f$.

因为，由 a 大于等于或小于 c，有 a 比 b 大于等于或小于 $c:b$.　[v. 8 或 v. 7]

或者（因为 $d:e=a:b$

并且 $c:b=f:e$）

所以，d 比 e 大于、等于或小于 $f:e$，　[由 v. 13，v. 11]

因而，d 大于、等于或小于 f.　[v. 10 或 v. 9]

其次，使用 v. 4，在命题 22 中证明了已知命题可以转换为

$$ma:nb=md:ne,$$

并且 $nb:pc=ne:pf$，

因而，由 v. 20，同时有

ma 大于、等于或小于 pc，

md 大于、等于或小于 pf，

于是，由定义 5，

$$a:c=d:f.$$

命题 23 依赖于命题 21 的情形与命题 22 依赖于命题 20 的情形相同，而在命题 23 中的比例变形如下：

(1) $ma : mb = ne : nf$, ［由 v. 15 和 v. 11］

(2) $mb : nc = md : ne$, ［由 v. 4 或其等价步骤］

而后应用命题 21.

西姆森使命题 20 的证明更容易，而与上文中的证明的主要区别是增加了两个另外的情形，这两个情形被欧几里得以“类似可证”放过去. 这些情形是：

“第二，设 A 等于 C，则 D 将等于 F.

因为 A 等于 C，所以

A 比 B 如同 C 比 B, ［v. 7］

但是 A 比 B 如同 D 比 E,

并且 C 比 B 如同 F 比 E

因而 D 比 E 如同 F 比 E; ［v. 11］

故 D 等于 F. ［v. 9］

其次，设 A 小于 C，则 D 将小于 F.

因为 C 大于 A，并且由已证的第一种情形，

C 比 B 如同 F 比 E,

并且，类似地

B 比 A 如同 E 比 D;

所以，由第一种情形 F 大于 D，因而 D 小于 F.”

命题 21　如果有三个量，又有个数与它们相同的三个量，在各组中每取两个量都有相同的比，而且它们成波动比. 那么，如果，首末项中第一量大于第三量，则第四量也将大于第六量；如果前二者相等，则后二者也相等；如果第一量小于第三量，则第四量也小于第六量.

设有三个量 A，B，C；又有另外三个量 D，E，F. 各取两个相应量都有相同的比，且它们成波动比，即

A 比 B 如同 E 比 F,

又，B 比 C 如同 D 比 E，且设，首末两项 A 大于 C.

A———— D————

B——— E—————

C———— F————

则可证 D 也大于 F；若 A 等于 C，则 D 等于 F；若 A 小于 C，则 D 也小于 F.

因为，A 大于 C，且 B 是另外的量.

故，A 比 B 大于 C 比 B. [v. 8]

但是，A 比 B 如同 E 比 F，

又由逆比例，C 比 B 如同 E 比 D，

故也有，E 比 F 大于 E 比 D. [v. 13]

但是，同一量与一些量相比，其比较大者，则这个量小，

[v. 10]

故，F 小于 D，

从而，D 大于 F.

类似地，我们可以证明，

如果，A 等于 C，D 也等于 F；

如果，A 小于 C，D 也小于 F.

证完

代数地，若

$$a:b=e:f,$$

并且

$$b:c=d:e,$$

相应地，若 $a>=<c$，则 $d>=<f$.

西姆森在命题 20 中给出了对应这个命题的变形，在第一种情形之后，他继续写到

"第二，设 A 等于 C，则 D 等于 F.

因为 A 和 C 相等，所以

A 比 B 如同 C 比 B. [v. 7]

但是 A 比 B 如同 E 比 F，

并且 C 比 B 如同 E 比 D，

因而 E 比 F 如同 E 比 D， [v. 11]

故 D 等于 F. [v. 9]

其次，设 A 小于 C，则 D 小于 F.

因为 C 大于 A，并且由已证的第一种情形，

C 比 B 如同 E 比 D，

并且，类似地

B 比 A 如同 F 比 E，

所以，由第一种情形 F 大于 D，故 D 小于 F."

这个证明可展示如下. 相应地若

$$a>=<c \quad 则 \ a:b>=<c:b.$$

但是

$$a:b=e:f, \quad c:b=e:d,$$

相应地，若　　$a>=<c$　则 $e:f>=<e:d$，

故　　$d>=<f$.

命题 22　如果有任意多个量，又有个数与它们相同的一些量，各组中每取两个相应的量都有相同的比．则它们成首末比．

设有任意个量 A，B，C；又另外有与它们个数相同的量 D，E，F. 各组中每取两个相应的量都有相同的比，使得

A 比 B 如同 D 比 E；

又，B 比 C 如同 E 比 F.

则可证它们也成首末比．

（即 A 比 C 如同 D 比 F）．

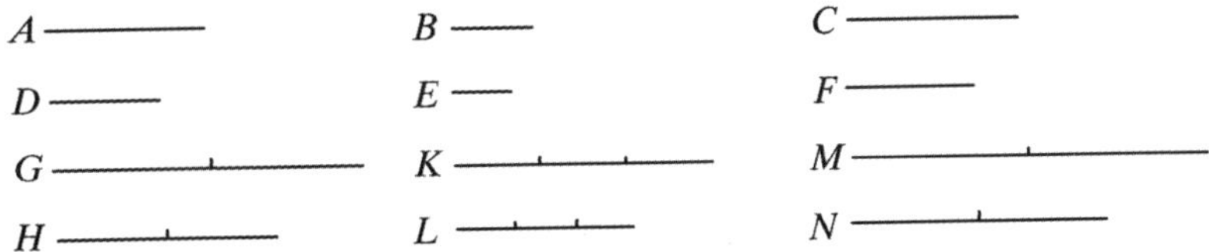

因为，可取定 A、D 的同倍量 G、H.

且另外对 B、E 任意取定它们的同倍量 K、L；

又，对 C、F 任意取定它们的同倍量 M、N.

由于，A 比 B 如同 D 比 E，

又，已经取定了 A、D 的同倍量 G、H，

且，另外任意给出 B、E 的同倍量 K、L.

故，G 比 K 如同 H 比 L.　　[v. 4]

同理也有，K 比 M 如同 L 比 N.

因为，这时有三个量 G、K、M；且另外有与它们个数相等的量 H、L、N；各组每取两个相应的量都有相同的比．

故取首末比，如果 G 大于 M，H 也大于 N；

如果 G 等于 M，则 H 也等于 N.　　[v. 20]

如果 G 小于 M，则 H 也小于 N.

又，G、H 是 A、D 的同倍量，

且，另外任意给出 C、F 的同倍量 M、N.

所以，A 比 C 如同 D 比 F.　　[v. 定义 5]

证完

欧几里得叙述这个命题是针对这两组中任意个数个量以类似方式联系的情形，但是，他的证明局限于每组仅有三个量的情形．然而，从西姆森的下述证明可看出，容易推广到任意个数的量．

“其次，设有四个量 A，B，C，D 及另外四个量 E，F，G，H，两两有相同的比，即若

A	B	C	D
E	F	G	H

A 比 B 如同 E 比 F，

并且　　B 比 C 如同 F 比 G，

并且　　C 比 D 如同 G 比 H，

则　　A 比 D 如同 E 比 H.

因为 A，B，C 是三个量，E，F，G 是另外三个量，并且两两有相同的比，所以，由前述情形，

A 比 C 如同 E 比 G.

但是，C 比 D 如同 G 比 H，因而，再由第一种情形，

A 比 D 如同 E 比 H.

等等，不论量的个数是多少.”

命题 23　如果有三个量，又有与它们个数相同的三个量，在各组中每取两个相应的量都有相同的比，它们组成波动比，则它们也成首末比．

设有三个量 A、B、C，且另外有与它们个数相同的三个量 D、E、F. 从各组中每取两个相应的量都有相同的比，又设它们组成波动比，即

A 比 B 如同 E 比 F，

且，B 比 C 如同 D 比 E.

则可证 A 比 C 如同 D 比 F.

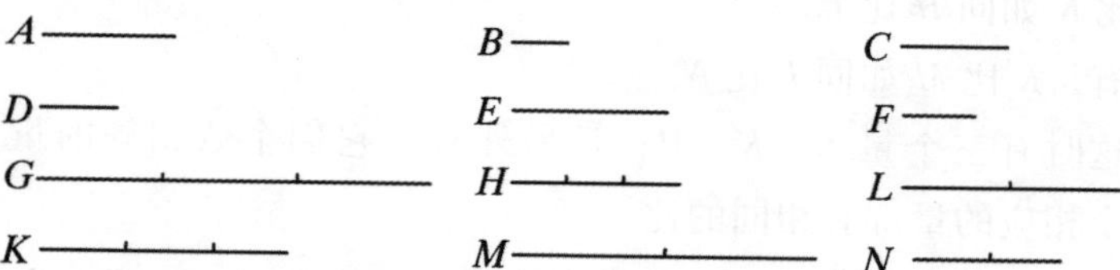

在其中取定 A，B，D 的同倍量 G，H，K.

且另外任意给出 C、E、F 的同倍量 L、M、N.

那么，因为 G、H 是 A、B 的同倍量，且部分对部分的比如同它们同倍量的比.

[v. 15]

故，A 比 B 如同 G 比 H.

同理也有，E 比 F 如同 M 比 N.

且 A 比 B 如同 E 比 F，故也有，G 比 H 如同 M 比 N. ［v. 11］

其次，因为 B 比 C 如同 D 比 E.

则更比例为，B 比 D 如同 C 比 E. ［v. 16］

又因为，H、K 是 B、D 的同倍量，

且部分与部分的比如同它们同倍量的比.

故，B 比 D 如同 H 比 K. ［v. 15］

但是，B 比 D 如同 C 比 E.

故也有，H 比 K 如同 C 比 E. ［v. 11］

又因为，L、M 是 C、E 的同倍量，

故，C 比 E 如同 L 比 M. ［v. 15］

但是，C 比 E 如同 H 比 K，

故也有，H 比 K 如同 L 比 M， ［v. 11］

且更比例为，H 比 L 如同 K 比 M. ［v. 16］

但是，已证明了

G 比 H 如同 M 比 N.

因为，有三个量 G、H、L，且另外有与它们个数相同的量 K、M、N. 各组每取两个量都有相同的比.

且使它们的这个比例是波动比.

所以，是首末比，如果 G 大于 L，则 K 大于 N；

如果 G 等于 L，则 K 也等于 N；

如果 G 小于 L，则 K 也小于 N. ［v. 21］

又，G、K 是 A、D 的同倍量，

且 L、N 是 C、F 的同倍量.

所以，A 比 C 如同 D 比 F.

证完

西姆森给出的该命题的证明与海伯格在希腊文本中海伯格的证明有重要的区别. 佩拉尔德（Peyrard）的手稿有海伯格的版本，而西姆森的版本是其他手稿的权威. 巴塞尔（Basel）第一版中给出了这两个版本（西姆森的版本是第一个）. 而后，由 v. 15 和 v. 11 证明了

G 比 H 如同 M 比 N，

或者，用命题20注释中的记号，

$$ma : mb = ne : nf,$$

必须进一步证明

$$H\text{ 比 }L\text{ 如同 }K\text{ 比 }M,$$

或者

$$mb : nc = md : ne,$$

并且，显然后者可以直接由 v. 4 推出. 西姆森的翻译给出了这个推理：

“因为 A 比 C 如同 D 比 E，并且 H，K 是 B，D 的同倍数，并且 L，M 是 C，E 的同倍数，因而

$$H\text{ 比 }L\text{ 如同 }K\text{ 比 }M.\text{”}$$

[v. 4]

海伯格版本中的叙述不仅太长（采取了兜圈子的方法，三个命题 v. 11，15，16 均使用了两次以上），而且它面对一个反对意见，它使用了 v. 16，而 v. 16 只适用于四个同类型的量，该命题 v. 23 是不受这个限制的.

西姆森正确地注意到这一点，并指出在证明的最后一步应当叙述为：“G，K 是 A，D 的任意同倍数，而 L，N 是 C，E 的任意同倍数.”

他也给出了这个命题对任意个数量的推广，叙述如下：

“若有任意个数的量以及另外同样个数的量，两两交叉地有相同的比，则第一组中第一个量比最后一个量等于另一组中的第一个量比最后一个量.”其证明如下：

“其次，设有四个量 A，B，C，D，以及另外四个量 E，F，G，H，两两交叉地有相同的比，即若

$$A\text{ 比 }B\text{ 如同 }G\text{ 比 }H,$$

$$B\text{ 比 }C\text{ 如同 }F\text{ 比 }G,$$

并且

$$C\text{ 比 }D\text{ 如同 }E\text{ 比 }F,$$

则

$$A\text{ 比 }D\text{ 如同 }E\text{ 比 }H.$$

A	B	C	D
E	F	G	H

因为 A，B，C 为三个量，而 F，G，H 为另外三个量，并且两两交叉地有相同的比，所以，由第一种情形，

$$A\text{ 比 }C\text{ 如同 }F\text{ 比 }H.$$

但是

$$C\text{ 比 }D\text{ 如同 }E\text{ 比 }F,$$

因而，再由第一种情形

$$A\text{ 比 }D\text{ 如同 }E\text{ 比 }H,$$

等等，不论量的个数是多少.”

命题 24　如果第一量比第二量与第三量比第四量有相同的比，且第五量比第二量与第六量比第四量有相同的比．则第一量与第五量的和比第二量，第三量与第六量的和比第四量有相同的比．

设第一量 AB 比第二量 C 与第三量 DE 比第四量 F 有相同的比；且第五量 BG 比第二量 C 与第六量 EH 比第四量 F 有相同的比．

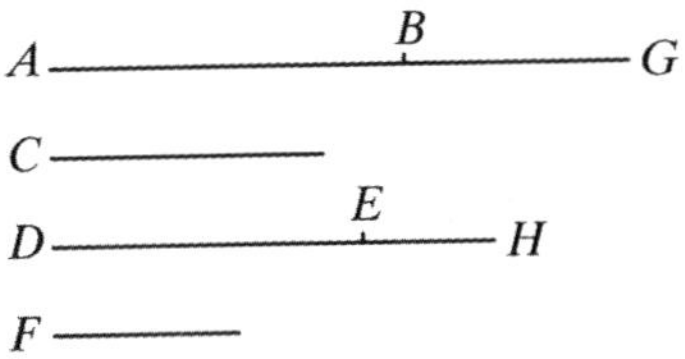

则可证第一量与第五量的和 AG 比第二量 C，第三量与第六量和 DH 比第四量 F 有相同的比.

因为，BG 比 C 如同 EH 比 F，其反比例为：C 比 BG 如同 F 比 EH.

因为，AB 比 C 如同 DE 比 F，

又，C 比 BG 如同 F 比 EH.

故，首末比为，AB 比 BG 如同 DE 比 EH. [v. 22]

又因为，这些量成比例，则它们也成合比. [v. 18]

从而，AG 比 GB 如同 DH 比 HE.

但是也有，BG 比 C 如同 EH 比 F.

故，首末比为，AG 比 C 如同 DH 比 F. [v. 22]

证完

代数地，若

$$a:c=d:f,$$

并且

$$b:c=e:f,$$

则

$$(a+b):c=(d+e):f.$$

这个命题与前面关于复合比的命题有相同的特点，但是它不能放在更前面，由于它的证明用到 v. 22.

上述第二个比例的反比，

$$c:b=f:e,$$

由 v. 22 可推出

$$a:b=d:e,$$

再由 v. 18

$$(a+b):b=(d+e):e,$$

从这个比例以及已知的两个比例中的第二个，再次应用 v. 22，可得

$$(a+b):c=(d+e):f.$$

上面第一次使用 v. 22 是重要的，因为它证明了复合比的逆过程，或者所谓的一个比例除以另一个比例不需要任何新的命题.

亚里士多德默默地将 v. 24 及 v. 11 和 v. 16 使用在《天象论》（iii. 5，376 a 22–26）中.

西姆森增加了两个推论，其中一个（推论 2）将其推广到任意个量.

“这个命题对两列任意个数的量成立，第一列中的每一个量比第二个量等于第二列中对应的量比第四个量……”

西姆森的推论 1 用分比代替了合比的地位来叙述上述对应的命题，即对应的代数形式

$$(a-b):c=(d-c):f.$$

"推论 1. 如果假设与这个命题中的假设相同，则第一个和第五个的差比两个等于第三个和第六个的差比第四个. 其证明与这个命题的证明相同，只要用比例的除法，并用分比例代替合比例." 即用 v. 17 代替 v. 18，结论为

$$(a-b):b=(d-e):e.$$

命题 25　如果四个量成比例，则最大量与最小量的和大于其余两个量的和.

设四个量 AB，CD，E，F 成比例，使得 AB 比 CD 如同 E 比 F. 且令 AB 是它们中最大的，而 F 是最小的.

则可证 AB 与 F 的和大于 CD 与 E 的和.

因为可取 AG 等于 E，且 CH 等于 F.

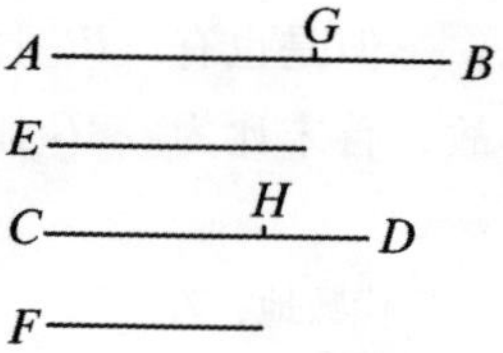

因为，AB 比 CD 如同 E 比 F，且 E 等于 AG，F 等于 CH，

故，AB 比 CD 如同 AG 比 CH.

又因为，整体 AB 比整体 CD 如同减去的部分 AG 比减去的部分 CH.

剩余的 GB 比剩余的 HD 如同整体 AB 比整体 CD. [v. 19]

但是，AB 大于 CD，

故，GB 也大于 HD.

又，因为 AG 等于 E，且 CH 等于 F.

故 AG，F 的和等于 CH，E 的和.

如果，GB，HD 不等；且设 GB 较大；将 AG，F 加在 GB 上，且将 CH，E 加在 HD 上，因此

可以得到 AB 与 F 的和大于 CD 与 E 的和.

证完

代数地，若

$$a:b=c:d,$$

并且 a 为四个量中最大者，d 为最小者，则

$$a+d>b+c.$$

西姆森在叙述中正确地插入了一句话，"设 AB 是它们中的最大者并且 F 是最小者." 这个可以从定义 5 中的一个特殊情形推出，西姆森把它起名为他的命题 A，这个情形就是把同倍数取为这几个量本身.

证明如下：

因为 $a:b=c:d,$

所以
$$(a-c):(b-d)=a:b,\qquad [v.19]$$
但是 $a>b$，因而，
$$a-c>b-d,\qquad [v.16 和 14]$$
两边同加（$c+d$），有
$$a+d>b+c.$$

该命题有一个重要的特殊情形，然而，此处并未提及，即 $b=c$ 的情形. 此情形的结果显示两个量的算术平均值大于它们的几何平均值. 对于线段来说，这个结论的真实性在 vi. 27 中被证明，用到了“几何的代数方法”以及二次方程.

西姆森在卷V的末尾增加了四个命题 F，G，H，K，然而，没有足够的实际应用说明应当把这些命题放在这儿. 但是，他在本卷的末尾所加的下述注记是值得引用的.

“对于如此修改后第五卷，我非常同意博学的巴罗（Barrow）博士的话‘《原本》全书在精巧的发明，严格的结构以及精密的处理方面都不及比例论’. 从泰奥恩时代至今，某些几何学家认为这种说法的理由不充足.”

西姆森的看法将被所有有能力对西姆森的关于卷V所作的评论和解释作出判断的读者所认可.

第Ⅶ卷　数论原理——定义和命题

定　义

1. 每一个事物都是由于它是一个**单位**而存在的，这个**单位**叫做一.
2. 一个**数**是由许多单位合成的.
3. 一个较小数为一个较大数的**一部分**，当它能量尽较大者①.
4. 一个较小数为一个较大数的**几部分**，当它量不尽较大者②.
5. 较大数若能为较小数量尽，则它为较小数的**倍数**.
6. **偶数**是能被分为相等两部分的数.
7. **奇数**是不能被分为相等两部分的数，或者它和一个偶数相差一个单位.
8. **偶倍偶数**是用一个偶数量尽它得偶数的数③.
9. **偶倍奇数**是用一个偶数量尽它得奇数的数.
10. **奇倍奇数**是用一个奇数量尽它得奇数的数.
11. **素数**是只能为一个单位所量尽者.
12. **互素的数**是只能被作为公度的一个单位所量尽的几个数.
13. **合数**是能被某数所量尽者.
14. **互为合数的数**是能被作为公度的某数所量尽的几个数.
15. 所谓一个数**乘**一个数，就是被乘数自身相加多少次而得出的某数，这相加的个数是另一数中单位的个数.
16. 两数相乘得出的数称为**面数**，其**两边**就是相乘的两数.
17. 三数相乘得出的数称为**体数**，其**三边**就是相乘的三数.
18. **平方数**是两相等数相乘所得之数，或者是由两相等数所构成的.
19. **立方数**是两相等数相乘再乘此等数而得的数，或者是由三相等数所构成的.

---

① 这里所谓一部分是指若干分之一，例如2是6的三分之一.

② 这里所谓几部分是指若干分之几，如6是9的三分之二.

③ 有的数仅是偶倍偶数，有的数仅是偶倍奇数，有的既是偶倍偶数又是偶倍奇数. 以上分别参看[Ⅸ. 32]、[Ⅸ. 33] 和 [Ⅸ. 34].

20. 当第一数是第二数的某倍、某一部分或某几部分，与第三数是第四数的同一倍、同一部分或相同的几部分，称这四个数是**成比例的**①.

21. 两**相似面数**以及两**相似体数**是它们的边成比例的数.

22. **完全数**是等于它自身所有部分的和的数②.

命　题

命题 1　设有不相等的二数，若依次从大数中不断地减去小数，若余数总是量不尽它前面一个数，直到最后的余数为一个单位，则该二数互素.

设有不相等的二数 AB，CD，从大数中不断地减去小数，设余数总量不尽它前面一个数，直到最后的余数为一个单位.

则可证 AB，CD 是互素的，即只有一个单位量尽 AB，CD.

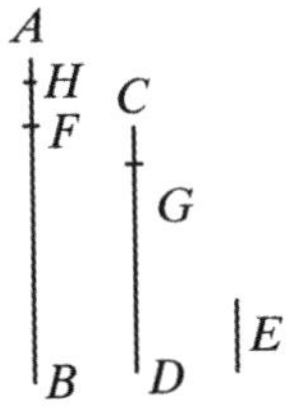

因为，如果 AB，CD 不互素，则有某数量尽它们，设量尽它们的数为 E.

现在用 CD 量出 BF，其余数 FA 小于 CD.

又设 AF 量出 DG，其余数 GC 小于 AF，以及用 GC 量出 FH，这时余数为一个单位 HA.

于是，由于 E 量尽 CD，且 CD 量尽 BF，所以 E 也量尽 BF.

因为 E 也量尽整体 BA，所以它也量尽余数 AF.

但是 AF 量尽 DG，所以 E 也量尽 DG.

然而 E 也量尽整体 DC，所以它也量尽余数 CG.

由于 CG 量尽 FH，于是 E 也量尽 FH.

但证得 E 也量尽整体 FA，所以它也量尽余数，即单位 AH，然而 E 是一个数；这是不可能的.

---

① 对此定义举例说明：
设有四个数 8、4、6、3，8 是 4 的 2 倍，6 也是 3 的 2 倍，这四个数成比例，注释时记作 8 : 4 = 6 : 3；
又设有四个数 2、6、3、9，2 是 6 的三分之一，3 也是 9 的三分之一，这四个数成比例. 注释时记作 2 : 6 = 3 : 9；
又设有四个数 4、6、20、30，4 是 6 的三分之二，20 也是 30 的三分之二，这四个数成比例. 注释时记作 4 : 6 = 20 : 30.

② 完全数是等于其所有真因数之和，如
6 = 1+2+3，
28 = 1+2+4+7+14.
所以 6，28 都是完全数.

因此没有数可以同时量尽 AB，CD，因而 AB，CD 是互素的.

［vii. 定义 12］

证完

应当在此处说明的是：在卷Ⅶ到卷Ⅸ中用线段来表示数的方式是海伯格（Heiberg）从原抄本中采用的，那些编者用点来代替线段的做法不甚妥当，因为在很多情形、尤其是需要使用具体数字时，这是有悖于欧几里得的行文方式的.

“设 CD 量出 BF，剩下 FA 小于它自身”，这是一句简洁的缩写. 原话是“以等于 CD 的长度，沿着 BA 不断地丈量，直到达到点 F，使得剩下的长度 FA 小于 CD”. 换言之，“设 BF 是包含于 BA 之内的 CD 的最大倍数.”

在本命题中欧几里得的方法是求两个不互素的（整）数的最大公约数（G. C. M）［下一个命题中将见到］的方法对于互素特例的应用. 用我们的符号，这个方法可表示如下.

设两数为 a、b（$a>b$），则有

	a	b	p
	pb	qc	
q	c	d	r
	rd		
	1		

如果 a，b 不互素，则必有一公约数 e，这是一个并非单位 1 的整数.

并且，因为 e 可量尽 a，b，则也可量尽 $a-pb$，即 c；

又因为 e 可量尽 b、c，则也可量尽 $b-qc$，即 d；

最后，因为 e 可量尽 c，d，则也可量尽 $c-rd$，即 1；这是不可能的.

因此，除了单位 1 以外，没有任何别的整数可以量尽 a，b，正是由于此，它们才是互素的.

请注意，欧几里得在此处还使用了一个公理即“若 a，b 二数都可被 c 量尽，则 $a-pb$ 也可被 c 量尽”；在下一个命题他也使用了一个公理，“在所设情形下，c 可量尽 $a+pb$.”（即“若 a，b 二数都可被 c 量尽，则 $a+pb$ 也可被 c 量尽.”）

命题 2　已知两个不互素的数，求它们的最大公度数.

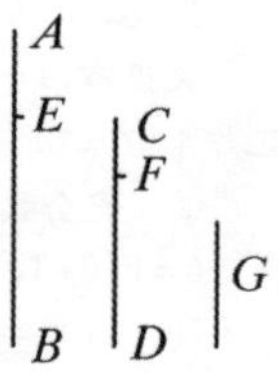

设 AB，CD 是不互素的两数.

求 AB，CD 的最大公度数.

如果 CD 量尽 AB，这时它也量尽它自己，那么 CD 就是 CD，AB 的一个公度数.

且显然 CD 也是最大公度数，

这是因为没有比 CD 大的数能量尽 CD.

但是，如果 CD 量不尽 AB，那么从 AB，CD 中的较大者中不断地减去较小者，如此，将有某个余数能量尽它前面一个.

这最后的余数不是一个单位，否则 AB，CD 就是互素的， [vii. 1]

这与假设矛盾.

所以某数将是量尽它前面的一个余数.

现在设 CD 量出 BE，余数 EA 小于 CD，

设 EA 量出 DF，余数 FC 小于 EA，又设 CF 量尽 AE.

这样，由于 CF 量尽 AE，以及 AE 量尽 DF，

所以 CF 也量尽 DF.

但是它也量尽它自己，所以它量尽整体 CD.

然而 CD 量尽 BE，所以 CF 也量尽 BE.

但是，CF 也量尽 EA，所以它也量尽整体 BA.

然而，CF 也量尽 CD，所以 CF 量尽 AB，CD.

所以，CF 是 AB，CD 的一个公度数.

其次可证它也是最大公度数.

因为，如果 CF 不是 AB，CD 的最大公度数，那么必有大于 CF 的某数将量尽 AB，CD.

设量尽它们的那样的数是 G.

现在，由于 G 量尽 CD，而 CD 量尽 BE，那么 G 也量尽 BE.

但是它也量尽整体 BA，所以它也量尽余数 AE.

但是，AE 量尽 DF，所以 G 也量尽 DF.

然而它也量尽整体 DC，所以它也量尽余数 CF，即较大的数量尽较小的数：这是不可能的.

所以没有大于 CF 的数能量尽 AB，CD.

因而 CF 是 AB，CD 的最大公度数.

推论 由此很显然，如果一个数量尽两数，那么它也量尽两数的最大公度数.

证完

此处我们有代数教科书中给出的求最大公约数的方法，其中涉及用反证法证明所得的数不仅是公约数，而且也是最大公约数，求最大公约数的过程如下：

	a	b	p
	pb	qc	
q	c	d	r
	rd		

欧几里得说，最终可得到一个数，即 d，它可以量尽它之前的数，也就是 $c=rd$，否则，上述过程一直持续下去，直到得到单位 1 为止. 这是不可能的，因为如果是这样的话，则 a，b 将互素，与假设矛盾.

其次，与代数教科书相似的是：他（欧几里得）接着证明 d 将是 a，b 的某个公约数：因为 d 可量尽 c，因而也可量尽 $qc+d$，即 b.

因而也可量尽 $pb+c$，即 a.

最后，像下面那样，他证明“d 是 a、b 的最大公约数”：

假设 e 是一个大于 d 的公约数.

那么，可量尽 a，b 的 e 必定可量尽 $a-pb$，即 c.

与此类似地，e 也必定可整除 $b-qc$，即 d，而这是不可能的，因为由假设，e 是大于 d 的.

这样，除了欧几里得的数是正整数以外，他的命题与通常给出的代数命题，比如托德亨特（Todhunter）的代数命题，是完全相同的.

尼克马科斯（Nicomachus）在说明如何判定二给定奇数互素与否，若不互素，如何求它们的公约数的过程中，也给出同样的法则（尽管没有对此作出证明）. 他说：依次地对比两数，不断地从大数中减去小数. 尽可能多次地减，［得出一个比这小数更小的余数；］又从原有的小数中，尽可能多次地减去这个余数，如此持续下去，这个过程“要么终止于一个单位，要么终止于某一相同的数”. 这就隐含着大数被小数除的除法可通过对小数的减法来实现. 因此，对于 21 和 49，尼克马科斯说：“从大的中减去小的，剩下 28，再从中减去 21（因为这是可行的）；剩下 7，又从 21 中减去这数（7），剩下 14；再从中减去 7（因为这也是可行的），将剩下 7；但是 7 不能从 7 中减去.”最后一句很奇怪，不过意义已经显然，同样奇怪的还有结尾处的这一句：“要么终止于 1，要么终止于某一相同的数.”

推论的证明当然包含在命题的证明中，一个与 CF 不同的公约数 G 一定可以量尽 CF 的那个部分的证明之中. G 大于 CF 的假设并不会影响 G 在任何情形下可以量尽 CF 的论证的正确性，因此可以证明所作的假设“G 大于 CF”是不真实的.

命题 3　已知三个不互素的数，求它们的最大公度数.

设 A，B，C 是已知三个不互素的数.

我们来求 A，B，C 的最大公度数.

设 D 为两数 A，B 的最大公度数.　［vii. 2］

那么 D 或者量尽或者量不尽 C.

首先设 D 量尽 C.

但是它也量尽 A，B，所以 D 量尽 A，B，C，即 D 是 A，B，C 的一个公度数.

还可证它也是最大公度数.

因为，如果 D 不是 A，B，C 的最大公度数，那么必有大于 D 的某数将量尽 A，B，C.

A B C D E F

设量尽它们的那个数是 E.

既然 E 量尽 A，B，C；

那么它也量尽 A，B，进而它也量尽 A，B 的最大公度数. ［vii. 2，推论］

但是 A，B 的最大公度数是 D，

所以 E 量尽 D，因而较大数量尽较小数：这是不可能的.

所以，没有大于 D 的数能量尽数 A，B，C.

因而 D 是 A，B，C 的最大公度数.

其次设 D 量不尽 C.

首先证明 C，D 不互素.

因为，A，B，C 既然不互素，就必有某数量尽它们.

现在量尽 A，B，C 的某数也量尽 A，B；

并且它量尽 A，B 的最大公度数 D. ［vii. 2，推论］

但是它也量尽 C.

于是这个数同时量尽数 D，C；从而 D，C 不互素.

然后设已得到它们的最大公度数 E. ［vii. 2］

这样，由于 E 量尽 D，而 D 量尽 A，B；

所以 E 也量尽 A，B.

但是它也量尽 C，所以 E 量尽 A，B，C，

所以 E 是 A，B，C 的一个公度数.

再其次证明 E 也是最大公度数.

因为，如果 E 不是 A，B，C 的最大公度数，那么必有大于 E 的某数 F 量尽数 A，B，C.

现在，F 量尽 A，B，C，那么它也量尽 A，B，所以它也量尽 A，B 的最大公度数. ［vii. 2，推论］

然而 A，B 的最大公度数是 D，所以 F 量尽 D.

且它也量尽 C，这就使得它同时量尽 D，C，进而量尽 D，C 的最大公度数.

[vii. 2，推论]

但是，D，C 的最大公度数是 E，所以 F 量尽 E，较大数量尽较小数：这是不可能的.

所以没有大于 E 的数量尽 A，B，C.

故 E 是 A，B，C 的最大公度数.

证完

欧几里得在此处给出的证明比我们自己能给出的证明更长，因为他区分出两种情形来讨论，较为简单的那种情形包含在另一种情形里.

给定三个整数 a，b，c，其中 a，b 的最大公约数是 d. 他区分出两种情形：

（1）d 能量尽 c；

（2）d 不能量尽 c.

在第一种情形里，d，c 的最大公约数是 d 本身；在第二种情形里，可由 vii. 2 的过程得出. 无论哪一种情形，a，b，c 的最大公约数都是 d，c 的最大公约数.

但是，对较为简单的情形进行处理之后，欧几里得认为有必要证明：若 d 不能量尽 c，则 d 和 c 一定有一个最大公约数. 这源于初始的假设，即 a，b，c 的两两不互素. 由于它们彼此不互素，它们必定有一个公约数，而 a，b 的任意公约数都是 d 的一个因数，因此 a，b，c 的任意的公约数必是 d，c 的一个公约数，因此 d，c 一定有一个公约数，所以，它们两两不互素.

情形（1）和（2）中的证明恰好与 vii. 2 的讨论一致，分别证明了对于情形（1）中的 d 和情形（2）中的 e，其中 e 是 d，c 的最大公约数.

（α）它是 a，b，c 的一个公约数，

（β）它是最大公约数.

海伦（Heron）[an-Nairīzī，Curtze 编] 注意到，此方法不仅可使我们能求得三个数的最大公约数，也可以用来求任意多个数的最大公约数. 这是因为任何可量尽两个数的数，同样也都可量尽它们的最大公约数；因此，我们能求出每一对数的 G. C. M（最大公约数），从而也能求出每对数的 G. C. M，等等，直到只剩下两个数，然后求出这两个数的 G. C. M，即可. 欧几里得在 vii. 33 中不言而喻地作出这样的扩展，求出了任意多个数的最大公约数.

命题 4　较小的数是较大的数的一部分或几部分.

设 A，BC 是两数，且 BC 是较小者.

则可证 BC 是 A 的一部分或几部分.

因为 A，BC 或者互素，或者不互素.

首先设 A，BC 是互素的.

这样，如果分 BC 为若干单位，在 BC 中的每个单位是 A 的一部分，于是 BC 是 A 的几部分.

其次设 A，BC 不互素，那么 BC 或者量尽或者量不尽 A.

如果 BC 量尽 A，BC 是 A 的一部分.

但是，如果 BC 量不尽 A，

则可求得 A，BC 的最大公度数是 D，　[vii. 2]

且使 BC 被分为等于 D 的一些数，即 BE，EF，FC.

现在，因为 D 量尽 A，那么 D 是 A 的一部分.

但是 D 等于数 BE，EF，FC 的每一个，

所以 BE，EF，FC 的每一个也是 A 的一部分，于是 BC 是 A 的几部分.

证完

本命题的意义当然是：看两数 a，b 中，b 是较小的那个，则 b 要么是 a 的因数（a 的“一部分”）；要么是 a 的某个真分数（a 的“几部分”）.

（1）若 a、b 互素，把每一个都分成若干单位，则 b 包含着 b 个同样的部分（它们与 a 可包含的每个部分相同），因而 b 是 a 的“几部分”或某一个真分数.

（2）若 a、b 不互素，则 b 要么能整除 a，在这种情形里，b 是 a 的一个约数，或 a 的一部分；要么是：g 是 a、b 的最大公约数，可设 $a=mg$ 和 $b=ng$，b 含有 n 个相同的部分（即 g），a 含有 m 个相同的部分，因而 b 又是 a 的一部分或某个真分数（“几部分”）.

命题 5　若一小数是一大数的一部分，且另一小数是另一大数的具有同样的部分，那么两小数之和也是两大数之和的一部分，且与小数是大数的部分相同.

设数 A 是 BC 的一部分，且另一数 D 是另一数 EF 的一部分与 A 是 BC 的部分相同.

则可证 A，D 之和也是 BC，EF 之和的一部分，且与 A 是 BC 的部分相同.

因为无论 A 是 BC 怎样的一部分，D 也是 EF 的同样的一部分.

所以在 BC 中有多少个等于 A 的数，那么在 FE 中就有同样多少个等于 D 的数.

将 BC 分为等于 A 的数，即 BG，GC，又将 EF 分为等于 D 的数，即 EH，HF，这样 BG，GC 的个数等于 EH，HF 的个数.

又，由于 BG 等于 A，以及 EH 等于 D，所以 BG，EH 之和也等于 A，D

之和.

同理，GC，HF 之和也等于 A，D 之和.

所以在 BC 中有多少个等于 A 的数，那么在 BC，EF 之和中就有同样多少个等于 A，D 之和的数.

所以无论 BC 是 A 的多大倍数，BC 与 EF 之和也是 A 与 D 之和的同一倍数.

因此，无论 A 是 BC 怎样的一部分，也有 A，D 的和是 BC，EF 之和的同样的一部分.

证完

如果 $a=\frac{1}{n}b$， 而且 $c=\frac{1}{n}d$， 则 $a+c=\frac{1}{n}(b+d)$.

正如下一个命题所示，本命题当然对于任意多个类似的数对也成立，并且，这两个命题都用于 vii. 9，10 的推广形式中.

命题 6 若一个数是一个数的几部分，且另一个数是另一个数的同样的几部分，则其和也是和的几部分与一个数是一个数的几部分相同.

为此，设数 AB 是数 C 的几部分，且另一数 DE 是另一数 F 的几部分与 AB 是 C 的几部分相同.

则可证 AB，DE 之和也是 C，F 之和的几部分，且与 AB 是 C 的几部分相同.

因为无论 AB 是 C 的怎样的几部分，DE 也是 F 的同样的几部分，所以在 AB 中有多少个 C 的一部分，那么在 DE 中有同样多个 F 的一部分.

将 AB 分为 C 的几个一部分，即 AG，GB；又将 DE 分为 F 的几个一部分，即 DH，HF，这样 AG，GB 的个数将等于 DH，HF 的个数.

且因为 AG 是 C 的无论怎样的一部分，那么 DH 也是 F 的同样的一部分.

所以 AG 是 C 无论怎样的一部分，那么 AG，DH 之和也是 C，F 之和的同样的一部分. [vii. 5]

同理，无论 GB 是 C 的怎样的一部分，那么 GB，HE 之和也是 C，F 之和的同样的一部分.

故无论 AB 是 C 的怎样的几部分，那么 AB，DE 之和也是 C，F 之和的同样的几部分.

证完

如果 $a=\frac{m}{n}b$， 而且 $c=\frac{m}{n}d$，

则 $$a+c=\frac{m}{n}(b+d).$$

更为一般地，如果

$$a=\frac{m}{n}b,\quad c=\frac{m}{n}d,\quad e=\frac{m}{n}f,\ \cdots$$

则 $$(a+c+e+g+\cdots)=\frac{m}{n}(b+d+f+h+\cdots),$$

在欧几里得的命题中令 $m<n$，但这结果的一般性显然地并不受到影响. 这个命题和上一个命题是对 v. 1 的补充：证明了用“倍数”替换“部分”或“几部分”的相应结果.

命题 7 如果一个数是另一个数的一部分与其一减数是另一减数的一部分相同，则余数也是另一余数的一部分且与整个数是另一整个数的一部分相同.

A E B

G C F D

为此，设数 *AB* 是 *CD* 的一部分，这一部分与减数 *AE* 是减数 *CF* 的一部分相同.

则可证余数 *EB* 也是余数 *FD* 的一部分与整个数 *AB* 是整个数 *CD* 的一部分相同.

因为无论 *AE* 是 *CF* 怎样的一部分，可设 *EB* 也是 *CG* 同样的一部分.

现在，由于无论 *AE* 是 *CF* 的怎样的一部分，那么 *EB* 也是 *CG* 同样的一部分，所以无论 *AE* 是 *CF* 的怎样的一部分，那么 *AB* 也是 *GF* 同样的一部分. ［vii. 5］

但是，由假设无论 *AE* 是 *CF* 怎样的一部分，那么 *AB* 也是 *CD* 同样的一部分.

所以无论 *AB* 是 *GF* 的怎样的一部分，那么它也是 *CD* 同样的一部分，故 *GF* 等于 *CD*.

设从以上每个中减去 *CF*，于是余数 *GC* 等于余数 *FD*.

现在，由于无论 *AE* 是 *CF* 的怎样的一部分，那么 *EB* 也是 *GC* 的同样的一部分.

而 *GC* 等于 *FD*，所以无论 *AE* 是 *CF* 的怎样的一部分，那么 *EB* 也是 *FD* 的同样的一部分.

但是，无论 *AE* 是 *CF* 的怎样的一部分，那么 *AB* 也是 *CD* 同样的一部分.

所以余数 *EB* 也是余数 *FD* 的一部分与整个数 *AB* 是整个数 *CD* 的一部分

相同.

证完

如果 $a=\frac{1}{n}b$，而且 $c=\frac{1}{n}d$，我们将证明

$$a-c=\frac{1}{n}(b-d).$$

所得结果不同于 vii. 5 的结果，其中的减号代替了加号. 欧几里得的方法如下：

取 e 使得

$$a-c=\frac{1}{n}e \tag{1}$$

现在 $$c=\frac{1}{n}d$$

因此 $$a=\frac{1}{n}(d+e) \qquad [\text{vii. }5]$$

于是由假设 $$d+e=b,$$

所以 $$e=b-d,$$

把这个 e 的值代入 (1) 中，我们有

$$a-c=\frac{1}{n}(b-d).$$

命题 8　如果一个数是另一个数的几部分与其一减数是另一减数的几部分相同，则其余数也是另一余数的几部分与整个数是另一整个数的几部分相同.

C　F　D
G　M K　N H
A　L　E　B

为此，设数 AB 是 CD 的几部分与减数 AE 是减数 CF 的几部分相同.

则可证余数 EB 是余数 FD 的几部分，且与整个 AB 是整个 CD 的几部分相同.

为此取 GH 等于 AB.

于是，无论 GH 是 CD 的怎样的几部分，那么 AE 也是 CF 的同样的几部分.

设分 GH 为 CD 的几个部分，即 GK，KH，且分 AE 为 CF 的几个一部分，即 AL，LE；

于是 GK，KH 的个数等于 AL，LE 的个数.

现在，由于无论 GK 是 CD 的怎样的一部分，那么 AL 也是 CF 同样的一部分.

而 CD 大于 CF，所以 GK 也大于 AL.

作 GM 等于 AL.

于是无论 GK 是 CD 的怎样的一部分，那么 GM 也是 CF 同样的一部分.

所以余数 MK 是余数 FD 的一部分与整个数 GK 是整个数 CD 的一部分相同.

［vii. 7］

又由于无论 KH 是 CD 的怎样的一部分，EL 也是 CF 同样的一部分.

而 CD 大于 CF，所以 KH 也大于 EL.

作 KN 等于 EL.

于是，无论 KH 是 CD 的怎样的一部分，那么 KN 也是 CF 同样的一部分.

所以余数 NH 是余数 FD 的一部分与整个 KH 是整个 CD 的一部分相同.

［vii. 7］

但是，已证余数 MK 是余数 FD 的一部分与整个 GK 是整个 CD 的一部分相同，所以 MK，NH 之和是 DF 的几部分与整个 HG 是整个 CD 的几部分相同.

但是，MK，NH 的和等于 EB，又 HG 等于 BA.

所以余数 EB 是余数 FD 的几部分与整个 AB 是整个 CD 的几部分相同.

证完

如果 $a=\frac{m}{n}b$ 而且 $c=\frac{m}{n}d$ $(m<n)$，

则 $$a-c=\frac{m}{n}(b-d).$$

欧几里得的证明相当于如下的过程：

取 e 等于$\frac{1}{n}b$ 而且 f 等于$\frac{1}{n}d$.

然后由假设 $b>d$，得出 $$e>f$$

而且由 vii. 7 $$e-f=\frac{1}{n}(b-d).$$

对于 a，b 等于 e 和 f 的那些部分分别地重复此过程，由加法（a，b 分别含有 m 个这样的部分），

$$m(e-f)=\frac{m}{n}(b-d).$$

但是 $$m(e-f)=a-c,$$

因此 $$a-c=\frac{m}{n}(b-d).$$

命题 vii. 7，8 是对 v. 5 的补充，说明了用“倍数”替换“部分”或“几部分”的相应的结果.

命题 9　如果一个数是一个数的一部分，而另一个数是另一个数的同样的一部分，则取更比后，无论第一个是第三个的怎样的一部分或几部分，那么第二个

也是第四个同样的一部分或几部分.

为此，设数 A 是数 BC 的一部分，且另一数 D 是另一数 EF 的一部分与 A 是 BC 的一部分相同.

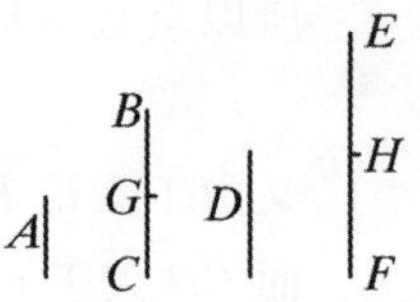

则可证取更比后，无论 A 是 D 的怎样的一部分或几部分，那么 BC 也是 EF 的同样的一部分或几部分.

因为，由于无论 A 是 BC 的怎样的一部分，D 也是 EF 的相同的一部分；所以在 BC 中有多少个等于 A 的数，在 EF 中也就有多少个等于 D 的数.

设分 BC 为等于 A 的数，即 BG，GC，又分 EF 为等于 D 的数，即 EH，HF，于是 BG，GC 的个数等于 EH，HF 的个数.

现在，由于数 BG，GC 彼此相等，且数 EH，HF 也彼此相等，而 BG，GC 的个数等于 EH，HF 的个数.

所以，无论 BG 是 EH 的怎样的一部分或几部分，那么 GC 也是 HF 的同样的一部分或几部分.

所以，还有无论 BG 是 EH 的怎样的一部分或几部分，那么和 BC 也是和 EF 的同样的一部分或几部分. [vii5，6]

但是 BC 等于 A，以及 EH 等于 D.

所以无论 A 是 D 的怎样的一部分或几部分，那么 BC 也是 EF 的同样的一部分或几部分.

证完

如果 $a=\frac{1}{n}b$ 而且 $c=\frac{1}{n}d$，则无论 a 是 c 的什么样的分数（“部分”或“几部分”），则 b 也是 d 的同样的分数.

把 b 分成几部分，每一部分等于 a；d 也分成同样的几部分，每一部分等于 c，显然，无论 a 的一个部分是 c 的一个部分的什么样的分数，a 的其他任一部分也是 c 的其他任一部分的同样的分数，而且 a 的部分的个数等于 c 的部分的个数，即 n.

因此，由 vii. 5，6，a 是 c 的什么样的分数，na 也是 nc 的同样的分数. 对于 b，d 也是如此.

命题 10　如果一个数是一个数的几部分，且另一个数是另一数的同样的几部分，则取更比后，无论第一个是第三个的怎样的几部分或一部分，那么第二个也是第四个同样的几部分或一部分.

为此，设数 AB 是数 C 的几部分，且另一数 DE 是另一数 F 的同样的几部分.

则可证取更比，无论 AB 是 DE 怎样的几部分或一部分，那么，C 也是 F 的

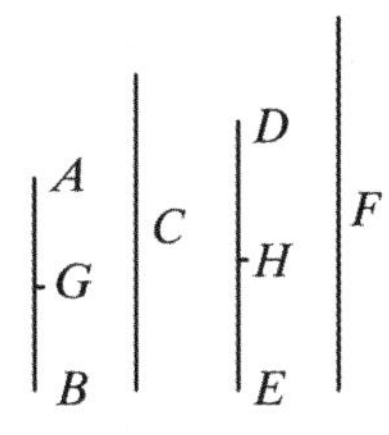

同样的几部分或一部分.

因为，由于无论 AB 是 C 的怎样的几部分，那么 DE 也是 F 的同样的几部分.

所以，正如在 AB 中有 C 的几个一部分，在 DE 中也有 F 的几个一部分.

将 AB 分为 C 的几个一部分，即 AG，GB，又将 DE 分为 F 的几个一部分，即 DH，HE；于是 AG，GB 的个数等于 DH，HE 的个数.

现在，由于无论 AG 是 C 的怎样的一部分，那么 DH 也是 F 的同样的一部分.

变更后也有，无论 AG 是 DH 的怎样的一部分或几部分，那么 C 也是 F 的同样的一部分或几部分. ［vii. 9］

同理也有，无论 GB 是 HE 的怎样的一部分或几部分，那么 C 也是 F 的同样的一部分或几部分.

于是，还有无论 AB 是 DE 怎样的几部分或一部分，那么 C 也是 F 的同样的几部分或一部分. ［vii. 5，6］

证完

如果 $a=\frac{m}{n}b$ 而且 $c=\frac{m}{n}d$，则无论 a 是 c 的什么分数，b 也是 d 的同样的分数.

为了证明此条，将 a 分成 m 个部分，每个部分等于 $\frac{b}{n}$. 而且将 c 分成 m 个部分，每个部分等于 $\frac{d}{n}$.

然后由 vii. 9，无论 a 的 m 个部分之一是 c 的 m 个部分之一的什么样的分数，b 也是 d 的同样的分数.

又由 vii. 5，6，无论 a 的 m 个部分之一是 c 的 m 个部分之一的什么样的分数，a 的 m 个部分之和（即 a）也是 c 的 m 个部分之和（即 c）的同样的真分数.

由此结果如下：

在希腊原文中，倒数第二行的“所以，此外”之后，是为使 vii. 5，6 更为清晰的进一步的解释即：“无论 AG 是 DH 的什么部分，GB 也是 HE 的同样的部分，也因此，无论 AG 是 DH 的部分或几部分，AB 也是 DE 的同样的部分或几部分. ［vii. 5，6］”

但是已证明的是如书中最后两行所写：“无论 AG 是 DH 的什么样的部分（“部分”或“几部分”），C 也是 F 的同样的部分（ “部分”或“几部分”），因而也是……”.

根据手抄本 P 中只在页边空白处所写的几句话，海伯格（Heiberg）推断：它们可能出于赛翁（Theon）的修订本.

命题 11　如果整个数比整个数如同减数比减数，则余数比余数也如同整个数比整个数.

设整个数 AB 比整个数 CD 如同减数 AE 比减数 CF.

则可证余数 EB 比余数 FD 也如同整个数 AB 比整个数 CD.

由于 AB 比 CD 如同 AE 比 CF，那么无论 AB 是 CD 的怎样的一部分或几部分，AE 也是 CF 的同样的一部分或几部分.

[vii. 定义 20]

所以，也有余数 EB 是余数 FD 的一部分或几部分也与 AB 是 CD 的一部分或几部分相同.

[vii. 7，8]

故 EB 比 FD 如同 AB 比 CD.

[vii. 定义 20]

证完

可以看出，在处理命题 11 ~ 13 中的比例问题时，欧几里得只考虑到第一个数是第二个数的“部分”或“几部分”的情况，在命题 13 中，他也假定第一个数是第三个数的“一部分”或“几部分”，也就是说，在这三个命题中都假定第一个数小于第二个数，而在命题 13 里，假定第一个数小于第三个数，然而，命题 11 ~ 13 中的附图却与这些假定不一致，若要与这些命题中的附图保持一致的话，有心要考虑比例的定义（vii 定义 20）中涉及的其他的可能性，也就是第一个数可以是与它比较的其他数的倍数，或者是倍数加上“一部分”或“几部分”（也包括“倍数”）. 这样就能考虑到很多不同情形，补救的办法是：将比项较低的比例作为开头的比例，必要时可以取其反比例，按字面意义地使它成为“一部分”或“几部分”.

如果
$$a : b = c : d \qquad (a>c,\ b>d),$$
则
$$(a-c) : (b-d) = a : b.$$

这个关于数的命题对应于关于量的 v. 19 的命题，除了用阳性词（与 αριθμος一致）代替中性词（与 μεγεθος一致）以外，对于这两个命题的阐述也相同.

此证明只不过是比例的算术定义（vii 定义 20）与 vii. 7，8 中的结果的结合. 比例语言由定义 20 变成了分数语言. 利用 vii. 7，8 的结果，又由定义 20 变成了比例语言.

命题 12　如果有成比例的许多数，则前项之一比后项之一如同所有前项的和比所有后项的和.

设 A，B，C，D 是成比例的一些数，即 A 比 B 如同 C 比 D.

则可证 A 比 B 如同 A，C 的和比 B，D 的和.

因为，A 比 B 如同 C 比 D，

所以无论 A 是 B 怎样的一部分或几部分，那么 C 也是 D 的同样的一部分或

几部分. ［vii. 定义 20］

所以 A，C 之和是 B，D 之和的一部分或几部分与 A 是 B 的一部分或几部分相同. ［vii. 5，6］

故 A 比 B 如同 A，C 之和比 B，D 之和. ［vii. 定义 20］

证完

如果 $$a:a'=b:b'=c:c'=\cdots,$$

则每个比都等于 $(a+b+c+\cdots):(a'+b'+c'+\cdots)$.

此命题与 v. 12 对应，阐述的语言一模一样，除了ἀριθμός取代了 μέγεθος以外.

证明又只是把比例的算术定义（vii. 定义 20）与 vii. 5，6 的结果联系起来，不仅仅针对像 vii. 5，6 中的两数的情形，对于多个数而言也被引用为正确的.

命题 13　如果四个数成比例，则它们的更比也成立.

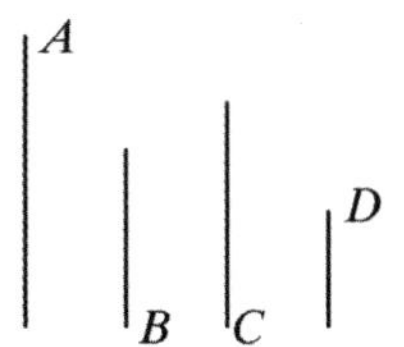

设四个数 A，B，C，D 成比例，即 A 比 B 如同 C 比 D.

则可证它们的更比成立，

即 A 比 C 如同 B 比 D.

因为，由于 A 比 B 如同 C 比 D.

所以无论 A 是 B 的怎样的一部分或几部分，那么 C 也是 D 的具有同样的一部分或几部分. ［vii. 定义 20］

于是，取更比，无论 A 是 C 的怎样的一部分或几部分，那么 B 也是 D 的同样的一部分或几部分. ［vii. 10］

故 A 比 C 如同 B 比 D. ［vii. 定义 20］

证完

如果 $$a:b=c:d,$$

然后取更比 $$a:c=b:d.$$

此命题与关于量的 v. 16 对应，证明来自将 vii. 定义 20 与 vii. 10 的结果联系起来.

命题 14　如果有任意多的数，另外有和它们个数相等的一些数，且每组取两个作成的比相同，则它们首末比也相同.

设有一些数 A，B，C 和与它们个数相等的数 D，E，F，且每组取两个作成相同的比，即

A 比 B 如同 D 比 E，

A D B E C F

B 比 C 如同 E 比 F.

则可证取首末比，A 比 C 如同 D 比 F.

因为，由于 A 比 B 如同 D 比 E，

所以取更比，A 比 D 如同 B 比 E. [vii. 13]

又由于，B 比 C 如同 E 如 F，

所以取更比，B 比 E 如同 C 比 F. [vii. 13]

但是，B 比 E 如同 A 比 D，所以也有，A 比 D 如同 C 比 F.

于是，取更比，A 比 C 如同 D 比 F. [vii. 13]

证完

如果 $a:b=d:e$,

而且 $b:c=e:f$,

则取首末比 $a:c=d:f$.

即使后面还有许多后继的数都如此相关，结果仍成立.

证明本身十分简单.

由 vii. 13，取更比 $a:d=b:e$,

而且 $b:e=c:f$,

因此 $a:d=c:f$,

而且，再取更比 $a:c=d:f$.

可以看出，这个简单方法并不能用来证明关于量的对应命题 v. 22，尽管在那一卷里居于 v. 22 之前的是对应于这里可使用的两个命题，即 v. 16 和 v. 11，原因在于这个方法仅对于六个相同类型的量的情形证明了 v. 22，然而 v. 22 的量并未服从这个限制.

海伯格（Heiberg）在关于 vii. 19 的一个注中提到，欧几里得通过一个独立的证明，再一次地证明了卷Ⅴ中对于数的几个命题，但在某些情况下却忽略了去做这样的证明. 比如他经常在卷Ⅶ中使用 v. 11，在 vii. 19 中使用 v. 9，在同一命题中使用 v. 7，等等. 因此，海伯格（Heiberg）会显而易见地认为：欧几里得在现在的证明（凡与一个比相同的两个比必彼此相同）的最后一步中使用了 v. 11，我更倾向于认为，欧几里得把最后一步看作是不言自明的. 因为，根据比例的定义，第一个数是第二个数的相同的倍数或相同的部分或相同的几部分，第三个数与第四个数的关系也与此相同；这个假定就是一个倍数或真分数分别等于另一个倍数或真分数.

尽管此命题只证明了六个数的情形，显然可以推广到任意多个数的情形（正如命题中所阐述的那样）.

命题 15　若一个单位量尽任一数与另一数与量尽另外一数的次数相同．则取更比后，单位量尽第三数与第二数量尽第四数有相同的次数．

设单位 A 量尽一数 BC 与另一数 D 量尽另外一数 EF 的次数相同．

则可证取更比后，单位 A 量尽数 D 与 BC 量尽 EF 的次数相同．

A

B　G　H　C

D

E　K　L　F

因为，由于单位 A 量尽数 BC 与 D 量尽 EF 的次数相同，所以在 BC 中有多少个单位，那么在 EF 中也就有同样多少个等于 D 的数．

设分 BC 为单位 BG，GH，HC，
又分 EF 为等于 D 的数 EK，KL，LF．

这样 BG，GH，HC 的个数等于 EK，KL，LF 的个数．

又，由于各单位 BG，GH，HC 彼此相等，而各数 EK，KL，LK 也彼此相等，而单位 BG，GH，HC 的个数等于数 EK，KL，LF 的个数．

所以单位 BG 比数 EK 如同单位 GH 比数 KL，又如同单位 HC 比数 LF．

所以也有，前项之一比后项之一等于所有前项和比所有后项和，故单位 BG 比数 EK 如同 BC 比 EF．　[vii. 12]

但是单位 BG 等于单位 A，且数 EK 等于数 D．

故单位 A 比数 D 如同 BC 比 EF．

所以单位 A 量尽 D 与 BC 量尽 EF 的次数相同．

证完

如果有四个数 1、m、a、ma（使得 1 量尽 m 的次数与 a 量尽 ma 的次数相同）．则 1 量尽 a 的次数将与 m 量尽 ma 的次数相同．

除了第一个数是单位 1，而且被量的数并不是其他数的一部分，这个命题及其证明与 vii. 9 并无不同，实际上只是另一命题的一种特殊情形．

命题 16　如果二数彼此相乘得二数，则所得二数彼此相等．

设 A，B 是两数，又设 A 乘 B 得 C 且 B 乘 A 得 D[1]．

则可证 C 等于 D．

因为，由于 A 乘 B 得 C，所以 B 依照 A 中的单位数量尽 C．

但是单位 E 量尽 A，也是依照 A 中的单位数．

所以用单位 E 量尽 A，与用数 B 量尽 C 的次数相同．

于是取更比，单位 E 量尽 B 与 A 量 C 的次数相同.

[vii. 15]

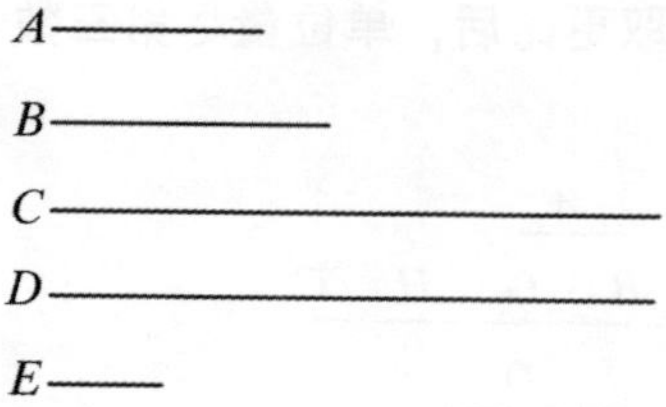

又，由于 B 乘 A 得 D，所以依照 B 中的单位数，A 量尽 D.

但是单位 E 量尽 B 也是依照 B 中的单位数.

所以用单位 E 量尽数 B 与用 A 量尽 D 的次数相同.

但是用单位 E 量尽数 B 与用 A 量尽 C 的次数相同.

所以 A 量尽数 C，D 的每一个有相同有次数.

故 C 等于 D.

证完

[1]这样产生的二数（原英译是 The numbers so produced）希腊原文是 οί γενόμενοι έξ αυιῶν，英译是 "the (numbers) produced from them" [从它们两产生的（数）]，"从它们"指的是"从原有的二数"，尽管在希腊文也并不很清楚，我想要消除不清楚，最好是不予考虑（英文：leaving out the words）.

此命题证明了，任二数相乘，则乘法的次序无关紧要，可以写成 $ab=ba$.

重要的是对欧几里得所说的"一个数乘另一个数"的意思须有一个清晰的理解. vii 定义 15 规定"a 乘 b"（英文是"a multiplying b"）的作用是"取 a 倍的 b"（英文是"taking a timcs b"），这里 b 是被乘数，把 b 取了 a 次，即将 a 个 b 加在一起，我们总是把"a 乘以 b"（a times b）表示成 ab，把"b 乘以 a"（b times a）表示成 ba，基于此，关于 $ab=ba$ 的证明可以用比例的语言表示如下.

由 vii 定义 20，　　$1:a=b:ab$，

因此，取更比例　　$1:b=a:ab$，　　[vii. 13]

又由 vii 定义 20，　　$1:b=a:ba$，

因此　　$a:ab=a:ba$.

或者说　　$ab=ba$.

欧几里得并未使用比例语言，却使用了分数语言或与之等价的度量，所援引的 vii. 15 只是以截然不同的形式表达的 vii. 13 的一种特殊情形，而不是 vii. 13 本身.

命题 17　如果一个数乘两数得某两数，则所得两数之比与被乘的两数之比相同.

为此，设数 A 乘两数 B，C 得 D，E.

则可证 B 比 C 如同 D 比 E.

因为，由于 A 乘 B 得 D，所以依照 A 中之单位数，B 量尽 D.

A
B
C
D
E
F

但是，单位 F 量尽数 A 也是依照 A 中的单位数，所以，用单位 F 量尽数 A 与用 B 量尽 D 有相同的次数.

故单位 F 比数 A 如同 B 比 D. [vii. 定义 20]

同理，单位 F 比数 A 也如同 C 比 E；所以也有，B 比 D 如同 C 比 E.

故取更比，B 比 C 如同 D 比 E. [vii. 13]

证完

$$b : c = ab : ac.$$

在本例中，欧几里得把度量的语言翻译成比例的语言，与最后一条注释中所给出的证明完全一样：

由 vii 定义 20，　$1 : a = b : ab$，

而且　$1 : a = c : ac$，

因此　$b : ab = c : ac$，

取更比　$b : c = ab : ac$. [vii. 13]

命题 18　如果两数各乘任一数得某两数，则所得两数之比与两乘数之比相同.

为此，设两数 A，B 乘任一数 C 得 D，E.

则可证 A 比 B 如同 D 比 E.

因为，由于 A 乘 C 得 D，所以 C 乘 A 也得 D. [vii. 16]

同理也有，C 乘 B 得 E.

所以数 C 乘两数 A，B 得 D，E.

所以，A 比 B 如同 D 比 E. [vii. 17]

A
B
C
D
E

证完

此处所证明的是　$a : b = ac : bc$，

论证如下：

$ac = ca$， [vii. 16]

类似地　$bc = cb$，

而且　$a : b = ca : cb$， [vii. 17]

因此　$a : b = ac : bc$.

命题 19　如果四个数成比例，则第一个数和第四个数相乘所得的数等于第

二个数和第三个数相乘所得的数；又如果第一个数和第四个数相乘所得的数等于第二个数和第三个数相乘所得的数，则这四个数成比例.

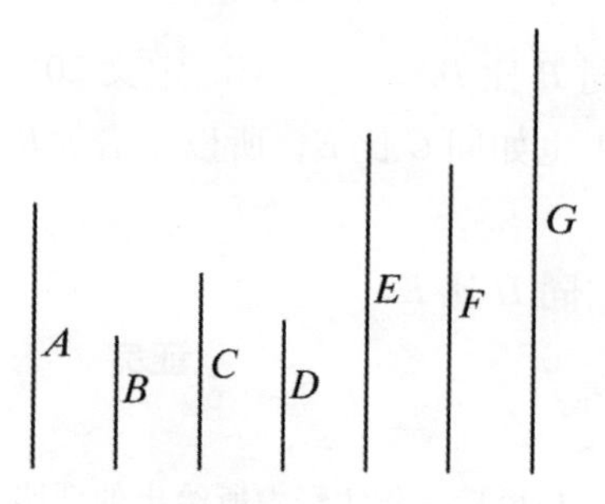

为此，设 A，B，C，D 四个数成比例，即

A 比 B 如同 C 比 D，

又设 A 乘 D 得 E，以及 B 乘 C 得 F.

则可证 E 等 F.

为此，设 A 乘 C 得 G.

这时，由于 A 乘 C 得 G，且 A 乘 D 得 E，于是数 A 乘两数 C，D 得 G，E.

所以，C 比 D 如同 G 比 E. ［vii. 17］

但是，C 比 D 如同 A 比 B，所以也有 A 比 B 如同 G 比 E.

又，由于 A 乘 C 得 G，但是，还有 B 乘 C 得 F，于是两数 A，B 乘以一确定的数 C 得 G，F.

所以，A 比 B 如同 G 比 F. ［vii. 18］

但是还有，A 比 B 也如同 G 比 E；所以也有，G 比 E 如同 G 比 F.

故 G 与两数 E，F 每一个有相同比，所以 E 等于 F. ［参看 v. 9］

又若令 E 等于 F.

则可证 A 比 B 如同 C 比 D. 为此，用上述的作图.

因为 E 等于 F，所以 G 比 E 如同 G 比 F. ［参看 v. 7］

但是，G 比 E 如同 C 比 D，且 G 比 F 如同 A 比 B. ［vii. 17］［Ⅶ. 18］

所以也有，A 比 B 如同 C 比 D.

证完

如果 $a : b = c : d$，

则 $ad = bc$；其逆亦真.

证明相当于如下的过程：

（1） $ac : ad = c : d$， ［vii. 17］

$= a : b$，

但是 $a : b = ac : bc$， ［vii. 18］

因此 $ac : ad = ac : bc$，

或者说 $ad = bc$.

（2）由于 $ad = bc$，

$ac : ad = ac : bc$，

但是 $ac : ad = c : d$, [vii. 17]

而且 $ac : bc = a : b$, [vii. 18]

因此 $a : b = c : d$.

正如上面 vii. 14 的注释中所示：海伯格（Heiberg）认为欧几里得分别基于命题 v. 9 和 v. 7 在本证明的部分（1）的最后步骤和部分（2）的开头步骤中所作出的推理，因为他在这一卷中对于数的那些命题没有作出单独的证明. 我宁愿相信，鉴于比例中的数的定义，所以他会认为推理是显然的并不需要证明. 例如，若 ac 是 bc 的一个分数（“部分”或“几部分”），则 ac 也是 ad 的同样的分数，显然，ad 必等于 bc.

海伯格（Heiberg）在他的正文中有所删改，并把一些内容放到附录里. 手抄本 v. *p.* ϕ 中出现的命题大意是：若三个数成比例，则最大数和最小数的乘积等于平均值的平方，其逆亦真. 这在第一手抄本 P 中并未出现. B 中只出现于页边空白处，坎帕努斯（Campanus）省略了它，并评论说欧几里得没有像在 vi. 17 中所做的那样给出三个比例数的命题，因为这很容易通过刚给出的命题进行证明，而且奈依莱芝（an-Nairzī）将这个关于三个比例数的命题引用为一个关于 vii. 19 的观察结论，这大概是由海伦（Heron）［在前面章节中曾提及］提出的.

命题 20　用有相同比的数对中最小的一对数，分别量其他数对，则大的量尽大的，小的量尽小的，且所得的次数相同.

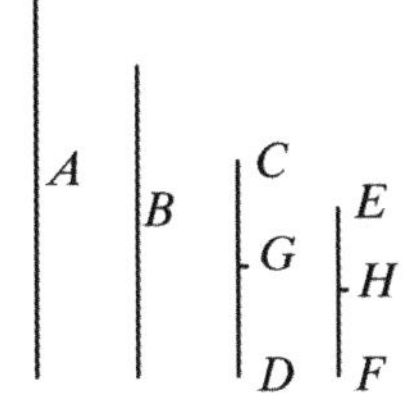

为此，设 CD，EF 是与 A，B 有相同比的数对中最小的一对数.

则可证 CD 量尽 A 与 EF 量尽 B 有相同的次数.

此处 CD 不是 A 的几部分.

因为，如果可能的话，设它是这样，EF 是 B 的几部分与 CD 是 A 的几部分相同. ［vii. 13 和定义 20］

所以，在 CD 中有 A 的多少个一部分，则在 EF 中也有 B 的同样多少个一部分.

将 CD 分为 A 的一部分，即 CG，GD，且 EF 分为 B 的一部分，即 EH，HF.

这样 CG，GD 的个数等于 EH，HF 的个数.

现在，由于 CG，GD 彼此相等，且 EH，HF 彼此相等，而 CG，GD 的个数等于 EH，HF 的个数.

所以，CG 比 EH 如同 GD 比 HF.

所以也有，前项之一比后项之一如同所有前项之和比所有后项之和. ［vii. 12］

于是 CG 比 EH 如同 CD 比 EF.

故 CG，EH 与小于它们的数 CD，EF 有相同比：这是不可能的，因为由假设 CD，EF 是和它们有相同比中的最小两数.

所以 CD 不是 A 的几部分，因而 CD 是 A 的一部分. [vii. 4]

又 EF 是 B 的一部分与 CD 是 A 的一部分相同. [vii. 13 和定义 20]

所以 CD 量尽 A 与 EF 量尽 B 有相同的次数.

证完

如果 a，b 是那些具有相同的比的数对中最小的一对［也就是：如果$\frac{a}{b}$是相同诸比中项最低的分数（又称最简分数或既约分数）］，而 c，d 是具有相同的比中其他的一对，也就是，如果

$$a:b=c:d,$$

则 $a=\frac{1}{n}c$， 而且 $b=\frac{1}{n}d$，这里 n 是某个整数.

证明用了反证法如下：

［因为 $a<c$，由 vii. 4，a 是 c 的一部分或 n 部分］

现在 a 不能等于$\frac{m}{n}c$，这是 m 是大于 1 而小于 n 的整数.

因为，如果 $a=\frac{m}{n}c$，则也有 $b=\frac{m}{n}d$. [vii. 13 及定义 20]

取 a 的 m 个部分的每一部分与 b 的 m 个部分的每一部分两两对比，所有数对的数作成的比都等于相同的比 $\frac{1}{m}a:\frac{1}{m}b$，

因此

$$\frac{1}{m}a:\frac{1}{m}b=a:b. \quad \text{[vii. 12]}$$

但是$\frac{1}{m}a$ 和$\frac{1}{m}b$ 分别地小于 a，b 而它们的比相同，与假设矛盾.

因此 a 只能是 c 的"一部分"，或者说

$$a \text{ 的形式是} \frac{1}{n}c.$$

因而

$$b \text{ 的形式是} \frac{1}{n}d.$$

海伯格（Heiberg）在此处忽略了一个命题，此命题无疑是赛翁（Theon）为了证明关于数的命题"当三对数形成波动比例时它们也形成首末比例"而增加的（B，V，p，ϕ 诸手抄本把这命题作为 vii. 22，但是 P 在后来的版本把它放在页边空白处，坎帕努斯（Campanus）也略去此命题）（参见 v. 22 的阐述）：如果

$$a:b=e:f, \tag{1}$$

而且

$$b:c=d:e, \tag{2}$$

那么 $a:c=d:f$

这个证明［见海伯格（Heiberg）的附录］依赖 vii. 19：

由（1）有 $af=be$，

又由（2） $be=cd$， ［vii. 19］

因此 $af=cd$，

相应地有 $a:c=d:f$. ［vii. 19］

命题 21　互素的两数是与它们有同比数对中最小的.

设 A，B 是互素的数.

则可证 A，B 是与它们有相同比的数对中最小的.

因为，如果不是这样，将有与 A，B 同比的数对小于 A，B，设它们是 C，D.

这时，由于有相同比的最小一对数，分别量尽与它们有相同比的数对，所得的次数相同，

即前项量尽前项与后项量尽后项的次数相同. ［vii. 20］

所以 C 量尽 A 的次数与 D 量尽 B 的次数相同.

现在，C 量尽 A 有多少次，就设在 E 中有多少单位.

于是，依照 E 中单位数，D 也量尽 B.

又由于依照 E 中单位数 C 量尽 A，所以依照 C 中单位数，E 也量尽 A. ［vii. 16］

同理，依照 D 中单位数，E 也量尽 B. ［vii. 16］

所以，E 量尽互素的数 A，B：这是不可能的.

于是没有与 A，B 同比且小于 A，B 的数对.

所以 A，B 是与它们有同比的数对中最小的一对.

证完

换言之，若 a，b 互素，则比 $a:b$ 是“比项最低”的.

证明相当于以下的过程：

若不是，则可假设 c，d 是使得

$$a:b=c:d,$$

的最小的一对数.

［欧几里得只是假设有某二数 c，d，其比与比 $a:b$ 相同，而且使得 $c<a$，因而也有 $d<b$. 为了使我们能够在论述中使用 vii. 20，有必要假设 c、d 是这个比例中最小的一对数.

于是［vii. 20］$a=mc$，而且 $b=md$，这里 m 是某个整数，

因此 $a=cm$, $b=dm$ [vii. 16]

而 m 是 a、b 的一个公因数，可是它们互素，这是不可能的. [vii. 定义 12]

这样，与 a 比 b 的比相同的数对中最小的一对数不能小于 a、b 本身.

上面所援引的 vii. 16，海伯格（Heiberg）认为，其理由是 vii. 15. 我认为，由文中的措辞与定义 15 的语词相结合来看，其理由是前者而非后者.

命题 22　有相同比的一些数对中的最小一数对是互素的.

设 A，B 是与它们有同比的一些数对中最小数对.

A——————
B—————
C————
D———
E——

则可证 A，B 互素.

因为，如果它们不互素，那么就有某个数能量尽它们.

设能量尽它们的数是 C.

又 C 量尽 A 有多少次，就设在 D 中有多少个单位.

而且，C 量尽 B 有多少次，就设 E 中有多少个单位.

由于依照 D 中单位数，C 量尽 A，

所以 C 乘 D 得 A. [vii. 定义 15]

同理也有，C 乘 E 得 B.

这样，数 C 乘两数 D，E 各得出 A，B.

所以，D 比 E 如同 A 比 B，因此 D，E 与 A，B 有相同的比，且小于它们：这是不可能的. [vii. 17]

于是没有一个数能量尽数 A，B.

故 A，B 互素.

证完

若 $a:b$ 是"比例中最小的一对"，则 a，b 互素.

证明又是间接的［反证法］.

若 $a:b$ 不互素，它们必有某个公约数 c，而且

$$a=mc,\quad b=nc.$$

因此，$m:n=a:b$， [vii. 17 或 18]

但是，m，n 分别小于 a，b. 所以 $a:b$ 并非比项最小的一对，此与假设矛盾.

命题 23　如果两数互素，则能量尽其一的数必与另一数互素.

设 A，B 是两互素的数，又设数 C 量尽 A.

则可证 C，B 也是互素的.

因为，如果 C，B 不互素，那么，有某个数量尽 C，B.

A B C D

设量尽它们的数是 D.

因为 D 量尽 C 且量尽 A，所以 D 也量尽 A.

但是它也量尽 B.

所以 D 量尽互素的 A，B：这是不可能的. [vii. 定义 12]

所以没有数能量尽数 C，B.

故 C，B 互素.

证完

若 a，mb 互素，b 与 a 也互素. 因为若不互素，则有某数 d 量尽 a 和 b，于是它也量尽 a 和 mb，此与假设矛盾.

命题 24　如果两数与某数互素，则它们的乘积与该数也是互素的[1].

A B C D E F

设两数 A，B 与数 C 互素，又设 A 乘 B 得 D.

则可证 C，D 互素.

因为，如果 C，D 不互素，那么有一个数将量尽 C，D.

设量尽它们的数是 E.

现在，由于 C，A 互素，且确定了数 E 量尽 C，所以 A，E 是互素的. [vii. 23]

这时，E 量尽 D 有多少次，就设在 F 中有多少单位.

所以依照在 E 中有多少单位 F 也量尽 D. [vii. 16]

于是，E 乘 F 得 D. [vii. 定义 15]

但还有，A 乘 B 也得 D.

所以 E，F 的乘积等于 A，B 的乘积.

但是，如果两外项之积等于内项之积，那么这四个数成比例. [vii. 19]

所以，E 比 A 如同 B 比 F.

但是 A，E 互素，而互素的两数也是与它们有同比的数对中的最小数对. [vii. 21]

因为有相同比的一些数对中最小的一对数，其大，小两数分别量尽具有同比的大小两数，则所得的次数相同，即前项量尽前项和后项量尽后项； [vii. 20]

所以 E 量尽 B.

但是，它也量尽 C.

于是 E 量尽互素二数 B，C：这是不可能的. [vii. 定义 12]

所以没有数能量尽数 C，D.

故 C，D 互素.

证完

[1] 它们的乘积，希腊原文是 ὁ ἐξ αὐτῶν γενόμενος. 逐字直译的英文是“the (number) produced from the one of them”，意思是“从它们所产生的（数）”. 因此将译成“它们的乘积.”

若 a，b 两者都与 c 互素，则 ab，c 也互素.

证明又是用反证法：

若 ab，c 不互素，设它们都可以被 d 量尽，而且分别等于 md，nd，比方说，

现在，由于 a，c 互素，而 d 是 c 的因数，

a，d 互素. [vii. 23]

但是，由于 $ab=md$

$d:a=b:m$. [vii. 19]

因此 [vii. 20] d 可量尽 b.

或者说 $b=pd$，

但是 $c=nd$，

因此，d 可量尽 b 和 c 两者，因而这两者不互素，这是不可能的.

命题 25　如果两数互素，则其中之一的自乘积[1]与另一个数是互素的.

A　B　C　D

设 A，B 两数互素，且设 A 自乘得 C.

则可证 B，C 互素.

因为，若取 D 等于 A.

由于 A，B 互素，且 A 等于 D，所以 D，B 也互素，于是两数 D，A 的每一个与 B 互素.

所以 D，A 之乘积也与 B 互素. [vii. 24]

但 D，A 之乘积是 C.

故，C，B 互素.

证完

[1] 其中一个的自乘积，希腊原文是 ὁ ἐκ τοῦ ἑνὸς αὐτῶν γενόμενος，逐字直译的英文是：“the number produced from the one of them”，意思是：“从它们之一所产生的数.” 漏掉了要理解的“自身相乘的”（“multiplied into itself”）的形容词.

若 a、b 互素，则

a^2 与 b 互素.

欧几里得取 d 等于 a，所以 d，a 都与 b 互素.

因此，vii. 24，da 即 a^2 也与 b 互素.

此命题是前面命题的一个特例，证明方法只是在那个命题的结果中代换成不同的数而已.

命题 26　如果两数与另两数的每一个都互素，则两数乘积与另两数的乘积也是互素的.

为此，设两数 A，B 与两数 C，D 的每一个都互素，又设 A 乘 B 得 E，C 乘 D 得 F.

则可证 E，F 互素.

因为，由于数 A，B 的每一个与 C 互素，所以，A，B 的乘积也与 C 互素.　［vii. 24］

但是 A，B 的乘积是 E，所以 E，C 互素.

同理，E，D 也是互素的.

于是数 C，D 的每一个与 E 互素.

所以 C，D 的乘积也与 E 互素.　［vii. 24］

但是 C，D 的乘积是 F.

故 E，F 互素.

A
B
C
D
E
F

证完

若 a 和 b 两者都与 c，d 二数的每一个都互素，则 ab，cd 将互素.

由于 a，b 两者都与 c 互素，故

ab，c 互素，　［vii. 24］

类似地，　ab，d 互素.

因此，　c，d 两者都与 ab 互素

所以 cd 也与 ab 互素.　［vii. 24］

命题 27　如果两数互素，且每个自乘得一确定的数，则这些乘积是互素的；又原数乘以乘积得某数，这最后乘积也是互素的［依此类推］.

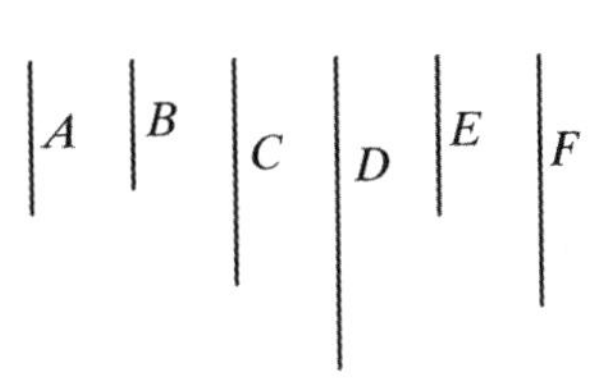

设 A，B 两数互素，又设 A 自乘得 C，且 A 乘 C 得 D，且设 B 自乘得 E，B 乘 E 得 F.

则可证 C 与 E 互素，D 与 F 互素.

因为 A，B 互素，且 A 自乘得 C，所以 C，B 互素.

由于，这时 C，B 互素，且 B 自乘得 E，所以 C，E 互素. [vii. 25]

又，由于 A，B 互素，且 B 自乘得 E，

所以 A，E 互素. [vii. 25]

由于这时，两数 A，C 与两数 B，E 的每一个互素，所以 A，C 之积与 B，E 之积也互素. [vii. 26]

且 A，C 的乘积是 D；B，E 的乘积是 F.

故 D，F 互素.

证完

若 a，b 互素，则 a^2，b^2；a^3，b^3 都互素，一般地，a^n，b^n也互素.

在命题中断言对任意次幂都真实的措辞是有待商榷的，并且被海伯格（Heiberg）加上了括号，因为（1）在希腊原文 περὶ τούς ἄκρονς中，ἄκροι 的使用是罕见的，因为它只能指“最后的乘积”，而且（2）论证中没有与它们对应的词语，更不用说一般化的证明. 坎帕努斯（Campanus）在阐述中略去了这些词语，虽然他为这个证明添加了一段注解说此命题对于 a，b 的任意次幂、相同的或不同的幂都成立. 海伯格（Heiberg）推断这些话是比赛翁（Theon）更早的一次篡改.

欧几里得的证明相当于这样：

因为 a，b 互素，所以 a^2，b 互素 [vii. 25]，a^2，b^2也互素.

类似地 [vii. 25]，a，b^2 互素，因此 a，a^2 和 b，b^2 满足 vii. 26 中阐述的条件.

这样 a^3 与 b^3互素.

命题 28　如果两数互素，则其和与它们的每一个也互素；又如果两数之和与它们任一个互素，则原二数也互素.

为此，设互素的两数 AB，BC 相加.

则可证其和 AC 与数 AB，BC 每一个也互素.

因为，如果 AC，AB 不互素，那么将有某数量尽 AC，AB.

设量尽它们的数是 D.

这时，由于 D 量尽 AC，AB，所以它也量尽余数 BC.

但是它也量尽 AB，所以 D 量尽互素的二数 AB，BC：这是不可能的. [vii. 定义 12]

所以，没有数量尽 AC，AB.

所以，AC，AB 互素.

同理，AC，BC 也互素.

所以，AC 与数 AB，BC 的每一个互素.

又设 AC，AB 互素.

则可证 AB，BC 也互素.

因为，如果 AB，BC 不互素，那么有某数量尽 AB，BC.

设量尽它们的数是 D.

这时，由于 D 量尽数 AB，BC 的每一个，那么它也要量尽整个数 AC.

但是它也量尽 AB；

所以，D 量尽互素二数 AC，AB：

这是不可能的. [vii. 定义 12]

于是没有数可以量尽 AB，BC.

所以 AB，BC 互素.

证完

若 a，b 互素，则 $a+b$ 与 a 和 b 两者都互素，其逆亦真.

因为，假设（$a+b$），a 不互素，则它们必有某个公约数 d.

因此 d 可除尽二数之差（$a+b$）$-a$ 即 b 以及 a；因而 a，b 不互素；与假设矛盾.

因此 $a+b$ 与 a 互素.

类似地 $a+b$ 与 b 互素.

用同样方法可证明逆命题.

海伯格（Heiberg）在欧几里得的假设上注解道：若 a 和 b 这两个数都可被 c 量尽，则 $a\pm b$ 也可被 c 量尽，不过我们早已（vii. 1，2）作过更为一般的假设公理：$a\pm pb$ 也可被 c 量尽.

命题 29　任一素数与用它量不尽的数互素.

A————

B——————

C———

设 A 是一个素数，且它量不尽 B.

则可证 B，A 互素.

因为，如果 B，A 不互素，则将有某数量尽它们.

设 C 量尽它们.

由于 C 量尽 B，且 A 量不尽 B，于是 C 与 A 不相同.

现在，由于 C 量尽 B，A，所以 C 也量尽与 C 不同的素数 A：这是不可能的.

所以没有数量尽 B，A.

于是 A，B 互素.

证完

若 a 是素数，而且不能量尽 b，则 a，b 互素. 这是不证自明的.

命题 30　如果两数相乘得某数，且某一素数量尽该乘积，则它也必量尽原来两数之一.

A————

B————

C————————

D——

E————

为此，设两数 A，B 相乘得 C，又设素数 D 量尽 C. 则可证 D 量尽 A，B 之一.

为此设 D 量不尽 A.

由于 D 是素数，所以 A，D 互素. ［vii. 29］

又 D 量 C 有多少次数，就设在 E 中有同样多少个单位.

这时，由于依照 E 中单位的个数，D 量尽 C，所以 D 乘 E 得 C. ［vii. 定义 15］

还有，A 乘 B 也得 C.

所以 D，E 的乘积等于 A，B 的乘积.

于是，D 比 A 如同 B 比 E. ［vii. 19］

但是 D，A 互素，而互素的二数是具有相同比的数对中最小的一对，且它的大，小两数分别量尽具有同比的大小两数，所得的次数相同，即前项量尽前项和后项量尽后项，所以 D 量尽 B. ［vii. 21］［vii. 20］

类似地，我们可以证明，如果 D 量不尽 B，则它将量尽 A.

故 D 量尽 A，B 之一.

证完

若 c 是能量尽 ab 的一个素数，则 c 要么能量尽 a，要么能量尽 b.

假设 c 不能量尽 a，

因此　c，a 互素，［vii. 29］

假设　$ab=mc$，

因此　$c:a=b:m$，［vii. 19］

所以［vii. 20，21］　c 可量尽 b，

类似地，若 c 不能量尽 b，则它必量尽 a.

因此，它量尽二数 a，b 之一.

命题 31　任一合数可被某个素数量尽.

设 A 是一个合数.

则可证 A 可被某一素数量尽.

因为，由于 A 是合数，那么将有某数量尽它.

设量尽它的数是 B.

现在，如果 B 是素数，那么所要证的已经完成了[1].

但是，如果它是一个合数，就将有某数量尽它.

设量尽它的数是 C.

这样，因为 C 量尽 B，且 B 量尽 A，所以 C 也量尽 A.

又，如果 C 是素数，那么所要证的已经完成了.

但是，如果 C 是合数，就将有某个数量尽它[2].

这样，继续用这种方法推下去，就会找到某一个素数量尽它前面的数，它也就量尽 A.

因为，如果找不到，那么就会得出一个无穷数列中的数都量尽 A，而且其中每一个小于其前面的数：而这在数里是不可能的.

故可找到一个素数将量尽它前面的一个，它也量尽 A.

所以任一合数可被某一素数量尽.

证完

［1］如果 B 是素数，那么所要证的已经完成了. 即所隐含的找出可量尽 A 的某数的问题已经完成了.

［2］就将有某个数可量尽它. 在希腊文中句子在此处停止，但有必要添加这样的话："在它之前的也可量尽 A 的素数". 在下面几行中也可找到. 此处的这些字句可能由于希腊文 ὁμοιοτέλευτον 而产生的一个低级错误而导致在手抄本 P 中被遗漏［海伯格（Heiberg）］.

海伯格（Heiberg）在附录中添加了对此命题的另一个证明：由于 A 是合数，一定存在一些数是它的因数. 设 B 是这些因数中最小的一个，那么 B 是素数. 因为，如果 B 不是素数，B 就是一个合数，那么一定存在某个数是 B 的因数，比如 C，所以 C 一定小于 B，但是，因为 C 可以量尽 B，而 B 可以量尽 A，C 必定可量尽 A. 然而 C 小于 B：这是与假设矛盾的.

命题32　任一数或者是素数或者可被某个素数量尽.

设 A 是一个数.

则可证 A 或者是素数或者可被某素数量尽.

这时，如果 A 是素数，那么需要证的就已经完成了.

但是，如果 A 是合数，那么必有某素数能量尽它.　［vii. 31］

所以，任一数或者是素数或者可被某一素数量尽.

证完

命题 33　已知几个数，试求与它们有同比的数组中的最小数组.

设 A、B、C 是给定的几个数，我们来找出与 A、B、C 有相同比的数组中最小数组.

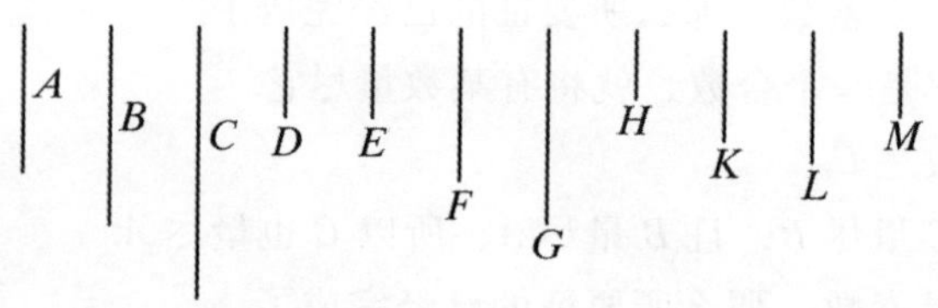

A，B，C 或者互素或者不互素.

现在，如果 A，B，C 互素，那么它们是与它们有同比的数组中最小数组.

[vii. 21]

但是，如果它们不互素，设 D 是所取的 A，B，C 的最大公度数，而且，依照 D 分别量 A，B，C 各有多少次，就分别设在 E，F，G 中有同样多少个单位.

[vii. 3]

所以按照 D 中的单位数，E，F，G 分别量尽 A，B，C[1].　[vii. 16]

所以 E，F，G 分别量 A，B，C 所得的次数相同.

从而 E，F，G 分别量 A，B，C 有相同比.　[vii. 定义 20]

其次可证它们是有这些比的最小数组.

因为，如果 E，F，G 不是与 A，B，C 有相同比的数组中最小数组，那么就有小于 E，F，G 且与 A，B，C 有相同比的数.

设它们是 H，K，L.

于是 H 量尽 A 与 K，L 分别量尽数 B，C 有相同的次数.

现在，H 量尽 A 有多少次数，就设在 M 中有同样多少单位.

所以依照 M 中的单位数，K，L 分别量尽 B，C.

又，因为依照 M 中的单位数，H 量尽 A，所以依照 H 中的单位数，M 也量尽 A.

[vii. 16]

同理，分别依照在数 K，L 中的单位数，M 也量尽数 B，C.

所以 M 量尽 A，B，C.

现在，由于依照 M 中的单位数，H 量尽 A，所以 H 乘 M 得 A.

[vii. 定义 15]

同理也有 E 乘 D 得 A.

所以，E，D 之乘积等于 H，M 之乘积.

故，E 比 H 如同 M 比 D. [vii. 19]

但是 E 大于 H，所以 M 也大于 D.

又它量尽 A，B，C：

这是不可能的，因为由假设 D 是 A，B，C 的最大公度数.

所以没有任何小于 E，F，G 且与 A，B，C 同比的数组.

故 E，F，G 是与 A，B，C 有相同比的数组中最小的数组.

证完

[1]（数）E，F，G 分别量尽（数）A，B，C，逐字直译的英译（通常是）"each of the numbers E，F，G measures each of the numbers A，B，C"，汉译应该是："数 E，F，G 的每一个（分别）可量尽数 A，B，C 的每一个"，即 $E\mid A$，$F\mid B$，$G\mid C$.

给定任意数 a，b，c，…，试求与它们有相同比的数中最小的数组.

欧几里得的方法是显而易见的，证明是使用归谬法.

我们也像欧几里得那样只取三个数 a，b，c.

由（vii. 3）求得它们的最大公约数 g，并设

$a=mg$，亦即 gm. [vii. 16]

$b=ng$，亦即 gn.

$c=pg$，亦即 gp.

接着由 vii 定义 20

$$m:n:p=a:b:c,$$

m，n，p 即为所求的数.

因为，若不是，则可令 x，y，z 是小于 m，n，p 的与 a，b，c 有相同的比的最小的数组.

因此 $a=kx$.（或者 xk，vii. 16）

$b=ky$，（或者 yk）

$c=kz$，（或者 zk）

这里 k 是某个整数. [vii. 20]

这样 $mg=a=xk$,

因此 $m:x=k:g$, [vii. 19]

又 $m>x$；因而 $k>g$.

由于这时 a，b，c 都被 k 量尽，所以 g 不是（它们的）最大公约数：与假设矛盾.

应该注意，欧几里得仅仅假设 x，y，z 是小于 m，n，p 与 a，b，c 有相同之比的数组. 为了证实下一个推断的结果，它只依赖于 vii. 20，x，y，z 也必须是与 a，b，c 有相同之比的数组中最小的数组.

从上述最后一个比例式的推断是：因为 $m>x$，$k>g$ 是海伯格（Heiberg）基于 vii. 13 和

v. 14 结合在一起而做出的假设，我宁愿认为，欧几里得所做出的推断与卷V是截然不同的，例如，当卷 vii 中（定义 20）比例的定义给出了所有我们所需要的东西时，比例也可写成

$$x : m = g : k.$$

因为，无论 x 是 m 的什么真分数，g 也是 k 的相同的真分数.

命题 34　已知二数，求它们能量尽的数中的最小数.

A———
B———
C——————
D————
E———
F——

设 A，B 是两已知数，我们来找出它们能量尽的数中的最小数.

现在，A，B 或者互素或者不互素.

首先设 A，B 互素，且设 A 乘 B 得 C. 所以 B 乘 A 也得 C. [vii. 16]

故 A，B 量尽 C.

其次可证它也是被 A，B 量尽的最小数.

因为，如果不然，A，B 将量尽比 C 小的数.

设它们量尽 D.

于是，不论 A 量尽 D 有多少次数，就设 E 中有同样多少单位，且不论 B 量尽 D 有多少次数，就设 F 中有同样多少单位.

所以 A 乘 E 得 D，且 B 乘 F 得 D. [vii. 定义 15]

所以 A，E 之乘积等于 B，F 之乘积.

故 A 比 B 如同 F 比 E. [vii. 19]

但是 A，B 互素，从而也是同比数对中的最小数对，且最小数对的大小两数分别量尽具有同比的大小两数，所得的次数相同，所以后项 B 量尽后项 E.

[vii. 21] [vii. 20]

又，由于 A 乘 B，E 分别得 C，D，所以 B 比 E 如同 C 比 D. [vii. 17]

但是 B 量尽 E.

所以 C 也量尽 D，即大数量尽小数：这是不可能的.

所以 A，B 不能量尽小于 C 的任一数.

从而 C 是被 A，B 量尽的最小数.

其次，设 A，B 不互素.

且设 F，E 为与 A，B 同比的数对中的最小数对. [vii. 33]

于是，A，E 之乘积等于 B，F 之乘积. [vii. 19]

又设 A 乘 E 得 C，所以也有 B 乘 F 得 C.

于是 A，B 量尽 C.

其次可证它也是被 A，B 量尽的数中的最小数.

因为，如若不然，A，B 将量尽小于 C 的数.

设它们量尽 D.

而且依照 A 量尽 D 有多少次数，就设 G 中有同样多少单位，而依照 B 量尽 D 有多少次数，就设 H 中有同样多少单位.

所以 A 乘 G 得 D，B 乘 H 得 D.

于是 A，G 之乘积等于 B，H 之乘积.

故，A 比 B 如同 H 比 G. ［vii. 19］

但是，A 比 B 如同 F 比 E.

所以也有，F 比 E 如同 H 比 G.

但是 F，E 是最小的，而且最小数对中其大，小两数量尽有同比数对中的大，小两数，所得次数相同，所以 E 量尽 G. ［vii. 20］

又，由于 A 乘 E，G 各得 C，D，所以，E 比 G 如同 C 比 D. ［vii. 17］

但是 E 量尽 G，所以 C 也量尽 D，即较大数量尽较小数：这是不可能的.

所以 A，B 将量不尽任何小于 C 的数.

故 C 是被 A，B 量尽数中的最小数.

证完

这是一个求两数 a，b 的最小公倍数的问题.

I. 若 a，b 互素，则最小公倍数是 ab.

因为，否则将有小于 ab 的某个数 d［为最小公倍数］

这时　　$d=ma=nb$，其中 m，n 是整数.

于是　　$a:b=n:m$， ［vii. 19］

因而，a，b 互素.

　　b 可量尽 m ［vii. 20，21］

但是　　$b:m=ab:am$， ［vii. 17］

　　$=ab:d$.

所以 ab 可量尽 d：这是不可能的.

II. 若 a，b 不互素，求出与 a 比 b 有相同比的最小数对，设为 m，n. ［vii. 33］

这时　　$a:b=m:n$，

而且　　$an=bm(=c$，比方说)； ［vii. 19］

这样 c 便是最小公倍数.

因为，否则将有某数 d（$<c$）使得

$ap=bq=d$，这里，p，q 是整数

这时 $a:b=q:p$， [vii. 19]

从而有 $m:n=q:p$，

结果是 n 可量尽 p. [vii. 20，21]

又 $m:p=an:ap=c:d$，

结果是 c 可量尽 d，

这是不可能的.

由 vii. 33，这里 $\left.\begin{array}{l} m=\dfrac{a}{g} \\ n=\dfrac{b}{g} \end{array}\right\}$，$g$ 是 a，b 的最大公约数.

所以最小公倍数是 $\dfrac{ab}{g}$.

命题 35　如果两数量尽某数，则被它们量尽的最小数也量尽这个数.

设两数 A，B 量尽一数 CD，又设 E 是它们量尽的最小数.

则可证 E 也量尽 CD.

因为，如果 E 量不尽 CD，设 E 量出 DF，其余数 CF 小于 E.

现在，由于 A，B 量尽 E，而 E 量尽 DF.

所以 A，B 也量尽 DF.

但是它们也量尽整个 CD，

所以它们也量尽小于 E 的余数 CF；

这是不可能的.

所以 E 不可能量不尽 CD.

因此 E 量尽 CD.

A

B

F

C D

E

证完

任二数的最小公倍数必可量尽该二数任何其他的公倍数.

证明是显而易见的，它基于这样的事实：即，任何可除尽 a 和 b 的数，一定也可以除尽 $a-pb$.

命题 36　已知三个数，求被它们所量尽的最小数.

设 A，B，C 是三个已知数，我们来求出被它们量尽的最小数.

设 D 为被二数 A，B 量尽的最小数. ［vii. 34］

那么 C 或者量尽 D 或者量不尽 D.

首先，设 C 量尽 D.

但是 A，B 也量尽 D，所以 A，B，C 量尽 D.

其次，可证 D 也是被它们量尽的最小数.

因为，如其不然，A，B，C 量尽小于 D 的某数.

设它们量尽 E.

因为 A，B，C 量尽 E，所以也有 A，B 也量尽 E.

于是被 A，B 所量尽的最小数也量尽 E. ［vii. 35］

但是 D 是被 A，B 量尽的最小数.

所以 D 量尽 E，较大数量尽较小数：这是不可能的.

A——

B——

C——

D——

E——

于是 A，B，C 将不能量尽小于 D 的数，

故 D 是 A，B，C 所量尽的最小数.

又设 C 量不尽 D，且取 E 为被 C，D 所量尽的最小数. ［vii. 34］

因为 A，B 量尽 D，且 D 量尽 E，所以 A，B 也量尽 E.

但是 C 也量尽 E，所以 A，B，C 也量尽 E.

其次，可证明 E 也是它们量尽的最小数.

因为，如其不然，设 A，B，C 量尽小于 E 的某数.

设它们量尽 F.

因为 A，B，C 量尽 F，所以 A，B 也量尽 F，所以被 A，B 量尽的最小数也量尽 F. ［vii. 35］

但是 D 是被 A，B 量尽的最小数，所以 D 量尽 F.

但是 C 也量尽 F，所以 D，C 量尽 F.

因此，被 D，C 所量尽的最小数也量尽 F.

但是 E 是被 C，D 所量尽的最小数，所以 E 量尽 F，较大数量尽较小数：这是不可能的.

A——

B——

C——

D——

E——

F——

所以 A，B，C 将量不尽任一小于 E 的数.

故 E 是被 A，B，C 量尽的最小数.

证完

欧几里得求三个数 a，b，c 的最小公倍数的法则是我们所熟悉的：先求出 a，b 的最小公

倍数，比方说是 d，然后求 d，c 的最小公倍数.

欧几里得分为两种情形进行讨论：(1) c 可量尽 d；(2) c 不能量尽 d. 我们只需重现一般情形 (2) 的证明即可，使用归谬法.

设 e 是 d，c 的最小公倍数.

由于 a，b 两者都可量尽 d，而 d 可量尽 e.

a，b 两者都可量尽 e.

c 也可以（量尽 e）.

因此 e 是 a，b，c 的某个公倍数.

如果它不是最小的，可设 f 是最小公倍数.

现在 a，b 两者都可量尽 f；

因此 d，它们的最小公倍数，也可量尽 f. [vii. 35]

这样 d，c 两者都可量尽 f；因此，e，它们的最小公倍数，也可以量尽 f：

这是不可能的，因为 $f<e$. [vii. 35]

这个过程可以如此往复任意多次，所以我们不仅可求出三个数的最小公倍数，而且可以求出任意多个数的最小公倍数.

命题 37　如果一个数被某数量尽，则被量的数有一个称为与量数的一部分同名的一部分.

设数 A 被某一数 B 量尽.

则可证 A 有一个称为与 B 的一部分同名的一部分.

因为依照 B 量尽 A 有多少次数，就设 C 中有多少个单位.

A———
B———
C———
D———

因为依照 C 中的单位数，B 量尽 A；

而且依照 C 中的单位数，单位 D 量尽数 C.

所以，单位 D 量尽数 C 与 B 量尽 A 有相同的次数.

从而，取更比，单位 D 量尽数 B 与 C 量尽 A 有相同的次数. [vii. 15]

于是无论单位 D 是 B 的怎样的一部分，那么 C 也是 A 的同样的一部分.

但是单位 D 是数 B 的被称为 B 的一部分同名的一部分.

所以，C 也是 A 的被称为 B 的一部分同名的一个部分.

即 A 有一个被称为 B 的一部分同名的一个部分 C.

证完

若 b 可量尽 a，则 a 的 $\frac{1}{b}$ 是一个整数.

设　　　　　　$a=m\cdot b$，

现在　　　　　$m=m\cdot 1$，

这样 1，m，b，a 满足 vii. 15 的条件，所以 m 量尽 a 的次数与 1 量尽 b 的次数相同.

但是　　　　　1 是 b 的$\frac{1}{b}$（部分），

所以　　　　　m 是 a 的$\frac{1}{b}$（部分）.

命题 38　如果一个数有着无论怎样的一部分，它将被与该一部分同名的数所量尽.

A————————

————B

———C

——D

设数 A 有一个一部分 B，又设 C 是与一部分 B 同名的一个数.

则可证 C 量尽 A.

因为，由于 B 是 A 的被称为与 C 同名的一部分，且单位 D 也是 C 的被称为与 C 同名的一部分.

所以无论单位 D 是数 C 怎样的一部分，那么 B 也是 A 同样的一部分.

所以，单位 D 量尽 C 与 B 量尽 A 有相同的次数.

于是，取更比，单位 D 量尽 B 与 C 量尽 A 有相同的次数.　　［vii. 15］

故 C 量尽 A.

证完

此命题实际上是上一命题的再次陈述，它断言：若 b 是 a 的$\frac{1}{m}$（部分）.

即若　　　　　$b=\frac{1}{m}a$，

则　　　　　　m 可量尽 a.

我们有　　　　$b=\frac{1}{m}a$，

以及　　　　　$1=\frac{1}{m}m$，

因此 1，m，b，a 满足 vii. 15 的条件，因而 m 可量尽 a，其次数与 1 量尽 b 的次数相同，或者写成

$$m=\frac{1}{b}a\ .$$

命题 39　求有着已知的几个一部分的最小数.

设 A，B，C 是已知的几个一部分，要求出有几个部分 A，B，C 的最小数.

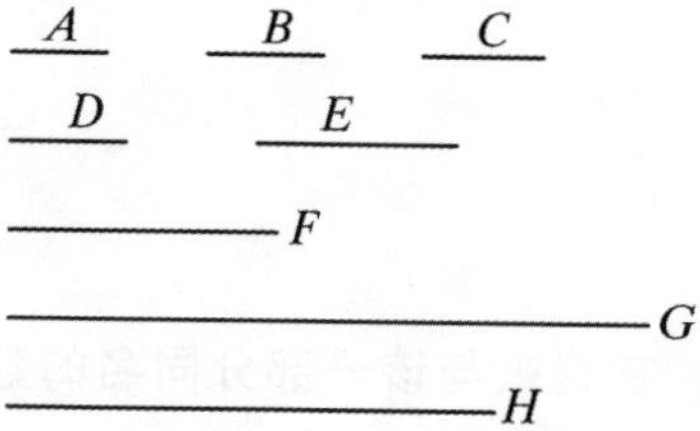

设 D，E，F 是被称为与几个一部分 A，B，C 同名的数，且设取 G 是被 D，E，F 量尽的最小数. [vii. 36]

所以 G 有被称为与 D，E，F 同名的几个一部分. [vii. 37]

但是 A，B，C 是被称为与 D，E，F 同名的几个一部分，所以 G 有几个一部分 A，B，C.

其次可证 G 也是含这几个一部分 A，B，C 的最小数.

因为，如其不然，将有某数 H 有这几个一部分 A，B，C，且小于 G.

由于 H 有这几个一部分 A，B，C，所以 H 就将被称为与这几个一个部分 A，B，C 同名的数所量尽.

[vii. 38]

但是，D，E，F 是称为与这几个一部分 A，B，C 同名的数.
所以 D，E，F 量尽 H.

而且 H 小于 G：这是不可能的.

故没有一个数有这几个一部分 A，B，C 且还小于 G.

证完

此命题实际上是求最小公倍数的另一种形式的陈述.

求一个数，该数具有$\frac{1}{a}$ 的（部分），$\frac{1}{b}$的（部分）及$\frac{1}{c}$的（部分）.

设 d 是 a，b，c 的最小公倍数.

则 d 具有$\frac{1}{a}$的一部分，$\frac{1}{b}$的一部分及$\frac{1}{c}$的一部分. [vii. 37]

如果它不是具有这些部分的最小数，可设 e 是具有这些部分的最小数.

那么，由于 e 具有这些部分.

a，b，c 都可以量尽 e，而且 $e<d$：

这是不可能的.

第Ⅸ卷　命题20：无限的素数　命题36：偶完全数

命题20　预先给定任意多个素数，则有比它们更多的素数.

设 A，B，C 是预先给定的素数，则可证有比 A，B，C 更多的素数.

为此，取能被 A，B，C 量尽的最小数，并设它为 DE，再给 DE 加上单位 DF.

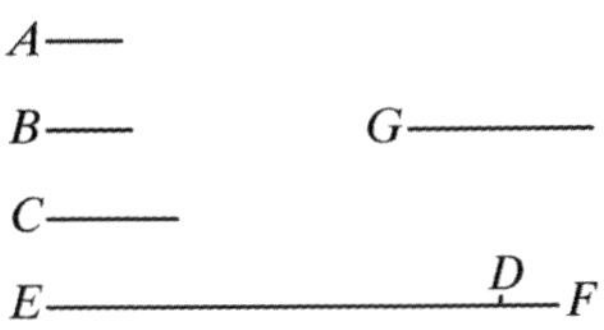

那么 EF 或者是素数或者不是素数.

首先，设它是素数.

那么已找到多于 A，B，C 的素数 A，B，C，EF.

其次，设 EF 不是素数，那么 EF 能被某个素数量尽.　［vii. 31］

设它被素数 G 量尽.

则可证 G 与数 A，B，C 任何一个都不相同.

因为，如果可能，设它是这样.

现在 A，B，C 量尽 DE，所以 G 也量尽 DE.

但它也量尽 EF.

所以，G 作为一个数，将量尽其剩余的数，即量尽单位 DF：这是不合理的.

所以，G 与数 A，B，C 任何一个都不同.

又由假设它是素数.

所以已经找到了素数 A，B，C，G，它们的个数多于预先给定的 A，B，C 的个数.

证完

命题36　设从单位起有一些连续二倍起来的连比例数，若所有数之和是素数，则这个和数与最后一个数的乘积将是一个完全数.

为此，设从单位起数 A，B，C，D 是连续二倍起来的连比例数，且所有的和是素数，设 E 等于其和，设 E 乘 D 得 FG.

则可证 FG 是完全数.

对于无论多少个 A，B，C，D，都设有同样多个数 E，HK，L，M 为从 E 开始连续二倍起来的连比例数，

于是，取首末比，A 比 D 如同 E 比 M. [vii. 14]

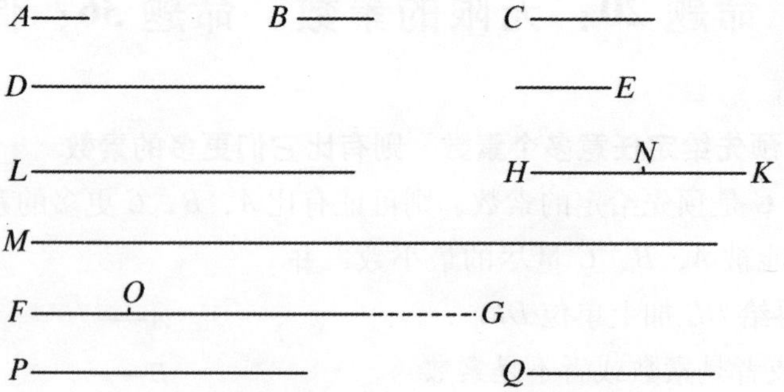

所以，E，D 的乘积等于 A，M 的乘积. [vii. 19]

又 E，D 的乘积是 FG，所以 A，M 的乘积也是 FG.

由于 A 乘 M 得 FG，所以依照 A 中单位数，M 量尽 FG.

又 A 是二，所以 FG 是 M 的二倍.

但是 M，L，HK，E 是彼此连续二倍起来的数，
所以 E，HK，L，M，FG 是连续二倍起来的连比例数.

现在，设从第二个 HK 和最后一个 FG 减去等于第一个 E 的数 HN，FO，所以，从第二个得的余数比第一个如同从最后一个数得的余数比最后一个数以前所有数之和. [ix. 35]

所以，NK 比 E 如同 OG 比 M，L，HK，E 之和.

而 NK 等于 E，所以 OG 等于 M，L，HK，E 之和.

但是 FO 也等于 E，又 E 等于 A，B，C，D 与单位之和.

所以整体 FG 等于 E，HK，L，M 与 A，B，C，D 以及单位之和，且 FG 被它们所量尽.

也可以证明，除 A，B，C，D，E，HK，L，M 以及单位以外任何其他的数都量不尽 FG.

因为，如果可能，可设某数 P 量尽 FG.

且设 P 与数 A，B，C，D，E，HK，L，M 中任何一个都不相同.

又，不论 P 量尽 FG 有多少次，就设在 Q 中有多少个单位，于是 Q 乘 P 将得 FG.

但是，还有 E 乘 D 也得 FG.

所以，E 比 Q 如同 P 比 D. [vii. 19]

而且，由于 A，B，C，D 是由单位起的连比例数．（又 A 为素数），所以除 A，B，C 外，任何其他的数量不尽 D． [ix. 13]

又由假设，P 不同于数 A，B，C 任何一个．

所以，P 量不尽 D．

但是 P 比 D 如同 E 比 Q，

所以，E 也量不尽 Q． [vii. 定义 20]

又，E 是素数，

且任一素数与它量不尽的数是互素的． [vii. 29]

所以，E，Q 互素．

但是互素的数也是最小的． [vii. 21]

且有相同比的数中最小数，以相同的次数量尽其他的数，即前项量尽前项，后项量尽后项， [vii. 20]

又，E 比 Q 如同 P 比 D．

所以，E 量尽 P 与 Q 量尽 D 有相同的次数．

但是，除 A，B，C 外，任何其他的数都量不尽 D，

所以 Q 与 A，B，C 中的一个相同．

设它与 B 相同．

又，无论有多少个 B，C，D，就设从 E 开始也取同样多个数 E，HK，L．

现在 E，HK，L 与 B，C，D 有相同比．

于是取首末比，B 比 D 如同 E 比 L． [vii. 14]

所以，B，L 的乘积等于 D，E 的乘积．

但是 D，E 的乘积等于 Q，P 的乘积． [vii. 19]

所以 Q，P 的乘积也等于 B，L 的乘积．

所以，Q 比 B 如同 L 比 P． [vii. 19]

又 Q 与 B 相同，所以 L 也与 P 相同：

这是不可能的，因由假设 P 与给定的数中任何一个都不相同．

所以，除 A，B，C，D，E，HK，L，M 和单位外，没有数量尽 FG，

又证明了 FG 等于 A，B，C，D，E，HK，L，M 以及单位的和．

又一个完全数等于它自己所有部分的和． [vii. 定义 20]

故 FG 是完全数．

证完

第X卷　可公度量和不可公度量

定　义

1. 能被同一量量尽的那些量叫做**可公度的量**，而不能被同一量量尽的那些量叫作**不可公度的量**.

2. 当一些线段上的正方形能被同一个面所量尽时，这些线段叫做**正方可公度的**. 当一些线段上的正方形不能被同一面量尽时，这些线段叫做**正方不可公度的**.

3. 由这些定义可以证明，与给定的线段分别存在无穷多个可公度的线段与无穷多个不可公度的线段，一些仅是长度不可公度，而另外一些也是正方不可公度. 这时把给定的线段叫做**有理线段**，凡与此线段是长度，也是正方可公度或仅是正方可公度的线段，都叫做**有理线段**；而凡与此线段在长度和正方形都不可公度的线段叫做**无理线段**.

4. 又设把给定一线段上的正方形叫做**有理的**，凡与此面可公度的叫做**有理的**；凡与此面不可公度的叫做**无理的**，并且构成这些无理面的线段叫做**无理线段**，也就是说，当这些面为正方形时即指其边，当这些面为其他直线形时，则指与其面相等的正方形的边.

命　题

命题1　给出两个不相等的量，若从较大的量中减去一个大于它的一半的量，再从所得的余量中减去大于这个余量一半的量，并且连续这样进行下去，则必得一个余量小于较小的量.

设 AB，C 是不相等的两个量，其中 AB 是较大的.

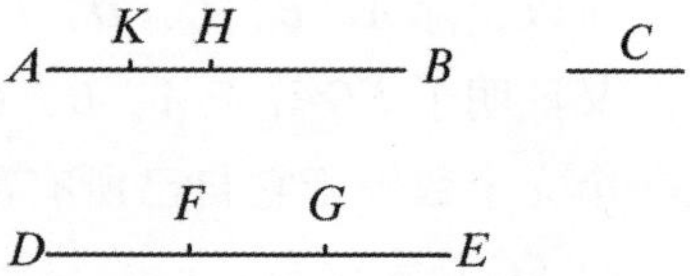

A K H B　C

D F G E

则可证若从 AB 减去一个大于它的一半的量，再从余量中减去大于这余量的一半的量，而且若连续地进行下去，则必得一个余量，它将比量 C 更小.

因为 C 的若干倍总可以大于 AB. ［参看 v. 定义4］

设 DE 是 C 的若干倍，且 DE 大于 AB；
将 DE 分成等于 C 的一部分 DF，FG，GE，
从 AB 中减去大于它一半的 BH，又从 AH 减去大于它的一半的 HK，
并且使这一过程连续进行下去，一直到分 AB 的个数等于 DE 划分的个数.

然后，设被分得的 AK，KH，HB 的个数等于 DF，FG，GE 的个数.

现在，因为 DE 大于 AB，又从 DE 减去小于它一半的 EG，又从 AB 减去大于它一半的 BH，所以余量 GD 大于余量 HA.

又由于 GD 大于 HA，且从 DG 减去了它的一半 GF，又从 HA 减去大于它一半的 HK，所以余量 DF 大于余量 AK.

但是 DF 等于 C，所以 C 也大于 AK，于是 AK 小于 C.

所以量 AB 的余量 AK 小于原来给定的较小量 C.

证完

这个命题应该记住，因为它是欧几里得对 xii. 2 证明所要求的引理，即两圆面积的比等于两圆直径上正方形之比. 一些作者似乎有这样的印象，即 xii. 2 和使用穷竭法的卷Ⅻ中其他命题是欧几里得使用 x. 1 的唯一地方；人们普遍认为直到卷Ⅻ开始才使用 x. 1. 甚至康托尔（Cantor）评论说欧几里得未根据它做出任何推论，甚至是我们最期望得出的结论："即如果两个量不可公度，我们总可构造一个可公度的量，其中第一个与第二个量的差可任意小."但至今在 xii. 2 之前未使用过 x. 1，欧几里得事实上是在紧邻的下一个命题 x. 2 中使用了它. 因此，在下一个注解中将表明，因为 x. 2 给出了两个量不可公度的准则（对研究不可公度量的一个必要的前提），那么 x. 1 就应该在此出现.

欧几里得用 x. 1 不仅证明 xii. 2 而且也证明了 xii. 5（两个等高的以三角形为底的棱锥体之比等于它们两底面积之比），利用这个方法他证明了（xii. 7 和推论），即任意棱锥体的体积是与它等底等高的棱柱的三分之一，和 xii. 10（任何圆锥的体积是与它等底等高的圆柱体的三分之一）以及其他类似的定理. 现在 xii. 7 和 xii. 10 定理按照阿基米德的说法应归功于欧多克索斯（Eudoxus）（见论球和圆柱的前言）. 他在另外一本著作（求抛物线弓形的面积）的前言中说前者（即 xii. 7）和两圆面积的比等于它们直径上正方形之比，可用他所说的如下引理证明："对不相等的线，不相等的面或主体，其大者超过小者的数量，即使不断增加的话，也是会超过与类似物相比的数量."也就是与原数量种数相同的数量. 阿基米德还说起他归功于欧多克索斯的第二个定理 xii. 10 也是用一个类似上述引理而证明的. 这样由阿基米德所提出的引理与 x. 1 完全不同，但是阿基米德本人在 xii. 2（球和圆柱体. i. 6）中用到多次 x. 1. 正如我以前所提出的（见阿基米德文集），由于提到与 Eucl. xii. 2 有关的两个引理而造成的明显困难可能参照对 x. 1 的证明加以解释. 欧几里得在这里用的是较小量，并且说通过对较小量的加倍，

有时可使它超过较大的量. 这一诊断显然是基于卷 V 中的定义 4，其大意是“两个量是可比的，其中一个量如加倍，则会超过另一个.”因此，在 x. 1 中的较小量将可看作是两个不等量的差，很明显，阿基米德所提出的引理事实上被用来证明 x. 1 的引理，而 x. 1 的引理在我们进行的求面积法和求容积法的研究中是非常重要的.

“阿基米德公理”除了在 Eucl. x. 1 中应用以外，亚里士多德实际上也同样引用过 x. 1 的结果. 因此他说（见物理学 viii. 10266，b2）“通过连续加一个有限量，我将会超过任何确定的量，并且同样通过不断从中减去，我将会得到少于它的量，出处同上（iii. 7，207 b10）”，“因为对一个量不断做二等分是不能穷尽的”. 因此将他所应用的引理称作“阿基米德原理是有些误导，因为他没有声称自己是这个原理的发现者，而且这个公理很明显是在更早时候发现的.”

施托尔茨（Stolz）表明了如何通过戴德金（Dedekind）公设证明这个所谓的阿基米德公理或者说公设. 假设两个量均为直线段，必须证明如给定两条直线段，其中较小的量的某个倍数肯定大于另一个量.

放置这两个直线段使它们有一共同端点，而且较短的线段在共同端点的同一侧沿着另一线段.

如果 AC 比 AB 长，我们必须证明存在一个整数 n，而 $n\cdot AB>AC$.

假设，这不是正确的，但存在着某些点，如 B 不与端点 A 重合，并且 n 会是任意大的整数，$n\cdot AB<AC$；而我们必须证明这个假设会导致荒谬.

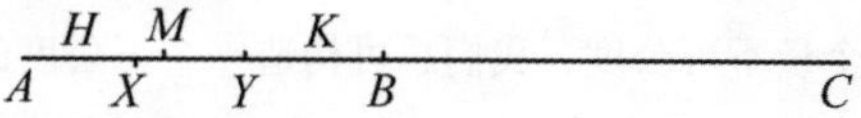

H M K
A X Y B C

AC 上的各点可认为是分成两“部分”，即

（1）H 点，该点上不存在任何这样的整数 n，即

$$n\cdot AH>AC.$$

（2）K 点，该点上确实存在这样的整数 n，即 $n\cdot AK>AC$.

这种分类满足应用戴得金公设的条件，从而存在一个 M 点，而且 AM 上的点属于第一类，MC 上的点属于第二类.

现在在 MC 上取一个 Y 点. 而且 $MY<AM$. AY 的中点 X 将落在 A 点和 M 点之间，从而属于第一类；但是，由于存在一个整数 n，而且 $n\cdot AY>AC$，则 $2n\cdot AX>AC$，而这是与假设相矛盾的.

命题 2　如果从两不等量的大量中连续减去小量，直到余量小于小量，再从小量中连续减去余量直到小于余量，这样一直作下去，当所余的量总不能量尽它前面的量时，则原两个量是不可公度的.

为此，设有两个不等量 AB，CD，且 AB 是较小者，从较大量中连续减去较小的量直到余量小于小量，再从小量中连续减去余量直到小于余量，这样一直进行下去，所余的量不能量尽它前面的量.

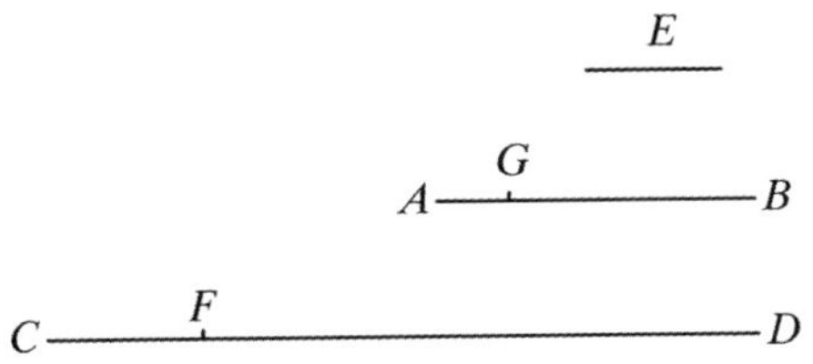

则可证两量 AB，CD 是不可公度的.

因为，如果它们是可公度的，则有某个量量尽它们．设量尽它们的量是 E.

设 AB 量 CD 得 FD，余下的 CF 小于 AB.

又 CF 量 AB 得 BG，余下的 AG 小于 CF，并且这个过程连续地进行，直到余下某一量小于 E.

假设这样做了以后，有余量 AG 小于 E.

于是，由于 E 量尽 AB，而 AB 量尽 DF，

所以 E 也量尽 FD.

但是它也量尽整个 CD，所以它也量尽余量 CF.

但 CF 量尽 BG；

所以 E 也量尽 BG.

但是它也量尽整个 AB；所以它也量尽余量 AG，

较大量量尽较小量：这是不可能的.

因此，没有任何一个量能量尽 AB，CD，

所以量 AB，CD 是不可公度的.

［x．定义1］

证完

此命题表明对不可度量的判断方法，它建立在对寻求最大公度量的通常运算上．这两个量的不可公度性的标志是当连续的余量越来越小直到它们都小于任一指定的量时，这个运算将永远不会停止.

让我们看看欧几里得所说“让这一过程不断地重复，直到得到比 E 小的量.”这里他明显地假设，即这一过程将在某时产生一个比任一指定量 E 小的余量．而现在这绝不是不证自明的，而且海伯格（虽然他很小心提供参照）和洛伦兹没有指出这一假设的基础．它实际上就是 x. 1．因为比林斯利和威廉姆斯的眼光相当敏锐都看到了这一点．事实是如果我们从一个未能准确量度的较大量中一次或多次减去较小的量，直到余量小于较小的量，我们

则从较大量中减去大于其一半的量. 因而在图中 FD 大于 CD 的一半，BG 大于 AB 的一半. 如果我们继续这一过程，在 CF 上尽可能多次地减去 AG 直至消除一半以上；接着，大于 AG 一半的量被减，如此不断进行下去. 这样沿着 CD，AB 交替进行，这一过程将减去一半以上，从而一半余量以上被减，再如此进行下去，在两个线段我们将得到一个小于任何给定长度的余量.

这个命题显示了求最大公度量的方法，下一个当然也与我们所用的方法相同，它可图示如下：

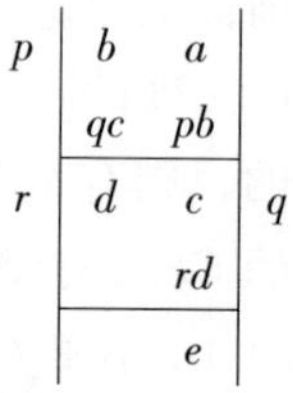

p	b	a	
	qc	pb	
r	d	c	q
		rd	
		e	

这一证明也与我们的相同，采用同样的形式，可见于命题 vii. 1，2 的注释. 在现在的情况下，假设是这一过程永不停止，并要求证明 a，b 在那种情况下不能有任何像 f 那样的公度量. 假设 f 是一公度量并假设这一过程继续到余量 e，比如说，小于 f.

这样，因为 f 量尽 a，b，它也量尽 $a-pb$，或 c.

因为 f 量尽 b，c，它也量尽 $b-qc$，或 d；因为 f 量尽 c，d，它也量尽 $c-rd$，或 e；而这是不可能的，因为 $e<f$.

欧几里得把如果 f 量尽 a，b，它也可量尽 $ma\pm nb$ 的这个假定看作是不证自明的公理.

当然，实际上，通常没有必要为了观察该过程永不停止以及因此各量不可公度而长期进行这一过程. 奥尔曼提出一个典型的例子（从泰利斯到欧几里得的希腊几何）. 欧几里得在 xiii. 5 中证明若 AB 在 C 点被分为中外比，并且，如 DA 等于 AC，那么 DB 在 A 点被分为中外比. 这事实上显然来自对 ii. 11 的证明. 反过来说，如线段 BD 在 A 点分为中外比，从较长的线段 AB 减去与较短的线段 AD 相等的 AC，则同样地 AB 在 C 点被分为中外比. 然后我们在 AC 上划出一段与 CB 相等，则同样地 AC 也将被区分，依此进行下去. 现在线段上由此划分的较长的一段大于线段一半，而由 xiii. 3 得知它小于较短段的两倍，也就是说从较长段划出较小段不会超过一次. 从大量连续减去小量的过程就是寻求最大公度量. 因此如这两个量是可公度的，那么这过程会停止. 但这显然是不可能的；所以它们是不可公度的.

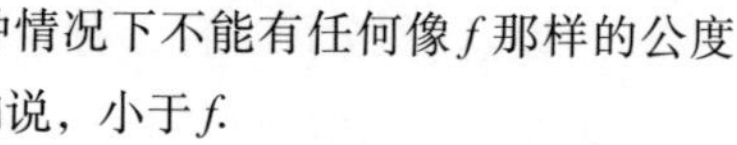

D A C B

奥尔曼（Allman）认为这是有关线段的中外比（黄金）分割，而不是毕达哥拉斯所发现对角线和边是不可公度的. 但是有证据表明，毫无疑义，确实是毕达哥拉斯发现了 $\sqrt{2}$ 的不可公度性，并且对此倾注了大量精力. 奥尔曼的观点并未使我感到很大兴趣，虽然毕达哥拉斯意识到中外比分割后的两部分是不可公度的. 毕达哥拉斯根本不可能很多地研究这线段的不可公度性. 因为据说泰特托斯（Theaetetus）曾对无理数进行第一次分类，而且很有可能把 Eucl. xiii 第一部分的内容都归因于他，在其中第 6 命题中有经过中外比分割后得到的有理直线段都是余线段的证明.

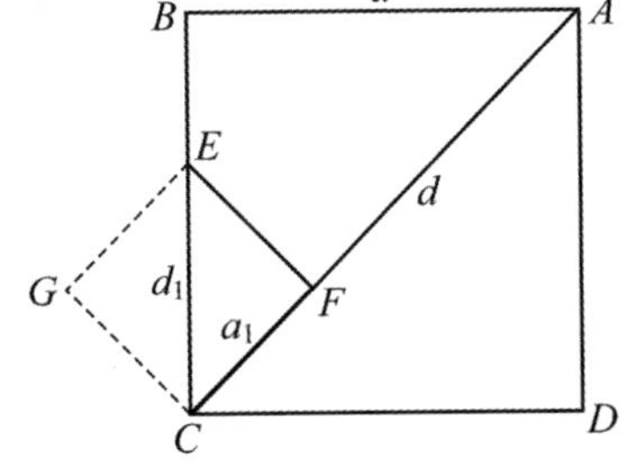

此外$\sqrt{2}$的不可公度性的证明方法实际上等同于 x. 2 的方法，而且过程也不很复杂. Crystal 的代数教科书中介绍了这一方法. 令 d，a 分别是正方形 $ABCD$ 的对角线和边. 在 AC 线上划分出长度 a 的线段 AF. 以 F 为垂足，作 AC 垂线，与 BC 相交于点 E. 容易证明

$$BE=EF=FC$$

$$CF=AC-AB=d-a \quad (1)$$

$$CE=CB-CF=a-(d-a)$$
$$=2a-d \quad (2)$$

假设，如果可能的话，d，a 可公度. 如果 d，a 都能相应由任意有限单位表示，那么它们必定是一个某一确定单位的整数倍.

但从（1）可得出 CF，以及从（2）可得出 CE 都是同一单位的整数倍.

CF 和 CE 都是正方形 $CFEG$ 的边和对角线. 其边小于原正方形边的一半. 如果 a_1，d_1 分别是此正方形的边长和对角线，

则：
$$\left.\begin{array}{l}a_1=d-a\\ d_1=2a-d\end{array}\right\},$$

同样，我们可构成一个边长为 a_2 而对角线为 d_2 的正方形，a_2 和 d_2 分别小于 a_1 与 d_1 的一半，而 a_2，d_2 必然是同一单位的整数倍. 其中

$$a_2=d_1-a_1,$$
$$d_2=2a_1-d_1;$$

此过程可一直继续到（x. 1）得到任意小的正方形，它的边和对角线仍是一个有限单位的整数倍. 而这是不合理的.

所以 a，d 是不可公度的.

可以看出这个方法与毕达哥拉斯关于边和对角线系列以及正方形不断由小替大的方法正好相反，其中正方形逐个变小而不是逐个变大的.

命题 3　已知两个可公度的量，求它们的最大公度量.

设两个已知的可公度的量是 AB，CD，且 AB 是较小的；这样所要求的便是找出 AB，CD 的最大公度量.

现在，量 AB 或者量尽 CD 或者量不尽 CD.

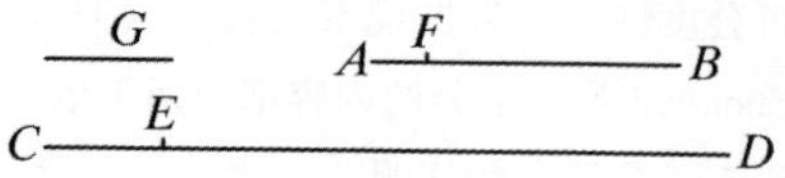

于是，如果 AB 量尽 CD，而 AB 也量尽它自己，

则 AB 是 AB，CD 的一个公度量.

又显然它也是最大的；

因为大于 AB 的量不能量尽 AB.

其次，设 AB 量不尽 CD.

这时，如果连续从大量中减去小量直到余量小于小量，再从小量中连续减去余量直到小于余量，这样一直作下去，则将有一余量量尽它前面的一个，因为 AB，CD 不是不可公度的. ［参看 x. 2］

设 AB 量 CD 得 ED，余下的 EC 小于 AB；

又设 EC 量 AB 得 FB，余下的 AF 小于 CE；并设 AF 量尽 CE.

于是，由于 AF 量尽 CE，而 CE 量尽 FB，所以 AF 也量尽 FB.

但是 AF 也量尽它自己；所以 AF 也将量尽整体 AB.

然而 AB 量尽 DE；所以 AF 也量尽 ED.

但是它也量尽 CE；所以它也量尽整体 CD.

所以 AF 是 AB，CD 的一个公度量.

其次，可证它也是最大的.

因为，如果不是这样，将有量尽 AB，CD 的某个量大于 AF，设它是 G.

这时，因为 G 量尽 AB，而 AB 量尽 ED，所以 G 也量尽 ED.

但是它也量尽整体 CD；所以 G 也将量尽余量 CE.

而 CE 量尽 FB；所以 G 也量尽 FB.

但是它也量尽整个 AB，所以它也将量尽余量 AF，

较大的量尽较小的：这是不可能的.

所以没有大于 AF 的量能量尽 AB，CD；

从而 AF 是 AB，CD 的最大公度量.

于是我们求出了两个已知可公度的量 AB，CD 的最大公度量.

证完

推论 由此显然可得，如果一个量能量尽两个量，则它也量尽它们的最大公度量.

对于两个可公度量的这个命题（在细节上已做必要的修正）与 vii. 2 对于数的命题正好相同，其过程可示如下：

p	b	a	
	qc	pb	
r	d	c	q
		rd	
		0	

其中 c 等于 rd，因此余项为零.

从而可证实 d 是 a，b 的公度量；由反证法可证明 d 是最大公度量，因为任何公度量可量尽 d，而且大于 d 的量不可量尽 d，反证法当然只是一种形式.

这一推论相当于 vii. 2 的推论.

本书中给出寻求最大公度量的过程不仅是为了完整性，而且是因为在 x. 5 中设定并使用了 A、B 两个量的公度量，所以即使还不知道公度量但指出可以寻求这种公度量也是必要的.

命题 4　已知三个可公度的量，求它们的最大公度量.

设 A，B，C 是三个已知的可公度的量，求 A，B，C 的最大公度量.

A——————

B————

C————

D———　E——　F———

设两量 A，B 的最大公度量已得到，设它是 D.　[x. 3]

这时 D 或者量尽 C 或者量不尽 C.

首先，设它能量尽 C.

因为 D 量尽 C；而它也量尽 A，B；所以，D 是 A，B，C 的一个公度量.

显然，它也是最大公度量，因为任何大于 D 的量不能量尽 A、B.

其次，设 D 量不尽 C.

则首先可证，C，D 是可公度的.

因为 A，B，C 是可公度的，必有某个量可量尽它们，当然它也量尽 A，B；于是它也将量尽 A，B 的最大公度量 D.　[x. 3，推论]

但是它也量尽 C；于是所述的量量尽 C，D；所以 C，D 是可公度的.

现在设 C，D 的最大公度量已得到，设它是 E.　[x. 3]

这时，由于 E 量尽 D，而 D 量尽 A，B，所以 E 也将量尽 A，B，但是它也量尽 C；所以 E 量尽 A，B，C，所以 E 是 A，B，C 的一个公度量.

其次可证，E 也是最大的.

因为，如果可能的话，将有一个大于 E 的量 F，能量尽 A，B，C.

这时，因为 F 量尽 A，B，C，它也量尽 A，B，

则 F 量尽 A，B 的最大公度量. [x. 3，推论]

而 A，B 的最大公度量是 D，所以 F 量尽 D.

但 F 也量尽 C；所以 F 量尽 C，D；因此 F 也量尽 C，D 的最大公度量 E. [x. 3，推论]

这样以来，较大的量能量尽较小的量：这是不可能的.

于是没有一个大于 E 的量能量尽 A，B，C；
所以，如果 D 量不尽 C，则 E 便是 A，B，C 的最大公度量，若 D 量尽 C，D 就是最大公度量.

于是我们求出了已知的三个可公度量的最大公度量.

推论 显然，由此可得，如果一个量量尽三个量，则它也量尽它们的最大公度量.

类似地，我们能求出更多个可公度量的最大公度量.

又可证，任何多个量的公度量也能量尽它的最大公度量.

证完

本命题也对于 vii. 3 中有关数的命题. 因为欧几里得认为首先必须证明 a，b，c 相互间不是互素，a 和 c 也不是互素，因此他认为有必要证明 d，c 是可公度的. 因为 a，b 的任一公度量都会量尽它们最大的公度量 d（x. 3 推论），所以这一点是必然无疑的.

在此证明中的论据，即 d，c 的最大的公度量是 a，b，c 的最大公度量与 vii. 3 及 x. 3 中的相同.

该推论中将此过程推广到四个或四个以上量的情况正对应了海伦把 vii. 3 同样地扩展到四个或四个以上量的情况.

命题 5 两个可公度量的比如同一个数与一个数的比.

设 A，B 是可公度的两个量.

则可证 A 与 B 的比如同一数与另一数的比.

因为，由于 A，B 是可公度的，
则有某个量可量尽它们，设此量是 C.

A B
C D E

而且 C 量尽 A 有多少次，就设在数 D 中有多少个单位以及 C 量尽 B 有多少次，就设在数 E 中有多少个单位.

因为按照 D 中若干单位，C 量尽 A，而按照 D 中若干单位，单位也量尽 D，所以单位量尽数 D 的次数与 C 量尽 A 的次数相同；
所以 C 比 A 如同单位比 D. [vii. 定义 20]

因此，由反比，A 比 C 如同 D 比单位.　　　　　　　　　　　　［参看 v. 7，推论］

又因为按照 E 中若干单位，C 量尽 B，而按照 E 中若干单位，单位也量尽 E.

所以单位量尽 E 的次数与 C 量尽 B 的次数相同；
所以 C 比 B 如同单位比 E.

但已经证明了 A 比 C 如同数 D 比单位；
所以，取首末比，

A 比 B 如同数 D 比数 E.　　　　　　　　　　　　［v. 22］

于是两个可公度的量 A 比 B 如同数 D 比另一个数 E.

证完

该命题论证如下：如果 a，b 是两个可公度的量，它们有一公度量 c，并且

$$a=mc,\quad b=nc,$$

其中 m，n 都是整数，

因此　　$c:a=1:m$，　　(1)

取反比　　$a:c=m:1$；

又有　　$c:b=1:n$，

因此，取首末比（exaequali）$a:b=m:n$.

可以看出，在陈述（1）中欧几里得仅说明 a 对 c 的倍数与 m 对 1 的倍数相同. 换句话说，他是根据在 vii. 定义 20 中对比例定义的叙述. 但是此定义只适用于四个数的情况，并且 c，a 不是数，而是量，因此这一对比例的论述不合理，除非在 v. 定义 5 的意义指笼统的量，数 1，m，就是量. 同样，对本命题中的其他比例也如此.

因此，存在一疏漏. 欧几里得应该已经证明了在 vii 定义 20 意义下成比例的量在 v. 定义 5 意义下也是成比例的，或者说数的比例也作为一特殊情况包含在量的比例中，西摩松在卷 V 的命题 C 中对此作了证明. 这里所要求的那一命题部分就是证明，即如果

$$\left.\begin{aligned}a&=mb\\c&=md\end{aligned}\right\},$$

那么 $a:b=c:d$，在 v. 定义 5 的意义下：

取 a，c 的任何等倍数 pa，pc 和 b，d 的任何等倍数 qb，qd，

则
$$\left.\begin{aligned}pa&=pmb\\pc&=pmd\end{aligned}\right\}.$$

但根据 $pmb>=<qb$，而有　$pmd>=<qd$.

因此根据 $pa>=<qb$，而有　$pa>=<qd$.

而 pa，pc 是 a，c 的任意等倍量，且 qb，qd 是 b，d 的任意等倍量.

所以 $a:b=c:d.$ ［v. 定义 5］

命题 6　若两个量的比如同一个数比一个数，则这两个量将是可公度的.

为此，设两个量 A 比 B 如同数 D 比数 E.

则可证量 A，B 是可公度的.

设在 D 中有若干单位就把 A 分为若干相等的部分，并设 C 等于其中的一个.

又设数 E 中有若干单位，取 F 为若干个等于 C 的量.

A　B　C　D　E　F

因为在 D 中有多少单位，

则在 A 中就有多少个等于 C 的量，

所以无论单位是 D 怎样的一部分，C 也是 A 的一部分，

所以 C 比 A 如同单位比 D. ［vii. 定义 20］

但是单位量尽数 D；所以 C 也量尽 A[1].

又，由于 C 比 A 如同单位比 D.

所以，由反比，A 比 C 如同数 D 比单位. ［参看 v. 7 推论］

又，由于 E 中有多少个单位，在 F 中就有多少个等于 C 的量，

所以 C 比 F 如同单位比 E. ［vii. 定义 20］

但是也已证明，A 比 C 如同 D 比单位，

所以取首末比，

A 比 F 如同 D 比 E. ［v. 22］

但是，D 比 E 如同 A 比 B；

所以有，A 比 B 也如同 A 比 F. ［v. 11］

于是 A 与量 B，F 的每一个有相同的比，因此 B 等于 F. ［v. 9］

但是 C 量尽 F，所以它也量尽 B.

而且还有，它也量尽 A，所以 C 量尽 A，B.

因此 A 与 B 是可公度的.

推论　由这个命题显然可得出，如果有两数 D，E 和一个线段 A，则可作出一线段 F 使得已知线段 A 比 F 如同数 D 比数 E.

而且，如果取 A，F 的比例中项为 B，则 A 比 F 如同 A 上正方形比 B 上正方形，即第一线段比第三线段将如同第一线段上的图形比第二线段上与之相似的图形. ［vi. 19 推论］

但是 A 比 F 如同数 D 比数 E；

所以也就作出了数 D 与数 E 之比如同线段 A 上图形与线段 B 上图形之比.

证完

[1] 但是此单位可量尽数 D；因此 C 也可量尽 A. 这些词是多余的，然而在所有书稿（MSS）中都明显可见.

与上一命题相同，在此我们必须要引入量之比与数之比间的联系. 以此作为前提，证明如下：

设 $$a:b=m:n,$$

其中 m，n 是（整）数.

将 a 分为 m 份，每份等于 c，

因此 $$a=mc,$$

取 d 为 $$d=nc,$$

则 $$a:c=m:1,$$

并且 $$c:d=1:n,$$

由首末比 $$a:d=m:n$$

$$=a:b.$$（根据假设）

因此 $$b=d=nc,$$

从而 c 用 n 次量尽 b，因此 a，b 是可公度的.

该推论常用在以后的命题中.

因此，(1) 若 a 是一已知的直线段，且 m，n 是任意的两个数，则线段 x 可被找出，即

$$a:x=m:n.$$

(2) 我们可找到一个线段 y，即 $a^2:y^2=m:n$，因为我们只可取 y，即 a，x 的比例中项，如前所发现的，a，y，x 或连比， [v. 定义 9]

即 $$a^2:y^2=a:x$$

$$=m:n.$$

命题 7　不可公度的两个量的比不同于一个数比另一个数.

设 A，B 是不可公度的量.

A

B

则可证 A 与 B 的比不同于一个数比另一个数.

因为，如果 A 比 B 如同一个数比另一个数，

则 A 与 B 是可公度的. [x. 6]

但是并不是这样的，所以 A 比 B 不同于一个数比一个数.

证完

命题 8　如果两个量的比不可能如同于一个数比另一个数，则这两个量不可公度.

A

B

设两个量 A 与 B 之比不可能如同一个数比另一个数.

则可证两量 A，B 不可公度.

因为，如果它们是可公度的，则 A 比 B 如同一个数比另一个数.　[x. 5]

但是并不是这样的.

所以量 A，B 是不可公度的.

证完

命题 9　两个长度可公度的线段上正方形之比如同一个平方数比一个平方数；若两正方形的比如同一个平方数比另一个平方数，则两正方形的边长是长度可公度的. 但是两长度不可公度的线段上正方形的比不同于一个平方数比另一个平方数；若两个正方形之比不同于一个平方数比另一个平方数，则它们的边也不是长度可公度的.

A

B

C　D

设 A，B 是长度可公度的两线段.

则可证 A 上正方形比 B 上正方形如同一个平方数比一个平方数.

因为，由于 A 与 B 是长度可公度的，所以 A 与 B 之比如同一个数比另一个数.　[x. 5]

设这两个数之比是 C 比 D.

于是 A 比 B 如同 C 比 D，

而 A 上正方形与 B 上正方形的比如同 A 与 B 的二次比.

因为相似图形之比如同它们对应边的二次比；　[iv. 20 推论]

且 C 的平方与 D 的平方之比如同 C 与 D 的二次比.

因为在两个平方数之间有一个比例中项数，且平方数比平方数如同它们边与边的二次比.　[viii. 11]

所以也有，A 上正方形比 B 上正方形如同 C 的平方数与 D 的平方数之比.

其次，设 A 上正方形比 B 上正方形如同 C 的平方数比 D 的平方数.

则可证 A 与 B 是长度可公度的.

因为，由于 A 上正方形比 B 上正方形如同 C 的平方数比 D 的平方数，而 A 上正方形比 B 上正方形如同 A 与 B 的二次比，且 C 的平方数与 D 的平方数的比

如同 C 与 D 的二次比，
所以也有，A 比 B 如同 C 比 D.

所以 A 与 B 之比如同数 C 比数 D；因此 A 与 B 是长度可公度的.　[x. 6]

再次，设 A 与 B 是长度不可公度的.

则可证 A 上正方形与 B 上正方形之比不同于一个平方数比一个平方数.

因为，如果 A 上正方形与 B 上正方形之比如同一个平方数比一个平方数，则 A 与 B 是可公度的.

但是并不是这样；
所以 A 上正方形与 B 上正方形之比不同于一个平方数比一个平方数.

最后，设 A 上正方形与 B 上正方形之比不同于一个平方数比一个平方数.

则可证 A 与 B 是长度不可公度的.

因为，如果 A 与 B 是可公度的，则 A 上正方形与 B 上正方形之比如同一个平方数比一个平方数.

但是并不是这样的；
所以 A 与 B 不是长度可公度的.

证完

推论　从上述证明中得知，长度可公度的两线段也总是正方可公度的，但是正方可公度的线段不一定是长度可公度的.

[**引理**　在算术中已证得两相似面数之比如同一个平方数比一个平方数，　[viii. 26]

而且，如果两数之比如同一个平方数比另一个平方数，则它们是相似面数.　[viii. 26 的逆命题]

从这些命题显然可知，若数不是相似面数，即那些不与它们的边成比例的数，它们之比不同于一个平方数比一个平方数.

因为，如果它们有这样的比，它们就是相似面数：这与假设矛盾.

所以不是相似面数的数之比不同于一个平方数比一个平方数.]

对该命题的一个评注（Schol. X. No. 62）明确地说，此处证明的定理是泰特托斯（Theaetetus）发现的.

如果 a，b 是线段

且
$$a : b = m : n,$$

这里 m，n 是整数，

则
$$a^2 : b^2 = m^2 : n^2.$$
而且其逆亦真.

选自T. L. Heath：*The Thirteen Books of Euclid's Elements*（Dover Publications. Inc. New York，1956）

（兰纪正　朱恩宽　冯汉桥　周　畅　王晓斐　等译
张毓新　郝克琦　校　赵生久　绘图）

阿基米德（前287—前212）

生平和成果

阿基米德（公元前287～前212）让人记忆最深的是，他在发现如何区别纯金皇冠后，跳出浴室赤身裸体地在大街上狂奔并高喊："找到了！找到了！"．其次大家都知道，他发明过一个判别他们这些远古大数学家和冒充的骗子的方法．原来在古希腊的数学界，数学家们通常会把他们新发现的数学定理用公告发布，而不带相应的证明．当阿基米德怀疑有人声称他的结果是他们自己的时候，他会在自己的公告插入两三个假命题，这些命题的不成立，需要阿基米德用他的全部数学智慧来论证．当那些骗子声称这些假命题是他们自己的新发现时，他就举出反例来揭露这些人．

我们对于阿基米德的生平知道得很少．罗马将军马塞勒斯（Marcellus）写过，他的一个士兵在公元前212年的第二次布匿战争中杀死了阿基米德，而传说他直到75岁生命的最后时刻还在研究几何，由此可以推断他出生于公元前287

年．阿基米德的父亲名叫菲迪亚斯（Phidias），是一个天文学家，居住在西西里岛上的希腊城市叙拉古（Syracuse），他的家庭与叙拉古的皇族是亲戚，阿基米德与希伦二世大帝（King HieronⅡ）过从甚密．

与对欧几里得一样，我们对阿基米德的生平知之极少，通过比较结果是这样的：欧几里得是一个汇编者，如果说有什么新的数学成果是他自己的，那也可能超前得很少；而阿基米德是一个先锋，在数学和工程两方面同时都超前他的时代若干世纪．事实上，阿基米德由于为叙拉古皇族所做工程的成就在远古就极为有名．

希伦大帝想难倒阿基米德，要求他用很小的力量去移动一个重物，阿基米德就想了一个用复滑轮的主意，来表演他能轻易地将一艘用一百人才能十分艰难地拖动的三桅帆船拖上海岸．按照古罗马传记作家普鲁塔克（Plutarch）所说，与此故事相联系，还有阿基米德的一句名言："给我一个立足点，我将移动地球．"

普鲁塔克和其他古代评论家，像波利比乌斯（Polybius）和利维（Livy）都曾提到，为了抵抗马塞勒斯将军率领的罗马军队，阿基米德发明打起了一场古怪的飞弹战．普鲁塔克写道：

> ……阿基米德在使用他的发明的时候，一开始就用各种投射武器同时射击，巨大的石块带着惊人的噪声和猛烈的力量从天而降，面对这些打击对方无人能挡，他们被打得成堆倒下，军阵和作战计划大乱．在同一时间里，一些巨大的杆子从舰船上方穿墙而出，有些船被它们从高处落下的巨大重力击沉，一些人则被一只铁臂或者像吊车嘴似的铁嘴举到空中，落入海底；有些船被内部机械带动旋转着撞到岸边的陡峭岩石上，船载的军队遭到毁灭．许多船只往往被抛到空中（看来极其可怕的事情）并来回翻滚，摇摆着，直到船撞到岩石上，船上的人全被甩出．

阿基米德可以完全沉浸在他研究的问题中，而对它的周围毫不觉察．像普鲁塔克写道：

> 阿基米德的仆人常常不顾他的意愿把他带去浴室，帮他洗净身体并涂上油膏（一种宗教习俗——译注），而就在这里，甚至在烟道的最后一点余烬中，他也总是在画几何图形，而当他身上涂满油膏和香料时，

> 他就用手指在赤裸的身体上画曲线，他就这样对待他自己，因为从几何研究中得到的喜悦，使得他入迷或者说走神．

他这个不顾周围环境的习惯最终使他赔了自己的性命．由于阿基米德的成果被用于战争，阿基米德也成为公元前 212 年第二次布匿战争中入侵西西里的罗马军队的主要敌人．传说罗马士兵发现阿基米德时，他正在沙盘上画图，士兵命令阿基米德停止他正在做的事情并且立即离开，阿基米德请求再给他一点时间，完成沙盘上正做着的问题，发怒的士兵毁坏了阿基米德沙盘里的图，并用剑对他乱刺．

阿基米德的数学著作可分为三大组：

1. 证明有关曲线和曲面围成的面积和体积的一些定理．这方面包括《论球和圆柱》，《圆的度量》和《方法》．

2. 以几何的方法分析静力学和流体静力学的问题．

3. 综合性的工作，特别是关于计数的，例如《沙粒的计算》．

本卷书包括，《论球和圆柱》，《圆的度量》，《沙粒的计算》和《方法》．

《圆的度量》在写法上，在我们看来，在阿基米德所写的著作中可能是很不一样的．它只包括三个命题，并且其中按顺序的第二个是比较一个圆和一个在它的直径上的正方形的面积，又依赖于第三个命题，那个命题是说，一个圆的周长与其直径之比大于$3\frac{10}{71}$并小于$3\frac{1}{7}$，这是 π 的一个相当不错的近似值．

我们对第一个命题最感兴趣，它说一个圆的面积等于某个直角三角形的面积，其中一个直角边等于半径，另一直角边等于圆周．注意在这个定理的表述中，阿基米德把曲线（就是圆）围成的面积等同于由直线围成图形（三角形）的面积，这种有意思的方式［我们现在把圆面积表示为 πr^2，用现代的写法，阿基米德的表述是$\frac{1}{2}(2\pi r)r$.］

在证明曲线或者曲面所围面积或体积的定理时，阿基米德用了“穷竭法”，有时该法与阿基米德的引理合在一起称为“间接取极限”，这个引理说：“给定两个不相等的线、面或立体，其中较大者大过较小者这么多，小量通过不断与其自身相加，它可以超过任何给定的，与其可以相比的同类型的量．”阿基米德在用**归谬法**的证明中一般使用这些工具．

阿基米德假定圆 $ABCD$ 的面积不等于直角三角形面积 K，则它必定大于或小

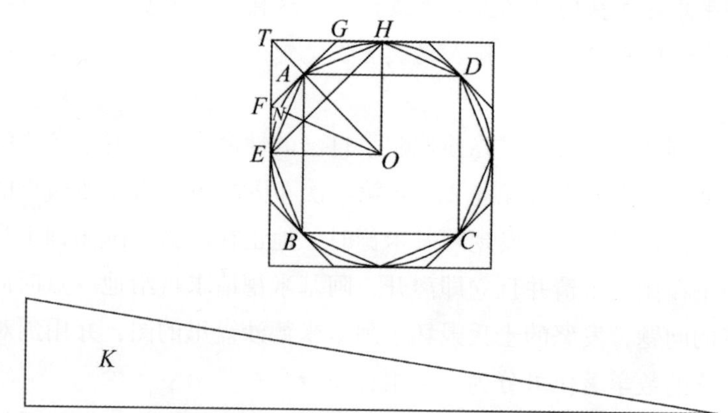

于 K，假设圆面积大于直角三角形 K 的面积．则作正方形 $ABCD$ 内接于圆．接着再等分圆弧 AB、BC、CD 和 DA 并不断等分那些半弧，直到以分弧点为顶点的内接多边形的边如此接近于圆，使得剩下的圆与内接多边形之间的面积，小于所给定的圆与 K 的面积差．因此，他推断内接多边形的面积一定大于 K 的面积．

他继续考虑从圆 O 的中心向边 AE 作垂线 ON，因为 AE 是在圆的内部的内接多边形的一部分，线段 ON 必小于圆的半径，而这个多边形的周长一定小于圆周长，即小于直角三角形 K 的另一边．因此，内接多边形的面积一定小于直角三角形 K 的面积，与刚才已经证明的结果矛盾．证明的另一部分论证，圆的面积不可能小于 K 的面积．

阿基米德所证明的许多定理在他以前就有人提出来过，但证明不完善．但是，他也发现了很多著名的新结果．从《方法》我们能略微了解一点阿基米德是怎么发现要证明的新定理的．在《论球和圆柱》的序言里，阿基米德写道：

> ……这些性质一直就是有关图形内在的东西，但是在我的时代以前的从事几何学研究那时以来我又想到一些定理，并且作出了它们的证明．它们有三个：第一，任意球面是它的大圆的四倍（按现代记号就是 $4\pi r^2$），……但我的前辈几何研究者，对此却始终不知……然而现在发现这些图形确实有此性质，那么拿它与我从前的研究以及欧多克索斯（Eudoxus）关于有关立体的一些定理（即任意棱锥体是同底等高棱柱体的三分之一，任意圆锥体是同底等高圆柱体的三分之一，它们的建立最没有争议）并列相比，我觉得没有任何不妥．这些性质虽说也全都是有

关图形所固有，事实上欧多克索斯以前的许多几何学者，也没有任何一个人提到过它们．即使是现在，对于那些有能力审查我的这些发现的人，它也还是没有解决的问题．

在全部现存的阿基米德著作中，《方法》的历史最有趣．许多世纪以前，大家只从一本10世纪的博学者休达（Suidas）所作的参考书知道，他提到过由毕之尼亚（Bithynia）的西奥多修斯（Theodosius）写的一篇关于阿基米德逝世一个世纪的评论，数学家们正为寻找一种求解他们的结果的通用方法弄得欲罢不忍．事实上，笛卡儿（Descartes）曾怀疑阿基米德藏匿了《方法》，以致没有人能从其中受益．

1899年，希腊学者P. 克拉缪斯（Papadapulos Kerameus）报告，他在土耳其伊斯坦布尔一家图书馆里发现一部数学的羊皮纸书．这部书是一个古代文献，它原来的内容已被洗去，以便能够在它上面书写新内容．丹麦古典学者J. L. 海伯格（Johan Ludvig Heiberg）读了几行克拉缪斯公布的手稿，认出阿基米德独有的特点．他猜测这份手稿必定是阿基米德的著作．当海伯格第一手考察这份羊皮纸书，一定非常吃惊．克拉缪斯找到了佚失已久的专著《方法》，它的开头是“阿基米德向厄拉多塞（Eratosthenes）致意”．羊皮纸书上的阿基米德其他著作恰好也确认作者身份．

克拉缪斯－海伯格羊皮纸书原写于10世纪，13世纪的时候，一个僧人洗去了原来的墨水印迹，以便他能够写一本虔诚教徒的书．这个僧人一定完全不知道他洗去的是什么，他也不可能想到，这部羊皮纸书日后的价值．1998年柯瑞斯蒂拍卖行（Christie auction house）将它卖了两百万美元．

《方法》中阿基米德的办法是，假设立体都是由密度均匀的平面微元组成．给定立体X的体积可通过将它与另外一个或两个图形B和C放在一条轴上来得到．阿基米德假设所有这些图形都被全部垂直于轴的平行平面切割．他这样选择图形B和C：

（1）它们的重心和所有平面微元的重心全在轴上．

（2）它们的体积都是已知的．

（3）B（可能还有C）的平面微元与X的平面微元能够相比．

最后的这个要求需要研究者去寻找，怎样的图形B和C，适合于计算X的体积，在建立了相应平面微元之间的关系后，阿基米德将轴延长到τ，使得长度$\tau\varphi$

适合于所考虑的问题，这是另一需要研究者动脑筋的地方，它要取得使其作用像是一个以 φ 为支点的杠杆．

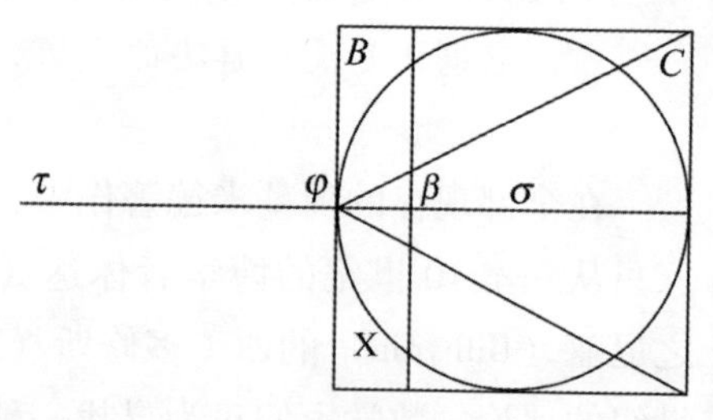

对于 X 的每个平面微元 x（如果问题需要 C，那么就还有 C 的 c），他放置一个面积相同而重心在 τ 的相应的微元 y，使得在 τ 的相应的微元 y 与在（β）作用的相应平面微元 b 平衡，于是 $y:b=\varphi\beta:\varphi\tau$. 接着，阿基米德将所有平面微元 y 组合成 Y，于是它的体积就等于 X 的体积（可能还要加上 C），而当 Y 取成某个密度均匀的立体时，阿基米德断定，它的重心在 τ. 因为在 τ 作用的所有部分与在 β 作用的 B 的所有部分关于支点 φ 平衡，于是作用于 τ 所有部分的整体与相应在它的重心 σ 作用的整体 B 平衡．但是 B 已选得使它的体积（和它的重量）以及它的重心（在轴上）两者都是给定的．因此阿基米德能够由方程 $y:B=\varphi\beta:\varphi\tau$ 确定组成体 Y 的体积，并由此得到结论 $X=Y$（或 $X=Y-C$）．

这篇著作的全名是《阿基米德处理力学问题的方法》，在阿基米德看来，著作中所包含的这个证明，不能算作是**数学**的证明．《方法》中的这个证明，包含了对于图形的物理假设，并依赖于杠杆原理这个**力学**原理！

给他一个适当的杠杆，阿基米德不仅能够移动地球，还能发现新的数学事实！

《阿基米德著作》节选

论球和圆柱 I ①

“阿基米德向多西修斯（Dositheus）致意.

前些时候，我把到那时为止所得到的结果及其证明送到你那里，说明由一直线和直角圆锥的截线［一条抛物线］所围成的弓形是与弓形同底等高的三角形的4/3. 从那时起，我又发现并证明（ἀνελέγκτων）了一些以前未被发现的定理. 它们是：首先，任一球面是它的最大圆的四倍（τοῦ μεγίστου κύκλου）；其次，球缺的表面等于一个圆，该圆的半径（ἡ ἐκ τοῦ κέντρου）等于从球缺顶点（κορυφή）到球缺底圆圆周所连的线段；进一步，底等于球的大圆、其高等于球的直径的圆柱是球的3/2，圆柱的面［包括底面］是球面的3/2. 尽管这些性质是上述图形所固有的（αὐτῇ τῇ φύσει προυπῆρχεν περὶ τὰ εἰρημένα σχήματα），但却不为我的从事几何研究的前辈们所知. 一发现这些性质确为这些图形所具有，我就毫不犹豫地把它们连同我以前的结果以及欧多克索斯（Eudoxus）的关于立体的定理放在一起. 欧多克索斯的定理不可辩驳地被确定，即同底等高的棱锥是棱柱的1/3，同底等高的圆锥是圆柱的1/3. 这些性质也是这些图形所固有的，但事实上欧多克索斯以前的许多出色的几何学家既没有提到也不知道这些性质. 不过，我现在就可以把这些性质提供给那些能够审查我发现的人. 这些性质本应在科农（Conon）在世的时候发表，我想他能够掌握并能给予足够的重视. 我认为让那些关注数学的人了解这些性质是很好的. 因此，我把证明寄给你，以供数学家们研究. 再见.”

我首先列出在证明我的命题时所用的定义[1]和假设（或公理）.

定义

1. 平面上有一类有端点的曲线（καμπύλαι γραμμαὶ πεπερασμέναι）[2]，

---

① 本篇及以下的阿基米德著作的译文选自 T. L. Heath *The Works of Archimedes*（Dover Publicatios，Inc. Mineola，New York，1912），其中的小体辅文是 Heath 的评注.

其上的点或者全部落在端点连线的同一侧，或者没有点落在另一侧.

2. 给定术语**“一条曲线凹向同一方向”**：如果任取其上两点，连接两点的直线段或全部落在曲线的同一侧，或一些点落在其相同一侧，其他点落在曲线上，但无点落在另一侧.

3. 同样，有一类有界线的曲面，自身并不在一个平面上，但其线界在一个平面上，其上的点或者全部落在线界所在平面同一侧，或都没有点落在另一侧.

4. 给定术语**“一条曲面凹向同一方向”**：如果任意取其上两点，连接两点的直线段或全部落在曲面的同一侧，或一些点落在其相同一侧，其他点落在曲面上，但无点落在其另一侧.

5. 给定术语**“立体扇形”**：当一个圆锥截一个球，且圆锥的顶点位于球心，用被锥面和圆锥内的球面所围成的图形来表示它.

6. 给定术语**“立体菱形”**：当同底的圆锥的顶点在底面的异侧，且它们的轴线在一直线上，用两圆锥组成的立体图形来表示它.

假设

1. **有同端点的一切线中直线段最短**[3].

2. 同一平面上有公共端点的线中，如果任何这样两条线是不相等的，它们都是凹向同一方向，并且其中一条要么整个包含在另一条内，要么一部分包含于其中，一部分重合，那么这时里面的那条线是两线中较短的.

3. 同样，有共同线界于一平面的曲面中，该平面面积最小.

4. 在有共同端线于一平面的曲面中，如果任何这样两个面是不相等的，它们都是凹向同一方向，并且，要么整个包含在另一曲面内，要么一部分包含于其中，一部分重合，那么这时里面的曲面是两曲面中面积较小的.

5. 进而有，在不等的线段，不等的面，不等的体中，较大的超过较小的那部分量，若自我累加，可以超过任何可以互相比较的给定量.①.

预先指出一个明显的命题，即，**圆的内接多边形的周长小于圆的周长，多边形的任一边小于其所切割的圆周部分**.

命题 1　外切于圆的多边形的周长大于圆的周长.

设交于点 A 的相邻边分别切圆于 P、Q.

那么

① 关于这个假设可参看引论第三 §2.

$$PA + AQ > (\text{弧 } PQ). \qquad [\text{假设 } 2]$$

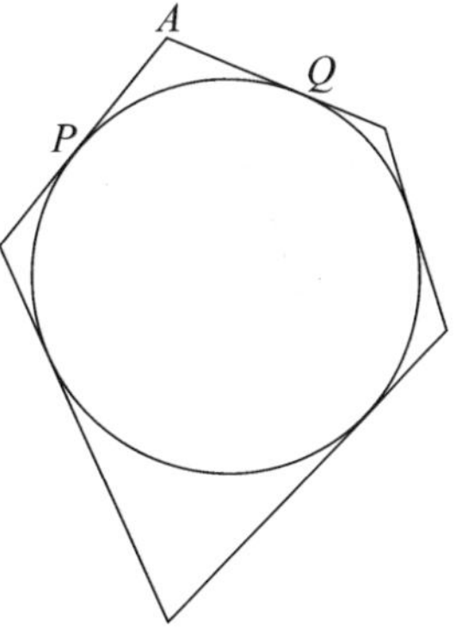

类似地，对于多边形每一个角，不等式都成立；相加，便得到所求结果.

命题 2　给定两个不等的量，则可求得两不等的线段，使得大、小两线段之比小于大、小两量之比.

设 AB，D 表示两不等量，且 $AB>D$.

假设沿 AB 量得的 BC 等于 D，又设 GH 是任一线段.

如果以 AC 足够多的倍数加到 AC 上，其和将超过 D. 设 AF 为这个和，又沿 GH 取一点 E，使得 GH 是 HE 的倍数与 AF 是 AC 的倍数相同.

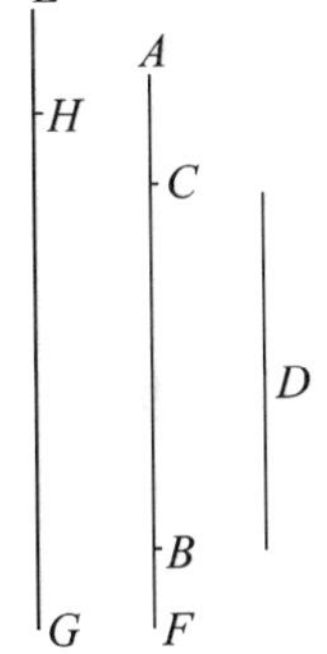

于是　$EH : HG = AC : AF$.

但是，因为　$AF > D$(或 BC)，

所以　$AC : AF < AC : CB$.

[那么　$EH : HG < AC : CB$.]

因此，由**合比**，就有

$$EG : GH < AB : D.$$

因此 EG、GH 就是满足要求的两线段.

命题 3　给定两不等量和一圆，则可作出圆的外切和内接多边形，使得外切多边形的边长与内接多边形边长之比小于大、小两量之比.

设 A、B 表示给定的两不等量，且 $A>B$.

可求得两线段 F、KL，$F>KL$，使得

$$F : KL < A : B \qquad (1) \qquad [\text{命题 } 2]$$

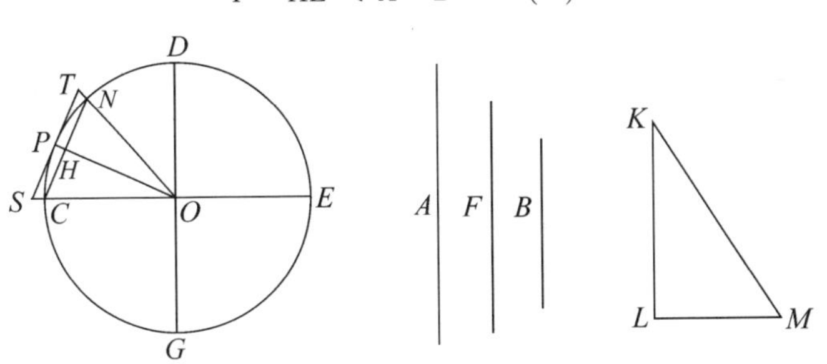

作 LM 垂直于 LK，且令其长线段 $KM = F$.

设 CE，DG 是已知圆内交成直角的两直径，然后平分角 DOC，将一半角再平分，如此继续作下去，我们将得到一个角（如 $\angle NOC$）小于二倍 $\angle LKM$.

连接 NC，它将是圆内接正多边形的一边. 设 OP 是平分 $\angle NOC$ 的圆的半径（因此它在 H 点垂直平分 NC，且设在点 P 的切线与 OC、ON 的延长线分别相交于 S、T.

因为
$$\angle CON<2\angle LKM,$$
于是
$$\angle HOC<\angle LKM,$$
且在点 H、L 的角都是直角；

所以
$$MK:LK>OC:OH$$
$$>OP:OH.$$
因此
$$ST:CN<MK:LK$$①
$$<F:LK;$$
所以，由（1)，更有
$$ST:CN<A:B.$$

这样，求得的两多边形满足要求.

命题 4　给定两不等量和一个扇形，则可作出扇形的外切多边形和内接多边形，使得外切多边形的边长与内接多边形的边长之比小于大、小两量之比.

[在这个命题中，求得的“内接多边形”是以限制扇形的两半径代替两边，而其余各边（由作图，它的边数为 2 的乘方）所对的各扇形是等弧的；形成的“外切多边形”是由平行于内接多边形的边的切线和以两半径为边所形成的.]

在此，同样可以如上一个命题那样的作图，代替两直径交成直角的是将扇形的角 COD 平分，然后将一半角再平分，如此继续下去. 证明完全类似于上述命题.

命题 5　给定一圆和两个不等量，则可作出圆的外切和内接多边形，使其两多边形面积之比小于大、小两量之比.

设 A 是给定的圆，B、C 是给定的量，且 $B>C$.

取两不等的线段 D、E，且 $D>E$，使得
$$D:E<B:C,$$
[命题 2]

---

① 因为 $PO:OH=ST:CN$.

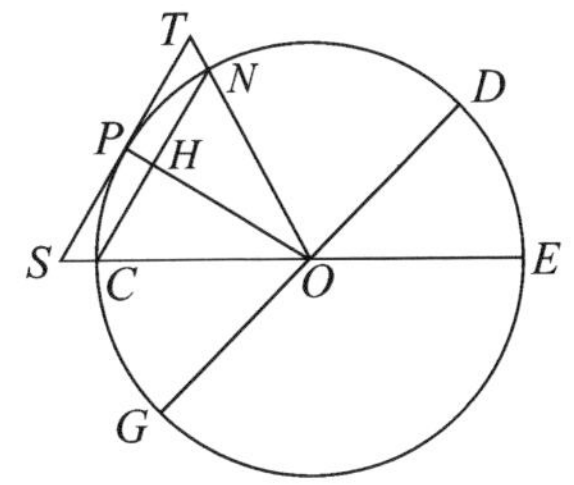

A F B

K L M

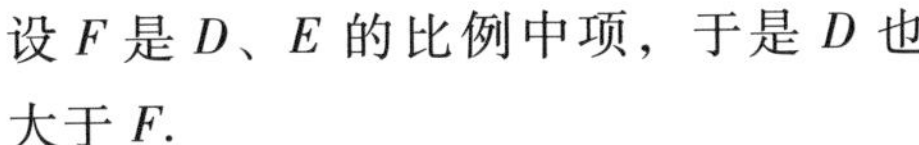

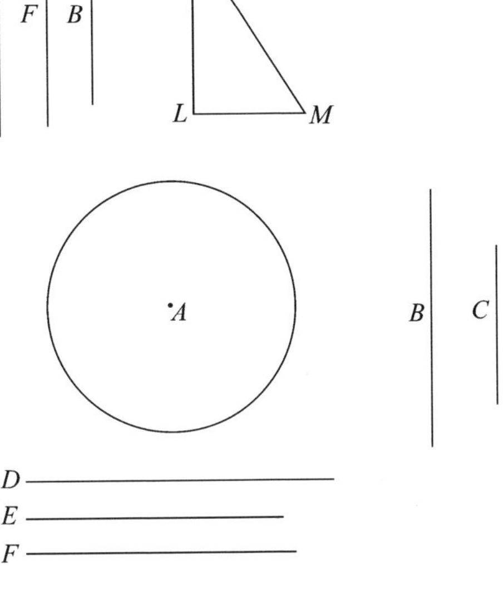

设 F 是 D、E 的比例中项，于是 D 也大于 F.

作圆的外切、内接多边形（如同命题3)，且使其两多边形边之比小于 $D:F$.

于是两多边形边的二次比小于$D^2:F^2$.

但是该对应边的二次比等于多边形面积之比，因为它们是相似的.

所以圆外切多边形面积与内接多边形面积之比小于 $D^2:F^2$（或 $D:E$)，且更有，小于 $B:C$.

命题6 “（同样)，**给定两个不等量和一个扇形，则可作出相似的扇形的外切、内接多边形，使得两多边形面积之比小于大、小两量之比.**

给定一圆或一扇形，以及一个确定的面积，则可作圆或扇形的内接等边多边形，并使其边数不断增加，则可得圆或扇形余下的面积小于给定的面积.（这是在［Eucl. xii. 2］中被证明了的).

（但仍需证明)：**给定一圆或一扇形，以及一给定的面积，则可作一圆外切多边形，使得圆与外切多边形之间的图形的面积小于给定的面积.**”

对于圆，证明如下［阿基米德说，证明同样适用于扇形］.

设 A 是给定的圆，B 是给定的面积.

现在，有两个不等量 $A+B$ 和 A，如在［命题5］中那样，设圆的外切多边形（C）和内接多边形（I)［如在命题5中］，使得

$$C:I<(A+B):A. \tag{1}$$

这个外切多边形（C）将是所求作的.

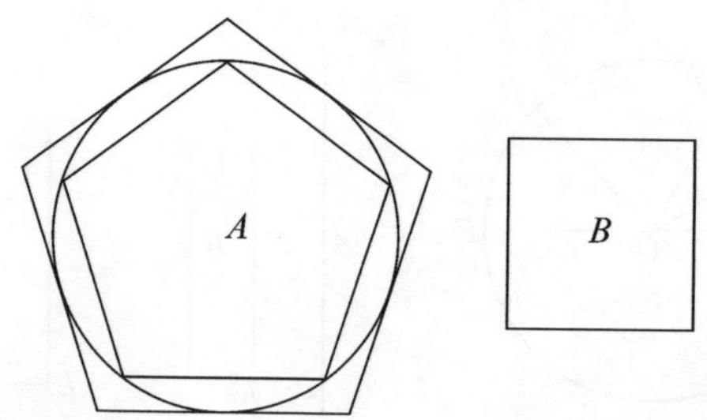

因为圆（A）大于内接多边形（I）.

所以由（1），更有

$$C : A < (A + B) : A,$$

因此
$$C < A + B,$$
或
$$C - A < B.$$

命题 7　如果底为正多边形的棱锥内接于一个等腰圆锥［即正圆锥］，则棱锥侧面等于一个三角形，该三角形以棱锥底面周长为底，以从顶点到底面一边的垂线为高.

因为棱锥底面的边都相等，由此可得，从顶点到所有边的垂线也都相等，该命题的证明是显然的.

命题 8　如果一个棱锥外切于一个等腰圆锥，则棱锥的侧面等于一个三角形，该三角形的底等于棱锥底面的周长，而高等于圆锥的母线.

棱锥的底是一个外切于圆锥底面的多边形，连接圆锥顶点到棱锥任一边的切点的直线垂直于该边．这些垂线是圆锥的母线，它们是相等的，于是命题得证.

命题 9　在等腰圆锥底圆上任取一弦，且分别连接圆锥顶点与弦的端点，这样构成的三角形小于从顶点所作的两线段截得圆锥的部分侧面.

设 ABC 是圆锥的底圆，O 是圆锥的顶点.

在圆上作弦 AB，连接 OA、OB．等分弧 ACB 于点 C，连接 AC，BC，OC.

那么
$$\triangle OAC + \triangle OBC > \triangle OAB.$$

设前两个三角形之和与第三个三角形的差等于 D.

那么 D 小于或不小于两弓形 AEC、CFB 之和.

Ⅰ. 设 D 不小于两弓形 AEC、CFB 之和.

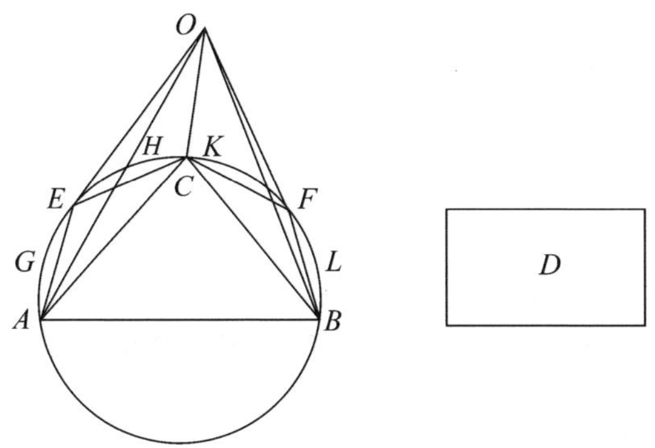

现在有两个面：

（1）由圆锥部分侧面 $OAEC$ 与弓形 AEC 构成的；

（2）三角形 OAC.

因为两面有相同的端线（即三角形 OAC 的周边），那么前述的面大于被**包含的**后者的面. ［假设 3 或 4］

因此

$$\text{面 } OAEC + \text{弓形 } AEC > \triangle OAC.$$

类似地

$$\text{面 } OCFB + \text{弓形 } CFB > \triangle OBC.$$

又因为 D 不小于两弓形之和，两式相加，就有

$$\text{面 } OAECFB + D > \triangle OAC + OBC$$

$$> \triangle OAB + D\text{，由假设.}$$

该式两边减去 D，我们就得到了所需要的结果.

Ⅱ. 设 D 小于两弓形 AEC、CFB 之和.

如果现在我们平分两弧 AC、CB，然后将各半弧再平分，如此继续分下去，直到最后剩下的所有弓形之和小于 D. ［命题 6］

设这些弓形是 AGE，EHC，CKF，FLB，连接 OE，OF.

如前，有

$$\text{面 } OAGE+\text{弓形 } AGE>\triangle OAE$$

和

$$\text{面 } OEHC+\text{弓形 } EHC>\triangle OEC.$$

所以

$$\text{面 } OAGHC + (\text{弓形 } AGE, EHC)$$

$$>\triangle OAE+\triangle OEC$$

$$>\triangle OAC.$$

类似地，对于由 OC，OB 和弧 CFB 所围成的圆锥的部分侧面亦有如上结果.

于是相加，就有

面 $OAGEHCKFLB$ +（弓形 AGE，EHC，CKF，FLB）

$$>\triangle OAC+\triangle OBC$$

$$>\triangle OAB+D，由假设.$$

但是，这些弓形之和小于 D，于是便得出所需求的结果.

命题 10　在等腰圆锥底圆所在的平面上，若圆的两切线交于一点，且分别连接圆锥顶点与交点及切点，那么由所连线段与二切线所成两三角形之和大于圆锥被围的部分侧面.

设 ABC 是圆锥的底圆，O 是圆锥的顶点，AD，BD 是圆的两条切线，且相交于 D. 连接 OA，OB 和 OD.

过弧 AB 的中点 C 作圆的切线 ECF，于是它平行于 AB. 连接 OE，OF.

那么

$$ED+DF>EF.$$

将 $AE+FB$ 加到式子两边，就有

$$AD+DB>AE+EF+FB.$$

由于 OA，OC，OB 是圆锥的母线，因而都相等，且它们分别垂直于在 A、C 和 B 点的切线.

由此得出

$$\triangle OAD+\triangle ODB>\triangle OAE+\triangle OEF+\triangle OFB.$$

设

$$(\triangle OAD+\triangle ODB)-(\triangle OAE+\triangle OEF+\triangle OFB)=G.$$

设圆与切线围成的两面 $EAHC$，$FCKB$ 之和为 L，那么 G 小于或不小于 L.

Ⅰ. 设 G 不小于 L.

现在有两个面：

（1）以 O 为顶点，以 $AEFB$ 为底的棱锥，除去 OAB 面外的其余锥面；

（2）由圆锥部分侧面 $OABC$ 和弓形 ACB 构成.

这两个面有相同的线界，即三角形 OAB 的周边. 因为前者**包含**后者，于是前者较大.

［假设 4］

即取掉面 OAB 的棱锥的面大于面 $OACB$ 与弓形 ACB 之和. 我们有

$$\triangle OAE+\triangle OEF+\triangle OFB+L>面\ OAHCKB.$$

又 G 不小于 L.

因此

$$\triangle OAE+\triangle OEF+\triangle OFB+G>\text{面 } OAHCKB,$$

又由假设

$$\triangle OAE+\triangle OEF+\triangle OFB+G=\triangle OAD+\triangle ODB.$$

所以

$$\triangle OAD+\triangle ODB>\text{面 } OAHCKB.$$

Ⅱ. 设 G 小于 L.

如果平分弧 AC，CB，且过每个中点作切线，然后将每一半弧再平分，且过每一分点再作切线，如此继续作下去，直到最后将得到一个多边形，使得多边形的边和弓形弧之间的面小于 G.

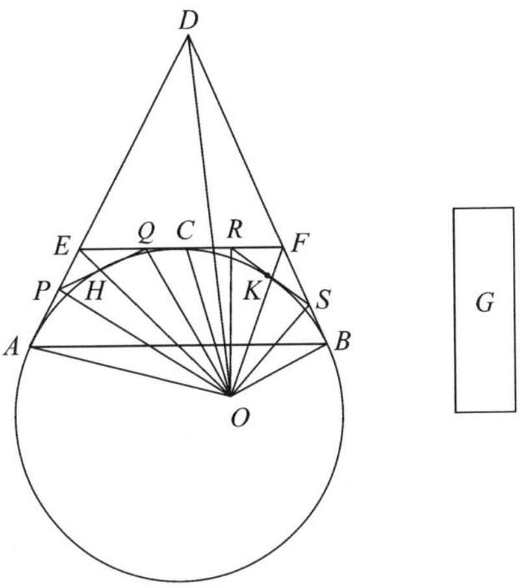

设弓形的弧与多边形 $APQRSB$ 之间的面是 M. 连接 OP，OQ，等等，

如前，有

$$\triangle OAE+\triangle OEF+\triangle OFB>\triangle OAP+\triangle OPQ+\cdots+\triangle OSB.$$

也如前，

除面 OAB 外的棱锥 $OAPQRSB$ 的面

$$>\text{圆锥部分侧面 } OABC+\text{弓形 } OACB.$$

从上式两边取掉弓形 $OACB$，就有

$$\triangle OAP+\triangle OPQ+\cdots+M>\text{圆锥部分侧面 } OABC.$$

由假设

$$\triangle OAE+\triangle OEF+\triangle OFB+G=\triangle OAD+\triangle ODB.$$

因此，更有

$$\triangle OAD+\triangle ODB>\text{圆锥部分侧面 } OABC.$$

命题 11　如果用平行于直圆柱的轴的平面截圆柱，那么截得圆柱部分侧面大于截得圆柱内的平行四边形.

命题 12　过直圆柱两条母线端点引各自所在底圆的切线，如果切线相交，

那么由每一母线和相应的切线分别构成的两矩形之和大于包含在两母线间的圆柱部分侧面.

[这两个命题的证明可分别依照命题 9，10 的方法. 因而，再证它们就不必要了.]

“从已证明的性质，显然有：(1) **如果一个棱柱内接于一个直圆柱，那么棱柱的侧面小于圆柱的侧面；(2) 如果一个棱柱外切于一个直圆柱，那么棱柱的侧面大于圆柱的侧面.**”

命题 13　直圆柱的侧面等于以底圆直径和圆柱高的比例中项为半径的圆.

设圆柱的底是圆 A，作 CD 等于圆的直径，且 EF 等于圆柱的高.

设 H 是 CD、EF 的比例中项，B 是半径等于 H 的圆.

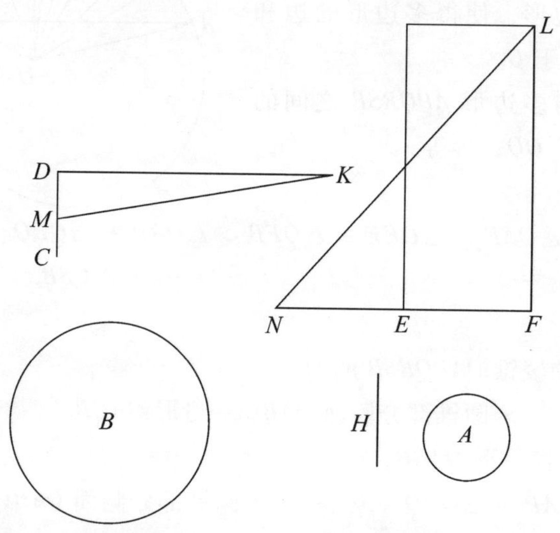

那么圆 B 将等于圆柱的侧面 S.

否则，B 必大于 S 或者 B 小于 S.

Ⅰ. 假设 $B<S$.

可以作圆 B 的外切多边形和内接多边形，使其两多边形之比小于 $S:B$.

假设上述图已作出，又在圆 A 上作相似于圆 B 外切多边形的外切多边形，然后在其上竖立一个与圆柱同高的棱柱，那么此棱柱外切于圆柱.

设垂直于 CD 的 KD 和垂直于 EF 的 FL 都等于圆 A 外切多边形的周长. 平分 CD 于 M，连接 MK.

于是　　　　$\triangle KDM=$ 圆 A 外切多边形.

也有　　　　　　　　　　　矩形 EL= 棱柱的侧面.

延长 FE 到 N，使得 $FE=EN$，连接 NL.

又关于圆 A、B 的两外切相似多边形之比等于圆 A、B 半径的二次比.

这样，就有

$$\triangle KDM : B\text{ 的外切多边形} = MD^2 : H^2$$

$$= MD^2 : CD \cdot EF$$

$$= MD : NF$$

$$= \triangle KDM : \triangle LFN$$

［因为 $DK = FL$］.

所以　B 的外切多边形 $= \triangle LFN$

$=$ 矩形 EF

$= A$ 上圆柱的外切棱柱侧面.

但是　B 外切多边形：B 内接多边形 $< S : B$.

所以

A 上圆柱的外切棱柱侧面：B 内接多边形 $< S : B$.

交换两内项，亦有

A 上圆柱的外切棱柱侧面：$S <$ B 内接多边形：B.

这是不可能的，因为棱柱侧面大于 S，而 B 内接多边形小于 B.

所以　　　　　　　　　　$B \nless S$.

Ⅱ. 假设 $B>S$.

设圆 B 的外切、内接正多边形，有

B 外切多边形：B 内接多边形 $< B : S$.

在圆 A 作相似于圆 B 内接多边形的内接多边形，然后在其上竖立一个与圆柱同高的棱柱.

如前，又设已作的 DK、FL 都等于圆 A 内接多边形的周长.

那么，就有

$\triangle KDM >$ A 内接多边形

［因为从圆心到多边形一边的垂线小于 A 的半径.］

也有 $\triangle LFN =$ 矩形 $EL =$（棱柱的侧面）.

现在

$$A\text{ 内接多边形}: B\text{ 内接多边形} = MD^2 : H^2$$

$= \triangle KDM : \triangle LFN$，如前.

且 $\triangle KDM > A$ 内接多边形.

所以

$\triangle LEN$ 或者棱柱的侧面 $> B$ 内接多边形.

但是，这是不可能的，因为

B 外切多边形∶B 内接多边形 $<B:S$,

$<B$ 外切多边形∶S,

于是 B 内接多边形$>S$

$>$棱柱的侧面.

因此 B 即不大于又不小于 S，于是

$$B = S.$$

命题 14　等腰圆锥侧面等于一圆，该圆半径是圆锥母线与底面半径的比例中项.

设圆 A 是圆锥的底，作 C 等于该圆的半径，D 等于圆锥的母线，又设 E 是 C、D 的比例中项.

作以 E 为半径的圆 B，那么圆 B 将等于圆锥的侧面 S. 否则，B 必大于或小于 S.

Ⅰ. 假设 $B<S$.

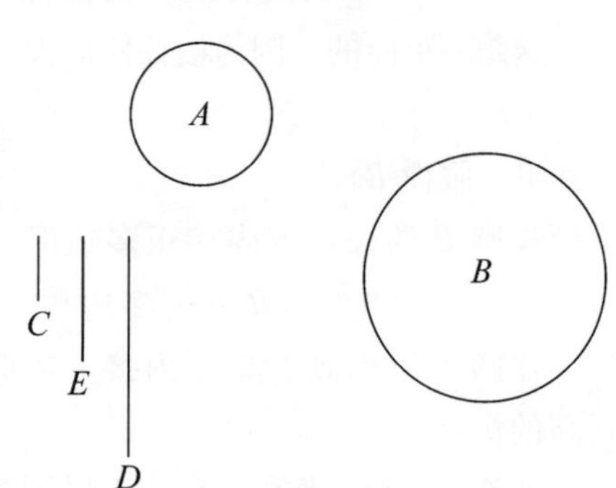

作圆 B 的外切正多边形，并作与其相似的圆 B 的内接多边形，且使其前、后两多边形之比小于 $S:B$.

又作圆 A 的与其相似的外切多边形，并在它上建立一个与圆锥有同一顶点的棱锥. 于是

A 的外切多边形∶B 的外切多边形

$=C^2:E^2$

$=C:D$

$=A$ 的外切多边形∶棱锥的侧面.

所以

棱锥的侧面$=B$ 的外切多边形.

由于

B 的外切多边形∶B 的内接多边形$<S:B$.

所以

$$\text{棱锥的侧面}:B\text{的内接多边形}<S:B.$$

这是不可能的，因为棱锥的侧面大于 S，而 B 的内接多边形小于 B.

因此 $$B \not< S.$$

Ⅱ. 假设 $B>S$.

取两正多边形分别外切、内接于圆 B，使其两多边形之比小于 $B:S$.

在圆 A 内作一个与圆 B 的内接多边形相似的内接多边形，且在 A 的内接多边形上竖立一个与圆锥有同一顶点的棱锥.

于是

$$\begin{aligned}A\text{的内接多边形}:B\text{的内接多边形}&=C^2:E^2\\&=C:D\\&>A\text{的内接多边形}:\text{棱锥的侧面}.\end{aligned}$$

这是清楚的，因为 C 与 D 之比大于从 A 的圆心到多边形的垂线与从圆锥顶点到多边形每一边垂线之比[4].

所以 $$\text{棱锥的侧面}>B\text{的内接多边形}.$$

但是

$$B\text{的外切多边形}:B\text{的内接多边形}<B:S.$$

于是就有

$$B\text{的外切多边形}:\text{棱锥的侧面}<B:S.$$

这是不可能的.

因为 B 不大于也不小于 S，所以

$$B=S.$$

命题 15　等腰圆锥的侧面与它的底之比等于圆锥的母线与其底圆半径之比.

由命题 14，圆锥侧面等于以圆锥母线与底圆半径的比例中项为半径的圆.

由此，因为两圆之比等于它们半径的二次比，于是命题得证.

命题 16　若以平行于等腰圆锥底的平面截圆锥，那么在两平行平面之间圆锥的部分侧面等于一个以（1）与（2）的比例中项为半径的圆，其中（1）为被两平行平面截得的圆锥部分母线，（2）为两平行平面内圆的半径之和.

设 OAB 是一个通过圆锥轴的三角形，DE 是它与平行于底面的平面的交线，且 OFC 是圆锥的轴.

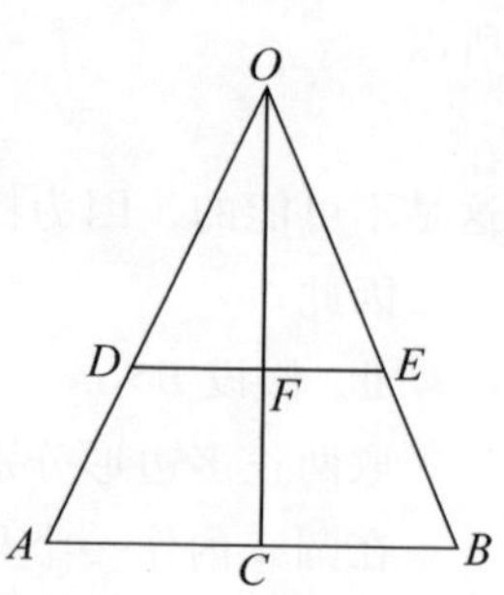

而且，圆锥 OAB 的侧面等于以 $\sqrt{OA \cdot AC}$ 为半径的圆.

［命题 14］

类似地，圆锥 ODE 的侧面等于以 $\sqrt{OD \cdot DF}$ 为半径的圆.

且平截头体的侧面等于两圆之差.

现在

$$OA \cdot AC - OD \cdot DF = DA \cdot AC + OD \cdot AC - OD \cdot DF.$$

但是

$$OD \cdot AC = OA \cdot DF,$$

因为

$$OA : AC = OD : DF.$$

因此，

$$\begin{aligned} OA \cdot AC - OD \cdot DF &= DA \cdot AC + DA \cdot DF \\ &= DA \cdot (AC + DF). \end{aligned}$$

因两圆之比等于它们半径的二次比，由此推出分别以 $\sqrt{OA \cdot AC}$、$\sqrt{OD \cdot DF}$ 为半径的两圆之差等于以 $\sqrt{DA \cdot (AC + DF)}$ 为半径的圆.

所以平截头体的侧面就等于以 $\sqrt{DA \cdot (AC + DF)}$ 为半径的圆.

引　理

1. 等高圆锥之比等于它们两底之比；又有等底圆锥之比等于它们两高之比. [5]

2. 如果一个圆柱被平行于它的底的平面所截，那么两圆柱之比等于它们两轴之比. [6]

3. 有同底的两圆锥之比等于其底上有等高的两圆柱之比.

4. 也有，等圆锥的底与高成反比例；又若两圆锥的底与高成反比例，则两圆锥相等. [7]

5. 底的直径与轴有同比的两圆锥之比等于它们直径的三次比. [8]

所有这些命题已在早期的几何中被证明了.

命题 17　若有两个等腰圆锥，其第一个的侧面等于另一个的底，从第一个圆锥底的中心到其母线的垂线等于另一圆锥的高，则两圆锥相等.

设 OAB、DEF 分别是通过两圆锥轴的三角形，C、G 分别是两底的中心，GH 是从 G 到 FD 的垂线；且假设圆锥 OAB 的底等于圆锥 DEF 的侧面，又 $OC = GH$.

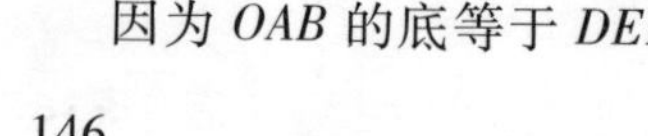

因为 OAB 的底等于 DEF 的侧面，于是

圆锥 OAB 的底：圆锥 DEF 的底

= 圆锥 DEF 的侧面：圆锥 DEF 的底

$= DF : FG$ ［命题 15］

$= DG : GH$ 由相似三角形性质，

$= DG : OC$.

所以，两圆锥的底和高成反比例，则两圆锥相等. ［引理 4］

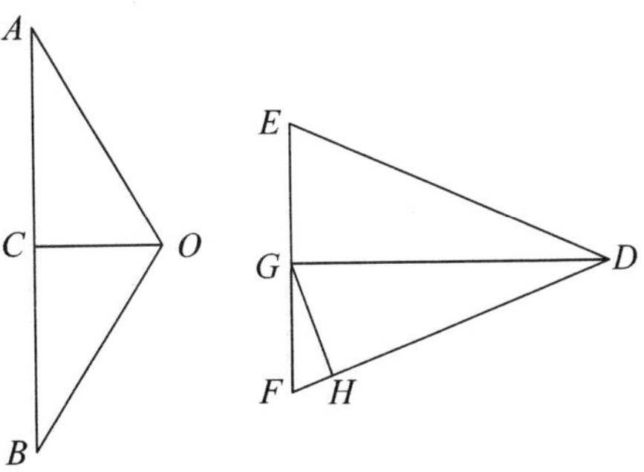

命题 18　由两个等腰圆锥组成的立体扁菱形等于一个圆锥，该圆锥的底等于合成立体扁菱形的两圆锥之一的侧面，它的高等于从第二个圆锥的顶点到第一圆锥母线的垂线.

设扁菱形 $OABD$ 是由有共同底且顶点为 O 与 D 的两圆锥组成，共同底是以 AB 为直径的圆.

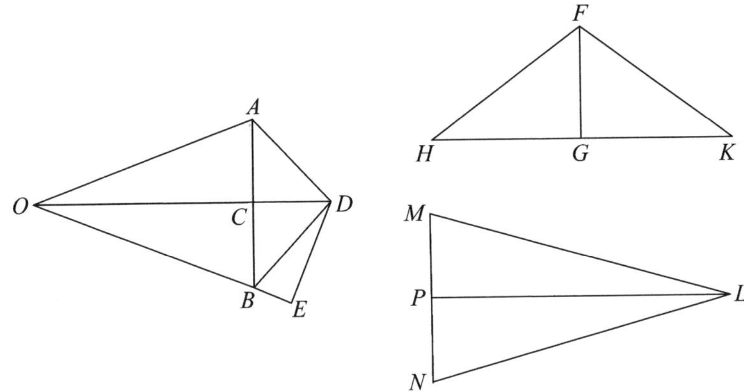

设 FHK 是另一圆锥，其底等于圆锥 OAB 的侧面，它的高 FG 等于从 D 到 OB 的垂线 DE.

那么，圆锥 FHK 将等于扁菱形.

作第三个圆锥 LMN，使其底等于圆锥 OAB 的底（以 MN 为直径的圆），它的高 LP 等于 OD.

因为
$$LP = OD,$$
$$LP : CD = OD : CD.$$

但是
$$OD : CD = \text{扁菱形 } OADB : \text{圆锥 } DAB,$$ ［引理 1］

又　　$LP:CD=$ 圆锥 LMN：圆锥 DAB.

由此得出

$$\text{扁菱形 } OADB = \text{圆锥 } LMN. \tag{1}$$

又因为 $AB=MN$，以及

OAB 的侧面 $=FHK$ 的底，

FHK 的底：LMN 的底 $=OAB$ 的侧面：OAB 的底

$=OB:BC$　　［命题 15］

$=OD:DE$　因两三角形相似，

$=LP:FG$，　由假设.

于是，在两圆锥 FHK、LMN 中，它们的底与高成反比例.

所以两圆锥 FHK、LMN 相等.

由（1），就有圆锥 FHK 等于给定的立体扁菱形.

命题 19　如果以平行于等腰圆锥底面的平面截圆锥，且在所得出的圆形截口上作一个以原圆锥底的中心为顶点的圆锥，如果从原圆锥中取掉如前所述的扁菱形，则所余部分等于一个圆锥，该圆锥的底等于原圆锥夹在平行平面间的部分侧面，它的高等于以原圆锥底的中心向母线所作的垂线.

设圆锥 OAB 被平行于底的平面截得以 DE 为直径的圆. 设 C 是圆锥底的中心，且以 C 为顶点以 DE 为直径的圆作底作一个圆锥，于是它与圆锥 ODE 组成为扁菱形 $ODCE$.

取一个圆锥 FGH，使其底等于平头截体 $DABE$ 的侧面，它的高等于从 C 到 AO 的垂线 CK.

那么该圆锥将等于圆锥 OAB 与扁菱形 $ODCE$ 的差.

（1）作一圆锥 LMN，使其底等于圆锥 OAB 的侧面，其高等于 CK；

（2）作一圆锥 PQR，使其底等于圆锥 ODE 的侧面，其高等于 CK.

因为圆锥 OAB 的侧面等于圆锥 ODE 的侧面与平头截体 $DABE$ 侧面之和，由假设，我们有

LMN 的底 $=FGH$ 的底 $+PQR$ 的底，

又因为三个圆锥的高都相等，所以

$$\text{圆锥 } LMN = \text{圆锥 } FGH + \text{圆锥 } PQR.$$

但是，圆锥 LMN 等于圆锥 OAB，　　［命题 17］

圆锥 PQR 等于扁菱形 $ODCE$.　　［命题 18］

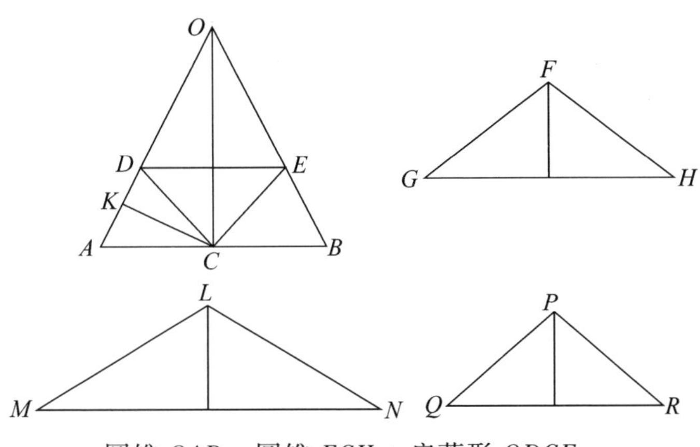

所以 圆锥 OAB = 圆锥 FGH + 扁菱形 $ODCE$，

于是命题得到证明.

命题 20　若构成一个扁菱形的两个等边圆锥之一被平行于底的平面所截，且在所得到的圆形截口上作一个与第二个圆锥同顶点的圆锥，如果从原扁菱形中取掉所得到的扁菱形，则所余部分将等于一个圆锥，该圆锥的底等于第一个圆锥夹在两平行平面之间的部分侧面，其高等于从第二个[9]圆锥顶点到第一个圆锥母线的垂线.

设扁菱形是 $OACB$，又设圆锥 OAB 被平行于底的平面截得一个以 DE 为直径的圆，以该圆为底以 C 为顶点作一圆锥，该圆锥与 ODE 构成一个扁菱形 $ODCE$.

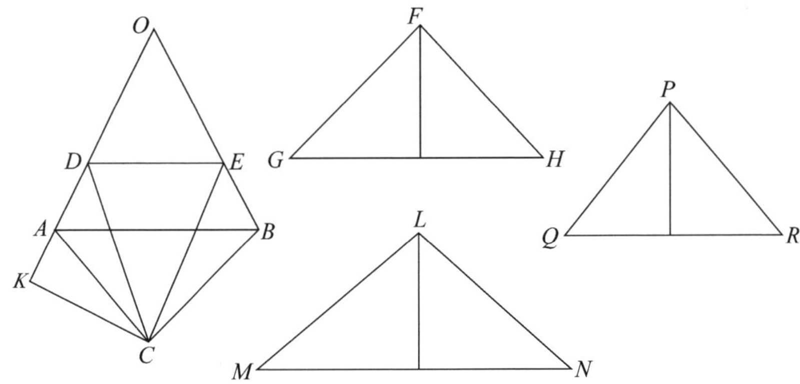

作一个圆锥 FGH，使其底等于平头截体 $DABE$ 的侧面，其高等于从 C 到 OA 的垂线 CK.

那么，圆锥 FGH 将等于两扁菱形 $OACB$ 与 $ODCE$ 之差.

(1)作一个圆锥 LMN,使其底等于 OAB 的侧面,其高等于 CK;

(2)作一个圆锥 PQR,使其底等于 ODE 的侧面,其高等于 CK.

因为 OAB 的侧面等于 ODE 的侧面与平头截体 $DABE$ 的侧面之和. 由假设,我们有

$$LMN\text{ 的底} = PQR\text{ 的底} + FGH\text{ 的底},$$

又三个圆锥的高都相等,

所以 $$\text{圆锥 } LMN = \text{圆锥 } PQR + \text{圆锥 } FGH.$$

但是,圆锥 LMN 等于扁菱形 $OACB$,圆锥 PQR 等于扁菱形 $ODCE$.

[命题 18]

因此,圆锥 FGH 等于两扁菱形 $OACB$ 与 $ODCE$ 之差.

命题 21　一个内接于圆的边为偶数的正多边形 $ABC\cdots A'\cdots C'B'A$,且使得 AA' 是一个直径,如果连接相隔的两角点 BB',以及连接平行于 BB' 的逐对角点的直线 CC',DD',$\cdots$,那么

$$(BB'+CC'+\cdots):AA'=A'B:BA.$$

设 BB',CC',DD',$\cdots$ 交 AA' 于 F,G,H,$\cdots$;又分别连接 CB',DC',$\cdots$ 交 AA' 于 K,L,$\cdots$.

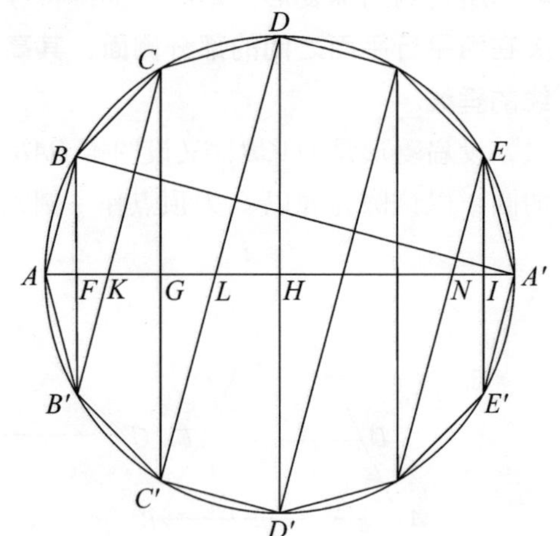

显然,CB',DC',$\cdots$ 互相平行且平行于 AB.

因此,由相似三角形,就有

$$\begin{aligned} BF:FA &= B'F:FK \\ &= CG:GK \\ &= C'G:GL \\ &\cdots \\ &= E'I:IA'; \end{aligned}$$

且所有前项和后项分别求和,我们就有

$$\begin{aligned}(BB'+CC'+\cdots):AA' &= BF:FA \\ &= A'B:BA.\end{aligned}$$

命题 22　一个多边形内接于圆弧 LAL',且使得除底边外其余边数为偶数且都相等,如图 $LK\cdots A\cdots K'L'$,A 是圆弧的中点,如果连接平行于 LL' 的逐对角点的

直线 BB'，CC'，…，那么

$$(BB'+CC'+\cdots+LM):AM=A'B:BA,$$

其中 M 是 LL' 的中点，AA' 是过 M 的直径.

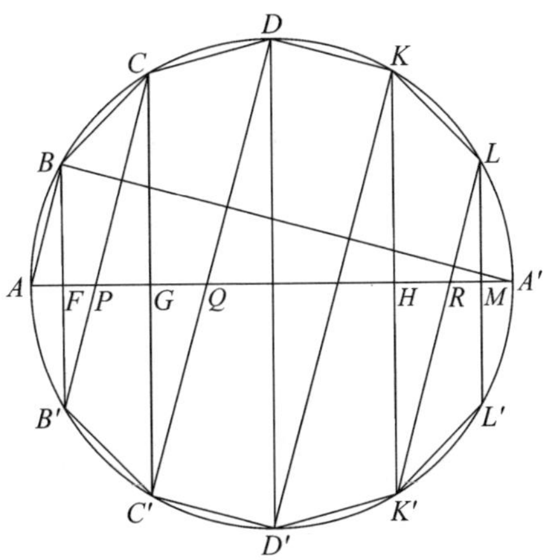

如同上一个命题，连接 CB'，DC'，…LK'，假设它们与 AM 相交于 P，Q，…R；BB'，CC'，…，KK' 交 AM 于 F，G，…，H，由相似三角形，我们有

$$\begin{aligned} BF:FA &= B'F:FP \\ &= CG:PG \\ &= C'G:GQ \\ &\cdots \\ &= LM:RM, \end{aligned}$$

且所有前项和后项分别求和，我们得到

$$\begin{aligned} (BB'+CC'+\cdots+LM):AM &= BF:FA \\ &= A'B:BA. \end{aligned}$$

命题 23　球面大于由内接于大圆的正多边形绕其直径旋转所成的面.

取球的一个大圆 $ABC\cdots$，且在其上内接一个边数为 4 的倍数的正多边形. 设 AA'，MM' 是交成直角的直径，连接多边形相对的角点.

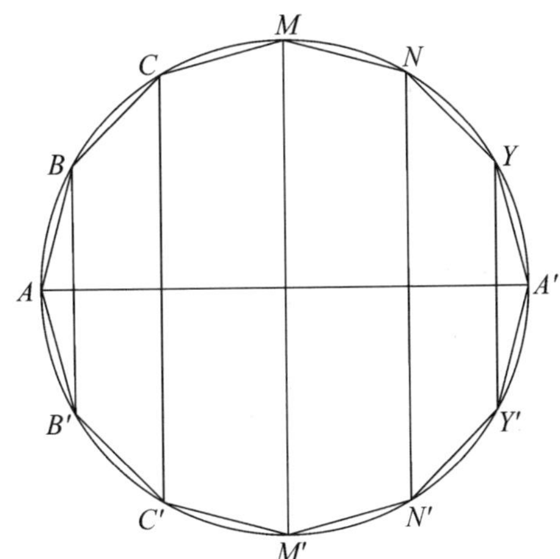

于是，若多边形和大圆绕直径 AA' 一起旋转，那么除 A，A' 外，多边形的角点将画出球面上的圆，并且与直径 AA' 交成直角. 其多边形的边将画出部分圆锥面，例如 BC 将画出部分圆锥的面，该圆锥的底是以 CC' 为直径的圆，它的顶点是 CB，$C'B'$ 与直径 AA' 的交点.

比较半球 MAM' 和由多边形旋转所得图形中含于半球 MAM' 的那一半，我们看到半球的面和此内接图形的面有同一边界于一平面中（即以 MM' 为直径的圆），前一曲面完全包含后者，且它们都凹向同一方向.

所以由［假设 4］，半球面大于被包含图形的面；此结果对另一半图形也是成立的.

因此，球面大于其上多边形绕大圆的直径旋转所得的面，这多边形内接于球的大圆.

命题 24　设其边数为 4 的倍数的正多边形 $AB\cdots A'\cdots B'A$ 内接于球的一个大圆，若连接 BB'，以及连接其他平行于 BB' 的逐对角点的直线，那么多边形绕直径 AA' 旋转所得内接于球的图形的面等于一个圆，以该圆半径为边的正方形等于长方形

$$BA(BB'+CC'+\cdots).$$

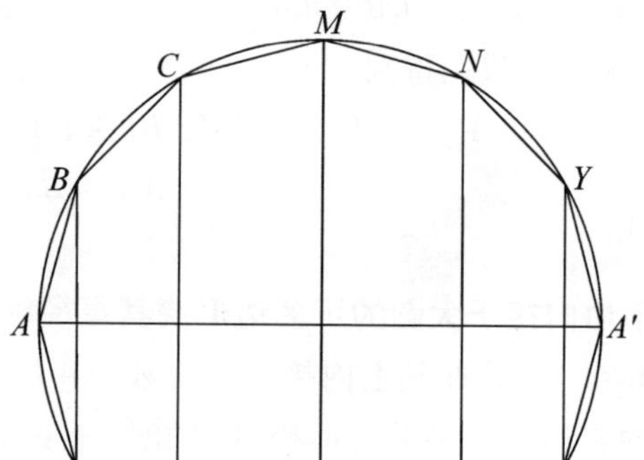

图形的面是由不同的圆锥部分侧面所组成.

因圆锥 ABB' 的侧面等于一圆，该圆的半径是 $\sqrt{BA\cdot\frac{1}{2}BB'}$.　　［命题 14］

平截头体 $BB'C'C$ 的侧面等于一圆，该圆的半径是

$\sqrt{BC\cdot\frac{1}{2}(BB'+CC')}$，等等.　　［命题 16］

因为 $BA=BC=\cdots$，由此推得整个面等于一个圆，该圆半径等于

$$\sqrt{BA(BB'+CC'+\cdots+MM'+\cdots+YY')}.$$

命题 25　如在上述命题中那样，内接于一球的由部分圆锥面组成的图形的面小于球大圆的4倍.

设 $AB\cdots A'\cdots B'A$ 是内接于大圆的正多边形，其边数为4的倍数.

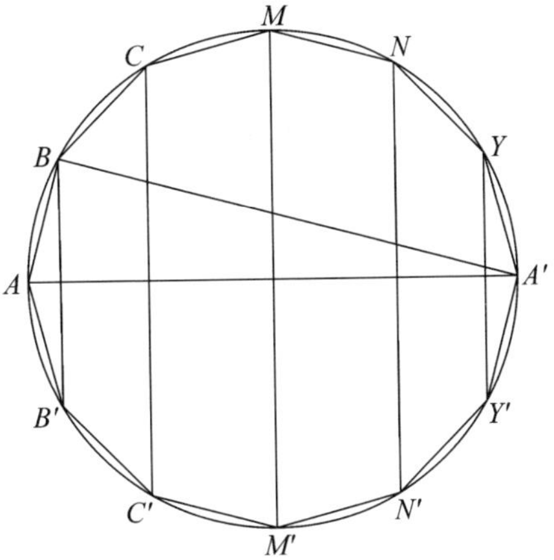

如前，连相对的角点 BB'，且 CC'，…，YY'平行于 BB'.

设 R 是一圆，其圆的半径的平方等于

$$AB(BB'+CC'+\cdots+YY'),$$

于是内接于球的图形的面等于 R.

［命题24］

因为

$$(BB'+CC'+\cdots+YY'):AA'=A'B:AB,$$

［命题21］

因此

$$AB(BB'+CC'+\cdots+YY')=AA'\cdot A'B.$$

于是 $(R\text{ 的半径})^2=AA'\cdot A'B$

$$<AA'^2.$$

所以内接的图形的面或圆 R 小于4倍的圆 $AMA'M'$.

命题 26　如前所述的内接于球的图形的体积等于一个锥，该锥的底是一个圆，它等于内接于球的图形的面，该锥的高等于从球心到多边形的边所作的垂线.

假设，如前 $AB\cdots A'\cdots B'A$ 是内接于大圆的正多边形，连接 BB'，CC'，…

以 O 为顶点作圆锥，这些圆锥的底是垂直于 AA' 的平面上以 BB'，CC'，…为直径的圆.

由于 $OBAB'$ 是一个立体扁菱形，它的体积等于一个圆锥，该圆锥的底等于圆锥 ABB' 的侧面，它的高等于从 O 到 AB 所作的垂线［命题8］，设垂线长是 p.

设 CB、$C'B'$ 相交于 T，那么三角形 BOC 绕 AA' 旋转的部分立体图形等于扁菱形 $OCTC'$ 和 $OBTB'$ 之间的差，即等于其底等于平截头体 $BB'CC'$ 的侧面，其高是 p 的圆锥.

［命题20］

以这个方法进行下去，因为这些等高圆锥以一个又一个的［这种平截头体的侧面］为其底，将它们相加，我们就证明了旋转体的体积等于一个其高为 p 的圆锥，该圆锥的底等于圆锥 BAB'、平截头体 $BB'CC'$ 等面之和. 即旋转体的体积等

于其高为 p 底等于立体表面的圆锥.

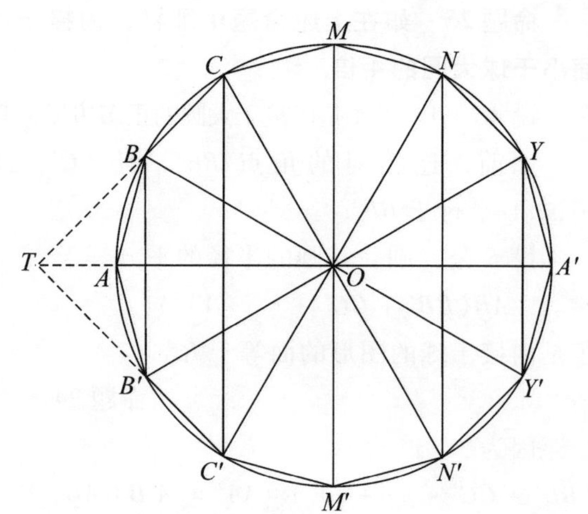

命题 27　如前所述的内接于球的图形小于 4 倍的圆锥，该圆锥的底等于球的大圆，其高等于球的半径.

由［命题 26］立体图形的体积等于一个圆锥 R，该圆锥的底等于立体图形的面、它的高是从 O 到多边形任一边作垂线的垂线长 p.

取一个其底等于大圆、其高为球的半径的圆锥 S.

因为内接的立体的面小于 4 倍的大圆［命题 25］，于是圆锥 R 的底小于 4 倍圆锥 S 的底.

又 R 的高 p 小于 S 的高.

所以 R 的体积小于 4 倍 S 的体积. 于是命题得证.

命题 28　设一个边数为 4 的倍数的正多边形 $AB\cdots A'\cdots B'A$ 外切于已知球的一个大圆，又在多边形外围作另一圆，它与球的大圆有同一个中心. 设 AA' 平分多边形，且交球于 a，a'.

如果大圆和外切多边形绕 AA' 一起旋转，那么大圆画出一个球面，除 A，A' 外多边形的角点将绕大球面运动，多边形的边与里面球的大圆的切点将画出该球的圆，该圆的面垂直于 AA'，多边形的边将画出部分圆锥面. 那么：

外切于球的图形的面将大于球面.

设任一边 BM 切里圆于 K，K' 是圆与 $B'M'$ 的切点.

那么 KK' 绕 AA' 旋转画出的圆在一个平面上是两个面的边界：

（1）由圆弧 KaK' 旋转形成的面；

（2）由部分多边形 $KB\cdots A\cdots B'K'$ 旋转形成的面.

现在，第二个面完全包含第一个面，且它们两个凹向相同.

所以由［假设 4］第二个面大于第一个面.

同样以 KK' 为直径的圆的另一侧上的部分面也是正确的.

因此，两部分相加，我们看到**外切于已知球的图形的面大于球面**.

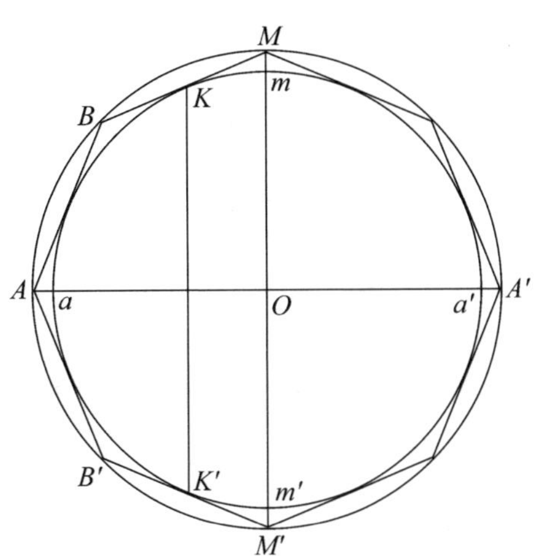

命题 29　如上述命题所示的球的外切图形，其面积等于一圆，该圆半径上的正方形等于 $AB(BB'+CC'+\cdots)$.

由于球的外切图形内接于一个更大的球中，可应用命题 24 的证明.

命题 30　如前所示，关于一个球的外切图形的面大于球的大圆的 4 倍.

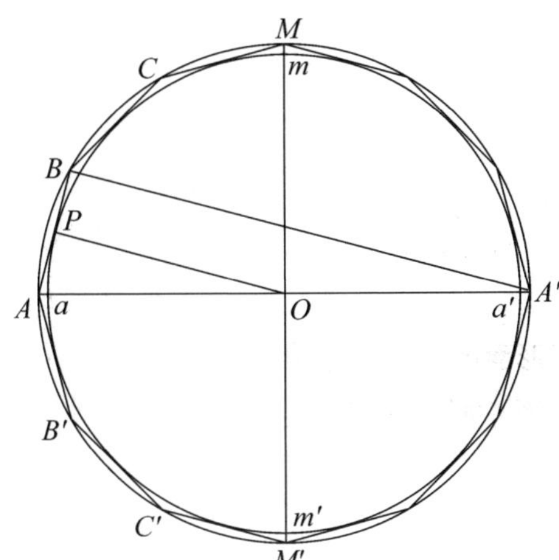

设有 $4n$ 边的正多边形 $AB\cdots A'\cdots B'A$ 绕 AA'旋转画出切于其大圆为 $ama'm'$的球. 假设 aa'、AA'在一直线上.

设圆 R 等于外切体的面.

现在

$$(BB'+CC'+\cdots):AA'=A'B:BA \qquad [\text{如同命题 21}]$$

于是

$$AB(BB'+CC'+\cdots)=AA'\cdot A'B.$$

因此

$$R\text{ 的半径}=\sqrt{AA'\cdot A'B} \qquad [\text{命题 29}]$$

$$>A'B.$$

但是 $A'B=2OP$，P 是 AB 与圆 $ama'm'$的切点.

所以 R 的半径 $>$ 圆 $ama'm'$ 的直径.

这里 R，当然还有外切体的面，大于已知球的大圆的 4 倍.

命题 31 如前所述的球的外切旋转体等于一个锥，该锥的底等于旋转体的面，其高等于球的半径.

如前所述的旋转体包含于一个大球中，又因为到旋转的多边形任一边的垂线长等于里面球的半径，于是该命题与命题 26 相同.

推论 对于球的外切体大于 4 倍的一个锥，该锥的底是球的一个大圆，其高等于球的半径.

因为立体的面大于 4 倍里面球的大圆［命题 30］，于是其底等于立体的面，其高等于球的半径的锥大于同高且以大圆为底的圆锥的 4 倍［引理 1］.

因此，由此命题，立体的体积大于 4 倍后面的圆锥.

命题 32 如果一个 $4n$ 边的正多边形内接于一球的一个大圆，如 $ab\cdots a'\cdots b'a$，且一相似的多边形 $AB\cdots A'\cdots B'A$ 外切于此大圆，如果这两个多边形随大圆分别绕直径 aa'，AA'旋转，以使得它们依次描出内接于球和外切于球的立体图形，那么

（1）外切和内接图形面的比是它们边的二次比；

（2）它们的图形（即它们的体积之比）是它们边的三次比.

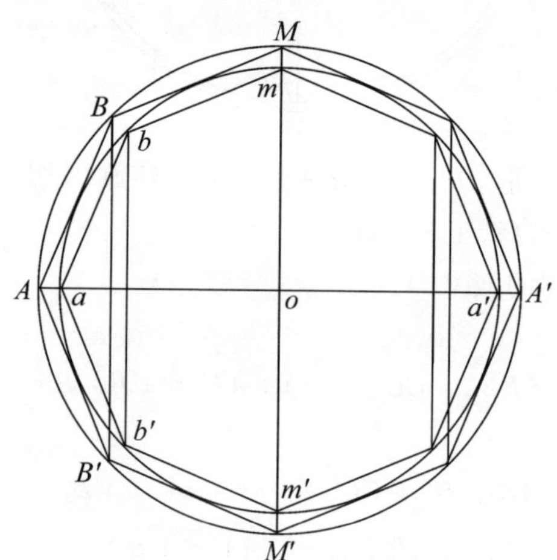

（1）设 AA'、aa'在同一直线上，且 $MmOm'M'$是直径并与它们交成直角.

连接 BB'、CC'、…和 bb'、cc'、…，且它们彼此平行且平行于 MM'.

假设 R、S 是圆且使得

$$R=\text{外切体的面},$$

$$S=\text{内接体的面}.$$

而且 $(R\text{ 的半径})^2=AB(BB'+CC'+\cdots)$，［命题29］

$(S\text{ 的半径})^2=ab(bb'+cc'+\cdots)$.［命题24］

又因为两多边形相似，所以这两个等式中的矩形也是相似的，且有比为

$$AB^2:ab^2.$$

因此

$$\text{外切体的面}:\text{内接体的面}=AB^2:ab^2;$$

（2）取一个其底为圆 R、其高等于 Oa 的圆锥 V 和其底为圆 S、其高等于从 O 到 ab 所作的垂线 p 的圆锥 W.

而且 V、W 分别等于外切和内接图形的体积.［命题31，26］

因为两多边形相似，于是

$$AB:ab=Oa:p$$

$$=\text{圆锥 }V\text{ 的高}:\text{圆锥 }W\text{ 的高},$$

又如上所证，两圆锥的底（即圆 R、S）的比是 AB^2 对 ab^2 的比.

所以 $V:W=AB^3:ab^3$.

命题33　任一球面等于它的大圆的4倍.

设圆 C 等于4倍的大圆.

如果 C 不等于球面，那么它必须小于或大于球面.

Ⅰ. 假设 C 小于球面.

于是可求两个线段 β、γ，其中 β 是较大的，且使得

$$\beta:\gamma<\text{球面}:C.$$［命题2］

取线段 δ 为 β、γ 的比例中项.

假设外切和内接于大圆的边数为 $4n$ 的两相似多边形的边之比小于 $\beta:\delta$.［命题3］

设两多边形和圆绕共同的直径一起旋转，于是画出如前面命题中的各旋转体.

因此外切体的面：内接体的面

$=(\text{外切体的边})^2:(\text{内接体的边})^2$［命题32］

$<\beta^2:\delta^2$，或者 $\beta:\gamma$

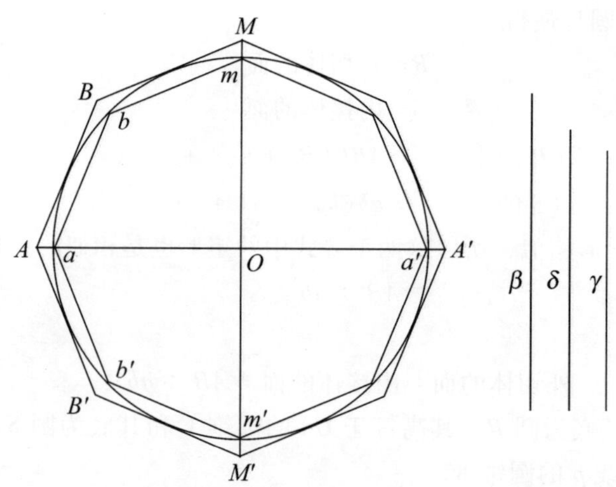

$<$ 球面：C，由前结论.

但是这是不可能的，因为外切体的面大于球面［命题 28］，而内接体的面小于 C［命题 25］.

所以 C 不小于球面.

Ⅱ. 假设 C 大于球面.

取线段 β、γ，其中 β 是较大者，且使得

$$\beta : \gamma < C : 球面.$$

如前所述的大圆的外切、内接相似正多边形，使得它们的边之比小于 $\beta : \delta$［命题 3］，并以通常的方法形成的各旋转体.

在此情况下，

$$外切体的面 : 内接体的面 < C : 球面.$$

但是这是不可能的，因为外切体的面大于 C［命题 30］，而内接体的面小于球面［命题 23］.

这样 C 不大于球面.

因为 C 既不大于又不小于球面，所以 C 等于球面，即球面等于 4 倍的大圆.

命题 34　若圆锥的底等于球的大圆、它的高等于球的半径，则该球的体积为该圆锥体积的 4 倍.

设有以 $ama'm'$ 为大圆的球.

现在，如果球体积不等于所述圆锥的 4 倍，那它大于或者小于该圆锥的 4 倍.

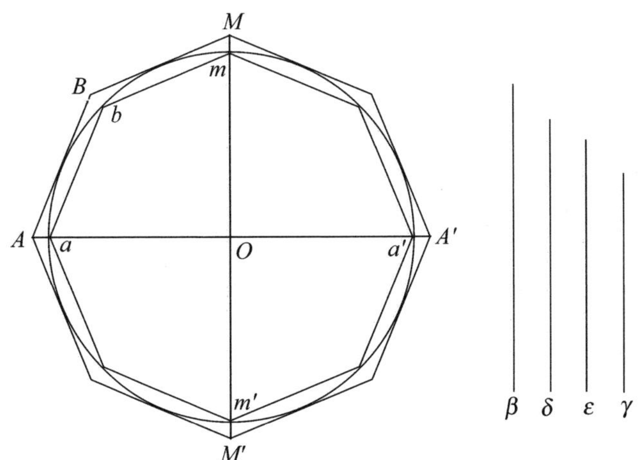

Ⅰ. 若可能，设球大于4倍的圆锥.

假设 V 是其底等于4倍球的大圆、其高等于球半径的圆锥的体积.

由假设球体积大于 V；且能求得两线段 β、γ（$\beta>\gamma$），使得

$$\beta:\gamma<\text{球的体积}:V.$$

在 β 和 γ 之间插入两个算术平均线段 δ、ε.

设边数为 $4n$ 的外切、内接于大圆的两相似正多边形之比小于 $\beta:\delta$.

［命题3］

设圆的直径与两多边形的直径在同一直线上，又设它们与圆绕 aa' 旋转画出两个立体的面. 那么这两个立体的体积之比是它们边的三次比. ［命题32］

于是　外切立体的体积：内接立体的体积

$<\beta^3:\delta^3$，由假设得出

$<\beta:\gamma$，更有（因为 $\beta:\gamma>\beta^3:\delta^3$）[10]

$<$球的体积：V，由前假设.

但是这是不可能的，因为外切立体的体积大于球的体积，而内接立体的体积小于 V. ［命题27］

因此，球不大于 V，或不大于前述说明中的4倍的圆锥.

Ⅱ. 如果可能，设球体积小于 V.

在这种情况下，我们取 β、γ（$\beta>\gamma$）使得

$$\beta:\gamma<V:\text{球的体积}.$$

其作图和证明如前，我们最后有

外切立体的体积：内接立体的体积

$$< V: \text{球的体积}.$$

但是这是不可能的，因为外切立体的体积大于 V［命题 31 推论］，而内接立体的体积小于球的体积.

因此球体积不小于 V.

因为球体积既不小于又不大于 V，于是它等于 V，或等于命题中所述圆锥的 4 倍.

推论　从已证的命题中可以得出：以球的大圆为底、以球的直径为高的圆柱体积是球体积的$\frac{3}{2}$，它的侧面连同两底是球面的$\frac{3}{2}$.

因为圆柱体积是与它同底同高圆锥体积的 3 倍［Eucl. xii. 10］，即是同底，其高等于球半径的圆锥体积的 6 倍.

但是球体积是后面圆锥体积的 4 倍［命题 34］，所以该圆柱体积是球体积的$\frac{3}{2}$.

又因为一个直圆柱的侧面积等于以底圆直径和圆柱高的比例中项为半径的圆面积.
［命题 13］

在此情形，高等于球的直径，所以该圆的半径就是球的直径，或该圆等于球大圆的 4 倍.

因此，包含两底的直圆柱表面积是大圆面积的 6 倍.

且球面是大圆的 4 倍［命题 33］，因此

$$\text{包括两底的圆柱面积} = \frac{3}{2}\text{球面积}.$$

命题 35　在弓形 LAL'（A 是弧的中点）上内接一个多边形 $LK\cdots A\cdots K'L'$，LL'是其一边，其他边数为 $2n$ 并各边都相等，如果多边形和弓形绕直径 AM 旋转，形成一个内接于球缺的立体图形，那么该内接体的面等于一个圆，该圆半径上的正方形等于矩形

$$AB\left(BB' + CC' + \cdots + KK' + \frac{LL'}{2}\right).$$

内接图形的面由一些圆锥的部分面构成.

我们逐次选取这些圆锥，首先圆锥 BAB'的侧面等于一圆，该圆的半径是

$$\sqrt{AB \cdot \frac{1}{2}BB'}.$$
［命题 14］

平截头体 $BCC'B'$的面等于一圆，该圆的半径是

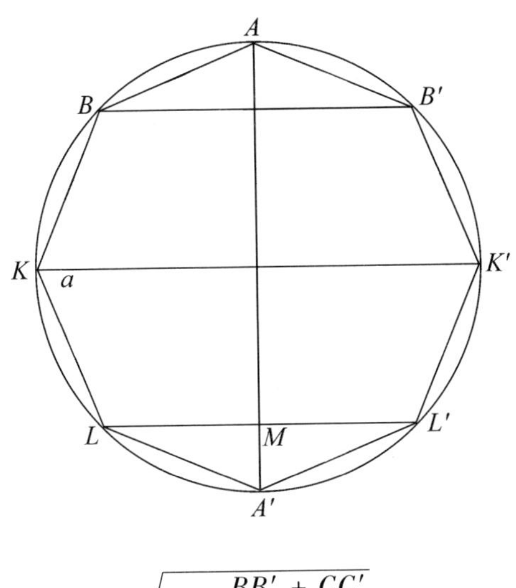

$$\sqrt{AB \cdot \frac{BB' + CC'}{2}},$$ ［命题 16］

等等.

按照这个方法进行，然后相加，因为两圆之比如同半径的二次比，于是我们求得内接图形的面等于一圆，该圆的半径是

$$\sqrt{AB\left(BB' + CC' + \cdots + KK' + \frac{LL'}{2}\right)}.$$

命题 36　如上所述的内接于球冠的图形的面小于球冠的面.

这是显然的，因为球冠的圆形底是两个面共同的边界，其中之球冠包含另一个立体，而两者凹向同一个方向［假设 4］.

命题 37　由 $LK\cdots A\cdots K'L'$ 绕 AM 旋转所成的内接于球缺的立体图形的面小于半径等于 AL 的圆.

设直径 AM 交弓形 LAL' 为其一段的圆于 A'. 连接 $A'B$.

如在命题 35 中，内接立体图形的面等于一圆，该圆的半径上的正方形是

$$AB(BB' + CC' + \cdots + KK' + LM).$$

但是，这个矩形 $= A'B \cdot AM$ ［命题 22］

$< A'A \cdot AM$

$< AL^2$.

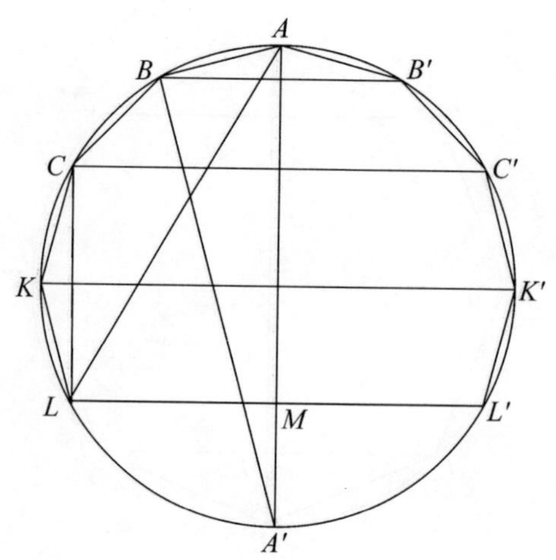

因此，内接立体图形的面小于以 AL 为半径的圆.

命题 38　如前所作，内接于小于半球的球缺的立体图形和以球缺的底为底、以球心为顶点的圆锥等于一个圆锥，该圆锥的底等于内接图形的面，其高等于从球心到多边形任一边的垂线.

设 O 是球心，p 是从 O 到 AB 的垂线长.

假设作以 O 为顶点，分别以 BB'、CC'、…为直径的圆作为底的一些圆锥.

那么扁菱形体等于一个圆锥，该圆锥的底等于圆锥 BAB'的面、其高等于 p.

［命题 18］

又若 CB、$C'B'$交于 T，所作的三角形 OBC 绕 AO 旋转的体，即两扁菱形体 $OCTC'$与 $OBTB'$之差等于一个圆锥，该圆锥的底等于平头截体的面，其高等于 p.

［命题 20］

类似地，对于三角形 COD 绕 OA 旋转所得的体亦有上述结果，等等.

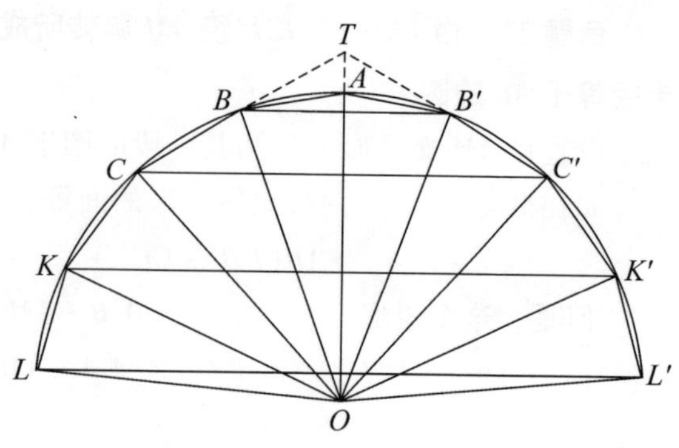

以上相加，于是内接球缺的立体图形与圆锥 OLL'一起等于一个圆锥，该圆锥的底等于内接体的面，其高等于 p.

推论　一个圆锥，其底是半

径等于 AL 的圆，其高等于球半径，此圆锥大于内接球缺的立体与圆锥 OLL' 之和.

由本命题，内接立体与圆锥 OLL' 一起等于一个圆锥，该圆锥的底等于内接立体的面，其高等于 p.

这后面的圆锥小于高等于 OA、底等于以 AL 为半径的圆的圆锥，因为高 p 小于 OA，而立体的面小于以 AL 为半径的圆. ［命题 37］

命题 39 设 lal' 是球的一个大圆的一段弧，且小于半圆. 设 O 是球心，连接 Ol，Ol'. 假设一个多边形外切于扇形 $Olal'$，除两半径外，使得它的边数是 $2n$，且各边都相等，其各边是 LK，…，BA，AB'，…，$K'L'$；又设 OA 是大圆的半径，且平分弧 lal'.

于是多边形的外接圆与已知大圆有相同的中心.

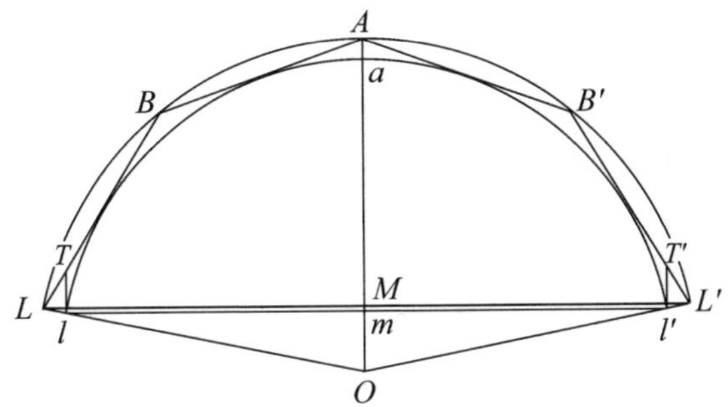

现在假定多边形和两圆绕 OA 旋转. 那么两圆将画出两个球，除 A 外角点在外球上将画出具有直径 BB'，…的一些圆. 各边与里面弧的切点在内球上将画出一些圆，各边将画出圆锥或部分圆锥的面，由旋转等边多边形而得到的外切内球缺的整个图形其底为以 LL' 为直径的圆.

这样

外切于球扇形的立体图形的面（除去底面）大于球缺的表面，此球缺的底为以 ll' 为直径的圆.

因为在 l，l' 点向里面的弧作切线 LT，$L'T'$. 这些和多边形的边由它们的旋转将画出一个立体，其面大于球缺的面［假设 4］.

但是 lT 旋转画出的面小于由 LT 旋转画出的面，因为角 TlL 是一个直角，所以 $LT>lT$.

因此由 $LK\cdots A\cdots K'L'$ 旋转得到的面大于球缺面.

推论　关于球扇形如此所画的图形的面等于一个圆，该圆半径上正方形等于矩形

$$AB\left(BB'+CC'+\cdots+KK'+\frac{1}{2}LL'\right).$$

关于该内接于外球的外切图形，应用命题 35 的证明.

命题 40　如前所示外切于球扇形的面大于半径等于 al 的圆.

设直径 AaO 交大圆和旋转多边形外切的圆于 a'，A'. 连接$A'B$,设 AB 与里圆切于 N，连接 ON.

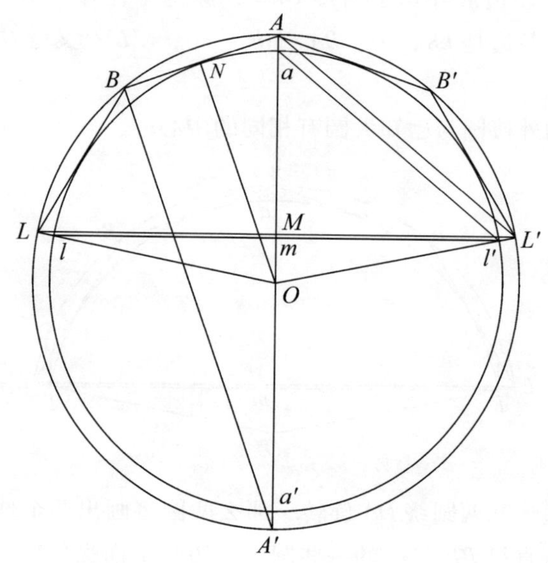

现在由命题 39 的推论，外切于球扇形 $Olal'$的立体图形的面等于一圆，该圆半径上的正方形等于矩形

$$AB\left(BB'+CC'+\cdots+KK'+\frac{LL'}{2}\right).$$

但是这个矩形等于 $A'B\cdot AM$.　　　　[如在命题 22 中]

其次，因为 AL'，al'是平行的，于是两三角形 AML'，aml'是相似的. 以及 $AL'>al'$；所以 $AM>am$.

也有　　$A'B=2ON=aa'.$

所以　　$A'B\cdot AM>aa'\cdot am$

$$>al'^2.$$

因此外切于球扇形的立体图形的面大于一个半径等于 al' 或 al 的圆.

推论 1　外切于球扇形的图形的体和与以 O 为顶点、以 LL' 为直径的圆作为底的圆锥一起等于一个圆锥的体积，该圆锥的底等于外切图形的面，其高是 ON.

由于图形内接于与内球同心的外球，因此应用命题 38 的证明.

推论 2　外切图形的体积与圆锥 OLL' 一起大于一个圆锥，该圆锥的底是半径等于 al 的圆，其高等于里球的半径（Oa）.

由于图形的体积与圆锥 OLL' 一起等于一个圆锥，该圆锥的底等于图形的面，其高等于 ON.

且图形的面大于半径等于 al 的圆［命题 40］，而两高 Oa，ON 相等.

命题 41　设 lal' 是球的大圆的一段弧，它小于半圆.

假设一个多边形内接于扇形 $Olal'$，并使得各边 lk，…，ba，ab'，…，$k'l'$ 都相等且边数为 $2n$. 设一个相似多边形外切于扇形，使得它的各边平行于第一个多边形的对应边；作外面多边形的外接圆.

现在设两多边形和两圆绕 OaA 一起旋转，那么，

（1）上述作的外切旋转体和内接旋转体的面之比是 AB^2 比 ab^2；（2）两旋转体分别与有同底且以 O 为顶点的锥一起的体积之比是 AB^3 比 ab^3.

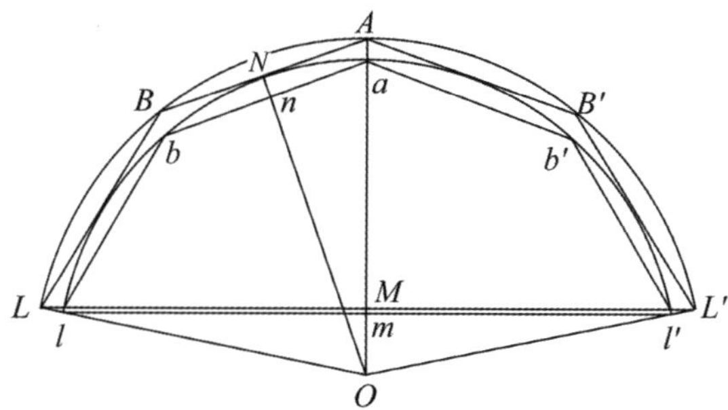

（1）因为上述两面分别等于两圆，且两圆半径上的正方形分别为矩形

$$AB\left(BB'+CC'+\cdots+KK'+\frac{LL'}{2}\right),$$［命题 39 推论］

和
$$ab\left(bb'+cc'+\cdots+kk'+\frac{ll'}{2}\right).$$［命题 35］

但是两矩形之比是 AB^2 对 ab^2 之比. 所以同样是两面之比.

（2）作 OnN 垂直于 ab 和 AB，设等于外切，内接旋转体的面的圆分别用 S 和 s 表示.

因为外切旋转体与圆锥 OLL' 一起的体积等于一个底是 S，高是 ON 的圆锥.

［命题 40 推论 1］

内切旋转体与圆锥 Oll' 一起的体积等于一个底是 S，高是 On 的圆锥.

［命题 38］

但是 $$S : s = AB^2 : ab^2,$$

和 $$ON : On = AB : ab.$$

所以外切体连同圆锥 OLL' 一起的体积与内接体连同圆锥 Oll' 一起体积之比如同 AB^3 与 ab^3 之比.

［引理 5］

命题 42　如果 lal' 是小于半球的球缺，Oa 垂直于球缺的底，那么球缺的表面积等于半径为 al 的圆.

设 R 是半径等于 al 的圆. 然后设球缺的面为 S，如果它不等于 R，那么它大于或小于 R.

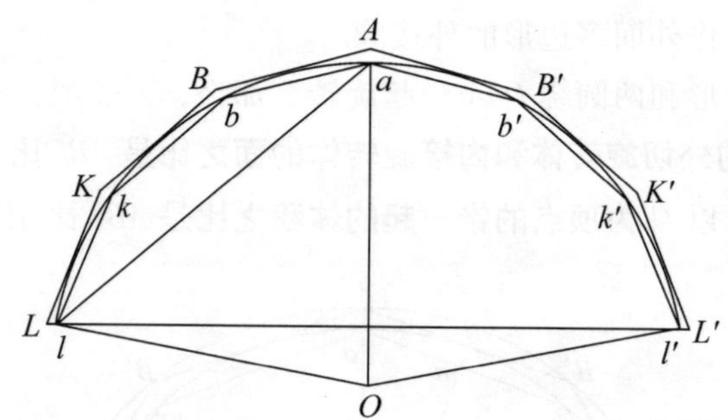

Ⅰ. 假设 $S>R$.

设 lal' 是一个大圆的一个弓形，它小于半圆. 连接 Ol，Ol'，又设边数为 $2n$ 的两相似等边多边形外切和内接于扇形，且使得

外切多边形 : 内接多边形 $< S : R$.　　［命题 6］

现在设两多边形与弓形绕 Oat 旋转，就形成了外切与内接于球缺的两旋转体.

那么

外切体的面 : 内接体的面

$= AB^2 : ab^2$　　［命题 41］

$< S : R$，由假设.

但是外切体的面大于 S.　　［命题 39］

所以内切体的面大于 R，由命题37，这是不可能的.

Ⅱ. 假设 $S<R$.

在此情况下，我们作外切和内接多边形使得它们的比小于$R:S$；我们得到如下结果：

外切体的面∶内接体的面

$< R:S$. ［命题41］

但是外切体的面大于 R. ［命题40］

所以内接体的面大于 S，这是不可能的. ［命题36］

因为 S 既不大于又不小于 R，因此

$$S=R.$$

命题43 即使球缺大于半球，它的表面积仍等于一圆，此圆半径等于 *al*.

设 $lal'a'$是球的一个大圆，aa'是垂直于 ll'的直径；又设 $la'l'$是小于半圆的一个弓形.

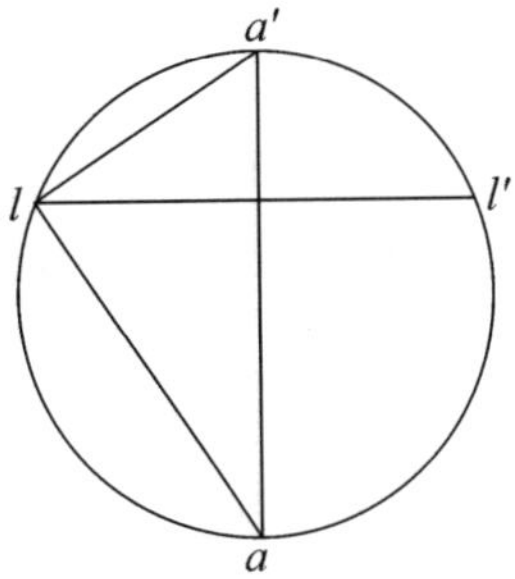

那么，由命题42，球缺 lal'的表面积等于一圆，该圆的半径等于$a'l$的圆.

同样整个球面等于半径为 aa'的圆. ［命题33］

但是 $aa'^2-a'l^2=al^2$，且两圆之比如同它们半径的二次比. ［Eucl. xii. 2］

由于球缺 lal'的面是球面与球缺 $la'l'$表面之差，所以它等于半径为 al 的圆.

命题44 球扇形的体积等于一个圆锥，该圆锥的底等于包含在球扇形内的球缺的表面，其高等于球的半径.

设 R 是一个圆锥，它的底等于球缺 lal'的表面，其高等于球的半径；设 S 是球扇形的体积.

如果 S 不等于 R，那么 S 必须大于或小于 R.

Ⅰ. 假设 $S>R$.

求两个线段 β，γ，其中 β 是较大的，使得

$$\beta:\gamma<S:R;$$

又设 δ，ε 是 β，γ 之间的两个算术平均线段.

设 lal'是球的一个大圆的一个弓形. 连接 Ol，Ol'，又设边数为 $2n$ 的等边的

两相似多边形外切，内接于扇形，如前所示，但必须使它们边之比小于$\beta:\delta$.

［命题4］

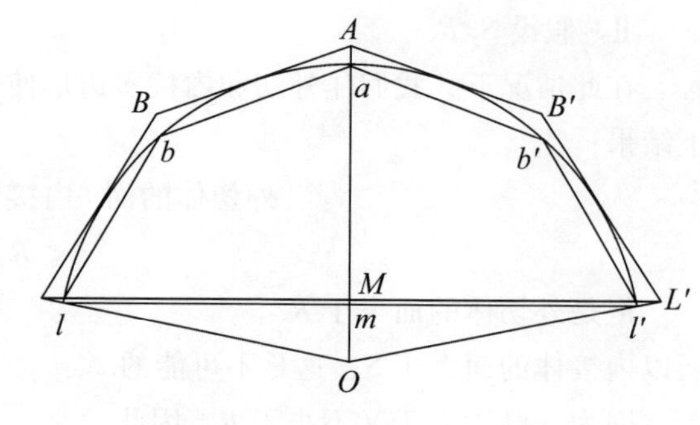

然后设两多边形与弓形绕OaA旋转，生成两个旋转体.

这两个体的体积分别用V，v表示，我们有

$$(V+\text{圆锥 } OLL'):(v+\text{圆锥 } Oll')=AB^3:ab^3$$

［命题41］

$$<\beta^3:\delta^3$$

$<\beta:\gamma$[11]，更加，

$<S:R$，由假设

现在 $(V+\text{圆锥 } OLL')>S$，

所以也有 $(v+\text{圆锥 } Oll')>R$.

但是，这是不可能的，这可由命题38的推论结合命题42，43得知.

因此 $S\ngtr R$.

Ⅱ. 假设 $S<R$.

在此情形，我们取β，γ，使得

$$\beta:\gamma<R:S,$$

且其余的作图及论述如前.

这样我们得到关系式

$$(V+\text{圆锥 } OLL'):(v+\text{圆锥 } Oll')<R:S.$$

现在 $(v+\text{圆锥 } Oll')<S$.

所以 $(V+\text{圆锥 } OLL')<R$；

这是不可能的，这可由命题40的推论2结合命题42，43得知.

因为S既不大于又不小于R，所以

$$S=R.$$

注　释①

［1］虽然用的词是ἀξιώματα，而“公理”却更像定义的性质，事实上，欧多克索斯在笔记中称它们为ὅροι.

［2］阿基米德所称的曲线不仅包括有连续曲率的曲线，也包括由若干曲线或直线段组成的线.

［3］这个著名的阿基米德假设，如它呈现出的那样，很难说是直线的定义，虽然普罗克洛斯（Proclus，希腊哲学家、数学家、数学史家，410－485）说［P. lloed. Friedlein］“阿基米德定义（ὡρίσατο）直线为具同端点的那些［线］中之最短者. 盖由于，如欧几里得（Euclid）的定义所说，ἐξ ἴσου κεῖται τοῖς ἐφ᾽ ἑαυτῆς σημείοις，因此它是具同端点中之最小者”. 普罗克洛斯刚刚解释了［P. 109］欧几里得的定义，如将看到，它不同于我们教本中给出的普通形式；一直线不是“平直地位于其端点的那种”，而是“ἐξ ἴσου τοῖς ἐφ᾽ ἑαυτῆς σημείοις κεῖται.”普罗克洛斯写的是“他［欧几里得］凭借这个来指明［在所有线中］直线独自具有一距离（κατέχειν διάστημα），它等于其上的点之间的距离. 因为，只要它的一个点从另一点移开，则以此两点为端点的直线的长（μέγεθος）就增大了；而这就是τὸ ἐξ ἴσου κεῖσθαι τοῖς ἐφ᾽ ἑαυτῆς σημείοις的含意. 但如果你在一圆周或任一其他线上取两点，在它们之间沿此线切下的距离是大于分开它们的区间；而这是除去直线而外的每一条线的情形.”这里显示出欧几里得定义应在一种意义上，理解为非常类似阿基米德假设中的定义，而我们大半可以译成“一直线是同其上的点均等伸张（ἐξ ἴσου κεῖται）者.”或者，为了更紧随普罗克洛斯的解释，“一直线就是和其上的点表现同等伸张者.”

［4］当然，这是所述的几何等价关系，即当α、β都小于直角，若$\alpha<\beta$，则$\cos\alpha>\cos\beta$.

［5］见Eucl. xii. 11.“等高的圆锥或等高的圆柱之比如同它们的底之比.”

见Eucl. xii. 14.“等底的圆锥或等底的圆柱之比如同它们的高之比.”

［6］见Eucl. xii. 13.“若一个圆柱被平行于它的底面的平面所截，则截得的两圆柱之比如同它们的轴之比.”

［7］见Eucl. xii. 15.“在相等的圆锥或圆柱中，其底与高成互反比例；又若两圆锥或圆柱的底与高成互反比例，则二者相等.”

［8］见Eucl. xii. 12.“相似圆锥或相似圆柱之比如同它们底的直径的三次比.”

［9］在海伯格的翻译“prioris coni”中有一个错误.（认为）该垂线不是从被平面截得的圆锥的顶点作出的，而是从另一个的顶点作出的.

［10］这个$\beta:\gamma>\beta^3:\delta^3$是阿基米德假定的. 欧托西乌斯（Eutocius）②在他的如下注释中证明了这个性质.

取x使得
$$\beta:\delta=\delta:x.$$
于是
$$(\beta-\delta):\beta=(\delta-x):\delta,$$

---

① 中译本各篇之后的“注释”［1］，［2］，…相应于霍金原书中各篇的脚注1，2，……。

② 欧托西乌斯为数学家，生于巴勒斯坦，是阿基米德著作《球和圆柱》《圆的度量》和《平面平衡》以及阿波罗尼奥斯（Apollonius）《圆锥曲线论》前四卷的注释者. 在他的注释里保留了最早的希腊几何学家对数学题的解法，这是珍贵的历史遗产. 还记载了在已知线段之间插入两个比例中项的解法，以及阿基米德用相交的圆锥曲线解三次方程的方法. 他对阿基米德的评注在1269年被译成拉丁文.

又因为$\beta>\delta$，所以$\beta-\delta>\delta-x$.

但是，由假设$\beta-\delta=\delta-\varepsilon$.

所以
$$\delta-\varepsilon>\delta-x, \tag{1}$$
或
$$x>\varepsilon.$$
又假设
$$\delta:x=x:y,$$
如前所证，有
$$\delta-x>x-y, \tag{2}$$
由(1)、(2)得
$$\delta-\varepsilon>x-y.$$
又由假设
$$\delta-\varepsilon=\varepsilon-\gamma,$$
所以
$$\varepsilon-\gamma>x-y.$$
因为
$$x>\varepsilon，所以 y>\gamma.$$
现在，由假设β、δ、x、y成连比例，所以
$$\beta^3:\delta^3=\beta:y$$
$$<\beta:\gamma.$$

[11] 参看本章命题34的附注.

论球和圆柱Ⅱ

“阿基米德致多西修斯（Dositheus）.

前些日子，你让我写出那些问题的证明，这些证明我已给了科农（Conon）. 实际上，它们主要依赖这些定理（其证明我已送给你了），即（1）任一球面是该球大圆的4倍；（2）任一球冠的面等于一个圆，这圆的半径等于从球冠顶点到其底圆所连的线段；（3）以球的大圆为底，其高等于球的直径的圆柱是球的3/2，它的面（包括两底）是球面的3/2，以及（4）任一立体扇形等于一个圆锥，该圆锥的底是与包含在球扇形中的球缺面相等的圆，其高等于球的半径. 以这些定理为依据的定理或问题，我已写在附上的书中；那些用一种不同类的研究方法发现的，即涉及螺线和劈锥曲面的，我将尽快给你送去.

其第一个问题如下：**给定一个球，找一个平面的面积等于球面.**

从上述定理，它的解法是显然的. 盖因球大圆的4倍既是平面面积又等于球面.

第二个问题如下.”

命题1 （问题）给定一个圆锥或圆柱，求作一球，使它的体积等于该圆锥或该圆柱的体积.

如果 V 是给定的圆锥或圆柱体积，我们能够作一圆柱，使其体积等于 $\frac{3}{2}V$. 设这个圆柱的底是以 AB 为直径的圆，其高是 OD.

现在，如果我们能作出另一圆柱，它等于圆柱（OD），且使得它的高等于它

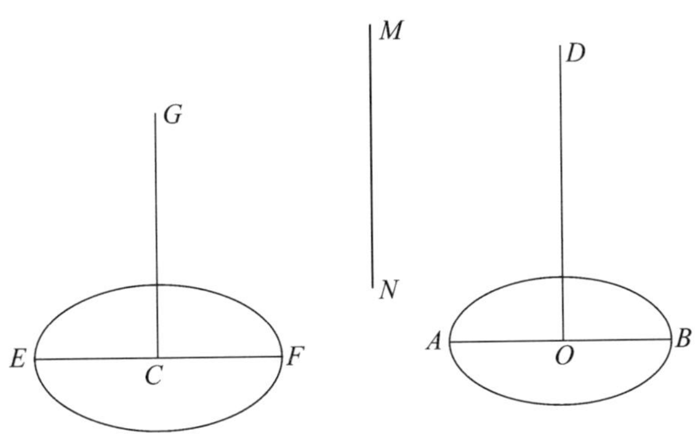

的底的直径，这个问题就被解决了. 因为后一圆柱等于$\frac{3}{2}V$，于是直径等于后一圆柱的高（或底的直径）的球即为所求的球［Ⅰ.34 推论］.

假设问题已解决，设圆柱（CG）等于圆柱（OD），而底的直径 EF 等于高 CG.

因为两相等圆柱的高与底成反比例，

$$AB^2:EF^2=CG:OD$$

$$=EF:OD. \tag{1}$$

假设 MN 是满足下式的一线段：

$$EF^2=AB\cdot MN, \tag{2}$$

因此

$$AB:EF=EF:MN,$$

由（1）和（2），我们有

$$AB:MN=EF:OD,$$

或

$$AB:EF=MN:OD.$$

所以

$$AB:EF=EF:MN=MN:OD,$$

即 EF，MN 是 AB，OD 之间的两比例中项.

因此，问题综合如下，取 AB，OD 之间的两比例中项 EF，MN，并作一圆柱，底为以 EF 为直径的圆，其高 CG 等于 EF. 则，因为

$$AB:EF=EF:MN=MN:OD,$$

$$EF^2=AB\cdot MN,$$

所以

$$AB^2:EF^2=AB:MN$$

$$=EF:OD$$

$$=CG:OD.$$

由此知，两圆柱（OD），（CG）的底与其高成反比例.

所以两圆柱相等，且得到

$$\text{圆柱}(CG)=\frac{3}{2}V.$$

从而以 EF 为直径的球就等于 V，即为所求的球.

命题 2　如果 BAB' 是一个球缺，BB' 是球缺底的直径，O 为球心，且球的直径 AA' 交 BB' 于 M，那么球缺的体积等于以球缺的底为底，高为 h 的圆锥体积，其中 h 满足

$$h : AM = (OA' + A'M) : A'M.$$

沿 MA 量得 MH 等于 h，又沿 MA' 量得 MH' 等于 h'，这里

$$h' : A'M = (OA + AM) : AM.$$

假设所作三个圆锥分别以 O，H，H' 为其顶点，球缺的底 BB' 为其公共底. 连接 AB，$A'B$.

设 C 为一圆锥，其底等于球缺 BAB' 的表面，即等于以 AB 为半径的圆［Ⅰ.42］，其高等于 OA.

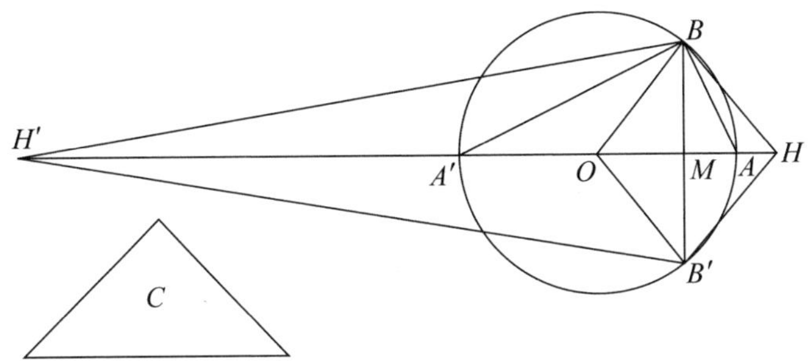

那么圆锥 C 等于球扇形 $OBAB'$. ［Ⅰ.44］

现在，因为 $HM : MA = (OA' + A'M) : A'M$，

由**分比**， $HA : MA = OA : A'M$，

交换内项， $HA : OA = MA : A'M$，

于是

$$HO : OA = AA' : A'M = AB^2 : BM^2$$

= 圆锥 C 的底 : 以 BB' 为直径的圆.

但是 OA 等于圆锥 C 的高；因为底与高成反比例的两圆锥相等，所以可得圆锥 C（或球扇形 $OBAB'$）等于一个圆锥，该圆锥的底是以 BB' 为直径的圆，其高等于 OH.

且这后一圆锥等于同底，其高分别为 OM，MH 的两圆锥之和，即等于立体菱形 $OBHB'$.

因此球扇形 $OBAB'$ 等于立体菱形 $OBHB'$.

去掉公共部分，即圆锥 OBB'，就有

球缺 BAB' = 圆锥 HBB'.

类似地，用同样的方法，我们能证明

球缺 $BA'B'$ = 圆锥 $H'BB'$.

后一性质的另一种证明.

设 D 是其底等于整个球面，其高等于 OA 的圆锥.

这样 D 就等于球的体积. [Ⅰ.33，34]

另外，因为 $(OA'+A'M):A'M=HM:MA$，

如前，由**分比和交换内项**，就有

$$OA:AH=A'M:MA.$$

又因为 $H'M:MA'=(OA+AM):AM$，就有

$$H'A':OA=A'M:MA$$
$$=OA:AH，从上述结果.$$

由合比， $$H'O:OA=OH:HA, \quad (1)$$

交换内项， $$H'O:OH=OA:HA, \quad (2)$$

由合比， $$H'H:OH=OH:HA$$
$$=H'O:OA，由(1)，$$

于是 $$HH'\cdot OA=H'O\cdot OH, \quad (3)$$

其次，因为 $$H'O:OH=OA:AH，由(2)$$
$$=A'M:MA,$$

$$(H'O+OH)^2:H'O\cdot OH=(A'M+MA)^2:A'M\cdot MA,$$

由(3)，就有

$$HH'^2:HH'\cdot OA=AA'^2:A'M\cdot MA,$$

或 $$HH':OA=AA'^2:BM^2.$$

现在等于此球的圆锥 D 有底为半径等于 AA'的圆和高等于 OA 的线段.

因此，这个圆锥 D 等于一个以 BB'为直径的圆作底，其高等于 HH'；

所以 圆锥 D = 立体菱形 $HBH'B'$，

或 立体菱形 $HBH'B$ = 球.

但是 球缺 BAB' = 圆锥 HBB'，

所以剩下的球缺 $BA'B'$=圆锥 $H'BB'$.

推论　球缺 BAB'同与它同底等高的圆锥之比等于（$OA'+A'M$）与 $A'M$ 之比.

命题 3　（问题）用一平面截给定的球，使得两球冠面积之比为已知比.

假设问题已解决. 设 AA'是球大圆的直径，又设垂直于 AA'的平面交大圆面于直线 BB'，且交 AA'于 M，又它分割球使得球冠 BAB'的面积与球冠 $BA'B'$的面积之比为已知比.

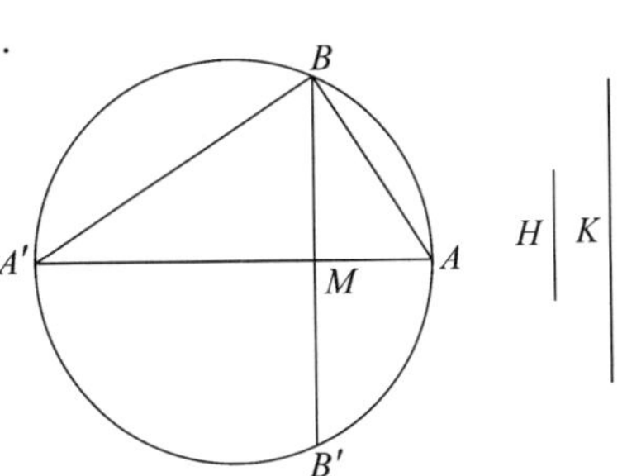

现在这两面分别等于以 AB，$A'B$ 为半径的圆.

[Ⅰ.42，43]

因此 $AB^2:A'B^2$ 等于已知比，即 AM 与 MA' 之比为已知比.

于是综合证明如下.

如果 $H:K$ 是已知比，分 AA' 于 M 使得

$$AM:MA'=H:K.$$

于是 $AM:MA'=AB^2:A'B^2$

= 半径为 AB 的圆：半径为 $A'B$ 的圆

= 球冠 BAB' 的面：球冠 $BA'B'$ 的面.

这样两球冠面积的比等于 $H:K$.

命题4 （问题）用一平面截给定的球，使得两球缺的体积之比为已知比.

假设问题已解决，设与大圆 ABA' 成直角的所求平面交大圆于 BB'. 设大圆直径 AA' 垂直平分 BB'（在 M 点），且 O 是球心.

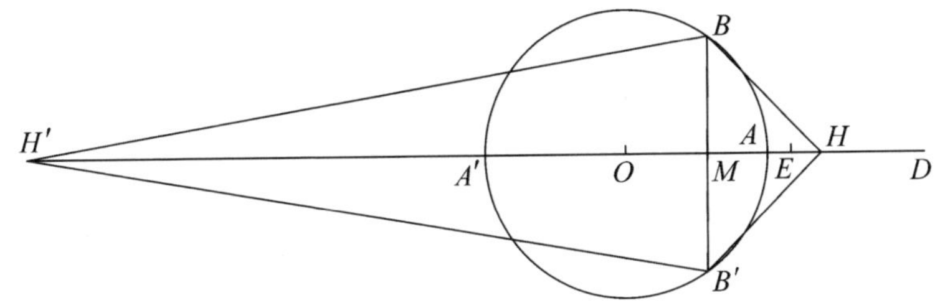

在 OA 的延长线上取一点 H，在 OA' 延线上取一点 H'，使得

$$(OA'+A'M):A'M=HM:MA, \quad (1)$$

$$(OA+AM):AM=H'M:MA', \quad (2)$$

连接 BH，$B'H$，BH'，$B'H'$.

于是圆锥 HBB'，$H'BB'$ 分别等于球缺 BAB'，$BA'B'$. ［命题2］

因此两圆锥之比和它们高之比都是已知比，即

$$HM:H'M=\text{已知比}. \quad (3)$$

现在我们有三个方程（1），（2），（3），在其中出现了3个待定的点 M，H，H'；根据它们的表示，首先要求另一个方程，使其在其中这些点仅有一个（M）出现，即是说，我们必须消去 H，H'.

现在由（3），显然 $HH':H'M$ 也是一个已知比；阿基米德的消去法是，寻找每一个比 $A'H':H'M$ 与 $HH':H'A'$之值，这值皆和 H'，H 无关，其次使这两个比的复合比等于已知比$HH':A'M$ 的值.

（a） 求 $A'H':H'M$ 的值.

从方程（2）易得

$$A'H':H'M=OA:(OA+AM). \tag{4}$$

（b） 求 $HH':A'H'$的值.

从（1）我们推得

$$A'M:MA=(OA'+A'M):HM$$
$$=OA':AH; \tag{5}$$

又从(2)，

$$A'M:MA=H'M:(OA+AM)$$
$$=A'H':OA. \tag{6}$$

于是

$$HA:AO=OA':A'H',$$

因此

$$OH:OA'=OH':A'H',$$

或

$$OH:OH'=OA':A'H'.$$

由此推得

$$HH':OH'=OH':H'A',$$

或

$$HH'\cdot H'A'=OH'^2.$$

所以

$$HH':H'A'=OH'^2:H'A'^2$$
$$=AA'^2:A'M^2,\text{依}(6)$$

（c）我们作下述的图，以便更简单地表示 $A'H':H'M$ 和 $HH':H'M$. 延长 OA 到 D，使得 $OA=AD$.（D 将超过 H，因为 $A'M>MA$，所以由（5），有 $OA>AH$.）

则

$$A'H':H'M=OA:(OA+AM)$$
$$=AD:DM. \tag{7}$$

现在分 AD 于 E，使得

$$HH':H'M=AD:DE. \tag{8}$$

然后利用（7），（8）和上面已求的 $HH':H'A'$的值，我们有

$$AD:DE=HH':H'M$$
$$=(HH':H'A')\cdot(A'H':H'M)$$
$$=(AA'^2:A'M^2)\cdot(AD:DM).$$

但是

$$AD:DE=(DM:DE)\cdot(AD:DM).$$

所以 $$MD : DE = AA'^2 : A'M^2. \tag{9}$$

且 D 是已知的，因为 $AD = OA$. $AD : DE$（等于 $HH' : H'M$）也是已知的. 所以 DE 是已知的.

因此问题本身转化为分 $A'D$ 于 M 为两部分，使得下式成立.

$$MD : \text{一个已知长} = \text{一个已知面} : A'M^2.$$

阿基米德附言“如果问题按这个一般形式被提出，它需要一个 διορισμός [即必须研究可能性的限度]，但如果加上这个目前情况下存在的条件，它就不要求 διορισμός”.

在目前情况下这问题为：

给定一线段 $A'A$ 延长到 D，使 $A'A = 2AD$，在 AD 上取一点 E，截 AA' 于一点 M，使得

$$AA'^2 : A'M^2 = MD : DE.$$

“这两个问题的分析与综合将在末尾给出.”[12]

主要问题的综合如下. 设 $R : S$ 是已知比，R 小于 S. AA' 是一个大圆的直径，O 是圆心，延长 OA 到 D，使得 $OA = AD$，在 E 点分 AD 使得

$$AE : ED = R : S.$$

然后在 M 点截 AA'，使得

$$MD : DE = AA'^2 : A'M^2.$$

过 M 直立一平面垂直于 AA'，这个平面将分球为两个球缺，且使两部分之比如同 $R : S$.

在 $A'A$ 方向上取一点 H，在 AA' 方向上取一点 H'，使得

$$(OA' + A'M) : A'M = HM : MA, \tag{1}$$

$$(OA + AM) : AM = H'M : MA'. \tag{2}$$

那么我们必须证明这个

$$HM : MH' = R : S, \text{ 或 } AE : ED.$$

(α) 我们首先求 $HH' : H'A'$ 如下.

如在分析 (b) 中已证明的，

$$HH' \cdot H'A' = OH'^2,$$

或

$$\begin{aligned} HH' : H'A' &= OH'^2 : H'A'^2 \\ &= AA'^2 : A'M^2 \\ &= MD : DE, \text{ 由作图.} \end{aligned}$$

(β) 其次，我们有

$$H'A' : H'M = OA : (OA + AM)$$
$$= AD : DM.$$

所以 $$HH' : H'M = (HH' : H'A') \cdot (H'A' : H'M)$$
$$= (MD : DE) \cdot (AD : DM)$$
$$= AD : DE,$$

由此得 $$HM : MH' = AE : ED$$
$$= R : S.$$

证完

附注 由命题 4 的原问题所化约成的辅助问题（阿基米德曾说要给出一个讨论的），其解法是由欧托西乌斯（Eutocius）在一个颇有兴味同时又很重要的附注中给出的，他在下面的阐释中引进了这个论题.

"他［阿基米德］允诺在最后给出这问题的一个解，但是在任何稿本中我们没有找到其解. 我们发现狄俄尼索多罗（Dionysodorus）也未能弄清所允诺的讨论（因为没能找到被略掉的引理），他用另一种方法去解决原问题，这种方法我将在以后描述. 狄俄克利斯（Diocles）也在他的著作 περι πυριων 中表示了'他认为阿基米德虽说过，但未作出证明'的意见，并试图自己补充省掉的部分，他所给出的，我也将顺次给出. 然而，可以看到狄俄克利斯所补充的部分与那省掉的讨论无关，而只是像狄俄尼索多罗那样给出了一个讨论框架，这是用另一种证明方法得到的. 另一方面，作为不懈的、广泛的探求的结果，我在一本老书中发现了一些定理讨论着、虽然由于一些错误而显得不够清晰（以及各种各样的文、图的错误），这些被讨论的定理却给出了我要寻求的东西，而且还在一定程度上保留了阿基米德习用的 Doric 方言，同时还保留着过去习用的一些名词：抛物线被称为直角圆锥的截线，双曲线是钝角圆锥的截线；因此我考虑到：是否这些定理实际上就是他要在最后所允诺的. 因此我仔细加以考查，并在克服了（由于上述诸多错误所致的）困难之后，我逐渐弄清了原意，并试着用大家更熟悉、更清楚的语句把它写出来. 并且，首先这定理将做一般的处理，应使对阿基米德所说的'关于可能性的限度'可以搞清楚，随后即有对这些条件的特殊应用，这些条件是他在对这问题的分析中所陈述的."

这个随后的研究可以重述如下.

一般问题是：

已知两线段 AB**，**AC **和一个面积** D**，分割** AB **于** M **点，使得**

$$AM : AC = D : MB^2.$$

分析

假设 M 已求得，作 AC 与 AB 成直角，连接 CM 延长之. 过 B 作 EBN 平行于 AC 交 CM 于 N，过 C 作 CHE 平行 AB 交 EBN 于 E. 完成矩形 $CENF$，又过 M 作 PMH 平行于 AC 交 FN 于 P.

沿 EN 量 EL 使得

$$CE \cdot EL(\text{或 } AB \cdot EL) = D.$$

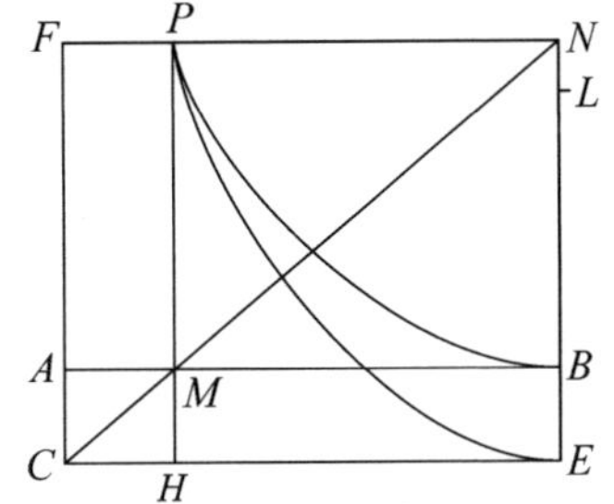

于是，由假设，

$$AM : AC = CE \cdot EL : MB^2.$$

和 $$AM : AC = CE : EN,$$

由相似三角形，

$$= CE \cdot EL : EL \cdot EN.$$

由上推得

$$PN^2 = MB^2 = EL \cdot EN.$$

因此，如果过顶点 E 作一个抛物线，EN 为轴，参数等于 EL，那么抛物线将过 P；它的位置将被确定，因为 EL 是给定的.

所以 P 在已知的抛物线上.

其次因为两矩形 FH，AE 相等，于是

$$FP \cdot PH = AB \cdot BE.$$

因此，如果以 CE，CF 为渐近线，且过 B 作一双曲线，它也将过 P 点，且双曲线的位置是确定的.

所以 P 在已知的双曲线上. 因为 P 确定，M 也就给定了.

这样 P 由抛物线和双曲线的交点所确定.

διορισμός.

现在，因为 $$AM : AC = D : MB^2,$$

$$AM \cdot MB^2 = AC \cdot D.$$

但 $AC \cdot D$ 已给定，而以后**将证明：$AM \cdot MB^2$ 的最大值是它当 $BM = 2AM$ 时所取的值**.

因此，$AC \cdot D$ **不大于** $\frac{1}{3}AB \cdot \left(\frac{2}{3}AB\right)^2$，**或** $\frac{4}{27}AB^3$ **是能有一个解的必要条件**.

综合

如果 O 是 AB 上且满足 $BO = 2AO$ 的点，为了可能有解，我们已看到

$$AC \cdot D \ngtr AO \cdot OB^2.$$

这样 $AC \cdot D$ 等于或小于 $AO \cdot OB^2$.

(1) 若 $AC \cdot D = AO \cdot OB^2$，则问题有解.

(2) 设 $AC \cdot D$ 小于 $AO \cdot OB^2$.

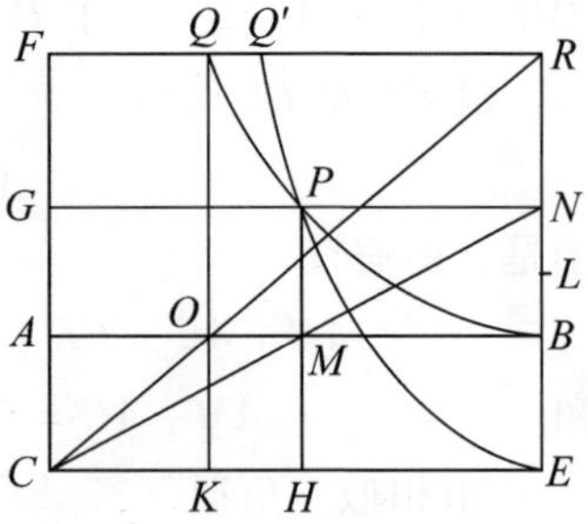

作 AC 与 AB 成直角. 连接 CO，且延长到 R. 过 B 作 EBR 平行于 AC，且交 CO 于 R，过 C 作 CE 平行于 AB 交 EBR 于 E. 完成矩形 $CERF$，且过 O 作 QOK 平行于 AC，且分别交 FR，CE 于 Q 和 K.

因为 $AC \cdot D < AO \cdot OB^2$，沿着 RQ 量得 RQ' 使得

$$AC \cdot D = AO \cdot Q'R^2,$$

或

$$AO : AC = D : Q'R^2.$$

沿着 ER 量 EL 使得

$$D = CE \cdot EL(\text{或 } AB \cdot EL).$$

现在，因为 $AO : AC = D : Q'R^2$，由假设，

$$= CE \cdot EL : Q'R^2,$$

且 $AO : AC = CE : ER$，由相似三角形，

$$= CE \cdot EL : EL \cdot ER,$$

由此推得

$$Q'R^2 = EL \cdot ER.$$

作具有顶点 E，轴 ER，且参数等于 EL 的一抛物线. 这个抛物线将过 Q'.

又

$$\text{矩形 } FK = \text{矩形 } AE,$$

或

$$FQ \cdot QK = AB \cdot BE;$$

如果以 CE，CF 为渐近线且过 B 作一个矩形的双曲线，它也将通过 Q.

设抛物线和双曲线交于 P，过 P 作 PMH 平行于 AC 分别交 AB，CE 于 M 和 H，作 GPN 平行于 AB 且分别交 CF，ER 于 G 和 N.

于是 M 就是所求的分点.

因为

$$PG \cdot PH = AB \cdot BE,$$

$$\text{矩形 } GM = \text{矩形 } ME,$$

所以 CMN 是一条直线.

于是

$$AB \cdot BE = PG \cdot PH = AM \cdot EN. \quad (1)$$

又由抛物线的性质，

$$PN^2 = EL \cdot EN,$$

或

$$MB^2 = EL \cdot EN. \quad (2)$$

由（1）和（2），

$$AM : EL = AB \cdot BE : MB^2,$$

或

$$AM \cdot AB : AB \cdot EL = AB \cdot AC : MB^2.$$

交换内项，

$$AM \cdot AB : AB \cdot AC = AB \cdot EL : MB^2,$$

或

$$AM : AC = D : MB^2.$$

διορισμός的证明

余下的是证明：**若 AB 在 O 点使得 $BO = 2AO$，则 $AO \cdot OB^2$ 是 $AM \cdot MB^2$ 的最大值，或**

$$AO \cdot OB^2 > AM \cdot MB^2.$$

这里 M 是 AB 上不同于 O 的任一点.

假设 $AO : AC = CE \cdot EL' : OB^2$，

于是 $AO \cdot OB^2 = CE \cdot EL' \cdot AC.$

连接 CO 延长到 N；过 B 作 EBN 平行于 AC，完成平行四边形 $CENF$.

过 O 作 POH 平行于 AC，且分别交 FN，CE 于 P 和 H.

以 E 为顶点，EN 为轴和以 EL' 为参数作一个抛物线. 这将过 P，如以上分析所示，除 P 而外还将交此抛物线之直径 CF 于某点.

其次，作一个带有渐近线 CE，CF 的矩形的双曲线，且过 B 点. 如前分析所示，这双曲线也将过 P.

延长 NE 到 T，使得 $TE = EN$. 连接 TP 交 CE 于 Y，且延长它使交 CF 于 W. 于是 TP 将与抛物线切于 P.

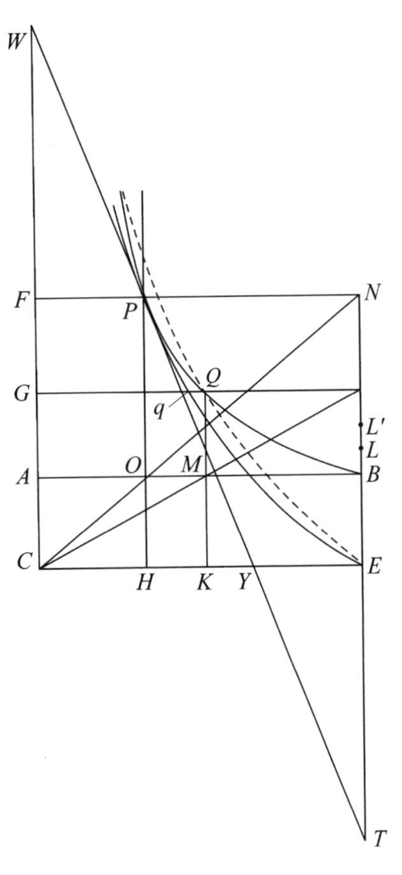

因为 $BO = 2AO$，

$TP = 2PW$，

和 $TP = 2PY$，

所以 $PW = PY$.

于是，因为在两渐近线间的 WY 被 P 平分，它交双曲线之点，WY 是双曲线的一个切线.

因此，在 P 点有共同切线的双曲线和抛物线彼此相切于 P.

现在在 AB 上任取一点 M，过 M 作 QMK 平行于 AC 且交双曲线于 Q，交 CE 于 K. 最后，过 Q 作 $GqQR$ 平行于 AB 交 CF 于 G，交抛物线于 q，交 EN 于 R.

由双曲线的性质，因为两矩形 GK，AE 相等，那么 CMR 是一直线.

由抛物线的性质，

$$qR^2 = EL' \cdot ER,$$

于是

$$QR^2 < EL' \cdot ER.$$

假设

$$QR^2 = EL \cdot ER,$$

我们有

$$\begin{aligned} AB : AC &= CE : ER \\ &= CE \cdot EL : EL \cdot ER \\ &= CE \cdot EL : QR^2 \\ &= CE \cdot EL : MB^2, \end{aligned}$$

或

$$AM \cdot MB^2 = CE \cdot EL \cdot AC.$$

所以

$$\begin{aligned} AM \cdot MB^2 &< CE \cdot EL' \cdot AC \\ &< AO \cdot OB^2. \end{aligned}$$

如果 $AC \cdot D < AO \cdot OB^2$，因为抛物线和双曲线相交于两点，所以有两解.

如果我们作一个带有顶点 E 和轴 EN，且参数等于 EL 的抛物线，该抛物线将过 Q 点（看上页图）；由于此抛物线还交直径 CF（除交 Q 外），它必须与双曲线再次相交（它以 CF 作为它的渐近线）.

[如果我们记 $AB=a$，$BM=x$，$AC=c$ 和 $D=b^2$，可看出比例式

$$AM : AC = D : MB^2$$

等价于方程式

$$x^2(a-x) = b^2c,$$

它是一个缺少 x 一次项的三次方程式.

现在假设 EN，EC 是坐标轴，EN 是 y 轴.

那么上面解所用的抛物线是

$$x^2 = \frac{b^2}{a} \cdot y,$$

而矩形的双曲线是

$$y(a-x) = ac.$$

于是，这三次方程的解以及没有正解，或有一个正解，或有两个正解的条件，利用两个圆锥曲线而得到.]

为了叙述的完整性，以及对它们的兴趣，命题4的由狄俄尼索多罗和狄俄克利斯所给出的解，在这里补上.

狄俄尼索多罗的解

设 AA' 是已知球的直径，需求一平面截 AA' 于直角（设在一点 M 处），使得截得的两球缺之比为已知比 $CD:DE$.

延长 $A'A$ 到 F，使得 $AF=OA$，这里 O 是球心.

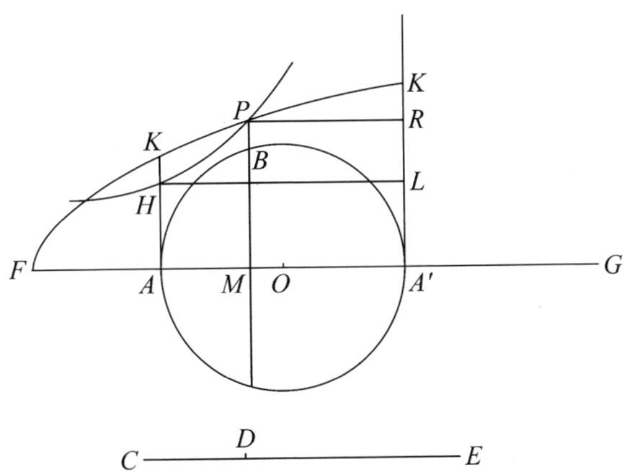

作 AH 垂直于 AA'，其长满足

$$FA:AH=CE:ED,$$

且延长 AH 到 K 使得

$$AK^2=FA\cdot AH. \tag{α}$$

作一个顶点为 F，轴为 FA 以及参数等于 AH 的抛物线，由等式（α）它将过K 点.

作 $A'K'$ 平行于 AK 且交抛物线于 K'；作以 $A'F$，$A'K$ 为渐近线且过 H 的矩形双曲线. 这个双曲线将交抛物线于一点 P，它在 K 和 K' 之间.

作 PM 垂直于 AA' 且交大圆于 B，B'，从 H，P 作 HL，PR 平行于 AA' 且分别交 $A'K'$ 于 L，R.

于是，由双曲线的性质，

$$PR\cdot PM=AH\cdot HL,$$

即

$$PM\cdot MA'=HA\cdot AA',$$

或 $$PM : AH = AA' : A'M,$$

和 $$PM^2 : AH^2 = AA'^2 : A'M^2.$$

由抛物线的性质，也有

$$PM^2 = FM \cdot AH,$$

即 $$FM : PM = PM : AH,$$

或 $$FM : AH = PM^2 : AH^2$$

$$= AA'^2 : A'M^2, \text{从前式.}$$

因为两圆之比如同它们半径的平方比，以 $A'M$ 为半径的圆为底，以高等于 FM 的圆锥和以 AA' 为半径的圆为底，以高等于 AH 的圆锥，它们的底和高成反比例.

因此两圆锥相等；亦即如果我们用符号 $c(A'M)$，FM 表示第一个圆锥，其他同样表示，那么

$$c(A'M),\ FM = c(AA'),\ AH.$$

现在

$$[c(AA'),\ FA] : [c(AA'),\ AH] = FA : AH$$

$$= CE : ED, \text{由作图.}$$

所以

$$[c(AA'),\ FA] : [c(A'M),\ FM] = CE : ED. \qquad (\beta)$$

但是(1) $c(AA')$，FA= 球. [Ⅰ.34]

(2) $c(A'M)$，FM 能够证明等于以 A' 为顶点，以 $A'M$ 为高的该球的球缺.

为此，在 AA' 上取一点 G，使得

$$GM : MA' = FM : MA$$

$$= (OA + AM) : AM.$$

于是圆锥 GBB' 等于球缺 $A'BB'$. [命题 2]

并且 $FM : MG = AM : MA'$，由假设，

$$= BM^2 : A'M^2.$$

所以

以 BM 为半径的圆: 以 $A'M$ 为半径的圆

$$= FM : MG,$$

于是 $$c(A'M),\ FM = c(BM),\ MG$$

= 球缺 $A'BB'$.

从等式（β），我们有

$$球：球缺\ A'BB' = CE : ED,$$

因此
$$球缺\ ABB' : 球缺\ A'BB' = CD : DE.$$

狄俄克利斯的解

狄俄克利斯像阿基米德那样是从在命题 2 中被证的性质开始的，即如果一个平面垂直截球的直径于 M 点，且若取 H，H'在 OA，OA'沿线上分别满足

$$(OA' + A'M) : A'M = HM : MA,$$
$$(OA + AM) : AM = H'M : MA',$$

则两圆锥 HBB'，$H'BB'$分别等于球缺 ABB'和 $A'BB'$.

于是，导出推论为

$$HA : AM = OA' : A'M,$$
$$H'A' : A'M = OA : AM.$$

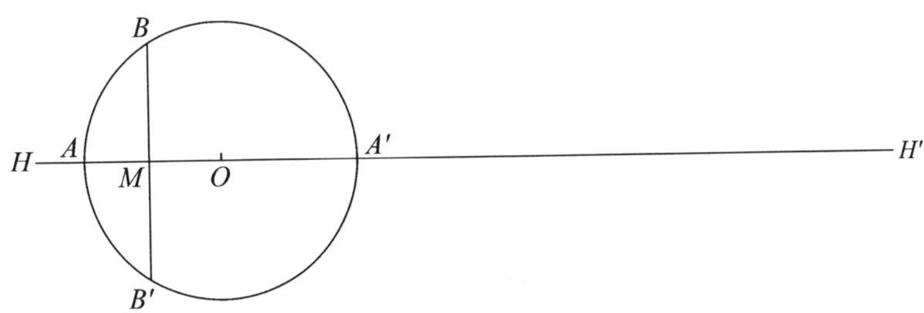

他用下面的形式陈述这个问题，用任给的线段代替 OA 或 OA'，这样稍许扩张了一点：

给定一条线段 AA'，它的端点是 A，A'，给定一个比 $C : D$，给定另一线段 AK；分 AA'于 M 点和在 $A'A$ 和 AA'延长线上分别求一点 H，H'，使下面的关系同时成立：

$$C : D = HM : MH', \qquad (\alpha)$$
$$HA : AM = AK : A'M, \qquad (\beta)$$
$$H'A' : A'M = AK : AM. \qquad (\gamma)$$

分析

假设问题已解决，三点 M，H 和 H'已求得.

作 AK 与 AA'成直角，作 $A'K'$平行且等于 AK. 连接 KM，$K'M$，延长它们分别交 $K'A'$，KA 于 E，F. 连接 KK'，过 E 作 EG 平行于 $A'A$ 且交 KF 于 G，过 M 作

QMN 平行于 AK，且交 EG，KK' 于 Q 和 N.

现在 $$HA : AM = A'K' : A'M，\text{由}(\beta)$$
$$= FA : AM，\text{由相似三角形，}$$

因此 $$HA = FA.$$

类似地 $$H'A' = A'E.$$

其次，
$$(FA + AM) : (A'K' + A'M) = AM : A'M$$
$$= (AK + AM) : (EA' + A'M)，\text{由相似三角形.}$$

所以 $$(FA + AM) \cdot (EA' + A'M)$$
$$= (KA + AM) \cdot (K'A' + A'M).$$

沿 AH 取 AR，沿 $A'H'$ 取 $A'R'$，使得
$$AR = A'R' = AK.$$

因为 $FA+AM=HM$，$EA'+A'M=MH'$，于是我们有
$$HM \cdot MM' = RM \cdot MR'. \qquad (\delta)$$

[于是，若 R 落在 A 和 H 之间，R' 就落在自 A' 关于 H' 的另一边，反之亦然.]

现在 $$C : D = HM : MH'，\text{由假设，}$$
$$= HM \cdot MH' : MH'^2$$
$$= RM \cdot MR' : MH'^2，\text{由}(\delta).$$

沿 MN 量 MV 使得 $MV=A'M$. 连接 $A'V$ 和向两边延长之. 作 RP，$R'P'$ 垂直于 RR' 且分别交延长了的 $A'V$ 于 P，P' 点.

由平行线性质，
$$P'V : PV = R'M : MR.$$

所以 $$PV \cdot P'V : PV^2 = RM \cdot MR' : RM^2.$$

但是 $$PV^2 = 2RM^2.$$

所以 $$PV \cdot P'V = 2RM \cdot MR'.$$

又已证 $$RM \cdot MR' : MH'^2 = C : D.$$

因此 $$PV \cdot P'V : MH'^2 = 2C : D.$$

但是 $$MH' = A'M + A'E = VM + MQ = QV.$$

所以 $$QV^2 : PV \cdot P'V = D : 2C，\text{是已知比.}$$

这样，如果我们取一线段使得
$$D : 2C = p : PP'，$$[13]

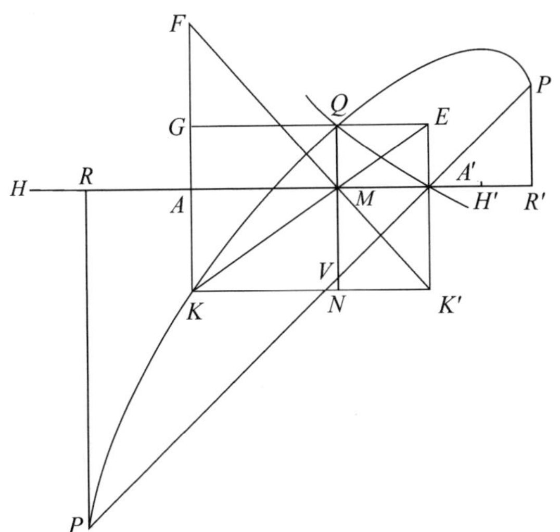

如果我们作一个椭圆，它以 PP' 为一直径，以 p 作为对应的参数 [$=DD'^2/PP'$，用几何圆锥曲线的普通记法]，这样，使得 PP' 对坐标倾斜直角的一半，即平行于 QV 或 AK，那么椭圆将过 Q 点.

因此 Q 在给定的椭圆上.

又因为 EK 是平行四边形的对角线，

$$GQ \cdot QN = AA' \cdot A'K'.$$

所以，如果作一个以 KG，KK' 为渐近线且过 A' 的矩形双曲线，它也将过 Q 点.

因此 Q 在一个给定的矩形双曲线上.

于是 Q 作为已知的椭圆和已知的双曲线的交点而被求出，所以它是已知的.这样 M 被给定，以及 H，H' 同时被求出.

综合

放置 AA'，AK 成直角，作 $A'K'$ 平行且等于 AK，连接 KK'.

作 AR（延长了的 $A'A$）和 $A'R'$（延长了的 AA'）都等于 AK，过 R，R' 作垂直于 RR' 的直线.

然后过 A' 作 PP' 使得与 AA' 的交角（$AA'P$）等于直角的一半，且分别交已作的两垂线于 P，P'.

取一个长 p，使得

$$D : 2C = p : PP'.$$ [14]

以 PP' 作为直径，以 p 作为对应参数作一个椭圆，使得对于 PP' 的坐标与它倾斜一个角等于 $AA'P$，即平行于 AK.

以 KA'，KK' 为渐近线，过 A' 作一个矩形双曲线.

设双曲线和椭圆交于 Q，从 Q 作 $QMVN$ 垂直于 AA'，且分别交 AA'，PP' 和 KK' 于 M，V 和 N. 作 GQE 平行于 AA'，且分别交 AK，$A'K'$ 于 G，E.

延长 KA，$K'M$ 交于 F.

于是由双曲线的性质.

$$GQ \cdot QN = AA' \cdot A'K',$$

因为这些矩形相等，所以 KME 是一直线.

沿 AR 取 AH 等于 AF，沿 $A'R'$ 取 $A'H'$ 等于 $A'E$.

由椭圆的性质，

$$QV^2 : PV \cdot P'V = p : PP'$$
$$= D : 2C.$$

由平行线性质，

$$PV : P'V = RM : R'M,$$

或
$$PV \cdot P'V : P'V^2 = RM \cdot MR' : R'M^2,$$

而 $P'V^2 = 2R'M^2$，因为角 $RA'P$ 是直角的一半.

所以
$$PV \cdot P'V = 2RM \cdot MR',$$

因此
$$QV^2 : 2RM \cdot MR' = D : 2C.$$

但是
$$QV = EA' + A'E = MH'.$$

所以
$$RM \cdot MR' : MH'^2 = C : D.$$

又由两相似三角形，

$$(FA + AM) : (K'A' + A'M) = AM : A'M$$
$$= (KA + AM) : (EA' + A'M).$$

所以

$$(FA + AM) \cdot (EA' + A'M) = (KA + AM) \cdot (K'A' + A'M),$$

或
$$HM \cdot MH' = RM \cdot MR'.$$

由此得出

$$HM \cdot MH' : MH'^2 = C : D,$$

或
$$HM : MH' = C : D. \qquad (\alpha)$$

也有
$$HA : AM = FA : AM,$$
$$= A'K' : A'M，\text{由相似三角形}， \qquad (\beta)$$

$$H'A' : A'M = EA' : A'M,$$
$$= AK : AM. \qquad (\gamma)$$

因此点 M，H，H'满足三个给定的关系.

命题5 （问题）作一个球缺与一个球缺相似，而与另一个球缺体积相等.

设 ABB'是一个球缺，它以 A 为顶点，其底为以 BB'为直径的圆；设 DEF'是另一个球缺，它以 D 为顶点，其底为以 EF 为直径的圆. 设 AA'，DD'分别是穿过 BB'，EF 的大圆的直径. 设 O，C 分别是球心.

设需要作一球缺相似于 DEF，且体积等于 ABB'的体积.

分析

假设问题已解决，设 def 是所求的球缺，它以 d 为顶点，其底为以 ef 为直径的圆. 设 dd'是球的直径，它垂直平分 ef，c 是球心.

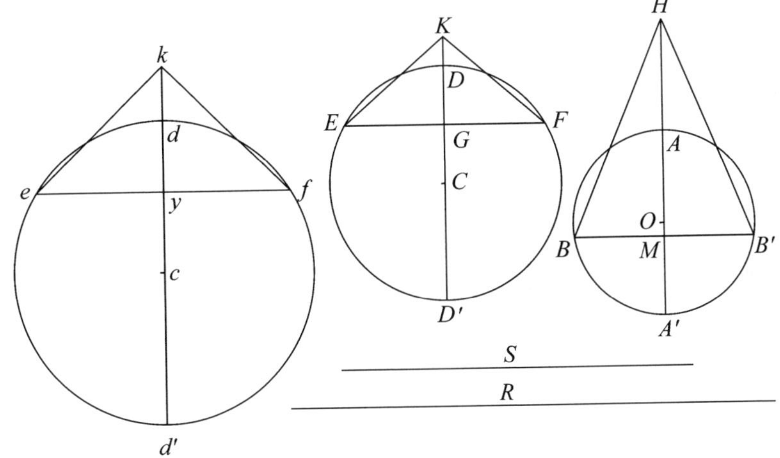

设 BB'，EF，ef 依次在点 M，G，g 处被 AA'，DD'，dd'垂直平分，使得

$$\left.\begin{aligned}(OA' + A'M) : A'M = HM : MA\\(CD' + D'G) : D'G = KG : GD\\(cd' + d'g) : d'g = kg : gd\end{aligned}\right\},$$

且构成的这些圆锥分别有顶点 H，K，k，且其底为球缺的底. 则这些圆锥将分别等于对应之球缺. ［命题2］

所以，由假设，

$$\text{圆锥 } HBB' = \text{圆锥 } kef.$$

因此

$$（以\ BB'\ 为半径的圆）:（以\ ef\ 为半径的圆）= kg : HM,$$

使得

$$BB'^2 : ef^2 = kg : HM. \quad (1)$$

但是，因为球缺 DEF，def 相似，这样圆锥 KEF，kef 也相似.

所以 $KG : EF = kg : ef.$

而比 $KG : EF$ 是已知的，所以比 $kg : ef$ 是已知的.

假设取一个线段 R 使得

$$kg : ef = HM : R. \quad (2)$$

于是 R 是已知的.

又因为 $kg : HM = BB'^2 : ef^2 = ef : R$，由（1）和(2)，假设取一个线段 S 使得

$$ef^2 = BB' \cdot S,$$

或

$$BB'^2 : ef^2 = BB' : S.$$

于是

$$BB' : ef = ef : s = S : R,$$

ef，S 是 BB'，R 之间成连比例的两个比例中项.

综合

设 ABB'，DEF 是大圆，BB'，EF，依次在点 M，G 处被直径 AA'，DD' 垂直平分，且 O，C 是球心.

如前那样取 H，K，作出圆锥 HBB'，KEF，它们就分别等于球缺 ABB'，DEF.

设 R 是一线段，使得

$$KG : EF = HM : R,$$

在 BB'，R 之间取比例中项 ef，S.

以 ef 为底，作以 d 为顶点的弓形相似于弓形 DEF. 完成圆 edf，设 dd' 是过 d 的直径，C 是中心. 设想作一个以 def 为大圆的球，且过 ef 作一个平面与 dd' 成直角.

则 def 将是所求的球缺.

由于两球缺 DEF，def 是相似的，如同两弓形 DEF，def 相似.

延长 cd 到 k，使得

$$(cd' + d'g) : d'g = kg : gd.$$

此外，两圆锥 KEF，kef 相似，

所以

$$kg:eg=KG:EF=HM:R,$$

于是

$$kg:HM=ef:R.$$

但是，因为 BB'，ef，S，R 成连比例，

$$\begin{aligned}BB'^2:ef^2&=BB':S\\&=ef:R\\&=kg:HM.\end{aligned}$$

这样，圆锥 HBB'，kef 的底与它们的高成反比．所以两圆锥相等，且 def 是所求的球缺，它的体积等于圆锥 kef．［命题 2］

命题 6 （问题）已知两个球缺，求第三个球缺，使其与一个球缺相似，而与另一个球缺有相等的表面．

设 ABB' 是一个球缺，它的面等于所求球缺的表面，大圆 $ABA'B'$ 所在平面与球缺 ABB' 的底成直角且交于 BB'．设 AA' 是垂直平分 BB' 的直径．

设 DEF 是一个球缺，它与所求的球缺是相似的，大圆 $DED'F$ 所在平面与球缺 DEF 成直角且交于 EF，设 DD' 是垂直平分 EF 于 G 的直径．

假设问题已解决，def 是一个球缺，它相似于 DEF，它的面等于 ABB' 的面；如同 DEF 那样，完成图形 def，用小写和大写字母分别记对应的各点．

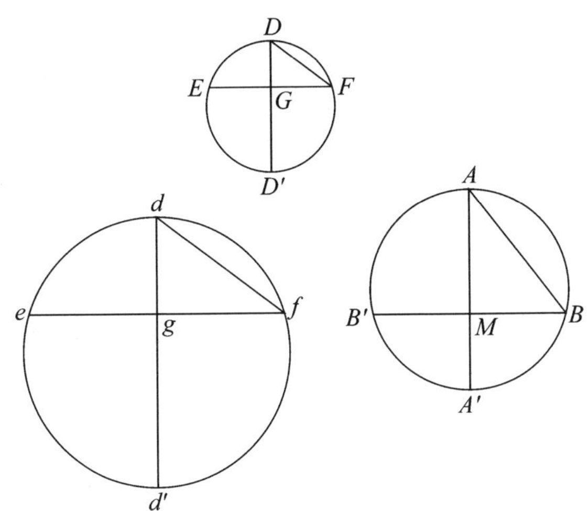

连接 AB，DF，df．

现在，因为球缺 def，ABB'的表面是相等的，于是以 df，AB 为直径的两圆也是相等的；［Ⅰ.42，43］

即

$$df = AB.$$

从两球缺 DEF，def 相似，我们得到，

$$d'd : dg = D'D : DG,$$

和

$$dg : df = DG : DF;$$

因此

$$d'd : df = D'D : DF,$$

或

$$d'd : AB = D'D : DF.$$

但是 AB，$D'D$，DF 都是已知的，

所以 $d'd$ 是已知的.

因而综合如下，

取 $d'd$ 使

$$d'd : AB = D'D : DF. \tag{1}$$

画一个以 $d'd$ 为直径的圆，设想作一个以该圆为大圆的球，在 g 点分 $d'd$，使得

$$d'g : gd = D'G : GD,$$

过 g 作一平面垂直于 $d'd$ 截出一个球缺 def，且交大圆于 ef. 这样两球缺 def，DEF 相似，

且

$$dg : df = DG : DF.$$

但是，从前式，由合比，

$$d'd : dg = D'D : DG.$$

于是由首末比

$$d'd : df = D'D : DF,$$

因此，由(1)，

$$df = AB.$$

因此球缺 def 的表面等于球缺 ABB'的表面［Ⅰ.42，43］，而该球缺也相似于球缺 DEF.

命题 7　（问题）用一平面从已知球截出一个球缺，使得该球缺与一圆锥有已知比，此圆锥与球缺同底等高.

设 AA'是这球一个大圆的直径. 需要作一平面与 AA'成直角，截出一个球缺 ABB'，使得球缺 ABB'与圆锥 ABB'有已知比.

分析

假设问题已解决，设截面交大圆面于 BB'，交直径 AA'于 M，设 O 是球心.

延长 OA 到 H，使得

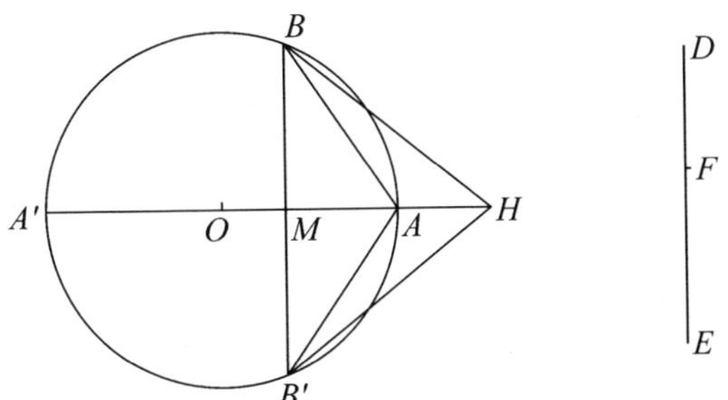

$$(OA' + A'M) : A'M = HM : MA. \tag{1}$$

于是圆锥 HBB' 等于球缺 ABB'. ［命题 2］

所以已知比必等于圆锥 HBB' 与圆锥 ABB' 的比，即 $HM : MA$.

因此，$(OA' + A'M) : A'M$ 是已知的；所以 $A'M$ 也是已知的.

διορισμός.

现在 $$OA' : A'M > OA' : A'A,$$

于是 $$(OA' + A'M) : A'M > (OA' + A'A) : A'A > 3 : 2.$$

这样，**关于此问题可能有解的一个必要条件是已知比大于**3∶2.

综合

设 AA' 是球的一个大圆的直径，O 是球心.

取一线段 DE，且在其上取一点 F，使得 $DE : EF$ 等于已知比，它大于3∶2.

现在，因为

$$(OA' + A'A) : A'A = 3 : 2,$$

$$DE : EF > (OA' + A'A) : A'A,$$

于是 $$DF : FE > OA' : A'A.$$

因此，在 AA' 上能求出一点 M，使得

$$DF : FE = OA' : A'M. \tag{2}$$

过 M 作一平面与 AA' 成直角，且交大圆面于 BB'，并从球截出一个球缺 ABB'.

如前，在 OA 延长线上取一点 H，使得

$$(OA' + A'M) : A'M = HM : MA.$$

所以 $HM : MA = DE : EF$，依（2）.

随即有圆锥 HBB'或球缺 ABB'与圆锥 ABB'的比为已知比$DE:EF$.

命题 8　如果一球被不过中心的平面截得两个球缺 $A'BB'$、ABB'，其中 $A'BB'$ 是较大的，则比

球缺 $A'BB'$ ：球缺 ABB'

$<$（$A'BB'$的表面）^{2} ：（ABB'的表面）^{2}

但是　　　$>$（$A'BB'$的表面）$^{3/2}$ ：（ABB'的表面）$^{3/2}$. [15]

设截面成直角地截一个大圆 $A'BAB'$于 BB'，且设直径 AA'垂直平分 BB'于 M. 设 O 是球心.

连接 $A'B$，AB.

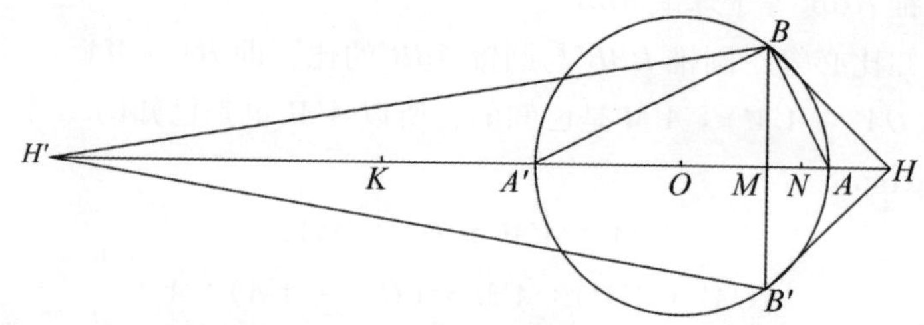

照常，在 OA 延长线上取 H，在 OA'延长线上取 H'，使得

$$(OA'+A'M):A'M=HM:MA, \tag{1}$$

$$(OA+AM):AM=H'M:MA', \tag{2}$$

且设想作二圆锥分别与二球冠同底，且以 H，H'为顶点. 两圆锥分别等于两球缺［命题 2］，又它们的比是两高 HM，$H'M$ 之比.

也有

$$A'BB'\text{ 的面}:ABB'\text{ 的面}=A'B^2:AB^2 \qquad [\text{I}.42,43]$$

$$=A'M:AM.$$

所以我们需证明：

(a)　　　$H'M:MH<A'M^2:MA^2$,

(b)　　　$H'M:MH>A'M^{\frac{3}{2}}:MA^{\frac{3}{2}}$.

(a) 由 (2)，

$$A'M:AM=H'M:(OA+AM)$$

$$=H'A':OA'\text{，因为 }OA=OA'.$$

因为 $A'M>AM$，$H'A'>OA'$；所以，如果我们在 $H'A'$上取一点 K 使得 $OA'=$

$A'K$，K 将在 H' 和 A' 之间.

又由（1），

$$A'M : AM = KM : MH.$$

这样 $KM : MH = H'A' : A'K$，因为 $A'K = OA'$，

$$> H'M : MK.$$

所以 $$H'M \cdot MH < KM^2.$$

由此得出

$$H'M \cdot MH : MH^2 < KM^2 : MH^2,$$

或 $$H'M : MH < KM^2 : MH^2$$

$$< A'M^2 : AM^2，由(1).$$

（b）因为 $$OA' = OA,$$

$$A'M \cdot MA < A'O \cdot OA,$$

或 $$A'M : OA' < OA : AM$$

$$< H'A' : A'M，依(2).$$

所以 $$A'M^2 < H'A' \cdot OA'$$

$$< H'A' \cdot A'K.$$

在 $A'A$ 延长线上取一点 N，使得

$$A'N^2 = H'A' \cdot A'K.$$

这样 $$H'A' : A'K = A'N^2 : A'K^2. \qquad (3)$$

也有 $$H'A' : A'N = A'N : A'K,$$

由合比，

$$H'N : A'N = NK : A'K,$$

因此 $$A'N^2 : A'K^2 = H'N^2 : NK^2.$$

所以，由（3），

$$H'A' : A'K = H'N^2 : NK^2.$$

现在 $$H'M : MK > H'N : NK.$$

所以 $$H'M^2 : MK^2 > H'A' : A'K$$

$$> H'A' : OA'$$

$$> A'M : MA，由(2)$$

$$> (OA' + A'M) : MH，由(1)$$

$$> KM : MH.$$

因此

$$H'M^2 : MH^2 = (H'M^2 : MK^2) \cdot (KM^2 : MH^2)$$
$$> (KM : MH) \cdot (KM^2 : MH^2).$$

由此得出

$$H'M : MH > KM^{\frac{3}{2}} : MH^{\frac{3}{2}}$$
$$> A'M^{\frac{3}{2}} : AM^{\frac{3}{2}}, \text{由}(1).$$

[阿基米德的教程中增加了该命题的另一证明，在这里略去了，因为事实上，这证明既不比前述证明更清晰，也不更短些.]

命题9 （问题）在所有有等表面的球缺中，半球体积最大.

设 $ABA'B'$ 是球的一个大圆，AA' 是直径，O 是球心. 设球被不过球心的平面所截，该面垂直于 AA'（在 M 点），且交大圆面于 BB'. 球缺 ABB' 可以小于半球（如图左），或大于半球（如图右上）.

设 $DED'E'$ 是另一球的一个大圆，DD' 是直径，C 是中心. 设过 C 且垂直于 DD' 的平面截球，并交大圆面于直径 EE'.

假设球缺 ABB' 的表面和半球 DEE' 的面相等.

因为两面相等，所以 $AB = DE$. [Ⅰ.42，43]

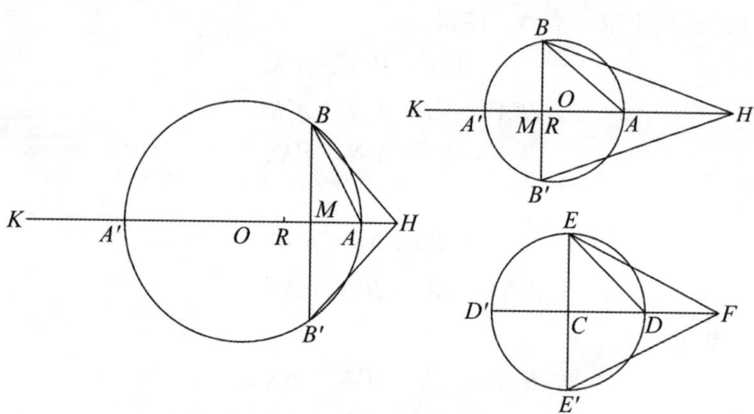

在图左中，$AB^2 > 2AM^2$ 和 $AB^2 < 2AO^2$.

在图右上，$AB^2 < 2AM^2$ 和 $AB^2 > 2AO^2$.

因此，如果在 AA' 上取一点 R，使得

$$AR^2 = \frac{1}{2}AB^2,$$

R 将在 O 和 M 之间.

又因为　$AB^2=DE^2$，于是 $AR=CD$.

延长 OA' 到 K 使得 $OA'=A'K$，延长 $A'A$ 到 H，使得

$$A'K : A'M = HA : AM,$$

由合比，

$$(A'K + A'M) : A'M = HM : MA. \qquad (1)$$

于是圆锥 HBB' 等于球缺 ABB'.　［命题2］

又延长 CD 到 F，使得 $CD=DF$，那么圆锥 FEE' 将等于半球 DEE'.　［命题2］

今

$$AR \cdot RA' > AM \cdot MA',$$

且

$$AR^2 = \frac{1}{2}AB^2 = \frac{1}{2}AM \cdot AA' = AM \cdot A'K.$$

因此

$$AR \cdot RA' + RA^2 > AM \cdot MA' + AM \cdot A'K,$$

或

$$AA' \cdot AR > AM \cdot MK$$

$$> HM \cdot A'M, \text{ 由(1)}.$$

所以

$$AA' : A'M > HM : AR,$$

或

$$AB^2 : BM^2 > HM : AR,$$

即

$$AR^2 : BM^2 > HM : 2AR, \qquad \text{因为 } AB^2 = 2AR^2,$$

$$> HM : CF.$$

这样，因为 $AR=CD$，或 CE.

以 EE' 为直径的圆：以 BB' 为直径的圆 $>HM:CF$.

由此得到

$$\text{圆锥 } FEE' > \text{圆锥 } HBB',$$

所以半球 DEE' 的体积大于球缺 ABB' 的体积.

注　释

［12］见这个命题后面的附注.

［13］这里在希腊原文中有一个错误，似乎躲过了至今所有编辑的注意. 这个语句是ἐὰν ἄρα ποιήσωμεν，ὡς τὴν Δ πρὸς τὴν διπλασίαν τῆς Γ，οὕτως τὴν ΤΥ πρὸς ἄλλην τινὰ ὡς τὴν Φ，即，（按上述字义）“如果我们取一长度 p 使得 $D:2C=PP':p$.” 这不是正确的，因为我们将有

$$QV^2 : PV \cdot P'V = PP' : p,$$

其实后面的两项被颠倒了，椭圆的正确性质是

$$QV^2 : PV \cdot P'V = p : PP'. \quad \text{[Apollonius I.21]}$$

看起来这个错误远在狄俄尼索多罗就出现了，我认为狄俄尼索多罗比狄俄克利斯更可能犯此错误，因为任何一个睿智的数学家在援引别人的著作时都会犯此错误，而不是别人犯了错误自己没注意到.

[14] 这里希腊原文重现相同的过失，如前页上的那个注.

[15] 这是阿基米德的句子的符号表达式，他说大的球缺与小的球缺的比“小于大球缺的表面与小球缺的表面比的加倍（διπλάσιον），但是大于那个比的一倍半（ἡμιόλιον）”.

圆的度量

命题 1　任何一个圆面积等于一个直角三角形，它的夹直角的一边等于圆的半径，而另一边等于圆的周长.

设 $ABCD$ 是给定的圆，K 为所述三角形.

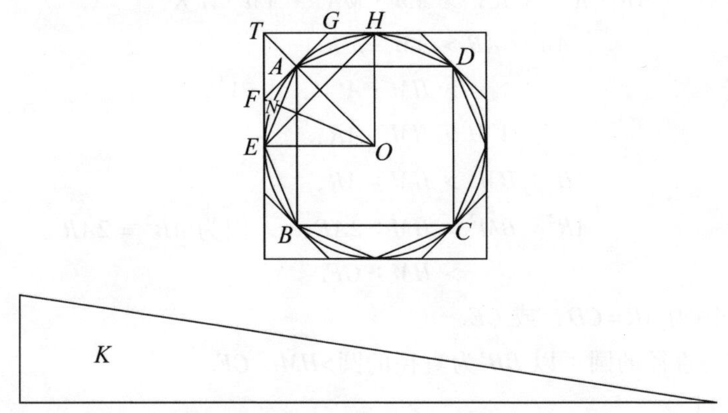

那么，如果圆面积不等于 K，那么它必定大于或小于 K.

Ⅰ. 如果可能，设圆面积大于 K.

设圆的内接正方形为 $ABCD$，平分弧 AB、BC、CD、DA. 然后再等分（如果需要）其一半，继续分下去，直至以分点为顶点的内接多边形边上的弓形面积之和小于圆面积与 K 的差. [Eucl. Ⅹ. 1]

这样多边形面积大于 K.

设 AE 是它的任意一边，且由圆心 O 作 ON 垂直 AE.

则 ON 小于圆的半径，即小于 K 中夹直角的一边，且多边形的周长小于圆的周长，即小于 K 中夹直角的另一边.

所以，多边形的面积小于 K；这与上述推论矛盾.

故圆的面积不大于 K.

Ⅱ. 如果可能，设圆的面积小于 K.

作圆的外切正方形，设其切圆于点 E，H 的两相邻边交于 T，平分相邻两切点间的弧且在分点上作切线，设 A 是弧 EH 的中点，且 FAG 为 A 上的切线.

则角 TAG 是一个直角.

故 $$TG > GA$$
$$> GH.$$

于是三角形 FTG 的面积大于 $TEAH$ 面积的一半.

类似地，如果弧 AH 被平分且在分点作切线，就可以从面积 GAH[①] 截出一个大于它的一半的面积.

如此，继续这种作法，最终将作出一个外切多边形，在它与圆之间所夹图形的面积小于 K 与圆面积之差. [Eucl. Ⅹ. 1]

这样一来，多边形面积小于 K.

现在，由 O 作多边形任意一边的垂线，它等于圆的半径，这时多边形的周长大于圆的周长，于是得到多边形的面积大于三角形 K；这是不可能的.

所以，圆面积不小于 K.

因而，圆面积既不大于又不小于 K，所以圆面积就等于 K.

命题 2　一个圆面积比它的直径上的正方形如同 11 : 14.

[这个命题的原文是不能令人满意的，阿基米德没有把它放在命题 3 之前，因为这个近似值要依赖于那个命题的结论.]

命题 3　任何一个圆周与它的直径的比小于 $3\frac{1}{7}$ **而大于** $3\frac{10}{71}$.

[鉴于源自阿基米德这命题算术内容中值得注意的一些问题，当它再一次出现时，必须小心区分原文中的具体步骤，这是来自一些（多为欧托西乌斯（Eutocius）提供的）中间步骤——为使推导容易些而方便给出的. 从而，所存在原文中没出现的步骤被包含在方括号中，为的是能清楚看到阿基米德省去实际计算到什么程度而只是给出结果. 可以注意到他给出两个 $\sqrt{3}$ 的近似分数（一个小于，另一个大于实际值）而没有解释是如何得到它们的. 同样，一些不是完全平方的大数的平方根也直接给出了其近似值. 这些近似值及希腊算术推导，一般可在 ch. iv 引论中的讨论找到.]

---

①GAH 是由 GA、GH 和弧 AH 所围成.

Ⅰ. 设 AB 是任意圆的直径，O 是它的中心，AC 是过 A 的切线；设角 AOC 是直角的三分之一.

则 $$OA:AC\ [=\sqrt{3}:1]>265:153, \qquad (1)$$

又 $$OC:CA\ [=2:1]=306:153, \qquad (2)$$

首先，作 OD 二等分角 AOC 且交 AC 于 D.

现在 $$CO:OA=CD:DA. \qquad \text{[Eucl. vi. 3]}$$

因此 $$[(CO+OA):OA=CA:DA,\ \text{或者}]$$
$$(CO+OA):CA=OA:AD.$$

所以 [由 (1) 和 (2)]

$$OA:AD>571>153, \qquad (3)$$

故 $$OD^2:AD^2[=(OA^2+AD^2):AD^2$$
$$>(571^2+153^2):153^2]$$
$$>349450:23409,$$

因此 $$OD:DA>591\frac{1}{8}:153. \qquad (4)$$

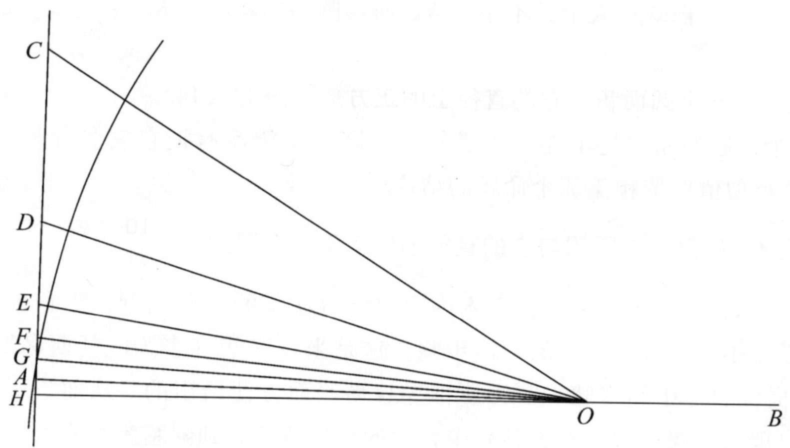

其次，设 OE 二等分角 AOD，交 AD 于 E.

[则 $$DO:OA=DE:EA,$$

因此 $$(DO+OA):DA=OA:AE].$$

所以

$$OA:AE\left[>\left(591\frac{1}{8}+571\right):153，由(3)和(4)\right]$$

$$>1162\frac{1}{8}:153 \qquad (5)$$

［由此可得

$$OE^2:EA^2>\left\{\left(1162\frac{1}{8}\right)^2+153^2\right\}:153^2$$

$$>\left(1350534\frac{33}{64}+23409\right):23409$$

$$>1373943\frac{33}{64}:23409.］$$

故 $$OE:EA>1172\frac{1}{8}:153. \qquad (6)$$

第三，设 OF 二等分角 AOE 且交 AE 于 F.

从而，我们可以得出结论［对应于（3）和（5）］.

得 $$OA:AF\left[>\left(1162\frac{1}{8}+1172\frac{1}{8}\right):153\right]$$

$$>2334\frac{1}{4}:153, \qquad (7)$$

［所以 $$OF^2:FA^2>\left\{\left(2334\frac{1}{4}\right)^2+153^2\right\}:153^2$$

$$>5472132\frac{1}{16}:23409.］$$

故 $$OF:FA>2339\frac{1}{4}:153. \qquad (8)$$

第四，设 OG 二等分角 AOF，交 AF 于 G.

我们得到

$$OA:AG\left[>\left(2334\frac{1}{4}+2339\frac{1}{4}\right):153，由(7)和(8)\right]$$

$$>4673\frac{1}{2}:153.$$

而角 AOC 是直角的三分之一，将它经四次二等分而得到

$$\angle AOG=\frac{1}{48}(一个直角).$$

在边 OA 的另一侧作角 AOH 等于角 AOG，延长 GA 交 OH 于 H.

则$\angle GOH=\frac{1}{24}$（一个直角）.

那么 GH 是已知圆的 96 边外切正多边形的一边.

又因为 $$OA : AG > 4673\frac{1}{2} : 153,$$

这里 $$AB = 2OA,\ GH = 2AG,$$

得出

$$AB:（96 \text{ 正多边形的周长}）[> 4673\frac{1}{2} : 153 \times 96]$$

$$> 4673\frac{1}{2} : 14688.$$

但是 $$\frac{14688}{4673\frac{1}{2}} = 3 + \frac{667\frac{1}{2}}{4673\frac{1}{2}}$$

$$\left[< 3 + \frac{667\frac{1}{2}}{4673\frac{1}{2}} \right]$$

$$< 3\frac{1}{7}.$$

所以圆的周长（小于多边形的周长）更小于 $3\frac{1}{7}$乘直径 AB.

Ⅱ. 设 AB 是圆的直径，且设 AC 交圆于 C，作角 CAB 等于直角的三分之一，连接 BC.

则 $$AC : CB[= \sqrt{3} : 1] < 1351 : 780.$$

首先，设 AD 二等分角 BAC 且交 BC 于 d，交圆于 D，连接 BD.

则 $$\angle BAD = \angle dAC$$

$$= \angle dBD.$$

且在 D，C 的角都是直角.

可得三角形 ADB，[ACd]，BDd 是相似的.

所以 $$AD : DB = BD : Dd$$

$$[= AC : Cd]$$

$$= AB : Bd \qquad \text{[Eucl. vi, 3]}$$

$$= (AB + AC) : (Bd + Cd)$$

$$= (AB + AC) : BC$$

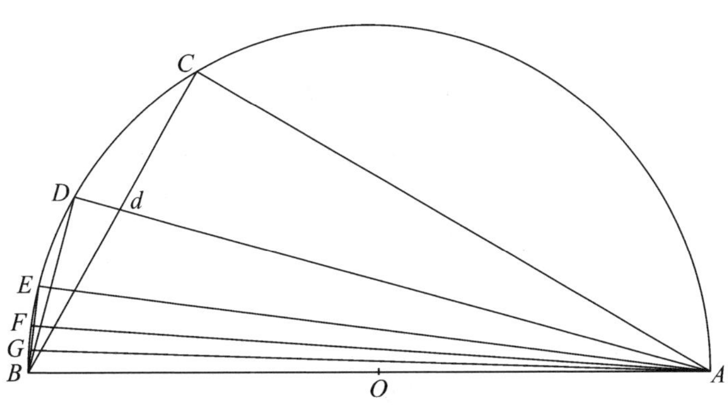

或 $$(BA + AC) : BC = AD : DB.$$

[但是 $$AC : CB < 1351 : 780，\text{由以上，}$$

这时 $$BA : BC = 2 : 1$$
$$= 1560 : 780,$$

所以 $$AD : DB < 2911 : 780.]\qquad(1)$$

[故 $$AB^2 : BD^2 < (2911^2 + 780^2) : 780^2$$
$$< 9082321 : 608400.]$$

这样 $$AB : BD < 3013\frac{3}{4} : 780.\qquad(2)$$

其次，设 AE 二等分角 BAD，交圆于 E；且连接 BE.

那么我们证明，用与前边相同的方法，

$$AE : EB[= (BA + AD) : BD$$
$$< \left(3013\frac{3}{4} + 2911\right) : 780，\text{由}(1)\text{和}(2)]$$
$$< 5924\frac{3}{4} : 780$$
$$< 5924\frac{3}{4} \times \frac{4}{13} : 780 \times \frac{4}{13}$$
$$< 1823 : 240.\qquad(3)$$

[故 $$AB^2 : BE^2 < (1823^2 + 240^2) : 240^2$$
$$< 3380929 : 57600.]$$

所以 $$AB : BE < 1838\frac{9}{11} : 240. \tag{4}$$

第三，设 AF 二等分角 BAE，交圆于 F.

这样 $$AF : FB[=(BA+AE):BE$$

$$< 3661\frac{9}{11} : 240，由(3)和(4)]$$

$$< 3661\frac{9}{11}\times\frac{11}{40} : 240\times\frac{11}{40}$$

$$< 1007 : 66. \tag{5}$$

[得 $$AB^2 : BF^2 < (1007^2+66^2) : 66^2$$

$$< 1018405 : 4356.]$$

所以 $$AB : BF < 1009\frac{1}{6} : 66. \tag{6}$$

第四，设角 BAF 被 AG 二等分，交圆于 G.

则 $$AG : GB[=(BA+AF):BF]$$

$$< 2016\frac{1}{6} : 66，由(5)和(6).$$

[又 $$AB^2 : BG^2 < \left\{\left(2016\frac{1}{6}\right)^2+66^2\right\} : 66^2$$

$$< 4069284\frac{1}{36} : 4356.]$$

所以 $$AB : BG < 2017\frac{1}{4} : 66.$$

由此 $$BG : AB > 66 : 2017\frac{1}{4}. \tag{7}$$

[现在，角 BAG 是把角 BAC，或者把直角的三分之一，经四次二等分而得到的，等于一个直角的四十八分之一.

这样在中心对着 BG 的角是

$$\frac{1}{24}(一个直角).]$$

所以 BG 是内接正 96 边形的一个边.

由（7）得到 多边形的周长：$AB\left[>96\times 66 : 2017\frac{1}{4}\right]$

$$> 6336 : 2017\frac{1}{4},$$

且

$$\frac{6336}{2017\frac{1}{4}} > 3\frac{10}{71}.$$

进一步得到圆的周长大于 $3\frac{10}{71}$乘直径.

这样圆周与直径的比

$$小于\ 3\frac{1}{7}\ 而大于\ 3\frac{10}{71}.$$

沙粒的计算

"革隆（Gelon）国王，有些人认为沙子的数目是无穷的，而且我所说的沙子不仅存在于叙拉古和西西里的其他地方，还存在于无论是否有人居住的每一地区；也有人不同意沙子的数目无穷多，但却认为无法给大于沙子数量的数命名. 显然，持这种观点的人，如果他们还能设想堆积的体积像地球那样大的沙堆，其中包括所有海洋和地球的凹陷之处都填满与最高山峰等高的沙粒，他们也无法认识到任何数都可以表示，即使它在数量上超过了如此堆积的沙子的若干倍. 但是我要用您能理解的几何证明为您展示一种方法，它由我命名并已载入呈给赛克西普斯（Zeuxippus）的著作中. 这种方法不仅能表示超过地球容积那样多的沙粒数量的数，而且可以表示超过宇宙体积的沙粒数量的数. 您知道，所谓'宇宙'被大多数天文学家称为这样一个球体：它以地球中心为中心，以太阳中心到地球中心间的直线为半径. 这是常识，您从天文学家那里听到的就是这种常识（τα γραφόμενα）. 然而，萨摩斯的阿里斯塔修斯（Aristarchus）发表的一本书中有一些假设，其中的前提导致下述结果：宇宙比我们现在所说的要大许多倍. 他假定恒星与太阳保持不动，地球围绕太阳做圆周运动，太阳位于该轨道中间，恒星球像太阳一样位于同一个中心，恒星球是如此之大，即他设想地球绕行所在的圆对恒星距离产生的比如同该球球心对其表面产生的比. 容易看出这是不可能的，因为球的中心没有大小，我们不能想象它对该球球面产生什么比值. 不过，我们必须这样理解阿里斯塔修斯的意思：设想地球如它所处是宇宙的中心，地球对我们描述的'宇宙'之比率，等同于包含他假定地球绕行所在圆的球对恒星球之比率. 这是由于他改写了他对这种假设结果的证明，特别地又流露出假定表述地球运动所在球的大小等同于我们所称的‘宇宙’.

我们认为，即使一个如阿里斯塔修斯假定的恒星球那样大的球是由沙粒构成的，我仍将证明，某些在数量上超出相当于球体积的众多沙粒数目也可以用在《原理》[1]中命名的数来表示. 它规定下述假设.

1. **地球的周长不大于约 3000000 斯达地①.**

如您确知，一些人已验证过周长为 300000 斯达地之说这一事实. 而我进一步设地球此值 10 倍于先辈们所想，即设周长不大于约 3000000 斯达地.

2. **地球的直径大于月球的直径，太阳的直径大于地球的直径.**

该假设遵从大多数早期天文学家的观点.

3. **太阳的直径不大于约 30 倍月球的直径.**

早期天文学家认为这理所当然. 欧多克索斯（Eudoxus）宣称该值约为 9 倍. 我父亲菲底亚斯（Pheidias）[2]认为是 12 倍，阿里斯塔修斯试图证明太阳的直径比月球直径大于 18 倍而小于 20 倍. 但是为了使我命题的真实性远离争议，我更甚于阿里斯塔修斯，设太阳直径不大于约 30 倍月球的直径.

4. **太阳的直径大于内接于宇宙（球）中最大圆内一千边形的边长.**

我用这一假设[3]是因为阿里斯塔修斯发现太阳出现于黄道圆约$\frac{1}{720}$的部分，我本人尝试用即将描述的方法实验性地（ὀργανικῶς）寻求太阳及其目视顶点所对的角度（τὰν γωνίαν, εἰς ἂν ὁ ἅλιος ἐναρμόζει τὰν κορυφὰν ἔχουσαν ποτὶ τᾷ ὄψει）.”

［因为历史的兴趣放在阿基米德关于这一论题的确切原文上，论文至此部分已逐字翻译出来. 余下部分可以更自由地再现. 进行其数学内容之前，只有必要陈述阿基米德下一步要描述的如何达到太阳所对角的上下限. 他在这里用了一根长竿或标尺（κανών），一端钉上一个小圆柱或圆板，恰在太阳升起时将杆指向它（直视太阳是必要的），然后将圆柱置于刚好隐蔽的距离处，太阳恰消失于隐蔽处，最后测量通过圆柱所对的角度. 他也解释了他认为必须做的这种校正，因为“眼睛不能从一个点来看，而只能从某一面积看”（ἐπεὶ αἱ ὄψιες οὐκ ἀφ' ἑνός σαμείου βλέποντι, ἀλλὰ ἀπό τινος μεγέθεος）.］

实验结果显示：太阳直径所对的角小于一个直角的$\frac{1}{164}$，而大于其$\frac{1}{200}$.

---

① 斯达地（stadia，stadium 的复数形式），古希腊长度单位，约合 607 英尺.

（在这种假设下）证明太阳的直径大于内接于一个“宇宙”大圆的一千边形，或具有 1000 条相等边图形的边长.

设一张纸的平面通过太阳的中心、地球的中心和我们的眼睛，太阳刚从地平线升起，设平面交地球于圆 EHL，交太阳于圆 FKG，地球和太阳的中心分别为 C、O，E 为眼睛的位置.

进一步，设平面交“宇宙”球（即球心为 C，半径为 CO 的球）于大圆 AOB.

自 E 向圆 FKG 作两条切线，切点为 P、Q，自 C 向同一圆作两条切线，切点为 F，G.

设 CO 分别交地球与太阳所在的圆于 H，K；设 CF，CG 交大圆 AOB 于 A、B.

连接 EO，OF，OG，OP，OQ，AB，设 AB 交 CO 于 M.

由于太阳刚在地平线上升起，此时 $CO>EO$.

因此 $\angle PEQ>\angle FCG$.

且 $\angle PEQ>\frac{1}{200}R$
但 $<\frac{1}{164}R$
此处 R 表示一个直角.

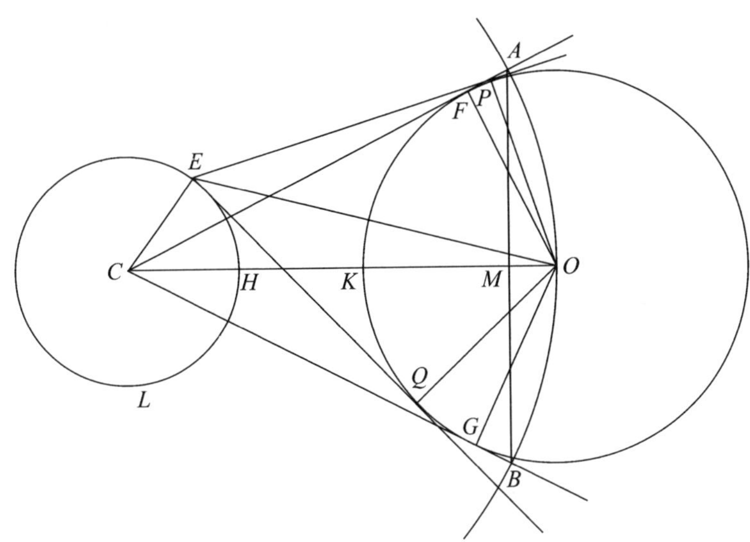

因此$\angle FCG<\frac{1}{164}R$，毋庸置疑，弦$AB$所对的大圆弧小于该圆圆周的$\frac{1}{656}$，即

$$AB<（该圆内接656边形的边）.$$

此时，大圆中任意的内接多边形的周长小于$\frac{44}{7}CO$.［参见《圆的度量》命题3］

因而　　$AB:CO<11:1148$,

且，更加有　　$AB<\frac{1}{100}CO.$　　（α）

又由于$CA=CO$，AM垂直于CO，当OF垂直于CA时，

$$AM=OF.$$

因此　　$AB=2AM=$太阳的直径.

这样太阳的直径$<\frac{1}{100}CO$，由（α），而且，毋庸置疑，地球的直径$<\frac{1}{100}CO.$

［假设2］

由此　　$CH+OK<\frac{1}{100}CO,$

因此　　$HK>\frac{99}{100}CO,$

或　　$CO:HK<100:99.$

并且　　$CO>CF,$

同时　　$HK<EQ.$

因此　　$CF:EQ<100:99.$　　（β）

于是，在直角三角形CFO，EQO中，直角边

$$OF=OQ，但 EQ<CF(由于 EO<CO).$$

则有$\angle OEQ:\angle OCF>CO:EO$,

但　　$<CF:EQ$[4],

将角加倍　　$\angle PEQ:\angle ACB<CF:EQ$

$<100:99$，通过上述（β）

但是　　$\angle PEQ>\frac{1}{200}R$，通过假设.

因此　　$\angle ACB>\frac{99}{20000}R$

$>\frac{1}{203}R.$

接着有弧 AB 大于大圆 AOB 圆周的$\frac{1}{812}$.

因此，更有，

$$AB>（大圆内接一千边形的边长），$$

且如上所证 AB 等于太阳的直径.

下列结果可被证明：

“宇宙”的直径<10000（地球的直径），

并且　“宇宙”的直径<10000000000 斯达地.

（1）暂设 d_u 表示“宇宙”的直径，d_s，d_e，d_m 分别表示太阳，地球和月球的直径.

由假设　$d_s \ngtr 30d_m$，［假设 3］

且　$d_e>d_m$；［假设 2］

则　$d_s<30d_e$.

现在，用最后的命题

$$d_s>（大圆内接一千边形的边长），$$

因而　（一千边形的周长）$<1000d_s$

$<30000d_e$.

但是内接于一个圆，边长多于 6 的任意正多边形的周长都大于内接于同一圆的正六边形的周长，也大于直径的三倍，因此

$$（一千边形的周长）>3d_u.$$

随即有　$d_u<10000d_e$.

（2）　地球的周长 $\ngtr$ 3000000 斯达地.［假设 1］

且　地球的周长 $>3d_e$，

因而　$d_e<1000000$ 斯达地，

由此　$d_u<10000000000$ 斯达地.

假设 5

假定一个单位量的沙子体积不超过一颗罂粟种子，它包含不超过 10000 粒沙子.

继而假定罂粟种子的直径不小于$\frac{1}{40}$手指的宽度.

数的级与周期

Ⅰ. 我们传统的命数方法可以数到一万（10000）；据此我们能将数目表示到一万万（100000000），将这些数称为**第 1 级数**.

假定 100000000 为**第 2 级数**的单位数，设**第 2 级数**包含从此单位数到 $(100000000)^2$ 的数.

重复这一步骤，从**第 3 级数**的单位数可数到 $(100000000)^3$ 为止；依此类推，直到**第 100000000 级**数的结尾 $(100000000)^{100000000}$，称之为 P.

Ⅱ. 假定刚刚描述的从 1 到 P 的数形成**第 1 周期数**.

设 P 是**第 2 周期第 1 级**的单位数，这一级包含从 P 到 $100000000P$ 的数.

设最后一数为**第 2 周期第 2 级**的单位数，这一级可数至 $(100000000)^2P$.

我们能用这种方式数下去，直至**第 2 周期第 100000000 级**的末尾 $(100000000)^{100000000}P$，或 P^2.

Ⅲ. 取 p^2 为**第 3 周期第 1 级**的单位数，以同样方式可数至**第 3 周期第 100000000 级**的末尾数 P^3.

Ⅳ. 取 P^3 为**第 4 周期第 1 级**的单位数，继续同样的程序直至数到**第 100000000 周期第 100000000 级**的末尾数 $P^{100000000}$. 这最后的数阿基米德表述为"**第万万周期第万万级的第万万单位数**"，显而易见是 $(100000000)^{99999999}$ 与 $P^{99999999}$ 乘积的 100000000 倍，即 $P^{100000000}$.

[这样描写数的方案可更清晰地依靠下列标志建立.

第 1 周期.

第 1 级. 从 1 到 10^8 的数.

第 2 级. 从 10^8 到 10^{16} 的数.

第 3 级. 从 10^{16} 到 10^{24} 的数.

⋮

第 10^8 级，从 $10^{8(10^8-1)}$ 到 $10^{8\cdot 10^8}$（即使说 P）的数.

第 2 周期.

第 1 级. 从 $P\cdot 1$ 到 $P\cdot 10^8$ 的数.

第 2 级. 从 $P\cdot 10^8$ 到 $P\cdot 10^{16}$ 的数.

⋮

第 10^8 级. 从 $P\cdot 10^{8(10^8-1)}$ 到 $P\cdot 10^{8\cdot 10^8}$（或 P^2）的数.

⋮

第 10^8 周期.

第 1 级. 从 $P^{10^8-1}\cdot 1$ 到 $P^{10^8-1}\cdot 10^8$ 的数.

第 2 级. 从 $P^{10^8-1}\cdot 10^8$ 到 $P^{10^8-1}\cdot 10^{16}$的数.

⋮

第 10^8 级，从 $P^{10^8-1}\cdot 10^{8(10^8-1)}$ 到 $P^{10^8-1}\cdot 10^{8\cdot 10^8}$（即 P^{10^8}）的数.

这一方案的巨大范围我们将在下述情况下意识到，它认为**第 1 周期**的末尾数现在可表示为 1 后面跟着 800000000 个零，**第 10^8 周期**的末尾数则需要将这些零的个数增加到 100000000 倍，即 1 后面有 80000 百万百万个零]

八位组

考虑首项为 1，次项为 10 的连比项级数［即几何级数 1，10^1，10^2，10^3，…］. 这些项的第一个八位组［即 1，10^1，10^2，…，10^7］相应地列入上述**第 1 周期第 1 级数，第二个八位组**［即 10^8，10^9，…，10^{15}］列入**第 2 周期第 2 级**中. 八位组的首项是每种情形中与级数相一致的单位数. 类似地有**第三个八位组**，等等. 我们可用同样方法排置任何八位组数.

定理

若存在任意项数的一个连比级数，称之为 A_1，A_2，A_3，$\cdots A_m$，$\cdots A_n$，$\cdots A_{m+n-1}$，$\cdots$**其中** $A_1=1$，$A_2=10$［因此该级数形成几何级数 1，10^1，10^2，…，10^{m-1}，$\cdots 10^{n-1}$，$\cdots 10^{m+n-2}$，…］，**如果任取两个项** A_m，A_n **相乘，积** $A_m\cdot A_n$ **将是同一级数中的一个项，并且它距** A_n **的项数与** A_m **距** A_1 **的项数一样多；此外它距** A_1 **的项数比** A_m **与** A_n **各自距** A_1 **的项数之和少** 1.

取距 A_n 和 A_m 距 A_1 等项数的项，此项数是 m（首末项都被数在内），则该项距 A_n 为 m 项，因此是 A_{m+n-1}项.

我们已由此证明了

$$A_m\cdot A_n=A_{m+n-1}.$$

于是在连比例级数中距其他项项数相等的项成比例.

即 $$\frac{A_m}{A_1}=\frac{A_{m+n-1}}{A_n}.$$

但 $$A_m=A_m\cdot A_1，因为 A_1=1.$$

因此 $$A_{m+n-1}=A_m\cdot A_n. \tag{1}$$

第二个结果是明显的，因为 A_m 距 A_1 为 m 项，A_n 距 A_1 为 n 项，A_{m+n-1}距 A_1 即为（$m+n-1$）项.

应用于沙粒数量

由假设 5

（罂粟种子的直径）$\nless \frac{1}{40}$（手指宽度）；

又因为球体积之比是它们直径的三次比，可推出下式：

（1 指宽直径的球积）$\ngtr$64000 罂粟种子

$\ngtr$64000×10000

$\ngtr$640000000

$\ngtr$6 个第 2 级单位数+40000000 第 1 级单位数 } 沙粒.

（更有） <10 个第 2 级单位数

现在我们逐渐增大假定球的直径，每次乘上 100. 记住球积每次乘上 100^3 或 1000000，则具有每次相继直径的球所包含的沙粒数目可由下式表示.

球的直径	相应的沙粒数
（1）100 指宽	<1000000×10 第 2 级的单位数
	<（级数的第 7 项）×（级数的第 10 项）
	<级数的第 16 项　［即 10^{15}］
	<［10^7 或］10000000 第 2 级单位数.
（2）10000 指宽	<1000000×（最后的数）
	<（级数的第 7 项）×（第 16 项）
	<级数的第 22 项　［即 10^{21}］
	<［10^{15}或］100000 第 3 级单位数.
（3）1 斯达地（<10000 指宽）	<100000 第 3 级单位数
（4）100 斯达地	<1000000×（最后数）
	<（级数的第 7 项）×（第 22 项）
	<级数的第 28 项　［10^{27}］
	<［10^3 或］1000 第 4 级单位数.
（5）10000 斯达地	<1000000×（最后数）
	<（级数的第 7 项）×（第 28 项）
	<级数的第 34 项　［10^{33}］
	<10 第 5 级单位数.

（6）1000000	<（级数的第 7 项）×（第 34 项）
斯达地	<第 40 项　　[10^{39}]
	<［10^7 或］10000000 **第 5 级**单位数.
（7）100000000	<（级数的第 7 项）×（第 40 项）
斯达地	<第 46 项　　[10^{45}]
	<［10^5 或］100000 **第 6 级**单位数.
（8）10000000000	<（级数的第 7 项）×（第 46 项）
斯达地	<级数的第 52 项　　[10^{51}]
	<［10^3 或］1000 **第 7 级**单位数.

但据上述命题，

“宇宙”的直径<10000000000 斯达地.

因此**能包含于我们的“宇宙”这样尺寸的球中的沙粒数目少于** 1000 **个第** 7 **级单位数**[或 10^{51}].

由此可进一步证明**阿里斯塔修斯认为的恒星球大小的球体所包含的沙粒数目少于** 10000000 **个第** 8 **级单位数**［**或** $10^{56+7}=10^{63}$］.

利用假设，

（地球）：（“宇宙”）=（“宇宙”）：（恒星球），

而且　（“宇宙”的直径）<10000（地球的直径）.

由此

（恒星球的直径）<10000（“宇宙”的直径）.

因此

（恒星球）<$(10000)^3$（“宇宙”）.

继而包含于一个与恒星球相等的球中的沙粒数：

<$(10000)^3$×1000 第 7 级单位数

<（级数的第 13 项）×（级数的第 52 项）

<级数的第 64 项　　[10^{63}]

<［10^7］10000000 第 8 级单位数.

结论

“革隆（Gelon）国王，我想这些细节对绝大多数没学过数学的人来说难以置信，但对那些熟悉有关内容并已思考过地球、太阳和月球距离与大小问题的人，证明会使他们坚信不疑. 正因为如此，我认为这一论题未必不适合您的思考.”

注 释

[1]'Aρχαί是呈给赛克西普斯（Zeuxippus）著作的标题，参见《阿基米德全集》导论第2章结尾阿基米德失传著作详表的注记.

[2] 菲底亚斯（Pheidias），τοῦ ἀμοῦ πατρὸς 是布拉斯（Blass）对 τοῦ 'Ακούπατρος的改正（Jahrb. f. Plilol. cxxvii, 1883）.

[3] 严格说来这不是一条假设；这是一个后面用已描述过的实验结果证明的命题.

[4] 这里的命题当然假定与下述三角公式是等价的：如果α、β是两个小于直角的角，α大于β，则有 $\frac{\tan\alpha}{\tan\beta}>\frac{\alpha}{\beta}>\frac{\sin\alpha}{\sin\beta}$.

有关《沙粒的计算》一文的意义

阿基米德时代希腊记数法采用“分级符号制”或曰“逐级命数法”，即用字母表中的前9个字母表示1，2，…，9；第10~18个字母表示10，20，…，90；第19~27个字母表示100，200，…，900。为了与文字单词相区别，数字符号上常加横线。字母记数是一形两用，增加了记忆上的困难，而且运算使用繁琐。

阿基米德在希腊当时最大的数字“万”的基础上创用“万万”（10^8），并使用了级、周期等概念，以便写出更大的数。这是开创性的成果，其重要之处不仅在于实际上给出写任何大数的方案，更是阐述了可以把数写得大到不受限制的思想。他的记数方法在古代各种大数记法中使用符号最经济，数目表示简洁明了。直到现代，人们仍然遵循阿基米德给出的原则处理大数，只是每种单位数的名称各有不同而已。

阿基米德的记数方法距十进位值制记数法尚有距离，这成为包括高斯在内的一些数学家感到遗憾之处。不过，单就计算沙粒来看，彻底革新古希腊的记数制度并不十分必要，而充分利用已有成果巧妙解决实际问题倒是阿基米德做学问时经常采用的方法。

阿基米德在推导沙粒数量时给出“同底数的幂相乘，底数不变，指数相加”的定理，将幂的积与幂的指数和联系起来，这一性质成为17世纪对数发明的基石。《沙粒的计算》还首次记载了阿里斯塔修斯提出的日心说，被认为是世界上最早的日心学说。阿基米德有许多失传的著作。短短《沙粒的计算》能流传至今，应该说与它内容的重要性有很大关系。(译者注)

解决力学问题的方法——致厄拉多塞

“阿基米德向厄拉多塞（Eratosthenes）致意.

前些时候我寄给您一些我发现的定理，但当时我只写出了定理的内容，而没有给出证明，希望您做出证明. 我寄给您的那些定理的内容如下.

1. 如果在一底为平行四边形的直棱柱内作一内接圆柱，圆柱的两底位于两相对的平行四边形[1]上，圆柱的边［即四条母线］在直棱柱的其余平面（侧面）上. 经过圆柱的底圆圆心和与该底圆相对的正方形的一边作一平面，该平面从圆柱上截下的部分由两个平面和圆柱的表面围成，其中一个平面为所作的平面，另一平面为圆柱底所在的平面，圆柱的表面指位于上述两平面之间的部分，那么，从圆柱上所截下部分的体积是整个棱柱的$\frac{1}{6}$.

2. 如果在一立方体内作一内接圆柱，圆柱的两底位于两相对的平行四边形[2]上，圆柱面与立方体的其余四个平面（侧面）相切. 同时还有另一圆柱内接于同一立方体，此圆柱的两底位于另外的平行四边形上，它的表面与余下的四个平面（侧面）相切，那么，位于两圆柱内部，由两（等直径）圆柱面（正交）所围成的图形①，其体积是整个立方体的$\frac{2}{3}$.

上述这两个定理性质上不同于以前转寄出的那些定理，这是由于，那时所谈及的图形，即劈锥曲面体和旋转椭圆体及它们的一部分，我们是用圆锥和圆柱来衡量其体积的：但并未发现其中任一个图形等于由平面所围成的立体图形的体积；而现在谈及的由两个平面和圆柱面围成的图形，却发现其体积等于由平面围成的某一立体图形的体积. 关于前述两个定理的证明我已经写在这本书里，现在把它寄给您. 另外，如我所说，您是一位极认真的学者，在哲学上有卓越成就，又热心于［探索数学知识］，因而，我认为在同一本书中给您写出并详细说明一种方法的独特之处是合适的，用这种方法使您可能会借助于力学方法开始来研究某些数学问题. 我相信这一方法的相应过程甚至对定理本身的证明同样有用，因为按照上述方法对这些定理所做的研究虽然不能提供定理的实际证明，以后它们

① 此图形我国刘徽（公元263年前后）称为“牟合方盖”.

必须用几何学进行论证，但通过力学方法，我对一些问题首先变得清晰了．然而，当我们用这种方法预先获得有关这些问题的信息时，完成它们的证明当然要比没有任何信息的情况下去发现其证明容易得多．正是由于这一原因，对于圆锥是同底等高的圆柱体积的三分之一及棱锥是同底等高的棱柱体积的三分之一这两个定理来说，欧多克索斯首先给出它们的证明，但我们不能就此轻视德谟克利特的功绩，是他最先就上述图形[3]作出这种断言，虽然他没有予以证明．现在我本人就处于［通过上面指出的方法］先发现要公布的定理的情形，这使我认为有必要阐述一下这种方法．这样做部分是因为我曾谈到过此事①，我不希望被视作讲空话的人，另外也因为我相信这种方法对数学很有用．我认为，这种方法一旦被理解，将会被同代人或未来的某些人用以发现我尚未想到的其他一些定理．

那么，我先列出我用力学方法得到的第一个定理，即：

直角圆锥的截面［即抛物线］所构成的弓形面积是同底等高三角形的$\frac{4}{3}$，

这之后我将给出用同样的方法研究得到的所有其他定理．然后，在该书的最后部分我将给出［书的开始处所述命题］的几何［证明］……

［我假定下列命题成立，它们在后面将要用到．］

1．如果［两个重心不同的量相减，那么剩余量的重心可通过如下方法求得］，即［在整体量的重心方向上］延长［连接整体量和减量的重心的直线］，然后从其上截去一段长度，使该长度与上述两重心间的距离之比等于减量与剩余量的重量之比．

［《论平面图形的平衡》，i. 8］

2．如果一组量的重心均在同一直线上，那么由这组量的全体所组成的量的重心将在相同的直线上．

［出处同上，i. 5］

3．任一直线的重心是该直线的中点．

［出处同上，i. 4］

4．三角形的重心是从角顶点到（对）边中点所作直线的交点．

［出处同上，i. 13、14］

5．平行四边形的重心是对角线的交点．

［出处同上，i. 10］

---

① 参看《求抛物线弓形的面积》的序言．

6. 圆的重心就是［该圆的］圆心.

7. 圆柱的重心是轴的平分点.

8. 圆锥的重心是［划分轴的点，该点使轴上靠近顶点的］那部分［是靠近底的那部分的］三倍.

［这些命题都已经］证明过了[4]. ［除这些命题外，我还要用到下面的命题，它是很容易证明的：

如果在两组量中，第一组量依次与第二组量成比例，而且［第一组］量的全体或其中一部分［与第三组量］成任一比，又第二组量与［第四组］中的相应量也成同一比，那么，第一组量之和与第三组所选量之和的比等于第二组量之和与第四组中（相应）所选量之和的比. ［《论劈锥曲面体与旋转椭圆体》，命题1. ］”

命题1　设 ABC 是由直线 AC 和抛物线 ABC 所围成的抛物线弓形，D 为 AC 的中点. 作直线 DBE 平行于抛物线的轴，连接 AB、BC.

则弓形 ABC 的面积是三角形 ABC 面积的$\frac{4}{3}$.

由 A 点作 AKF 平行于 DE，设抛物线在 C 点的切线交 DBE 于 E，交 AKF 于 F. 延长 CB 交 AF 于 K，再延长 CK 至 H，使 KH 等于 CK.

将 CH 作为杠杆，K 为中点.

设 MO 是平行于 ED 的任一直线，它与 CF、CK、AC 分别交于点 M、N、O，与曲线交于 P 点.

由于 CE 为抛物线的切线，CD 为半纵坐标，所以

$$EB=BD,$$

“这在［圆锥曲线的］理论中已经证明过了[5]. ”

又因为 FA、MO 都平行于 ED，所以应有

$$FK=KA,\quad MN=NO,$$

根据抛物线的性质，“已在引理中证明”，有

$MO:OP=CA:AO$　　［参看《求抛物线弓形的面积》命题5］

$=CK:KN$　　［Eucl. vi. 2］

$=HK:KN$,

取直线 TG 等于 OP，将其以 H 为重心放置，以使 $TH=HG$，于是由 N 为直线 MO 的重心

及 $$MO : TG = HK : KN,$$
可推知，H 处的 TG 和 N 处的 MO 关于 K 点保持平衡.

［《论平面图形的平衡》，i. 6. 7］

类似地，对平行于 DE 且与抛物线弧相交的所有其他直线，（1）截于 FC、AC 之间、中点在 KC 上的部分和（2）曲线和 AC 之间的截线为长、以 H 为重心放置的一段长度将关于 K 点保持平衡.

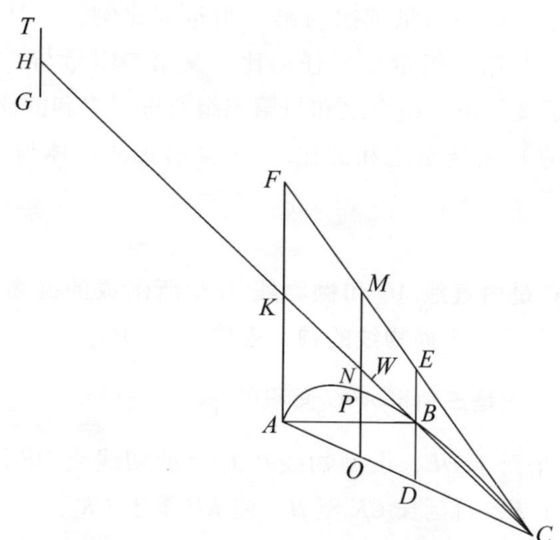

因此，K 是由如下两组直线构成的整个系统的重心，即（1）截于 FC、AC 之间，置于图中实际所示位置的所有像 MO 一样的直线和（2）置于 H 处、以曲线和 AC 间的截线为长度的所有像 PO 一样的直线.

因为三角形 CFA 由所有像 MO 一样的平行线组成、弓形 CBA 由所有像 PO 一样含于曲线内部的直线组成，所以可推知，置于图中所示位置上的三角形与以 H 为重心放置的弓形 CBA 关于 K 点保持平衡.

以 W 点划分 KC，使 $CK=3KW$，则 W 是三角形 ACF 的重心，“这已在有关平衡性的著作中得到证明”（ἐν τοῖς ἰσορροπικοῖς）.

［参看《论平面图形的平衡》 i . 15］

于是有 $\triangle ACF$: 弓形 $ABC = HK : KW$

$$= 3 : 1.$$

从而 $$\text{弓形 } ABC = \frac{1}{3}\triangle ACF.$$

但 $$\triangle ACF = 4\triangle ABC.$$

故 $$弓形\ ABC=\frac{4}{3}\triangle ABC.$$

“这里所陈述的事实不能以上面所用的观点作为实际证明，但这种观点暗示了结论的正确性，鉴于该定理并未得到证明，同时它的真实性又值得怀疑，因此我们将求助于几何学的证明，我本人已经发现并公布了这一证明[6].”

命题 2 用同样的方法，我们可以考察命题

（1）球（就体积而言）是以它的大圆为底、它的半径为高的圆锥体积的 4 倍.

（2）以球的大圆为底、球直径为高的圆柱的体积是球体积的 $1\frac{1}{2}$ 倍.

（1）设 $ABCD$ 为球的大圆，AC、BD 是相互垂直的直径.

在与 AC 垂直的平面上作以 BD 为直径的圆，再以该圆为底，以 A 为顶点作一圆锥，扩展这一圆锥的表面，然后用经过 C 点平行于该圆锥底的平面去截它，截面是以 EF 为直径的圆，以该圆为底，以 AC 为高和轴作一圆柱，并延长 CA 至 H，使 AH 等于 CA.

视 CH 为杠杆，A 为其中点.

在圆 $ABCD$ 所在的平面上作与 BD 平行的任一直线 MN，设 MN 与圆 $ABCD$ 交于点 O、P，与直径 AC 交于点 S，与直线 AE、AF 分别交于点 Q、R. 连接 AO.

过 MN 作与 AC 成直角的平面，该平面截圆柱所得的截面是以 MN 为直径的圆，截球所得的截面是以 OP 为直径的圆，截圆锥得以 QR 为直径的圆.

因为 $MS=AC$，$QS=AS$，则有

$$\begin{aligned}MS\cdot SQ&=CA\cdot AS\\&=AO^2\\&=OS^2+SQ^2.\end{aligned}$$

又 $HA=AC$，从而有

$$\begin{aligned}HA:AS&=CA:AS\\&=MS:SQ\\&=MS^2:MS\cdot SQ\\&=MS^2:(OS^2+SQ^2)\text{，这是上面推导出的结果，}\\&=MN^2:(OP^2+QR^2)\\&=\text{以 }MN\text{ 为直径的圆}:(\text{以 }OP\text{ 为直径的圆}+\text{以 }QR\text{ 为直径的圆}).\end{aligned}$$

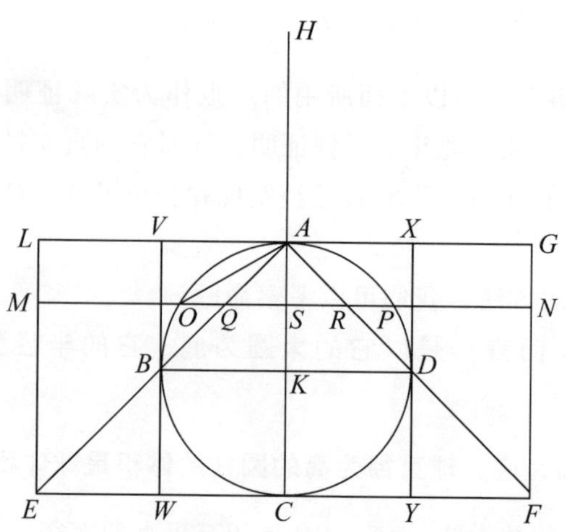

即

$HA : AS =$ 圆柱中的圆 : (球中的圆+圆锥中的圆).

因此，若以 H 为重心放置球中的圆和圆锥中的圆，那么，处于原位置上的圆柱中的圆与前两圆关于 A 点保持平衡.

同理，由这样的平面，即该平面垂直于 AC 并且经过平行四边形 LF 内平行于 EF 的任一其他直线，截得的三个相应的截面也有类似的结论.

如果我们以同样的方法讨论所有这三类圆，即垂直于 AC 的平面截圆柱、球和圆锥所得的圆，而且所有这三类圆分别组成上述三种立体图形，那么，可以得出，当球和圆锥以 H 为重心放置时，处于原位置上的圆柱将与二者关于 A 点保持平衡.

因而由 K 为圆柱的重心知有

$$HA : AK = \text{圆柱} : (\text{球} + \text{圆锥 } AEF).$$

但是 $HA = 2AK$,

于是有

$$\text{圆柱} = 2\ (\text{球} + \text{圆锥 } AEF).$$

而 圆柱 $= 3$ 圆锥 AEF, [Eucl. xii. 10]

所以 圆锥 $AEF = 2$ 球.

又由 $EF = 2BD$ 知

圆锥 $AEF = 8$ 圆锥 ABD.

故 球 $= 4$ 圆锥 ABD.

（2）过 B、D 作 VBW、XDY 平行于 AC，设有一圆柱，以 AC 为轴，以 VX、WY 为直径的圆作两底.

则　　圆柱 VY =2 圆柱 VD

=6 圆锥 ABD　　[Eucl. xii. 10]

$=\frac{3}{2}$球，这是由上面的（1）得到的.　　**证完**

"由这一定理，即球体积是以它的大圆为底、半径为高的圆锥体积的4倍，我想到，任一球的表面积是它的大圆面积的4倍，这是因为，由圆面积等于以它的周长为底，以它的半径为高的三角形面积这一事实进行推断，我认识到同样应有，球体积等于以球的表面积为底、半径为高的圆锥的体积，由此推断出球的表面积等于它的大圆面积的4倍[7]."

命题3　用这种方法我们还能考察下面的定理.

以旋转椭圆体的大圆为底、轴为高的圆柱体积是旋转椭圆体的 $1\frac{1}{2}$ 倍.

而且，当这一定理被证实时，显然有

如果旋转椭圆体被经过中心且垂直于轴的平面所截，则截得的半旋转椭圆体的体积是与该部分（即半旋转椭圆体）同底同轴的圆锥体积的2倍.

设经过旋转椭圆体的轴的平面与旋转椭圆体面相交的交线为椭圆 $ABCD$，该椭圆的直径（即轴）为 AC、BD，中心为 K.

在与 AC 垂直的平面上作以 BD 为直径的圆，将以该圆为底，A 为顶点的圆锥面扩展，所得锥面又被经过 C 点平行于该圆锥底的平面所截，截面是垂直于 AC 的平面上以 EF 为直径的圆.

设有一圆柱，以后面的圆为底，以 AC 为轴，延长 CA 至 H，使 AH 等于 CA.

将 HC 视为杠杆，A 为其中点.

在平行四边形 LF 内作平行于 EF 的任一直线 MN，与椭圆交于点 O、P，与 AE、AF、AC 分别交于点 Q、R、S.

现若经过 MN 作与 AC 垂直的平面，则该平面截圆柱、旋转椭圆体和圆锥所得的截面分别是以 MN、OP、QR 为直径的圆.

因为 $HA=AC$，则

$$HA : AS = CA : AS$$

$$= EA : AQ$$

$$= MS : SQ.$$

从而

$$HA : AS = MS^2 : MS \cdot SQ.$$

但由椭圆的性质有

$$AS \cdot SC : SO^2 = AK^2 : KB^2 = AS^2 : SQ^2.$$

于是 $$SQ^2 : SO^2 = AS^2 : AS \cdot SC = SQ^2 : SQ \cdot QM.$$

因而 $$SO^2 = SQ \cdot QM.$$

两边同时加上 SQ^2 有

$$SO^2 + SQ^2 = SQ \cdot SM.$$

所以，由上面推导的结果可得

$$HA : AS = MS^2 : (SO^2 + SQ^2) = MN^2 : (OP^2 + QR^2)$$

= 以 MN 为直径的圆 :(以 OP 为直径的圆+以 QR 为直径的圆)，

即

$HA : AS$ = 圆柱中的圆 : 旋转椭圆体中的圆+圆锥中的圆

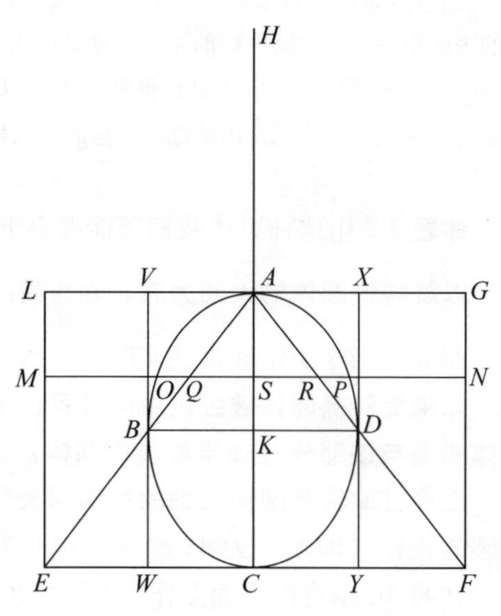

因此，若以 H 为重心放置旋转椭圆体中的圆与圆锥中的圆，那么，处于原位置上的圆柱中的圆与前两圆关于 A 点保持平衡.

同理，由这样的平面，即该平面垂直于 AC 并且经过平行四边形 LF 内平行于 EF 的任一其他直线，截得的三个相应的截面也有类似的结论.

如果我们以同样的方法讨论所有这三类圆，即垂直于 AC 的平面截圆柱，旋转椭圆体和圆锥所得的圆，而且所有这三类圆分别组成上述三种图形，那么，可以得出，当旋转椭圆体和圆锥以 H 为重心放置时，处于原位置上的圆柱将与二者关于 A 点保持平衡.

因而由 K 为圆柱的重心知有

$HA : AK$ = 圆柱 :(旋转椭圆体+圆锥 AEF).

但 $HA = 2AK$,

于是有　圆柱 = 2 (旋转椭圆体+圆锥 AEF).

而　圆柱 = 3 圆锥 AEF,　[Eucl. xii. 10]

所以　圆锥 AEF = 2 旋转椭圆体.

又由 $EF=2BD$ 知

$$\text{圆锥 } AEF = 8 \text{ 圆锥 } ABD,$$

故 $$\text{旋转椭圆体} = 4 \text{ 圆锥 } ABD,$$

从而 $$\text{半旋转椭圆体} = 2 \text{ 圆锥 } ABD.$$

过 B、D 作 VBW、XDY 平行于 AC，设有一圆柱，以 AC 为轴，以 VX、WY 为直径的圆作两底.

则 $$\text{圆柱 } VY = 2 \text{ 圆柱 } VD$$
$$= 6 \text{ 圆锥 } ABD$$
$$= \frac{3}{2}\text{旋转椭圆体，这是由上面的结论得到的.}$$ **证完**

命题 4　直角劈锥曲面（即旋转抛物体）被垂直于轴的平面所截取的部分的体积是与该部分立体同底同轴的圆锥体积的 $1\frac{1}{2}$ 倍.

该命题能用我们所说的方法考察，过程如下.

设旋转抛物体被经过轴的平面所截，截面为抛物线 BAC，它又被另一垂直于轴的平面所截，该平面与前一平面的交线为 BC，延长 DA 至 H，即延长旋转抛物体被垂直于轴的平面所截取部分的轴，使 HA 等于 AD.

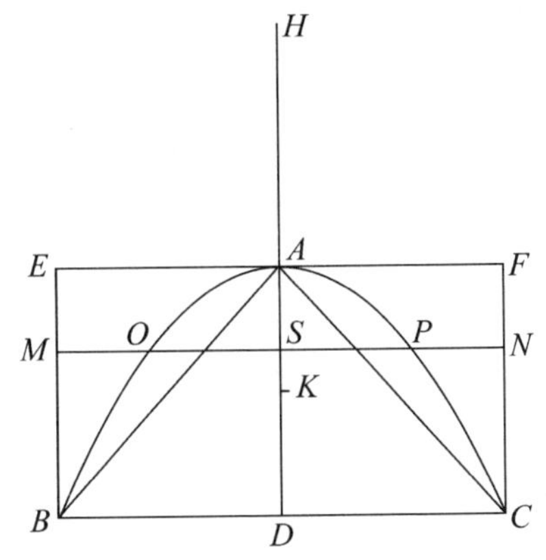

视 HD 为杠杆，A 为中点.

旋转抛物体被截取部分的底是与 AD 垂直的平面上以 BC 为直径的圆，又设有（1）以后面的圆为底、A 为顶点的圆锥，（2）以同样的圆为底、AD 为轴的圆柱.

在平行四边形 EC 内作平行于 BC 的任一直线 MN，再作经过 MN 与 AD 垂直的平面，该平面截圆柱、旋转抛物体所得截面分别是以 MN、OP 为直径的圆. 因为 BAC 为抛物线，BD、OS 为平行于纵标方向的直线，则

$$DA : AS = BD^2 : OS^2,$$

或 $$HA : AS = MS^2 : SO^2.$$

从而

$$HA:AS=\text{半径为 }MS\text{ 的圆}:\text{半径为 }OS\text{ 的圆}$$
$$=\text{圆柱中的圆}:\text{旋转抛物体中的圆}.$$

因此，若以 H 为重心放置旋转抛物体中的圆，那么，处于原位置上的圆柱上的圆将与前者关于 A 点保持平衡.

同理，由这样的平面，即该平面垂直于 AD 并且经过平行四边形内平行于 BC 的任一其他直线，截得的两个相应的圆截面也有类似的结论.

所以，同以前一样，如果考虑组成整个圆柱和旋转抛物体被截取部分的所有圆，并用同样的方法讨论它们，那么，我们发现，处于原位置上的圆柱与心 H 为重心放置的旋转抛物体被截取的部分关于 A 点保持平衡.

设 AD 的中点为 K，则 K 为圆柱的重心，

因而　$HA:AK=$圆柱:旋转抛物体被截取的部分.

于是　圆柱$=2$ 旋转抛物体被截取的部分，

又　圆柱$=3$ 圆锥 ABC，　[Eucl. xii. 10]

故　旋转抛物体被截取部分的体积$=\frac{3}{2}$圆锥 ABC.

命题 5　直角劈锥曲面（即旋转抛物体）被垂直于轴的平面所截取部分的重心位于该被截取部分的轴所在的直线上，并且分该直线为两部分，靠近顶点的部分是余下部分的 2 倍.

该命题用这种方法考察如下.

设旋转抛物体被经过轴的平面所截，截面为抛物线 BAC，它又被另一垂直于轴的平面所截，该平面与前一平面的交线为 BC.

延长 DA 至 H，即延长旋转抛物体被垂直于轴的平面所截取部分的轴，使 HA 等于 AD，将 DH 视为杠杆，A 为其中点.

旋转抛物面被截取部分的底是与 AD 垂直的平面上以 BC 为直径的圆，又设有一圆锥，以该圆为底，A 为顶点，以使 AB、AC 为它的母线.

在抛物线内作平行于纵坐标方向的任一直线 OP，分别交 AB、AD、AC 于点 Q、S、R.

现由抛物线的性质有

$$BD^2:OS^2=DA:AS$$
$$=BD:QS$$
$$=BD^2:BD\cdot QS.$$

从而 $OS^2=BD\cdot QS$,

即 $BD:OS=OS:QS$.

于是有 $BD:QS=OS^2:QS^2$,

但 $BD:QS=AD:AS$

$=HA:AS$.

因而 $HA:AS=OS^2:QS^2$

$=OP^2:QR^2$.

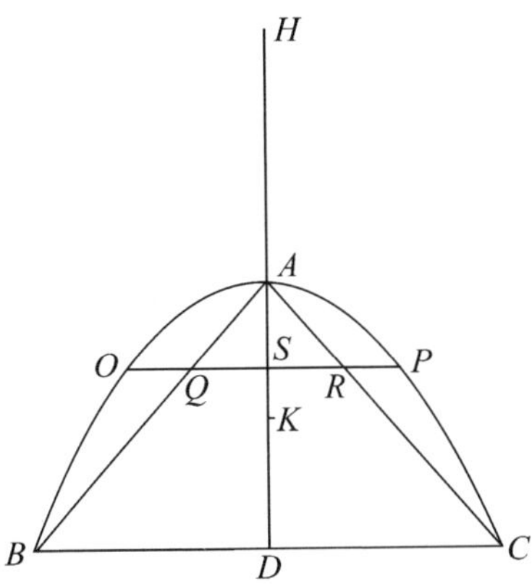

现在，若经过 OP 作与 AD 垂直的平面，则此平面截旋转抛物体和圆锥所得的截面分别为以 OP、QR 为直径的圆.

因此应有

$HA:AS=$ 直径为 OP 的圆∶直径为 QR 的圆

=旋转抛物体中的圆∶圆锥中的圆.

进一步可知，处于原位置上的旋转抛物体中的圆与以 H 为重心放置的圆锥中的圆关于 A 点保持平衡.

同理，由下述平面，即该平面垂直于 AD 并且经过抛物线内平行于纵坐标方向的任一其他直线，截得的两个相应的圆形截面也有类似的结论.

因此，对于分别组成旋转抛物体被截取的部分和圆锥的所有圆形截面，按照同前一样的方法讨论它们，可知，处于原位置上的旋转抛物面被截取的部分与以 H 为重心放置的圆锥关于 A 点保持平衡.

由于 A 是上述整个系统的重心，其中的一部分即圆锥置于上面所述位置上时，重心在 H 点，另一部分即旋转抛物体被截取部分的重心位于 HA 延长线上某点 K 处，于是有

$HA : AK=$旋转抛物面被截取部分∶圆锥.

但　旋转抛物面被截取部分$=\frac{3}{2}$圆锥，　　　　［命题 4］

因而　$HA=\frac{3}{2}AK$，

这说明，K 分 AD 的两部分有关系式 $AK=2KD$.

命题 6　半球的重心位于其轴［所在的直线上］，并且分该直线段为如下两部分，靠近半球面的部分与余下部分的比为 3 比 5.

设球被经过中心的平面所截，截面为圆 $ABCD$，AC、BD 是该圆的两条相互垂直的直径，经过 BD 作垂直于 AC 的平面.

这一平面截球所得截面是以 BD 为直径的圆.

又设有一圆锥，以后面所说的圆为底，A 为顶点.

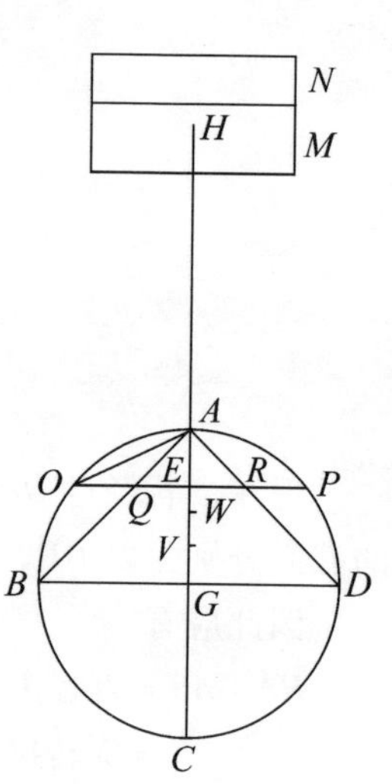

延长 CA 至 H，使 AH 等于 CA，将 HC 视为杠杆，A 为其中点.

在半圆 BAD 内，作平行于 BD 的任一直线 OP，与 AC 交于 E，与圆锥的两条母线 AB，AD 分别交于点 Q、R，连接 AO.

经过 OP 作垂直于 AC 的平面，该平面截半球所得的截面是以 OP 为直径的圆，截圆锥的截面是以 QR 为直径的圆.

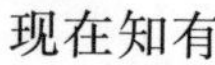

现在知有

$$\begin{aligned}HA : AE &= AC : AE\\ &= AO^2 : AE^2\\ &= (OE^2+AE^2) : AE^2\\ &= (OE^2+QE^2) : QE^2\\ &= (\text{直径为 }OP\text{ 的圆}+\text{直径为 }QR\text{ 的圆}) : \text{直径为 }QR\text{ 的圆}.\end{aligned}$$

因此，若以 H 为重心放置直径为 QR 的圆，那么，处于原位置上的直径分别为 OP、QR 的圆与前者关于 A 点保持平衡.

另外，由于直径分别为 OP、QR 的两圆的重心，如所示位置重合在一起，是……

［命题到这里出现空白，但按照命题 8 中解决相应的、但更困难的情形所用

的方法，可以容易地完成证明.

上面已经提到，处于原位置上的、直径分别为 OP、QR 的圆与以 H 为重心放置的直径为 QR 的圆关于 A 点保持平衡，我们从这里继续进行推导.

由经过 AG 上的点且垂直于 AG 的其他平面所截得的任何一组其他的圆截面关于 A 点也有类似的关系.

那么，分别考虑充满半球 BAD 和圆锥 ABD 的所有圆，可以发现，处于原位置上的半球 BAD 和圆锥 ABD 与以 H 为重心放置的，与圆锥 ABD 相同的另一圆锥关于 A 点保持平衡.

设体积为 $M+N$ 的圆柱等于圆锥 ABD 的体积.

于是由以 H 为重心放置的圆柱 $M+N$ 与处于原位置上的半球 BAD，圆锥 ABD 保持平衡，可以假定，圆柱的体积为 M 的部分，以 H 为重心放置时，与处于原位置上的圆锥 ABD（仅其一个）保持平衡；从而以 H 为重心放置的圆柱的体积为 N 的部分与处于原位置上的半球（仅其一个）保持平衡.

现设圆锥的重心在点 V 处，满足 $AG=4GV$，于是由 H 处的体积 M 与圆锥 ABD 平衡可知

$$M：\text{圆锥}=\frac{3}{4}AG：HA=\frac{3}{8}AC：AC,$$

从而得

$$M=\frac{3}{8}\text{圆锥}.$$

$$\text{但 } M+N=\text{圆锥，因此 } N=\frac{5}{8}\text{圆锥}.$$

再令半球的重心在 W 点，它是 AG 上的某点.

于是由 H 处的体积 N 只与半球平衡可知

$$\text{半球}：N=HA：AW.$$

但半球 $BAD=2$ 倍的圆锥 ABD，

［《论球和圆柱》 i.34 和前面的命题 2］

又 $N=\frac{5}{8}$圆锥，这已由上面推得，因此有

$$2：\frac{5}{8}=HA：AW$$

$$=2AG：AW,$$

所以 $AW=\frac{5}{8}AG$，这表明 W 以 $AW：WG=5：3$ 的方式分割 AG. ］

命题 7 用同样的方法还可以考察命题:

[球缺] 与 [同底等高的] 圆锥 [的体积之比等于球半径与余下球缺的高度之和比上余下球缺的高度]

[这里出现脱漏，但缺掉的部分是作图部分，依据图形它是很容易理解的，显然 ABD 是所说的球缺，其体积要与同底同高的圆锥进行比较.]

经过 MN 作垂直于 AC 的平面，该平面截圆柱，球缺和底为 EF 的圆锥所得的截面分别是以 MN、OP、QR 为直径的圆.

用同以前一样的方法 [参看命题 2] 可以证明，如果直径为 OP、QR 的两圆都移至 H 处，使 H 为它们的重心，那么，处于原位置上的直径为 MN 的圆与前两圆关于 A 点保持平衡. 同理可证，均以 AG 为高的圆柱、球缺和圆锥被垂直于 AC 的任一平面所截得的各组圆中，每组中的三个圆都有同样的结论.

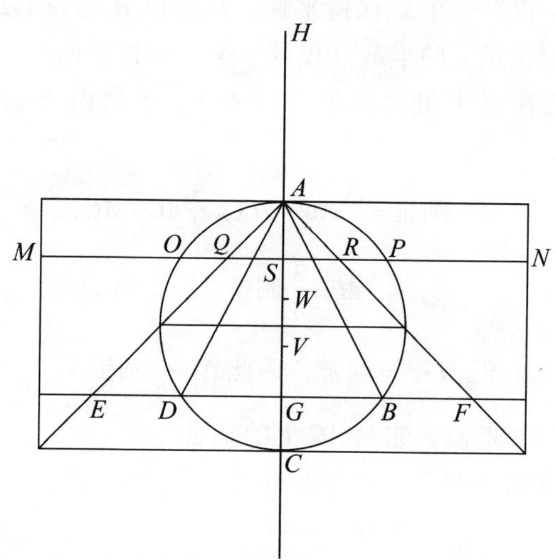

因为所有各组中的三个圆分别组成圆柱、球缺和圆锥，所以可以推知，如果球缺和圆锥都以 H 为重心放置时，则处于原位置上的圆柱与二者之和关于 A 点保持平衡.

以点 W、V 划分 AG，使得

$$AW=WG,\ AV=3VG.$$

则可知，W 是圆柱的重心，V 是圆锥的重心.

现由上述立体处于平衡状态，知有

$$\text{圆柱}:(\text{圆锥 } AEF+\text{球缺 } BAD)=HA:AW.$$

……

［证明的余下部分丢失了，但这可以很容易地做如下的补遗.

现知有

$$(\text{圆锥 }AEF+\text{球缺 }BAD):\text{圆柱}=AW:AC=AW\cdot AC:AC^2.$$

但 $$\text{圆柱}:\text{圆锥 }AEF=AC^2:\frac{1}{3}GE^2=AC^2:\frac{1}{3}AG^2.$$

因此，由首末比有

$$(\text{圆锥 }AEF+\text{球缺 }BAD):\text{圆锥 }AEF=AW\cdot AC:\frac{1}{3}AG^2=\frac{1}{2}AC:\frac{1}{3}AG,$$

于是有 $$\text{球缺 }BAD:\text{圆锥 }AEF=\left(\frac{1}{2}AC-\frac{1}{3}AG\right):\frac{1}{3}AG.$$

又 $$\text{圆锥 }AEF:\text{圆锥 }ABD=EG^2:DG^2=AG^2:AG\cdot GC=AG:GC=\frac{1}{3}AG:\frac{1}{3}GC.$$

故由首末比得

$$\text{球缺 }BAD:\text{圆锥 }ABD=\left(\frac{1}{2}AC-\frac{1}{3}AG\right):\frac{1}{3}GC=\left(\frac{3}{2}AC-AG\right):GC=\left(\frac{1}{2}AC+GC\right):GC$$

证完］

命题8 ［有关命题内容的阐述、假设以及有关作图的话都缺掉了.

然而，由命题9可以得知该命题的内容，其内容，除了不可能谈及“任一球缺”外，和命题9一定是相同的，因此可以推测，该命题仅是关于一类球缺的论述，即或者是比半球大的球缺或者是比半球小的球缺.

海伯格（Heiberg）的图形对应的是比半球大的情形、所考察的球缺自然应是图中的球缺 BAD，作图的开始部分和作图由图中所示显然是很清楚的.］

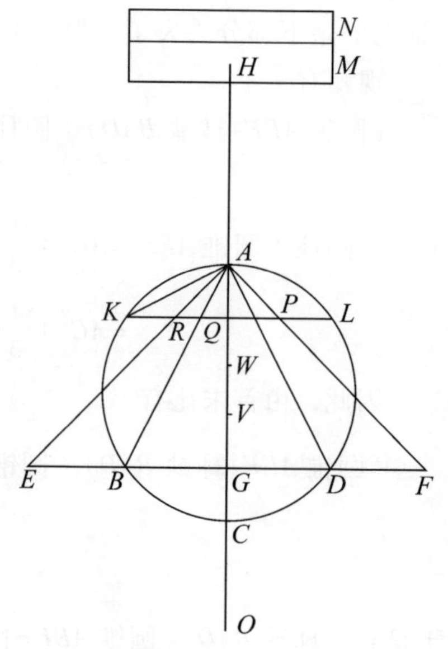

延长 CA 两端至 H、O 点，使 HA 等于 AC，CO 等于球半径，视 HC 为杠杆，中点为 A.

在截得球缺的平面上作以 G 为圆心，半径（GE）等于 AG 的圆，再以该圆为底、A 为顶点作一圆锥，AE、AF 为该圆锥的母线.

过 AG 上的任一点 Q 作 KL 平行于 EF，与球缺交于点 K、L，与 AE、AF 分别交于点 R、P. 连接 AK.

现知 $HA : AQ = CA : AQ$

$= AK^2 : AQ^2$

$= (KQ^2 + QA^2) : QA^2$

$= (KQ^2 + PQ^2) : PQ^2$

=（直径为 KL 的圆+直径为 PR 的圆）：直径为 PR 的圆.

设有一圆，与直径为 PR 的圆相等，以 H 为重心将其放置，于是可知，处于原位置上的直径为 KL、PR 的圆与以 H 为重心放置的、直径等于 PR 的上述圆关于 A 点保持平衡.

同理，对于由垂直于 AG 的任一其他平面所截得的相应的圆截面也有类似的结论.

因此，考虑分别组成球缺 ABD 和圆锥 AEF 的所有圆截面，可以发现，处于原位置上的球缺 ABD 和圆锥 AEF 与假设以 H 为重心放置时的圆锥 AEF 保持平衡.

设体积为 $M+N$ 的圆柱等于以 A 为顶点，以 EF 为直径的圆作底的圆锥的体积.

在 V 点划分 AG，使得 $AG=4VG$，则 V 是圆锥 AEF 的重心，“这一点以前已经证明过了[8].”

设圆柱 $M+N$ 被垂直于轴的平面所截，使得（仅）圆柱 M，当以 H 为重心放置时，与圆锥 AEF 平衡.

因为悬挂于 H 处的圆柱 $M+N$ 与处于原位置上的球缺 ABD 和圆锥 AEF 保持平衡，而 M，也置于 H 点，与处于原位置上的圆锥 AEF 保持平衡，所以可以推知，置于 H 处的 N 与处于原位置上的球缺 ABD 保持平衡.

另外，球缺 ABD : 圆锥 $ABD=OG:GC$，
“这已被证明”［参看《论球和圆柱》ii.2 的推论，亦即前面的命题7］，

又　圆锥 ABD : 圆锥 AEF = 直径为 BD 的圆 : 直径为 EF 的圆

$$=BD^2:Ef^2$$

$$=BG^2:GE^2$$

$$=CG\cdot GA:GA^2$$

$$=CG:GA,$$

于是由首末比有

$$\text{球缺 }ABD:\text{圆锥 }AEF=OG:GA.$$

在 AG 上取点 W，使得

$$AW:WG=(GA+4GC):(GA+2GC),$$

其反比为

$$GW:WA=(2GC+GA):(4GC+GA).$$

由合比得

$$GA:AW=(6GC+2GA):(4GC+GA).$$

又　$GO=\frac{1}{4}(6GC+2GA)$，$\left[\text{因为 }GO-GC=\frac{1}{2}(CG+GA)\right]$

并且

$$CV=\frac{1}{4}(4GC+GA),$$

因此

$$GA:AW=OG:CV,$$

交换内项，并求反比得

$$OG:GA=CV:WA.$$

所以由上面的结论应有

$$\text{球缺 }ABD:\text{圆锥 }AEF=CV:WA.$$

现在由重心在 H 点的圆柱 M 与重心在 V 点的圆锥 AEF 关于 A 点保持平衡，可知

$$\text{圆锥 }AEF:\text{圆柱 }M=HA:AV$$

$$=CA:AV,$$

又圆锥 AEF = 圆柱 $M+N$，由分比和反比可得

$$\text{圆柱 }M:\text{圆柱 }N=AV:CV.$$

因此由合比又得

圆锥 AEF : 圆柱 $N=CA:CV$[9]

$$=HA:CV.$$

但已证得

$$\text{球缺 } ABD:\text{圆锥 } AEF=CV:WA,$$

所以由首末比可得

$$\text{球缺 } ABD:\text{圆柱 } N=HA:AW.$$

上面已经证得，置于 H 处的圆柱 N 与处于原位置上的球缺 ABD 关于 A 点保持平衡，因此由 H 是圆柱 N 的重心知，W 是球缺 ABD 的重心.

命题 9 依然用同一方法可以考察定理.

任一球缺的重心位于其轴所在的直线上，并且分该直线为如下两部分，靠近球缺顶点的部分与余下部分之比等于球缺的轴与 4 倍的余下球缺的轴之和比上球缺的轴与 2 倍的余下球缺的轴之和.

[由于该定理论述的是“任一球缺”，而且结论和前一命题相同，因此可以推断，命题 8 讨论的一定只是某一种球缺，或者比半球大（如海伯格关于命题 8 的图形所示）或者比半球小，现在的命题就两种情形进行了证明. 但无论如何，这只需在图形上作一微小变化.]

命题 10 按照这一方法还可以考察如下定理.

[钝角劈锥曲面（即旋转双曲体）的一部分和该部分立体] 同底 [等高的圆锥的体积之比等于该部分立体的轴与 3 倍的] “附加轴”（即通过双曲体的轴的双曲线截面的横截轴之半，亦即在该部分立体图形的顶点和包络圆锥的顶点之间的距离）之和比上该部分立体图形的轴与 2 倍的“附加轴”之和[10].

[这是在《论劈锥曲面体与旋转椭圆体》的命题 25 中已经得到证明的定理]，“另外还有许多其他的定理，因为通过前述的例子，这种方法已经很清楚了，所以我不再讨论它们，以便现在可以着手进行上面提到的定理的证明.”

命题 11 **如果一圆柱内接于底为正方形的直棱柱，其中圆柱的两底位于两相对的正方形面上，圆柱面与其余的四个矩形面相切，通过圆柱的一底圆的圆心与另一底圆相切的正方形的一边作一平面，则由该平面所截圆柱部分图形的体积是整个棱柱的** $\frac{1}{6}$.

“这一命题可用力学方法加以考察，在我能够清楚地表达它之后，就将从几何角度着手其证明.”

［按照力学方法所作的考察包含在 11、12 两个命题里，命题 13 给出另一种解法，尽管这种解法没有涉及力学知识，但它仍具有阿基米德所谓的无说服力这一特性，因为其中假设了主体实际上是由平行的平面截面**组成**，以及辅助抛物线实际上是由包含在其内部的平行直线**组成**的. 命题 14 增加了确定性的几何证明.］

如下所述，设有一直棱柱，在其内部内接一圆柱.

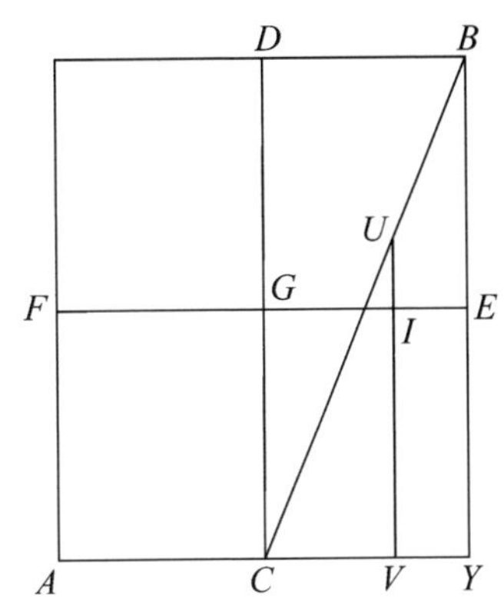

设棱柱被一平面所截，该平面经过棱柱和圆柱的公共轴且与截得圆柱的一部分［以下简称部分圆柱］的平面垂直，设得到的截面为矩形 AB，又它与截得部分圆柱的平面（该平面垂直于平面 AB）的交线是直线 BC.

设 CD 为棱柱和圆柱的公共轴，EF 垂直平分它，经过 EF 作垂直于 CD 的平面，该平面截棱柱所得的截面为正方形，截圆柱所得截面为圆.

设 MN 为截得的正方形截面，$OPQR$ 为所截得的圆，圆与正方形各边切于点 O、P、Q、R［第一个图形中的点 F、E 分别和点 O、Q 重合］. 令 H 为圆心.

设 KL 是经过 EF 垂直于圆柱的轴的平面与截得部分圆柱的平面的交线，又 KL 被 OHQ 平分［且经过 HQ 的中点.］

作圆的任一条弦，比如 ST，使其与 HQ 垂直且交点为 W，再过 ST 作垂直于 OQ 的平面，并于圆 $OPQR$ 所在平面的两侧将其扩展.

以半圆 PQR 为中截面、棱柱轴为高的半圆柱被该平面所截，截面为矩形，它的一边等于 ST，另一边为圆锥的母线，同时所截得的部分圆柱也被该平面所截，截面也为一矩形，其一边等于 ST，另一边等于且平行于（第一个图中的）UV.

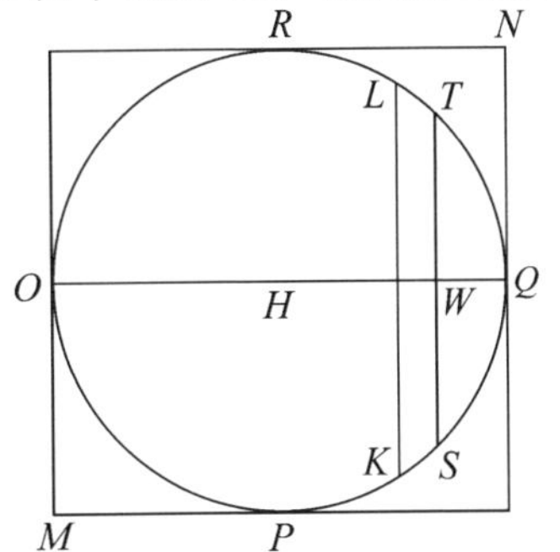

UV 平行于 BY，并且沿矩形 DE 的边 EG 方向，截得等于 QW 的一段 EI.

现由 EC 为矩形、VI 平行于 GC 得

$$EG : GI = YC : CV$$

$=BY:UV$

=位于半圆柱中的矩形：位于部分圆柱中的矩形.

又　$EG=HQ$,

$GI=HW$,

$QH=OH$,

所以 $OH:HW=$位于半圆柱中的矩形：位于部分圆柱中的矩形.

假设将位于部分圆柱中的矩形移至 O 处，使 O 为其重心，又假设 OQ 为杠杆，H 为其中点.

于是由 W 是位于半圆柱中的矩形的重心及上面所述可推知，当部分圆柱中的矩形以 O 为重心放置时，处于原位置上且重心为 W 的半圆柱中的矩形与前者关于 H 保持平衡.

同理，由如下所述的任一平面，即该平面垂直于 OQ 并且经过半圆 PQR 中垂直于 OQ 的任一其他弦，截得的其他矩形截面有类似的结论.

如果考虑分别组成半圆柱和部分圆柱的所有矩形，则可推知，当所截得的部分圆柱以 O 为重心放置时，处于原位置上的半圆柱与前者关于 H 保持平衡.

命题 12　将垂直于轴的正方形 MN 连同圆 $OPQR$ 和它的直径 OQ、PR 单独画出.

连接 HG、HM，经过这两条直线分别作两平面，使其与圆所在的平面相垂直，并于圆所在平面的两侧扩展它们.

这时可得以三角形 GHM 为截面、高等于圆柱轴的棱柱，该棱柱的体积是最初外切于圆柱的棱柱体积的$\frac{1}{4}$.

作平行于 OQ 且与其等距离的直线 LK、UT，与圆分别交于点 K、T，与 RP 交于点 S、F，与 GH、HM 交于点 W、V.

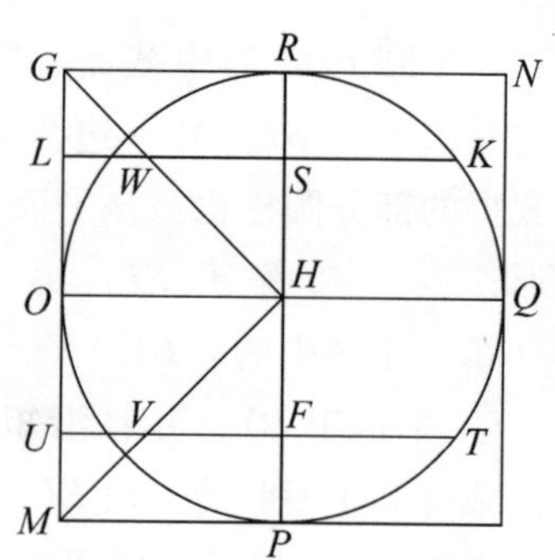

过 LK、UT 作垂直于 PR 的平面，并于圆所在平面的两侧扩展它们，这两个平面在半圆柱 PQR 和棱柱 GHM 中产生四个平行四边形截面，它们的高等于圆柱的轴，另一边分别等于 KS、TF、LW、UV. …………

……………………………………………

[证明的余下部分是缺掉的，但是，如塞乌滕所说[11]，上面的叙述清楚地表明了所得到的结论以及得到这一结论所用的方法.

阿基米德想要证明分别处于原位置上的半圆柱 PQR 和棱柱 GHM 关于定点 H 保持平衡.

他必须首先证明分别处于原位置上的微元（1）边 $=KS$ 的矩形和（2）边 $=LW$ 的矩形关于 S 保持平衡，也就是说，要先证明分别处于原位置上的直线 SK 和 LW 关于 S 保持平衡.

现知 $$(\text{圆 } OPQR \text{ 的半径})^2=SK^2+SH^2,$$

即 $$SL^2=SK^2+SW^2.$$

因此 $$LS^2-SW^2=SK^2,$$

从而 $$(LS+SW)\cdot LW=SK^2.$$

由此得 $$\frac{1}{2}(LS+SW):\frac{1}{2}SK=SK:LW.$$

又 $\frac{1}{2}(LS+SW)$ 是 LW 的重心与 S 点的距离，而 $\frac{1}{2}SK$ 是 SK 的重心与 S 点的距离.

因而，分别处于原位置上的 SK 和 LW 关于 S 点保持平衡.

同理，对其他相应的矩形也有类似的结论.

考虑分别位于半圆柱和棱柱中的所有矩形微元，可以发现，分别处于原位置上的半圆柱 PQR 和棱柱 GHM 关于 H 点保持平衡.

从这一结果和命题 11 的结论，可立刻推出由圆柱上截得的部分圆柱的体积. 因为命题 11 表明，以 O 为重心放置的部分圆柱与处于原位置上的半圆柱（关于 H）保持平衡，根据命题 12，在半圆柱所在的位置上，可以用棱柱 GHM 代替半圆柱，即相对于 RP 将棱柱 GHM 向相反方向旋转. 如此放置的棱柱的重心位于 HQ 上的某点处（比如说 Z 点），满足 $HZ=\frac{2}{3}HQ$.

因此，假设该棱柱集于其重心处，则有

$$\text{部分圆柱}:\text{该棱柱}=\frac{2}{3}HQ:OH$$
$$=2:3.$$

故 $$\text{部分圆柱}=\frac{2}{3}\text{棱柱 } GHM$$
$$=\frac{1}{6}\text{最初的棱柱}.$$

注记 这一命题同时也解决了求半圆柱即半圆的重心问题. 因为处于原位置上的三角形 GHM 与同样处于原位置上的半圆 PQR 关于 H 点保持平衡.

于是，若设 HQ 上的点 X 为半圆的重心，则有

$$\frac{2}{3}HO\cdot(\triangle GHM)=HX\cdot(\text{半圆 }PQR),$$

即

$$\frac{2}{3}HO\cdot HO^2=HX\cdot\frac{1}{2}\pi\cdot HO^2,$$

亦即

$$HX=\frac{4}{3\pi}\cdot HQ.\ ]$$

命题 13 设有一底为正方形的直棱柱，其中一底为 $ABCD$，在棱柱里内接一圆柱，它的底为圆 $EFGH$，与正方形 $ABCD$ 的各边切于点 E、F、G、H.

经过圆心和与 $ABCD$ **相对的**另一正方形底面中对应于 CD 的边作一平面 α，这将截得一棱柱 Σ，其体积是原棱柱的$\frac{1}{4}$，它由三个平行四边形和两个三角形组成，其中的两个三角形形成两相对的底面.

在半圆 EFG 内作以 FK 为轴且经过 E、G 两点的抛物线，再作 MN 平行于 KF，交 GE 于点 M、抛物线于点 L、半圆于点 O、CD 于点 N.

于是有

$$MN\cdot NL=NF^2,$$

“这是显然的”. ［参看阿波罗尼奥斯的《圆锥曲线论》i. 1］［参变量 MN 显然等于 GK 或 KF. ］

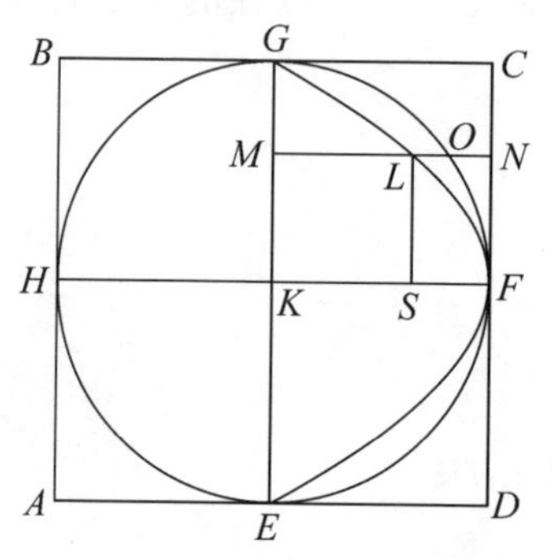

从而 $MN:NL=GK^2:LS^2$.

过 MN 作垂直于 EG 的平面，由此可得截面（1）位于从整个棱柱上截得的棱柱 Σ 中的直角三角形，它的底边是 MN，竖直边于 N 点垂直于平面 $ABCD$ 且等于圆柱的轴，斜边在截圆柱的平面 α 上，（2）位于所截得的部分圆柱中的直角三角形，它的底边是 MO，竖直边是于 O 点垂直于平面 KN 的部分圆柱的母线，斜边是…………

……………………………………………………

［这里出现脱漏，可作如下填补.

因为
$$MN:NL=GK^2:LS^2=MN^2:LS^2,$$

所以应有
$$MN:ML=MN^2:(MN^2-LS^2)=MN^2:(MN^2-MK^2)=MN^2:MO^2.$$

但位于（1）棱柱 Σ 中的三角形与位于（2）部分圆柱中的三角形的面积之比为 $MN^2:MO^2$.

因而

棱柱 Σ 中的△：部分圆柱中的△

$=MN:ML$

=矩形 DG 中的直线：抛物线中的直线.

现在考虑分别在棱柱 Σ，部分圆柱，矩形 DG 和抛物线 EFG 中的所有相应的微元,］

应有

棱柱 Σ 中的所有△：部分圆柱中的所有△

=矩形 DG 中的所有直线:抛物线和 EG 间的所有直线.

而棱柱 Σ 由含于其内的三角形组成，［部分圆柱由含于其内的三角形组成］，矩形 DG 由其内平行于 KF 的直线组成，抛物线弓形由截于其周线和 EG 间且平行于 KF 的直线组成，于是有

棱柱 Σ ：部分圆柱=矩形 GD：抛物线弓形 EFG,

又　　矩形 $GD=\frac{3}{2}$抛物线弓形 EFG,

“这在我早期的论文里已经证明了.”

［《求抛物线弓形的面积》］

因此　　棱柱 $\Sigma=\frac{3}{2}$部分圆柱.

如果以 2 表示部分圆柱的体积，则棱柱 Σ 的体积为 3，最初的外切于圆柱的棱柱体积是 12（该棱柱体积是前一棱柱的 4 倍）.

故部分圆柱$=\frac{1}{6}$最初的棱柱.

证完

［上述命题和下一个命题特别有趣之处在于，抛物线是一条辅助曲线，引进它的目的只是

为了把求积问题转化为已知的抛物线求积问题.]

命题 14 设有一底为正方形的直棱柱，[其中内接一圆柱，圆柱的一个底位于正方形 $ABCD$ 上并与各边切于点 E、F、G、H. 又圆柱被一平面所截，该平面 α 经过 EG 和与 $ABCD$ 相对的正方形底面中对应于 CD 的边.]

该平面 α 从上述棱柱截得又一棱柱 Σ，从圆柱截得其一部分.

可以证明，该平面所截得的圆柱的一部分[以下简称部分圆柱]的体积是原棱柱的$\frac{1}{6}$.

但必须先证明，可使立体图形内接和外接于部分圆柱，这样的立体图形由高相等、底为相似三角形的棱柱组成，并且满足外接图形与内接图形之差小于任何指定的量……

已经证明

$$\text{棱柱 }\Sigma<\frac{3}{2}\text{内接于部分圆柱的图形}.$$

现在

棱柱 Σ ：内接图形 = 矩形 DG ：内接于抛物线弓形的所有矩形，

所以 $$\text{矩形 }DG<\frac{3}{2}\text{抛物线弓形中的所有矩形},$$

这是不可能的，因为“别处已经证明”矩形 DG 的面积是抛物线弓形的$\frac{3}{2}$.

因此……不是更大的.

……………………………………………………………

又 组成棱柱 Σ 的所有棱柱：组成外接图形的所有棱柱

= 组成矩形 DG 的所有矩形：组成抛物线弓形的外接图形的所有矩形，

于是有

棱柱 Σ ：部分圆柱的外接图形 = 矩形 DG ：抛物线弓形的外接图形.

但由平面 α 截得的棱柱 Σ 的体积>外接于部分圆柱的立体图形的$\frac{3}{2}$……

……………………………………………………………

[在几何证明的论述中有几处大的间断，但其中所用的证明方法即穷竭法及其运用于此处和其他地方时所具有的相似性是很清楚的. 第一处间断表明由棱柱组成的立体图形分别外接和内接于部分圆柱. 这些棱柱的底面是相互平行的三角

形，它们垂直于命题13的图形中所示的 GE，并把 GE 分成任意小的等份，这样的三角形所在的平面截部分圆柱所得的三角形截面是内接和外接直棱柱的公共底面. 在由截得部分圆柱的平面 α 截得的、立于 GD 上的棱柱 Σ 中，这些平面也截得一些小棱柱.

那些三角形所在的平行平面分 GE 所成的份数要足够大，以保证外接图形与内接图形之差小于所指定的微小量.

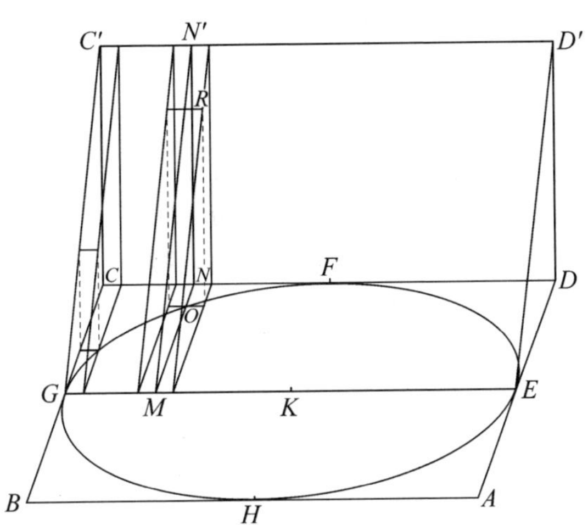

证明的第二部分由假设部分圆柱的体积>棱柱 Σ 体积的 $\frac{2}{3}$ 开始，通过利用辅助抛物线及命题13中用过的比例式

$$MN : ML = MN^2 : MO^2,$$

这一假设被证明是不成立的.

缺掉部分的证明可填补如下[12].

附图中表示出（1）外接于部分圆柱的第一个小棱柱，（2）纵标线 OM 附近的两个小棱柱，左边一个是外接的，右边一个（与左边一个体积相等）是内接的，（3）相应于上述小棱柱是棱柱 Σ（$CC'GEDD'$）的一部分小棱柱，其中棱柱 Σ 的体积是原棱柱的 $\frac{1}{4}$.

第二个图形中表示出外接和内接于辅助抛物线的小矩形，这些小矩形恰好对应于第一个图形中的外接和内接小棱柱（在两图形中，GM 的长度是相同的，小矩形的宽度与小棱柱的高度相同），此外，形成矩形 GD 的一部分的相应的小矩形也被类似地表示出来.

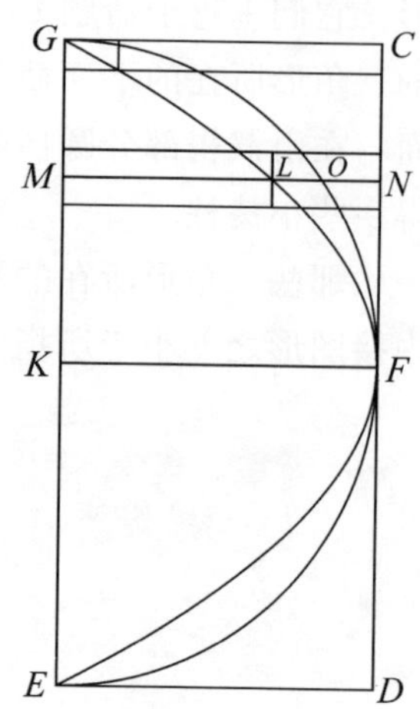

为方便起见，假定将 GE 划分成偶数等份，以使 GK 含有其中的整数份数.

出于简洁性，以 OM 为棱的两个小棱柱，其中每一个都称为“小棱柱（O）”；以 MNN' 为公共底面的小棱柱，每一个都称为“小棱柱（N）.”类似地，第二个图形中有关辅助抛物线的相应元素可相应地缩记为“小矩形（L）”和“小矩形（N）”.

现在容易看出，所有外接棱柱组成的图形与所有内接棱柱组成的图形之差为紧接 FK 的最后一个外接棱柱的2倍，即“小棱柱（N）”的2倍，由于这个小棱柱的高度，通过将 GK 划分成足够小的份，可任意小，因此可知，可作由小棱柱组成的内接和外接立体图形，使它们的差小于任一指定的立体图形.

（1）假设

$$\text{部分圆柱} > \frac{2}{3}\text{棱柱}\ \Sigma,$$

即

$$\text{棱柱}\ \Sigma < \frac{3}{2}\text{部分圆柱}.$$

不妨设

$$\text{棱柱}\ \Sigma = \frac{3}{2}\text{部分圆柱} - X,$$

作由小棱柱组成的外接和内接图形，使得

$$\text{外接图形} - \text{内接图形} < X,$$

则

$$\text{内接图形} > (\text{外接图形} - X)$$

进一步

$$> (\text{部分圆柱} - X).$$

于是应有

$$\text{棱柱}\ \Sigma < \frac{3}{2}\text{内接图形}.$$

现在考虑分别位于棱柱 Σ 和内接图形中的小棱柱，有

$$\begin{aligned}\text{小棱柱}(N):\text{小棱柱}(O) &= MN^2 : MO^2\\ &= MN : ML \quad [\text{同命题 13}]\\ &= \text{小矩形}(N):\text{小矩形}(L).\end{aligned}$$

由此可推知

所有小棱柱(N)之和：所有小棱柱（O）之和

$$=\text{所有小矩形}(N)\text{之和}:\text{所有小矩形}(L)\text{之和}.$$

（的确，第一项里的小棱柱和第三项里的小矩形分别比第二项和第四项多两个，不过这没有关系，因为以公因子比如 $n/(n-2)$ 乘第一项和第三项并不影响上面的比例式，参看本论文的序言结尾处引自《论劈锥曲面体与旋转椭圆体》中的命题.）

从而

$$\text{棱柱}\ \Sigma:\text{内接于部分圆柱的图形}$$
$$=\text{矩形}\ GD:\text{内接于抛物线的图形}.$$

但上面已证明

$$\text{棱柱}\ \Sigma<\frac{3}{2}\text{内接于部分圆柱的图形},$$

因此 $$\text{矩形}\ GD<\frac{3}{2}\text{内接于抛物线的图形},$$

更有

$$\text{矩形}\ GD<\frac{3}{2}\text{抛物线弓形},$$

这是不可能的，因为

$$\text{矩形}\ GD=\frac{3}{2}\text{抛物线弓形},$$

故

$$\text{部分圆柱不大于}\frac{2}{3}\text{棱柱}\ \Sigma.$$

（2）第二处间断一定以推翻另一种可能的假设开始，即假设部分圆柱的体积<棱柱 Σ 体积的 $\frac{2}{3}$.

此时的假设也就是

$$\text{棱柱}\ \Sigma>\frac{3}{2}\text{部分圆柱},$$

作由小棱柱组成的外接和内接图形，使得

$$\text{棱柱}\ \Sigma>\frac{3}{2}\text{外接于部分圆柱的图形}.$$

现在考虑分别位于所截得的棱柱 Σ 和外接图形中的小棱柱，同样按照前面的推理，可得

$$\text{棱柱}\ \Sigma:\text{外接于部分圆柱的图形}$$

$$=\text{矩形 } GD: \text{外接于抛物线的图形},$$

由此可推知

$$\text{矩形 } GD>\frac{3}{2}\text{外接于抛物线的图形},$$

进一步有

$$\text{矩形 } GD>\frac{3}{2}\text{抛物线弓形},$$

这是不可能的，因为

$$\text{矩形 } GD=\frac{3}{2}\text{抛物线弓形}.$$

因此

$$\text{部分圆柱不小于}\frac{2}{3}\text{棱柱 } \Sigma.$$

又已证明它们之间的不大于关系，所以

$$\text{部分圆柱}=\frac{2}{3}\text{棱柱 } \Sigma$$

$$=\frac{1}{6}\text{最初的棱柱.}]$$

命题 15 ［该命题已经失传了，这篇论文的序言里曾提到两个特殊的问题，它是对其中的第二个问题所做的力学考察，即用力学方法考察两圆柱间所含图形的体积，其中每个圆柱都内接于同一个立方体，每个圆柱的相对的底面位于立方体的两个相对的面上，并且其表面与立方体的其余四个面相切.

塞乌滕已经说明在这种情况下如何应用力学方法[13].

附图中的 *VWYX* 是立方体被一平面所截而得的一个截面，该平面（即纸面）经过内接于立方体的一个圆柱的轴 *BD* 且平行于立方体两相对的面.

该平面截另一内接圆柱所得的截面为圆 *ABCD*，其中该圆柱的轴垂直于纸面，扩展截面 *VWYX* 所在平面的两侧，使左、右两侧延伸的距离等于圆半径或立方体边长之半.

AC 是圆 *ABCD* 的直径，且与 *BD* 垂直.

连接 *AB*、*AD* 并延长，与圆 *ABCD* 在 *C* 点的切线交于 *E*、*F*.

则 $$EC=CF=CA.$$

设 *LG* 为圆 *ABCD* 在 *A* 点的切线，作矩形 *EFGL*.

经过 *BD* 垂直于 *AK* 的平面截立方体得一截面，从 *A* 点到该截面的四个角作直线，这些直线，如果被延长，将与下述平面交于四点，即立方体与 A 相对的那个面所在的平面，所得的四个交点在该平面上形成正方形的四个角，正方形的边长等于 EF 或立方体边长的两倍，于是以 A 为顶点，以后面所述正方形为底可得一棱锥.

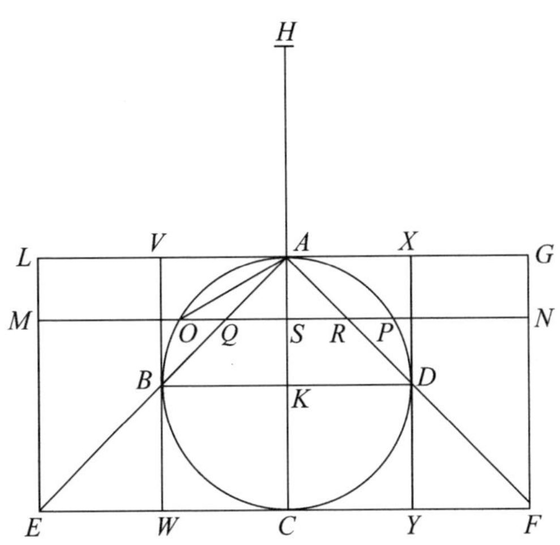

作为该棱锥同底同高的棱柱（平行六面体）.

在平行四边形 LF 内作平行于 EF 的任一直线 MN，再过 MN 作垂直于 AC 的平面.

该平面截出

（1）包含在两圆柱之间的立体得边长等于 OP 的正方形，

（2）棱柱得边长等于 MN 的正方形，

（3）棱锥得边长等于 QR 的正方形.

延长 CA 至 H，使 HA 等于 AC，视 HC 为杠杆.

同命题 2 一样，由于 $MS=AC$，$QS=AS$，则有

$$\begin{aligned} MS \cdot SQ &= CA \cdot AS \\ &= AO^2 \\ &= OS^2+SQ^2. \end{aligned}$$

同样也有

$$\begin{aligned} HA : AS &= CA : AS \\ &= MS : SQ \end{aligned}$$

$$= MS^2 : MS \cdot SQ$$

$$= MS^2 : (OS^2 + SQ^2),$$

这是上面得出的结果，

$$= MN^2 : (OP^2 + QR^2)$$

= 边长等于 MN 的正方形 :（边长等于 OP 的正方形+边长等于 QR 的正方形）.

因此，处于原位置上的边长等于 MN 的正方形与以 H 为重心放置的边长分别等于 OP、QR 的正方形关于 A 点保持平衡.

按照同样的方式继续考察由垂直于 AC 的其他平面所产生的正方形截面，最后可以证明，处于原位置上的棱柱与均以 H 为重心放置的棱锥和包含在两圆柱之间的立体关于 A 点保持平衡.

棱柱的重心在 K 点.

于是有　$HA : AK =$ 棱柱 :（立体+棱锥），

即　　$2 : 1 =$ 棱柱 : $\left(\text{立体} + \frac{1}{3}\text{棱柱}\right)$.

从而　　$2\text{立体} + \frac{2}{3}\text{棱柱} = \text{棱柱}$.

所以得

$$\text{包含在圆柱间的立体} = \frac{1}{6}\text{棱柱}$$

$$= \frac{2}{3}\text{立方体}.$$

证完

毫无疑问，阿基米德接下来是用穷竭法进行严格的几何证明，并且完成了这一证明.

如 C. Juel 教授（即上文中提到的塞乌滕）所考察的那样，该命题中的立体是由 8 个前面的命题中所述类型的圆柱组成的，然而由于这两个命题被分开叙述，因此，无疑阿基米德对这两个命题的证明是截然不同的.

在这种情况下，AC 要被分成许多相等的小份，并且要过这些分点作垂直于 AC 的平面，这些平面截所求立体和立方体 VY 所得截面均为正方形，因此，可作所求立体的内接和外接立体图形，它们由小棱柱组成，并且可使它们的差小于任一指定的立体体积，其中那些小棱柱以正方形为底，以分 AC 所得的各个小段为高. 内接和外接图形中以面积为 OP^2 的正方形为底的小棱柱对应于立方体中的一个小棱柱，这个小棱柱的底是以立方体的边长作为边长的正方形，由于这样的两个小棱柱的体积比为 $OS^2 : BK^2$，所以同命题 14 一样，可引用辅助抛物线并采用与之完全相同的方法完成证明.

注 释

［1］这里所说的平行四边形显然为正方形.

［2］即正方形.

［3］περὶ τοῦ εἰρημένου σχήματος是单数形式，也许阿基米德把棱锥看作更基本的情形，并由此考虑到圆锥的情形，也可能这里的“图形”指“图形的类型”而言.

［4］求圆锥重心的问题在阿基米德现存的著作中未见解决，或许它已经在一个单独的论文中得到解决，如已失传的 περὶ ζυγῶν，也可能存在于一部较大的力学著作中，现存的《论平面图形的平衡》只是其中的一部分.

［5］即阿里斯泰库斯（Aristaeus）和欧几里得的关于圆锥曲线的著作，参看《论劈锥曲面体与旋转椭圆体》的命题3和《求抛物线弓形面积》的命题3中类似的表达.

［6］在希腊语文本中支配 τὴν γεωμετρουμένην ἀπόδειξιν 的词是 τάξομεν，这是一个看上去含糊的，因而很难翻译的词，海伯格的翻译似乎 τάξομεν 意指“我们将在下面给”或“以后”，但我赞同 Th. Reinach 的观点（Revue genérale des sciences pures et appliquées, 30 November 1907），他认为阿基米德是否以附录的形式又一次完整写出如他所说已经公布的证明（应该在《求抛物线弓形的面积》中公布的）这一点是值得怀疑的. τάξομεν,如果正确的话，显然应该解释为“我们将提供”“给出”或“指出”.

［7］这说明，阿基米德解决球体积问题先于球表面积问题，并由前一问题推断出后一问题的结论，但在《论球和圆柱》卷I里，球表面积问题独立列为一个题目（即命题33），而且在球体积问题即命题34之前. 这一事实也说明，希腊几何学家最后在论文中详尽阐述命题时未必遵循发现的顺序.

［8］参看本节命题1的注4.

［9］阿基米德迂回地得到这一结果，实际上该结果利用换比（Convertendo）立刻可得. 参看 Eucl. v. 定义16和x. 4.

［10］在原文的最后一行里是“三倍”（τριπλασίαν）而不是“两倍”，由于在接近最后的几行里有相当大的空白，所以关于旋转双曲面的一部分的重心的定理可能已经脱落了.

［11］见塞乌滕在 *Bibliotheca Mathematica* Ⅶ$_3$，1906-1907

［12］应该指出，Th. Reinach 在一篇论文（“*Un Trnité de Géométrie inédit d'Archiméde*” *in Revue générale des sciences pures et appliquées*, 30 Nov. and 15 Dee. 1907）的译文中已经对此做了填补，但我更倾向于叙述我本人所作的填补.

［13］见塞乌滕，《数字文库》Ⅶ$_3$，1906-1907.

（朱恩宽　常心怡　兰纪正　王青建　周冬梅　等译
叶彦润　冯汉桥　校　　赵生久　绘图）

ALEXANDRINI
ARITHMETICORVM
LIBRI SEX.
ET DE NVMERIS MVLTANGVLIS
LIBER VNVS.

LVTETIAE PARISIORVM,
Sumptibus SEBASTIANI CRAMOISY, via
Iacobaea, sub Ciconiis.

丢番图（公元 3 世纪）

生平和成果

历史学家仅可以确定丢番图（Diophantus）活跃于公元 3 世纪，从他去世不久，一位友人留下的一个希腊数学问题中我们可以了解到他生平的下列事实：

●上帝给予的童年占六分之一，

●又过十二分之一，两颊长胡，

●再过七分之一，点燃起结婚的蜡烛.

●五年之后天赐贵子，可怜迟到的宁馨儿，

●享年仅及其父之半，便进入冰冷的墓.

●又过四年，他也走完了人生的旅途.

这是此处所选录的丢番图巨著《算术》的经典例型，请解答此关于丢番图年龄的谜语（答案见文末）.

那些丢番图引用过的著作，以及引用过丢番图的著作是界定丢番图生存年代的可信证据．在他的著作《多角数》（*De polygonis numeric*）中，丢番图引用了许普西克勒斯（Hypsicles of Alexandria，约公元前175年）关于多角数的定义，而赛翁（Theon of Alexandria，约公元390年）的书又引用了丢番图的著作．这样界定的范围是公元前175年到公元390年．另外，M.C.普赛勒斯（Psellus，1018～约1078，学者，拜占庭行政长官）写过一封信，提到劳迪赛亚（Laodicea，在今土耳其西部）的主教阿纳托利厄斯（Anatolius，约公元270年）曾将他所著的关于埃及计算方法的小册子献给丢番图，因此两人应同时代或丢番图稍早，据此史学家断定丢番图的活跃时期是公元250年前后．

《算术》的开篇，丢番图同样也有一段献词：

> 尊贵的朋友迪奥尼舍斯，您渴望学习怎么样研究数字问题，我将尽力从这门学科的基础开始，然后带您逐步掌握数字问题的本质和方法．

丢番图献词提到的迪奥尼舍斯（Dionysius）极可能指的是247～264年曾做过亚历山大主教的迪奥尼舍斯．亚历山大大帝于公元前331年建立亚历山大城后，它很快成为古希腊文化中心．在公元3世纪，亚历山大城常是新生的基督社团和原有的罗马，希腊教团的冲突之地．在260年代早期，亚历山大城每日可见对基督徒的迫害，进城大道常被殉难者的尸体所阻塞，饥饿病疫困扰着城市．在此背景下，令今人好奇的是丢番图和迪奥尼舍斯之间的友谊，是否意味着丢番图是一位基督徒．

《算术》不是一本演绎著作，有别于毕达哥拉斯和欧几里得论证传统，譬如论证没有最大素数的类似问题《算术》中是完全没有的．取而代之，《算术》是一本代数或数论方面的算法著作．相比较古希腊传统，《算术》更多地根植于古埃及，巴比伦，印度数学之中．

在前言中，丢番图承诺《算术》包含13卷．然而，流传至今希腊文本仅剩6卷．在西方著名的第一位女数学家许帕媞娅（Hypatia），亚历山大赛翁的女儿，曾最早评注过《算术》．

在415年许帕媞娅遭到一群狂热基督教徒的野蛮杀害，同时他们焚烧了亚历山大大图书馆，毁灭了这座最大的古典思想宝库．按照10世纪休达的百科全书《词典》，许帕媞娅曾为丢番图《算术》，阿波罗尼奥斯《圆锥曲线论》和托勒密《大汇编》做过评注．

近代西方曾有过的《算术》各种版本的母本均源自一本手稿，M.C.普赛勒斯曾在君士坦丁堡见过该手稿，也许这个手稿是在毁灭亚历山大大图书馆中幸免下来的．然而，1968 年，史学家们发现了一本阿拉伯文手稿本，包含《算术》另外 4 卷内容，该手稿发现于伊朗东北部的马什哈德圣地图书馆．阿拉伯文本的翻译者是古斯塔伊本卢加，活跃于 860 年前后，是一位希腊血统的基督徒，生于叙利亚的太阳城．

在前言中，丢番图开始便给出从二次幂到六次幂的各种不同类型数的定义和记号；亦即：

- （x^2）平方数，其符号是 D^Y.
- （x^3）立方数，其符号是 K^Y.
- （x^4）平方-平方数，其符号是 D^YD.
- （x^5）平方-立方数，其符号是 DK^Y.
- （x^6）立方-立方数，其符号是 K^YK.

他继续道：

> 但是没有上述特性的，仅仅表示一个不确定的量的数称为未知数，其符号为 σ.

这个符号可能同用在希腊字末尾的那个希腊字母 σ 是一样的，丢番图用来表示未知量并称作“题中的数”．（本文按当代习惯记为 x）

丢番图是首位引入减法符号的数学家．它有点像：

也许是希腊动词“缺失”的缩写，该词的前两个希腊字母是 Λ 和 I．丢番图没有引入加法和乘法符号．他简单地把各项并列在一起表示相加．他也不需要乘法符号因为系数总是确定的整数或分数．

对于丢番图，正项表示“添加”；负项表示“缺失”．在他的问题中，正项总呈现在负项之前．他给出了乘法的两个法则：

- 负负得正
- 正负得负

对于丢番图，如果前面没有被减的正量，负项是不会单独存在的．他认为导致负解的方程是无意义的，更不会考虑无理解或虚数解了．

丢番图的评注者都感到失望，无法把《算术》中的问题真正系统分类．卷Ⅰ包含有确定解的代数方程．卷Ⅱ到卷Ⅴ主要涉及不定方程问题，其表达式由两个及其以上一次或二次变量组成，然后使其等于平方数或立方数. 卷Ⅵ解答直角三角形问题，使其边长的一次或二次函数为平方数或立方数，一般要得出各边长的有理数答案.

因每道题均有其特殊解法，此处仅对卷Ⅴ，问题9分析如下，该题是：

> 将单位1分解成两部分，使每一部分加上同一个给定的数后，其结果都是平方数.

限定所给定的数是整数时，丢番图挑逗性地写道：

> 所给定的数不能为奇数，且该数的两倍加1不能被任何增加了1就可被4整除的素数整除.

此限制条件表明丢番图知道，整数的平方除以4余数不会为3.（简单将0，1，2，3平方后除以4检验所得余数即证）没有其他条件，丢番图直接将给定的数取为6，

> 因而13应被分为两个平方数，其中每一个>6. 如果能将13分为差<1的两个平方数，这个问题就解决了.
>
> 取13的一半即$6\frac{1}{2}$，必须对它加上一个小的分数，从而使其为一个平方数，或者，将其乘以4，则必须使$\frac{1}{x^2}+26$为一个平方数，即$26x^2+1=$平方数，不妨设$=(5x+1)^2$，由此$x=10$.

乘2能消去分数，但2不是平方数，因此，丢番图乘平方数4. 将$\frac{1}{x^2}+26$变为$26x^2+1$是常见的代数步骤. 但将$26x^2+1$另外表述成$(5x+1)^2$是纯丢番图的方法，这是为了让x^2项尽量接近$26x^2$，因他要求的两个数之和是1. 此步之后，他道：

> 这就是说，为使26成为一个平方数，必须加上$\frac{1}{100}$，或者说，要使

$6\frac{1}{2}$成为平方数，须加上$\frac{1}{400}$，即$\frac{1}{400}+6\frac{1}{2}=\left(\frac{51}{20}\right)^2$.

因此，必须将13分为两个平方数，使得每一个平方数的平方根尽可能接近$\frac{51}{20}$.

为便于理解，可改写成下列等式

$$6\frac{1}{2}=\left(\frac{51}{20}\right)^2-\left(\frac{1}{20}\right)^2 \quad \text{或}\ 13=2*\left\{\left(\frac{51}{20}\right)^2-\left(\frac{1}{20}\right)^2\right\}$$

由于$13=2^2+3^2$，所以，要找两个数，使3减第一个数$=\frac{51}{20}$，从而第一个数$=\frac{9}{20}$，而2+第二个数$=\frac{51}{20}$，从而第二个数$=\frac{11}{20}$.

丢番图下一步用x替代$\frac{1}{20}$，他道：

因此可把所求的两个平方数依次写成$(11x+2)^2$，$(3-9x)^2$的形式.

用代数公式依次可展开成$121x^2+44x+4$和$9-54x+81x^2$，所以

二数和$=202x^2-10x+13=13$.

$x=\frac{5}{101}$，所求两数的平方根分别为$\frac{257}{101}$，$\frac{258}{101}$.

从每一个平方数中减去6，就可得到1的两部分：$\frac{4843}{10201}$，$\frac{5358}{10201}$.

前言开始的谜语，相当于解方程

$$\frac{1}{6}x+\frac{1}{12}x+\frac{1}{7}x+5+\frac{1}{2}x+4=x,$$

其解为$x=84$. 因此，

- 14岁时他的童年结束.
- 7年之后21岁时有了胡子.

- 12 年之后 33 岁时结婚.
- 5 年之后 38 岁时有了儿子.
- 80 岁时丧子，儿子活了 42 岁.
- 4 年之后 84 岁丢番图去世.

《亚历山大的丢番图，希腊代数史研究》（希思）节选

第Ⅱ卷 问题 8－35

8. 将一给定的平方数，分为另外两平方数之和[1]

例如给定的平方数为 16.

设第一个平方数为 x^2，则另一个平方数为 $16-x^2$.

令[2] $16-x^2=(mx-4)^2$，其中 m 为整数，4 为 16 的平方根. 取 $m=2$，有 $16-x^2=(mx-4)^2$.

于是 $4x^2-16x+16=16-x^2$，

即 $5x^2=16x$，得 $x=\frac{16}{5}$.

因此所求的两个平方数分别为$\frac{256}{25}$，$\frac{144}{25}$.

9. 将一给定数，此数为两平方数的和，分为另外两个平方数的和[3].

给定数 $13=2^2+3^2$.

因为这些平方数的根分别为 2，3，令第一个平方数为 $(x+2)^2$，第二个平方数为 $(mx-3)^2$（其中是 m 整数），不妨取 $(2x-3)^2$.

因此 $(x^2+4x+4)+(4x^2+9-12x)=13$，

即 $5x^2+13-8x=13$.

因此 $x=\frac{8}{5}$，从而所求平方数为$\frac{324}{25}$，$\frac{1}{25}$.

10. 求两个平方数，使其差为给定的数.

给定差为 60.

其中一个平方根为 x，另一个平方根为 x **加上**任意一个其平方不超过 60 的数，不妨取为 3.

因此 $(x+3)^2-x^2=60$；

$x=8\frac{1}{2}$，得所求平方数为 $72\frac{1}{4}$，$132\frac{1}{4}$.

11. 将同一所要求的数加到两个给定的数，使其均为平方数.

(1) 例如给定的两个数是2，3；所要求的数是 x.

因此$\left.\begin{matrix}x+2\\x+3\end{matrix}\right\}$都必须是平方数.

称此为双重方程（διπλοϊσότησς）. **首先，算出两个表示式之差，并将其分解为两因子**[4]，此处不妨取两因子为4，$\frac{1}{4}$. 然后，令

(a) **较小的表示式为两因子的差的一半之平方，或**

(b) **较大的表示式为两因子的和的一半之平方**.

在此题中（a）两因子的差的一半之平方是$\frac{225}{64}$.

所以 $x+2=\frac{225}{4}$，且 $x=\frac{97}{64}$，所要求的两个平方数是$\frac{225}{64}$，$\frac{289}{64}$.

若（b）两因子的和的一半之平方为较大的，则 $x+3=\frac{289}{64}$，可以得出相同的结果.

(2) 为了避免双重方程[5]，

首先，求一个数加上2和3，均是平方数. 若设该数为 x^2-2，其加上2得一平方数. 因其加上3也是一平方数，则不妨说

$$x^2+1=\text{平方数}=(x-4)^2,$$

此处表示式中选取4，是为了满足得出的解 $x^2>2$.

因此 $x=\frac{15}{8}$，所求的数是$\frac{97}{64}$，答案同上.

12. 求一数使两个给定数减去它后，其差均为平方数.

给定两个数9，21.

假设 $9-x^2$ 为所求的数，则满足一个条件，另一个条件要求 $12+x^2$ 也为一个平方数.

假设平方根 x **减去**一个平方大于12的数，例如4.

因此 $(x-4)^2=12+x^2$，

得 $x=\frac{1}{2}$，从而所求数为 $8\frac{3}{4}$.

[丢番图没有化简分数，而是说 $x=\frac{4}{8}$，并直接用 9 即$\frac{576}{64}$减去$\frac{16}{64}$.]

13. 求一数使其分别减去两个数，差均为平方数.

给定数 6，7.

（1）设 x 为所求数.

因此 $\left.\begin{matrix} x-6 \\ x-7 \end{matrix}\right\}$均为平方数.

它们的差为 1，同时 1 可分为 2 和$\frac{1}{2}$，通过解双重方程方法

$$x-7=\frac{9}{16}，和\ x=\frac{121}{16}.$$

（2）为了避免双重方程，寻找一个数比一个平方数大 6，例如 x^2+6.

因此 x^2-1 也一定是一个平方数，不妨 $=(x-2)^2$.

因此 $x=\frac{5}{4}$，从而所求数为$\frac{121}{16}$.

14. 把一个数分为两部分，求一个平方数使其分别加这两部分均为平方数.

例如给定一个数为 20.

找两个数[6]，使它们的平方和小于 20，例如 2，3.

x 分别加上它们并且平方.

得到

$$\left.\begin{matrix} x^2+4x+4 \\ x^2+6x+9 \end{matrix}\right\},$$

同时，若依次减去$\left.\begin{matrix} 4x+4 \\ 6x+9 \end{matrix}\right\}$，其差是同一平方数.

设 x^2 为所求平方数，那么$\left.\begin{matrix} 4x+4 \\ 6x+9 \end{matrix}\right\}$必须为 20 所分成的两个部分.

因此 $\qquad 10x+13=20$，

和 $\qquad x=\frac{7}{10}$.

从而所要求的两个部分为$\left(\frac{68}{10}，\frac{132}{10}\right)$，所求平方数为$\frac{49}{100}$.

15. 把一个数分为两部分，求一个平方数使其分别减去这两部分均为平方数.

例如给定一个数为20.

设 $(x+m)^2$ 为所求的平方数[7]，其中 m^2 不大于20.

例如选取 $(x+2)^2$.

如果 $(x+2)^2$ 减去 $\left.\begin{matrix}4x+4\\2x+3\end{matrix}\right\}$ 都是平方数，因此取两表达式的和为20.

所以 $6x+7=20$，且 $x=\frac{13}{6}$.

因此所求两部分为 $\left(\frac{76}{6}，\frac{44}{6}\right)$，所求平方数为 $\frac{625}{36}$.

16. 按给定比例求两个数，使其分别加上一个指定的平方数其结果均为平方数.

例如　指定平方数9，给定比例为3∶1.

设平方数的根为 $(mx+3)$，此平方数减去9，其差就可取为所求的数之一.

例如　取 $(x+3)^2-9$，即 x^2+6x 为较小数.

因此 $3x^2+18x$ 为较大数，并且 $3x^2+18x+9$ 一定是一个平方数，不妨 $=(2x-3)^2$.

因此 $x=30$，从而　所求数为1080，3240.

17. 求三个数，每个数都将自己的某一给定分数倍加某一给定数给予下一个数，在获得和给予之后，要求三个结果均相等[8].

例如第一个给第二个它的 $\frac{1}{5}+6$，第二个给第三个它的 $\frac{1}{6}+7$，第三个给第一个它的 $\frac{1}{7}+8$.

且令第一，第二个依次为 $5x$，$6x$.

第二个从第一个获得 $\frac{9814}{363}x+6$ 时成为 $7x+6$，当它取出 $x+7$ 给予第三个后，剩 $6x-1$.

而第一个给予第二个　$x+6$ 后剩 $4x-6$，当它获得第三个的 $\frac{1}{7}+8$ 时也应是

$6x-1$.

因此，第三个的$\frac{1}{7}+8=2x+5$，

即，第三个$=14x-21$

另外，第三个获得 $x+7$ 并取走它的$\frac{1}{7}+8$ 成为 $6x-1$，从而 $13x-19=6x-1$，即 $x=\frac{18}{7}$.

所求的数是$\frac{90}{7}$，$\frac{108}{7}$，$\frac{105}{7}$.

18. 将一给定数分为三个部分，使其满足上一题的条件[9].

例如给定数为 80.

并且第一个给第二个它的$\frac{1}{5}+6$，第二个给第三个它的$\frac{1}{6}+7$，第三个给第一个它的$\frac{1}{7}+8$.

[原著随后不是此题的解答，而是上一题的另一可替换解. 其中前两数设为 $5x$ 和 12，所求数是$\frac{170}{19}$，$\frac{228}{19}$，$\frac{217}{19}$.]

19. 求三个平方数使最大数与中间数之差和中间数与最小数之差成一给定比例.

例如给定比例为 3 : 1.

设最小平方数$=x^2$，中间数$=x^2+2x+1$.

因此最大数$=x^2+8x+4=$平方数，不妨说$=(x+3)^2$.

因此　$x=2\frac{1}{2}$，从而得

所求平方数为 $30\frac{1}{4}$，$12\frac{1}{4}$，$6\frac{1}{4}$.

20. 求两个数使其平方分别加另外一个数均为平方数[10].

设所求两个数为 x，$2x+1$，其形式满足其中一个条件.

由另一条件得出

$$4x^2+5x+1=\text{平方数，不妨说}=(2x-2)^2$$

因此 $x=\frac{3}{13}$，从而所求数为$\frac{3}{13}$，$\frac{19}{13}$.

21. 求两个数使其平方分别减去另一个数均为平方数.

假设所求两个数为 $x+1$，$2x+1$，其满足其中一个条件.

由另一个条件得出

$$4x^2+3x=\text{平方数，不妨说}=9x^2.$$

因此 $x=\frac{3}{5}$，从而所求数为$\frac{8}{5}$，$\frac{11}{5}$.

22. 求两个数使其平方分别加上此两数之和均为平方数.

假设所求数为 x，$x+1$. 则其中一个条件成立.

由另一个条件得出

$$x^2+4x+2=\text{平方数，不妨说}=(x-2)^2.$$

因此 $x=\frac{1}{4}$，从而所求数为$\frac{1}{4}$，$\frac{1}{5}$.

$\left[\text{原著所求数为}\frac{2}{8}，\frac{10}{8}\right]$

23. 求两个数使其平方分别**减去**此两数之和均为平方数.

假设所求数为 x，$x+1$. 则其中一个条件成立.

由另一个条件得出

$x^2-2x-1=$平方数，不妨说$=(x-3)^2$.

因此 $x=2\frac{1}{2}$，从而

$$\text{所求数为 } 2\frac{1}{2}，3\frac{1}{2}.$$

24. 求两个数使每一个分别加上此两数和的平方均为平方数.

因为 x^2+3x^2，x^2+8x^2 都是平方数，假设所求数为 $3x^2$，$8x^2$，x 为它们的和.

因此 $121x^4=x^2$，从而 $11x^2=x$，即 $x=\frac{1}{11}$.

$$所以所求数为\frac{3}{121},\ \frac{8}{121}.$$

25. 求两个数使他们和的平方分别**减去**这两个数均为平方数.

如果从 16 中减去 7 或 12，可以得到一个平方数.

因此假设 $12x^2$，$7x^2$ 为所求数，$16x^2$ 为它们的和的平方.

因此 $19x^2=4x$，即 $x=\frac{4}{19}$.

$$所求数为\frac{192}{361},\ \frac{112}{361}.$$

26. 求两个数使它们的积分别加这两个数均为平方数，且这两个平方数的根的和为一给定数.

设这个定数为 6.

因为 $x\ (4x-1)+x$ 是一个平方数，设 x，$4x-1$ 为所求数.

因此 $4x^2+3x-1$ 是一个平方数，且其平方根一定是 $6-2x$ [因为 $2x$ 是第一个平方数的根且这两个平方数的根的和为 6].

因为 $$4x^2+3x-1=(6-2x)^2,$$

得 $x=\frac{37}{27}$，从而

$$所求两个数为\frac{37}{27},\ \frac{121}{27}.$$

27. 求两个数使它们的乘积分别**减去**这两个数为一个平方数，且这两个平方数的平方根的和为一定数.

例如给定数为 5.

设 $4x+1$，x 为所求数，有条件得

$$4x^2-3x-1=(5-2x)^2.$$

因此 $x=\frac{26}{17}$，从而得

$$所求两数为\frac{26}{17},\ \frac{121}{17}.$$

28. 求两个平方数使他们的乘积分别加上这两个平方数均为平方数.

设这两个平方数[11]为 x^2，y^2.

因此$\left.\begin{matrix}x^2y^2+y^2\\x^2y^2+x^2\end{matrix}\right\}$都是平方数.

要使第一个表达式为平方数必须使 x^2+1 为平方数，不妨说

$$x^2+1=(x-2)^2.$$

因此 $x=\frac{3}{4}$，即 $x^2=\frac{9}{16}$.

而要使$\frac{9}{16}(y^2+1)$ 为平方数［且 y 不同于 x］，

不妨使
$$9y^2+9=(3y-4)^2,$$
即
$$y=\frac{7}{24}.$$

从而所求数为$\frac{9}{16}$，$\frac{49}{576}$.

29. 求两个平方数，使它们的乘积分别**减去**这两平方数均为平方数.

设两个平方数为 x^2，y^2.

因此$\left.\begin{matrix}x^2y^2-y^2\\x^2y^2-x^2\end{matrix}\right\}$都是平方数.

由 $x^2-1=$(平方数）得出一个解 $x^2=\frac{25}{16}$.

而要使$\frac{25}{16}y^2-\frac{25}{16}=$平方数，

不妨使 $y^2-1=(y-4)^2$.

因此 $y=\frac{17}{8}$，从而

$$\text{所求数为}\frac{289}{64}，\frac{100}{64}.$$

30. 求两个数使它们的乘积加，减这两个数的和均为平方数.

因为 $m^2+n^2\pm2mn$ 是一个平方数.

不妨分别取 m，n 为 2，3. 当然 $2^2+3^2\pm2\cdot2\cdot3$ 是一个平方数.

然后假设所求数的乘积$=(2^2+3^2)\ x=13x^2$，且

$$\text{和}=2\cdot2\cdot3x^2=12x^2.$$

既然乘积是 $13x^2$，可令这两个数为 x，$13x$.

所以它们的和 $14x=12x^2$，且 $x=\frac{7}{6}$.

$$\text{因此所求数为 } 4\ \frac{7}{6},\ \frac{91}{6}.$$

31. 求两个数使它们的和是一个平方数，且它们的乘积加，减这两个数的和均为平方数.

$2\cdot 2m\cdot m=$平方数，且 $(2m)^2+m^2\pm 2\cdot 2m\cdot m=$平方数.

如果 $m=2$，　　$4^2+2^2\pm 2\cdot 4\cdot 2=36$ 或 4.

然后令所求数的乘积为 $(4^2+2^2)x^2$ 即 $20x^2$，且其和为 $2\cdot 4\cdot 2x^2=16x^2$.

如果取这两数为 $2x$，$10x$.

则 $12x^2 12x=16x^2$，且 $x=\frac{3}{4}$.

$$\text{所求数为}\frac{6}{4},\ \frac{30}{4}.$$

32. 求三个数，使其每一个的平方加下一个数，均为平方数.

令第一个数为 x，第二个数为 $2x+1$，第三个数为 $2(2x+1)+1=4x+3$，则两个条件得到满足.

由最后一个条件得 $(4x+3)^2+x=$平方数，不妨说 $=(4x-4)^2$.

因此 $x=\frac{7}{57}$，从而

$$\text{所求数为}\frac{7}{57},\ \frac{71}{57},\ \frac{199}{57}.$$

33. 求三个数，使其每一个的平方**减去**一个数，均为平方数.

设所求数为 $x+1$，$2x+1$，$4x+1$，则两个条件得到满足.

最后，$16x^2+7x=$平方数，不妨说 $=25x^2$.

得

$$x=\frac{7}{9}.$$

$$\text{所求数为}\frac{16}{9},\ \frac{23}{9},\ \frac{37}{9}.$$

34. 求三个数，使其每一个的平方加这三个数的和，均为平方数.

因为$\left\{\frac{1}{2}(m-n)\right\}^2+mn$是一个平方数. 任取一数，并以三种方式分解为两个因子（m，n），不妨说选取12，它是（1，12），（2，6），（3，4）的乘积.

那么$\frac{1}{2}(m-n)$的值依次为$5\frac{1}{2}$，2，$\frac{1}{2}$.

令所求三个数为$5\frac{1}{2}x$，$2x$，$\frac{1}{2}x$，且三数之和为$12x^2$.

则$8x=12x^2$，且$x=\frac{2}{3}$.

$$所求数为\frac{11}{3}，\frac{4}{3}，\frac{1}{3}.$$

$\left[原著答案为\frac{4}{6}，和\frac{22}{6}，\frac{8}{6}，\frac{2}{6}.\right]$

35. 求三个数，使其每一个的平方**减**这三个数的和，均为平方数.

因为$\left\{\frac{1}{2}(m+n)\right\}^2-mn$是一个平方数. 同上题一样，任取一数，并以三种方式分解为两个因子（m，n），不妨说选取12.

令所求三个数为$6\frac{1}{2}x$，$4x$，$3\frac{1}{2}x$，且三数之和为$12x^2$.

则$14x=12x^2$，且$x=\frac{7}{6}$.

$$所求数为\frac{45\frac{1}{2}}{6}，\frac{28}{6}，\frac{24\frac{1}{2}}{6}.$$

第Ⅲ卷　问题5－21

5. 求三个数使它们的和为平方数，且其中任意一对的和都大于第三个某一个平方数.

设三个数的和是$(x+1)^2$；令第一个+第二个=第三个+1，则第三个=$\frac{1}{2}x^2+x$；

令第二个+第三个=第一个$+x^2$，则第一个$=x+\frac{1}{2}$.

从而第二个$=\frac{1}{2}x^2+\frac{1}{2}$.

另外还有，第一个+第三个=第二个+平方数.

从而$2x=$平方数，不妨说$=16$，得$x=8$.

所求数为$8\frac{1}{2}$，$32\frac{1}{2}$，40.

另外一种解法如下[12].

首先求三个平方数，使其和仍是平方数. 例如求一个平方数+4+9仍是平方数，而36恰好适合；因此，4，36，9是具有所要求特性的平方数.

下一步求三个数，使其中任一对数的和=第三个+所给定的数；

在此情况下，假设

$$第一+第二-第三=4,$$
$$第二+第三-第一=9,$$
$$第三+第一-第二=36.$$

此题已解［卷Ⅰ，18］，

所求数依次为20，$6\frac{1}{2}$，$22\frac{1}{2}$.

从而

$$x=\frac{1}{2}(b^2+c^2),\quad y=\frac{1}{2}(c^2+a^2),\quad z=\frac{1}{2}(a^2+b^2).$$

6. 求三个数，使它们的和是平方数，且其中任意一对的和也是平方数.

令三个数之和为x^2+2x+1，第一，第二之和为x^2，因此第三个为$2x+1$；

令第二，第三之和为$(x-1)^2$，因此第一个$=4x$，第二个$=x^2-4x$.

但是，第一个+第三个=平方数，即$6x+1=$平方数，不妨说$=121$.

从而$x=20$，且

所求数为80，320，41.

［此处有一个替换解，明显是后来插入的. 因为它本质上是一样的，不同的是取$6x+1$的值为36，从而$x=\frac{35}{6}$，且所求数为$\frac{840}{36}$，$\frac{385}{36}$，$\frac{456}{36}$.］

7. 求三个成等差的数，使其中任意一对的和均为平方数.

首先求三个成等差的平方数，使其和的一半大于其中任一个数.

令其中第一个，第二个为 x^2，$(x+1)^2$；

则第三个为 $x^2+4x+2=(x-8)^2$，不妨说.

因此 $x=\frac{62}{20}$或$\frac{31}{10}$；

从而可取三个平方数为 961，1681，2401.

现在求三个数，使其中任意一对的和恰好等于所求出的数.

这三个数的和 $=\frac{5043}{2}=2521\frac{1}{2}$，且

这三个数是 $120\frac{1}{2}$，$840\frac{1}{2}$，$1560\frac{1}{2}$.

8. 给定一个数，求另外三个数使其中任意一对的和加上此给定数均为平方数，且这三个数的和加此给定数也为平方数.

给定数为 3.

设所求的第一个+第二个 $=x^2+4x+1$，

第二个+第三个 $=x^2+6x+6$，

三个数的和 $=x^2+8x+13$.

从而第三个 $=4x+12$，第二个 $=x^2+2x-6$，第一个 $=2x+7$.

还有　　第一个+第三个+3 = 平方数，

即，　　$6x+22=$ 平方数，不妨说 $=100$.

因此　　$x=13$，且

所求数为 33，189，64

9. 给定一个数，求另外三个数使其中任意一对的和减去此给定数均为平方数，且这三个数的和减此给定数也为平方数.

给定数为 3.

设所求数的　第一个+第二个 $=x^2+3$，

第二个+第三个 $=x^2+2x+4$，

三个数的和 $=x^2+4x+7$.

从而第三个 $=4x+4$，第二个 $=x^2-2x$，第一个 $=2x+3$.

最后，第一个+第三个 $-3=6x+4=$ 平方数，不妨说 $=64$.

因此 $x=10$，且

（23，80，44）是一组解.

10. 求三个数，使其中任意一对之积加上一给定数均为平方数.

设给定数是 12. 取一平方数比如 25，并减去 12，把差 13 作为第一，第二两数之积，

并设这两数分别为 $13x$，$\frac{1}{x}$.

再从另一平方数比如 16 中减去 12，并把差 4 作为第二，第三两数之积.

因此第三个数 $=4x$.

第三个条件要求 $52x^2+12=$平方数；这里 $52=4\cdot 13$，其中 13 不是平方数；

但是，如果 13 是平方数，这个方程就容易解了. [13]

因此必须找两个数以取代 13 和 4，满足它们的积为平方数，

而其中任何一个数+12 也是平方数.

如果两个数均为平方数，则二者之积也是平方数，因此必须找两个平方数，

使其中任何一个+12=平方数.

“按以前讲过的方法，这是容易做到的[14]，并且它可使方程容易解出.”

平方数 4，$\frac{1}{4}$满足这一条件.

返回前面的步骤，现在设所求的三个数为 $4x$，$\frac{1}{x}$和$\frac{x}{4}$. 在此情况下，要解方程 $x^2+12=$平方数，不妨设 $=(x+3)^2$.

所以 $x=\frac{1}{2}$. 于是$\left(2，2，\frac{1}{8}\right)$是一组解. [15]

11. 求三个数，使其中任意一对之积减去一给定数均为平方数.

设给定数是 10.

取第一和第二之积 = 平方数+10，不妨说 = 4+10，并令第一 $=14x$，第二 $=\frac{1}{x}$.

取第二和第三之积 = 平方数+10，不妨说 = 19；

因此，第三 $=19x$.

由第三个条件，$266x^2-10$ 必须是平方数，但 266 不是平方数[16].

因此，同上题一样，必须求两个平方数，使其中任何一个 = 平方数+10.

而平方数 $30\frac{1}{4}$，$12\frac{1}{4}$满足这些条件[17].

现令所求数为 $30\frac{1}{4}x$，$\frac{1}{x}$，$12\frac{1}{4}x$，

由第三个条件可得 $370\frac{9}{16}x^2-10=$平方数

［其中丢番图把 $370\frac{9}{16}$记为 $370\frac{1}{2}\frac{1}{16}$］；

因此 $5929x^2-160=$平方数，不妨说$=(77x-2)^2$，从而 $x=\frac{41}{77}$.

所求数为$\frac{1240\frac{1}{4}}{77}$，$\frac{77}{41}$，$\frac{502\frac{1}{4}}{77}$.

12. 求三个数，使其中任意两个之积加上第三个均为平方数.
取一个平方数并减去其中一部分作为第三个数；
如令 x^2+6x+9 是其中一平方数，且 9 是第三个数.
因此第一和第二之积$=x^2+6x$；若取第一$=x$，则第二$=x+6$.
由另两个条件知

$$\left.\begin{array}{r}10x+54\\10x+6\end{array}\right\}\text{都是平方数.}$$

因此必须求两个平方数其差为 48；“这是容易的，且方法很多”.
平方数 16，64 就满足此条件. 令其等于相应表达式，可得 $x=1$，且

所求数为 1，7，9.

13. 求三个数，使其中任意两个之积**减去**第三个均为平方数.
令第一为 x，第二为 $x+4$；则其乘积$=x^2+4x$，因此可设第三为 $4x$.
从而由其他条件知

$$\left.\begin{array}{r}4x^2+15x\\4x^2-x-4\end{array}\right\}\text{都是平方数.}$$

而其差$=16x+4=4(4x+1)$，

若令$\left\{\frac{1}{2}(4x+5)\right\}^2=4x^2+15x$ 从而 $x=\frac{25}{20}$，且

所求数为$\frac{25}{20}$，$\frac{105}{20}$，$\frac{100}{20}$.

14. 求三个数，使其中任意两个之积加上第三个的平方，均为平方数[18].

设第一个为 x，第二个为 $4x+4$，第三个为 1.

则两个条件已经满足.

第三个条件是

$x+(4x+4)^2=$平方数，不妨说$=(4x-5)^2$，

因此 $x=\frac{9}{73}$，且

所求数（省略公分母）为 9，328，73

15. 求三个数，使其中任意两个之积加上该两个之和均为平方数.[19]

[引理] 任意两相邻数的平方的乘积，加上这两相邻数的平方的和，仍是平方数[20].

令 4，9 为所求的两个数，x 为第三个数.

因此$\left.\begin{matrix}10x+9\\5x+4\end{matrix}\right\}$必须都是平方数.

其差$=5x+5=5(x+1)$.

让两因子的和的一半的平方等于 $10x+9$，

得$\left\{\frac{1}{2}(x+6)\right\}^2=10x+9$.

从而 $x=28$，且（4，9，28）是一组解.

另一种解法[21].

设第一个数为 x，第二个为 3.

因此 $4x+3=$平方数，不妨说$=25$，

从而 $x=5\frac{1}{2}$，且 $5\frac{1}{2}$，3 满足一个条件.

令第三个是 x，而前两个是 $5\frac{1}{2}$，3.

因此$\left.\begin{matrix}4x+3\\6\frac{1}{2}x+5\frac{1}{2}\end{matrix}\right\}$必须都是平方数.

但是，这是不可能的. 因为相应的系数没有一对的比率是平方数与平方数的比率.

为了用平方数与平方数的比率作系数替代$6\frac{1}{2}$，4，因此寻求两个数来替代$5\frac{1}{2}$，3，使其满足它两的积加上它两的和等于平方数，且它两各加上1后其比率为平方数比平方数.

为此令y和$4y+3$为这两数，显然满足第二个条件，为了第一个条件，必须让

$4y^2+8y+3=$平方数，不妨说$=(2y-3)^2$. 从而$y=\frac{3}{10}$.

在解出$\frac{3}{10}$，$4\frac{1}{5}$后，进一步假设第三个数为x，

因此$\left.\begin{array}{l}5\frac{1}{5}x+4\frac{1}{5}\\ \frac{13}{10}x+\frac{13}{10}\end{array}\right\}$都必须是平方数或者在依次乘以25和100之后$\left.\begin{array}{l}130x+105\\130x+30\end{array}\right\}$都必须是平方数，

其差$75=3\cdot25$，由通常的解法可知$x=\frac{7}{10}$，

因此所求数为$\frac{3}{10}$，$\frac{42}{10}$，$\frac{7}{10}$.

16. 求三个数，使其中任意两个之积减去该两数之和均为平方数.

如果令第一个数为x，第二个数任意取值，那么会和上题一样出现相同的困难.

因此，必须寻求两个数，满足

(a) 它们的乘积−它们的和=平方数，且

(b) 各自减去1后，剩余部分具有平方数的比率.

显然$4y+1$和$y+1$满足后一条件.

而公式(a)要求

$4y^2-1=$平方数，不妨说$=(2y-2)^2$，

可得$y=\frac{5}{8}$，在得出$\frac{13}{8}$，$\frac{28}{8}$之后，然后令第三个为x，

因此 $\left.\begin{matrix}2\frac{1}{2}x-3\frac{1}{2}\\ \frac{5}{8}x-\frac{13}{8}\end{matrix}\right\}$必须都是平方数.

或者依次乘以 4，16，

$\left.\begin{matrix}10x-14\\ 10x-26\end{matrix}\right\}$必须都是平方数.

其差 $12=2\cdot 6$，用通常方法可得 $x=3$，

因此所求数为$\frac{13}{8}$，$3\frac{1}{2}=\frac{28}{8}$，$3=\frac{24}{8}$.

17. 求两个数，使其乘积加上每一个数以及两数之和，均为平方数.

假设所求数为 x，$4x-1$，因为 $x(4x-1)+x=4x^2$ 都是平方数.

因此还有

$$\left.\begin{matrix}4x^2+3x-1\\ 4x^2+4x-1\end{matrix}\right\}\text{必须都是平方数.}$$

其差 $x=4x\cdot\frac{1}{4}$，可求出 $x=\frac{65}{224}$.

所求数为$\frac{65}{224}$，$\frac{36}{224}$.

18. 求两个数，使其乘积减去每一个数以及两数之和，均为平方数.[22]

假设所求数为 $x+1$，$4x$，因为 $4x(x+1)-4x=$平方数.

因此还有 $\left.\begin{matrix}4x^2+3x-1\\ 4x^2-x-1\end{matrix}\right\}$必须都是平方数.

其差 $4x=4x\cdot 1$，可得 $x=1\frac{1}{4}$.

所求数为 $2\frac{1}{4}$，5.

19. 求四个数，使其和的平方加上或减去任一单个数均为平方数.

因为在直角三角形中，

斜边的平方±2×两直角边的乘积=平方数，

因此必须求出四个具有相同斜边的直角三角形［在有理数范围］；

换句话，必须求一平方数，它可分为四组两个平方数之和．且“我们已经知道，将一平方数分为两平方数之和，其方式可以有任意多种．”［卷Ⅱ，8题］

取两个较小的直角三角形（3，4，5）和（5，12，13）；

给每个三角形的各边乘以另一三角形的斜边，则可得到两个具有相同斜边的有理直角三角形（39，52，65）和（25，60，65），从而 65^2 已分为两组两个平方数之和．

另外，由于 $65=13\cdot 5$，且 $13=2^2+3^2$，$5=1^2+2^2$，

所以 65 可分成两组两个平方数之和，亦即 7^2+4^2 和 8^2+1^2．

现在由 7，4 构造直角三角形[23]，其边为（7^2-4^2，$2\cdot 7\cdot 4$，7^2+4^2）或（33，56，65）．

类似地，有 8，1 构造直角三角形，可得（$2\cdot 8\cdot 1$，8^2-1^2，8^2+1^2）或（16，63，65）．

总之，65^2 已分成四组两个平方数之和．

现在假设四个数之和为 $65x$，且

第一个数为 $2\cdot 39\cdot 52x^2=4056x^2$，

第二个数为 $2\cdot 25\cdot 60x^2=3000x^2$

第三个数为 $2\cdot 33\cdot 56x^2=3696x^2$，

第四个数为 $2\cdot 16\cdot 63x^2=2016x^2$，

以上 x^2 的系数依次是四个直角三角形的面积的四倍．

其和 $12768x^2=65x$，且 $x=\frac{65}{12768}$．

所求数是 $\frac{17136600}{163021824}$，$\frac{12675000}{163021824}$，$\frac{15615600}{163021824}$，$\frac{8517600}{163021824}$．

20．将一给定数分为两部分，并求一平方数，使其减去该两部分均为平方数[24]．

给定数 10，所求数为 x^2+2x+1．取一部分为 $2x+1$，另一部分为 $4x$．

如果 $6x+1=10$，那么条件都成立．

因此 $x=1\frac{1}{2}$．

两部分为（4，6），平方数为 $6\frac{1}{4}$．

21. 将一给定数分为两部分，并求一平方数，使其加上该两部分均为平方数.

给定数为 20，所求平方数为 x^2+2x+1.

如果此平方数加上 $2x+3$ 或者 $4x+8$，结果仍是平方数.

因此取 $2x+3$，$4x+8$ 为 20 的两部分，从而 $6x+11=20$，$x=1\frac{1}{2}$.

因此，两部分为（6，14），平方数为 $6\frac{1}{4}$.

第V卷　问题 1－29

1. 求三个成等比的数，使其中任意一个减去一给定数，均为平方数.

给定数 12.

求一**平方数**，比另一平方数大 12.

“这是容易的［卷Ⅱ，10 题］；$42\frac{1}{4}$就是一个这样的数.”

令第一个数为 $42\frac{1}{4}$，第三个数为 x^2；

则中间的数 $=6\frac{1}{2}x$.

从而 $\left.\begin{array}{l} x^2-12 \\ 6\frac{1}{2}x-12 \end{array}\right\}$ 必须都是平方数；

其差 $=x^2-6\frac{1}{2}x=x\left(x-6\frac{1}{2}\right)$；

两因子的差的一半的平方 $=\frac{169}{16}$；

因此，令 $6\frac{1}{2}x-12=\frac{169}{16}$，有 $x=\frac{361}{104}$，

所以 $\left(42\frac{1}{4},\ \frac{2346\frac{1}{2}}{104},\ \frac{130321}{10816}\right)$ 是一组解.

2. 求三个成等比的数，使其中任意一个加上一给定数，均为平方数.

给定数 20.

取一个平方数，使其加上 20 仍是平方数，不妨取为 16.

令首项为 16，末项为 x^2，则中间项 $=4x$.

因此 $\left.\begin{matrix} x^2+20 \\ 4x+20 \end{matrix}\right\}$必须都是平方数.

其差 $x^2-4x=x(x-4)$，用常用方法可得 $4x+20=4$，**但这是不合理的**，其中 4 应该是大于 20 的数才行.

由于 $4=\frac{1}{4}(16)$，其中 16 是平方数，且加上 20 仍是平方数.

因此，为了置换 16，必须找一个平方数大于 $4\cdot 20$，且加上 20 仍是平方数.

显然 $81>80$；因此，令所求平方数为 $(m+9)^2$，且

$(m+9)^2+20=$平方数，不妨说$=(m-11)^2$；

从而 $m=\frac{1}{2}$，所求平方数$=\left(9\frac{1}{2}\right)^2=90\frac{1}{4}$.

现在，设三个数为 $90\frac{1}{4}$，$9\frac{1}{2}x$，x^2，

则 $\left.\begin{matrix} x^2+20 \\ 9\frac{1}{2}x+20 \end{matrix}\right\}$必须都是平方数.

其差$=x\left(x-9\frac{1}{2}\right)$，

令 $9\frac{1}{2}x+20=\frac{361}{16}$.

因此 $x=\frac{41}{152}$，且

$$\left(90\frac{1}{4},\ \frac{389\frac{1}{2}}{152},\ \frac{1681}{23104}\right)\text{是一组解.}$$

3. 给定一个数，求另外三个数，使其中任意一个，以及任意两个的乘积加上该给定数，均为平方数.

“**在《推论集》中已经知道如下命题**，对于两个数而言，如果每个数，以及它们的乘积加上同一给定数，各自均为平方数，则这两个数分别为相邻两数的平方减去给定的数.”

因此，令平方数为 $(x+3)^2$，$(x+4)^2$[25]，并分别减去给定的数 5，可得所求的第一个数为 x^2+6x+4，

第二个数为 $x^2+8x+11$，

现令第三个数为它们的和的二倍减去 1，则第三个数为 $4x^2+28x+29$.

从而　$4x^2+28x+34=$平方数，不妨说$=(2x-6)^2$.

所以　$x=\frac{1}{26}$，且

$$\left(\frac{2861}{676},\ \frac{7645}{676},\ \frac{20336}{676}\right)$$是一组解[26].

4. 给定一个数，求另外三个数，使其中任意一个，以及任意两个的乘积减去该给定数，均为平方数.

给定数为 6.

取两个相邻的平方数为 x^2，x^2+2x+1.

分别加上 6，

则假设第一个数为 x^2+6，

第二个数为 x^2+2x+7.

现令第三个数[27]为前两数和的二倍减 1，

亦即　$4x^2+4x+25$.

则第三个数$-6=4x^2+4x+19=$平方数，不妨说$=(2x-6)^2$.

从而　$x=\frac{17}{28}$，且

$$\left(\frac{4993}{784},\ \frac{6729}{784},\ \frac{22660}{784}\right)$$是一组解.

[《推论集》中有和上题相同的命题，只是要用“相减”代替“相加”.]

5. 求三个平方数，使其中任意两个的乘积加上此两数的和，以及加上剩下的平方数，均为平方数.

“在《推论集》中，已经知道如下命题，”

如果给定两个相邻的平方数，第三个数是这相邻平方数的和的二倍再加上 2，

那么，这三个数满足，其中任意两个的乘积加上该两数本身的和，或者加上剩余的那个数，均为平方数.

假设　第一个平方数为 x^2+2x+1，

　　　第二个平方数为 x^2+4x+4，

则　　第三个平方数为 $4x^2+12x+12$.

因此　$x^2+3x+3=$平方数，不妨说$=(x-3)^2$.

从而　$\left(\frac{25}{9}, \frac{64}{9}, \frac{196}{9}\right)$是一组解.

6. 求三个数，使其中任意一个减去 2 均为平方数，且其中任意两个的乘积减去此两数的和，以及**减去**剩下的数，均为平方数.

给上一题所引用的《推论集》中的三个数各自加上 2.

这样得到的数是　x^2+2，x^2+2x+3，$4x^2+4x+6$.

现在对于这三个数，所有条件都成立[28]，

最后剩余的条件是

$$4x^2+4x+6-2=\text{平方数}.$$

除以 4，

$$x^2+x+1=\text{平方数，不妨说}=(x-2)^2.$$

从而　$x=\frac{3}{5}$，

且　$\left(\frac{59}{25}, \frac{114}{25}, \frac{246}{25}\right)$是一组解.

［卷Ⅴ，7 题的］**引理Ⅰ**：求两个数，使其乘积加上这两数的平方和仍是平方数.

假设第一个数为 x，则第二个数可以任意取（m），不妨说 1，

因此　$x\cdot 1+x^2+1=x^2+x+1=$平方数，不妨说$=(x-2)^2$.

从而　$x=\frac{3}{5}$，　且

$$\left(\frac{3}{5}, 1\right)\text{或}(3, 5)\text{是一组解.}$$

［卷Ⅴ，7 题的］**引理Ⅱ**：求三个具有相同面积的（**有理**）直角三角形[29].

首先，求两个数，使它们的乘积+它们的平方和=平方数，

例如在引理Ⅰ中，（3，5）就是这样一组解.

那么，三个直角三角形可由数组（7，3），（7，5），（7，3+5）依次生成[30].

［亦即，生成直角三角形（7^2+3^2，7^2-3^2，$2 \cdot 7 \cdot 3$），等等］.

三角形分别为（40，42，58），（24，70，74），（15，112，113），它们具有相同的面积840.

7. 求三个数，使其中任意一个的平方±这三个数的和均为平方数.

因为在直角三角形中，

$$(\text{斜边})^2+4 \cdot \text{面积}=\text{平方数},$$

因此可取所求三个数为三个斜边，而取三个数的和为面积的四倍.

从而，必须寻找三个具有相同面积的直角三角形，

例如，在上述引理Ⅱ中，有

$$(40,\ 42,\ 58),\ (24,\ 70,\ 74),\ (15,\ 112,\ 113).$$

返回本题，令所求三个数为$58x$，$74x$，$113x$；

从而它们的和　　$245x=4 \cdot \text{任一三角形面积}=3360x^2$.

所以

$$x=\frac{7}{96},$$

且　$\left(\frac{406}{96},\ \frac{518}{96},\ \frac{791}{96}\right)$是一组解.

［卷Ⅴ，8题的］**引理**

给定三个平方数，则可以找到三个数，使其中任意两个数的乘积分别等于这三个平方数.

平方数为4，9，16.

假设第一个数为x，则其他数为$\frac{4}{x}$，$\frac{9}{x}$；　　　　且$\frac{36}{x^2}=16$.

从而$x=\frac{6}{4}$，　　　　所求数为$\left(1\frac{1}{2},\ 2\frac{2}{3},\ 6\right)$.

观察$x=\frac{6}{4}$，其中6是2和3的乘积，4是16的平方根.

因此可以得出如下法则. 取两个平方根（2，3）的乘积，并除以第三个平方数的根4，则结果为第一个数；然后4，9分别除以上述结果，便可得到第二个和第三个数.

8. 求三个数，使其中任意两个的乘积±这三个数的和均为平方数.

在卷Ⅴ，7题的引理Ⅱ中，已经求出三个具有相同面积的直角三角形；

它们的斜边的平方是3364，5476，12769.

现在，应用本题的引理，求三个数使其中任意两个数的乘积分别等于这三个平方数.

由于，这三个平方数±4 · 面积(3360) = 平方数；

所以，所求三个数是

$$\frac{4292}{113}x，\frac{3277}{37}x\left[\frac{380132}{4292}x\text{ 唐内里}\right]，\frac{4181}{29}x\left[\frac{618788}{4292}x\text{ 唐内里}\right].$$

剩余的条件是，

$$\text{所求三个数的和}=3360x^2.$$

因此 $$\frac{32824806}{121249}x\left[\frac{131299224}{484996}x\text{ 唐内里}\right]=3360x^2.$$

从而 $$x=\frac{32424806}{407396640}\left[\frac{131299224}{1629586560}\text{或}\frac{781543}{9699920}\text{唐内里}\right],$$

$$\left[\text{所求数为}\frac{781543}{255380},\frac{781543}{109520},\frac{781543}{67280}\right].$$

9. 将单位1分为两部分，使同一个给定数加到任一部分上，结果均为平方数.

必要条件. 给定数不能是奇数，并且该数的两倍加1不能被任何增加了1就可被4除尽的素数（即形如$4n-1$的一切素数）除尽.

设给定数是6，因而13应被分为两个平方数，其中每一个>6. 如果能将13分为差<1的两个平方数，就解决了这个问题.

取13的一半即$6\frac{1}{2}$，必须对它加上一个小的分数，从而使其为一个平方数，或者，将其乘以4，则必须使$\frac{1}{x^2}+26$为一个平方数，即$26x^2+1=$平方数，不妨设$=(5x+1)^2$，由此$x=10$.

这就是说，为使26成为一个平方数，必须加上$\frac{1}{100}$，或者说，要使$6\frac{1}{2}$成为平方数，须加上$\frac{1}{400}$，即$\frac{1}{400}+6\frac{1}{2}=\left(\frac{51}{20}\right)^2$.

因此，必须将13分为两个平方数，使得每一个平方数的平方根尽可能接近$\frac{51}{20}$.

由于 $13=2^2+3^2$，所以，要找两个数，使 3 减第一个数 $=\frac{51}{20}$，从而第一个数 $=\frac{9}{20}$，而 2+第二个数 $=\frac{51}{20}$，从而第二个数 $=\frac{11}{20}$.

因此可把所求的两个平方数写成 $(11x+2)^2$，$(3-9x)^2$ 的形式（用 x 代替 $\frac{1}{20}$ 即得）.

二数和 $=202x^2-10x+13=13$.

所以 $x=\frac{5}{101}$，所求两数的平方根分别为 $\frac{257}{101}$，$\frac{258}{101}$.

从每一个平方数中减去 6，就可得到 1 的两部分：$\frac{4843}{10201}$，$\frac{5358}{10201}$.

10. 将单位 1 分为两部分，使两个不同的给定数分别加到每一部分上，结果均为平方数.

令给定的数[31]是 2，6.

如图所示，其中 $DA=2$，$AB=1$，$BE=6$，且 G 是 AB 之间的一个点，G 的选取必须满足 DG，GE 均为平方数.

D　　A G B　　　　　　　　　　E

现在 $DE=9$. **因此必须将 9 分解成两部分，是其中之一位于 2 和 3 之间.**

令两个平方数为 x^2，$9-x^2$，　　　　其中 $2<x^2<3$.

选取两个平方数，使较小的>2，较大的<3.

不妨取为 $\frac{289}{144}$，$\frac{361}{144}$.

如果让 x^2 位于这两平方数之间，则　　$\frac{17}{12}<x<\frac{19}{12}$.

因此，令 $9-x^2=$ 平方数 $=(3-mx)^2$，不妨说.

得　　$x=\frac{6m}{m^2+1}$.

从而　$\frac{17}{12}<\frac{6m}{m^2+1}<\frac{19}{12}$.

第一个不等式，得　$72m>17m^2+17$；

其中　$36^2-17\cdot17=1007$，

它的平方根不大于31[32]；

因此 $m \leqslant \frac{31+36}{17}$，即 $m \leqslant \frac{67}{17}$.

类似地，又不等式 $19m^2+19>72m$

可得 $m \geqslant \frac{66}{19}$.

在这两个界限之间，选取最简单的 $m=3\frac{1}{2}$. 所以 $9-x^2=\left(3-3\frac{1}{2}x\right)^2$，

从而 $x=\frac{84}{53}$，

因此 $x^2=\frac{7056}{2809}$，

且1的两部分为$\left(\frac{1438}{2809}, \frac{1371}{2809}\right)$.

11. 将单位1分为三部分，使同一个给定数加到任一部分上，结果均为平方数.

必要条件：所给定的数不能是2，或8的倍数加2.

设给定数为3.

则本题相当于把10分成三个平方数之和，且每个平方数>3.

10的$\frac{1}{3}$是$3\frac{1}{3}$，求一个较小的分数$\frac{1}{9x^2}$，使$\frac{1}{9x^2}+3\frac{1}{3}$为平方数，

即 $30x^2+1=$平方数，不妨说$=(5x+1)^2$.

从而 $x=2$，$x^2=4$，$\frac{1}{x^2}=\frac{1}{4}$，

且 $\frac{1}{36}+3\frac{1}{3}=\frac{121}{36}=$平方数.

所以，现在需要把10分成三个平方数，使其根尽可能逼近于$\frac{11}{6}$.

显然，$10=9+1=3^2+\left(\frac{3}{5}\right)^2+\left(\frac{4}{5}\right)^2$.

通分 3，$\frac{3}{5}$，$\frac{4}{5}$和$\frac{11}{6}$，得$\frac{90}{30}$，$\frac{18}{30}$，$\frac{24}{30}$和$\frac{55}{30}$.

由于 $\frac{55}{30}=3-\frac{35}{30}=\frac{3}{5}+\frac{37}{30}=\frac{4}{5}+\frac{31}{30}$.

因此，假设所求平方数之根是

$$3-35x,\ \frac{3}{5}+37x,\ \frac{4}{5}+31x,\text{其中 } x \text{ 不是}\frac{1}{30}\text{，但却非常逼近它.}$$

从而，三个平方数之和 $=10-116x+3555x^2=10$.

得 $x=\frac{116}{3555}$，本题答案可由此算出.

12. 将单位 1 分为三部分，使三个不同的给定数依次加到每一部分上，结果均为平方数.

则本题相当于把 10 分成三个平方数之和，且第一个>2，第二个>3，第三个>4.

如果给每一个加上单位 1 的$\frac{1}{2}$，则必须求三个平方数使其和为 10，其中第一个位于 2，$2\frac{1}{2}$之间，第二个位于 3，$3\frac{1}{2}$之间，第三个位于 4，$4\frac{1}{2}$之间.

首先，必须将 10（两个平方数之和）分成这样的两个平方数，其中之一位于 2，$2\frac{1}{2}$之间；然后，从后边的平方数中减去 2，就可以得到所求的单位 1 的第一部分.

下一步，再把另一个平方数分成两个平方数，使其中之一位于 3，$3\frac{1}{2}$之间；然后，从后边的平方数中减去 3，就可以得到所求的单位 1 的第二部分.

类似可得，所求的单位 1 的第三部分[33].

13. 将一个给定数分为三部分，使其中任意两部分的和，均为平方数.

给定数为 10.

因为，其中任意两部分的和是小于 10 的平方数，且三个平方数的和是三部分的和的二倍，即 20.

所以，必须将 20 分成三个平方数，其中每一个<10.

但是，20 是两平方数 16，4 的和；

如果令 4 为所求平方数的第一个，那么必须把 16 分成两平方数，其中每一个<10，换句话，其中之一位于 6，10 之间. 这是我们已经学过的［卷 V，10 题］.[34]

按以前的方法求出三个平方数，每一个<10，且它们的和为20；

最后，10减去每一个平方数就可以得到10所分成的三个部分.

14. 将一个给定数分为四部分，使其中任意三部分的和均为平方数.

给定数为10.

因为，四个平方数的和=10所分成的四部分的和的三倍=3·10.

所以，必须将30分成四个平方数，其中每一个<10.

（1）如果我们采用逼近法，必须使每一个平方数尽可能接近$7\frac{1}{2}$；在求出平方数之后，再用10减去每一个平方数，就可以求出所要求的四个部分.

（2）或者，观察30=16+9+4+1，直接取4，9为其中两个平方数，然后再将17分成两个平方数，其中每一个<10.

下一步，如果按照我们所学过的方法[35]［参见卷V，10题］，将17分成两个平方数，其中之一位于$8\frac{1}{2}$，10之间，那么所得平方数必然满足条件.

这样所求出的四个平方数，两个是4，9，另两个是17所分成的两部分，

满足其和为30，且其中每一个小于10.

最后再用10减去每一个平方数，就可以得到10所分成的四个部分，其中两个是1，6.

15. 求三个数，使其和的立方加上其中任意一个数，均为立方数.

设所求三个数的和为x，且所求三个数为$7x^3$，$26x^3$，$63x^3$.

则 $$96x^3=x，或者\ 96x^2=1.$$

但96不是平方数；因此为了问题可解必须用平方数置换它.

现在 $$96=(2^3-1)+(3^3-12)+(4^3-1),$$

换句话，96是三个数的和，其中每一个都是立方数减1.

因此，必须求三个数，使其中每一个都是立方数减1，且这三个数的和为立方数.

假设立方根[36]为$m+1$，$2-m$，2，

那么所求的三个数是

$$m^3+3m^2+3m,\ 7-12m+6m^2-m^3,\ 7;$$

不妨说，它们的和$=9m^2-9m+14=$平方数$=(3m-4)^2$.

于是 $m=\dfrac{2}{15}$，所求三个数是

$$\frac{1538}{3375},\ \frac{18577}{3375},\ 7.$$

返回最初的问题，设所求数的和为 x，所求数依次为

$$\frac{1538}{3375}x^3,\ \frac{18577}{3375}x^3,\ 7x^3,$$

从而

$$\frac{43740}{3375}x^3=x,$$

除以 $15x$，得 $2916x^2=225$，$x=\dfrac{15}{54}$，

所以，可由此算出所求数.

16. 求三个数，使其和的立方减去其中任意一个数，均为立方数.

设所求三个数的和为 x，且所求三个数为

$$\frac{7}{8}x^3,\ \frac{26}{27}x^3,\ \frac{63}{64}x^3.$$

则

$$\frac{4877}{1728}x^3=x,$$

如果$\dfrac{4877}{1728}$是两平方数之比，那么问题就可解了.

但是$\dfrac{4877}{1728}=3-$（三个立方数之和）.

所以必须求三个立方数，每一个<1，

且 $3-$它们的和$=$平方数.

如果设想三个立方数之和<1，

那么平方数>2.

不妨令[37]平方数为 $2\dfrac{1}{4}$.

因此，所求立方数之和$=\dfrac{3}{4}$或者$\dfrac{162}{216}$，

换句话，必须将 162 分成三个立方数.

但是 $162=125+64-27$；

而且在《推论集》中已知，**两立方之差可以转化成两立方之和**.

这样一来，三个立方数就已经找到了[38].

再从头开始，由于 $x=2\ \frac{1}{4}x^3$，

所以，三数之和　$x=\frac{2}{3}$.

所以，三个数也可由此确定.

17. 求三个数，使其中任意一个数减去这三数的和的立方，均为立方数.

设所求三个数的和为 x，且所求三个数为 $2x^3$，$9x^3$，$28x^3$.

则　$39x^2=1$；

因此，必须用一个平方数替代39，且平方数=三个立方数之和+3；

换句话，必须求三个立方数，使

三个立方数的和+3=平方数.

不妨令[39]三个立方数的和的根为 m，$3-m$，1.

所以，$9m^2+31-27m=$平方数，不妨说$=(3m-7)^2$.

从而　$m=\frac{6}{5}$，且立方数的根是$\frac{6}{5}$，$\frac{9}{5}$，1.

再从头开始，现在设和为 x，且

所求三个数为

$$\frac{341}{125}x^3,\ \frac{854}{125}x^3,\ \frac{250}{125}x^3,$$

从而　$1445x^2=125$，$x^2=\frac{25}{289}$，且 $x=\frac{5}{17}$.

所求三个数可由此算出.

18. 求三个数，使其和为平方数，且它们的和的立方加上其中任意一个数，均为平方数.

设所求三个数的和为 x^2，且所求数为 $3x^6$，$8x^6$，$15x^6$.

则　$26x^4=1$；如果26是四次方数，那么问题可解.

所以，必须用四次方数替换26，换句话，必须求三个数使每一个加上1均为平方数，而且这三个数之和为四次方数.

为此，不妨令所求三数是　m^4-2m^2，m^2+2m，m^2-2m　[其和为 m^4]；

这是满足条件的不确定的数. 其中 m 可以任意取值，不妨为3，则相应的三个具体数是63，15，3.

再从头开始，现在令和为 x^2，且所求三个数为 $3x^6$，$15x^6$，$63x^6$，

从而 $81x^6=x^2$，且 $x=\frac{1}{3}$.

所以 所求三个数为$\left(\frac{3}{729}, \frac{15}{729}, \frac{63}{729}\right)$.

19. 求三个数，使其和为平方数，且它们的和的立方减去其中任意一个数，均为平方数.

19a. 求三个数，使其和为平方数，且其中任意一个数减去它们的和的立方，均为平方数.

19b. 求三个数，使其和为一给定数，且它们的和的立方加上其中任意一个数，均为平方数.

19c. 求三个数，使其和为一给定数，且它们的和的立方减去其中任意一个数，均为平方数.

假设所求三个数之和为 2，则其立方是 8.

必须使 8 减去每一个所求数均为平方数.

因此，必须将 22 分解成三个平方数，且其中每一个平方数>6；

然后，用 8 减去每一个平方数，便可得所求三个数.

但是，如何将 22 分解成三个平方数，且 6<每一个平方数<8，

我们前面［卷Ⅴ，11 题］已经掌握[40].

20. 将一个给定的分数分为三部分，使其中任意一部分减去这三部分的和的立方，均为平方数.

给定的分数为$\frac{1}{4}$.

因此 $$每一部分=\frac{1}{64}+平方数.$$

因此 $$三部分的和=\frac{1}{4}=三个平方数的和+\frac{3}{64}.$$

因此必须将$\frac{13}{64}$分成三个平方数，这很简单[41]

21. 求三个平方数，使它们的连乘积加上其中任意一个平方数，均为平方数.

假设所求三个平方数的连乘积为 x^2.

先求另外三个平方数，其中每一个加上1均为平方数.

在直角三角形中，用一个直角边的平方除以另一个直角边的平方，可以得到这样的平方数[42].

现在，令所求平方数是

$$\frac{9}{16}x^2,\ \frac{25}{144}x^2,\ \frac{64}{255}x^2.$$

根据假设

$$\text{所求三个平方数的连乘积}=\frac{14400}{518400}x^6=x^2.$$

从而 $\frac{120}{720}x^2=1$；

如果$\frac{120}{720}$是平方数，那么问题可解.

但是它不是的，因此必须求三个直角三角形，使 $p_1p_2p_3b_1b_2b_3=$平方数，

其中（b_i，p_i）是直角边.

现在任意指定一个三角形是（3，4，5），那么必须使 $12p_1p_2b_1b_2$ 是平方数，或者 $3\frac{p_1b_1}{p_2b_2}$是平方数.

“这是容易的[43]，”且三个直角三角形为（3，4，5），（9，40，41），（8，15，17）或类似于它们.

再从头开始，令所求三个平方数为

$$\frac{9}{16}x^2,\ \frac{225}{64}x^2,\ \frac{81}{1600}x^2,$$

且其连乘积$=x^2$，则可求出有理的 x 值$\left[x=\frac{16}{9}\text{，且所求平方数为}\frac{16}{9},\ \frac{100}{9},\ \frac{4}{25}\right]$.

（9，40，41）（8，15，17）

22. 求三个平方数，使它们的连乘积减去其中任意一个平方数，均为平方数.

设所求三个平方数的连乘积为 x^2，并利用有理直角三角形的方法，

令所求三个平方数为

$$\frac{16}{25}x^2,\ \frac{25}{169}x^2,\ \frac{64}{289}x^2.$$

因此，连乘积$\left(\frac{4\cdot5\cdot8}{5\cdot13\cdot17}\right)^2x^6=x^2$，

或 $\left(\frac{4\cdot5\cdot8}{5\cdot13\cdot17}\right)^2x^4=\frac{25600}{1221025}x^4=1.$

如果 $\frac{25600}{1221025}$是四次平方数，换句话，如果$\frac{4\cdot5\cdot8}{5\cdot13\cdot17}$是平方数，那么问题得解.

因此，必须求三个直角三角形，其中 h_1，h_2，h_3 依次表示斜边，p_1，p_2，p_3 依次表示直角边，满足 $h_1h_2h_3p_1p_2p_3=$平方数.

假设其中一个三角形为（3，4，5），并取 $h_3p_3=5\cdot4=20$，则

$$5h_1p_1h_2p_2=\text{平方数}.$$

如果 $h_1p_1=5h_2p_2$，那么上述条件成立.

为此，首先求两个直角三角形［参见上题］，用（x_1，y_1）表示一个三角形的两**直角边**，用（x_2，y_2）表示另一个的两**直角边**，满足 $x_1y_1=5x_2y_2$.

由这样一对三角形便可生成另两个直角三角形，满足一个三角形的**斜边**乘以它的一条**直角边**=另一三角形的斜边乘以它的一条直角边的五倍[44].

由于所找到的满足 $x_1y_1=5x_2y_2$ 的三角形依次是（5，12，13）和（3，4，5）[45]，

所以，必须由此求两个新直角三角形（h_1，p_1，b_1）和（h_2，p_2，b_2），满足 $h_1p_1=30$ 和 $h_2p_2=6$，其中 30 和 6 是两个三角形的面积.

这些三角形依次是$\left(6\frac{1}{2},\ \frac{60}{13},\ \left[\frac{119}{26}\right]\right)$和$\left(2\frac{1}{2},\ \frac{12}{5},\ \left[\frac{7}{10}\right]\right)$.

再从头开始，令所求三个平方数为

$$\frac{16}{25}x^2,\ \frac{576}{625}x^2,\ \frac{14400}{28561}x^2.$$

［$\frac{12}{5}$除以 $2\frac{1}{2}$得$\frac{24}{25}$，$\frac{60}{13}$除以 $6\frac{1}{2}$得$\frac{120}{169}$.］

其连乘积$=x^2$；

所以，开平方，得

$$\frac{4\cdot24\cdot120}{5\cdot25\cdot169}x^2=1,$$

从而　$x=\frac{65}{48}$，并由此可算出所求三个平方数.

23. 求三个平方数，使其中任意一个平方数**减去**它们的连乘积，均为平方数.

假设三个平方数的连乘积为 x^2，并且和前面一样，用直角三角形的方法来假定所求平方数.

如果我们直接取上题所求出的同样的三角形，并令所求三个平方数为

$$\frac{25}{16}x^2,\ \frac{625}{576}x^2,\ \frac{28561}{14400}x^2,$$

则其中每一个**减去**连乘积（x^2）均为平方数.

剩余的条件是，这三个平方数的连乘积 $=x^2$；

由此得 $x=\frac{48}{65}$，问题得解.

24. 求三个平方数，使其中任意两个的乘积加上 1，均为平方数.

因为　第一个和第二个的乘积+1=平方数，且第三个也是平方数，等等.

所以　三个平方数的连乘积+其中每一个平方数=平方数.

从而　此题化简为前面的卷Ⅴ，21 题[46].

25. 求三个平方数，使其中任意两个的乘积减去 1，均为平方数.

类似地，此题可化简为前面的卷Ⅴ，22 题.

26. 求三个平方数，使单位 1 减去其中任意两个的乘积，结果均为平方数.

再次，此题可化简为前面的卷Ⅴ，23 题.

27. 给定一个数，求三个平方数，使其中任意两个的和加上此给定数，均为平方数.

给定数为 15.

设所求平方数之一是 9；

则必须求另外两个平方数，使每一个 +24 = 平方数，且它们的和 +15 = 平方数.

为了求两个平方数，其中每一个+24=平方数，需要将 24 以两种形式分解成

两个因子[47].

令其中一对因子为$\frac{4}{x}$，$6x$，且令一个平方根是两因子的差的一半，或者 $\frac{2}{x}-3x$.

令另一对因子为$\frac{3}{x}$，$8x$，且令另一平方根是它们的差的一半，或者 $\frac{1\frac{1}{2}}{x}-4x$.

所以，每一个平方数+24 均为平方数.

剩余的条件是，两个平方数的和+15=平方数；

因此 $\left(\frac{1\frac{1}{2}}{x}-4x\right)^2+\left(\frac{2}{x}-3x\right)^2+15=$平方数，

或者 $\frac{6\frac{1}{4}}{x^2}+25x^2-9=$平方数，不妨说$=25x^2$

所以 $x=\frac{5}{6}$，问题得解[48].

28. 给定一个数，求三个平方数，使其中任意两个的和减去此给定数，均为平方数.

给定数为 13.

假设平方数之一是 25；

则必须求另外两个平方数，使每一个+12=平方数，且它们的和−13=平方数.

将 12 以两种方式分成两个因子，并令这两对因子分别为$\left(3x,\ \frac{4}{x}\right)$和$\left(4x,\ \frac{3}{x}\right)$.

取每对因子的差的一半，分别为平方数的根，以及令平方数为

$$\left(1\frac{1}{2}x-\frac{2}{x}\right)^2,\ \left(2x-\frac{1\frac{1}{2}}{x}\right)^2.$$

那么，每一个平方数+12 均为平方数.

剩余的条件是，两平方数的和−13=平方数，

$$\frac{6\frac{1}{4}}{x^2}+6\frac{1}{4}x^2-25=\text{平方数，不妨说}=\frac{6\frac{1}{4}}{x^2}.$$

因此，$x=2$，　且问题得解[49].

29. 求三个平方数，使它们的平方的和，仍是一个平方数.

设三个平方数分别为 x^2，4，9.[50]

因此　$x^4+97=$平方数，不妨说$=(x^2-10)^2$；

从而　$x^2=\frac{3}{20}$.

如果3和20的比率是平方数和平方数的比率，那么问题可解；但它不是的.

因此，**必须求两个平方数（不妨说，p^2，q^2）和一个数（不妨说，m），满足 $m^2-p^4-q^4$ 比 $2m$ 具有平方数和平方数的比率.**

现在令　$p^2=z^2$，$q^2=4$　和　$m=z^2+4$.

那么　$m^2-p^4-q^4=(z^2+4)^2-z^4-16=8z^2$.

因此　$\frac{8z^2}{(2z^2+8)}$，或者$\frac{4z^2}{(z^2+4)}$必须是平方数和平方数的比率.

为此，不妨令　$z^2+4=(z+1)^2$；

所以　$z=1\frac{1}{2}$，且所求平方数是　$p^2=2\frac{1}{4}$，$q^2=4$，所求数是　$m=6\frac{1}{4}$；

或者，如果每一个乘以4，则有　$p^2=9$，$q^2=16$，$m=25$.

再从头开始，现在令所求平方数为 x^2，9，16；

那么，　平方数的和$=x^4+337=(x^2-25)^2$，　从而　$x=\frac{12}{5}$.

$$\text{所求平方数是}\frac{144}{25}\text{，9，16.}$$

30. ［本题的表述为希腊诗文形式，其含义如下.］

某人买酒喝，一部分单价为8个银币（drachma：古希腊银币名，译文简称银币），另一部分单价为5个银币，共支付的银币是一个平方数；如果60加到这个平方数，结果仍是平方数，且最后这个平方数之根等于所买酒的总量（$\chi o\varepsilon\zeta$，古希腊容积名，译文简称酒量）. 求这人所买的两种酒量各是多少？

令 $x=$所买酒的总量；

因此，共支付的银币数是 x^2-60，

且 $x^2-60=$平方数，不妨说$=(x-m)^2$.

从而 $x=\dfrac{(m^2+60)}{2m}$.

由于，$\left(5\text{ 个银币酒的银币数的}\dfrac{1}{5}\right)+\left(8\text{个银币酒的银币数的}\dfrac{1}{8}\right)=x$；

因此，总银币数 x^2-60 必须能分成两部分，使一部分的$\dfrac{1}{5}+$另一部分的$\dfrac{1}{8}=x$.

这样一来，x **必须满足**

$$\frac{1}{8}(x^2-60)<x<\frac{1}{5}(x^2-60)$$

亦即
$$5x<x^2-60<8x.$$

（1）因为
$$x^2>5x+60,$$

$x^2=5x+$一个大于 60 的数，

从而 x 大于 11.

（2）
$$x^2<8x+60$$

换句话，
$$x^2=8x+\text{一个大于 60 的数},$$

从而 x **小于** 12.

因此
$$11<x<12.$$

前面已知
$$x=\frac{(m^2+60)}{2m};$$

所以
$$22m<m^2+60<24m.$$

进一步

（1）$22m=m^2+$（一个小于 60 的数），

因此 m 大于 19.

（2）$24m=m^2+$（一个大于 60 的数），

因此 m 小于 21.

所以取 $m=20$，且

$$x^2-60=(x-20)^2,$$

可得　$x=11\dfrac{1}{2}$，$x^2=132\dfrac{1}{4}$，且　$x^2-60=72\dfrac{1}{4}$.

现在，还需要将 $72\dfrac{1}{4}$分成两部分，使一部分的$\dfrac{1}{5}+$另一部分的$\dfrac{1}{8}=11\dfrac{1}{2}$.

令第一部分$=5z$，则第二部分的$\frac{1}{8}=11\frac{1}{2}-z$，

从而第二部分$=92-8z$.

所以，$5z+92-8z=72\frac{1}{4}$，

$$z=\frac{79}{12};$$

故 5银币的酒量是$\frac{79}{12}$，

8银币的酒量是$\frac{59}{12}$.

注 释

[1] 正是针对这个问题费马写下了他的著名注释，以费马大定理著称于世，费马相信自己已经证明了这个定理，对$m>2$，$x^m+y^m=z^m$不可能有有理数解．注解原文如下：

“然而此外，一个立方数不能分解为两个立方数，一个四次方数不能分解为两个四次方数，一般地说除平方以外的任何次乘幂都不能分解为两个同次幂．我发现了这定理的一个真正奇妙的证明，但书上空白的地方太少，写不下．”

[2] 在丢番图的原话中始终暗含着一种观点，m的值必须适当选取使解为正的有理数.

[3] 丢番图的解法本质上同欧拉（*Algebra*，*tr. Hewlett*，*Part II. Art. 219*）一样，但欧拉的表述更一般化符号化.

欲求x，y使 $x^2+y^2=f^2+g^2$.

如果$x>f$则$y<g$（如果$x<f$则$y>g$，类似）

因此设 $x=f+pz$， $y=g-qz$

于是 $2fpz+p^2z^2-2gqz+q^2z^2=0$

得 $$z=\frac{2gq-2fp}{p^2+q^2},$$

故 $x=\frac{2gpq+f(q^2-p^2)}{p^2+q^2}$，$y=\frac{2fpq+g(p^2-q^2)}{p^2+q^2}$

若用任何可能的数值替代p，q，本质上就是丢番图的方法.

[4] 此处，丢番图同样要求因子的选取必须恰当，以便得到有理数解.

[5] 此解法同欧拉一样，欧拉（*Algebra*，*tr. Hewlett*，*Part* Ⅱ. *Art. 214*）没有用双—方程解了下题

$$\left.\begin{array}{l}x+4=u^2\\x+7=v^2\end{array}\right\}$$

假设 $$x+4=p^2;$$

那么 $$x=p^2-4，和\ x+7=p^2+3.$$

假设 $$p^2+3=(p+q)^2,$$

那么 $$p=\frac{(3-q^2)}{2q}.$$

于是 $$x=\frac{(9-22q^2+q^4)}{4q^2},$$

如果用分数$\frac{r}{s}$替代 q，$x=\frac{(9s^4-22r^2s^2+r^4)}{4r^2s^2}$.

[6] 丢番图指出所选两数平方和<20. 唐内里（*Tannery*，*Bibliotbeca Mathematica*，*1887*）订正过，为了得到正有理解所需的必要条件并非如此. 对方程组分析如下：

$$x+y=a,\ z^2+x=u^2,\ z^2+y=v^2,$$

假设 $u=z+m$，$v=z+n$，并消去 x，y 得

$$z=\frac{a-(m^2+n^2)}{2\ (m+n)}$$

为了使 z 为正，必须让 $m^2+n^2<a$；但是满足上述方程组的 z 不必为正. 真正需要的是 x，y 均需为正. 从上可以导出：

$$x-y=(u^2-v^2)\ =2z\ (m-n)+m^2-n^2=\frac{(m-n)(a+2mn)}{m+n},$$

解出 x，y，得

$$x=\frac{m\ (a+mn-n^2)}{m+n},\ y=\frac{n\ (a+mn-m^2)}{m+n}$$

如果假设其中 $m>n$，使 x，y 均为正的必要条件便是 $a+mn>m^2$.

[7] 此处也一样，必要条件非 m^2 不大于 20，分析如下：

丢番图要解的方程组是

$$x+y=a,\ z^2-x=u^2,\ z^2-y=v^2,$$

他用 $(\xi+m)^2$ 替代 z^2，因此若 $x=2m\xi+m^2$，则第二个方程成立；

现在 $(\xi+m)^2-y$ 也必须是平方数，不妨取其为 $(\xi+m-n)^2$，从而

$$y=2n\xi+2mn-n^2.$$

因为 $x+y=a$，所以 $2(m+n)\xi+m^2+2mn-n^2=a$，

从而 $\xi=\frac{a-m^2+n^2-2mn}{2(m+n)}$，且

$$x=\frac{m(a-mn+n^2)}{m+n},\ y=\frac{n(a-mn+m^2)}{m+n}$$

如果其中 $m>n$，使得 x，y 为正的必要条件是 $a+mn>m^2$. 这才是真正的限制条件.

[8] 唐内里认为卷Ⅱ，17，18 题是早期评注者对卷Ⅰ相关问题的延伸，确实这两题更适合卷Ⅰ.

[9] 虽然此题缺解，但按照上一题的一般解法是容易算出的，可参照注释：

设所求的数是 $5x$，$6y$，$7z$

根据题设条件，有

$$4x-6+z+8=5y-7+x+6=6z-8+y+7$$

可以用 y 表达式，求出 x，z.

事实上，$x=\frac{(26y-18)}{19}$，且 $z=\frac{(17y-3)}{19}$

一般的解为$\frac{5(26y-18)}{19}$，$6y$，$\frac{7(17y-3)}{19}$.

$\left[\text{在丢番图的解答中他设 } x=y\text{，因此 } y=\frac{18}{7}\right]$.

现在我们来解卷Ⅱ，18 题，另三个表达式之和为 80，便可求出 y.

有　　$y(5\cdot 26+6\cdot 19+7\cdot 17)-5\cdot 18-7\cdot 3=80\cdot 19$，$y=\frac{1631}{363}$；

所求的数是$\frac{9440}{363}$，$\frac{9786}{363}$，$\frac{9814}{363}$.

［10］欧拉（*Algebra*，*Part* Ⅱ. *Art. 239*）对此题的解法更一般：

所求的数 x，y 满足 x^2+y 和 y^2+x 都是平方数.

如果开始假设 $x^2+y=p^2$，则 $y=p^2-x^2$，在第二个表达式中用 x 替代 y 便有

$$p^4-2p^2x^2+x^4+x=\text{平方数}$$

但这难以解答，因此另作假设

$$x^2+y=(p-x)^2=p^2-2px+x^2,$$

且
$$y^2+x=(q-y)^2=q^2-2qy+y^2.$$

从而
$$y+2px=p^2,$$

$$x+2qy=q^2.$$

因此
$$x=\frac{2qp^2-q^2}{4pq-1},\quad y=\frac{2pq^2-p^2}{4pq-1}.$$

例如，取 $p=2$，$q=3$，便有 $x=\frac{15}{23}$，$y=\frac{32}{23}$；等等. 当然 p，q 的选取应满足 x，y 都是正的. 令 $p=-1$，$q=3$ 可以得出丢番图的解.

［11］丢番图没有同时使用两个未知数. 而是令 x^2+1 为平方数，解出 x. 然后，求下一个平方数时仍使用相同的未知数符号（x）. 下一问题相同.

［12］可能像其他题的第二种解法一样，有人习惯性认为此替换解是后来插入的. 但此解法如此巧妙，我们很难归功于后来的评注者. 丢番图的解法通常都是可想到的最佳方法，此题不该例外. 事实上，此替换解更优美，可以一般化为如下过程：欲求 x，y，z，使

$$-x+y+z=\text{平方数}$$

$$x-y+z=\text{平方数}$$

$$x+y-z=\text{平方数}$$

$$x+y+z=\text{平方数}$$

令前三个表达式分别为平方数 a^2，b^2，c^2，且满足 $a^2+b^2+c^2$ 也必须是平方数，不妨记为 k^2.

［13］事实上，方程 $52x^2+12=u^2$ 是可解的，明显 $x=1$ 是一个解. 亦可用 $y+1$ 替代 x，找到其他解，等等. 而 $x=1$ 本身就可得到此题的解（13，1，4）.

［14］此方法见卷Ⅱ，34 题. 需要求两对平方数，其差都是 12.

（a）如果令 $12=6\cdot 2$，有

$$\left\{\frac{1}{2}(6-2)\right\}^2+12=\left\{\frac{1}{2}(6+2)\right\}^2.$$

16，4 就是相差 12 的平方数，换句话说，4 就是一个平方数，其加 12 也是平方数.

（b）如果令 $12=4\cdot 3$，可求出

$\left\{\frac{1}{2}(4-3)\right\}^2=\frac{1}{4}$就是一个平方数，其加 12 也是平方数.

［15］欧拉（*Algebra*，*Part* Ⅱ. *Art. 232*）对此题的一般解给出了一个优美的解法. 求 x，y，z，使 $xy+a$，$yz+a$，$zx+a$ 都是平方数.

设 $xy+a=p^2$，并令 $z=x+y+q$；

因此 $xz+a=x^2+xy+qx+a=x^2+qx+p^2$，

且 $yz+a=xy+y^2+qy+a=y^2+qy+p^2$；

如果 $q=\pm 2p$，则右边表达式全为平方数，故取 $z=x+y\pm 2p$.

从而 p 可取任意的值，只要满足 $p^2>a$，将 p^2-a 分解为两因子，依次取为 x，y 的值，

z 可得.

例如设 $a=12$ 且 $p^2=25$，则 $xy=13$；

让 $x=1$，$y=13$，则 $z=14\pm 10=24$ 或 4，

故解为（1，13，4），（1，13，24）.

［16］其实，方程 $266x^2-10=u^2$ 本身是可解的，因为 $x=1$ 显然是它的一个解. 对应 $x=1$ 可得此问题的解为（14，1，19）.

［17］唐内里对原文中求这两平方数的段落加注了括号，其过程不同于卷Ⅲ，10 题，并指出是没有必要给出的. $10=10\cdot 1$，

$$\left\{\frac{1}{2}(10-1)\right\}^2+10=\left\{\frac{1}{2}(10+1)\right\}^2;$$

因此 $30\frac{1}{4}$是一平方数且比另一平方数大 10.

类似地$\left\{\frac{1}{2}(5+2)\right\}^2=12\frac{1}{4}$也是如此的平方数.

但原文是，令 $m^2-10=(m-2)^2$，从而 $m=3\frac{1}{2}$，求出 $m^2=12\frac{1}{4}$.

［18］Wertheim 给出了如下更一般的解法.

如果取所求数为 $X=\frac{1}{4}ax$，$Y=ax+b^2$，$Z=\frac{1}{4}b^2$，则两个条件已经满足，

亦即 $XY+Z^2=$平方数，$YZ+X^2=$平方数.

仅剩一个条件 $ZX+Y^2=$平方数还要成立.

即 $$a^2x^2+\frac{33}{16}ab^2x+b^4=\text{平方数}.$$

令 $$a^2x^2+\frac{33}{16}ab^2x+b^4=(ax+kb^2)^2,$$

则 $$x=\frac{16b^2(k^2-1)}{a(33-32k)},$$ 其中 k 可任意取值.

［19］当然，用现代符号，此题可给出如下更漂亮的解法.（此注释也适合下题，卷Ⅲ，16题.）

若所求数为 x，y，z，则 $xy+x+y$，等等必须是平方数.

从而可得如下式子：

$$(y+1)(z+1)=\text{平方数}+1,$$

$$(z+1)(x+1)=\text{平方数}+1,$$

$$(x+1)(y+1)=\text{平方数}+1.$$

设平方数依次为 a^2，b^2，c^2，并令 $\xi=x+1$，$\eta=y+1$，$\zeta=z+1$，则有

$$\eta\zeta=a^2+1,$$

$$\zeta\xi=b^2+1,$$

$$\xi\eta=c^2+1.$$

［这个问题实际上和卷Ⅴ，8题的引理相同.］

用第二个乘以第三个方程，并除以第一个，得

$$\xi=\sqrt{\left\{\frac{(b^2+1)\ (c^2+1)}{(a^2+1)}\right\}},$$

而 η，ζ 的表达式类似可得.

x，y，z 是这些表达式依次减去1.

另外 a^2，b^2，c^2 的选取应满足 ξ，η，ζ 的有理性. 参见 Euler，Commentatious arithmeticae，Ⅱ.

［20］事实上，$a^2(a+1)^2+a^2+(a+1)^2=\{a(a+1)+1\}^2$.

［21］此替换解无疑是丢番图的. 丢番图已经解出了方程组

$$yz+y+z=u^2$$

$$zx+z+x=v^2$$

$$xy+x+y=w^2$$

费马后来用4个数替代3个数，想展示相应问题的解法.

为此他使用了丢番图卷Ⅴ，5题的解，亦即求 x^2，y^2，z^2，满足

$y^2z^2+x^2=r^2$，　$z^2x^2+y^2=s^2$，　$x^2y^2+z^2=t^2$，

$y^2z^2+y^2+z^2=u^2$，　$z^2x^2+z^2+x^2=v^2$，　$x^2y^2+x^2+y^2=w^2$，

丢番图的解答是$\left(\frac{25}{9}，\frac{64}{9}，\frac{196}{9}\right)$.

费马直接用来作为4个数的前3个，它们满足条件：其中任意两个之积加上该两数之和均为平方数，并令 x 为第4个数. 6个关系式中有了3个已满足，另外3个要求

$$\frac{25}{9}x+x+\frac{25}{9}\text{或}\frac{34x}{9}+\frac{25}{9},$$

$$\frac{64}{9}x+x+\frac{64}{9}\text{或}\frac{73x}{9}+\frac{64}{9},$$

$$\frac{196}{9}x+x+\frac{196}{9}\text{或}\frac{205x}{9}+\frac{196}{9}$$

均为平方数：因此费马的方法实际上要解一个“叁重方程”问题.

但是费马没有给出具体答案. 我怀着好奇想查证即便针对这相对简单的情况，“叁重方程”方法会导

致多么复杂的数字.

为此，当然可以忽略公分母9，解方程

$$34x+25=u^2,$$
$$73x+64=v^2,$$
$$205x+196=w^2$$

由“叁重方程”得

$$x=-\frac{459818598496844787200}{631629004828419699201}=-A,$$

其中分母等于 $(25132230399)^2$.

为了查证此解是否正确，我们发现确实：

$$\frac{34}{25}x+1=\left(\frac{2505136897}{25132230399}\right)^2,$$
$$\frac{73}{64}x+1=\left(\frac{10351251901}{25132230399}\right)^2,$$
$$\frac{205}{196}x+1=\left(\frac{12275841601}{25132230399}\right)^2.$$

严格地说，由于所求 x 的值为负，在三个方程中，应该用 $y-A$ 替代之，并重新开始，由此而引起大量计算，我只好放弃了.

[22] 此题可以和如下问题作比较，参见 paragraph 42 of Part I. of the Inventum Novum of Jacobus de Billy (Oeuvres de Fermat，Ⅲ.)

求 ξ，η $(\xi>\eta)$，使

$$\xi-\xi\eta,$$
$$\eta-\xi\eta,$$
$$\xi+\eta-\xi\eta,$$
$$\xi-\eta-\xi\eta$$

都是平方数.

假设 $\eta=x$，$\xi=1-x$；则前两个条件成立.

由后两个条件得

$$x^2-x+1=u^2,$$
$$x^2-3x+1=v^2.$$

把差 $2x$ 分解成两个因子 $2x$，1，

按常用方法，令 $\left(x+\frac{1}{2}\right)^2=x^2-x+1$，

从而 $x=\frac{3}{8}$，且所求数是 $\frac{5}{8}$，$\frac{3}{8}$.

为了用上面的方法求出 x 的其他值，在双方程中，用 $y+\frac{3}{8}$ 代替 x，从而

$$y^2-\frac{1}{4}y+\frac{49}{64}=u^2,$$

$$y^2-\frac{9}{4}y+\frac{1}{64}=v^2.$$

给第二个表达式乘以49，则有

$$y^2-\frac{1}{4}y+\frac{49}{64}=u^2,$$

$$49y^2-\frac{441}{4}y+\frac{49}{64}=w^2.$$

其差是$48y^2-110y$.

De Billy要求把这个差分解成两因子，当令两因子的差的一半的平方$=y^2-\frac{1}{4}y+\frac{49}{64}$时，方程两边常数项可以消失，为此，取两因子为$\frac{440}{7}y$，$\frac{42}{55}y-\frac{7}{4}$，

如果令$\left\{\left(\frac{220}{7}-\frac{21}{55}\right)y+\frac{7}{8}\right\}^2=y^2-\frac{1}{4}y+\frac{49}{64}$.

容易得出$y=-\frac{4045195}{71362992}$，从而$x=\frac{22715927}{71362992}$，

所求数是$\frac{48647065}{71362992}$，$\frac{22715927}{71362992}$.

De Billy还提到如下另一个解，

把$48y^2-110y$分成两因子$6y$，$8y-\frac{55}{3}$，

使其满足在所得的方程中x^2项可以消失.

令$\left(y-\frac{55}{6}\right)^2=y^2-\frac{1}{4}y+\frac{49}{64}$，

从而$y=\frac{47959}{10416}$，且$x=\frac{47959}{10416}+\frac{3}{8}=\frac{51865}{10416}$.

这会导致$1-x$的值为负.

但是，De Billy考虑到最初的双方程中x的对称性，因为$x=\frac{51865}{10416}$满足它，

必然$x=\frac{10416}{51865}$也满足它.

从而所求数是$\frac{10416}{51865}$和$\frac{41449}{51865}$.

[23] 如果有两个数p，q，由其构造直角三角形就是选取数$(p^2+q^2,\ p^2-q^2,\ 2pq)$，作为直角三角形的边，因为$(p^2+q^2)^2=(p^2-q^2)^2+(2pq)^2$.

[24] 此题和下题分别和卷Ⅱ，15，14题相同. 因此可怀疑此处两题及其解答是否属于原文本，特别是古代评注者的插入题经常会出现在各卷首和卷末.

[25]《推论集》指出，如果a是给定的数，

则数x^2-a，$(x+1)^2-a$满足题设3个条件. 事实上，

$$\text{它们的乘积}+a=\{x(x+1)\}^2-a(2x^2+2x+1)+a^2+a$$
$$=\{x(x+1)\}^2-2ax(x+1)+a^2=\{x(x+1)-a\}^2.$$

丢番图此处没有任何解释，进一步指出，

如果 $X=x^2-a$，$Y=(x+1)^2-a$

则应该假设第三个数 $Z=2(X+Y)-1$.

事实上，这3个数自动的满足题设6个条件中的另外两个条件：

对于 $Z=2(X+Y)-1=2(2x^2+2x+1)-4a-a=(2x+1)^2-4a$;

有 $XZ+a=x^2(2x+1)^2-a\{(2x+1)^2+4x^2\}+4a^2+a$
$=x^2(2x+1)^2-a\cdot 4x(2x+1)+4a^2=\{x(2x+1)-2a\}^2$,

且 $YZ+a=(x+1)^2(2x+1)^2-a\{(2x+1)^2+4(x+1)^2\}+4a^2+a$
$=(x+1)^2(2x+1)^2-a(8x^2+12x+4)+4a^2$
$=\{(x+1)(2x+1)-2a\}^2$.

从而，最后剩余的条件是

$$Z+a=\text{平方数},$$

亦即 $(2x+1)^2-3a=$平方数，不妨说$=(2x-k)^2$,

那么，便可容易求出 x.

[26] 用现代符号，丢番图此题就是求三个数 ξ，η，ζ，满足如下6个条件：

$$\xi+a=r^2,\ \eta\zeta+a=u^2,$$
$$\eta+a=s^2,\ \zeta\xi+a=v^2,$$
$$\zeta+a=t^2,\ \zeta\eta+a=w^2.$$

费马注意到，由此可推出如下问题的解：

求四个数，使其中任意一对的乘积加上同一给定数，均为平方数.

如果把前三个数，直接取为丢番图的解，并设第四个数为 $x+1$.

则可以推出第四个数应满足的3个条件.

因此费马的方法就是要解一个所谓的“叁重方程”问题.

[27] 和上题，卷Ⅴ，3题一样，丢番图直接作出此假设，其原因与注释［1］相同，只要将整个过程的 $-a$ 替换 a 即可.

[28] 如果
$$X=x^2+2,$$
$$Y=(x+1)^2+2,$$
$$Z=2\{x^2+(x+1)^2+1\}+2.$$

容易验证：

$XY-(X+Y)=(x^2+x+1)^2$，　$XY-Z=(x^2+x)^2$,

$XZ-(X+Z)=(2x^2+x+2)^2$，　$XZ-Y=(2x^2+x+3)^2$, .

$YZ-(Y+Z)=(2x^2+3x+3)^2$，　$YZ-X=(2x^2+3x+4)^2$.

[29] 所有丢番图的直角三角形都必须理解成各边都是有理数的直角三角形，以后简称直角三角形.

[30] 丢番图未作解释，直接说，如果 $ab+a^2+b^2=c^2$,

则直角三角形依次可由（c，a），（c，b），（c，$a+b$）生成，且它们的面积是相等的.

事实上，显然，面积依次是 $(c^2-a^2)ca$，$(c^2-b^2)cb$，$\{(a+b)^2-c^2\}(a+b)c$，

且容易推出每一个面积都等于 $abc(a+b)$.

Nesselmann 曾有过另外一种解释.

如果 (m, n)，(m, q)，(m, r) 依次生成三个面积相等的直角三角形，

那么，他认为丢番图应该知道，$r=n+q$.

事实上，因为面积相等，因此

$$n(m^2-n^2)=q(m^2-q^2)=r(r^2-m^2)$$

首先，$m^2n-n^3=m^2q-q^3$，

因此，$m^2=\dfrac{(n^3-q^3)}{(n-q)}=n^2+nq+q^2$.

现在，给定 (q, m, n)，来求 r.

因为 $q(m^2-q^2)=r(r^2-m^2)$，

且从上述知道 $m^2-q^2=n^2+nq$，

所以 $q(n^2+nq)=r(r^2-n^2-nq-q^2)$，

或者 $q(n^2+nr)+q^2(n+r)=r(r^2-n^2)$.

除以 $r+n$，得 $qn+q^2=r^2-rn$；

从而 $(q+r)n=r^2-q^2$，

且 $r=q+n$.

[31] Loria，以及 Nesselmann 都指出，丢番图忽略了给出本题的必要条件，即两个给定的数加上 1 必须使两平方数的和.

[32] 精确地说，指平方根的整数部分不大于 31. 此处给出的是不足近似值，且 31 是最近的整数界限. 本题另一个不等式类似.

[33] 丢番图本题没有具体答案，仅简单地给出解法. Wertheim 按照丢番图的方法详细做了解答；其过程并非简单，因此值得复述如下.

Ⅰ. 首先必须把 10 分成两个平方数，使其中之一位于 2 和 3 之间.

第一个平方数必须非常接近 $2\dfrac{1}{2}$；因此，寻找一个较小的分数 $\dfrac{1}{x^2}$ 使其加上 $2\dfrac{1}{2}$ 为平方数：换句话，必须使 $4\left(2\dfrac{1}{2}+\dfrac{1}{x^2}\right)$ 为平方数. 这个表达式可以改写为 $10+\left(\dfrac{1}{y}\right)^2$，为了使其为平方数，不妨令

$$10y^2+1=(3y+1)^2,$$

从而 $y=6$，$y^2=36$，$x^2=144$，因此 $2\dfrac{1}{2}+\dfrac{1}{x^2}=\dfrac{361}{144}=\left(\dfrac{19}{12}\right)^2$，

这个数可以作为其和为 10 的两平方数的第一个的近似值.

现在，因为 $10=1^2+3^2$，且 $\dfrac{19}{12}=1+\dfrac{17}{12}$，而 $\dfrac{33}{12}=3-\dfrac{3}{12}$，

所以，令 $(1+7x)^2+(3-3x)^2=10$， [参见Ⅴ，9题]

从而 $x=\dfrac{2}{29}$，

$$(1+7x)^2=\left(1+\frac{14}{29}\right)^2=\left(\frac{43}{29}\right)^2=\frac{1849}{841},$$

$$(3-3x)^2=\left(3-\frac{6}{29}\right)^2=\left(\frac{81}{29}\right)^2=\frac{6561}{841}.$$

因此$\frac{1849}{841}$和$\frac{6561}{841}$就是把10所分成的两个平方数，其中第一个确实位于2，$2\frac{1}{2}$之间.

Ⅱ. 下一步，必须把平方数$\frac{6561}{841}$分成两个平方数，其中之一称为x^2，并位于3和4之间. [可应用卷Ⅴ，10题的方法.]

替代3，4，用$\frac{49}{16}$，$\frac{64}{16}$作为界限.

因此
$$\frac{49}{16}<x^2<\frac{64}{16},$$

或
$$\frac{7}{4}<x<\frac{8}{4}.$$

而且
$$\frac{6561}{841}-x^2 \text{ 必须是平方数，不妨说}=\left(\frac{81}{29}-kx\right)^2.$$

从而
$$x=\frac{162k}{20\ (1+k^2)};$$

其中k的取值必须满足如下条件：

(1)
$$\frac{162k}{29\ (1+k^2)}>\frac{7}{4},$$

有这个不等式可知
$$k<2.8\cdots,$$

(2)
$$\frac{162k}{29\ (1+k^2)}<\frac{8}{4},$$

从而
$$k>2.3\cdots,$$

因此我们可以令
$$k=2.5.$$

所以
$$x=\frac{1620}{841},\ x^2=\frac{2624400}{707281},$$

且
$$\frac{6561}{841}-x^2=\frac{2893401}{707281}.$$

因此，10所分成的三个平方数为

$$\frac{1849}{841},\ \frac{2624400}{707281},\ \frac{2893401}{707281}.$$

第一个减去2，第二个减去3，第三个减去4，可知单位1所分成的三个部分为

$$\frac{140447}{707281},\ \frac{502557}{707281},\ \frac{64277}{707281}.$$

[34] Wertheim给出了一个完整解法，如下：

令平方数为x^2，$16-x^2$，其中之一，x^2位于6和10之间.

替代6和10，令界限为$\frac{25}{4}$和9，因此

$$\frac{5}{2}<x<3.$$

为了使 $16-x^2$ 为平方数，不妨令

$$16-x^2=(4-kx)^2,$$

从而
$$x=\frac{8k}{1+k^2}.$$

其中 k 必须满足

（1）$\frac{8k}{1+k^2}>\frac{5}{2}$，且（2）$\frac{8k}{1+k^2}<3$.

由这些条件可以得出 k 的界限为 2. 84…和 2. 21….

因此我们可以取最简单的 $k=2\frac{1}{2}$.

从而
$$x=\frac{80}{29},\ x^2=\frac{6400}{841},\ 16-x^2=\frac{7056}{841}.$$

所求的 20 分成的三个平方数为

$$4,\ \frac{6400}{841},\ \frac{7056}{841}.$$

10 分别减去每一个，就可以得到 10 所分成的三个部分

$$6,\ \frac{2010}{841},\ \frac{1354}{841}.$$

[35] Wertheim 给出了这部分的解答.

按惯例，令 $8\frac{1}{2}+\frac{1}{x^2}$，或者 $34+\left(\frac{2}{x}\right)^2$ 为平方数.

设 $\frac{2}{x}=\frac{1}{y}$，则必须使 $34+\left(\frac{1}{y}\right)^2$ 为平方数.

不妨令
$$34y^2+1=\text{平方数}=(6y-1)^2,$$

得
$$y=6,\ y^2=36,\ x^2=144.$$

从而
$$8\frac{1}{2}+\frac{1}{144}=\frac{1225}{144}=\left(\frac{35}{12}\right)^2,$$

且 $\frac{35}{12}$ 是所求两平方数的根的近似值.

下一步，由于 $17=1^2+4^2$，且 $\frac{35}{12}=1+\frac{23}{12}=4-\frac{13}{12}$，

令
$$17=(1+23x)^2+(4-13x)^2,$$

得
$$x=\frac{29}{349}.$$

那么平方数为

$$(1+23x)^2=\left(\frac{1016}{349}\right)^2=\frac{1032256}{121801}.$$

和
$$(4-13x)^2=\left(\frac{1019}{349}\right)^2=\frac{1038361}{121801}.$$

再用 10 减去每一个，就可以得到 10 所分成的第三，第四部分，亦即

$$\frac{185754}{121801},\ \frac{179649}{121801}.$$

［36］如果设 a^3，b^3，c^3 表示三个立方数，那么 $a^3+b^3+c^3-3$ 必须是平方数. 丢番图任意取 c^3 为 8，而 $a=m+1$，$b=2-m$，是为了在表达式中消去 m^3 项，且 m^2 的系数为平方数.

如果令 $a=m$，$b=3k^2-m$ 也可达到同样目的.

［37］巴歇想不通丢番图如何找到特殊的 $2\frac{1}{4}$，并另外用 2，3 之间的平方数 $2\frac{7}{9}$ 替代之，但却发现无解. 因此，他认为丢番图碰巧找到了一个平方数，使问题可解.

费马不同意巴歇的观点，并相信丢番图选取 $2\frac{1}{4}$ 作为平方数的方法应该不难发现. 因此，费马有如下一段描述.

设位于 2，3 之间的所求平方数之根为 $x-1$.

则 $3-(x-1)^2=2+2x-x^2$，必须分成三个立方数.

费马假设其中两个立方数之根都是 x 的线性表达式，且 $2+2x-x^2$ 减去两立方的和，剩余部分仅含 x^2 和 x^3 项，或者仅含 x 项和常数项.

如果两立方数之根是 $1-\frac{1}{3}x$ 和 $1+x$，

则符合第一种情况：

$$2+2x-x^2-\left(1-\frac{1}{3}x\right)^3-(1+x)^3=-4\frac{1}{3}x^2-\frac{26}{27}x^3.$$

上式右边必须是立方数，为此，不妨令

$$-4\frac{1}{3}x^2-\frac{26}{27}x^3=-\frac{m^3x^3}{27}.$$

由此可求出 x 的值.

只要考虑到 $\frac{1}{3}x<1$，m 的选取是容易的.

［例如，假设 $m=5$，得 $x=\frac{13}{11}$，从而

$$\frac{1}{3}x=\frac{13}{33},\ 1-\frac{1}{3}x=\frac{20}{33},\ 1+x=\frac{72}{33}.$$

第三个立方数的根是 $-\frac{65}{33}$.

平方数 $(x-1)^2=\left(\frac{2}{11}\right)^2$，　事实上　$3-\left\{\left(\frac{20}{33}\right)^3+\left(\frac{72}{33}\right)^3-\left(\frac{65}{33}\right)^3\right\}=\left(\frac{2}{11}\right)^2$.］

因此，我们得到三个立方数其和为 3 减某一平方数；虽然第一个立方数<1，但是第二个立方数>1，因此第三个立方数是负的.

所以，和丢番图一样，我们必须进一步将后两个立方数的差转换成另外两个立方数的和.

然而，通过试验可以看出费马的方法也不是最一般的，因为事实上，这个方法得不到丢番图的特殊解，其中平方数是 $2\frac{1}{4}$.

[38] 用韦达的方法可知

$$4^3-3^3=\left(\frac{303}{91}\right)^3+\left(\frac{40}{91}\right)^3.$$

从而
$$\frac{3}{4}=\frac{162}{216}=\left(\frac{5}{6}\right)^3+\left(\frac{101}{182}\right)^3+\left(\frac{20}{273}\right)^3;$$

由于 $x^3=\frac{8}{27}$，所以所求三个数是

$$\frac{91}{216}\cdot\frac{8}{27},\ \frac{4998267}{6028568}\cdot\frac{8}{27},\ \frac{20338417}{20346417}\cdot\frac{8}{27}.$$

[39] 在这种情况下，如果给立方数之一任意取一个值，另一个设为 m^3，则第三个立方数可以设为 $(3k^2-m)^3$，其目的是三个立方数之和的表达式中，让 m^3 的项消失，而 m^2 项的系数是一个平方数.

[40] Wertheim 曾用丢番图的方法作了补充. 求尽可能小的分数$\frac{1}{x^2}$，使

$$\frac{22}{3}+\frac{1}{x^2}=\text{平方数}.$$

为此，不妨令

$$66x^2+1=\text{平方数}=(1+8x)^2,$$

从而，
$$x=8\ \text{且}\ x^2=64.$$

因此，
$$66+\frac{1}{64}=\text{平方数},$$

可知，
$$\frac{22}{3}+\frac{1}{576}=\text{平方数}=\left(\frac{65}{24}\right)^2.$$

下一步，因为 $22=3^2+3^2+2^2$ 且 $65-48=17$，$72-65=7$.

因此，令
$$22=(3-7x)^2+(3-7x)^2+(2+17x)^2.$$

得
$$x=\frac{16}{387}.$$

所以，三个平方数的根为

$$\frac{1049}{387},\ \frac{1049}{387},\ \frac{1046}{387}.$$

三个平方数为

$$\frac{1100401}{149769},\ \frac{1100401}{149769},\ \frac{1094116}{149769},$$

所求2的三部分为

$$\frac{97751}{149769},\ \frac{97751}{149769},\ \frac{104036}{149769}.$$

[41] Wertheim 指出
$$\frac{13}{64}=\frac{9}{64}+\frac{1}{25}+\frac{9}{400},$$

且$\frac{1}{4}$所分成的三部分为
$$\frac{250}{1600},\ \frac{89}{1600},\ \frac{61}{1600}.$$

[42] 如果在直角三角形中，a，b 是直角边，c 是斜边，

$$\frac{a^2}{b^2}+1=\frac{c^2}{b^2}=\text{平方数}.$$

丢番图应用三角形

$$(3, 4, 5), (5, 12, 13), (8, 15, 17).$$

[43] 丢番图此处仅给出结果，没有过程. 巴歇的解释如下.

假设所求的三个有理直角三角形为

$$(h_1, p_1, b_1), (h_2, p_2, b_2), (h_3, p_3, b_3),$$

满足$\frac{p_1p_2p_3}{b_1b_2b_3}$是两平方数的比率.

三角形 (h_1, p_1, b_1) 可以任意取值，并由此生成其他两个三角形，令

$$h_2=h_1^2+p_1^2,\ p_2=h_1^2-p_1^2=b_1^2,\ b_2=2h_1p_1,$$

$$b_3=h_1^2+b_1^2,\ p_3=h_1^2-b_1^2=p_1^2,\ b_3=2h_1b_1,$$

则

$$\frac{p_1p_2p_3}{b_1b_2b_3}=\left(\frac{p_1}{2b_1}\right)^2=\text{平方数}.$$

若取

$$(h_1, p_1, b_1)=(5, 4, 3),$$

则

$$(h_2, p_2, b_2)=(41, 9, 40), (h_3, p_3, b_3)=(34, 16, 30).$$

给第三个三角形各边除以2，这并不改变所要求的比率，

从而，得到了丢番图的三角形

$$(9, 40, 41) \text{ 和 } (8, 15, 17).$$

费马在此题的页边注释中，给出如下的一般法则来求两个直角三角形，使其面积的比率为两个给定数之比 $m:n$ $(m>n)$.

(1) 由 $2m+n$，$m-n$ 生成较大的三角形，而由 $m+2n$，$m-n$ 生成较小的；

(2) 由 $2m-n$，$m+n$ 生成较大的三角形，而由 $2n-m$，$m+n$ 生成较小的；

(3) 由 $6m$，$2m-n$ 生成较大的三角形，而由 $4m+n$，$4m-2n$ 生成较小的；

(4) 由 $m+4n$，$2m-4n$ 生成较大的三角形，而由 $6n$，$m-2n$ 生成较小的；

在法则 (2) 中，令 $m=3$，$n=1$，并用 $m-2n$ 代替 $2n-m$，便得丢番图的解.

费马继续说，我们可以推导出一种方法来求三个直角三角形，使其面积的比率为三个给定数之比，前提是其中两个给定数的和等于第三个给定数的四倍. 例如，假设 m，n，q 是三个数，且 $m+q=4n$ $(m>q)$，那么三角形可以如下生成：

(1) 由 $m+4n$，$2m-4n$ 生成；

(2) 由 $6n$，$m-2n$ 生成；

(3) 由 $4n+q$，$4n-2q$ 生成.

[事实上，分别用 A_1，A_2，A_3 表示面积，则

$$\frac{A_1}{m}=\frac{A_2}{n}=\frac{A_3}{q}=-6m^3+36m^2n+144mn^2-384n^3.]$$

费马进一步指出，可以推出一种方法来求三个直角三角形，使这三个三角形的面积本身就构成一个直

角三角形.

为此，必须求一个直角三角形，使其斜边+一直角边=另一直角边的四倍.

这是简单的，类似于（17，15，8）就是这样的三角形.

下一步，三个三角形可以如下生成：

（1）由17+4・8，2・17−4・8或49，2生成；

（2）由6・8，17−2・8或48，1生成；

（3）由4・8+15，4・8−2・15或47，2生成.

［事实上，三角形的面积为234906，110544，207270，这些数就构成一个直角三角形的边.］

［44］希腊原本中，其过程的叙述有些含糊. Schulz在他的版本中作了解释（参见Tannery in Owuvres de Fermat，I.）.

假设给定有理直角三角形（z，x，y），丢番图知道如何求直角三角形（h，p，b），

满足 $$hp=\frac{1}{2}xy.$$

事实上，令

$h=\frac{1}{2}z$，$p=\frac{xy}{z}$，从而 $b^2=h^2-p^2=\frac{1}{4}\left(\frac{z^4-4x^2y^2}{z^2}\right)=\left(\frac{x^2-y^2}{2z}\right)^2$.

因此，给定两个三角形（5，12，13）和（3，4，5）后，丢番图依次取

$h_1=\frac{1}{2}\cdot 13=6\frac{1}{2}$，$p_1=\frac{5\cdot 12}{13}=\frac{60}{13}$；类似地 $h_2=\frac{1}{2}\cdot 5=2\frac{1}{2}$，$p_2=\frac{3\cdot 4}{5}=\frac{12}{5}$.

历史上，Cossali曾直接给出一个公式，所生成的三个直角三角形满足：

$$\frac{\text{三个斜边的连乘积}}{\text{三个直角边的连乘积}}\text{（各取一个）}=\frac{\text{平方数}}{\text{平方数}};$$

他的三角形是

(1) i，b，p[i是斜边]，

(2) $\frac{4p^2+b^2}{b}$，$\frac{4p^2-b^2}{b}$，$\frac{4bp}{b}=4p$，

(3) $\frac{ib^2+4ip^2}{b}$，$\frac{b\cdot 4bp+p(4p^2-b^2)}{b}$，$\frac{p\cdot 4bp-b(4p^2-b^2)}{b}=b^2$，

事实上，$\frac{i(b^2+4p^2)(ib^2+4ip^2)}{b^2}$：$p\cdot 4p\cdot b^2=\frac{i^2(b^2+4p^2)^2}{b^2}$：$4p^2b$.

如果 $i=5$，$b=4$，$p=3$，由此三角形可得两个三角形（13，5，12）和（65，63，16），

且我们的方程是$\frac{3\cdot 12\cdot 16}{5\cdot 13\cdot 65}x^2=1$.

［45］参见上题注释，用费马的公式（4），取$m=5$，$n=1$可得（9，6）和（6，3），整个除以3，由（3，2）和（2，1）亦可得到这些三角形.

［46］De Billy曾推广了此题，参见Inventum Novum，Part Ⅱ. paragraph 28（Oeuvres de Fermat，Ⅲ.）.求四个数，其中仅三个是平方数，具有其给定的性质，相当于解方程组

$$x_2^2x_3^2+1=r^2, \qquad x_1^2x_4+1=u^2,$$
$$x_3^2x_1^2+1=s^2, \qquad x_2^2x_4+1=v^2,$$
$$x_1^2x_2^2+1=t^2, \qquad x_3^2x_4+1=w^2.$$

首先，求三个平方数满足丢番图卷Ⅴ，24题的条件，不妨取为$\left(\frac{9}{16}, \frac{25}{4}, \frac{256}{81}\right)$，见卷Ⅴ，21题. 然后，求第四个数（$x$），满足

$$\frac{9}{16}x+1,$$
$$\frac{25}{4}x+1,$$
$$\frac{256}{81}x+1$$

都是平方数.

为了使第一个表达式为平方数，令$x=\frac{16}{9}y^2+\frac{32}{9}y$.

下一步，必须解双方程

$$\frac{100}{9}y^2+\frac{200}{9}y+1=u^2$$
$$\frac{4096}{729}y^2+\frac{8192}{729}y+1=v^2$$
$$\text{其差}=\left(\frac{10}{3}+\frac{64}{27}\right)\left(\frac{10}{3}-\frac{64}{27}\right)(y^2+2y)$$
$$=\frac{154}{27}y\left(\frac{26}{27}y+\frac{2\cdot 26}{27}\right).$$

令两因子和的一半的平方等于较大的表达式，则有

$$\left(\frac{10}{3}y+\frac{26}{27}\right)^2=\frac{100}{9}y^2+\frac{200}{9}y+1,$$

从而
$$y=-\frac{53}{11520}，且\ y^2+2y=-\frac{1218311}{(11520)^2}.$$

所以
$$x=\frac{16}{9}(y^2+2y)=-\frac{1218311}{74649600}\text{满足方程组.}$$

事实上
$$\frac{9}{16}x+1=\left(\frac{11467}{11520}\right)^2，\frac{25}{4}x+1=\left(\frac{3275}{3456}\right)^2，\frac{256}{81}x+1=\left(\frac{4733}{4860}\right)^2.$$

严格地说，由于所求x的值为负，因此必须用$y-\frac{1218311}{74649600}$替换$x$，带入方程组重新计算，当然这会导致巨大数字的出现.

[47] 原文此处另有一句话“并作为直角三角形的两条直角边.”它与此题无关，毫无意义；它也没有出现在下一题的相关部分. 因此当属后世的粗心大意的错误插入.

[48] 丢番图求出了 ξ，η，ζ的值，满足方程组：

$$\eta^2+\zeta^2+a=u^2,$$
$$\zeta^2+\xi^2+a=v^2,$$
$$\xi^2+\eta^2+a=w^2.$$

费马指出在相应条件下，如何求四个数（不要求是平方数）的方法. 其中任意两个数的和加上给定的 a 均为平方数. 并假设 $a=15$.

选取三个数满足丢番图问题的条件，不妨为 9，$\frac{1}{100}$，$\frac{529}{225}$.

假设所求四个数的第一个数为 x^2-15；并令第二个数为 $6x+9$（因为 9 是 3 的平方，且 6 是 3 的二倍）；同理令第三个数为 $\frac{1}{5}x+\frac{1}{100}$ 且第四个数为 $\frac{46}{15}x+\frac{529}{225}$.

因此三个条件已经满足. 而由另外三个剩余条件可以得出如下的叁重方程问题

$$6\ \frac{1}{5}x+9+\frac{1}{100}+15=6\ \frac{1}{5}x+\left(\frac{49}{10}\right)^2=u^2,$$

$$\frac{136}{15}x+9+\frac{529}{225}+15=\frac{136}{15}x+\left(\frac{77}{15}\right)^2=v^2,$$

$$\frac{49}{15}x+\frac{1}{100}+\frac{529}{225}+15=\frac{49}{15}x+\left(\frac{25}{6}\right)^2=w^2.$$

[49] 费马指出，可以求出满足相关条件的四个数（不要求是平方数），其方法参见上题的注释.

如果 a 是给定数，令 x^2+a 为所求四个数的第一个数.

现在用 k^2，l^2，m^2 表示本题丢番图问题的解，如果取所求数的第二个数为 $2kx+k^2$，

第三个数为 $2lx+l^2$，第四个数为 $2mx+m^2$. 那么这些数必然满足其中三个条件，即后三个数中的每一个加上第一个数并减去 a 均为平方数. 而由剩余三个条件可以得出一个叁重方程问题.

[50] 费马注释道："为什么丢番图不寻找两个四次方数，使其和为平方数. 实际上，这是不可能的，我能够严格地论证它." 虽然丢番图没有一般的论证，但是他可能从经验上知道这个事实. 欧拉（Commentationes arithmeticae，1.，and Algebra，Part Ⅱ. c. ⅩⅢ）证明了一个平方数既不能分成两个四次方数之和，也不能分成两个四次方数之差.

（杨宝山　译）

勒内·笛卡儿（1596—1650）

生平和成果

勒内·笛卡儿（René Descartes）生于一个对法国文化做出过重要贡献的杰出家族．他的父亲若阿基姆（Joachim）出生在有长远历史的医生世家，是布列塔尼省地方议会的议员．他的母亲让那·布罗沙尔（Jeanne neé Brochard）来自普瓦图地区拥有地产的富有家庭．他们在 1589 年结婚；当勒内 1596 年出生时，他们已经有了一个儿子皮埃尔（Pierre）和一个女儿让娜（Jeanne）．他们给第三个孩子起了姥爷的名字，他刚在当年去世．

笛卡儿对母亲可谓一无所知．她在他出生后 13 个月就告别了人世．他父亲把他交给让娜·塞恩（Jeanne Sain）夫人照料，于是她便成了笛卡儿的代理母亲，直到笛卡儿的父亲于 1600 年再婚．

如果说让娜·塞恩担当了笛卡儿母亲的角色，那么拉弗里舍镇耶稣会学校校长艾蒂安·沙莱（Etienne Charlet）神父就像是他的父亲．笛卡儿于 1606 年进入拉弗里舍镇的这所学校读书，一待就是 8 年．该校是他入学两年前才开办的．

跟法国市政府管理的学校显著不同，该校明确是按人本主义模式办学的；像拉弗里舍这样的天主教学校，在继续全面严格地讲授传统的天主教的基本思想，以及古代经典著作．跟大多数法国学校一样，拉弗里舍也是联系中学和大学的桥梁．在拉弗里舍，第一年开设预备班，之后的三年学习语法（拉丁语和希腊语），第五年开修辞学课程．虽然耶稣会神父要求他们的学生刻苦完成学业，但他们总是给人特别亲切的感觉．因笛卡儿体弱，拉弗里舍的神父常常允许他整个上午待在床上．

像拉弗里舍这样的耶稣会学校的许多学生，在校学习五年后会进入一所大学就读，以获得如下三个主要专业之一的学位：法学、医学和神学．实际上，很多非宗教的大学拒绝接受在耶稣会学校学习超过五年的学生，担心他们被灌输了太多相对是新的修道团的偏激教义．笛卡儿不属于这类学生．他很高兴地知道父亲希望他在拉弗里舍再多待三年．

在四年学习（预备班之后的）的第一阶段，笛卡儿开始研读形而上学、伦理学、自然哲学和辩证法．自然哲学的课程包括学习欧几里得、阿基米德和丢番图的著作，以及当代的数学．笛卡儿可能在拉弗里舍已跟一些人有私人接触，这和他获得的数学基础知识同样有价值．后来跟笛卡儿通信的马兰・梅森（Marin Mersenne）也是拉弗里舍耶稣会学校的学生．1620 年代到 1640 年代，梅森成为跟所有重要人物通信的法国科学活动的中心．从他发出的信件超过了 10000 页．

1614 年，笛卡儿离开拉弗里舍的学校进入附近的波瓦第尔大学学习法律．两年后他获得了法律学位．然而，他对法律似乎没什么兴趣．没有任何记录说明他从事过他父亲期望的法律实践活动．他在波瓦第尔的真正兴趣是医学，并逐渐形成了对解剖标本的强烈兴趣．

在法国的一个不大的区域生活了生命中的头二十年，笛卡儿必定渴望去瞧瞧欧洲的其他部分．他在拥有了法律学位后，加入了拿骚的莫里斯王子（Prince Maurice）的军队，做了一名绅士军官．在荷兰待了两年半后，笛卡儿离开莫里斯王子的部队，参加了巴伐利亚的马克西米利安（Maximilian）的军队．不久，笛卡儿到法兰克福游历，见证了费迪南德二世加冕为神圣罗马皇帝的准备活动．

笛卡儿的军旅生活一直延续到他年届三十．在 1620 年代的前半段，他走遍了欧洲，此时正值三十年战争达到高潮的时期．他的通信表明，他在这些年访问过巴伐利亚、波希米亚、德国、意大利和匈牙利，还有荷兰和法国．虽然这些年他在不停地走动，笛卡儿还是挤出时间为他在形而上学、认识论和自然哲学方面的工作打下了基础. 1618 年, 在为奥伦治的莫里斯服务期间, 笛卡儿遇到了比他年长几岁的荷兰人伊萨克·皮克曼 (Isaac Beeckman) ——皮克曼跟笛卡儿一样对哲学和数学感兴趣.

皮克曼遂成为笛卡儿的另一位父亲般的人物, 而笛卡儿则成为向皮克曼学习智慧的学徒. 最重要的是, 皮克曼还成了笛卡儿的心腹之交. 在 1619 年 23 岁生日前不久, 笛卡儿在一封给皮克曼的信中勾画了一种新数学的架构:

> 我想向公众提出的是……一种具有全新基础的科学, 它使我们对任何种类的量——不论是连续的还是离散的——所表达的所有问题, 可以按照其性质加以回答. 在算术中, 某些问题可用有理数解答, 另一些要使用无理数, 最后有一些只能去想象但无法解决. 我希望循着这条路来证明: 对于连续量, 某些问题只用直线和圆就能解决; 其他一些问题则仅用不同于圆的曲线来解决, 但这种曲线应能由单一的运动生成, 因此可使用一种新的两脚规画出. 我相信这种两脚规的精确性不比几何中画圆的普通两脚规差; 最后还有些问题只能靠互不从属的一些运动生成的曲线来解决, 这些曲线肯定只能想象, 比如人们熟知的割圆曲线. 我不相信谁能想象出沿着相似的路线却无法解决的问题: 毫无疑问, 我希望证明特殊种类的问题能用某种而非另一种方法解决, 从而在几何中几乎不存在还要去发现的东西. 这项任务是无穷尽的, 不可能靠一个人来完成. 人们渴望得到它又难以相信它的成功. 但是, 我已看到从这门尚处黑暗混沌中的科学发出的一些光芒, 它能够驱散最浓重的乌云.

上述文字实际是一份草稿, 它后来变成为笛卡儿的《指导思维的法则》中的第四条法则:

> 接受过些微教育的人都清楚, 什么事情跟数学有关联, 什么事情毫无数学背景. 当我更仔细地考虑这件事时, 我发现唯一跟数学相关的是次序和度量的问题, 而不论问题来自数、形状、星体、声音或任何其他的对象. 这使我认识到必定存在一门普遍性的科学, 它能够解释略去了具体的题材的、有关次序和度量的一切事物, 这门科学应该称为 mathesis universalis——一个已有明确含义的神圣的名字——因为它涵盖

了其他被叫做数学分支的科学的所有内容．它在有效性和简单性方面优于这些分支，很清楚是来自如下事实：它涵盖了它们所处理的一切事物．……直到现在，我一直把所有的精力专注于 mathesis universalis，以便我能接着去研究更复杂高深的科学．

事实上，笛卡儿差不多 20 年后才有时间来发展他的数学．笛卡儿在结束军营生活后的 1625 至 1628 年居住在巴黎．他发现自己身处这样一个学者圈内，其中的人士跟他自己一样拒绝接受大部分在 17 世纪仍占优势地位的正统的亚里士多德学说．他和他的圈内人士时不时地论证着哥白尼的日心说天文学的价值和优点．然而，他们必须以假设性的词语来描述他们的讨论．1624 年，巴黎的索邦神学院曾发布一道命令，扬言凡讲授违反已批准的古典学者观点的人要被处死．

虽然他一辈子都是热情的天主教徒，笛卡儿还是发现巴黎的学术空气充斥着令人生畏的、过强的宗教影响；为了寻求更自由的学术空气，他于 1628 年来到信奉新教的荷兰．一次涉及某女士名誉的决斗也可能加速了他作出离开巴黎的决定．对这位女士的情况我们一无所知，只知道笛卡儿把她的美比作真理之美！他必定是急匆匆地离开巴黎的．笛卡儿的信件显示，他走时除了圣经和托马斯·阿奎那（St. Thomas Aquinas）的《神学大全》外没带任何东西．

笛卡儿落脚在阿姆斯特丹，并很快使自己成了当地学术圈里的杰出人物．在跨越 1634—1635 年的冬天，笛卡儿成为巴拉丁选侯夫人和波希米亚女王伊丽莎白·斯图亚特（Elizabeth Stuart）家的常客．她乃是波希米亚腓特烈五世（Frederick V）的寡妻——腓特烈五世的军队在 1630 年的白山战役中被彻底击溃，穷困潦倒的他被迫流亡到荷兰．1632 年腓特烈去世，他的寡妻留在荷兰，由她的兄弟、英格兰国王查理一世（King Charles Ⅰ）提供生活费用．笛卡儿和这位有遗产的寡妇伊丽莎白女王，以及后来跟她的女儿、波希米亚的伊丽莎白公主都有紧密的、知识方面的联系．

在阿姆斯特丹时期，笛卡儿跟奥伦治王子腓特烈·亨利（Friderick Henry）的秘书康斯坦丁·惠更斯（Constatijn Huygens）的关系变得很亲善．惠更斯出身外交官的家庭，后成为笛卡儿的热情支持者．但惠更斯家族最大的名声来自康斯坦丁的大儿子克里斯蒂安（Christiaan，1629—1695），他是牛顿同时代的人，英国哲学家约翰·洛克（John Locke）将牛顿描述成“惠更斯式”的人物．笛卡儿积极主动地教育这位年轻的克里斯蒂安·惠更斯，而后者则发展了笛卡儿的漩涡理论．

在 1630 年代中期，笛卡儿跟一位他所居住的房子里的女仆埃莱娜（Helene）有一段罗曼史，也是他一辈子唯一一次有意义的男女之情. 1635 年 7 月，她生下了笛卡儿的女儿，他们给孩子起名叫弗朗辛（Francine）. 这孩子受洗礼为新教徒，在短短的生命期间只跟她父亲偶有接触——1640 年刚过 5 岁生日，她就命丧肆虐全荷兰的热病. 她的死强烈地震撼了笛卡儿. 正是她的夭折才唤醒笛卡儿认识到她对自己意味着什么. 像通常那样，孩子死后他再没有跟埃莱娜接触.

荷兰也是笛卡儿如下最伟大著作的诞生地：《方法论》，《形而上学的沉思》，《哲学原理》和《几何》——后者将在这里展现给大家.

我们很容易从他对两种十分基本的运算——确定乘积和确定平方根——的阐释，看到笛卡儿的数学方法的威力. 回忆一下，欧几里得和他的可下溯至 16 世纪的希腊后继者的方法，算术命题都是用诸如线段长度这样的几何图形来陈述的，这并不是因为线段长度提供了表示数的好方法，而是因为它就是数！于是，确定两个抽象的值 X 和 Y 的乘积，意味着画一个两条边的长度为 X 和 Y 的矩形，将它们的乘积理解为该矩形的**面积**！类似地，古人把抽象的值 X 视为一个两维图形，通过找出等面积的正方形来求 X 的平方根. 该正方形的边即是 X 的平方根.

无理数带来的危机迫使希腊人诉诸这样的几何解释. 笛卡儿则不受这些几何限制.

> 我们还应该注意，相继构成序列的那些比例，可以依靠若干关系来理解；有些人试图用不同的维数和形状来表示普通代数中的这些比例. 第一个他们称为根，第二个称为平方，第三个称为立方，第四个称为双二次的，等等. 我坦言，这些表示方式长期误导着我……所有这些名称都应该抛弃，因为它们可能会引起我们思维的混乱. 尽管一个量可以被称为立方或双二次的，但绝不应该想象成是一条直线或一个面……总之，必须注意的是：根，平方，立方，等等，仅仅是连比中的量，它们永远暗含着我们在前一条法则中说过的自由选择的单位.

所以，例如一个量 x 的立方，它被记为 x^3，并不是因为它代表几何的三维立方体，而是因为它代表具有三个关系式的一连串比例：

$$1 : x = x : x^2 = x^2 : x^3.$$

代替针对每一个所考虑的对象进行几何作图，笛卡儿假定所有给定的对象都存在，并指出如何画出所寻找的作为直线段的那个值.

下面是他在《几何》的一开始讲述的如何确定两个量乘积的方法. 他**假设**单位（即，数值1）由线段 AB 给定，需要相乘的值由线段 BD（跟 AB 共线）和 BC 表示. 他连接点 A 和点 C，然后过 D 画直线平行于 AC，交 BC 于 E.

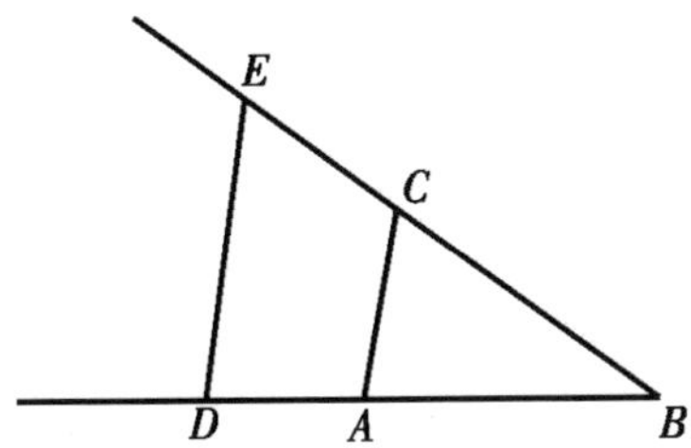

这样做的过程中，笛卡儿创建了两个相似的三角形 ABC 和 DBE. 于是，它们的边成比例：

$$BE : BC = BD : BA.$$

但因 $BA=1$，他得到

$$BE : BC = BD$$

或

$$BE = BC \times BD,$$

这就是所寻找的解.

求平方根也一样简单. 他令线段 GH 表示将要开平方根的量，并将其从 G 延长至 F，使 FG 等于单位. 之后，笛卡儿平分线段 FH，分点为 K；再以 K 为中心，KH（$=KF$）为半径画半圆. 他在点 G 作 FH 的垂线，交半圆于点 I.

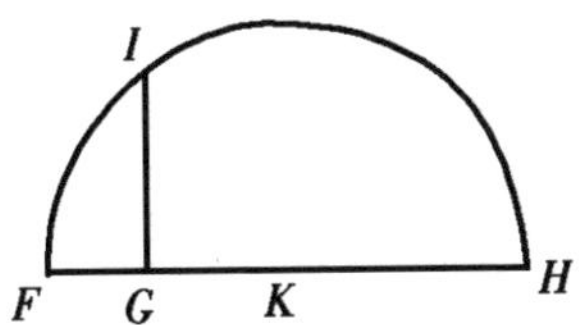

这时，笛卡儿实际上构作了三个相似的直角三角形 IGF，HGI 和 HIF.（角 IGF，HGI 和 HIF 都是直角.）因 IGF 和 HGI 相似，我们有

$$GH : GI = GI : FG.$$

据假定，我们有

$$FG = 1.$$

因此

$$GH = GI \times GI,$$

这说明 GI 是 GH 的平方根.

笛卡儿在荷兰一直居住到 1648 年，那年瑞典女王克里斯蒂娜为他在斯德哥尔摩的宫廷提供了一个职位，任务是为学者们建立一所科学院并亲授女王伦理学和神学. 笛卡儿接受此职后，克里斯蒂娜派了一艘战舰接他到瑞典. 笛卡儿从未受到过如此高贵的待遇，他也许期待着在瑞典宫廷受到同样的款待. 可能他周围的环境会极具皇家气派，笛卡儿没有想到要去询问一下他所期待的住房情况.

由于身体状况一直较差，他常常一上午都待在床上. 让他十分苦恼的是，他知道了这并非是瑞典宫廷的生活方式. 女王克里斯蒂娜坚持：无论天气好坏，她的课都要在清晨 5 点开始. 这就要求笛卡儿清晨 4:30 离开住所，勇敢地去面对经常是寒风凛冽的北方天气. 1649—1650 年的冬季特别无情，不久笛卡儿得了肺炎. 对克里斯蒂娜的医生可能开出的任何药方，笛卡儿喜欢自作主张，他试图用酒和烟草的混合物使自己呕吐排痰，以治愈疾病. 不过病情很快恶化，他陷入了谵妄状态，两天后的 1650 年 2 月 11 日，笛卡儿与世长辞.

《勒内·笛卡儿的几何》

第 1 章　仅使用直线和圆的作图问题

任何一个几何问题都很容易化归为用一些术语来表示，使得只要知道直线段的长度的有关知识，就足以完成它的作图.[1]

如何将算术运算转为几何的运算

算术仅有四或五种运算组成，即加、减、乘、除和开根，后者可认为是一种除法；在几何中，为得到所要求的线段，只需对其他一些线段加加减减；不然的话，我可以取一个线段，称之为单位，目的是把它同数尽可能紧密地联系起来，[2]而它的选择一般是任意的；当再给定其他两条线段，则可求第四条线段，使它与给定线段之一的比等于另一给定线段与单位线段的比（这跟乘法一致）；或者，可求第四条线段，使它与给定线段之一的比等于单位线段与另一线段之比（这等价于除法）；最后，可在单位线段和另一线段之间求一个、两个或多个比例中项（这相当于求给定线段的平方根、立方根，等等）.[3]为了更加清晰明了，我将毫不犹豫地将这些算术的术语引入几何.

如何在几何中进行乘、除和开平方根

例如，令 AB 为单位线段，求 BC 乘 BD. 我只要联结点 A 与点 C，引 DE 平行 CA；则 BE 即是 BD 和 BC 的乘积.

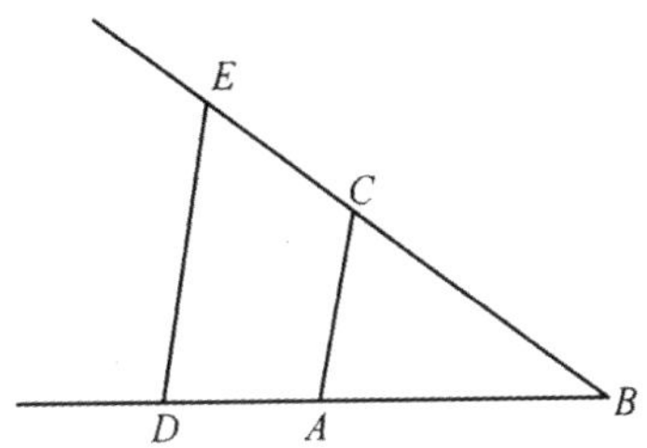

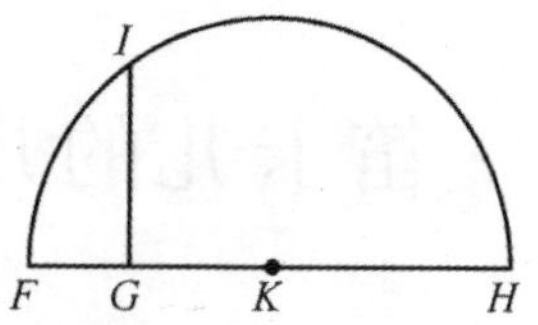

若求 BD 除 BE，我联结 E 和 D，引 AC 平行 DE；则 BC 即为除得的结果.

若想求 GH 的平方根，我沿该直线加上一段等于单位长的线段 FG；然后平分 FH 于 K；我再以 K 为心作圆 FIH，并从 G 引垂线延至 I. 那么，GI 即所求的平方根. 我在这里不讲立方根或其他根的求法，因为在后面讲起来更方便.

我们如何在几何中使用算术符号

通常，我们并不需要在纸上画出这些线，而只要用单个字母来标记每一条线段就够了. 所以，为了作线段 BD 和 GH 的加法，我记其中的一条为 a，另一条为 b，并写下 $a+b$. 同样，$a-b$ 将表示从 a 中减去 b；ab 表示 b 乘 a；$\frac{a}{b}$表示 b 除 a；aa 或 a^2 表示 a 自乘；a^3 表示自乘所得的结果再乘 a，并依此类推.[4]类似地，若求 a^2+b^2 的平方根，我记作 $\sqrt{a^2+b^2}$；若求 $a^3-b^3+ab^2$ 的立方根，我写成 $\sqrt[3]{a^3-b^3+ab^2}$，依此可写出其他的根.[5]必须注意，对于 a^2，b^3 及类似的记号，我通常用来表示单一的一条线段，只是称之为平方、立方等而已，这样，我就可以利用代数中使用的术语了.[6]

还应该注意，当所讨论的问题未确定单位时，每条线段的所有部分都应该用相同的维数来表示. a^3 所含的维数跟 ab^2 或 b^3 一样，我都称之为线段 $\sqrt[3]{a^3-b^3+ab^2}$的组成部分. 然而，对单位已确定的情形就另当别论了，因为不论维数的高低，对单位而言总不会出现理解上的困难；此时，若求 a^2b^2-b 的立方根，我们必须认为 a^2b^2 这个量被单位量除过一次，而 b 这个量被单位量乘过 2 次.[7]

最后，为了确保能记住线段的名称，我们在给它们指定名称或改变名称时，总要单独列出名录. 例如，我们可以写 $AB=1$，即 AB 等于 1；[8] $GH=a$，$BD=b$，等等.

我们如何利用方程来解各种问题

于是，当要解决某一问题时，我们首先假定解已经得到，[9]并给为了作出此解而似乎要用到的所有线段指定名称，不论它们是已知的还是未知的.[10]然后，在不对已知和未知线段作区分的情况下，利用这些线段间最自然的关系，将难点化解，直至找到这样一种可能，即用两种方式表示同一个量.[11]这将引出一个方程，因为这两个表达式之一的各项合在一起等于另一个的各项.

我们必须找出跟假定为未知线段的数目一样多的方程；[12]但是，若在考虑了每一个有关因素之后仍得不到那样多的方程，那么，显然该问题不是完全确定的. 一旦出现这种情况，我们可以为每一条缺少方程与之对应的未知线段，任意确定一个长度.[13]

当得到了若干个方程，我们必须有条不紊地利用其中的每一个，或是单独加以考虑，或是将它与其他的相比较，以便得到每一个未知线段的值；为此，我们必须先统一地进行考察，直到只留下一条未知线段，[14]它等于某条已知线段；或者是未知线段的平方、立方、四次方、五次方、六次方等中的任一个，等于两个或多个量的和或差，[15]这些量中的一个是已知的，另一些由单位跟这些平方，或立方，或四次方得出的比例中项乘以其他已知线段组成. 我用下列式子来说明：

$$z=b$$

或 $z^2=-az+b^2$

或 $z^3=az^2+b^2z-c^3$

或 $z^4=az^3-c^3z+d^4$，

………………

即，z 等于 b，这里的 z 我用以表示未知量；或 z 的平方等于 b 的平方减 z 乘 a；或 z 的立方等于 z 的平方乘以 a 后加 z 乘以 b 的平方，再减 c 的立方；其余类推.

这样，所有的未知量都可用单一的量来表示，无论问题是能用圆和直线作图的，或是能用圆锥截线作图的，甚或是能用次数不高于三或四次[16]的曲线作图的.

我在这里不作更详细的解释，否则我会剥夺你靠自己的努力去理解时所能享受的愉悦；同时，通过推演导出结论，对于训练你的思维有益，依我之见，这是从这门科学中所能获得的最主要的好处. 这样做的另一个理由是，我知道对于任何熟悉普通的几何和代数的人而言，只要他们仔细地思考这篇论著中出现的问题，就不会碰到无法克服的困难.[17]

因此，我很满意如下的说法：对于一名学生来说，如果他在解这些方程时一有机会就能利用除法，那么他肯定能将问题约化到最简单的情形.

平面问题及其解

如果所论问题可用通常的几何来解决，即只使用平面上的直线和圆的轨迹[18]，此时，最后的方程要能够完全解出，其中至多只能保留有一个未知量的平方，它等于某个已知量与该未知量的积，再加上或减去另一个已知量.[19]于是，这个根或者说这条未知线段能容易地求得. 例如，若我得到 $z^2=az+b^2$，[20]我便作一个直角三角形 NLM，其一边为 LM，它等于 b，即已知量 b^2 的平方根；另一边 LN，它等于$\frac{1}{2}a$，即另一个已知量——跟我假定为未知线段的 z 相乘的那个量——的一半.

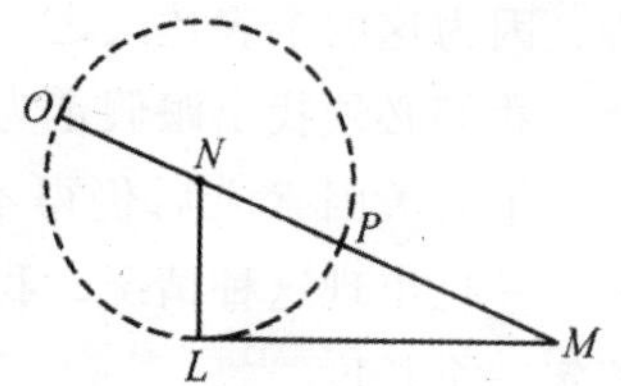

于是，延长 MN（该三角形的斜边[21]）至 O，使得 NO 等于 NL，则整个线段 OM 即所求的线段 z. 它可用如下方式表示：[22]

$$z=\frac{1}{2}a+\sqrt{\frac{1}{4}a^2+b^2}.$$

但是，若我得到 $y^2=-ay+b^2$，其中 y 是我们想要求其值的量，此时我作同样的直角三角形 NLM，在斜边上划出 NP 等于 NL，剩下的 PM 即是所求的根 y. 我们写作

$$y=-\frac{1}{2}a+\sqrt{\frac{1}{4}a^2+b^2}.$$

同样地，若我得到

$$x^4=-ax^2+b^2,$$

此时 PM 即是 x^2，我将得出

$$x=\sqrt{-\frac{1}{2}a+\sqrt{\frac{1}{4}a^2+b^2}},$$

其余情形类推.

最后，若得到的是 $z^2=az-b^2$，我如前作 NL 等于$\frac{1}{2}a$，LM 等于 b；然后，我不去联结点 M 和 N，而引 MQR 平行于 LN，并以 N 为心画过 L 的圆，交 MQR 于点 Q 和 R；那么，所求线段 z 或为 MQ，或为 MR，因为此时有两种表达方式，即：[23]

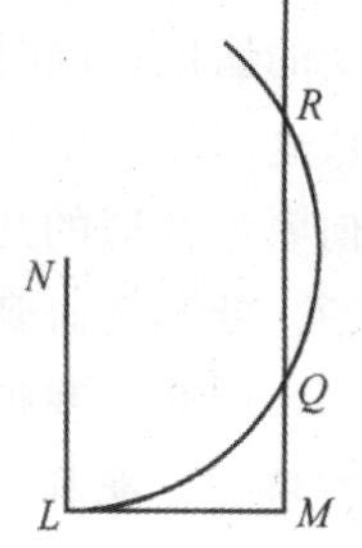

$$z=\frac{1}{2}a+\sqrt{\frac{1}{4}a^2-b^2}.$$

和

$$z=\frac{1}{2}a-\sqrt{\frac{1}{4}a^2-b^2}.$$

当以 N 为心过 L 的圆跟直线 MQR 既不相交也不相切，则方程无根，此时我们可以说这个问题所要求的作图是不可能的.

还有许多其他的方法可用来求出上述同样的根，我已给出的那些非常简单的方法说明，利用我解释过的那四种图形的作法，就可能对通常的几何中的所有问题进行作图.[24]我相信，古代数学家没有注意到这一点，否则他们不会花费那么多的劳动去写那么多的书；正是这些书中的那些命题告诉我们，他们并没有一种求解所有问题的可靠方法，[25]而只是把偶然碰到的命题汇集在一起罢了.

帕普斯的例子

帕普斯在他的第 7 卷书的开头所写的内容也证明了这一点.[26]在那里，他先用相当多的篇幅列出了他的前辈撰写的大量几何著作；[27]最后才提到一个问题，他说那既非欧几里得，亦非阿波罗尼奥斯或其他人所能完全解决的；[28]他是这样写的：

> 此外，他（阿波罗尼奥斯）说与三线或四线相关的轨迹问题，欧几里得并未完全解决，他本人和其他任何人也没能够完全解决. 他们根本没有利用在欧几里得之前已论证过的圆锥截线，来为欧几里得所写下的内容添加任何东西.[29]

在稍后的地方，帕普斯叙述了这个问题：

> 他（阿波罗尼奥斯）对与三线或四线相关的轨迹问题引以为豪，对其前辈作者的工作则不置一词.[30]问题的性质如下：若给定了三条直线的位置，并且从某一点引出的三条直线段分别和三条给定直线相交成给定的角；若所引的直线段中的两条所作成的矩形与另一条的平方相比等于给定的比，则具有上述性质的点落在一条位置确定的立体轨迹上，即落在三种圆锥截线的一种上.
>
> 同样，若所引直线段与位置确定的四条直线相交成给定的角，并且所引直线段中两条所作成的矩形与另两条作成的矩形相比等于给定的

比；那么，同样地，点将落在一条位置确定的圆锥截线上. 业已证明，对于只有二线的情形，对应的轨迹是一种平面轨迹. 当给定的直线的数目超过四条时，至今并不知道所描绘出的是什么轨迹（即不可能用普通的方法来确定），而只能称它做‘线’. 不清楚它们是什么东西，或者说不知其性质. 它们中有一条轨迹已被考查过，它不是最重要的而是最容易了解的，这项工作已被证明是有益的. 这里要讨论的是与它们有关的命题.

若从某一点所引的直线段与五条位置确定的直线相交成固定的角，并且所引直线段中的三条所作成的直角六面体与另两条跟一任意给定线段作成的直角六面体相比等于给定比，则点将落在一条位置确定的“线”上. 同样，若有六条直线，所引直线段中的三条所作成的立体与另三条作成的立体的比为给定的比，则点也将落在某条位置确定的“线”上. 但是当超过六条直线时，我们不能再说由四条直线段所作成的某物与其余直线段作成的某物是否构成一个比，因为不存在超过三维的图形.[31]

这里，我请你顺便注意一下，迫使古代作者在几何中使用算术术语的种种考虑，未能使他们逾越鸿沟而看清这两门学科间的关系，因而在他们试图作解释时，引起了众多的含糊和令人费解的说法.

帕普斯这样写道：

对于这一点，过去解释过这些事情（一个图形的维数不能超过3）的人的意见是一致的. 他们坚持认为，由这些直线段所作成的图形，无论如何都是无法理解的. 然而，一般地使用这种类型的比来描述和论证却是允许的，叙述的方式如下：若从任一点引出若干直线段，与位置确定的一些直线相交成给定的角；若存在一个由它们组合而成的确定的比，这个比是指所引直线段中的一个与一个的比，第二个与某第二个的比，第三个与某第三个的比，等等. 如果有七条直线，就会出现跟一条给定直线段的比的情形，如果有八条直线，即出现最后一条与另外最后某条直线段的比；点将落在位置确定的线上. 类似地，无论是奇数还是偶数的情形，正如我已说过的，它们在位置上对应四条直线；所以说，

他们没有提出任何方法使得可以得出一条线.[32]

这个问题始于欧几里得，由阿波罗尼奥斯加以推进，但没有哪一位得以完全解决. 问题是这样的:

有三条、四条或更多条位置给定的直线，首先要求找出一个点，从它可引出另外同样多条直线段，每一条与给定直线中的某条相交成给定的角，使得由所引直线段中的两条作成的矩形，与第三条直线段（若仅有三条的话）形成给定的比；或与另两条直线段（若有四条的话）所作成的矩形形成给定的比；或者，由三条直线段所作成的平行六面体[33]与另两条跟任一给定直线段（若有五条的话）所作成的平行六面体形成给定的比，或与另三条直线段（若有六条的话）所作成的平行六面体；或者（若有七条的话）其中四条相乘所得的积与另三条的积形成给定的比，或（若有八条的话）其中四条的积与另外四条的积形成给定的比. 于是，问题可以推广到有任意多条直线的情形.

因为总有无穷多个不同的点满足这些要求，所以需要发现和描绘出含有所有这些点的曲线.[34]帕普斯说，当仅给定三或四条直线时，该曲线是三种圆锥截线中的一种；但是当问题涉及更多条直线时，他并未着手去确定、描述或解释所求的线的性质. 他只是进而说，古代人了解它们之中的一种，他们曾说明它是有用的，似乎是最简单的，可是并不是最重要的. 这一说法促使我来作一番尝试，看能否用我自己的方法达到他们曾达到过的境界.[35]

解帕普斯问题

首先，我发现如果问题只考虑三、四或五条直线，那么为了找出所求的点，利用初等几何就够了，即只需要使用直尺和圆规，并应用我已解释过的那些原理；当然五条线皆平行的情形除外. 对于这个例外，以及对于给定了六、七、八或九条直线的情形，总可以利用有关立体轨迹[36]的几何来找出所求的点，这是指利用三种圆锥截线中的某一种；同样，此时也有例外，即九条直线皆平行的情形. 对此例外及给定十、十一、十二或十三条直线的情形，依靠次数仅比圆锥截线高的曲线便可找出所求的点. 当然，十三条线皆平行的情形必须除外，对于它以及十四、十五、十六和十七条直线的情形，必须利用次数比刚提到的曲线高一次的曲线；余者可依此无限类推.

其次，我发现当给定的直线只有三条或四条时，所求的点不仅会出现全体都

落在一条圆锥截线上的情形，而且有时会落在一个圆的圆周上，甚或落在一条直线上.[37]

当有五、六、七或八条直线时，所求的点落在次数仅比圆锥截线高一次的曲线上，我们能够想象这种满足问题条件的曲线；当然，所求的点也可能落在一条圆锥截线上、一个圆上或一条直线上. 如果有九、十、十一或十二条直线，所求曲线又比前述曲线高一次，正是这种曲线可能符合要求. 余者可依此无限类推.

最后，紧接在圆锥截线之后的最简单的曲线是由双曲线和直线以下面将描述的方式相交而生成的.

我相信，通过上述办法，我已完全实现了帕普斯告诉我们的、古代人所追求的目标. 我将试图用几句话加以论证，耗费过多的笔墨已使我厌烦了.

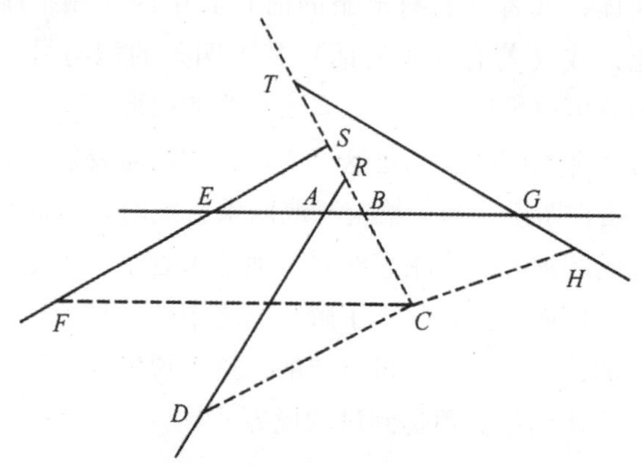

令 AB，AD，EF，GH，…是任意多条位置确定的直线，[38]求点 C，使得由它引出的直线段 CB，CD，CF，CH，…与给定直线分别成给定的角 CBA，CDA，CFE，CHG，…并且，它们中的某几条的乘积等于其余几条的乘积，或至少使这两个乘积形成一给定的比，这后一个条件并不增加问题的难度.

我们应如何选择适当的项以得出该问题的方程

首先，我假设事情已经做完；但因直线太多会引起混乱，我可以先把事情简化，即考虑给定直线中的一条和所引直线段中的一条（例如 AB 和 BC）作为主线，对其余各线我将参考它们去做. 称直线 AB 在 A 和 B 之间的线段为 x，称 BC 为 y. 倘若给定的直线都不跟主线平行，则将它们延长以与两条主线（如需要也应延长）相交. 于是，从图上可见，给定的直线跟 AB 交于点 A、E、G，跟 BC 交于点 R、S、T.

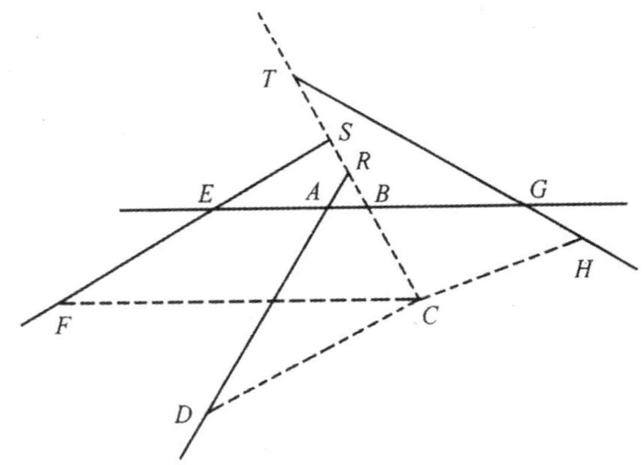

因三角形 ARB 的所有角都是已知的，[39]故边 AB 和 BR 的比也可知. [40]若我们令 $AB:BR=z:b$，因 $AB=x$，我们有 $RB=\frac{bx}{z}$；又因 B 位于 C 和 R[41]之间，我们有 $CR=y+\frac{bx}{z}$. $\left(\text{当 } R \text{ 位于 } C \text{ 和 } B \text{ 之间时，} CR \text{ 等于 } y-\frac{bx}{z}\text{；当 } C \text{ 位于 } B \text{ 和 } R \text{ 之间时，} CR \text{ 等于} -y+\frac{bx}{z}\right)$. 又，三角形 DRC 的三个角是已知的，[42]因此可以确定边 CR 和 CD 的比，记这个比为 $z:c$，因 $CR=y+\frac{bx}{z}$，我们有 $CD=\frac{cy}{z}+\frac{bx}{z^2}$. 那么，由于直线 AB，AD 和 EF 的位置是确定的，故从 A 到 E 的距离已知. 若我们称这段距离为 k，那么 $EB=k+x$；虽然当 B 位于 E 和 A 之间时 $EB=k-x$，而当 E 位于 A 和 B 之间时 $EB=-k+x$. 现在，三角形 ESB 的各角已知，BE 和 BS 的比也可知，我们称这个比为 $z:d$. 于是 $BS=\frac{dk+dx}{z}$，$CS=\frac{zy+dk+dx}{z}$. [43]当 S 位于 B 和 C 之间时，我们有 $CS=\frac{zy-dk-dx}{z}$，而当 C 位于 B 和 S 之间时，我们有 $CS=\frac{-zy+dk+dx}{z}$. 三角形 FSC 的各角已知，因此，CS 对 CF 的比也可知，记作 $z:e$. 于是，$CF=\frac{ezy+dek+dex}{z^2}$. 同样地，$AG$ 或 l 为已知，$BG=l-x$. 在三角形 BGT 中，BG 对 BT 的比，或者说 $z:f$ 为已知. 因此，$BT=\frac{fl-fx}{z}$，$CT=\frac{zy+fl-fx}{z}$. 在三角形 TCH 中，TC

对 CH 的比，或者说 $z:g$ 也可知，[44] 故 $CH=\frac{gzy+fgl-fgx}{z^2}$.

于是，你们看到，无论给定多少条位置确定的直线，过点 C 与这些直线相交成给定角的任何直线段的长度，总可以用三个项来表示. 其一由某个已知量乘或除未知量 y 所组成；另一项由另外某个已知量乘或除未知量 x 所组成；第三项由已知量组成. [45] 我们必须注意例外，即，给定的直线跟 AB 平行（此时含 x 的项消失），或跟 CB 平行（此时含 y 的项消失）的情形. 这种例外情形十分简单，无须进一步解释. [46] 在每一种可以想象到的组合中，这些项的符号或是+或是-. [47]

你还能看出，在由那些线段中的几条作出的乘积中，任一含 x 或 y 的项的次数不会比被求积的线段（由 x 和 y 表示）的数目大. 所以，若两条线段相乘，没有一项的次数会高于 2；若有三条线段，其次数不会高于 3，依此类推，无一例外.

当给定的直线不超过五条时，我们如何知道相应的问题是平面问题

进而，为确定点 C，只需一个条件，即某些线段的积与其他某些线段的积，或者相等或者（也是相当简单的）它们的比为一给定的值. 由于这个条件可以用含有两个未知量的一个方程表示，[48] 所以我们可以随意给 x 或 y 指定一个值，再由这个方程求出另一个的值. 显然，当给定的直线不多于五条时，量 x——它不用来表示问题中原有的那些直线段——的次数绝不会高于 2. [49]

给 y 指定一个值，我们得 $x^2=\pm ax\pm b^2$，因此 x 可以借助直尺和圆规，按照已经解释过的方法作出. 那么，当我们接连取无穷多个不同的线段 y 的值，我们将得到无穷多个线段 x 的值，因此就有了无穷多个不同的点 C，所求曲线便可依此画出.

这个方法也适用于涉及六条或更多直线的问题，如果其中某些直线跟 AB 或 BC 中的任一条平行的话；此时，或者 x，或者 y 的次数在方程中只是 2，所以点 C 可用直尺和圆规作出.

另一方面，若给定的直线都平行，即使问题仅涉及五条直线，点 C 也不可能用这种办法求得. 因为，由于量 x 根本不在方程中出现，所以不再允许给 y 指定已知的值，而必须去求出 y 的值. [50] 又因为此时 y 的项是三次的，其值只需求解一个三次方程的根便可得到，三次方程的根一般不用某种圆锥截线是不能求

得的.

进而，若给定的直线不超过9条，它们不是彼此平行的，那么方程总能写成次数不高于4的形式. 这样的方程也总能够利用圆锥截线，并按照我将要解释的方法去求解.

若直线的数目不超过13，则可利用次数不超过6的方程，它的求解可依靠只比圆锥截线的次数高一次的曲线，并按照将要解释的方法去做.[51]

至此，我已完成了必须论证的第一部分内容，但在进入第二部分之前，还必须一般性地阐述一下曲线的性质.

第2章　曲线的性质

哪些曲线可被纳入几何学

古代人熟悉以下事实，几何问题可分成三类，即平面的、立体的和线的问题.[52]这相当于说，某些问题的作图只需要用到圆和直线，另一些需要圆锥截线，再有一些需要更复杂的曲线.[53]然而，令我感到吃惊的是他们没有再继续向前，没有按不同的次数去区分那些更复杂的曲线；我也实在不能理解他们为什么把最后一类曲线称作机械的而不称作几何的.[54]

如果我们说，他们是因为必须用某种工具[55]才能描绘出这种曲线而称其为机械的，那么为了协调一致，我们也必须拒绝圆和直线了，因为它们非用圆规和直尺才能在纸上画出来，而圆规、直尺也可以称作工具. 我们也不能说因为其他工具比直尺和圆规复杂故而不精密；若这样认为，它们就该被排除出机械学领域，作图的精密性在那里甚至比在几何中更重要. 在几何中，我们只[56]追求推理的准确性，讨论这种曲线就像讨论更简单的曲线一样，都肯定是绝对严格的.[57]我也不能相信是因为他们不愿意超越那两个公设，即：（1）两点间可作一直线，（2）绕给定的中心可作一圆过一给定的点. 他们在讨论圆锥截线时，就毫不犹豫地引进了这样的假设：任一给定的圆锥可用给定的平面去截. 现在，为了讨论本书引进的所有曲线，我想只需引入一条必要的假设，即两条或两条以上的线可以一条随一条地移动，并由它们的交点确定出其他曲线. 这在我看来决不会更困难.[58]

真的，圆锥截线被接纳进古代的几何，恐怕绝非易事，[59]我也不关心去改变由习惯所认定的事物的名称；无论如何，我非常清楚地知道，若我们一般地假定几何是精密和准确的，那么机械学则不然；[60]若我们视几何为科学，它提供关于所有物体的一般的度量知识；那么，我们没有权力只保留简单的曲线而排除复杂的曲线，倘若它们能被想象成由一个或几个连续的运动所描绘，后者中的每一个运动完全由其前面的运动所决定——通过这种途径，总可以得到涉及每一个运动的量的精确知识.

也许，古代几何学拒绝接受比圆锥截线更复杂的曲线的真正理由在于，首先引起他们注意的第一批这类曲线碰巧是螺线、[61]割圆曲线[62]以及类似的曲线，它们确实只归属于机械学，而不属于我在这里考虑的曲线之列，因为它们必须被想象成由两种互相独立的运动所描绘，而且这两种运动的关系无法被精确地确定.尽管他们后来考查过蚌线、[63]蔓叶线[64]和其他几种应该能被接受的曲线；但由于对它们的性质知之不多，他们并没有比之其他曲线给予更多的思考. 另一方面，他们可能对圆锥截线所知不多，[65]也不了解直尺和圆规的许多可能的作图，因此还不敢去做更困难的事情. 我希望从今以后，凡能巧妙地使用这里提到的几何方法的人，不会在应用它们解决平面或立体问题时遇到大的困难. 因此，我认为提出这一内容更加广泛的研究方向是适宜的，它将为实践活动提供充分的机会.

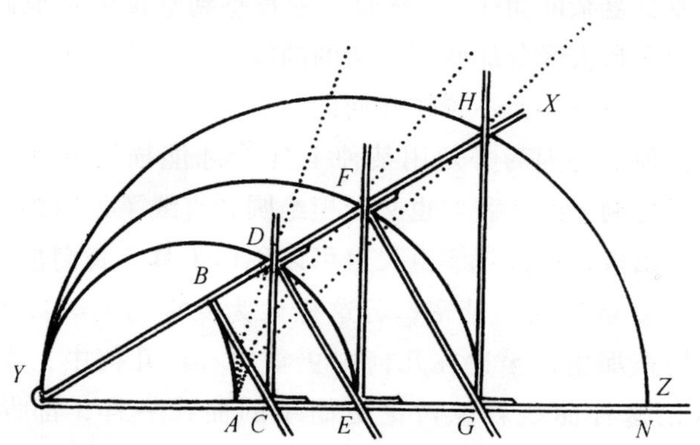

考虑直线 AB，AD，AF，等等，我们假设它们可由工具 YZ 所描绘. 该工具由几把直尺按下述方式绞接在一起组合而成：沿直线 AN 放置 YZ，角 XYZ 的大小可增可减，当它的边集拢后，点 B，C，D，E，F，G，H 全跟 A 重合；而当角的尺寸增加时，跟 XY 在点 B 固定成直角的直尺 BC，将直尺 CD 向 Z 推进，CD 沿 YZ 滑动时始终与它保持成直角. 类似地，CD 推动 DE，后者沿 XY 滑动时始终与 BC 平行；DE 推动 EF；EF 推动 FG；FG 推动 GH，等等. 于是，我们可以

想象有无穷多把尺子，一个推动另一个，其中有一半跟 XY 保持相等的角度，其余的跟 YZ 保持等角.

当角 XYZ 增加时，点 B 描绘出曲线 AB，它是圆；其他直尺的交点，即点 D，F，H 描绘出另外的曲线 AD，AF，AH，其中后两条比第一条复杂，第一条比圆复杂. 无论如何，我没有理由说明为什么不能像想象圆的描绘那样，清晰明了地想象那第一条曲线[66]，或者，至少它能像圆锥截线一样明白无误；同样，为什么这样描绘出的第二条、第三条[67]，以至其他任何一条曲线不能如想象第一条那样清楚呢？因此，我没有理由在解几何问题时不一视同仁地使用它们.[68]

区分所有曲线的类别，以及掌握它们与直线上点的关系的方法

我可以在这里给出其他几种描绘和想象一系列曲线的方法，其中每一条曲线都比它前面的任一条复杂，[69]但是我想，认清如下事实是将所有这些曲线归并在一起并依次分类的最好办法：这些曲线——我们可以称之为“几何的”，即它们可以精确地度量——上的所有的点，必定跟直线上的所有的点具有一种确定的关系，[70]而且这种关系必须用单个的方程来表示.[71]若这个方程不包含次数高于两个未知量所成的矩形或一个未知量的平方的项，则曲线属于第一类，即最简单的类，[72]它只包括圆、抛物线、双曲线和椭圆；当该方程包含一项或多项两个未知量[73]中的一个或两个的三次或四次[74]的项，(因方程需要两个未知量来表示两点间的关系)，则曲线属于第二类；当方程包含未知量中的一个或两个的五次或六次的项，则曲线属于第三类，依此类推.

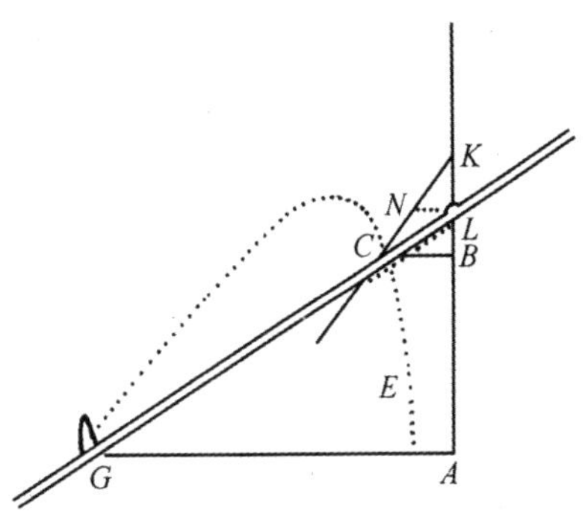

设 EC 是由直尺 GL 和平面直线图形 $CNKL$ 的交点所描绘出的曲线；直线图形的边 KN 可朝 C 的方向任意延长，图形本身以如下方式在同一平面内移动：其边[75] KL 永远跟直线 BA（朝两个方向延长）的某个部分相重，并使直尺 GL 产生绕 G 的转动（该直尺与图形 $CNKL$ 在 L 处铰接）.[76]当我想弄清楚这条曲线属于哪一类时，我要选定一条直线，比如 AB，作为曲线上所有点的一个参照物；并在 AB 上选定一个点 A，由此出发开始研究.[77]我在这里可以说“选定这个选定那个”，因为我们有随意选择的自由；若为了使所得到的方程尽可能地短小和简单，我们在作选择时必须小心从事，但

不论我选哪条线来代替 AB，可以证明所得曲线永远属于同一类，而且证明并不困难.[78]

然后，我在曲线上任取一点，比如 C，我们假设用以描绘曲线的工具经过这个点. 我过 C 画直线 CB 平行于 GA. 因 CB 和 BA 是未知的和不确定的量，我称其中之一为 y，另一个为 x. 为了得到这些量之间的关系，我还必须考虑用以决定该曲线作图的一些已知量，比如 GA，我称之为 a；KL，我称之为 b；平行于 GA 的 NL，我称之为 c. 于是，我说 NL 比 LK（即 c 比 b）等于 CB（即 y）比 BK，因此 BK 等于$\frac{b}{c}y$. 故 BL 等于$\frac{b}{c}y-b$，AL 等于 $x+\frac{b}{c}y-b$. 进而，CB 比 LB $\left(\text{即 } y \text{ 比} \frac{b}{c}y-b\right)$ 等于 AG（或 a）比 LA（或 $x+\frac{b}{c}y-b$）. 用第三项乘第二项，我们得$\frac{ab}{c}y-ab$，它等于 $xy+\frac{b}{c}y^2-by$，后者由最后一项乘第一项而得. 所以，所求方程为

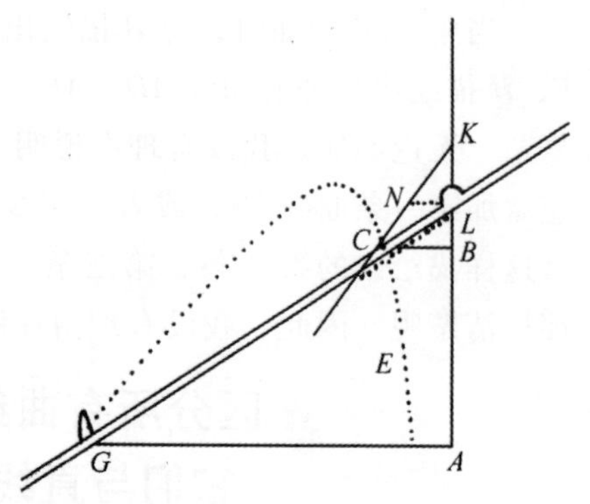

$$y^2=cy-\frac{cx}{b}y+ay-ac.$$

根据这个方程，我们知曲线 EC 属于第一类，事实上它是双曲线.[79]

若将上述描绘曲线的工具中的直线图形 CNK 用位于平面 $CNKL$ 的双曲线或其他第一类曲线替代，则该曲线与直尺 GL 的交点描绘出的将不是双曲线 EC，而是另一种属于第二类的曲线.

于是，若 CNK 是中心在 L 的圆，我们将描绘出古人可知的第一条蚌线；[80]若利用以 KB 为轴的抛物线，我们将描绘出我已提到过的最主要的也是最简单的曲线，它们属于帕普斯问题所求的解，即当给定五条位置确定的直线时的解.

若利用一条位于平面 $CNKL$ 上的第二类曲线来代替上述第一类曲线，我们将描绘出一条第三类曲线；而要是利用一条第三类曲线，则将得到一条第四类曲线，依此类推，直至无穷.[81]上述论断不难通过具体计算加以证明.

无论如何，我们可以想象已经描绘出一条曲线，它是我称之为几何曲线中的一条；用这种方法，我们总能找到足以决定曲线上所有点的一个方程. 现在，我要把其方程为四次的曲线跟其方程为三次的曲线归在同一类中；把其方程为六次

的[82]跟其方程为五次的[83]曲线归在一类，余者类推. 这种分类基于以下事实：存在一种一般的法则，可将任一个四次方程化为三次的，任一六次方程化为五次方程[84]，所以，无需对每一情形中的前者作比后者更繁复的考虑.

然而，应该注意到，对任何一类曲线，虽然它们中有许多具有同等的复杂性，故可用来确定同样的点，解决同样的问题，可是也存在某些更简单的曲线，它们的使用范围也更有限. 在第一类曲线中，除了具有同等复杂性的椭圆、双曲线和抛物线，还有圆——它显然是较为简单的曲线；在第二类曲线中，我们有普通的蚌线，它是由圆和另外一些曲线描绘的，它尽管比第二类中的许多曲线简单[85]，但并不能归入第一类.[86]

对上篇提到的帕普斯问题的解释

在对一般的曲线分类之后，我很容易来论证我所给出的帕普斯问题的解. 因为，首先我已证明当仅有三条或四条直线时，用于确定所求点[87]的方程是二次的. 由此可知，包含这些点的曲线必属于第一类，其理由是这样的方程表示第一类曲线上的所有点和一条固定直线上的所有点之间的关系. 当给定直线不超过八条时，方程至多是四次的，因此所得曲线属于第二类或第一类. 当给定直线不超过十二条时，方程是六次或更低次的，因此所求曲线属于第三类或更低的类. 其他情形可依此类推.

另一方面，就每一条给定直线而言，它可以占据任一处可能想象得到的位置，又因为一条直线位置的改变会相应地改变那些已知量的值及方程中的符号+与-，所以很清楚，没有一条第一类曲线不是四线问题的解，没有一条第二类曲线不是八线问题的解，没有一条第三类曲线不是十二线问题的解，等等. 由此可知，凡能得到其方程的所有几何曲线，无一不能作为跟若干条直线相联系的问题的解.[88]

仅有三线或四线时该问题的解

现在需要针对只有三条或四条给定直线的情形作更具体的讨论，对每个特殊问题给出用于寻找所求曲线的方法. 这一研究将表明，第一类曲线仅包含圆和三种圆锥截线.

再次考虑如前给定的四条直线 AB，AD，EF 和 GH，求点 C 描出的轨迹，使得当过点 C 的四条线段 CB，CD，CF 和 CH 与给定直线成定角时，CB 和 CF 的积等于 CD 和 CH 的积. 这相当于说：若

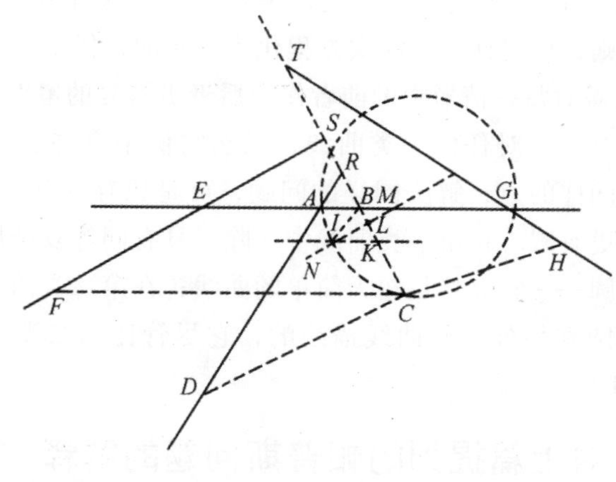

$$CB=y,$$

$$CD=\frac{czy+bcx}{z^2},$$

$$CF=\frac{ezy+dek+dex}{z^2},$$

及

$$CH=\frac{gzy+fgl-fgx}{z^2}.$$

于是，方程为

$$y^2=\frac{(cfglz-dckz^2)y-(dez^2+cfgz-bcgz)xy+bcfglx-bcfgx^2}{ez^3-cgz^2},$$

此处假定 ez 大于 cg；否则所有的符号+和−都必须掉换.[89] 在这个方程中，若 y 为零或比虚无还小，[90] 并假定点 C 落在角 DAG 的内部，那么为导出这一结论，必须假定 C 落在角 DAE、EAR 或 RAG 中的某一个之内，且要将符号改变. 若对这四种位置中的每一个，y 都等于零，则问题在所指明的情形下无解.

让我们假定解可以得到；为了简化推导，让我们以 $2m$ 代替 $\frac{cflgz-dekz^2}{ez^3-cgz^2}$，以 $\frac{2n}{z}$ 代替 $\frac{dez^2+cfgz-bcgz}{ez^3-cgz^2}$. 于是，我们有

$$y^2=2my-\frac{2m}{z}xy+\frac{bcfglx-bcfgx^2}{ez^3-cgz^2},$$

其根[91] 为

$$y=m-\frac{nx}{z}+\sqrt{m^2-\frac{2mnx}{z}+\frac{n^2x^2}{z^2}+\frac{bcfglx-bcfgx^2}{ez^3-cgz^2}}.$$

还是为了简洁，记$-\frac{2mn}{z}+\frac{bcfgl}{ez^3-cgz^2}$为 o，$\frac{n^2}{z^2}-\frac{bcfg}{ez^3-cgz^2}$等于$\frac{p}{m}$；对于这些已给定的量，我们可随意按某一种记号来表示它们.[92]于是，我们有

$$y=m-\frac{n}{z}x+\sqrt{m^2+ox+\frac{p}{m}x^2}.$$

这就给出了线段 BC 的长度，剩下 AB 或 x 是尚未确定的. 因为现在的问题仅涉及三条或四条直线，显然，我们总可得到这样的一些项，尽管其中某些可能变成零，或者符号可能完全变了.[93]

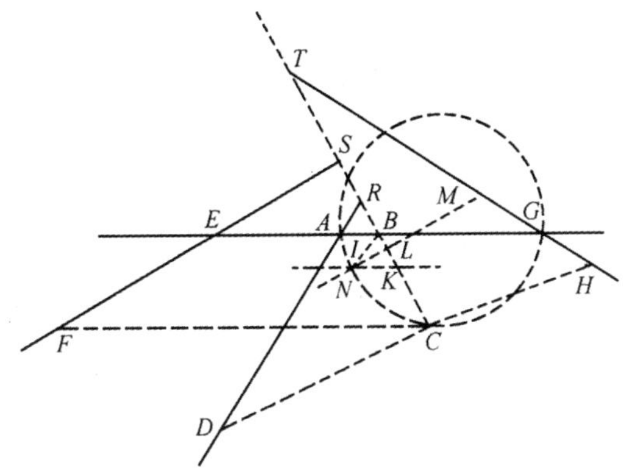

接着，我作 KI 平行且等于 BA，在 BC 上截取一段 BK 等于 m（因 BC 的表示式含$+m$；若它是$-m$，我将在 AB 的另一边作 IK；[94]而当 m 是零时，我就根本不去画出 IK）. 我再作 IL，使得 $IK:KL=z:n$；即，使得当 IK 等于 x 时，KL 等于$\frac{n}{z}x$. 用同样的方法，我可以知道 KL 对 IL 的比，称为 $n:a$，所以，若 KL 等于$\frac{n}{z}x$，则 IL 等于$\frac{a}{z}x$. 因为该方程含有$-\frac{n}{z}x$，我可在 L 和 C 之间取点 K；若方程所含为$+\frac{n}{z}x$，我就应该在 K 和 C 之间取 L；[95]而当$\frac{n}{z}x$ 等于零时，我就不画 IL 了.

做完上述工作，我就得到表达式

$$LC=\sqrt{m^2+ox+\frac{p}{m}x^2},$$

据此可画出 LC. 很清楚，若此式为零，点 C 将落在直线 IL 上；[96]若它是个完全平方，即当 m^2 和$\frac{p}{m}x^2$ 两者皆为+[97]而 o^2 等于 $4pm$，或者 m^2 和 ox $\left(\text{或 } ox \text{ 和}\frac{p}{m}x^2\right)$ 皆

为零，则点 C 落在另一直线上，该直线的位置像 IL 一样容易确定.[98]

若无这些例外情形发生,[99]点 C 总是或者落在三种圆锥截线的一种之上，或是落在某个圆上，该圆的直径在直线 IL 上，并有直线段 LC 齐整地附在这条直径上,[100]另一方面，直线段 LC 与一条直径平行，而 IL 齐整地附在它上面.

特别地，若 $\frac{p}{m}x^2$ 这项为零，圆锥截线应是抛物线；若它前面是加号，则得双曲线；最后，若它前面是减号，则得一个椭圆. 当 a^2m 等于 pz^2 而角 ILC 是直角时[101]出现例外情形，此时我们得到一个圆而非椭圆.[102]

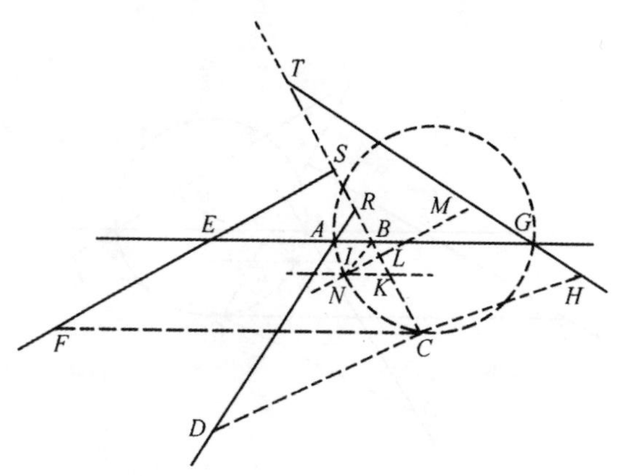

当圆锥截线是抛物线时，其正焦弦等于$\frac{oz}{a}$，其直径总是落在直线 IL 上.[103]为了找出它的顶点 N，作 IN 等于$\frac{am^2}{oz}$，使得 m 为正并且 ox 亦为正时，点 I 落在 L 和 N 之间；而当 m 为正并且 ox 为负时，L 落在 I 和 N 之间；而当 m^2 为负并且 ox 为正时，N 落在 I 和 L 之间. 可是，当各个项像上面那样安排时，m^2 不可能为负. 最后，若 m^2 等于零，点 N 和 I 必定相重. 所以，根据阿波罗奥斯著作的第一篇中的第一个问题，很容易确定这是抛物线.[104]

然而，当所求轨迹是圆、椭圆或双曲线时,[105]必须首先找出图形的中心，点 M. 它总是落在直线 IL 上，可以取 IM 等于$\frac{aom}{2pz}$而求得. 若 o 等于零，则 M 和 I 相重. 当所求轨迹是圆或椭圆时，若 ox 项为正，则 M 和 L 必落在 I 的同侧，而若 ox 为负，则它们必落在异侧. 另一方面，对于双曲线的情形，若 ox 为负，则 M 和 L 落在 I 的同侧. 若 ox 为正，则它们落在异侧.

当 m^2 为正、轨迹是圆或椭圆，或者 m^2 为负而轨迹是双曲线时，图形的正焦弦必定为

$$\sqrt{\frac{o^2z^2}{a^2}+\frac{4mpz^2}{a^2}}.$$

而当所求轨迹是圆或椭圆、m^2 为负时，或者轨迹是双曲线、o^2 大于 $4mp$，且 m^2 为正时，它必定为

$$\sqrt{\frac{o^2z^2}{a^2}-\frac{4mpz^2}{a^2}}.$$

但是，若 m^2 等于零，则正焦弦为 $\frac{oz}{a}$；又若 oz 等于零[106]，则它为

$$\sqrt{\frac{4mpz^2}{a^2}}.$$

为得到相应的直径，必须找出跟正焦弦之比为 $\frac{a^2m}{pz^2}$ 的直线；即，若正焦弦为

$$\sqrt{\frac{o^2z^2}{a^2}+\frac{4mpz^2}{a^2}},$$

直径应为

$$\sqrt{\frac{a^2o^2m^2}{p^2z^2}+\frac{4a^2m^3}{pz^2}}.$$

无论哪一种情形，该圆锥截线的直径都落在 IM 上，LC 是齐整地附于其上的线段之一.[107]可见，取 MN 等于直径的一半，并取 N 和 L 在 M 的同侧，则点 N 将是这条直径的端点.[108]所以，根据阿波罗尼奥斯著作第一篇中的第二和第三个问题，确定这条曲线是轻而易举的事.[109]

若轨迹是双曲线[110]且 m^2 为正，则当 o^2 等于零或小于 $4pm$ 时，我们必须从中心 M 引平行于 LC 的直线 MOP 及平行于 LM 的 CP，并取 MO 等于

$$\sqrt{m^2-\frac{o^2m}{4p}};$$

而当 ox 等于零时，必须取 MO 等于 m. 考虑 O 为这条双曲线的顶点，直径是 OP，齐整地附于其上的线段是 CP，其正焦弦为

$$\sqrt{\frac{4a^4m^4}{p^2z^4}-\frac{a^4o^2m^3}{p^3z^4}},$$

其直径[111]为

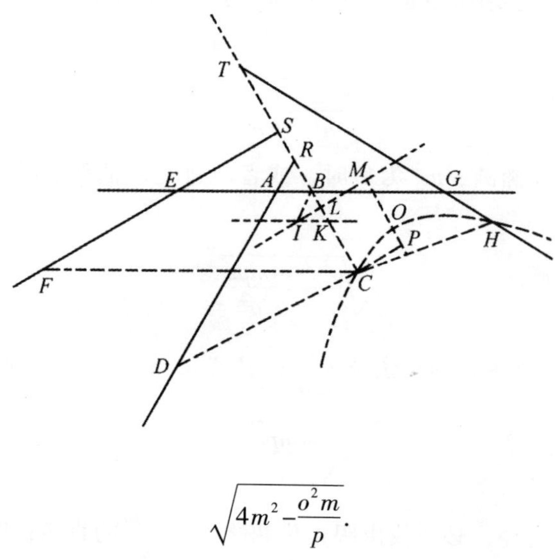

$$\sqrt{4m^2-\frac{o^2m}{p}}.$$

我们必须考虑 ox 等于零这种例外情形，此时正焦弦为$\frac{2a^2m^2}{pz^2}$，直径为 $2m$. 从这些数据出发，根据阿波罗尼奥斯著作的第一篇中的第三个问题，可以确定这条曲线. [112]

对该解的论证

以上陈述的证明都十分简单. 因为，像正焦弦、直径、直径 NL 或 OP 上的截段这些上面给出的量，使用阿波罗尼奥斯第一篇中的定理 11、12 和 13 就能作出它们的乘积[113]，所得结果将正好包含这样一些项，它们表示直线段 CP 的平方或者说 CL，那是直径的纵标线①.

在这种情形下，我们应从 NM 或者说从跟它相等的量

$$\frac{am}{2pz}\sqrt{o^2+4mp}$$

中除去 IM，即$\frac{aom}{2pz}$. 在余下的 IN 上加 IL，或者说加$\frac{a}{z}x$，我们得

$$NL=\frac{a}{z}x-\frac{aom}{2pz}+\frac{am}{2pz}\sqrt{o^2+4mp}.$$

① 笛卡儿原著中未用“纵标”这个词，而使用“appliguee par order...”形容具有此性质的线段. 英译本从此处起将此种线段意译为“纵标”，我们则译为“纵标线”.

以该曲线的正焦弦$\frac{z}{a}\sqrt{o^2+4mp}$乘上式，我们得一矩形的值

$$x\sqrt{o^2+4mp}-\frac{om}{2p}\sqrt{o^2+4mp}+\frac{mo^2}{2p}+2m^2,$$

并从中减去一个矩形，该矩形与 NL 的平方之比等于正焦弦与直径之比. NL 的平方为

$$\frac{a^2}{z^2}x^2-\frac{a^2om}{pz^2}x+\frac{a^2m}{pz^2}x\sqrt{o^2+4mp}$$
$$+\frac{a^2o^2m^2}{2p^2z^2}+\frac{a^2m^3}{pz^2}-\frac{a^2om^2}{2p^2z^2}\sqrt{o^2+4mp}.$$

因为这些项表示直径与正焦弦之比，我们可用 a^2m 除上式，并以 pz^2 乘所得的商，结果为

$$\frac{p}{m}x^2-ox+x\sqrt{o^2+4mp}+\frac{o^2m}{2p}-\frac{om}{2p}\sqrt{o^2+4mp}+m^2.$$

我们再从上面所得的矩形中减去此量，于是 CL 的平方等于 $m^2+ox-\frac{p}{m}x^2$. 由此可得，CL 是附于直径的截段 NL 上的椭圆或圆的纵标线.

设所有给定的量都以数值表示，如 $EA=3$，$AG=5$，$AB=BR$，$BS=\frac{1}{2}BE$，$GB=BT$，$CD=\frac{3}{2}CR$，$CF=2CS$，$CH=\frac{2}{3}CT$，角 $ABR=60°$；并令 $CB\cdot CF=CD\cdot CH$. 如果要使问题完全确定，所有这些量都必须是已知的. 现令 $AB=x$，$CB=y$. 用上面给出的方法，我们将得到

$$y^2=2y-xy+5x-x^2;$$

$$y=1-\frac{1}{2}x+\sqrt{1+4x-\frac{3}{4}x^2}.$$

此时 BK 必须等于 1，KL 必须等于 KI 的二分之一；因为角 IKL 和 ABR 都是 60°，而角 KIL（它等于角 KIB 或 IKL 的一半）是 30°，故角 ILK 是直角. 因为 $IK=AB=x$，$KL=\frac{1}{2}x$，$IL=x\sqrt{\frac{3}{4}}$，上面以 z 表示的量为 1，我们得 $a=\sqrt{\frac{3}{4}}$，$m=1$，$o=4$，$p=\frac{3}{4}$，由此可知 $IM=\sqrt{\frac{16}{3}}$，$NM=\sqrt{\frac{19}{3}}$；又因 a^2m（它为$\frac{3}{4}$）等于 pz^2，角 ILC 是直角，由此导出曲线 NC 是圆. 对其他任何一种情形的类似讨论，不会产生困难.

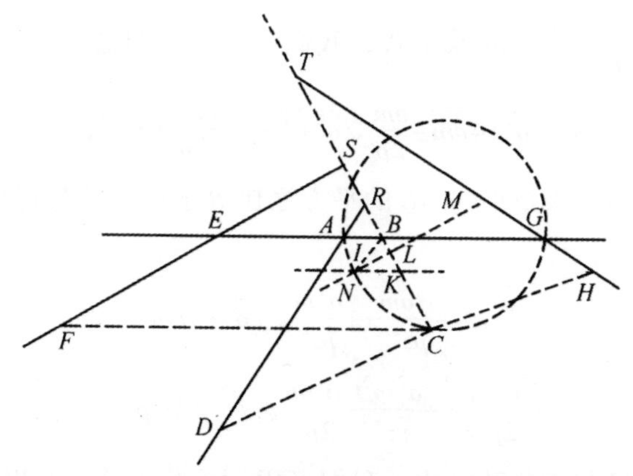

平面与立体轨迹，以及求解它们的方法

由于所有不高于二次的方程都已包括在上述讨论之中，所以，我们不仅完全解决了古代人有关三线与四线的问题，而且也完全解决了他们所谓的立体轨迹的作图问题；这自然又解决了平面轨迹的作图，因为后者包含在立体轨迹之中.[114] 解任何这类轨迹问题，无非是去找出一种状态所要求的一个完全确定的点，整条线上所有的点满足其他状态所提出的要求（正如已举的例子所表明的那样）. 如果这条线是直线或圆，就说它是平面轨迹；但如果它是抛物线、双曲线或椭圆，就称它是立体轨迹. 对于每一种情形，我们都能得到包含两个未知量的一个方程，它完全跟上面找出的方程类似. 若所求的点位于其上的曲线比圆锥截线的次数高，我们同样可称之为超立体轨迹,[115] 余者类推. 如果在确定那个点时缺少两个条件，那么点的轨迹是一张面，它可能是平面、球面或更复杂的曲面. 古人的努力没有超越立体轨迹的作图；看来，阿波罗尼奥斯写他的圆锥截线论著的唯一目的是解立体轨迹问题.

我已进一步地说明了，我称作第一类曲线的只包括圆、抛物线、双曲线和椭圆. 这就是我所论证的内容.

对五线情形解这一古代问题
所需曲线中最基本、最简单的曲线

若古人所提出的问题涉及五条直线，而且它们全都平行，那么很显然，所求的点将永远落在一条直线上. 假设所提问题涉及五条直线，而且要求满足如下条件：

（1）这些直线中的四条平行，第五条跟其余各条垂直；

（2）从所求点引出的直线与给定的直线成直角；

（3）由所引的与三条平行直线相交的三条线段作成的平行六面体[116]必须等于另三条线段作成的平行六面体，它们是所引的与第四条平行线相交的线段、所引的与垂直直线相交的线段，以及某条给定的线段.

除了前面指出的例外情况，这就是最简单的可能情形了. 所求的点将落在由抛物线以下述方式运动所描出的曲线上：

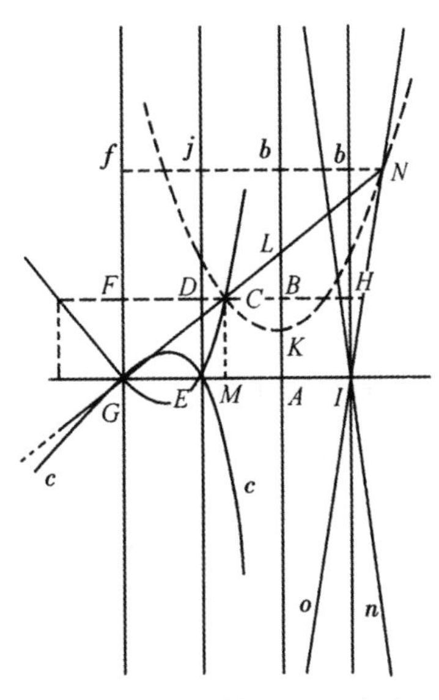

令所给直线为 AB，IH，ED，GF 和 GA. 设所要找的点为 C，使得当所引的 CB，CF，CD，CH 和 CM 分别垂直于给定直线时，三条线段 CF，CD 和 CH 作成的平行六面体应等于另两条线段 CB、CM 跟第三条线段 AI 所作成的平行六面体. 令 $CB=y$，$CM=x$，AI 及 AE 及 $GE=a$；因此，当 C 位于 AB 和 DE 之间时，我们有 $CF=2a-y$，$CD=a-y$，$CH=y+a$. 将三者相乘，我们得到 $y^3-2ay^2-a^2y+2a^3$ 等于其余三条线段的积，即等于 axy.

接着，我将考虑曲线 CEG. 我想象它是由抛物线 CKN（让它运动但使其直径 KL 总落在直线 AB 上）和直尺 GL（它绕点 G 旋转，但始终过点 L 并保持在抛物线所在的平面内①）的交点所描绘出的. 我取 KL 等于 a，令主正焦弦——对应于所给抛物线的轴的正焦弦——也等于 a，并令 $GA=2a$，CB 或 $MA=y$，CM 或 $AB=x$. 因三角形 GMC 和 CBL 相似，GM（或 $2a-y$）比 MC（或 x）等于 CB（或 y）比 BL，因此 BL 等于 $\frac{xy}{2a-y}$. 因 KL 为 a，故 BK 为 $a-\frac{xy}{2a-y}$ 或 $\frac{2a^2-ay-xy}{2a-y}$. 最后，因这同一个 BK 又是抛物线直径上的截段，BK 比 BC（它的纵标线）等于 BC 比 a（即正焦弦）. 由此，我们得到 $y^3-2ay^2-a^2y+2a^3=axy$，故 C 即所求的点.

点 C 可以在曲线 CEG，或它的伴随曲线 $cEGc$ 的任何部分之上取定；后一曲

① 注意，点 L 将随抛物线的运动而变换位置.

线的描绘方式，除了令抛物线的顶点转到相反的方向[117]之外，其余都和前者相同；点 *C* 也可以落在它们的配对物 *NIo* 和 *nIO* 上，*NI* 和 *nIO* 由直线 *GL* 和抛物线 *KN* 的另一支的交点所生成.

其次，设给定的平行线 *AB*、*IH*、*ED* 和 *GF* 彼此之间的距离互不相等，且不与 *GA* 垂直，而过 *C* 的直线段与给定直线亦不成直角. 在这种情形下，点 *C* 将不会永远落在恰好具有同样性质的曲线上. 甚至对于没有两条给定直线是平行的情形，也可能导致这种后果.

再其次，设我们有四条平行直线，第五条直线与它们相交，过点 *C* 引出的三条线段（一条引向第五条直线，两条引向平行线中的两条）所作成的平行六面体等于另一平行六面体，后者由过 *C* 所引的分别到达另两条平行线的两条线段和另一条给定线段作成. 这种情形，所求点 *C* 将落在一条具有不同性质的曲线上，[118]即所有到其直径的纵标线等于一条圆锥截线的纵标线，直径上在顶点与纵标线[119]之间的线段跟某给定线段之比等于该线段跟圆锥截线的直径上具有相同纵标线的那一段的比.[120]

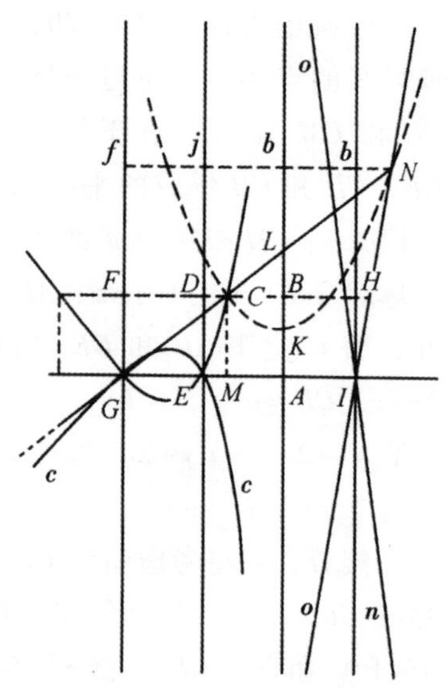

我不能说，这条曲线比前述的曲线复杂；确实，我总觉得前者应首先考虑，因为它的描绘及其方程的确定多少要容易些.

我不再仔细讨论相应于其他情形的曲线，因为我一直没有对这课题进行完全的论述. 由于已经解释过确定落在任一曲线上的无穷多个点的方法，我想我已提供了描绘这些曲线的方法.

经由找出其上若干点而描绘的几何曲线

值得一提的是，这种由求出曲线上若干点而描出曲线的方法[121]，跟用来描绘螺线及其类似曲线的方法有极大差异；[122]对于后者，并不是所求曲线上面的任何一点都能随意求得的，可求出的只是这样一些点，它们能由比作出整条曲线所需的办法更简单的方法所确定. 因此，严格地说，我不可能求出曲线上的任何一个点；亦即所有要找的点中没有一个是曲线上的特殊点，它能不借助曲线本身而求得. 另一方面，这些曲线上不存在这样的点，它能为无法使用我已给出的方法解决的问题提供解答.

可利用细绳描绘的曲线

但是，通过任意地取定曲线上的一些点而描出曲线的方法，只适用于有规则的和连续的运动所生成的曲线，这一事实并不能成为把它们排除出几何的正当理由. 我们也不应该拒绝这样的方法，[123]即，使用细绳或绳环以比较从所求曲线上的一些点到另外一些点间所引的两条或多条直线段是否相等，[124]或用于跟其他直线作成固定大小的角. 在《折光》[125]一文中，我在讨论椭圆和双曲线时已使用了这种方法.

另一方面，几何不应包括像细绳那样有时直有时弯的线；由于我们并不知道直线与曲线之间的比，而且我相信这种比是人的智力所无法发现的，[126]因此，不可能基于这类比而得出严格和精确的结论. 无论如何，因为细绳还能用于仅需确定其长度为已知的线段的作图，所以不应被完全排除.

为了解曲线的性质，必须知道其上的点与直线上点的关系；在各点引与该曲线成直角的曲线的方法

当一条曲线上的所有点和一条直线上的所有点之间的关系已知时，[127]用我解释过的方法，我们很容易求得该曲线上的点和其他所有给定的点和线的关系，并从这些关系求出它的直径、轴、中心和其他对该曲线有特殊重要性的线[128]或点；然后再想出各种描绘该曲线的途径，并采用其中最容易的一种.

仅仅依靠这种方法，我们就可求得凡能确定的、有关它们的面积大小的量；[129]对此，我没有必要作进一步的解释.

最后，曲线的所有其他的性质，仅依赖于所论曲线跟其他线相交而成的角. 而两条相交曲线所成的角将像两条直线间的夹角一样容易度量，倘若可以引一条直线，使它与两曲线中的一条在两曲线交点处成直角的话.[130]这就有理由使我相信，只要我给出一种一般的方法，能在曲线上任意选定的点引直线与曲线交成直角，我对曲线的研究就完全了. 我敢说，这不仅是我所了解的几何中最有用的和最一般的问题，而且更是我一直祈求知道的问题.

求一直线与给定曲线相交并成直角的一般方法

设 CE 是给定的曲线，要求过点 C 引一直线与 CE 成直角. 假设问题已经解决，并设所求直线为 CP. 延长 CP 至直线 GA，使 CE 上的点和 GA 上的点发生联

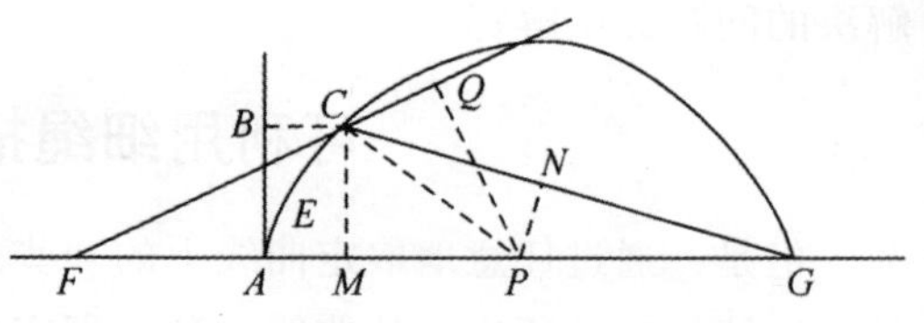

系.[131]然后，令 $MA=CB=y$；$CM=BA=x$. 我们必须找到一个方程来表示 x 和 y 的关系.[132]我令 $PC=s$、$PA=v$，因此 $PM=v-y$. 因 PMC 是直角，我们便知斜边的平方 s^2 等于两直角边的平方和 $x^2+v^2-2vy+y^2$. 即 $x=\sqrt{s^2-v^2+2vy-y^2}$ 或 $y=v+\sqrt{s^2-x^2}$. 依据最后两个方程，我可以从表示曲线 CE 上的点跟直线 GA 上的点之间关系的方程中，消去 x 和 y 这两个量中的一个. 若要消去 x 很容易，只要在出现 x 的地方用 $\sqrt{s^2-v^2+2vy-y^2}$ 代替，x^2 用此式的平方代替，x^3 用它的立方代替，…，而若要消去 y，必须用 $v+\sqrt{s^2-x^2}$ 代替 y，y^2、y^3 则用此式的平方、立方代替，…. 结果将得到仅含一个未知量 x 或 y 的方程.

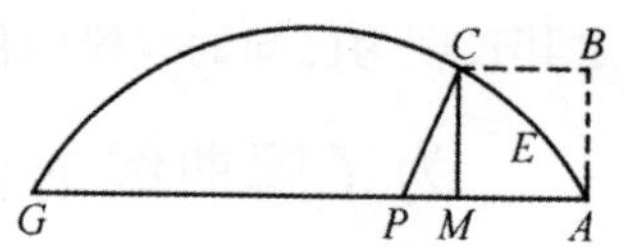

例如，若 CE 是个椭圆，MA 是其直径上的截段，CM 是其纵标线，r 是它的正焦弦，q 是它的贯轴，[133]那么，据阿波罗尼奥斯的第一篇中的定理 13，[134]我们有 $x^2=ry-\frac{r}{q}y^2$. 消去 x^2，所得方程为

$$s^2-v^2+2vy-y^2=ry-\frac{r}{q}y^2,$$

或

$$y^2+\frac{qry-2qvy+qv^2-qs^2}{q-r}=0.$$

在这一情形，最好把整个式子看成是单一的表达式，而不要看成由两个相等的部分所组成.[135]

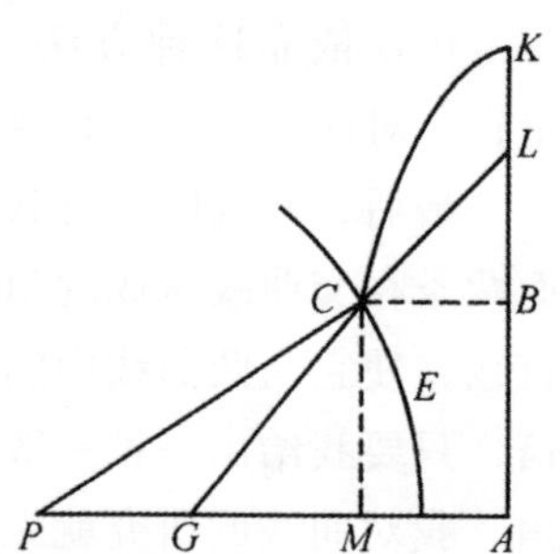

若 CE 是由已讨论过的由抛物线的运动所生成的曲线，当我们用 b 代表 GA、c 代表 KL、d 代表抛物线的直径 KL 的正焦弦时，表示 x 和 y 之间关系的方程为 $y^3-by^2-cdy+bcd+dxy=0$. 消去 x，我们得

$$y^3-by^2-cdy+bcd+dy\sqrt{s^2-v^2+2vy-y^2}=0.$$

将该式平方，各项按 y 的次数排列，[136]上式变为

$$y^6-2by^5+(b^2-2cd+d^2)y^4+(4bcd-2d^2v)y^3$$
$$+(c^2d^2-d^2s^2+d^2v^2-2b^2cd)y^2-2bc^2d^2y+b^2c^2d^2=0.$$

其他情形可类推. 若所论曲线上的点不是按已解释过的方式跟一条直线上的点相联系，而是按其他某种方式相联系，[137]那么也同样能找出一个方程.

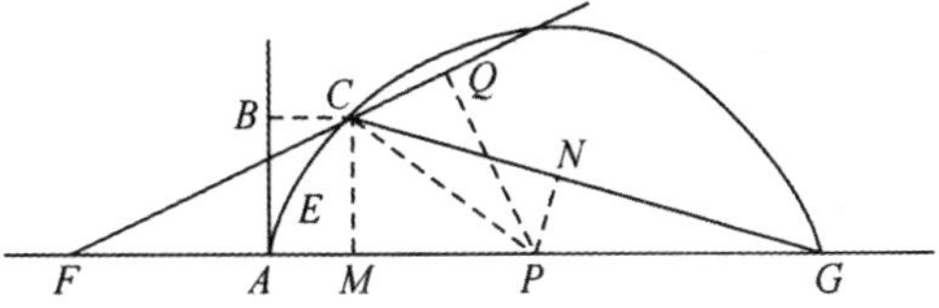

令 CE 是按如下方式与点 F、G 和 A 相联系的曲线：从其上任一点（比如 C）引出的至 F 的直线段超出线段 FA 的量，与 GA 超出由 C 引至 G 的线段的量，形成一个给定的比.[138] 令 $GA=b$，$AF=c$；现在任取曲线上一点 C，令 CF 超出 FA 的量跟 GA 超出 GC 的量之比为 d 比 e. 于是，当我们用 z 表示尚未确定的量，那么，$FC=c+z$ 且 $GC=b-\frac{e}{d}z$. 令 $MA=y$，则 $GM=b-y$，$FM=c+y$. 因 CMG 是直角三角形，从 GC 的平方中减去 GM 的平方，我们得到余下的 CM 的平方，或 $\frac{e^2}{d^2}z^2-\frac{2be}{d}z+2by-y^2$. 其次，从 FC 的平方中减去 FM 的平方，我们得到另一种方式表示的 CM 的平方，即 $z^2+2cz-2cy-y^2$. 这两个表达式相等，由此导出 y 或 MA 的值，它为

$$\frac{d^2z^2+2cd^2z-e^2z^2+2bdez}{2bd^2+2cd^2}.$$

利用此值代替表示 CM 平方的式子中的 y，我们得

$$\overline{CM}^2=\frac{bd^2z^2+ce^2z^2+2bcd^2z-2bcdez}{bd^2+cd^2}-y^2.$$

如果我们现在设直线 PC 在点 C 与曲线交成直角，并像以前一样，令 $PC=s$、$PA=v$，则 PM 等于 $v-y$；又因 PCM 是直角三角形，我们知 CM 的平方为 $s^2-v^2+2vy-y^2$. 让表示 CM 平方的两个值相等，并以 y 的值代入，我们便得所求的方程为

$$z^2+\frac{2bcd^2z-2bcdez-2cd^2vz-2bdevz-bd^2s^2+bd^2v^2-cd^2s^2+cd^2v^2}{bd^2+ce^2+e^2v-d^2v}=0.$$

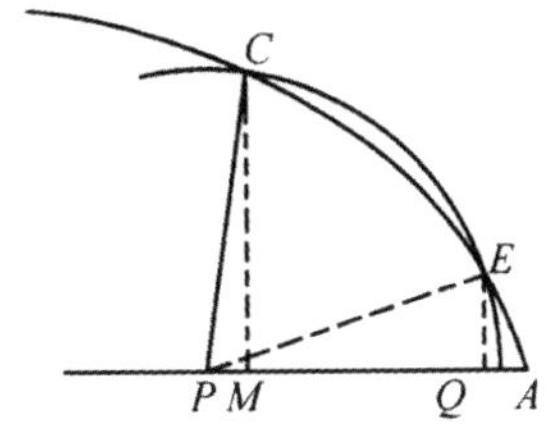

已经找出的这个方程，[139] 其用处不是确定 x，y 或 z，它们是已知的，因为点 C 是取定了的；我们用它来求 v 或 s，以确定所求的点 P. 为此目的，请注意当点 P 满足所要求的条件时，以 P 为心并经过点 C 的圆将与曲线 CE 相切触而不穿过它；但只要点 P 离开它应在的位置而稍微靠近或远离 A，该圆必定穿过这条曲线，其交点不仅有 C，而且还有另一个点. 所以，当这个圆穿过 CE，含有作为未知量的 x 和 y 的方程（设 PA 和 PC 为已知）必有两个不等的根. 例如，假设该圆在点 C 和点 E 处穿过曲线. 引 EQ 平行于 CM. 然后，可用 x 和 y 分别表示 EQ 和 QA，正如它们曾被用来表示 CM 和 MA 一样；因为 PE 等于 PC（同一个圆的半

径)，当我们寻求 EQ 和 QA（假设 PE 和 PA 是给定的）时，我们应得到跟寻求 CM 和 MA（假设 PC 和 PA 是给定的）时所得到的同样的方程. 由此可知，x 的值，或 y 的值，或任何其他一个这种量的值，在这个方程中都取双值，即，方程将有两个不相等的根. 若求 x 的值，这两个根中的一个将是 CM，另一个是 EQ；而求 y 的值时，一个根将是 MA，另一个是 QA. 肯定，当 E 不像 C 那样跟曲线在同一侧，它们之中便只有一个是真根，另一个将画在相反的方向上，或者说它比虚无还小.[140]然而，当点 C 和点 E 更靠近时，两根的差也就更小；当两个点重合时，两个根恰好相等，也就是说，过 C 的圆将在点 C 与曲线相切而不穿过它.

进而可知，当方程有两个相等的根时，方程的左端在形式上必定类似于这样的式子，即当已知量等于未知量时，它取未知量与已知量的差自乘的形式；[141]那么，若最终所得的式子的次数达不到最初那个方程的次数，就可以用另一个式子来乘它，使之达到相同的次数. 这最后一步使得两个表达式得以一项一项地对应起来.

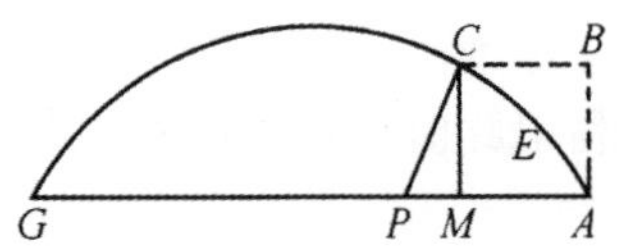

例如，我可以说，目前的讨论中找出的第一个方程，[142]即

$$y^2+\frac{qry-2qvy+qv^2-qs^2}{q-r},$$

它必定跟如下方式得到的式子具有相同的形式：取 $e=y$，令 $(y-e)$ 自乘，即 $y^2-2ey+e^2$. 然后，我们可以逐项比较这两个表达式：因为各式中的第一项 y^2 相同，第一式中的第二项[143] $\frac{qry-2qvy}{q-r}$ 等于第二式中的第二项 $-2ey$；由此可解出 v 或 PA，我们得 $v=e-\frac{r}{q}e+\frac{1}{2}r$；或者，因为我们已假定 e 等于 y，故 $v=y-\frac{r}{q}y+\frac{1}{2}r$. 用同样的方法，我们可以从第三项 $e^2=\frac{qv^2-qs^2}{q-r}$ 来求 s；因为 v 完全确定了 P，这就是所要求的一切，因此无需再往下讨论.[144]

同样，对于上面求得的第二个方程，[145]即

$$y^6-2by^5+(b^2-2cd+d^2)y^4+(4bcd-2d^2v)y^3$$
$$+(c^2d^2-2b^2cd+d^2v^2-d^2s^2)y^2-2bc^2d^2y+b^2c^2d^2,$$

它必定跟用 $y^4+fy^3+g^2y^2+h^3y+k^4$ 乘 $y^2-2ey+e^2$ 所得的式子具有相同的形式，后者形如

$$y^6+(f-2e)y^5+(g^2-2ef+e^2)y^4+(h^3-2eg^2+e^2f)y^3$$
$$+(k^4-2eh^3+e^2g^2)y^2+(e^2h^3-2ek^4)y+e^2k^4.$$

从这两个方程出发可得到另外六个方程，用于确定六个量 f，g，h，k，v 和 s. 容易看出，无论给定的曲线可能属于哪一类，这种方法总能提供跟所需考虑的未知量的数目一样多的方程. 为了解这些方程，并最终求出我们真正想要得到的唯一的量 v 的值（其余的仅是求 v 的中间媒介），我们首先从第二项确定上述式中的第一个未知量 f，可得 $f=2e-2b$. 然后，我们依据 $k^4=\frac{b^2c^2d^2}{e^2}$，可求得同一式中的最后一个未知量 k. 从第三项，我们得到第二个量

$$g^2=3e^2-4be-2cd+b^2+d^2.$$

由倒数第二项，我们得出倒数第二个量 h，它是[146]

$$h^3=\frac{2b^2c^2d^2}{e^3}-\frac{2bc^2d^2}{e^2}.$$

同样，我们可循这样的次序做下去，直到求得最后一个量.

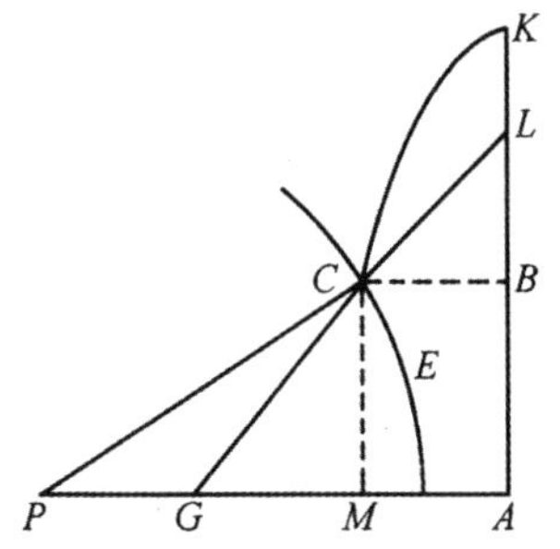

那么，我们从相应的一项（这里指第四项）可求得 v，我们有

$$v=\frac{2e^3}{d^2}-\frac{3be^2}{d^2}+\frac{b^2e}{d^2}-\frac{2ce}{d}+e+\frac{2bc}{d}+\frac{bc^2}{e^2}-\frac{b^2c^2}{e^3};$$

或者用等于 e 的 y 代入，我们得 AP 的长度为

$$v=\frac{2y^3}{d^2}-\frac{2by^2}{d^2}+\frac{b^2y}{d^2}-\frac{2cy}{d}+y+\frac{2bc}{d}+\frac{bc^2}{y^2}-\frac{b^2c^2}{y^3}.$$

其次，第三个[147]方程

$$z^2+\frac{2bcd^2z-2bcdez-2cd^2vz-2bdevz-bd^2s^2+bd^2v^2-cd^2s^2+cd^2v^2}{bd^2+ce^2+e^2v-d^2v}$$

跟 $z^2-2fz+f^2$（其中 $f=z$）具有相同的形式，所以 $-2f$ 或 $-2z$ 必须等于

$$\frac{2bcd^2-2bcde-2cd^2v-2bdev}{bd^2+ce^2+e^2v-d^2v},$$

由此可得

$$v=\frac{bcd^2-bcde+bd^2z+ce^2z}{cd^2+bde-e^2z+d^2z}.$$

因此，当我们取 AP 等于上述的 v 值，其中所有的项都是已知的，并将由其确定的点 P 跟 C 相连，这条连线跟曲线交成直角，这正是所要求的. 我有充分的

理由说，这样的解法适用于可应用几何方法求解的所有曲线.[148]

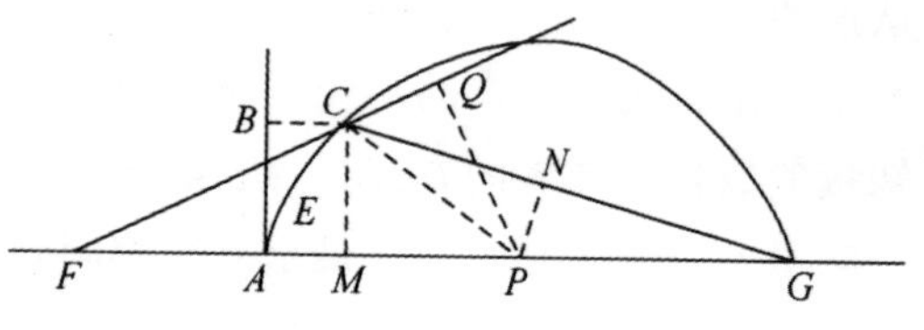

应该注意，任意选定的、用来将最初的乘积达到所需次数的式子，如我们刚才取的式子

$$y^4+fy^3+g^2y^2+h^3y+k^4,$$

其中的符号+和-可以随意选定，而不会导致 v 值或 AP 的差异.[149]这一结论很容易发现，不过，若要我来证明我使用的每一个定理，那需要写一本大部头的书，而这是我所不希望的. 我宁愿顺便告诉你，你已经看到了有关这种方法的一个例子，它让两个方程具有相同的形式，以便逐项进行比较，从中又得到若干个方程. 这种方法适用于无数其他的问题，是我的一般方法所具有的并非无足轻重的特征.[150]

我将不给出与刚刚解释过的方法相关的、我们想得到的切线和法线的作图法，因为这是很容易的，尽管常常需要某种技巧才能找出简洁的作图方法.

对蚌线完成这一问题作图的例证

例如，给定 CD 为古人所知的第一条蚌线. 令 A 是它的极点，BH 是直尺，使得像 CE 和 DB 这种相交于 A 并含于曲线 CD 和直线 BH 间的直线段皆相等. 我们希望找一条直线 CG，它在点 C 与曲线正交. 在试图寻找 CG 必须经过的、又位于 BH 上的点时（使用刚才解释过的方法），我们会陷入像刚才给出的计算那样冗长或者更长的计算，而最终的作图可能非常简单. 因为我们仅需在 CA 上取 CF 等于 BH 上的垂线 CH；然后，过 F 引 FG 平行于 BA、且等于 EA，于是就定出了点 G，所要找的直线 CG 必定通过它.

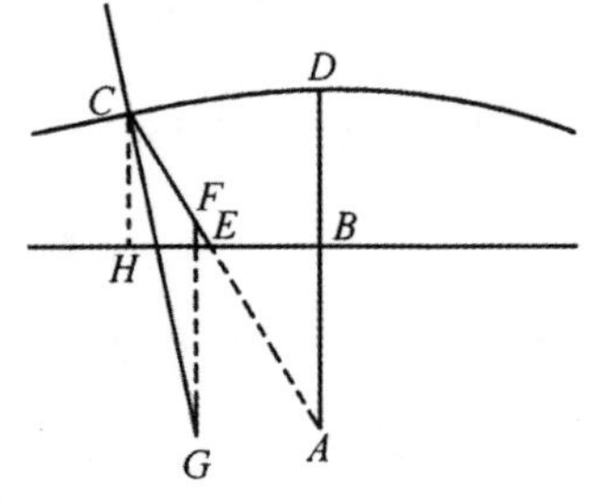

对用于光学的四类新的卵形线的说明

为了说明研究这些曲线是有用的，以及它们的各种性质跟圆锥截线的同样重要，我将再来讨论某种卵形线；你们会发现，它们在反射光学和折光学的理论中非常有用，可以用下述方式描绘：引两条直线 FA 和 AR，它们以任一交角相会于 A，我在其中的一条上任选一点 F（它离 A 的远近依所作卵形线的大小而定）. 我

以 *F* 为心作圆，它跟 *FA* 在稍微超过 *A* 处穿过 *FA*，如在点 5 处. 然后，我引直线 56[151]，它在 6 处穿过 *AR*，使得 *A*6 小于 *A*5，且 *A*6 比 *A*5 等于任意给定的比值，例如在折光学中应用卵形线时，该比值度量的是折射的程度.[152]做完这些之后，我在直线 *FA* 上任取一点 *G*，它与点 5 在同一侧，使得 *AF* 比 *GA* 为任意给定的比值. 其次，我沿直线 *A*6 划出 *RA* 等于 *GA*，并以 *G* 为心、等于 *R*6 的线段为半径画圆. 该圆将在两个点 1，1[153]处穿过第一个圆，所求的卵形线中的第一个必定通过这两个点.

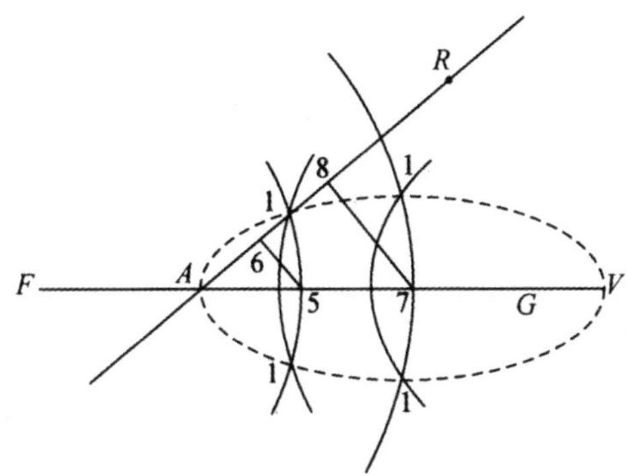

接着，我以 *F* 为心画圆，它在比点 5 离 *A* 稍近或稍远处穿过 *FA*，例如在点 7 处. 然后，我引 78 平行于 56，并以 *G* 为心、等于 *R*8 的线段为半径画另一个圆. 此圆将在点 1，1[154]处穿过点 7 在其上的圆，这两个点也是同一条卵形线上的点. 于是，我们通过引平行于 78 的直线和画出以 *F* 和 *G* 为心的圆，就能找到所要求的那许多点.

在作第二条卵形线时，仅有的差别是我们必须在 *A* 的另一侧取 *AS* 等于 *AG*，用以代替 *AR*；并且，以 *G* 为心、穿过以 *F* 为心且过 5 的圆的那个圆的半径，必须等于直线段 *S*6；或者当它穿过 7 在其上的圆时，半径必须等于 *S*8，如此等等.

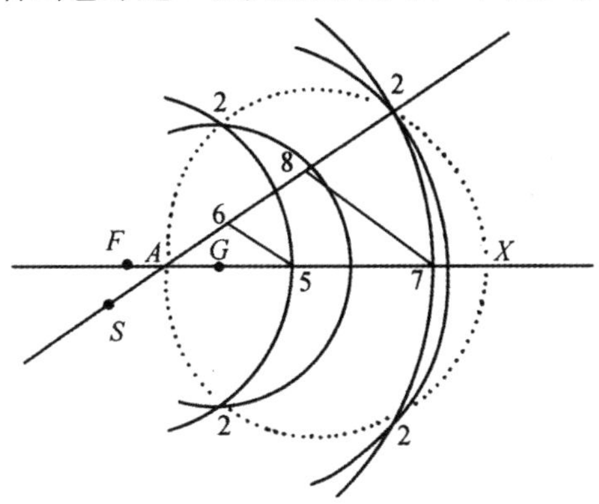

这样，这些圆在点 2，2 处相交，它们即是第二条卵形线 $A2X$ 上的点.

为了作出第三条和第四条卵形线，我们在 A 的另一侧，即 F 所在的同一边，取 AH 以代替 AG. 应该注意，这条直线段 AH 必须比 AF 长；在所有这些卵形线中，AF 甚至可以为零，即 F 和 A 相重. 然后，取 AR 和 AS，让它们都等于 AH. 在画第三条卵形线 $A3Y$ 时，我以 H 为心，等于 $S6$ 的线段为半径画圆. 它在点 3 处穿过以 F 为心过 5 的圆，另一个圆的半径等于 $S8$，也在标 3 的点处穿过 7 在其上的圆，如此等等.

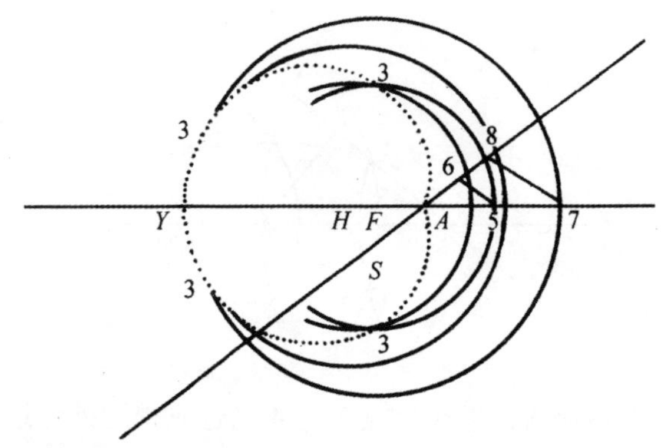

最后，对于第四条卵形线，我以 H 为心，等于 $R6$、$R8$ 等的线段为半径画圆，它们在标有 4 的点处穿过另外的圆.[155]

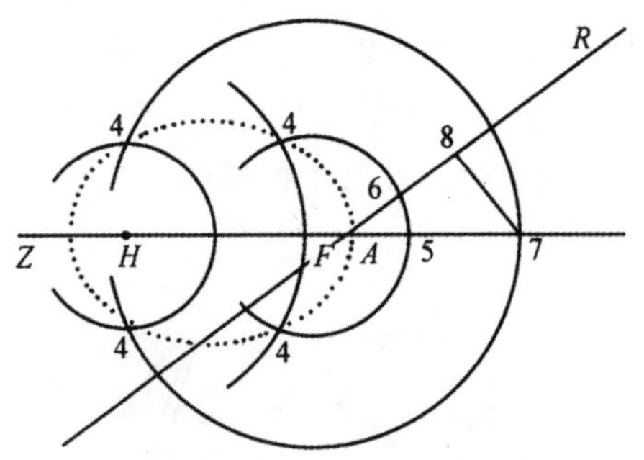

为了作出同样的这几条卵形线，还有其他许多办法. 例如，第一种卵形线 AV（如果我们假定 FA 和 AG 相等），可以用下述方法描绘：将直线段 FG 在 L 处分为两部分，使得 $FL : LG = A5 : A6$，即对应于折射率的比. 然后，平分 AL 于 K，令直尺 FE 绕点 F 转动，用手指将细绳 EC 在 C 点压住，此绳系在直尺的端点

E 处，经过 C 拉到 K，返回 C 后再拉到 G，绳的另一端就系牢在这里. 于是，整条绳的长度为 $GA+AL+FE-AF$，点 C 就描绘出第一种卵形线，这跟《折光》中描绘椭圆和双曲线的方式类似. 但我不能更多地关注这个主题.

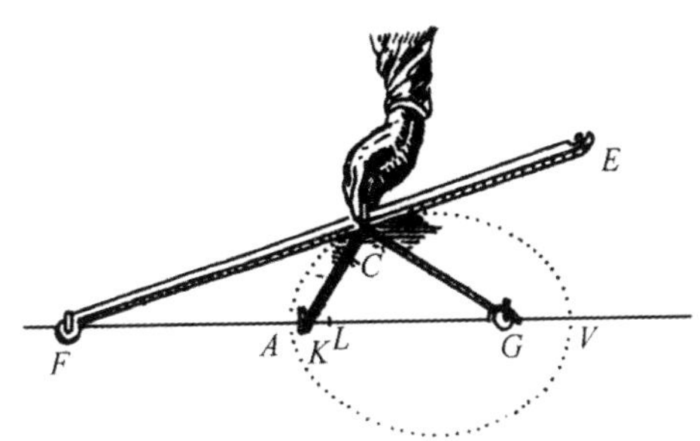

虽然这些卵形线的性质看起来几乎相同，但无论如何属于四种不同的类型，每一种又包含无穷多的子类，而每个子类又像每一类椭圆和双曲线那样包含许多不同的类型；子类的划分依赖于 $A5$ 对 $A6$ 的比的值. 于是，当 AF 对 AG 的比，或 AF 对 AH 的比改变时，每一个子类中的卵形线也改变类型，而 AG 或 AH 的长度确定了卵形线的大小.[156]

若 $A5$ 等于 $A6$，第一和第三类卵形线变为直线；在第二类卵形线中，我们能得到所有可能的双曲线，而第四类卵形线包含了所有可能的椭圆.[157]

所论卵形线具有的反射与折射性质

就每一种卵形线而言，有必要进一步考虑它的具有不同性质的两个部分. 在第一类卵形线中，朝向 A 的部分使得从 F 出发穿过空气的光线、遇到透镜的凸圆状表面 $1A1$ 后向 G 会聚，根据折光学可知，该透镜的折射率决定了像 $A5$ 对 $A6$ 这样的比，卵形线正是依据这个比描绘的.

而朝向 V 的部分，使从 G 出发的所有光线到达形如 $1V1$ 的凹形镜面后向 F 会聚，镜子的质料按 $A5$ 对 $A6$ 的比值降低了光线的速度，因为折光学已证明，此种情形下的各个反射角将不会相等，折射角亦然，它们可用相同的方法度量.

现在考虑第二种卵形线. 当 $2A2$ 这个部分作反射用时，同样可假定各反射角不相等. 因为若这种形状的镜子采用讨论第一种卵形线时指出的同一种质料制成，那么它将把从 G 出发的所有光线都反射回去，就好像它们是从 F 发出似的.

还要注意，如果直线段 AG 比 AF 长许多，此时镜子的中心（向 A）凸，两端则是凹的；因为这样的曲线不再是卵形而是心形的了. 另一部分 $X2$ 对制作折

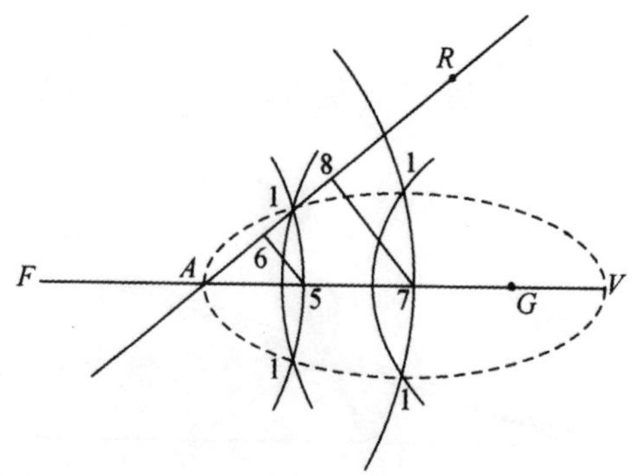

射透镜有用；通过空气射向 F 的光线被具有这种形状的表面的透镜所折射.

第三类卵形线仅用于折射，使通过空气射向 F 的光线穿过形如 $A3Y3$ 的表面之后在玻璃体内射向 H；此处 $A3YA$ 除稍向 A 凹之外，其余部分全是凸的，因此这条曲线也是心形的. 这种卵形线的两个部分的差别在于，一部分靠近 F 远离 H，另一部分靠近 H 而远离 F.

类似地，这些卵形线中的最后一种只用于反射的情形. 它的作用是使来自 H 的所有光线、当遇到用前面提到过的同种质料制成的形如 $A4Z4$ 凹状曲面时，经反射皆向 F 会聚.

点 F，G 和 H 可称为这些卵形线的 “燃火点”，[158] 相应于椭圆和双曲线的燃火点，在折光学中就是这样定名的.

我没有提及能由这些卵形线引起的[159] 其他几种反射和折射；因为它们只是些相反的或逆的效应，很容易推演出来.

对这些性质的论证

然而，我必须证明已做出的结论. 为此目的，在第一种卵形线的第一部分上任取一点 C，并引直线 CP 跟曲线在 C 处成直角. 这可用上面给出的方法实现，做法如下：

令 $AG=b$，$AF=c$，$FC=c+z$. 以 d 对 e 的比——我总是用它度量所讨论的透镜的折射能力——表示 $A5$ 对 $A6$ 的比，或用于表示能描述该卵形线的类似的直线段之间的比. 于是，

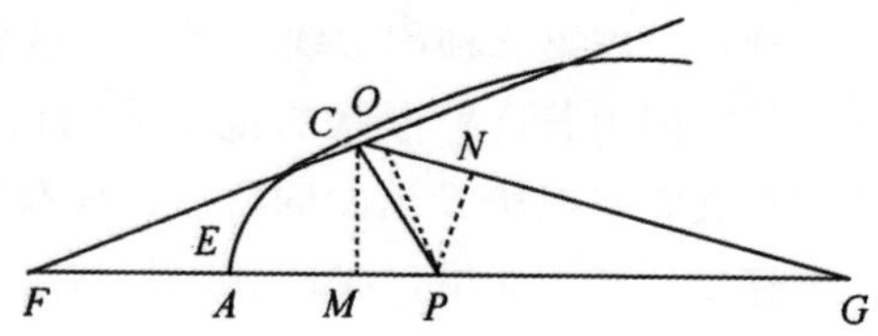

$$GC=b-\frac{e}{d}z,$$

由此可知

$$AP=\frac{bcd^2-bcde+bd^2z+ce^2z}{bde+cd^2+d^2z+e^2z}.$$

我们从 P 引 PQ 垂直于 FC，引 PN 垂直于 GC.[160]现若有 $PQ:PN=d:e$，即，如果 $PQ:PN$ 等于用来度量凸玻璃体 AC 的折射状况的直线段之间的比，那么过 F 射向 C 的光线，必被折射进入玻璃体而且射向 G. 这由折光学立即可知.

现在，假如 $PQ:PN=d:e$ 真的成立，让我们用计算来证实结论. 直角三角形 PQF 和 CMF 相似，由此可得 $CF:CM=FP:PQ$ 及 $\frac{FP\cdot CM}{CF}=PQ$. 此外，直角三角形 PNG 和 CMG 相似，因此 $\frac{GP\cdot CM}{CG}=PN$. 由于用同一个数乘或除一个比中的两项并不改变这个比，又若 $\frac{FP\cdot CM}{CF}:\frac{GP\cdot CM}{CG}=d:e$，那么用 CM 除第一个比中的每项，再用 CF 及 CG 乘每项，我们得到 $FP\cdot CG:GP\cdot CF=d:e$. 根据作图可知

$$FP=c+\frac{bcd^2-bcde+bd^2z+ce^2z}{cd^2+bde-e^2z+d^2z},$$

或

$$FP=\frac{bcd^2+c^2d^2+bd^2z+cd^2z}{cd^2+bde-e^2z+d^2z}$$

及

$$CG=b-\frac{e}{d}z.$$

于是，

$$FP\cdot CG=\frac{b^2cd^2+bc^2d^2+b^2d^2z+bcd^2z-bcdez-c^2dez-bdez^2-cdez^2}{cd^2+bde-e^2z+d^2z}$$

那么，

$$GP=b-\frac{bcd^2-bcde+bd^2z+ce^2z}{cd^2+bde-e^2z+d^2z}$$

或

$$GP=\frac{b^2de+bcde-be^2z-ce^2z}{cd^2+bde-e^2z+d^2z};$$

以及 $CF=c+z$. 故

$$GP\cdot CF=\frac{b^2cde+bc^2de+b^2dez+bcdez-bce^2z-c^2e^2z-be^2z^2-ce^2z^2}{cd^2+bde-e^2z+d^2z}.$$

上述第一个乘积用 d 除后，等于第二个用 e 除，由此可得 $PQ:PN=FP\cdot CG:GP\cdot CF=d:e$，这就是所要证明的. 这个证明经正负号的适当变更，便可用来

证明这些卵形线中任一种具有的反射和折射性质；读者可逐个去研究，我不需要在此作进一步的讨论.[161]

这里，我倒有必要对我在《折光》[162]中的陈述作些补充，大意如下：各种形式的透镜都能同样使来自同一点的光线，经由它们向另一点会聚；这些透镜中，一面凸另一面凹的比起两面皆凸的，是性能更好的燃火镜；另一方面，后者能作成更好的望远镜.[163]我将只描述和解释那些我认为是最具实用价值的透镜，考虑琢磨时的难点. 为了完成有关这个主题的理论，我必须再次描绘这种透镜的形状：它的一个面具有随意确定的凸度或凹度，能使所有平行的或来自单个点的光线，在穿过它们之后向一处会聚；还要描绘另一种透镜的形状：它具有同样的效用，但它的两个面是等凸的，或者，它的一个表面的凸度与另一表面的凸度形成给定的比.

如何按我们的要求制作一透镜，使从某一给定点发出的所有光线经透镜的一个表面后会聚于一给定点

第一步，设 G、Y、C 和 F 是给定的点，使得来自 G 或平行于 GA 的光线穿过一凹状透镜后在 F 处会聚. 令 Y 是该透镜内表面的中心，C 是其边缘，并设弦 CMC 已给定，弧 CYC 的高亦已知. 首先我们必须确定那些卵形线中的哪一个可用来做此透镜，使得穿过它而朝向 H（尚未确定的一个点）的光线，在离开透镜后向 F 会聚.

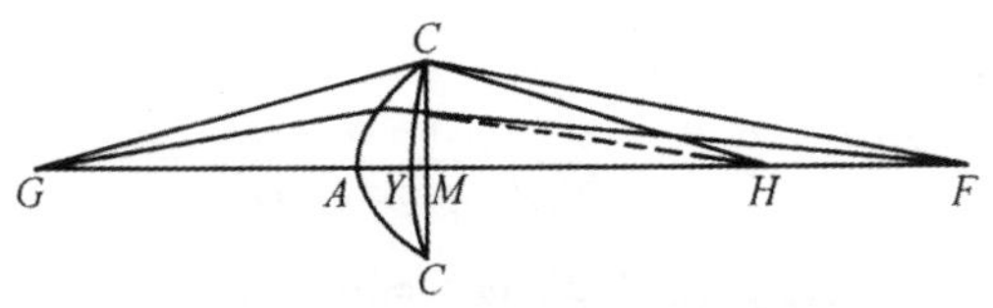

在这些卵形线中，至少有一种不会让光线经其反射或折射而仍不改变方向的；容易看出，为得到上述特殊结果，可利用第三种卵形线上标为 $3A3$ 或 $3Y3$ 的任何一段，或者利用第二种卵形线上标为 $2X2$ 的部分. 由于各种情形都可用同一种方法处理，所以无论对哪种情形，我们可以取 Y 为顶点，C 为曲线上的一点，[164] F 为燃火点之一. 于是尚待确定的只是另一个燃火点 H 了. 为此，考虑 FY 和 FC 的差比 HY 和 HC 的差为 d 比 e，即度量透镜折射能力的两直线段中较

长者跟较短者之比，这样做的理由从描绘卵形线的方法中是显而易见的.

因为直线段 FY 和 FC 是给定的，我们可以知道它们的差；又因为知道那两个差的比，故我们能知道 HY 和 HC 的差.

又因 YM 为已知，我们便知 MH 和 HC 的差，也就得到了 CM，尚需求出的是直角三角形 CMH 的一边 MH. 该三角形的另一边 CM 已经知道，斜边 CH 和所求边 MH 的差也已知. 因此，我们能容易地确定 MH，具体过程如下：

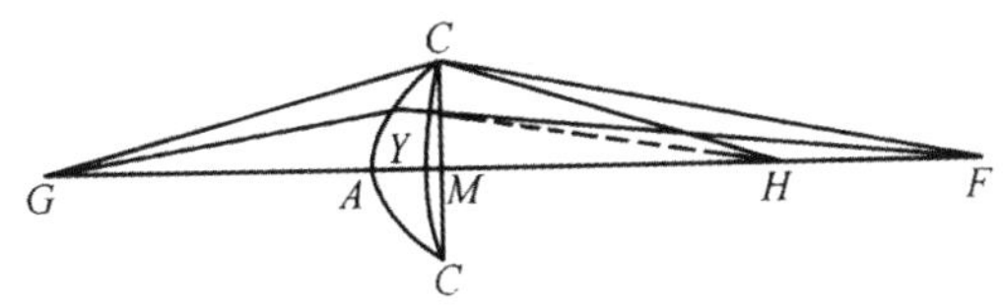

令 $k=CH-MH$，$n=CM$；那么$\frac{n^2}{2k}-\frac{1}{2}k=MH$，它确定了点 H 的位置.

若 HY 比 HF 长，曲线 CY 必须取为第三类卵形线的第一部分，它已标记为 $3A3$.

要是假定 HY 比 FY 短，会出现两种情形：第一种，HY 超出 HF 的量达到这种程度，使它们的差跟整条线段 FY 的比，大于表示折射能力的直线段中较小的 e 跟较大的 d 之比；即令 $HF=c$，$HY=c+h$，那么 dh 大于 $2ce+eh$. 在这种情况，CY 必须取为第三类中同一卵形线的第二部分 $3Y3$.

在第二种情形，dh 小于或等于 $2ce+eh$，CY 取为第二类卵形线的第二部分 $2X2$.

最后，若点 H 和点 F 相重，$FY=FC$，那么曲线 YC 是个圆.

我们还需要确定透镜的另一个表面 CAC. 若我们设落在它上面的光线平行，它应是以 H 为其一个燃火点的椭圆，其形状容易确定. 然而，当我们设光线来自点 G，则透镜必须具有第一类卵形线的第一部分的形状，该卵形线经过点 C，它的两个燃火点是 G 和 H. 点 A 看来是它的顶点，依据是：GC 超出 GA 的部分比 HA 超出 HC 的部分等于 d 比 e. 因为若令 k 表示 CH 和 HM 的差，x 表示 AM，那么 $x-k$ 表示 AH 和 CH 的差；若令 g 表示皆为已知的 GC 和 GM 的差，那么 $g+x$ 表示 GC 和 GA 的差；由于 $g+x:x-k=d:e$，我们知 $ge+ex=dx-dk$、或 $AM=x=\frac{ge+dk}{d-e}$，它使我们得以确定所求的点 A.

如何制作有如上功能的透镜，而又使一个表面的凸度跟另一表面的凸度或凹度形成给定的比

其次，假设只给定了点 G、C 和 F，以及 AM 对 YM 的比；要求确定透镜 ACY 的形状，使得所有来自点 G 的光线都向 F 会聚.

在这种情况下，我们可以利用两种卵形线 AC 和 YC，它们的燃火点分别是 G、H 和 F、H. 为了确定它们，让我们首先假设两者共同的燃火点 H 为已知. 于是，AM 可由三个点 G、C 和 H 以刚刚解释过的方法确定；即，若 k 表示 CH 和 HM 的差，g 表示 GC 和 GM 的差，又若 AC 是第一类卵形线的第一部分，则我们得到 $AM=\frac{ge+dk}{d-e}$.

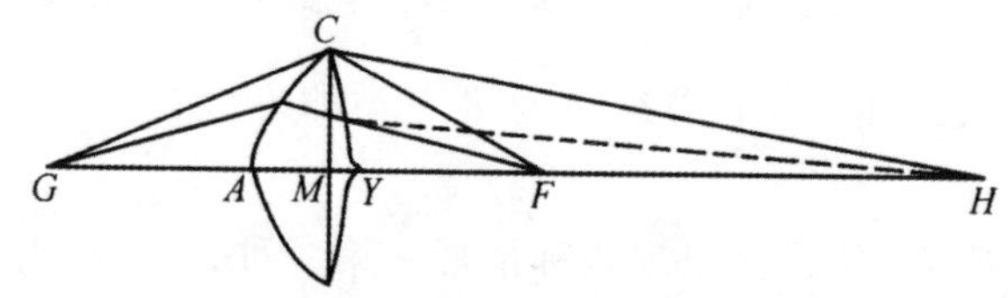

于是，我们可依据三个点 F、C 和 H 求得 MY. 若 CY 是第三类的一条卵形线的第一部分，我们取 y 代表 MY，f 代表 CF 和 FM 的差，那么 CF 和 FY 的差等于 $f+y$；再令 CH 和 HM 的差等于 k，则 CH 和 HY 的差等于 $k+y$. 那么 $(k+y):(f+y)=e:d$，因为该卵形线是第三类的，因此 $MY=\frac{fe-dk}{d-e}$. 所以 $AM+MY=AY=\frac{ge+fe}{d-e}$，由此可得，无论点 H 可能落在哪一边，直线段 AY 对 $GC+CF$ 超出 GF 的部分的比，总等于表示玻璃体折射能力的两条直线段中较短的 e 对两直线段之差 $d-e$ 的比，这给出了一条非常有趣的定理.[165]

正在寻找的直线段 AY，必须按适当的比例分成 AM 和 MY，因为 M 是已知的，所以点 A，Y，最后还有点 H，都可依据前述问题求得. 首先，我们必须知道这样求得的直线段 AM 是大于、等于或小于 $\frac{ge}{d-e}$. 当出现大于的情形，AC 必须取为已考虑过的第三类中的某条卵形线的第一部分. 当出现小于的情形，CY 必须为某个第一类卵形线的第一部分，AC 为某个第三类卵形线的第一部分. 最后，当 AM 等于 $\frac{ge}{d-e}$ 时，曲线 AC 和 CY 必须双双皆为双曲线.

上述两个问题的讨论可以推广到其他无穷多种情形，我们将不在这里推演，因为它们对折光学没有实用价值.

我本可以进一步讨论并说明，当透镜的一个表面是给定的，它既非完全平直，亦非由圆锥截线或圆所构成，此时如何确定另一个表面，使得把来自一个给定点的所有光线传送到另一个也是给定的点. 这项工作并不比我刚刚解释过的问题更困难；确实，它甚至更容易，因为方法已经公开；然而，我乐于把它留给别人去完成，那样，他们也许会更好地了解和欣赏这里所论证的那些发现，虽然他们自己会遇到某些困难.

如何将涉及平面上的曲线的那些讨论应用于三维空间或曲面上的曲线

在所有的讨论中，我只考虑了可在平面上描绘的曲线，但是我论述的要点很容易应用于所有那样的曲线，它们可被想象为某个物体上的点在三维空间中作规则的运动所生成.[166]具体做法是从所考虑的这种曲线上的每个点，向两个交成直角的平面引垂线段，垂线段的端点将描绘出另两条曲线；对于这两个平面中的每一个上面的这种曲线，它的所有点都可用已经解释过的办法确定，所有这些点又都可以跟这两个平面所共有的那条直线上的点建立起联系；由此，三维曲线上的点就完全确定了.

我们甚至可以在这种曲线的给定点引一条直线跟该曲线成直角，办法很简单，在每个平面内由三维曲线上给定点引出的垂线的垂足处，分别作直线与各自平面内的那条曲线垂直，再过每一条直线作出另外两个平面，分别与含有它们的平面垂直，这样作出的两个平面的交线即是所求的垂直直线.

至此，我认为我在理解曲线方面再没有遗漏什么本质的东西了.

第 3 章　立体及超立体问题的作图

能用于所有问题的作图的曲线

毫无疑问，凡能由一种连续的运动来描绘的曲线都应被接纳进几何，但这并不意味着我们将随机地使用在进行给定问题的作图时首先碰上的曲线．我们总是应该仔细地选择能用来解决问题的最简单的曲线．但应注意，“最简单的曲线”不只是指它最容易描绘，亦非指它能导致所论问题的最容易的论证或作图，而是指它应属于能用来确定所求量的最简单的曲线类之中．

求多比例中项的例证

例如，我相信在求任意数目的比例中项时，[167]没有更容易的方法了，没有哪一种论证会比借助于利用前已解释过的工具 *XYZ* 描绘的曲线所作的论证更清楚的了．所以，若想求 *YA* 和 *YE* 之间的两个比例中项，只需描绘一个圆，*YE* 为其直径并在 *D* 点穿过曲线 *AD*；于是，*YD* 即是所求的一个比例中项．当对 *YD* 使用此工具时，论证立即变得一目了然，因为 *YA*（或 *YB*）比 *YC* 等于 *YC* 比 *YD*，又等于 *YD* 比 *YE*.

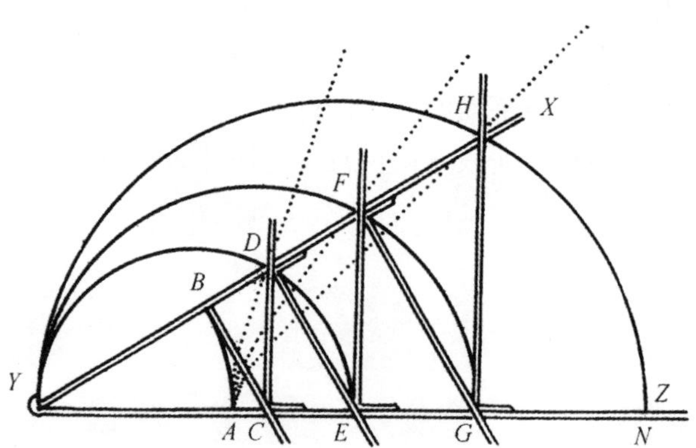

类似地，为求 *YA* 和 *YG* 之间的四个比例中项，或求 *YA* 和 *YN* 之间的六个比例中项，只需画一圆 *YEG*，它跟 *AF* 的交点确定出直线段 *YF*，此即四个比例中项之一；或画图 *YHN*，它跟 *AH* 的交点确定出直线段 *YH*，即六个比例中项之一；余

者类推.

但曲线 AD 属于第二类，而我们可以利用圆锥截线求两个比例中项，后者是第一类的曲线.[168] 再者，四个或六个比例中项可分别用比 AF 和 AH 更低类的曲线求得. 因此，利用那些曲线可能在几何上是一种错误. 另一方面，徒劳地企图用比问题的性质所限定的曲线类更简单的曲线类来解决作图问题，也将是一种大错.[169]

方程的性质

在给出一些法则以避免这两种错误之前，我必须就方程的性质作些一般性的论述. 一个方程总由若干项组成，有的为已知，有的为未知，其中的一些合在一起等于其余的；甚至可以让所有的项合在一起等于无；后者常常是进行讨论的最好形式.[170]

方程能有几个根

每一个方程都可以有[171]跟方程中未知量的次数①一样多的不同的根（未知量的值）.[172] 例如，设 $x=2$，或 $x-2=0$，又设 $x=3$，或 $x-3=0$. 把 $x-2=0$ 和 $x-3=0$ 这两个方程相乘，我们有 $x^2-5x+6=0$ 或 $x^2=5x-6$. 这是个方程，其中 x 取值为 2，同时，[173] x 还取值为 3. 若我们接着取 $x-4=0$，并用 $x^2-5x+6=0$ 乘之，我们得到另一个方程 $x^3-9x^2+26x-24=0$，其中 x 是三次的，因此有三个值，即 2，3 和 4.

何为假根

然而，经常会出现一些根是假的，[174] 或者说比无更小的情形. 于是，如果我们设 x 表示量 5 这个假根，[175] 则我们有 $x+5=0$，它用 $x^3-9x^2+26x-24=0$ 乘之后变为 $x^4-4x^3-19x^2+106x-120=0$，这个方程有四个根，即三个真根 2，3 和 4，一个假根 5.[176]

已知一个根时，如何将方程的次数降低

显然，由上述讨论可知，具有若干个根的方程的各项之和[177]总能被这样的

① 笛卡儿在描述方程的次数时，使用 dimension 这个词，在讨论几何对象的维数时，也用这同一个词.

二项式除尽，它由未知量减去真根之一的值或加上假根之一的值组成. 据此，[178]我们能使方程的次数降低.

如何确定任一给定量是否是根

另一方面，若方程各项的和[179]不能被由未知量加或减某个别的量组成的二项式除尽，则这个“别的量”就不是该方程的根. 于是，上述[180]方程 $x^4-4x^3-19x^2+106x-120=0$ 可被 $x-2$，$x-3$，$x-4$ 和 $x+5$[181]除尽，而不能被 x 加或减其他任何一个量所除尽. 因此，该方程仅有四个根 2，3，4 和 5[182].

一个方程有多少真根

我们还能确定任一方程所能有的真根与假根的数目，办法如下：[183]一个方程的真根数目跟它所含符号的变化、即从+到-或从-到+的多寡一致；而其假根的数目，跟连续找到两个+号或两个-号的次数一样.

于是，在最后一个方程中，因 $+x^4$ 之后是 $-4x^3$，出现了从+到-的一次符号变化，$-19x^2$ 之后是 $+106x$，$+106x$ 之后是 -120，又出现了两次变化，所以我们知道有三个真根；因 $-4x^3$ 之后是 $-19x^2$，那么有一个假根.

如何将假根变为真根，以及将真根变为假根

我们还很容易将方程变形，使得它的所有假根都变为真根，所有真根都变为假根. 办法是改变第二、第四、第六及所有偶数项的符号，保持第一、第三、第五及其他奇数项的符号不变. 这样，若代替

$$+x^4-4x^3-19x^2+106x-120=0,$$

我们写出

$$+x^4+4x^3-19x^2-106x-120=0,$$

则我们得到的是具有一个真根 5 和三个假根 2，3，4 的方程.[184]

如何将方程的根变大或缩小

当一个方程的根未知，而希望每一个根都增加或减去某个已知数时，我们必须把整个方程中的未知量用另一个量代替，它比原未知量大一个或小一个那个已知数. 于是，若希望方程

$$x^4+4x^3-19x^2-106x-120=0$$

的每个根的值增加 3，那么用 y 代替 x，并令 y 比 x 大 3，即 $y-3=x$. 此时，对于

x^2，我们代之以 $y-3$ 的平方或 y^2-6y+9；对于 x^3，代之以它的立方，即 $y^3-9y^2+27y-27$；对于 x^4，代之以四次方，[185]或 $y^4-12y^3+54y^2-108y+81$. 在上述方程中代入这些值并进行归并，我们得到

$$\begin{array}{r} y^4-12y^3+54y^2-108y+\ \ 81 \\ +4y^3-36y^2+108y-108 \\ -19y^2+114y-171 \\ -106y+318 \\ -120 \\ \hline y^4-8y^3-\quad y^2+\quad 8y\qquad =0, \end{array}$$

[186]

或
$$y^3-\ 8y^2-\quad y+\ \ 8=0.$$

现在，它的真根是 8 而不是 5，因为它已被增加了 3. 另一方面，若希望同一方程的根都减少 3，我们必须令 $y+3=x$，$y^2+6y+9=x^2$ 等，代替 $x^4+4x^3-19x^2-106x-120=0$，我们得到

$$\begin{array}{r} y^4+12y^3+54y^2+108y+81 \\ +4y^3+36y^2+108y+108 \\ -19y^2-114y-171 \\ -106y-318 \\ -120 \\ \hline y^4+16y^3+71y^2-\quad 4y-420=0. \end{array}$$

我们可通过增大真根来缩小假根；或者相反

应该注意，一个方程的真根的加大必使假根以同样的量减小[187]；相反，真根的缩小会使假根增大；若以等于真根或假根的量来减小它们，则将使根变成零；以比根大的量来减小它，那么会使真根变假，或假根变真[188]. 所以，给真根增加 3，我们就使每个假根都变小了，原先是 4 的现只是 1，原是 3 的根变成了零，原是 2 的现在成了真根，它等于 1，因为 $-2+3=+1$. 这说明为什么方程 $y^3-8y^4-y+8=0$ 仅有三个根，其中的两个 1 和 8 是真根，第三个也是 1，但是假根；而另一个方程 $y^4-16y^3+71y^2-4y-420=0$ 仅有一个真根 2（因为 $+5-3=+2$），以及三个假根 5，6 和 7.

如何消去方程中的第二项

于是，这种变换一个方程的根而无须先确定它们的值的方法，产生两个将被证明是有用的结论：第一，我们总能消去第二项. 若方程第一和第二项的符号相反，只要使它的真根缩小一个量，该量由第二项中的已知量除以第一项的次数而得；或者，若它们具有相同的符号，可通过使它的根增加同样的量而达到目的.[189] 于是，为了消去方程 $y^4+16y^3+71y^2-4y-420=0$ 中的第二项，我用 16 除以 4（即 y^4 中 y 的次数），商为 4. 我令 $z-4=y$，那么

$$\begin{array}{r} z^4-16z^3+\ 96z^2-256z+\ 256 \\ +16z^3-192z^2+768z-1024 \\ +\ 71z^2-568z-1136 \\ -\ \ 4z+\ \ \ 16 \\ -\ 420 \\ \hline z^4 \qquad -\ 25z^2-\ 60z-\ \ 36=0 \end{array}$$

方程的真根原为 2 而现在是 6，因为它已增加了 4；而假根 5，6，7 成了 1，2 和 3，因为每个根减小了 4. 类似地，我们可消去 $x^4-2ax^3+(2a^2-c^2)x^2-2a^3x+a^4=0$ 的第二项；因 $2a$ 除以 4 得 $\frac{1}{2}a$，我们必须令 $z+\frac{1}{2}a=x$，那么

$$\begin{array}{r} z^4+2az^3+\frac{3}{2}a^2z^2+\frac{1}{2}a^3z \quad +\frac{1}{16}a^4 \\ -2az^3-3a^2z^2-\frac{3}{2}a^3z \quad -\frac{1}{4}a^4 \\ +2a^2z^2+2a^3z \quad +\frac{1}{2}a^4 \\ -c^2z^2 \quad -ac^2z-\frac{1}{4}a^2c^2 \\ -2a^3z \qquad -a^4 \\ +a^4 \\ \hline \end{array}$$

$$z^4+\left(\frac{1}{2}a^2-c^2\right)z^2-(a^3+ac^2)z+\frac{5}{16}a^4-\frac{1}{4}a^2c^2=0.$$

若能求出 z 的值，则加上了 $\frac{1}{2}a$ 就得到 x 的值.

如何使假根变为真根而不让真根变为假根

第二，通过使每个根都增加一个比任何假根[190]都大的量，我们可使所有的根都成为真根. 实现这一点后就不会连续出现+或−的项了；进而，第三项中的已知量将大于第二项中已知量的一半的平方. 这一点即使在假根是未知时也能办到，因为总能知道它们的近似值，从而可以让根增加一个量，该量应大到我们所需要的程度，更大些也无妨. 于是，若给定

$$x^6+nx^5-6n^2x^4+36n^3x^3-216n^4x^2+1296n^5x-7776n^6=0,$$

令 $y-6n=x$，我们便有

$$y^6\left.\begin{array}{r}-36n\\+\ n\end{array}\right\}y^5\left.\begin{array}{r}+540n^2\\-30n^2\\-6n^2\end{array}\right\}y^4\left.\begin{array}{r}-4320n^3\\+360n^3\\+144n^3\\+36n^3\end{array}\right\}y^3\left.\begin{array}{r}+19440n^4\\-2160n^4\\-1296n^4\\-648n^4\\-216n^4\end{array}\right\}y^2\left.\begin{array}{r}-46656n^5\\+6480n^5\\+5184n^5\\+3888n^5\\+2592n^5\\+1296n^5\end{array}\right\}y\left.\begin{array}{r}+46656n^6\\-7776n^6\\-7776n^6\\-7776n^6\\-7776n^6\\-7776n^6\\-7776n^6\end{array}\right\}$$

$$y^6-35ny^5+504n^2y^4-3780n^3y^3+15120n^4y^2-27216n^5y=0.$$

显然，第三项中的已知量[191] $504n^2$ 大于 $\frac{35}{2}n$ 的平方，亦即大于第二项中已知量一半的平方；并且不会出现这种情形，为了假根变真根所需要增加的量，从它跟给定量的比的角度看，会超出上述情形所增加的量.

如何补足方程中的缺项

若我们不需要像上述情形那样让最后一项为零，为此目的就必须使根再增大一些. 同样，若想提高一个方程的次数，又要让它的所有的项都出现，比如我们想要替代 $x^5-b=0$ 而得到一个没有一项为零的六次方程；那么，首先将 $x^5-b=0$ 写成 $x^6-bx=0$，并令 $y-a=x$，我们即可得到

$$y^6-6ay^5+15a^2y^4-20a^3y^3+15a^4y^2-(6a^5+b)y+a^6+ab=0.$$

显然，无论量 a 多么小，这个方程的每一项都必定存在.

如何乘或除一个方程的根

我们也可以实现以一个给定的量来乘或除某个方程的所有的根，而不必事先

确定出它们的值. 为此，假设未知量用一个给定的数乘或除之后等于第二个未知量. 然后，用这个给定的量乘或除第二项中的已知量，用这个给定量的平方乘或除第三项中的已知量，用它的立方乘或除第四项中的已知量，……，一直做到最后一项.

如何消除方程中的分数

这种手段对于把方程中的分数项改变成整数是有用的，对各个项的有理化也常常有用. 于是，若给定 $x^3-\sqrt{3}x^2+\frac{26}{27}x-\frac{8}{27\sqrt{3}}=0$，设存在符合要求的另一方程，其中所有的项皆以有理数表示. 令 $y=\sqrt{3}x$，并以$\sqrt{3}$乘第二项，以 3 乘第三项，以 $3\sqrt{3}$ 乘最后一项，所得方程为 $y^3-3y^2+\frac{26}{9}y-\frac{8}{9}=0$. 接着，我们要求用已知量全以整数表示的另一方程来替代它. 令 $z=3y$，以 3 乘 3，9 乘$\frac{26}{9}$，27 乘$\frac{8}{9}$，我们得到

$$z^3-9z^2+26z-24=0$$

此方程的根是 2，3 和 4；因此前一方程的根为$\frac{2}{3}$，1 和$\frac{4}{3}$，而第一个方程的根为 $\frac{2}{9}\sqrt{3}$，$\frac{1}{3}\sqrt{3}$和$\frac{4}{9}\sqrt{3}$.

如何使方程任一项中的已知量等于任意给定的量

这种方法还能用于使任一项中的已知量等于某个给定的量. 若给定方程

$$x^3-b^2x+c^3=0,$$

要求写出一个方程，使第三项的系数（即 b^2）由 $3a^2$ 来替代.[192]令

$$y=x\sqrt{\frac{3a^2}{b^2}},$$

我们得到

$$y^3-3a^2y+\frac{3a^3c^3}{b^3}\sqrt{3}=0.$$

真根和假根都可能是实的或虚的

无论是真根还是假根，它们并不总是实的；有时它们是虚的；[193]于是，我们

总可以想象，每一个方程都具有我已指出过的那样多的根，[194]但并不总是存在确定的量跟所想象得到的每个根相对应. 我们可以想象方程 $x^3-6x^2+13x-10=0$ 有三个根，可是仅有一个实根 2；对其余两个根，尽管我们可以按刚刚建立的法则使其增大、缩小或者倍增，但它们始终是虚的.

平面问题的三次方程的简约

当某个问题的作图蕴含了对一个方程的求解，该方程中未知量达到三维，[195]则我们必须采取如下步骤：

首先，若该方程含有一些分数系数，[196]则用上面解释过的方法将其变为整数；[197]若它含有不尽方根，那么只要可能就将其变为有理数，或用乘法，或用其他容易找到的若干方法中的一种皆可. 第二，依次检查最后一项的所有因子，以确定方程的左端部分，是否能被由未知量加或减这些因子中某个所构成的二项式除尽[198]. 若是，则该问题是平面问题，即它可用直尺和圆规完成作图；因为任一个二项式中的已知量都是所求的根[199]，或者说，当方程的左端能被此二项式除尽，其商就是二次的了，从这个商出发，如在第 1 章中解释过的那样，即可求出根.

例如，给定 $y^6-8y^4-124y^2-64=0$. [200]最后一项 64 可被 1，2，4，8，16，32 和 64 除尽；因此，我们必须弄清楚方程的左端是否能被 y^2-1，y^2+1，y^2-2，y^2+2，y^2-4 等二项式除尽. 由下式知方程可被 y^2-16 除尽：

$$
\begin{array}{cccccc}
+\ y^6 & -8y^4 & -124y^2 & -64 & =0 \\
\\
 & \underline{-8y^4} & \underline{-4y^2} & & \\
\underline{-\ y^6} & \underline{-16y^4} & \underline{-128y^2} & -16 & \\
0 & -16 & -\ 16 & & \\
\hline
 & +y^4 & +8y^2 & +4 & =0.
\end{array}
$$

用含有根的二项式除方程的方法

从最后一项开始，我以 -16 除 -64，得 $+4$；把它写成商；以 $+y^2$ 乘 $+4$，得 $+4y^2$，并记成被除数（但必须永远采用由这种乘法所得符号之相反的符号）. 将 $-124y^2$ 和 $-4y^2$ 相加，我得到 $-128y^2$. 用 -16 来除它，我得到商 $+8y^2$；再用 y^2 来乘，我应得出 $-8y^4$，将其加到相应的项 $-8y^4$ 上之后作为被除数，即 $-16y^4$，它被 -16 除后的商为 $+y^4$；再将 $-y^6$ 加到 $+y^6$ 上得到零，这表明这一除法除尽了.

然而，若有余数存在，或者说如果改变后的项不能正好被 16 除尽，那么很清楚，该二项式并不是一个因子.[201]

$$\left.\begin{matrix} y^6+a^2 \\ -2c^2\end{matrix}\right\} y^4 \quad \left.\begin{matrix}-a^4\\+c^4\end{matrix}\right\}y^2 \quad \left.\begin{matrix}-a^6\\-2a^4c^2\\-a^2c^4\end{matrix}\right\}=0,$$

其最后一项可被 a，a^2，a^2+c^2 和 a^3+ac^2 等除尽，但仅需考虑其中的两个，即 a^2 和 a^2+c^2. 其余的将导致比倒数第二项中已知量的次数更高或更低的商，使除法不可能进行.[202]注意，此处我将把 y^6 考虑成是三次的，因为不存在的 y^5，y^3 或 y 这样的项. 试一下二项式

$$y^2-a^2-c^2=0,$$

我们发现除法可按下式进行：

$$\left.\begin{array}{lll}
\left.\begin{array}{r}+y^6+a^2\\ \underline{-y^6}-2c^2\end{array}\right\}y^4 & \left.\begin{array}{r}-a^4\\+c^4\end{array}\right\}y^2 & \begin{array}{r}-a^6\\-2a^4c^2\end{array}\\
\left.\begin{array}{r}0-2a^2\\+c^2\end{array}\right\}y^4 & \left.\begin{array}{r}-a^4\\-a^2c^2\end{array}\right\}y^2 & \begin{array}{r}-a^2c^4\\-a^2-c^2\end{array}
\end{array}\right\}=0$$

$$\overline{-a^2-c^2} \qquad \overline{-a^2-c^2}$$

$$+y^4 \quad \left.\begin{matrix}+2a^2\\-\ c^2\end{matrix}\right\}y^2 \quad \left.\begin{matrix}+a^4\\+a^2c^2\end{matrix}\right\}=0.$$

这说明，a^2+c^2 是所求的根，这是容易用乘法加以验证的.

方程为三次的立体问题

当所讨论的方程找不到二项式因子时，依赖这一方程的原问题肯定是立体的.[203]此时，再试图仅以圆和直线去实现问题的作图就是大错了，正如利用圆锥截线去完成仅需圆的作图问题一样；因为任何无知都可称为错误.

平面问题的四次方程的简约，立体问题

若给定一个方程，其中未知量是四维的.[204]在除去了不尽方根和分数后，查看一下是否存在以表达式最后一项的因子为其一项的二项式，它能除尽左边的部分. 如果能找到这种二项式，那么该二项式中的已知量即是所求的根，或者说，[205]作除法之后所得的方程仅是三次的了；当然我们必须用上述同样的方法来

处理. 如果找不到这样的二项式，我们必须将根增大或缩小，以便消去第二项，其方法已在前面作过解释；然后，按下述方法将其化为另一个三次方程；替代

$$x^4 \pm px^2 \pm qx \pm r = 0,$$

我们得到

$$y^6 \pm 2py^4 + (p^2 \pm 4r)y^2 - q^2 = 0.$$ [206]

对于双符号[207]，若第一式中出现$+p$，第二式中就取$+2p$；若第一式中出现$-p$，则第二式中应写$-2p$；相反地，若第一式中为$+r$，第二式中取$-4r$，若为$-r$，则取$+4r$. 但无论第一式中所含为$+q$ 或$-q$，在第二式中我们总是写$-q^2$ 和$+p^3$，倘若 x^4 和 y^6 都取$+$号的话；否则我们写$+q^2$ 和$-p^2$. 例如，给定

$$x^4 - 4x^2 - 8x + 35 = 0,$$

以下式替代它：

$$y^6 - 8y^4 - 124y^2 - 64 = 0.$$

因为，当 $p=-4$ 时，我们用$-8y^4$ 替代 $2py^4$；当 $r=35$ 时，我们用 $(16-140)y^2$ 或 $-124y^2$ 替代 $(p^2-4r)y^2$；当 $q=8$ 时，我们用-64 替代$-q^2$. 类似地，替代

$$x^4 - 17x^2 - 20x - 6 = 0,$$

我们必须写下

$$y^6 - 34y^4 + 313y^2 - 400 = 0,$$

因为 34 是 17 的两倍，313 是 17 的平方加 6 的四倍，400 是 20 的平方.

使用同样的办法，替代

$$+z^4 + \left(\frac{1}{2}a^2 - c^2\right)z^2 - (a^3 + ac^2)z - \frac{5}{16}a^4 - \frac{1}{4}a^2c^2 = 0,$$

我们必须写出

$$y^6 + (a^2 - 2c^2)y^4 + (c^4 - a^4)y^2 - a^6 - 2a^4c^2 - a^2c^4 = 0;$$

因为

$$p = \frac{1}{2}a^2 - c^2, \quad p^2 = \frac{1}{4}a^4 - a^2c^2 + c^4, \quad 4r = -\frac{5}{4}a^4 + a^2c^2.$$

最后，

$$-q^2 = -a^6 - 2a^4c^2 - a^2c^4.$$

当方程已被约化为三次时，y^2 的值可以用已解释过的方法求得. 若做不到这一点，我们便无需继续做下去，因为问题必然是立体的. 若能求出 y^2 的值，我们可以利用它把前面的方程分成另外两个方程，其中每个都是二次的，它们的根与原方程的根相同. 替代$+x^4 \pm px^2 \pm qx \pm r = 0$，我们可写出两个方程：

$$+x^2-yx+\frac{1}{2}y^2\pm\frac{1}{2}p\pm\frac{q}{2y}=0$$

和
$$+x^2+yx+\frac{1}{2}y^2\pm\frac{1}{2}p\pm\frac{q}{2y}=0.$$

对于双符号，当 p 取加号时，在每个新方程中就取 $+\frac{1}{2}p$；当 p 取减号时，就取 $-\frac{1}{2}p$. 若 q 取加号，则当我们取 $-yx$ 时，相应地取 $+\frac{q}{2y}$，当取 $+yx$ 时，则用 $-\frac{q}{2y}$；若 q 取负号，情况正好相反. 所以，我们容易确定所论方程的所有的根. 接着，我们只要使用圆和直线即可完成与方程的解相关的问题的作图. 例如，以 $y^6-34y^4+313y^2-400=0$ 替代 $x^4-17x^2-20x-6=0$，我们可求出 $y^2=16$；于是替代 $+x^4-17x^2-20x-6=0$ 的两个方程为 $+x^2-4x-3=0$ 和 $+x^2+4x+2=0$. 因为 $y=4$，$\frac{1}{2}y^2=8$，$p=17$，$q=20$，故有

$$+\frac{1}{2}y^2-\frac{1}{2}p-\frac{q}{2y}=-3$$

和
$$+\frac{1}{2}y^2-\frac{1}{2}p+\frac{q}{2y}=+2.$$

我们求出这两个方程的根，也就得到了含 x^4 的那个方程的根，它们一个是真根 $\sqrt{7}+2$，三个是假根 $\sqrt{7}-2$，$2+\sqrt{2}$ 和 $2-\sqrt{2}$. 当给定 $x^4-4x^2-8x+35=0$，我们得到 $y^6-8y^4-124y^2-64=0$；因后一方程的根是 16，我们必定可写出 $x^2-4x+5=0$ 和 $x^2+4x+7=0$. 因为对于这一情形，

$$+\frac{1}{2}y^2-\frac{1}{2}p-\frac{q}{2y}=5,$$

且
$$+\frac{1}{2}y^2-\frac{1}{2}p+\frac{q}{2y}=7.$$

这两个方程即无真根亦无假根，[208] 因我们知，原方程的四个根都是虚的；跟方程的解相关的问题是平面问题，但其作图却是不可能的，因为那些给定的量不能协调一致.[209]

类似地，对已给的

$$z^4+\left(\frac{1}{2}a^2-c^2\right)z^2-(a^3+ac^2)z+\frac{5}{16}a^4-\frac{1}{4}a^2c^2=0,$$

因我们得出了 $y^2=a^2+c^2$，所以必定可写出

$$z^2-\sqrt{a^2+c^2}\,z+\frac{3}{4}a^2-\frac{1}{2}a\sqrt{a^2-c^2}=0$$

和

$$z^2+\sqrt{a^2+c^2}\,z+\frac{3}{4}a^2+\frac{1}{2}a\sqrt{a^2+c^2}=0.$$

由于 $y=\sqrt{a^2+c^2}$，$+\frac{1}{2}y^2+\frac{1}{2}p=\frac{3}{4}a^2$，且$\frac{p}{2y}=\frac{1}{2}a\sqrt{a^2+c^2}$，故我们有

$$z=\frac{1}{2}\sqrt{a^2+c^2}+\sqrt{-\frac{1}{2}a^2+\frac{1}{4}c^2+\frac{1}{2}a\sqrt{a^2+c^2}}$$

或

$$z=\frac{1}{2}\sqrt{a^2+c^2}-\sqrt{-\frac{1}{2}a^2+\frac{1}{4}c^2+\frac{1}{2}a\sqrt{a^2+c^2}}.$$

利用简约手段的例证

为了强调这条法则的价值，我将用它来解决一个问题. 给定正方形 AD 和直线段 BN，要求延长 AC 边至 E，使得在 EB 上以 E 为始点标出的 EF 等于 NB.

帕普斯指出，若 BD 延长至 G，使得 $DG=DN$，并以 BG 为直径在其上作一圆，则直线 AC（延长后）与此圆的圆周的交点即为所求的点.[210]

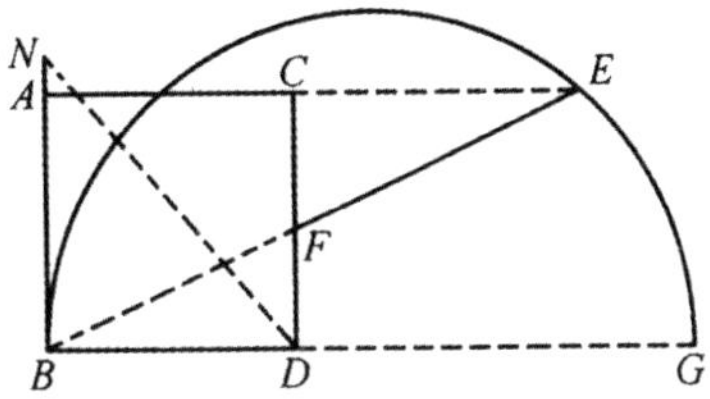

不熟悉此种作图的人可能不会发现它. 如果他们运用此处提议的方法，他们绝不会想到取 DG 为未知量，而会去取 CF 或 FD，因为后两者中的任何一个都能更加容易地导出方程. 他们会得到一个方程，但不借助于我刚刚解释过的法则，解起来不容易.

比如，令 a 表示 BD 或 CD，c 表示 EF，x 表示 DF，我们有 $CF=a-x$；又因 CF 比 FE 等于 FD 比 BF，我们可写做

$$(a-x):c=x:BF,$$

因此 $BF=\frac{cx}{a-x}$. 在直角三角形 BDF 中，其边为 x 和 a，它们的平方和 x^2+a^2 等于斜边的平方，即$\frac{c^2x^2}{x^2-2ax+a^2}$. 两者同用 $x^2-2ax+a^2$ 乘，我们得到方程

$$x^4-2ax^3+2a^2x^2-2a^3x+a^4=c^2x^2,$$

或

$$x^4-2ax^3+(2a^2-c^2)x^2-2a^3x+a^4=0.$$

根据前述法则，我们便可知道其根，即直线段 DF 的长度为

$$\frac{1}{2}a+\sqrt{\frac{1}{4}a^2+\frac{1}{4}c^2}-\sqrt{\frac{1}{4}c^2-\frac{1}{2}a^2+\frac{1}{2}a\sqrt{a^2+c^2}}.$$

另一方面，若我们将 BF、CE 或 BE 作为未知量，我们也会得到一个四次方程，但解起来比较容易，得到它也相当简单.[211]

若利用 DG，则得出方程将相当困难，但解方程十分简单. 我讲这些只是为了提醒你，当所提出的问题不是立体问题时，若用某种方法导出了非常复杂的方程，那么一般而论，必定存在其他的方法能找到更简单的方程.

我可以再讲几种不同的、用于解三次或四次方程的法则，不过它们也许是多余的，因为任何一个平面问题的作图都可用已给出的法则解决.

简约四次以上方程的一般法则

我倒想说说有关五次、六次或更高次的方程的法则，不过我喜欢把它们归总在一起考虑，并叙述下面这个一般法则：

首先，尽力把给定方程变成另一种形式，它的次数与原方程相同，但可由两个次数较低的方程相乘而得. 假如为此所做的一切努力都不成功，那么可以肯定所给方程不能约化为更简单的方程；所以，若它是三或四次的，则依赖于该方程的问题就是立体问题；若它是五次或六次的，则问题的复杂性又增高一级，依此类推. 我略去了大部分论述的论证，因为对于我来说太简单；如果你能不怕麻烦地对它们系统地进行检验，那么论证本身就会显现在你面前，就学习而论，这比起只是阅读更有价值.

所有简约为三或四次方程的立体问题的一般作图法则

当确知所提出的是立体问题，那么无论问题所依赖的方程是四次的或仅是三次的，其根总可以依靠三种圆锥截线中的某一种求得，甚或靠它们中某一种的某个部分（无论多么小的一段）加上圆和直线求出. 我将满足于在此给出靠抛物线就能将根全部求出的一般法则，因为从某种角度看，它是那些曲线中最简单的.

首先，当方程中的第二项不是零时，就将它消去. 于是，若给定的方程是三次的，它可化为 $z^3=\pm apz\pm a^2q$ 这种形式；若它是四次的，则可化为 $z^4=\pm apz^2\pm a^2qz\pm a^3r$. 当选定 a 作为单位，前者可写成 $z^3=\pm pz\pm q$，后者变为 $z^4=\pm pz^2\pm qz\pm r$. 设抛物线 FAG 已描绘好；并设 $ACDKL$ 为其轴，a 或 1 为其正焦弦，它等于 $2AC$（C 在抛物线内），A 为其顶点. 截取 $CD=\frac{1}{2}p$，使得当方程含有 $+p$ 时，点 D 和点 A 落

在 C 的同一侧，而当方程含有 $-p$ 时，它们落在 C 的两侧. 然后，在点 D（或当 $p=0$ 时，在点 C）处画 DE 垂直于 CD，使得 DE 等于 $\frac{1}{2}q$；当给定方程是三次（即 r 为零）时，以 E 为心、AE 为半径作圆 FG.

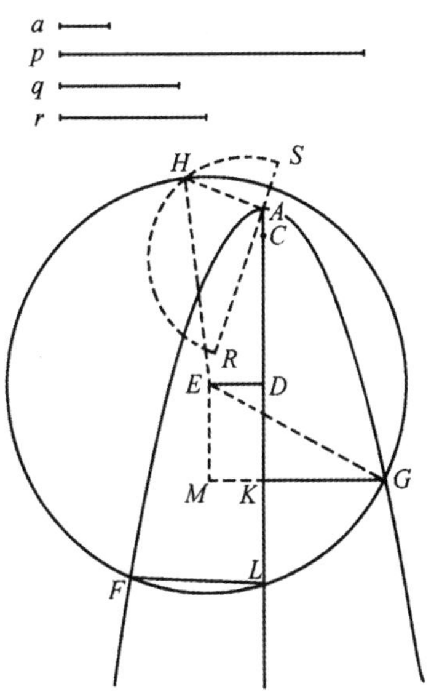

若方程含有 $+r$，那么，在延长了的 AE 的一侧截取 AR 等于 r，在另一侧截取 AS 等于抛物线的正焦弦，即等于 1；然后，以 RS 为直径在其上作圆. 于是，若画 AH 垂直于 AE，它将与圆 RHS 在点 H 相交，另一圆 FHG 必经过此点.

若方程含有 $-r$，以 AE 为直径在其上作圆，在圆内嵌入一条等于 AH 的线段 AI；[212]那么，第一个圆必定经过点 I.

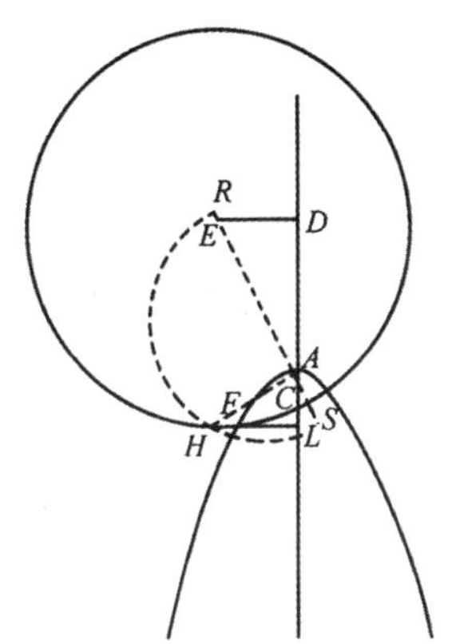

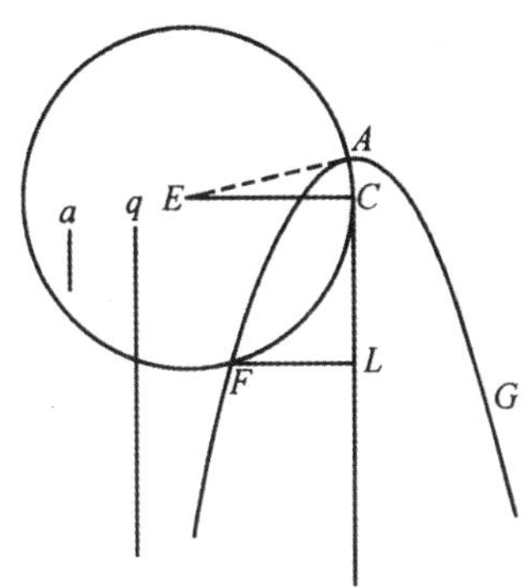

现在，圆 FG 可能在 1 个，2 个，3 个或 4 个点处与抛物线相交或切触；如果从这些点向轴上引垂线，它们就代表了方程所有的根，或是真根，或是假根. 若量 q 为正，真根将是诸如跟圆心 E 同在抛物线一侧的垂线 FL；[213]而其余如 GK 这样的将是假根. 另一方面，若 q 是负的，真根将是在另一侧的垂线，假根或者说负根[214]将跟圆心 E 在同一侧面. 若圆跟抛物线既不相交也不相切，这表明方程既无真根、亦无假根，此时所有的根都是虚的.[215]

这条法则显然正是我们所能期待的、既具一般性又是很完全的法则，要论证它也十分容易. 若以 z 代表如上作出的直线段 GK，那么 AK 为 z^2，因为据抛物线的性质可知，GK 是 AK 跟正焦弦（它等于 1）之间的比例中项. 所以，当从 AK 中减去 AC 或$\frac{1}{2}$及 CD 或$\frac{1}{2}p$ 之后，所余的正是 DK 或 EM，它等于 $z^2-\frac{1}{2}p-\frac{1}{2}$，其平方为

$$z^4-pz^2-z^2+\frac{1}{4}p^2+\frac{1}{2}p+\frac{1}{4}.$$

又因 $DE=KM=\frac{1}{2}q$，整条直线段 $GM=z+\frac{1}{2}q$，GM 的平方等于 $z^2+qz+\frac{1}{4}q^2$. 将上述两个平方相加，我们得 $z^4-pz+qz+\frac{1}{4}q^2+\frac{1}{4}p^2+\frac{1}{2}p+\frac{1}{4}$. 此即 GE 的平方，因 GE 是直角三角形 EMG 的斜边.

但 GE 又是圆 FG 的半径，因此可用另一种方式表示. 因 $ED=\frac{1}{2}q$，$AD=\frac{1}{2}p+\frac{1}{2}$，$ADE$ 是直角，我们可得 $EA=\sqrt{\frac{1}{4}q^2+\frac{1}{4}p^2+\frac{1}{2}p+\frac{1}{4}}$.

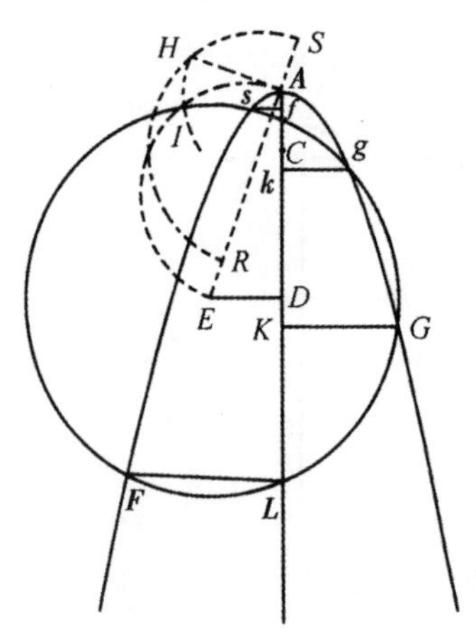

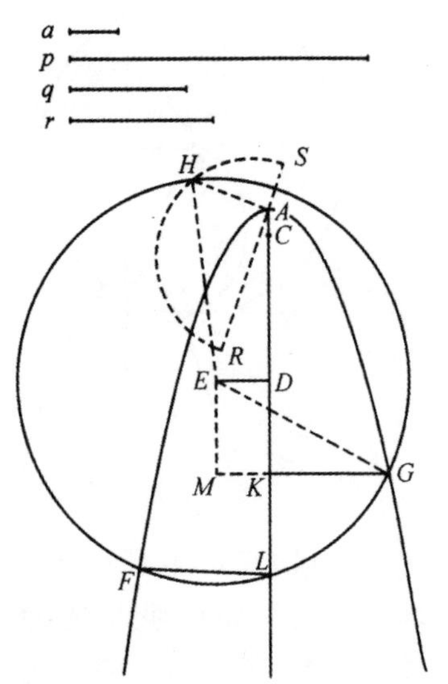

于是，由 HA 是 AS（或 1）跟 AR（或 r）之间的比例中项，可得 $HA=\sqrt{r}$；又因 EAH 是直角，HE 或 EG 的平方为

$$\frac{1}{4}q^2+\frac{1}{4}p^2+\frac{1}{2}p+\frac{1}{4}+r,$$

我们从这个表达式和已得到的那个式子可导出一个方程. 该方程形如 $z^4=pz^2-qz+$

r，从而证明了直线段 GK，或者说 z 是这个方程的根. 当你对所有其他的情形应用这种方法时，只需将符号作适当的变化，你会确信它的用途，因此，我无需再就这种方法多费笔墨.

对比例中项的求法

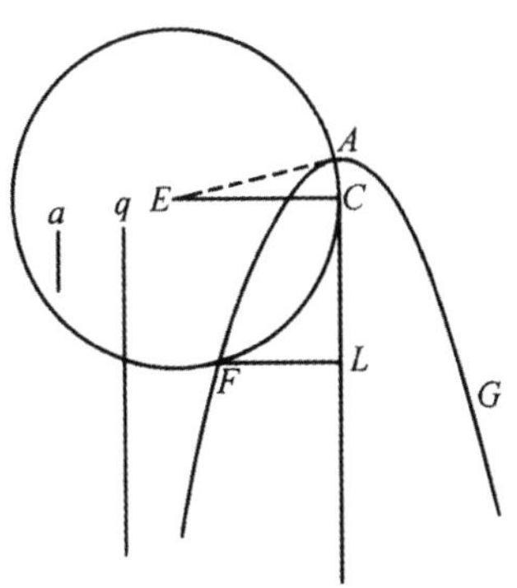

现在让我们利用此法求直线段 a 和 q 之间的两个比例中项. 显然，若我们用 z 表示两比例中项中的一个，则有 $a:z=z:\frac{z^2}{a}=\frac{z^2}{a}:\frac{z^3}{a^2}$. 我们由此得到 q 和$\frac{z^3}{a^2}$之间关系的方程，即 $z^3=a^2q$.

以 AC 方向为轴描绘一条抛物线 FAG，AC 等于$\frac{1}{2}a$，即等于正焦弦的一半. 然后，作 CE 等于$\frac{1}{2}q$，它在点 C 与 AC 垂直；并描绘以 E 为心、通过 A 的圆 AF. 于是，FL 和 LA 为所求的比例中项.[216]

角的三等分

再举一例，设要求将角 NOP，或更贴切地说将圆弧 $NQTP$ 分成三等份. 令 $NO=1$ 为该圆的半径，$NP=q$ 为给定弧所对的弦，$NQ=z$ 为该弧的三分之一所对的弦，于是，方程应为 $z^3=3z-q$. 因为，联结 NQ、OQ 和 OT，并引 QS 平行于 TO，显然可知 NO 比 NQ 等于 NQ 比 QR，且等于 QR 比 RS. 又因 $NO=1$，$NQ=z$，故 $QR=z^2$，$RS=z^3$；由于 NP（或 q）跟 NQ（或 z）的三倍相比只差 RS（或 z^3），我们立即得到 $q=3z-z^3$，或 $z^3=3z-q$.[217]

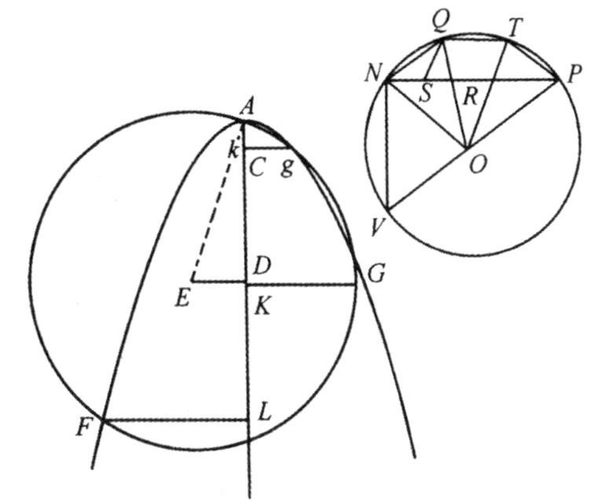

描绘一条抛物线 FAG，使得正焦弦的二分之一 CA 等于$\frac{1}{2}$；取 $CD=\frac{3}{2}$，垂线 $DE=\frac{1}{2}q$；然后，以 E 为心作过 A 的圆 $FAgG$. 该圆与抛物线除顶点 A 外还

交于三点 F、g 和 G. 这说明已得的方程有三个根，即两个真根 GK 和 gk，一个假根 FL.[218]两个根中的较小者 gk 应取作所求直线段 NQ 的长，因另一个根 GK 等于 NV，而 NV 弦所对的弧为 VNP 弧的三分之一，弧 VNP 跟弧 NQP 合在一起组成一个圆；假根 FL 等于 QN 和 NV 的和，这是容易证明的.[219]

所有立体问题可约化为上述两种作图

我不需要再举另外的例子，因为除了求两个比例中项和三等分一个角之外，所有立体问题的作图都不必用到这条法则. 你只要注意以下几点，上述结论便一目了然：这些问题中之最困难者都可由三次或四次方程表示；所有四次方程又都能利用别的不超过三次的方程约简为二次方程；最后，那些三次方程中的第二项都可消去；故每一个方程可化为如下形式中的一种：

$$z^3=-pz+q,\quad z^3=+pz+q,\quad z^3=+pz-q.$$

若我们得到的是 $z^3=-pz+q$，根据被卡当（Cardan）[220]归在西皮奥·费雷乌斯（Scipio Ferreus）名下的一条法则，我们可求出其根为

$$\sqrt[3]{\frac{1}{2}q+\sqrt{\frac{1}{4}q^2+\frac{1}{27}p^3}}-\sqrt[3]{-\frac{1}{2}q+\sqrt{\frac{1}{4}q^2+\frac{1}{27}p^3}}.$$ [221]

类似地，当我们得到 $z^3=+pz+q$，其中最后一项的一半的平方大于倒数第二项中已知量的三分之一的立方，我们根据相当的法则求出的根为

$$\sqrt[3]{\frac{1}{2}q+\sqrt{\frac{1}{4}q^2-\frac{1}{27}p^3}}+\sqrt[3]{\frac{1}{2}q-\sqrt{\frac{1}{4}q^2-\frac{1}{27}p^3}}.$$

很清楚，所有能约简成这两种形式的方程中任一种的问题，除了对某些已知量开立方根之外，无需利用圆锥截线就能完成其作图，而开立方根等价于求该量跟单位之间的两个比例中项. 若我们得到 $z^3=+pz+q$，其中最后一项之半的平方不大于倒数第二项中已知量的三分之一的立方，则以等于 $\sqrt{\frac{1}{3}p}$ 的 NO 为半径作圆 $NQPV$，NO 即单位跟已知量 p 的三分之一两者间的比例中项. 然后，取 $NP=\frac{3q}{p}$，即让 NP 与另一已知量 q 的比等于 1 与 $\frac{1}{3}p$ 的比，并使 NP 内接于圆. 将两段弧 NQP 和 NVP 各自分成三个相等的部分，所求的根即为 NQ 与 NV 之和，其中 NQ 是第一段弧的三分之一所对的弦，NV 是第二段弧的三分之一所对的弦.[222]

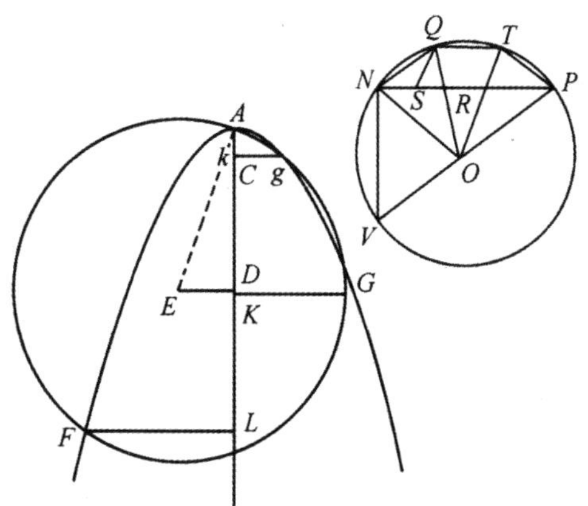

最后，假设我们得到的是 $z^3=pz-q$. 作圆 $NQPV$，其半径 NO 等于 $\sqrt{\frac{1}{3}p}$，令 $NP\left(它等于\frac{3q}{p}\right)$ 内接于此圆；那么，弧 NQP 的三分之一所对的弦 NQ 将是第一个所求的根，而另一段弧的三分之一所对的弦 NV 是第二个所求的根.

我们必须考虑一种例外情形，即最后一项之半的平方大于倒数第二项中已知量的三分之一的立方；[223]此时，直线段 NP 无法嵌在圆内，因为它比直径还长. 在这种情形，原是真根的那两个根成了虚根，而唯一的实根是先前的那个假根，据卡当的法则，它应为

$$\sqrt[3]{\frac{1}{2}q+\sqrt{\frac{1}{4}q^2-\frac{1}{27}p^3}}+\sqrt[3]{\frac{1}{2}q-\sqrt{\frac{1}{4}q^2-\frac{1}{27}p^3}}.$$

表示三次方程的所有根的方法，此法可推广到所有四次方程的情形

还应该说明，这种依据根与某些立方体（我们仅知道它的体积）的边的关系表示根的方法，[224]绝不比另一种方法更清晰和简单，后者依据的是根与某些弧段（或者说圆上的某些部分）所对弦的关系，此时我们已知的是弧段的三倍长. 那些无法用卡当的方法求出的三次方程的根，可用这里指出的方法表示得像任何其他方程的根一样清晰，甚至更加清晰.

例如，可以认为我们知道了方程 $z^3=-qz+p$ 的一个根，因为我们知道它是两条直线段的和，其中之一是一个立方体的边，该立方体的体积为 $\frac{1}{2}q$ 加上面积为

$\frac{1}{4}q^2-\frac{1}{27}p^3$ 的正方形的边，另一条是另外一个立方体的边，此立方体的体积等于 $\frac{1}{2}q$ 减去面积为 $\frac{1}{4}q^2-\frac{1}{27}p^3$ 的正方形的边. 这就是卡当的方法所提供的有关根的情况. 无需怀疑，当方程 $z^3=+qz-p$ 的根的值被看成是嵌在半径为 $\sqrt{\frac{1}{3}p}$ 的圆上的弦的长度$\left(\text{该弦所对的弧为长度等于}\frac{3q}{p}\text{的弦所对的弧的三分之一}\right)$时，我们能更清楚地想象它、了解它.

确实，这些术语比其他说法简单得多；当使用特殊符号来表示所论及的弦时，表述就更精炼了，[225] 正如使用符号 $\sqrt[3]{}$[226] 来表示立方体的边一样.

运用跟已解释过的方法类似的方法，我们能够表示任何四次方程的根，我觉得我无须在这方面作进一步的探究；由于其性质所定，我们已不可能用更简单的术语来表示这些根了，也不可能使用更简单同时又更具普遍性的作图法来确定它们.

为何立体问题的作图非要用圆锥截线，解更复杂的问题需要其他更复杂的曲线

我还一直没有说明为什么我敢于宣称什么是可能、什么是不可能的理由. 但是，假如记住我所用的方法是把出现在几何学家面前的所有问题，都约化为单一的类型，即化为求方程的根的值的问题，那么，显然可以列出一张包括所有求根方法的一览表，从而很容易证明我们的方法最简单、最具普遍性. 特别地，如我已说过的，立体问题非利用比圆更复杂的曲线不能完成其作图. 由此事实立即可知，它们都可约化为两种作图，其一即求两条已知直线段之间的两个比例中项，另一种是求出将给定弧分成三个相等部分的两个点. 因为圆的弯曲度仅依赖于圆心和圆周上所有点之间的简单关系，所以圆仅能用于确定两端点间的一个点，如像求两条给定直线段之间的一个比例中项或平分一段给定的弧；另一方面，圆锥截线的弯曲度要依赖两种不同的对象，[227] 因此可用于确定两个不同的点.

基于类似的理由，复杂程度超过立体问题的任何问题，包括求四个比例中项或是分一个角为五个相等的部分，都不可能利用圆锥截线中的一种完成其作图.

因此我相信，在我给出那种普遍的法则，即如前面已解释过的、利用抛物线和直线的交点所描绘的曲线来解决所给问题的作图之后，我实际上已能解决所有可能解决的问题；我确信，不存在性质更为简单的曲线能服务于这一目标，你也

已经看到，在古人给予极大注意的那个问题中，这种曲线紧随在圆锥截线之后．在解决这类问题时顺次提出了所有应被接纳入几何的曲线．

需要不高于六次的方程的所有问题之作图的一般法则

当你为完成这类问题的作图而寻找需要用到的量时，你已经知道该怎样办就必定能写出一个方程，它的次数不会超过 5 或 6．你还知道如何使方程的根增大，从而使它们都成为真根，同时使第三项中的已知量大于第二项中的已知量之半的平方．还有，若方程不超过五次，它总能变为一个六次方程，并使得方程不缺项．

为了依靠上述单一的法则克服所有这些困难，我现在来考虑所有使用过的办法，将方程约化为如下形式：

$$y^6-py^5+qy^4-ry^3+sy^2-ty+u=0,$$

其中 q 大于 $\frac{1}{2}p$ 的平方．

BK 沿两个方向随意延长，在点 B 引 AB 垂直于 BK，且等于 $\frac{1}{2}p$．在分开的平面上[228]描绘抛物线 CDF，其主正焦弦为

$$\sqrt{\frac{t}{\sqrt{u}}+q-\frac{1}{4}p^2},$$

我们用 n 代表它．

现在，把画有该抛物线的平面放到画有直线 AB 和 BK 的平面上，让抛物线的轴 DE 落在直线 BK 上．取点 E，使 $DE=\frac{2\sqrt{u}}{pn}$，并放置一把直尺连接点 E 和下层平面上的点 A．持着直尺使它总是连着这两个点，再上下拉动抛物线而令其轴不离开 BK．于是，抛物线与直线的交点 C 将描绘出一条曲线 ACN，它可用于所提问题的作图．

描绘出这条曲线后，在抛物线凹的那边取定 BK 上的一个点 L，使 $BL=DE=\frac{2\sqrt{u}}{pn}$；然后，在 BK 上朝 B 的方向划出 LH 等于 $\frac{t}{2n\sqrt{u}}$，并从 H 在曲线 ACN 所在的那侧引 HI 垂直于 LH．取 HI 等于

$$\frac{r}{2n^2}+\frac{\sqrt{u}}{n^2}+\frac{pt}{4n^2\sqrt{u}},$$

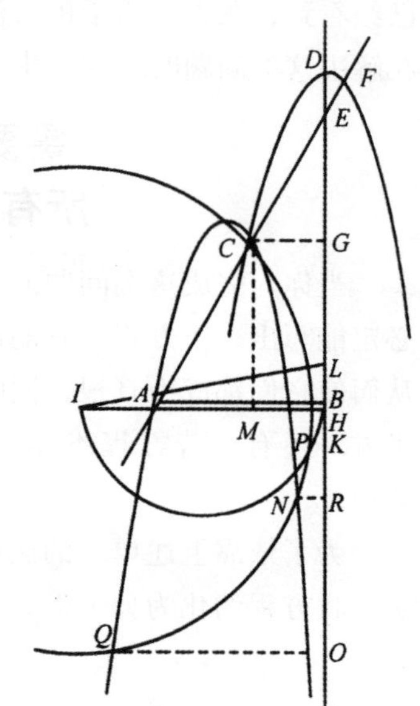

为简洁起见，我们可令其为$\frac{m}{n^2}$. 我们再连接 L 和 I，以 LI 为直径并在其上描绘圆 LPI；然后，在该圆内嵌入等于$\sqrt{\frac{s+p\sqrt{u}}{n^2}}$的直线段 LP. 最后，以 I 为心画过 P 的圆 PCN. 这个圆与曲线 ACN 相交或相切触的点数跟方程具有的根的数目一样多；因此，由这些点引出的与 BK 垂直的 CG、NR、QO 等垂线段就是所求的根. 这条法则绝不会失效，也不允许任何例外发生.

因为，若量 s 与其他的量 p、q、r、t、u 相比有如此之大，以至直线段 LP 比圆 LI 的直径还长，[229]根本不可能嵌在圆内，那么，所论问题的每一个根将都是虚根；若圆 IP[230]如此之小，以至跟曲线 ACN 没有任何交点，方程的根也皆是虚根. 一般而论，圆 IP 将跟曲线 ACN 交于六个不同的点，即方程可有六个不同的根.[231]如果交点不足此数，说明某些根相等或有的是虚根.

当然，如果你觉得用移动抛物线描绘曲线 ACN 的方法太麻烦，那么还有许多其他的办法. 我们可以如前一样取定 AB 和 BL，让 BK 等于该抛物线的正焦弦；并描绘出半圆 KST，使其圆心在 BK 上，与 AB 交于某点 S. 然后，从半圆的端点 T 出发，向 K 的方向取 TV 等于 BL，再连接 S 和 V. 过 A 引 AC 平行于 SV，并过 S 引 SC 平行于 BK；那么，AC 和 SC 的交点 C 就是所求曲线上的一个点. 用这种方法，我们可以如愿找出位于该曲线上的任意多个点.

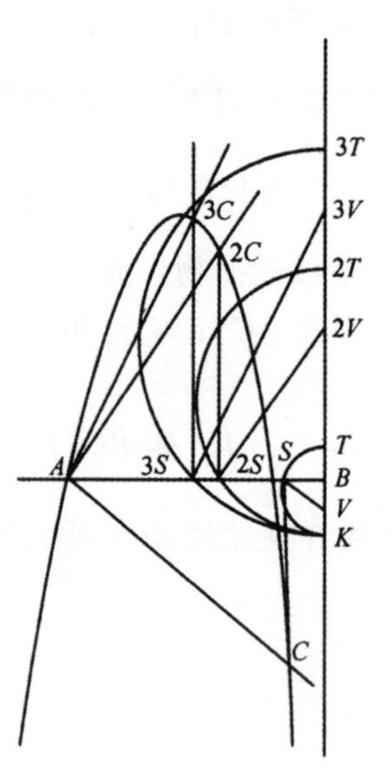

以上结论的证明是非常简单的. 置直尺 AE 和抛物线 FD 双双经过点 C. 这是总能办到的，因为 C 落在曲线 ACN 上，而后者是由该抛物线和直尺的交点描绘出来的. 若我们令 $CG=y$，则 GD 将等于$\frac{y^2}{n}$，因为正焦弦 n 与 CG 的比等于 CG 与 GD 的比. 于是，$DE=\frac{2\sqrt{u}}{pn}$，从 GD 中减去 DE，我们得 $GE=\frac{y^2}{n}-\frac{2\sqrt{u}}{pn}$. 因为

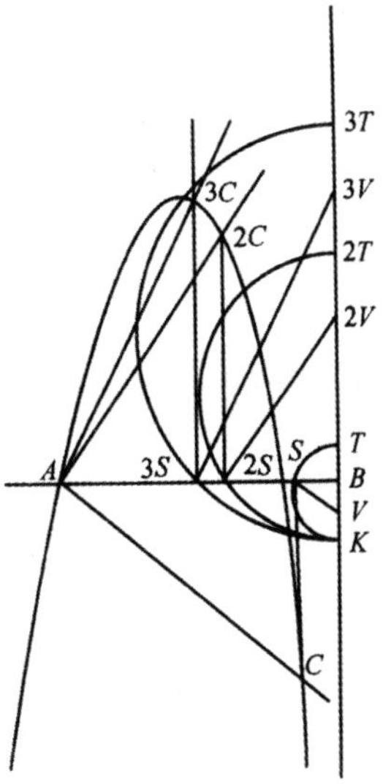

AB 比 BE 等于 CG 比 GE，且 AB 等于$\frac{1}{2}p$，因此，$BE=\frac{py}{2n}-\frac{\sqrt{u}}{ny}$. 现令 C 为由直线 SC（它平行于 BK）和 AC（它平行于 SV）的交点所生成的曲线上的一个点. 并令 $SB=CG=y$，抛物线的正焦弦 $BK=n$. 那么，$BT=\frac{y^2}{n}$，因为 KB 比 BS 等于 BS 比 BT；又因 $TV=BL=\frac{2\sqrt{u}}{pn}$，我们得 $BV=\frac{y^2}{n}-\frac{2\sqrt{u}}{pn}$. 同样，$SB$ 比 BV 等于 AB 比 BE，其中 BE 如前一样等于$\frac{py}{2n}-\frac{\sqrt{u}}{ny}$. 显然，由这两种方法描绘出了同一条曲线.

而且，$BL=DE$，故 $DL=BE$；又 $LH=\frac{t}{2n\sqrt{u}}$及

$$DL=\frac{py}{2n}-\frac{\sqrt{u}}{ny},$$

因此，

$$DH=LH+DL=\frac{py}{2n}-\frac{\sqrt{u}}{ny}+\frac{t}{2n\sqrt{u}}.$$

又因 $GD=\frac{y^2}{n}$，故

$$\begin{aligned}GH&=DH-GD\\&=\frac{py}{2n}-\frac{\sqrt{u}}{ny}+\frac{t}{2n\sqrt{u}}-\frac{y^2}{n},\end{aligned}$$

此式可写成

$$GH=\frac{-y^3+\frac{1}{2}py^2+\frac{ty}{2\sqrt{u}}-\sqrt{u}}{ny},$$

由此可得 GH 的平方为

$$\frac{y^6-py^5+\left(\frac{1}{4}p^2-\frac{t}{\sqrt{u}}\right)y^4+\left(2\sqrt{u}+\frac{pt}{2\sqrt{u}}\right)y^3+\left(\frac{t^2}{4u}-p\sqrt{u}\right)y^2-ty+u}{n^2y^2}.$$

无论取曲线上的哪一点为 C，也不论它接近 N 或接近 Q，我们总是能够用上

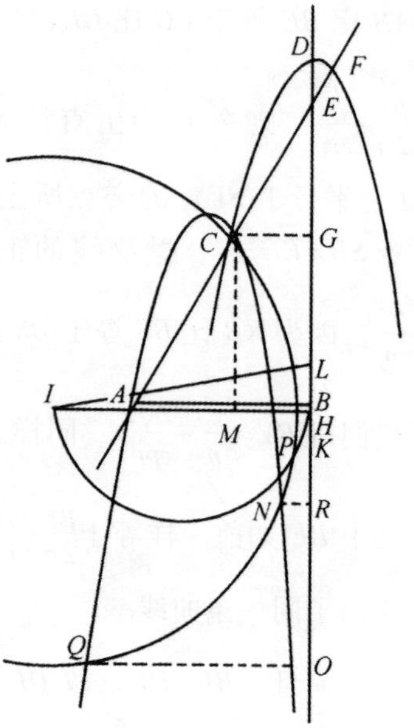

述同样的项和连接符号表示 BH 之截段（即点 H 与由 C 向 BH 所引垂线的垂足间的连线）的平方.

再者，$IH=\frac{m}{n^2}$，$LH=\frac{t}{2n\sqrt{u}}$，由此可得

$$IL=\sqrt{\frac{m^2}{n^4}+\frac{t^2}{4n^2u}},$$

因为角 IHL 是直角；又因

$$LP=\sqrt{\frac{s}{n^2}+\frac{p\sqrt{u}}{n^2}},$$

且角 IPL 是直角，故 $=IP=\sqrt{\frac{m^2}{n^4}+\frac{t^2}{4n^2u}-\frac{s}{n^2}-\frac{p\sqrt{u}}{n^2}}$.

现引 CM 垂直于 IH，

$$IM=HI-HM=HI-CG=\frac{m}{n^2}-y;$$

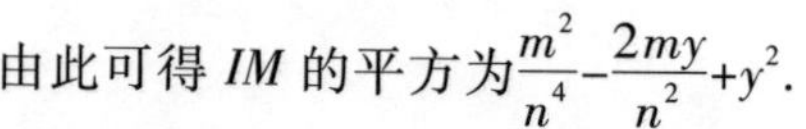

由此可得 IM 的平方为 $\frac{m^2}{n^4}-\frac{2my}{n^2}+y^2$.

从 IC 的平方中减去 IM 的平方，所余的即为 CM 的平方：

$$\frac{t^2}{4n^2u}-\frac{s}{n^2}-\frac{p\sqrt{u}}{n^2}+\frac{2my}{n^2}-y^2,$$

此式等于上面求得的 GH 的平方. 它可写成

$$\frac{-n^2y^4+2my^3-p\sqrt{u}\,y^2-sy^2+\frac{t^2}{4u}y^2}{n^2y^2}.$$

现在，式中的 n^2y^4 用 $\frac{t}{\sqrt{u}}y^4+qy^4-\frac{1}{4}p^2y^2$ 代替，$2my^3$ 用 $ry^3+2\sqrt{u}\,y^3+\frac{pt}{2\sqrt{u}}y^3$ 代替. 在两个部分①皆以 n^2y^2 乘之后，我们得到

$$y^6-py^5+\left(\frac{1}{4}p^2-\frac{t}{\sqrt{u}}\right)y^4+\left(2\sqrt{u}+\frac{pt}{2\sqrt{u}}\right)y^3+\left(\frac{t^2}{4u}-p\sqrt{u}\right)y^2-ty+u$$

等于

$$\left(\frac{1}{4}p^2-q-\frac{t}{\sqrt{u}}\right)y^4+\left(r+2\sqrt{u}+\frac{pt}{2\sqrt{u}}\right)y^3+\left(\frac{t^2}{4u}-s-p\sqrt{u}\right)y^2,$$

① 指 GH 的平方和 CM 的平方.

即

$$y^6-py^5+qy^4-ry^3+sy^2-ty+u=0,$$

由此可见，直线段 CG、NR、QO 等都是这个方程的根.

若我们想要找出直线段 a 和 b 之间的四比例中项，并令第一个比例中项为 x，则方程为 $x^5-a^4b=0$ 或 $x^6-a^4bx=0$. 设 $y-a=x$，我们得

$$y^6-6ay^5+15a^2y-20a^3y^3+15a^4y^2-(6a^5+a^4b)y+a^6+a^5b=0.$$

因此，我们必须取 $AB=3a$；抛物线的正焦弦 BK 必须为

$$\sqrt{\frac{6a^3+a^2b}{\sqrt{a^2+ab}}+6a^2},$$

我称之为 n. DE 或 BL 将为

$$\frac{2a}{3n}\sqrt{a^2+ab}.$$

然后，描绘出曲线 ACN，我们必定有

$$LH=\frac{6a^3+a^2b}{2n\sqrt{a^2+ab}},$$

$$HI=\frac{10a^3}{n^2}+\frac{a^2}{n^2}\sqrt{a^2+ab}+\frac{18a^4+3a^3b}{2m^2\sqrt{a^2+ab}},$$

及

$$LP=\frac{a}{n}\sqrt{15a^2+6a\sqrt{a^2+ab}}.$$

因为以 I 为心的圆将通过如此找出的点 P，并跟曲线交于两点 C 与 N. 若我们引垂线 NP 和 CG，从较长的 CG 中减去较短的 NR，所余的部分将是 x，即我们希望得到的四比例中项中的第一个.[232]

这种方法也可用于将一个角分成五个相等的部分，在圆内嵌入一正十一边形或正十三边形，以及无数其他的问题. 不过，应该说明，在许多问题中，我们可能碰到圆与第二类抛物线斜交的情形[233]而很难准确地定出交点. 此时，这种作图法就失去了实际价值.[234]克服这个困难并不难，只要搞出另一些与此类似的法则即可，而且有千百条不同的道路通向那些法则.

我的目标不是撰写一本大部头的书；我试图在少量的篇幅中蕴含丰富的内容. 这一点你也许能从我的行文中加以推断：当我把同属一类的问题化归为单一的一种作图时，我同时就给出了把它们转化为其他无穷多种情形的方法，于是又给出了通过无穷多种途径解其中每个问题的方法；我利用直线与圆的相交完成了

所有平面问题的作图，并利用抛物线和圆的相交完成了所有立体问题的作图；最后，我利用比抛物线高一次的曲线和圆的相交，完成了所有复杂程度高一层的问题. 对于复杂程度越来越高的问题，我们只要遵循同样的、具有普遍性的方法，就能完成其作图；就数学的进步而言，只要给出前二三种情形的做法，其余的就很容易解决.

我希望后世会给予我仁厚的评判，不单是因为我对许多事情作出的解释，而且也因为我有意省略了的内容——那是留给他人享受发明之愉悦的.

注 释

［1］下列著作中包含大量这类性质的问题：温琴佐·里卡蒂（Vincenzo Riccati）和吉罗拉莫·萨拉迪诺（Girolamo Saladino），*Institutiones Analyticae*，Bologna，1765；马里亚·加埃塔纳·阿涅西（Maria Gaetana Agnesi），*Istituzioni Analitiche*，Milan. 1748；克洛德·拉比勒（Claude Rabuel），*Commentaires sur la Géométrie de M. Descartes*，Lyons，1730（此后就参照拉比勒的著作）；以及同一时期或更早的其他书籍.

［2］斯霍滕（Van Schooten）在他1683年的拉丁文版里写下这样的注记："Per intellige lineam quandam determinatan，qua ad quamvis reliquarum linearum talim relationem habeat，qualem unitas ad certum aliquem numerum." *Geometria a Renato Des Cartes*，*una cum notis Florimondi de Beaune*，*opera atque studio Francisci à Schooten*，Amsterdam，1683，（此后就参照斯霍滕的著作）.

一般地说，译者的做法是逐页翻译并包括了页边原注. 然而，由于有图和脚注，该翻译方案偶有改变，但以不引起读者严重的阅读不便为准.

［3］在算术中，可得到准确的根的仅是那些完满幂；在几何中，即使一个直线段跟单位长不可公度，仍可以找到精确表示该直线段的平方根的长度. 笛卡儿在后面还会讲到其他的根.

［4］笛卡儿使用a^3，a^4，a^5，a^6，等等，表示a的相应幂次，但他却不加区别地使用aa和a^2. 例如，他常常使用$aabb$，但也使用$\frac{3a^2}{4b^2}$.

［5］笛卡儿写为：$\sqrt{c \cdot a^3 - b^3 + abb}$.

［6］这样写的时候，一般认为a^2意指边为a的方形面（面积），b^3意指边为b的立方体（体积）；而b^4，b^5，…很难理解为几何形状. 笛卡儿在这里说，a^2不具有这种含义，而是意指经构作1和a的第三个比例项所得到的线段，等等.

［7］笛卡儿似乎在说每项都必须是三次的，因此必须想象a^2b^2和b都具有适当的维数.

［8］斯霍滕在这里添加说明："seu unitati." 笛卡儿写的是：AB｛此处缺一个符号!｝1. 他似乎是第一个使用该符号的人. 跟随他用这个符号的几位作者中有许德（Hudde，1633-1704）. 通常认为｛此处缺一个符号!｝是一个连字，代表"æquare"的头两个字母（或双元音）. 例如，可参见M. 奥布里（Aubry）在下书中的注：W. W. R. 鲍尔（Ball）写的*Recréations Mathématiques et Problémes des Temps Anciens et Modernes*，French edition，Paris，1909，Part Ⅲ.

［9］众所周知，这个计划可追溯到柏拉图. 它出现在帕普斯（Pappus）的著作中："在分析中，我们

假设所求之物已经得到，并考虑它的关系和前件，一直往回推导到已经知道的某个东西（假设中给定的），或是数学的某条基本原理（公理或公设）．”*Pappi Alexandrini Collectiones quae supersunt c libris manu scriptis edidit Latina interpellatione et commentariis instruxit Fredericus Hultsch*，Berlin，1876—1878；Vol. Ⅱ，（此后就参照帕普斯的著作了）．还可参见科曼迪诺斯（Commandinus）的 *Pappi Alexandrini Mathematicae Collectiones*，Bologna，1588，以及较后的版本．

亚历山大的帕普斯是希腊数学家，生活在公元 300 年左右．他最重要的工作是 8 篇数学论著，其中的第一篇和部分第二篇已遗失．现代学者根据科曼迪诺斯的著作了解了帕普斯的工作．这些工作对几何在 17 世纪的复兴有很好的影响．帕普斯不仅本人是一流的数学家，他还为世界保存了许多失传作品的选萃和对它们的分析，他的评述提升了它们的重要性．

［10］拉比勒提醒我们注意：笛卡儿用 a，b，c，…表示已知量，用 x，y，z，…表示未知量．

［11］即，我们必须解所得到的联立方程．

［12］斯霍滕给出两个例子来说明这句话．其中第一个例子为：给定包含任一点 C 的直线段 AB，要求延长 AB 至 D，使得矩形 $AD.DB$（的面积）等于 CD 为边的正方形（的面积）．他令 $AC=a$，$CB=b$，且 $BD=x$．于是，$AD=a+b+x$，$CD=b+x$，因为 $ax+bx+x^2=b^2+2bx+x^2$，而 $x=\dfrac{b^2}{a-b}$．

［13］拉比勒加了这样的注：“我们可以说每一个不定问题都是无穷个确定性问题，或者说每一个问题或由它自身确定，或由构作它的人来确定．”

［14］即，用 x，x^2，x^3，x^4，…表示直线段．

［15］古法语写为：“le quarré，ou le quarré de quarré，ou le sursolide，ou le quarré de cube &c.”

［16］按字面上的意思是：“只高一次或两次．”

［17］在 1637 年版《几何》的导言中，笛卡儿给出下述短评：“在以前的作品中，我一直努力让所有的人都能清晰地了解我的意思；但我怀疑不熟悉几何著作的人是否会阅读这篇论著，所以我想没有必要重复其中的论证．”参见：*Oeuvres de Descartes*，edited by Charles Adam and Paul Tannery，Paris，1897—1910，Vol. Ⅵ．笛卡儿在 1637 年给梅森的一封信中说：“我不喜欢自我夸奖，但因没人能理解我的几何，又因为你希望我告诉你我对它的看法，我想这样讲是合适的：它是我所希望的一切；在《折光》和《气象》中，我只是努力说服人们相信我的方法比通常的方法更好．我在《几何》中证明了这一点，因为在它的开始部分，我已解决了一个按照帕普斯的说法是所有古代几何学家无法解决的问题．”

“而且，在该书第二卷关于曲线的种类和性质，以及研究它们的方法的部分，我以为我所给出的已远远超出了普通几何中的处理方式，正如西塞罗（Cicero）的修辞法超出了儿童水平的 a，b，c 一样……”

“关于阅读建议，我所写的东西很容易从韦达（Vieta）那里得到，我的论著难理解的原因是我试图不去讲述我认为他或其他人已经知道的东西．……所以我是从韦达的著作《论方程的识别与订正》最后的部分处开始讲述我的代数法则的．……所以，我是从他结束处开始的．”*Oeuvres de Descartes*，*publiees par Victor Cousin*，Paris，1824，Vol. Ⅵ［此后就参照库赞（Cousin）的著作］．

在另一封于 1646 年 4 月 20 日写给梅森的信中，笛卡儿写道：“我省略了一些东西，它们本可以使它（几何）更清晰；我这样做是故意为之的，否则我不会这样做．这难免会影响读者阅读时的清晰程度，可读者中的大多数人是怀有恶意的，我对他们感到非常厌恶．”库赞，Vol. Ⅸ．

在给伊丽莎白公主的一封信中，笛卡儿说：“在解几何问题时，我尽可能小心地使用所遇到的平行线或直角边；我只使用那些断言相似三角形的边成比例，以及直角三角形斜边的平方等于其他边的平方和的定理. 我毫不犹豫地引入若干个未知量，以便把问题化为只依赖于这两个定理的项.”库赞，Vol. Ⅸ.

[18] 关于用圆规和直尺作图的可能性的讨论，参见雅各布·施泰纳（Jacob Steiner）：*Die geometrischen Constructionen ausgefuhut mittelst der geraden Linie und eines festen Kreises*，Berlin，1833. 更简明的讨论，可查阅恩里克斯（Enriques）的书：*Fragen der Elementar-Geometrie*，Leipzig，1907；还有克莱因（Klein）的：*Problems in Elelmentary Geometry*，*trans*，*by Beman and Smith*，Boston，1897；韦伯（Weber）和威尔斯坦（Wellstein）的：*Encyklopadie der Elementaren Geometrie*，Leipzig，1907. 以及马斯凯罗尼（Mascheroni）有趣和著名的书：*La geometria del compasso*，Pacia，1797.

[19] 即一个形如 $z^2 = az \pm b$ 的表达式. “Esgal a ce qui se produit de l'Addition，ou soustraction de sa racine multiplée par quelque quantité connue，& de quelque autre quantité aussy connue.”

[20] 笛卡儿说明如何几何地解二次方程.

[21] 笛卡儿说“prolongeant MN la baze de ce triangle,”因为在较早的时期斜边通常被取作底边.

[22] 由图形知 $OM \cdot PM = LM^2$. 若 $OM = z$，$PM = z - a$，且因为 $LM = b$，我们有 $z(z-a) = b^2$ 或 $z^2 = az + b^2$. 再则，$MN = \sqrt{\frac{1}{4}a^2 + b^2}$，原因是 $OM = z = ON + MN = \frac{1}{2}a + \sqrt{\frac{1}{4}a^2 + b^2}$. 笛卡儿无视第二个根，因为它是负的.

[23] 因 $MR \cdot MQ = LM^2$，于是若我们有 $MQ = a - z$，故

$$z(a-z) = b^2 \text{ 或 } z^2 = az - b^2.$$

若替代为 $MQ = z$，那么 $MR = a - z$，又有 $z^2 = az - b^2$. 进而令 O 是 QR 的中点，

$$MQ = OM - OQ = \frac{1}{2}a - \sqrt{\frac{1}{4}a^2 - b^2},$$

及

$$MR = MO + OR = \frac{1}{2}a + \sqrt{\frac{1}{4}a^2 - b^2}.$$

笛卡儿此时给出了两个根，因为二者皆为正的. 若 MR 是该圆的切线，即，若 $b = \frac{1}{2}a$，这两个根相等；而当 $b > \frac{1}{2}a$，线段 MR 将不与该圆相遇，两个根就都是虚根. 同样，由于 $RM \cdot QM = \overline{LM}^2$，故 $z_1 z_2 = b^2$ 而 $RM + QM = z_1 + z_2 = a$.

[24] 你将看到，笛卡儿仅考虑三种类型的 z 的二次方程，即 $z^2 + az - b^2 = 0$，$z^2 - az - b^2 = 0$ 和 $z^2 - az + b^2 = 0$. 似乎他并不能够摆脱老的传统而把系数的意义推广到可以取负值、分数值和正值. 他没有考虑类型 $z^2 + az + b^2 = 0$，因为它没有正根.

[25] “Qu'ils n'ont point eu la vraye methode pour les trouuer toutes.”

[26] 参见 [9].

[27] 参见帕普斯，Vol. Ⅱ. 帕普斯在这里给出了一张讨论分析问题的书目表，他是这样说的：“Illorum librorum，quibus de loco，'αναλνομενοs dive resoluto agitur，ordo hic est. Euclidis datorum liber unus，Apollonii de proportionis sectionis sectione libri duo，de spatii sectione duo，de sectione determinata duo，ee tactionibus duo，Euclidis porismatum libri tres，Apollonii inclinationum libri duo，eiusdem locorum planorum duo，

conicorum octo，Aristaci locorum solidorum libri duo.” 也可参见科曼迪诺斯1660年版的帕普斯著作.

[28] 关于这个问题的历史，参见措伊藤（Zeuthen）的书：*Die Lehre von den Kegelschnitten im Alterthum*，Copenhagen，1886. 亦可参见亚当（Adam）和唐内里（Tannery）的：*Oeuvres de Descartes*，Vol. 6.

[29] 帕普斯，Vol. Ⅱ. 1660年科曼迪诺斯版. 意为：“此外，他（阿波罗尼奥斯）说与三线或四线相关的轨迹问题，欧几里得并未完全解决，他本人和其他人也没能够完全解决. 他们根本没有利用在欧几里得之前已论证过的圆锥截线，来为欧几里得所写下的内容添加任何东西.” 笛卡儿已在他的几何出版前四年，花了五到六周的时间成功地解决了该问题. 参见他的信件，刊于库赞的Vol. Ⅵ中的两处.

[30] 这句引文取自赫尔特施（Hultsch）编辑的帕普斯著作，以前的引文为：“Sed hic ad tres et quatuor lineas locus quo magnopere gloriatur simul addens ei qui conscripserit gratiam habendam esse，sic se habet.”

[31] 这段引文可意译为：“他（阿波罗尼奥斯）对与三线或四线相关的轨迹问题引以为豪，对其前辈作者的工作则不置一词. 问题的性质如下：若给定了三条直线的位置，并且从某一点引出的三条直线段分别和三条给定直线相交成给定的角；若所引的直线段中的两条所作成的矩形与另一条的平方相比等于给定的比，则具有上述性质的点落在一条位置确定的立体轨迹上，即落在三种圆锥截线的一种上.”

“同样，若所引直线段与位置确定的四条直线相交成给定角，并且所引直线段中两条所作成的矩形与另两条作成的矩形相比等于给定的比；那么，同样地，点将落在一条位置确定的圆锥截线上. 业已证明，对于只有二线的情形，对应的轨迹是一种平面轨迹. 当给定的直线的数目超过四条时，至今并不知道所描绘出的是什么轨迹（即不可能用普通的方法来确定），而只能称它做‘线’. 不清楚它们是什么东西，或者说不知其性质. 它们中有一条轨迹已被考查过，它不是最重要的而是最容易了解的，这项工作已被证明是有益的. 这里要讨论的是与它们有关的命题.”

“若从某一点所引的直线段与五条位置确定的直线相交成固定的角，并且所引直线段中的三条所作成的直角六面体与另两条跟一任意给定线段作成的直角六面体相比等于给定比，则点将落在一条位置确定的‘线’上. 同样，若有六条直线，所引直线段中的三条所作成的立体与另三条作成的立体的比为给定的比，则点也将落在某条位置确定的‘线’上. 但是当超过六条直线时，我们不能再说由四条直线段所作成的某物与其余直线段作成的某物是否构成一个比，因为不存在超过三维的图形.”

[32] 这段相当含糊的话可翻译如下：“对于这一点，过去解释过这些事情（一个图形的维数不能超过3）的人的意见是一致的. 他们坚持认为，有这些直线段所作成的图形，无论如何都是无法理解的. 然而，一般地使用这种类型的比来描述和论证却是允许的，叙述的方式如下：若从任一点引出若干直线段，与位置确定的一些直线相交成给定的角；若存在一个由它们组合而成的确定的比，这个比是指所引直线段中的一个与一个的比，第二个与某第二个的比，第三个与某第三个的比，等等. 如果有七条直线，就会出现跟一条给定直线段的比的情形，如果有八条直线，即出现最后一条与另外最后某条直线段的比；点将落在位置确定的线上. 类似地，无论是奇数还是偶数的情形，正如我已说过的，它们在位置上对应四条直线；所以说，他们没有提出任何方法使得可以得出一条线.” 这段话的含义可从下面的行文中看出.

[33] 即，连乘积.

[34] 可以说，笛卡儿工作的本质特色正是在这里开始的.

[35] 笛卡儿在这里先简要地给出了他的解法，详解见后.

[36] 这一术语常为17世纪的数学家用于表示三种圆锥截线，而直线和圆被称为平面轨迹，其他曲线

则称为线性轨迹. 参见费马（Fermat）的 *Isagoge ad Locos Planos et Solidos*，Toulouse，1679.

［37］圆锥截线的退化形式或极限形式.

［38］应注意，这些直线位置确定但未给定长度. 它们成为参考直线或坐标轴，因此在解析几何创建时起了十分重要的作用. 与此有关的，我们可引用如下文字："在笛卡儿的先行者中，我们认为除了阿波罗尼奥斯，应特别提到韦达（Vieta），奥雷姆（Oresme），卡瓦列里（Cavalieti），罗贝瓦尔（Roberval）和费马，后者是该领域最杰出的人物；但即使把费马考虑在内，他们都不曾有过丝毫的企图把不同次的若干曲线同时归属于一个坐标系，它至多对那些曲线中的一条具有专门的意义. 笛卡儿正是在这方面系统地完成了这件事." 卡尔·芬克（Karl Fink）著，贝曼（Beman）和史密斯（Smith）译：*A brief History of Mathematics*，Chicago，1903.

希思（Heath）提醒注意以下事实："希腊方法和现代方法的本质区别在于，希腊人的努力没有指向尽可能为一个图形找出几条固定的直线，而是以尽可能短而简单的形式表示面积之间的相等关系." 进一步的讨论可参见 D. E. 史密斯的 *History of Mathematics*，Boston，1923—1925，Vol. Ⅱ（此后就参考史密斯的著作）.

［39］因 BC 以给定角与 AB 和 AD 相交.

［40］由于相对的角之正弦的比是已知的.

［41］当然，特指此图形而言.

［42］由于 CB 和 CD 以给定角与 AD 相交.

［43］我们有

$$\begin{aligned} CS &= y+BS \\ &= y+\frac{dk+dx}{z} \\ &= \frac{zy+dk+dx}{z}, \end{aligned}$$

下面所考虑的其他情形类似.

［44］应注意，每个假定的比都有 z 作为前项.

［45］即，形如 $ax+by+c$ 的表达式，其中 a，b，c 是任一真正的正或负的量，整数或分数（不等于0，因为会在后面考虑这种例外情形）.

［46］下述问题很适合给出一种极简单的说明：给定三条平行线 AB，CD，EF，其位置关系为 AB 跟 CD 相距 4 个单位，CD 跟 EF 相距 3 个单位；要求找出点 P，使得当 PL，PM，和 PN

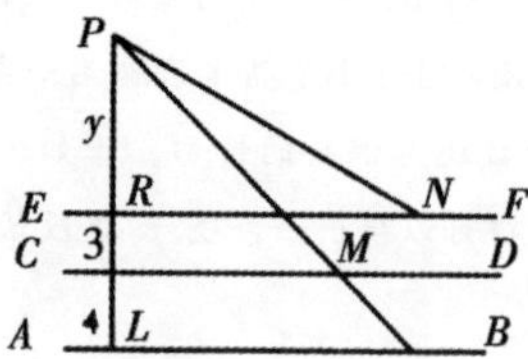

都过 P，且分别与那些平行线交 90°，45°，和 30°. 那么 $\overline{PM}^2=PL\cdot PN$.

令 $PR=y$，于是 $PN=2y$，$PM=\sqrt{2}(y+3)$，$PL=y+7$. 若 $\overline{PM}^2=PN\cdot PL$，我们有 $[\sqrt{2}(y+3)]^2=2y(y+7)$，由此 $y=9$. 因此，点 P 位于跟 EF 平行且相距 9 个单位的直线 XY 上.

[47] 当然，依赖于给定直线的相对位置.

[48] 即，一个不定的方程. “De plus, à cause que pour determiner le point C, il n'y a qu'une seule condition qui soi soit requise, à sçavoir que ce qui est produit par la multiplication d'un certain nombre de ces lignes soit égal, ou (ce qui n'est de rien plus mal-aisé) ait la proportion donnee, à ce qui est produit par la multiplication des autres; on peut prendre à discretion l'une des deux quantitez inconnuës x ou y, & chercher l'autre par cette Equation.” 这种在不同版本中出现的变化无碍大局，但偶尔会作为重要的事情提出来.

[49] 因为三条线段的乘积跟其他两条及一给定线段的乘积形成一个给定的比，故没有一项的次数能比第三项高，从而不会比第二个含 x 的项高.

[50] 即，对 y 解这个方程.

[51] 这种推理路线可以无限地推广. 简单地说，它意味着每引入两条线段，方程会提高一次，相应的曲线就变得更复杂.

[52] 参见帕普斯，Vol. Ⅰ，第Ⅲ篇，命题 5：“古人考虑三类几何问题，他们分别称之为平面问题、立体问题和线性问题. 那些可以用直线和圆周解决的称为平面问题，因为解决问题的直线或曲线源于平面. 使用一条或多条圆锥截线才能得到其解的问题称为立体问题，此时必须使用立体图形的面（圆锥表面）. 还有第三类称为线性问题，因为它们的作图需要使用另外的、不同于我刚描述过的“线”，它们有着各式各样且更复杂的来源. 这些线包括螺线、割圆曲线、蚌线和曼叶线，它们都具有许多重要的性质.”

[53] 拉比勒提出将问题这样分类：第一类包括所有能用直线作图的问题，即曲线的方程是一次的；第二类的要求曲线的方程是二次的，即圆和圆锥截线；等等.

[54] 参见 *Encyclopedie ou Dictionnaire Raisonne des Sciences, des Arts et des Metiers, par une Société de gens de lettres, mis en ordre et publiées par M. Diderot, et quant à la Partie Mathematique par M. D'Alembert*, Lausanne and Berne, 1780. 其本质含义如下：“**机械的**是一数学术语，意指非几何的作图，即它不能使用几何曲线来完成. 这样的作图依赖于圆的求积.

机械的曲线这一术语被笛卡儿用来表示那种不能由代数方程表示的曲线.” 莱布尼茨（Leibniz）和其他一些人称它们为超越的曲线.

[55] “机械”.

[56] 这里提出了现代教育中的一个有趣的问题，即，我们应在什么程度上坚持作图的精确性，甚至是在初等几何中.

[57] 不仅是古代作家，其后直至笛卡儿的时代都作了同样的区分；例如，韦达. 笛卡儿的观点从他的时代起就被普遍接受了.

[58] 即，它的明显程度不比其他的假设差.

[59] 因为古人不相信所谓的平的面上的圆锥截线的作图是精确的.

[60] 由于不可能构作理想的直线，平面，等等.

[61] 参见希斯（Heath），*History of Greek Mathematics*（此后参考希斯所引），Cambridge，2 vols.，还可参见康托尔（Cantor），*Vorlesungen uber Geschichte der Mathematik*，Leipzig，Vol. Ⅰ（2），Vol. Ⅱ（1）（此

后参考康托尔的著作).

[62] 参见希斯, Ⅰ, 225; 史密斯, Vol. Ⅱ.

[63] 参见希斯, Ⅰ, 235, 238; 史密斯, Vol. Ⅱ.

[64] 参见希斯, Ⅰ, 264; 史密斯, Vol. Ⅱ.

[65] 他们知道的确实比这段陈述所推断的多. 关于这一点, 参见泰勒 (Taylor) 的 *Ancient and Modern Geometry of Connics*, Cambridge, 1881.

[66] 即是 AD.

[67] 即是 AF 和 AH.

[68] 这些曲线的方程可按如下步骤得到: (1) 令 $YA=YB=a$, $YC=x$, $CD=y$, $YD=z$; 于是 $z:x=x:a$, 因 $z=\frac{x^2}{a}$. 又 $z^2=x^2+y^2$; 因此 AD 的方程是 $x=a(x^2+y^2)$. (2) 令 $YA=YB=a$, $YE=x$, $EF=y$, $YF=z$. 那么 $z:x=x:YD$, 因 $YD=\frac{x^2}{z}$. 又

$$X:YD=YD:YC, \text{因 } YC=\frac{x^4}{z^2}\div x=\frac{x^3}{z^2}.$$

但 $YD:YC=YC:a$, 因此

$$\frac{ax^2}{z}=\left(\frac{x^3}{z^2}\right)^2, \text{或 } z=\sqrt[3]{\frac{x^4}{a}}.$$

又, $z^2=x^2+y^2$. 于是我们得到 AF 的方程,

$$\sqrt[3]{\frac{x^8}{a^2}}=x^2+y^2, \text{或 } x^8=a^2(x^2+y^2)^3.$$

(3) 用同样的方法可证明: AH 的方程为

$$x^{12}=a^2(x^2+y^2)^5.$$

[69] "Qui seroient de plus composées par degrez à l'ingini." 此脚注的法文引文表明在不同版本中的若干差异.

[70] 即, 一个准确知道的关系, 就如两条直线间的关系区别于一条直线和一条曲线间的关系, 除非那条曲线的长度是知道的.

[71] 我们立即可认识到, 该陈述包含了解析几何的基本概念.

[72] "Du premier & plus simple genre," 一个不属于现代认识的表达方式. 按现代的理解, 平面曲线的阶或次数是指它能被任一条直线交出最多的点数, 而它属于什么类是指从平面上任一点可向它画出的最大切线数.

[73] 把它们相提并论, 是因为一个四次方程总能变换成一个三次方程.

[74] 笛卡儿把如 x^2y, x^2y^2, …还有 x^3, y^4, …这样的项都包括在内.

[75] "Diametre."

[76] 这种工具有三部分组成, (1) 限定在一平面内但未精确限定其长度的直尺 AK; (2) 以固定在同一平面内且不在 AK 上的点 G 为轴的直尺 GL, 它的长度亦未精确限定; (3) 一个直线图形 BKC, 其边 KC 可无限制的长, 直尺 GL 在 L 处与它铰链, 并做成可随着直尺 GL 滑动.

［77］即，笛卡儿使用点 A 作为原点，直线 AB 作为一个横坐标轴. 他使用平行的纵坐标，但并不画出纵坐标轴.

［78］即，曲线的性质不受坐标变换的影响.

［79］参见布里奥（Briot）和布凯（Bouquet）：*Elements of Analytical Geometry of Two Dimensions*, trans. By J. H. Boyd, New York, 1896.

该曲线的两个分支由三角形 $CNKL$ 相对于准线 AB 的位置所定.

斯霍滕给出了下述作图和证明：延长 AG 至 D，使 $DG=EA$. 因 E 是当 GL 跟 GA、L 和 A、以及 C 和 N 重合时所得的曲线上的点，所以 $EA=NL$. 作 DF 平行于 KC. 现令 GCE 是过 E 的双曲线，其渐近线是 DF 和 FA. 为证明该双曲线是由上述工具画出的曲线，可延长 BC 交 DF 于 I，引 DH 平行于 AF 且交 BC 于 H. 于是，$KL:LN=DH:HI$. 但 $DH=AB=x$，故我们可以写出 $b:c=x:HI$，因 $HI=\frac{cx}{b}$，$IB=a+c-\frac{cx}{b}$，$CI=a+c-\frac{cx}{b}-y$. 但对于任何双曲线都有 $IC\cdot BC=DE\cdot EA$，因我们有 $\left(a+c-\frac{cx}{b}-y\right)y=ac$，或 $y^2=cy-\frac{cxy}{b}+ay-ac$. 而这即是上面得到的方程，因此它就是一条渐近线为 AF 和 FD 的双曲线的方程.

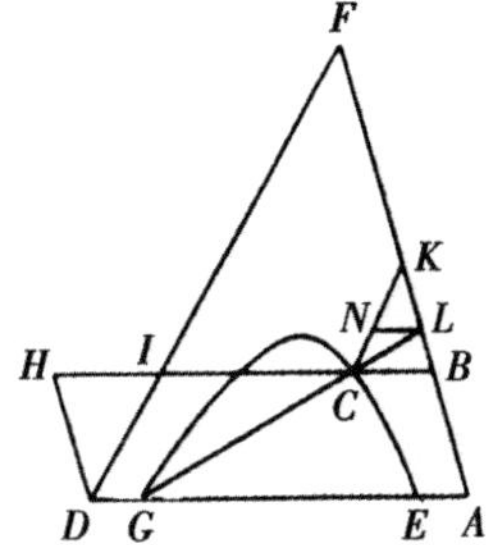

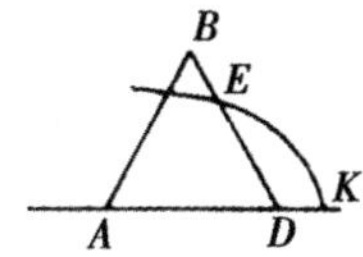

斯霍滕描述了另一种类似的工具：给定以 A 为轴的直尺 AB，另一直尺 BD 在 B 与 AB 铰链. 令 AB 绕 A 旋转，使得 D 顺着 LK 移动；那么 BE 上的任一点 E 所描绘出的曲线将是一个椭圆，其半长轴为 $AB+BE$，半短轴为 $AB-BE$.

［80］参见注释 58.

［81］拉比勒对此给出了说明：用半三次抛物线代替曲线 $CNKL$，并证明所得方程是五次的，于是按笛卡儿的说法，它属于第三类. 拉比勒还给出了无论用什么图形替代 $CNKL$ 而求得该曲线的一般方法. 令 $GA=a$，$KL=b$，$AB=x$，$CB=y$ 和 $KB=z$；那么，$LB=z-b$，$AL=x+z-b$. 所以，$GA:AL=CB:BL$，或者说 $a:x+z-b=y:z-b$，因 $z=\frac{xy-by+ab}{a-y}$.

这个 z 的值独立于图形 $CNKL$ 的性质. 但给定任一图形 $CNKL$，有可能从该曲线的性质得到 z 的第二个值. 等化这些 z 的值，我们便得到该曲线的方程.

［82］“Celles don't l'équation monte au quarré de cube.”

［83］“Celles don't elle ne monte qu'au sursolide.”

［84］“Au sursolide.”

[85]“Pas tant d'étenduë.”参见拉比勒，“Pas tant d'étendue en leur jpuissance.”

[86] 17世纪的作者使用各种方法进行曲线作图. 这些方法中，不仅有一般的根据方程取点而画出曲线的，以及利用细绳和小钉的——就像流行的画椭圆的方法一样，而且还有利用连接直尺的方法，以及利用一条曲线导出另一条曲线的方法，如通常描绘曼叶线的方法.

[87] 即，所求轨迹的方程.

[88]“En sorte qu'il n'y a pas une ligne courbe qui tombe sous le calcul & Puisse être receuëen Geometrie, qui n'y soit utile pour quelque nombre de lignes.”

[89] 当 ez 大于 cg 时，ez^3-cgz^2 为正，故它的平方根是实的.

[90] 笛卡儿用“moindre que rien”（比虚无还小）表示“负”.

[91] 笛卡儿在此只提及一个根；当然，第二个根将提供第二条轨迹.

[92] 在给梅森的一封信中（库赞，Vol. Ⅶ），笛卡儿说：“关于帕普斯问题，我只是给出了作图法和证明，完全没有实施分析手法；换言之，我像建筑师建造房子那样构作图形——给出了设计书而把实际的手工劳动留给了木匠和泥瓦匠.”

[93] 用代数方法得到 BC 的值后，笛卡儿便着手用几何方法逐项地构作长度 BC，他考虑 BC 等于 $BK+KL+LC$，它等于 $BK-LK+LC$，后者又等于

$$m-\frac{n}{z}x+\sqrt{m^2+ox+\frac{p}{m}x^2}.$$

[94] 即，在所引的 CB 上取 I.

[95] 即，C 在 KB 延长线上的位置尚未确定.

[96] IL 的方程是 $y=m-\frac{n}{z}x$.

[97] 在不同的版本中，对这句话的处理存在相当大的差异. 1683年的拉丁文版写为“Hoc est ut, mm & $\frac{p}{m}$ xx signo+notalis”；1705年的法文版（巴黎）写为“C'est ὰ dire que mm et $\frac{p}{m}$ xx étant marquez d'un même signe+ou –”；拉比勒写为“C'est a dire que mm and $\frac{p}{m}$ xx étant marquez d un même signe+”，他还加了下述注：“Il y a dans les Editions Francoises de Leyde，1637，et de Paris，1705，'un meme signe+ou–' ce qui est une faute d'impression”；1886年的法文版（巴黎）写为“Etant marqués d'un meme signe+ou–”.

[98] 注意笛卡儿在一般化时遇到的困难.

[99]“Mais lorsque cela n'est pas.”在每一种情形，给出 y 值的方程对 x 和 y 是线性的，因此它代表直线. 若根号内的量和 $\frac{n}{z}x$ 皆为零，则该直线平行于 AB. 若根号内的量和 m 皆为零，则 C 在 AI 上.

[100]“An ordinate”是16世纪翻译阿波罗尼奥斯著作时使用的等价于“ordination application”的词汇. 胡藤（Hutton）1796年的 *Mathematical Dictionary* 给出了“applicate”这个词，“Ordinate applicate,”也在使用.

[101] 拉比勒加上了一句话：“若 $a^2m=pz^2$ 或若 $m=p$，该双曲线是等边的.”

[102] 在这种情况，三角形 ILK 是直角三角形，因 $\overline{IK}^2=\overline{LK}^2+\overline{IC}^2$；但由假设知，$IL:IK:KL=a:z:n$；于是 $a^2+n^2=z^2$. 此时该曲线的方程为

$$y = m - \frac{n}{z} + \sqrt{m^2 + oz - \frac{p}{m}x^2}\ ,$$

因此含 x^2 的项是

$$\left(\frac{n^2}{z^2} + \frac{p}{m}\right) x^2\ ;$$

且若 $a^2 m = pz^2$，则 $\frac{p}{m} = \frac{a^2}{z^2}$，而此时含 x^2 的项变为 $\frac{a^2 + n^2}{z^2}x^2 = x^2$.

因而，x^2 和 y^2 的系数都是单位，此轨迹为圆.

［103］可以这样来看：由图和抛物线的性质知，$\overline{LC}^2 = LN \cdot p$ 且 $IN = IL + IN$. 令 $IN = \varphi$；则由于 $IL = \frac{a}{z}x$，我们有 $LN = \frac{a}{z}x + \varphi$ 和 $LC = y - m + \frac{n}{z}x$，因 $\left(y - m + \frac{n}{z}x\right)^2 = \left(\frac{a}{z}x + \varphi\right)p$. 但由抛物线方程知 $\left(y - m + \frac{n}{z}x\right)^2 = m^2 + ox$；因此 $\frac{a}{z}xp + \varphi p = m^2 + ox$. 让系数相等，我们得 $\frac{a}{z}p = o$；$p = \frac{oz}{a}$；$\varphi p = m^2$；$\varphi\frac{oz}{a} = m^2$；$\varphi = \frac{am^2}{oz}$.

［104］*Apollonii Pergacii Quae Graece exstant* edidit I. L. Heiberg，Leipzig，1891. Vol. Ⅰ，Liber Ⅰ，Prop. LII. 此后参考阿波罗尼奥斯所引. 它可意译为：为描述平面上的抛物线，需给定参数，顶点，以及纵坐标和相应的横坐标间的夹角.

［105］于是，笛卡儿把主要的圆锥截线归在了一起；圆被认为是特殊形式的椭圆，但在所有的情况下都是被分开提及的.

［106］有的版本错误地将 oz 写为 ox.

［107］参见注释 100.

［108］若该方程含有 $-m^2$ 和 $+nx$，那么 n^2 必定大于 $4mp$，否则该问题不能成立.

［109］参见阿波罗尼奥斯，Vol. Ⅰ，Lib. Ⅰ，Prop. LV：为描述双曲线，需给出其轴、顶点、参数、以及轴之间的夹角. 描述椭圆可参见 Prop. LⅥ，等等.

［110］参见笛卡儿的信件，收在库赞的书的 Vol. Ⅷ 中.

［111］“côté traversant.”

［112］参见注释 104.

［113］“Composant un espace.”

［114］因平面轨迹由立体轨迹退化而来. 对既无 x 又无 y 而仅有 xy 项出现的情形，以及有常数项出现的情形，都被笛卡儿忽略掉了. 由方程 $y = \pm m \pm \frac{n}{z}x \pm \frac{n^2}{x} \pm \sqrt{\pm m^2 \pm ox \pm \frac{p}{m}x}$ 表示的各类立体轨迹可总结如下：（1）若右边的项除 $\frac{n^2}{x}$ 外皆为零，则该方程表示具有渐近线的双曲线.（2）若 $\frac{n^2}{x}$ 不出现，有下列几种情形：（a）若根号内的量为零或是一个完全平方，则方程表示一条直线；（b）若这个量不是完全平方，且若 $\frac{p}{m}x^2 = 0$，则方程不是一条抛物线；（c）若它不是完全平方，且若 $\frac{p}{m}x^2$ 为负，则方程不是一个圆或椭圆；（d）若 $\frac{p}{m}x^2$ 为正，则方程表示双曲线.

[115] “Un lieu sursolide.”

[116] 即，这些线段的数值度量的乘积.

[117] “En leurs contreposées.”

[118] 这种曲线的一般方程为 $axy - xy^2 + 2a^2x = a^2y - ay^2$.

[119] 即，曲线上点的横坐标.

[120] 这一想法用现代术语可表述如下：该曲线具有这样的性质，其上的任一点的横坐标是一条圆锥截线上点的横坐标及一条直线上点的横坐标的第三比例项，那条圆锥截线上点的纵坐标跟给定点的纵坐标一样.

[121] 即，解析几何的方法.

[122] 即，超越曲线，笛卡儿称之为“机械”曲线.

[123] 参见通常的圆锥截线的“机械描述”.

[124] 至于例子，有描绘椭圆时的轨迹.

[125] 该作品于1637年跟笛卡儿的“方法论”一起在莱顿（Leyden）出版.

[126] 这当然和曲线的求长法有关. 参见康托尔（Cantor）的书的 Vol. Ⅱ（1）. 这句话“ne pouvant etre par les hommes”值得注意，出自一位像笛卡儿一样的哲学家. 所涉及的哲学问题可查阅如罗素(Bertrand Russell）的著作.

[127] 用该曲线的方程表示.

[128] 例如，切线、法线等的方程.

[129] 曲线求积的历史，可查阅康托尔：Vol. Ⅱ（1），史密斯：*History*，Vol. Ⅱ.

[130] 即，两条曲线的夹角由其交点处两法线的夹角所定义.

[131] 即，直线 *GA* 取做为一条坐标轴.

[132] 这将是该曲线的方程.

[133] “Le traversant.”

[134] 阿波罗尼奥斯：“Si conus per axem plano secatur autem alio quoque plano，quod cum utroque latere trianguli per axem poseta concurrit，sed neque basi coni parallelum ducitur neque de contrario et si planum，in quo est basis coni，planumque secans concurrunt in recta perpendiculari aut ad basim trianguli per axem positi aut ad eam productam quaelibet recta，quae a sectione coni communi sectioni planorum parallela ducitur ad diametrum sectiones sumpta quadrata aequalis erit spatio adplicato rectae cuidam，ad quam diametrus sectionis rationem habet，quam habet quadratum rectae a vertice coni diametro sectionis parallelae ductae usque ad basim trianguli ad rectangulum comprehensum rectis ab ea ad latera trianguli abscissis，latitudinem rectam ab ea e diametro ad verticem sectionis abscissam et figura deficiens simili similiterque posita rectangulo a diametro parametroque comprehenso；vocetur autem talis sectio ellipsis.”参见 *Apollonius of Perga*，edited by Sir. T. L. Heath，Cambridge，1896，P. 11.

[135] 即，将所有的项移至左边.

[136] “En remettant en ordre ces termes par moyen de la multiplication.”

[137] “Mais en toute autre qu’on saurait imaginer.”

[138] 即，*CF*-*FA* 和 *GA*-*CG* 的比为常数.

［139］笛卡儿找到了三个这样的方程，即椭圆的方程，抛物蚌线的方程和刚描述过的曲线的方程.

［140］“Et l'autre sera renversée ou moindre que rien.”

［141］即，当 $x = a$ 时，方程左边是二项式 $x - a$ 的平方.

［142］原文就是“first equation”，而非“first member of the equation”.

［143］即，含 y 的第二项.

［144］即，为作 PC，我们可以划出 $AP=v$ 并连接 P 和 C. 若我们宁肯用 e 的值，取 C 为圆心而半径 $CP=e$，我们便构作了一段弧，它交 AG 于 P，然后连接 P 和 C. 例如为了应用笛卡儿的方法讨论圆，只需要注意到所有参数和直径都相等，即 $q = r$；因此，方程 $v = y - \frac{r}{q}y + \frac{1}{2}r$ 变为 $v = \frac{1}{2}q = \frac{1}{2}$ 直径. 亦即法线通过圆心，是该圆的半径.

［145］如前，笛卡儿使用“second equation”表示“first member of the second equation.”

［146］由下式给出.

［147］第三个方程的第一部分.

［148］让我们使用此方法构作抛物线在一给定点的法线. 如前，$s^2 = x^2 + v^2 - 2vy + y^2$. 若我们取该抛物线的方程为 $x^2 = ry$，作代换，我们有

$s^2 = ry + v^2 - 2vy + y^2$ 或 $y^2 + (r - 2v)y + v^2 - s^2 = 0$.

经与 $y^2 - 2ey + e^2 = 0$ 相比较，我们有 $r - 2v = -2e$；$v^2 - s^2 = e^2$；$v = \frac{r}{2} + y$. 令 $AM=y$，$v=AP$；则 $AM-AP=MP=$参数的一半.

［149］你将会注意到，笛卡儿并未考虑像 a 这样的系数是一般意义下的正的或负的，但他总是有意地写上正负号. 然而，他本句中提到了一种使用正负号的通则.

［150］该方法可用于如下作图：从一给定点画曲线的法线；从曲线外一点向曲线画切线；并可用来发现拐点、极大值点和极小值点. 参照笛卡儿的信件，见库赞著作的 *Vol. V*. 作为说明，我们来求第一条三次抛物线的拐点. 它的方程为 $y^3 = a^2x$. 假定 D 是拐点，令 $CD = y$，$AC=x$，$PA=s$ 和 $AE=r$. 由于三角形 PAE 跟三角形 PCD 相似，我们有 $\frac{y}{x+s} = \frac{r}{s}$，因 $x = \frac{sy - rs}{r}$. 在曲线的方程中作替换，我们有 $y^3 - \frac{a^2sy}{r} + a^2s = 0$. 但若 D 是拐点，这个方程必定有三个相等的根，因为在拐点处有三个重合的截点. 将方程与下式比较：

$$y^3 - 3ey^2 + 3e^2y - e^3 = 0.$$

于是有 $3e^2 = 0$ 和 $e = 0$. 但 $e = y$，故 $y = 0$. 于是，该拐点为（0，0）.

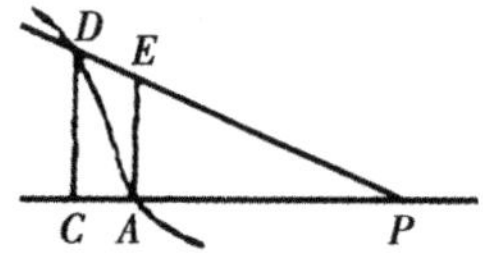

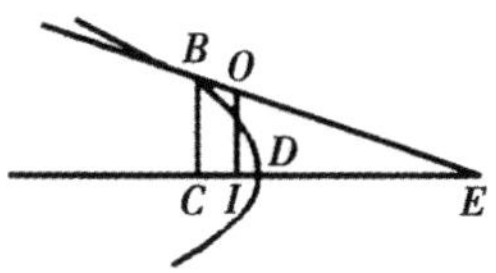

将此跟费马在 *Methodus ad disquirendam maximam et minima*（Toulouse，1679）中给出的画切线的方法相

比较是很有趣的．费马的方法如下：要求从抛物线 BD 外一点 O 向它画切线．据抛物线的性质知 $\frac{CD}{DI} > \frac{\overline{BC}^2}{\overline{OI}^2}$，因 O 在该曲线外部．但由相似三角形知 $\frac{\overline{BC}^2}{\overline{OI}^2} = \frac{\overline{CE}^2}{\overline{IE}^2}$．因此 $\frac{CD}{DI} > \frac{\overline{CE}^2}{\overline{IE}^2}$．令 $CE=a$，$CI=e$，$CD=d$；则 $DI=d-e$，且 $\frac{d}{d-e} > \frac{a^2}{(a-e)^2}$，因

$$de^2 - 2ade > -a^2e.$$

用 e 除，我们有 $de - 2ad > -a^2$．现在，若直线 BO 成为该曲线的切线，点 B 与 O 重合，$de - 2ad = -a^2$ 且 e 消失；所以由长度知 $2ad = a^2$ 且 $a = 2d$．此即 $CE=2CD$.

［151］这里使用阿拉伯数字标示“点”所引起的混乱是显然的.

［152］即，对应于折射率的比.

［153］“Au point 1.”

［154］“Au point 1.”

［155］对所有四条卵形线的情形，AF 和 AR 或是 AF 和 AS 以任一角相交．F 可能跟 A 重合，否则它跟 A 的距离决定了卵形线的大小．比值 $A5:A6$ 由所使用的材料的折射率决定．对前两条卵形线的情形，若 A 跟 F 不重合，那么它位于 F 和 G 之间，比值 $AF:AG$ 是任意的．对后两条的情形，若 F 跟 A 不重合，则它位于 A 和 H 之间，此时比值 $AF:AH$ 是任意的．对第一条卵形线，$AR=AG$，且点 R，6，8 位于 A 的同一侧．对第二条卵形线，$AS=AG$，且 S 位于 A 的、跟 6，8 不同的一侧．对第三条卵形线，$AS=AH$，且 S 跟 6，8 在 A 的两侧．对第四条卵形线，$AR=AH$，且 R，6，8 在 A 的同侧.

［156］当横截轴的长度与焦点间的距离之比变化时，比较椭圆和双曲线的变化.

［157］这些定理的证明如下：(1) 给定第一条卵形线，$A5=A6$；于是 $RA=GA$；$FP=F5$；$GP=R6=AR-R6=GA-A5=G5$．因此，$FP+GP=F5+G5$．即，点 P 位于直线 FG 上．(2) 给定第二条卵形线，$A5=A6$；于是 $F2=F5=FA+A5$；$G2=S6=SA+A6=SA+A5$；$G2-F2=SA-FA=GA-FA=C$．因此，2 位于一条双曲线上，其焦点为 F 和 G，其横截轴是 $GA-FA$．关于第三条卵形线的证明类似于 (1)，第四条的则类似于 (2).

我们还会注意到：第一条卵形线跟 P. 341 和 P. 342 上描述的曲线一样．至于 $FP=F5$，是因为 $FP-AF=A5$ 和 $AR=AG$；$GP=R6$；$AG-GP=A6$．那么，当 $A5:A6=d:e$，如前我们有

$$FP-AF:AG-GP=d:e.$$

［158］即，焦点，源于拉丁字 *focus*，意为“炉床”（指住处的生火处，家庭活动的中心——译注）开普勒（Kepler）首先赋予 focus 这个词几何意义．*Ad Vitellionem Paralipomena*，*Frankfort*，1604. *Chap*. 4，*Sect*. 4.

［159］“Reglées.”

［160］此处 PQ 等于入射角的正弦，PN 等于折射角的正弦．射线 FC 沿 CG 被反射.

［161］为了得到第一条卵形线，我们可以这样做：令 $AF=c$；$AG=b$；$FC=c+z$；$GC=b-\frac{e}{d}z$．令 $CM=x$，$AM=y$．$FM=c+y$；$GM=b-y$．在任一点 C 作该曲线的法线 PC．令 $AP=v$．那么 $\overline{CF}^2=\overline{CM}^2+\overline{FM}^2$．又，$c^2+2cz+z^2=x^2+c^2+2cy+y^2$，因

$$z=-c+\sqrt{x^2+c^2+2cy+y^2}.$$

还有，$\overline{CG}^2=\overline{CM}^2+\overline{GM}^2$，因

$$b^2-2\frac{be}{d}z+\frac{e^2}{d^2}z^2=x^2+b^2-2by+y^2.$$

在这个方程中，替换上面得到的 z 的值，取平方，再简化，我们便有 $[(d^2-e^2)x^2+(d^2-e^2)y^2-2(e^2c+bd^2)y-2ec(ec-bd)]^2=4e^2(bd+ec)^2(x^2+c^2+2cy+y^2)$.

［162］笛卡儿：*La Dioptrique*，作为 *Discours de la Mathode* 的附录发表，Leyden，1637. 参见库赞的书，Vol. Ⅲ.

［163］“Lunetes.”反射定律是柏拉图学派的几何学家所熟悉的，普利尼（Pliny）讨论过内部充满水的玻璃质球面壳状燃火镜，以及水晶球状的燃火镜. 参见 Hist. Nat. xxxvi，67（25）和 xxxvii，10. 柏拉图在他关于光学的论著中讨论了反射、折射，以及平面和凹面镜.

［164］“Circonference.”

［165］“Qui est un assez beau théorème.”

［166］这里笛卡儿暗示他的理论可以推广到立体几何. 这种推广主要由帕伦特（Parent，1666—1716），克莱罗（Clairaut，1713—1765）和斯霍滕（卒于1661年）加以实现.

［167］该问题的历史，可参见希斯的书：*History*，Vol. Ⅰ.

［168］若我们令 x 和 y 表示 ab 间的两个比例中项，则我们有 $a:x=x:y=y:b$，因 $x^2=ay$；$y^2=bx$ 和 $xy=ab$. 因此，x 和 y 可通过确定两抛物线的交点，或一抛物线跟一双曲线的交点而找到.

［169］参见：帕普斯，Book Ⅵ，Prop 31，Vol. Ⅰ. 亦可参见：吉内（Guinee），*Application de l'Algebre a la Geometrie*，Paris，1733，以及洛必达（L'Hospital），*Traite Analytique des Sections Coniques*，Paris，1707.

［170］这种安排的优点已被笛卡儿之前的几位作者认识到了.

［171］值得注意的是，笛卡儿写的是“可以有”（“peut-il y avoir”）而不是“必须有”，因为他仅仅考虑实的正根.

［172］即，如标示方程次数的数.

［173］“Tout ensemble,”——不完全是现代的概念.

［174］“Racines fausses,”以前用来表示“负根”的术语. 例如，斐波那契（Fibonacci）不允许负的量作为方程的根. *Scritti de Leonardo Pisano*，Published by Boncompagni，Rome，1857. 卡当（Cardan）承认它们，但称之为“æstimationes falsæ”或“fictæ”，且未赋予它们特别的意义. 参见：卡当，*Ars Magna*，Nurnberg，1545. 斯蒂弗尔（Stifel）称它们为“Numeri absurdi,”（1545），正如鲁多尔夫（Rudolff）在《未知数》（Die Coss）一书中所做的那样.

［175］“Le défaut”. 若 $x=-5$，-5 是 5 的“假根”，即从零减去 5 之所余.

［176］即，三个正根 2、3 和 4，以及一个负根：-5.

［177］“Somme,”当右边部分为零时的左边部分；即，在方程 $f(x)=0$ 中我们用 $f(x)$ 表示的内容.

［178］即，通过做除法.

［179］“Si la somme d' un équation.”

［180］该方程的第一部分. 笛卡儿总是讲除尽该方程.

［181］某些版本错误地写为 $x-5$.

［182］此处 5 被写成-5. 笛卡儿既没有陈述也没有明确地假定代数基本定理，即，每一个方程至少有

一个根.

[183] 此即著名的“笛卡儿符号法则”. 不过，它在笛卡儿的时代以前已为人知，因为哈里奥特(Harriot) 在他的 *Artis analyticae praxis*，London，1631 中已给出了这一法则. 康托尔说，笛卡儿可能是从卡当的著作里了解它的，但他是第一个把它叙述为普遍法则的人. 参见：康托尔，Vol. Ⅱ (1).

[184] 指绝对值.

[185] “Son quarre de quarre,” 即，它的四次幂.

[186] 笛卡儿将其写为 $y^4 - 8y^3 - y^2 + 8y * \infty 0$，此处星号表示在一完全的多项式中空缺的一项.

[187] 指绝对值.

[188] 例如，用 7 缩小假根 5 意指 $-(5-7) = +2$.

[189] 即，用 x 的最高次幂的指数除第二项的系数所得的量来缩小根，但取相反的符号.

[190] 指绝对值.

[191] 即，该系数.

[192] 笛卡儿将此方程写为 $x * - bbx + c^3 \infty 0$，星号表示这里缺了一项. 因此，他把 $-b^2x$ 说成是第三项.

[193] “Mais quelquefois seulement imaginaires.” 这是一种相当有趣的分类，其意为：我们可以有虚的正根和负根. 笛卡儿自此开始使用在此含义下的“虚的”这个词.

[194] 这似乎表明，笛卡儿认识到 n 次方程恰有 n 个根. 参见：康托尔，Vol. Ⅱ (1).

[195] 即，一个三次方程.

[196] “Nombres rompues”. 中世纪的拉丁文作者写为“numeri fracti”，而意大利文作者写为“numeri rotti”. 早期英语作者常用“broken numbers”.

[197] 即，将该方程变换为具整系数的方程.

[198] “Qui divise toute la somme.”

[199] 即，满足该问题条件的那个根.

[200] 笛卡儿考虑这个方程可视为 y^2 的一个函数.

[201] 这显然是我们现代的“综合除法”的变种，是我们的“剩余定理”和解数值方程的霍纳(Horner) 法的基础；这是中国人在十三世纪就知道的方法. 参见：康托尔，Vol. Ⅱ (1). 亦可参见：史密斯和三上义夫 (Mikami)，*History of Japanese Mathematics*，Chicago，1914；史密斯，Ⅰ.

[202] 这并非普遍法则.

[203] 即，它涉及圆锥截线或某些高次曲线.

[204] 一个双二次方程.

[205] 原文为“Either, or,”. 这似乎是在说：$x^2 - a^2 = 0$ 的根或是 $x = a$、或是 $x = -a$.

[206] 笛卡儿实质上写的是：“代替

$$+ x^4 * . pxx. qx. r \infty 0$$

而写出

$$+ y^6 . 2py^4 + (pp. 4r) yy - qq \infty 0.”$$

这里的符号体系是笛卡儿特有的.

[207] 笛卡儿写的是“pour les signes+ou-que j’ai omis.”

[208] 即，它的所有的根都是虚的.

[209] 即，给定的量不可能出现在同一个问题中.

[210] 帕普斯，Lib. Ⅶ，Prop. 72，Vol. Ⅱ. 下面是帕普斯给出的实质性证明. 他首先给出下述引理的精巧证明：给定一正方形 $ABCD$，E 是 AC 延长线上的一点，EG 在 E 垂直于 BE，跟 BD 的延长线交于 G，F 是 BE 和 CD 的交点. 于是 $\overline{CD}^2+\overline{FE}^2=\overline{DG}^2$. 接着，他这样做：通过该问题给定的作图得到 $\overline{DN}^2=\overline{BD}^2+\overline{BN}^2$. 由引理知 $\overline{DG}^2=\overline{CD}^2+\overline{FE}^2$. 由作图得：$BD=CD$，$DG=DN$. 因此，$FE=BN$.

[211] 取 BF 作为未知量，所得方程为

$$x^4+2cx^3+(c^2-2a^2)x^2-2a^2cx-a^2c^2=0.$$

[212] 即，画一等长于 AH 的弦.

[213] 即，在抛物线轴的同一侧.

[214] “Les fausses ou moindres que rien.”这是笛卡儿第一次直接使用这个同义词.

[215] 由此可注意到，笛卡儿在四次方程有一个零根时即来考虑相应的三次方程. 因此，该圆总是在顶点与该抛物线相交. 那么，它必定在另一点跟它相交，因为三次方程必定有一个实根. 它可能或不可能与之交于两个不同的点. 它可能与之交于两个重合的点，即顶点；在这种情形，该方程约化为二次方程.

[216] 证明如下：画 FM 垂直于 EC；令 $FL=z$. 根据抛物线的性质可知，$\overline{FL}^2=aAL$；$AL=\frac{z^2}{a}$；$\overline{EC}^2+\overline{CA}^2=\overline{EA}^2$；$\overline{EM}^2+\overline{FM}^2=\overline{EF}^2$；$\overline{EA}^2=\frac{q^2}{4}+\frac{a^2}{4}$；$\overline{EM}^2=(EC-FL)^2=\left(\frac{1}{2}q-z\right)^2$；$\overline{FM}^2=\overline{CL}^2=(AL-AC)^2=\left(\frac{z^2}{a}-\frac{a}{2}\right)^2$；$\overline{EF}^2=\frac{q^2}{4}-qz+z^2+\frac{z^4}{a^2}-z^2+\frac{a^2}{4}$. 但 $EF=EA$，故

$$\frac{q^2}{4}+\frac{a^2}{4}=\frac{q^2}{4}-qz+z^2+\frac{z^4}{a^2}-z^2+\frac{a^2}{4},$$

因 $z^3=a^2q$.

[217] $\angle NOQ$ 由弧 NQ 度量；

$\angle QNS$ 由 $\frac{1}{2}$ 弧 QP 或弧 NQ 度量；

$\angle SQR=\angle QOT$ 由弧 QT 或 NQ 度量；

$\therefore\ OQN=NQR=QSR.$

$\therefore\ NO:NQ=NQ:QR=QR:RS.$

$QR=z^2$；$RS=z^3$. 令 OI 在 M 与 NP 相交.

$NP=2NR+MR=2NQ+MR$

$=2NQ+MS-RS$

$=2NQ+QT-RS$

$=3NQ-RS.$

或 $q=3z-z^3$.

[218] G 和 g 跟 E 在轴的相反一侧，而 F 跟 E 在同侧.

[219] 令 $AB=b$；$EB=MK=mk=NL=c$；$AK=t$；$Ak=s$；$AL=r$；$KG=y$；$kg=z$，$FL=v$. 于是，$GM=y+c$，

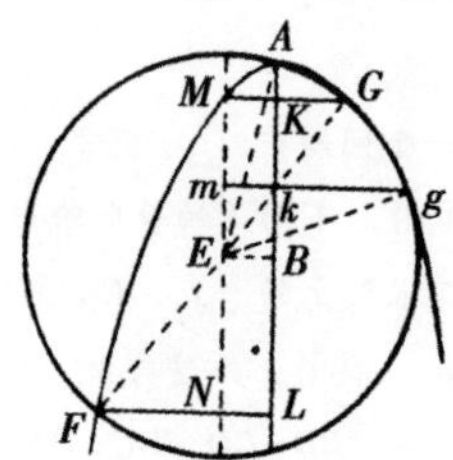

$gm=z+c$，$FN=v-c$，$GK^2 = aAK$，$at = y^2$，$t = \frac{y^2}{a}$，$\overline{gk}^2 = aAk$，$as = z^2$，$s = \frac{z^2}{a}$，$\overline{FL}^2 = aAL$，$ar = v^2$，$r = \frac{v^2}{a}$，

$$ME=AB-AK= b - \frac{y^2}{a}$$

$$mE = b - \frac{z^2}{a} \qquad EN= \frac{v^2}{a} - b \qquad \overline{EG}^2 = \overline{EM}^2 + \overline{MG}^2$$

$$\overline{EA}^2 = \overline{AB}^2 + \overline{BE}^2$$

$$\overline{EG}^2 = b^2 - \frac{2by^2}{a} + \frac{y^4}{a^2} + y^2 + 2cy + c^2$$

$$2ab = \frac{y^3 + 2a^2c + a^2y}{y} \qquad 2ab = \frac{z^3 + 2a^2c + a^2z}{z}$$

$$\frac{y^3 + 2a^2c + a^2y}{y} = \frac{z^3 + 2a^2c + a^2z}{z}$$

$$2a^2c = z^2y + zy^2.$$

类似地，
$$2a^2c = v^2y - vy^2$$

$$z^2y + zy^2 = v^2y - vy^2 \qquad v^2 - z^2 = vy + zy$$

$$v - z = y \qquad v = y + z \qquad FL=KG+kg.$$

[220] 卡当；Liber X，Cap. XI，fol. 29：“Scipio Ferreus Bononiensis iam annis ab hinc triginta fermè capitulum hoc inuenit，tradidit uero Anthonio Mariæ Florido Veneto，qui cü in cerramen cu Nicolao Tartalea Brixellense aliquando uenisset，occasionem dedit，ut Nocolaus inuenerit & ipse，qui cum nobis rogantibus tradidisser，suppressa demonstratione，freti hoc auxilio，demonstrationem quæliuimus，eamque in modos，quod diffcillimum fuit，redactam sic subjecimus.”

亦可参见康托尔，Vol. Ⅱ（1）；史密斯，Vol. Ⅱ.

[221] 笛卡儿写为：

$$\sqrt{C. + \frac{1}{2}q + \sqrt{\frac{1}{4}qq + \frac{1}{27}p^3}} + \sqrt{C. \ \frac{1}{2}q + \sqrt{\frac{1}{4}qq + \frac{1}{27}p^3}}.$$

[222] 由此可注意到，方程 $z^3 = 3z - q$ 可从方程 $z^3 = 3z + q$ 得到，办法是将后者变换为其根有相反符号的一个方程. 那么，$z^3 = 3z - q$ 的真根就是 $z^3 = 3z + q$ 的假根，反之亦然. 因此 $FL=NQ+NP$ 此时是真根.

[223] 所谓的不可约情况.

［224］笛卡儿在此处使用了求给定量的立方根的几何概念.

［225］这是另一处表现笛卡儿时代使用符号的倾向.

［226］笛卡儿用的记号是$\sqrt{C}$.

［227］正如任一点离两条轨迹的距离. 笛卡儿没有说“圆周上所有的点,” “而是说“*toutes ses parties.*”

［228］这并不意味着在一个与第一个平面相交的固定平面内，而是比如在另一片纸上.

［229］即，圆 *IPL*，它的直径为 t.

［230］即，圆 *PCN*.

［231］确定这些根的点，必须是该圆与所得曲线的主要分支，即分支 *ACN* 的交点.

［232］上述 y 的方程的两个根为 *NR* 和 *CG*. 但我们知道 a 是该方程的一个根；因此较短的长度 *NR* 必是 a，*CG* 必是 y. 于是，$x= y-a =CG-NR$，即所求比例中项中的第一个.

［233］即，和它交一个相当小的角.

［234］这一点当存在 6 个实的正根时需特别注意.

（袁向东　译①）

① 笛卡儿 1637 年用法文发表了他的《几何》. 斯霍滕（V. Schooten）于 1649 年将其译为拉丁文. 1925 年，史密斯（D. E. Smith）和莱瑟姆（M. L. Latham）依据上述法文和拉丁文两种版本将笛卡儿的这篇名著译为英文. 霍金采用的即是这一英译本；但他舍去了分节小标题，中译者则仍保留了它们，以方便读者. 该译本中的图的制作比较粗糙，后奥尔斯坎普（P. S. Olscamp）于 1965 年发表了新的英译本，其中的图的制作较精细，本中译本中的若干图是参照奥尔斯坎普版的图制作的.

需说明的是，中译者的译文最早收入任定成教授主编的《科学名著文库》（武汉出版社，1992. 武汉），再又收入任定成教授主编的《科学素养文库·科学元典丛书》（北京大学出版社，2008. 北京）. 现应李文林教授之约，对原中译文作了少许修正，并将英译本中添加的脚注（共 234 条）译出，同时译出了“勒内·笛卡儿（1596 ~ 1650）——生平和成果”.

中译者在翻译时曾向法国友人林力娜（Karine Chemla）请教过笛卡儿《几何》的法文原著中若干语句的中译问题，她提出了许多宝贵的建议，在此深表谢意。

伊萨克·牛顿（1642—1727）

生平和成果

伽利略在1642年1月8日去世，恰好是我出生前的300年．这一年的圣诞节，在英国林肯郡的产业小镇乌尔索普，伊萨克·牛顿诞生了．后来，他成为剑桥大学卢卡斯数学讲座教授，这一职位现在由我担任．

牛顿的母亲没有指望他能活多长时间，因为他早产太多，日后他描述自己在出生时是如此之小，以至可以放入容量为1夸脱的罐子里．牛顿的身为自耕农的父亲也叫伊萨克，在3个月前去世了，当牛顿到2岁时，他的母亲汉娜·艾斯库再次结婚，嫁给北威特姆的一个富裕牧师巴纳巴斯·史密斯．显然，在史密斯的这个新家里没有年幼的牛顿的位置，而他被托付给他的外祖母玛杰丽·艾斯库照看．被遗弃的遭遇和从来未见过父亲的悲剧合在一起，困扰了牛顿的一生．牛顿鄙视他的继父，在1662年的记事中，他回忆道："（我）以烧毁他们的房子来威胁我的父亲和母亲史密斯．"

与牛顿的成年颇为类似，他的儿童时代也间歇地存在着粗暴、存心报复的攻击，不仅攻击他所认为的敌人，也攻击朋友和家庭．他在早期还表现出将来决定他的成就的好奇心，即对机械模型和建筑绘图感兴趣．牛顿花费不计其数的时间制作钟表、发光的风筝，日晷和微型磨坊（由老鼠驱动），还精心绘制动物和船的草图．在5岁时，他到斯基灵顿和斯托克上学，但被认为是最差的学生之一，他的老师的评语说他“不上心”且“懒散”．尽管他有强烈的求知欲并显示出对学问的激情，但他却不能将其投入到学校的功课上．

牛顿到10岁时，巴纳巴斯·史密斯去世，汉娜从史密斯的遗产中得到了可观的收入．伊萨克和外祖母开始与汉娜，一个同母的弟弟及两个同母的妹妹一起生活．因为他对学校的功课，包括数学学习，不感兴趣，汉娜认为伊萨克管理农场和庄园更好，就让他从格兰瑟姆的文法学校退学．可她不走运，因为牛顿对管理家族庄园比对学校的功课更不感兴趣而且更不在行．汉娜的兄弟威廉是牧师，他认为对于这个家庭，让心不在焉的伊萨克返回学校完成他的教育可能是最佳选择．

这次，牛顿住在格兰瑟姆的文法学校校长约翰·斯托克斯家里，而且在受教育上他似乎到了一个转折点．一个故事说转折是他的头被校园里一个恃强凌弱的学生打了一下，激发了他，使年轻的牛顿逆转了他在学业上的不利前景．显示了智力上的特殊才能和求知欲，牛顿开始为在大学继续学习做准备．他打算进剑桥大学三一学院，这是他舅舅威廉的母校．

在三一学院，牛顿成为减费生，通过侍候教职员进餐及打扫房间获得补助．但到了1664年，他被选为公费生，这一身份为他提供了资金保障而且免予服侍别人．当剑桥大学由于鼠疫在1665年关闭时，牛顿回到林肯郡．在鼠疫期间，他在家中度过18个月，潜心研究力学和数学，并且开始集中精力考虑光学和重力．这一“奇迹年”，正如牛顿的叫法，是他生命中最多产且最富有成果的时期之一．在这前后，根据传说，一个苹果落在牛顿的头上，把在树下打盹的他惊醒，并刺激他制定引力定律．无论这个传说多么靠不住，牛顿本人写到一个“偶然“下落的苹果使他陷入对重力的沉思默想，据信那时他在做摆的实验．牛顿后来回忆道：“我正处在发现力最盛的时期，而且对数学和哲学的关心比其他任何时候都多．”

当牛顿返回剑桥，他学习亚里士多德和笛卡儿的哲学以及托马斯·霍布斯和罗伯特·玻意耳的科学．他被哥白尼和伽利略的天文学以及开普勒的光学所吸引．对牛顿在剑桥大学注册之前的数学教育，我们没有什么直接信息．在剑桥大学，牛顿的第一个导师是本杰明·普利恩，他后来成为皇家钦定希腊文讲座教授．不久，牛顿得到了伊萨克·巴罗的指导，巴罗是杰出的数学家，而且是皇家学会的创始人之一．他指导年轻的牛顿学习欧几里得的《几何》．此后，牛顿很快掌握了威廉·奥特雷德（1574－1660）和弗朗索瓦·韦达（1540－1603）的代数学著作，尤为重要的是，他掌握了笛卡儿的《几何学》．

在这段时间，牛顿开始了他的光折射和色散实验，实验可能在三一学院他的房间，或者在乌尔索普的家中进行．剑桥大学的一项进展显然对牛顿的前途有深刻的影响，这就是伊萨克·巴罗的到来，他被任命为卢卡斯数学讲座教授．巴罗认出了牛顿卓越的数学天赋，当他 1669 年辞去这一教职去研究神学时，他推荐 27 岁的牛顿继任他的职位．

作为卢卡斯讲座教授，牛顿最初的研究集中在光学领域．他打算证明白光是由不同类型的光复合而成，当白光被棱镜折射时，每种类型的光产生光谱中的一种不同的颜色．他的一系列精致而又准确的实验，目的是证明光是由极小的微粒构成的，引起了诸如胡克这样的科学家的怒火，胡克满足于光以波的形式传播．胡克要求牛顿为他的离经叛道的光学理论提供进一步的证明．牛顿的反应方式并没有随着他的成年而有所长进．他退缩了，并寻找一切机会羞辱胡克，拒绝出版他的《光学》一书，直到 1703 年胡克去世．

在牛顿担任卢卡斯讲座教授的早期，尽管他独自研究纯数学，但与少数同事分享他的成果．到 1666 年，牛顿已经发现了求解曲率问题的一般方法—他称之为“流数和逆流数理论”．这一发现引起与德国数学家和哲学家戈特弗里德·威廉·莱布尼茨的支持者的长期不和，莱布尼茨在十多年之后发表了他在微积分方面的发现．两人大致得到了相同的数学原理，但莱布尼茨先于牛顿发表他的工作．牛顿的支持者声称莱布尼茨多年前看过这位卢卡斯讲座教授的论文，两个阵营之间的激烈争论直到莱布尼茨在 1716 年去世才停止，并以微积分发明权的争论而著称．牛顿在谈论对上帝和宇宙的看法时发泄出来的恶意攻击，以及对剽窃的指控，使莱布尼茨陷于穷困和耻辱．

大多数科学史家认为这两个人事实上是独立地得到他们的思想，而且这一争论是无意义的．牛顿对莱布尼茨的辛辣的攻击在体力和精神上也重创了牛顿．不久，他发现他自己又陷入另一场战争，这次的对手是英国的耶稣会士，而且在 1678 年他遭受了一次严重的精神崩溃①．次年，他的母亲去世，牛顿离群索居．

① 牛顿与英国耶稣会士的争论发生在微积分发明权之争的前面．

他秘密地钻研炼金术，这一领域在牛顿的时代被广泛认为是无成果的．这位科学家生涯中的这一插曲令许多牛顿的研究者感到为难．只是在牛顿去世后很久才弄清楚，他在化学实验上的兴趣与他后来研究天体力学和重力有关．

到 1666 年，牛顿已经开始形成他关于运动的理论，但他尚不能恰当地解释圆周运动的力学．大约 50 年前，德国数学家和天文学家约翰内斯·开普勒提出行星运动的三个定律，它们精确地描述了行星怎样围绕太阳运动，但他不能解释行星为何这样运动．开普勒所理解的与此相关的最接近的力是太阳和行星的“磁力”．

牛顿想发现行星的椭圆轨道的成因．通过应用他自己的向心力定律于开普勒行星运动的第三定律（和谐定律），他导出平方反比定律：任意两个物体间的重力与物体的中心之间的距离的平方成反比．由此，牛顿认识到重力是普遍的—引起苹果落地和月球围绕地球运行的力是同一种力．于是，他打算用已知的数据检验平方反比关系．他接受伽利略的估计—月球离地球的距离是地球半径的 60 倍，但他自己对地球直径不准确的估计值使他无法完成令他满意的检验．有讽刺意味的是，在 1679 年与他的老对手胡克的通信中重新激起了他对这一问题的兴趣．这次，他的注意力转向开普勒第二定律—等面积定律，由于向心力，牛顿能证明该定律为真．胡克也尝试解释行星的轨道，他关于这一问题的几封信对牛顿有特别的意义．

在 1684 年的一次著名的聚会上，皇家学会的 3 位成员—罗伯特·胡克，埃德蒙·哈雷和设计圣保罗大教堂的著名建筑师克里斯托弗·雷恩—对平方反比关系支配行星的运动进行了热烈的讨论．在 17 世纪 70 年代早期，在伦敦和其他学术中心的咖啡馆讨论的一个问题是从太阳向各个方向发出的重力按照距离的平方的反比减小，因此随着以太阳为中心的球的扩张，在该球的表面上的重力变得越来越小．1684 年的聚会导致了《原理》的诞生．胡克宣称他从开普勒的椭圆定律导出重力是发散力的证明，但在他准备好公开之前，不向哈雷和雷恩透露．愤怒的哈雷去剑桥告诉牛顿胡克的说法，并提出如下问题：“如果行星被拉向太阳的力与距离的平方成反比，行星的轨道为何种形状？”牛顿的回答令人惊愕．他立刻答道：“轨道是椭圆．”并告诉哈雷，他在 4 年之前已解决了这一问题，但不知把证明放在书房的何处．

应哈雷的请求，牛顿用 3 个月的时间重构并改进证明．之后，他的能量喷涌了 18 个月，其间他如此集中于工作，以致往往忘记吃饭．牛顿进一步发展这些想法，直到它们占满三卷的篇幅．他为这一著作取名《自然哲学的数学原理》

(Philosophiae naturalis principia mathematica)，有意与笛卡儿的《哲学原理》(Principia Philosophiae) 形成对照. 牛顿的 3 卷《原理》提供了开普勒的定律和物理世界之间的联系. 对牛顿的发现哈雷的反应是"高兴和惊奇". 哈雷看来，在所有其他人失败的地方这位卢卡斯讲座教授取得了成功，他个人资助出版这一大部头著作作为杰作和对人类的礼物.

伽利略已经证明物体被拉向地球的中心，牛顿证明同一力—重力，作用于行星的轨道. 牛顿也熟悉伽利略在抛射体运动方面的工作，他断言月球围绕地球的轨道属于同一原理. 牛顿表明重力可解释和预测月球的运动以及地球上的潮涨潮落.《原理》的第一卷包含牛顿的运动三定律：

1. 每一个物体都保持它自身的静止的或者一直向前均匀地运动的状态，除非由外加的力迫使它改变它自身的状态.

2. 运动的改变与外加的引起运动的力成比例，并且发生在沿着那个力被施加的直线上.

3. 对每个作用存在总是相反的且相等的反作用；或者，两个物体彼此的相互作用总是相等的，并且指向对方.

对于牛顿而言，第二卷的开始是对第一卷事后的思考，并不包含在该书的原始规划中. 它本质上是流体力学的专题论述，并让牛顿有地方展示他在数学上的独创性. 在该卷的末尾，牛顿得出结论：经过详细研究，笛卡儿解释行星运动的涡漩理论不成立，因为行星可以在没有涡漩的自由空间中运动. 为何如此，牛顿写道："可由第一卷理解；且我将更充分地在下一卷中论述."

在标题为《论宇宙的系统》的第三卷中，通过应用第一卷的运动定律于物理世界，牛顿总结道："向着所有物体存在重力，重力与在每个物体中的物质的量成比例." 由此，他表明他的万有引力定律能解释已知的 6 颗行星以及月球、彗星，二分点和潮汐的运动. 这一定律说明，所有物质以正比于它们的质量的乘积且反比于它们之间的距离的平方的力相互吸引. 通过单独的一组定律，牛顿统一了地球和天空中所有可见的东西. 在第三卷"推理的规则"的前两个中，牛顿写道：

> 对自然事物的原因的承认，不应比那些真实并足以解释它们的现象的为多. 所以，对同类的自然效果，我们必须尽可能归之于相同的原因.

实际上是规则二把天和地统一起来. 亚里士多德主义者会断言天空的运动和

地球上的运动的自然效果显然不同，因此不能使用牛顿的规则二．但牛顿另有看法．《原理》在1687年的出版受到了适度的赞扬，且第一版仅印了约500册．不过，牛顿的难以对付的敌手罗伯特·胡克威胁要损坏牛顿可能享有的任何荣誉．在第二卷出现后，胡克公开宣称他在1679年写的信提供的科学想法对牛顿的发现是至关重要的．他的说法，尽管不是没有依据，但牛顿很厌烦，他决定推迟甚至放弃第三卷的出版．最终，牛顿消了气而出版了《原理》的最后一卷，但出版前删去了其中提到的胡克的名字．

在牛顿自17世纪60年代中期开始使用的笔记本中，可以找到他在微积分方面的工作．不过，牛顿本人从未发表过一篇纯数学的文章①．只是到了20世纪后半叶，才出版了他的数学论文的大部分．在《原理》第一卷的第一部分，牛顿让他的同时代人看了一眼他在微积分上的发现．他把这一部分取名为“论用于此后证明的最初比和最终比方法”．在包含于本书里这一部分中牛顿提出了12个“引理”，引理是代表“辅助性命题”的希腊术语．这12个关于最初比和最终比的引理使他能够把由曲线构成的图形与其对应的由直线构成的图形互换使用．

在第一个引理中，牛顿证明了：**诸量以及量的比，它们在任何有限的时间总趋于相等，在时间结束之前它们彼此之间比任意给定的差更接近，最终它们成为相等**．

牛顿以非常直接的方式对此加以证明，此证预示了两个世纪后魏尔斯特拉斯的 $\varepsilon-\delta$ 方法．如果量及量的比最终不成为相等，那么，它们有有限的最终差 D，且它们就不能比给定的差 D 更为接近！注意牛顿建立的这一陈述是在时间的变化之上．《原理》是论述物理学的一部著作，其中给出这样的背景不值得惊奇．

在牛顿之前2000年，对特殊的几何对象，通过其内接和外接多边形，阿基米德已经证明了它们的定理．在引理2中，牛顿采用阿基米德的思路，通过围绕曲线部分的内接和外接矩形把这一方法推广到任意曲线，证明由这些内接和外接矩形构成的内接和外接图形的面积有等量的最终比．

牛顿让他的读者考虑与这里由 AE 表示的一条直线有关的任意一段曲线，他把 AE 分成相等的部分 AB、BC、CD，等等，它们将减小以至无穷（ad infinitum）．接着，他构作矩形，诸如内接于一段曲线的 $AKbB$ 和外接于同一段曲线的 $AalB$．他注意到这两个矩形的面积之差是矩形 $aKbl$ 的面积，而且，这些“差”矩形的面积之和就是矩形 $AalB$ 的面积！然后，牛顿注意到矩形 $AalB$ 的底

① 牛顿在《光学》英文第一版（1704）的附录中发表了两篇数学论文．

AB 的长度减小以至无穷，因此矩形 $AalB$ 的面积“变得小于任何给定的空间”. 所以，内接和外接图形的面积最后“成为彼此最终相等”，而且曲线图形的面积也是如此！

牛顿马上把他的这些引理用于证明《原理》中的第一个命题：开普勒的面积定律！

在第一部分结尾的解释中，牛顿关心不久将会出现的批评：自身减小到零的量不能有最终比，因为它们减小到零. 他通过把最终比与在空间中的一个物体在一个特定点的速度比较而做出回应. 在源于古希腊人的一项论证中，牛顿指出该物体的确没有静止，因为在这一时刻它在特定的位置. 与此形成对照的是，它有确定的最终速度，因为在这一时刻它在特定的位置，正如减小到零的量比其他减小到零的量可以有最终比.

因为那些最终比，随着它们量的消失，实际上不是最终量的比，而是无限减小的量的比持续靠近的极限，它们能比任意给定的差更加接近，但在量被减小以至无穷之前它们既不能超过，也不能达到［此极限］.

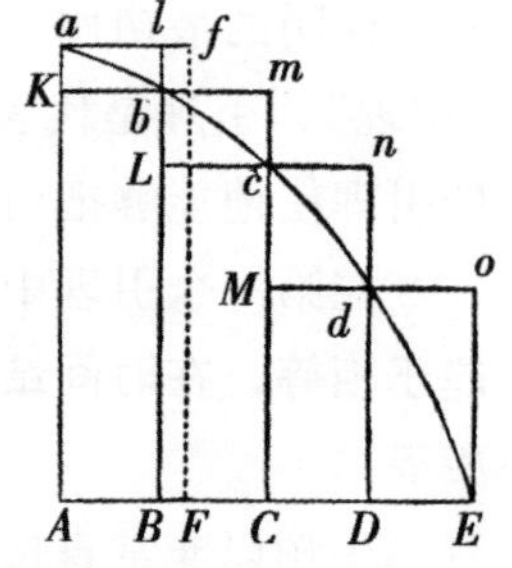

18 世纪，牛顿开始担任政府职位—皇家造币厂厂长，在这里他利用他在炼金术方面的工作确定重建统一的英国货币的方法. 作为皇家学会会长，他继续与他察觉到的敌人战斗，毫不宽容. 尤其是他与莱布尼茨长期不和，因为他们竞相声称发明了微积分. 1705 年，他被女王安妮封为爵士，并活到看见出版《原理》的第二和第三版.

在一些场合，牛顿声言《原理》中的许多命题是他用他在微积分上的发现导出的. 其中之一是他在 1715 年前后起草的《原理》的序言，但未出版. 1722 年，该序被纳入一本书的评论中匿名发表，这本书是评定他和莱布尼茨对微积分的发明权的主张的①. 他写道：

借助新的分析学的帮助，牛顿先生发现了他的《哲学原理》中的大部分命题，但古人只允许被综合证明的东西进入几何学，［因此］他

① 这篇匿名评论以《题为〈通信集〉的书的说明》(Account of the Book entituled *Commercium Epistolicum*) 发表在 1715 年的《哲学汇刊》(No. 342，173－224 页) 上. 下面引用的一段话出现在第 206 页.

> 综合地证明命题，这样天体系统可以建立在完全的几何学之上．而这使得没有经过训练的人难以看出用于发现命题的分析学．

近来对牛顿笔记本的分析揭示出，他并没有为了自己而非头号对手莱布尼茨获得微积分的发明权而做出过分的要求．

1727 年 3 月，在患肺炎和痛风之后，伊萨克·牛顿逝世．如牛顿所愿，在科学领域，他没有对手．此人显然与女性没有浪漫之事（有些科学史家推测他与其他男人的关系，如瑞士自然哲学家尼古拉斯·法蒂奥·德·杜伊里尔），不过，不能说他对工作缺乏激情．与牛顿同时代的诗人亚历山大·波普，最优雅地描述了这位伟大的思想家对人类的馈赠：

> 自然和自然的定律隐藏在黑夜之中，
> 上帝说："让牛顿降生吧！一切会变得光明．"

所有不重要的争议和不可否认的傲慢在他的生活中留有印记，在晚年，伊萨克·牛顿深刻地评价他的成就："我不知道世人怎么看我，但我觉得自己只是在海边玩耍的小孩，不时为找到一块更光滑的鹅卵石或一片更漂亮的贝壳自娱，而我面前是一片全然未被探究过的真理的大海．"

《原理》节选

第Ⅰ卷 论物体的运动

第一部分

论用于此后证明的最初比和最终比方法

引理Ⅰ

诸量以及量的比，它们在任何有限的时间不断地趋于相等，在时间结束之前，其中一个与另一个比任意给定的差更接近，最终它们成为相等.

如果你否认，则它们最终不相等，又设它们最终的差为 D. 所以，对于相等性它们就不能比给定的差 D 更为接近，这与假设相反.

引理Ⅱ

如果在终止于直线 Aa，AE 和曲线 acE 的任意图形 $AacE$ 中，内接任意数目的平行四边形 Ab、Bc、Cd，等等，它们由相等的底 AB、BC、CD，等等，与图形的边 Aa 平行的边 Bb、Cc、Dd，等等所包含；并补足平行四边形 $aKbl$、$bLcm$、$cMdn$，等等. 那么，如果平行四边形的宽度减小且其数目增加以至无穷；我说：内接图形 $AKbLcMdD$，外接图形以及曲线形 $AabcdE$ 彼此之间的比，是等量之比.

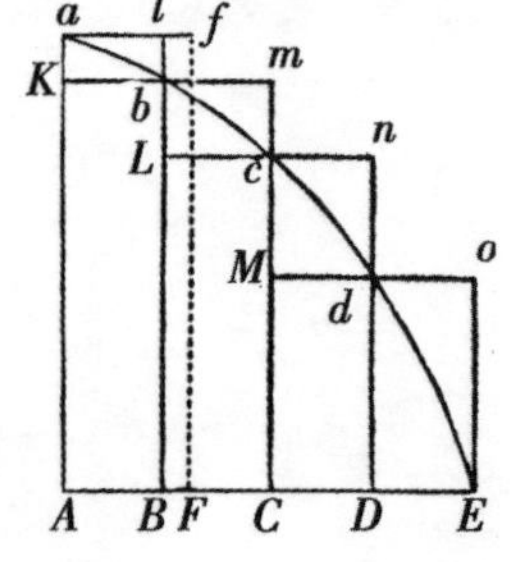

因为内接图形和外接图形之差是平行四边形 Kl，Lm，Mn，Do 的和，这就是（由于所有的底相等）一个底 Kb 和高的和 Aa 之下的矩形，亦即，矩形 $ABla$. 但这个矩形，因为假设其宽度 AB 无限减小，变得小于任何给定的空间. 所以（由引理Ⅰ），内接图形和外接图形，并且居于它们中间的曲线形最终相等. 此即所证.

引理Ⅲ

当平行四边形的宽度 AB、BC、DC，等不相等，但都减小以至无穷，同样的最终比也是等量之比.

因为设 AF 等于最大宽度，并补足平行四边形 $FAaf$. 这个平行四边形大于内接图形和外接图形之差；但由于它的宽度 AF 被减小它将变得小于任意给定的矩形. 此即所证.

系理 1　因此，那些正消失的平行四边形的最终和与曲线形的所有部分重合.

系理 2　并且直线形，它被将要消失的弧 ab、bc、cd 等的弦包围，最终与曲线形重合.

系理 3　外接直线形，当被相同的弧的切线包围时是一样的.

系理 4　因此，这些最终的图形（相对于周线 E）不再是直线形，而是直线形的曲线形极限.

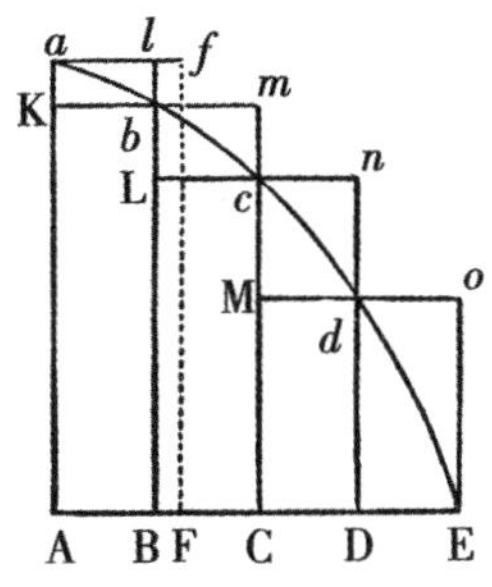

引理Ⅳ

如果在两个图形 $AacE$、$PprT$ 中，内接（如同上面）两组平行四边形，二者数目一样，且当宽度减小以至无穷时，一个图形中的平行四边形比另一个图形中的平行四边形的最终比，一个对一个，是相同的；我说：这两个图形 $AacE$、$PprT$ 彼此按照那个相同的比.

因为［在一个图形中的］一个平行四边形比［在另一个图形中对应的］一个平行四边形，如同（由复合）［在一个图形中所有平行四边形的］和比［在另一个图形中所有平行四边形的］和，并且如同一个图形比另一个图形；因为前一图形（由引理Ⅲ）比前一和以及后一图形比后一和，按照等量之比. 此即所证.

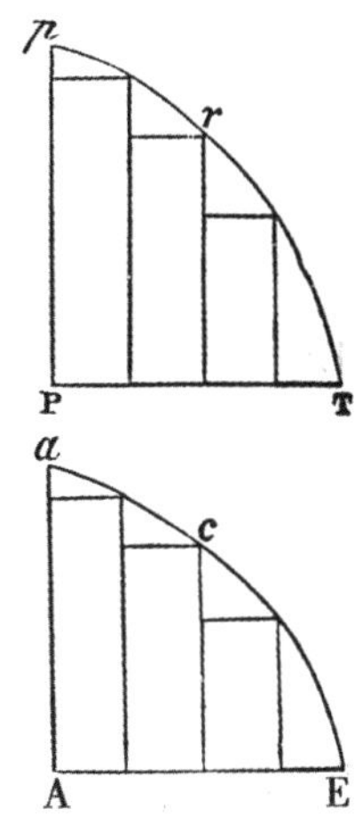

系理　因此，如果两种任意类型的量按同样的份数被任意划分，那些部分在数目增加且它们的大小减小以至无穷时，彼此之间保持给定的比，第一个对第一个，第二个对第二个，其余的按顺序对其余的：则整个部分彼此之间按照那个相同的给定的比. 因为，如果在这个引理的图形中，平行四边形被取得彼此如同［量的］部分，则部分之和总如同矩形之和；因此，当部分及平行四边形的数目增加且大小减小以至无穷时，部分和将按照

［一个图形中的］平行四边形比［另一个图形中的］平行四边形的最终比，亦即（由假设）将按照［一个量中的］部分比［另一个量中的］部分的最终比.

引理Ⅴ

诸相似形的所有类型的对应边，无论是直线或是曲线，成比例：则面积按照边的二次比.

引理Ⅵ

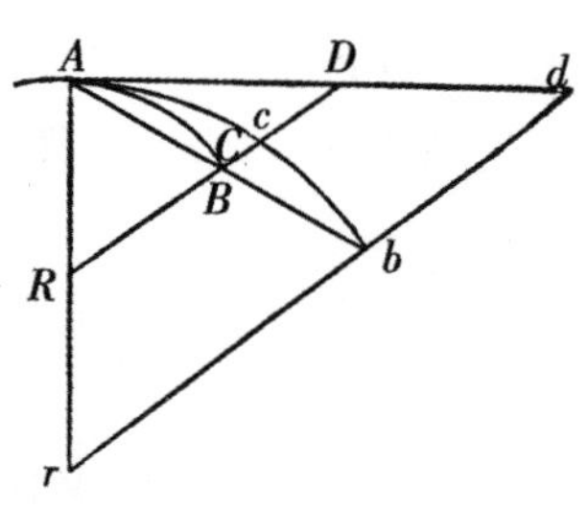

如果位置给定的任意弧 ACB 所对的弦为 AB，且在任意点 A，它在连续的曲率中间，被沿两个方向延伸的一条直线 AD 相切；此后，如果点 A，B 彼此靠近并重合；我说：角 BAD，它被包含在弦和切线之间，被减小以至无穷并最终消失.

因为如果那个角不消失，弧 ACB 和切线 AD 所含的角等于一个直线角，所以曲率在点 A 不连续，与假设相悖.

引理Ⅶ

在同样的假设下，我说：弧，弦和切线彼此的最终比是等量之比.

因为当点 B 靠近点 A 时，总认为 AB 和 AD 延长到在远处的点 b 和 d，引 bd 平行于截段 BD. 又，弧 Acb 总相似于弧 ACB. 那么，假设点 A，B 重合，由上一引理，角 dAb 消失；因此直线 Ab，Ad［它们总是有限的］和居于它们中间的弧 Acb 重合，且成为相等. 因此，直线 AB，AD，和居于它们中间的弧 ACB（它们总与前者成比例）将消失，且最终获得等量之比. 此即所证.

系理 1　因此，如果通过 B 引平行于切线的［直线］BF 与过 A 的任意直线交于 F，这条线 BF 与消失的弧 ACB 的最终比为等量之比，因为，如果补足平行四边形 $AFBD$，BF 比 AD 总是等量之比.

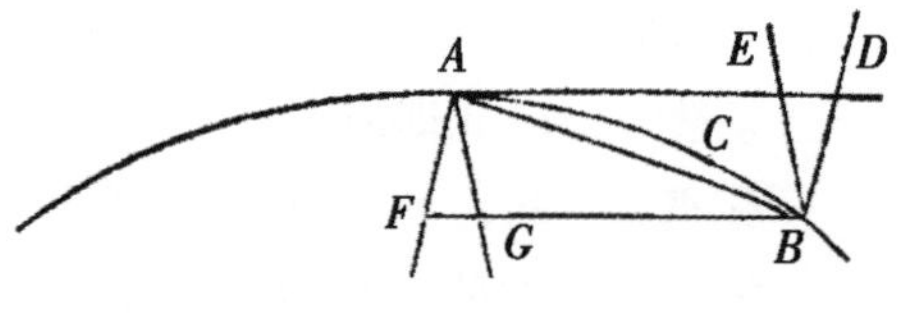

系理 2　如果通过 B 和 A 引另外的直线 BE，BD，AF 和 AG 与切线 AD 及其平行线 BF 相截，则所有线段 AD，AE，BF 和 BG 以及弦 AB 与弧 AB 彼此的最终比为等量之比.

系理 3　因此，在关于最终比的论证中，我们自由地用一个代替另一个.

引理Ⅷ

如果直线 AR 和 BR 以及弧 ACB，弦 AB 和切线 AD 构成三个三角形 RAB，$RACB$ 和 RAD，而且点 A 和 B 靠近并相遇；我说：这些三角形在它们消失时的最

终形状相似，并且它们的最终比为等量之比.

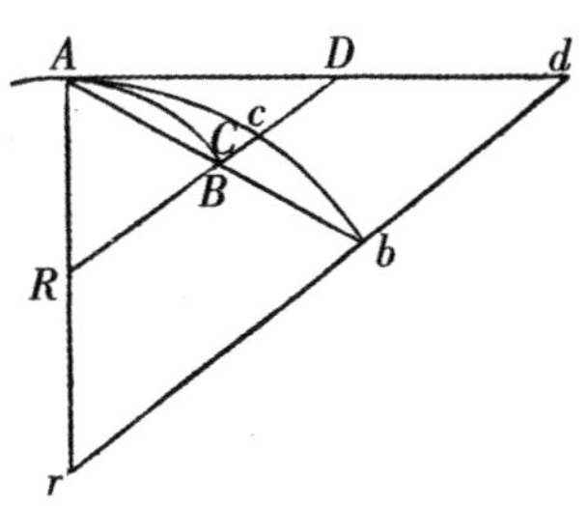

因为当点 B 靠近点 A 时，总认为 AB，AD，AR 延长到在远处的点 b，d 和 r，并引 rbd 平行于 RD，又设弧 Acb 总相似于弧 ACB. 然后，假设点 A，B 重合. 角 bAd 将消失，所以，三个三角形 rAb，$rAcb$，rAd（它们总是有限的）重合，因此之故它们既相似又相等. 所以，三角形 RAB，$RACB$，RAD 总与这些三角形相似且成比例，它们最终彼此既相似又相等. 此即所证.

系理　因此那些三角形，在所有关于最终比的论证中能互相代替.

引理Ⅸ

如果一条直线 AE 和一条曲线 ABC 的位置被给定，它们相互截于一个给定的角 A，且以另一给定角向那条直线引作为纵标线的 BD、CE，它们交曲线于 B、C；点 B 和 C 一起向点 A 靠近并在点 A 相遇. 我说：三角形 ABD、ACE 的面积最终彼此按照边的二次比.

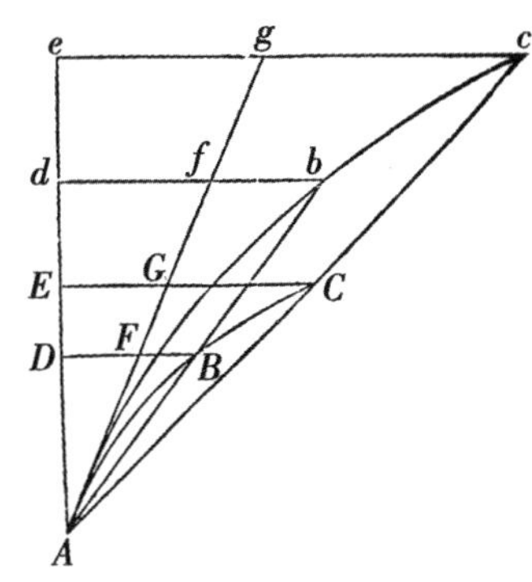

因为，当点 B，C 靠近点 A 时，总假设 AD 延长到在远处的点 d 和 e，使得 Ad，Ae 与 AD，AE 成比例，引纵标线 db，ec 平行于纵标线 DB，EC，且交延长的 AB，AC 于 b 和 c. 设曲线 Abc 相似于曲线 ABC，引直线 Ag 使得它与两曲线在 A 相切，并截纵标线 DB，EC，db，ec 于 F，G，f，g. 然后，保持 Ae 的长度不变，设点 B 与 C 在点 A 相遇，且角 cAg 消失，曲线形 Abd，Ace 的面积将与直线形 Afd，Age 的面积重合；因此（由引理Ⅴ）将按照边 Ad，Ae 的二次比. 但是面积 ABD，ACE 总与这些面积成比例，且边 AD，AE 总与这些边成比例. 所以，面积 ABD，ACE 最终按照边 AD，AE 的二次比. 此即所证.

引理Ⅹ

空间，它由受到一任意有限力推动的一个物体画出，无论那个力是确定的和不变的，或者持续增加或者持续减小，在运动刚开始时按照时间的二次比.

设时间由线 AD，AE 表示，且在这些时间所产生的速度由纵标线 DB，EC 表示. 这些速度在运动刚开始时画出的空间，如同这些纵标线所画出的面积 ABD，ACE，这就是，（由引理Ⅸ）按照时间 AD，AE 的二次比. 此即所证.

系理 1　因此容易推知，当物体在成比例的时间画出相似图形的相似部分时的误差，很近似地如同产生它们的时间的平方；如果这样，这些误差由任意相等的力类似地用于这些物体上产生，由物体离开相似图形的那些位置度量，同样的物体在没有这些力作用时在成比例的时间到达那些位置.

系理2　但是误差，它们由成比例的力类似地用于在相似图形的相似部分上的物体产生，如同力与时间的平方的联合.

系理3　同样可以知道，物体在不同的力推动下所画出的任意的空间. 它们当运动刚开始时，如同力与时间的平方的联合.

系理4　因此，当运动刚开始时，力与［物体］所画出的空间成正比且与时间的平方成反比.

系理5　又，时间的平方与［物体］所画出的空间成正比且与力成反比.

解释

如果不同种类的不定量彼此比较，并且说其中的某一个与任意另一个成正比或反比，意思是，或者前者与后者按相同的比增加或减小，或与后者的倒数按相同的比增加或减小. 如果说其中的一个与另外两个或多个成正比或反比，意思是，第一个按照一个比增加或减小，它由后者中某个的或者另一个的倒数的增大或减小的比复合而成. 如果说 A 与 B 成正比又与 C 成正比又与 D 成反比，意思是，A 按照与 $B\times C\times \frac{1}{D}$ 同样的比增加或减小，这也就是，A 与 $\frac{BC}{D}$ 的相互之比为给定的比.

引理XI

在切点具有有限曲率的所有曲线中，切角消失时的对边，最终按照弧毗连的对边的二次比.

情形1. 设 AB 为那条弧，其切线为 AD，切角的对边 BD 垂直于切线，该弧的对边为 AB. 引 BG 垂直于这个对边 AB，AG 垂直于切线 AD，它们交于 G；然后设点 D，B，G 靠近点 d，b，g，再设 J 为当点 D，B 最终到达 A 时直线 BG，AG 的交点. 显然距离 GJ 能小于任意指派的距离. 又（由穿过点 A、B、G，A、b、g 的圆的性质）$AB^2=AG\times BD$，且 $Ab^2=Ag\times bd$；由此 AB^2 比 Ab^2 之比由来自 AG 比 Ag 与 BD 比 bd 的比复合而成. 但因 GJ 能取得小于任意指派的长度，使得 AG 比 Ag 之比能成为与等量之比的差异小于任意给定的差的比，因此，AB^2 比 Ab^2 之比与 BD 比 bd 之比的差异小于任意给定的差. 所以，由引理Ⅰ，AB^2 比 Ab^2 的最终比与 BD 比 bd 的最终比相同. 此即所证.

情形2. 现在，设 BD 以任意给定的角向 AD 倾斜，则 BD 比 bd 的最终比总

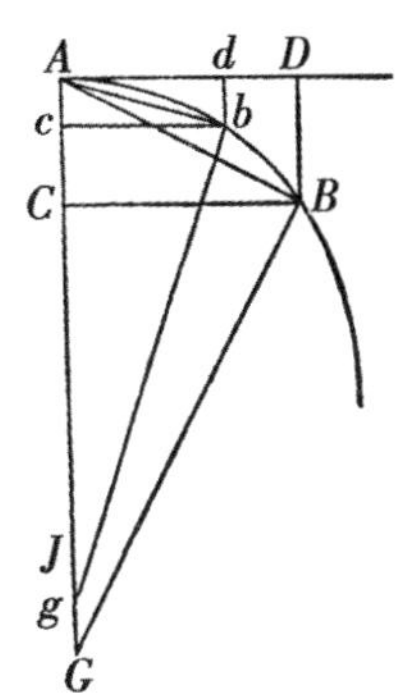

与前者相同，因此与 AB^2 比 Ab^2 相同．此即所证．

情形 3．如果我们假设角 D 没有被给定，但直线 BD 往给定的一个点汇聚，或按任意其他的规则确定；毕竟角 D、d 按相同的规则确定，总倾向于相等且比任意给定的差更加靠近，由此由引理 I 它们最终相等，所以直线 BD、bd 的彼此之比与前面一样．此即所证．

系理 1　由于切线 AD、Ad，弧 AB、Ab 以及它们的正弦 BC、bc 最终等于弦 AB、Ab；它们的平方最终同样如同［切角的］对边 BD、bd．

系理 2　它们的平方最终也如同弧的矢，它们平分弦并汇聚于一给定的点．因为那些矢如同［切角的］对边 BD、bd．

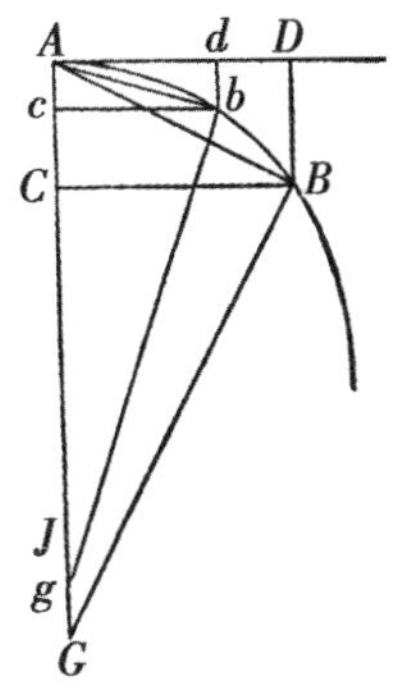

系理 3　因此，矢按照时间的二次比，在此期间物体以一个给定的速度画出弧．

系理 4　直线三角形 ADB、Adb 最终按照边 AD、Ad 的三次比，且按照边 DB、db 的二分之三次比；由于［这些三角形］按照边 AD 比 DB，Ad 比 db 的复合比．所以，三角形 ABC 和 Abc 最终按照边 BC、bc 的三次比．我说的二分之三次比是三次比的平方根，即是来自简单比和［它的］二分之一次比的复合．

系理 5　因为 DB、db 最终平行并按照直线 AD、Ad 的二次比，最终曲线形 ADB、Adb 的面积（由抛物线的性质）是直线三角形 ADB、ADb 面积的三分之二；且弓形 AB、Ab 是同样的三角形的三分之一．并且这些［曲边形的］面积及这些弓形既按照切线 AD、Ad 的三次比；又按照弦和弧 AB、Ab 的三次比．

解释

然而，我们一直假设切角既不无限地大于也不无限地小于包含于圆和它们的切线的切角；这就是，在点 A 的曲率既不是无穷小又不是无穷大，或者间隔 AJ 的长短是有限的．因 DB 可取为如同 AD^3：在此情形过点 A 不能画出在切线 AD 和曲线 AB 之间的圆，因此切角无限地小于圆的切角．由类似的论证，如果 DB 相继取得如同 AD^4、AD^5、AD^6、AD^7，等等，我们得到一个无穷延续的切角序列，其中任意后面的切角无限地小于前面的切角，如果 DB 相继取得如同 AD^2、$AD^{\frac{3}{2}}$、$AD^{\frac{4}{3}}$、$AD^{\frac{6}{5}}$、$AD^{\frac{7}{6}}$，等等，我们将得到另一切角序列，其中第一个与圆的切角是同类，第二个较圆的切角无限地大，且任意后面的切角较前面的切角无限地大．而且，在这些角中的任意两个之间能插入位于两者之间的，向两个方向延续以至无穷的切角序列．其中任意后面的切角较前面的切角无限地大或者无限地小．如在 AD^2 和 AD^3 项之间插入序列 $AD^{\frac{13}{6}}$、$AD^{\frac{11}{5}}$、$AD^{\frac{9}{4}}$、$AD^{\frac{7}{3}}$、$AD^{\frac{5}{2}}$、$AD^{\frac{8}{3}}$、$AD^{\frac{11}{4}}$、$AD^{\frac{14}{5}}$、$AD^{\frac{17}{6}}$，等等．又，在此序列的任意两个角之间可插入一个新的位于两者之间的角序列，彼此由无穷多的间隔区分．自然可知这没有限度．

那些关于曲线及关于它们所包围的面的证明，容易用于立体曲面及立体的容积．先期给出这些引理，是为了避免按古代几何学家的方式，用归谬法导出冗长的证明．确实，由不可分方法证明可得以缩短．但因不可分假设过于粗糙，所以那种方法被认为更少几何味；我宁愿此后命题的证明由正消失的量的最终和及最终比以及初生成的量的最初和及最初比导出，亦即，由和及比的极限导出；我给出那些极限尽可能简洁的证明，如预先说的．因为由此得到的结果，同样也可由不可分法得到，现在那些原理已经得到证明，我们利用它们更为稳妥．因此，在此后每当我考虑由小部分构成的量时，或当我用短曲线代替直线时，我不愿它们被理解为不可分量，而愿它们总被理解为正消失的可分量；不要理解为确定的部分的比以及和，而总理解为和以及比的极限，且此类证明的力量总从属于前面引理的方法．

可以提出反对：正消失的量不存在最终比，因为在量消失之前，比不是最终的，在已消失之时，比不再存在．但同样的论证适用于［说明］一个物体到达其运动停止时的特定位置时没有最终速度，因为在物体到达这个位置之前，其速度不是最终速度，当物体到达那里时，不再有速度．但［对此的］回答是容易的：物体的最终速度被理解为，它既不是在物体到达运动最终到达并停止的位置之前的，也不是在它到达那个位置之后的，而是正当它到达时的速度；亦即，物体到达最终位置并停止的那个速度．并且类似地，正消失的量的最终比被理解为不是它们消失之前或消失之后的比，而是它们正消失时的比．同样，初生成的量的最初比是它们被生成时的比．且最初和最终的和是它们正当开始和终止（或者增加或者减小）的和．存在一个极限，在运动之终可以达到，但不能超过．这就是最终速度．这对所有刚出现和将要终止的量和比的极限是一样的．又因为这个极限是一定的且有界限，确定它是真正的几何学问题．在确定和证明其他几何学问题时，可以合法地应用［古典］几何学中的一切．

也可能［这样提出］反对，如果正消失的量的最终比给定，它们最终的大小亦被给定，因此所有量由不可分量构成，这与欧几里得在他的《几何》第十卷论不可通约量中证明的真理相反. 但这种反对依赖一个错误的假设. 那些最终比，随着它们量的消失，实际上不是最终量的比，而是无限减小的量的比持续靠近的极限，它们能比任意给定的差更加接近，但在量被减小以至无穷之前它们既不能超过，也不能达到［此极限］. 这种事情用无穷大能被更清楚地理解. 如果两个量，它们的差给定并被增加以至无穷，它们的最终比被给定，即为等量之比，但给出此比的最终的量或最大的量并没有被给定. 为了使后面的内容易于理解，我所说的极小的量或正消失的量或最终的量，不要理解为大小确定的量，而总要意识到是无限减小的量.

（赵振江　译）

皮埃尔·西蒙·拉普拉斯（1749—1827）

生平和成果

对当代达尔文生物学的批评通常指向一些高度复杂的生物系统，例如，凝血现象具有“不可还原的复杂性”就不能用达尔文的进化理论来解释．批评者们常常引用这个例子作为智能设计、进而存在一位设计者的证据．如果智能设计论者们将目光投向两个世纪前，参考一下或许是有史以来最伟大的数学物理学家——皮埃尔·西蒙·拉普拉斯的观点，他们可能会说得更圆满一些．

众所周知，艾萨克·牛顿的巨著《自然哲学的数学原理》将当时的物理科学的所有方面进行了统一和简化，但是仍然留下了许多未解的问题，其中有些问题甚至是物理科学本身不可能解决的．1687 年，该书出版后不久，牛顿学说最早的支持者和传播者理查德·本特利教士（Richard Bentley）就提出了一个《原理》中没有论及到的问题：在太阳系中，所有的行星都以相同的方向在近乎同一个平面上围绕太阳运转，这种结构的太阳系是从最初均匀分布的物质形成的，它只是单纯的自然原因的结果？还是设计的证据？

牛顿认为，他的理论体系对于解释宇宙中这些显而易见的规则性是无能为力的. 他回应道：几乎可以肯定的是：这些规则不可能是单纯的自然原因的作用而导致的. 这个原因“不是盲目和偶然的，而是非常精通力学和几何学的.”

对于上述一些类似问题的探讨几乎贯穿了 18 世纪的整个进程，直到皮埃尔·西蒙·拉普拉斯的光焰照亮法国科学的天空.

1749 年，皮埃尔·西蒙·拉普拉斯（Pierre Simon De Laplace）出生于诺曼底的一个小镇. 很可能他的祖先曾经混迹于 1066 年跟随征服者威廉入侵英格兰的诺曼人中间，但对此我们永远不得而知了. 我们可以知晓的是他的父亲是一个成功的苹果汁商人，他的母亲出生于一个兴旺发达的农场主家庭，毫无疑问这是一个安逸舒适的家庭，但美中不足的是原本让一个儿子将来从事教士或军人职业，但未能如愿.

拉普拉斯最初进入当地的本笃会学校学习，这是他的教育经历的起点. 16 岁时，他转入附近的卡昂大学攻读神学学位. 然而，拉普拉斯不久就体会到了数学的乐趣. 两年后，他离开卡昂前往法国科学的中心——巴黎. 在巴黎，他很快就给数学家达朗贝尔（J. B. L. R. d'Alembert）留下深刻的印象，达朗贝尔为这位年轻的学生在军事学院（Ecole Militaire）获取了一个教书的职位：为来自良好家庭的军校学生讲授几何学与三角学，尽管拉普拉斯对这些科目并无多少兴趣，不过这个职位可以让他留在巴黎，巴黎是法国数学的中心，实际上也是世界数学的中心.

1770 年，拉普拉斯关于纯数学和应用数学方面等广泛主题的论文开始倾泻而出，由此引起学界对他本人的关注. 最重要的几篇论文的研究对象是行星理论中的一些热点问题. 两个最大的行星——木星和土星的轨道有时滞后、有时超前于预测的位置. 拉普拉斯试图解释位于各自轨道上的行星之间是怎样相互影响的，这个问题比至今只能用渐进的近似方法去处理的三体问题还要困难. 拉普拉斯发现并证明了摄动是周期性的，而不是牛顿所担心的累积性的，上帝不需要用干预的方式来防止太阳系的坍塌.

拉普拉斯为这次成功所鼓舞，1771 年在将满 22 岁时，他首次参加了竞争选拔，寻求进入极负盛名的科学院，但这次努力没有成功. 他没有气馁，第二年他又一次参加竞选，结果与第一次相同，他败给了一个他认为是平庸之辈的人，此人唯一超过拉普拉斯之处是年龄！拉普拉斯从来不避讳让世人知道他自己的雄心，甚至早在二十多岁的时候，他就自认为是法国最好的数学家. 那时他的导师们可能还没有给予这位年轻人如此之高的评价，但他们的确意识到了他的天赋异禀．1773 年，达朗贝尔和拉格朗日共谋巧计，使拉普拉斯先入选柏林科学院，然后再成为巴黎科学院的特聘成员．

拉普拉斯在法国科学界的地位日渐稳固，他连续不断地发表大量的研究成果，与此同时，也兼顾一些教学工作．1784 年，军队委任他为皇家炮兵部队的考试官．这项委任不仅为他提供了一份额外的收入，而且也给他提供了一个接触高层政府官员的机会．或许，拉普拉斯从这项委任中建立的最重要的人脉关系是其首批学生中一位 16 岁的少年：来自科西嘉（Corsica）的拿破仑·波拿巴（Napoleon Bonaparte）．

1788 年，39 岁的拉普拉斯与玛丽·夏洛特（Marie-Charlotte de Courty de Romanges）结婚，玛丽是一位来自法国阿尔卑斯山区贝桑松（Besancon）的乡绅的女儿，她的家境富裕，年龄还不及拉普拉斯的一半．结婚不满一年，他们的儿子查理·爱弥尔（Charles-émile）就出生了，查理后来的职业是令人羡慕的军人，他于 1874 年去世，身后无嗣．拉普拉斯夫人于 1792 年还生了一个女儿索菲亚·苏珊（Sophie-Suzanne）．索菲亚嫁给了帕特（de Partes）侯爵，他是拿破仑时代的一个小贵族，她在女儿出生时去世，拉普拉斯唯一的外孙女的名字也叫索菲亚．后来，小索菲亚嫁给了一位大贵族子弟孔德·科尔贝·沙巴奈（Comte de Colbert Chabannais）．他们有多个子女，至今拉普拉斯的男性后代还沿用孔德·拉普拉斯（Comte-Laplace）的姓氏．

拉普拉斯将全部精力倾注在科学上，他无暇关心 18 世纪 80 年代末和 90 年代初的政治动荡．在 18 世纪 90 年代初最为激烈的时期，他都没有参与到法国大革命的政治事务之中，只有一个例外，他加入了公制设计委员会，这是推翻旧体制（Old Regime）的系统行动的一部分．当时有些人认为长度的基本单位应当根据地球赤道的周长来定义，而拉普拉斯则认为，既然在几何中已给定直角的作用，那么长度的基本单位应当以从北极到赤道的四分之一圆周长为基础．正是因为拉普拉斯的成功论证，一米才被定义为从北极到赤道距离的 1/10000．①

到 1793 年底巴黎的政治氛围在拉普拉斯看来已经失控，拉普拉斯与其他许多顶尖的科学家一起被清洗出公制设计委员会，包括拉瓦锡和库伦．激进派共和党人公然宣称这样的任务只能委托给那些以“热爱共和政体和仇恨君主制”而闻名的人们．

---

① 原文此处有误．一米的最初定义是从北极到赤道距离的一千万分之一．

由于担心遭遇被砍头的厄运，拉普拉斯一家从巴黎逃往三十多英里外的农村默伦镇（Melun）. 事后看来，拉普拉斯正确地判断出可能发生的后果的概率. 他的朋友兼同事、化学家拉瓦锡则选择留在了巴黎，1794 年春天拉瓦锡命丧断头台.

1794 年 7 月，继雅各宾党专政（Jacobin Dictatorship）及其首脑人物罗伯斯庇尔被推翻之后，巴黎又恢复了以往的秩序. 不久，拉普拉斯接受了新政府的召唤，回到巴黎助力使法国科学从激进的革命中恢复常态. 拉普拉斯怀着满腔热情投入到他的新角色之中，在几所声誉卓越的大学重建中，他自然而然地担当起了引领者的角色，这些大学包括巴黎高等师范学院（Ecole Normale）、巴黎多科工艺学校（école Polytechnique）、中央公共工程大学（Centrale des Travaux Publics）. 新政府也给予科学院一个国家机构的地位，1795 年 12 月，拉普拉斯被选为科学院的副院长，1796 年 4 月当选为院长.

在度过五十岁的生日之后，拉普拉斯的几部最杰出的著作相继出版. 1799 年，其划时代的五卷本巨著《天体力学》的第一卷出版，最后一卷于 1825 年出版.

在 18 世纪，天文学家发现了天王星和土星的几颗卫星，所有已知的行星和卫星都以相同的方向且几乎一同在太阳赤道的平面上运转. 太阳、行星和卫星都以与地球相同的方向旋转. 如果所有 29 种运动的共性只是偶然性的结果，那么这种偶然性的概率比 $(1/2)^{29}$ 还要小，大约是一千亿分之一！

拉普拉斯认识到宇宙中的规则性必定有一个物理的原因，他发现了它！他解决了牛顿认为不可能的问题. 在《天体力学》中，拉普拉斯演示了太阳系是怎样从一团旋转的炽热气体中产生的，随着旋转气体的冷却和收缩，就形成了行星及其卫星，那么旋转必定是在几乎与太阳相同的平面上且以相同的方向进行的.

拉普拉斯关于概率的工作早在 1780 年就开始了. 在 1812 年，他在这个领域的杰作《概率的分析理论》第一版出版. 在拉普拉斯之前，所有在概率领域工作的数学家们都认为，人能够掌握偶然事件的绝对概率的知识，拉普拉斯却不认同这种观点. 他认为，因为世界是决定性的，并不存在事物的概率，概率只是源于我们知识的匮乏. 拉普拉斯写道：概率……**包括了将所有同类的事件划归为一定数目的等可能的情形，也就是说，化归为我们对它们的存在同样不能肯定的几种情形.**

拉普拉斯以这种方式扩展了概率论的范围，使之包括了已知事件过去原因的概率和未来事件发生的概率. 在《概率的分析理论》中，拉普拉斯创建了一套公式，将理性信仰的度赋予过去事件的命题.

第一章中的最后问题是拉普拉斯最感兴趣的一类问题的极其精彩的例子. 在这个问题中，拉普拉斯以排成一圈的瓮开始. 一个瓮只装着黑球，另一个瓮只装着白球，所有其他的瓮则混合装着白球与黑球. 拉普拉斯考虑下列过程：从一个瓮中抽取一个球放进下一个瓮中，充分摇匀那个瓮，再从那个瓮中抽取一个球放进下一个瓮里. 拉普拉斯证明了最终所有的瓮中白球与黑球的比例是相等的. 以这种方式，拉普拉斯实际上给出了一个关于自然力趋向的例子，即使是最混沌的系统，自然力也会赋予它秩序，这类似于他对太阳系秩序的演示说明.

《概率的分析理论》的成功激励拉普拉斯创作了一个更加通俗的版本——《概率的哲学探究》，该书第一次出版是在 1814 年，并一再重版. 许多评注者认为该著述是宇宙决定论思想的最完善的论述.

该书以对七个原理的陈述为开端：

1. 概率是有利情形数与所有可能情形数之比.

2. 如果各种情形并非是等可能的，就首先得确定其各自的可能性.

3. 如果各事件是彼此独立的，那么其组合存在的概率是其各自的概率之积.

4. 当两个事件彼此相关时，复合事件的概率为第一事件的概率与在第一事件发生的条件下第二事件发生的概率之积.

5. 如果我们计算一个已经发生了的事件的先验概率以及一个由这一事件跟所期望的第二事件复合而成的事件的概率，那么后者被前者所除就是在已观察到的事件之下所期望的事件的概率.

6. 使观察到的事件发生的任何一个原因是以与该原因引起该事件发生的概率同样大的可能性来显现的，如果该事件是稳定的话.

7. 未来事件的概率是每一原因的概率（由已观察到的事件获得）与在该原因存在的条件下未来事件将要发生的概率之积的总和.

《概率的哲学探究》包括了许多涉及投掷硬币的问题，这是不足为奇的，拉普拉斯写道：

> 当人们没有理由认为一个事件比另一个事件更有可能发生时，那么就会把两个事件看作是等可能的，因为，即使它们之间不是等可能的，我们也不知道怎样区分，这种不确定性使我们尽可能同等地看待彼此.

因此，即使人们被告知一个硬币是不均匀的，也无法知道这种不均匀的状况，也就意味着，因为人们对这种不均匀状况一无所知，只好假设它是均匀的，这个原因的假设就被作为（思考的）起点．在一连串地对硬币的抛掷中，如果连续出现二十次正面，拉普拉斯就会追问，这二十次连续的正面是一个偶然的事件还是某个原因的结果？在分析中，拉普拉斯写道：

> 对于一个现象，当我们观察不到其中任何规则的和任何显示设计痕迹的事情时，更进一步，当我们对于导致其发生的原因一无所知时，我们就会把这个现象看作是偶然的结果．所以，偶然性在本质上不具有实在性，它只不过是表达我们对于一种现象的各个方面是如何与自然界的其他事物相关联的无知的一个术语．

连续掷出二十次正面是一种偶然的事件还是设计的显露？对于一般的大众来说，它似乎具有一种规则性，然而是这样吗？思考一下这个问题是怎样在彩票游戏中重现的：从五十个数中抽取六个数．许多人会避免｛01，02，03，04，05，06｝的数字集合，因为他们认为那六个数字的集合比最近获奖的集合｛06，13，15，15，32，36｝显示出更多的规则性．但是，拉普拉斯论证道：全面分析一只彩票过程将会揭示选取每一个数的独立性．因此，集合｛01，02，03，04，05，06｝比集合｛06，13，15，15，32，36｝并没有显示出更多或者更少的规则性．

在以后的岁月中，拉普拉斯将注意力转向了数学物理中的一些广泛主题，例如，毛细管现象、双折射、声速、地球的形状和热度、弹性流体等．

必须牢牢保全性命才能追寻他的科学事业，这是拉普拉斯坚定不移的信条，但与之相反的是他缺乏稳定不变的政治立场．拿破仑让他成为参议员，但在1814年，拉普拉斯却投票赞同恢复君主制度，赞同把他以前的学生兼庇护人拿破仑流放到厄尔巴岛（Elba）．当拿破仑于1815年短暂恢复了权位，拉普拉斯一度逃离了巴黎．拿破仑兵败滑铁卢并被流放到圣海伦娜岛（St. Helena）之后，拉普拉斯又成为波帮王朝的忠实支持者．作为回报，路易十八提任他为贵族，1817年授予他侯爵身份．

1827年，还差几天就是78岁的生日，拉普拉斯去世了，此时，他的身体困扰于衰弱病痛已有两年．傅里叶在悼词中说，在生命的最后阶段，拉普拉斯几乎还保持着超人的记忆力和敏锐的思维能力．傅里叶还评论到：

> 拉普拉斯为这些事业而生：完善一切、深化一切、拓展所有的疆

界、解决一切被认为不可解的问题.

数学家泊松在悼词中说：

> 对于拉普拉斯而言，数学分析具有最广泛的应用，不过，数学分析只是屈从于其目的的一个工具，他总是能够使方法本身适合于每一个问题的内容.

毫无疑问，《天体力学》是拉普拉斯在数学分析应用方面的登峰造极之作. 拉普拉斯将该著作的第三卷献给拿破仑. 拿破仑浏览完这厚厚的一卷之后评论说，书中没有提到上帝，拉普拉斯回应道："陛下，我不需要那个假设." 达尔文的现代批评者们最好对此谨记于心.

皮埃尔·西蒙·拉普拉斯（1749—1827）

《概率的哲学探讨》

第一章　引　　言

这本哲学论述是我于 1795 年在巴黎高等师范学院开设的概率论讲座的扩展版本，该讲座是根据国民公会的法令进行的，那时，我与拉格朗日被聘为数学教授. 最近关于同一个主题我出版了一部题为《概率的分析理论》的著作. 在这里，我将不用分析的方法来呈现《概率的分析理论》中的原理和一般结果，而是要讨论它们在生活中一些最重要的问题中的应用. 实际上，对于生活中的大部分问题，最重要的只是概率问题，严格来说，几乎所有的知识都只是偶然性的，我们能够确切知晓的知识只有一小部分，甚至数学科学本身，发现真理的首要手段——归纳法、类推法——都是建立在概率的基础上的，因此，整个的人类知识系统都与由这一主题引出的理论密切相关. 毋庸置疑，这里的论述必定是引人入胜的，我们将看到，即使在关于理性、正义和人性的永恒法则中，只有那些有益的偶然性才能与它们持久相联，所以，遵从这些法则就会受益匪浅，无视它们则危害极大：在飘摇不定的境况之中，（对）其概率（的探究）最终会盛行起来，就像（追求）彩票中的运气一样. 我希望本书中所给出的思考能够引起哲学家们的关注，并将其当作特别值得他们思考的一个主题.

第二章　论概率

一切事件，即使是那些微不足道且表面上看来似乎不符合伟大的自然法则的事件，也都如太阳的运转一样，必然是自然法则的结果. 由于对这类事件与整个宇宙系统之间联系的无知，人们依据它们是有规则地重复发生，还是无规则地出现，而把它们分别想象为是基于一些终极因或者是基于偶然性. 但这些虚构的原因随着知识范围的拓宽而逐渐减少，并在正确的哲学面前彻底消失，这种哲学将虚构的原因仅仅看成是我们对真实原因无知的表现.

一个事物如果没有产生它的原因，它就不能发生，基于这样一个显而易见的原理，当前事件就与先前的事件联系起来了. 这一称作**充足理由律**（principle of sufficient reason）的公理甚至可扩展到无足轻重的行动中. 没有使之发生的确定的动机，最自由的意志也不可能致其发生. 设想有两个处于完全相似环境中的状态，并且意志在其中一个状态中起作用，而在另一个状态中不起作用，我们就说意志的选择是一个没有原因的结果. 这就是莱布尼兹所称的伊壁鸿鲁派的盲目的偶然性. 这样一种相反的观点只是心智的一种幻觉，由于我们看不到在漫不经心的状况下使意志选择捉摸不定的原因，便想当然地认为选择是由其自身毫无来由地做出的.

因此，我们应该把宇宙的目前状态看作是它的先前状态的结果，并且是以后状态的原因. 一位万能的智慧者（an intelligence）能够在给定的一瞬间理解使自然界生机昂然的全部自然力，而且能够理解构成自然的存在的各自的状态，如果这个智慧者广大无边到足以将所有这些资料加以分析，将宇宙中最巨大天体的运动和最轻的原子的运动都包含在一个公式中. 那么对于这个智慧者来说没有任何事物是不确定的，未来如同过去一样在他的眼中将一览无余. 人类的心智在致力于天文学上所表现出来的完美中，给出了与这一智慧者微弱的相似性. 人类在力学和几何学上的发现，加上万有引力的发现，使它能够用相同的分析表达式去理解宇宙系统的过去状态和未来状态. 通过把同一方法应用于某些其他的知识对象，人类已能将观察到的现象归结为一般规律，并且预见到在给定条件下应当产生的结果. 所有这些探索真理的努力都倾向于引导人类心智不断地回到我们刚才所提到的广大无边的智慧者那里去，但是，人的心智距这一智慧者仍有无穷之远. 人类所特有的这种倾向性正是人类优于动物之处；人类在这个方面的进步正是区分民族、时代的标志，并构成了他们真正的荣耀.

我们不妨回忆一下过去，就在那并不遥远的年代，不寻常的暴雨、严酷的干旱、拖着长长尾巴的彗星、日食和月食、北极光，一般说来，所有的异常现象都被看成是天神愤怒的种种表现. 为了免遭灭顶之灾，人们祈求上帝，但没有人祈祷星星和太阳停止运行：观察不久就证明这种祈祷显然是徒劳的. 但是，由于这些现象的出现和消失的时间间隔很长，似乎与自然的秩序相违背，因此人们把此想象为是上帝被地球上的罪孽所激怒，而制造出这些现象，用它的报复来警告人类. 因此，1456 年彗星长长的尾巴引起的惊恐遍及欧洲，而土耳其人推翻东罗马帝国的迅速成功本来就已使欧洲陷入一片惊慌之中. 这颗彗星周期性地出现了四次以后，它在我们中间激起了一种不同以往的吸引力．在此期间所获得的关于宇宙系统规律的知识，已经消除了由于我们对人类与宇宙的真正关系的无知而引起的恐惧——哈雷通过识别出这颗彗星就是在 1531 年、1607 年和 1682 年出现的同一颗彗星，预测这颗彗星下一次出现的时间应在 1758 年年底或 1759 年年初．知识界急不可耐地等待着它的出现，这将使科学中已经做出的最伟大的发现之一得到证实，并且应验塞涅卡（Seneca）在论及那些从极高处降落下来的星体时所作的预告："通过几个世纪的持续研究，这一天终将会到来，现在隐藏着的事情将清晰地出现在我们的眼前．并且，子孙后代将为如此显而易见的真理竟为我们视而不见而感到惊愕．"然后，克莱罗（Clairaut）担当了分析由于两颗大行星——木星和土星——的作用而引起的该彗星的摄动的工作．在作了大量的计算以后，他确定了这颗彗星下一次大约于 1756 年 4 月初经过近日点，不久，这就被观察结果所证实．毫无疑问，天文学在彗星运动中所揭示出来的规律性也存在于一切其他现象中．

一个简单的空气分子或者蒸气分子所描画的曲线以一种像行星轨道一样确定的方式受到控制；它们之间仅有的不同只是由我们的无知所引起的．

概率部分地与这种无知有关，部分地与我们的知识有关．我们知道，三个或者更大数目的事件中有一个事件应该出现，但是没有任何东西诱使我们相信它们中的某一事件会发生，而其他事件不会发生．在这种不可确定的情况下，我们不可能肯定地预言它们的发生．然而，很可能这些事件中随意选择的一个事件将不发生，因为我们看到几种等可能的情形排斥该事件的发生，而有利于该事件发生的情形仅仅只有一个．

有关偶然事件的理论包括将所有同类的事件化归为一定数目的等可能的情形，也就是说，化归为我们对它们的存在同样不能肯定的几种情形．有关偶然事件的理论还包含：对于求解其概率的事件，要求出对于该事件有利的情形数目．有利情形的数目与所有可能情形的数目之比是这一概率的量度，因此这个概率只不过是一个分数，其分子是有利情形的数目，分母是所有可能情形的数目．

上述概率概念假定：有利情形的数目和所有可能情形的数目以相同的比率增加，概率将会保持不变．为了确信这一点，设有两个瓮 A 和 B，第一个瓮里装有四个白球和两个黑球，第二个瓮里仅装有两个白球和一个黑球．假设，第一个瓮里的两个黑球由一根线系着，一旦它们中的一个被抓住，这根线就断开，再假设四个白球也按这种方式形成两个相似的系统．所有有利于抓住黑球系统中的一个球的机会都将导致一个黑球的取出．假如现在连接球的线并没有断裂，显然，所有可能事件的数目不会改变，抽取黑球的有利事件的数目也不会改变，但是两只球将同时从瓮中被取出；那么从A瓮中取出一只黑球的概率将与开始时候是一样的. 但是，对于B瓮的情形，唯一不同的是这个瓮里的三个球将会被由固定相联的两个球的三个系统所代替.

当所有的情形都有利于一个事件时，偶然性就变成了其表示值为1的确定性. 在这种条件下，确定性与偶然性是可比较的，尽管在两种心智状态之间也许存在着一个本质的区别，当真理被严格地向心智展示出来时，或者当错误的微弱原因仍然被察觉出来时.

在只是可能的事情中，信息的不同——关于它们每个人都有自己的信息——是对于同样对象所持有的不同观点的主要原因之一. 例如，假设有三个瓮，A、B和C，其中一个瓮仅有黑球，而其他两个瓮仅有白球. 从C瓮里取出一个球，求这个球是黑球的概率. 假如我们不知道这三个瓮中的哪一个瓮只有黑球，从而没有理由认为只装有黑球的是C瓮而不是B瓮或A瓮，那么，这三个假设就被看作是等可能的，又因为仅在第一种假设中才能取出一个黑球，所以取出黑球的概率等于1/3. 假如已知A瓮里只装有白球，那么不确定性只涉及B瓮和C瓮，从C瓮中取出的一个球是黑球的概率就为1/2. 最后，假如我们确知A瓮和B瓮里只装有白球，那么，偶然性就变成了确定性.

因此，一件被众多的人所阐述的事情，会因听者所拥有的信息程度的不同而存在着不同的可信度. 假如报告该事件的人对此事完全相信，并且由于他的地位和品格，激起了听众的极大信任，那么，他的报告，无论多么地离奇，对毫不知情的听众来说，与同一人所做的普通报告一样，将被赋予同样程度的可能性，他们将会完全相信这件事. 但是，如果某个听众知道，同一件事被其他同样值得信赖的人们否决过，那么他就会发生疑问，这件事就会受到已有先入信息的听众的怀疑，他们会拒斥之，即使它为事实所确证或与永恒的自然规律相符合.

在蒙昧时代，充斥于整个世界的谬误之所以能传播，正是由于大众对他们认为是最见多识广的人的看法的轻信，在最重大的生活问题上，大众已习惯于相信他们. 巫术和占星术为我们提供了两个极好的例子. 人们不加检验地就接受这些在幼年时期就被灌输的错误东西，它们以大众的普遍信任作为基础而得以在相当长的时期内维持它们的（权威）地位. 但是，在启蒙者的思想中，科学的进步终将摧毁它们，原先通过模仿和习惯的力量而使那些谬误如此广泛地传播开来，启蒙者也通过相同的方式使这些谬误甚至可以在公众中归于消失. 这种力量——道德世界的最丰富的源泉——在整个国家中建立和保持了与别处以同样权威维持着的完全相反的观念．如果上述差别往往只是由于我们所处的环境氛围而导致的种种不同观点而引起的，那么，在对待不同于我们的观点上是多么不应该迁就纵容啊！让我们给予那些没有足够判断力的人们以启蒙，使他们成为明智之士．但是，我们首先应该批判地检查我们自己的观点，公正地权衡它们各自的概率．

此外，观点的差异还取决于每个人如何权衡已知信息对他的影响．概率论所基于的思考是如此的复杂微妙，以至于两个人依据同样的信息而得出不同的结果是不足为奇的，尤其是在处理极其复杂的问题时．下面我们来讨论这个理论的一般原理．

第三章　概率演算的一般原理

原理一——这些原理中的第一条原理是概率的定义，正如以前阐述过的那样，概率是有利情形数与所有可能情形数之比．

原理二——在这里假设所有情形是等可能的．如果它们并不是等可能的，就首先得确定其每个（情形）的可能性，对它们的精确估计是偶然事件的理论的最困难之处．如此，此概率就为每个有利情形的可能性之和．下面我们举例说明之．

假定我们向空中掷一枚大而薄的硬币，硬币的两个相反的面是完全类似的，我们称之为正面和反面．我们来求掷两次至少有一次出现正面的概率．很明显，会出现四种等可能情形，即第一次和第二次都出现正面；第一次出现正面，第二次出现反面；第一次出现反面，第二次出现正面；最后是两次都出现反面．前三种情形是有利于我们欲求其发生概率的事件，因此这一概率等于 3/4．所以，硬币投掷两次至少出现一次正面，这个事件发生的可能性就是 3 比 1．

在这一游戏中，我们可以只数出三种不同的情形，即第一次出现正面，略去掷第二次；第一次出现反面，第二次出现正面；最后是第一次和第二次都出现反面．如果我们同意达朗贝尔的意见，认为这三种情形是等可能的，这一概率将减少为 2/3．但是很明显，掷第一次出现正面的概率是 1/2，而其他两种情况的概率是 1/4，第一种情形是一个简单事件，它相当于下述两个事件的复合：掷第一次和掷第二次时都出现正面；掷第一次时出现正面，第二次出现反面．如果我们按照第二原理，把掷第一次出现正面的可能性 1/2 与掷第一次出现反面第二次出现正面的可能性 1/4 相加，我们就会得到所要求的 3/4 的概率，这与我们所假定的掷两次时得到的结果是一致的. 这一假定丝毫没有改变对这一事件下赌注的人的运气：它只是有助于把各种不同的情形简化为等可能的情形.

原理三——概率论的最重要问题之一，并且也是最易引起错误的，是概率由于相互结合而如何增加或减少的. 如果各事件是彼此独立的，那么其组合存在的概率是其各自的概率之积. ① 因此，掷一枚骰子出现一点（ace）的概率为 1/6，而同时掷两枚骰子出现两点的概率为 1/36. 一枚骰子的每一面都能与另一枚骰子的六面相结合，实际上就有 36 种等可能情形，其中只有一种情形出现两点. 一般而言，一简单事件在同样条件下连续发生给定次数的概率就等于以这一简单事件的概率为底以该次数为指数的幂. 因为一个小于 1 的分数的连续乘幂会不断地减小，那么基于一连串很大可能性的一个事件将变得极其不可能. 假定由二十位证人以这样一种方式来告诉我们一件事情：第一个人告诉第二个人，第二个人告诉第三个人，如此等等；再假定每一证言的真实性都为分数 9/10，那么由这些证言得到事实真相的概率将小于 1/8. 我们对概率的这一衰减所能作的最好比较就是几片玻璃的插入所引起的物体亮光的衰减，很少几片玻璃就足以使一个物体从我们的视野中消失，而一片玻璃却可以使我们清晰地看见这一物体. 当历史学家观察经过了连续数代的事件时，他们对于事件概率的这一衰减现象，似乎没有给予足够的重视，如果用这种方式加以检验的话，许多为人们信以为真的历史事件至少是值得怀疑的.

在纯数学科学中，最遥远的推论结果也保持着与从中推导出它们的原理相同的确定性. 在应用分析方法于物理学时，结论里也保持着事实或经验的所有确定性. 但是，在道德科学中，每一个推论都是从位于它之前的推论以一种可能的方式导出的，无论这些推演的可能性有多大，错误的可能性却随着推演次数的增加而增加，最终，在距正确法则很远的推演结果中，谬误的可能性会超过真相的可能性.

原理四——当两个事件彼此相关时，复合事件的概率为第一事件的概率与在第一事件发生的条件下第二事件发生的概率之积. ② 因此，在前述三个瓮 A、B、C 的情形中，其中两个瓮里仅只装有白球，一瓮里只装有黑球；从 C 瓮中抽取出白球的概率为 2/3，因为三个瓮里只有两个瓮里装有白球. 但已从 C 瓮取出白球后，关于只装有黑球的瓮的不确定性就仅限于 A 瓮和 B 瓮了. 从 B 瓮里抽取出

① $P(E_1 \cap E_2) = P(E_1)P(E_2)$

② $P(E_1 \cap E_2) = P(E_1)P(E_2 \ \ E_1)$

一个白球的概率为1/2、2/3与1/2之积，即1/3就是从B瓮和C瓮里同时抽出两个白球的概率.

从这个例子中可看出过去事件对未来事件概率的影响. 从B瓮里取出一个白球的概率，起先为2/3，但当已经从C瓮里取出白球之后，其概率就变成了1/2；如果从C瓮里取的是黑球，那么从B瓮里取出白球便成了必然事件. 我们可以用下面的原理来确定这一影响，它是上述原理的推论.

原理五——如果计算一个已经发生了的事件的先验概率，以及一个由这一事件跟所期望的第二事件复合而成的事件的概率，那么后者被前者所除就是在已观察到的事件之下所希望事件的概率.①

这就出现了一个由一些哲学家在处理过去对未来概率的影响时所提出的问题. 假设在（掷硬币）“猜正面-反面”（heads or tails）的游戏中，如果正面比反面出现得频繁，仅凭这一点我们就会相信在硬币的结构中存在着一个有利于出现正面的秘密原因. 在生活中，总是开心快乐是个人胜任能力的证明，因此我们更愿意雇用这样的人. 但是，如果环境不稳定，我们总是陷入完全不确定的状态中，例如，在掷硬币时，每掷一次都更换硬币，那么，过去就不会影响未来，考虑过去对未来的影响就是荒谬的.

原理六——使观察到的事件发生的任何一个原因是以与该原因引起该事件发生的概率同样大的可能性来显示出来的，如果该事件是稳定的话. 因此这些原因中任一个原因存在的概率是一个分数，其分子是由这一原因引发的事件的概率，其分母为所有这些原因引起该事件的概率之和②，如果先验地（a priori）认为各个原因不是等可能性的，那么就有必要用该原因自身的概率与这个事件概率之积来代替每一个原因所引起的该事件发生的概率. 这是偶然性分析这门分支学科的基本原理，从事件追溯原因是这门学科的主要部分.

这一原理给出了我们之所以把规则性的事件归之于特定原因的理由. 一些哲学家认为这类事件比其他事件的可能性小，例如在掷硬币游戏中，正面连续出现二十次的组合，在本质上没有那些正反面以不规则方式混合出现的组合来得容易. 但是，这种观点假定了过去事件对未来事件的可能性有影响，这是根本不能接受的. 有规则的组合方式出现得更少仅仅是因为其数目更少. 如果我们总是在对称性上寻找原因，这并非因为我们认为对称事件比其他事件发生的可能性小，

---

① $P(E_2\ \ E_1) = P(E_1 \cap E_2)\ \ P(E_1)$

② $P(C_i\ \ E) = P(E\ \ C_i)\ \ \sum_j P(E\ \ C_j)$

而是因为我们认为这一事件要么是一有规律的原因的结果，要么是偶然性的结果，并且前者比后者更有可能．在桌上，我们看到字母以君士坦丁排序法（Constantinople）排列，我们便判定这一排列不是偶然的结果，这并非因为它比其他情况的可能性小．而是因为，如果这个词在任何语言中都没有见到过，我们就不应猜疑它出自某种特殊的原因，但是，既然这个词已被我们广泛使用，那么这种排列就不是出于偶然，而更可能的是某人将之排列成这样．

现在该定义**异常**的这个词了．我们在思想中把所有可能的事件分成不同的类，而把那些包含很少数事件的类看作是**异常**的．例如，在投硬币游戏中，正面连续出现一百次对我们而言是异常的，因为掷一百次可能出现的组合方式数几乎是无限的．假若把组合方式分成具有明显次序的规则系列和不规则系列，那么，后者在数目上会占绝对优势．一个瓮里有一百万个球，其中只有一个是白球，其余的是黑球，从这样一个瓮里取得一个白球似乎同样是异常的，因为我们把黑白两种颜色的球只分成两类事件．但若从一个装有一百万个数字的瓮里取出一个例如 475813 的数字，对我们而言似乎就是一个普通事件；因为如果我们不把这些数字加以分类，而是一个个地对它们作比较，我们就没有理由认为其中的某一个数字会比其他数字更容易出现．

综上所述，我们可以得出下述一般的结论：事件越是异常，就越需要有充足的证据支持．对那些证明它的人而言，行骗和受骗这两个原因的可能性随着事件得以实现的可能性的减小而增加．尤其在我们下面谈及证据的概率时，将看到这一点．

原理七——未来事件的概率是每一原因的概率（由已观察到的事件获得）与在该原因存在的条件下未来事件将要发生的概率之积的总和．① 下面的例子将阐明这一原理．

设有一个只装有两个球的瓮，这两个球不是白色就是黑色的．取出一球并在下次取球前仍将此球放回瓮里．设前两次取得白球，求第三次取出白球的概率．

这里只能有两种假设：或者其中一个球是白球，另一个是黑球；或者二者皆是白球．在第一种情况下，已观察到的事件的概率是 1/4，在第二种情况下，概率为 1 或者说是必然事件．因此，在把这些假设作为原因时，从第六原理可求得它们的概率分别为 1/5 和 4/5．但是，若是第一种假设，第三次取得白球的概率

① $P(E_2\ \ E_1)=\sum_1^n P(C_i\ \ E_1)P(E_2\ \ C_i)$，其中，$E_1$ 表示观察到的事件，E_2 表示未来的事件．

就为 1/2；若是第二种假设，则为 1；因而用相应假设的概率乘以上述概率，其积之和为 9/10，即为第三次取得白球的概率.

当单个事件的概率未知时，我们可以假定它等于 0 到 1 之间的任意值，根据第六原理，由已观察到的事件得出的每一种情况的概率是一个分数，其分子是这一假设之下的事件的概率，其分母是所有有关情况的类似概率之和. 因此，一事件的可能性位于在给定范围之内的概率则是位于在这些范围之内的分数之和. 现在，如果我们用相应假设所决定的未来事件的概率乘以每一个分数，按照第七原理，这种种假设之积的总和将是从已观察到的事件得出的未来事件的概率. 因此，我们发现，当一事件连续出现数次时，下一次它将再次出现的概率等于这一数目加 1 除以这一数目加 2. 假定最古老的历史纪元是在 5000 年之前，或者在 1826213 天之前，太阳一直以每二十四小时为一个周期的间隔升起，那么，我们可以用赢输为 1826214 对 1 的可能性赌明天的太阳将再次升起. 但是，当一个人从总体现象中窥察到时日和季节的主要规则性时，就会看到目前没有任何事情能阻止这一进程，所以，对此人而言，这个数值更大得无与伦比.

布丰（Buffon）在他的《道德算术》中对上述概率作了不同的计算. 他推测它与 1 的差是一个分数，其分子为 1，其分母是以 2 为底、以从纪元以来逝去的天数为指数的幂. 但是，把过去的事件跟原因的概率和未来事件的概率联系起来的正确方法对这位著名的作者而言是全然未知的.

第四章　论期望

事件的概率有助于那些为发生的事件所影响的人们确定（未来的）期望和机遇. “期望”一词具有多种含义；一般来讲，它表示在某些只是可能的假设下期望得到一定利益之人的预期收益（advantage）. 在偶然性理论中，这种预期的收益就是所期望的数值与得到它的概率之积. 当你并不想承担事件的风险时，这是一个你必须付出的不公平的数值，假定（预期的）总数按照概率的比率被分摊. 如果不考虑所有奇异的情况，这种分配就是唯一公平的. 因为一个相等的概率度会给出这个数目所希望的一个相同的权利. 我们将这个预期收益称为数学期望.

原理八——当预期收益涉及几个事件时，数学期望即是将每个事件的概率乘

以与之发生相对应的收益之积的和. ①

我们将这个原理应用于几个事例. 假定在"猜正-反面"(heads or tails) 的赌博游戏中, 如果第一次就掷出正面, 保罗会得到 2 个法郎; 如果只是在第二次才掷出正面, 那么他就得到 5 个法郎. 将 2 法郎与第一个事件的概率 1/2 相乘, 5 法郎与第二个事件的概率 1/4 相乘, 这两个积相加的和为 $2\frac{1}{4}$ 个法郎, 这个数值即是保罗的预期收益. 这是他应该提前付给那个已给他这个预期收益(机会)的人的金额; 为了保持游戏公平, 赌注应该等同于该游戏产生的预期收益.

如果保罗因第一次投掷出正面而得 2 个法郎, 因第二次投掷出正面而得 5 个法郎, 不论他在第一次投掷时是否投出正面, 第二次投掷出现正面的概率总是 1/2, 那么用 1/2 分别乘 2 个法郎和 5 个法郎, 两个乘积之和为 $3\frac{1}{2}$ 个法郎, 这是保罗的预期收益, 相应地也是他参加这个游戏的赌注. ②

原理九——在一系列的可能事件中, 其中一些事件产生收益, 而另一些事件则造成亏损. 我们会如此来计算预期收益: 每一有利事件的概率与它所产生的收益之积的和, 减去每一不利事件的概率与与之相应的损失之积的和, 如果第二个和比第一个和大, 预期收益就变为亏损, 并且希望就变为忧虑(即数学期望是负的).

相应地, 在生活中我们总是应该使一个期望的收益与它的概率之积至少等于与损失相应的类似的积. 但是, 为了达到这一点, 就必须精确地估计收益、损失及其它们各自的概率. 为此, 一个非常精确的头脑、一个缜密的判断, 以及处理事务的经验总是必不可少的; 必须懂得怎样去引导自己而防止偏见、防止不切实际的恐惧与企望, 防止大多数人聊以自慰的关于财富和幸福的错误观念.

上述原理在下列问题中的应用已经给予了几何学家们以极好的训练. 保罗参与"猜正-反面"赌博游戏, 条件是: 如果第一次就掷出正面, 他会得到两个法郎; 如果只是在第二次掷出正面, 那么他就得到四个法郎; 如果只是在第三次掷出正面, 那么他就得到八个法郎; 以此类推, 根据原理八, 他参加的赌注应该等于投币的次数, 因此, 如果这个游戏无限次地进行下去, 那么, 赌注也应该是无限的. 但是, 没有一个理性之人愿意付出哪怕很少的赌注去参加这个游戏, 例如

---

① 这个原理是指求数学期望的一般法则公式: $E(x) = \sum_{i-1}^{n} x_i p_i$

② 这里讨论的问题是"圣. 彼得堡悖论"(The St. Petersburg Paradox).

5 个法郎. 那么由计算得到的结果与由常识所指示的结果的差异从何而来呢？不久我们就会认识到：它基于这样一个事实：人们对于收益的心理预期与收益并非成比例，并且它与成千上万个通常难以描述的环境因素有着千丝万缕的联系，而其中最一般和最重要的是与个人财富有关的因素.

的确，相对于百万富翁，对于只拥有 100 法郎的人来说，1 法郎显然具有更大的价值. 那么我们就应该从它的相对价值中区分出所期望收益的绝对价值. 前者由渴望它的动机所决定，后者则与之毫无关系. 不可能给出一个一般的法则来估计这个相对价值，不过，下面是丹尼尔. 伯努利提出的一个原理，这个原理在许多情形下是行之有效的.

原理十——一个无穷小的和的相对价值等于它的绝对值除以所期待的总的收益，这就意味着每一个人都有一些或多或少的财产，其价值永远可以假设为非零. 的确，即使一个人一无所有，其相对价值是劳动力与他所希望的至少能够满足其生存所需的一个值的比.

如果分析一下上面阐述的原理，我们可以得出以下原则：将某人的独立于其期望的那部分财富作为本元（unity），通过这些期望和它们的概率来测量这份财富可能的不同的值. 那么，以这些值各自为底、以它们相应的概率为幂的积就是实际财富，对于此人来说，从这笔财富中获取的心理预期与此人从本元和期望中所得到的心理预期相等. 从这个积中减去本元，差即是基于期望的实际财富的增加值. 我们将这个增长值称为“道德期望”. 容易看出，当与由期望所得到的变量相比，被作为本元的财富变成无穷大时，道德期望与数学期望是一致的. 但是，当这些变量成为这个基本单位的可察觉到的一部分时，这两种期望彼此之间就会出现非常显著的差异.

这个法则所导出的结果与常识所显示的结果是一致的，通过这种方法，就可以以某种精确度估计出来这些结果. 因此，在前述的问题中，可以看到：如果保罗的财富有 200 法郎，那么，他付出的赌注若超过 9 个法郎就是非理性的. 更进一步，同一个法则表明，将风险分摊为所期望收益的几个部分，将会比把这个收益放置于一个相同风险的整体中会更好. 这个法则也同样表明：即使在一个最公平的游戏中，损失通常总是大于收益. 例如，假设一个赌徒有 100 法郎，他将其中 50 法郎押到“猜正-反面”的赌博中. 赌博之后，他的财富将减少到 87 个法郎，也就是说，对于这个赌徒来讲，后面这个值所产生的心理预期利益等于他赌博之后的财富状况. 因此，赌博是无益的，即使在赌注与所期望的数值与其概率的积相等的情况下也是如此. 由此可以判断赌博是多么的不道德，在其中，所期望的和总是小于这个积．它们的存在只是由于错误的推演和由此所引起的贪婪：它诱惑人们为了一些不切实际的幻想而不顾自身的能力所及而倾其所有，它们是万恶之源．

表示每个人的实际财富的函数或许也代表了这个人的道德财富，不论这个函数是什么，（明白）赌博的危害、勿将所期望的全部收益置于相同风险之下的好处以及由常识所揭示的所有的相似结果仍然是有价值的．毫无疑问的是这个函数中的增量与具体财富中的增量之比会随着后者的增大而减小．

第五章　概率演算中的分析方法

我们刚才在一些概率问题中阐释了原理的应用，这种应用需要一些方法，而对这些方法的研究导致了几种分析方法的产生，尤其是组合理论和有限差分运算的产生．

如果这样构造二项式的乘积：1 加第一个字母，1 加第二个字母，1 加第三个字母，重复这样的过程，直到我们得到 n 个二项式，然后将它们乘在一起．①用这个乘积的展开式减去 1，我们得到这样的一个和式，它是由下述的和相加得到的：从这 n 个字母中任取 1 个字母得到的所有组合的和，任取 2 个字母得到的所有组合的和，……，任取 n 个字母得到的所有组合的和；所有和中的所有项的系数都是 1．为了得到从这 n 个字母中任取 s 个字母所得到的组合的数目，我们观察到如果我们假设这些字母彼此相同，那么前面所述的乘积就变为 1 加第一个字母得到的二项式的 n 次幂；因此，从 n 个字母中任取 s 个字母所得到的组合的数目就是这个二项式幂的展开式的第一个字母的 s 次幂的系数；这个数可以借助著名的二项式公式得到．②

值得注意的是在每个组合中字母的各自的情况，观察到如果将第二个字母和第一个字母组合，则它可以放在第一个位置或第二个位置，这样就得到两种组合．如果我们在这两个组合加入第三个字母，我们可以将其放在第一个，第二个和第三个位置，这样，对这两个组合中的任何一个，都可以得到三个新组合，共

① 即 $(1+a_1)(1+a_2)(1+a_3)\cdot\cdots\cdot(1+a_n)$.

② 即 $\sum_{s=0}^{n}\binom{n}{s}a^s=(1+a)^n$.

计六个组合. 由此可以很容易地得出 s 个字母的排列的个数是从 1 到 s 的所有整数的乘积. 为了考虑到这些字母各自的位置，有必要将该乘积与从 n 个字母中取 s 个字母得到的组合的数目相乘，该数等于略去了相应的二项式系数的分母. ①

让我们想象一下由 n 个数字构成的一个抽奖游戏，每次抽取 r 个数. 求一次取得 s 个给定的数的概率. 为求得此概率，我们构造一个分数，其分母为所有可能情况的总数或从 n 个字母中任取 r 个字母得到的组合的总数，分子是所有包含给定的 s 个数的组合的总数，后面的数显然是从其他数中取 $n-s$ 个数的组合数. 这个分数即是所求概率，并且我们容易发现该分数可以简化为另一个分数，其分子为从 r 个数中一次抽取 s 个数的组合数，分母为从 n 个数中一次抽取 s 个数的组合数. ② 因此在法国彩票中，如果涉及的数字是 90 个，每次抽取 5 个，抽取一个给定数字的概率为$\frac{5}{90}$，化简后为$\frac{1}{18}$；因为这个游戏是公平的，那么，彩票发行方应该付给赌注的 18 倍. 从 90 个数中一次抽取两个数的组合的总数为 4005，而从 5 个数里选取两个数的组合的总数为 10. 取到给定的一对数字的概率为$\frac{1}{4005}$，彩票发行方应该付给赌注的 400 $\frac{1}{2}$ 倍；相似地，对于抽取三个给定的数，应付赌注的 11748 倍，对于抽取四个给定的数字，他应付赌注的 511038 倍，对于抽取五个给定的数字，他应付赌注的 43949268 倍. 彩票主办者远不会给予参与者这些收益预期.

假设在一个瓮中有 a 个白球和 b 个黑球，从中抽取一个球之后再将其放回瓮中，求抽取 n 次取得 m 个白球和 $n-m$ 个黑球的概率是多少. 很清楚的是在每次抽取可能发生情况的数目为 $a+b$. 第二次抽取的每种情况可以和第一次的所有情况组合起来，两次抽取的所有可能情况的总数为二项式（$a+b$）的平方. 在该平方式的展开式中，a 的平方表示两次都取到白球的情况的总数，a 与 b 积的两倍表示一次取到白球而一次取到黑球的情况的总数. 最后，b 的平方表示两次都取

---

① 即 $\binom{n}{s}\times s!=n(n-1)\cdot\cdots\cdot(n-s+1)$. 在《概率的分析理论》中，拉普拉斯将该公式表示为 $\binom{n}{s}=\frac{n(n-1)\cdot\cdots\cdot(n-s+1)}{s!}$

② $\binom{n}{s}\times\frac{\binom{n-s}{r-s}}{\binom{n}{s}}=\frac{\binom{r}{s}}{\binom{n}{s}}$. 拉普拉斯在此处出现一个错误，前一句中的 $n-s$ 显然应为 $r-s$.

到黑球的情况的总数．重复这样的过程，我们看到，在一般情况下，（$a+b$）的 n 次幂表示在 n 次抽取中所有可能情况的总数；在该次幂的展开式中，a 的次数为 m 的项表示抽取到 m 个白球和 $n-m$ 个黑球的情况的总数．用该项除以二项式的 n 次幂，我们得到抽取到 m 个白球和 $n-m$ 个黑球的概率．a 与（$a+b$）的比是在抽取过程中取到一次白球的概率；b 与（$a+b$）的比是取到一次黑球的概率；如果我们称这两个概率为 p 和 q，在 n 次抽取中取到 m 个白球的概率是 $(p+q)^n$ 的展开式中 p 的次数为 m 的那一项．我们可以看到 $p+q$ 等于 1，该二项式的这个突出的性质在概率论中是非常有用的．但是，解决概率问题的最一般而直接的方法在于让它们由差分方程所决定．当我们根据他们各自的差异增加变量，对比表示概率的函数的逐个条件，要解决的问题经常提供各个条件之间的一个非常简单的比例．这个比例被称为**常微分方程**或**偏微分方程**；只涉及一个变量时称为常微分方程，涉及多个变量时称为偏微分方程．以下我们考察几个这样的例子．

假设三名水平相当的参与者在如下条件下一起玩游戏：前两名参与者中的胜出者同第三名参与者比赛，倘若前者胜出，则游戏结束；但是如果前者失败，则后者同另一位参与者比赛，这个过程一直持续到有一名参与者连续击败另外两人，此时游戏结束．求以任何给定的次数 n 游戏结束的概率．首先让我们精确地求出游戏结束于第 n 次比赛的概率．因为在此种情况下，赢者应该参加第 $n-1$ 次比赛，并且赢得第 $n-1$ 次和最后一次比赛．但是如果他没有赢得第 $n-1$ 次比赛的话，也就是说他被对手击败，而他的对手又在前一次比赛中胜出，则此时游戏就会在这一场结束．因此，其中一位参与者进入第 $n-1$ 次比赛并且赢得这次比赛的概率等于游戏恰好在这场比赛结束的概率；当这名参与者必须赢得下一场比赛，只有这样游戏才有可能在第 n 次结束，最后这种情况的概率只能是前述情况的概率的一半．这个概率显然是 n 的一个函数；那么，这个函数等于关于 $n-1$ 的同一个函数的一半．这个等式就是被称为**有限常微分方程**（*ordinary finite differential equation*）的一种．①

借助这种方程，可以很容易地求出游戏在给定的次数结束的概率．显然游戏不会在第二次之前结束的；如果要使游戏在这一次结束，那么第一次中的胜者应该在第二次中战胜第三位参加者；游戏在这一次结束的概率为$\frac{1}{2}$．因此，通过前

① 即 $p_n = \frac{1}{2}p_{n-1}$．

述的方程我们推出游戏在第三次结束的概率为$\frac{1}{4}$，第四次结束的概率为$\frac{1}{8}$，以此类推；一般地，第 n 次结束的概率为$\frac{1}{2}$的 $n-1$ 次幂. $\frac{1}{2}$的所有这些次幂的和等于 1 减去这些幂中的最后一个；这就是游戏最晚在第 n 次结束的概率. ①

让我们再考虑第一个可以用概率解决的更加复杂的问题，而这个问题也是帕斯卡尔向费马提出请求的问题. 两名参与者 A 和 B 水平相同，在如下条件下一起玩：最先比另外一个人多出一个给定的点数的人赢得该游戏，并且将所有赌注收入囊中；在经过若干次投掷后，两位参与者同意在游戏结束的情况下退出：我们要问的是赌注应该怎样分配. 很明显，分配的两份应该与两人赢得赌局的概率成比例. 于是问题被简化为确定这两个概率. 它们显然依赖于每位参与者所得数字与要求数字所差的点数. 因此，A 的概率是两个我们称之为**下标**（indice）的两个数的函数. 如果两位参与者同意再投一次（这个协定不会改变他们的状态，保证在这次投掷之后赌注的划分总是与赢得赌局的新的概率成比例），或者 A 赢得这一轮，那么他赢得赌局所需要的点数就减去 1，要么 B 赢得这一轮，那么他赢得赌局所需要的点数就减去 1. 但是这两个情形的概率都是$\frac{1}{2}$；所求的函数就等于这样一个函数的一半，其中，这个函数的第一个下标减 1，再加上的同样一个函数的一半，其中的第二个下标减 1. ② 这个方程就是一个所谓的**偏差分方程**.

通过这个方程，我们能够确定 A 的概率，可以从最小的数开始，可以看到，当 A 一个点也不缺时，A 赢的概率或者表示这个概率的函数等于 1，此时，第一个下标为 0，当第二个下标为 0 时，这个函数就变为 0. 假设参与者 A 仅缺少一点，相应地根据 B 缺一点，二点，三点，等等，我们发现 A 赢的概率为$\frac{1}{2}$，$\frac{3}{4}$，$\frac{7}{8}$，等等. 一般地，这个概率等于 1 减去$\frac{1}{2}$的 n 次幂，n 是 B 赢得赌局所缺的点数. 然后，假设 A 缺少两个点，相应地根据 B 缺一点，二点，三点，等等，A 赢的概率等于$\frac{1}{4}$，$\frac{1}{2}$，$\frac{11}{16}$，等等. 然后，再假设 A 缺三点，以此类推.

这种通过差分方程获取一个量的相继值的方法是冗长而费力的. 几何学家已

① 即 $\sum_2^n\left(\frac{1}{2}\right)^{i-1}=1-\left(\frac{1}{2}\right)^{n-1}$.

② 即 $p_{m,n}=\frac{1}{2}(p_{m-1,n}+p_{m,n-1})$.

经找到一些方法可以得到满足这个方程的带下标的一般函数，于是对任意特殊的例子，我们只需要在这个函数中代替对应的下标的值．我们用一般的方法来考虑这个问题．为此我们设想排列在一条水平线上的一系列项，它们中的每一项都可根据某一给定法则从前一项得出．假设这个法则可以由一个关于相继的几项和它们的下标或者说是表示它们在序列中的秩的数的方程给出．我将这个方程称为**带一个下标的有限差分方程**．该方程的阶（order）或者次数（degree）是这两个项的秩之差．利用这个方程，我们能够逐次地确定这个序列中的几项，并将该过程重复下去；但是，为了做到这一点，必须知道这个序列的几个项，所知项的个数等于方程的次数．这些项是序列的一般项的表达式或者差分方程的积分的表达式的任意常数项．

我们想象一下第二个项序列的图式，其中的每一项都在第一个序列的项的下面，并按水平方向排列．再想象一个位于第二个序列的项下面的第三个水平排列的序列，就这样无限地进行下去；我们假设所有这些序列的项由一个一般的方程联系起来，这是关于几个相继的项，相继的是指在水平方向和垂直方向的意义上，和在两个方向意义上表示其秩的数之间的方程．称这个方程为**有两个下标的有限偏差分方程**．

我们以同样的方式想象一下位于前述序列的图式之下的相似序列的第二个图式，其中的项都被放置在第一个图式的项的下面；再想象一个位于第二个图式下面的第三个类似序列的图式，就这样无限地进行下去；我们假设这些序列的所有项由一个方程联系起来，这是关于在长度、宽度、深度意义上几个相继的项和在这三种意义上表示它们秩的数之间的方程．称这个方程为**有三个下标的有限偏差分方程**．

最后以一种抽象的方式且不依赖于空间的维数来考虑这个问题．一般地，让我们想象一个由若干个量组成的体系，这些量是一定个数的下标的函数．我们假设关于这些量、这些量与这些下标之间的差、与这些下标本身之间，有着与这些量的个数一样多的方程．将这些方程称为**给定下标数的偏有限差分方程**．①

利用这些方程，我们能够逐次地确定这些量．但是，就像含有单一下标方程，我们必须知道该序列的若干个项，以同样的方式，因此含两个下标的方程需要我们知道一行或几行序列，这些序列的通项可以由其中之一下标的任意一个函数表达出来．类似地，含三个下标的方程需要我们知道一个或几个序列图式，其

---

① 这里指含 n 个非独立下标（或者说变量）和任意个独立下标的 n 阶偏有限差分方程．

中每一个通项都可以由任意一个具有两个下标的函数表达出来，以此类推. 在所有这些情况下，通过逐次消去我们能够求出这些序列的某个项. 但是，因为如此消去法所用到的所有方程都包含在方程的相同图式中，我们取得相继项的所有表达式应该被包含在一个一般表达式中，这是一个决定该项的位置的下标的函数. 这个表达式上述提到的差分方程的积分，积分演算的目的就是求出这个表达式.

泰勒（Taylor）在其题为《增量法》（*Metodus incrementorum*）的著作中首先研究了线性有限差分方程组. 在这里，他展示了怎样求含有一个系数且最后一项是一个下标的函数的一阶方程的积分. 事实上，通常考虑的等差数列和等比数列的项的关系是线性差分方程的最简单的情形；但是人们从未以这种角度去研究它们. 正是这些将它们与一般的理论联系起来的研究之一，引发了这些理论的产生，并成为一些名副其实的发现.

大约在同时，棣莫弗（de Moivre Abraham）凭借循环级数研究任意阶的常系数有限差分方程. 他以一种别出心裁的方法成功地求出了它们的积分. 在此追溯一下发明者的足迹是非常有趣的. 把棣莫弗的方法应用于一个循环级数，其中已给出三个相继项的关系，通过这种方式，我将拓展他的方法. 首先，他考虑等比数列的相邻的一些项的关系或者表示其两个项的方程. 他将这种关系中的每一项的下标减去 1，将之乘以一个常数因子并减去从第一个方程得到的乘积. 因此得到关于等比级数连续三项的方程. 棣莫弗随后考虑第二个数列，其各项之比是他已经用过的相同的因数. 类似地，他将这个新的级数方程的项的下标减去 1. 在这种情况下把它乘以第一个数列的公比，从第二个数列的方程中减去这个积，由此发现这个（第二个）数列的三个相继项的关系完全类似于在第一个数列中发现的. 随后他注意到如果将两个级数逐项相加，在这个和（级数）的任意给定的三个相继项之间存在相同的比例关系. 为了求出两个等比数列的公比，他将这个比的系数同前述递归级数的那些项的比例关系的系数进行比较，他发现一个二次方程的根就是这些比. 由此，棣莫弗就将递归级数分解为两个等比数列，每一个都乘以一个任意常数，棣莫弗通过递归级数的前两项确定这个常数. 实际上，达朗贝尔也用这个匠心独具的过程来求常系数的无穷小线性差分方程的积分，拉格朗日已将之转化为相似的有限差分方程.

最后，我考查了线性偏有限差分方程，首先用的是**循环级数**（recurrorecurrent series）的名称，然后再用它们各自的名称. 对我来说，求所有这种方程积分的最一般、最简单的方法是建立在对生成函数的思考上的，其一般思想如下所述.

如果我们构造一个关于变量 t 的函数 V，并按照该变量的幂而展开，每个幂的系数都是这个幂的指数或者下标（exponent or index）的函数，我将这个指数称为 x. 我将 V 称作这个系数或下标的函数的生成函数.

现在，如果将 V 的展开式的级数乘以一个同样以 t 为自变量的函数，例如 1 加上该变量的两倍，这样的乘积则是一个新的生成函数，其中变量 t 的 x 次幂的系数等于 V 中相同次幂的系数加上 t 的 $x-1$ 次幂的系数的两倍. ① 因此，乘积中下标 x 的函数等于 V 中下标 x 的函数加上下标减 1 的相同函数的两倍. 下标 x 的函数因此是 V 的展开式中相同下标的函数的导数，这个导数函数我称之为这个下标的原函数. 我们通过将字母放在原函数之前来表示导函数. 由这个字母表示的导函数依赖于 V 的乘数，我们用 T 来表示，并假设 T 和 V 一样，以变量 t 的幂而展开. 如果我们将 T 乘以 V 和 T 的乘积，这就等于将 V 乘以，我们构造第三个生成函数，其中，t 的 x 次幂的系数是一个类似于前一个乘积的相应系数的导数；也可以通过将同样的字母置于前述的导数之前来表示它，这样 x 的原函数之前要写两次. 但是为了代替这种两次书写，我们赋予它一个指数 2.

继续这样的过程，我们看到，在一般的情形下，如果我们用 V 乘以 T 的 n 次幂，我们通过将字母的 n 次幂放在原函数前面而得到 V 和 T 的 n 次幂的乘积中 t 的 x 次幂的系数.

例如，我们假设 T 是 t 的倒数；则在 V 和 T 的乘积中，t 的 x 次幂的系数等于 V 中 t 的 $x+1$ 次幂的系数；V 和 T 的 n 次幂的乘积中的（t 的 x 次幂的）系数就是原函数，其中 x 增加了 n 个 1.

我们现在考察 t 的一个新函数 Z，与 V 和 T 一样，以 t 的次幂展开它；我们通过将符号放在原函数之前来表示 V 和 Z 的乘积中的 t 的 x 次幂的系数；x 的原函数前加上的 n 次方表示 V 和 Z 的 n 次幂的乘积中的系数.

例如，如果 Z 等于 $\frac{1}{t}-1$，在 V 和 Z 的乘积中，t 的 x 次幂的系数是 V 中 t 的 $x+1$ 次幂的系数减去 x 次幂的系数. 这就是下标 x 的原函数的有限差分. 符号指原函数的有限差分，在这种情形中下标以单位变化；放置于原函数之前的这个符号的 n 次幂指这个函数的第 n 阶有限差分. 如果我们假设 T 等于 $\frac{1}{t}$，就有 T 等

---

① 假设 $V(t)=\sum a_x t^x$，则 $(1+2t)V(t)=\sum_x(a_x+2a_{x-1})t^x$，且 $\varphi^{(1)}(x)\equiv a_x+2a_{x-1}$ 就是原函数 $\varphi(x)\equiv a_x$ 的导函数. 如果还有 $(1+2t)V(t)=\sum b_x t^x$，那么就有数列 $(b_x)=(a_x+2a_{x-1})$.

于二项式 $Z+1$. V 和 T 的 n 次幂的乘积就会等于 V 和二项式 $Z+1$ 的 n 次方的乘积. 按照 Z 的幂展开这个式，那么 V 和这个展开式的多项的乘积是这些相同项的生成函数，在这些项中，我们用下标的原函数对应的有限差分替换 Z 的次幂.

现在 V 和 T 的 n 次方的乘积是原函数，其中下标 x 增加 n 个 1；再经过判别式到它们的系数，我们将使得这个增加的原函数等于二项式 $Z+1$ 的 n 次方的展开式，只要在这个展开式中用原函数相应的差分去替换 Z 的各次幂，并且将这些次幂的独立的项和原函数相乘. 我们将因此得到原函数，其中下标以它的差分为单位增加任意给定的数 n.

假设 T 和 Z 总有上述的值，并且使 Z 等于二项式 $T-1$，那么，V 和 Z 的 n 次幂的乘积等于 V 和二项式 $T-1$ 的 n 次幂的展开式的乘积. 如上已实施的，再经过从生成函数到它们的系数，就会得到以二项式 $T-1$ 的 n 次幂的展开式的原函数的 n 阶差分，其中我们以同样的函数替代 T 的次幂，这个函数的下标要加上幂的指数，我们也以原函数替换独立于 t 的项——这个项就是 1，由此通过这个函数的相邻的项就得到了这个差分.

置于原函数前的 δ 将那个函数转换为 V 和 T 的乘积中的 t 的 x 次幂的系数（这个函数的导数）；Δ 表示 V 和 Z 的乘积中同样的导数，通过前述的讨论，我们导出这样一个一般的结果：无论 T 和 Z 所代表的变量 t 的函数是什么，在利用这些函数能够形成的所有恒等式的展开式中，可以用符号 δ 和 Δ 代替 T 和 Z，只要在序列中下标的原函数可以写在幂和这些符号的幂之乘积之后，并且将这些符号的一些独立的项乘以这个函数.

借助这个一般结论，我们能够去将下标 x 的原函数一个差分的任意次幂，其中 x 以 1 为单位变化，转化为相同函数的一系列差分，其中 x 以确定的单位数变化，反之亦然. 假设 T 是 $\dfrac{1}{t}$ 的 i 次幂减 1，Z 恒等于 $\dfrac{1}{t}$ 减 1；于是 V 与 T 的乘积中的 t 的 x 次幂的系数是 V 中 t 的 $x+i$ 次幂的系数减去 t 的 x 次幂的系数；那么，它是下标 x 的原函数的有限差分，其中下标以数 i 为单位变化（即 x 被 $x+i$ 替代）. 很容易看到 T 等于二项式 $Z+1$ 的 i 次幂与 1 的差. T 的 n 次幂等于这个差的 n 次幂. 如果在这个等式中我们将 T 和 Z 各自替换成符号 δ 和 Δ，在展开式后面，我们在每一项后面写出下标 x 的原函数，那么我们可以使这个函数的 n 阶差分，其中 x 以数 i 为单位变化，被相同函数的一系列差分表示出来，在其中 x 以数 1 为单位变化. 这个序列只是它所表示的差分的变换，这个差分与它相等；但是，分析的力量正是蕴涵于这样的一些变换之中.

分析的一般性允许我们假设在这个表达式中 n 是负的. 那么 δ 和 Δ 的负数次幂表示积分. 事实上，原函数的 n 阶差分的生成函数是 V 和 $\left(\frac{1}{t}-1\right)$ 的 n 次幂的乘积，作为差分的 n 次积分的原函数具有相同差分的生成函数，这个原函数是 $\left(\frac{1}{t}-1\right)$ 的 n 次幂乘以符号 Δ 的相同次幂；这个幂表示相同阶数的积分，下标 x 以数 i 为变化单位；δ 的负次幂表示相等的积分，其中下标 x 以数 i 为变化单位. 在这里以一种最简单和最清晰的方式显示出了正的次幂和差分之间、负的次幂和积分之间的分析推理.

如果将 δ 置于原函数之前而得到的函数等于 0，我们将得到一个有限差分的方程，V 是它的积分的生成函数. 为了求出这个生成函数，注意在 V 和 T 的乘积中，应该消去 t 的所有次幂，除了那些小于差分方程的阶数的次幂；V 等于一个分数，其分母为 T，其分子为一个多项式，在这个多项式中 t 的最高次幂比差分方程的阶小 1. T 的各个次幂的任意系数，包括常项，由下标的原函数的对应个数的一些值所决定，其中，相继令 x 等于 0，1，2，等等. 当给定差分方程时，可以这样求出 T：将差分方程的所有项放在最前面，用 1 替换具有最大下标的原函数，用 t 取代这个下标减 1 的原函数，用 t^2 替换这个下标减 2 的原函数，以此类推. ① 在 V 的前面的表达式的展开式中，T 的 x 次幂的系数是 x 的原函数或者有限差分方程的积分. 分析学为此提供了多种方法，在其中我们可以选择最适合研究对象的一种，这是积分方法的先进性.

设想 V 是关于两个变量 t 和 t' 的函数，以这些变量的幂及其乘积的形式而展开；t 的 x 次幂和 t' 的 x' 次幂的乘积（$t^x t'^{x'}$）的系数是这些幂的指数或下标 x 和 x' 的一个函数；我称这个函数为原函数，V 是这个函数的生成函数.

我们将 V 和变量 t 和 t' 的函数 T 相乘，T 以这些变量的幂和乘积的形式而展开；乘积是原函数的导函数的生成函数；例如，如果 T 等于 t 加上变量 t' 减 2，这个导数将由一个原函数而给出，这个原函数的下标 x 被替换为 $x-1$，加上这个 x' 被替换为 $x'-1$ 的原函数，再减去原来原函数的两倍. 对于任意的 T，我们用一个置于原函数之前的符号 δ 表示它，它是一个导函数，那么，V 和 T 的 n 次方的乘积，是原函数的导函数的生成函数，就是在它前面写出符号 δ 的 n 次方. 因

① 如果差分方程是这种形式：$f(a_{x+n}, a_{x+n-1}, \ldots, a_x)=0$，那么就用 1 替换 a_{x+n}，t 替换 a_{x+n-1}，t^2 替换 a_{x+n-2}，等等.

此这些定理类似于有关一个变量的函数的定理.

假设符号 δ 所指示的函数为 0；那么就可以得到偏差分方程. 例如，如果我们像前面一样，令 T 等于变量 t 加变量 $t' - 2$，那么，这三项的和就等于 0：把下标 x 换为 $x-1$ 的原函数，把 x' 换为 $x' - 1$ 的原函数，减去原函数的两倍. 那么，原函数或者这个方程的积分的生成函数 V 必须使它与 T 的乘积不包括 t 和 t' 的所有乘积；但是 V 可能单独地包括 t 和 t' 的次幂，也就是说，t 的任意一个函数和 t' 的任意一个函数；V 是一个分数，其分子为这两个任意函数的和，其分母为 T. 在这个分数的展开式中，t 的 x 次幂和 t' 的 x' 次幂的乘积的系数是前述偏差分方程的积分. 在我看来，这一类方程的此种积分方法似乎是最简单和最容易的，可以将之应用于有理分数展开的多种分析过程之中.

如果不借助微积分就很难理解这个题材更加丰富的细微之处.

将无穷小偏差分方程看作有限偏差分方程，其中没有忽略任何因素，我们能够阐明其演算的模糊之处，这些模糊之处一直是几何学家们重点讨论的课题. 以这种方式，我已经表明将不连续的函数引入它们的积分之中是可能的，只要不连续的情况只出现在与这些方程的阶相同或者更高阶的微分中. 像一切思维的抽象一样，微积分的超越之处就是一般的符号，其真实的意义只有通过对导致其基本思想的形而上学进行分析才能被人理解；这一点通常是很困难的，因为相对于故步自封，人类的心智仍然较少尝试使自己探索未来. 类似地，无穷小差分和有限差分的比较能够清楚地显示出无穷小微积分的形而上学.

很容易证明，如果一个函数的 n 阶有限差分是被 E 的 n 次方所除，其中 E 是变量的增量，这个商以 E 的次幂而展开为一个级数，那么它的第一项是独立于 E 的. 随着 E 的减少，这个级数也越来越趋近第一项，所以，只是从小于任何指定的数的量这个方面来说，这个级数不同于第一项. 这个项（第一项）是级数的极限，在微分学中它表示函数的无穷小 n 阶差分被无穷小增量的 n 次方所除.

从这个观点来考虑无穷小差分，我们看到微分学的多种运算接近于分别比较等价的表达式的展开式中的有限项或者独立于变量增量的那些项，这些增量被当作是无穷小的. 这个程序是非常精确的，因为这些增量是不确定的. 因此微分学具有其他代数运算的所有精确性.

同样的精确性也体现在微分学在几何学和力学的应用之中. 如果我们想象一条曲线与一条割线相交于两个相邻的点，将这两个点的纵坐标间的距离称为 E，E 是第一个交点到第二个交点的横坐标的增量. 很容易看到，纵坐标相应的增量

是 E 与第一个纵坐标相乘再除以 subsecant①；在这个方程中，若第一个纵坐标增加其增量，相应地就会得到与第二个纵坐标相关的方程. 这两个方程的差是第三个方程，以 E 的次幂展开它并除以 E，则得到的第一个项是独立于 E 的，这一项就是这个展开式的极限. ② 如果这个项等于 0，就会得到次割线的极限，这个极限显然就是次切线.

这种令人赏心悦目、独具匠心的获取次切线的方法归功于费马，他已将这种方法推广到超越曲线. 这位伟大的几何学家用字母 E 表示横坐标的增量，并且只考虑这个增量的一次幂，就像我们借助微分学所做的那样，他精确地求出了曲线的次切线、拐点、纵坐标的**极大值**和**极小值**、一般情况下的一些有理函数. 我们也借由他在《笛卡尔通信集》中关于光折射问题的漂亮解法了解他是如何将他的方法推广到无理函数的，将它们从根和幂只局限于有理数的状态中解放出来. 费马应被视为微分学的真正发现者. 此后，牛顿在他的《流数法》中使这种计算更加分析化，并通过优美的二项式定理将这些程序简单化和一般化. 几乎与此同时，莱布尼兹的工作最终丰富了微分学：他引入一种能够表述从有限到无穷小的过程的符号，并将此计算的一般结果的表达优势与给出微分和这些量的和的第一个近似值结合起来. 这套符号非常适合于偏微分的计算.

我们常常导出一些含有众多的项和因数的表达式，其中数的替换是无法实行的. 当我们考虑大量事件时，这种情况会出现在概率问题中. 与此同时，当事件变得更加众多时，为了求出结果的概率，就必须掌握公式的数值. 特别是必须持有一个定律，根据这个定律概率不断地趋近确定性，如果事件的数量趋向无限，最终将达到这个确定性. 为了得到这个定律，通过对包含大量的项和因数的公式进行积分，我考虑了差分的定积分与因数的大数次幂相乘所产生的东西. 这一点启发了我的一种想法：将分析复杂的表达式和差分方程的积分转化为简单的积分. 通过同时给出在积分符号下的函数以及积分的极限这一方法，我满足了这个条件. 值得注意的是函数正是前述方程和表达式两者的生成函数；这使得这个方法与生成函数的理论联系起来，它因此成为生成函数理论的补充. 更进一步，这

① Subsecant 是割线与 x 轴的交点到第一个交点的纵坐标的距离.

② 如果令 $y = f(x) \Rightarrow y + \Delta y = f(x + \Delta x)$，

则 $\dfrac{(y + \Delta y) - y}{\Delta x} = \dfrac{f(x + \Delta x) - f(x)}{\Delta x}$

$$= \frac{1}{\Delta x}[(f(x) + \Delta x \cdot f'(x)) + \cdots - f(x)]$$

$\to f'(x)$（当 $\Delta x \to 0$ 时）.

只是个将有限积分化归到一个收敛级数的问题. 通过一个程序我已经做到了这一点，凭借这个程序，表示级数的公式越复杂，级数收敛的速度就越快. 所以，这个程序越是必需的，就越要精确. 经常地这个级数将周长与直径之比的平方根①作为一个因数；有时它也依赖其他的超越数，这些超越数的个数有无限多.

一个重要的论点涉及分析的非凡的一般性，并允许我们将这个方法扩展到频繁地出现于概率论中的公式和差分方程之中，这个论点就是通过假设定积分的上下限是正的实数，但是也会出现由方程解出的那些上下限只有负根和虚数的情况. 更进一步，这些从正数到负数、从实数到虚数的变换，也就是我首次用到的变换，使我能够求得许多奇异定积分的值，稍后，我会直截了当地演示这一点. 所以，我们可以再考虑作为一种类似于归纳和类比的发现方法，这些方法长期被几何学家们所采用——起先小心谨慎，然后充满信心，因为有大量的实例已经证明了（最初的论点）. 与此同时，通常必须直接通过演绎论证来证明这些经过摸索手段而获得的结果.

我已经将前述的方法总体命名为**“生成函数的演算”**，这种演算可以作为本人已出版的《概率的分析理论》中所述工作的基础. 它关系到一个量与自己重复相乘或一个量的正次幂和负次幂的表示法的简单思想，这就是把表示幂的数写在字母的顶部，这些数也代表了这些幂的次数.

笛卡尔在他的《几何学》中已用过这种符号，自从这部重要的著作出版之后，这种符号被广泛采用. 不过，与变量函数与曲线的理论相比，符号（的应用）真是小事一桩了，借助于这个理论，伟大的几何学家建立了现代微积分的基础. 然而，分析的语言，或许是所有语言中最完美的，本质上是发现的有力工具，尤其当这些符号是必要的和愉快的构造时，它们就成为如此众多的新运算的胚芽，这一点在上述的例子中得到充分的显示.

沃利斯（*Wallis*）是对分析学的进展作出过最大贡献的数学家之一，在其题为《无穷小算术》的著作中，他本人的兴趣尤其在于遵循归纳和类比的思想思考下述问题：如果以二、三等等，去除一个字母的指数，当这种相除是可能之时，根据笛卡尔符号法则，商就是以该字母为底被除数为指数的这个幂的二次、三次方根. 根据类比法，将这个结果推广到不能相除的情形中，他把一个以指数为分数的量看作某个方根，这个方根的次数为该分数的分母，方根下面的是以该

---

① 即$\sqrt{\pi}$.

字母为底、以分数的分子为指数的形式.① 接着他指出，根据笛卡尔符号法则，以相同字母为底的两个数相乘等于它们的指数相加，以相同字母为底的两个数相除等于被除数的指数减去除数的指数（当被除数的指数大于除数的指数时）. 沃利斯将这一结果推广到当被除数的指数等于或小于除数的指数时的情况，这使得指数的差为零或负数. 然后，他提出负指数表示同底的指数幂（正的）的倒数.② 这些方法使他求出了一般意义上的单项微分的积分，由此，他推出了其指数是正整数的一类特殊的二项式微分的定积分. 其后，由于沃利斯注意到表示这些积分的数的规律，这是一系列的插值和美妙的归纳，在其中，可以发现定积分计算的萌芽，定积分的计算给予几何学家们以极大的训练，也是我的**“新概率理论”**的基础之一. 他发现圆的面积与圆直径的平方之比可以表示为一个无限的乘积. 随着越来越多的项被包含在内，这个比也就越来越收敛于一个极限. 这是分析学中最奇妙的结果之一. 然而，值得注意的是，沃利斯如此细微地思考了根幂的分数指数，他本应该注意到这些幂在他之前就已经有人做过了. 如果我没有记错的话，牛顿在致奥登柏格的信中最先应用了幂的分数指数的符号. 沃利斯充分利用了归纳法，他将二项式幂的指数与展开式的项的系数进行比较，在这种情况下，指数是正整数，由此，他得出了这些系数的定律，并用类比法将这个定律推广到分数和负数幂. 这些基于笛卡尔符号法则的多种结果展现了他对分析学发展的影响，迄今为止，它（笛卡尔符号法则）在给出最简单、最清晰的对数思想方面仍具有优势，对数实际上只是一个量的指数，随着无穷小次数的增加，其连续的幂能够表示所有的数.③

但是，这个符号法则所取得的最重要的扩展是可变化的指数，构成了指数的演算，这是现代分析中最富有成果的分支之一. 莱布尼茨是第一个通过变量指数说明超越数的人，从而他已经完善了组成一个有限的函数的元素体系；对每一个一元有限显函数，都可以划归为对于一些简单的量的最终分析，将它们用加、减、乘、除的方法进行组合，从而得到一些恒定或者变化的幂. 这些元素形成的方程的根是变量的隐函数. 因此，在一个其双曲对数是 1 的数幂的数列中，如果一个变量可以表示为等于它的幂的指数的对数，那么，它的一个变量的对数就是

① 即 $a^{\frac{m}{n}} = \sqrt[n]{a^m}$.

② 即 $a^{-n} = \frac{1}{\sqrt{a^n}}$.

③ 即 $\ln e^x = x$.

一个隐函数.

莱布尼茨想给他的微分符号以同样的指数，就像给予那些量那样；但另一方面，他不是用同样量的重复乘积来表示这些指数，而是用相同函数的重复微分来表示这些指数. 这种笛卡尔符号的新的扩展促使莱布尼茨在正幂与微分之间、负幂与积分之间进行类比. 拉格朗日在对这个题材的发展中沿用了这种奇异的类比；并通过一系列的归纳，这被认为是归纳法所做的最漂亮的应用之一，他得到了一些一般的公式，在微分和积分的相互转换中，当变量具有多种有限增量，以及当这些增量是无穷小的时候，这些公式的奇特性就像它们的有效性一样. 但是他没有给出证明，这对他而言是很困难的. 生成函数理论将笛卡尔符号体系拓展到一些字母中；它清楚地演示了幂和由这些符号所表示的运算之间的类比；因此它可以被认为是符号的指数的运算. 所有有关级数和差分方程的积分问题都极易将它们的起源追溯于此处.

第二部分　概率演算的应用

第六章　赌博游戏

概率论最初的研究主题起源于赌博游戏中的组合. 这种组合的种类不计其数，其中许多易于将其化为演算，其他则需要更加复杂的演算，这些困难性会随着组合变得更加复杂而增加，克服这些困难的好奇心与愿望激励了几何学家们不断地改进这种分析. 我们已经看到彩票的收益可以简单地由组合理论求出来. 但是，更加困难是对于一个能够以赢输为 1 对 1 的可能性打赌的人来说要了解必须抽取的次数，例如，所有的数将被抽取到，n 是这些数的个数，r 是每次所抽取的数的个数，而 i 是未知的抽取次数. 那么，所有数将被抽到的概率的表达式取决于 r 个相继数的乘积的 i 次幂的 n 次有限差分. 当 n 非常大时，要想求出使得这个概率等于 1/2 的 i 的值就变得不可能了，除非这个差分可以转化为一个迅速收敛的级数. 可以通过下面表述的大数次（观察次数）的函数的近似的方法做到这一点. 因此可以看到，因为在由一万个数组成的彩票中，每次从中抽取一个，在赢输为 1 对 1 的打赌中在 95767 次抽取中取到所有的数是不利的；对于 96768 次抽取，同样的打赌就是有利的. 在法国彩票中，这种打赌对于 85 次抽取是不利的，而对于 86 次抽取就是有利的.

让我们再次考虑一下有两个参与者的情况，A、B 两人以这种方式共同赌“猜正-反面”游戏：每次投掷，如果正面朝上，A 给 B 一个硬币，反之，B 就付给 A 一个硬币；B 的硬币数是有限的，而 A 的是无限的，只有当 B 的硬币用光时游戏才能终止. 那么我们要问的是：在赢输为 1 对 1 打赌的情况下，应该赌游戏结束所需要投掷的次数是多少. 如果 B 有大量的筹码，那么游戏在 i 次投掷结束的概率的表达式是由包含大量的项与因子的一个数列所给定的. 如果不能将这个级数化为一个迅速收敛的级数，找到使得这个级数等于 1/2 的未知 i 的值是不可能的. 在将刚才讨论过的方法应用于该问题的过程中，我们发现关于这个未知量的一个非常简单的表达式，从中可以导出，例如，B 有 100 个筹码，它就比 1 对 1 赌游戏将在 23780 次投掷结束的赌注要小一点，比将在 23781 次投掷结束的赌注要大一点.

这两个例子，再加上我们已经给出那些，已经足可以说明赌博游戏问题是如何成为完美分析的一部分的.

第七章　在假设的等可能性中可能存在未知的不均等

这种不均等对于计算的结果具有显著的影响，这种影响应引起人们给予特别的关注. 让我们考虑一下“猜正-反面”的赌博游戏，假设非常容易均等地掷出硬币的一面或者另一面. 那么，第一次投掷正面朝上的概率为 1/2，相继两次抛掷得到正面的概率就是 1/4. 但是，如果硬币是不均匀的，这种不均匀会导致其中一面比另一面易于出现，但是，如果我们并不知晓由这种不均衡（偏向性）所导致的哪一面更易于出现，第一次投掷得到正面的概率仍然是 1/2，由于我们对于这种不均衡所倾向的那一面一无所知，如果这种不均衡倾向于它，简单事件的概率就会随之增加，同样，如果这种不均衡与之相反，（简单事件的概率）就会随之减小. 但是，即使处于这样的无知状态中，相继两次得到正面的概率也是增加的. 的确，这个概率等于第一次投掷得到正面的概率乘以在第一次投掷得到正面的情况下第二次投掷仍然得到正面的概率，然而，第一次投掷所发生的（正面结果）有理由使人们相信硬币的不均衡倾向于它，那么，未知的不均衡性增加了第二次投掷得到正面的概率，相应地，也就使这两个概率的乘积增加了. 为了将这种状况化为演算，让我们假设这种不均衡性使得它所倾向的简单事件的概率增加了二十分之一. 如果这个事件为正面朝上，那么，它的概率就是1/2加1/20，或者说11/20，相继两次投掷得到正面的概率为11/20的平方，即121/400. 如果它所倾向的是反面朝上，那么出现正面的概率就是1/2减1/20，即9/20，那么连续两次投掷得到正面的概率为81/400. 由于我们并没有理由预先确信这种不等性倾向于事件中的一个而非其它，显然，就必须将前述的两个概率相加，再取这个和的一半，就得到复合事件（正面，正面）的概率，这个概率为101/400，它比1/4大1/400，即增量1/20的平方，这是不均衡性使得其有利于其发生的事件的可能性增加的量. 相似地，得到（反面，反面）的概率是101/400，而得到（正面，反面）或者（反面，正面）的概率各为99/400，这四个概率的和应该等于确定性或者1. 一般来说，由此我们发现有利于一些简单事件的恒定且未知的原因通常会使同一简单事件重复发生的概率增大，这些原因被断定为等可能的.

在偶数次的投掷中，正面反面两者必定都出现，或者出现偶数次或者出现奇数次，如果出现两个面的可能性是相同的，这些情形中的每一个的概率都是1/2；但是，如果它们之间存在着一个未知的不均衡性，这种不均衡性通常有利于第一种情形.

两个人在如下条件下参加赌博，假设他们的（赌博）技能相同：每次投掷输掉的一人送给对手一个筹码，游戏继续直到其中一位参与者再没有筹码为止. 概率的演算向我们表明：由于这个游戏是公平的，参与者的赌注应该与他们的筹码数目成反比，然而，如果在参与者之间存在着一个未被察觉的不均衡，这种不均衡性就会有利于具有最少筹码的那一位赌徒. 如果同意将他们的筹码翻倍或者增加三倍，在他们的筹码数趋向无穷的情况下，这个概率会变为1/2，或者说与另一位赌徒的（赢）概率相同，总是保持相等的比例.

可以通过以下方法对这些不为人所察觉的不均衡性的影响进行修正：使它们本身由随机性而产生. 如此，在“猜正-反面”的赌博中，如果还有第二枚硬币，每次抛掷第一枚的同时也抛掷第二枚，并且通常人们约定把第二枚向上的一面称为正面. 那么，与只抛掷一枚硬币的情况下相比，连续抛掷第一枚与第二枚硬币出现正面的概率是将更加接近于1/4. 在前面的情况下，差是未知的不均衡性给予其有利于第一枚硬币的那一面的可能性的微小增量的平方，在其他情况下，这个差是这个平方与和第二枚硬币相应的量的平方之积的四倍.

假设将数1至100按照它们的自然顺序放置在一个瓮中，摇晃该瓮使它们混合，然后，从中抽取一数，显然如果混合是充分的，那么取到每一个数的概率是相等的，但是，如果基于把这些数放入瓮中的顺序令我们担心它们之间有一些微小的差别，那么可以将这些数字以从第一个瓮中取出，依次有序地放入第二个瓮中，然后摇晃第二个瓮使它们混合，那么这个偏差将会大大地减小. 第三个瓮，第四个瓮，等等，如此将会把第二个瓮中的那些差别减小得越来越微不足道.

第八章　从事件无数次重复发生中导出的概率规律

我们往往将那些变化的和未知的原因冠以偶然性之名，偶然性使得事件的进程充满了不确定性和无规则性，然而，我们看到，随着这些事件发生次数的增加，令人惊异的规则性就会显现出来，这种规则性似乎是遵循着一种设计，这一直被当作是神圣设计的一种证明. 但是，如果我们仔细思考这个问题，不久就会认识到这种规则性只是具有各自可能性的一些简单事件的自然过程而已，这些事件越是可能的，他们就应该越倾向于经常地发生. 让我们想象一下，比如，一个包含白球和黑球的瓮，假设每次抽取一个球，把它放回后再进行下一次新的抽取. 在最初几次抽取中，抽取到白球的数目与抽取到的黑球数目之比是最缺乏规则的；但是这种不规则性的变化不定的原因却对事件的规则进程轮番产生有利或不利的效果，在大量的抽取总和中它们彼此抵消，这就使得我们能够得到越来越好的瓮中所含有的白球和黑球之比的估计值，或者说越来越好地得到每次抽取一个白球或者一个黑球的各自可能性的估计值. 从这些结果中可以导出以下定理：

抽取的白球数与抽取球的总数之比与瓮中所含有的白球与所有的球数之比的差不会超出一个给定的区间，这种情况的概率，无论这个区间有多小，会随着事件数目的增加而趋向于确定性（即概率为 1）.

这个由常识所表明的定理难以给出分析学的证明. 因此，杰出的几何学家雅克比. 伯努利最先拥有了这个定理的思想，并给出了自己的证明，他尤其强调了这个证明的重要性. 将生成函数的演算应用于这种情况，不仅给出关于这个定理的一个简单证明，而且更进一步，它给出了观察到的事件之比只是在一定的极限范围内不同于它们各自的可能性之比的概率.

从上述定理中可以导出这样一个结果，可以将这个结果当作一个定律，即：当大量地考察自然的行为时，这些行为（的发生次数）之比就非常接近于一个恒定的值. 因此，尽管有年年之间的波动，但是，如果经过一个相当漫长的年岁，收成的总量实际上是相同的. 所以，利用简便的预见，借用一个涵盖并不均匀分布的所有季节的收成这种方式，人就能够防止自己不受季节变化的影响．我并不期望从上面的定理中推出道德的原因．每年的出生数与总人口之比，以及结婚的人数与出生数之比却只有微小的变化；年出生数几乎是相同的，据说，在巴黎，邮局在一般的季节中因为写错或没有给出地址等原因而不能投寄的信的数目也几乎没有变化，人们在伦敦似乎也注意到了这种情况．

从这个定理中可进一步推出下面的结果：在一个无限延展的事件序列中，规则和恒定原因的影响从长远来看终究会压倒不规则原因的影响．正是这一点使得彩票的收益就像农业的收成一样确定，因为他们（发行方）本身所专享的机遇保证了他们在大量的投掷中具有总体上的优势．因此，大量的、有利的机遇既然总是伴随着一些建立和维持社会秩序的理性、正义和人性的永恒法则，那么遵从这些法则就会受益匪浅，而无视它们则危害极大．如果一个人借鉴一下历史和他本人的经历，那么，他就会看到所有的事实都会对这个演算的结果给予支持．试想一下，那些建立在人类的理性和自然权利之上的制度的幸福成果，在那些懂得如何去坚持和维护这些成果的民族中，再想一想，美好的信仰为那些将之作为其管理的基石的政府所带来的好处，这些政府由于一丝不苟地恪守他们的义务和承诺而付出了代价，为此他们是如何获得了补偿的！在国内具有多么大的感召力！在国外又具有何等的威望！相反，看一看那些由于其领导人的野心和背信弃义而陷入深渊的不幸民族吧！每一次由于对征服的贪婪而陷入狂热的强国渴望着统治世界，而在那些被威胁的国家中，对独立的渴望就（促使它们）形成一个联盟，而这个强国通常总是成为这个联盟的牺牲品．相似地，在那些导致各种国家的大小增加或者减少的变化无常的原因中，就像恒定的原因一样在起作用，自然的边界最终会被接受．那么，对于帝国的稳定和幸福两方面而言，重要的不是将这些边界扩展到由这些原因的作用而被不断地恢复到的边界之外——这就像由疾风暴雨所推高的海潮由于万有引力的作用再回落到其盆地．这是概率演算的另外一个结果，它得到了多起灾难性经历的验证．如果从恒定原因的影响这一着眼点来思考历史，它将给予人类最有益的经验教训的东西与由好奇心所引起的兴趣联系在一起．有时，我们会将必然发生的这些原因的结果归咎于发生其作用的偶然的环境．例如，当两个民族被一片浩瀚的海洋或者一段遥远的距离所隔离时，一个民族总是被另一个民族所统治就是违背事物的本性的．可以断定的是，从长远来看这个恒定的原因不断地与变化的原因交汇在一起，这些变化的原因以同样的方式起作用并且随着时间的进程而显示出来，也可以断定，它将以以下方式而告终：通过发现其自身足够强大到给予一个被征服民族以其天赋的独立性，或者将它与一个强大的邻国联合起来.

在大量的事例中，对风险的分析是最重要的，简单事件的可能性是未知的，我们被迫从过去的事件中去搜寻线索，这些线索能够在对于引发它们的原因的猜测中引导我们. 上述的法则是关于由所观察的事件推出原因的概率的法则，在将生成函数的分析理论应用于这个法则时，就可以推出以下的定理：

当一个简单事件或者由几个简单事件组合而成的一个复合事件，比如像赌博游戏这样的事件，已被大量地重复多次，使观察的概率最大化的简单事件，就是观察所显示出的最可能的东西，观察到的事件重复发生的次数越多，这个可能性就变得越大，如果重复的次数趋向于无穷，它就趋近于1.

在此可以发现两种近似值：一个是关于给出过去发生事件的最大概率的极限；另一个近似值是关于这些可能性落入这些极限之间的概率. 如果这些极限是相同的，那么这个复合事件的重复发生会使得这个概率越来越大. 如果这个概率保持相同，那么事件的重复发生会使得这些极限间的区间越来越窄. 最终，这个区间变为零，这个概率变为确定性.

如果把这个定理应用于在欧洲的不同国家中观察男女婴出生数之比，就会发现在各个地区这个比都等于22比21，它表明更有可能生出男孩的事件具有极大的概率. 进一步思考一下，在拿波里和圣彼得堡也有相同的情况，由此可见气候的作用没有影响. 与一般流行的观念相反，我们猜想，男性出生的优势甚至在亚洲也存在. 于是，我已邀请被派往埃及的法国学者着手调查这个有趣的问题，但是，很难获取精确的出生信息，这一点妨碍了他们对这个问题的解决. 幸运的是，洪堡先生（M. de Humbold）在美洲以非凡的睿智、毅力和勇气观察和收集了无数新鲜的事物，其中他并没有忽视这个问题. 他发现，在热带地区这个出生比与在巴黎观察到的比是相同的. 这一点使我们认识到男性出生数较多是人类的一个一般规律. 在我看来，不同种类的动物在这一点上所遵循的规律应当引起博物学家们的关注.

男婴出生数与女婴出生数之比与1相差无几，即使是在一个地区对出生进行大量的观察也是如此，这个事实在这方面向人们提供了一个与一般规律相反的结果，如果没有这个规律，人们或许就会得出结论说这个规律并不存在. 为了得到这样一个结果，必须利用大量的数据并且要设法确保它以大概率被显示出来. 例如，布丰在其《政治算术》中引用了勃艮第（*Bourgogne*）几个教区的例子，在这些地区，女婴的出生数超过了男婴，在这些教区中，在 *Carcelle-le-Grignon* 教区五年中有2009个婴儿出生，其中1026个女婴，983个男婴. 尽管这些数据是相当大的，但是，它们却表明，更可能生女孩（的情况）只具有 9/10 的概率，并且这个概率小于在“猜正面-反面”游戏中连续四次没有掷出正面的可能性，它不足以确保探讨出这个反常的原因，如果在一个世纪的时间内追踪这个教区的出生情况，这个反常极有可能就不存在了.

为了确保公民的权利和义务，出生登记簿被极其细致地保存下来，这些登记簿可以有助于准确算出庞大帝国的人口而不必求助于对其居民的一一点数——一项费时费力的活动，并而难以做到精确. 但是，为了达成这个目的，必须了解人口与年出生数之比. 获得这个比的最精确的方法包括：一，在帝国境内选取一些尽可能同质的区域，目的是使得一般的结果不依赖于局部的环境. 二，在给定的时间里，慎重细致地调查选中的每一个区域里的若干个教区的居民. 三，从早于和晚于这个时间几年的出生数的记录中精确计算出对应于年出生数的平均数. 这个数被居民总数所除即是年出生数与人口总数之比，这项调查计数的规模越大，这个比就越精确可靠.（法国）政府被这种人口调查的实效说服了，在我的请求下已经决定下令实施. 从三十个地区均衡地扩展到整个法国，能够提供最精确信息的教区已经被挑选出来. 他们调查的结果是：在 1802 年 9 月 23 日，居民的总数为 2037615. 在 1800 年，1801 年和 1802 年，这些教区中的出生报表为：

出生数	结婚数	死亡数
110312 男婴	46037	103659 男性
105287 女婴		99443 女性

那么，人口与年出生数之比为 $28\dfrac{352845}{1000000}$，这个比大于原来所估计的数值. 用这个比去乘法国的年出生数，我们就会得出国家的人口总数. 然而，以这种方式求出人口数偏离真实的人口数不超过一个给定值的概率是多少？为了解决这个问题且将上述的数据应用于这个问题的解决，我发现，如果假设法国的年出生数为 1000000，这个假设会导出 28352845 的总人口，几乎可以用 300000 比 1 的赌注打赌：在这个结果中误差小于五十万.

从上表中得出：男女婴出生数之比为 22∶21，结婚数与出生数之比为3∶14.

在巴黎，受洗礼的男女婴数（之比）与 22∶21 这个比值相差无几. 从 1784 年起，人们开始按不同性别进行登记，到 1784 年底，在首都（巴黎）有 393386 个男婴和 377555 个女婴受洗. 这两个数的比几乎接近于 25∶24. 它显示出在巴黎有一个使得两性受洗人数趋于相等的特殊原因. 如果将概率演算应用于这个问题，就会发现可以用 238 比 1 的赌去赌存在着这样一个原因，这一点足以促使人们值得去进行调查. 经过再三的思考，我认为可以这样解释观察到的差异：那些农村和郊区的父母发现家庭养育儿子的好处，根据两性之间的出生比，相对于女婴，他们较少将男婴送到巴黎的孤儿院. 这一点被这个孤儿院的登记表所证实. 从 1745 年初至 1809 年底，这个孤儿院收纳了 163499 名男孩和 159405 名女孩. 其中第一个数应该超过第二个数至少 1/24，实际上，它只超过了 1/38. 这一点就证实了上述原因的存在，即如果忽略弃婴现象，在巴黎男女婴出生之比仍然是 22∶21.

上述结果意味着，我们可以把出生比作为从一个包含无数个白球和黑球的瓮中抽球，这些球以这样一种方式混合：每个球被抽到的可能性是相等的. 但是，不同年份的同样季节的差异可能会对男女婴年出生数之比产生影响，法国经度局（Bureau of Longitudes）在其《年鉴》中每年发表国家人口的变化表格. 这些表格自 1817 年起已经开始出版：在那一年及其以后的五年，有 2962361 个男孩和 2781997 个女孩出生，男孩的出生数与女孩的出生数之比非常接近于 16/15，每年的比与这个平均结果相差很小，最小的比是在 1822 年，只有 17/16，最大的是在 1817 年，是 15/14. 这些比值相当不同于以上发现的比 22/21. 将概率的分析应用于这个差异，在将出生比作为从瓮中抽球的假设下，就会发现这是不可能的. 因为，尽管这个假设似乎是一个不错的近似，但并非是严格精确的. 在上面我们已经描述的出生数中有一些私生子——200494 名男孩和 190698 名女孩. 为此，男孩出生数与女孩出生数之比就是 20/19，比平均比值 16/15 要小. 这个结果与孤儿的出生情况具有相同的意义，它似乎证明了在非婚生子女集体中两性的出生数比婚生子女集体中两性的出生数更加接近于相等. 从法国北部到南部气候的差异似乎并没有对男女婴的出生比产生可见的影响. 在最南部的三十个地区给出的这个比为 16/15，与全法国的比值相同.

自从出生数被记录以来，男性的出生数恒定地超过女性的出生数，在巴黎和伦敦都是如此，这种现象在某些学者看来是对神圣上帝的证明. 他们认为，如果不是这样，由于不断干扰事件进程和谐的不规则原因的缘故，女婴的年出生数早应该有几次大于男婴的年出生数了.

然而，这个证明是（对上述分析）滥用的一个新例证，它经常被视为终极原因的组成部分，而在对问题进行深入考察中，当我们拥有需要的数据去解决它们时，这个原因就消失了. 某些规则的原因导致了男性出生的优势，正在谈论的稳定性就是它的一个结果，并且当年出生数非常大时，这个规则原因的作用就压倒了由于偶然性而引起的反常的作用影响. 对于这个稳定性将长期保持的概率的探讨属于从过去事件推断将来事件发生的概率分析的一个分支，它也是以下分析的基础：通过对从 1745 年至 1784 年观测的出生情况的讨论，几乎可以用 4 比 1 的可能性去赌：在一个世纪的时间内，在巴黎男孩的年出生数将会超过女孩的出生数．所以，没有理由对已经发生了半个世纪的这种状况感到惊讶不已．

让我们再给出另外一个例子，这个例子是随着观察事件的数量的增加而显示出比值的稳定性的增加．让我们想象把一系列瓮排成一个圈，其中每一个瓮中都有大量的白球和黑球，起初在这些瓮中白球与黑球的比是非常不同的，例如，一个瓮中可能仅有白球，而另一个瓮中可能仅有黑球．如果依次从第一个瓮中抽取一个球放入第二个瓮中，将第二个瓮的球搅拌均匀，再从第二个瓮中抽出一球放入第三个瓮中，这个过程持续下去，直到从最后一个瓮中抽取一球放入第一个瓮中．然后这个过程重复地一次一次进行下去．概率的分析向我们显示，在这些瓮中白球与黑球之比将以等同且等于白球的总数和与黑球的总数之比而结束．这样根据这个变化的规则图式，在这些比之间的初始的差别随着一连串的变化而消失，而让位于简单的秩序．现在，假设在原来的瓮之间放一个新瓮，并且新瓮中白球与黑球的总数与原来瓮中的黑球与白球总数不同．如果在混合的瓮中重复地一次一次进行我们刚才讨论的程序，那么在原来瓮中建立的简单秩序将被打破，且白球与黑球的比将从一个到另一个有相当的差异．但是这种差异将一点点消失，最终让位于新的秩序——瓮中白球与黑球有相同的比．这些结果或许可以推广到自然地正在发生的组合，其中，给元素以活力的永恒不变的力建立了行为的规则图式，从而揭示了隐藏在一片混沌迷雾中的、由令人敬畏的规律所统治的系统．

总之，那些似乎是依赖于偶然性的现象显现出不断地接近固定比的趋向．因此，如果我们设想一下，这些比中的每一个都包含在一个足够小的区间内，观察的平均值落入到这个区间的概率与确定性（1）的差最终将小于一个任意给定的量．所以，通过将之应用于大数次观察的概率演算，我们可以认识到这些比的存在．但是，为了不使自己迷失在徒劳的猜测中，在寻找这些原因之前，必须使自己确信它们以一个概率被表明是可能的，这个概率不会允许我们将其作为偶然性所导致的一些反常．生成函数的理论给出这个概率一个非常简单的式子．这个式子是由对下面两个量的乘积积分得到的：a）一个是一个量的微分，根据它从大数次的观测推断出不同于真值的结果；b）一个小于 1 的常量（依赖于问题的本质）并且使之作为一个幂的底数，其指数是那个差的平方与观察次数之比．在给定的区间内进行积分并被从负无穷到正无穷的相同的积分所除，这个积分将给出与真正的值的差位于这些区间的概率.① 这是基于大量的观察结果的概率的一般定律.

第九章　概率演算在自然哲学中的应用

大多数的自然现象常常被如此之多的奇特环境所遮蔽，且有如此多令人困扰的原因混杂在一起而对之施加影响，以至于我们很难认识这些自然现象. 我们可能只能通过不断增加和累积的观察和经验来发现它们，由此会发现这些奇特的影响最终会彼此抵消，平均的结果终归会将这些现象和它们形形色色的元素清晰地揭示出来. 观察的次数越多、这些观察彼此之间的差异越小，其结果就越接近于真相. 通过观察方法的选择、仪器的精确性以及观察步骤的谨慎，我们才能够达到最后的这一条件；然后，通过概率理论，我们就会求出那些最有利的平均结果或者说给出最小误差的那些结果. 但仅有这些是不够的，还必须进一步估计到将这些结果的误差包含在所给定的范围之内的概率；若不然，我们只会得到不具有理想的精确度的知识. 适用于这些问题的公式是对于科学方法的实实在在的改进，把它们加入到科学方法之中确实是很重要的. 它们所需要的分析是最微妙和最困难的概率理论；这也是我关于这一理论所出版的著作中最重要的主题之一，在这一著作中我已经得到了这一类的公式，不依赖于误差的概率定律，并且只包含观察本身以及其表述所给定的量，在这些方面，这些公式有着显著的优势.

每次观测都可以被分析地表述为欲求的几个因子（因素、参数）的一个函数；如果这些因子已在某种程度上被知晓，那么这个函数就是关于它们偏差的一个线性函数. 如果把这个函数等同于观测自身，这样就形成了**一个条件方程**. 如果具有大量的类似方程，就用某种方式把它们组合起来，以得到与这些因子个数相同数目的最终的方程，然后，通过解这些方程求出这些因子的偏差. 但是，究竟以怎么样的最佳方法将这些条件方程结合起来以获得最终方程？我们从这些条件方程中导出的这些误差因子仍然受到有关误差的概率法则的影响，这个误差的概率法则是什么？通过概率理论，这些问题的解决方法就会清晰地显现出来. 通

① $P\{\theta_1 < X < \theta_2\} = \dfrac{\int_{\theta_2}^{\theta_1} k^{x^2/n^2}\,\mathrm{d}x}{\int_{-\infty}^{\infty} k^{x^2/n^2}\,\mathrm{d}x}$，其中，$k$ 为常数，n 为观察的次数.

过条件方程构造最终方程意味着用一个不确定的因数去乘每一个条件方程并将这些乘积相加；所以，必须选择那些可能给出最小误差的因数系统. 但很明显的是，如果我们以其各自的概率去乘一个因子的可能误差的话，那么，最佳的体系就是在其中这些积的绝对值之和达到**最小**的那个体系；对于任何一个误差，不管它是正的还是负的，都应该将之考虑成一个损失. 那么，以这种方式，根据这个乘积的总和所构成的条件就会确定被采用的因数系统，或者说是最佳的系统. 我们因此会发现这个系统就是每个条件方程中的那些因子的系数所组成的系统，所以，通过用第一个因子的系数分别乘以每一个条件方程，然后将这些被乘的方程相加，由此形成了第一个最终方程式. 同理，利用第二个因子的系数可以得到第二个最终方程式，以此类推. 通过这种方法，包含在大量观察中的、操纵自然现象的因素和法则就昭然若揭了.

每个因子的误差仍然令人担忧，这些误差概率与这样一个数成比例：这个数的双曲对数是1，其幂等于这个误差的平方，这是一个负数，并被一个常系数所乘，这个常系数被当作误差概率的模；因为，在误差保持不变的情况下，其概率会随着前者（模）的增加而迅速减小；因此，该因子就获得了权，也就是说，模越大，也就更加接近真相. 因为这个原因，我称这个模为因子的权或者结果的**“权”**. 这个“权”在因子系统——最佳的系统中有着最大的可能性；正是它给予了这个系统超越其他系统的优越性. 通过一个关于这个“权”的形象的类比——这些个体全都围绕着它们共同的重心，就像是在不同的系统中给定相同的因子，如果这些因子都来自大量的观测，那么这个总体的最佳平均结果就是每一个个体结果与其权的乘积之和. 此外，各自系统结果的总的“权”是个体的权的总和；因此，总体的平均结果的误差概率与一个数成正比例关系，这个数的双曲对数为1、幂为误差的平方，这是一个负数，并被所有权的总和所除. 事实上，每个权取决于每个系统的误差概率的法则，而这个法则几乎总是不可知的，但令人高兴的是，我已经成功地消除了包含它的因素——通过这个系统中观测数据的离均差的平方之和. 那么，以下的目标就是可期待的了：通过所有观测数据的总和而使我们所获得的关于结果的知识更加全面，写出对应于每一个邻近结果的权. 分析学为这个问题提供了即一般又简洁的方法. 因此，当我们如此获得表示误差概率法则的指数时，那么结果中的误差位于给定的极限之内的概率将由这个指数与误差微分的乘积的积分表示出来，再乘以结果的权的平方根，再被直径为

1 的圆周长所除，积分区间为那些给定的极限.① 由此可以推出，为了得到相同的概率，结果的误差必定与它们的权的平方根成反比，这些权有助于比较每一误差的精确性.②

为了成功地使用这种方法，必须改变观察或经验（或实验）发生的环境，为的是避免误差的恒定原因. 也必须进行大量的观察，随着有待确定的因子个数的增加，观察的次数也必须增加，因为就像观测的次数被因子的个数所除一样，这个平均结果的权也增加了. 更进一步，这些因子在不同的观测中也必须遵循不同的过程，因为，如果两个因子的进程完全一致，这就会使得它们的条件方程中的系数成比例，这些因子最终就化为一个未知的量，那么，通过这些观测来区别他们就是不可能的了. 最后，也是当务之急，这些观测必须是精确的；这个条件会极大地增加经验结果的权，关于这个权的表达式是以偏离这个结果的观测偏差的平方之和为除数.③ 有了这些方法措施，我们就能够充分利用前述的方法，去测量从大量观察中推导出来的结果所给予的置信度.

我们刚刚给出的法则，即从条件方程导出最终方程的法则，就是使观察中误差的平方之和达到**最小**，因为，通过替代其中的观察误差而使得每一个条件方程更加精确. 如果从中得出关于误差的表达式，那么很容易发现使得这些表达式的平方之和最小化的条件就是我们所讨论的这个规则. 随着观察次数的增多，这个规则更加精确；但是，即使在观察次数比较少的情形下，似乎是也非常自然地应用这一同样的法则，这一法则提供了在所有的情形下获取我们孜孜以求的修正而不需要在摸索中探寻. 它还有助于进一步比较关于同一星体的不同天文学表格的精确性. 这些表格一直以来被认为是可以归约为相同的形式，它们仅仅是在时代、平均运动和证明的系数方面而有所不同：因为，如果其中的一个包含某个其他表格中没有出现的系数，显然这就意味着在这些表格中，把这个论证的系数作为零. 现在，如果我们通过完全正确的观测数据来纠正这些表格，那么它们将会满足使误差的平方之和最小化的条件. 通过基于大量的观察而进行的比较，那些最满足这个条件的表格理应受到青睐.

---

① $P\{\alpha<x<\beta\}=\frac{h}{\sqrt{\pi}}\int_{\alpha}^{\beta}e^{-h^2x^2}dx$，其中 h^2 为拉普拉斯所说的权，$h^2=\frac{1}{2\sigma^2}$，其中 σ^2 表示方差.

② 由 $h^2=\frac{1}{2\sigma^2}$ 可以推出：$\sigma=\frac{1}{\sqrt{2h^2}}$.

③ 这里大概是说，权 h^2 与 $[\sum(x_i-\bar{x})^2]^{-1}$ 成正比.

以上的解释方法①在天文学中也可以得到有效的应用. 天文学表格之所以已经达到令人惊异的精确性，是由于观察和理论的精确性，以及条件方程的运用，凭借这些条件方程，大量杰出的观测促成了因子的修正. 但是，它留下了求误差概率的问题，这种修正后仍存在的误差还是令人担忧的. 而我刚才解释的方法使我们能够认识到这些误差的概率. 为了给出关于它的一些有趣的应用，我利用了布瓦尔先生已经做出的大量工作，即他刚刚完成的关于木星和土星运动的研究，他编制了一些非常精确的表格. 布瓦尔十分谨慎地讨论了这两颗行星发生冲（*opposition*）和方照（*quadrature*）的时刻②，这些都是由布拉德雷和近些年来跟随他的那些天文学家们观察到的. 他已经得出了它们运动因子的修正值，和太阳的质量进行比较，将太阳的质量当作 1，他的计算使他得到这样的结果——土星质量的 3512 倍和太阳的质量相同. 把我的概率公式应用于它们，我发现这是一个 11000 对 1 的赌注，即在这个结果中误差还不到其值的百分之一，或者说在加入了一个世纪的最新观测资料之后，同时也使用相同的方式进行检查，结果几乎是一样的，而新的结果和布瓦尔的不同之处不到百分之一. 这位聪慧的天文学家再次发现木星质量的 1071 倍等于太阳的质量. 我的概率方法给出 1，000，000 对 1 的比去赌这个结果的误差不到百分之一.

这种方法又一次成功地被应用于大地测量活动之中. 我们利用三角测量的方法来确定地球表面大圆弧的长度，这取决于一个精确的测量基底. 但不论角度被测量得多么精确，总有无法避免的误差，随着这些误差的积累，可能导致从大量三角形中得出的弧长的值会相当大地偏离实际的值. 如果不能够确定这个值的误差在给定的范围之内的概率，那么对于这个值的了解就是不完善的，大地测量结果的误差是每一个三角形的角的误差的一个函数. 在我被引述的著作中，已经给出了一个通用公式，用它来获得一个或多个关于大量局部误差的线性函数的概率，我们已经知晓了这些误差的概率法则；那么，不论局部误差的概率法则是什么，我们总可以通过这些公式求出一个大地测量结果的误差包含在一个给定范围内的概率. 更重要的是必须使自己依赖于这个法则，因为最简单法则的本身总是有着较少的可能性，关于这一点，看一看那些存在于自然界中的无限多的情形. 但是，未知的关于局部误差的法则却将一个未知量引入方程从而使我们不能将其

① 即最小二乘法.

② 冲（opposition）：由地球上看到外行星或小行星与太阳的黄经相差 180°的现象；方照（quadrature）：由地球上看到外行星或小行星与太阳的黄经相差 90°的现象.

量化，除非能够消去它．我们已经看到，在天文学的问题中，每一观测都提供了一个条件方程来获得一些因子，当在每一个方程中因子的最可能的值已经被取代时，我们通过余数的平方之和消除了这个未知的因子．大地测量的问题没有提供相似的方程组，因此有必要寻求另一种消除的方法．每一个被观测的三角形内角和超过球面上两直角的量提供了这样一种方法．因此，我们用这些量的平方之和取代条件方程的余数的平方之和，我们赋予概率一个数，这个概率就是一系列大地测量工作最终结果的误差不会超过一个给定的数值的概率．但是，在从每个三角形三个内角中，怎样划分观测误差之和才是最有效的方法？概率的分析明显地告诉我们，每一个内角都应该减去这个和的三分之一，只要大地测量结果的权具有最大的可能性，它使得出现同样的误差的可能性减少了．然后，就如同我们刚刚所说的那样，在观测每个三角形的三内角以及对它们的修正中，这是一个巨大的进步．简单的常识表明了这种优点；但是仅仅是概率计算才能充分地利用和展示它，通过这种修正，并使之呈现出最大的可能性．

为了保证一个大圆弧值自身的精确性，这个值取决于从一个端点到另一个端点的测量基底（单位），人们要度量到另一个端点的第二个基底，可以从这些基底之一推出另一个基的长度．如果（推演的）这个长度距观测的数据变化非常小，那么有完全的理由相信将这些基底结合起来的一系列三角形是极近精确的，所以，它就是从中导出的大圆弧长度的值．根据测量的基底计算基底，通过这种方式，这个数值可以得到再一次的修正．但是，所有的这种方式可能会陷入一种无限循环的境况，其中，这种无限循环更倾向于有着最大权的大地测量的结果，因为在这种情况下出现同样的误差的可能性减少了．概率的分析给出了从几个基底的测量结果中直接获得最佳结果以及由基底的多样化所产生的一些概率法则的公式——由于这种多样化而使结果迅速减少的法则．

一般来说，从大量观测数据中所推演出来的结果的误差是关于每个观察的局部误差的线性函数．这些函数的系数取决于问题的性质以及获得这些结果所遵循的过程．显然，最有效率的过程是结果中相同误差出现的概率比其他任何过程中的都要小．那么，概率演算在自然哲学中的应用主要在于用分析的方法确定这些函数值的概率以及通过最快减少的概率法则选择未确定的系数．然后，利用问题中的数据，消去公式中几乎总是由未知其概率规律的局部误差而引入的因子．我们或许就可以求出结果误差不超过某个给定值的概率的数值．我们将因此而获得我们希望了解的从大量观测中推演出的结果的一切信息．

通过其他方法也可以获得一些好的近似结果．例如，对同一个量进行了一千零一次观测；所有这些观测的算术平均值是最佳方法所给出的结果. 但是，人们可以在每个局部值离差的绝对值之和达到最小的条件下选择这个结果. 的确，从表面上看来，把满足这个条件的结果作为十分近似的结果是自然的. 很容易看到，如果按照量的顺序来安排这些由观察所给定的数值，一个满足前述条件的值就是一个中值，计算表明在无限多次观测的情况下，这个值将与真实的值一致；所以由这个最佳方法所给出的结果仍然是较好的.

通过上面的讨论，我们看到，概率理论没有给予处理观察误差的分布方式留下任何随心所欲的余地；对于这种分布，它给予了我们最有效的公式，即尽可能地减小结果中令人担忧的误差.

概率的思考有助于我们察觉出被观察误差所遮蔽的天体运动的微小的不规则性，以及在这些运动中找到观察中异常情况的原因.

在所有观察的比较研究中，正是第谷·布拉赫认识到将一个时间方程应用于月亮的必要性，这个方程不同已应用于太阳和他行星的方程. 相似地，正是大量观测的总体，而且就是这些数据让迈耶认识到进动中的不等式的系数对于月亮来说应该有所减小. 这种减小的情况尽管被梅森所证实甚至加强，但是它看起来并非是万有引力的一个结果，大多数天文学家们在计算中忽略了这种情况. 出于这个目的，我们已经将所选择的大量的月球观察结果置于概率分析之下，应我的要求，布瓦尔友好地同意考察这种现象，对我来说，这种减小以如此大的概率显示出来，以至于我相信应该探索它的原因. 不久我就发现这个原因只是因为地球的椭圆率，这是在当时的月运动理论中一直是被忽视的，因为它只能产生一些不易察觉的因素（terms）. 我断定这些因素通过差分方程的逐次积分而被人们所察觉. 随后，我通过特殊的分析来确定这些因素，首先我发现了纬度方向上的月运动的不等式，它与月亮经度的正弦成正比例关系，这样的观点在之前没有任何一个天文学家怀疑过. 然后，通过这个不等式，我认识到，在经度方向上的月运动中存在另一个不等式，是它产生了迈耶在应用于月球的进动方程中观察到的减小现象. 这种减小的量和前述的纬度的不等式的系数非常适合于求解地球的扁率. 我已经将我的研究成果告知了伯格先生，当时他正忙于通过比较所有合适的观测数据而完善月球表，我恳求他特别仔细地确定这两个量. 由于一个了不起的协议，他发现的值给出了地球相同的扁率值，即 1/305，这个值与子午线和单摆的测量度数的中值差别非常小；但是，在这些观测中显现出的扰动的原因以及观察的误差，在我看来，还不能通过月球不等式精确地确定它们的影响.

通过对于概率的仔细考虑，我再次发现了月球的特征方程的原因. 与古代的月食相比，对于这个天体的近代观测向天文学家们显示了月亮运动中的加速现象；但是几何学家们，尤其是格拉朗日拒绝接受它，已经在这个运动所经历的扰动中徒劳地寻找这种加速所依赖的因素．仔细检验古代和现代的一些观察以及由阿拉伯人观察到的中间月食现象（intermediary eclipse），让我相信它将以极大的概率显示出来．所以，从这一观点出发，我再次研究月球理论，我认识到月球的特征方程是由于太阳作用于这颗卫星的缘故，同时它又和地球轨道偏心率的长期变化相结合；这些使我发现了交点运动和月球轨道近地点的特征方程，天文学家们还没有对这些方程产生怀疑．这个理论与所有古代和现代的观察有着非常显著的一致性，这一点就已经赋予了它极高的确信度．

以同样的方式，概率演算使我知道了木星和土星运行巨大不规则的原因．通过比较近代和古代的观测资料，哈雷发现了木星运动的加速现象以及土星运动的滞留现象．为了核对这些观测数据，哈雷将这个运动化归为异号的两个特征方程，并随着自1700年以来的时间的平方而增加．欧拉和拉格朗日用分析学处理了在这些运动中两颗行星相互吸引所产成的变化．在这种情况下，他们发现了一些特征方程；但他们的结论是如此的不同，其中至少有一个是错误的．所以，我决定再重拾这个天体力学的重大问题，同时我认识到了平均行星运动的不变性，这种不变性使哈雷在木星和土星的表格中所引进的特征方程毫无用处了．因此，为了解释这些行星运动的巨大不规则性，有几位天文学家只求助于彗星的引力，长期不规则性的存在是由于在两个行星运动中它们的相互作用以及它们自己的对立星座的影响而产生的．我发现的关于这类不等式的定理使得这种不规则发生的可能性极大．根据这个定理，如果木星在做加速运动，那么土星就在做减速运动，这种现象与哈雷注意到的现象相吻合；而且，根据同一个定理，木星的加速度与土星的减速度之比非常接近于由哈雷提出的特征方程所给出的结果．考虑到木星和土星的平均运动，很容易就发现木星加速度的两倍和土星减速度的五倍相差一个很小的数量值．拥有这样一个差值的一个不规则周期大约是九百年左右，当然，关于这一点是有争论的．事实上，它的系数具有轨道偏心率的三次方的阶；但是我知道，凭借逐次积分的力量，在这个不等式的参数中，它作为除数就获得了极其小的时间乘数的平方，这个不等式能够给予它一个比较大的值；对我来说这种不等式的存在是非常可能的．随后的观测结果增加了它的概率．假设在第谷·布拉赫观测的时代，关于它的参数是零，我注意到哈雷通过近代和古代观察结果的比较应该发现了这种变化，他已经指出了这一点；而通过近代观察与其他观察的结果的比较，应该显示出相反的变化，这种变化相似于兰伯特从这种比较中已经得出的结论. 所以，我毫不犹豫地承担起这个冗长且必要的计算，以此来确定这个不等式的存在. 通过计算的结果，这一点得到了完全的证明，同时这一计算更进一步让我认识到大量的其他不等式，其总体使得关于木星和土星的表格具有同样的观察精确性.

再次通过概率计算，我认识到了关于木星的前三个卫星平均运动的令人惊奇的规律. 这个规律是第一个卫星的平均经度减去第二个的三倍再加上第三个的两倍正好等于半圆周长. 这些行星平均运动的近似值满足这一法则，因为它们的发现就表明了它们以一个极大的概率存在. 随后，我要在这些天体的相互作用中寻求这种规律的原因. 对于这种作用的检验使我足够相信最初它们平均运动的比在一定的极限内已经接近这个规律，因为它们的相互作用已经建立并严格地保持了它. 因此，根据前面的法则，这三个天体在太空中永远彼此平衡，除非出现像彗星这种奇异的原因突然改变了它们围绕木星的运动.

因此，当自然界发生的事件是大量观察的结果时，我们是多么需要去留意大自然的种种迹象，尽管在其他方面，通过已知手段它们可能还是无法解释的. 与这个世界体系相关问题的极端困难已迫使几何学家们求助于近似方法，而这样做总是会给忧虑留下了空间，担忧忽略了某些因素，因为这些被忽略的因素可能起着相当大的影响. 当这些观察已经警示他们这一影响时，他们已经转向了分析；为了修正它，他们一直努力去寻找所观察到的这些异常的原因；几何学家们已经确定了一些的法则，并常常预测到一些现象以发现那些还没有向他们显露的不等式. 因此，可以这样说，自然本身向人们展现出基于万有引力定律的理论分析的完美性，而且在我看来，这也是这个令人钦佩不已的定律的正确性最强有力的论证之一.

在我刚刚已经探讨的情况中，对于这些问题的分析解法已经将原因的概率转化为确定性. 但是在多数情况下，这种解法是不可能的，同时它只是越来越多地增加了这个概率. 在大量的不可计数的改变值之中，一些奇异的因素致使这些变化对原因的作用产生了影响，这些原因与可观察到的结果保持着一些合适的比例关系，由此使得它们可以被认识并且其存在性可以被证实. 确定这些比率和通过大量的观测来比较这些比率，如果发现他们不断满足这个比率，那么原因的概率就可能会增加到与事实的概率相等的程度，关于这一点是毋庸置疑的. 在自然哲学中探讨原因与它们的结果的比的意义并不低于直接解决问题的意义，不论它是去验证这些原因的真实性还是从它们的结果中探寻规律法则；因为这种方法可能被用于不可能直接求解的大量问题中，这种方法以一种最有效的方式取代了直接求解方法. 在这里将讨论我提出的一个应用——在自然界最有趣的现象之一中的应用，即大海的潮涨潮落.

关于这种现象，普林尼曾经给出一个引人瞩目的精确说明，在其中，可以看到古人已经观察到每个月的朔望时潮水最大，在弦月（方照）的时候最小；而且潮水在月球近地点的时候高于在远地点的时候，在二分点（春分点、秋分点）的时候高于在二至点（夏至点、冬至点）的时候. 从这里他们得出结论——这种现象是由于太阳和月亮的运动对海洋的影响. 在开普勒的著作《论火星的运动》的序言中，他认识到海水有相对于月亮的一种趋势，但对于操纵这种趋势的规律却一无所知，他只能够给出关于这个问题的一个可能的想法. 牛顿通过把这一问题与其伟大的万有引力定律相联系，从而把这种想法的可能性转化为确定性. 他给出了引起洪水和海水潮汐的引力的精确表达式，并且为了确定这些影响，他假设在每一瞬间海洋都处在与这些引力相适合的平衡状态. 他以这种方式解释潮汐的主要现象. 从这个理论中可以得出——如果太阳和月亮之间有着很大的夹角，在我们的港口，同一天的两次潮汐是非常不同的. 例如，在布雷斯特（Brest），在二至点的合冲期，晚潮会比早潮大大约八倍，这肯定是与观测结果相矛盾的，观察的结果证明两次潮汐十分接近. 这个从牛顿理论中导出的结果是在以下假设之下才可能成立的：假设每一瞬间海洋都处于一个平衡状态，这是一个未被承认的假设. 但是，对于海洋真实图景的探索显示出极大的困难. 通过几何学家们在流体运动理论和差分方程的计算中新发现的帮助，我着手开始进行这项研究，并通过假设其覆盖整个地球表面而得到了关于海洋运动的微分方程. 因此，通过如此方式接近于自然，我十分高兴地看到我的结果接近于观测的结果，特别是在同一天的二至点合冲期我们港口的两个潮汐之间的微小差异. 我发现如果大海每一处的深度都是相同的，那么它们也就是相同的；我还进一步发现，通过赋予这个深度一些适当的值，就会增加一港口潮汐的高度，这个数值与观测的结果相一致. 尽管这些研究具有一般性，但是，还不能满足所有的巨大差距，即使邻近的港口显示出这种巨大的差异，由此也说明了当地环境的影响. 掌握这些环境的不可能性、海床的不规则性，以及对偏差分方程积分的不可能性迫使我通过上面的方法来指明其缺点. 然后，我努力去确定影响所有海洋分子的力之间的最大比率关系，以及在我们的港口能够观测到的这些影响. 为此，我用到以下的法则，这个法则可能也适用于许多其他现象.

“一个物体系统的状态，如果这其中运动的最初条件因为此运动所遇到的阻力已经消失，那么这种运动就会变成周期性的，就像是有作用力在推动它一样.”

把这个法则和微小振荡共存的法则相结合，我就发现了一个关于潮汐高度的表达式，其随意态包含每一个港口的当地环境影响，并尽可能降低到最小的可能性；就不需要再通过大量的观测来比较它们的高度.

19 世纪初期，受科学院之邀，我们在布雷斯特进行了一些关于潮汐的观测活动，这些观测持续了六年时间. 这个港口的情况对于这种观测是十分有利的，它通过一个运河与大海相连，这条运河通向一个非常宽阔的天然海港，在其尽头就是建立的这个港口. 因此，大海运动的不均衡只对这个港口有着微小程度的影响. 就好像在气压计中，容器的不均衡运动被这个仪器管中所生成的节流消除了. 此外，在布雷斯特需要考虑的潮汐和由大风引起的突然变化都只是微弱的；同样，我们注意到，只要增加一点对于潮汐的观测，显著的规则性就会显现出来，由此，我向政府提出一个建议：在这个港口进行一系列新的潮汐观测，这些观测要持续超过月亮轨道交点的一个运动周期. 这个建议已经被采纳. 观测开始于 1806 年 6 月 1 日；从那时起，这项工作一直在进行而没有间断过. 我要感谢布瓦尔对于所有这些有趣的天文现象坚持不懈的热情，以及他对我的分析与观测所要求的数据进行比较所做的大量计算. 他用了大约六千个观测数据，这些观测是在 1807 年及随后的 15 年里进行的. 这种比较说明：我的公式以显著的精确性表达了潮汐的所有变化，这些变化与这些因素有关：月亮距太阳的偏离、这些天体的倾斜、它们到地球的距离，以及其中每一个达到最大值最小值时的变量定律. 从这里得到一些结果：大海的潮起潮落是由于太阳和月亮的引力，这个概率是如此确定以至于没有为任何的怀疑留下余地. 事实是，它化为一种确定性，至此，让我们思考一下，引力是源自万有引力定律，所有的宇宙现象都遵循这个定律.

月亮对大海的作用超过了太阳对其作用的两倍. 在对该作用的解释中牛顿和他的继任者们只关注那些被月亮到地球距离的立方所除的项，并断定其他项的影响应当是微不足道的. 但是，概率的计算却显示，即使最细微的影响也能够在非常大量的观察结果中被察觉到，这些观察以最适合于这些结果显露的方式来排列. 这种计算又一次确定了它们的概率，并且规定了需要增加多少观察才能使得这个概率很大. 通过把这些应用到布瓦尔所讨论的大量观察中，我认识到在布雷斯特，满月期间月亮对大海的作用比新月期间的作用要大，月亮在南方时其作用要比在北方时的作用大——这些现象只是由月球作用被月地距离的四次方所除的一些因素引起的.

月球和太阳的作用穿过大气层而到达海洋，相应地，大气层也应该能够感受到这种影响并产生类似于大海的运动.

这些运动在气压表中产生周期性振动. 所做的分析已经明确向我们表明, 这些振动在我们所处的气候中是难以察觉的. 但由于当地环境会相当明显地增加我们港口的潮汐, 我再一次产生疑问——类似的情况是否可以使气压表的周期振动为人们所察觉, 为此, 我查阅了皇家天文台许多年来每天都记录的气象观测数据, 这些记录包括早上九点、中午、下午三点和晚上十一点观察气压表和温度计的读数. 而布瓦尔先生实际上从 1815 年 10 月 1 日到 1823 年 10 月 1 日作了八年的观测数据的记录. 处理这些观测数据最合适的办法就是在巴黎表明月球大气的流动, 我发现气压表相应的振动程度只有 1 毫米的十八分之一. 正是这一点尤其使我意识到需要一个求结果概率的方法, 如果没有这样的一种方法, 人们就不得不把不规则原因的结果表示为自然的规律, 这些不规则原因的结果经常发生在气象学中. 这种应用于前述结果的方法表明了它的不确定性, 尽管已经进行了大数次的观察, 它还需要增加十倍的观察次数, 以便获得一个足够可能的结果.

这个法则是我的潮汐理论的一个基础, 或许可以将之推广到所有不确定的现象中, 根据规则性规律, 一些可变的原因会加入到不确定的作用之中. 在大数次事件的平均结果中, 这些原因的作用会产生一些变化, 这些变化遵循同样的规律并且可以通过概率的分析被认识到. 随着所观测事件的数量的增加, 这些变化也会以一个不断增加的概率而显露出来, 如果这些事件的数量变成无限时, 这个概率就趋向于确定性. 这个定理类似于我基于恒定原因的影响而得出的结论. 因此, 无论何时, 只要一个原因的进程是规则的, 并且这个原因能够对一类事件施加影响, 那么, 我们通过大量的观察, 且以最适合其展现的次序来安排这些观察, 就可能会发现这个原因的作用影响. 当这种影响似乎要彰显出自身时, 概率分析可以求出其存在的概率以及其强度的概率; 因此, 从白天到夜晚的气温变化改变了大气压力, 作为相应的结果, 即气压表的高度的变化, 这便会让我们自然想到对于气压计读数的观测次数的增加应当揭示出太阳热量的影响. 事实上, 长期以来, 人们一直认为在这种影响似乎最大的赤道上, 气压表的高度每个白日都有一个微小的变化, 大约在早上九点达到最大值, 大约在下午三点达到最小值. 第二次最大值大约发生在晚上十一时, 第二次最小值大约发生在早上四点. 夜晚的变化幅度比白天的小, 其范围大约是两毫米. 气候的易变性并没有从我们的观察中隐匿不露, 虽然在这里可能不如在热带更为明显. 雷蒙德 (Ramond) 在克莱蒙 (*Puy-de-Dôme* 地区的首府) 通过数年期间取得的一系列精确的观察已经认识到并确定了这种现象, 他甚至已经发现——气压变化在冬天的几个月是小于其他月份的. 为了估计太阳和月球的引力对巴黎地区的气压的影响，我所讨论的那些观测有助于确定白天气压的变化. 通过将这些天中早上九点钟与下午三点的气压高度进行比较，就会发现这种变化是如此的显著，以至于在从 1817 年 1 月 1 日到 1823 年 1 月 1 日的 72 个月中，其每个月的平均值一直保持是正的；在这七十二个月的平均值大概是 0. 8 毫米，这个值略小于在克莱蒙的值，但比在赤道的相应值要小得多. 我已认识到，从上午九点至下午三点气压白天变化的平均结果在十一月、十二月、一月的三个月内仅仅只有 0. 5428 毫米，而在接来下的三个月里，这个变化会上升到 1. 0563 毫米，这与雷蒙德先生的观察不谋而合. 其他月份则没有提供类似的趋势.

为了将概率演算应用于这些现象中，我开始着手寻求随机选取的日变化出现反常的概率规律. 然后，再将其应用于对此现象的观测中，我发现有 300，000 对 1 的可能性是一个规则的原因致其产生. 我不寻求去确定这个原因，能够确定它的存在就令我满足了. 由太阳日所控制的日变化的周期明确地显示这种变化是由于太阳的作用. 太阳对大气的吸引力的极其微小的引力作用被一些微小的影响所证明，这些影响是由于太阳和月球的联合引力. 正是通过太阳热的作用，太阳引起了气压的日变化. 但是，不可能计算出这种作用对于气压计的高度以及气流的影响. 磁针的日变化肯定是太阳作用的一个结果. 但在这里，是否就像在气压的日变化的情况下一样，这个星体通过太阳的热，或者通过它对电和磁的影响，或者两者兼有的影响而施加作用？在不同国家所作的一系列观测使我们对此有所领悟.

在宇宙体系中，最引人关注的现象之一是所有的行星和卫星的旋转与自转的运动都是以与太阳自转的方向进行的，并且都是几乎在同一赤道平面上进行的. 如此显著的一个现象不是偶然的结果：它表明了有一个普遍原因决定了所有的这些运动. 为了获得显示这个原因的概率，我们应该注意到行星系统是由十一颗行星和至少十八颗卫星组成的，像赫歇尔一样，如果我们将六颗卫星归属于天王星的话，这正如我们今天所知道的一样. 我们已经认识到了太阳、六颗行星、月球、木星的卫星、土星环及其一个卫星的旋转运动. 由这些旋转运行所形成的运动共计有 45 种，它们都在前述的相同方向和平面上进行；通过概率分析，就会发现这种安排不是偶然的结果的可能性超过了 4000000000000 比 1，这个概率远远超过了那些确凿无疑的历史事件存在的概率. 那么，我们至少应当怀着同样的信心相信一个最初的原因操纵了行星的这些运动，特别地，如果我们考虑到这样一个事实：出现次数最多的运动对于太阳赤道的倾斜角度是非常之小.

太阳系的另一引人瞩目的现象是行星和卫星轨道的偏心率的微小度数，而彗星的轨道是偏长的，而系统的轨道并没有提供一个大偏心率与一个小偏心率之间任何的中间体. 在这里我们不得不再次承认一个规则的原因的影响；偶然性肯定不会导致所有的行星及其卫星的轨道都几乎是圆形的，正是决定这些天体运动的那个原因使得它们是圆的. 彗星轨道的大偏心率应该也是由于这样的原因所致，这个原因没有影响到它们的运动方向；因为发现逆行彗星与直行彗星的数量几乎同样多，而且他们所有轨道与黄道的平均倾斜角非常接近于直角的一半，如果这些天体是被随机投掷出去的，它就不会是这种状态了.

无论我们正在讨论的原因的本质是什么，因为它已经引起或者说操控了行星的运动，所以它应该包含所有的天体就是必需的了，考虑到分离开这些天体的距离，它只能是一个巨大流体状的物质的扩展. 因此，为了使它们在与前述同样的状况下围绕太阳作几乎是圆周的运动，就必须认为该流体应该像大气层一样环绕着这个星球. 对于行星运动的思考引导我们认识到，由于过多的热，太阳的大气层最初超越了所有行星的轨道之外，而且它已逐渐收缩到其目前的大小.

让我们想象一下处于最初状态中的太阳，它看起来就像通过望远镜呈现在我们眼前的星云那样，好像是由一个或明或暗的核心组成，其核心的周围围绕着一团正在向这个核心表面收缩的星云状物，这应当会在某一天将之转化成一个恒星. 如果用类推法设想所有的恒星以这种方式形成，那么，在早期状态之前的星云本身就是其他的状态，其中，星云物质越来越扩散，核心越来越明亮与密集. 如果尽可能的向前回溯，将会得出这样的一个结论，即一个星云是扩散弥漫的，人们几乎很难想象它的存在.

这些现象是赫歇尔通过其强大的望远镜观察到的星云的最初状态，并且，他追踪了收缩的进程，这些进程的阶段只有在几个世纪之后才能为人们所察觉到，这种观察也不是在单一的星云中，而是在整体上进行的，就好像我们要追踪观察一片广阔森林中的一些树木的增加，要通过观察这片森林所包含的不同时期的一些个体. 他注意到，起初的星云物质以多种多样的块团向太空的不同区域扩散，而且它们占据了其中大量的空间. 他已经观察到在这些团块的某些区域，这种物质稍微有些收缩成一个或几个微弱发光的星云. 在其他星云中，这些核心光芒闪耀，并且它们的亮度与围绕它们的星云量成正比. 每个核心的大气层都因为进一步的收缩而分离，在那里，结果是形成带有明亮核心的多种星云，它们彼此邻近，且各自被一个大气层所包围；有时，星云物质通过以一个一致的方式收缩，就形成了星云，即我们所称的**行星状星云**. 最后，一次大幅度的收缩把所有的这种星云变成了恒星. 根据这样的哲学观点进行分类的星云表明它们的未来以极大的可能性会转变为恒星，并且也表明了现存恒星早先的星云状态. 以下的思考便是对来自这些分析的证据支撑.

长时间以来，肉眼可见的某些恒星的特殊倾向已经引起了哲学观察家们的注意. 米切尔已经表明过，例如，昴宿星团中的恒星只是由于偶然性而被束缚在一个狭窄的空间中，这是不可能的. 他从中得出结论这组恒星以及相似的恒星群是一个初始原因或者一般的自然法则的结果. 这些恒星群是几个核心星云收缩的一个必然结果；很显然星云物质连续地被多种核心所吸引，它们应该逐渐地形成了类似于昴宿星团的恒星群. 围绕两个核的星云的收缩相似地形成了两个相邻的恒星，一个围绕着另外一个旋转，就像那些赫歇尔已考虑到其各自运动的恒星. 进一步发现的这种现象是天鹅座 61 号及其一颗伴星，贝塞尔刚刚认识到其中的特殊运动是如此不容忽视和相似，以至于这些恒星彼此靠近并且围绕一个共同的引力中心运动是毫无疑问的. 因此，通过星云物质收缩的程度就会达到对于被大量气体所环绕的太阳的思考，这一点在前面已讨论过. 正如我们看到的，这是我们通过对太阳系现象的检验而做出的思考. 这个引人关注的例子赋予了太阳存在着这种原始状态以接近确定性 1 的概率.

但是，太阳大气层是如何决定了行星和卫星的自转与公转运动的？如果这些天体已经渗入到太阳大气之中，那么它所遇到的阻力将会导致它们落向太阳，而后，人们就会相信行星很可能是在太阳大气层的一些相继的界限内形成的. 这些气体由于冷却而被压缩，它们应该在赤道平面上遗留下一些气体带，其分子的相互引力将它们转换成椭球体. 卫星都是通过它们各自行星的大气层以相似的方式形成的.

我在《宇宙体系论》一书中发展了这一假说，在我看来，这个假说满足该体系向我们呈现的所有现象. 在这里我只限于考虑到太阳和行星自转的角速度，它受到天体表面大气的收缩而加速，它应该超过了围绕它们旋转的最近天体公转的角速度. 对于行星和卫星，甚至土星环的观测已经的的确确证明了这一点，土星环的公转周期是 0. 438 天，而土星自转的持续时间为 0. 427 天.

在这个假说之下，彗星是行星系统的不速之客. 把它们的形成与星云的形成联系起来，我们可以把它们当作是带有核心的小星云，它们从一个太阳系流浪到另一个太阳系，它们是由大量扩散在宇宙中的星云物质的收缩而形成的. 因此，彗星与我们太阳系的关系就像陨石相对于地球一样，它们看起来就是不速之客. 当这些天体为我们所见之时，它们与星云如此相似以至于时常将它们误认为是星云；只有通过它们的运动，或是通过了解在太空部分区域出现的所有星云，我们才能成功地区别它们. 这一假设以令人满意的方式解释了彗星靠近太阳时头部和尾部巨大的拓展，这些极其罕见的彗尾，尽管有着巨大的厚度，但是，一点没有减弱透过它们所看到的一些星星的亮度.

当小星云进入太阳的引力占主导地位的空间区域时，我们将之称为这颗恒星的**作用区**，它们就会被迫沿椭圆或双曲线的轨道运动. 但他们的速度都指向任何方向，所以他们应该无差别地向所有方向运动，并且与黄道可以成任何的倾角，这与我们观察到的现象相符合.

彗星轨道大的偏心率也可以从前述的假设中推导出来. 实际上，如果这些轨道是椭圆形的，那么它们必定是非常狭长的，因为它们的长轴至少等于太阳的作用区的半径. 但是这些轨道也可能是双曲线形的；如果与从太阳到地球的平均距离相比较，这些双曲线的轴并不是很大，那么彗星的运动所描画的轨迹将显然是双曲线形的. 然而，在我们已经了解其原理的上百颗彗星中没有一颗确定地显示以双曲线的轨道运行；那么，就必须认为具有一个可察觉的双曲线轨道的偶然事例应当是极其罕见的，这是相对于相反的偶然事例而言的.

彗星是如此之小，以至于如果能够为我们所见，它们的近日点距离应该被忽略不计. 截至现在，这个距离仅仅超过地球轨道直径的两倍，而且最常见的情况是它小于这个轨道的半径. 可以这样设想，为了接近太阳，它们在其进入到太阳作用区时的那一刻的速度应该有一个被限定在狭窄范围内的大小和方向. 通过概率的分析去求出在这些范围内给出一个明显的双曲线轨道的可能性与给出一个相近于抛物线轨道的可能性之比率，我发现这至少是一个 6000 对 1 的赌注去赌这一种可能性：一个穿入太阳作用区的星云，会以如此一种方式被观察到，其运动将描画出或者是一个非常狭长的椭圆或者是一个双曲线的形状. 由于其轴的大小，后者在观察到它的区域明显地被误当作抛物线了；所以，直到今天，双曲运动还没有被认识到也就不足为奇了.

行星的吸引力，或者更进一步，太空中心的阻力，应该已将许多彗星的轨道转化为椭圆形，它的长轴小于太阳作用区的半径，这增加了椭圆轨道的可能性. 我们可以相信这种变化已经在 1759 年的彗星中发生了，这颗彗星的持续时间只有一千二百天，它不停地在这个短暂的时间间隔内一再出现，直到它每次返回到近日点所经受的蒸发最终使它消失为止.

通过概率的分析，我们可以进一步验证特定原因的存在或影响，人们相信它们的作用对有机物质也会产生影响. 在自然界中，在所有我们可以用仪器去认识自然的极其细微的物质中，最敏感的就是神经，尤其是在特殊原因增加其敏感性的情况下. 借助于它们，可以发现由于异质金属之间的接触而产生的微弱电流，这一点为物理和化学的研究者们开辟了一个广阔的领域. 在某些个体中由神经的极端敏感性而导致的奇异现象引起了关于以下议题的多种观点的产生，首先是关于被称作为**动物磁性的**一种崭新的使然力的存在，关于一般磁性的作用，关于太阳和月亮对一些神经系统条件的影响，最后是靠近的金属或者流动的水使之产生的感觉影响. 很自然地人们会认为，这些原因的影响是非常微弱的，而且它可能很容易受到偶然因素的干扰；因此，即使在一些情况下它丝毫没有显露出来，其存在性也不应当被否定. 我们还远远没有理解所有的使然力以及它们丰富多彩的作用模式，就缺乏哲学思考地否定了一些孤立现象的存在，只是因为以我们目前的知识状态，这些现象是难以解释的. 但是，它们越是难以被人接受，我们就越要更加谨慎地检验；正是在这里，概率的演算成为不可或缺的：确定怎样增加必需的观察或者实验，以便获得使其显示出来的使然力的概率，即超过你不接受它们的所有理由的概率.

概率演算可以使人们认识到思辨科学中所用方法的优势和不足之处. 因此，在疾病的治疗中为了发现所用的最佳治疗方案，就要充分地将每一个方案在同等数目的病人身上进行试验，并且使所有的条件精确地相似；那么，最有效的治疗方案的优越性将会随着数量的增加而在试验中显现出来；随着观测数据的增加，最优方案自身的优势将会越来越体现出来；计算将会清晰地显现出其优势的相应概率，以及据此可以断定优于其他情况的比率的相应概率.

第十章　概率演算在道德科学中的应用

在对于一些自然现象规律的探索中，我们已经看到概率分析的优势，这些自然现象的原因或者是未知的，或者是错综复杂到难以将其划归于计算. 这种状况几乎是道德科学的所有方面所面临的。这个领域的现象原因，或者被隐蔽，或者不能够为人们所察觉，如此众多无法预料的原因影响着人类的风俗习惯，以至于不可能先验地判断它们的结果. 随时间而发生的一系列事件逐渐显露出这些结果，并且展示了怎样去补救与改进那些有害的结果. 鉴于此人们经常制定一些明智的法律，然而由于我们疏于持之以恒地关注，许多原因被当作无价值的而被废弃了，那些不幸的过往历史一再显示了对于它们的需求，这个事实表明应该必须重建它们.

在公共管理的每一个方面，保持对于已用方法所产生结果的精确记录是非常重要的，对此，政府已大规模地进行了许多尝试. 让我们将建立在观察和计算基础上的方法应用于政治和道德科学之中，我们已经如此成功地将这些方法应用于自然科学领域之中. 对于知识进程中所产生不可避免的结果，让我们**不要提供**哪怕一点点无益的以及往往有害的障碍. 我们只有极其地谨慎严谨才能改变我们的习俗和我们已经习以为常的惯例. 通过过去的经验我们应该清楚地了解到它们目前所面临的困难，但是我们对于它们的改变而导致的一些弊病的程度却一无所知. 在这种懵懂状态中，概率的理论能够引导我们避免所有的改变，尤其是那些在道德以及物质世界中只有付出巨大的生命损失才能够发生的急剧变化.

人们已经成功地将概率演算应用于道德科学的几个领域之中，在这里，我将展示几个重要的结果.

第十一章　论证言的概率

人们的大部分观点都是建立在证言概率的基础之上的，因此，将证言划归于计算就是非常重要的了. 时常会出现这种情况，由于很难判断证据的真实性以及伴随着它们要为之作证的事件的大量细节，事情往往变得不可能了. 但是，在几种情形下，我们还是可以解决一些类似上述情况的问题，其方法可以被看作是适当的逼近法以指导和保护人们，以免人误入虚假推理的谬误和危险之中. 无论何时，只要进行细致的推演，即使是一种逼近法也总是优于那些似是而非的推理. 下面，我们将尝试给出一些达到这个目标的一般规则.

假设从一个包含一千个数字的瓮中抽取一个数字，见证这次抽取的证人宣称抽出来的数字是 79. 问抽取这个数字的概率是多少？让我们假设一下，根据以往的经验可知，这个证人十次会有一次见撒谎. 所以，他的证言（为假）的概率就是$\frac{1}{10}$. 在这里证人所证实的观察到的事件是抽取的数字为 79. 这个事件可以从以下两个假设中得出，即：证人说的是真话或者说的是假话. 根据已讨论的关于从发生的事件推出的原因的概率的原理，必须首先在每一个假设下确定这个事件的先验概率. 首先，证人宣称数字 79 的概率是这个数字自身被抽到的概率，也就是说是$\frac{1}{1000}$. 必须用证人讲真话的概率和它相乘，即用$\frac{9}{10}$和它相乘，就会得到在这个假设下所观察到的事件的概率是$\frac{9}{10000}$. 如果证人撒谎，数字 79 没有被抽取到，那么这个事件的概率是$\frac{999}{1000}$. 但是为了宣称取到这个数字，这个证人必须从 999 个没有被取到的数字里选择它，正如我们所假设的，他没有偏爱某些数字胜于其他数字的动机，那么，他将选取数字 79 的概率是$\frac{1}{999}$，然后，将其和前面叙述的概率相乘，就会得出在第二个假设下证人宣称抽取数字是 79 的概率是$\frac{1}{1000}$. 再次必须用第二个假设本身的概率$\frac{1}{10}$和这个概率相乘，就会得出在这个假设之下这个事件的概率是$\frac{1}{10000}$. 现在，假如我们设立一个分数，它的分子是和第一次假设下的概率，它的分母是两次假设下的概率之和. 根据第六原理，我们将得出第一个假设的概率，这个概率是$\frac{9}{10}$. 也就是说，等于证人说的是真的概率，同时也是数字 79 被取出的概率. 证人说谎的概率和这个数字没有被取出的概率是$\frac{1}{10}$.

假如这个证人对于从没有取出的数中选取 79 会获得某种好处，他就会要说谎——例如，他正在裁判基于这个数的一场赌注相当大的赌局，抽到这个数的宣告将增加他的荣誉. 那么，他选择这个数字的概率将不再是最初的$\frac{1}{999}$，而将是$\frac{1}{2}$、$\frac{1}{8}$等等，这会根据他从这个抽取结果中所获得的利益而定. 假设这个概率是$\frac{1}{9}$，必须将这个分数乘以概率$\frac{999}{1000}$，以便得到在他说谎的假设下所观察到的事件的概率，这仍然必须乘以$\frac{1}{10}$，于是就得出在第二个假设下事件的概率是$\frac{111}{10000}$. 那么，第一个假设的概率，或者说抽取数字 79 的概率，由前述的原理，就会降低到$\frac{9}{120}$. 因此，因为证人可能从抽取数字 79 这个结果中所获得的巨大的利益，这个概率被大大地降低了. 实际上，如果取出的数字是 79，证人将如实说出这个事实，那么，相同的利益会使得这个概率增加到$\frac{9}{10}$. 不过，这个概率不能超过单位 1 或$\frac{10}{10}$. 那么，取出数字 79 的概率将不会超过$\frac{10}{121}$. 常识告诉我们，该利益引起了人们的不信任，但是计算可以评估它的影响.

由证人宣布的这个数字的先验概率是数字 1 被瓮中所有数字的个数所除，借助于证据可以将它转化为证人的实际的诚实度（或可靠度），那么，这个先验概率会因为证据而降低. 例如，假设这个瓮里只有两个数字，那么抽取数字 1 的先验概率被认为是 1/2，假设宣布这个结果的证人的诚实度是 4/10，那么这个结果的可能性就比较小了. 实际上，因为证人更倾向于谎言而不是说出真相，很显然，他的证言就降低了他每次给予见证的事实的概率，这个概率或者等于或者大于 1/2. 如果瓮里有三个数字，抽取数字 1 的先验概率就会因其真实性超过 1/3 的证人的证实而增加.

现在，假设那个瓮里含有 999 个黑球和一个白球. 有一个球已被取出来，证人宣布抽取的是白球. 如同先前提到的问题，在第一种假设下，观察到的事件的先验概率等于 9/10000. 但是，在证人说谎的假设下，没有取出白球，这个情形的概率是 999/1000. 必须将它乘以说谎的概率 1/10，由此得出在第二种假设下所见事件的概率为 999/10000. 在先前提到的问题中，这个概率只是 1/10000. 这个极大的差异是由以下情况导致的——一个黑球已被取出，想要撒谎的证人，为了宣称取出的是白球，他在未取出的 999 个黑球中没有一点选择的余地. 现在，如果构造两个分数，其分子是每一个假设的相对概率，其公分母是这些概率之和. 就会得，如果取出的是白球的，那么第一个假设的概率是 9/1008，如果取出的是黑球的，那么第二个假设的概率是 999/1008. 第二个概率非常接近确定性. 如果这个壶里有一百万个球，其中只有一个白球，最后的概率将会变成 999999/1000008，它更加趋近于 1，那么取出白球的概率就变得更加不同寻常地小了. 由此可见，说谎的概率是怎样随着事实的反常性而增加的.

到目前为止，我们已经假设证人完全没出错. 然而，假如承认他可能出错，反常的意外事件就变得更加不可能. 那么，可以用以下四种假设替代两个假设：证人没有撒谎并且证人一点也没有出错；证人绝对没有撒谎但是证人出错；证人撒谎并且证人出错；最后，证人撒谎并且证人没有出错. 在每一个假设中，都确定了被观察到的事件的先验概率，根据第六原理，我们发现，要证明的事件是假的概率等于这样一个分数，其分子是瓮中黑球的个数乘以证人没有撒谎但证人出错的概率与证人撒谎但证人没有出错的概率之和，其分母是这个分子加上证人没有撒谎也没有出错与证人既撒谎又出错的概率之和. 由此可以看到，如果瓮中的黑球数量非常多，那么，取出白球就是非常渺茫的反常事件，要被证实为假的事件的概率就更加接近于确定性.

将这个结论应用于由此导致的所有反常事件中，就会发现证人出错或者撒谎的概率会随着要证实的事实更加的反常而变得更大. 有些学者已经提出相反的观点，他们基于这样的观点：一个反常的事实非常相似于一个常规的事实，同样的出发点应该让我们给予证人相同的信任，当这位证人为这些或那些事件作证时. 简单的常识不会接受一个如此离奇的断言. 概率的演算，尽管对一些常识的结论可以确认，但它能够使人认识到关于反常事件的证言的最大不可能性.

那些学者坚持并假设有两个证人都是同等值得信任的，第一个证人声称他看到某人在 15 天前死了，而第二个证人却声称昨天他还看到同一个人活泼健壮. 这些事件中的这个或那个情景不会被当作不可能的. 但这些证言并不能直接使我们得到这个结果，对于具体事件的保留意见取决于将它们（的证言）联系起来的结果，尽管这些证言的可信度不应该因其联合结果的反常而被降低.

但是，如果将这些由证言联合在一起而导致的结论是不可能的，其中之一必须是假的；一个不可能的结果是反常结果的极限，正如错误是不可能结果的极限一样. 在不可能的结果中，证言的价值变得一文不值，那么在一个反常结果的情形下，证言的价值也就必定被极大地降低了. 这一点的的确确为概率的演算所证明.

为了通俗易懂起见，让我们想象有两个瓮，A 和 B，其中第一个瓮里有一百万个白球，其第二个瓮里有一百万个黑球. 从其中一个瓮里抽取一个球，然后把这个球放到另一个瓮里，接着从这个瓮里再取出一个球. 有两位证人，一位监视第一次抽取，一位监视第二次抽取. 这两个证人都证明说他们看到取出的球是白色的，但没有说明是从那个瓮里取出的. 如果单独查看，每一个证言并非是不可能的，也容易看出要证明的事实的概率正是证人的诚实度. 但是，如果将这些证言结合起来考虑，它遵从以下的分析：第一次抽取的结果是从 A 瓮中取出一个白球，然后将它放入 B 瓮中，它在第二次抽取中又重新出现，这是极其反常的；因为对于第二个瓮，它只是在一百万个黑球中包含一个白球，取到白球的概率是 1/1000001. 为了确定由两个证人宣布的事情的概率上的减少，我们应该注意，观察到的事件在这里就是每一个证人的所作的证言——他已经看到一只白球被取出. 令 9/10 表示他所说是真的概率，这种情况只能在证人不撒谎并且他绝对没有出错，以及他撒谎了但同时他又出错的时候下才能发生. 我们可以设想以下四种假设.

第一，第一位和第二位证人说的都是真话. 那么，第一次从 A 瓮里取出白球，这个事件的概率是 1/2. 因为，第一次被取出的球既可能从一个瓮里取出也可能从另一个瓮里取出．那么，这个球又被放入 B 瓮里，在第二次抽取中又被取出来，这个事件的概率是 1/1000001，所宣布事实的概率是 1/2000002．用 1/2000002 分别乘以两个证人说真话的概率 9/10 和 9/10，就会得出在第一个假设中，所观察到的事件的概率是 81/200000200.

第二，第一位证人说的是真话而第二位证人说的不是真话，或者是因为他撒谎和没有出错，或者是因为他没有撒谎但是出错．第一次抽取从 A 瓮里取出一只白球，这个事件的概率是 1/2，将这个白球被放入 B 瓮里，然后从 B 瓮里取出一只黑球：这个事件的概率是 1000000/1000001．那么，这个复合事情的概率是 1000000/2000002．用 1000000/2000002 乘以第一个证人说真话的概率 9/10 和第二位证人不说真话的概率 1/10 之积，就会得出在第二个假设下所看到的事件的概率是 9000000/200000200.

第三，第一位证人没有说真话并且第二位证人说真话．第一次从 B 瓮里取出来的是一个黑球，然后将之放入 A 瓮，从 A 瓮中再取出一个白球．第一次取出黑球的概率是 1/2，第二次取出白球的概率是 1000000/1000001．因此，复合事件的概率就是 1000000/2000002．用 1000000/2000002 乘以第一位证人不说真话的概率 1/10 和第二位证人说真话的概率 9/10 之积，就会得出在这个假设下所看到的事件的概率是 9000000/200000200.

第四，最后一种情况，两位证人都没有说真话．第一次从 B 瓮里取出一只黑球，将之放入 A 瓮，第二次从 A 瓮取出来的还是一个黑球．这个复合事件的概率是 1/2000002．用 1/2000002 乘以每位见证人都没有说真话的概率 1/10 与 1/10 之积，就会得出在这种假设下所看到事件的概率是 1/200000200.

现在，为了得出由两位证人所宣布的事件的概率，即：每一次抽取都取出一只白球的概率．我们必须用四种假设下相应的概率之和去除第一个假设下的（所见事件的）概率．这样我们就得到这个概率是 81/18000082，它是一个非常小的分数.

如果两位证人断言，第一次从 A 瓮或 B 瓮中取出的是白球，第二次同样地从 A'瓮或 B'瓮中取出的是白球，非常相似于第一次．由两位证人所宣称事件的概率将是他们证言的概率之积，即 81/100，这至少比前述的概率大 180000 倍．通过这种分析可以看到，在第一种情况下，第二次重复取到第一次取出的白球，两个证言的这个反常结果弱化了其价值.

我们不会相信这样一个人的证言，他告诉我们把一百个骰子掷到空中，所有的骰子落下后都是同一面朝上，如果我们自己亲眼看见了这个事件，只有当我们仔细检查了周围所有的环境，以及参考了其他人的证词之后，目的是非常确定这既不是幻觉也不是欺骗，我们才能相信自己的眼睛. 在这个检验之后，我们就不应该再犹豫不决地接受这个事实，尽管这是极其不可能的. 为了解释这个实验，没有人会被迷惑到去重新做一次实验来否定视觉的原理. 可以从这里得出结论：对我们而言，自然规律恒定性的概率远远大于所讨论事件事实上并没有发生的概率——即使这个概率也要大于被认为是毋庸置疑的大部分历史事实的概率. 由此，我们可以对使得自然规律暂停运作所需证据的巨大权重进行估算，把一般的评判法则应用于这种情形是多么的不合常规啊！那些没有提供足够数量的证据，只是通过与这些规律相反的事件报告，就支持宣称它们的人实际上是削弱而不是加强了他们希求激发的信念. 因为在这种情形下，那些引述很可能出现其作者要么撒谎要么出错的情况. 但是，相对于受过良好教育的人，未受过教育的人往往会更多地发生削弱信念的情况，因为未经启蒙之人总是渴望获得稀奇玄妙的结果.

有些事情是如此的反常，以至于没有什么可以与它们的不可能性相匹配. 但是，由于占主导优势的观念的影响，这些不可能性被削弱到了看起来比证言的概率还要低的程度，并且，当这个观念开始发生变化时，一个十分荒谬的传闻在其产生的那个世纪一致被人们接受，而这个传闻为下一个世纪只是提供了公共舆论对杰出人物极端影响的一个新证据. 路易十四时代的两个伟大的人物——拉辛和帕斯卡是这方面的突出例子. 非常令人惋惜地是，文质彬彬的拉辛，这位令人钦佩的人类心灵的描绘者和有史以来的最完美的诗人，也宣称皮埃尔小姐的康复是一个奇迹，皮埃尔是帕斯卡的外甥女，波尔. 罗亚尔修道院的走读修女. 非常令人遗憾的是读到帕斯卡借助一些推理试图证明这种奇迹对宗教来说是必不可少的，目的是为这个修道院的僧侣和修女们的教义辩护，在那个时侯，这个教派（指詹森主义教派）的教义正受到耶稣会的迫害. 三年半以来，年轻的皮埃尔备受泪管瘘的折磨，她用一个被认为是耶稣基督荆冠上的一根刺触摸她那只痛苦的眼睛，她的眼睛立刻被治愈了. 几天后，内科医生和外科医生均证明她已痊愈，他们宣称，自然方式和医学治疗都没有在她的这次康复中起任何作用. 这个发生在 1656 年的事件引起了巨大的轰动. 拉辛说："所有的巴黎人都涌入波尔. 罗亚尔修道院，人群日益激增，通过在这座修道院里发生的一些不可思议的奇迹，上帝自己似乎也沉浸在其权柄彰显于虔诚的子民身上的喜乐之中." 在这个时候，奇迹和魔法还没有显示出不可能性，人们会毫不犹豫地将不能用其他方式解释的奇异自然现象归功于它们.

在路易十四时期最引人瞩目的著作中可以发现这种审视反常结果的方式. 甚至哲学家洛克在他的著作《人类理解论》中，在“同意的各种等级”中说：“普通的经验和日常的事情，对人心虽然有很大的影响，使他们在听到任何要他们信仰的事物时表示信任和怀疑，不过在一种情形下，一种事情并不能因其奇特就使我们不同意于人所给予它的公平证据. 上帝在任何时候认为这一类超自然的事件符合他的意图，他就有权利改变自然的进程. 在那些情形下，那些事件和平常的观察愈相反，愈应得到人的信仰.”证言概率的真正法则已经被哲学家们误解了，理性获得的进步主要归功于他们，我认为必须详细地介绍关于这个重要议题的一些演算结果.

在这种背景下，就自然地展开了对于帕斯卡提出的著名论证的争论,① 这个论证由英国的一位数学家克雷格用一种数学的形式重新再现出来. 一些见证人宣称他们拥有它是基于神赐予的权柄，如果一个人遵此行事，他将获得永恒的祝福，而不只是充满欢愉的一生或两世. 无论这些证据的概率多么微弱，只要不是无限小，很显然，那些遵从（上帝）规则的人的优势（期望）是无限的，因为它是这个概率与无限利益的乘积. 因此，为了自己他就应该毫不犹豫地争取获得这个优势.

这个论证是建立在奉上帝之名的见证人所许诺的无数个幸福生命之上的. 必须按照他们的要求去做，精确地说是因为他们夸耀的承诺超出了一切的有限，这是一个与常识相矛盾的结果. 更进一步，（概率）演算向我们展示了这个夸张的说法自身在某种程度上削弱了其见证人的证言的概率，使其变得无限地小或者为零. 实际上，这个案例相似于以下例子：从一个包含大量数的瓮中只取一个数，一个证人宣布取出来的是一个最大的数，因为这个宣称，该证人将拥有巨大利益. 你已经明白了这个利益是如何极大地削弱了见证人的证言（的可信度）. 我们仅仅以 1/2 来估计他抽出最大数的概率，如果证人撒谎，演算会使我们得到他的宣称的概率比这样一个分数要小，这个分数的分子是 1，分母是 1 加上被先验地假定为一个谎言的概率与单独宣称的概率之乘积的一半. 为了把这个案例与帕斯卡的论证相比较，足可以用瓮中所有数的个数来表示所有可能的幸福生命的数目，这些数的个数是无限的，请注意，如果见证人撒谎，他们将会由于许诺永恒的幸福而获得最大的利益以奖赏他们的谎言. 这样，他们证言的概率的表达式就会变得无限地小. 将它乘以所许诺的幸福生命的无限个数，无限性将会从表示这

① 指帕斯卡赌注.

个优势的表达式中消失，该优势源自于这个许诺，这样就彻底推翻了帕斯卡的论证.

基于已建立的事实，现在让我们来考虑几种证言的联合概率. 为了符合我们的观点，让我们来设想这样一个事实：从含有一百个数的瓮里取出一个数，并且取出的是一个单独的数. 两个证人宣布这次抽取的数是2，求两个证言联合的概率. 有人可能会给出这样的两个假设：这两个证人说真话；这两个证人说假话. 在第一个假设下，取出数2这样一个事件的概率是$\frac{1}{100}$. 必须将这个概率乘以两个证人的可靠度之积，我们假设两个证人的可靠度分别是$\frac{9}{10}$和$\frac{7}{10}$. 那么就会得到，在这个假设下观察到的事件的概率是$\frac{63}{10000}$. 在第二个假设下，没有取出数2这个事件的概率是$\frac{99}{100}$. 这样，为了欺骗人们，两个证人必须一致从99个没有被取出的数中选择数2：如果两个证人没有一个秘密协议的话，那么这个选择的概率是分数$\frac{1}{99}$与自己的乘积. 然后必须将这两个概率一起相乘，再乘以两个证人说谎的概率$\frac{1}{10}$和$\frac{3}{10}$，得到在第二个假设下所观察到事件的概率是$\frac{1}{330000}$. 现在，将第一个假设的相对概率被两个假设的相对概率之和所除，就得到要被证实的事件的概率，或者说数2被取出的概率，这个概率等于$\frac{2079}{2080}$，没有取出这个数并且证人说谎的概率将是$\frac{1}{2080}$.

如果这个瓮里只含有数字1和2，我们将发现以同样的方式可以求出数字2被取出的概率是21/22，相应地，证人撒谎的概率是1/22. 这是比前述概率至少大94倍的一个概率. 通过这个分析可以看到，当证人要佐证的事实本身的可能性在减小时，证人撒谎的概率是如何减小的. 事实上，当证人撒谎时，证言达成一致是比较困难的，至少当他们没有一个秘密协议时，我们在这里不作这个假设.

在上述情况中，瓮中只有两个数，要被证实的事实的先验概率是$\frac{1}{2}$，从证言中导出的概率就是两个证人说实话的概率之积被这个积与证人各自说谎的概率乘积的和所除.

现在，我们要考虑时间对由传统的证人链所转达事实的概率的影响. 有一点是清楚的无疑的，即概率应该随着这个链条的延长而减小. 如果这个事实自身没有发生的可能，例如，从含有无限个数的瓮里取出一个数，通过证言获得的这个事实的概率随着证人可靠度的连续乘积而降低. 如果这个事实有可能发生，例如，从一个含有无限个数的瓮中取出一个单独的数且取出的数是2. 由传统的证人链条所得到的这个概率会随着持续延长的乘积而减小，其中的第一个因子是瓮中数的个数减1与同一个数之比，其他的每一个因子是每一个见证人的可靠度，这个值则随着他说假话的概率与瓮中数的个数之比而减小. 所以这个事件的概率的极限被认为是先验的或独立于证言的事件的概率，这个概率等于1被瓮中数的个数所除.

时间的作用会持续地减弱历史事实的概率，正如时间能够使最经久不朽的纪念碑发生改变. 的确，可以通过夸大或保留支撑它们的证言和碑文来减弱它. 印刷在这方面提供了一个伟大的方法，不幸的是古人却对此一无所知. 尽管它拥有无限的优势，但是，通常袭扰世界的自然的和道德的巨变（革命）终将随着不可抗拒的时间的影响归于终结，在上千年的时间里，对一些历史事件的怀疑在今天却以最大的确定性而被认识.

克雷格曾试图将基督宗教证据的逐渐弱化划归于计算，他假设：当这个宗教不再（被认为）是可能的时候，这个世界也应该走到了末日. 他发现，从他写作的时间算起，这个世界应该还会持续1454年. 但是，他的分析和他对世界持续时间的假设同样是完全错误的.

第十二章　论选举与团体的决定

一个团体决定的概率取决于相对多数的投票、其组成人员的智慧和公正. 对这个概率产生影响的因素繁杂多样，包括复杂的情感和众多的利害关系，这种状况使得完全将之划归于计算似乎是不可能的，虽然，也会有一些由简单的常识所揭示并经由演算所证实的一般结果. 例如，如果团体对于要付诸决策的问题的信息所知甚少，如果这个问题需要深思熟虑，如果关于这方面的真理与人们已有的认识相矛盾，由此可以预测：每一位投票人出错的可能性会超过1比1，即出错的可能性大于0.5. 所以，大多数人的决定很可能是错的，并且如果这个团体的人数越多，出现这种情况的可能性就越大. 因此，对于公共事务，重要的是团体应务必在大多数人理解的限度内对这些问题做出决定，非常重要的是，应当让信息广泛传播，并用建立在理性和经验基础上的善举去教化那些人（的君主们），他们蒙召为其众多的追随者做出决策并对他们进行统治管理，要预先告诫他们防止错误的观念和无知的偏见. 学者们已经认识到先入之见常常具有欺骗性，真理并不总是可能认识到的.

在成员众说纷纭的情况下，要理解和确定这个团体的心声是困难的. 通过考察两个最普通的案例，让我们尝试给出关于这个方面的一些规则：从几个候选人中做出选择，或从与同一个议题有关的提议中做出选择.

当一个团体必须从自愿竞选一个或几个同类职位的若干个候选人中做出选择时，似乎最简单的方式是让每一个投票人在选票上根据所有候选人对其贡献的价值顺序写出候选人的名字. 假设他本着诚信的原则把他们进行分类，仔细查看选票，对所有候选人的各个方面进行比较，通过这种方式给出选举结果。如果仅此而言，这种选举并没有给出更多的信息。现在有一个问题是：怎样为选票上的候选人确立一个先后的顺序. 让我们想象一下，把一个装有无数个球的瓮发给每一位投票者，他借此就能够列出所有候选人的资质等级. 让我们再想象一下，投票人从瓮里取出若干个球，这个数目与每一个候选人的资质成正比，再假设这个数字写在选票上标有候选人名字的那一面. 显然将选票上对应于每一个候选人的数相加，所有候选人中拥有最大和的一位就是这个团体所倾向的候选人. 一般来说，候选人的先后顺序就是与他们每一位相对应的数字之和的顺序. 但是，选票上并没有标出每一个投票人赋予候选人的球的数目：他们唯一能指出的是第一位候选人比第二位的多，第二位比第三位的多，以此类推. 那么，首先，假设第一位候选人在一张给定的选票上得到某确定的球数，所有满足前述条件的较小的组合数是同样值得采纳的，那么就可以通过以下方法得到对应于每一个候选人的球数：求出每一个组合赋予他的所有数目的和，再用所有组合的数除之. 一个非常简单的分析表明：这些必须写在每张选票上有姓名的那一边的数，从最后一名开始、倒数第二名，一个接一个，与算术级数 1，2，3，等等的项成比例. 因此，在每张选票上写上这个级数的一些项，在这些选票上将每一个候选人的项相加，形形色色的和的大小表示候选人之间的先后的顺序就被建立起来了. 这是一个由概率论表示的选举模式. 如果每一位投票人在选票上以候选人对其贡献的价值大小的顺序写下候选人的名字，我们就无须怀疑这个模式的优越性. 但是一些特殊的利益和许多对于资质的奇怪考虑会对这个顺序产生影响，有时候对于其所倾向的候选人产生最大威胁的人被放置在最后的位置上，正是这一点给予资质平庸的一些候选人以太多的优势. 所以，在已经采纳了这个模式的一些社团中，经验使得这种选举模式被弃而不用了.

通过绝对多数赞同票的选举将与最能够表达这个团体愿望的优势与排除多数人拒绝接受的候选人的确定性结合在一起. 当只有两位候选人的时候，它与前述的模式是相符合的. 实际上，这会使得团体陷于持续过长的选举的麻烦之中. 但经验表明，这种麻烦从未出现过，而且希望选举不久就结束的普遍愿望会团结大多数的赞成票投向某一位候选人.

相似地，从与同一个议题有关的提议中进行的选择应该受制于与从几位候选人中进行选举的相同法则. 但是，在两种情形下也存在差别，即一个候选人的资质与其竞争者的资质是不互相排斥的. 但是，如果必须从相互矛盾的提议中进行选择，那么一个提议的真理性是与其他提议的真理性相互排斥的. 下面就让我们来看一看应该如何考虑这个问题.

给每一位投票人一个装有无数个球的瓮. 让我们设想一下，投票人根据他赋予这些提议的各自概率，将它们分配给不同的提议. 显然球的总数体现出确定性. 在这个假设下，投票人可以确信的是那些提议之一应该是真的，他要统筹地把这个数分配给这些提议. 那么，这个问题就划归为求出以这样一种方式分配这些球的组合数：在选票上赋予第一个提议的数要大于第二个，赋予第二个的要大于第三个，以此类推，在各种组合中，求出相应于每一个提议的所有的球数之和，再将组合数除之，这些商就是投票人分配给某个选票上的一些提议的球数. 通过分析发现，从最后一个提议开始，倒推至第一个，这些商之间有着与下述量之间同样的比率：首先，1 被这些提议数所除；其次，前面的量加上 1，被比这些提议数小 1 的数所除；第三，第二量个加上 1，被比这些提议数小 2 的数所除，以此类推可以得到其他的量. 这些数被写在对应于这些提议的每一张选票上，若果将关于每一个提议的分布在各种选票上的数相加，那么，根据其大小，这些和将表示出团体赋予这些提议的优先次序.

现在，我们来谈一谈团体的更新问题，总体上，团体在一定的年限上应当有所改变. 这个更新应该一次完成？还是将之分布到这些年份里有利？哪一种更有利？根据后面的方式，团体的形成将会受到在其更新期间各种占主导地位的观点的影响，所采纳的观点很可能是所有观点的折中. 将团体成员的选举推广到它所代表的区域的所有部分会给出其优势性，团体将因此而适时地体验到这种相同的优势. 现在，如果考虑到经验已经传授给人们的是唯一清楚的，即，在最大程度上选举总是由占主导地位的观点所引导的，你将会感觉到，通过局部更新的方式缓解彼此相左的一些观点是多么的有效！

第十三章 论法庭判决的概率

分析学证实了我们业已知道的简单常识，也就是：法官的人数越多，他们所受的教育越好，就越有可能达到判决的正确性. 重要的是法庭上诉应该满足两个条件. 试图将这个问题更紧密地引入到其裁判权的下级法院为上级法院提供了其可能性已得到认可的一审判决的优势地位，后者往往同意一审的判决，或者令其和解或者中止他们的诉讼. 但是，如果在诉讼中事情的不确定性及其重要性使得诉讼当事人必须求助于上诉法庭，为了获得一个公正判决的较大概率，那么，对于其财产和困扰的补偿以及新程序必需的花费，他应该努力获得较大的安全保障. 这一点在地区法院的相互上诉的制度中并没有引起任何关注，因此，这是一个严重损害公民利益的制度. 或许合适的且令人满意的是，在上诉法院里，为了推翻下级法院的判决，根据概率的演算，要求至少超过两票的多数. 由此可以得到这样一个结果：如果上诉法庭是由偶数个法官组成的，那么在支持和反对票数相同情况下的判决就可以成立.

我将着重于考查刑事案件中的判决.

毋庸置疑，为了证明一个被告有罪，法官必须掌握其犯罪的有力证据. 但是，一种道德论证绝不会优于一种概率（论证），经验已向我们清楚地表明，刑事判决的错误，即使那些似乎是最公正的判决，也仍然容易受到道德论证的影响. 弥补这些错误的不可能性是那些希望废除死刑的哲学家们最强有力的论证. 如果对我们来说必须等待数学的证据，那么我们就不得不放弃审判. 但是这种判决也面临着罪犯得以免除刑罚的危险，如果我没有错误的话，这个判决就划归为以下问题的解决：如果一个人有罪而被宣判无罪，人们必定会有这样的担忧：他会再犯新罪行吗？那些预谋但有所顾虑的家伙会从这个刑罚免除的案例中受到鼓舞吗？与此相比，人们或许更为担心的是以下这种情况：如果被告无罪但被控有罪，而他犯罪的证据具有足够大的概率，使得公民没有什么理由去怀疑法院判决有误. 这个问题的解决需要依赖于几个非常难以确定的因素. 如果犯刑事罪的被告未受处罚，其后果是给社会带来巨大的危险. 有时，危险太大，以至于地方法官发现不得不放弃那些为了保护无辜者而建立起来的程序方法. 但是，使得眼下讨论的问题不能解决的（关键）是不能够估计犯罪的概率以及确定被告有罪所需要的概率. 在这个方面，每一个法官不得不依靠自己的感觉. 通过将与犯罪行为有关的多种证言和因素与他思考的结果和经验相比较，形成自己的观点，在这方面，如果在通常相互矛盾的环境中确定真相，长期形成的审问和鉴定被告人的习惯会显示出很大的优势.

上述问题再次依赖于犯罪审查中所采取的刑罚的轻重. 因为人自然地对判处死刑比对给予几个月的拘禁需要更有力的证据. 这就是为什么刑罚应量刑而定，因为对一个轻微的犯罪施加一个严厉的刑罚就不可避免地导致产生许多有罪之人，犯罪的概率与其严重性之积是对危险的衡量，对罪犯的开释可能会将社会置于这种危险之中，人们可能认为刑罚（的制定）应依据这个概率. 这一点在法院里已间接地实行了，当有非常强的证据指证被告在现场，那么他就要被羁押一段时间，尽管这些证据还不足以证明他有罪. 寄希望于获得新的信息，法院不会立刻将他交还给他的乡亲们，他们再次见到他时会带有很大的警觉. 但是，这种衡量的随意性以及可能的对其滥用已经导致在一些国家中人们对它的排斥，在这些国家里，个体的自由被赋予最高的价值.

现在，一个法庭的判决是公正的概率是多少呢？这个判决只有给定的大多数通过才能作出，也就是说，与上面提出的问题的真正解法相一致？这是一个重要问题，如果能被很好地解决了，将会提供不同法院之间的一些比较方法. 在许多法庭上，超过一票的多数意味着正在讨论的事情是非常值得怀疑的，在这种情形下判处被告有罪是与保护无辜人的法则背道而驰的. 法官的一致性会使一个公正判决的概率非常大. 但是，如果法院只限于这一点，很多有罪之人就会被释放. 那么，如果希望他们是一致的，需要限制法官的人数，或者当审判团的人数更加庞大时，需要增加判决有罪所需的多数. 我将尝试把计算应用于这个问题中，当人将其建立在常识向我们提供的数据基础之上时，说服人们相信它总是一个最好的向导.

假设每一位法官的观点都是公平的，将这个（假设的）概率作为主要的因素纳入到计算中. 如果在一个有一千零一个法官的法庭上，五百零一人持有一种相同的观点，其他五百人则持有相反的观点，显然每一位法官的观点的概率稍微超过 1/2. 因为如果假设它很明显地大，那么单独一票的差异几乎是一个不可能的事件. 但是，如果法官的意见是一致的，这就显示了基于这些证据而定罪的强度，那么每一法官的观点的概率就非常接近 1 或者确定性，只要感情和通常的偏见不同时影响所有的法官. 除这些情况以外，这个概率应该由赞同和反对被告的票数的比例单独决定. 因此，可以假设这个概率的变化范围是从 1/2 到 1，但是它不能小于 1/2. 如果不是如此，那么法庭的判决就像偶然事件一样毫无意义了，它所具有的唯一价值就是法官的观点对于真理而不是谬误有更强的追求倾向. 通过赞同与反对被告的票数的比例，我求出了这个观点的概率.

这些资料足以确定由一个已知的多数来判断法院判决是公正的概率的一般表达式. 在法庭上，其中八个法官中，需要有五票赞同被告有罪，在公正的判决中，人所担心的出错的概率会超过 1/4. 如果法庭把法官的人数减少到六人，那只需要超过四票的多数就可以判被告有罪，人所担心的出错的概率就会小于1/4，这样，对被告来说，法庭规模的减少是一个有利因素. 在这两种情形下，所需要的多数是相同的并且都等于 2. 因此，如果这个多数保持不变，错判的概率会随着法官人数的增加而增加，这就是在一般情况下，无论所需的多数是什么，它必须保持不变. 如果我们把这个算术比率作为一个法则，被告发现，随着法院规模的增加，他自己的优势就会越来越小. 在英国，人们相信，在法庭上判被告有罪需要十二票的多数，不论法官的人数是多少，少数票和相同数目的多数票相抵消，剩余的 12 张票表示具有 12 位成员的陪审团的意见一致. 但是，这么做可能会铸成大错. 常识告诉我们，在拥有 212 名法官的法庭的判决与拥有 12 名法官的法庭上一致认同无罪的判决之间是有差别的，在前者中，112 名法官宣判被告有罪，而其他 100 名法官要将被告无罪释放. 在第一种情况下，赞成被告无罪的一百张票使人认识到证据还远没有达到判其有罪的程度，在第二种情形下，法官的一致通过会导致这样一种信念：的确已经达到这个程度. 但是，简单的常识根本不能满足我们估计在两种情形下错判的概率之间的巨大差异. 因此，必须求助于演算，由此会发现在第一种情形下错判的概率接近 1/5，而在第二种情形下这个概率仅仅是 1/8192，这个概率不及前者的 1/1000. 这是对当法官人数增加时，这个算术比率对被告不利这个法则的证实. 相反，如果采取几何比率的规则，当法官人数增加时，法院错判的概率会减小. 例如，在法院里，判决有罪只需要三分之二的票数通过，如果法官的人数是六人，令人担忧的错判的概率接近四分之一，如果法官的人数增加到十二人，那么错判的概率降低到七分之一以下. 因此，如果你希望错判的概率既不大于也不小于某一给定的分数，那么你就应该既不被算术比率也不被几何比率所左右.

但是，应该选定什么样的分数呢？正是在这里，随意独断性开始滋生，法庭在在这方面提供了最大的变数. 在特别的法庭上，8 票中至少 5 票就足以判被告有罪，涉及审判的正义，令人担忧的错判的概率是 65/256，大于 1/4. 这个分数的大小是触目惊心的. 但是，考虑到以下情况我们应该得到一点些许的安慰，最通常的情况下，为被告开释的这个法官并不认为他是无罪的：他只是宣告没有充分的证据来给被告定罪．人尤其是很容易因为怜悯而消除内心的疑虑，这种怜悯是自然赋予人心的本性，它也使得心智很难从带到其面前等待判决的被告中识别出罪犯．这些情感更多地表现在那些不习惯于判断的人们身上，它们弥补了因为陪审员的经验缺乏而造成的麻烦．在一个有 12 个成员的陪审团里，如果判被告有罪所需要的多数是 12 票中的 8 票通过，那可能令人担忧的错判的概率是 1093/8192，它比 1/8 更小一些，这个多数是 12 票中的 9 票通过，那错判的概率接近 1/22．在一致通过的情况下，错判的概率是 1/8192．也就是说，这个概率比我们的陪审团错判的概率小一千多倍．这一点意味着一致通过的判决只能产生于证据或者完全有利于或者完全不利于被告；但是，在达成一致的过程中常常会发生一些奇特无极的动因，当把一致的结果作为一个必要的条件强加给陪审团时．因为他们的判决会受到陪审员的性情、性格和个人习惯，以及陪审员所处的环境的影响，所以它们（即这些判决）有时与多数陪审团所作出的判决相反，如果他们只听信证据．在我看来这是这种判决方式的一个巨大的缺点．

在我们的陪审团中，判决概率的可靠性实在太低了，我认为，为了给无辜者一个充分的保障，所要求的多数应该是 12 人的陪审团中至少 9 票赞同．

第十四章　死亡表以及寿命、婚姻和一般联合体的平均持续时间

构造死亡表的方法非常简单．可以从民事登记册上获取出生和死亡的人数．可以了解到有多少人在出生后第一年死去，多少人在第二年夭折，等等．从这些数字中，可以推出在每年之始活着的人数有多少，可以把这个数字记录在表中表示年龄的那一栏中．依此，把出生数记录在零岁的旁边，把达到一岁的婴儿数记录在 1 岁的旁边，把达到两岁的孩子记录写在 2 岁的旁边，其余的以此类推．但是，因为在生命的前两年死亡率非常高，为了更精确一些，在人生的第一年，在每半年末就必须注明生存者的数目．

如果我们将记录在死亡表上的所有个体的生命之和被这些个体的人数所除，就会得到对应于这个表的生命的平均持续时间．为了做到这一点，将半岁乘以第一年死亡的人数——这个数字等于写在零岁与 1 岁旁边的人数之差．他们的死亡

率必须分布在一整年中，而其生命的平均持续时间只为半年. 那么，将 $1\frac{1}{2}$ 岁乘以第二年死亡的人数，$2\frac{1}{2}$ 岁乘以第三年死亡的人数，以此类推. 这些积之和被出生数所除就会给出生命的平均持续时间. 从这里很容易得出结论：通过以下方法就会得到这个平均持续时间：求出在这个表格中每一岁旁边的数字之和，用出生数除之，这个商再减去 $\frac{1}{2}$ 岁作为单位. 那么从任何年龄开始，剩下的生命平均持续时间可以用同样的方式求出，从达到这个年龄的所有人数开始，就像对出生人数所作的那样. 但是，并非从出生时刻算起，生命的平均持续时间就是最大的，正是此时婴儿期的危险被忽略了，这时的生命的平均持续时间为四十三岁. 从一个给定的年龄起，活到某一年龄的概率等于表格中在这两个年龄旁记录的人数之比.

这些数字的精确性需求非常庞大的出生数字用于表的制作. 分析会给出一些非常简单的公式用以估计这些表中所记录的数字将在相距很近的极限之间偏离真值的概率. 从这些公式中我们将会看到，随着所考察的出生数的增加，这些极限之间的间隔会减小，这个概率会增大. 所以，如果所应用的出生人数变为无穷大时，死亡表将会精确地呈现出死亡率的真正规则.

所以，死亡表就是人类寿命的概率的一种表格. 记录在每一年龄旁边的人数与出生数之比将是一个新生儿活到这个年龄的概率. 以同样的方式，可以估计一个期望的值，将每一期望的获利与得到它的概率相乘，再将这些积相加，那么我们即可类似地估计出生命平均持续时间：将每一年龄与达到其开始和终结的概率之和的一半相乘，将这些积相加，由此可以导出上述发现的结果. 但是，这种思考生命平均持续时间的方式在稳定的人口状态下具有一定的优势，即在出生数与死亡数相同的情况下，生命平均持续时间是人口数量与年出生人口的数量之比，因为，如果假设人口是稳定的，表中两个相继年龄之间的某一年龄的人数乘以达到这些年龄的概率之和的一半，那么所有的这些乘积之和就是全部的人口数. 现在，容易看到，这个和被年出生数所除，与我们刚刚已经定义的生命平均持续时间是一致的.

借助于死亡表，很容易构造相应的假设为稳定的人口表. 为此，我们求出死亡表中对应于年龄零岁，一岁，两岁，三岁等人数的算术平均数. 所有这些平均数之和就是全部人口. 把它写在零岁近旁. 如果从这个和减去第一个平均数，余数就是一岁或更大年龄的人数，把它写在一岁的近旁，从这个余数中减去第二个平均值，第二个余数是两岁或者年龄更大的人数，把这个数写在二岁近旁，以此类推.

影响死亡率的可变原因如此之多，以至于表示死亡率的表格应该因时间和地点的不同而发生变化. 在这方面各种各样的生命状态展现了关于与每种生命状态密切相连的灾难与风险的明确差别，必须以计算来考查它们，这种计算是建立在寿命基础上的. 但是，人们还没有彻底地了解这些差别，不过，将来总有一天会达到这一点，那时我们就会知道每一行业需要付出怎样的生命代价，我们将受惠于使这些风险降低的知识.

土地的状况、海拔高度、气温、居民的习惯，以及政府的运作都对死亡率有着相当大的影响. 但是，在对观察到的差别的原因进行考查之前，通常需要对显示出这个原因的概率进行研究. 由此，在法国，我们已经看到人口与年出生数之比上升到了 $28\frac{1}{3}$，这不同于古代米兰（Milan）公国的二十五，这两个比都建立在大量出生数的基础上，这些比值并不令人去质疑米兰人中死亡率的一个特殊原因的存在性，那种原因的调查与消除应该是那个国家的政府关心的事情.

如果我们能够成功地减少和消除某些危险和广泛传播的疾病，人口与出生数之比将会进一步增加. 对于天花，这一点已被成功地做到了. 首先通过这种疾病的接种，然后，通过一种更加先进的方式，即疫苗接种，这是詹纳（Jenner）的发现，这个发现的价值是不可估量的，他因此而成为对人类贡献最大的人物之一.

天花有一个特点，同一个人不会被它感染两次，或者说至少这种情形非常少见，以至于在计算中这种情况可以忽略不计. 在疫苗发明之前很少有人会躲过这种疾病，它通常是致命的，它会导致这种疾病的感染者 $\frac{1}{7}$ 的人死亡. 有时它比较轻微的，经验显示可以通过为健康的人预防接种而赋予它这种特点，通过适当的饮食并在适合的季节，要使接种的人对这种疾病有所准备. 死于接种的人数与所有接种的人数之比不到 $\frac{1}{300}$. 接种的巨大优越性，再加上使人免于毁容以及使人们免遭天花带来的严重后果，使得接种被许多人所接受. 有人强烈地呼吁使接种成为常规，但是又遇到强烈的反对声音，因为这几乎总是一件易于陷于麻烦的事情. 在这场争论之中，丹尼尔. 伯努利提出将接种对于平均寿命的影响化归于概率的演算. 由于缺乏在生命的各个年龄阶段由天花所致死亡数的精确数据，他假设感染这种疾病的危险与死于这种疾病的危险在任何年龄都是相同的. 在这些假设之下，再加上精致的分析，他成功地将一个一般的死亡表转化为一个如果没有天花或者如果天花只导致感染者非常小的死亡数的情况下也可用的表格，他从中得出结论：接种至少将平均寿命增加三年，这一点在他看来不容再怀疑接种实践的优越性. 达朗贝尔反对伯努利的分析：首先是关于这两个假设的不确定性，其次是没有充分地对这一点进行分析，也就是把尽管非常小的即刻死于接种的风险，与比较大但比较遥远的死于自然感染天花的风险进行比较. 当考察大量的个体时，这种思考就消失了，因为这个原因，这种思考就不关乎政府，对于他们来说，接种的优势还是存在的. 但是，对于一家之主来说，这种情况是非常严重的，如果为他的孩子们接种，他必定担心看到这种情况：他最珍爱的一个孩子死亡并且是这个原因所致. 许多父母被这种恐惧所束缚，幸运的是这种恐惧已被疫苗的发现驱散了. 通过自然界如此频繁地向我们吐露的那些秘密之一，疫苗对天花的预防就像天花病毒一样确定，没有丝毫的危险. 它不会使人感染任何疾病，并且只需要非常简单的护理即可. 所以，它的应用立刻传播开来，并使它成为克服人类天然惰性的一个普适的方法，当涉及他们最切身的利益时，必须通过坚持不懈的努力克服这种惰性.

计算消灭一种疾病所产生的好处的最简单方法包括：根据观察精确算出每年死于这种疾病的一个给定年龄的个体数量，并从同一年龄去世的人数中减去它. 那么，如果这种疾病不存在的话，这个差与这一给定年龄的人口总数之比就是在这一年在这个年龄去世的概率. 然后，将从出生到任何给定年龄的这些概率相加，再从 1 中减去这个和，余数就是活到那个年龄的概率，它受制于这种疾病的灭绝. 这个概率序列将成为与这个假设有关的死亡表，经由以上的论述，我们可以从中得出生命的平均持续时间. 这就是迪维拉尔（Duvillard）发现的平均寿命增加三岁归因于疫苗的接种这个结论的方法.（平均寿命）如此显著的增长将导致人口的大量增加，如果后者在其他方面不受到有关的生存供应衰减的抑制.

人口增长的停滞主要是由于生存供应的缺乏. 在动物和植物的所有物种中，自然界不断地倾向于增加个体的数量直到达到平均的供应水平为止. 在人类中，道德的原因对人口有着极大的影响. 如果易于获得的森林空地能够为新生的一代提供丰富的营养，确定无疑地能够供养成员众多的大家庭，这样婚姻就会受到鼓励并且激励他们繁衍更多的后代. 在同样的土地上，人口和出生数应该同时以几何级数增长. 但是，当森林空地变得难以获得并且日渐稀少时，人口的增长就降低了. 它持续地接近变化的供应状态，这个波动正如一个钟摆一样，其周期由变化的悬挂点所延迟，钟摆通过其自身的重量围绕这个点摆动. 估计人口增长的最大值是困难的，经过一些观察之后，情况似乎是在适当的环境中人类的数量每十五年就翻一番．据估计，在北美这个翻番的周期是二十年．在这种状态下，人口、生育、婚姻、死亡率，所有这一切的增长都依据相同的几何级数，可以通过观察两个世纪的年出生数求出这个级数的相邻两项的公比．

死亡表代表了人的寿命的概率，借此，我们可以求出婚姻的持续时间．为了简化起见，假设对于两性来说死亡率是相同的．那么，婚姻将持续一年、两年、三年，或者更多年的概率可以由下列方法求出：构造一些分数的序列，其公分母是表格中对应于结婚伴侣的年龄的两个数之积，其分子是对应于这些年龄加一岁、二岁、三岁，和更大年岁的数的相继乘积．这些分数之和加上 $\frac{1}{2}$ 就是婚姻的平均持续时间，年为观测的单位．很容易将相同的法则推广到由三个或者更多个体组成的联合体的平均持续时间中去．

第十五章　基于事件概率建立制度的益处

在这里，让我们回忆一下已经论述过的期望．我们已经看到，为了求出几个简单事件所产生的收益，在这些事件中，一些事件导致获益，而另一些事件则造成亏损，就必须求出每一有利事件的概率与它所产生的收益之积的和，减去每一不利事件的概率与之相应的损失之积的和．但是，不管这些和之差所表述的收益是什么，由这些简单事件所复合而成的一个孤立的事件并不保证消除遭遇损失的担忧．不妨想象一下，这种担忧会随着这个复合事件的多次重复发生而有所减轻．概率的分析给出了如下的一般原理：

> 通过让有利事件重复发生，不论它是简单事件还是复合事件，实际的收益就变得越来越有可能，并且它会持续不断地增加．在无限次重复的假设下，收益就变成确定的，用这个数去除它，这个商或者说每个事件的平均收益就是数学期望本身，或者说关于这个事件的预期收益．同样的原理对于在一长串的试验中变得确定的损失也成立，不论这个事件的不利因素多么的小．

这个关于获益和损失的定理类似于那些我们已经讨论过的关于由无数次重复

的简单事件或复合事件所显示的比的定理，像这些定理一样，它证明了规则性的存在，规则性甚至深藏于那些我们所称的最具偶然性的事物之中.

如果有许多的事件，分析学又一次给出收益值位于给定的极限之间的概率的非常简单的表达式，这个表达式包含在上述已经谈到的一般的概率原理中，这些原理与无限重复发生的事件概率有关.

建立在概率基础上的制度的稳定性依赖于前面所论述定理的真实性. 但是，为了使其可应用于它们，那么以下做法就是必需的：这些制度应该通过对于大量事物的处理而增加有利事件的数量.

已经存在一些建立在人的寿命基础上的制度，比如像终身年金、唐提联合养老保险制度. 最一般和最简单计算这些制度的收益和费用的方法在于将它们化简为实际的数额（当前的价值）. 将一个单位（货币）的年利息称为利率. 每年末的金额增长为乘以一个 1 加利率的因子，其金额的增长就依据其公比为这个因子的一个几何级数，因此，随着时间的进展，它会变得极其巨大. 例如，如果利率是$\frac{1}{20}$或者百分之五，资金在十四年左右几近是（本金的）两倍，二十九年则是四倍，将近三百年就是两百万倍还要多.

如此巨大的增长已引发了这样一种想法：为了偿还公共债务应当充分利用它. 为此，成立了一种专门用于偿还公众账务的年度基金的偿债基金，根据赎回金的利息，这种基金的数额会不断地增加. 显然长期来看，这种基金将减轻大部分的国家债务. 该贷款的一部分是专门用于增加年度偿债基金，公共债务的变化就会减小，放贷人的信心以及他们退休时毫无损失地收回贷出的资金的概率将会增加，

这就使得将来贷款的条件更加简单. 令人满意的实践充分证实了这些预期. 但是，忠诚于合约的程度和稳定性对于这样一些制度的成功是非常必要的，这些只有由政府来保证，政府中的立法权被分割成几种独立的权力，这些权力的必要合作所激发的信任又使国家的力量成倍加强了. 统治者本人从法制中所获益的要大于在专制下所失去的.

从这里可以得出，当前的价值相当于只有在若干年数后才被支付的一个和，它等于这个和乘以到那时它将可以被支付的概率，再被 1 加利率的次幂所除，这

个幂的次数等于年数. ①

对于一个人或者多个人来说，很容易将这个法则应用于终身年金、银行存款以及任何性质的保险中. 假设要根据一个给定的死亡表构造一个终身年金表，例如，每五年的末尾可以支付的一种年金，根据这个原理，可化简为一个实际的数额（当前的价值），它等于以下两个量的乘积，即，年费被1加利率的五次幂所除与支付它的概率相乘. 这个概率是记录在支付年金的人的年龄旁边的人数与记录在该年龄加五岁的年龄旁边的人数之比的倒数. ② 那么，就形成了一系列的分数，其分母是死亡表中记录的活到支付年金之人的年龄的人数与1与利率之和的逐次的幂的乘积，其分子是年金与活到同一岁数相继加一岁，两岁，三岁等年龄的人数的乘积，这些分数之和就是关于那一年龄的终身年金所需要的数额.

假设某人想利用年金的形式在其死后这一年的年底保证将其可赔付的一笔资金传于他的继承人. 为了计算这笔年金的价值，可以想象一下这个人生前从一银行中借了这笔钱，然后他将这笔钱以固定利息存入同一个银行. 显然这笔数额将由银行在其死后这一年的年底付给其继承人，但是，他也必须每年返还年金利息超过固定利息的多余的数额. 年金表将会显示出，为了保证该投保人死后的这笔资金，他每年应该支付给银行的数额是多少.

航海保险、火灾保险和风暴保险，以及通常的所有这类险种的设置，都以同样的原理来计算. 一位拥有海上船只的商人希望确保它们的价值以及船上装载的货物的价值以防备可能遇到的风险，为了做到这一点，他会付给一个公司一笔钱，这个公司就会负责评估其船只与货物的价值. 这个价值与保险费的比值取决于这些船只所经受的风险，可以通过对已经从港口出发到相同目的地的船只的命运的大量观察来估计出这个比值.

如果投保人只付给保险公司依概率计算出来的数额，这个保险公司就不能提供这个险种的费用，于是，他们应该付出比这个保险的花费大得多的费用就是必要的. 那么，他们的优势是什么呢？正是在这里，就必须考虑与不确定性紧密相连的道德优势了. 我们可以想象，正如我们已经看到的，因为参与者用一个确定

① 用符号表示为：$V=S\cdot p\cdot(1+i)^{-n}$，其中$S$是总的年费，$p$是若干年后可以支付的概率，$i$是利率，$n$是年数.

② 在这里，用一般的寿命表的符号可以表示为公式：${}_5Ex=S\dfrac{L_{x+5}}{L_x}(1+i)^{-5}$. ，其中$S$为总年费，$\dfrac{L_{x+5}}{L_x}$为此处所讲的概率.

的赌注去换取一个不确定的利益，所以，即使是最公平的游戏也会有其不利的一面，而在保险中，一个人用不确定性换取确定性，所以保险是有益的. 的确，这一结论正是来自前面已经得出的关于求道德期望的法则，借此，还可以进一步看到为保险公司所做出的奉献是如何之大，如果一直维持着这种道德优势的话. 在努力获取这个优势的过程中，保险公司就会得到不菲的收益，如果被保险人的数量巨大，这是公司继续生存的必要条件. 因此，其收益就成为确定的，其数学的与道德的期望就一致了. 分析学导出了这个一般的原理，即，如果很多的期望，两种期望就会不断地靠近，直到在无限多的情形下它们相同为止.

说起数学期望和道德期望，我们已经说过将期望的收益分成为几个部分收益. 因此，为了将一笔钱运输到遥远的港口，那么，将它放在几条船上比将之全部放在一条船上要好，这就是互助保险所做的事情. 有两个人，每人将相同的金额放在两艘从同一港口驶往同一目的地的不同的船上，如果他们达成协议平均分配能够运到的所有的钱，显而易见的是，根据这个协议他们每人将公平地分到他所期望的同在两艘船上的数额. 实际上，这种类型的保险通常会给人们留下害怕损失的忧虑. 但是，这种忧虑会随着投保人的数量的增加而减少，道德优势增加得越来越多，最终以与其数学优势的一致而结束，数学优势是其自然的极限. 对于被保险人来说，当互助保险协会的人数众多时，这一点使得互助保险协会比保险公司具有更大的优势，保险公司根据他们所获利的推理，总是给出一个比数学优势更小的道德优势. 但是，他们的监督管理抵消了互助保险协会的优势. 正如我们所见，所有的这些结果是独立于表示道德优势的法律的.

你可以将一个自由的民族看作一个大的协会，其中的成员相互保护他们的财产，并按比例支付这个保障的费用. 几个民族的联盟将会给予它们类似于每一个个体从协会中所得到的优势，他们的代表大会要讨论公共利益的问题. 毋庸置疑，由法国科学家们提出的重量、度量以及货币的系统，在这样的大会上，会作为最有用于商业关系的事情而被采纳.

在建立在人的寿命概率基础上的制度中，比较好的制度是那些通过付出其收入的一小部分，就可以在他担心不能够满足其需求时的一段时间里确保其生存以及其全家的生存. 就赌博是非道德的这个方面而言，到目前为止的这些制度对于形成良好的习俗是有利的，它们使人们的天然倾向中的最好的一面凸显出来. 那么，政府就应该在公共财富的兴衰变迁中鼓励和尊重它们，因为它们呈现出的希望在于遥远的将来，只有规避了其生存期间的所有焦虑之时，它们才能够兴盛繁荣起来. 这就是一个代议制政府（representative government）的制度确保人们

（幸福）的一个有利之处.

现在谈一谈关于贷款的问题. 为了能够终身地借贷，每年必须支付所借资金与利率的乘积. 但是，你可能希望在一定的年数之内分成相同的几期付款来还清这笔本金，这些付款被称为**年金**，它的值可以通过以下方法获得：为了将每一笔年金化为一个实际的数额，每一笔年金必须被 1 加利率的 n 次幂所除，其中 n 等于在一定年数之后支付这笔年金的年数. 以这种方式构造一个几何级数，其首项是年金被 1 加利率所除，其最后一项是年金被相同项的 n 次幂所除，其中 n 等于在其之间应支付这笔年金的年数. 这个级数的和就等于所借资金，它将决定年金的值. 归根结底，偿债基金只是将一个终生的租借转化为年金的一种手段，唯一的不同是，在用年金贷款的情形下，利率是固定不变的，而由偿债基金所得资金的利率却是变化的. 如果在两种情形下利率是相同的，与所得收入对应的年金就由这些收入与每年政府付给基金的那笔收入所组成.

如果你想做一个终身贷款（方案），可以看到，年金表将会给出在任何年龄需要支付年金所需要的资本，一个简单的比例将会给出你应该付给从其处借钱之人的利率. 从这些原理中所有可能种类的贷款都可以计算出来.

我们刚刚讨论过的关于制度设计的收益与损失的一些原理有助于确定任何次数的观察的平均结果，当你希望考虑对应于多次观察结果的偏差时. 用 x 表示最小结果的修正，让 x 依次加上 q，q'，q''，等，表示以下的结果. 令 e，e'，e''等表示观察的误差，假设这些误差的概率原理我们将会知晓. 因为每次观察是结果的一个函数，显而易见，如果假设这个结果的修正值 x 非常小，那么第一次观察的误差 e'将等于 x 与一个已经求出的系数的乘积，相似地，第二次观察的误差等于 q 加 x 的和与一个已经求出的系数相乘，以此类推. 因为误差 e 的概率是由一个已知函数给出的，它可以由前述乘积的第一个的相同函数表示出来. e'的概率由这些乘积中的第二个的相同函数表述出来，其他的以此类推. 那么，误差 e，e'，e''同时存在的概率将与这些不同函数的乘积成比例，这个乘积将是 x 的函数. 你可以想象一条横坐标为 x、其对应的纵坐标是该乘积的曲线. 那么这条曲线将表示 x 的不同的值的概率，其极限由误差 e，e'，e''的极限所确定. 现在，令 X 表示必须选择的一个横坐标，如果横坐标 x 是真正的修正值，那么 X 减去 x 就是所犯的误差. 这个误差，乘以 x 的概率或者曲线的相应的纵坐标，就是损失与其概率的乘积，如果你将这个误差当作与选择 X 相关的损失. 用 x 的微分乘以这个积，从这条曲线的左端点到 X 的积分就是由小于 X 的 x 的值所导致的 X 的弱势. 对于大于 X 的 x 值，如果 x 是真正的修正值，那么 x 减 X 就是 X 的误差，x 与相应曲线的纵坐标，以及 x 的微分的乘积的积分就将是由大于 X 的 x 值所导致的 X 的弱势，这个积分（的区间）是从 $x=X$ 起到这条曲线的右端点. 将这个弱势与前一个相加，这个和就是与选择 X 相关的弱势. 这个选择应该由这个弱势是最小化的条件给出，一个非常简单的计算显示，为了达到这一点，应当取 X 为横坐标，其纵坐标将曲线分为相等的两部分，因此，正是以这样的一种方式，x 的真值落入 X 的一边与落入另一边的可能性是相等的.

一些著名的几何学家们已经选择 X 作为 x 的最可能的值，作为一个相应的结果，已选择对应于曲线的最大纵坐标的值，但是，在我看来，前面的值确凿无疑地就是由概率论所表示出来的那一个.

第十六章 概率估算中的错觉

心智（mind），就像视觉一样，也有其错觉，正如以感觉修正后者（视觉）的同样方式，深思熟虑和计算也可以修正前者（心智）. 与一个只是简单计算结果的较大概率相比，基于日常经验的概率，或者说被恐惧和希望所夸大的概率对我们的影响更强大. 因此，为了获取一些微薄的收益，我们完全不担忧将我们的生命置于一些风险之下，因为这些风险比在法国彩票中抽到一组五张同花顺的可能性还要小. 然而，即使抽到一个同花顺的事情能够发生，人们也不会愿意用失去生命的确定性去获取同等大小的收益.

我们的情感、偏见和主流观念，通过夸大对其有利的概率以及淡化对其不利的概率，而成为危险错觉的丰富源泉.

目前的祸害以及引起它们的原因对我们的影响远大于对由相反原因所引起的祸害的回忆；它们妨碍了我们对两者的缺陷以及采取适当手段使人们避免这些缺陷的概率做出正确的评估. 正是如此才导致一些国家脱离了和平稳定的轨道而陷入混乱和暴政交相发生的状态，只有经过一段漫长与残酷的暴乱之后，他们才会重新回到和平状态.

我们从当前发生的事件中所获得的强烈印象使我们几乎不可能注意到由他人所观察到的相反事件，这是谬误的主要原因，这些谬误是人们不能完全避免的.

在一些博彩游戏中，大量的错觉支撑着一个人的希望并在面对一些不利的偶然性时将这些希望维持下来. 大多数参与彩票活动的人并不知道有多大的可能性对他们是有利的，有多大的可能性对他们是不利的. 他们仅仅只是看到了用微小的赌注获得丰厚收益的可能性，他们的想象力所产生的图景将获得回报的夸大概率呈现在他们眼前，尤其是穷人会被获得一个更好命运的渴望所刺激，冒风险倾其所有押在赌博上，紧盯着那个最不利的组合，因为这个组合承诺他会获取丰厚的回报. 如果他们了解这一点的话，毫无疑问，他们会为输掉的大量赌金而感到惊恐万分；然而恰恰相反，人们只关注大量赢钱的宣传报道，这成为人们为这种毁灭性的游戏而癫狂痴迷的新缘由.

当法国彩票中的一个号码很久都没有被抽到的时候，人们都如饥似渴地蜂拥而至押赌这个号码，他们判断的理由是：因为这个号码很久没有被抽到了，那么，下一次抽取这个号码被抽到的可能性要大于其他号码被抽到的可能性. 在我看来，一种司空见惯的谬误是基于错觉，这种错觉会使一个人不知不觉地又转回到事件的源头上. 例如，一个人在“掷正面-反面”的游戏中连续掷十次正面是不可能的，这种不可能性使我们相信在第十次将会掷出反面，事实上，在其已经发生了九次的时候已令我们惊讶不已了. 但是过去的事情显示在掷硬币的游戏中正面比反面出现的可能性更大一些，这使得第一个事件比第二个事件出现的概率更大；当一个人在接下来的投掷过程中看到更多的正面出现时，这种印象就增加了. 一个类似的错觉使得许多人相信通过每次都押在同一个号码上，直到此号码被抽中，就肯定会在彩票赌注中赢得超过所有赌注之和的奖金. 但是即使不能承受的损失后果也往往阻止不了他们去进行类似的投机，这些后果不会减少投机者们数学上的不利因素，但会增加他们道德上的不利因素，因为在每一次抽取中他们都会投注上一大笔财富.

我见过一些急切盼望生儿子的男人，他们只是迫切地想知道将要做爸爸的那个月男孩的出生数，因为考虑到每至月底，男孩出生数与女孩出生数应该是同样的，他们因此推想：在已经生了几个男孩的情况下，下一次生出女孩的可能性更大. 正如从一个包含有限个白球和黑球的瓮中抽到一个白球会增加下一次抽到黑球的概率，但是当容器中球的数量是无限的时候，这种情况就不会发生了. 为了将这种例子与（男女）出生的例子进行对比，就必须做出假设. 在一个月的时间里，如果出生的男孩比女孩多很多，人就会猜想：如果在这个时间怀孕，存在一个一般的原因有利于怀男孩，这就使得下一次生男孩的可能性更大. 自然界的不规则事件不可能精确地与抽取一个彩票数字进行比较，在每次彩票抽取中都要将这些数字充分混合，以这种方式抽取的目的是使得抽取到它们的可能性完全相等. 在一些事件中，如果其中的某一个事件频繁发生似乎就表明有一个利于它发生的不易被人察觉的原因，这就增加了其再一次发生的概率；它在一段较长时期内的重复发生，就像一连串的阴雨天，可能会揭示出其变化的一些未知原因：因此，对于每一个所期待的事件，如同每一次抽取一张彩票一样，我们都不能将其还原为不确定该发生什么的相同情景，然而，随着对这些事件的观察越来越多，其结果与彩票的比较会变得越来越精确.

通过与前述错觉相反的一个情况，在法国彩票抽奖活动中，人们试图找出最常被抽到的数，为的是形成一个组合，人们认为将赌注押在这种组合上是有利的. 但是，考虑到这些数的组合方式，过去应该对未来没有任何影响. 非常频繁地抽到某一个数仅仅是一个反常的偶然事件；我已经将其中的几个进行了计算，发现它们总是落入一定的极限范围内，在抽取每一个数的可能性是相等的假设之下，这是毋庸置疑的.

在一长串同类型的事件中，有些孤注一掷的冒险有时会带给参与者一些令人意想不到的好运或坏运，大多数的参与者肯定将之归于某种命运. 在既依赖于偶然性又取决于参与者的能力的游戏中经常发生这种情况：输掉游戏者为其损失懊恼不已，试图通过充满风险的赌博而寻求补救，而这种冒险行为是他在另一种情形下要竭力回避的；因此他更加恶化了自己的这种坏运气并延长了其持续的时间. 越是在这种时候越需要审慎，同时重要的是使自己清醒地认识到坏运气本身会使与不利机遇如影相随的道德劣势增加.

把人置于宇宙的中心，将自己视为大自然关爱的一个特殊对象，这种观念由来已久，它使得每一个个体都认为自己是一个或大或小的球形区域的中心，相信好的运气尤其钟情于他. 在这种信念的支撑下，即使参与者知道机遇对他们不利时，他们还是经常冒险将相当大的押金投在赌博上. 在为人处世中，这样的观念有时可能有其优越之处，但是在大多数情况下，它会导致灾难性的结果. 在这里，正如在一切事物之中一样，错觉是危险的，在一般意义上唯有事实是有益的.

概率演算的巨大优势之一是它教导我们不要相信第一印象. 正像我们所发现的那样，它们（第一印象）通常是靠不住的，当我们能够将之划归于计算时，我们才可以得出结论，在其他情形中，只有极其慎重才能够相信自己. 下面我们用例子来说明这一点.

一个瓮里有四个球，这四个球并不是单一色的，为黑色或白色混杂. 抽出其中的一个球，是白色的球，为了使下一次抽取的状态相同，将抽到白球再放回到瓮中. 求在随后四次的抽取中只抽到黑球的概率.

如果白球和黑球的数量相等，这个概率等于每次抽取取到黑球的概率 1/2 的四次幂，也就是 1/16，但是第一次取出的是一个白球表明瓮中白球数量的超过黑球. 如果假设在瓮中有三个白球和一个黑球，抽取一个白球的概率是 3/4；如果假设有两个白球和两个黑球，那么抽取一个白球的概率为 2/4；最后假设有三个黑球和一个白球，则取出一个白球的概率减少为 1/4. 按照给定事件发生原因的概率法则，这三种假设的（后验）概率彼此之间的比例为 3/4，2/4 和 1/4；相应地，它们也等于 3/6，2/6，1/6. 因此，这就是以 5 比 1 的赌注赌黑球数量少于或至多等同于白球的数量. 那么似乎在第一次抽取一个白球之后，相继的抽取四个黑球的概率应该要小于黑白颜色相同的情况，或者说小于 1/16. 然而，情况并非如此，通过一个很简单的计算就发现此概率大于 1/14. 事实上，在上述的关于瓮中球的颜色的第一、第二和第三个假设中，这个概率将各自是 1/4、2/4 和 3/4 的四次幂. 如果分别将每个幂与相应假设的概率相乘，即乘以 3/6，2/6 和 1/6，这些乘积的和即是相继取出四个黑球的概率，因此，这个概率就是 29/384，一个大于 1/14 的分数. 可以这样解释这个悖论：考虑到尽管第一次抽取表明白球多于黑球，但是这并没有完全排除黑球多于白球的可能性，也不能排除两种颜色的球相等的假设. 尽管这种可能性很小，但是它应该使得相继抽取给定次数的黑球的概率大于在这种假设（即相等）下的概率，如果次数是相当大的话；我们刚才已经看到当给定的次数等于四的时候这种情况就开始出现了. 让我们再次考虑一个含有几个白球和黑球的瓮. 首先假设仅有一个白球和一个黑球. 那么一次抽取一个白球就是一个公平的打赌. 但是对于一个公平的赌博来说，似乎应该允许赌取出白球的参与者有两次抽取出的机会，如果瓮中有两个黑球和一个白球，如果瓮中有三个黑球和一个白球的话，应该有三次取出的机会，等等，当然，要假设每次抽的球再被放回到瓮中.

我们很容易相信第一个印象是错误的. 事实上，在两个黑球和一个白球的情况下，两次抽取都取出黑球的概率是 2/3 或 4/9 的两次幂；但是，这个概率加上两次抽取中取出一个白球的概率是确定性或者说是 1，因为可以确定的是抽到两个黑球或至少一个白球：在最后一种情况下概率为 5/9，这是一个大于 1/2 的分数. 在一个有五个黑球和一个白球的瓮中，对于五次抽取中抽到一个白球的打赌，将仍然会有一个较大的优势；甚至这个赌注在抽取四次的情况下也是有优势的：它最后简化为将一个骰子掷四次出现六（至少出现一次六）的情况.

德 · 梅勒爵士（Chevalier de Meré）通过激励他的朋友帕斯卡这位伟人的几何学家致力于一个问题的研究而引发了概率演算的发明，他对帕斯卡说“通过该比率他已经发现了一些数中的错误. 如果将一个骰子掷四次出现一个六的**优势**是

671 比 625. 如果我们将两个骰子掷出两个六，掷 24 次才有优势，但是，24 比 36 等于 4 比 6，36 是两个骰子面的数（投掷的两个骰子的所有可能的面的组合数），6 是一个骰子面数.”“看!”帕斯卡在写给费马的信中说，“这就是他所说的‘丑闻’，因此他公开宣称（数学）命题也不是永远靠得住的，算术也使人发狂……他有一个聪明的头脑，但是他不是一位几何学家，正如你所知道的，那是一个极大的缺陷.”德·梅勒被一个错误的分析所误导，他认为，在打赌公平的情况下，所投掷的次数应该与所有可能结果的数量成比例地增加，这是不精确的，然而，当此数字变得较大的时候就接近精确了.

人们已尝试这样来解释男孩的出生数超过女孩的出生数这种现象：父亲们一般渴望生男孩以达到传宗接代的目的，因此，想象一个充满无限多且同等数量的白球和黑球的瓮，假设有一大群人，他们每个人从这个瓮中抽取一个球，带着一种意图不停地抽下去，一旦抽到一个白球就停止. 这会引导人相信：这样的意图应该使取出的白球的数量超过取出的黑球的数量. 实际上，此意图必然会给出这样一个结果：在所有抽取结束之后，抽得的白球数与人数一样多，且永远不会取出黑球的情况也是可能的. 但是很容易看出这个判断仅仅只是一种错觉：因为设想一下，如果第一次抽取时，所有的人都同时从一个瓮中取出一个球的话，显然他们的意图并没有对在这次抽取中应该被抽到的球的颜色有任何的影响. 它对于第二次抽取发挥的唯一影响就是：排除了那些在第一次抽取抽到白球的人们. 同样地，显然将会加入新一轮抽取的人们的意图将不会对将被抽出的球的颜色有任何的影响，在之后的抽取中同样如此. 此意图将不会对在所有的抽取中所抽到的球的颜色有任何的影响；然而，它会引起参与每次抽取的人数的变化. 因此，取出白球数和取出黑球数之比与 1 相差很小. 这意味着假设的人数很大，如果观察所得到的抽取的不同颜色的球数之间的比明显地与 1 有差异，很有可能就会发现相同的差异也存在于 1 和瓮中白球数和黑球数的比之间.

我仍然认为莱布尼茨和丹尼尔·伯努利将概率演算应用于一些级数求和的做法是荒唐的. 如果将一个分数（其分子为 1，分母为 1 加上一个变量）以这个变量的幂展开为一个级数，容易看出如果假设这个变量等于 1，这个分数就变为 1/2，这个级数成为加 1，减 1，加 1，减 1，等等. 如果将第一个两项相加，第二个两项相加，以此类推，级数就转化另一个每项都为零的形式. 格兰迪（Grandi），一位意大利耶稣会会士，从中推论出创世的可能性：因为这个级数总是 1/2，他由此看到了此分数起源于无限多个零或者说起源于无. 相似地，莱布尼茨也正是因此相信在他的二进制算术中看到了创世的迹象，在他的二进制算术中他只使用了两个符号：1 和 0. 他认为，由于上帝代表 1 而 0 代表无，他想象至高无上的上帝从无中创造了一切：正如 1 和 0 可以表示出这个算数系统中的所有的数一样. 这个想法使莱布尼茨如此高兴，以至于他写信告知耶稣会会士闵明我（Grimaldi）①，闵明我是当时中国数学部门的掌门，目的是期望这个创世的标记能够使那里爱好科学的皇帝皈依基督教. 我叙述这个小插曲仅仅是为了说明这些幼稚的偏见对于最伟大人物的误导到了一个怎样的程度！

莱布尼茨总是被一个奇怪且非常轻率的形而上学所控制，他认为，级数+1−1+1−1……之和或者等于 1 或者等于 0，根据它有偶数个项还是奇数个项而定，因为在无限的情况下，没有理由倾向于奇数超过偶数，那么，应该遵循概率的法则，就取与这两种数有关的结果的一半，这些结果是 0 和 1，由此得出这个级数的值为 1/2. 丹尼尔·伯努利已经将这个推理推广到具有周期项的级数的求和上. 然而，严格来说，这些级数并没有任何的值，只有当它们的项的值（绝对值）小于 1 时，它们才有意义，在这种情况下这些级数总是收敛的，不论这个变量与 1 之间的差是多么小. 很容易证明，伯努利根据概率的法则给出的值正是生成这些级数的那些分数的值，当假设在这些分数中变量等于 1 时. 而且，随着变量越来越接近于 1，这些值就是级数越来越趋近的极限. 但是当变量完全等同于 1 的时候，级数就不再收敛：仅仅当他们具有有限的项时，他们才有值. 概率法则的应用于周期级数的值的极限的显而易见的联系意味着，这些级数的项都随着这些变量的相继幂的增加而增加. 但是这些级数可能源于无限多个不同分数的展开，其中并不会发生这种情况. 因此，级数+1−1+1−1……可能源于一个分数的展开，此分数的分子是 1 加这个变量，其分母是分子加这个变量的平方②. 如果假设变量等于 1，这个展开式就变为给定的级数，生成的分数就等于 2/8③，在这种情况下，概率的法则给出了一个错误的结果. 这一点证明了应用这样推理将会是多么的危险，尤其是在数学科学中，特别应该用严格的方法将之区分开来.

我们总倾向于相信，事物在地球上得以重生或复兴所依据的规律秩序一直都是存在的，并将长期存在. 事实上，如果宇宙的目前状态与产生它的早期状态是完全相似的，那么，宇宙的当前状态也会产生一个相似的状态，于是这些连续不

---

① 拉普拉斯此处提及的应该是康熙时代来华的传教士闵明我（Philippe-marie Grimaldi，1639—1712），康熙曾任命闵明我为钦天监监正.

② 假如用 t 表示这个变量，则这个分数的表达式为 $\frac{1+t}{1+t+t^2}$.

③ 原文此处或许有误，应为 2/3.

断的状态将是没有终点的．通过将分析学应用于万有引力定律，我发现行星和卫星的公转和自转运动，以及它们的轨道和赤道的位置都可以划归为周期不等式．通过将月球的特征方程理论与古代的月食相比较，我发现自从喜帕恰斯（*Hipparchus*）时代以来，日照长度连百分之一秒都未曾改变过，这同时也意味着地球的温度也并未减少百分之一度．因此，目前状态的稳定性看起来同时被理论和观察所佐证．但是，这种规律受到各种各样的原因的干扰，这些原因可以为一些精确详尽的研究所揭示，但不可能被划归于演算．

海洋、大气、流星、地震的活动和火山的喷发不断地冲击着地球的表层，长期看来会产生巨大的变化．天气的温度、大气的体积和构成它的气体的比例，可能以一种不可察觉的方式在改变着．因为实施于探究这些变化的工具和方式是全新的，因此到目前为止，在这一方面观察还不能告诉我们任何信息．只有一点可以确定，构成空气成分的气体的消失和取代的状况精确地保持它们各自的量，其原因（的知晓）几乎是不可能的．几百年的漫长时间将会显示出经历所有这些因素所引起的改变对于生物有机体的存留是如此重要．尽管历史的遗迹不会追溯到非常遥远的过去，然而，它们还是向我们充分显示了一些巨大的变化，这些变化是通过缓慢而持续的自然力的作用而发生的．如果去探寻地球的最深之处，就会发现曾经生机盎然的自然界的大量遗迹，完全不同于当前的自然界．而且，如果整个地球在起初时是流体，正如一切向人们显示的那样，可以想象在从那种状态向现在状态的过渡中，它的表面应该经历了巨大的变化．天体也并非是不可变化的，尽管它们有其自身的运行法则．光和其他无形流体的阻力以及天体的吸引力，在几百年之后，应该在很大程度上改变了行星的运动．已经在一些星体中以及星云的形状中所观察到的变化使我们可以预见对于在这些庞大的天体系统中随着时间的进程而逐渐产生的一些变化．可以用一条曲线来表示宇宙的连续状态，时间是横坐标，那些不同的状态是纵坐标．我们几乎不了解这条曲线的任何部分，还远不能追溯到它的原始状态，当人们对与其有着密切关系的现象的原因一无所知时，如果为了满足一下总是不安分守己的想象力，冒险去做一些猜测也无可厚非，但是，只有用极其保守的方式去描述它才是明智的．

在概率的估算中，存在一类特别依赖智力的结构组织规律的错觉，为了使自己避免这些错误，必须对这些规律进行深入的探讨．对于窥见未来的迫切渴望、与占星家、圣法师和预言者的预言关于一些引人注目的事件的吻合、与预感和梦幻、与被认为是幸运或不幸运的数字和日期的吻合已产生了大量偏见，这些偏见至今仍广泛流行于世．人们并不思考那些大量的不相吻合的事件，对此他们或者是熟视无睹，或者是一无所知．然而，为了估计造成这些吻合的原因的概率，就必须去了解它们．毫无疑问，这种知识将会证实什么原因会向我们吐露关于这些偏见的信息．因此，古代的一位哲人在一座神庙里，（当地人）为了夸耀被本地所崇拜的神灵的力量，向他展示所有那些向神灵乞求之后被从沉船上救出来的人的还愿之物（*ex voto*）时，这位哲人给出了一个与概率计算相吻合的评论：他注意到：尽管有祈求神助的祷文，但是没有任何地方记有那些已经遇难的人的名字．西塞罗在其著作《论神性》中以大量的推理和雄辩拒斥了所有这些偏见，我将引用其结尾的一段：因为人们喜欢在古人那里进一步寻求普遍理性的特有之火，在其光芒将所有的偏见驱散之后，它将成为人类的惯例和制度的唯一基础．

这位罗马演说家说："必须拒斥由梦幻和所有相似的偏见而导致的预言，广泛传布的迷信已控制了大多数的头脑并成为人类弱点的主宰．我们已经在关于诸神的本质的书中详细解释了这一点，尤其在本书中说服人们相信：如果我们成功地破除这种迷信，我们将有效地服务于他人和我们自己．然而（就此，我格外渴望我的思想能够被人充分地理解），我并非希望通过破除迷信而冒犯宗教信仰．智慧训诫我们要保持我们祖先在对诸神崇拜方面的习惯和仪式．而且，宇宙的魅力和天体的井然有序迫使我们认为有一个超自然的存在，他应该被人类所觉察和仰慕．但是，既然其适合于传扬一个与自然的知识相关联的宗教，因此必须努力消除迷信，因为它会无处不在地折磨你、困扰你，对你纠缠不休．假如你求教于一位预言家或者占卜师，假如你献祭一个祭品，假如你关注一只鸟的飞行，假如你偶然与一名占星术士或一位古罗马肠卜祭司相遇，假如有闪电，假如有雷鸣，假如有晴天霹雳，最后，假如有奇迹产生和显现，在所有这些事件中，必定有一些会经常发生，控制你的迷信就会令你心神不安．那么，睡眠，作为处于伤痛和劳作之中的人类的庇护所，也就成为焦虑和恐惧的一个新的源头．"

它们所激发的所有这些偏见和恐惧都与生理学的原因有关，有时推理纠正了我们对于它们错误想法之后，这些原因还会继续发挥着强大的作用．然而，随着与这些偏见相矛盾的行为的重复发生，人终将能够彻底摒弃偏见．

第十七章　趋近确定性的若干种方法

归纳法、类比法、建立在事实基础之上并不断地被新的观察所修改的假设法、由本能给出的并通过将其迹象与经验的众多比较所强化的令人满意的直觉方法，如此等等都是达到真理的一些主要方法.

如果考虑一系列相同性质的对象，从它们之间以及它们的变化中寻求相似之处，这些相似性会随着这个序列的增长而愈加明显，这些相似性不断地被拓展与和推广，最终导致从中得出相似性的原理. 但是这些相似性被如此之多的稀奇古怪的环境所遮蔽，必须用极其敏锐的洞察力去清理它们，这需要重新求助于这个原理：这一点正是真正科学天才的主要方面. 分析学和自然哲学将他们最重要的发现归之为这个被称为**归纳**的富有成效的方法. 牛顿也将其二项式定理和万有引力定律归功于这种方法. 很难估计一些归纳结果的概率，它是基于这样一个命题：最简单的关系是最普遍的，这一点在分析学的公式中被证实，又在结晶与化合等自然现象中被确认. 如果我们考虑到自然的所有结果只是很少几个恒定规律的数学结果，那么，这些关系的简单性就不会令人惊异了.

通过归纳法，尽管发现一些一般的科学规律，但归纳法并不足以严格地证实这些规律. 通常必须通过论证或一些令人信服的试验来证实它们，因为科学的历史向我们展示，归纳法有时会导致不精确的结果，我将引用一个费马关于质数的定理的例子. 这位伟大的几何学家已经深入地思考过这个定理，他试图找到一个仅仅包含质数的公式，这个公式会给出一个比任何给定的数大的一个质数. 根据归纳法，他认为 $2^{2^n}+1$ 总是得出质数，因为 $2^{2^1}+1=5$，$2^{2^2}+1=17$ 都是质数，他发现对于 2^8+1 和 $2^{16}+1$，这个规律仍然是正确的，这个归纳结论是建立在几个算术实验上的，于是他认为这个结果是具有普遍性的. 但是，他承认他并没有证明它. 事实上，欧拉认识到对于 2^{32+1} 这个规律就不成立了，这个和为 4，294，967，297，该数可以被 64 整除.

通过归纳法，我们得出结论：如果各种各样的事件，例如（天体的）运动，恒定地呈现在人们面前，并且长期以来一直由一种简单的关系联系起来，它们将继续不停地服从于这种关系. 由此我们可以得出结论：根据概率理论，这种关系不是因为偶然性，而是因为一个规则的原因. 所以，月球的自转和公转运动的规则性、月球轨道与月球赤道的交点运动的规则性，这些交点的一致性、木星前三颗卫星的运动之间的奇特关系，据此，第一颗卫星的平均经度，减去第二颗卫星平均经度的 3 倍，再加上第三颗卫星平均经度的 2 倍，等于两个直角、潮汐之间的间隔时间与月亮通过子午线的时间的相同性、朔望时的最大潮与方照时的最低潮循环往复，所有这些事情，都一直保持着它们第一次被发现时的状态，这就以极大的概率表明了一些恒定原因的存在，几何学家们已成功地将之与万有引力定律联系起来，关于这些原因的知识又确保了这些关系的永恒性.

大法官弗朗西斯. 培根（Francis Bacon），这位真正哲学方法的强力开创者，为了证明地球是不动的，他以一种非常稀奇古怪的方式滥用归纳法. 在其最伟大的著作《新工具》（*Novum Organum*）中他如此论证道："天体距离地球越远，它们从东向西的运动就越快. 就一些天体而言运动会达到最快，土星会慢一点，木星会更慢一些，以此类推，直到月亮和最近的彗星. 在大气层中，它（这种现象）仍然是可观测到的，特别是在两个回归线之间的热带地区，这是由于空气分子在那里描画出巨大的黄纬圈或黄经圈. 最后，在海洋中，这几乎是观测不到的，对于地球而言它几近于零."但是，这种归纳法证明了只有土星以及低于它的天体有其自身的运动，其方向与带动整个天球从东向西的真实的运动或者貌似真实的运动相反. 这些运动看起来比更遥远的天体要慢一些，这种现象符合光学的规律. 如果地球是静止不动的，那么这些天体为了实现每日的公转必须保持着令人难以置信的高速运动，培根本应该对此有所感受，而（地球的）自转以极其的简洁性解释了天体彼此之间是怎样相互远离的，正如恒星、太阳、行星、月亮那样，所有的似乎都受制于这种公转. 至于海洋和大气层，他不应该将它们的运动与天体的运动相比较，这些天体与地球是分离开的；而大气和海洋是地球的一部分，它们就应该参与地球的运动或者静止. 令人奇怪的是，培根，尽管其天赋引导他产生了一些伟大预想，但他却没有被哥白尼宇宙体系所提供的宏伟思想说服. 然而，在伽利略的发现中，培根寻到了支持这个体系的一些强有力的类比，他遵循着伽利略的这些并将其持续地进行下去. 他给出了寻求真理的规则，而不是个例；他极力倡导推理与雄辩的力量，坚持强调抛弃烦琐的经院哲学的必要性，其目标是致力于观察与实验，并指明了得到现象一般原因的正确方法. 这位伟大的哲学家在其生活的那个辉煌世纪，为人类心智取得的巨大进步做出了贡献.

类比法是建立在概率的基础上的，相似的事件具有相似的原因并产生相同的效果. 相似性越多，这个概率就越大. 因此，我们毫不怀疑地断定，被赋予了相同器官的生物，就会做相同的事情，经历着相同的感觉，也被同样的欲望所驱使. 与我们相似的动物具有类似于我们的感觉的概率仍然是非常大的，尽管相对于人类的个体来说，它们是低级一些，这一点已需要我们排除所有的宗教偏见，与一些哲学家一起思考动物只是机器这个问题. 感情存在的概率随着与我们器官的相似度的降低而减小，然而，这个概率通常是很大的，即使对于昆虫而言也是如此. 观察一下某些相同的物种，它们一代又一代，无须学习，精确地以相同的方式进行着非常复杂的活动，这会使人相信它们是通过一种亲和力而行动，这种亲和力类似于将晶体分子聚集在一起的那种力，但是，与附在所有动物组织上感觉一起，再加上化学组合的规律性，就产生了更加独特的组合，或许你可以将这种可选择的亲和力与感知力的混合物叫做动物亲和力（animal affinity），尽管在植物组织与动物组织之间存在着极大的类似，但是在我看来并不足以将这种意义上的情感推广到植物：当然，没有什么可以阻碍我们推广到它们.

因为太阳，通过其光和热的仁慈之举，给予地球上的动物和植物以生命，通过类比，我们可以断定它对其他行星也产生类似的影响；因为如此思考并不是自然的：有一种原因导致我们所见的行为以如此之多的方式发展，这个原因对于一个像木星一样大的星球应该是没有影响的，木星就像地球一样有其白天、黑夜和年份，对于它的观察表明了这些变化，那意味着存在非常活跃的力. 但是，如果从这一点得出结论说这些行星上的居民与地球上的居民相似，那么就是将类比法推广得太远了. 人类，适合于他所适应的温度，他所呼吸的空气，所有的迹象表明，他不能生活在其他星球上. 但是，难道没有数不清的有机体系对应着这个宇宙中各种构成方式的星球吗？如果只是空气的成分和气候的差异导致如此多样的地球上的生物，那么各种行星和它们的卫星的成分和气候之间将会有多么大的差异啊！最活跃的想象力也无从想象，但是，它们的存在是很可能的.

力量强大的类比法引导我们将恒星看作为如此之多的太阳，就像我们的太阳一样，它们被赋予了一个引力，这个引力与它们的质量成正比，与它们距离的平方成反比. 因为这个引力已被太阳系中的所有天体以及被最小的分子所证实，那么它似乎为所有的物质所具有. 那些因为彼此离得很近而被称为**双星**的小恒星的运动表明了这一点. 经过一个多世纪的精确观察，证实了它们彼此环绕着旋转，毫无疑问，它们处于相互的引力之中.

使我们将每颗恒星当作宇宙中心的类比法远不如前述的方法有力，但是，它却在已知的关于恒星和太阳形成的假说下而获得可能，因为在这个假说中，每一颗恒星，就像太阳一样，最初是由大量的气体所环罩，自然地就将相同的影响归因于这种大气层，并假设在大气层的塌缩中形成了行星和卫星.

科学中的大量发现归功于类比法，我将引述最引人瞩目的发现之一：大气电的发现，通过将电现象与打雷现象的类比而导致了这个发现.

引导我们寻找真理的最确切的方法在于通过归纳法从现象上升到法则，再将法则付诸实施. 法则是将一些特殊现象联系在一起的关系：当起源于力的一般法则为人们所了解时，这个法则或者任何时候都可以被直接的实验所验证，或者经过我们探索它是否与已知的现象相吻合来验证它. 如果通过严格的分析发现所有的情形都遵从这个法则，即使在其非常细微的细节中也是如此，如果再进一步，它们各式各样并且数目繁多，那么科学就获得了它可能具有的最高程度的确定性和完美性. 这就是由于万有引力的发现而导致天文学中所发生的一切. 科学的历史表明发现者们并不总是遵循缓慢而艰辛的归纳进程. （人类的）想象力迫不及待地要获悉原因，于是它就乐于构造假说，为了使事实与这种假说相吻合，想象力会经常曲解事实，在这种情况下，假说就是危险的. 但是，为了发现规律，人们只是把这些假说作为将一些现象联系在一起的工具，避免将任何真实的属性强加于它们，此时，人们就会通过新的观察不断地修正它们，这样就有可能达到真正的原因，或者至少能够使我们在给定的环境下，从观察到的现象中推断出将会发生什么.

关于现象的原因，如果我们尝试着检验所有形成的假说，那么我们就会通过排除的过程而得到真理. 这种方法已被成功地应用：有时我们已得到可以很好地解释所有已知事实的几个假说，对此学者们各持己见、哀莫一是，直到决定性的观察揭示出正确的一个. 对于人类心智的历史，重温这些假说别有一番趣味，去看看它们是怎样成功地解释大量的事实的，以及为了和自然的历史相吻合，是怎样探究它们应当经历的变化的. 正是如此，作为天体结构的唯一认知的托勒密体系转化为行星围绕太阳运转的假说，当我们使得均轮和本轮等同于或并行于太阳的轨道时，托勒密把它描述为年复一年的原因，但他并没有解决均轮和本轮的大小问题. 那么，为了将这个假说转化为宇宙的真实系统，就必须在相反的意义上，将太阳的视运动转化为地球的运动.

通常情况下，将通过这些方法而获取的结果的概率计算出来几乎是不可能的，历史上的事实就是如此. 然而，全部的解释现象或全部的证言有时是这种状况：如果不能够对概率做出评估，我们就不能合理地对其做出任何质疑. 在其他情形下，唯有极其谨慎地接受它们才是明智的.

第十八章　概率演算的历史注记

在一些最简单的赌博中，对于参与者来说，有利事件与不利事件之比长久以来已为人所知. 人们根据这些比去决定所下的赌注或赌金的多少. 但是，在帕斯卡尔和费马之前，计算这一类问题的原理和方法还不为人们所知，没有人能够解决这种复杂的问题. 因此，我们必须将概率科学的基本原理归功于这两位伟大的几何学家，这是一个可以将之纳入为17世纪增光添彩的杰出事件之列的发现，17世纪是一个彰显人类心智所取得的最高荣耀的世纪．正如我们已知的那样，他们用不同的方法所解决问题的主要内容是：在参加者之间公平地分配赌注，假设这些参加者的技能是相同的并且同意在赌博结束之前终止．游戏的规则是先赢得一个给定点数的人就赢得这场赌博，赌博终止时每位参与者的点数是不相同的．显然应该按照参加者各自赢得这场赌博的概率的比例进行分配，这些概率由他们每人赢得赌注还缺少的点数来决定．帕斯卡的方法非常精巧，本质上只是将这个问题的偏差分方程应用于求解参与者们逐个赢输的概率，过程是从最小的点数开始至以后的点数，这个方法只限于两位参加者的情形．费马的方法则基于组合的基础，适用于任意多位参与者的情形．帕斯卡最初认为这个方法（费马的方法）仅限于两位参与者的情况，就像他自己的方法一样，这就引起了两个人之间的讨论，讨论的结果是帕斯卡承认了费马方法的一般性．

惠更斯汇总了已解决的各种问题，并在一个小册子中增加了一些新的问题，这本题为《论赌博中的推理》的小册子是关于这门学科的最早著作．从此，许多几何学家开始着手研究这门学科：著名的律师胡德（Hudde）、荷兰的维特（Witt）以及英国的哈雷（Halley）将概率的演算应用于人类寿命的研究，并最终发布了第一个死亡表．几乎与此同时，雅克比·伯努利向几何学家们提出了各种概率问题，随后他给出了解法．最后他完成了题为《测度术》的杰作，1706年，该书在他逝世后7年出版．与惠更斯的著作相比，该书对于概率科学的探讨更加深入，作者给出了组合与级数的一般理论，并且将该理论应用于关于偶然事件的几个难题之中．这部著作仍然引人关注之处在于其精确严密和新颖独特的观点——将二项式公式应用于这样一类问题中以及对以下定理的证明：如果无限地增加观察与实验的次数，那么不同性质的事件（数量）之比趋近于它们在其极限区间内的各自概率之比，其极限的区间将随着事件数量的增加而变窄，区间的长度可以小于任何给定的量．这个法则对于由观察获取现象的原因和定律极其有效．伯努利合乎情理地赋予了他的证明以极大的重要性，据他自己说，他对此已经深思熟虑了二十年．

从雅克比·伯努利去世到他的著作出版这一段时间，蒙特莫特（Montmort）和棣莫弗（De Moivre）发表了两篇关于概率演算的论文．蒙特莫特的论文题目为《赌博的风险分析》，它包括了这种演算在各种赌博游戏中的大量应用．作者在第二版中增加了几封信，其中丹尼尔·伯努利给出了几个困难问题的独具匠心的解法．稍晚于蒙特莫特，棣莫弗的论文首次发表于1711年的《哲学杂志》

(*transactions philosophiques*) 上，随后，作者就将之单独出版，在其后的第三版中他成功地改进了它. 这部著作主要建立在二项式公式的基础上，其包含的一些问题解法具有最大程度的一般性. 然而，其最引人瞩目的特点是循环级数的理论及其在这个主题中的应用. 这个理论是关于常系数线性有限差分方程的积分的，棣莫弗用一个非常令人满意的方法得到了这个积分.

棣莫弗在他的著作中，又重新讨论了关于由大数次观察所得到的结果的概率的雅克比·伯努利的定理. 他并没有满足于展示必然发生的事件之比不断地趋近于它们各自的概率之比，就像伯努利所做的那样. 另外，对于这两个比之差位于给定极限之间的概率，他给出了一个优美而简单的表述. 为此，他求出了一个次数非常高的二项式的展开式的最大项与其所有项之和的比，以及最大项与其临近项之差的双曲对数.

这个最大项就是很多因子的乘积，对于它的数字计算是不可能进行的. 为了通过收敛逼近得到它，棣莫弗使用了斯特林关于高次幂二项式的中项的理论，这是一个引人瞩目的理论，特别是将 $\sqrt{2\pi}$（周长与半径之比的平方根）引入一个似乎与这个超越数没有任何关系的展开式中. 此外，棣莫弗本人深深地为这个结果所吸引，斯特林从周长的表达式中推导出无限个数的乘积的这个公式①，沃利斯也通过一种奇特的分析得到了这个公式，这种分析包含了如此有趣且有效的定积分理论.

许多学者已收集了大量的关于人口、出生、结婚和死亡率的精确数据，其中我们应该提及这些人：Deparcieux，Kersseboom，Wargentin，Dupré de Saint-Maure，Simpson，Sussmilch，Messène，Moheau，Price，Bailey 和 Duvillard. 他们已经给出了有关年金、保险等等方面的一些公式和表格. 但是在这个简短的浏览中，我只能够提到这些有益的工作以便使之与起初的思想相吻合. 在这些数中，特别要提到的是数学期望与道德期望，以及丹尼尔·伯努利为了分析后者已给出的独特的法则. 如此他又一次令人满意地将概率演算应用于接种. 尤其应该提及的是在这些最初的思想中从已观察到的事件中得到的对于事件的可能性的直接思考. 雅克比·伯努利和棣莫弗假设这些可能性是已知的，并寻求未来实验的结果将越来越接近于它们的概率. 贝叶斯在 1763 年的《哲学杂志》上直接寻求由过去的经验所显示的可能性包含在给定的极限之中的概率，他已用一种精致与独特的方法做到了这一点，尽管这种方法有些令人费解. 这个问题与原因的概率以及

① $n! \approx \sqrt{2\pi}n^{\frac{n+1}{2}}e^{-n}$ ——斯特林-棣莫弗公式.

从已观察的事件推导出的未来事件的概率理论紧密相连，若干年后，我注意到那些在被假设为等可能性的偶然事件中可能存在的不等性的影响，借此我解释了这个理论的法则．尽管人们还不知道这些不相等性对哪些简单的事件有利，然而这种无知本身却常常使得复合事件的概率增加．

通过对于分析和概率问题的概括和总结，我得出了偏有限差分的计算，对此，拉格朗日已用一种非常简单的方法处理过，他已将这种方法完美地应用于这类问题中．几乎与此同时，我发表的生成函数的理论包括了这些主题，除此之外，它本身以最大的概括性适用于一些最困难的概率问题．经过极快的收敛逼近，还可以进一步求出包含大量项与因子的函数的一些值，由此可见周长与半径之比的平方根非常频繁地出现于这些值之中，这表明了无数其他的超越数也有可能被引入．

证言、投票、选举人和审议人的集体的决定，以及法庭的判决都已经被划归于概率的演算．如此之多的情感、各种各样的利益和环境使得与这个领域有关的问题更加复杂，以至于它们几乎通常是不可能解决的．但是，对于一些类似于它们的非常简单问题的解决时常可能会为一些困难和重要问题的解决提供一些线索，计算的确定性使得这个程序比那些相当似是而非的推理更好．

概率演算最有趣的应用之一是在观察的结果中必须选出的平均值．许多几何学家已经对这个问题进行了研究，拉格朗日在《都灵学报》发表了一个漂亮的方法，这是一个在观察误差的定律已知时求这些平均值的方法．为了同样的目标，我已给出基于一种独特设计的方法，这种设计可以有效地用于分析学的其他问题中，在函数的冗长计算的整个过程中，如果允许无限地延长，根据问题的性质，这些函数应该是有界的，这一点表明因为这些有界性，最后结果的每一项都应该借助于这些极限而得以修正．我们已经看到每一次观察都给出了一个一次条件方程，这个方程可以这样安排：其所有的项位于方程的左边，方程的右边为零．这些方程的使用是天文表中精确性显著提高的主要原因之一，因为在求它们的元素时，我们已经能够同时进行大量漂亮的观察．当只有一个元素待求时，寇次（Côtes）已规定那些条件方程应以这样的方式安排：每个方程中这个未知数的系数必须是正的，将所有这些方程相加以形成一个最终方程，从中就可以求出这个未知数的值．寇次的法则已被所有的计算者所遵循，但是，由于并不能够求出几个未知数，所以没有固定的法则来组合这些条件方程以获取所需的最终的方程：但是对于每一个未知量必须选择最适于求它的观察．为了消除这一系列的困难，勒让德和高斯想到一个方法：将条件方程左边的平方相加，将其中的每一个未知量当作变量，使得这个和达到最小值，以这种方式就可以直接获得与未知量的个数一样多的最终方程. 但是，从这些方程所求得的值是否比用其他方法所得到的值要更加优越呢？这个问题单单由概率的计算就可以给出答案. 因此，我将其应用于这个课题中，并通过精密的分析而得到了一个包括前述方法的法则，这进一步增加了根据常规步骤获取（未知）量的优越性，这种优越性将由给出最显著证据的所有观察以及将令人担忧的误差降低到最低的可能的求值而显现出来.

然而，我们只是具有所得结果的不完善的知识，只要影响它们的误差定律还是未知的，我们就必须能够求出这些误差位于给定区间中的概率，这实际上就是求出我称之为一个结果的**权数**的东西. 为此，分析学给出了一些一般和简单的公式. 我已将这种分析应用到大地观测的一些结果中. 一般的问题在于求出大量观测误差的一个或多个线性函数的值位于给定区间中的概率.

观测误差可能性的定律将一个常数引入这些概率的表达式中，这个常数有赖于关于这个通常未知定律的知识. 幸运的是这个常数可以从观察中得到.

求解天文学问题的主要方法是求出每次观测的结果与计算结果之差的平方之和. 由于同等可能的误差与这个和的平方根成正比，那么，通过比较那些平方数，就可以估计同一个星体的各种数表的相对精确性. 在测地学的操作中，那些平方数被每个三角形内角之和的观测误差的平方所代替. 对于这些误差的平方进行比较将使我们能够判断用来测量角度的仪器的相对精确性. 通过这个比较可以看到在测地学中，经纬仪的优势超过了被它替代的仪器.

在观察中通常存在着多个导致误差的根源：例如，星体的位置是由经度仪和纬度仪求出的，两者都易出现误差，这些误差的概率法则也不能被想当然地认为是相同的，从它们的位置推出的一些量也会受到这些误差的影响. 求这些量的条件方程包括了每个仪器的误差，它们有不同的系数. 应该用这些因数的最优系统分别乘以这些方程，因此，通过将这些积进行组合，就可以获得与所要求解的量一样多的最终方程，这个最优的因数系统就不再是每个条件方程中那些（未知）元素的系数系统. 无论可能有多少误差的原因，我所用的分析学可以非常容易地导出能够给出最优结果的因数系统，或者说在这些结果中相同的误差比在其他任何系统中出现的可能性小. 同样的分析方法也会导致这些结果的误差概率的定律. 这些公式包含了与误差的原因同样多的未知常数，它们（这些常数）取决于这些误差的概率定律. 已经看到，在单一原因的情况下，这个常数可以通过以下方式求出：当用所发现的值替代（未知）量时，构成每一条件方程的残差的平方之和. 一般地，用类似的过程给出这些常数的值，无论常数的个数有多少，这种方法使概率演算在观察结果中的应用得以完善.

在这里，我应当给出一个重要的说明. 对于我刚才谈到的常数的值，当观察的次数不是非常大时，观察所造成的微弱的不确定性也会引起用这种分析所求得概率的相应不确定性. 但几乎足以知道观察结果中的误差被包含在很狭小的范围之中的概率是否非常接近于1；如果并非此种情形（这个概率不接近于1）时，为了获取一个概率使其满足不再对有关结果的正确性存有合理的疑问，也足可以使人们知道还需要再进行多少次观察. 概率的分析公式完全满足了这个要求，在这一方面，它们可以被视为建立在总体观察基础上的易谬科学的必要补充. 在解决自然和道德科学中的大量问题时它们同样是不可或缺的. 现象的规则因最常见的几种情况是：或者不为人所知，或者是因为太复杂而难以划归为计算，更通常的情况是它们的作用经常受到意外的和不规则因的干扰：但是它通常会在由所有这些原因所导致的事件上留下印迹，并且它也会产生一些调整，这些调整只有经过大量的观察才能确定. 概率的分析解释了这些调整：它确定这些原因的概率，并且表明了不断增加这个概率的方法. 所以在影响大气的不规则的原因当中，太阳温度从白天到黑夜、从冬天到夏天的周期性变化在这个巨大的流体团的压力中以及相应的气压计高度中就导致了每日和每年的振荡，大量的气压观察已揭示出前者的概率至少等于我们认为是确定事实的概率. 在对群体的多种情感和各种利益产生影响的所有因素中，一系列的历史事件再次向我们显示了崇高道德法则的恒定作用. 因此，这门起源于赌博游戏的科学理应被提升至最重要的人类知识领域之列.

我在《概率的分析理论》中收集了所有这些方法，其中我尝试用最一般的方式阐述概率演算的原理和分析，同样也论述了这种演算为一些饶有趣味但却困难重重的问题所提供的解法.

综上所述，概率论归根结底就是将常识划归为计算：它使我们能够精确地理解和评估思维缜密之人通过某种本能可感觉到但又常常不能说出一个理由的东西. 它没有为观点的选择和决策的制定留下任何的随意性，通过这种工具，人可以做出最有利的选择. 因此，它最有效地弥补了人类心智的盲点和弱点. 让我们思考一下这些方面：由这个理论所产生的分析方法、作为基础而起作用的规则的真理性、在问题解决中应用它们所需要的精密而细致的逻辑、建基于其上的公共福利事业、通过应用于最重要的自然科学和道德科学问题它已获得的拓展和即将获得的拓展，如果我们再想一想那些甚至不能化归于计算的事情，它会提供最可信的线索以引导我们的判断，它教导我们避免经常误导我们的谬误. 我们由此看到，没有一门学科比它更值得我们思索探究，没有一门更有用的学科比它值得纳入到我们的公共教育系统中.

（上海师范大学　王幼军　译）

◎ 阿基米德

◎ 菲尔兹奖章正面的阿基米德头像

◎ 叙拉古的阿基米德墓（吴忠超摄于1996年夏）

DIOPHANTI
ALEXANDRINI
ARITHMETICORVM
LIBRI SEX,
ET DE NVMERIS MVLTANGVLIS
LIBER VNVS.

Nunc primùm Græcè & Latinè editi, atque absolutissimis
Commentariis illustrati.

AVCTORE CLAVDIO GASPARE BACHETO
MEZIRIACO SEBVSIANO, V.C.

LVTETIAE PARISIORVM,
Sumptibus SEBASTIANI CRAMOISY, via
Iacobæa, sub Ciconiis.

M. DC. XXI.
CVM PRIVILEGIO REGIS.

◎ 丢番图《算术》内封，1621年巴歇特的拉丁文译本

◎ 欧几里得画像

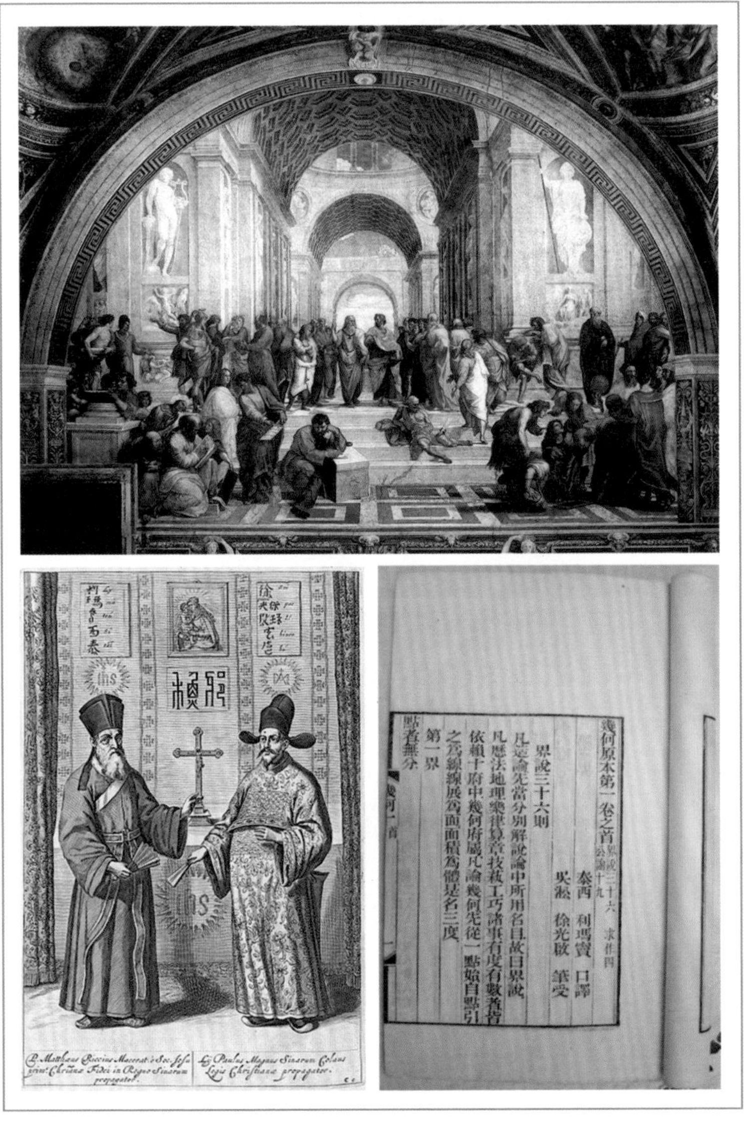

◎ 意大利文艺复兴时期拉斐尔名画雅典学院，艺术再现了古希腊学术之繁荣

◎《几何原本》的第一个中文译本　左：徐光启和利玛窦　右：《几何原本》书影(卷一首页）

◎《几何原本》的第一个印刷本（1482，威尼斯）

◎《几何原本》的早期拉丁文抄本。

◎ 笛卡儿像

LA
GEOMETRIE.
LIVRE PREMIER.

Des problesmes qu'on peut construire sans y employer que des cercles & des lignes droites.

TOus les Problesmes de Geometrie se peuuent facilement reduire a tels termes, qu'il n'est besoin par aprés que de connoistre la longeur de quelques lignes droites, pour les construire.

Comment le calcul d'Arithmetique se rapporte aux operations de Geometrie.

Et comme toute l'Arithmetique n'est composée, que de quatre ou cinq operations, qui sont l'Addition, la Soustraction, la Multiplication, la Diuision, & l'Extraction des racines, qu'on peut prendre pour vne espece de Diuision : Ainsi n'a-t'on autre chose a faire en Geometrie touchant les lignes qu'on cherche, pour les preparer a estre connuës, que leur en adiouster d'autres, ou en oster, Oubien en ayant vne, que ie nommeray l'vnité pour la rapporter d'autant mieux aux nombres, & qui peut ordinairement estre prise a discretion, puis en ayant encore deux autres, en trouuer vne quatriesme, qui soit à l'vne de ces deux, comme l'autre est a l'vnité, ce qui est le mesme que la Multiplication, oubien en trouuer vne quatriesme, qui soit a l'vne de ces deux, comme l'vnité

2 GEOMETRIÆ

résve mediæ proportionales, quod idem est, quod radicis Quadratæ, aut Cubicæ, &c. extractio. Neque enim hosce Arithmetices terminos, ut faciliùs intelligi possim, in Geometriam introducere verebor.

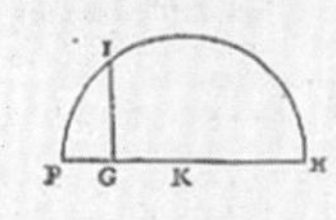

Sit, exempli gratiâ, AB unitas, oporteatque multiplicare BD per BC: jungo puncta A & C, ductâque DE parallelâ AC, erit BE productum hujus multiplicationis.

Vel si dividenda sit BE per BD, junctis punctis E & D, duco AC parallelam ipsi DE, eritque BC quotiens hujus Divisionis.

Vel denique si ex GH extrahere oporteat radicem Quadratam, adjungo ipsi in directum lineam rectam FG, quæ unitas est; divisâque FH bifariam in puncto K, centro K intervallo FK seu KH describo circulum. quo facto, erit GI, quæ ex puncto G perpendicularis ducitur super FH usque ad I, radix quæsita.

Nihil hìc de radice Cubicâ, nec de aliis dico, quòd de iis in sequentibus commodiùs sim acturus.

At verò sæpe non est opùs, hasce lineas ita in charta ducere, sed sufficit illas litteris quibusdam designare, singulas singulis. Vt ad addendam lineam BD lineæ GH, voco unam a & alteram b, scribóque $a+b$; Et $a-b$, ad subtrahendam b ex a; Et ab, ad multipli-

◎（左）笛卡儿《几何学》法文本（1637）首页

◎（右）范斯霍腾编译的笛卡儿《几何学》拉丁文本（1659）：第2页

◎ 今日德国多瑙河畔城市乌尔姆夜景,约四百年前笛卡儿在这里的军营里做了科学史上有名的笛卡儿之梦

◎ 牛顿画像（哥德弗雷·克内勒绘，1689）
◎ W. 布莱克绘牛顿画像

◎ 剑桥三一学院内的伊萨克·牛顿油画像

◎ 邮票上的牛顿（上）：牛顿《自然哲学的数学原理》发表三百周年纪念邮票

◎ 邮票上的牛顿（下）：牛顿《光学》发表350周年纪念邮票

[67]

Lemma XVI.

A datis tribus punctis ad quartum non datum inflectere tres rectas quarum differentiæ vel dantur vel nullæ sunt.

Cas. 1. Sunto puncta illa data *A*, *B*, *C* & punctum quartum *Z*, quod invenire oportet: Ob datam differentiam linearum *AZ*, *BZ*, locabitur punctum *Z* in Hyperbola cujus umbilici sunt *A* & *B*, & axis transversus differentia illa data. Sit axis ille *MN*. Cape *PM* ad *MA* ut est *MN* ad *AB*, & erecto *PR* perpendiculari ad *AB*, demissoq; *ZR* perpendiculari ad *PR*, erit ex natura hujus Hyperbolæ *ZR* ad *AZ* ut est *MN* ad *AB*. Simili discursu punctum *Z* locabitur in alia Hyperbola, cujus umbilici sunt *A*, *C* & axis transversus differentia inter *AZ* & *CZ*, duciq; potest *QS* ipsi *AC* perpendicularis, ad quam si ab Hyperbolæ hujus puncto quovis *Z* demittatur normalis *ZS*, hæc fuerit ad *AZ* ut est differentia inter *AZ* & *CZ* ad *AC*. Dantur ergo rationes ipsarum *ZR* & *ZS* ad *AZ*, & idcirco datur earundem *ZR* & *ZS* ratio ad invicem; ~~adeoq; rectis *RP*, *SQ* concurrentibus in *T*, locabitur punctum *Z* in recta *TZ* positione data.~~ Eadem Methodo per Hyperbolam tertiam, cujus umbilici sunt *B* & *C* & axis transversus differentia rectarum *BZ*, *CZ*, inveniri potest alia recta in qua punctum *Z* locatur. Habitis autem duobus locis rectilineis, habetur punctum quæsitum *Z* in earum intersectione. *Q. E. I.*

Cas. 2. Si duæ ex tribus lineis, puta *AZ* & *BZ* æquantur, punctum *Z* locabitur in perpendiculo bisecante distantiam *AB*, & locus alius rectilineus invenietur ut supra. *Q. E. I.*

K 2 *Cas.*

◎ 英镑上的牛顿

◎ 三一学院教堂内的牛顿雕像

◎ 牛顿《自然哲学的数学原理》第一版：留有牛顿修改手迹的书页（剑桥三一学院图书馆提供）

◎ 伦敦威斯敏司特大教堂内的牛顿墓

◎ 牛顿家乡的苹果树

◎ 英国林肯郡伍尔索普村（woolsthorpe）牛顿故居

◎ 皮埃尔·西蒙·拉普拉斯画像

◎ 傅里叶画像

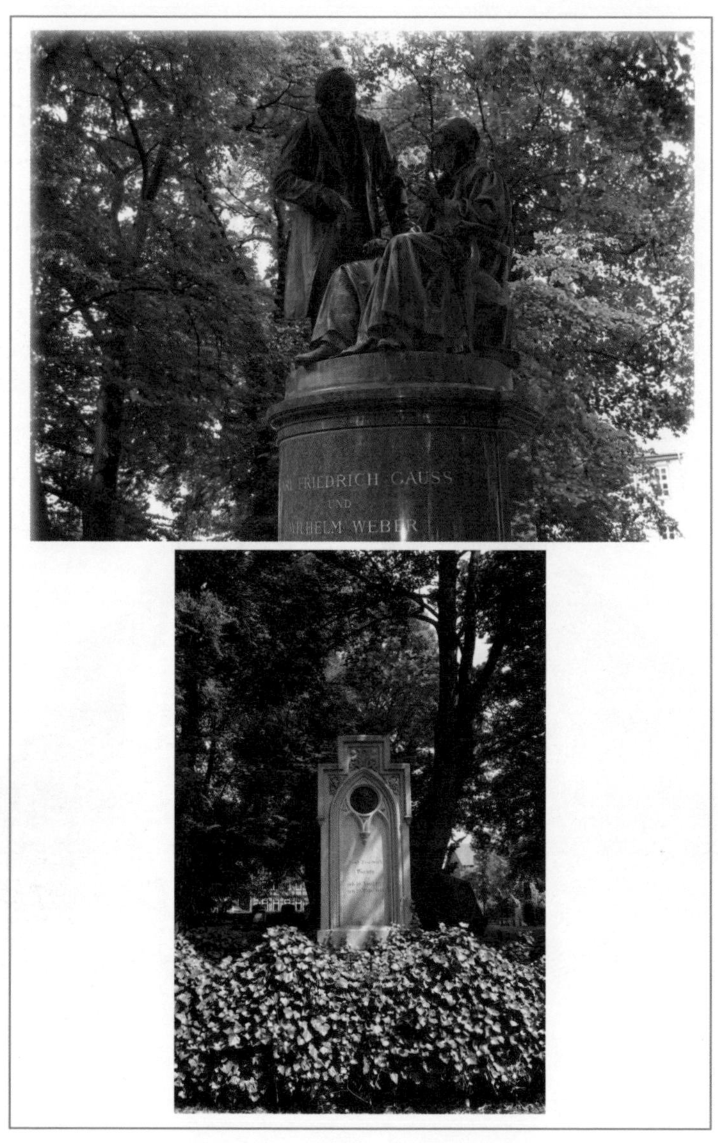

◎ 格丁根大学的高斯与物理学家韦伯的雕像,展示二者合作发明电报的景象,意在弘扬格丁根大学理论联系实际的科学传统(李文林摄)

◎ 格丁根的高斯墓(吴忠超摄于2016年夏)

◎ 1828年天文学年刊上刊登的高斯肖像

Rosselin, éditeur, 21, quai Voltaire.
Lith. de Grégoire et Deneux, à Paris.
A.tin Cauchy.
B.on Augustin Cauchy

◎ 奥古斯丁 · 柯西画像

COURS D'ANALYSE

DE

L'ÉCOLE ROYALE POLYTECHNIQUE;

PAR M. AUGUSTIN-LOUIS CAUCHY,

Ingénieur des Ponts et Chaussées, Professeur d'Analyse à l'École polytechnique, Membre de l'Académie des sciences, Chevalier de la Légion d'honneur.

I.re PARTIE. *ANALYSE ALGÉBRIQUE.*

DE L'IMPRIMERIE ROYALE.

Chez DEBURE frères, Libraires du Roi et de la Bibliothèque du Roi, rue Serpente, n.° 7.

1821

◎ 柯西《分析教程》书影

◎ 柯西邮票

◎ 乔治·布尔

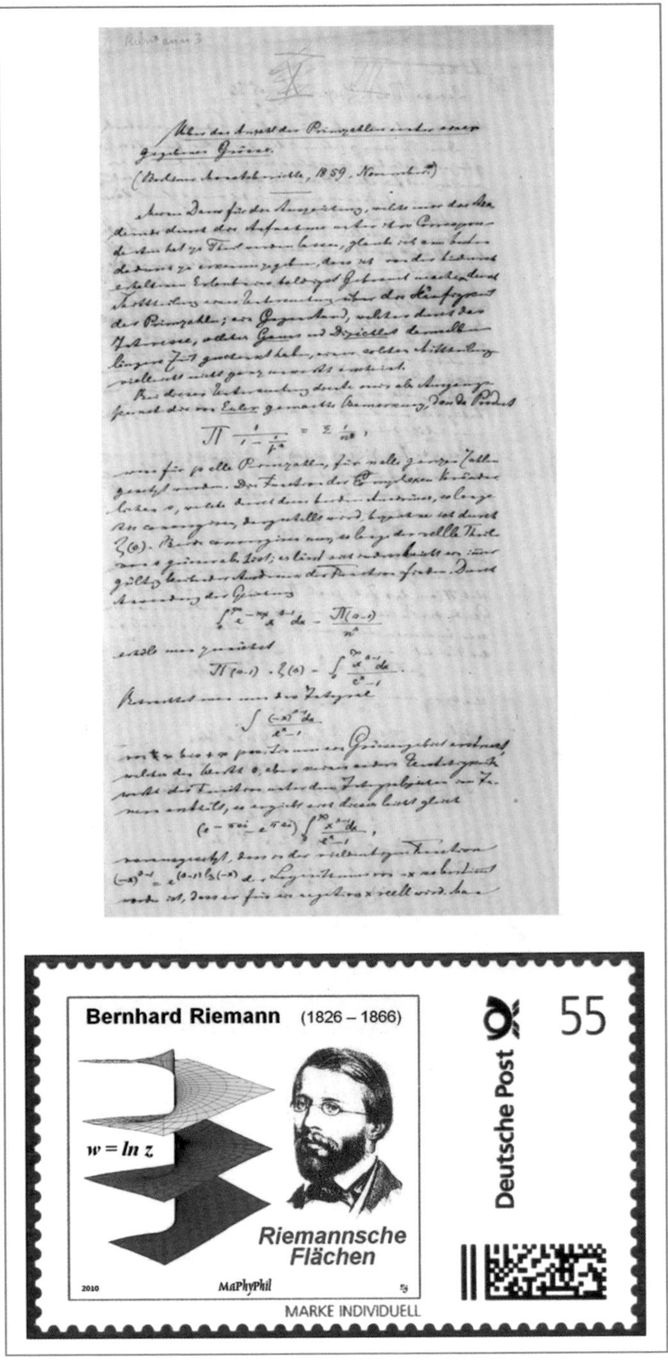

◎ 黎曼1859年论文手稿，其中包含了有关黎曼-zeta函数的内容

◎ 邮票上的黎曼及黎曼曲面

◎ 伯恩哈德·黎曼像

◎ 卡尔·魏尔斯特拉斯画像

◎ 卡尔 · 魏斯特拉斯像

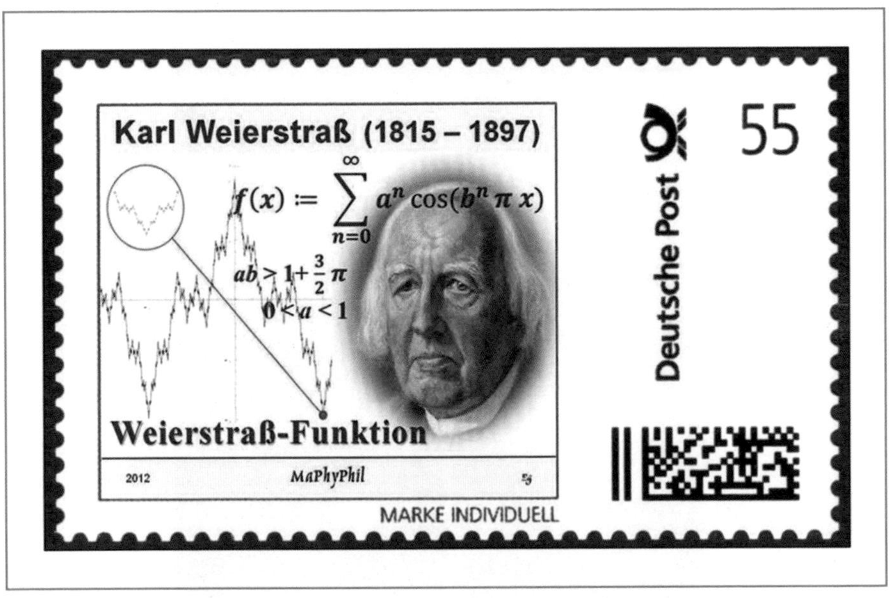

◎ 德国邮票上的魏尔斯特拉斯和以他的名字命名的函数

◎ 布隆斯威格工业大学的戴德金油画像，戴德金1861~1912在这里任教授并发展了他的无理数理论

◎ 乔治 · 康托尔

◎ 亨利 · 勒贝格

◎ 库尔特·哥德尔

◎ 哥德尔与爱因斯坦在普林斯顿

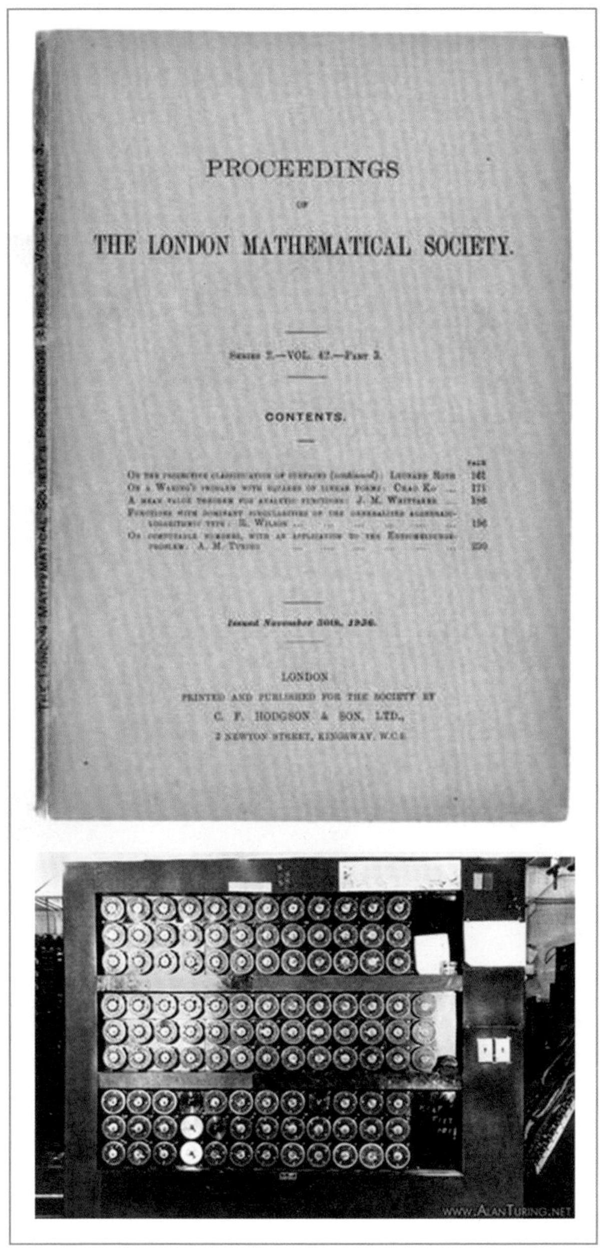

◎ 刊载图灵论文《可计算数》的伦敦数学会汇刊1936年11月号

◎ 邦伯号专用计算机（1940）

◎ 图灵像

科学经典品读丛书

改变历史的数学名著

God Greated the Integers

上帝创造整数

（下）

【英】史蒂芬·霍金　编评

李文林◎等译

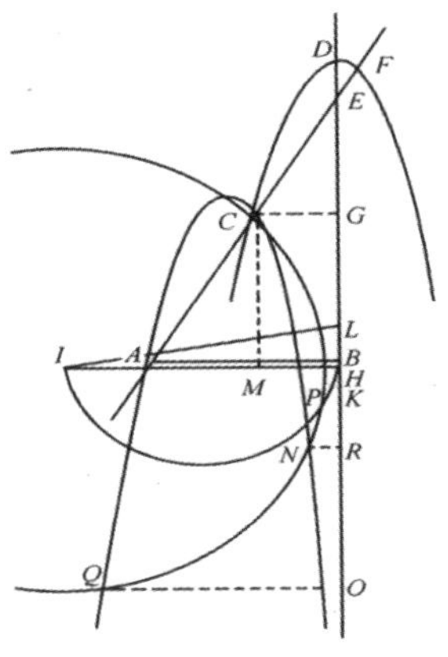

CNSK 湖南科学技术出版社

本书译者（排名不分先后）

兰纪正 朱恩宽 冯汉桥 周 畅 王晓斐 常心怡 王青建 周冬梅 杨宝山 袁向东 赵振江 王幼军
贾随军 朱尧辰 周畅 李文林 程钊 胥鸣伟 潘丽云 杨显 罗里波

图书在版编目（CIP）数据

上帝创造整数 /（英）史蒂芬·霍金编 ；李文林等译. -- 长沙 ：湖南科学技术出版社，2019.3
（科学经典品读丛书） 书名原文：God Created the Integers
ISBN 978-7-5357-9985-2

Ⅰ.①上… Ⅱ.①史… ②李… Ⅲ.①数学－文集Ⅳ.①01-53

中国版本图书馆 CIP 数据核字(2018)第 249628 号

God Created the Integers

© 2007 by Stephen Hawking
All rights reserved under the Pan-American and International Copyright Conventions
湖南科学技术出版社通过博达著作权代理有限公司独家获得本书简体中文版中国大陆出版发行权
著作权合同登记号：18-2014-242

SHANGDI CHUANGZAO ZHENGSHU
科学经典品读丛书
上帝创造整数
编　　评：[英]史蒂芬·霍金
译　　者：李文林等
责任编辑：孙桂均 吴 炜 李 蓓 杨 波
文字编辑：陈一心
出版发行：湖南科学技术出版社
社　　址：长沙市湘雅路 276 号
http://www.hnstp.com
湖南科学技术出版社天猫旗舰店网址：
http://hnkjcbs.tmall.com
印　　刷：湖南众鑫印务有限公司
（印装质量问题请直接与本厂联系）
厂　　址：长沙县榔梨镇保家工业园
邮　　编：410129
版　　次：2019 年 3 月第 1 版
印　　次：2019 年 3 月第 1 次印刷
开　　本：710mm×1000mm 1/16
印　　张：72
字　　数：1270000
书　　号：ISBN 978-7-5357-9985-2
定　　价：278.00 元（上、下册）
（版权所有 · 翻印必究）

让 · 巴普蒂斯 · 约瑟夫 · 傅里叶 (1768—1830)

生平和成果

在一个棘手的领域引进一种新的工具常常会产生一连串的卓越成果. 1822 年让 · 弗朗索瓦 · 商博良（Jean Francois Champollion）对罗塞塔石碑（Rosetta stone）的解读使埃及古物学领域焕发了生机. 研究者们突然能够翻译在埃及遗物中发现的象形文字. 在同一年，傅里叶发表了他的开创性著作《热的解析理论》，这部著作为 19 世纪 30 年代以后纯粹数学与数学物理领域的重大突破铺平了道路.

这些新工具的同时出现并非偶然. 作为商博良的庇护者，傅里叶是法国科学考察队的领导者，法国科学考察队于 1799 年发现了罗塞塔石碑. 回顾傅里叶的一生，他是一个数学物理学家，但他作为埃及古物学者以及富有才干的行政官员的声望更大. 今天，我们通过以他名字命名的数学工具记住了他.

1768 年的春分点预示着又一个春季在法国的到来. 傅里叶在这一天出生于距巴黎东南约一百公里的欧塞尔（Auxerre）镇. 傅里叶的父亲与他的第二个妻子生下的子女中有 12 个幸存者，其中傅里叶排行第九. 傅里叶的父亲与他的首任妻子有 3 个小孩.

傅里叶的父母在他九岁生日之前相继去世，除此以外，对傅里叶童年的境况知之不多. 一位女士挽救了不幸遭遇中的傅里叶，她把傅里叶送进了皇家军事学校就读，这是一所由本笃会管理的本地军事学校. 就读期间他表现出了对数学的兴趣，他把所有的业余时间都花在了数学上，同时他还为将来当一名军官作积极的准备. 1787 年他从当地的军事学校毕业，他希望能够在巴黎蒙泰居镇的本笃会修士学院（Benedictine College de Montaigu）继续他的学业，但由于某些原因他被拒绝了.

当一名军官的愿望破灭后，傅里叶走上了另一条能够使法国年轻人具有光明前景的道路：做一名教士. 他成为靠近奥尔良（Orleans）市弗勒里（Fleury）镇本笃会大教堂的见习教士. 在短期内，男修道院长认识到了傅里叶的聪明才干，他让傅里叶掌管教堂的教学计划，这对于为取得教士职位而正在学习的傅里叶来说是一项艰巨的任务. 然而不久傅里叶开始怀疑自己是否真的具有做教士的才能. 他渴望从事数学与物理学的深入研究，在给朋友的一个便条中他清晰地表明了这一点："昨天是我 21 岁的生日，牛顿（Newton）和帕斯卡（Pascal）在这个年龄时都已经取得了不朽的成就."

傅里叶的首项重要的数学研究是在大教堂完成的. 1789 年，他向巴黎的科学院提交了关于方程理论的一篇论文. 著名的数学家勒让德（Adrien-Marie Legendre）和蒙日（Gaspard Monge）推荐这篇论文在秋季发表. 然而，1789 年 6 月 14 日巴士底监狱发生了暴动，法国革命开始，这篇论文的发表搁浅了.

法国革命对傅里叶的冲击绝不仅仅局限于其有关方程理论的论文没有发表，不久后傅里叶离开了大教堂. 他回到了他的家乡去皇家军事学校教哲学、历史、修辞学，以及数学等学科.

革命的氛围对傅里叶产生了影响，他后来写道：

> 随着与生俱来的平等观念的发展，就有可能构想出在我们中间建立一个自由政府的宏伟愿望，这个政府没有特权阶层，不受神父的控制，从而使欧洲摆脱双重枷锁的长期折磨. 我很快变得迷恋这项事业，在我看来，这项事业是有史以来最伟大最美丽的事业.

傅里叶热情地行动起来并参加了欧塞尔镇的地方监管委员会，这个委员会负责政府政令的执行．不幸的是傅里叶还参加了当地的平民社团，这个社团和革命性的雅各宾党（Jocobin party）结为联盟．雅各宾党的领导人，特别是罗伯斯庇尔（Robespierre）相信一个强势的集权的政府是巩固革命成果所必需的．1793 年年中，雅各宾党把宽容的吉伦特党（Girondist party）的成员从国民大会中清理出去．

傅里叶由于在欧塞尔镇平民社团大会上的卓越演讲而众所周知．在一次会议上，他呼吁每一个男人去法国军队服役，他的演讲是如此的富有感染力，以至于志愿者人数超过了当地服役的配额要求．他还在恐怖统治中竭力保护欧塞尔镇的公民，罗伯斯庇尔和他的公共安全委员会在法国实施了恐怖统治．1794 年，傅里叶尖刻地批评了作为他的同伴的地方官员的腐败，公共安全委员会于是颁布了一条逮捕傅里叶并把他送上断头台的法令．

傅里叶回到巴黎为自己辩护，但是他的辩护是徒劳的．当他回到家乡时，地方监管委员会也发布了逮捕并处死他的法令，但公众的强烈抗议使得这条法令得以废止．8 天以后，傅里叶被关押起来，在巴黎公共安全委员会的重压下，拘捕傅里叶的法令重新生效．

欧塞尔镇的居民再一次聚集起来支持傅里叶．他们派遣了一个代表团和公共安全委员会中的罗伯斯庇尔的同僚克劳德路易斯（Claude-Louis St Just）会谈．经过不懈的努力，他们说服了克劳德路易斯释放傅里叶．然而不久，这一切都无关紧要了．罗伯斯庇尔、克劳德路易斯以及其他的雅各宾党的领导人都被拘捕并处死了，恐怖统治忽然宣告结束．紧随其后的就是一个大赦，傅里叶也被释放了．

雅各宾控制的国民大会在高等教育领域给后人留下了一个遗产，这个遗产对傅里叶的生涯产生了深刻而又积极的影响．在 1794 年，为了适应新的革命环境，雅各宾控制的国民大会决定建立巴黎师范学校实施大学层次的教育．国民大会力求使巴黎师范学校成为不同于由君主政体建立的做专科教育的高等教育学校，如矿业学校．与之形成鲜明对照的是，巴黎师范学校由法国最好的学者开设了覆盖面很广的课程．数学教授包括声名显赫的数学家拉格朗日（Joseph Louis Lagrange）、拉普拉斯（Pierre Simon Laplace）、蒙日．傅里叶的家乡很快选送傅里叶进入巴黎师范学校．

巴黎师范学校比其他法国革命的创建物还要短命．它于 1795 年 1 月建立，5

月就已经关门了. 对傅里叶来说幸运的是, 就在这么短暂的时间内他已给蒙日留下了很深的印象.

在 1794 年, 国民大会建立了多科工艺学校以求为将来指挥军队的学生提供工程与应用科学方面的训练. 巴黎师范学校关门后, 许多学工程与科学的学生来到了多科工艺学校. 尽管傅里叶也想到多科工艺学校求学, 但学校要求入学学生的年龄不得超过 20 岁, 可傅里叶已经 25 岁了. 由于蒙日的帮忙, 傅里叶才得以进入多科工艺学校.

起初, 蒙日企图为傅里叶谋得一个教师职位, 但学校对编外教师没有经费的预算. 接着蒙日使他成为维持秩序的管理人员, 这样傅里叶就负责维持大讲堂纪律的工作. 傅里叶的日记表明他协助蒙日开设有关数学和科学应用的军事方面的课程.

当傅里叶在多科工艺学校时, 他早期与雅各宾党的关联再次为他带来了麻烦. 取代罗伯斯庇尔的政府在许多方面还不如前任. 政府怀疑到处都是谋反者. 由于傅里叶与雅各宾以及罗伯斯庇尔的关联 (尽管罗伯斯庇尔曾亲自下令逮捕傅里叶), 他再一次被捕了. 在拉格朗日、拉普拉斯、蒙日以及傅里叶学生的请求下, 8 月份傅里叶得以释放.

1797 年, 尽管傅里叶在科学与数学方面几乎没有什么原创性的研究, 但他继拉普拉斯之后成为分析学与力学的教授. 情况不久发生了变化, 在 1798 年他发表了自己的第一项数学成果, 它是对于笛卡儿符号法则的一个新的证明. 在多项式

$$f(x) = x^m + a_1 x^{m-1} + \cdots + a_m$$

中, 称两个相邻的系数为组合. 如果它们具有相同的符号, 则把这个组合称为一个"不变". 如果它们具有不同的符号, 则把这个组合称为一个"变化". 笛卡儿符号法则表明, 正根的数量不会超过"变化"的数量, 负根的数量不会超过"不变"的数量. 傅里叶给出了一个很简单的新的证明.

正当傅里叶因第一篇论文的成功洋洋得意的时候, 他的研究与教学被意外打断了. 在 1798 年早期, 法国政府任命拿破仑 (Napoleon) 率领一支军队远征埃及. 他要求蒙日与贝托莱 (Claude-Louis Berthollet) 组建远征的科学团队. 5 月, 蒙日挑选了自己的学生和同事傅里叶. 三个月后傅里叶被任命为埃及研究院长期秘书.

拿破仑于 1798 年 6 月底远征埃及并于 1799 年 8 月返回巴黎夺取政权, 他成为首席执政官. 他离开埃及几个月后就任命傅里叶为其中一个科学考察队的领导

（当时共有两个科学考察队），这两个科学考察队在 1799 年秋天考察了远古埃及的纪念碑及碑文．傅里叶的团队在 1799 年 6 月发现了罗塞塔石碑．

傅里叶待在埃及进行了为期两年多的考察，直到 1801 年英法和平条约促使法国人撤退（把罗塞塔石碑交给了英国人）．随着埃及考察的结束，傅里叶希望返回多科工艺学校任教．但拿破仑对于傅里叶另有重用．

在和傅里叶一起考察的几个月中，拿破仑对于他的外交与军事才能印象深刻．到 1801 年的时候，拿破仑在法国已经取得了绝对权力，他不需要其他人的同意就任命傅里叶为伊泽尔省（Isere）省长，伊泽尔靠近意大利边界，格勒诺布尔（Grenoble）是它的省府．拿破仑给傅里叶委以重任．作为省长的傅里叶不仅要执行中央政府的命令，同时还要考虑自己民众的需求．傅里叶正直而又满含热情地开展工作．许多省长从巴黎或他们的家乡搜集亲信组建自己的权力机构，但傅里叶没有这样做．他确保重要职位上都是有能力的当地公民，在这些人中就有让·弗朗索瓦·商博良，他后来破解了罗塞塔石碑．

拿破仑在他加冕皇帝的前三个月即 1804 年 2 月对格勒诺布尔进行了一次重要的视察，在这次视察中他授予傅里叶骑士荣誉勋章．5 年后，拿破仑又授予他男爵称号．

傅里叶在兢兢业业做官的同时也渴望脱离政界从事科学研究．在 1807 年，蒙日和贝托莱竭力说服拿破仑让傅里叶离开政界，但拿破仑似乎充耳不闻．甚至当傅里叶在格勒诺布尔凛冽的寒风中开始遭受风湿病的折磨时，他仍然艰难地履行政府职责．他仅仅想摆脱繁重的政府工作并找到一个有益于其健康的地方．

无论如何，傅里叶在 1807 年挤出了足够的时间完成了他的热传导理论．这年年末，他向法国研究院递交了一篇题为“立体中热传导的论文”．这篇论文是 15 年以后出现的“热的解析理论”的前身．研究院委托由拉克鲁瓦、蒙日、拉普拉斯、拉格朗日构成的委员会来确定这篇文章是否值得发表．前三个成员都同意发表，但拉格朗日不同意，他反对把一个函数展为三角级数，这个三角级数就是我们现在众所周知的傅里叶级数，傅里叶因此被人们所铭记．

由于他的科学研究几乎没有得到承认，傅里叶把他的注意力转向了多卷本的《埃及描述》，他是这套书的主编．这套二十卷的著作花费了二十年的时间才得以完成（从 1808 年到 1827 年）．1810 年元旦，法国研究院提出了悬赏问题：给出热的数学理论以及把这个理论的结果与精确的实验作比较．此外，研究院还保证，如果论文评阅人发现论文有价值，那么论文将会在研究院的内部刊物上发表或独立发表．

1811 年 9 月 23 日，即在提交论文截止日期的一周前，博尔格迈克尔斯（Antoine Cardon–Michaels of Borgues）先生向法国研究院递交了一篇把热描述为“人类获得火的象征”的 21 页的论文. 5 天以后，傅里叶提交了 215 页的手稿，这个手稿是 1807 年论文的修改稿.

拉格朗日、拉普拉斯、蒙日、马吕斯（Etienne Louis Malus）、阿雨（Rene Just Hauy）组成了评审委员会. 拉格朗日再一次对傅里叶的工作表示反对，但是他不得不承认傅里叶的论文是所提交论文中最出色的. 拉格朗日独自一人阻止了傅里叶论文的发表，他勉强答应定期在研究院内部刊物发表它. 但结果是，在 1811 年到 1827 年期间，没有任何一位学者的论文在研究院内部刊物上发表.

尽管拉格朗日于 1813 年春季去世，但傅里叶认识到依靠自己的力量以著作的形式出版他的论文是唯一可行的办法. 就在傅里叶对自己的论文进行修改的时候，拿破仑于 1814 年春季退位. 傅里叶对拿破仑的忠诚使得他有受到刚刚恢复的君主政体控诉的风险，但新政府意识到他作为伊泽尔省省长期间一直非常廉政，因此傅里叶继续留任.

一年以后，拿破仑逃离厄尔巴岛（Elba），这件事确实在考验着傅里叶的忠诚. 他构建城防来防御拿破仑. 拿破仑于 1815 年 3 月 7 日强占格勒诺布尔，但傅里叶在此之前已逃离格勒诺布尔. 第二天，拿破仑颁布了一条法令撤去了傅里叶的省长职务，傅里叶在 8 年以前就梦想有这样的结局. 然而，就在 1815 年 3 月 8 日两位伙伴在格勒诺布尔城外会面了，拿破仑立即任命傅里叶为罗讷省（rhone）省长，罗讷省的省府就是里昂（Lyon）. 傅里叶别无选择只能从命，否则拿破仑可能会拘捕他. 不久，傅里叶接收到了从巴黎传来的命令，这个命令强迫傅里叶撤掉所有对保王党人表示同情的官员，他在这个时候辞职了.

傅里叶担心拿破仑的政治前景. 就在 6 月 18 日，英国和普鲁士联军在滑铁卢战役中击败拿破仑的军队. 四天后，拿破仑退位并被流放到南非的圣赫勒拿岛（St Helena）上. 7 月 8 日，国王路易十八（Louis XⅧ）重返巴黎并重建波旁王朝（Bourbon monarchy）.

傅里叶在君主政体和拿破仑政体之间的摇摆影响了他在新政府中的政治前景. 他最后不理政务，当然也得不到相应的收入. 他向新政府申请了退休金，起初政府倾向于给他退休金但后来拒绝了.

以前的一位学生兼同事伯爵夏布洛尔沃尔维克（Chabrol de Volvic）帮助了他. 夏布洛尔沃尔维克在新政府中担任塞纳（Seine）省（包括巴黎省省府）省长. 他任命傅里叶为省统计局局长，这给傅里叶提供了适当的收入. 他在这个位置上度过了他的余生.

起初，新国王不同意傅里叶进入法国研究院科学部.（由于蒙日和拿破仑的瓜葛，国王把蒙日除名了）然而在 1817 年，国王的态度有所缓和，傅里叶进入了科学院. 在 1822 年，傅里叶成为科学院长期秘书.

在 1822 年，标志着傅里叶学术生涯最高成就的《热的解析理论》出版了. 他在这部著作中主要讨论了热在立体中的传播. 最值得关注的是第三章. 在这章中，傅里叶表明任何一个函数 $f(x)$ 都可表示为区间 $[-\pi,\pi]$ 上的无穷级数

$$\frac{1}{2}a_0+\sum_{n=1}^{\infty}a_n\cos(nx)+\sum_{n=1}^{\infty}b_n\sin(nx).$$

18 世纪 40 年代，瑞士大数学家丹尼尔·伯努利（Daniel Bernoulli）从数学分析的层面研究音乐弦的振动，在此过程中他首次提出了这样的级数表示. 然而，丹尼尔·伯努利无法确定出级数中系数的取值. 确定它们的值是傅里叶的伟大成就. 早在 1807 年的论文中，傅里叶就证明了以下结果：

$$a_0=\frac{1}{\pi}\int_{-\pi}^{\pi}f(x)\,\mathrm{d}x,$$

$$a_n=\frac{1}{\pi}\int_{-\pi}^{\pi}f(x)\cos(nx)\,\mathrm{d}x,$$

$$b_n=\frac{1}{\pi}\int_{-\pi}^{\pi}f(x)\sin(nx)\,\mathrm{d}x.$$

简单讲，傅里叶确定这些值的过程如下. 他假设

$$f(x)=\frac{1}{2}a_0+\sum_{n=1}^{\infty}a_n\cos(nx)+\sum_{n=1}^{\infty}b_n\sin(nx),$$

为了确定系数 a_0 的值，他在上式的两边在区间 $[-\pi,\pi]$ 上进行积分. 为了确定系数 a_n 的值，他在上式的两边都乘以 $\cos(mx)$，接着在区间 $[-\pi,\pi]$ 上进行积分. 为了确定系数 b_n 的值，他在上式的两边都乘以 $\sin(mx)$，接着在区间 $[-\pi,\pi]$ 上进行积分. 傅里叶有两个关键性的假设，首先，他假设函数 $f(x)$ 是可积的. 其次，他假设无穷和的积分等于积分的无穷和，例如，

$$\int_{-\pi}^{\pi}\left[\sum_{n=1}^{\infty}a_n\cos(nx)+\sum_{n=1}^{\infty}b_n\sin(nx)+\frac{1}{2}a_0\right]\mathrm{d}x$$

$$=\sum_{n=1}^{\infty}\int_{-\pi}^{\pi}[a_n\cos(nx)+b_n\sin(nx)]dx+\frac{1}{2}a_0\int_{-\pi}^{\pi}\mathrm{d}x.$$

19 世纪剩下的时间里，数学家们努力确定能够保证这两个假设有效的函数的范围.

当傅里叶最终发表《热的解析理论》时他已经55岁了. 这时健康状况已开始困扰他, 尤其是慢性的风湿病. 他可能同时还患有疟疾, 这很有可能是在埃及期间感染的. 虽然了解他的人说他非常喜欢有智慧的女性朋友, 其中就有著名的女数学家热尔曼(Sophie Germain). 但他一生没有结婚.

1830年5月4日, 傅里叶受到了严重的风湿病的折磨, 5月16日他去世了, 按照他的医生的说法, 他死于神经性咽痛以及心脏问题.

傅里叶在物理学方面的成就主要集中在立体中热传导方程的求解上. 他的工作使自牛顿以来理论力学和天体力学统治物理学的局面有所改变. 从这个视角看, 他的工作是数学物理领域巨大的成就. 在他的著作中, 他展现了一种以前很可能没有出现过的新的数学方法. 他的工作为数学物理以及纯粹数学在19世纪剩下时间里的发展铺平了道路, 同时他的工作为这两个领域创立了一个基本的解析工具.

英国伟大的数学物理学家开尔文(Lord Kelvin)这样写道:

> 傅里叶定理不仅是现代分析最漂亮的成果之一, 而且它还是解决现代物理中几乎每一个深奥问题必不可少的工具……傅里叶是一首数学的诗.

让·巴普蒂斯·约瑟夫·傅里叶（1768—1830）

《热的解析理论》节选

第Ⅲ章　无界矩形固体中的热传导（傅里叶级数）

第一节　问题的表述

163. 利用前面提到的方法，与均匀热传导、立体内部的各种热运动有关的问题都可转化为纯分析问题，因此这部分物理学的进展将依赖于分析技巧所能取得的成果. 我们已经熟知的微分方程包含这个理论的主要结果；它们以最一般最简单的方式表示数值分析与一类非常广泛的现象之间的必然联系；它们永远与自然哲学中最重要的分支之一数学科学联系起来.

现在还需要发现处理这些方程的恰当方法，以便得到它们的完全解以及简单地运用它们. 下述问题提供了导出这样的解的第一个分析学例子；在我们看来，要指明我们所要遵循的方法的原理，这个例子是再恰当不过的了.

164. 假定一个同质固体物质包含在两个竖直、平行和无界的平面 B 和 C 之间，并且由垂直于这两个平面的平面 A 分成两部分（图 7）；我们进而考虑由三个无界平面 A，B，C 所界定的这个物体 BAC 的温度. 假定这个无界固体的另一部分 $B'AC'$ 是一个恒定热源，也就是说，每一点的温度都不会发生变化，都保持温度 1. 边界两侧的固体，一侧由平面 C 和平面 A 形成，另一侧由平面 B 和平面 A 形成，两侧所有点的温度都由于某种外部的原因而保持恒温 0；最后，由 A，B，C 围成的固体分子具有初始温度 0. 热将连续地从热源 A 向固体 BAC 传导，并在那里无限地沿纵向传导，同时热还向冷物质 B 和 C 传导，它们将吸收大部分热. 固体 BAC 的温度将会逐渐升高：但是不可能超过甚至达到一个最高温度，这个最高温度在不同点有所不同. 我们需要确定变化的状态所不断逼近的终极以及稳定的状态.

如果这个终极状态已经形成，则它会维持下去，这是区别于其他状态的特征. 因此实际问题在于确定由两个冰块 B 和 C 以及一种沸水物质 A 围成的无界矩形固体的永恒温度；对如此简单和基本问题的思考是发现自然规律最可靠的方式

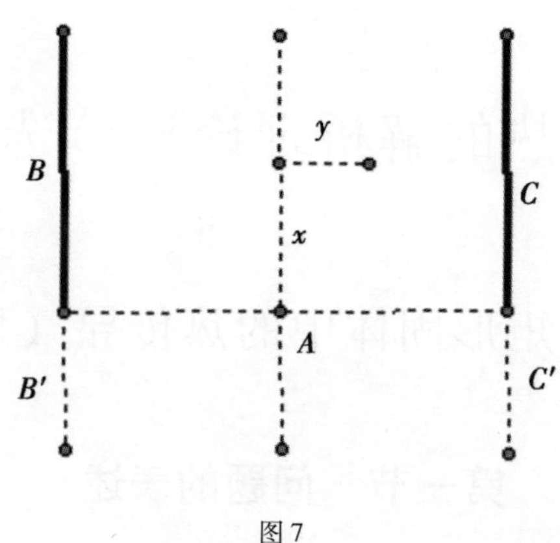

图 7

之一，从科学史上看，每一种理论都是以这种方式建立的.

165. 为了更加简洁地表述这一问题，假定一个无限长的矩形薄片在基底 A 被加热，基底上所有点保持恒温 1，垂直于基底 A 的两无穷边 B 和 C 上的每一点保持恒温 0；我们需要确定这个薄片任一点的驻温.

假定在薄片的表面没有热量的散失，或同样的，我们考虑由无限个类似于前述薄片叠加而形成的固体：以直线 Ax 作为 x 轴，任一点 m 的坐标是 x 和 y；最后，薄片的宽度 A 用 $2l$ 表示，或者为了简化计算，用一个圆中直径与周长的比值 π 来表示.

设想固体薄片 BAC 的具有坐标为 x 和 y 的一点 m 的实际温度为 v，如果基底 A 的每一点的温度都是 1，边 B 和 C 每一点都保持温度 0，则这些温度不会发生任何变化.

如果在每一点 m 处建立一个等于温度 v 的纵坐标，那么就形成一个曲面，这个曲面在薄片之上延展并延伸到无穷. 我们试图找到这个曲面的性质，这个曲面经过了在 y 轴上方并与 y 轴相距为一个单位的直线，并且沿平行于 x 轴的两条无穷直线与水平面 xy 相交.

166. 运用一般方程 $\frac{dv}{dt}=\frac{K}{CD}\left(\frac{d^2v}{dx^2}+\frac{d^2v}{dy^2}+\frac{d^2v}{dz^2}\right)$，在这个问题中，我们应当考虑排除 z 轴，因此项 $\frac{d^2v}{dz^2}$ 应当略去；因为我们希望确定驻温，所以首项 $\frac{dv}{dt}$ 消失；因此，属于这个实际问题并确定所求曲面性质的方程是

$$\frac{d^2v}{dx^2}+\frac{d^2v}{dy^2}=0. \tag{a}$$

表示固体 BAC 永恒状态的关于 x 和 y 的函数 $\varphi(x, y)$ 必须满足以下条件：第一，它满足方程（a）；第二，当 y 的取值为 $-\frac{1}{2}\pi$ 或 $\frac{1}{2}\pi$ 时，不管 x 取什么值，它应当等于 0；第三，当 $x=0$ 并且 y 取 $-\frac{1}{2}\pi$ 到 $\frac{1}{2}\pi$ 之间的任何值时它应当等于 1.

此外，因为所有的热都来自热源 A，当我们给 x 一个很大的值时，这个函数 $\varphi(x, y)$ 应当变得十分小.

167. 为了在所适合的范围内考虑这个问题，我们首先要寻找满足方程（a）的有关 x 和 y 的最简函数；然后我们要使 v 值一般化以满足规定的所有条件. 利用这种方法，这个解将得到所有可能的扩展，并且我们将会证明所提出的问题没有其他解.

当我们对其中一个或全部两个变量赋予无穷值时，具有两个变量的函数常常可化为不怎么复杂的表达式；我们可以在特殊情形下的代数函数中看到这一点，此时代数函数是关于 x 的函数与关于 y 函数的乘积.

我们将首先检查 v 值是否能够表示为这样一个乘积；由于函数 v 应该表示整个范围内的薄片的状态，因而也应该包括坐标为无穷的点的状态. 这样我们记 $v=F(x)f(y)$；在方程（a）中用 $f''(x)$ 代替并表示 $\frac{\mathrm{d}^2F(x)}{\mathrm{d}x^2}$，用 $f''(y)$ 代替并表示 $\frac{\mathrm{d}^2f(y)}{\mathrm{d}y^2}$，则我们有 $\frac{F''(x)}{F(x)}+\frac{f''(y)}{f(y)}=0$；然后我们假定 $\frac{F''(x)}{\mathrm{d}x^2}=m$，$\frac{f''(y)}{\mathrm{d}y^2}=-m$，由于 m 是任一常数，为了求 v 的一个特殊值，我们从上述方程得到 $F(x)=\mathrm{e}^{-mx}$，$f(y)=\cos my$.

168. 我们不可能假定 m 是一个负值，由于 m 是一个正值，我们必须排除诸如 e^{mx} 的项进入所有特殊的 v 值，因为当 x 是无穷大时，温度 v 不可能变为无穷. 事实上，除了恒定热源 A 以外，没有热量的供应，仅仅有非常小的一部分热能够到达距离热源很遥远的这部分空间. 剩余的热越来越多地向无穷边 B 和 C 转移，并且散失在包围它们的冷物质中.

进入函数 $\mathrm{e}^{-mx}\cos my$ 中的指数 m 是不知道的，我们可以赋予这个指数任何正值：但是，不管 x 取什么值，当 y 取 $y=-\frac{1}{2}\pi$ 或 $y=\frac{1}{2}\pi$ 时，v 值都为 0，因此 m 必须取数列 1，3，5，7，… 中的某一项；通过这种方式第二个条件就满足了.

169. 把类似于上述项的一些项加起来就构成了一个更一般的 v 值，于是我们有

$$v = ae^{-x}\cos y + be^{-3x}\cos 3y + ce^{-5x}\cos 5y + de^{-7x}\cos 7y + \cdots \qquad (b)$$

显然，由 $\phi(x, y)$ 表示的函数 v 满足方程 $\frac{d^2v}{dx^2}+\frac{d^2v}{dy^2}=0$ 和条件 $\phi\left(x, \pm\frac{\pi}{2}\right)=0$. 第三个条件也需要满足，由于它由 $\phi(0, y)=1$ 表示，我们必须注意，当我们给 y 赋予 $-\frac{1}{2}\pi$ 到 $\frac{1}{2}\pi$ 之间的任何值时这个结果必然成立. 如果我们给 y 赋予从 $-\frac{1}{2}\pi$ 到 $\frac{1}{2}\pi$ 区间之外的任何值，那么函数 $\phi(0, y)$ 的取值就没有意义. 因此方程（b）必须满足以下条件

$$1 = a\cos y + b\cos 3y + c\cos 5y + d\cos 7y + \cdots.$$

数目无穷的系数 a，b，c，d，… 由上述方程来确定.

等式右边是一个关于 y 的函数，只要 y 的取值在 $-\frac{1}{2}\pi$ 到 $\frac{1}{2}\pi$ 之间，则这个函数就等于 1. 有人或许会怀疑这样的一个函数是否存在，不过这个困难在随后会得到彻底解决.

170. 在给出这些系数的计算之前，我们不妨关注方程(b) 中每一项表示的意义.

假定基底 A 的固定温度不是在每一点处都等于 1，而是随直线 A 上的点愈来愈远离中点而下降，各点的温度正比于该距离的余弦；在这种情况下很容易看到纵坐标表示温度 v 或 $\phi(x, y)$ 的曲面的性质. 如果这个曲面在原点处被一个垂直于 x 轴的平面所截，那么截面边界的曲线方程是 $v=a\cos y$；系数的值是

$$a=a,\ b=0,\ c=0,\ d=0,$$

等等，曲面的方程是 $v=ae^{-x}\cos y$.

如果这个曲面被垂直于 y 轴的平面所截，则截线是凸面朝这个轴的对数螺线；如果与 x 轴垂直地截这个曲面，则截线是凹面朝 x 轴的三角曲线.

由此得到函数 $\frac{d^2v}{dx^2}$ 总是正值，$\frac{d^2v}{dy^2}$ 总是负值. 现在一个分子所获得的热量因其位置在沿 x 方向的两个分子之间而与 $\frac{d^2v}{dx^2}$ 的值成正比(第 123 目)：由此可知，中间分子沿 x 轴方向从它前面的分子那里得到的热量要多于它传递给后面分子的热量. 但是，如果这同一个分子被看作是处在沿 y 轴方向的其他两个分子之间，由于函数 $\frac{d^2v}{dy^2}$ 是负值，中间分子传递给它后面分子的热量要多于它从前面的分子

那里得到的热．这样我们就可以得到，正如方程 $\frac{d^2v}{dx^2}+\frac{d^2v}{dy^2}=0$ 所表示的那样，它沿 x 轴方向得到的超出的热正好弥补了沿 y 轴方向散失的热．因此，热从热源 A 出发逃逸的线路就清楚了．热沿 x 轴方向传导，同时热被分解成两部分：一部分朝向边界，而另一部分继续远离原点，像前面那样再被分解，以至无穷．我们正在考虑的这个曲面由对应于基底 A 的三角曲线随与 x 轴垂直的平面沿该轴运动而成，它的每个纵坐标与同一分数的逐次幂成正比地无穷减少．

如果基底 A 的固定温度由项 $b\cos 3y$，或 $c\cos 5y$，… 来表示，那么我们可以得出类似的推断，运用这种方法我们就可以形成最一般情况下热运动的精确观点；因为稍后我们会看到运动往往由一些基本运动组合而成，这些基本运动中的每一个似乎是独立存在的．

第二节　热理论中使用三角级数的第一个例子

171．现在需要确定方程 $1=a\cos y+b\cos 3y+c\cos 5y+d\cos 7y+\cdots$ 中的系数 a，b，c，d，…．为使这个方程成立，常数还必须满足通过逐次微分得到的方程；因此有结果

$$1=a\cos y+b\cos 3y+c\cos 5y+d\cos 7y+\cdots,$$
$$0=a\sin y+3b\sin 3y+5c\sin 5y+7d\sin 7y+\cdots,$$
$$0=a\cos y+3^2b\cos 3y+5^2c\cos 5y+7^2d\cos 7y+\cdots,$$
$$0=a\sin y+3^3b\sin 3y+5^3c\sin 5y+7^3d\sin 7y+\cdots,$$

等等以至无穷．

当 $y=0$ 时这些方程必然成立，这样我们就有

$$1=a+b+c+d+e+f+g+\cdots,$$
$$0=a+3^2b+5^2c+7^2d+9^2e+11^2f+\cdots,$$
$$0=a+3^4b+5^4c+7^4d+9^4e+\cdots,$$
$$0=a+3^6b+5^6c+7^6d+\cdots,$$
$$0=a+3^8b+5^8c+\cdots,$$
$$\cdots\cdots$$

这些方程的数量就像未知数 a，b，c，d，e，… 的数量一样是无穷的．问题在于只保留一个未知数而消去其他的．

172．为了对这些消元结果形成一个清晰的概念，起初我们假定未知数 a，b，c，d，e，… 的数目是有限的并且等于 m．我们将只运用前 m 个方程，去掉前 m

项之后的包含未知数的所有项. 如果依次让 m 等于 2, 3, 4, 5 等, 那么未知数的值将会在每一个这样的假设之下求得. 例如, 对于两个未知数的情况, 量 a 将得到一个值, 对于三个、四个或者是相继的多个未知数的情况, 量 a 将得到其他值. 未知数 b 也是这样, 它将会得到与消元情形一样多的值; 其他每一个未知数同样可以有无穷多个不同的值. 对于未知数数目是无穷的情况, 其中每一个未知数的值, 就是通过逐次消元所得到的那些值所逼近的极限. 这样, 我们所要研究的是, 随着未知数数目的增加, a, b, c, d, e, $\cdots$ 的值是否收敛于它连续逼近的一个有限的极限.

假定运用以下 6 个方程

$$1=a+b+c+d+e+f+\cdots,$$
$$0=a+3^2b+5^2c+7^2d+9^2e+11^2f+\cdots,$$
$$0=a+3^4b+5^4c+7^4d+9^4e+11^4f+\cdots,$$
$$0=a+3^6b+5^6c+7^6d+9^6e+11^6f+\cdots,$$
$$0=a+3^8b+5^8c+7^8d+9^8e+11^8f+\cdots,$$
$$0=a+3^{10}b+5^{10}c+7^{10}d+9^{10}e+11^{10}f+\cdots.$$

不包括 f 的 5 个方程是

$$11^2=a(11^2-1^2)+b(11^2-3^2)+c(11^2-5^2)+d(11^2-7^2)+e(11^2-9^2),$$
$$0=a(11^2-1^2)+3^2b(11^2-3^2)+5^2c(11^2-5^2)+7^2d(11^2-7^2)+9^2e(11^2-9^2),$$
$$0=a(11^2-1^2)+3^4b(11^2-3^2)+5^4c(11^2-5^2)+7^4d(11^2-7^2)+9^4e(11^2-9^2),$$
$$0=a(11^2-1^2)+3^6b(11^2-3^2)+5^6c(11^2-5^2)+7^6d(11^2-7^2)+9^6e(11^2-9^2),$$
$$0=a(11^2-1^2)+3^8b(11^2-3^2)+5^8c(11^2-5^2)+7^8d(11^2-7^2)+9^8e(11^2-9^2).$$

继续消元我们将获得关于 a 的最后的方程是

$$a(11^2-1^2)(9^2-1^2)(7^2-1^2)(5^2-1^2)(3^2-1^2)=11^2\cdot 9^2\cdot 7^2\cdot 5^2\cdot 3^2\cdot 1^2.$$

173. 如果我们运用的方程多一个, 为了确定 a, 我们会得到一个类似于前面的方程, 等式左边多出了一个因子 13^2-1^2, 等式右边多出了一个新的因子 13^2. a 的这些不同值所遵循的规律是显而易见的, 那么对应于无穷个方程的 a 值可表示为

$$a=\frac{3^2}{3^2-1^2}\cdot\frac{5^2}{5^2-1^2}\cdot\frac{7^2}{7^2-1^2}\cdot\frac{9^2}{9^2-1^2}\cdot\frac{11^2}{11^2-1^2}\cdot\cdots,$$

或者

$$a=\frac{3\cdot 3}{2\cdot 4}\cdot\frac{5\cdot 5}{4\cdot 6}\cdot\frac{7\cdot 7}{6\cdot 8}\cdot\frac{9\cdot 9}{8\cdot 10}\cdot\frac{11\cdot 11}{10\cdot 12}\cdot\cdots.$$

现在最后的表达式就清楚了, 根据沃利斯(Wallis)定理, 我们得到 $a=\frac{4}{\pi}$.

接着只需要确定其他未知数的值.

174. 消去f后所剩下的五个方程可以与在假设只有五个未知数时所能运用的五个更简单的方程进行比较. 后一种情形下的方程与 172 目中的方程不同，在 172 目的方程中，e，d，c，b，a 被分别乘以因子

$$\frac{11^2-9^2}{11^2},\ \frac{11^2-7^2}{11^2},\ \frac{11^2-5^2}{11^2},\ \frac{11^2-3^2}{11^2},\ \frac{11^2-1^2}{11^2}.$$

由此得到，如果我们已经求解了含有五个未知数的五个线性方程并计算出了每一个未知数的值，那么我们将容易推出对应于六个方程下的同名未知数的值. 这只需要用已知因子乘以第一种情况下所得到的e，d，c，b，a. 一般地，如果我们从一定数目的方程和未知数中求得未知数的一个值，那么容易把这个值转化为方程数和未知数个数都增加 1 个情形下的同一未知数的另一值. 例如，如果五个方程五个未知数情形下的e值表示为E，那么在多一个未知数情形下同一个量的值就为$E\dfrac{11^2}{11^2-9^2}$. 在 7 个未知数的情形下，由于同样的原因，这个值就是

$$E\frac{11^2}{11^2-9^2}\cdot\frac{13^2}{13^2-9^2},$$

在 8 个未知数的情形下，它的值将会是

$$E\frac{11^2}{11^2-9^2}\cdot\frac{13^2}{13^2-9^2}\cdot\frac{15^2}{15^2-9^2},$$

等等. 以同样的方式就足以知道对应于两个未知数情形下的b值，就可以由此推出三个、四个、五个未知数等情形下的同一字母的值. 我们只需要做的就是给第一个b值乘以

$$\frac{5^2}{5^2-3^2}\cdot\frac{7^2}{7^2-3^2}\cdot\frac{9^2}{9^2-3^2}\cdot\cdots.$$

类似地，如果我们知道了三个未知数情形下的c值，我们就可以用连续因子$\dfrac{7^2}{7^2-5^2}\cdot\dfrac{9^2}{9^2-5^2}\cdot\dfrac{11^2}{11^2-5^2}\cdot\cdots$乘这个值. 我们可以计算 4 个未知数情形下的$d$值，给计算所得的值乘以

$$\frac{9^2}{9^2-7^2}\cdot\frac{11^2}{11^2-7^2}\cdot\frac{13^2}{13^2-7^2}\cdot\cdots.$$

a值的计算服从同样的规则，因为如果确定了一个方程情形下的它的值，给这个值依次乘以

$$\frac{3^2}{3^2-1^2},\ \frac{5^2}{5^2-1^2},\ \frac{7^2}{7^2-1^2},\ \frac{9^2}{9^2-1^2}$$

就得到这个量的最后的值.

175. 因此问题简化为确定一个未知数情形下的 a 值，两个未知数情形下的 b 值，三个未知数情形下的 c 值以及其他情形下的别的未知数的值.

只观察这些方程而无需任何计算，我们容易得出，这些逐次消元的结果必定是

$$a=1,$$

$$b=\frac{1^2}{1^2-3^2},$$

$$c=\frac{1^2}{1^2-5^2}\cdot\frac{3^2}{3^2-5^2},$$

$$d=\frac{1^2}{1^2-7^2}\cdot\frac{3^2}{3^2-7^2}\cdot\frac{5^2}{5^2-7^2},$$

$$e=\frac{1^2}{1^2-9^2}\cdot\frac{3^2}{3^2-9^2}\cdot\frac{5^2}{5^2-9^2}\cdot\frac{7^2}{7^2-9^2}.$$

176. 现在仅仅需要给上述各量乘以 174 目中已经给出的乘积的级数以使它们完整. 因此我们会得到未知数 a，b，c，d，e，f，… 的最后的值，它们的表达式如下：

$$a=1\cdot\frac{3^2}{3^2-1^2}\cdot\frac{5^2}{5^2-1^2}\cdot\frac{7^2}{7^2-1^2}\cdot\frac{9^2}{9^2-1^2}\cdot\frac{11^2}{11^2-1^2}\cdot\cdots,$$

$$b=\frac{1^2}{1^2-3^2}\cdot\frac{5^2}{5^2-3^2}\cdot\frac{7^2}{7^2-3^2}\cdot\frac{9^2}{9^2-3^2}\cdot\frac{11^2}{11^2-3^2}\cdot\cdots,$$

$$c=\frac{1^2}{1^2-5^2}\cdot\frac{3^2}{3^2-5^2}\cdot\frac{7^2}{7^2-5^2}\cdot\frac{9^2}{9^2-5^2}\cdot\frac{11^2}{11^2-5^2}\cdot\cdots,$$

$$d=\frac{1^2}{1^2-7^2}\cdot\frac{3^2}{3^2-7^2}\cdot\frac{5^2}{5^2-7^2}\cdot\frac{9^2}{9^2-7^2}\cdot\frac{11^2}{11^2-7^2}\cdot\cdots,$$

$$e=\frac{1^2}{1^2-9^2}\cdot\frac{3^2}{3^2-9^2}\cdot\frac{5^2}{5^2-9^2}\cdot\frac{7^2}{7^2-9^2}\cdot\frac{11^2}{11^2-9^2}\cdot\frac{13^2}{13^2-9^2}\cdot\cdots,$$

$$f=\frac{1^2}{1^2-11^2}\cdot\frac{3^2}{3^2-11^2}\cdot\frac{5^2}{5^2-11^2}\cdot\frac{7^2}{7^2-11^2}\cdot\frac{9^2}{9^2-11^2}\cdot\frac{13^2}{13^2-11^2}\cdot\cdots.$$

或

$$a=+1\cdot\frac{3\cdot 3}{2\cdot 4}\cdot\frac{5\cdot 5}{4\cdot 6}\cdot\frac{7\cdot 7}{6\cdot 8}\cdot\cdots,$$

$$b=-\frac{1\cdot 1}{2\cdot 4}\cdot\frac{5\cdot 5}{2\cdot 8}\cdot\frac{7\cdot 7}{4\cdot 10}\cdot\frac{9\cdot 9}{6\cdot 12}\cdot\cdots,$$

$$c=+\frac{1\cdot 1}{4\cdot 6}\cdot\frac{3\cdot 3}{2\cdot 8}\cdot\frac{7\cdot 7}{2\cdot 12}\cdot\frac{9\cdot 9}{4\cdot 14}\cdot\frac{11\cdot 11}{6\cdot 16}\cdot\cdots,$$

$$d=-\frac{1\cdot 1}{6\cdot 8}\cdot\frac{3\cdot 3}{4\cdot 10}\cdot\frac{5\cdot 5}{2\cdot 12}\cdot\frac{9\cdot 9}{2\cdot 16}\cdot\frac{11\cdot 11}{4\cdot 18}\cdot\cdots,$$

$$e=+\frac{1\cdot 1}{8\cdot 10}\cdot\frac{3\cdot 3}{6\cdot 12}\cdot\frac{5\cdot 5}{4\cdot 14}\cdot\frac{7\cdot 7}{2\cdot 16}\cdot\frac{11\cdot 11}{2\cdot 20}\cdot\frac{13\cdot 13}{4\cdot 22}\cdot\cdots,$$

$$f=-\frac{1\cdot 1}{10\cdot 12}\cdot\frac{3\cdot 3}{8\cdot 14}\cdot\frac{5\cdot 5}{6\cdot 16}\cdot\frac{7\cdot 7}{4\cdot 18}\cdot\frac{9\cdot 9}{2\cdot 20}\cdot\frac{13\cdot 13}{2\cdot 24}\cdot\frac{15\cdot 15}{4\cdot 26}\cdot\cdots.$$

根据沃利斯(Wallis)定理，量$\frac{\pi}{2}$或圆周长的$\frac{1}{4}$等于

$$\frac{2\cdot 2}{1\cdot 3}\cdot\frac{4\cdot 4}{3\cdot 5}\cdot\frac{6\cdot 6}{5\cdot 7}\cdot\frac{8\cdot 8}{7\cdot 9}\cdot\frac{10\cdot 10}{9\cdot 11}\cdot\frac{12\cdot 12}{11\cdot 13}\cdot\frac{14\cdot 14}{13\cdot 15}\cdot\cdots.$$

我们会观察到，在 a，b，c，d，… 的值中，要使它们的分子和分母成为完整的成对的奇数序列和偶数序列，还必须添加一些因子，我们发现应当添加的因子是：

对于 b 来说，是$\frac{3\cdot 3}{6}$，

对于 c 来说，是$\frac{5\cdot 5}{10}$，

对于 d 来说，是$\frac{7\cdot 7}{14}$，

对于 e 来说，是$\frac{9\cdot 9}{18}$，

对于 f 来说，是$\frac{11\cdot 11}{22}$，

因此我们得到

$$\begin{cases}a=2\cdot\frac{2}{\pi},\\ b=-2\cdot\frac{2}{3\pi},\\ c=2\cdot\frac{2}{5\pi},\\ d=-2\,\frac{2}{7\pi},\\ e=2\,\frac{2}{9\pi},\\ f=-2\,\frac{2}{11\pi}.\end{cases}$$ [1]

177. 这样消元彻底完成了，方程

$$1=a\cos y+b\cos 3y+c\cos 5y+d\cos 7y+e\cos 9y+\cdots$$

中的系数 a，b，c，d，… 确定下来了.

把这些系数带入方程就得到了如下方程：

$$\frac{\pi}{4}=\cos y-\frac{1}{3}\cos 3y+\frac{1}{5}\cos 5y-\frac{1}{7}\cos 7y+\frac{1}{9}\cos 9y-\cdots$$ [2].

等式右边是关于 y 的一个函数，当 y 取 $-\frac{1}{2}\pi$ 到 $\frac{1}{2}\pi$ 之间的任何值时这个函数值不会发生变化. 容易证明这个级数总是收敛的，即以任意一个数代替 y，并遵循这些系数的计算，我们都愈来愈趋近于一个固定的值，因此，这个值与所计算的项的和的差值变得小于任一给定的量. 在此我们没有给出一个证明，这个证明读者可以给出，如果给 y 赋予 0 到 $\frac{\pi}{2}$ 之间的一个值，我们会注意到，不断逼近的这个固定值就是 $\frac{1}{4}\pi$，但是如果给 y 赋予 $\frac{\pi}{2}$ 到 $\frac{3\pi}{2}$ 之间的一个值，这个固定值就是 $-\frac{1}{4}\pi$；因为当 y 的取值在第二个区间时，级数每一项的符号发生了变化. 一般地，这个级数的极限交替为正和负；从其他方面考虑，这种收敛不能快得足以提供一种简便的逼近方式，不过它却足以使方程成立.

178. 取 x 为横坐标，y 为纵坐标，方程

$$y=\cos x-\frac{1}{3}\cos 3x+\frac{1}{5}\cos 5x-\frac{1}{7}\cos 7x+\cdots$$

表示一条曲线，这条曲线是由平行于坐标轴并等于圆周长的分离的直线段构成的. 这些平行线交替地位于轴的上方或下方，与轴相距 $\frac{1}{4}\pi$，并由本身成为这条线的组成部分的垂线所连结. 为了对这条线的性质形成一个准确的概念，首先应当假设函数 $\cos x-\frac{1}{3}\cos 3x+\frac{1}{5}\cos 5x-\cdots$ 的项数是一个有限值. 在后一种情况下，方程 $y=\cos x-\frac{1}{3}\cos 3x+\frac{1}{5}\cos 5x-\cdots$ 表示一条曲线，这条曲线交替地穿过轴的上方或下方，同时当 x 取 0，$\pm\frac{1}{2}\pi$，$\pm\frac{3}{2}\pi$，$\pm\frac{5}{2}\pi$，$\cdots$ 时与轴相交. 随着方程项数的增加，所讨论的这条曲线愈来愈与前面提到的由平行直线段以及垂线段构成的曲线相一致；因此这条曲线是由逐次增加项数所得到的不同曲线的极限.

第三节　对这些级数的若干注记

179. 我们可以从不同的观点考察这些方程，直接证明方程

$$\frac{\pi}{4}=\cos x-\frac{1}{3}\cos 3x+\frac{1}{5}\cos 5x-\frac{1}{7}\cos 7x+\frac{1}{9}\cos 9x-\cdots.$$

$x=0$ 的情形被莱布尼茨级数 $\frac{\pi}{4}=1-\frac{1}{3}+\frac{1}{5}-\frac{1}{7}+\frac{1}{9}-\cdots$ 所验证.

下一步我们将假设级数 $\cos x-\frac{1}{3}\cos 3x+\frac{1}{5}\cos 5x-\frac{1}{7}\cos 7x+\cdots$ 的项数不是无限而是有限并等于 m. 我们把这个有限级数的值看作是 x 和 m 的一个函数. 我们用关于 m 的负指数幂来表示这个函数；我们就会发现，随着 m 变得越来越大，函数值越来越接近于一个常数而与 x 无关.

设 y 是所要求的函数，该函数由方程

$$y=\cos x-\frac{1}{3}\cos 3x+\frac{1}{5}\cos 5x-\frac{1}{7}\cos 7x+\cdots-\frac{1}{2m-1}\cos(2m-1)x$$

给出，假定项数 m 是偶数. 对 x 微分后的方程为

$$-\frac{\mathrm{d}y}{\mathrm{d}x}=\sin x-\sin 3x+\sin 5x-\sin 7x+\cdots+\sin(2m-3)x-\sin(2m-1)x\ ;$$

上述方程乘以 $2\sin 2x$，我们就有

$$-2\frac{\mathrm{d}y}{\mathrm{d}x}\sin 2x=2\sin x\sin 2x-2\sin 3x\sin 2x+2\sin 5x\sin 2x\cdots$$
$$+2\sin(2m-3)x\sin 2x-2\sin(2m-1)x\sin 2x\ .$$

等式右边的每一项可以用两个余弦的差来替代，我们得到

$$\begin{aligned}-2\frac{\mathrm{d}y}{\mathrm{d}x}\sin 2x=&\cos(-x)-\cos 3x\\&-\cos x+\cos 5x\\&+\cos 3x-\cos 7x\\&-\cos 5x+\cos 9x\\&\cdots\\&+\cos(2m-5)x-\cos(2m-1)x\\&-\cos(2m-3)x+\cos(2m+1)x\ .\end{aligned}$$

等式右边简化为

$$\cos(2m+1)x-\cos(2m-1)x\ ，或\ -2\sin 2mx\sin x\ ;$$

因此， $y=\frac{1}{2}\int\left(dx\,\frac{\sin 2mx}{\cos x}\right)$.

180. 我们对等式右边分部积分，同时在这个积分中把应当逐次积分的因子 $\sin 2mx dx$ 和应当逐次微分的因子 $\frac{1}{\cos x}$ 或 $\sec x$ 区别开；用 $\sec' x$，$\sec'' x$，$\sec''' x$，⋯ 表示微分的结果，我们有

$$2y = 常数 - \frac{1}{2m}\cos 2mx\sec x + \frac{1}{2^2m^2}\cos 2mx\sec' x + \frac{1}{2^3m^3}\cos 2mx\sec'' x + \cdots;$$

因此，y 的值或关于 x 和 m 的函数

$$\cos x-\frac{1}{3}\cos 3x+\frac{1}{5}\cos 5x-\frac{1}{7}\cos 7x+\cdots-\frac{1}{2m-1}\cos(2m-1)x$$

由一个无穷级数来表示；很显然，当 m 越来越大时，y 的值越来越趋于一个常数. 正因为这个原因，当 m 是无限时，不管 x 是小于 $\frac{\pi}{2}$ 的无论怎样的正值，函数 y 有一个确定的不变的值. 现在假定弧 x 为 0，我们就有

$$y=1-\frac{1}{3}+\frac{1}{5}-\frac{1}{7}+\frac{1}{9}-\cdots,$$

它等于 $\frac{\pi}{4}$. 因此，一般地我们就有

$$\frac{1}{4}\pi=\cos x-\frac{1}{3}\cos 3x+\frac{1}{5}\cos 5x-\frac{1}{7}\cos 7x+\frac{1}{9}\cos 9x-\cdots \tag{b}$$

181. 如果在这个方程中我们假设 $x=\frac{1}{2}\frac{\pi}{2}$，我们发现

$$\frac{\pi}{2\sqrt{2}}=1+\frac{1}{3}-\frac{1}{5}-\frac{1}{7}+\frac{1}{9}+\frac{1}{11}-\frac{1}{13}-\frac{1}{15}+\cdots;$$

给弧 x 其他特殊的值，我们就会发现其他的级数，不过写下这些级数没有什么用，有几个这样的级数已经在欧拉(Euler) 的著作中发表了. 如果我们用 $\mathrm{d}x$ 乘方程(b) 并对它积分，我们就有

$$\frac{\pi x}{4}=\sin x-\frac{1}{3^2}\sin 3x+\frac{1}{5^2}\sin 5x-\frac{1}{7^2}\sin 7x+\cdots.$$

在上述方程中令 $x=\frac{1}{2}\pi$，我们发现

$$\frac{\pi^2}{8}=1+\frac{1}{3^2}+\frac{1}{5^2}+\frac{1}{7^2}+\frac{1}{9^2}+\cdots.$$

它是一个已知级数. 特殊情况可以无限列举；不过，通过遵循同样的过程，确定由多重弧的正弦与余弦所组成的不同级数的值，这更符合本书的目的.

182. 设 $y=\sin x-\frac{1}{2}\sin 2x+\frac{1}{3}\sin 3x-\frac{1}{4}\sin 4x+\cdots+\frac{1}{m-1}\sin(m-1)x-\frac{1}{m}\sin mx$，$m$ 为任一偶数. 我们从这个方程得出

$$\frac{\mathrm{d}y}{\mathrm{d}x}=\cos x-\cos 2x+\cos 3x-\cos 4x\cdots+\cos(m-1)x-\cos mx;$$

用 $2\sin x$ 乘以这个方程，并把等式右边的每一项用两个正弦的差值来代替，我们将会有

$$\begin{aligned}2\sin x\frac{\mathrm{d}y}{\mathrm{d}x}=&\sin(x+x)-\sin(x-x)\\&-\sin(2x+x)+\sin(2x-x)\\&+\sin(3x+x)-\sin(3x-x)\\&\cdots\\&+\sin\{(m-1)x-x\}-\sin\{(m+1)x-x\}\\&-\sin(mx+x)+\sin(mx-x),\end{aligned}$$

化简后可得

$$2\sin x\frac{\mathrm{d}y}{\mathrm{d}x}=\sin x+\sin mx-\sin(mx+x).$$

式 $\sin mx-\sin(mx+x)$ 或 $\sin\left(mx+\frac{1}{2}x-\frac{1}{2}x\right)-\sin\left(mx+\frac{1}{2}x+\frac{1}{2}x\right)$ 等于

$$-2\sin\frac{1}{2}x\cos\left(mx+\frac{1}{2}x\right);$$

因此我们有 $\frac{\mathrm{d}y}{\mathrm{d}x}=\frac{1}{2}-\frac{\sin\frac{1}{2}x}{\sin x}\cos\left(mx+\frac{1}{2}x\right)$，或者 $\frac{\mathrm{d}y}{\mathrm{d}x}=\frac{1}{2}-\frac{\cos\left(mx+\frac{1}{2}x\right)}{2\cos\frac{1}{2}x}$，我们得到

$$y=\frac{1}{2}x-\int\mathrm{d}x\frac{\cos\left(mx+\frac{1}{2}x\right)}{2\cos\frac{1}{2}x}.$$

如果我们分部积分，同时区分应当逐次微分的因子 $\frac{1}{\cos\frac{1}{2}x}$ 或 $\sec\frac{1}{2}x$ 与应当逐次积分的因子 $\cos\left(mx+\frac{1}{2}x\right)$，我们将形成一个级数，其中 $m+\frac{1}{2}$ 的幂进入分母. 至于常数它等于0，因为 y 值从 x 的值开始.

由此得到，当项数很大时，有限级数

$$\sin x-\frac{1}{2}\sin 2x+\frac{1}{3}\sin 3x-\frac{1}{5}\sin 5x+\frac{1}{7}\sin 7x-\cdots-\frac{1}{m}\sin mx$$

的值与 $\frac{1}{2}x$ 的值相差无几；若项数无穷，则我们有已知方程

$$\frac{1}{2}x=\sin x-\frac{1}{2}\sin 2x+\frac{1}{3}\sin 3x-\frac{1}{4}\sin 4x+\frac{1}{5}\sin 5x-\cdots.$$

从最后的这个级数还可以推出已经给出过的值为 $\frac{1}{4}\pi$ 的级数.

183. 现在令

$$y=\frac{1}{2}\cos 2x-\frac{1}{4}\cos 4x+\frac{1}{6}\cos 6x-\cdots+\frac{1}{2m-2}\cos(2m-2)x-\frac{1}{2m}\cos 2mx.$$

对上式微分再乘以 $2\sin 2x$，代入余弦的差并化简，我们会得到

$2\frac{\mathrm{d}y}{\mathrm{d}x}=-\tan x+\frac{\sin(2m+1)x}{\cos x}$ 或者 $2y=c-\int \mathrm{d}x\tan x+\int \mathrm{d}x\frac{\sin(2m+1)x}{\cos x}$；通过分部积分上式右边的最后一项，并假定 m 无穷，我们就有 $y=c+\frac{1}{2}\log\cos x$. 如果在方程 $y=\frac{1}{2}\cos 2x-\frac{1}{4}\cos 4x+\frac{1}{6}\cos 6x-\frac{1}{8}\cos 8x+\cdots$ 中，我们假定 $x=0$，我们发现 $y=\frac{1}{2}-\frac{1}{4}+\frac{1}{6}-\frac{1}{8}+\cdots=\frac{1}{2}\log 2$；因此，$y=\frac{1}{2}\log 2+\frac{1}{2}\log\cos x$. 这样我们就得到了欧拉(Euler)曾给出的级数

$$\log\left(2\cos\frac{1}{2}x\right)=\cos x-\frac{1}{2}\cos 2x+\frac{1}{3}\cos 3x-\frac{1}{4}\cos 4x+\cdots.$$

184. 对方程 $y=\sin x+\frac{1}{3}\sin 3x+\frac{1}{5}\sin 5x+\frac{1}{7}\sin 7x+\cdots$ 运用同样的过程就会得到从未被注意过的级数 $\frac{1}{4}\pi=\sin x+\frac{1}{3}\sin 3x+\frac{1}{5}\sin 5x+\frac{1}{7}\sin 7x+\frac{1}{9}\sin 9x+\cdots$. [3]

对于所有这些级数，我们应当注意到，只有当变量 x 包含在某一界限内时，由它们建立的方程才成立. 因此，只有在变量 x 包含在给定的区间时，函数

$$\cos x-\frac{1}{3}\cos 3x+\frac{1}{5}\cos 5x-\frac{1}{7}\cos 7x+\cdots$$

才等于 $\frac{1}{4}\pi$. 级数 $\sin x-\frac{1}{2}\sin 2x+\frac{1}{3}\sin 3x-\frac{1}{4}\sin 4x+\frac{1}{5}\sin 5x-\cdots$ 也是这样. 这个总是收敛的级数只要弧度 x 大于 0 而小于 π，则它的值就等于 $\frac{1}{2}x$. 但如果弧度超过 π，它的值就不等于 $\frac{1}{2}x$，相反地与 $\frac{1}{2}x$ 的差距很大；因为显然，从 $x=\pi$ 到 $x=2\pi$ 的区间内，这个函数以相反的符号取它在前面从 $x=0$ 到 $x=\pi$ 的区间所取的所有值. 人们知道这个级数已很长时间了，但是发现这个级数的分析学并没有

揭示为什么当变量超过 π 时这个结果不成立.

因此我们应当仔细地审视我们所要应用的这种方法，同时还应当寻找每个三角级数都有其成立范围的缘由.

185. 为了实现这一点，我们只需要认识到以下事实就足够了，只有构成无穷级数的项的和的极限确定了，这个无穷级数的值才能精确地确定；因此，假如我们只考虑了这些级数的前几项，我们应当找到包含余项在内的界限.

我们把这个注记运用到方程

$$y=\cos x-\frac{1}{3}\cos 3x+\frac{1}{5}\cos 5x-\frac{1}{7}\cos 7x\cdots+\frac{\cos(2m-3)x}{2m-3}-\frac{\cos(2m-1)x}{2m-1}$$

中. 它的项数是偶数，用 m 表示；从上式可推出方程 $\frac{2\mathrm{d}y}{\mathrm{d}x}=\frac{\sin 2mx}{\cos x}$ ，因此我们可以由分部积分推出 y 的值. 现在，由于 u 和 v 是 x 的函数，积分 $\int uv\mathrm{d}x$ 可以分解为一个级数，这个级数的项数想要多少就有多少. 例如，我们可以写成

$$\int uv\mathrm{d}x=c+u\int v\mathrm{d}x-\frac{\mathrm{d}u}{\mathrm{d}x}\int \mathrm{d}x\int v\mathrm{d}x+\frac{\mathrm{d}^2u}{\mathrm{d}x^2}\int \mathrm{d}x\int \mathrm{d}x\int v\mathrm{d}x-\int\left\{\mathrm{d}\left(\frac{\mathrm{d}^2u}{\mathrm{d}x^2}\right)\int \mathrm{d}x\int \mathrm{d}x\int v\mathrm{d}x\right\},$$

这是一个可通过微分来验证的方程.

用 v 表示 $\sin 2mx$ ， u 表示 $\sec x$ ，我们会发现

$$2y=c-\frac{1}{2m}\sec x\cos 2mx+\frac{1}{2^2m^2}\sec' x\sin 2mx$$
$$+\frac{1}{2^3m^3}\sec'' x\cos 2mx-\int\left(\mathrm{d}\,\frac{\sec'' x}{2^3m^3}\cdot\cos 2mx\right).$$

186. 现在需要确定使级数完整起来的包含积分 $\int\left(\mathrm{d}\,\frac{\sec'' x}{2^3m^3}\cdot\cos 2mx\right)$ 的界限. 为了形成这个积分，我们应当对弧 x 赋予从这个积分开始的下限 0 一直到这个弧的最后的值 x 的无数多个值；对于 x 的每一个值，都应当确定微分 $\mathrm{d}(\sec'' x)$ 的值以及因子 $\cos 2mx$ 的值，同时还应当加上所有的部分积：现在，可变因子 $\cos 2mx$ 必须是一个正或负的分数；因此，积分由微分 $\mathrm{d}(\sec'' x)$ 的值分别乘以这些分数后所得的可变值的和构成. 当从 $x=0$ 一直取到 x 时，这个积分的总值小于微分 $\mathrm{d}(\sec'' x)$ 的和，反过来取，则它比这个和要大：因为在第一种情形下，我们用常量 1 替代了可变因子 $\cos 2mx$ ，在第二种情形下，用 -1 替代了可变因子：现在，微分 $\mathrm{d}(\sec'' x)$ 的和，或者同样的，从 $x=0$ 开始的积分 $\int \mathrm{d}(\sec'' x)$ 是 $\sec'' x-\sec'' 0$；$\sec'' x$ 是 x 的某个函数， $\sec'' 0$ 是这个函数在弧 x 为 0 的假设下所取的值.

因此，所求的积分包含在 $+(\sec''x-\sec''0)$ 和 $-(\sec''x-\sec''0)$ 之间；也就是说，如果用 k 表示一个或正或负的未知分数，我们总有

$$\int\{d(\sec''x)\cos 2mx\}=k(\sec''x-\sec''0).$$

这样我们就得到了方程

$$2y=c-\frac{1}{2m}\sec x\cos 2mx+\frac{1}{2^2m^2}\sec' x\sin 2mx$$
$$+\frac{1}{2^3m^3}\sec'' x\cos 2mx-\frac{k}{2^3m^3}(\sec''x-\sec''0),$$

其中量 $\frac{k}{2^3m^3}(\sec''x-\sec''0)$ 准确地表示了这个无穷级数所有后面那些项的和.

187. 如果我们只研究了两项，那么就应当有方程

$$2y=c-\frac{1}{2m}\sec x\cos 2mx+\frac{1}{2^2m^2}\sec' x\sin 2mx+\frac{k}{2^2m^2}(\sec'x-\sec'0).$$

由此得到，我们可以用与我们所期望的一样多的项去展开 y，并且可以精确地表示级数的余项；由此我们得到一个方程组

$$2y=c-\frac{1}{2m}\sec x\cos 2mx+\frac{k}{2^2m^2}(\sec x-\sec 0),$$

$$2y=c-\frac{1}{2m}\sec x\cos 2mx+\frac{1}{2^2m^2}\sec' x\sin 2mx-\frac{k}{2^2m^2}(\sec'x-\sec'0),$$

$$2y=c-\frac{1}{2m}\sec x\cos 2mx+\frac{1}{2^2m^2}\sec' x\sin 2mx+\frac{1}{2^3m^3}\sec'' x\cos 2mx$$
$$-\frac{k}{2^3m^3}(\sec''x-\sec''0).$$

方程中 k 值并不完全相同，它表示 1 到 −1 之间的某个量；m 是级数

$$\cos x-\frac{1}{3}\cos 3x+\frac{1}{5}\cos 5x-\cdots-\frac{1}{2m-1}\cos(2m-1)x$$

的项数，这个级数的和用 y 表示.

188. 如果数 m 给定，并且不管这个数有多大，我们都可以像我们所期望的那样精确地确定 y 的可变部分，那么，我们就可以运用这些方程. 如果数 m 像假设的那样是无穷的，我们仅仅需要考虑第一个方程；显然，常数后面的两项会变得越来越小；因此在这种情形下 $2y$ 的精确值就是常数 c；在 y 的值中假设 $x=0$ 就可以得到这个常数，因此，我们可得

$$\frac{\pi}{4}=\cos x-\frac{1}{3}\cos 3x+\frac{1}{5}\cos 5x-\frac{1}{7}\cos 7x+\frac{1}{9}\cos 9x-\cdots.$$

现在容易看到，如果弧度 x 小于 $\frac{\pi}{2}$，则结果必然成立. 事实上，当对这个弧度赋予与 $\frac{1}{2}\pi$ 如我们所期望的那样接近的一个确定值 X 时，我们总可以找到一个充分大的 m 的值，使得这个级数完整的项 $\frac{k}{2m}(\sec x-\sec 0)$ 小于任何一个量；不过这个结论的精确性基于项 $\sec x$ 的取值不能超出所有可能界限的值这样一个事实，因此，同一推理不能运用到弧 x 不小于 $\frac{\pi}{2}$ 的情形.

同样的分析可运用于表示 $\frac{1}{2}x$ 和 $\log\cos x$ 的值的级数上，通过这种方式我们能够确定变量的界限，以使分析结果不带任何的不确定性；此外，用建立在其他原理基础之上的另一种方法也可以解决同样的问题.

189. 在一个固体薄片中的恒定温度规律的表达式以方程

$$\frac{\pi}{4}=\cos x-\frac{1}{3}\cos 3x+\frac{1}{5}\cos 5x-\frac{1}{7}\cos 7x+\frac{1}{9}\cos 9x-\cdots$$

为前提条件. 获得这个方程的更简单的方法如下：

如果两个弧度的和等于 $\frac{1}{2}\pi$，即圆周的 $\frac{1}{4}$，那么他们正切的乘积就是 1；因此，一般地我们有

$$\frac{1}{2}\pi=\arctan u+\arctan\frac{1}{u}. \tag{c}$$

符号 $\arctan u$ 表示正切是 u 的弧长，给出那个弧的值的级数是已熟知的；因此我们有以下结果：

$$\frac{1}{2}\pi=u+\frac{1}{u}-\frac{1}{3}\left(u^3+\frac{1}{u^3}\right)+\frac{1}{5}\left(u^5+\frac{1}{u^5}\right)-\frac{1}{7}\left(u^7+\frac{1}{u^7}\right)+\frac{1}{9}\left(u^9+\frac{1}{u^9}\right)-\cdots \tag{d}$$

如果我们在方程（c）和方程（d）中用 $e^{x\sqrt{-1}}$ 代替 u，则我们有

$$\frac{1}{2}\pi=\arctan e^{x\sqrt{-1}}+\arctan e^{-x\sqrt{-1}},$$

和
$$\frac{\pi}{4}=\cos x-\frac{1}{3}\cos 3x+\frac{1}{5}\cos 5x-\frac{1}{7}\cos 7x+\frac{1}{9}\cos 9x-\cdots.$$

方程(d) 的这个级数总是发散的，方程(b) 的级数(180 目) 总是收敛的，它的值是 $\frac{1}{4}\pi$ 或 $-\frac{1}{4}\pi$.

第四节　通　解

190. 现在我们可以构造我们所提出问题的完全解了；由于方程(b)(169 目)的系数已经确定，剩下就只是把它们代入而已，我们有

$$\frac{\pi v}{4}=e^{-x}\cos y-\frac{1}{3}e^{-3x}\cos 3y+\frac{1}{5}e^{-5x}\cos 5y-\frac{1}{7}e^{-7x}\cos 7y+\cdots \tag{α}$$

这个 v 值满足方程 $\frac{d^2v}{dx^2}+\frac{d^2v}{dy^2}=0$；当 $y=\frac{1}{2}\pi$ 或 $-\frac{1}{2}\pi$ 时，v 值就变为0；最后，当 $x=0$ 而 y 在 $-\frac{1}{2}\pi$ 到 $\frac{1}{2}\pi$ 之间时，v 值等于1. 这样问题中的所有物理条件都完全满足了，毫无疑问，如果我们对薄片中的每一点都给予方程（α）所确定的温度，同时基底 A 保持温度1，无穷边 B 和 C 的温度保持0，那么这个系统的温度不会有任何变化.

191. 方程（α）的右边具有极其收敛的级数形式，容易确定坐标 x 和 y 已知的点的温度值. 这个解引出了各种值得注意的结果，因为它们也属于这个一般理论.

如果需考虑其固定温度的点 m 距离原点 A 非常遥远，方程（α）右边的值将非常接近于 $e^{-x}\cos y$；如果 x 无穷，则它简化为这一项.

方程 $v=\frac{4}{\pi}e^{-x}\cos y$ 也表示一旦形成便保持不变的这个固体的一个状态；方程 $v=\frac{4}{3\pi}e^{-3x}\cos 3y$ 所表示的状态亦如此，一般地，级数中的每一项对应于一个具有同样性质的特殊的状态. 所有这些局部系统存在于方程（α）所表示的系统中；它们被叠加，对应于这些状态的热运动发生了，就像它们单独存在一样. 在与这些项的任一个相对应的这些状态中，基底 A 的各点的固定温度各不相同，但是由所有这些项的和所产生的一般状态满足这个特殊条件.

随着我们考虑其温度的点离原点愈远，热运动就愈不复杂：如果距离 x 足够大，级数的每一项对于它前面的项就非常小，对于薄片中距离原点越来越远的那些部分，加热薄片的状态明显地由前面三项、或两项、或仅仅一项来表示.

纵坐标衡量固定温度 v 的曲面是由具有方程

$$\frac{\pi v_1}{4}=e^{-x}\cos y,\quad \frac{\pi v_2}{4}=-\frac{1}{3}e^{-3x}\cos 3y,\quad \frac{\pi v_3}{4}=\frac{1}{5}e^{-5x}\cos 5y,\quad \cdots$$

的大量特殊曲面的纵坐标相加构成的.

当 x 无穷时，这些方程中的第一个所表示的曲面与一般曲面重合，它们有一个共同的渐近面.

如果把它们纵坐标的差 $v-v_1$ 看作是一个曲面的纵坐标，当 x 是无穷时，这个曲面将会与方程 $\frac{\pi v_2}{4}=-\frac{1}{3}\mathrm{e}^{-3x}\cos 3y$ 表示的曲面重合. 这个级数的其他项产生相似的结果.

如果在原点处的截面不是像实际假设中那样由平行于 y 轴的直线所围成，而是由两个对称部分构成的任一图形，那么会再一次得到同样的结果. 因此，显然特殊值 $a\mathrm{e}^{-x}\cos y$，$b\mathrm{e}^{-3x}\cos 3y$，$c\mathrm{e}^{-5x}\cos 5y$，… 在物理问题中有它们的来源，它们与热现象有着必然的联系. 它们中的每一个都表示一个简单的模式，热在无穷边保持固定温度的矩形薄片中按照这些模式建立和传导. 这个一般的温度系统总是由大量的简单系统构成，它们和的表达式只有系数 a，b，c，d… 是任意的.

192. 方程（α）可以用来确定在原点处加热的矩形薄片中的永恒热运动的所有情况. 例如，如果有人问，热源的消耗如何，也就是说，在一个给定的时间内，穿过基底 A 并补偿流进冷物质 B 和 C 的热量是多少；我们认为垂直于 y 轴的热通量可表示为 $-K\frac{\mathrm{d}v}{\mathrm{d}x}$，因此，在 $\mathrm{d}t$ 时间内流过坐标轴 $\mathrm{d}y$ 部分的热量就是

$$-K\frac{\mathrm{d}v}{\mathrm{d}x}\mathrm{d}y\mathrm{d}t\ ,$$

并且温度是恒定的，单位时间内的热流量就是 $-K\frac{\mathrm{d}v}{\mathrm{d}x}\mathrm{d}y$. 为了获得穿过基底的全部热量，必须对 $-K\frac{\mathrm{d}v}{\mathrm{d}x}\mathrm{d}y$ 从 $y=-\frac{1}{2}\pi$ 到 $y=\frac{1}{2}\pi$ 积分，或者从 $y=0$ 到 $y=\frac{1}{2}\pi$ 积分，然后把积分的结果加倍. 量 $\frac{\mathrm{d}v}{\mathrm{d}x}$ 是 x 和 y 的一个函数，为了使计算适合于与 y 轴重合的基底 A，在这个函数中，x 应当等于 0. 因此，热源消耗的表达式就是 $2\int\left(-K\frac{\mathrm{d}v}{\mathrm{d}x}\mathrm{d}y\right)$. 这个积分应当从 $y=0$ 到 $y=\frac{1}{2}\pi$；如果在函数 $\frac{\mathrm{d}v}{\mathrm{d}x}$ 中，假定 x 不等于 0，而是 $x=x$，则这个积分是 x 的函数，它表示了单位时间内通过距原点为 x 处的一个横截边的热量.

193. 如果我们希望确定单位时间内通过薄片上平行于边 B 和 C 的一条直线的热量，那么我们就运用表达式 $-K\frac{\mathrm{d}v}{\mathrm{d}y}$，并用线的微元 $\mathrm{d}x$ 乘以它，然后在这条

线的给定界限内关于 x 积分；因此，积分 $\int\left(-K\frac{\mathrm{d}v}{\mathrm{d}y}\mathrm{d}x\right)$ 表示了通过整条线段的热流量是多少；如果在这个积分之前或之后我们取 $y=\frac{1}{2}\pi$，我们就可以确定在单位时间内从薄片通过无穷边界 C 逃逸的热量. 接着我们可以对这个量和热源的消耗量进行比较；因为热源必须不断地提供流入物质 B 和 C 的热. 如果这种补偿不是在每一时刻都存在，那么系统的温度会变化.

194. 方程（α）给出

$$-K\frac{\mathrm{d}v}{\mathrm{d}x}=\frac{4K}{\pi}\left(\mathrm{e}^{-x}\cos y-\mathrm{e}^{-3x}\cos 3y+\mathrm{e}^{-5x}\cos 5y-\mathrm{e}^{-7x}\cos 7y+\cdots\right);$$

乘以 $\mathrm{d}y$，并从 $y=0$ 积分，我们有

$$\frac{4K}{\pi}\left(\mathrm{e}^{-x}\sin y-\frac{1}{3}\mathrm{e}^{-3x}\sin 3y+\frac{1}{5}\mathrm{e}^{-5x}\sin 5y-\frac{1}{7}\mathrm{e}^{-7x}\sin 7y+\cdots\right).$$

如果令 $y=\frac{\pi}{2}$，并对积分加倍，我们得到了在单位时间内，通过平行于基底并与基底相距为 x 的一条直线的热量的表达式

$$\frac{8K}{\pi}\left(\mathrm{e}^{-x}+\frac{1}{3}\mathrm{e}^{-3x}+\frac{1}{5}\mathrm{e}^{-5x}+\frac{1}{7}\mathrm{e}^{-7x}+\cdots\right).$$

从方程（α）我们还可以推出

$$-K\frac{\mathrm{d}v}{\mathrm{d}y}=\frac{4K}{\pi}\left(\mathrm{e}^{-x}\sin y-\mathrm{e}^{-3x}\sin 3y+\mathrm{e}^{-5x}\sin 5y-\mathrm{e}^{-7x}\sin 7y+\cdots\right);$$

因此，从 $x=0$ 所取的积分 $\int -K\left(\frac{\mathrm{d}v}{\mathrm{d}y}\right)\mathrm{d}x$ 就是

$$\frac{4K}{\pi}\left[\left(1-\mathrm{e}^{-x}\right)\sin y-\left(1-\mathrm{e}^{-3x}\right)\sin 3y+\left(1-e^{-5x}\right)\sin 5y-\left(1-\mathrm{e}^{-7x}\right)\sin 7y+\cdots\right].$$

如果从 x 为无穷时它所取的值中减去这个量，我们便得到

$$\frac{4K}{\pi}\left(\mathrm{e}^{-x}\sin y-\frac{1}{3}\mathrm{e}^{-3x}\sin 3y+\frac{1}{5}\mathrm{e}^{-5x}\sin 5y-\cdots\right);$$

一旦使 $y=\frac{\pi}{2}$，我们就有经过从距离原点为 x 处的点直到薄片终点的无穷边 C 的总热量的一个表达式；即

$$\frac{4K}{\pi}\left(\mathrm{e}^{-x}+\frac{1}{3}\mathrm{e}^{-3x}+\frac{1}{5}\mathrm{e}^{-5x}+\frac{1}{7}\mathrm{e}^{-7x}+\cdots\right),$$

显然，它等于同时通过薄片上距原点为 x 处所作的横截线的热量的一半. 我们已经注意到这个结果是这个问题的条件所产生的必然结果；如果它不成立，那么这

个薄片位于这条横截线以外并且延伸到无穷的部分，就不会接收到来自于基底的等于通过它的两边所散失的热量；因此它不能保持自己的状态，这与假设矛盾.

195. 至于热源的消耗，在前面的表达式中假定 $x=0$ 就可以发现；因此它呈一个无穷值的形式，如果注意到，根据假设，直线 A 的每一点的温度都是 1 并保持 1，那么其原因就是显然的：与这个基底非常接近的平行直线的温度与 1 几乎没有差距. 因此，和冷物质 B 和 C 毗邻的所有这些直线的端点向它们传递的热量比温度连续、逐步下降时要无比地大. 在薄片开始的一部分中，在接近 B 和 C 的端点处，存在一个热瀑(a cataract of heat)，或者一个无穷热流. 当距离 x 变得明显时这个结果不成立.

196. 曾经用 π 表示基底的长度. 如果我们给它赋值 $2l$，我们应当用 $\frac{1}{2}\pi\,\frac{y}{l}$ 代替 y，给 x 的值也乘以 $\frac{\pi}{2l}$，我们用 $\frac{1}{2}\pi\,\frac{x}{l}$ 代替 x. 用 A 表示基底的恒定温度，我们应当把 v 替换为 $\frac{v}{A}$. 在方程（α）中作这些代换后，我们有

$$v=\frac{4A}{\pi}\left(\mathrm{e}^{-\frac{\pi x}{2l}}\cos y\,\frac{\pi y}{2l}-\frac{1}{3}\mathrm{e}^{-\frac{3\pi x}{2l}}\cos 3\,\frac{\pi y}{2l}+\frac{1}{5}\mathrm{e}^{-\frac{5\pi x}{2l}}\cos 5\,\frac{\pi y}{2l}-\frac{1}{7}\mathrm{e}^{-\frac{7\pi x}{2l}}\cos 7\,\frac{\pi y}{2l}+\cdots\right).\qquad(\beta)$$

这个方程精确地表示了一个处于两块冰物质 B 和 C 之间并有恒定热源的无界矩形棱柱永恒的温度系统.

197. 通过这个方程或 171 目容易看到，固体中的热传导，距离原点越远，得到的热量越多，同时它还指向了无界面 B 和 C. 平行于基底截面的每一个截面在每一时刻被恢复到同一强度的热波(a wave of heat)所横截：截面与原点的距离越大强度越弱. 与无界平面平行的任一平面也有类似的热运动；每一个这样的平面被一个恒波(a constant wave)所横截，这个恒波把热传向两侧的物质.

如果我们不是非得要阐明一个其原理需要确定的全新的理论，那么前面的一些论述就不必要了. 为此我们增加如下注记.

198. 方程（α）中的每一项对应于一个特殊的温度系统，这些温度系统存在于一端受热，并且两条无穷边保持一个恒定温度的矩形薄片中. 因此当基底 A 的点有固定温度 $\cos y$ 时，方程 $v=e^{-x}\cos y$ 表示永恒温度. 我们现在设想受热的薄片是沿各个方向无限延伸的一个平面的一部分，用 x 和 y 表示这个平面上任一点的坐标，用 v 表示该点的温度，我们可以对整个平面运用方程 $v=e^{-x}\cos y$；通过这种方式，边 B 和 C 接收到了固定温度 0；但是邻接部分 BB 和 CC 的温度则不同；它们接收并保持了较低的温度. 基底 A 每一点的永恒温度用 $\cos y$ 表示，并且邻接

部分 AA 具有较高的温度. 如果我们建构一个曲面，使其纵坐标等于平面上每一点的永恒温度，并且假设有一经过或平行于直线 A 的垂直平面截这个曲面，那么截面构成的曲线就是三角曲线，这条三角曲线的纵坐标是关于余弦的无穷和周期级数. 如果同一曲面被平行于 x 轴的垂直平面所截，那么截面所形成的曲线就是通过其全长的对数曲线.

199. 由此可见这一分析怎样满足假定基底温度等于 $\cos y$ ，两边 B 和 C 的温度等于 0 的这两个条件. 在我们表示这两个条件时，事实上我们是在解决以下问题：如果这个受热薄片构成一个无界平面的一部分，那么，为了使这个系统可以自我保持，并使得无界矩形的固定温度就是假设中给定的温度，平面上所有点的温度将会是怎样的呢？

我们在前面已经假设一些外部因素使矩形固体一个面的温度是 1，其他两个面的温度是 0. 这个结果可以以不同的方式来表示；不过适合于这个研究的假定在于把这个棱柱看作是所有尺寸为无界的固体的一部分，以及确定了环绕这个立体物质的温度，因此，与这个曲面有关的两个条件总是可以保持的.

200. 为了确定基底 A 保持温度 1，两条无穷边保持温度 0 的矩形薄片的永恒温度系统，我们应该考虑从初始状态到问题中固定的目标状态温度所经历的变化. 这样就可以确定时间取任何值时固体的变化状态，接着我们就可以假定时间是无穷的.

我们所采用的方法是不同的，这种方法更直接地通向最终状态的表达式，因为它的建立以这个状态的一个独特性质为基础. 我们现在要表明，除了我们所提出的解以外，该问题不可能有其他解. 证明由下述命题得出.

201. 如果我们让一个无界矩形薄片的所有点的温度都由方程（α）表示，并且两边 B 和 C 保持温度 0，而端点 A 受到一个热源的作用从而使线 A 上所有的点都保持温度 1；那么这个固体的状态不会发生任何的变化. 事实上，由于方程

$$\frac{d^2v}{dx^2}+\frac{d^2v}{dy^2}=0$$

被满足，所以显然(170 目）决定每一个分子温度的热量既不会增加也不会减少.

同一固体中的不同点接收到了由方程（α）或 $v=\phi(x, y)$ 所表示的温度后，假定边 A 不是保持温度 1，而是给定和直线 B 和 C 一样的固定温度 0；那么保留在薄片 ABC 中的热将流过三条边 A，B，C，根据假定，热不会得到补偿，因此温度将会连续下降，它们最终的共同值就是 0. 这个结果是显然的，因为根据建立方程（α）的方法，距离原点 A 无穷远的点就具有无穷小的温度.

如果温度系统是 $v=-\phi(x, y)$ 而不是 $v=\phi(x, y)$，则在相反方向上会产生同样的结果. 也就是说，初始负温度会不断发生变化，并且越来越趋向于最终温度 0，同时三条边 A，B，C 保持温度 0.

202. 令 $v=f(x, y)$ 是一个给定的方程，它表示基底 A 保持温度 1 同时 B 和 C 保持温度 0 的固体薄片 BAC 上各点的初始温度.

令 $v=F(x, y)$ 是另一个给定的方程，它表示与前面一样的固体薄片 BAC 上各点的初始温度，只不过三条边 B，A，C 保持温度 0.

假定在第一个固体中，继终极状态之后的变化状态由方程 $v=\phi(x, y, t)$ 确定，t 表示历经的时间，方程 $v=\Phi(x, y, t)$ 确定第二个固体的变化状态，初始温度是 $F(x, y)$.

最后假定和前两个相同的第三个固体：令方程 $v=f(x, y)+F(x, y)$ 表示它的初始状态，令 1 是基底 A 的固定温度，0 是两边 B 和 C 的温度.

我们继而表明，第三个固体的变化状态由方程 $v=\phi(x, y, t)+\Phi(x, y, t)$ 确定.

事实上，第三个固体一点 m 的温度是变化的，因为体积是 M 的分子得到或失去一定的热量 Δ，在 $\mathrm{d}t$ 时间内，温度的增量为 $\frac{\Delta}{cM}\mathrm{d}t$，系数 c 表示相对于体积的比热. 在第一个固体中同一点温度的变化量为 $\frac{\mathrm{d}}{cM}\mathrm{d}t$，在第二个固体中是 $\frac{D}{cM}\mathrm{d}t$，字母和 D 表示分子通过与它所有邻近分子的作用而获得的正或负的热量. 现在容易理解 Δ 等于 $\mathrm{d}+D$. 对于这一点的证明只需考虑点 m 从或者属于薄片的内部、或者属于包围它的边界的另一点 m' 获得的热量就足够了.

用 f_1 表示点 m_1 的初始温度，在 $\mathrm{d}t$ 时间内，它传递给分子 m 的热量表示为 $q_1(f_1-f)\,\mathrm{d}t$，因子 q_1 是关于两个分子之间距离的某一函数. 因此，m 获得的全部热量就是 $\sum q_1(f_1-f)\,\mathrm{d}t$，符号 $\sum$ 表示所有项的和，这些项是考虑其他点 m_2，m_3，$m_4\cdots$ 对 m 的作用时建立的；即用 q_2，f_2 或 q_3，f_3 或 q_4，f_4 等替换 q_1，f_1. 以同样的方式我们会发现在第二个固体中，点 m 获得的全部热量的表达式为 $\sum q_1(F_1-F)\,\mathrm{d}t$；并且因子 q_1 与项 $\sum q_1(f_1-f)\,\mathrm{d}t$ 中的 q_1 是相同的，因为两个固体是由同一种物质构成的，同时各个点的位置都是相同的；接着我们有

$$d=\sum q_1(f_1-f)\,\mathrm{d}t \text{ 和 } D=\sum q_1(F_1-F)\,\mathrm{d}t.$$

同样的，我们会发现

$$\Delta=\sum q_1[f_1+F_1-(f+F)]\,\mathrm{d}t;$$

因此，$\Delta=d+D$ 且 $\frac{\Delta}{cM}=\frac{d}{cM}+\frac{D}{cM}$.

由以上分析可知，第三个固体中的分子 m 在 $\mathrm{d}t$ 时间内获得的温度的增量等于前两个固体中同样点上所获增量的和. 因此，在第一个时刻末，初始假设仍然成立，因为第三个固体中的任一分子的温度等于其他两个固体中任一分子温度的和. 因此，这同一关系在每一时刻开始时都存在，即第三个固体的变化状态总能够用方程 $v=\phi(x, y, t)+\Phi(x, y, t)$ 表示.

203. 上述命题可应用于与均匀的或变化的热运动有关的一切问题. 它表明，这个运动总可以分解为几个别的运动，其中每一个都分别起作用，就像它们单独存在一样. 这种简单结果的叠加是热理论的基本原理之一. 在本研究中，我们正是用一般方程的性质来表示它，并根据热传导原理推出其根源.

现在设 $v=\phi(x, y)$ 是方程（α），它表示基底 A 受热，边 B 和 C 保持温度 0 的固体薄片 BAC 上各点的永恒状态；根据假设，薄片的初始状态是这样的，除了基底 A 上的点的温度是 1 以外，所有其他点的温度都是 0. 接着我们可以把初始状态看作是由两个其他状态构成的：在第一个状态中，初始温度是 $-\phi(x, y)$，三条边保持温度 0，在第二个状态中，初始温度是 $\phi(x, y)$，边 B 和 C 保持温度 0，同时基底 A 温度是 1；这两个状态的叠加就产生了来源于假设的初始状态. 接下来仅仅需要考虑这两个部分状态中的热运动. 现在，在第二个状态中，温度系统不可能经历任何变化；在第一个状态中，温度连续变化最终达到 0，在 201 目中已经谈到过这一点. 因此，严格意义上的终极状态是由方程 $v=\phi(x, y)$ 或（α）表示.

如果这个状态一开始就形成，那么它将自我保持，并且它就是我们用以确定这个状态的性质. 如果我们假定这个固体薄片处在另一个状态中，那么后一状态与固定状态的差形成一个逐步消失的部分状态.

204. 由此我们意识到最终的状态是唯一的；因为，若设想第二个状态，则第二个和第一个的差形成一个能够自我保持的部分状态，尽管边 B，A，C 保持温度 0. 现在，这个最后效应不可能发生. 如果我们假定另一个热源独立于产生热流的热源 A；此外，这个假设不是我们已处理过问题的假设，在这个问题中，初始温度为 0. 显然距离原点很远的部分仅仅能够获得一个极小的温度.

因为需要确定的最终状态是唯一的，由此得到，所提出的问题除了从方程（α）得到的解别无他解. 可以给出这个结果的另一形式，不过我们既不可能扩大也不可能缩小这个解而不改变它的精确性.

在本章中我们已解释过的方法在于得出符合方程的简单的特殊值，并使解更加一般化，从而使 v 或者 $\phi(x,y)$ 可以满足三个条件：

$$\frac{d^2v}{dx^2}+\frac{d^2v}{dy^2}=0,\ \phi(x,0)=1,\ \phi\left(x,\pm\frac{1}{2}\pi\right)=0.$$

显然，我们也可以按相反的次序进行，所得到的解必然和前面的一样. 我们不准备停下来讨论细节，一旦得到解，这些细节容易补充. 我们只在下节为函数 $\phi(x,y)$ 给出一个值得注意的表达式，这个函数的值在方程（α）中以一个收敛级数展开.

第五节　解的结果的有限表达式

205. 上述方程可以由方程 $\frac{d^2v}{dx^2}+\frac{d^2v}{dy^2}=0$ [4] 的积分得到，该方程的任意函数符号内包含有虚量. 在此我们只注意积分

$$v=\phi(x+y\sqrt{-1})+\psi(x-y\sqrt{-1})$$

与方程 $\frac{\pi v}{4}=e^{-x}\cos y-\frac{1}{3}e^{-3x}\cos 3y+\frac{1}{5}e^{-5x}\cos 5y-\cdots$ 所给定的值 v 有一个明显的关系.

事实上，用余弦的虚数的表达式来代替余弦，我们就有

$$\frac{\pi v}{2}=e^{-(x-y\sqrt{-1})}-\frac{1}{3}e^{-3(x-y\sqrt{-1})}+\frac{1}{5}e^{-5(x-y\sqrt{-1})}-\cdots$$

$$+e^{-(x+y\sqrt{-1})}-\frac{1}{3}e^{-3(x+y\sqrt{-1})}+\frac{1}{5}e^{-5(x+y\sqrt{-1})}-\cdots.$$

第一个级数是 $x-\sqrt{-1}$ 的函数，第二个级数是 $x+\sqrt{-1}$ 的相同函数.

比较这些级数与 z 的反正切函数中 $\arctan z$ 的已知展开式，我们立刻发现第一个级数就是 $\arctan e^{-(x-y\sqrt{-1})}$，第二个级数就是 $\arctan e^{-(x+y\sqrt{-1})}$；方程（$\alpha$）就呈现出了有限形式

$$\frac{\pi v}{2}=\arctan e^{-(x+y\sqrt{-1})}+\arctan e^{-(x-y\sqrt{-1})} \tag{B}$$

这个形式与通积分

$$v=\phi(x+y\sqrt{-1})+\psi(x-y\sqrt{-1}) \tag{A}$$

相一致，函数 $\phi(z)$ 是 $\arctan e^{-x}$，函数 $\psi(z)$ 类似.

如果在方程(B) 中我们用 p 表示方程右边的第一项，用 q 表示第二项，我们就有

$$\frac{1}{2}\pi v=p+q\text{，}\tan p=\mathrm{e}^{-(x+y\sqrt{-1})}\text{，}\tan q=\mathrm{e}^{-(x-y\sqrt{-1})}\text{；}$$

因此，$\tan(p+q)$ 或 $\dfrac{\tan p+\tan q}{1-\tan p\tan q}=\dfrac{2\mathrm{e}^{-x}\cos y}{1-\mathrm{e}^{-2x}}=\dfrac{2\cos y}{e^{x}-e^{-x}}$；

于是我们得到方程 $\dfrac{1}{2}\pi v=\arctan\left(\dfrac{2\cos y}{\mathrm{e}^{x}-\mathrm{e}^{-x}}\right)$. (C)

这是能够表述该问题解的最简形式.

206. v 或 $\phi(x, y)$ 的值满足与固体边界相关的条件，即 $\phi\left(x, \pm\dfrac{\pi}{2}\right)=0$，以及 $\phi(0, y)=1$；它也满足一般方程 $\dfrac{\mathrm{d}^2v}{\mathrm{d}x^2}+\dfrac{\mathrm{d}^2v}{\mathrm{d}y^2}=0$，因为方程（C）是方程（B）的一个变换. 因此，它确切地表示了永恒的温度系统；因为状态是唯一的，所以不可能有更一般的或更严格的其他任何解.

当未知数 x，y，z 中有两个给定时，通过表格，方程（C）会提供另一个未知数的值；它清晰地揭示了曲面的性质，这个曲面的纵坐标表示固体薄片上一个给定点的永恒温度. 最后，我们从同一方程得出了微分系数 $\dfrac{\mathrm{d}v}{\mathrm{d}x}$，$\dfrac{\mathrm{d}v}{\mathrm{d}y}$ 的值，它们度量了在两个垂直方向上的热流速度；因而我们知道了在其他任何方向上的热流值.

由此，这两个系数表示为

$$\frac{\mathrm{d}v}{\mathrm{d}x}=-2\cos y\left(\frac{\mathrm{e}^{x}+\mathrm{e}^{-x}}{\mathrm{e}^{2x}+2\cos 2y+\mathrm{e}^{-2x}}\right)$$

$$\frac{\mathrm{d}v}{\mathrm{d}y}=-2\sin y\left(\frac{\mathrm{e}^{x}-\mathrm{e}^{-x}}{\mathrm{e}^{2x}+2\cos 2y+\mathrm{e}^{-2x}}\right).$$

我们注意到，在 194 目中，$\dfrac{\mathrm{d}v}{\mathrm{d}x}$，$\dfrac{\mathrm{d}v}{\mathrm{d}y}$ 的值由无穷级数给出，把其中的三角量用虚数幂替代后就容易找到这些级数的和. 这样我们就得到了刚刚所陈述的 $\dfrac{\mathrm{d}v}{\mathrm{d}x}$，$\dfrac{\mathrm{d}v}{\mathrm{d}y}$ 的值.

我们现在解决的问题是我们在热理论中或更准确地说是在需要分析学的那部分热理论中所解决的第一个问题. 不管我们利用了三角表还是收敛级数，它都提供很简单的数值应用，它精确地表示了热运动的一切情况. 我们现在转到更一般的考虑上来.

第六节　任意函数的三角级数展开

207. 热在矩形固体中的传导问题导出了方程 $\frac{d^2v}{dx^2}+\frac{d^2v}{dy^2}=0$；如果假定这个固体的某个面上的所有点具有共同的温度，级数

$$a\cos x + b\cos 3x + c\cos 5x + d\cos 7x + \cdots$$

的系数 a，b，c，d，… 就可以确定了，那么，只要弧 x 包含在 $-\frac{1}{2}\pi$ 和 $\frac{1}{2}\pi$ 之间，这个函数的值就是一个常数. 这些系数的值刚刚已经确定；但我们在这里只是处理了一个更一般问题的个别情形，这个更一般的问题在于把任意函数展为多重弧的正弦或余弦的无穷级数. 该问题与偏微分方程理论相联系，自这种分析学产生以来，人们一直在试图解决它. 为了对热传导方程进行积分，我们有必要解决它；我们现在开始解释这个解.

首先，我们只研究把一个函数化为多重弧的正弦级数的情况，这个函数的展开式中仅仅包含有变量的奇次幂. 把这样一个函数表示为 $\phi(x)$，我们设方程为

$$\phi(x) = a\sin x + b\sin 2x + c\sin 3x + d\sin 4x + \cdots,$$

在方程中需要确定系数 a，b，c，d，… 的值. 首先，我们把方程写为

$$\phi(x) = x\phi'(0) + \frac{x^2}{\lfloor 2}\phi''(0) + \frac{x^3}{\lfloor 3}\phi'''(0) + \frac{x^4}{\lfloor 4}\phi^{(4)}(0) + \frac{x^5}{\lfloor 5}\phi^{(5)}(0) + \cdots,$$

其中，$\phi'(0)$，$\phi''(0)$，$\phi'''(0)$，$\phi^{(4)}(0)$，… 表示系数

$$\frac{d\phi(x)}{dx},\ \frac{d^2\phi(x)}{dx^2},\ \frac{d^3\phi(x)}{dx^3},\ \frac{d^4\phi(x)}{dx^4},\ \cdots$$

在假定 $x=0$ 时所取的值. 这样，以 x 幂的形式重新表示这个方程可得

$$\phi(x) = Ax - B\frac{x^3}{\lfloor 3} + C\frac{x^5}{\lfloor 5} - D\frac{x^7}{\lfloor 7} + E\frac{x^9}{\lfloor 9} - \cdots,$$

我们有

$$\begin{array}{ll} \phi(0)=0 & \phi'(0)=A \\ \phi''(0)=0 & \phi'''(0)=-B \\ \phi^{(4)}(0)=0 & \phi^{(5)}(0)=C \\ \phi^{(6)}(0)=0 & \phi^{(7)}(0)=-D \\ \cdots & \cdots \end{array}.$$

如果我们比较上述方程与方程

$$\phi(x) = a\sin x + b\sin 2x + c\sin 3x + d\sin 4x + \cdots,$$

并以 x 的幂展开右边，我们有方程

$$\begin{aligned}
A &= a + 2b + 3c + 4d + 5e + \cdots, \\
B &= a + 2^3 b + 3^3 c + 4^3 d + 5^3 e + \cdots, \\
C &= a + 2^5 b + 3^5 c + 4^5 d + 5^5 e + \cdots, \\
D &= a + 2^7 b + 3^7 c + 4^7 d + 5^7 e + \cdots, \\
E &= a + 2^9 b + 3^9 c + 4^9 d + 5^9 e + \cdots.
\end{aligned} \tag{a}$$

这些方程用来求出数目无穷的系数 a，b，c，d，e，$\cdots$. 为了确定它们，我们首先认为未知数的数目是有限的且等于 m；因此，我们删去前 m 个方程之后的方程，并且在每一个方程中删去右边前 m 项之后的所有项. 由于总数 m 被给定，系数 a，b，c，d，e，$\cdots$ 的固定值可以通过消元找到. 如果方程和未知数的数目逐一增大，同一个量会得到不同的值. 因此，当我们增加用以确定未知数值的方程数量与未知数数量时，未知数的值会变化. 需要确定当方程的数量增加时，未知数的值不断地收敛所趋向的极限. 当方程的数量无穷时，这些极限是满足上述方程的真正值.

208. 接着我们依次考虑这样一些情形，在这些情形中，我们不得不用一个方程确定一个未知数，两个方程确定两个未知数，三个方程确定三个未知数，等等.

系数的值必定与从中导出的那些方程类似，我们假定不同的方程组表示如下：

$$\begin{aligned}
&a_1 = A_1,\ a_2 + 2b_2 = A_2,\ a_3 + 2b_3 + 3c_3 = A_3, \\
&a_2 + 2^3 b_2 = B_2,\ a_3 + 2^3 b_3 + 3^3 c_3 = B_3, \\
&a_3 + 2^5 b_3 + 3^5 c_3 = C_3, \\
&a_4 + 2b_4 + 3c_4 + 4d_4 = A_4, \\
&a_4 + 2^3 b_4 + 3^3 c_4 + 4^3 d_4 = B_4, \\
&a_4 + 2^5 b_4 + 3^5 c_4 + 4^5 d_4 = C_4, \\
&a_4 + 2^7 b_4 + 3^7 c_4 + 4^7 d_4 = D_4, \\
&a_5 + 2b_5 + 3c_5 + 4d_5 + 5e_5 = A_5, \\
&a_5 + 2^3 b_5 + 3^3 c_5 + 4^3 d_5 + 5^3 e_5 = B_5, \\
&a_5 + 2^5 b_5 + 3^5 c_5 + 4^5 d_5 + 5^5 e_5 = C_5,
\end{aligned} \tag{b}$$

$$a_5 + 2^7 b_5 + 3^7 c_5 + 4^7 d_5 + 5^7 e_5 = D_5,$$
$$a_5 + 2^9 b_5 + 3^9 c_5 + 4^9 d_5 + 5^9 e_5 = E_5,$$
……

如果我们现在用包含 A_5，B_5，C_5，D_5，E_5，… 的 5 个方程消去未知数 e_5，我们发现

$$a_5(5^2-1^2)+2b_5(5^2-2^2)+3c_5(5^2-3^2)+4d_5(5^2-4^2)=5^2A_5-B_5,$$
$$a_5(5^2-1^2)+2^3b_5(5^2-2^2)+3^3c_5(5^2-3^2)+4^3d_5(5^2-4^2)=5^2B_5-C_5,$$
$$a_5(5^2-1^2)+2^5b_5(5^2-2^2)+3^5c_5(5^2-3^2)+4^5d_5(5^2-4^2)=5^2C_5-D_5,$$
$$a_5(5^2-1^2)+2^7b_5(5^2-2^2)+3^7c_5(5^2-3^2)+4^7d_5(5^2-4^2)=5^2D_5-E_5.$$

在前面由四个方程组成的方程组中，用

$$\begin{matrix}(5^2-1^2)a_5 & & a_4\\ (5^2-2^2)b_5 & \text{代替} & b_4\\ (5^2-3^2)c_5 & & c_4\\ (5^2-4^2)d_5 & & d_4\end{matrix},$$

并用

$$\begin{matrix}5^2A_5-B_5 & & A_4\\ 5^2B_5-C_5 & \text{代替} & B_4\\ 5^2C_5-D_5 & & C_4\\ 5^2D_5-E_5 & & D_4\end{matrix},$$

我们就可以从中导出上面这四个方程.

利用类似的代换我们总可以从对应于 m 个未知数的情形过渡到对应于 $m+1$ 个未知数的情形. 依次写出对应于这些情形中某一种的各个量之间的关系，和对于对应于随后那种情形的各个量之间的关系，我们有

$$a_1=a_2(2^2-1),$$
$$a_2=a_3(3^2-1),\ b_2=b_3(3^2-2^2),$$
$$a_3=a_4(4^2-1),\ b_3=b_4(4^2-2^2),\ c_3=c_4(4^2-3^2),$$
$$a_4=a_5(5^2-1),\ b_4=b_5(5^2-2^2),\ c_4=c_5(5^2-3^2),\ d_4=d_5(5^2-4^2),\quad \text{(c)}$$
$$a_5=a_6(6^2-1),\ b_5=b_6(6^2-2^2),\ c_5=c_6(6^2-3^2),\ d_5=d_6(6^2-4^2),$$
$$e_5=e_6(6^2-5^2),$$
……

我们还有

$$A_1 = 2^2A_2 - B_2,$$

$$A_2 = 3^2A_3 - B_3,\ B_2 = 3^2B_3 - C_3,$$

$$A_3 = 4^2A_4 - B_4,\ B_3 = 4^2B_4 - C_4,\ C_3 = 4^2C_4 - D_4, \qquad \text{(d)}$$ [5]

$$A_4 = 5^2A_5 - B_5,\ B_4 = 5^2B_5 - C_5,\ C_4 = 5^2C_5 - D_5,\ D_4 = 5^2D_5 - E_5,$$

……

从方程（c）我们得到，一旦用 a，b，c，$d\cdots$ 表示其数目无限的这些未知数，我们就有

$$a = \frac{a_1}{(2^2-1)(3^2-1)(4^2-1)(5^2-1)\ldots},$$

$$b = \frac{b_2}{(3^2-2^2)(4^2-2^2)(5^2-2^2)(6^2-2^2)\ldots},$$

$$c = \frac{c_3}{(4^2-3^2)(5^2-3^2)(6^2-3^2)(7^2-3^2)\ldots}, \qquad \text{(e)}$$

$$d = \frac{d_4}{(5^2-4^2)(6^2-4^2)(7^2-4^2)(8^2-4^2)\ldots},$$

……

209. 接着就需要确定 a_1，b_2，c_3，d_4，e_5，$\cdots$ 的值；第一个由 A_1 进入其中的一个方程来确定；第二个由 A_2B_2 进入其中的两个方程来确定；第三个由 $A_3B_3C_3$ 进入其中的三个方程来确定等. 因此，如果我们知道了 A_1，A_2B_2，$A_3B_3C_3$，$A_4B_4C_4D_4$，$\cdots$ 的值，我们就能够通过求解一个方程找到 a_1，求解两个方程找到 a_2b_2，求解三个方程找到 $a_3b_3c_3$ 等. 在此之后我们就可以确定 a，b，c，d，$e\cdots$. 接下来需要通过方程（d）计算 A_1，A_2B_2，$A_3B_3C_3$，$A_4B_4C_4D_4$，$\cdots$的值. 第一，我们根据 A_2B_2 找到 A_1 的值；第二，通过两个代换，我们根据 $A_3B_3C_3$ 找到 A_1 的值；第三，通过三个代换，我们根据 $A_4B_4C_4D_4$ 找到同一个 A_1 的值等. A_1 的逐个值是

$$A_1 = A_2 2^2 - B_2,$$

$$A_1 = A_3 2^2\cdot 3^2 - B_3(2^2+3^2) + C_3,$$

$$A_1 = A_4 2^2\cdot 3^2\cdot 4^2 - B_4(2^2\cdot 3^2 + 2^2\cdot 4^2 + 3^2\cdot 4^2) + C_4(2^2+3^2+4^2) - D_4,$$

$$A_1 = A_5 2^2\cdot 3^2\cdot 4^2\cdot 5^2 - B_5(2^2\cdot 3^2\cdot 4^2 + 2^2\cdot 3^2\cdot 5^2 + 2^2\cdot 4^2\cdot 5^2 + 3^2\cdot 4^2\cdot 5^2)$$
$$+ C_5(2^2\cdot 3^2 + 2^2\cdot 4^2 + 2^2\cdot 5^2 + 3^2\cdot 4^2 + 3^2\cdot 5^2 + 4^2\cdot 5^2)$$

$$-D_5(2^2+3^2+4^2+5^2)+E_5,\ \cdots,$$

其中的规律很容易发现. 我们希望确定的是这些值的最后一个，它包含了量具有无穷下标的 A，B，C，D，$E\cdots$，这些量是已知的，它们和进入方程（a）的那些量相同.

用无穷乘积 $2^2\cdot 3^2\cdot 4^2\cdot 5^2\cdot 6^2\cdots$ 除以 A_1 的最终值，我们就有

$$A-B\left(\frac{1}{2^2}+\frac{1}{3^2}+\frac{1}{4^2}+\frac{1}{5^2}+\cdots\right)+C\left(\frac{1}{2^2\cdot 3^2}+\frac{1}{2^2\cdot 4^2}+\frac{1}{3^2\cdot 4^2}+\cdots\right)$$
$$-D\left(\frac{1}{2^2\cdot 3^2\cdot 4^2}+\frac{1}{2^2\cdot 3^2\cdot 5^2}+\frac{1}{3^2\cdot 4^2\cdot 5^2}+\cdots\right)$$
$$+E\left(\frac{1}{2^2\cdot 3^2\cdot 4^2\cdot 5^2}+\frac{1}{2^2\cdot 3^2\cdot 4^2\cdot 6^2}+\cdots\right)+\cdots.$$

这些数值系数是分数 $\frac{1}{1^2}$，$\frac{1}{2^2}$，$\frac{1}{3^2}$，$\frac{1}{5^2}$，$\frac{1}{6^2}$，… 去掉第一个分数 $\frac{1}{1^2}$ 后的不同组合所形成的积的和. 如果我们把这些乘积的和分别表示为 P_1，Q_1，R_1，S_1，T_1，…，并且如果我们运用方程（e）与（b）中的第一个方程，那么为了表示第一个系数 a 的值，我们就有方程

$$\frac{a(2^2-1)(3^2-1)(4^2-1)(5^2-1)\cdot\cdots}{2^2\cdot 3^2\cdot 4^2\cdot 5^2\cdot\cdots}=A-BP_1+CQ_1-DR_1+ES_1-\cdots,$$

正如我们将要在下面看到的，现在容易确定量 P_1，Q_1，R_1，S_1，T_1，… 的值；因此，第一个系数 a 就完全已知了.

210. 现在我们接着研究系数 b，c，d，$e\cdots$，它们由方程（e）中的 b_2，c_3，d_4，e_5，… 确定. 为此，我们运用方程（b），已经运用第一个方程找到了 a_1 的值，接下来的两个方程会给出 b_2 的值，三个方程会给出 c_3 的值，四个方程会给出 d_4 的值等等.

一旦完成计算，通过对方程的简单观察就可以得到 b_2，c_3，d_4，… 值的如下结果

$$2b_2(1^2-2^2)=A_21^2-B_2,$$
$$3c_3(1^2-3^2)(2^2-3^2)=A_31^2\cdot 2^2-B_3(1^2+2^2)+C_3,$$
$$4d_4(1^2-4^2)(2^2-4^2)(3^2-4^2)$$
$$=A_41^2\cdot 2^2\cdot 3^2-B_4(1^2\cdot 2^2+1^2\cdot 3^2+2^2\cdot 3^2)+C_4(1^2+2^2+3^2)-D_4,$$
$$\cdots\cdots\cdots.$$

很容易找到这些方程所服从的规律；剩下的只是确定量 A_2B_2，$A_3B_3C_3$，

$A_4B_4C_4D_4$, $\cdots$.

现在量 A_2B_2 可以用 $A_3B_3C_3$ 来表示，后者可以用 $A_4B_4C_4D_4$ 来表示. 为此只需实施方程（d）所表示的代换就足够了；逐次代换把上述方程的右边化为只含有无穷下标的 $ABCD\cdots$ 的表达式，也就是说，已知量 $ABCD\cdots$ 进入了方程（a）；这些系数变成由 1，2，3，4，5… 直至无穷的这些数的平方组合而成的不同积. 我们只需注意，这些数的平方中的第一个 1^2 不会进入系数 a_1 的值中；第二个 2^2 不会进入系数 b_2 的值中；第三个 3^2 将不会出现在那些只用来形成 c_3 的值的系数中；如此类推，以至无穷. 对于 $b_2c_3d_4e_5\cdots$ 的值，因而对于 $bcde\cdots$ 的值，我们得到了与我们在前面已经找到的系数 a_1 的值完全类似的结果.

211. 现在如果我们用 P_2，Q_2，R_2，S_2，$\cdots$ 分别表示量

$$\frac{1}{1^2}+\frac{1}{3^2}+\frac{1}{4^2}+\frac{1}{5^2}+\cdots,$$

$$\frac{1}{1^2\cdot 3^2}+\frac{1}{1^2\cdot 4^2}+\frac{1}{1^2\cdot 5^2}+\frac{1}{3^2\cdot 4^2}+\frac{1}{3^2\cdot 5^2}+\cdots,$$

$$\frac{1}{1^2\cdot 3^2\cdot 4^2}+\frac{1}{1^2\cdot 3^2\cdot 5^2}+\frac{1}{3^2\cdot 4^2\cdot 5^2}+\cdots,$$

$$\frac{1}{1^2\cdot 3^2\cdot 4^2\cdot 5^2}+\frac{1}{1^2\cdot 4^2\cdot 5^2\cdot 6^2}+\cdots,$$

……

这些量是由 $\frac{1}{1^2}$，$\frac{1}{2^2}$，$\frac{1}{3^2}$，$\frac{1}{4^2}$，$\frac{1}{5^2}\cdots$ 以至于无穷的分数的组合形成的，为了确定 b_2 的值，在这些分数中删掉 $\frac{1}{2^2}$，我们就有方程

$$2b_2\frac{1^2-2^2}{1^2\cdot 3^2\cdot 4^2\cdot 5^2\cdots}=A-BP_2+CQ_2-DR_2+ES_2-\cdots.$$

一般地，我们用 P_n，Q_n，R_n，$S_n\cdots$ 表示一些乘积的和，这些乘积是由 $\frac{1}{1^2}$，$\frac{1}{2^2}$，$\frac{1}{3^2}$，$\frac{1}{4^2}$，$\frac{1}{5^2}\cdots$ 以至于无穷并仅仅删去 $\frac{1}{n^2}$ 的这些分数的组合得到；通常为了确定量 a_1，b_2，c_3，d_4，e_5，$\cdots$，我们有方程

$$A-BP_1+CQ_1-DR_1+ES_1-\cdots=a_1\frac{1}{2^2\cdot 3^2\cdot 4^2\cdot 5^2\cdots},$$

$$A-BP_2+CQ_2-DR_2+ES_2-\cdots=2b_2\frac{(1^2-2^2)}{1^2\cdot 3^2\cdot 4^2\cdot 5^2\cdots},$$

$$A-BP_3+CQ_3-DR_3+ES_3-\cdots=3c_3\frac{(1^2-3^2)(2^2-3^2)}{1^2\cdot2^2\cdot4^2\cdot5^2\cdot6^2\cdots},$$

$$A-BP_4+CQ_4-DR_4+ES_4-\cdots=4d_4\frac{(1^2-4^2)(2^2-4^2)(3^2-4^2)}{1^2\cdot2^2\cdot3^2\cdot5^2\cdot6^2\cdots},$$

……

212. 如果我们现在考虑给出系数 a，b，c，$d\cdots$ 的值的方程（e），那么我们就有结果

$$a\frac{(2^2-1^2)(3^2-1^2)(4^2-1^2)(5^2-1^2)\cdots}{2^2\cdot3^2\cdot4^2\cdot5^2\cdots}$$
$$=A-BP_1+CQ_1-DR_1+ES_1-\cdots,$$
$$2b\frac{(1^2-2^2)(3^2-2^2)(4^2-2^2)(5^2-2^2)\cdots}{1^2\cdot3^2\cdot4^2\cdot5^2\cdots}$$
$$=A-BP_2+CQ_2-DR_2+ES_2-\cdots,$$
$$3c\frac{(1^2-3^2)(2^2-3^2)(4^2-3^2)(5^2-3^2)\cdots}{1^2\cdot2^2\cdot4^2\cdot5^2\cdots}$$
$$=A-BP_3+CQ_3-DR_3+ES_3-\cdots,$$
$$4d\frac{(1^2-4^2)(2^2-4^2)(3^2-4^2)(5^2-4^2)\cdots}{1^2\cdot2^2\cdot3^2\cdot5^2\cdots}$$
$$=A-BP_4+CQ_4-DR_4+ES_4-\cdots,$$

……

只要注意一下使分子和分母构成完整的双重自然数序列所需要的因子，我们就会看到，第一个方程中的分式约简为 $\frac{1}{1}\cdot\frac{1}{2}$；第二个方程中的分式约简为 $-\frac{2}{2}\cdot\frac{2}{4}$；第三个方程中的分式约简为 $\frac{3}{3}\cdot\frac{3}{6}$；第四个方程中的分式约简为 $-\frac{4}{4}\cdot\frac{4}{8}$；因此，与 a，$2b$，$3c$，$4d\cdots$ 相乘的这些积，交替地是 $\frac{1}{2}$ 和 $-\frac{1}{2}$. 现在仅仅需要找到 $P_1Q_1R_1S_1$，$P_2Q_2R_2S_2$，$P_3Q_3R_3S_3$，$\cdots$的值.

为了获得这些值，我们应当注意到，我们可以使这些值依赖于量 $PQRST\cdots$ 的值，而它们是由分数 $\frac{1}{1^2}$，$\frac{1}{2^2}$，$\frac{1}{3^2}$，$\frac{1}{4^2}$，$\frac{1}{5^2}$，$\frac{1}{6^2}\cdots$ 不删去任何一个而构成的不同的积.

对于上面这些积，它们的值由正弦展开式中的级数给出，我们用 P，Q，R，

S，T，⋯ 分别表示由分数$\frac{1}{1^2}$，$\frac{1}{2^2}$，$\frac{1}{3^2}$，$\frac{1}{4^2}$，$\frac{1}{5^2}$，$\frac{1}{6^2}$，⋯不删去任何一个而组成的不同的积. 对于上面这些积，它们的值由表示正弦展开式的级数给出，因此我们用 P，Q，R，S，⋯表示级数

$$\frac{1}{1^2}+\frac{1}{2^2}+\frac{1}{3^2}+\frac{1}{4^2}+\frac{1}{5^2}+\cdots,$$

$$\frac{1}{1^2\cdot 2^2}+\frac{1}{1^2\cdot 3^2}+\frac{1}{1^2\cdot 4^2}+\frac{1}{2^2\cdot 3^2}+\frac{1}{2^2\cdot 4^2}+\frac{1}{3^2\cdot 4^2}+\cdots,$$

$$\frac{1}{1^2\cdot 2^2\cdot 3^2}+\frac{1}{1^2\cdot 2^2\cdot 4^2}+\frac{1}{1^2\cdot 3^2\cdot 4^2}+\frac{1}{2^2\cdot 3^2\cdot 4^2}+\cdots,$$

$$\frac{1}{1^2\cdot 2^2\cdot 3^2\cdot 4^2}+\frac{1}{2^2\cdot 3^2\cdot 4^2\cdot 5^2}+\frac{1}{1^2\cdot 2^2\cdot 3^2\cdot 5^2}+\cdots.$$

级数 $\sin x = x-\frac{x^3}{\lfloor\underline{3}}+\frac{x^5}{\lfloor\underline{5}}-\frac{x^7}{\lfloor\underline{7}}+\cdots$ 提供了量 P，Q，R，S，T，⋯ 的值. 事实上，正弦的值可以由方程

$$\sin x = x\left(1-\frac{x^2}{1^2\pi^2}\right)\left(1-\frac{x^2}{2^2\pi^2}\right)\left(1-\frac{x^2}{3^2\pi^2}\right)\left(1-\frac{x^2}{4^2\pi^2}\right)\left(1-\frac{x^2}{5^2\pi^2}\right)\cdots$$

表示. 我们有

$$1-\frac{x^2}{\lfloor\underline{3}}+\frac{x^4}{\lfloor\underline{5}}-\frac{x^6}{\lfloor\underline{7}}+\cdots=\left(1-\frac{x^2}{1^2\pi^2}\right)\left(1-\frac{x^2}{2^2\pi^2}\right)\left(1-\frac{x^2}{3^2\pi^2}\right)\left(1-\frac{x^2}{4^2\pi^2}\right)\cdots.$$

因此我们马上会得到

$$P=\frac{\pi^2}{\lfloor\underline{3}},\ Q=\frac{\pi^4}{\lfloor\underline{5}},\ R=\frac{\pi^6}{\lfloor\underline{7}},\ S=\frac{\pi^8}{\lfloor\underline{9}},\ \cdots$$

213. 现在假定 P_n，Q_n，R_n，S_n⋯ 表示由 $\frac{1}{1^2}$，$\frac{1}{2^2}$，$\frac{1}{3^2}$，$\frac{1}{4^2}$，$\frac{1}{5^2}$⋯ 删去 $\frac{1}{n^2}$ 的这些分数组合而成的积的和，n 为任一整数；需要通过 P，Q，R，S，T⋯ 来确定 P_n，Q_n，R_n，S_n⋯. 如果我们用 $1-qP_n+q^2Q_n-q^3R_n+q^4S_n-\cdots$ 表示因子的乘积

$$\left(1-\frac{q}{1^2}\right)\left(1-\frac{q}{2^2}\right)\left(1-\frac{q}{3^2}\right)\left(1-\frac{q}{4^2}\right)\cdots,$$

在这些因子的乘积中，只有因子 $\left(1-\frac{q}{n^2}\right)$ 被删去了；由此可知，只要用 $\left(1-\frac{q}{n^2}\right)$ 乘以量 $1-qP_n+q^2Q_n-q^3R_n+q^4S_n-\cdots$，我们就得到

$$1-qP+q^2Q-q^3R+q^4S-\cdots.$$

这个比较给出了以下关系：

$$P_n + \frac{1}{n^2} = P,$$

$$Q_n + \frac{1}{n^2}P_n = Q,$$

$$R_n + \frac{1}{n^2}Q_n = R,$$

$$S_n + \frac{1}{n^2}R_n = S,$$

$$\cdots\cdots\cdots\cdots$$

或

$$P_n = P - \frac{1}{n^2},$$

$$Q_n = Q - \frac{1}{n^2}P + \frac{1}{n^4},$$

$$R_n = R - \frac{1}{n^2}Q + \frac{1}{n^4}P - \frac{1}{n^6},$$

$$S_n = S - \frac{1}{n^2}R + \frac{1}{n^4}Q - \frac{1}{n^6}P + \frac{1}{n^8},$$

$$\cdots\cdots\cdots\cdots$$

运用 P，Q，R，S，… 的已知值并相继地让 n 等于 1，2，3，4，5…，我们将会得到 P_1，Q_1，R_1，S_1… 的值；P_2，Q_2，R_2，S_2… 的值；P_3，Q_3，R_3，S_3… 的值.

214. 由上述理论得到，从方程

$$a + 2b + 3c + 4d + 5e + \cdots = A,$$

$$a + 2^3b + 3^3c + 4^3d + 5^3e + \cdots = B,$$

$$a + 2^5b + 3^5c + 4^5d + 5^5e + \cdots = C,$$

$$a + 2^7b + 3^7c + 4^7d + 5^7e + \cdots = D,$$

$$a + 2^9b + 3^9c + 4^9d + 5^9e + \cdots = E$$

$$\cdots\cdots\cdots\cdots$$

中推出的 a，b，c，d，e，… 的值可表示为

$$\frac{1}{2}a = A - B\left(\frac{\pi^2}{\underline{\lvert 3}} - \frac{1}{1^2}\right) + C\left(\frac{\pi^4}{\underline{\lvert 5}} - \frac{1}{1^2}\frac{\pi^2}{\underline{\lvert 3}} + \frac{1}{1^4}\right)$$

$$- D\left(\frac{\pi^6}{\underline{\lvert 7}} - \frac{1}{1^2}\frac{\pi^4}{\underline{\lvert 5}} + \frac{1}{1^4}\frac{\pi^2}{\underline{\lvert 3}} - \frac{1}{1^6}\right)$$

$$+ E\left(\frac{\pi^8}{\underline{\lvert 9}} - \frac{1}{1^2}\frac{\pi^6}{\underline{\lvert 7}} + \frac{1}{1^4}\frac{\pi^4}{\underline{\lvert 5}} - \frac{1}{1^6}\frac{\pi^2}{\underline{\lvert 3}} + \frac{1}{1^8}\right) - \cdots;$$

$$-\frac{1}{2}2b = A - B\left(\frac{\pi^2}{\underline{\lvert 3}} - \frac{1}{2^2}\right) + C\left(\frac{\pi^4}{\underline{\lvert 5}} - \frac{1}{2^2}\frac{\pi^2}{\underline{\lvert 3}} + \frac{1}{2^4}\right)$$

$$- D\left(\frac{\pi^6}{\underline{\lvert 7}} - \frac{1}{2^2}\frac{\pi^4}{\underline{\lvert 5}} + \frac{1}{2^4}\frac{\pi^2}{\underline{\lvert 3}} - \frac{1}{2^6}\right)$$

$$+ E\left(\frac{\pi^8}{\underline{\lvert 9}} - \frac{1}{2^2}\frac{\pi^6}{\underline{\lvert 7}} + \frac{1}{2^4}\frac{\pi^4}{\underline{\lvert 5}} - \frac{1}{2^6}\frac{\pi^2}{\underline{\lvert 3}} + \frac{1}{2^8}\right) - \cdots;$$

$$\frac{1}{2}3c = A - B\left(\frac{\pi^2}{\underline{\lvert 3}} - \frac{1}{3^2}\right) + C\left(\frac{\pi^4}{\underline{\lvert 5}} - \frac{1}{3^2}\frac{\pi^2}{\underline{\lvert 3}} + \frac{1}{3^4}\right)$$

$$- D\left(\frac{\pi^6}{\underline{\lvert 7}} - \frac{1}{3^2}\frac{\pi^4}{\underline{\lvert 5}} + \frac{1}{3^4}\frac{\pi^2}{\underline{\lvert 3}} - \frac{1}{3^6}\right)$$

$$+ E\left(\frac{\pi^8}{\underline{\lvert 9}} - \frac{1}{3^2}\frac{\pi^6}{\underline{\lvert 7}} + \frac{1}{3^4}\frac{\pi^4}{\underline{\lvert 5}} - \frac{1}{3^6}\frac{\pi^2}{\underline{\lvert 3}} + \frac{1}{3^8}\right) - \cdots;$$

$$-\frac{1}{2}4d = A - B\left(\frac{\pi^2}{\underline{\lvert 3}} - \frac{1}{4^2}\right) + C\left(\frac{\pi^4}{\underline{\lvert 5}} - \frac{1}{4^2}\frac{\pi^2}{\underline{\lvert 3}} + \frac{1}{4^4}\right)$$

$$- D\left(\frac{\pi^6}{\underline{\lvert 7}} - \frac{1}{4^2}\frac{\pi^4}{\underline{\lvert 5}} + \frac{1}{4^4}\frac{\pi^2}{\underline{\lvert 3}} - \frac{1}{4^6}\right)$$

$$+ E\left(\frac{\pi^8}{\underline{\lvert 9}} - \frac{1}{4^2}\frac{\pi^6}{\underline{\lvert 7}} + \frac{1}{4^4}\frac{\pi^4}{\underline{\lvert 5}} - \frac{1}{4^6}\frac{\pi^2}{\underline{\lvert 3}} + \frac{1}{4^8}\right) - \cdots;$$

………………

215. 知道了 a，b，c，d，$e\cdots$ 的值后我们就可以在所提出的方程

$$\phi(x) = a\sin x + b\sin 2x + c\sin 3x + d\sin 4x + e\sin 5x + \cdots$$

中代入它们，并用 $\phi'(0)$，$\phi'''(0)$，$\phi^{(5)}(0)$，$\phi^{(7)}(0)$，$\phi^{(9)}(0)$，$\cdots$ 分别代替 A，B，C，D，$E\cdots$ 的值，我们就有一般方程

$$
\begin{aligned}
\frac{1}{2}\phi(x) = \sin x\Big\{&\phi'(0)+\phi'''(0)\Big(\frac{\pi^2}{\lfloor\underline{3}}-\frac{1}{1^2}\Big)+\phi^{(5)}(0)\Big(\frac{\pi^4}{\lfloor\underline{5}}-\frac{1}{1^2}\frac{\pi^2}{\lfloor\underline{3}}+\frac{1}{1^4}\Big)\\
&+\phi^{(7)}(0)\Big(\frac{\pi^6}{\lfloor\underline{7}}-\frac{1}{1^2}\frac{\pi^4}{\lfloor\underline{5}}+\frac{1}{1^4}\frac{\pi^2}{\lfloor\underline{3}}-\frac{1}{1^6}\Big)+\cdots\Big\}\\
-\frac{1}{2}\sin 2x\Big\{&\phi'(0)+\phi'''(0)\Big(\frac{\pi^2}{\lfloor\underline{3}}-\frac{1}{2^2}\Big)+\phi^{(5)}(0)\Big(\frac{\pi^4}{\lfloor\underline{5}}-\frac{1}{2^2}\frac{\pi^2}{\lfloor\underline{3}}+\frac{1}{2^4}\Big)\\
&+\phi^{(7)}(0)\Big(\frac{\pi^6}{\lfloor\underline{7}}-\frac{1}{2^2}\frac{\pi^4}{\lfloor\underline{5}}+\frac{1}{2^4}\frac{\pi^2}{\lfloor\underline{3}}-\frac{1}{2^6}\Big)+\cdots\Big\}\\
+\frac{1}{3}\sin 3x\Big\{&\phi'(0)+\phi'''(0)\Big(\frac{\pi^2}{\lfloor\underline{3}}-\frac{1}{3^2}\Big)+\phi^{(5)}(0)\Big(\frac{\pi^4}{\lfloor\underline{5}}-\frac{1}{3^2}\frac{\pi^2}{\lfloor\underline{3}}+\frac{1}{3^4}\Big)\\
&+\phi^{(7)}(0)\Big(\frac{\pi^6}{\lfloor\underline{7}}-\frac{1}{3^2}\frac{\pi^4}{\lfloor\underline{5}}+\frac{1}{3^4}\frac{\pi^2}{\lfloor\underline{3}}-\frac{1}{3^6}\Big)+\cdots\Big\}\\
-\frac{1}{4}\sin 4x\Big\{&\phi'(0)+\phi'''(0)\Big(\frac{\pi^2}{\lfloor\underline{3}}-\frac{1}{4^2}\Big)+\phi^{(5)}(0)\Big(\frac{\pi^4}{\lfloor\underline{5}}-\frac{1}{4^2}\frac{\pi^2}{\lfloor\underline{3}}+\frac{1}{4^4}\Big)\\
&+\phi^{(7)}(0)\Big(\frac{\pi^6}{\lfloor\underline{7}}-\frac{1}{4^2}\frac{\pi^4}{\lfloor\underline{5}}+\frac{1}{4^4}\frac{\pi^2}{\lfloor\underline{3}}-\frac{1}{4^6}\Big)+\cdots\Big\}\\
&+\cdots. \qquad (A)
\end{aligned}
$$

利用上述级数我们可以把其展开式中只含变量奇次幂的任意函数化为多重弧的正弦级数.

216. 出现的第一种情形是 $\phi(x)=x$ 的情形；我们接着发现 $\phi'(0)=1$，$\phi'''(0)=0$，$\phi^{(5)}(0)=0$，… 其余的也是这样. 因此我们就有了欧拉曾经给出的级数

$$\frac{1}{2}x=\sin x-\frac{1}{2}\sin 2x+\frac{1}{3}\sin 3x-\frac{1}{4}\sin 4x+\cdots.$$

如果假定所要考虑的函数为 x^3，我们会有

$\phi'(0)=0$，$\phi'''(0)=\lfloor\underline{3}$，$\phi^{(5)}(0)=0$，$\phi^{(7)}(0)=0$，…

它们给出方程

$$\frac{1}{2}x^3=\Big(\pi^2-\frac{\lfloor\underline{3}}{1^2}\Big)\sin x-\Big(\pi^2-\frac{\lfloor\underline{3}}{2^2}\Big)\frac{1}{2}\sin 2x+\Big(\pi^2-\frac{\lfloor\underline{3}}{3^2}\Big)\frac{1}{3}\sin 3x+\cdots$$

从上面方程 $\frac{1}{2}x=\sin x-\frac{1}{2}\sin 2x+\frac{1}{3}\sin 3x-\frac{1}{4}\sin 4x+\cdots$ 出发，我们将得到同样的结果.

事实上，用 dx 乘以方程两边并积分，我们就有

$$C-\frac{x^2}{4}=\cos x-\frac{1}{2^2}\cos 2x+\frac{1}{3^2}\cos 3x-\frac{1}{4^2}\cos 4x+\cdots;$$

常数 C 的值是 $1-\frac{1}{2^2}+\frac{1}{3^2}-\frac{1}{4^2}+\frac{1}{5^2}-\cdots$；这个级数的和为 $\frac{1}{2}\frac{\pi^2}{\lfloor\underline{3}}$. 在方程

$$\frac{1}{2}\frac{\pi^2}{\lfloor\underline{3}}-\frac{x^2}{4}=\cos x-\frac{1}{2^2}\cos 2x+\frac{1}{3^2}\cos 3x-\cdots$$

的两边乘以 dx 并积分就有

$$\frac{1}{2}\frac{\pi^2 x}{\lfloor\underline{3}}-\frac{1}{2}\frac{x^3}{\lfloor\underline{3}}=\sin x-\frac{1}{2^2}\sin 2x+\frac{1}{3^2}\sin 3x-\cdots.$$

现在如果我们把 x 的值用方程

$$\frac{1}{2}x=\sin x-\frac{1}{2}\sin 2x+\frac{1}{3}\sin 3x-\frac{1}{4}\sin 4x+\cdots$$

中得出的 x 值代替，我们将会获得与上面一样的方程，即

$$\frac{1}{2}\frac{x^3}{\lfloor\underline{3}}=\sin x\left(\frac{\pi^2}{\lfloor\underline{3}}-\frac{1}{1^2}\right)-\frac{1}{2}\sin 2x\left(\frac{\pi^2}{\lfloor\underline{3}}-\frac{1}{2^2}\right)+\frac{1}{3}\sin 3x\left(\frac{\pi^2}{\lfloor\underline{3}}-\frac{1}{3^2}\right)-\cdots.$$

我们可以以同样的方式得到幂 x^5，x^7，x^9，… 的多重弧的级数展式，一般地，可以得到其展开式只含变量奇次幂的每一个函数的多重弧的级数展式.

217. 我们可以把方程（A）（215 目）置于一个现在可以指明的更简单的形式中. 我们首先应当注意到，$\sin x$ 的系数的一部分是级数

$$\phi'(0)+\frac{\pi^2}{\lfloor\underline{3}}\phi'''(0)+\frac{\pi^4}{\lfloor\underline{5}}\phi^{(5)}(0)+\frac{\pi^6}{\lfloor\underline{7}}\phi^{(7)}(0)+\cdots,$$

它表示 $\frac{1}{\pi}\phi(\pi)$. 事实上，一般地，我们有

$$\phi(x)=\phi(0)+x\phi'(0)+\frac{x^2}{\lfloor\underline{2}}\phi''(0)+\frac{x^3}{\lfloor\underline{3}}\phi'''(0)+\frac{x^4}{\lfloor\underline{4}}\phi^{(4)}(0)+\cdots.$$

现在，根据假设，函数 $\phi(x)$ 只包含奇次幂，我们必须使 $\phi(0)=0$，$\phi''(0)=0$，$\phi^{(4)}(0)=0$，等等. 因此，

$$\phi(x)=x\phi'(0)+\frac{x^3}{\lfloor\underline{3}}\phi'''(0)+\frac{x^5}{\lfloor\underline{5}}\phi^{(5)}(0)+\cdots;$$

$\sin x$ 的系数的第二部分就是级数

$$\phi'''(0)+\frac{\pi^3}{\lfloor\underline{3}}\phi^{(5)}(0)+\frac{\pi^4}{\lfloor\underline{5}}\phi^{(7)}(0)+\frac{\pi^6}{\lfloor\underline{7}}\phi^{(9)}(0)+\cdots$$

乘以 $-\frac{1}{1^2}$，而这个级数的值就是 $\frac{1}{\pi}\phi''(\pi)$. 我们可以用这种方式确定 $\sin x$ 系数的不同部分，以及 $\sin 2x$，$\sin 3x$，$\sin 4x$，… 的系数构成. 为此，我们可以运用

方程：

$$\phi'(0)+\frac{\pi^2}{\lfloor 3}\phi'''(0)+\frac{\pi^4}{\lfloor 5}\phi^{(5)}(0)+\cdots=\frac{1}{\pi}\phi(\pi);$$

$$\phi'''(0)+\frac{\pi^2}{\lfloor 3}\phi^{(5)}(0)+\frac{\pi^4}{\lfloor 5}\phi^{(7)}(0)+\cdots=\frac{1}{\pi}\phi''(\pi);$$

$$\phi^{(5)}(0)+\frac{\pi^2}{\lfloor 3}\phi^{(7)}(0)+\frac{\pi^4}{\lfloor 5}\phi^{(9)}(0)+\cdots=\frac{1}{\pi}\phi^{(4)}(\pi).$$

通过这些化简，方程（A）呈现以下形式：

$$\begin{aligned}\frac{1}{2}\pi\phi(x)=&\sin x\left[\phi(\pi)-\frac{1}{1^2}\phi''(\pi)+\frac{1}{1^4}\phi^{(4)}(\pi)-\frac{1}{1^6}\phi^{(6)}(\pi)+\cdots\right]\\&-\frac{1}{2}\sin 2x\left[\phi(\pi)-\frac{1}{2^2}\phi''(\pi)+\frac{1}{2^4}\phi^{(4)}(\pi)-\frac{1}{2^6}\phi^{(6)}(\pi)+\cdots\right]\\&+\frac{1}{3}\sin 3x\left[\phi(\pi)-\frac{1}{3^2}\phi''(\pi)+\frac{1}{3^4}\phi^{(4)}(\pi)-\frac{1}{3^6}\phi^{(6)}(\pi)+\cdots\right]\\&-\frac{1}{4}\sin 4x\left[\phi(\pi)-\frac{1}{4^2}\phi''(\pi)+\frac{1}{4^4}\phi^{(4)}(\pi)-\frac{1}{4^6}\phi^{(6)}(\pi)+\cdots\right]\\&+\cdots\end{aligned}\tag{B}$$

或者

$$\begin{aligned}\frac{1}{2}\pi\phi(x)=&\phi(\pi)\left[\sin x-\frac{1}{2}\sin 2x+\frac{1}{3}\sin 3x-\cdots\right]\\&-\phi''(\pi)\left[\sin x-\frac{1}{2^3}\sin 2x+\frac{1}{3^3}\sin 3x-\cdots\right]\\&+\phi^{(4)}(\pi)\left[\sin x-\frac{1}{2^5}\sin 2x+\frac{1}{3^5}\sin 3x-\cdots\right]\\&-\phi^{(6)}(\pi)\left[\sin x-\frac{1}{2^7}\sin 2x+\frac{1}{3^7}\sin 3x-\cdots\right]\\&+\cdots.\end{aligned}\tag{C}$$

218. 每当我们不得不把一个所要考虑的函数展为多重弧的正弦级数时，我们就可以运用这两个公式中的一个或另一个. 例如，如果所要考虑的函数是 e^x-e^{-x}，它的展式只包含 x 的奇次幂，我们应有

$$\begin{aligned}\frac{1}{2}\pi\frac{e^x-e^{-x}}{e^\pi-e^{-\pi}}=&\left(\sin x-\frac{1}{2}\sin 2x+\frac{1}{3}\sin 3x-\cdots\right)\\&-\left(\sin x-\frac{1}{2^3}\sin 2x+\frac{1}{3^3}\sin 3x-\cdots\right)\end{aligned}$$

$$+\left(\sin x-\frac{1}{2^5}\sin 2x+\frac{1}{3^5}\sin 3x-\cdots\right)$$

$$-\left(\sin x-\frac{1}{2^7}\sin 2x+\frac{1}{3^7}\sin 3x-\cdots\right)$$

$$+\cdots.$$

整理 $\sin x$，$\sin 2x$，$\sin 3x$，$\sin 4x$，$\cdots$ 的系数，并把 $\frac{1}{n}-\frac{1}{n^3}+\frac{1}{n^5}-\frac{1}{n^7}+\cdots$ 用它的值 $\frac{n}{n^2+1}$ 替代，我们有

$$\frac{1}{2}\pi\frac{(e^x-e^{-x})}{e^\pi-e^{-\pi}}=\frac{\sin x}{1+\frac{1}{1}}-\frac{\sin 2x}{2+\frac{1}{2}}+\frac{\sin 3x}{3+\frac{1}{3}}-\cdots.$$

我们应当扩展这些应用，从它们中推导出几个值得注意的级数. 我们选取上面这个例子是因为它出现在与热传导有关的几个问题中.

219. 到目前为止，我们假定以多重弧的正弦级数展开的函数能够按照变量 x 的幂展开，而且展开式中仅仅有奇次幂. 我们可以把这一结果扩展到任意函数，甚至是不连续的以及完全任意的函数. 为了清晰地证实这个命题的正确性，我们应当采用建立方程（B）的分析，并且检查乘以 $\sin x$，$\sin 2x$，$\sin 3x$，$\cdots$ 的系数的本质. 用 s 表示当 n 为奇数时，乘以 $\frac{1}{n}\sin nx$ 的那个量，以及当 n 为偶数时，乘以 $-\frac{1}{n}\sin nx$ 的那个量，我们有

$$s=\phi(\pi)-\frac{1}{n^2}\phi''(\pi)+\frac{1}{n^4}\phi^{(4)}(\pi)-\frac{1}{n^6}\phi^{(6)}(\pi)+\cdots.$$

把 s 看作是 π 的函数，把它微分两次，并比较这些结果，我们发现 $s+\frac{1}{n^2}\frac{d^2s}{d\pi^2}=\phi(\pi)$；这是 s 的上述值应当满足的一个方程.

现在，把 s 看作是 x 的函数，方程 $s+\frac{1}{n^2}\frac{d^2s}{dx^2}=\phi(x)$ 的积分是

$$s=a\cos nx+b\sin nx+n\sin nx\int\cos nx\varphi(x)\,dx-n\cos nx\int\sin nx\phi(x)\,dx.$$

如果 n 是一个整数，x 的值等于 π，我们有 $s=\pm n\int\phi(x)\sin nx\mathrm{d}x$. 当 n 是奇数时选择符号 $+$，当 n 是偶数时选择符号 $-$. 得到积分以后我们必须使 x 等于半圆周 π；考虑到函数 $\phi(x)$ 只包含 x 的奇次幂，并从 $x=0$ 到 $x=\pi$ 取积分，利用

分部积分，则可以用项 $\int \phi(x)\ \sin nx \mathrm{d}x$ 的展开式来证实这个结果.

我们立刻得到该项等于

$$\pm\left[\phi(\pi)-\frac{1}{n^2}\phi''(\pi)+\frac{1}{n^4}\phi^{(4)}(\pi)-\frac{1}{n^6}\phi^{(6)}(\pi)+\frac{1}{n^8}\phi^{(8)}(\pi)-\cdots\right].$$

如果我们在方程（B）中代入 $\frac{s}{n}$ 的值，同时当这个方程的这一项是奇序号时取符号 +，偶序号时取 -，一般地我们就有了 $\sin nx$ 的系数 $\int \phi(x)\ \sin nx \mathrm{d}x$；以这种方式我们得到了一个非常令人值得关注的结果，这个结果用方程

$$\frac{1}{2}\pi\phi(x)=\sin x\int \sin x\phi(x)\ \mathrm{d}x+\sin 2x\int \sin 2x\phi(x)\mathrm{d}x+\cdots$$
$$+\sin ix\int \sin ix\phi(x)\mathrm{d}x+\cdots \qquad \text{(D)}$$

表示. 如果从 $x=0$ 到 $x=\pi$ 取积分，那么上式右边总是给出了 $\phi(x)$ 所需要的展开式.[6]

220. 由此我们认识到，进入方程

$$\frac{1}{2}\pi\phi(x)=a\sin x+b\sin 2x+c\sin 3x+d\sin 4x+\cdots$$

并在以前通过逐次消元发现的系数 a，b，c，d，e，f，… 是一系列定积分的值，这些定积分由一般项 $\int \sin ix\phi(x)\mathrm{d}x$ 表示，i 是所要确定系数的项数. 这个注记是重要的，因为它表明了即使是完全任意的函数，如何把它展为多重弧的正弦级数. 事实上，如果函数 $\phi(x)$ 表示横坐标从 $x=0$ 扩展到 $x=\pi$ 时任一曲线的纵坐标，同时在这个轴的同一部分构造其坐标是 $y=\sin x$ 的已知的三角曲线，那么不难表示任一积分项的值. 我们必须假定，对于对应于 $\phi(x)$ 的一个值和 $\sin x$ 的一个值的每一个横坐标 x，我们用第一个值乘第二个值，并在同一点作一个等于 $\phi(x)\sin x$ 乘积的纵坐标. 通过这种连续的操作就形成了第三条曲线，它的纵坐标是一条三角曲线的纵坐标，这条三角曲线被表示 $\phi(x)$ 的任意曲线的纵坐标成比例的压缩. 因此，从 $x=0$ 到 $x=\pi$ 的压缩曲线的面积给出了 $\sin x$ 系数的精确值；并且无论对应于 $\phi(x)$ 的给定曲线是怎样的，不管我们是否能给出解析方程，不管它是否依赖于固定的规律，显然，它总是以任意方式压缩这条三角曲线；因此，在所有可能的情形中，这条压缩曲线的面积具有定值，它就是函数展开式中 $\sin x$ 系数的值. 接下来的系数 b 或 $\int \phi(x)\ \sin 2x\mathrm{d}x$ 的情形亦如此.

一般地，为了构建系数 a，b，c，d，… 的值，我们应当设想方程是

$$y=\sin x,\ y=\sin 2x,\ y=\sin 3x,\ y=\sin 4x,\ \cdots$$

的曲线在 x 轴的同一区间，即从 $x=0$ 到 $x=\pi$ 上延伸；接着我们通过给它们的纵坐标乘以方程是 $\phi(x)$ 的曲线的相应纵坐标来改变这些曲线. 压缩曲线的方程就是

$$y=\sin x\phi(x),\ y=\sin 2x\phi(x),\ y=\sin 3x\phi(x),\ \cdots.$$

从 $x=0$ 到 $x=\pi$ 的上述曲线的面积就是方程

$$\frac{1}{2}\pi\phi(x)=a\sin x+b\sin 2x+c\sin 3x+d\sin 4x+\cdots$$

中系数 a，b，c，d，… 的值.

221. 我们也能够通过直接确定方程

$$\phi(x)=a_1\sin x+a_2\sin 2x+a_3\sin 3x+\cdots+a_j\sin jx+\cdots$$

中的量 a_1，a_2，a_3，$\cdots a_j$，… 证明上述方程（D）（219 目）；为此，我们给上述方程中的每一项乘以 $\sin ix\mathrm{d}x$，i 是一个整数，并且从 $x=0$ 到 $x=\pi$ 进行积分，因此，我们有

$$\int\phi(x)\sin ix\mathrm{d}x=a_1\int\sin x\sin ix\mathrm{d}x+a_2\int\sin 2x\sin ix\mathrm{d}x+\cdots$$
$$+a_j\int\sin jx\sin ix\mathrm{d}x+\cdots.$$

现在不难证明，首先，方程右边的所有积分，仅仅除了项 $a_i\int\sin ix\sin ix\mathrm{d}x$ 外，其余均为 0；其次，$\int\sin ix\sin ix\mathrm{d}x$ 的值等于 $\frac{\pi}{2}$；因此我们得到 a_i 的值为

$$\frac{2}{\pi}\int\phi(x)\sin ix\mathrm{d}x.$$

整个问题被简化为考虑进入方程右边的积分的值，被简化为证明前面两个命题. 从 $x=0$ 到 $x=\pi$ 的 $2\int\sin jx\sin ix\mathrm{d}x$ 的值是

$$\frac{1}{i-j}\sin(i-j)x-\frac{1}{i+j}\sin(i+j)x+C,$$

其中 i，j 是整数.

因为这个积分必须从 $x=0$ 开始，所以常数 C 等于 0，由于 i，j 是整数，当 $x=\pi$ 时这个积分值就为 0；因此，像 $a_1\int\sin x\sin ix\mathrm{d}x$，$a_2\int\sin 2x\sin ix\mathrm{d}x$，$a_3\int\sin 3x\sin ix\mathrm{d}x$，… 的每一项都等于 0，并且当数 i 和 j 不相同时就会出现这个结

果. 数 i 和 j 相同时的情形则不同，因为简化成的积分 $\frac{1}{i-j}\sin(i-j)x$ 变成了 $\frac{0}{0}$，其值为 π. 因此，我们有 $2\int \sin ix \sin ix \mathrm{d}x = \pi$；这样我们以一种非常简单的方式获得了 a_1，a_2，a_3，…，a_i，… 的值，即

$$a_1 = \frac{2}{\pi}\int \phi(x)\sin x\mathrm{d}x \ , \ a_2 = \frac{2}{\pi}\int \phi(x)\sin 2x\mathrm{d}x \ ,$$

$$a_3 = \frac{2}{\pi}\int \phi(x)\sin 3x\mathrm{d}x \ , \ a_i = \frac{2}{\pi}\int \phi(x)\sin ix\mathrm{d}x \ .$$

代入这些值我们就有

$$\frac{1}{2}\pi\phi(x) = \sin x\int \phi(x)\sin x\mathrm{d}x + \sin 2x\int \phi(x)\sin 2x\mathrm{d}x + \cdots + \sin ix\int\phi(x)\sin ix\mathrm{d}x + \cdots .$$

222. 最简单的情形就是对于包含在 0 到 π 之间的变量 x 的所有值，给定函数是一个常数值；在这种情形中，若 i 是奇数，$\int \sin ix\mathrm{d}x$ 等于 $\frac{2}{i}$，若 i 是偶数，$\int \sin ix\mathrm{d}x$ 等于 0. 因此我们推出在以前曾经得到过的方程

$$\frac{1}{4}\pi = \sin x + \frac{1}{3}\sin 3x + \frac{1}{5}\sin 5x + \frac{1}{7}\sin 7x + \cdots . \qquad \text{(A)}$$

应当注意的是，当一个函数 $\phi(x)$ 被展开为多重弧的一个正弦级数时，只要变量 x 的值在 0 到 π 之间，级数

$$a\sin x+b\sin 2x+c\sin 3x+d\sin 4x+\cdots$$

的值和函数 $\phi(x)$ 的值是一样的；但是当 x 的值超过数 π 时，这个等式一般不成立.

假设所要展开的函数是 x，根据前面的定理，我们有

$$\frac{1}{2}\pi x = \sin x\int x\sin x\mathrm{d}x + \sin 2x\int x\sin 2x\mathrm{d}x + \sin 3x\int x\sin 3x\mathrm{d}x + \cdots .$$

积分 $\int_0^\pi x\sin x\mathrm{d}x$ 等于 $\pm\frac{\pi}{i}$；与积分符号 $\int$ 有关的指标 0 和 π 表明了积分的界限；当 i 是奇数时，应当选择符号 +，当 i 是偶数时，应当选择符号 −. 那么我们就有以下方程

$$\frac{1}{2}x = \sin x - \frac{1}{2}\sin 2x + \frac{1}{3}\sin 3x - \frac{1}{4}\sin 4x + \frac{1}{5}\sin 5x - \cdots .$$

223. 我们也可以把那些有别于只有变量的奇数幂进入其中的函数展开为多重弧的正弦级数. 为了以一个毫无疑问的例子说明这个展开式的可能性，我们选择函数 $\cos x$，它只包含了 x 的偶次幂，它可以展开成如下形式：

$$a\sin x+b\sin 2x+c\sin 3x+d\sin 4x+e\sin 5x\cdots,$$

尽管在这个级数中仅仅有变量的奇次幂进入.

事实上，根据前面的定理，我们就有

$$\frac{1}{2}\pi\cos x=\sin x\int\cos x\sin x\mathrm{d}x+\sin 2x\int\cos x\sin 2x\mathrm{d}x+\sin 3x\int\cos x\sin 3x\mathrm{d}x+\cdots.$$

当 i 为奇数时，积分 $\int\cos x\sin ix\mathrm{d}x$ 等于0，当 i 为一个偶数时，它等于 $\frac{2i}{i^2-1}$.

依次取定 $i=2, 4, 6, 8, \cdots$，我们总是有收敛级数

$$\frac{1}{4}\pi\cos x=\frac{2}{1\cdot 3}\sin 2x+\frac{4}{3\cdot 5}\sin 4x+\frac{6}{5\cdot 7}\sin 6x+\cdots$$

或 $$\cos x=\frac{2}{\pi}\left[\left(\frac{1}{1}+\frac{1}{3}\right)\sin 2x+\left(\frac{1}{3}+\frac{1}{5}\right)\sin 4x+\left(\frac{1}{5}+\frac{1}{7}\right)\sin 6x+\cdots\right].$$

这个结果是值得注意的，它表明余弦的展开式是一系列函数，这些函数中的每一个只包含奇次幂. 如果上述方程中的 x 等于 $\frac{1}{4}\pi$，我们发现

$$\frac{1}{4}\frac{\pi}{\sqrt{2}}=\frac{1}{2}\left(\frac{1}{1}+\frac{1}{3}-\frac{1}{5}-\frac{1}{7}+\frac{1}{9}+\frac{1}{11}-\cdots\right).$$

这个级数是已知的[《无穷小分析引论》(*Introd. ad analysin. Infinit*)，第10章].

224. 利用相似的分析可以把任何函数展开为多重弧的余弦级数.

令 $\phi(x)$ 是需要展开的函数，我们可以写为

$$\phi(x)=a_0\cos 0x+a_1\cos x+a_2\cos 2x+a_3\cos 3x+\cdots+a_i\cos ix+\cdots. \quad (\mathrm{m})$$

如果方程两边乘以 $\cos jx$，等式右边的每一项从 $x=0$ 到 $x=\pi$ 积分；很容易看到，除已经包含 $\cos jx$ 的项以外，这个积分的值为0. 这个注记立即给出系数 a_j；一般地，考虑从 $x=0$ 到 $x=\pi$ 的 $\int\cos jx\cos ix\mathrm{d}x$ 的值就够了，假设 j，i 是整数. 我们有

$$\int\cos jx\cos ix\mathrm{d}x=\frac{1}{2(j+i)}\sin(j+i)x+\frac{1}{2(j-i)}\sin(j-i)x+c.$$

当 j 和 i 是两个不同的数时，从 $x=0$ 到 $x=\pi$ 的这个积分显然消失了. 当两个

数相同时，情况就不是这样. 最后一项 $\frac{1}{2(j-i)}\sin(j-i)x$ 就变成 $\frac{0}{0}$，当弧度 x 等于 π 时，它的值就是 $\frac{1}{2}\pi$. 接着如果我们在方程（m）的两边乘以 $\cos ix$，并从 0 到 π 进行积分，我们有

$$\int\phi(x)\cos ix\mathrm{d}x=\frac{1}{2}\pi a_i,$$

它是表示系数 a_i 值的一个方程.

为了找到第一个系数 a_0，我们注意到，如果 $i=0$，且 $j=0$，那么积分

$$\frac{1}{2(j+i)}\sin(j+i)x+\frac{1}{2(j-i)}\sin(j-i)x$$

的每一项变成 $\frac{0}{0}$，每一项的值就是 $\frac{1}{2}\pi$；当 j 和 i 不同时，从 $x=0$ 到 $x=\pi$ 的积分 $\int\cos jx\cos ix\mathrm{d}x$ 就是 0；当 j 和 i 相同但不等于 0 时，它的值等于 $\frac{1}{2}\pi$；当 j 和 i 每一个都等于 0 时，它等于 π；这样我们获得了以下方程

$$\frac{1}{2}\pi\phi(x)=\frac{1}{2}\int_0^\pi\phi(x)\mathrm{d}x+\cos x\int_0^\pi\phi(x)\cos x\mathrm{d}x+\cos 2x\int_0^\pi\phi(x)\cos 2x\mathrm{d}x+\cos 3x\int_0^\pi\phi(x)\cos 3x\mathrm{d}x+\cdots. \quad \text{(n)}$$ [7]

这个定理以及前面的定理适合于所有可能的函数，不管它们的性质是否能够用已知的分析方法来表示，不管它们是否对应于任意画出的一条曲线.

225. 如果要把变量 x 本身展开为多重弧的余弦；我们可以写出方程

$$\frac{1}{2}\pi x=a_0+a_1\cos x+a_2\cos 2x+a_3\cos 3x+\cdots+a_i\cos ix+\cdots,$$

为了确定任意一个系数 a_i，我们有方程 $a_i=\int_0^\pi x\cos ix\mathrm{d}x$. 当 i 是偶数时，这个积分就是 0，当 i 是奇数时，它等于 $-\frac{2}{i^2}$. 同时我们有 $a_0=\frac{1}{4}\pi^2$. 因此，我们形成以下级数

$$x=\frac{1}{2}\pi-4\frac{\cos x}{\pi}-4\frac{\cos 3x}{3^2\pi}-4\frac{\cos 5x}{5^2\pi}-4\frac{\cos 7x}{7^2\pi}-\cdots.$$

这里我们可以注意到，我得到了关于 x 的三个不同的展开式，即

$$\frac{1}{2}x=\sin x-\frac{1}{2}\sin 2x+\frac{1}{3}\sin 3x-\frac{1}{4}\sin 4x+\frac{1}{5}\sin 5x-\cdots,$$

$$\frac{1}{2}x=\frac{2}{\pi}\sin x-\frac{2}{3^2\pi}\sin 3x+\frac{2}{5^2\pi}\sin 5x-\cdots \text{（181 目）},$$

$$\frac{1}{2}x=\frac{1}{4}\pi-\frac{2}{\pi}\cos x-\frac{2}{3^2\pi}\cos 3x-\frac{2}{5^2\pi}\cos 5x-\cdots.$$

必须注意，$\frac{1}{2}x$ 的这三个值不应当看作是相等的；对于 x 的一切可能的值，上述三个展式只有当变量 x 在 0 到 $\frac{1}{2}\pi$ 之间时，它们才有一个共同的值. 作出这三个级数所表示函数值的图，并比较表示这些级数的曲线，这些曲线表明这些函数的值明显地交错重合和发散.

为了给出把一个函数展为多重弧的余弦级数的第二个例子，我们选择函数 $\sin x$，它仅仅包含了变量的奇次幂，我们假设它可以展成以下形式

$$a+b\cos x+c\cos 2x+d\cos 3x+\cdots$$

在这种特殊情形下运用一般方程，作为所需要的方程，我们发现

$$\frac{1}{4}\pi\sin x=\frac{1}{2}-\frac{\cos 2x}{1\cdot 3}-\frac{\cos 4x}{3\cdot 5}-\frac{\cos 6x}{5\cdot 7}-\cdots.$$

这样我们就得到了仅仅包含奇次幂的一个函数的展式，在这个展式中，仅仅是变量的偶次幂进入了. 如果我们给 x 赋予特殊值 $\frac{1}{2}\pi$，我们发现

$$\frac{1}{4}\pi=\frac{1}{2}+\frac{1}{1\cdot 3}-\frac{1}{3\cdot 5}+\frac{1}{5\cdot 7}-\frac{1}{7\cdot 9}+\cdots.$$

现在，从已知方程

$$\frac{1}{4}\pi=1-\frac{1}{3}+\frac{1}{5}-\frac{1}{7}+\frac{1}{9}-\frac{1}{11}+\cdots,$$

我们推出

$$\frac{1}{8}\pi=\frac{1}{1\cdot 3}+\frac{1}{5\cdot 7}+\frac{1}{9\cdot 11}+\frac{1}{13\cdot 15}+\cdots$$

以及 $\frac{1}{8}\pi=\frac{1}{2}-\frac{1}{3\cdot 5}-\frac{1}{7\cdot 9}-\frac{1}{11\cdot 13}-\cdots$.

把这两个结果相加我们就有

$$\frac{1}{4}\pi=\frac{1}{2}+\frac{1}{1\cdot 3}-\frac{1}{3\cdot 5}+\frac{1}{5\cdot 7}-\frac{1}{7\cdot 9}+\frac{1}{9\cdot 11}-\cdots.$$

226. 前面的分析给出了把任一函数展为多重弧的正弦或余弦级数的方法，我们不难把它应用到当变量被包含在某个界限内并且有实数值时，或者当变量被包含在其他界限内时，被展开的这个函数有确定值这样的情况. 我们停下来研究

这个特殊情形，因为在依赖于偏微分方程的物理问题中提出过这个特殊情形，并且以前是作为一个不能展为多重弧的正弦或余弦级数的函数而提出来的. 接着我们假定把一个函数化为这种形式的级数，当 x 在 0 到 α 之间时，这个函数的值是一个常数，而当 x 在 α 到 π 之间时，这个函数的值全是 0. 我们将运用一般方程（D），在这个方程中要求从 $x=0$ 到 $x=\pi$ 取积分. 由于进入积分符号的 $\phi(x)$ 的值在 $x=\alpha$ 到 $x=\pi$ 之间取 0，因此，从 $x=0$ 到 $x=\alpha$ 进行积分就足够了. 用 h 表示这个函数的常数值，对于这个待求的级数，我们有

$$\frac{1}{2}\pi\phi(x)=h\left[(1-\cos\alpha)\sin x+\frac{1-\cos2\alpha}{2}\sin2x+\frac{1-\cos3\alpha}{3}\sin3x+\cdots\right].$$

如果我们取 $h=\frac{1}{2}\pi$，并用 versin$x$ 表示弧 x 的正矢，我们就有

$$\phi(x)=\operatorname{versin}\alpha\sin x+\frac{1}{2}\operatorname{versin}2\alpha\sin2x+\frac{1}{3}\operatorname{versin}3\alpha\sin3x+\cdots$$ [8]

这个总是收敛的级数是这样的：如果我们在 0 到 α 之间赋予 x 任一个值，它的项的和是 $\frac{1}{2}\pi$；但是如果我们赋予大于 α 并小于 π 的值，项的和就是 0.

在下面这个同样有名的例子中，对于 0 到 α 之间的 x 所有值，$\phi(x)$ 的值都等于 $\sin\frac{\pi x}{\alpha}$，对于 α 到 π 之间的 x 所有值，$\phi(x)$ 的值都等于 0. 为了找到什么级数满足这个条件，我们将运用方程（D）.

必须从 $x=0$ 到 $x=\pi$ 取积分；但是在所讨论的这个情况中，取从 $x=0$ 到 $x=\alpha$ 的这些积分就足够了，因为在剩下的区间上，$\phi(x)$ 假定是 0. 因此，我们发现

$$\phi(x)=2\alpha\left(\frac{\sin\alpha\sin x}{\pi^2-\alpha^2}+\frac{\sin2\alpha\sin2x}{\pi^2-2^2\alpha^2}+\frac{\sin3\alpha\sin3x}{\pi^2-3^2\alpha^2}+\cdots\right).$$

如果假设 α 等于 π，级数除了首项变为 $\frac{0}{0}$，它的值是 $\sin x$，其他所有的项都消失了；于是我们有 $\phi(x)=\sin x$.

227. 同样的分析可以扩展到这样一种情形，在这种情形中，由 $\phi(x)$ 表示的纵坐标是由不同部分构成的一条曲线的纵坐标，这条曲线的一部分可能是曲线弧，而其他部分可能是直线. 例如，设需要以多重弧的余弦级数展开的函数值从 $x=0$ 到 $x=\frac{1}{2}\pi$ 是 $\left(\frac{\pi}{2}\right)^2-x^2$，从 $x=\frac{1}{2}\pi$ 到 $x=\pi$ 是 0. 我们将运用一般方程（n），

在给定区间内进行积分，我们发现当 i 具有 $2n+1$ 的形式时，一般项[9] $\int\left[\left(\frac{\pi}{2}\right)^2-x^2\right]\cos ix\mathrm{d}x$ 等于 $(-1)^n\frac{2}{i^3}$，当 i 是一个奇数的两倍时它等于 $+\frac{\pi}{i^2}$，当 i 是一个奇数的4倍时它等于 $-\frac{\pi}{i^2}$. 另一方面，首项 $\frac{1}{2}\int\phi(x)\,\mathrm{d}x$ 的值是 $\frac{1}{3}\frac{\pi^3}{2^3}$. 于是我们有了展开式：

$$\frac{1}{2}\phi(x)=\frac{1}{2\cdot 3}\left(\frac{\pi}{2}\right)^2+\frac{2}{\pi}\left(\frac{\cos x}{1^3}-\frac{\cos 3x}{3^3}+\frac{\cos 5x}{5^3}-\frac{\cos 7x}{7^3}+\cdots\right)$$
$$+\frac{\cos 2x}{2^2}-\frac{\cos 4x}{4^2}+\frac{\cos 6x}{6^2}-\cdots.$$

等式右边表示由抛物线弧和直线段构成的曲线.

228. 以同样的方式，我们能够找到表示梯形轮廓纵坐标的关于 x 函数的展开式. 假设从 $x=0$ 到 $x=\alpha$，$\phi(x)$ 等于 x，从 $x=\alpha$ 到 $x=\pi-\alpha$，$\phi(x)$ 等于 α，最后，从 $x=\pi-\alpha$ 到 $x=\pi$，$\phi(x)$ 等于 $\pi-x$. 为了把它化为多重弧的一个正弦级数，我们运用一般方程(D). 一般项 $\int\phi(x)\sin ix\mathrm{d}x$ 由三部分构成，经过化简后我们得到，当 i 为一个奇数时，$\sin ix$ 的系数是 $\frac{2}{i^2}\sin i\alpha$；当 i 为一个偶数时，$\sin ix$ 的系数是0. 这样我们得到了方程

$$\frac{1}{2}\pi\phi(x)=2\left(\sin\alpha\sin x+\frac{1}{3^2}\sin 3\alpha\sin 3x+\frac{1}{5^2}\sin 5\alpha\sin 5x+\frac{1}{7^2}\sin 7\alpha\sin 7x+\cdots\right)\qquad(\lambda)$$ [10]

如果我们假定 $\alpha=\frac{1}{2}\pi$，则梯形将和一个等腰三角形重合，像上面一样，我们得到三角形轮廓线方程

$$\frac{1}{2}\pi\phi(x)=2\left(\sin x-\frac{1}{3^2}\sin 3x+\frac{1}{5^2}\sin 5x-\frac{1}{7^2}\sin 7x+\cdots\right).$$ [11]

不管 x 的值是多少，这个级数总是收敛的. 一般地，我们在展开不同函数时所得到的三角级数总是收敛的，不过我们现在还不必在此处证明这一点；因为组成这些级数的项仅仅是表示温度值的级数的项的系数；这些系数由于受到快速衰减的指数量的影响，因此最后的级数是收敛的. 对于那些只有多重弧的正弦或余弦进入其中的级数，尽管它们表示不连续线段的纵坐标，但同样容易证明它们是收敛的. 这并不完全由这些项的值连续递减这一事实所决定，因为只有这个条件

不足以建立级数的收敛性. 随着系数的逐渐增加，我们所得到的值越来越接近于一个固定的极限，并且与这个极限的差值仅仅是一个比任意给定量都小的量. 这个极限就是级数的值，现在我们就可以严格地证明问题中的级数满足最后一个条件.

229. 取前面的方程（λ），其中我们可以赋予 x 任何值；我们把这个量看作是一个新的坐标，它给出了如下的作图.

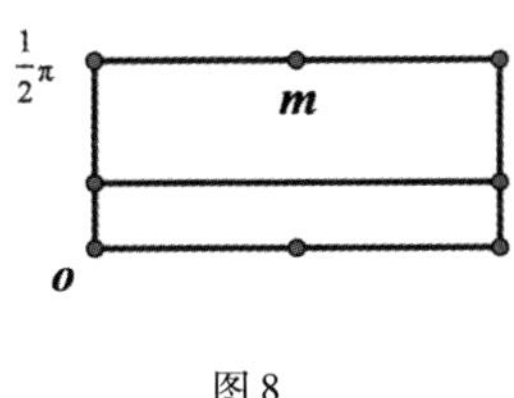

图 8

在 xy 平面上画一个底边 $O\pi$ 等于半圆周长，高等于 $\frac{1}{2}\pi$ 的矩形（见图 8）；在与底平行的边的中点 m 处，让我们垂直于矩形平面作一条长等于 $\frac{1}{2}\pi$ 的直线段，并从这条直线段的顶点向矩形的四个角作直线，这样就形成了一个四棱锥. 如果我们现在从矩形短边的点 O 来测定任一等于 α 的线段，通过这条线段的端点作一个平行于底边 $O\pi$ 且垂直于矩形所在平面的平面，那么这个平面和固体所共有的截面是一个其高为 α 的梯形. 就像我们刚才看到的，这个梯形轮廓的可变坐标等于

$$\frac{4}{\pi}\left(\sin\alpha\sin x+\frac{1}{3^2}\sin3\alpha\sin3x+\frac{1}{5^2}\sin5\alpha\sin5x+\cdots\right).$$

由此得到，若把我们构造的四棱锥表面上任一点的坐标称为 x，y，z，那么我们就有了在 $x=0$，$x=\pi$，$y=0$，$y=\frac{1}{2}\pi$ 之间的多面体的表面方程

$$\frac{1}{2}\pi z=\frac{\sin x\sin y}{1^2}+\frac{\sin3x\sin3y}{3^2}+\frac{\sin5x\sin5y}{5^2}+\cdots.$$

这个收敛级数总是给出坐标 z 的值，或曲面上任一点距 xy 平面的距离.

因此，在给定的区间之内，由多重弧的正弦或余弦构成的级数适合于表示所有可能的函数，以及不连续的曲线或曲面的纵坐标. 不仅这些展开式的可能性已经得到证明，而且容易计算级数的项；在方程

$$\phi(x)=a_1\sin x+a_2\sin 2x+a_3\sin 3x+\cdots+a_i\sin ix+\cdots$$

中，任何系数的值就是一个定积分，即 $\frac{2}{\pi}\int\phi(x)\sin ix\mathrm{d}x$.

无论函数 $\phi(x)$ 以及它表示的曲线的形状如何，这个积分都有一个可以引入公式的确定的值. 这些定积分的值与在给定区间上包围在坐标轴与曲线之间的整个面积值 $\int\phi(x)\mathrm{d}x$ 类似，或与诸如这个面积的重心、任一立体的重心的坐标的力学量的值类似. 显然，不管物体的形状是否规则，还是我们赋予了它们一个十分任意的形状，所有的这些量都有指定的值.

230. 如果我们把这些原理运用到弦振动问题中，我们就能够解决在丹尼尔·伯努利的研究中首次出现的困难. 这位几何学家给出的解假设任意函数都可以展为多重弧的正弦及余弦级数. 现在，对于这个命题最完善的证明在于事实上把一个给定函数分解为具有确定系数的级数的证明.

在运用偏微分方程的研究中，容易找到它们的和构成一个更一般积分的解；但是运用这些积分要求我们确定它们的范围，并且能够清楚地把它们表示通解的情况与它们只包含部分解的情况区分开来. 尤其是有必要指定常数的值，运用的困难在于发现系数. 值得注意的是，我们能够运用收敛级数，并且，正如我们将要在后面看到的，运用定积分表示不服从连续规律的曲线或曲面的纵坐标. [12]
我们由此看到，即使当变量取给定区间上的任一值时具有相同值的两个函数，在另一个区间上，用一个数去代替变量，这两个代替的结果是不一样的，那么我们也应该允许这样的函数进入分析. 具有这种性质的函数由不同的曲线所表示，这些曲线只在它们轨迹的一个确定部分重合，并且提供有限密切的一个奇异类型. 这些考虑出现于偏微分方程的演算中；他们对这个演算给予了新的说明，并且有助于它在物理理论中的应用.

231. 表示把任一函数展开成多重弧的正弦或余弦展开式的方程引出了解释这些定理真正含义以及指导它们应用的几个注记.

如果在级数

$$a+b\cos x+c\cos 2x+d\cos 3x+e\cos 4x+\cdots$$

中，我们取 x 的值为负值，这个级数的值保持不变；如果我们以圆周长 2π 的任一倍数扩大变量，这个级数的值仍保持不变. 这样，在方程

$$\frac{1}{2}\pi\phi(x)=\frac{1}{2}\int\phi(x)\mathrm{d}x+\cos x\int\phi(x)\cos x\mathrm{d}x+\cos 2x\int\phi(x)\cos 2x\mathrm{d}x$$

$$+\cos 3x\int\phi(x)\cos 3x\mathrm{d}x+\cdots \qquad (\nu)$$

中，函数 ϕ 是周期的，并且由一条由许多相等的弧段所组成的曲线来表示，每一个弧段对应于横轴上等于 2π 的一个区间．而且每一个这样的弧段由两个对称的分支构成，这两个分支对应着等于 2π 区间上的两个等分．

接下来我们假设画了一条具有任意形状的曲线 $\phi\phi\alpha$（见图9），它对应着等于 π 的一个区间．

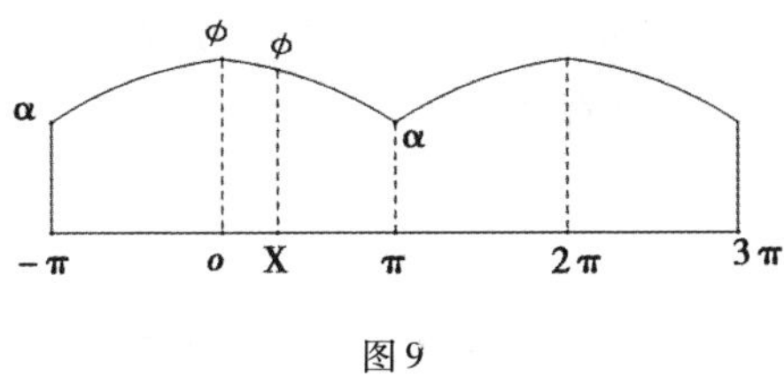

图 9

如果我们要求一个级数具有形式 $a+b\cos x+c\cos 2x+d\cos 3x+\cdots$，用 0 到 π 之间的任何一个值 X 来代替 x，我们就可以找到级数的值为纵坐标 $X\phi$，那么容易解决如下问题：通过方程(ν) 给出的系数是

$$\frac{1}{\pi}\int\phi(x)\mathrm{d}x\ ,\frac{2}{\pi}\int\phi(x)\cos 2x\mathrm{d}x\ ,\frac{2}{\pi}\int\phi(x)\cos 3x\mathrm{d}x\ ,\cdots .$$

从 $x=0$ 到 $x=\pi$ 的这些积分总有像面积 $o\phi\alpha\pi$ 那样的可测值，并且由这些系数所形成的这个级数总是收敛的，所以线段 $\phi\phi\alpha$ 的纵坐标不可能不由展开式

$$a+b\cos x+c\cos 2x+d\cos 3x+e\cos 4x+\cdots$$

来严格表示．

弧 $\phi\phi\alpha$ 是完全任意的；但是曲线上其他部分的情形并不是这样，相反的它们被确定了；因此区间 0 到 $-\pi$ 对应的弧 ϕa 与弧 $\phi\alpha$ 一样；整个弧 $a\phi\alpha$ 在轴长为 2π 的相邻部分重复．

在方程(ν) 中我们可以变化积分的界限．如果从 $x=-\pi$ 到 $x=\pi$ 取积分，那么结果将会加倍：如果积分限是 0 到 2π 而不是 0 到 π，那么结果也应当加倍．一般地我们用符号 $\int_a^b$ 表示一个积分，这个积分开始于变量等于 a，结束于变量等于 b；我们把方程（n）写成如下形式：

$$\frac{1}{2}\pi\phi(x)=\frac{1}{2}\int_0^{\pi}\phi(x)\mathrm{d}x+\cos x\int_0^{\pi}\phi(x)\cos x\mathrm{d}x+\cos 2x\int_0^{\pi}\phi(x)\cos 2x\mathrm{d}x$$

$$+\cos 3x\int_0^{\pi}\phi(x)\cos 3x\mathrm{d}x+\cdots. \qquad (\nu)$$

如果不是从 $x=0$ 到 $x=\pi$ 取积分，而是从 $x=0$ 到 $x=2\pi$ 或从 $x=-\pi$ 到 $x=\pi$ 取积分；在这两种情形下，方程左边的 $\frac{1}{2}\pi\phi(x)$ 必须写为 $\pi\phi(x)$.

232. 在给出把任一函数展开为多重弧的正弦级数的方程中，当变量 x 变为负的，级数的符号发生改变但绝对值不变；当变量以圆周长 2π 的倍数增加或减小时，级数的符号和值都保持不变. 对应于 0 到 π 区间上的弧 $\phi\phi a$ 是任意的(见图 10)；曲线的其他部分是严格限定的. 对应于 0 到 $-\pi$ 区间上的弧 $\phi\phi\alpha$ 与给定弧 $\phi\phi a$ 具有相同的形状；但具有截然相反的位置. 从 π 到 3π 以及其他类似的区间上整个弧 $\alpha\phi\phi\alpha$ 是重复的.

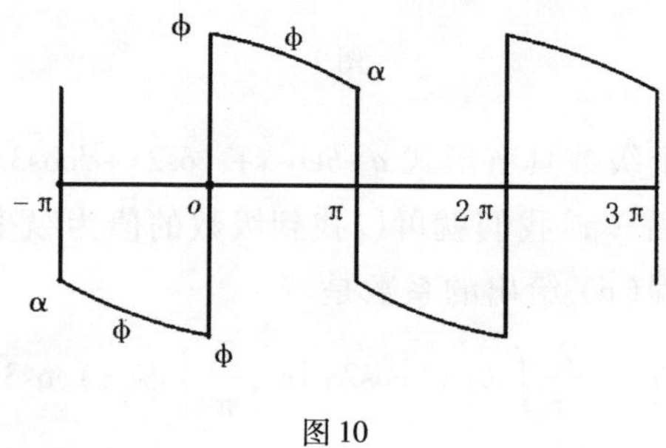

图 10

我们写出的方程为

$$\frac{1}{2}\pi\phi(x)=\sin x\int_0^{\pi}\phi(x)\sin x\mathrm{d}x+\sin 2x\int_0^{\pi}\phi(x)\sin 2x\mathrm{d}x$$

$$+\sin 3x\int_0^{\pi}\phi(x)\sin 3x\mathrm{d}x+\cdots. \qquad (\mu)$$

我们可以变换积分限，用 $\int_0^{2\pi}$ 或 $\int_{-\pi}^{\pi}$ 代替 $\int_0^{\pi}$；但是在这两种情况中的每一种当中，必须把左边的 $\frac{1}{2}\pi\phi(x)$ 替换为 $\pi\phi(x)$.

233. 被展为多重弧的余弦级数的函数 $\phi(x)$ 由从 $-\pi$ 到 π 区间上关于 y 轴对称的两个等弧所构成的曲线所表示(见图 11).

因此，这个条件可表示为 $\phi(x)=\phi(-x)$. 相反的，表示函数 $\phi(x)$ 的曲线由同一区间上相反的两个弧构成，它用方程 $\psi(x)=-\psi(-x)$ 表示.

由从 $-\pi$ 到 π 区间上任意描绘的一条曲线表示的任意函数 $F(x)$，总能被分

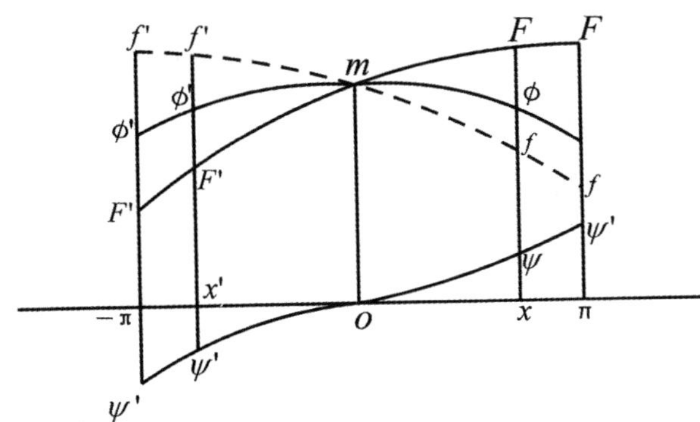

图 11

解为像 $\phi(x)$ 和 $\psi(x)$ 的两个函数. 事实上，如果曲线 $F'F'mFF$ 表示函数 $F(x)$，我们在点 O 作纵坐标 Om，我们就能够从点 m 向坐标轴 Om 的正向作类似于给定曲线中弧 $mF'F'$ 的弧 mff，向坐标轴 Om 的左侧我们可以作类似于弧 mFF 的弧 $mf'f'$；接下来我们必须经过点 m 画一条曲线 $\psi'\psi'O\psi\psi$，它的纵坐标是曲线 $F'F'mFF$ 与 $f'f'mff$ 坐标的半差(half-difference). 如此，曲线 $F'F'mFF$ 和 $f'f'mff$ 的坐标分别由 $F(x)$ 和 $f(x)$ 来表示，显然我们有 $f(x)=F(-x)$；$\phi'\phi'm\phi\phi$ 的坐标用 $\phi(x)$ 来表示，$\psi'\psi'o\psi\psi$ 的坐标用 $\psi(x)$ 来表示，我们有

$$F(x)=\phi(x)+\psi(x)\text{ 以及 }f(x)=\phi(x)-\psi(x)=F(-x),$$

因此，
$$\phi(x)=\frac{1}{2}F(x)+\frac{1}{2}F(-x)\text{ 以及 }\psi(x)=\frac{1}{2}F(x)-\frac{1}{2}F(-x),$$

于是我们得到 $\phi(x)=\phi(-x)$ 以及 $\psi(x)=-\psi(-x)$，作图以另一种方式使它们成为显然的.

这样它们的和为 $F(x)$ 的两个函数 $\phi(x)$ 和 $\psi(x)$，一个可以展为多重弧的余弦，另一个可以展为多重弧的正弦.

对于第一个函数我们运用方程（ν），对于第二个函数我们运用方程（μ），在每一种情形下，从 $x=-\pi$ 到 $x=\pi$ 取积分，并把这两个结果相加我们就有

$$\pi[\phi(x)+\psi(x)]=\pi F(x)$$
$$=\frac{1}{2}\int\phi(x)\,dx+\cos x\int\phi(x)\cos x\,dx+\cos 2x\int\phi(x)\cos 2x\,dx+\cdots$$
$$+\sin x\int\psi(x)\sin x\,dx+\sin 2x\int\psi(x)\sin 2x\,dx+\cdots.$$

必须从 $x=-\pi$ 到 $x=\pi$ 取积分. 现在需要注意的是，在积分 $\int_{-\pi}^{+\pi}\phi(x)\cos x\,dx$

中，我们可以用 $\phi(x)+\psi(x)$ 来代替 $\phi(x)$ 而不改变它的值：因为函数 $\cos x$ 由 x 轴左侧和右侧的两个相似部分构成，相反地，函数 $\psi(x)$ 由两个相反的部分构成，积分 $\int_{-\pi}^{+\pi}\phi(x)\cos x\mathrm{d}x$ 就消失了. 如果我们用 $\cos 2x$ 或 $\cos 3x$，以及一般地用 $\cos ix$ 代替 $\cos x$，i 是从 0 到无穷大的任意整数，那么情况亦如此. 这样积分 $\int_{-\pi}^{+\pi}\phi(x)\cos ix\mathrm{d}x$ 与积分 $\int_{-\pi}^{+\pi}[\psi(x)+\phi(x)]\cos ix\mathrm{d}x$ 和 $\int_{-\pi}^{+\pi}F(x)\cos ix\mathrm{d}x$ 是一样的.

显然，积分 $\int_{-\pi}^{+\pi}\psi(x)\sin ix\mathrm{d}x$ 也等于积分 $\int_{-\pi}^{+\pi}F(x)\sin ix\mathrm{d}x$，因为积分 $\int_{-\pi}^{+\pi}\phi(x)\sin ix\mathrm{d}x$ 消失了. 这样我们得到

$$\begin{aligned}\pi F(x)=&\frac{1}{2}\int F(x)\mathrm{d}x\\&+\cos x\int F(x)\cos x\mathrm{d}x+\cos 2x\int F(x)\cos 2x\mathrm{d}x+\cdots\\&+\sin x\int F(x)\sin x\mathrm{d}x+\sin 2x\int F(x)\sin 2x\mathrm{d}x+\cdots,\end{aligned}\tag{p}$$

方程（p）用来把任一函数展为多重弧的正弦或余弦级数的形式.

234. 进入这个方程的函数 $F(x)$ 由具有任意形状的曲线 $F'F'FF$ 来表示. 对应于 $-\pi$ 到 π 区间上的弧 $F'F'FF$ 是任意的；这条曲线的其他部分都是确定的，弧 $F'F'FF$ 在长度为 2π 的每一个相邻区间上重复着. 我们将经常运用这个定理以及前面的方程（μ）和（ν）.

如果方程（p）中的函数 $F(x)$ 在区间 $-\pi$ 到 π 上由对称的两个等弧构成的曲线所表示，则包含正弦的所有项消失，我们就会发现方程（ν）. 相反地，如果表示给定函数 $F(x)$ 的曲线由位置相反的两个等弧构成，那么不包含正弦的所有项都消失了，我们就会发现方程（μ）. 当使函数 $F(x)$ 服从其他条件时，我们得到其他结果.

如果在一般方程(p) 中，我们把 x 替换为 $\frac{\pi x}{r}$，x 表示另一变量，$2r$ 是包含 $F(x)$ 所表示弧在内的区间的长度；这个函数就变为 $F\left(\frac{\pi x}{r}\right)$，它可以用 $f(x)$ 表示. 界限 $x=-\pi$ 和 $x=\pi$ 变为 $\frac{\pi x}{r}=-\pi$，$\frac{\pi x}{r}=\pi$；因此，经过代换后我们有

$$rf(x)=\frac{1}{2}\int_{-r}^{+r}f(x)dx \qquad (\mathrm{P}).$$

$$+\cos\pi\frac{x}{r}\int f(x)\cos\frac{\pi x}{r}dx+\cos\frac{2\pi x}{r}\int f(x)\cos\frac{2\pi x}{r}dx+\cdots$$

$$+\sin\pi\frac{x}{r}\int f(x)\sin\frac{\pi x}{r}dx+\sin\frac{2\pi x}{r}\int f(x)\sin\frac{2\pi x}{r}dx+\cdots.$$

就像首项那样，所有的积分从 $x=-r$ 取到 $x=r$. 如果在方程（μ）和（ν）中作同样的代换，我们有

$$\frac{1}{2}rf(x)=\frac{1}{2}\int_0^r f(x)\,dx+\cos\frac{\pi x}{r}\int_0^r f(x)\cos\frac{\pi x}{r}dx+\cos\frac{2\pi x}{r}\int_0^r f(x)\cos\frac{2\pi x}{r}dx+\cdots \quad (\mathrm{N})$$

和
$$\frac{1}{2}rf(x)=\sin\frac{\pi x}{r}\int_0^r f(x)\sin\frac{\pi x}{r}dx+\sin\frac{2\pi x}{r}\int_0^r f(x)\sin\frac{2\pi x}{r}dx+\cdots. \quad (\mathrm{M})$$

在第一个方程（P）中，从 $x=0$ 到 $x=2r$ 取积分，并用 X 表示整个区间 $2r$，我们应当有[13]

$$\frac{1}{2}Xf(x)=\frac{1}{2}\int_0^X f(x)\,dx+\cos\frac{2\pi x}{X}\int_0^X f(x)\cos\frac{2\pi x}{X}dx+\cos\frac{4\pi x}{X}\int_0^X f(x)\cos\frac{4\pi x}{X}dx+$$
$$\cdots+\sin\frac{2\pi x}{X}\int_0^X f(x)\sin\frac{2\pi x}{X}dx+\sin\frac{4\pi x}{X}\int_0^X f(x)\sin\frac{4\pi x}{X}dx+\cdots \quad (\mathrm{II})$$

235. 就函数的三角级数展开而言，我们在本节已经证明，如果提出的函数 $f(x)$ 在一个确定的区间从 $x=0$ 到 $x=X$ 上的值由任意画出的一条曲线的纵坐标表示，那么我们能够把这个函数展开为只包含正弦或只包含余弦，或者是多重弧的正弦和余弦，或者是只含奇数倍数的余弦的级数. 为了确定这些级数的项，我们必须运用方程（M），（N），（P）.

如果不能把表示温度初始状态的函数简化为这种形式，热理论的基本问题就不可能完全解决.

根据多重弧的正弦或余弦所安排的这些三角级数，和那些其项包含着变量的逐次幂的级数一样，属于初等分析. 三角级数的系数是确定的面积，而幂级数的系数是通过微分得到的函数，并且，在这些函数中，我们对变量指定一个确定值. 我们本应增加几条有关三角级数运用和性质的注记；不过我们只简短地阐述那些与我们所关心的理论有直接关系的注记.

第一，根据多重弧的正弦或余弦展开的级数总是收敛的；也就是说，一旦给变量赋予非虚数的任何一个值，项的和越来越收敛于一个单一的固定极限，这个极限就是被展函数的值.

第二，如果我们有对应于一个给定级数

$$a+b\cos x+c\cos 2x+d\cos 3x+e\cos 4x+\cdots$$

的函数 $f(x)$ 的表达式，并且有另一个函数的表达式，其展开式为

$$\alpha+\beta\cos x+\gamma\cos 2x+\delta\cos 3x+\varepsilon\cos 4x+\cdots,$$

在实际的项中我们容易得到复合级数 $a\alpha+b\beta+c\gamma+d\delta+e\varepsilon+\cdots$ [14]的和，更一般地，容易得到级数 $a\alpha+b\beta\cos x+c\gamma\cos 2x+d\delta\cos 3x+e\varepsilon\cos 4x+\cdots$ 的和，这个级数是通过对两个给定级数逐项比较得到的. 这个注记可用于任何数目的级数.

第三，级数(P)(234 目) 给出了把一个函数 $F(x)$ 展为多重弧的正弦或与余弦级数的展开式，这个级数可以整理为以下形式

$$\begin{aligned}\pi F(x)=&\frac{1}{2}\int F(\alpha)dx\\&+\cos x\int F(\alpha)\cos\alpha d\alpha+\cos 2x\int F(\alpha)\cos 2\alpha d\alpha+\cdots\\&+\sin x\int F(\alpha)\sin\alpha d\alpha+\sin 2x\int F(\alpha)\sin 2\alpha d\alpha+\cdots,\end{aligned}$$

α 是一个积分之后会消失的新的变量.

接下来我们有

$$\pi F(x)=\int_{-\pi}^{+\pi}F(\alpha)\mathrm{d}\alpha\left\{\frac{1}{2}\right.$$

$$\left\{\begin{array}{l}+\cos x\cos\alpha+\cos 2x\cos 2\alpha+\cos 3x\cos 3\alpha+\cdots\\+\sin x\sin\alpha+\sin 2x\sin 2\alpha+\sin 3x\sin 3\alpha+\cdots\end{array}\right\},$$

或 $$F(x)=\frac{1}{\pi}\int_{-\pi}^{+\pi}F(\alpha)\mathrm{d}\alpha\left\{\frac{1}{2}+\cos(x-\alpha)+\cos 2(x-\alpha)+\cdots\right\}.$$

因此，把上述级数的和表示为 $\sum\cos i(x-\alpha)$，取 $i=1$ 到 $i=\infty$，我们就有

$$F(x)=\frac{1}{\pi}\int_{-\pi}^{+\pi}F(\alpha)\mathrm{d}\alpha\left\{\frac{1}{2}+\sum\cos i(x-\alpha)\right\}.$$

表达式 $\frac{1}{2}+\sum\cos i(x-\alpha)$ 表示一个 x 和 α 的函数，如果用任一函数 $F(\alpha)$ 乘以它，并且关于 α 在 $\alpha=-\pi$ 到 $\alpha=\pi$ 之间取积分，那么所提出的函数 $F(\alpha)$ 就变成乘以半圆周 π 的 x 的同类函数. 在后面我们会看到具有我们刚才所阐明的性质的诸如 $\frac{1}{2}+\sum\cos i(x-\alpha)$ 的量的特征是什么.

第四，如果方程（M），（N），（P）（234 目）除以 r，便会给出一个函数 $f(x)$ 的展式，我们假设区间 r 变成无穷大，级数的每一项就是无穷小的积分元；这样这个级数的和就由一个定积分来表示，当物体有确定的体积时，表示初始温度同时进入偏微分方程积分的任意函数应当被展为类似于方程（M），（N），（P）

的级数；但是正如本书在处理热的自由扩散问题中所解释的（第九章），当物体的体积不确定时，这些函数呈现定积分的形式.[15]

第七节　对实际问题的应用

236. 我们现在能够以一般的方式解决矩形薄片 BAC 中的热传导问题，它的边 A 被不断地加热，而它的两个无界边 B 和 C 保持温度 0.

假设薄片 BAC 各点的温度都为 0，但是边 A 的每一点的温度由外因所保持，它的固定值是从点 m 到边 A 端点 O 的距离的函数，边 A 的长度是 r；令 v 是其坐标为 x，y 的点 m 的恒定温度，需要确定关于 x，y 的函数 v.

值 $v=a\mathrm{e}^{-my}\sin mx$ 满足方程

$$\frac{\mathrm{d}^2v}{\mathrm{d}x^2}+\frac{\mathrm{d}^2v}{\mathrm{d}y^2}=0;$$

a 和 m 是任意量. 如果我们让 $m=i\frac{\pi}{r}$，i 是一个整数，当 $x=r$，不管 y 的值是什么，值 $ae^{-i\pi\frac{y}{r}}\sin\frac{i\pi x}{r}$ 就消失了. 因此，作为 v 的一个更一般的值，我们假设

$$v=a_1\mathrm{e}^{-\pi\frac{y}{r}}\sin\frac{\pi x}{r}+a_2\mathrm{e}^{-2\pi\frac{y}{r}}\sin\frac{2\pi x}{r}+a_3\mathrm{e}^{-3\pi\frac{y}{r}}\sin\frac{3\pi x}{r}+\cdots,$$

如果假定 y 是 0，根据假设 v 的值应等于已知函数 $f(x)$，那么我们就有

$$f(x)=a_1\sin\frac{\pi x}{r}+a_2\sin\frac{2\pi x}{r}+a_3\sin\frac{3\pi x}{r}+\cdots,$$

系数 a_1，a_2，a_3，… 可以通过方程（M）确定，在 v 值中代入它们就有

$$\frac{1}{2}rv=e^{-\pi\frac{y}{r}}\sin\frac{\pi x}{r}\int_0^r f(x)\sin\frac{\pi x}{r}dx+e^{-2\pi\frac{y}{r}}\sin\frac{2\pi x}{r}\int_0^r f(x)\sin\frac{2\pi x}{r}dx+$$
$$e^{-3\pi\frac{y}{r}}\sin\frac{3\pi x}{r}\int_0^r f(x)\sin\frac{3\pi x}{r}dx+\cdots.$$

237. 在前面问题中假设 $r=\pi$，我们就有了一个更简单形式的解，即

$$\frac{1}{2}\pi v=e^{-y}\sin x\int_0^\pi f(x)\sin xdx+e^{-2y}\sin 2x\int_0^\pi f(x)\sin 2xdx+$$
$$e^{-3y}\sin 3x\int_0^\pi f(x)\sin 3xdx+\cdots\tag{a}$$

或

$$\frac{1}{2}\pi v=\int_0^\pi f(\alpha)\mathrm{d}\alpha(e^{-y}\sin x\sin\alpha+\mathrm{e}^{-2y}\sin 2x\sin 2\alpha+\mathrm{e}^{-3y}\sin 3x\sin 3\alpha+\cdots),$$

α 是一个新的变量，它在积分之后就消失了.

如果级数的和确定了，并且如果把它代入最后一个方程，我们将得到一个有限形式的 v 值. 这个级数的双倍等于

$$e^{-y}[\cos(x-\alpha)-\cos(x+\alpha)]+e^{-2y}[\cos 2(x-\alpha)-\cos 2(x+\alpha)]$$
$$+e^{-3y}[\cos 3(x-\alpha)-\cos 3(x+\alpha)]+\cdots;$$

用 $F(y, p)$ 表示无限级数

$$e^{-y}\cos p+e^{-2y}\cos 2p+e^{-3y}\cos 3p+\cdots$$

的和，我们发现

$$\pi v=\int_0^\pi f(\alpha)\mathrm{d}\alpha\{F(y, x-\alpha)-F(y, x+\alpha)\}.$$

我们也有

$$2F(y, p)=\begin{cases}e^{-(y+p\sqrt{-1})}+e^{-2(y+p\sqrt{-1})}+e^{-3(y+p\sqrt{-1})}+\cdots\\+e^{-(y-p\sqrt{-1})}+e^{-2(y-p\sqrt{-1})}+e^{-3(y-p\sqrt{-1})}+\cdots\end{cases}$$
$$=\frac{e^{-(y+p\sqrt{-1})}}{1-e^{-(y+p\sqrt{-1})}}+\frac{e^{-(y-p\sqrt{-1})}}{1-e^{-(y-p\sqrt{-1})}},$$

或 $$F(y, p)=\frac{\cos p-e^{-y}}{e^{y}-2\cos p+e^{-y}},$$

因此，$$\pi v=\int_0^\pi f(\alpha)d\alpha\left\{\frac{\cos(x-\alpha)-e^{-y}}{e^{y}-2\cos(x-\alpha)+e^{-y}}-\frac{\cos(x+\alpha)-e^{-y}}{e^{y}-2\cos(x+\alpha)+e^{-y}}\right\},$$

或 $$\pi v=\int_0^\pi f(\alpha)d\alpha\left\{\frac{2(e^{y}-e^{-y})\sin x\sin\alpha}{[e^{y}-2\cos(x-\alpha)+e^{-y}][e^{y}-2\cos(x+\alpha)+e^{-y}]}\right\}.$$

或者把系数分解为两个分数，

$$\pi v=\frac{e^{y}-e^{-y}}{2}\int_0^\pi f(\alpha)\mathrm{d}\alpha\left\{\frac{1}{e^{y}-2\cos(x-\alpha)+e^{-y}}-\frac{1}{e^{y}-2\cos(x+\alpha)+e^{-y}}\right\}.$$

在有限形式下的实际项中，这个方程包含了方程 $\frac{\mathrm{d}^2v}{\mathrm{d}x^2}+\frac{\mathrm{d}^2v}{\mathrm{d}y^2}=0$ 的积分，该积分适用于在端点处受单一热源恒定作用的矩形固体的均匀热运动.

容易确定这个积分与具有两个任意函数的通积分的关系；这些函数由问题的性质所确定，并且当在 $\alpha=0$ 到 $\alpha=\pi$ 的界限内考虑问题时，除了函数 $f(\alpha)$，没有什么是任意的. 在一个适合于数值应用的简单形式下，方程（a）表示简化为收敛级数的同一 v 值.

如果我们希望确定当固体达到永恒状态时他所包含的热量，我们应当从 $x=0$ 到 $x=\pi$，从 $y=0$ 到 $y=\infty$ 取积分 $\int\mathrm{d}x\int\mathrm{d}yv$；其结果与所要求的量成正比. 一般

地，矩形薄片中均匀热运动的所有性质都可以由这个解精确地表示.

接下来我们将从另一视角来考虑这种类型的问题，并确定在不同物体中的不同热运动.

注 释

[1] 由 a 推出 b 的值，由 b 推出 c 的值，等等，这样会稍稍好一点. [R. L. E.]

[2] 根据第六节的方法，在第一个方程两边分别乘以 $\cos y$，$\cos 3y$，$\cos 5y\cdots$，并从 $-\frac{1}{2}\pi$ 到 $\frac{1}{2}\pi$ 取积分就可以确定系数 a，b，c，…，正如格雷戈里（D. F. Gregory）所做过的，《剑桥数学学报》（*Cambridge Mathematical Journal*），第1卷. [A. F.]

[3] 就像在222目中那样通过从0到 π 的积分得到这个结论. [R. L. E.]

[4] 格雷戈里从形式 $v=\cos\left(y\frac{\mathrm{d}}{\mathrm{d}x}\right)\phi(x)+\sin\left(y\frac{\mathrm{d}}{\mathrm{d}x}\right)\varphi(x)$ 中推出了解.《剑桥数学学报》第1卷. [A. F.]

[5] 漏译（原书P531）

[6] 拉格朗日已经表明（Miscellanea Taurinensia，第三卷，1766年）由方程

$y=2(\sum_{r=1}^{r=n}Y_r\sin X_r\pi\Delta X)\sin x\pi+2(\sum_{r=1}^{r=n}Y_r\sin 2X_r\pi\Delta X)+\cdots 2(\sum_{r=1}^{r=n}Y_r\sin nX_r\pi\Delta X)\sin nx\pi$ 给出的 y，对应于 x 的 X_1，X_2，X_3，$\cdots X_n$，y 的值分别为 Y_1，Y_2，Y_3，$\cdots Y_n$. 其中，$X_r=\frac{r}{n+1}$，$\Delta X=\frac{1}{n+1}$.

然而，拉格朗日没有实施从这个求和公式到傅里叶所给出的求积公式的转换.

参见黎曼（Riemann）的《数学全集》（*Gesammelte Mathematische*）莱比锡（Leipzig），1876年，他的历史性评论，“论三角级数表示函数”（Ueber die Darstellbarkeit einer Function durch eine Trigonometrische Reihe）. [A. F.]

[7] 与第22目中的（A）相似的步骤不成立；我们也可以看到，在177目中存在一个类似的结果. [R. L. E.]

[8] 汤姆森（W. Thomson）爵士在《剑桥数学学报》第Ⅱ卷，一篇签名为P. Q. R. 的论文“论傅里叶的函数的三角级数展式”中表明，在什么情况下，确定界限内的任一函数能够展为余弦级数，什么情况下能够展为正弦函数. [A. F.]

[9] $\int\left[\left(\frac{\pi}{2}\right)^2-x^2\right]\cos ix\mathrm{d}x=\left(\frac{\pi}{2}\right)^2\frac{\sin ix}{i}-\frac{x^2}{i}\sin ix-\frac{2}{i^2}x\cos ix+2\frac{\sin ix}{i^3}$. [R. L. E.]

[10] 傅里叶给出的这个级数以及其他级数的准确性得到了汤姆森爵士在《剑桥数学学报》第Ⅱ卷，一篇签名为P. Q. R. 的论文“论傅里叶的函数的三角级数展式”的支持.

[11] 用0到 π 之间的余弦来表示则为 $\frac{1}{2}\pi\phi(x)=\frac{\pi^2}{8}-\left(\cos 2x+\frac{1}{3^2}\cos 6x+\frac{1}{5^2}\cos 10x+\cdots\right)$.

[12] 泊松（Poisson），德弗勒斯（Deflers），狄利克雷（Dirichlet），德克森（Dirksen），贝塞尔（Bessel），哈密尔顿（Hamilton），布尔（Boole），德·摩根（De Morgan），斯托克斯（Stokes）等已经提

供了一些证明.

[13] 奥进尼利 (J. O' Kinaly) 先生已经表明，如果我们设想对于连续区间 λ 上的 x 的每一个变化范围，任意函数 $f(x)$ 的值再次出现，那么我们有符号方程 $\left(e^{\lambda}\frac{\mathrm{d}}{\mathrm{d}x}-1\right)f(x)=0$；因这个辅助方程的根为

$$\pm n\frac{2\pi\sqrt{-1}}{\lambda},\ n=0,\ 1,\ 2,\ 3,\ \cdots\infty\ ,$$

由此得到

$$f(x)=A_0+A_1\cos\frac{2\pi x}{\lambda}+A_2\cos 2\frac{2\pi x}{\lambda}+A_3\cos 3\frac{2\pi x}{\lambda}+\cdots$$

$$+B_1\sin\frac{2\pi x}{\lambda}+B_2\sin 2\frac{2\pi x}{\lambda}+B_3\sin 3\frac{3\pi x}{\lambda}+\cdots.$$

在傅里叶的方法中，通过给方程两边都乘以 $\begin{matrix}\cos\\ \sin\end{matrix}\ n\frac{2\pi x}{\lambda}$ 并从 0 到 λ 进行积分确定系数.（《哲学杂志》(*Philosophical Magazine*), 1874 年 8 月). [A. F.]

[14] 我们会有 $\int_0^{\pi}\psi(x)\phi(x)\,\mathrm{d}x=a\alpha\pi+\frac{1}{2}(b\beta+c\gamma+\cdots)$. [R. L. E.]

[15] 关于第 6 节的注释　关于把一个特定界限内任意赋值的函数展为多重弧的正弦和余弦级数的研究，在一界限内与这个级数值有关的问题研究，对级数收敛性的研究，关于级数值非连续性的研究，这些研究的最主要的成果是：

泊松，《热的数学理论》(*Théorie mathématique de la Chaleur*)，巴黎 (Paris)，1835 年，第 7 章，92–102 目，"论一组周期量表示任意函数的方法" (Sur la manière d' exprimer les fonctions arbitraries par des series de quantités périodiques). 或更为简短的，在他的《力学论著》(*Traité de Mécanique*)，325–328 目. 泊松关于这一主题的原始论文发表在《多科工艺学校学报》(*Journal de l' école Polytechnique*) 上，第 18 册，1820 年，以及第 19 册，1823 年.

德·摩根，《微积分计算》(*Differential and Integral Calculus*)，伦敦 (London)，1842 年，展开式的证明似乎是原创的，在展开式的验证中，作者遵循泊松的方法.

斯托克斯，《剑桥哲学会刊》(*Cambridge Philosophical Transaction*)，1847 年，第 8 卷，"周期级数和的临界值" (On the Critical values of the sums of Periodic Series)，第 1 节，"确定以正弦或余弦级数展开的函数的不连续性的方法以及获得函数展式的方法"，(Mode of ascertaining the nature of the discontinuity of a function which is expanded in a series of sines or cosines, and od obtaining the development of the derived functions) 其中有图解论证.

汤姆森和泰特 (Tait)，《自然哲学》(*Natural Philosophy*)，牛津 (Oxford)，1867 年，第 1 卷，75–77 目.

唐金 (Don Kin)，《声学》(*Acoutics*)，1870 年，72–79 目以及第 4 章的附录.

马蒂厄 (Matthieu)，《数学物理教程》(*Cours de Physique Mathématique*)，巴黎，1873.

在级数的每一项不引入任意乘子的完全不同的讨论方法由下列作者所发明.

狄利克雷，《克雷尔杂志》(*Crelle' s Journal*)，柏林 (Berlin)，1829 年，第 4 卷. "论用于表示有界函数的三角级数的收敛" (Sur la convergence des series Trigonométriques qui servent ú représenter une function arbitraire entre les limites données)，这篇论文的方法完全值得仔细的研究，然而在英文教材中至今尚未看到．同一作者的另一篇很长的论文出现在多佛（Dove）的《物理索引》（*Repertorium Physik*），柏林，1837年，第1卷，“用正弦和余弦级数表示完全任意的函数”（Ueber die Darstellung ganz Willkührlicher Functionen durch Sinus-und Cosinusreihen）．G. L. 狄利克雷．

其他方法由以下作者给出

德克森，《克雷尔杂志》（*Crelle' s Journal*），1829年，第4卷．“根据一个角的多倍的正弦和余弦收敛 fortschreritenden 级数”（Ueber die Convergenzeiner nach den Sinussen und Cosinussen der Vielfachen eines Winkels fortschreritenden Reihe）．

贝塞尔，《天文学通讯》（*Astonomische Nachrichten*），阿尔托拉（Altona），1839，“用多重弧的正弦或余弦表示一个函数 $\phi(x)$”（Ueber den Ausdruck einer Function $\phi(x)$ durch Cosinussen und Sinusse der Vielfachen von x）．

最后三位作者的论文由黎曼评论，《数学全集》（*Gesammelte Mathematische*），莱比锡，1876年，“论三角级数表示函数”（Ueber die Darstellbarkeit einer Function durch eine Trigonometrische Reihe）．

哈密尔顿爵士发表过一篇论振荡函数和它们的性质的论文，《爱尔兰皇家科学院会刊》（*Transaction of the Royal Irish Academy*），1843年，第19卷．这一阶段有可能进行介绍性和总结性评论的研究．

德弗勒斯、布尔和其他人关于一二重积分（傅里叶定理）展开任意函数这一主题研究的论著将在第9章第361、362目的注释中提及．［A. F.］

（贾随军　译）

卡尔·弗里德利赫·高斯（1777—1855）

生平和成果

1940 年，著名英国数学家哈代（G. H. Hardy）写道：

> 317 是一个素数，不是因为我们这样认为，或是因为我们的思维用另一种完全不同的方式来想象，而是因为它本来就是如此，由于数学的真实性这样地确定.

对于数学的这种见解可以用来解释高斯，这个毫无疑问是整个时代最伟大的数学家，为什么拒绝发表他关于非欧几何的著作，而是探讨他从未发现的经验主义验证？但是，也许我们肯定对此永远弄不明白，无疑我们要弄清楚的是高斯无与伦比的数学才能和成就.

高斯的天赋在他 7 岁刚上学时就立刻显露出来. 有一次刚上课课堂秩序较

乱，比特纳（J. G. Büttner）老师向学生出了一道将从 1 到 100 的所有整数相加的题，当同班同学还在各自的石板上费力地计算时，高斯马上写出了答案：5050. 就在这个问题刚提出来的时候，高斯就已经看出从 1 到 100 的整数的集合与一个 50 个相加都得 101 的整数对组成的集合（{1，100}，{2，99}，…，{50，51}）是相同的.

比特纳老师建议高斯的父母让他们的儿子毕业后继续接受特殊的数学教育. 高斯的父母开始时犹豫不决. 他们回想起他们儿子的计算能力，当他 3 岁时，他曾经纠正了他的父亲付给工人的工资中的一个错误. 但高斯的长辈的见识非常有限. 高斯的父亲格布哈德（Gebhard）生于 1744 年，是一个园林工，体力劳动者，还是一个来自贫穷阶层的工头，这个没有受过教育的工匠由于摆脱了他们中下阶层乡下人的穷根而获得小小的成功. 高斯的母亲多罗特娅·本彩（Dorothea Benze）生于 1743 年，她 1776 年成为格布哈德的第二任妻子前是一个女仆. 他们唯一的儿子卡尔·弗里德利赫在他们婚后一年生于布朗斯威克（Brunswick）市（同名公国的首府）.

无论如何，高斯还是非常幸运的，他的父母见识虽然如此有限，但并没有扼杀他的天才，不然的话，他们可以让高斯以计算神童的身份巡回表演，就像沃尔夫冈·莫扎特（Wolfgang Mozart）的父亲那样，让年青的沃尔夫冈作为音乐奇才到处巡演. 早在十几岁时，高斯就已经研究出两种计算平方根多达 50 位小数的方法. 他还因为精通对数表并且找出表中小数点后许多位的微小错误而闻名. 这种非凡的计算能力使高斯后来终身受益.

高斯尽可能凭借他的某些天赋幸运地完成了正规教育，在 11 岁时他进了当地的大学预科，接受了完整的古典教育. 他的真正的数学教育来自课后一对一的指导以及他自己在空闲时间如饥似渴地阅读的如牛顿（Newton）的 *Principia*（《自然哲学的数学原理》）和伯努利（Bernoulli）的 *ars conjectandi*（《猜度术》）这样一些书籍. 由于高斯在大学预科取得的优秀成绩，他在 15 岁时获得布朗斯威克的公爵菲定南德（C. W. Ferdinand）给予的生活补贴进入布朗斯威克的卡罗琳学院（Brunswick Collegium Carolinum）继续学习.

高斯进入卡罗琳学院时就已经达到一个大学毕业生所具备的科学和经典教育水平. 3 年后，于 1793 年他离开了在此开足马力做了足够多的数学研究的卡罗琳学院. 在这 3 年期间，他提出关于计算小于 n 的素数个数的函数 $\pi(n)$ 的第一个近似表达式，高斯首先提出下列的

$$\pi(n) \sim \frac{n}{\ln n}$$

($\ln n$ 是 n 的自然对数)，然后将此改进为 $\pi(n) = \mathrm{Li}(n)$，其中

$$\mathrm{Li}(n) = \int_2^n \frac{\mathrm{d}x}{\ln x}.$$

高斯简直就是一个计算器，他计算素数个数并验证这个公式直到($n=$)3000000.

高斯很快通过了卡罗琳学院的全部课程，并进入离布朗斯威克 60 英里的格丁根（Göttingen）大学，而不是靠近赫姆斯特德（Helmstedt）的公国公立大学，最可能的原因是格丁根的优越的数学图书馆（吸引了他）. 令人奇怪的是，格丁根图书馆的借书记录显示高斯所借的人文学科的书籍远多于数学书籍. 高斯的笔记告诉我们，他对于成为文科教授比成为数学教授看得更重. 但是，数学成就很快使他赢得声誉.

古希腊人知道边数为 3，5，15 的正多边形可以用直尺和圆规作出，所以任何边数为 2 的幂乘以 3，5 或 15 的正多边形也可用直尺和圆规作出，并且直到 1796 年高斯发现正十七边形也可以用经典的几何工具直尺和圆规作出之前，人们在这个领域的这种认知状况维持了两千年. 高斯迅速将他的结果推广到任何边数为 2 的幂与任意多个费马素数之积的正多边形，费马素数是形如 2^N+1 的素数，其中 N 自身也是 2 的幂. 皮埃尔·德·费马（Pierrer de Fermat，1601～1665）认为 2^N+1（其中 N 是 2 的幂）形式的数是素数，并且容易看出 3，5，17 及 257 具有这种性质. 仅需作一些努力，就像费马应该做的那样，你可以证明 65537（$=2^{16}+1$）是一个素数. 下一个待验证的费马素数是 4294967297（$=2^{32}+1$）. 我们不能责怪费马没有发现 641 是它的最小素因子. 它被误认为是素数长达一个世纪后，伟大的数学家莱昂纳德·欧拉（Leonhard Euler）发现了这个错误. 高斯在他的笔记中推测没有其他的费马素数. 时至今日，没有人发现存在其他的费马素数.

高斯对他的这个结果极为高兴，使得他作出从事数学职业的决定. 两年后，他认识到在格丁根没有一个教员能给予他真正的帮助，所以他回到故乡布朗斯威克写他的博士论文. 他选择代数学基本定理，即每个 n 次复系数多项式方程恰有 n 个复数根，作为论文题目. 他的博士论文是他一生中所给出的这个定理的四个证明中的第一个.

为免得写出主题总是固定不变的论文，高斯把他的注意力转向数论. 数论要追溯到古希腊人，素数个数无穷的欧几里得证明和 7 个完全数的发现是这个领域

两个最早的成果. 不时地有新成果加进来或有新猜想被提出. 17 世纪，法国数学家费马，笛卡儿（Descartes）的同代人，作出他的著名猜想：当 $n>2$ 时方程 $x^n+y^n=z^n$ 没有非平凡的整数解. 阿拉伯人已经证明它当 $n=3$ 和 $n=4$ 是正确的，但费马大定理直到 1992 年都没有被完全证明. 50 年前，高斯、拉格朗日（A. -M. Lagrange）证明了每个整数可表示为不多于 4 个平方数之和，哥德巴赫（Goldbach）猜测每个大于 2 的偶数可以表示为两个素数之和. 1770 年，英国数学家公布了叙述为下列形式的定理：

整数 p 是一个素数，当且仅当 p 也整除 $(p-1)!+1$.

这个定理是哥德巴赫以前的学生约翰·威尔逊（John Wilson）首先提出的. 回忆此处 $n!=1\cdot 2\cdot 3\cdots(n-1)\cdot n$（即 n 的阶乘）. 因为给出的增长速度与 $n!$ 一样，华林（Waring）对要有一个记号能用来证明这个仅在特殊情形被证明正确的猜想感到绝望.

当高斯开始写他的划时代的著作《算术研究》（*Disquisitiones arithmeticae*）时，数论只不过是孤立结果的拼凑. 听说了华林的绝望后，高斯认为应该注意数学与其说是关于记号的不如说是关于概念的学科. 在《算术研究》中，他引进同余概念并且由此以统一的方式研究数论. 两个整数 x 和 y 称作（对于）模 z（整数）**同余**，当且仅当 $(x-y)$ 恰好被 z 整除. 依照高斯的记号，我们将这个同余关系表示为

$$x\equiv y \pmod z.$$

这个有力的解析方法是《算术研究》的基础，是高斯的数论研究成果的纲领. 该书在他 24 岁时出版，分为下列 7 章：

1. 同余的一般理论；
2. 一次同余；
3. 幂剩余；
4. 二次同余；
5. 二次形；
6. 应用；
7. 分圆.

应用同余概念和高斯的简捷的同余记号，他容易地将威尔逊定理叙述为

整数 p 是一个素数，当且仅当 $(p-1)!\equiv -1 \pmod p$.

并且他还可以叙述和证明威尔逊定理的补充：

如果 n 是大于 4 的合数，那么 $(n-1)!\equiv 0 \pmod n$.

这些结果仅仅显示同余作为一种数学工具的威力. 1795 年，当高斯还在卡罗琳学院的时候就已经发现二次互反律，它只是 10 年前由 33 岁的法国数学家拉格朗日提出并给出一个不完全的证明. 应用同余的语言，二次互反律叙述为：

如果 p 和 q 是两个模 4 不同余于 3 的素数，那么或者 $x^2 \equiv p \pmod q$ 和 $x^2 \equiv q \pmod p$ 都可解，或者 $x^2 \equiv p \pmod q$ 和 $x^2 \equiv q \pmod p$ 都不可解. 如果 p 和 q 是两个模 4 都同余于 3 的素数，那么方程 $x^2 \equiv p \pmod q$ 和 $x^2 \equiv q \pmod p$ 中恰好有一个有解①.

注意，这个定理并没有使我们向**单独地**解决 p 是否实际就是模 q 的二次剩余的问题的目标有所靠近. 它只允许将较困难的数值计算，例如 257 是否为模 65537 的二次剩余，用 65537 是否为模 257 的二次剩余这个容易一些的数值计算来代替②.（第一步是将 65537 归结为它的模 257 的剩余，亦即 2，然后确定 2 是否为模 257 的二次剩余.）

高斯把二次互反律看作一条**黄金定理**（theorem aureum）或**算术的瑰宝**（gemma arithmeticae）. 他认为算术（他称它为数论）本身是**数学的王后**，并将它称作**科学之王**.

1801 年初，布朗斯威克的公爵增加了给高斯的生活补贴. 但高斯认为他自己做得还不够，好像不配给他增加补贴. 随着《算术研究》出版，高斯探索新的挑战并将他的注意力转向行星理论. 在 1801 年 1 月，意大利天文学家约索夫·皮亚奇（Joseph Piazzi）在一个星体在其轨道上消失前清楚地观测到它，并认为这是一颗新的行星. 高斯花费 1801 年的大部分时间，应用真实的椭圆（轨道）而不是近似的圆周来改进行星摄动理论. 高斯预言这个神秘的星体是一个小行星而不是新行星. 在这年年末，天文学家准确地在高斯改进了的方法所指出的位置发现了这个命名为谷神的小行星. 谷神星的发现使高斯赢得名副其实的国际声望. 1802 年 1 月，位于首都圣彼得堡的俄罗斯科学院选举他为通讯院士. 高斯觉得看来他真正值得公爵提高对他的补贴.

1803 年菲定南德公爵再次增加高斯的生活补贴，收入的提高促使高斯考虑他的个人生活. 1805 年，高斯宣布他与追求了一年的琼娜·奥斯托夫（Johanna Osthoff）的婚约，这使他周围每个人都感到吃惊. 他写信给朋友鲍耶（Bolyai）说："这 3 天来，对于我们的地球简直太美妙了，这个天使成了我的未婚

---

① 原书此处有误，已改.

② 原书此处有误，已改.

妻……生活展现在我的前面，像色彩斑斓的永恒的春天.”他们于1805年10月9日结婚. 在一段短暂的日子中，高斯像是置身在他的生命的春天里，他的资助人随着他的成婚大幅地增加了对他的补贴，也可能是因为有人要在圣彼得堡给他一个职位. 高斯的第一个儿子约瑟夫（Joseph），取名于谷神星的发现，生于1806年8月21日. 一年半后，洗礼时被命名为维赫尔米娜（Wilhelmina）的女儿于1808年2月29日出生.

对于高斯不幸的是，他的充满幸福的春天好景不长. 1806年11月，菲定南德公爵因在上个月对抗拿破仑的奥尔斯达得（Auerstädt）战役中受伤而不治身亡. 随着拿破仑在德国的胜利，格丁根划归法国附属国西伐里亚（Westphalia）的国王管辖. 作为一个教授，高斯要缴纳2000法郎的税金，这在当时是一笔巨款. 天文学家奥尔贝斯（Olbers）要给高斯足够的钱去缴付税款，但高斯谢绝了他的善意. 后来高斯收到法国数学家拉普拉斯（Laplace）的一封信，说他考虑由他来缴纳这笔税金，以使高斯从这个负担中解脱出来，高斯再次谢绝了帮助，但不是出于对法国人的任何敌意. 高斯极为尊重拉普拉斯，拉普拉斯也敬重高斯. 有一次有人问拉普拉斯谁是德国最伟大的数学家时，他立即说出名义上指导高斯博士论文的普发夫（Pfaff）的名字. 当问他为什么不说是高斯时，他马上回答：“高斯是全世界最伟大的数学家!”最终，一位匿名的捐助人给了高斯缴税的钱. 因为无法偿还捐助人，高斯用对这笔捐助款应支付的借款利息作为向慈善机构的定期捐赠.

高斯与琼娜的婚姻没有多长，她在生出他们的第三个孩子路德维斯（Ludwig）后一个月于1809年去世. 不幸，路德威斯5个月后也夭折了. 在琼娜去世的当年，高斯与琼娜最要好的朋友敏娜·瓦尔德克（Minna Waldeck）结婚. 我们只能猜测高斯这样做是需要为他的三个孩子找一个继母. 在敏娜成为病人前，高斯和她又添了三个孩子，敏娜先是染上肺结核，后来又被诊断患了歇斯底里神经症. 直到1831年敏娜逝世，高斯和她长年过着没有欢乐的生活.

19世纪初，巴黎仍然是数学世界的中心，格丁根充其量是一个偏僻的边远村落. 高斯偶尔与法兰西数学大师通信，但他从不为访问巴黎自寻烦恼. 在德国没有数学家在他就职初期和他接近，也很少值得联系的人. 面对德国数学界的平庸的世态，高斯选择了天文学教授的职位并担任了格丁根天文台台长就毫不足怪了. 他曾任数学教授，被要求花费他的时间为不同的大学生讲授数学.

因为没有数学课要教，使得高斯能有空余时间来探讨否定欧几里得平行公设所产生的推论，这是在他还是大学生时就已经开始的研究，后来被搁置一旁. 看来他几乎违背他的愿望完成了这个工作，他很难接受这样的思想：平行公设不是正确的. 他从来不能容许自己公布这个工作，我们只是通过他的笔记才知道这事.

高斯的同代人认为他是对应用数学甚至经验数学怀有强烈兴趣的数学科学家. 他对大地测量（测量和描绘土地的数学）的兴趣，是他强烈的经验倾向的好例子. 他在 20 岁前就开始研究大地测量问题，后来他这个兴趣被搁置了差不多 20 年. 1817 年，他 40 岁的时候，又回到这个课题，负责汉诺威（Hanover）州的大地测量. 好几年内高斯的夏季时间都花费在野外测量，而且这些年的其他时间多数用于数据分析. 基于灯光或火焰的传统大地测量技术不能令人满意，高斯发明了一种应用称作**回光仪**的仪器的新方法. 这个仪器应用镜面使光线偏向小孔径望远镜.

高斯借用他的大地测量工作寻找对于非欧几何的经验支持. 他的测量工作的一部分是测出由德国北部山峰霍亨哈根（Hohenhagen），布洛肯（Brocken）和茵塞尔斯堡（Inselsberg）的山顶形成的三角形的内角. 当边长在 45 和 70 英里之间时，这种三角形的测量结果没有足够的说服力. 高斯算出这个三角形的内角和是 180°0′15″又 1/43200，相当接近于 180°，是由测量误差引起. 由于爱因斯坦的广义相对论，我们现在知道这样的三角形的内角和（比 180°）超出 10^{-17}″又 $1/10^{21}$！

因为没有任何经验数据，高斯作出了不公布他关于非欧几何的任何结果的抉择. 然而，1831 年当高斯得到匈牙利数学家约翰·鲍耶（Johan Bolyai）发表了他的证明非欧几何的协调性的著作的消息时，他复信给他的老朋友，约翰的父亲说：

> 要赞扬它等于赞扬我自己. 因为这著作的整个内容……几乎与我本人的深思结果完全一样，它们在过去 30 或 35 年里就已保存在我脑中了.

高斯认为他只是报告了一个事实. 鲍耶父子将这看做是对他们十足的冒犯，并且（高斯）企图窃取头功.

1824 年，高斯的薪金大幅增加，第一次加薪是在 1807 年. 一年后，他收到一大笔大地测量工作的额外津贴，得到这笔新的资金补贴是他一生中非常幸运的事，因为高斯刚开始受到气喘病和心脏失调的困扰. 1825 年夏季，他的测量工作对他可能承担的体力负担实在是太重了，但他本人仍乐于负责监管测量和进行所有的计算. 估计要由他本人处理的数据资料超过百万件. 依他的计算才能，毫不足怪，甚至在晚年高斯也会为他的才能找到新的用武之地. 18 世纪 40 年代，他致力于将大学养老基金建立在坚实的保险统计的基础上的任务. 特别，他必须投入足够的时间和精力. 当他去世时，他的遗产等于他的年收入的 200 倍.

在那几年里，高斯开始吸引少数大学生听他不经常举行的数学讲座. 任何听过他的 1809 年数论讲座，1827 年曲面论讲座，或 1851 年最小二乘方方法的人都应该看作是自己罕见的幸运. 贝尔纳德·黎曼（Bernhard Riemann）和里查德·戴德金（Richard Dedekind）（他们都被收入本书）就在幸运者之列. 他们一代人将格丁根打造成数学世界的中心.

高斯抵御他的肉体的病痛，直到进入七十高龄还算健康. 他最终于 1855 年 2 月 23 日逝世，离他 78 岁生日只有两个月.

依他的愿望，高斯规定将一个正十七边形刻在他的墓碑上. 但实际情形不是这样. 承担这个任务的石匠认为瞻仰者可能将正十七边形与圆混淆，所以他刻了 17 颗星. 虽然这个石匠不可能受过高斯的教诲，但把高斯标志为一颗星，数学世界最伟大的一颗星.

《算术研究》节选

第Ⅲ章　幂剩余

►45. 定理　在任何几何级数 1，a，a^2，a^3，…中，除第一项 1 外，还存在另一项 a^t 对于模 p 与 1 同余，此处 p 是与 a 互素的素数，指数 $t<p$.

证明　因为模 p 与 a 互素，所以 a 的任何幂也与 p 互素，因而级数中没有一项 $\equiv 0\ (\mathrm{mod}\ p)$，但它们中每个都同余于 1，2，3，…，$p-1$ 中的某个数. 因为这些数的个数是 $p-1$，所以如果我们考虑个数多于 $p-1$ 的级数的项，那么它们不可能有完全不同的最小剩余. 从而在项 1，a，a^2，a^3，…，a^{p-1} 中必定至少存在一对互相同余的数，于是设 $a^m\equiv a^n$，其中 $m>n$. 两边除以 a^n，我们得到 $a^{m-n}\equiv 1$（参见第 22 节），其中 $0<m-n<p$.（证完）

例　在级数 2，4，8，…中，第一个对于模 13 同余于 1 的项是 $2^{12}=4096$. 但在同一个级数中，对于模 23 我们有 $2^{11}=2048\equiv 1$. 类似地，数 5 的 6 次幂 15625 对于模 7 同余于 1，但对于模 11 同余于 1 的数是 3125（5 的 5 次幂）. 因此，在一些情形幂指数小于 $p-1$，但在另一些情形必须是 $p-1$ 次幂本身才行.

►46. 当级数延伸到同余于 1 的项之外，将会再次出现与开始时我们所得到的相同的剩余. 这样，如果 $a^t\equiv 1$，那么我们应有 $a^{t+1}\equiv a$，$a^{t+2}\equiv a^2$，等等，直到项 a^{2t} 为止，它的最小剩余将又 $\equiv 1$，并且这些剩余的**周期**又将开始. 于是，我们有一个由 t 个剩余组成的周期，只要它是有限的，它将总是一开始就出现；并且在整个级数中不可能产生不在这个周期中出现的其他的剩余. 一般地，我们有 $a^{mt}\equiv 1$，及 $a^{mt+n}\equiv a^n$. 依据我们的记号，这可以表示为：

$$若\ r\equiv\rho\ (\mathrm{mod}\ t)，则\ a^r\equiv a^\rho\ (\mathrm{mod}\ p).$$

►47. 这个定理使我们无论指数有多大都可以容易地求出幂剩余，同时我们可以求出同余于 1 的幂，例如，如果我们要求 3^{1000} 除以 13 所得到的余数，那么，因为 $3^3\equiv 1\ (\mathrm{mod}\ 13)$，我们有 $t\equiv 3$；于是因为 $1000\equiv 1\ (\mathrm{mod}\ 3)$ 而得到 $3^{1000}\equiv 3\ (\mathrm{mod}\ 13)$.

►48. 显然，由第 45 节的证明可知，当 a^t 是同余于 1 的最低次幂时，组成

剩余周期的 t 个数是互异的. 由第 46 节我们看到那里的命题可以倒过来说；亦即，如果 $a^m \equiv a^n \pmod p$，那么我们有 $m \equiv n \pmod t$. 这是因为如果 m，n 对于模 t 不同余，那么它们的最小剩余 μ，ν 将不相同；但是 $a^\mu \equiv a^m$，$a^\nu \equiv a^n$，所以 $a^\mu \equiv a^\nu$，亦即并非所有小于 a^t 的幂都互不同余，这与我们的假设矛盾.

因此，如果 $a^k \equiv 1 \pmod p$，那么 $k \equiv 0 \pmod t$，亦即 k 被 t 整除.

到此为止，我们讨论了与某个 a 互素的模. 现在我们要特别地考虑模确实是素数的情形，然后依此为基础展开更一般的研究.

▶49. 定理　如果 p 是一个不整除 a 的素数，并且 a^t 是 a 的对于模 p 同余于 1 的最低次幂，那么指数 t 或者 $=p-1$，或者是 $p-1$ 的一个因子.

（有关例子见第 45 节.）

证明　我们已经看到 t 或者 $=p-1$，或者 $<p-1$. 剩下的事是证明在后一情形 t 总是 $p-1$ 的一个因子.

Ⅰ. 取所有项 1，a，a^2，…，a^{t-1} 的最小正剩余，并将它们称作 α，α'，α''，…. 于是 $\alpha=1$，$\alpha' \equiv a$，$\alpha'' \equiv a^2$，…. 显然这些数是不同的；不然将有两项 a^m，a^n 有相同的剩余，我们就有 $a^{m-n} \equiv 1$（设 $m>n$），而且 $m-n<t$，而这是不可能的，因为依假设没有比 a^t 更低的幂同余于 1. 此外，因为 $t<p-1$，所以所有的数 α，α'，α''，…都含在数列 1，2，3…，$p-1$ 中，但它们并不是这个数列的全部. 用（A）表示所有这些数 α，α'，α''，…的总体. 于是（A）含有 t 项.

Ⅱ. 从 1，2，3，…，$p-1$ 中取任意一个不含在（A）中的数 β. 用诸数 α，α'，α''，…乘 β，并求出这样得到的数 β，β'，β''，…的最小剩余，它们共有 t 个，但所有这些数互异，并且也与 α，α'，α''，…不相同. 这是因为，如果**前**一结论不成立，那么我们有，$\beta a^m \equiv \beta a^n$，两边除以 β 可得 $a^m \equiv a^n$，这与上面刚证明的结论矛盾. 如果**后**一结论不成立，那么我们有 $\beta a^m \equiv a^n$；因此当 $m<n$ 时 $\beta \equiv a^{n-m}$（亦即 β 同余于 α，α'，α''，…中的某个数，这与假设矛盾）. 最后，如果 $m>n$，那么用 a^{t-m} 乘 $\beta a^m \equiv a^n$ 的两边，我们得 $\beta a^t \equiv a^{t+n-m}$，但因为 $a^t \equiv 1$，所以 $\beta \equiv a^{t+n-m}$，这同样是矛盾的. 用（B）表示所有数 β，β'，β''…的总体. 这些数的个数是 t，因而我们现在取出了 1，2，3，…，$p-1$ 中 $2t$ 个数. 并且如果（A），（B）包含 1，2，3，…，$p-1$ 中的所有数，那么 $(p-1)/2=t$，因而定理得证.

Ⅲ. 但若 1，2，3，…，$p-1$ 中仍然有某些数不出现在（A），（B）中，则设其中一个是 γ. 用 γ 乘每个数 α，α'，α''，…，并设这些乘积的最小剩余是 γ，γ'，γ''，…. 用（C）表示这些数的总体. 于是（C）含有 1，2，3，…，$p-1$ 中的 t 个数，所有这些数互异而且也与（A）中以及（B）中的数不相同. 前两个

结论可用与Ⅱ中同样的方法证明. 对于第三个结论，如果我们有 $\gamma a^m \equiv \beta a^n$，那么依 $m<n$ 或 $m>n$ 将有 $\gamma \equiv \beta a^{n-m}$ 或 $\gamma \equiv \beta a^{t+n-m}$. 在这两种情形，$\gamma$ 都与（B）中的某个数同余，这与假设矛盾. 于是我们取出了 1，2，3，…，$p-1$ 中的 $3t$ 个数，并且如果 1，2，3，…，$p-1$ 中不再剩下数，那么 $t=(p-1)/3$，因而定理获证.

Ⅳ. 然而，如果仍然剩下某些数，那么我们可以产生第四个数的总体（D），等等. 显然，因为数 1，2，3，…，$p-1$ 的个数有限，它们最终将被取尽. 因此 $p-1$ 是 t 的倍数，而 t 是数 $p-1$ 的一个因子.（证完）

▶**50.** 于是，因为 $(p-1)/t$ 是一个整数，所以取同余式 $a^t \equiv 1$ 两边的 $(p-1)/t$ 次幂可得 $a^{p-1} \equiv 1$，也就是说，**如果 p 是一个不整除 a 的素数，那么 $a^{p-1}-1$ 总可被 p 整除.**

由于它的优美和广泛的用途，这个定理值得注意. 它被发现后通常称为费马定理（见 Femat，*Opera Mathem.*）[1]. 在他的题为 "Theorematum quorundam ad numeros primos spectantium demonstratio"（*Comm. acad. Petrop.*，8［1736］，1741，141.）[2]的论文中首先公布了一个证明. 这个证明基于 $(a+1)^p$ 的展开式. 由这些系数的形式容易看出 $(a+1)^p-a^p-1$ 总可被 p 整除，因而只要 a^p-a 被 p 整除，那么 $(a+1)^p-(a+1)$ 也被 p 整除. 现在因为 1^p-1 总能被 p 整除，因而 2^p-2，3^p-3，以及一般地，a^p-a 也被 p 整除. 又因为 p 不整除 a，所以 $a^{p-1}-1$ 被 p 整除，著名的朗伯特在 *Nova acta erudit*，1769. [3]中给出一个类似的证明. 但因为二项式幂的展开式看来与数论完全不相容，Euler 给出另一个证明，它发表在 *Novi comm acad Petrop*（8［1760—1761］，1763），[4]它与我们在前文做的论证更为和谐. 我们后面还将给出其他的证明. 在此我们要补充另一个推导，它基于与 Euler 证明类似的原理. 下面的命题也将被证明对于其他研究是有用的，我们的定理仅是它的特殊情形.

▶**51. 如果 p 是一个素数，那么多项式 $a+b+c+\cdots$ 的 p 次幂对于模 p 同余于 $a^p+b^p+c^p+\cdots$.**

证明 显然，多项式 $a+b+c+\cdots$ 的 p 次幂由形式为 $xa^\alpha b^\beta c^\gamma\cdots$ 的项相加而成，这里 $\alpha+\beta+\gamma+\cdots=p$，而 x 是 p 个元素的排列数，其中元素 a，b，c，…分别出现 α，β，γ，…次. 但在上面第 41 节我们已经证明：数 x 总可被 p 整除；除非排列的所有元素相同，亦即数 α，β，γ，…中某个数 $=p$，而其余的数都 $=0$. 由此可知，$(a+b+c+\cdots)^p$ 的展开式中除 a^p，b^p，c^p，…外，所有其余的项都被 p 整除；并且在考虑对于模 p 的同余时可以放心地略去这些项，因而得到

$$(a+b+c+\cdots)^p \equiv a^p+b^p+c^p+\cdots.\text{（证完）}$$

如果所有数 a，b，c，$\cdots=1$，那么它们的和 $=k$，因而我们有 $k^p\equiv k$，这就是上节的定理.

▶**52.** 设给定一个数，我们要使它的某个幂同余于1. 我们知道这样的最低次幂的指数必定是 $p-1$ 的因子. 由此产生的问题是是否 $p-1$ 的所有因子都具有这种性质. 并且如果我们考虑所有不被 p 整除的数，将它们按使它们同余于1的最低次幂的指数分类，那么对于每个指数有多少个这样的数？我们首先注意，只需考虑1到 $p-1$ 的所有正（整）数，这是因为显然互相同余的数产生相同的同余于1的幂，因而与每个数所对应的指数有相同的最小正剩余. 于是我们必须以此为据求出数1，2，3，…，$p-1$ 对于数 $p-1$ 的所有单个因子是怎样分布的. 简而言之，如果 d 是数 $p-1$ 的因子之一（1和 $p-1$ 本身必须包含在内），那么我们用 $\psi(d)$①表示这种小于 p 的正（整）数的个数：它的 d 次幂是同余于1的最低次幂.

▶**53.** 为了易于理解，我们给出一个例子，对于 $p=19$，数1，2，3，…，18对于数18的各个因子按下列方式分布：

1	1
2	18
3	7，11
6	8，12
9	4，5，6，9，16，17
18	2，3，10，13，14，15

于是，$\psi(1)=1$，$\psi(2)=1$，$\psi(3)=2$，$\psi(6)=2$，$\psi(9)=6$，$\psi(18)=6$. 稍加注意可见：与每个指数相关联的数的个数与不大于这个指数且与它互素的数的个数一样多. 换句话说，在此（保持第39节的记号）有 $\psi(d)=\phi(d)$. 现在来证明这个考察结果在一般情形是对的.

Ⅰ. 设我们有一个**属于**指数 d 的数 a（亦即它的 d 次幂同余于1，并且所有较低次幂不同余于1）. 它的所有的幂 a^2，a^3，a^4，…，a^d 或者它们的最小剩余将具有同样的性质（即它们的 d 次幂同余于1）. 因为这可以表述为数 a，a^2，a^3，…，a^d 的最小剩余（它们完全互异）是同余式 $x^d\equiv1$ 的根，并且因为这个同余式不可能有多于 d 个根（显然，除了数 a，a^2，a^3，…，a^d 的最小剩余外，不

① 原书记为 ψd. 类似地，后文中将 ϕd 改记为 $\phi(d)$.

可能存在包含在1和$p-1$之间的数，其指数为d的幂同余于1），所以所有属于指数d的数可在数a，a^2，a^3，…，a^d的最小剩余中找到．我们用下列方法求出它们及它们的个数．如果k是一个与d互素的数，那么a^k的所有指数$<d$的幂不同余于1；这是因为令$1/k(\bmod d)\equiv m$（见第31节），我们有$a^{km}\equiv a$．并且如果a^k的e次幂同余于1且$e<d$，那么我们将有$a^{kme}\equiv 1$，因此$a^e\equiv 1$，这与假设矛盾．显然a^k的最小剩余属于指数d．但是，如果k与d有公因子δ，那么a^k的最小剩余就不属于指数d；这是因为此时它的d/δ次幂已经同余于1（因kd/δ可被d整除，故它$\equiv 0$（mod$d$），从而$a^{kd/\delta}\equiv 1$）．我们由此断定：属于指数d的数的个数等于1，2，3，…，d中与d互素的数的个数．但我们要记住，这个结论依赖于我们已经有一个属于指数d的数a的假设．因此，留下的疑问是是否会发生确实没有任何数属于某个指数的情形．于是结论仅限于这样的表述：或者$\psi(d)=0$，或者$\psi(d)=\phi(d)$．

▶54. Ⅱ．设d，d'，d''，…是数$p-1$的全部因子，因为所有的数1，2，3，…，$p-1$分布在其中，所以$\psi(d)+\psi(d')+\psi(d'')+\cdots=p-1$．但在第40节我们证明了$\phi(d)+\phi(d')+\phi(d'')+\cdots=p-1$，并且由前节可知$\psi(d)$等于或小于$\phi(d)$，但不会大于$\phi(d)$．对于$\psi(d')$，$\psi(d'')$，…类似的结论也成立．所以如果加项$\psi(d')$，$\psi(d'')$，…中有一个或多个分别小于$\phi(d)$，$\phi(d')$，$\phi(d'')$，…中对应的项，那么上面第一个和将不等于第二个和．于是我们最后得到结论：$\psi(d)$**总是等于**$\phi(d)$，因而不依赖于$p-1$的大小．

▶55. 前节命题有一个特殊情形值得我们注意：**总存在具有下列性质的数：没有低于$p-1$次的幂同余于1**，并且在1与$p-1$之间的这种数的个数等于小于$p-1$且与$p-1$互素的数的个数．因为这个定理的证明不像初看起来那么显然，并且由于定理本身的重要性，我们将应用与前节稍微不同的方法来证明．方法的变化有助于阐明其他不清楚之处．设$p-1$被分解为它的素因子之积，于是$p-1=a^\alpha b^\beta c^\gamma\cdots$；其中$a$，$b$，$c$，…是唯一确定的素数．我们用下列方法完成证明．

Ⅰ．我们总可找到一个（或几个）属于指数a^α的数A，以及分别属于指数b^β，c^γ，…的数B，C，…．

Ⅱ．所有这些数A，B，C，…之积（或这个积的最小剩余）属于指数$p-1$．证明如下：

1）设g是1，2，3，…，$p-1$中的某个数，它不满足同余式$x^{(p-1)/a}\equiv 1\pmod p$．因为同余式的次数$<p-1$，所以并非所有这些数都满足它．现在若$g$的$(p-1)/a^\alpha$次幂$\equiv h$，那么$h$或它的最小剩余属于指数$a^\alpha$．

这是因为显然 h 的 a^{α} 次幂同余于 g 的 $p-1$ 次幂，即同余于 1．但 h 的 $a^{\alpha-1}$ 次幂同余于 g 的（$p-1$）$/a$ 次幂，亦即它不同余于 1．更不用说，h 的 $a^{\alpha-2}$，$a^{\alpha-3}$，…次幂也不可能同余于 1．但是 h 的同余于 1 的最低次幂的指数（亦即 h 所属于的指数）必定整除 a^{α}（见第 48 节）．而 a^{α} 仅能被它自身以及 a 的低于 α 次的幂整除，因此 a^{α} 必然是 h 所属于的指数．于是上述结论得证．类似地可证存在属于指数 b^{β}，c^{γ}，…的数.

2）如果我们设数 A，B，C…之积不属于指数 $p-1$，但属于某个较小的数 t，那么 t 整除 $p-1$（见第48 节）；于是 $p-1)/t$ 是大于 1 的整数．易见这个商是素数 a，b，c，…之一，或者至少可被它们中的一个例如 a 整除（见第 17 节）．由此出发可重复与上面相同的推理．于是 t 整除（$p-1$）$/a$，而且乘积 ABC…的（$p-1$）$/a$ 次幂也同余于 1（见第 46 节）．但因为诸数 B，C，…所属的指数 b^{β}，c^{γ}，…都整除（$p-1$）$/a$，所以显然所有数 B，C，…（但 A 除外）的（$p-1$）$/a$ 次幂同余于 1．于是我们有

$$A^{(p-1)/a}B^{p-1)/a}C^{p-1)/a}\cdots\equiv A^{(p-1)/a}\equiv 1.$$

由此推出 A 所属的指数应整除（$p-1$）$/a$，亦即（$p-1$）$/a^{\alpha+1}$ 是一个整数．但（$p-1$）$/a^{\alpha+1}$ =（$b^{\beta}c^{\gamma}\cdots$）$/a$，不可能是整数（见第 15 节）．因此得知我们的假定是不成立的，因而乘积 ABC…确实属于指数 $p-1$．（证完）

第二个证明看来比第一个长些，但第一个证明不如第二个直接.

►56. 这个定理提供了在数论中必须谨慎从事的标准的例子，因此我们不会将谬误当作必然来接受．朗伯特（Lambert）在上面我们引用过的论文（*Nova acta erudit.* 1769）中提到这个命题，但没有说要证明它．除了欧拉外（见 *Novi comm. Acad. Petrop.*，（18［1773］，1774），“*Demonstrationes circa residua ex divisione potestatum per numeros primos resultantia.*”）没有任何人试图证明它．特别，可见他的论文的第 37 节，在此他说为了证明要花费很长的篇幅．但这个最机敏的人给出的这个证明有两个欠缺．一个是它的论文的第 31ff 节，默认了同余式 $x^n\equiv 1$（此处已将他的推理转述为我们的记号）确实有 n 个不同的根，虽然他以前证明过它的根不可能**多于** n 个，但并没有证明比这更多的结论；另一个是第 34 节的公式，仅是应用归纳法推导的.

►57. 依照欧拉的叫法，我们将属于指数 $p-1$ 的数称做**原根**．因此，如果 a 是原根，那么幂 a，a^2，a^3，…．a^{p-1} 的最小剩余全不相同．于是容易推出我们可以在它们之中找出所有的数 1，2，3，…，$p-1$（因为每组数含有的元素的个数相同）．这意味着任何不被 p 整除的数同余于 a 的某个幂．这个值得注意的性质

是非常有用的，并且它可以显著地简化与同余式有关的算术运算，非常像引进对数简化平常的算术运算那样. 我们任意选取某个原根 a 作为对于所有不被 p 整除的数的**底**. 并且如果 $a^e \equiv b \pmod p$，那么我们称 e 为 b 的**指标**. 例如，如果对于模 19 我们取原根 2 作为底，那么我们有

数	1	2	3	4	5	6	7	8	9	10	11	12	13	14	15	16	17	18
指标	0	1	13	2	16	14	6	3	8	17	12	15	5	7	11	4	10	9

另外，显然对于固定的底每个数有多个指标，但它们对于模 $p-1$ 都是同余的；所以如果有一个关于指标的问题，其中指标对于模 $p-1$ 同余，那么这些指标将被看作是等价的；同样，当一些数对于模 p 同余，那么它们也被看作是等价的.

►**58.** 关于指标的定理与对数的相关定理完全类似.

任意多个因子之积的指标同余于各个因子对于模 $p-1$ 的指标之和.

一个数的幂的指标对于模 $p-1$ 同余于这个数的指标与幂的指数之积.

由于这些定理的证明简单，我们从略.

显然，由上面的结果可知，如果我们要造一个表，对所有数给出对于不同的模的指标，那么我们可以在表中略去所有大于模的数以及所有的复合数. 这种表的一个例子可见本书书末的表 1. 其中第一列列出了 3 到 97 的素数和素数幂，它们被看作模，紧接每个这样的数在下一列是被取作底的数；然后是逐个素数的指标，排成 5 个长方条. 在顶上的一行中素数仍按与第一列相同的顺序排列，使得容易找出给定的与给定模互素的素数所对应的指标.

例如，若 $p=67$，则数 60 以 12 为底的指标 $\equiv 2\text{Ind }2+\text{Ind }3+\text{Ind }5 \pmod{66} \equiv 58+9+39 \equiv 40$.

►**59. 如果 a，b 不被 p 整除，那么形如 $a/b \pmod p$ 的表达式**（见第 31 节）**的值的指标对于模 $p-1$ 同余于分子 a 的指标与分母 b 的指标之差.**

设 c 是这个值. 我们有 $bc \equiv a \pmod p$，因而

$$\text{Ind }b+\text{Ind }c \equiv \text{Ind }a \pmod{p-1}$$

因此 $\text{Ind }c \equiv \text{Ind }a-\text{Ind }b$.

于是，如果我们有两个表，其中一个给出任何数对于任何素数模的指标，另一个给出属于给定指标的数，那么所有一次同余式就可容易解出，因为它们可以简化成模为素数的同余式（见第 30 节）. 例如，给定的同余式

$$29x+7 \equiv 0 \pmod{47}$$

可化成

$$x \equiv \frac{-7}{29} (\bmod 47)$$

因此

$$\text{Ind}\ x \equiv \text{Ind}(-7) - \text{Ind}\ 29 \equiv \text{Ind}\ 40 - \text{Ind}\ 29 \equiv 15 - 43 \equiv 18 (\bmod 46)$$

因为 3 的指标是 18，所以 $x \equiv 3$（mod 47）. 我们没有增添第二个表，但在第 6 章中将会看到怎样用另一个表来代替它.

▶60. 在第 31 节我们曾用一个特殊符号表示一次同余式的根，所以下面我们也用特殊符号表示简单高次同余式的根. 如同$\sqrt[n]{A}$表示方程 $x^n = A$ 的根，我们添上模用$\sqrt[n]{A}$（mod p）表示同余式 $x^n \equiv A$（mod p）的根. 因为对于模 p 同余的数被看作是等价的（见第 26 节），所以表达式$\sqrt[n]{A}$（mod p）有多少个对于模 p 不同余的值，就说它有多少个值. 显然，如果 A，B 对于模 p 同余，那么表达式$\sqrt[n]{A}$，$\sqrt[n]{B}$（mod$p$）就是等价的.

现在如果给定$\sqrt[n]{A} \equiv x$（mod p），那么我们就有 n 个 Ind $x \equiv$ Ind A（mod $p-1$）. 依照前一章中的法则，我们可以从这个同余式推出 Ind x 的值，进而得到 x 的对应值. 易见 x 的值的个数与同余式 nInd $x \equiv$ Ind A（mod $p-1$）的根的个数相同. 当 n 与 $p-1$ 互素时，$\sqrt[n]{A}$显然只有一个值. 但当 n，$p-1$ 有最大公因子 δ 时①，Ind x 就有 δ 个对 $p-1$ 互不同余的值，并且只要 Ind A 被 δ 整除，$\sqrt[n]{A}$就有同样个数的对 p 互不同余的值. 如果这个条件不满足，那么$\sqrt[n]{A}$的值不存在.

例 我们考虑表达式 $\sqrt[15]{11}$ 的值. 因此必须解同余式 15 Ind $x \equiv$ Ind $11 \equiv 6$（mod 18）. 我们得到三个解 Ind $x \equiv 4, 10, 16$（mod 18）. x 的对应值是 6，9，4.

▶61. 当我们有必要的表时，无论这个方法怎样快，我们都不应该忘记它是非直接的. 因此确定直接方法怎样地有效是有意义的. 我们在此考虑由前面几节可以推导出的结果；其他讨论需要更深入的研究，将留待第 8 章[5]. 我们从最简单的情形 $A=1$ 开始. 也就是要考察同余式 $x^n \equiv 1$（mod p）的根. 在此取定某个原根作底后，我们必有 n Ind $x \equiv 0$(mod $p-1$). 如果 n 与 $p-1$ 互素，那么这个同余式仅有一个根；这就是 Ind $x \equiv 0$(mod $p-1$). 于是在此情形 $\sqrt[n]{1}$（mod p）有唯一值，即$\equiv 1$. 但当数 n，$p-1$ 有（最大）公因子 δ 时，同余式 n Ind $x \equiv 0$（mod $p-1$）的完全解是 $x \equiv 0$[mod（$p-1$）/δ]（见第 29 节）；亦即 Ind x 对于模 $p-1$ 应同余于数

① 此处 $\delta>1$，即 n 和 $p-1$ 不互素. 下文类似.

$$0,\ \frac{p-1}{\delta},\ \frac{2(p-1)}{\delta},\ \frac{3(p-1)}{\delta},\ \cdots\ \frac{(\delta-1)(p-1)}{\delta}$$

中的一个，亦即它有 δ 个对于模 $p-1$ 互不同余的值；因而在此情形 x 也有 δ 个不同的值（对模 p 互不同余）. 于是我们看到表达式$\sqrt[\delta]{1}$也有 δ 个不同的值，它们的指标完全与前面的相同. 因此表达式 $\sqrt[\delta]{1}\ (\mathrm{mod}\ p)$ 完全等价于 $\sqrt[n]{1}\ (\mathrm{mod}\ p)$；亦即同余式 $x^{\delta}\equiv 1\ (\mathrm{mod}\ p)$ 与同余式 $x^{n}\equiv 1\ (\mathrm{mod}\ p)$ 有相同的根. 但如果 δ 与 n 不相等，那么前者次数要低些.

例 因为 3 是数 15，18 的最大公因子，所以$\sqrt[15]{1}\ (\mathrm{mod}\ 19)$ 有 3 个值，这也是表达式 $\sqrt[3]{1}\ (\mathrm{mod}\ 19)$ 的值. 它们是 1，7，11.

►**62.** 由这个推理我们可知除非 n 是 $p-1$ 的因子，其他形如 $x^{n}\equiv 1$ 的同余式不一定有解. 我们以后将会见到这种形式的同余式总是可以被忽略；至今我们所证明的结果还不足以用来阐明这点. 但有一种情形也就是 $n=2$ 时我们可以在此处理. 显然表达式$\sqrt{1}$的值是+1 和−1，这是因为不可能有多于 2 个的值，并且除非模=2（在此情形$\sqrt{1}$只能有一个值），+1 和−1 总是互不同余的. 因此，如果 m 与 $(p-1)/2$ 互素，那么+1 和−1 也是表达式$\sqrt[2m]{1}$的值. 当模使得$(p-1)/2$ 就是素数（除非 $p-1=2m$，此时数 1，2，3，…，$p-1$ 都是根），例如，当 $p=3$，5，7，11，23，47，59，83，107，…时，这总能发生. 作为推论，我们注意到，无论取什么原根作底，−1 的指标总是$\equiv(p-1)/2\ (\mathrm{mod}\ p-1)$. 这是因为 $2\mathrm{Ind}(-1)\equiv 0\ (\mathrm{mod}\ p-1)$，因而 $\mathrm{Ind}(-1)$ 或者$\equiv 0$，或者$\equiv(p-1)/2\ (\mathrm{mod}\ p-1)$. 然而，0 总是+1 的一个指标，而+1 和−1 必然总有不同的指标（除非 $p=2$，在此我们不必考虑这个情形）.

►**63.** 在第 60 节我们证明过表达式$\sqrt[n]{A}\ (\mathrm{mod}\ p)$ 或者有 δ 个不同的值，或者当 δ 是数 n，$p-1$ 的最大公因子时值不存在. 现在，我们用与证明当 $A=1$ 时$\sqrt[n]{a}$与$\sqrt[\delta]{1}$等价同样的方法，更一般地证明$\sqrt[n]{A}$总可以归结为另一个与它等价的表达式$\sqrt[\delta]{B}$. 如果我们用 x 表示它的某个值，那么我们有 $x^{n}\equiv A$；还设 t 是表达式 $\delta/n\ (\mathrm{mod}\ p-1)$ 的一个值. 由第 31 节，这些值显然存在. 现在有 $x^{tn}\equiv A^{t}$，但因 $tn\equiv\delta(\mathrm{mod}\ p-1)$，所以 $x^{tn}\equiv x^{\delta}$. 于是 $x^{\delta}\equiv A^{t}$，因而$\sqrt[n]{A}$的任何值也是$\sqrt[\delta]{A^{t}}$的值. 因而每当$\sqrt[n]{A}$的值存在，它将完全等价于表达式$\sqrt[\delta]{A^{t}}$. 这个结论正确，因为除非$\sqrt[n]{A}$的值不存在，前者不可能有与后者不同的从来不可能有的值. 在$\sqrt[n]{A}$的值不存在的情形，$\sqrt[\delta]{A^{t}}$的值仍然可能存在.

例 如果我们考察表达式$\sqrt[21]{2}$(mod 31）的值，数 21 和 30 的最大公因子是 3，而 3 是表达式 3/21(mod 30）的值；所以如果$\sqrt[21]{2}$(mod 31）的值存在，那么它将等价于表达式$\sqrt[3]{2^3}$(mod 31）即$\sqrt[3]{8}$(mod 31)；并且实际上找到后者的值 2，10，19 也满足前者.

▶**64.** 为了避免徒劳地尝试这个运算，我们要研究判断$\sqrt[n]{A}$的值是否存在的法则. 如果我们有一个指标表，那么这是容易做到的，因为由第 60 节，显然若以任何原根作底时 A 的指标被 δ 整除，则$\sqrt[n]{A}$的值存在. 在相反的情形值不存在. 但我们还可以不应用这样的表进行判断. 设 A 的指标 $=k$. 如果它被 δ 整除，那么 $k(p-1)/\delta$ 被 $p-1$ 整除，并且反过来也对. 但数 $A^{(p-1)/\delta}$的指标是$k(p-1)/\delta$. 所以若$\sqrt[n]{A}$（mod p）的值存在，则 $A^{(p-1)/\delta}$同余于 1；若值不存在，则它不同余于 1. 于是在上节的例子中我们有 $2^{10}=1024\equiv 1$（mod 31），因而我们推知$\sqrt[21]{2}$（mod 31）的值存在. 同样的，我们看到，$\sqrt{-1}$(mod p）当 p 是 $4m+1$ 形式时总有一对值；但当 p 是 $4m+3$ 形式时值不存在，因为 $(-1)^{2m}=1$，而 $(-1)^{2m+1}=-1$. 下面这个机巧的定理通常表述为：**若 p 是 $4m+1$ 形式的素数，则可以找到平方数 a^2 使得 a^2+1 被 p 整除；但若 p 是 $4m-1$ 形式的，则不可能找到这样的平方数……**. 是欧拉用这种方式在 *Novi comm. acad. Petrop.*（18［1773］，1774）中证明的. 在这多年前，即 1760 年（*Novi comm. acad. Petrop.*，5［1754—1755］）中他还在给出另一个证明. 在以前的论文（4［175—1753］，1758，25）[6] 中他还没有得到这个结果. 后来，拉格朗日在 *Nouv. mém. Acad. Berlin*，1775.[7] 中给出这个定理的一个证明. 我们将在下一章给出定理的另一个证明，它显著地发展了这个主题.

▶**65.** 讨论了怎样将表达式$\sqrt[n]{A}$（mod p）归结为另一种形式（其中 n 是 $p-1$ 的因子），并且得到确定它们的值是否存在的判定法则后，我们来考虑表达式$\sqrt[n]{A}$（mod p），其中 n 是 $p-1$ 的因子. 首先我们给出这个表达式的不同值之间有什么关系，然后研究某些可以经常用来求这些值的方法.

第一， 当 $A\equiv 1$ 并且 r 是表达式$\sqrt[n]{1}$（mod p）的一个值，亦即 $r^n\equiv 1$（mod p）时，这个 r 的所有幂也是这个表达式的值；其中不同的值的个数等于 r 所属的指数（见第 48 节）. 于是如果 r 是属于指数 n 的一个值，那么所有幂 r，r^2，r^3，…，r^n（其中可用**单位** 1 代替最后一个幂）包括了表达式$\sqrt[n]{1}$（mod p）的值. 我们将在第 8 章说明有什么方法求这种属于指数 n 的值.

第二，当 A 不同余于 1，并且表达式 $\sqrt[n]{A}$（mod p）的一个值 z 已知，那么其他值可用下列方法求出. 令表达式 $\sqrt[n]{1}$ 的值是

$$1, r, r^2, \cdots, r^{n-1}$$

（如我们刚才所说）. 表达式 $\sqrt[n]{A}$ 所有的值就是

$$z, zr, zr^2, \cdots, zr^{n-1}$$

显然，所有这些值满足同余式 $x^n \equiv A$，这是因为如果他们中一个 $\equiv zr^n$，那么它的 n 次幂 $Z^n r^{n\kappa}$ 与 A 同余（这是显然的，因为 $r^n \equiv 1$ 且 $z^n \equiv A$）. 并且由第 23 节易见所有这些值是不同的. 除了这 n 个值外 $\sqrt[n]{A}$ 不可能有其他值. 所以，例如，如果表达式 $\sqrt{A}$ 的一个值是 z，那么另一个将是 $-z$. 由前面所述，我们必然得到结论：不同时确定表达式 $\sqrt[n]{1}$ 的所有值就不可能求出 $\sqrt[n]{A}$ 的全部值.

►**66.** 我们提出要做的第二件事是什么时候表达式 $\sqrt[n]{A}$（mod p）的值可以直接确定（自然，要预先假设 n 是 $p-1$ 的因子）. 当某个值同余于 A 的幂时就发生这种情形. 这是相当经常出现的情形，因而有理由现在就来考虑. **如果这个值存在，**设它是 z，于是 $z \equiv A^k$ 且 $z \equiv z^k$（mod p）. 由此得 $A \equiv A^{kn}$"；从而如果我们能找到数 k 使得 $A \equiv A^{kn}$，那么 A^k 就是我们要求的值. 但这个条件等同于说 $1 \equiv kn$（mod t），其中 t 是 A 所属的指数（见第 46 节，第 48 节）. 但对于这种同余式可能必须 n 与 t 互素. 在此情形我们有 $k \equiv 1/k$（mod t）；但若 t 与 n 有公因子，那么不存在 z 值同余于 A 的幂.

►**67.** 因为要得到这个解必须知道 t，让我们考察若不知道它我们该怎么办. 首先，显然若 $\sqrt[n]{A}$（mod p）的值存在（我们在此始终做此假定），则 t 必整除 $(p-1)/n$. 设 y 是这些值之一；那么我们有 $y^{p-1} \equiv 1$ 及 $y^n \equiv A$（mod p）；并且取后一同余式两边的 $(p-1)/n$ 次幂，我们得到 $A^{(p-1)/n} \equiv 1$；因而 $(p-1)/n$ 可被 t 整除（见第 48 节）. 现在如果 $(p-1)/n$ 与 n 互素，那么前节中的同余式 $kn \equiv 1$ 对于模 $(p-1)/n$ 也可解，并且显然，k 的任何对于这个模满足这个同余式的值也对于整除 $(p-1)/n$ 的模 t 满足该同余式（见第 5 节）. 于是我们得到要求的解. 如果 $(p-1)/n$ 不与 n 互素，那么从 $(p-1)/n$ 中去掉同时整除 n 的素因子. 于是我们得到与 n 互素的数 $(p-1)/nq$. 在此我们用 q 表示所有去掉的素因子之积. 现在如果前节条件成立，亦即若 t 与 n 互素，则 t 也与 q 互素，因而整除 $(p-1)/nq$. 所以如果我们解同余式 $kn \equiv 1$（mod $(p-1)/nq$）（因为 n 与 $(p-1)/nq$ 互素，所以它可解），那么 k 的值对模 t 也满足这个同余式，这正是我们所要求的. 这整个方法在于发现一个用来代替我们不知道的 t 的数. 但是我们必须记住当 $(p-1)/n$

不与 n 互素时，我们要假设前节的条件，如果这个条件不成立，那么结论将是错误的；并且如果我们不小心依照所给法则找到 z 的一个值，其 n 次幂不同余于 A，那么我们知道条件不足，而且方法无效.

▶68. 但是甚至在此情形做有关的工作也常常是有益的，并且研究错误值与正确值间的关系也是值得的. 于是设 k，z 已经被适当地①确定但 z^n 不 $\equiv A$（mod$p$）. 那么，若我们仅能确定表达式 $\sqrt[n]{(A/z^n)}$（mod p）的值，则用 z 乘这些值就可得到 $\sqrt[n]{A}$ 的值. 这是因为如果 v 是 $\sqrt[n]{(A/z^n)}$ 的一个值，那么我们就有 $(vz)^n\equiv A$. 但因为 A/z^n（mod p）所属的指数经常比 A 的低，所以表达式 $\sqrt[n]{(A/z^n)}$ 要比 $\sqrt[n]{A}$ 简单. 更精细地说，如果数 t，q 的最大公因子是 d，那么，如我们要看到的，A/z^n（mod p）将属于指数 d.（用 A^k）代入 z，我们得 $A/z^n\equiv 1/A^{kn-1}$（mod p）. 但 $kn-1$ 被（$p-1$）$/nq$ 整除，且（$p-1$）$/n$ 被 t 整除（见前节）；（由后者知）（$p-1$）$/nd$ 被 t/d 整除②. 因为（依假设）t/d 与 q/d 互素③，所以（$p-1$）$/nd$ 也被 tq/d^2 整除，亦即（$p-1$）$/nq$ 被 t/d 整除④. 于是 $kn-1$ 被 t/d 整除，因而（$kn-1$）d 被 t 整除. 这个最后结果向我们给出 $A^{(kn-1)d}\equiv 1$（mod p），由此我们推出 A/z^n 的 d 次幂同余于 1. 容易证明 A/z^n 所属指数不可能小于 d，但因为对于我们的目的这不是所要求的，所以我们在此不再对它作进一步论述. 因此我们可以确信 A/z^n（mod p）所属的指数总是要比 A 的指数小，除非 t 整除 q，因而 $d=t$.

但 A/z^n 所属的指数比 A 的指数小有什么优越性？可以作为 A 的数比可以作为 A/z^n 的数多，并且当我们要对同一个模解多个 $\sqrt[n]{A}$ 形式的表达式，我们就有能够从同一个计算推出几个结果的优点. 于是，例如，如果我们知道表达式 $\sqrt{-1}$（mod 29）的值（它们是±12），那么我们总可以至少确定表达式 $\sqrt{A}$（mod 29）的一个值. 由前节，易见当 t 是奇数时我们可以怎样直接确定这个表达式的一个值，并且当 t 是偶数时 $d=2$；除非 -1 不是属于指数 2 的数.

例 我们要解 $\sqrt[3]{31}$（mod 37）. 这里 $p-1=36$，$n=3$，$(p-1)/3=12$，因而 $q=3$. 现在我们需要 $3k\equiv 1$（mod 4），所以令 $k=3$ 即可. 于是 $z\equiv 31^3$（mod 37）$\equiv$

① 即 $z\equiv A^k$（mod p）.

② 此外，由 q 的定义知（$p-1$）$/nd$ 也被 q/d 整除.

③ 因为上面已设 t，q 的最大公因子是 d.

④ 因为（$p-1$）$/nd$ 被 tq/d^2 整除，所以（（$p-1$）$/nd$）/（tq/d^2）是整数，而后者等于（（$p-1$）$/nq$）/（t/d）.

6，并且 $6^3 \equiv 31 \pmod{37}$ 成立. 如果已知表达式 $\sqrt[3]{1} \pmod{37}$ 的值，那么可以确定表达式 $\sqrt[3]{6}$ 的其余值，$\sqrt[3]{1} \pmod{37}$ 的值是 1,10，26. 将它们乘以 6，我们得到另两个值 $\sqrt[3]{31} \equiv 23, 8$.

然而，如果我们要求表达式 $\sqrt{3} \pmod{37}$ 的值，那么 $n=2$，$(p-1)/n=18$，因而 $q=2$. 因为我们需要 $2k \equiv 1 \pmod{9}$，所以 $k \equiv 5 \pmod{9}$. 并且 $z \equiv 3^5 \equiv 21 \pmod{37}$；但 21^2 不 $\equiv 3$，而是 $\equiv 34$；另一方面，$3/34 \pmod{37} \equiv -1$ 以及 $\sqrt{-1} \pmod{37} \equiv \pm 6$；于是我们求得正确值 $\pm 6 \cdot 21 \equiv \pm 15$.

这实际上就是我们所能说的关于这种表达式的解的全部结果. 显然，直接方法经常相当长，但数论中几乎所有直接方法都是这样；不过已经证明它们是有用的. 此外，超出我们的研究目的逐个讲述特殊技巧需要熟悉这个领域的各种工作.

►69. 我们现在转过来考虑原根. 我们已经证明所有的当我们取任何原根作底时其指标都与 $p-1$ 互素的数也是原根，并且只有这些数是原根；因此我们同时得知原根的个数（见第 53 节）. 一般地，要我们自己判断确定哪个根作为底. 在此，就像对数运算中那样，我们可以有多种不同的系统[8]. 让我们来考察不同的系统是怎样联系的. 设 a，b 是两个原根，m 是另一个数. 当我们取 a 作为我们的底时，数 b 的指标 $\equiv \beta$，数 m 的指标 $\equiv \mu \pmod{p-1}$. 但当我们取 b 作为我们的底时，数 a 的指标 $\equiv \alpha$，数 m 的指标 $\equiv \nu \pmod{p-1}$. 现在有 $a^\beta \equiv b$①，及 $a^{\alpha\beta} \equiv b^\alpha \equiv a \pmod{p}$（依假设），所以 $\alpha\beta \equiv 1 \pmod{p-1}$. 类似地我们得 $\nu \equiv \alpha\mu$ 及 $\mu \equiv \beta\nu \pmod{p-1}$. 因此，如果我们有一个对于底 a 构造的指标表，那么就容易将它转换到另一个以 b 为底的系统. 这是因为如果对于底 a 数 b 的指标 $\equiv \beta$，那么对于底 b 数 a 的指标将 $\equiv 1/\beta \pmod{p-1}$，并且若用这个数乘表中所有的指标我们就可得到对于底 b 的所有指标.

►70. 虽然依据取作底的不同的原根一个给定的数可以有不同的指标，但它们有一点是一致的——这些指标中每一个与 $p-1$ 的最大公因子都是相同的. 这是因为，若对于底 a，给定的数的指标是 m，而对于底 b，指标是 n，并且这些数（m 和 n）与 $p-1$ 的最大公因子（分别）是 μ，ν 且不相等，那么其中一个较大；例如，$\mu > \nu$，因而 μ 不整除 n. 现在设 b 为底，令 α 是 a 的指标，则我们将有 $n \equiv \alpha m \pmod{p-1}$（见前节），因而 μ 整除 n.（证完）

---

① 原文误作 $\alpha^\beta \equiv b$.

我们还可以从这个给定数的指标与 $p-1$ 的最大公因子等于 $(p-1)/t$ 这个事实看到它与底无关．这里 t 是我们考虑其指标的那个数所属的指数．因为如果对任意一个底指标是 k，那么 t 是乘以 k 后给出 $p-1$ 的某个倍数的最小的（非零）数（见第 48 节，第 58 节），这就是说，表达式 $0/k\ (\mathrm{mod}\ p-1)$ 不为零．于是不难由第 29 节推出这等于数 k 和 $p-1$ 的最大公因子.

▶**71.** 总可以取一个底使得属于指数 t 的数匹配某个预先确定的一个指标，而这个指标与 $p-1$ 的最大公因子 $=(p-1)/t$．用 d 表示这个最大公因子，设预先确定的指标 $\equiv dm$，并设给出的数的指标 $\equiv dn$．在此选取原根 a 作底；那么 m，n 与 $(p-1)/d$ 或 t 互素．于是，如果 ε 是表达式 $dn/dm\ (\mathrm{mod}\ p-1)$ 的值，并且同时与 $p-1$ 互素，那么 a^{ε} 是一个原根．以此为底给出的数将有指标 dm，这正是我们想要的（因为 $a^{\varepsilon dm}\equiv a^{dm}\equiv$ 给出的数）．为了证明表达式 $dn/dm\ (\mathrm{mod}\ p-1)$ 有与 $p-1$ 互素的值，我们继续进行下列的推理．这个表达式等价于 $n/m\ (\mathrm{mod}\ (p-1)/d)$，或等价于 $n/m\ (\mathrm{mod}\ t)$（见第 31 节，第 2 节），并且它的所有值与 t 互素；这是因为如果任何一个值 e 与 t 有公因子，那么这个因子也整除 me，因而整除 n（因为 me 对于模 t 同余于 n）．这与假设矛盾（假设要求 n 与 t 互素）．于是当 $p-1$ 的所有素因子整除 t 时，表达式 $n/m\ (\mathrm{mod}\ t)$ 的**所有**值与 $p-1$ 互素，并且它们的个数 $=d$．但当 $p-1$ 有其他的素因子 f，g，h，…，且不整除 t 时，那么表达式 $n/m\ (\mathrm{mod}\ t)$ 的一个值 $\equiv e$．但因为所有的数 t，f，g，h，…与（它们中）其他每个数互素，所以可以找到数 ε，它对于 t 与 e 同余，并且对于 f，g，h，…同余于其他的与这些数互素的数（见第 32 节）．这样的数不能被 $p-1$ 的素因子整除，因而与 $p-1$ 互素，这正是所要求的．由组合论我们容易推出这种值的个数等于

$$\frac{(p-1)\cdot(f-1)\cdot(g-1)\cdot(h-1)\cdots}{t\cdot f\cdot g\cdot h},$$

但为了不至于离题太远，我们略去证明．对于我们的目的在任何情形它都不是必不可少的.

▶**72.** 虽然一般说来选取原根作底完全是任意的，但同时某些底将被证明比其他底具有特殊的优点．在表 1 中当 10 是原根时我们总是选它作底；在其他情形我们总是选取底使得数 10 的指标尽可能最小；亦即我们令它 $=(p-1)/t$，此处 t 是 10 所属的指数．我们将在第 6 章指出这样做的优点，在那里为了其他目的使用了这个表．但在此，如我们在前节看到的，还是有一些选择的自由的．因而我们总是选取**最小的**满足条件的原根．例如，对于 $p=73$，在此有 $t=8$ 及 $d=9$，a^{ε}

有72/8 · 2/3 亦即6 个值，它们是5,14,20，28，39，40. 我们选取其中最小的5作底.

▶**73.** 求原根很大程度上被归结为尝试和误差. 如果我们把在第55 节所说的方法与上面所指出的关于同余式 $x^n \equiv 1$ 的解的结果结合在一起，我们就具备了可以用直接方法求原根的所有条件. 欧拉（*Opuscula Analytica*，*1*）[9] 承认设计这些数是极为困难的，并且它们的性质是数的最深刻的秘密之一. 但是它们可以用下列方法足够容易地确定. 熟练的数学家知道怎样通过各种方法简化冗长的计算，而且在此经验是比教训更好的老师.

1）任意选取一个与 p 互素的数 a（我们总是用字母 p 表示模；通常如果我们选取最小可能的数——例如数 2，计算要简单些）. 然后确定它的周期（见第46 节），亦即它的幂的最小剩余，直到得到一个幂 a^t，它的最小剩余是 1[10]. 如果$t=p-1$，那么 a 是一个原根.

2）但若 $t<p-1$，则选取另一个数 b，它不含在 a 的周期中，并且用同样的方法研究它的周期. 如果我们用 u 表示 b 所属的指数，那么我们看到 u 不可能等于 t 或 t 的因子；因若不然我们将有 $b^t \equiv 1$，但 a 的周期含有所有 t 次幂同余于 1 的数（第53 节），因而这不可能. 现在如果 $u=p-1$，那么 b 就是一个原根；但如果 $u \neq p-1$ 但是是 t 的倍数，那么我们得到的就更多——我们得知我们可以找到一个属于更高的指数的数，因而我们将更接近于我们的目的，即找一个属于**最大**指数的数. 现在如果 $u \neq p-1$，并且不是 t 的倍数，那么我们不过是能找到一个属于比 t 和 u 大的指数的数，亦即这个数所属的指数等于 t 和 u 的最小公倍数. 设这个数等于 y，并将 y 分解为两个互素因子 m，n 之积，使得其中一个整除 t，另一个整除 u[11]. 因此 a 的 t/m 次幂 $\equiv A$，b 的 u/n 次幂 $\equiv B \pmod{p}$，并且积 AB 是属于指数 y 的数. 这是显然的，因为 a 属于指数 m，而 B 属于指数 n，且因为 m，n 互素，所以乘积 AB 属于（指数）mn. 实际上我们可以用与第 2 章第 55 节中同样的方法证明这点.

3）现若 $y=p-1$，则 AB 就是原根；若不然，则我们应用另一个不在 AB 的周期中出现的数如前继续进行. 这样或者得到一个原根，或者得到一个数，它所属的指数比 y 的大，或者（如前）借助它找到一个数，其所属的指数比 y 的大. 因为我们重复这个运算得到的这些数属于不断增加的指数，所以最终必然发现一个数属于**最大**指数. 这个数即为一个原根.（证完）

▶**74.** 通过例子可使这更为清楚. 设 $p=73$，让我们来考察原根. 我们首先

用数 2 来尝试，它的周期是①

$$1,\ 2,\ 4,\ 8,\ 16,\ 32,\ 64,\ 55,\ 37,\ 1\cdots$$
$$0,\ 1,\ 2,\ 3,\ 4,\ 5,\ 6,\ 7,\ 8,\ 9\cdots.$$

因为 9 次幂同余于 1，所以 2 不是原根．我们尝试不出现在这个周期中的另一个数，例如 3．它的周期是

$$1,\ 3,\ 9,\ 27,\ 8,\ 24,\ 72,\ 70,\ 64,\ 46,\ 65,\ 49,\ 1,\ \cdots$$
$$0,\ 1,\ 2,\ 3,\ 4,\ 5,\ 6,\ 7,\ 8,\ 9,\ 10,\ 11,\ 12\cdots.$$

因此 3 不是原根．但 2，3 所属的指数（即数 9，12）的最小公倍数是 36，如我们在前节所说，将它分解为因子 9 和 4 之积，求出 2 的 9/9 次幂及 3 的 3 次幂，它们的积是 54，它属于指数 36．最后我们计算 54 的周期，并用一个不含在其中的数，例如 5，我们发现它是原根．

►**75.** 我们略去这个结论的证明，并将给出某些由于其简明性而值得注意的命题．

任何一个数的周期中的所有数之积，当周期中数的个数亦即这个数所属的指数是奇数时，$\equiv 1$**，当指数是偶数时，**$\equiv -1$.

例 对于模 13，数 5 的周期由数 1，5，12，8 组成，其积 $480\equiv -1\ (\mathrm{mod}\ 13)$.

对于同一个模，数 3 的周期由数 1，3，9 组成，它们的积 $27\equiv 1\ (\mathrm{mod}\ 13)$.

证 设这个数所属的指数是 t，且这个数的指标是 $(p-1)/t$．如果我们选取适当的底这总是可以做到的（见第 71 节）．于是周期中所有数之积的指标

$$\equiv (1+2+3+\cdots+t-1)\frac{p-1}{t}=\frac{(t-1)(p-1)}{2},$$

亦即 $\equiv 0(\mathrm{mod}\ p-1)$（当 t 是奇数），及 $\equiv (p-1)/2$（当 t 是偶数）；在前一情形这个积 $\equiv 1(\mathrm{mod}\ p)$，而在后一情形 $\equiv -1(\mathrm{mod}\ p)$（见第 62 节）．（证完）

►**76.** 如果前述定理中的数是原根，那么它的周期含有所有数 1，2，3，…，$p-1$．它们的积总是 $\equiv -1$（因为除非 $p=2$，$p-1$ 总是偶数；在 $p=2$ 的情形 -1 和 $+1$ 等价）．这个机巧的定理通常说作：**所有小于一个给定素数的数之积加 1 可被这个素数整除**．它由华林第一个发表且将它归功于威尔逊：见 Warring, *Meditationes Algebraicae*（3d ed.，Cambridge，1782）[12]．但他们两人都没能证明这个定理，并且华林坦承由于没有**记号**可以用来表示素数使得证明成为很困难的事．但依我们的看法，这种真理应当从内在的思想而不是从记号中取得．后来，

① 其中第 2 行是相应的 2 的幂的次数．下文类似．

拉格朗日给出了一个证明（*Nouv. mém. Acad. Berlin*，1771）[13]．他通过考虑展开乘积

$$(x+1)(x+2)(x+3)\cdots(x+p-1)$$

产生的系数进行证明．设这个乘积

$$\equiv x^{p-1}+Ax^{p-1}+Bx^{p-3}+\cdots+Mx+N,$$

那么系数 A，B，…，M 可被 p 整除，且 $N=1\cdot2\cdot3\cdots(p-1)$．如果 $x=1$，这个乘积将被 p 整除；从而它 $\equiv 1+N \pmod p$，所以 $1+N$ 必然被 p 整除．

最后，欧拉在 *Opuscula Analytica*，1[14] 中给出一个证明，它与我们给出的证明相一致．因为如此杰出的数学家们并不认为这个定理不值得他们注意，所以我们不揣冒昧再补充另一个证明．

►**77.** 当两个数 a，b 的乘积对于模 p 同余于 1 时，依照欧拉，我们称它们**相伴**．于是根据前面所说，任何小于 p 的正数都有一个小于 p 的相伴的正数，并且是唯一的．容易证明数 1，2，3，…，$p-1$ 中，1 和 $p-1$ 是唯一的两个不与其他数相伴的数①；这是因为相伴数之积是同余式 $x^2\equiv1$ 的根②，并且因为这个同余式是 2 次的，所以它的根不可能多于 2 个，亦即只有 1 和 $p-1$．除去这两个数外，其余的数 2，3，…，$p-2$ 成对地相伴．因此它们的积 $\equiv1$，而所有数 1，2，3，…，$p-1$ 之积 $\equiv p-1$，或 $\equiv-1$．（证完）

例如，对于 $p=13$，数 2，3，4，…，11 相伴情况如下：2 和 7；3 和 9；4 和 10；5 和 8；6 和 11．亦即 $2\cdot7\equiv1$，$3\cdot9\equiv1$，等等；因而 $1\cdot2\cdot3\cdots12\equiv-1$．

►**78.** 威尔逊定理可以更一般地表述如下：**所有小于一个给定的数 A 并且与 A 互素的数之积对于 A 同余于+1 或−1**．当 A 是 p^m 或 $2p^m$ 形式（其中 p 为不等于 2 的素数）及 $A=4$ 时取−1．所有其他情形取+1．威尔逊提出的定理包含在前一种情形中．例如，对于 $A=15$，数 1，2，4，7，8，11，13，14 之积 $\equiv 1 \pmod{15}$．为简洁起见我们略去证明，只是提请注意它可以像前节那样证明，不同的是由于某些特殊的考虑同余式 $x^2\equiv1$ 的根可以多于 2 个．如同 75 节那样并且结合我们即将要讲到的关于非素数模的结果，我们还可以由考虑指标得到一个证明．

►**79.** 我们现在转过来列举一些其他命题（见第 75 节）．

任何数的周期中的所有数之和 $\equiv0$．正如在第 75 节的例子中见到的，

① 原书此句有误，已改．

② 原书此句有误，已改．

$1+5+12+8=26\equiv 0 \pmod{13}$.

证 设我们考虑其周期的数$=a$，它所属的指数$=t$，那么它的周期中的所有数之和

$$\equiv 1+a+a^2+a^3+\cdots+a^{t-1}\equiv \frac{a^t-1}{a-1} \pmod{p}.$$

但 $a^t-1\equiv 0$；所以这个和总是$\equiv 0$（见第 22 节），也许当 $a-1$ 被 p 整除亦即 $a\equiv 1$ 时是例外；而若认为此时作为**周期**仅是一项，则可将例外情形排除.

▶80. 所有原根之积$\equiv 1$，除非 $p=3$；因为此时只有一个原根 2.

证 如果取任意原根作底，那么所有原根的指标都与 $p-1$ 互素，并且小于 $p-1$. 但这些数的和，亦即所有原根之积的指标$\equiv 0 \pmod{p-1}$，因而这个积$\equiv 1 \pmod{p}$；又因为易见如果 k 是与 $p-1$ 互素的数，那么 $p-1-k$ 也与 $p-1$ 互素，因而与 $p-1$ 互素的数之和由一些数对相加而成，其中每个数对之和可被 $p-1$ 整除（除非 $p-1=2$ 亦即 $p=3$，k 不可能等于 $p-1-k$；因为显然在所有其他情形（$p-1)/2$ 不与 $p-1$ 互素）.

▶81. 所有原根之和或者$\equiv 0$（当 $p-1$ 被某个**平方数**整除），**或者**$\equiv \pm 1 \pmod{p}$（如果 $p-1$ 是不相等的素数之积；且若这些素因子的个数是偶数则取正号，若此个数是奇数则取负号）.

例 1. 对于 $p=13$ 原根是 2，6，7，11，它们的和是 $26\equiv 0 \pmod{13}$.

2. 对于 $p=11$ 原根是 2，6，7，8，它们的和是 $23\equiv +1 \pmod{11}$.

3. 对于 $p=31$ 原根是 3，11，12，13，17，21，22，24，它们的和是 $123\equiv -1 \pmod{31}$.

证 我们上面（第 55 节的Ⅱ）已经证明：如果 $p-1=a^\alpha b^\beta c^\gamma\cdots$（此处 a，b，c，…是不相等的素数），而 A，B，C，…分别是任意属于指数 a^α，b^β，c^γ，…的数，那么所有乘积 $ABC\cdots$ 都是原根. 容易证明任何原根可以表示为这种形式的乘积，而且实际上是唯一的[15].

由此可知这些乘积可以作为原根. 但因为这些乘积中必定将 A 的所有值和 B 的所有值等组合起来，因此，如我们从组合论所知，所有这些乘积之和等于 A 的所有值之和乘以 B 的所有值之和，乘以 C 的所有值之和等所得到的乘积. 将 A 的所有值，B 的所有值等（分别）用 A，A'，A''，…；B，B'，B''，…；等等表示，而所有原根之和

$$\equiv (A+A'+A''+\cdots)(B+B'+B''+\cdots)\cdots.$$

我们现在断言：若指数 $\alpha=1$，则和 $A+A'+A''+\cdots\equiv -1 \pmod{p}$，但若 $\alpha>1$，则此

和$\equiv 0$，并且对于其余的β，γ…同样的结论也成立. 如果我们证明了这个论断，那么我们定理的正确性是显然的. 这是因为当$p-1$被某个平方数整除时，指数α，β，γ，…之一将大于1，因而上述与所有原根之和同余的乘积中有一个因子$\equiv 0$①，因而这个乘积本身也$\equiv 0$. 但当$p-1$不被任何平方数整除时，所有指数α，β，γ，…$=1$，因而同余于所有原根之和的乘积中的每个因子$\equiv -1$，而且因子个数等于数a，b，c，…的个数. 于是所有原根之和$\equiv \pm 1$，符号依照因子个数是偶数或奇数选取. 下面我们来证明上述断言.

1）当$\alpha=1$且数A属于指数a时，其他属于此指数的数是A^2，A^3，…，A^{a-1}. 但因

$$1+A+A^2+A^3+\cdots+A^{a-1}$$

是一个完整的周期的和，所以$\equiv 0$（见第79节），并且

$$A+A^2+A^3+\cdots+A^{a-1}\equiv -1.$$

2）当$\alpha>1$并且数A属于指数a^α时，其他属于这个指数的数可以从A^2，A^3，A^4，…，$A^{a^\alpha-1}$中删去A^a，A^{2a}，A^{3a}，…而得到（见第53节）；并且它们的和

$$\equiv 1+A+A^2+\cdots+A^{a^\alpha-1}-(1+A^a+A^{2a}+\cdots+A^{a^\alpha-1}),$$

亦即同余于两个周期之差，所以$\equiv 0$.（证完）

►**82.** 我们所说的这一切都是预先假设模是素数. 剩下的事是考虑用合数作模的情形. 但因为在此情形没有像前面情形中那样机巧的性质，并且也不需要精妙的按巧来发现它们（因为几乎每个结果都可以应用前面的原理推出），所以详尽无遗地处理所有细节是冗长乏味且不必要的. 因此我们仅阐明在这种情形有什么与前面情形是公共的以及什么是它自身特有的.

►**83.** 第45—48节的命题已经在一般情形证明. 但第49节的命题必须作如下修改：

如果f表示与m互素且小于m的数的个数，亦即$f=\phi(m)$（见第38节）；并且a是给定的与m互素的数，那么对于模m同余于1的a的最低次幂的指数$t=f$或f的因子.

第49节命题的证明在此情形仍然是有效的，如果我们用m代p，f代$p-1$，并用与m互素且小于m的数代替数1，2，3，…，$p-1$. 我们留待读者做此事. 但其他的证明（第50节，第51节）我们认为不可能应用在此情形而不引起混淆. 并且对于第52节及其后的各节中的命题在模为素数幂的情形和模可被1个

① 原书此句有误，已改.

以上的素数整除的情形存在很大差别. 因此我们考虑前一种类型的模.

▶84. 如果 p 是一个素数，并且模 $m=p^n$，那么我们有 $f=p^{n-1}(p-1)$（见第 38 节）. 现在若将我们在第 53 节和第 54 节中所说的结果应用于这种情形，并且像前节那样作必要的修改，我们就可发现，只要我们首先证明形如 $x^t-1\equiv 0(\bmod p^n)$ 的同余式不可能有多于 t 个不同的根，那么在那里我们所说的每个结果在此也成立. 我们对于第 43 节中的一个更一般的命题证明过它对于素数模是正确的；但这个命题仅对素数模成立而不能应用于这种情形. 不过，我们将用特殊方法证明这个命题对这个特殊情形是正确的. 在第 8 章我们还要更容易地证明它.

▶85. 我们现在来证明下列定理：

如果数 t 和 $p^{n-1}(p-1)$ 的最大公因子是 e，那么同余式 $x^t\equiv 1(\bmod p^n)$ 有 e 个不同的根.

设 $e=kp^v$，其中 k 不含有因子 p. 因而它整除数 $p-1$. 并且同余式 $x^t\equiv 1$ 对于模 p 有 k 个不同的根. 如果我们将它们记为 A，B，C，…，那么这个同余式对于模 p^n 的每个根对于模 p 同余于数 A，B，C，…中的一个. 现在我们来证明同余式 $x^t\equiv 1(\bmod p^n)$ 有 p^v 个根对于模 p 同余于 A，有同样多个根对于模 p 同余于 B，等等. 由此得知所有根的个数，如我们所说，是 kp^v 亦即 e. 为证明这个论断，我们**首先**证明，如果 α 是对于模 p 同余于 A 的根，那么

$$\alpha+p^{n-v},\ \alpha+2p^{n-v},\ \alpha+3p^{n-v},\ \cdots,\ \alpha+(p^v-1)^{n-v}$$

也是根. **其次**证明，对于模 p 同余于 A 的数不可能是根，除非它们是 $\alpha+hp^{n-v}$（h 是整数）的形式. 这样显然有 p^v 个不同的根，而且不会更多. 对于同余于 B，C 等的根这同样正确. **第三**，我们阐明怎样总可找到对于 p 同余于 A 的根.

▶86. 定理　记号如前节，如果数 t 可被 p^v 整除，但不被 p^{v+1} 整除，那么我们有

$$(\alpha+hp^u)^t-\alpha^t\equiv 0(\bmod p^{\mu+\nu}\text{，并且}\equiv\alpha^{t-1}hp^{\mu}t(\bmod p^{\mu+\nu+1}).$$

当 $p=2$ 和 $\mu=1$ 时定理的第二部分不成立.

将二项式展开后，只要我们能证明从第二项起所有的项都能被 $p^{\mu+\nu+1}$ 整除，那么定理就得证. 但因为考虑到系数的分母会引起一些理解上的困难，我们宁愿采取下列方法.

让我们**首先**设 $\mu>1$ 和 $\nu=1$，于是我们有

$$x^t-y^t=(x-y)(x^{t-1}+x^{t-2}y+x^{t-3}y^2+\cdots+y^{t-1}),$$

$$(\alpha+hp^{\mu})^t-a^t=hp^{\mu}[(\alpha+hp^{\mu})^{t-1}+(\alpha+hp^{\mu})^{t-2}\alpha+\cdots+\alpha^{t-1}].$$

但因为 $\alpha+hp^{\mu}\equiv\alpha(\bmod p^{2})$，所以每个项（$\alpha+hp^{\mu})^{t-1}$，（$\alpha+hp^{\mu})^{t-2}\alpha$，…都 $\equiv\alpha^{t-1}(\bmod p^{2})$，并且所有这些项之和 $\equiv t\alpha^{t-1}(\bmod p^{2})$；亦即它们有形式 $t\alpha^{t-1}+Vp^{2}$，其中 V 是任意数. 于是（$\alpha+hp^{\mu})^{t}-\alpha^{t}$ 有形式 $\alpha^{t-1}hp^{\mu}t+Vhp^{\mu+2}$，因而 $\equiv\alpha^{t-1}hp^{\mu}t(\bmod p^{\mu+2})$，并且 $\equiv 0(\bmod p^{\mu+1})$. 因此在此情形定理获证.

现在保持 $\mu>1$，如果定理对于 ν 的其他值不正确，那么必然存在一个界限，当 ν 不超过它时定理总是正确的，而在此界限外定理不成立. 设使定理不成立的 ν 的最小值等于 φ. 易见如果 t 被 $p^{\varphi-1}$ 整除，但不被 p^{φ} 整除，那么定理仍然正确，但如果用 tp 代替 t，那么不再成立. 所以我们有

$$(\alpha+hp^{\mu})^{t}\equiv\alpha^{t}+\alpha^{t-1}hp^{\mu}t(\bmod p^{\mu+\varphi}),$$

于是（$\alpha+hp^{\mu})^{t}\equiv\alpha^{t}+\alpha^{t-1}hp^{\mu}t+up^{\mu+\varphi}$，其中 u 是一个整数. 但因为定理已经对 $\nu=1$ 证明，所以我们得到

$$(\alpha^{t}+\alpha^{t-1}hp^{\mu}t+up^{\mu+\varphi})^{p}\equiv\alpha^{tp}+\alpha^{tp-1}hp^{\mu+1}+\alpha^{t(p-1)}up^{\mu+\varphi+1}(\bmod p^{\mu+\varphi+1}),$$

因而

$$(\alpha+hp^{\mu})^{tp}\equiv\alpha^{tp}+\alpha^{tp-1}hp^{\mu}tp(\bmod p^{\mu+\varphi+1}),$$

亦即若 tp 代替 t 也就是 $\nu=\varphi$ 时定理正确. 但这与假设矛盾，所以定理对所有 ν 成立.

►**87.** 剩下 $\mu=1$ 的情形. 应用与前节非常类似的方法可以不借助二项式定理证明

$$\begin{aligned}
&(\alpha+hp)^{t-1}\equiv\alpha^{t-1}+\alpha^{t-2}(t-1)hp(\bmod p^{2}),\\
&\alpha(\alpha+hp)^{t-2}\equiv\alpha^{t-1}+\alpha^{t-2}(t-2)hp,\\
&\alpha^{2}(\alpha+hp)^{t-3}\equiv\alpha^{t-1}+\alpha^{t-2}(t-3)hp,\\
&\ldots\ldots
\end{aligned}$$

并且它们的和（因为项数为 t）

$$\equiv t\alpha^{t-1}+\frac{(t-1)t}{2}\alpha^{t-2}hp(\bmod p^{2}).$$

但因为 p 整除 t，所以如在前节所指出，除 $p=2$ 外在所有情形 p 也整除 $(t-1)t/2$. 而在其他情形我们有（$t-1$）$ta^{t-2}hp/2\equiv 0(\bmod p^{2})$，并且与前节同样，上述和 $\equiv t\alpha^{t-1}(\bmod p^{2})$. 证明的其余部分可同样地进行.

除 $p=2$ 外一般结果是

$$(\alpha+hp^{\mu})^{t}\equiv\alpha^{t}\ (\bmod p^{\mu+\nu}),$$

并且只要 h 不被 p 整除，而且 p^{ν} 是 p 的整除 t 的最高次幂，那么当 p 的任何比 $p^{\mu+\nu}$ 高的幂做模时（$\alpha+hp^{\mu})^{t}$ 不 $\equiv\alpha^{t}$.

由此我们立即可以推出我们在第 85 节提出要证明的命题：

首先，如果 $\alpha^t\equiv1$，那么我们也有 $(\alpha+hp^{n-\nu})^t\equiv1(\bmod p^n)$.

第二，如果某个数 α' 对于模 p 同余于 A，那么因而也同余于 α，但对于模 $p^{n-\nu}$ 不同余于 α，并且如果它满足同余式 $x^t\equiv1(\bmod p^n)$，那么我们令 $\alpha'=\alpha+lp^\lambda$，其中 l 不被 p 整除，于是 $\lambda<n-\nu$，从而 $(\alpha+lp^\lambda)^t$ 对于模 $p^{\lambda+\nu}$ 同余于 α^t，但对于模 p^n（这是较高的幂）则不同余（于 α^t）. 因此 α' 不是同余式 $x^t\equiv1$ 的根.

▶**88. 第三**，我们来求同余式 $x^t\equiv1$（$\bmod p^n$）的同余于 A 的根. 在此我们可以仅当已知这个同余式对于模 p^{n-1} 的一个根时说明如何做. 显然这就足够了，因为我们可以从模 p（A 对于它是一个根）达到模 p^2，并且逐步达到所有的幂.

于是，设 α 是同余式 $x^t\equiv1(\bmod p^{n-1})$ 的一个根. 我们来求同一个同余式对于模 p^n 的根. 设这个根 $=\alpha+hp^{n-\nu-1}$. 由前节，它必定有这种形式（我们将单独考虑 $\nu=n-1$，但要注意 ν 绝不可能大于 $n-1$）. 于是我们有

$$(\alpha+hp^{n-\nu-1})^t\equiv1(\bmod p^{n-1}).$$

但是

$$(\alpha+hp^{n-\nu-1})^t\equiv\alpha^t+\alpha^{t-1}htp^{n-\nu-1}(\bmod p^n).$$

因此，如果选取 h 使得 $1\equiv\alpha^t+\alpha^{t-1}htp^{n-\nu-1}(\bmod p^n)$ 或使得 $((\alpha^t-1)/p^{n-1})+\alpha^{t-1}h(t/p^\nu)$ 被 p 整除［因为依据假设，$1\equiv\alpha^t$（$\bmod p^{n-1}$），而且 t 被 p 整除］，那么我们就得到所要的根. 显然由前节，这是可以做到的，这是因为我们预先假设了 t 不能被 p 的比 p^ν 更高的幂整除，因而 α^{t-1}（t/p^ν）与 p 互素.

但如果 $\nu=n-1$，亦即 t 被 p^{n-1} 整除或被 p 的更高的幂整除，那么任何对于模 p 满足同余式 $x^t\equiv1$ 的值 A 对于模 p^n 也满足这个同余式. 因为如果我们令 $t=p^{n-1}\tau$，那么我们有 $t\equiv\tau(\bmod p-1)$；因而由于 $A^t\equiv1(\bmod p)$ 我们也有 $A^\tau\equiv1(\bmod p)$. 于是令 $A^\tau=1+hp$ 即有 $A^t=(1+hp)^{p^{n-1}}\equiv1(\bmod p^n)$（见第 87 节）.

▶**89.** 借助定理：同余式 $x^t\equiv1$ 不可能有多于 t 个不同的根，在第 57 节及其后几节中我们所证明的每个结果当以素数幂为模时也（可证明）是正确的；并且如果我们把属于指数 $p^{n-1}(p-1)$ 的数，这就是说，所有这些数包括它们周期中不被 p 整除的数，称作**原根**，那么在此我们也有原根（概念）. 我们所说过的关于指标和它们的应用以及关于同余式 $x^t\equiv1$ 的解的每个结果也都适用于素数幂为模的情形；因为证明没有困难，所以没有必要在此重复. 我们以前讲过怎样从同余式 $x^t\equiv1$ 对于模 p 的根导出这个同余式对于模 p^n 的根. 现在我们要对前面我们排除的情形，即模是数 2 的某些幂的情形进行一些补充考察.

▶**90. 如果数 2 的某个高于 2 次的幂，例如 2^n 作模，那么任何奇数的 2^{n-2} 次**

幂同余于 1.

例如，$3^8=6561\equiv 1(\mathrm{mod}\ 32)$.

对于任何 $1+4h$ 以及 $-1+4h$ 形式的奇数，命题可由第 86 节的定理立即推出.

于是，因为对于模 2^n 任何奇数所属的指数必定是 2^{n-2}的因子，所以容易判断它属于数 1，2，4，8，…，2^{n-2}中的哪一个. 设所给的数 $=4h\pm 1$，并且整除 h 的 2 的最高次幂 $=m$（m 可以 $=0$，此时 h 是奇数）；那么若 $n>m+2$，则所给数所属的指数 $=2^{n-m-2}$；但若 $n\leqslant m+2$，则所给数 $\equiv\pm 1$，因而它或属于指数 1，或属于指数 2. 因为容易从第 86 节推出 $\pm 1+2^{m+2}k$（它等价于 $4h\pm 1$）形式的数的 2^{n-m-2}次幂对于模 2^n 同余于 1，并且它的以 2 的较低次幂为指数的幂不同余于 1. 因此任何 $8k+3$ 或 $8k+5$ 形式的数属于指数 2^{n-2}.

▶**91.** 由此可见在这里我们没有上文意义下的**原根**；这就是说，不存在这样的数，它的周期中包括所有小于模并且与模互素的数. 但显然我们有它的一个类似. 因为我们发现对于 $8k+3$ 形式的数，其奇数次幂也是 $8k+3$ 形式的，而偶数次幂是 $8k+1$ 形式的，它的幂不可能是 $8k+5$ 和 $8k+7$ 形式的. 于是，因为对于 $8k+3$ 形式的数其周期由 2^{n-2}项 $8k+3$ 或 $8k+1$ 形式的数组成，并且因为小于模的这种形式的数不多于 2^{n-2}个，所以显然任何 $8k+1$ 或 $8k+3$ 形式的数对于模 2^n 同余于某个 $8k+3$ 形式的数的幂. 类似地，我们可以证明 $8k+5$ 形式的数的周期包含所有 $8k+1$ 和 $8k+5$ 形式的数. 因此，如果我们取 $8k+5$ 形式的数作底，那么我们将对所有 $8k+1$ 和 $8k+5$ 形式的正数和所有 $8k+3$ 和 $8k+7$ 形式的负数找到真指标. 并且我们还必须将对于 2^{n-2}同余的指标看作等价的. 对于表 1，其中对模 16，32 和 64 总是取 5 作底，我们要稍微做一些解释（对模 8 表是不必要的）. 例如，数 19 是 $8n+3$ 形式的，所以必须取**负号**，对于模 64 有指标 7. 这意味着 $5^7\equiv -19(\mathrm{mod}\ 64)$. 如果我们取 $8n+1$ 和 $8n+5$ 形式的负数及 $8n+3$ 和 $8n+7$ 的正数，那么就必须给它们虚指标（权且这样称呼）. 如果我们这样做，指标计算就可归结为非常简单的算法. 但因为如果我们希望严格地对此加以研究，那么我们将会离题太远，所以我们将此留待其他机会，那时我们可以更加细致地考虑虚量的理论. 就我们所知还没有任何人给出这个主题的清晰的处理. 有经验的数学家将会发现发展这个算法是容易的. 只要掌握了上面所说的原理，缺少训练的人也可以使用我们的表. 应用算法的人即使对虚算法的现代研究一无所知同样可以做这件事.

▶**92.** 几乎所有关于对多个素数组成的模的幂剩余的结果都可以由同余的一般理论推出. 我们以后将非常详细地说明怎样将对于由几个素数组成的模的同余式归结为模为素数或素数幂的同余式. 因此我们现在不在这个主题上过多停留.

我们在此仅注意对于其他模不成立的最机巧的性质，亦即这种性质：它保证我们始终能够找到数使得在其周期中包括所有与模互素的数. 但有一种情形甚至在此我们就可找到这样的数. 它出现在模是一个素数的 2 倍或素数幂的 2 倍时. 因为如果模 m 归结为形式 $A^{a}B^{b}C^{c}\cdots$，其中 A，B，C，…是不同的素数，并且用字母 α 表示 $A^{a-1}(A-1)$，用字母 β 表示 $B^{b-1}(B-1)$，…，那么选取数 z 与 m 互素，我们得到 $z^{\alpha}\equiv1(\bmod A^{\alpha})$，$z^{\beta}\equiv1(\bmod B^{b})$，…. 并且如果 μ 是数 α，β，γ，…的最小公倍数，那么我们对于所有的模 A^{α}，B^{b}，…有 $z^{\mu}\equiv1$，因而对于等于它们的乘积的 m 同余式也成立. 但除了 m 是一个素数的 2 倍或素数幂的 2 倍的情形，数 α，β，γ，…的最小公倍数小于它们的乘积（数 α，β，γ，…不可能两两互素，因为它们有公因子 2）. 于是周期中项的个数不可能等于小于模且与模互素的数的个数，因为这些数的个数等于 α，β，γ，…的乘积. 例如，对于 $m=1001$ 任何与 m 互素的数的 60 次幂同余于 1，因为 60 是数 6，10，12 的最小公倍数. 模是一个素数的 2 倍或素数幂的 2 倍的情形完全类似于模是一个素数的或素数幂的情形.

▶93. 我们已经提到过关于与本章有相同研究主题的其他几何学家的著作. 对于想要了解比我们所许可的简洁程度更细致的讨论的读者，我们推荐下列欧拉的专著，由于其清晰性和洞察力使这位伟人远远超过所有其他评论家所做的论述：“Theoremata circa residua ex divisione potestatum relicta.”（*Novicomm. acad. Petrop.*，7［1758－59］，1761.）“Demonsttationes circa residua ex divisione potestatum per numeros primos resultantia,”（*ibid.*，18［1773］，1774.）对于这些文献我们还要添上 *Opuscula Analytica*，1，Diss. 5；Diss. 8[16].

第Ⅳ章　二次同余

▶94. 定理　如果我们取某个数 m 作模，那么在数 0，1，2，3，…，$m-1$ 中同余于一个平方数的数，当 m 是偶数时不可能多于 $m/2+1$ 个，而当 m 是奇数时不可能多于 $m/2+1/2$ 个.

证　因为同余的数的平方也互相同余，所以任何一个同余于一个平方数的数也同余于某个平方根 $<m$ 的平方数. 于是只需考虑平方数 0，1，4，9，…，$(m-1)^2$ 的最小剩余，但易见 $(m-1)^2\equiv1$，$(m-2)^2\equiv2^2$，$(m-3)^2\equiv3^2$，…，所以当 m 是偶数时，平方数 $[(m/2)-1]^2$ 与 $[(m/2)+1]^2$，$[(m/2)-2]^2$ 与 $[(m/2)+2]^2$，…分别有相同的最小剩余；而当 m 是奇数时，平方数 $[(m/2)-$

$(1/2)]^2$与$[(m/2)+(1/2)]^2$，$[(m/2)-(3/2)]^2$与$[(m/2)+(3/2)]^2$，…分别同余．由此推出：当m是偶数时，除了与平方数0，1，4，9，…，$(m/2)^2$中的一个数同余的那些数外，没有其他的数同余于平方数；当m为奇数时，任何与平方数同余的数必定同余于0，1，4，9，…，$[(m/2)-(1/2)]^2$中的某个数．因此，在前一情形，至多有$m/2+1$个不同的最小剩余，在后一情形，它们至多有$m/2+1/2$个．（证完）

例 对于模13．平方数0，1，2^2，3^2，…，6^2的①最小剩余是0，1，4，9，3，12，10，并且其后它们以相反的顺序10，12，3，…出现．因此一个数若不与这些剩余之一同余，亦即若同余于2，5，6，7，8，11，则不可能同余于平方数．

对于模15，我们求出剩余0，1，4，9，1，10，6，4，其后同样的数以相反的顺序出现，因此在此可以同余于平方数的剩余的个数小于$m/2+1/2$，因为只有0，1，4，6，9，10在上面列出的数中出现，数2，3，5，7，8，11，12，13，14以及任何与它们同余的数不可能对于模15同余于平方数．

▶95. 因此，对于任何模所有的数可以分为两类，一类包含可同余于平方数的数，另一类则不能．我们将前者称作**我们取作模的那个数的二次剩余**[17]，而后者称作**数的二次非剩余**．在不引起混淆时我们将它们简称为**剩余**和**非剩余**．另外，我们只需将所有的数0，1，2，…，$m-1$分类，因为与它们中某个数同余的数将分在同一类．

在这个研究中我们将从素数模开始，并且甚至若不加说明也这样理解．但我们必须排除素数2，因而只考虑**奇**素数．

▶96. 如果取素数p为模，那么数1，2，3，…，$p-1$中有一半是二次剩余，其余的是非剩余；亦即有$(p-1)/2$个剩余及同样个数的非剩余．

容易证明所有平方数1，4，9，…，$(p-1)^2/4$互不同余．这是因为如果$r^2\equiv(r')^2\pmod p$，其中r，r'不相等且不大于$(p-1)/2$及$r>r'$，那么$(r-r')(r+r')$是正的，且被p整除，但每个因子$(r-r')$和$(r+r')$都小于p，所以假设不可能成立（见第13节）．因此在数1，2，3．…，$p-1$中有$(p-1)/2$个二次剩余．不可能有更多的二次剩余，因为如果我们增加剩余0，那么它们变成$(p+1)/2$个，总起来就大于全部剩余的个数．于是其余的数是非剩余，而它们的个数$=(p-1)/2$．

因为0总是一个剩余，所以我们将它及所有被模整除的数排除在我们的研究

① 原书此处有误，已改．

之外．这个情形是显然的，并且对于我们定理的机巧性没有任何影响．由于同样的原因我们也排除 2 作模．

▶97. 因为我们在本章要证明的许多结果可以从前章的原理推出，并且因为不可能用与此不同的方法发现同样的结果，所以我们将继续指出它们的关系．容易验证所有同余于平方数的数有**偶**指标，而不同余于平方数的数有**奇**指标．并且因为 $p-1$ 是一个偶数，所以偶指标与奇指标一样多，即都是（$p-1$）/2 个，因而也存在同样个数的剩余和非剩余．

例

模	剩余
3	1
5	1，4
7	1，2，4
11	1，3，4，5，9
13	1，3，4，9，10，12
17	1，2，4，8，9，13，15，16
…	…

并且所有其他小于模的数都是非剩余．

▶98. 定理　素数 p 的两个二次剩余之积是一个剩余；一个剩余与一个非剩余之积是一个非剩余；最后，两个非剩余之积是一个剩余．

证　Ⅰ．设 A，B 是平方数 a^2，b^2 的剩余；这就是 $A\equiv a^2$，$B\equiv b^2$．那么乘积 AB 同余于数 ab 的平方；亦即它是一个剩余．

Ⅱ．如果 A 是一个剩余，例如 $\equiv a^2$，而 B 是一个非剩余，那么 AB 将是一个非剩余．因为若我们设 $AB\equiv k^2$，并且设表达式 $k/a(\bmod p)\equiv b$．那么我们因而有 $a^2B\equiv a^2b^2$ 及 $B\equiv b^2$；亦即 B 是一个剩余，与假设矛盾．

另法．取出 1，2，3，…，$p-1$ 中所有是剩余的数（它们共有（$p-1$）/2 个）．将它们每个乘以 A，那么所有乘积都是二次剩余且互不同余，现在如果用 A 乘非剩余 B，那么这个乘积不同余于刚才得到的任何一个乘积．因此，如果它是一个剩余，那么我们将有（$p+1$）/2 个互不同余的剩余，而且我们也没有将剩余 0 包括在其中．这与第 96 节的结果相矛盾．

Ⅲ．设 A，B 是非剩余．用 A 乘 1，2，3，…，$p-1$ 中所有的是剩余的数，我们还有（$p-1$）/2 个互不同余的非剩余（见Ⅱ）；乘积 AB 不可能与它们中任何一个同余；所以如果它是一个非剩余，那么我们将有 $(p+1)/2$ 个互不同余的非剩余，这与第 96 节的结果相矛盾. 因此乘积 AB 是一个剩余.（证完）

这些定理可以更容易地由前一章的原理推出. 因为剩余的指标总是偶数，而非剩余的指标总是奇数，所以两个剩余或两个非剩余之积的指标是偶数，因而乘积本身是一个剩余. 另一方面，一个剩余与一个非剩余之积的指标是奇数，因而乘积本身是一个非剩余.

这个证法也可以用于下列定理：**当 a，b 都是剩余或都是非剩余时，表达式 $a/b\ (\mathrm{mod}\ p)$ 是一个剩余；当 a，b 中一个是剩余另一个是非剩余时，这个表达式是一个非剩余**. 它们也可以通过转化为前面的定理来证明.

►**99.** 一般地，任意多个因子中，若所有因子都是剩余或者其中非剩余的个数是偶数，则它们的积是一个剩余；若这些因于中非剩余的个数是奇数，则这个乘积是非剩余. 于是只要弄清楚合数的各个因子是剩余或是非剩余就容易判断这个合数是否是一个剩余. 这就是表 2 中我们只包含素数的原因. 表是这样安排的：模[18]位于靠边的一列，素数逐个地排在顶行，如果一个素数是某个模的剩余，那么在与它们对应的位置有一个横道；如果一个素数是某个模的非剩余，那么让与它们对应的位置空着.

►**100.** 在研究更困难的课题前，让我们对非素数模作一些补充说明.

如果模是素数 p 的幂 p^n（我们设 p 不等于2），那么所有不被 p 整除且小于 p^n 的数有一半是剩余，另一半是非剩余；亦即它们的个数都 $=[(p-1)p^{n-1})]/2$.

因为如果 r 是剩余，那么它同余于一个平方根不超过模的一半的平方数（见第 94 节）. 易见有 $[(p-1)p^{n-1}]/2$ 个数不被 p 整除且小于模的一半；剩下的事是证明所有这些数的平方互不同余，亦即它们产生不同的二次剩余. 现在如果 a，b 是两个不被 p 整除且小于模的一半的数（设 $a>b$），它们的平方同余，那么 a^2-b^2 即 $(a+b)(a-b)$ 可被 p^n 整除. 而这是不可能的，除非**或者**数 $(a+b)$，$(a-b)$ 中有一个被 p^n 整除（但因为它们每个都 $<p^n$，所以不可能），**或者**它们中一个被 p^m，另一个被 p^{n-m} 整除（但这也不可能，因为这意味着它们的和及差 $2a$ 和 $2b$ 都被 p 整除，从而 a 和 b 都被 p 整除，与假设矛盾）. 于是最终可知在不被 p 整除且小于模的数中有 $[(p-1)p^n]/2$ 个剩余，而其余同样个数的数是非剩余.（证完）这个定理也可如第 97 节那样通过考虑指标来证明.

►**101. 任何不被 p 整除并且是 p 的剩余的数也是 p^n 的剩余；如果它是 p 的非剩余，那么也是 p^n 的非剩余**.

定理的第二部分是显然的. 如果第一部分不正确，那么在小于 p^n 且不被 p

整除的数中，p 的剩余个数将比 p^n 的剩余个数多，亦即多于 $[p^{n-1}(p-1)]/2$. 但显然在这些数中 p 的剩余的个数恰好 $=[p^{n-1}(p-1)]/2$.

因此如果我们有一个对于模 p 同余于一个给定的剩余的平方数，那么就容易找到对于模 p^n 同余于这个剩余的平方数.

如果我们有一个平方数 a^2 对于模 p^μ 同余于一个给定的剩余 A，那么我们可以用下列方法找到对于模 p^ν 同余于 A 的平方数（我们在此设 $\nu>\mu$ 并且 $\leqslant 2\mu$）. 设我们要找的平方根 $=\pm a+xp^\mu$. 易见它应当有这种形式. 我们还应当有 $a^2\pm 2axp^\mu+x^2p^{2\mu}\equiv A \pmod{p^\nu}$，或若 $2\mu>\nu$，有 $A-a^2\equiv\pm 2axp^\mu \pmod{p^\nu}$. 令 $A-a^2=p^\mu d$，则 x 就是表达式 $\pm d/2a \pmod{p^{\nu-\mu}}$ 的值，而这个表达式等价于 $\pm(A-a^2)/2ap^\mu \pmod{p^\nu}$.

因此若给定一个对模 p 同余于 A 的平方数，则我们可以由它推导出对模 p^2 同余于 A 的平方数；由此又可推进到模 p^4，然后 p^8，等等.

例 如果我们给定剩余 6，它对于模 5 同余于平方数 1，我们求得对于 25 同余于它的平方数 9^2，对于 125 同余于它的平方数 16^2，等等.

►102. 考察被 p 整除的数，显然它的平方被 p^2 整除，所以所有被 p 整除但不被 p^2 整除的数是 p^n 的非剩余. 一般，如果我们有一个数 p^kA，其中 A 不被 p 整除，那么我们可以区分下列一些情形：

1）若 $k\geqslant n$，则我们有 $p^kA\equiv 0 \pmod{p^n}$，即它是一个剩余.

2）若 $k<n$ 且是奇数，则 p^kA 是一个非剩余.

这是因为如果我们有 $p^kA=p^{2x+1}A\equiv s^2 \pmod{p^n}$，那么 s^2 可被 p^{2x+1} 整除. 这是不可能的，除非 s 被 p^{x+1} 整除；但此时 p^{2x+2} 整除 s^2，因而（因为显然 $2x+2$ 必然不大于 n）也整除 p^kA，亦即整除 $p^{2x+1}A$，而这意味着 p 整除 A，与假设矛盾.

3）若 $k<n$ 且是偶数，则依据 A 是 p 的剩余或非剩余，p^kA 是 p^n 的剩余或非剩余.

这是因为当 A 是 p 的剩余时也是 p^{n-k} 的剩余. 如果我们设 $A\equiv a^2 \pmod{p^{n-k}}$，那么可得 $Ap^k\equiv a^2p^k \pmod{p^n}$，并且 a^2p^k 是平方数. 另一方面，当 A 是 p 的非剩余时，p^kA 不可能是 p^n 的剩余；因为若 $p^kA\equiv a^2 \pmod{p^n}$，则 p^k 必定整除 a^2，它们的商是一个平方数，且 A 对模 p^{n-k} 与它同余，因而对模 p 也与它同余，即 a 是一个剩余，与假设矛盾.

►103. 因为上面我们排除了 $p=2$ 的情形，我们现在来对此情形作些讨论. 当数 2 为模时，每个数都是剩余，并且没有非剩余. 当 4 是模时，所有 $4k+1$ 形式的奇数是剩余，所有 $4k+3$ 形式的奇数是非剩余. 当 8 或 2 的更高的幂为模时，

所有 $8k+1$ 形式的奇数是剩余，所有其他形式即 $8k+3$，$8k+5$，$8k+7$ 形式的奇数是非剩余．这个命题的最后一部分从下列事实可知是显然的：任何奇数，无论它是 $4k+1$ 或 $4k-1$ 形式，其平方都是 $8k+1$ 形式的．命题的第一部分证明如下：

1）如果两个数的和或差能被 2^{n-1} 整除，那么这些数的平方对于模 2^n 互相同余．因为若其中之一是 a，则另一数可表示为 $2^{n-1}h\pm a$，因而其平方 $\equiv a^2 \pmod{2^n}$．

2）任何是 2^n 的剩余的奇数必同余于一个平方数，而这个平方数的平方根是 $<2^{n-2}$ 的奇数．因为若设 a^2 是与这个给定数同余的平方数，并设 $a\equiv \pm\alpha \pmod{2^{n-1}}$，其中 α 不超过模的一半（见第 4 节）；那么 $a^2\equiv\alpha^2$，因而给定的数 $\equiv\alpha^2$．显然 a 和 α 都是奇数并且 $\alpha< 2^{n-2}$．

3）所有小于 2^{n-2} 的奇数的平方对于 2^n 是互不同余的．因为若令 r 和 s 是两个这样的数，且它们的平方对 2^n 同余，则 $(r-s)(r+s)$ 可被 2^n 整除（我们设 $r>s$）．易见数 $r-s$，$r+s$ 均不能被 4 整除，所以若其中仅有一个被 2 整除，则另一个将可被 2^{n-1} 整除以使它们的乘积能被 2^n 整除；因为它们每个都 $<2^{n-2}$．（证完）

4）如果将这些平方数简化为它们的**最小正剩余**，那么我们将有 2^{n-3} 个不同的小于模的二次剩余[19]，并且它们每个都是 $8k+1$ 形式的．但因为恰好有 2^{n-3} 个小于模的 $8k+1$ 形式的数，所以所有这些数必定全是剩余．

要找一个对于模 2^n 与给定的 $8k+1$ 形式的数同余的平方数，可以应用与第 101 节类似的方法；对此还可见第 88 节．最后，对于偶数，我们在 102 节所说的一般性结果在此都有效．

▶**104.** 设 A 是 p^n 的剩余，我们来考虑表达式 $V=\sqrt{A} \pmod{p^n}$ 的不同（亦即对于模互不同余）容许值的个数，我们容易由前面的结果推出下列结论（和过去一样，我们设 p 是素数，并且为简明起见我们包括 $n=1$ 的情形）．

Ⅰ．如果 p 不整除 A，那么当 $p=2$，$n=1$ 时 V 有一个值，即 $V=1$；当 p 是奇数或 $p=2$，$n=2$ 时有**两个**值，即若其中一个 $\equiv v$，则另一个 $\equiv -v$；当 $p=2$，$n>2$ 时有**四个**值，即若其中一个 $\equiv v$，则其余的分别 $\equiv -v$，$2^{n-1}+v$，$2^{n-1}-v$．

Ⅱ．如果 A 被 p 整除但不被 p^n 整除，令整除 A 的 p 的最高次幂是 $p^{2\mu}$（因为显然这个指数应是偶数），并且我们有 $A=ap^{2\mu}$．显然 p^μ 整除 V 的所有值，并且由除法产生的所有的商都是表达式 $V'=\sqrt{a} \pmod{p^{n-2\mu}}$ 的值；因此用 p^μ 乘 V' 的所有落在 0 和 $p^{n-\mu}$ 之间的值即得 V 的所有值．由此我们得到

$$vp^\mu,\ vp^\mu+p^{n-\mu},\ vp^\mu+2p^{n-\mu},\ \cdots,\ vp^\mu+(p^\mu-1)\ p^{n-\mu},$$

其中 v 表示 V' 的所有**不同的**值，因而依 V' 的值的个数（由情形Ⅰ）是 1，2 或 4

可知 V 的不同值的个数分别为 p^{μ}，$2p^{\mu}$ 或 $4p^{\mu}$①.

Ⅲ. 如果 p^{n} 整除 A，那么易见，若令 $n=2m$ 或 $n=2m-1$（依 n 是偶数或奇数），则所有能被 p^{m} 整除的数都是 V 的值；但这些数就是 0，p^{m}，$2p^{m}$，…，$(p^{n-m}-1)p^{m}$，因而它们的个数是 p^{n-m}.

▶105. 剩下还要考虑模是合数的情形，设 $m=abc\cdots$，其中 a，b，c，…是不同的素数或不同素数的幂. 显然立即可知，如果 n 是 m 的剩余，那么它也是 a，b，c，…中每个数的剩余，并且如果它是 a，b，c，…中任一数的非剩余，那么它也是 m 的非剩余. 而且，反过来，如果 n 是 a，6，c，…中每个数的剩余，那么它也是乘积 m 的剩余. 为此，设对于模 a，b，c，…分别有 $n\equiv A^2$，B^2，C^2，…. 如果我们找到对于模 a，b，c，…分别与 a，b，c，…同余的数 N（见第 32 节），那么对于所有这些模我们有 $n\equiv N^2$，因而对于乘积 m 这个同余式也成立. 由 A 的**任何**值（即表达式 $\sqrt{n}\pmod{a}$ 的值），与 B 的**任何**值及 C 的**任何**值，等等的组合，我们得到 N 亦即表达式 $\sqrt{n}\pmod{m}$ 的值，并且由不同的组合得到 N 的不同值，而由所有的组合得到 N 的所有值. 因此，N 的所有不同值的个数等于 A，B，C，…的不同值的个数（我们在前节说过如何确定它们）之积. 显然，如果已知表达式 $\sqrt{n}\pmod{m}$ 即 N 的一个值，那么它也是所有 A，B，C，…的值；并且因为从前节我们已经知道怎样由这些量的一个值推出所有其余的值，所以由 N 的一个值可得到它的所有其余的值.

例 设模为 315. 我们想知道 46 是剩余还是非剩余. 315 的素因子是 3，5，7，而且 46 是这每个数的剩余；因此它也是 315 的剩余. 还有，因为 $46\equiv1$ 及 $\equiv64\pmod{9}$；$\equiv1$ 及 $\equiv16\pmod{5}$；$\equiv4$ 及 $\equiv25\pmod{7}$，所以对于模 315 与 46 同余的平方数的平方根是 19，26，44，89，226，271，289，296.

▶106. 由刚才我们证明的结果可以看到，如果我们只能确定一个给定的**素数**是否是另一个**给定素数**的剩余或非剩余，那么所有其他情形都可归结于这种情形. 因此我们试图研究对于这种情形的某些判别法则. 但在做这件事之前我们要证明一个由前节结果推出的一个判别法则. 虽然它几乎没有实际用途，但由于它的简单和一般性还是值得提及的.

任何不被素数 $2m+1$ 整除的数 A，依 $A^{m}\equiv+1$ 或 $\equiv-1\pmod{(2m+1)}$，是这个素数的剩余或非剩余.

① 原书此处有误，已改.

因为若 a 是数 A 在任意系统中①对于模 $2m+1$ 的指标，则当 A 是 $2m+1$ 的剩余时 a 是偶数，当 A 是 $2m+1$ 的非剩余时 a 是奇数. 但数 A^m 的指标是 ma，亦即依 a 是偶数或奇数，它 $\equiv 0$ 或 $\equiv m\pmod m$. 在前一情形 $A^m\equiv +1$，而在后一情形它 $\equiv -1(\bmod\ (2m+1))$（见第 57 节，第 62 节）.

例 因为 $3^6\equiv 1(\bmod 13)$，所以 3 是 13 的剩余，但 2 是 13 的非剩余，因为 $2^6\equiv -1(\bmod 13)$.

但一旦我们考察的数甚至只是中等大小，由于所包含的计算量，使这个判别法则实际上没有什么价值.

▶107. 如果给定了模，那么很容易刻画所有是剩余或非剩余的数. 若这个模 $=m$，我们定出平方根不超过 m 的一半的平方数以及对于 m 与这些平方数同余的数（实际上还有更方便的方法）. 所有对于 m 与它们中任何一个同余的数就是 m 的剩余，所有与它们中任何一个都不同余的数就是 m 的非剩余. 但其反问题，即**给定一个数，求出所有以它为剩余或非剩余的数**，是一个要难得多的问题. 前节中所说的结果就依赖于这个问题的解. 我们现在从最简单的情形开始研究这个问题.

▶108. 定理 -1 是所有 $4n+1$ 形式的数的二次剩余及所有 $4n+3$ 形式的数的二次非剩余.

例 -1 是数 5，13，17，29，37，41，53，61，73，89，97，…的剩余，它们分别由数 2，5，4，12，6，9，23，11，27，34，22，…的平方产生；另一方面，它是数 3，7，11，19，23，31，43，47，59，67，71，79，83，…的非剩余.

我们在第 64 节提到过这个定理，但最好像第 106 节那样证明. 对于 $4n+1$ 形式的数我们有 $(-1)^{2n}\equiv 1$，对于 $4n+3$ 形式的数有 $(-1)^{2n+1}\equiv -1$. 其证明与第 64 节中的一样，但由于这个定理的机巧和有用，我们还要给出它的另一个证明.

▶109. 我们用字母 C 表示素数 p 的所有小于 p 的剩余（但不包括剩余 0）的总体. 因为这些剩余的个数始终 $=(p-1)/2$，所以显然 C 中所含的剩余的个数②当 p 是 $4n+1$ 形式时是偶数，当 p 是 $4n+3$ 形式时则为奇数. 采用与第 77 节类似的关于数的一般性术语，我们称乘积 $\equiv 1(\bmod p)$ 的剩余为**相伴剩余**；因为如果 r 是一个剩余，那么 $1/r(\bmod p)$ 也是一个剩余. 并且因为同一个剩余不可能和 C

① 即取任意原根.

② 原书此处有误，已改.

中多个剩余相伴，因此显然 C 中所有剩余可以划分为一些类，使得每个类含有一对相伴剩余. 现在如果没有剩余与自身相伴，亦即如果每个类含有一对**不相等**的剩余，那么所有剩余的个数是类数的 2 倍；但如果存在一些剩余与自身相伴，亦即存在只含有一个剩余的类，或者，如果你愿意，也可以说同一个剩余含有 2 次，那么 C 中所有剩余的个数 $=a+2b$，其中 a 是第二种类型的类的个数，而 b 是第一种类型的类的个数. 因此，当 p 是 $4n+1$ 形时，a 是偶数，而当 p 是 $4n+3$ 形时，a 是奇数. 但除了 1 和 $p-1$ 外没有一个数可以小于 p 而又与自身相伴（见第 77 节）；而在第一个类的剩余中必定有 1. 所以在前一情形 $p-1$（或 -1，这是一回事）必定是一个剩余，在后一情形它必定是一个非剩余. 不然，在第一种情形将有 $a=1$，而在第二种情形将有 $a=2$，这是不可能的.

▶**110.** 这个证明属于欧拉. 也是他第一个发现上面的方法（见 *Opuscula Analytica*，1）. 易见它依据的原理与我们威尔逊定理的第二个证明（见第 77 节）的原理非常类似. 并且如果我们假定这个定理是正确的，那么前面的证明就变得非常简单，因为在数 1，2，3，…，$p-1$ 存在 $(p-1)/2$ 个 p 的二次剩余及同样个数的非剩余；所以当 p 是 $4n+1$ 形式时非剩余个数是偶数，当 p 是 $4n+3$ 形式时非剩余个数是奇数. 于是所有数 1，2，3，…，$p-1$ 的乘积，在前一情形是一个剩余，在后一情形是非剩余（见第 99 节）. 但这个乘积始终 $\equiv -1 \pmod p$，因此在前一情形 -1 也是剩余，在后一情形是非剩余.

▶**111.** 因此如果 r 是任何一个 $4n+1$ 形式的素数的剩余，那么 $-r$ 也是这个素数的剩余；并且这种素数的所有非剩余甚至将它们变号也都仍然是非剩余[20]. 相反的结论对于 $4n+3$ 形式的素数成立. 剩余变号后成为非剩余，而且反过来也对（见第 98 节）.

从上述结果可推出一般法则：**-1 是所有不被 4 整除的数或任何 $4n+3$ 形式的素数的剩余；是所有其他数的非剩余**（见第 103 节，第 105 节）.

▶**112.** 让我们来考虑剩余 $+2$ 和 -2.

如果我们从表 2 将所有的剩余为 $+2$ 的素数挑出来，可得到 7，17，23，31，41，47，71，73，79，89，97. 我们注意在这些数中没有一个是 $8n+3$ 或 $8n+5$ 的形式.

于是我们要考虑这个归纳是否具有必然性.

首先，我们注意任何 $8n+3$ 或 $8n+5$ 形式的合数必定有一个或多个 $8n+3$ 或 $8n+5$ 形式的素因子；因为若只有 $8n+1$ 或 $8n+7$ 形式的素因子，则我们将得到

$8n+1$ 或 $8n+7$ 形式的数. 因此如果我们的归纳是一般地正确的，那么没有 $8n+3$ 或 $8n+5$ 形式的数可以以 $+2$ 作为剩余. 现在确实没有小于 100 的这种形式的数以 $+2$ 为剩余. 但如果存在大于 100 的这样的数，我们设其中最小的 $=t$. 数 t 必是 $8n+3$ 或 $8n+5$ 形式的；$+2$ 是 t 的剩余但是是同类形式且小于 t 的数的非剩余. 设 $2\equiv a^2$（mod t）. 我们总可以找到 a 使它为奇数同时 $<t$（因为 a 至少有两个小于 t 且和 $=t$ 的正值，其中一个是偶数，另一个是奇数；对此见第 104 和 105 节）. 令 $a^2=2+tu$（也就是 $tu=a^2-2$）；a^2 是 $8n+1$ 形式的，而 tu 是 $8n-1$ 形式的；因此依 t 是 $8n+5$ 或 $8n+3$ 形式，u 将有 $8n+3$ 或 $8n+5$ 形式. 但由方程 $a^2=2+tu$ 我们也有 $2\equiv a^2(\text{mod } u)$；即 2 是 u 的剩余. 易见 $u<t$，因而 t 不是我们归纳中的最小数，这与假设矛盾. 于是我们通过归纳发现的结果被证明在一般情形是正确的.

将此命题与第 111 节的命题合并可推出下列定理.

Ⅰ. **对于所有** $8n+3$ **形式的素数，**$+2$ **是非剩余，**-2 **是剩余.**

Ⅱ. $+2$ **和** -2 **是所有** $8n+5$ **形式的素数的非剩余.**

▶113. 从表 2 作类似的归纳我们发现剩余是 -2 的素数是：3，11，17，19，41，43，59，67，73，83，89，97. [21] 因为这些数中没有 $8n+5$ 和 $8n+7$ 形式的，我们考虑这个归纳能否使我们导致一般性定理. 如同前节那样我们证明没有一个 $8n+5$ 或 $8n+7$ 形式的合数可以有 $8n+5$ 或 $8n+7$ 形式的素因子，从而如果我们的归纳一般地正确，那么 -2 不可能是 $8n+5$ 或 $8n+7$ 形式的数的剩余. 但若这样的数存在，则令其中最小的 $=t$，并且我们得到 $-2=a^2-tu$. 同上，如果取 a 为小于 t 的奇数，那么依 t 是 $8n+7$ 或 $8n+5$ 形式的，u 将是 $8n+5$ 或 $8n+7$ 形式的. 但由 $a^2+2=tu$ 及 $a<t$ 的事实容易证明 u 也小于 t. 最后，-2 也是 u 的剩余；亦即 t 不是最小的以 -2 为剩余的数，这与假设矛盾，因此 -2 一定是所有 $8n+5$ 和 $8n+7$ 形式的数的非剩余.

将此结果与第 111 节的命题结合，我们得到下列定理.

Ⅰ. -2 **和** $+2$ **是所有** $8n+5$ **形式的素数的非剩余**（如我们在前节已见）.

Ⅱ. -2 **是所有** $8n+7$ **形式的素数的非剩余，**$+2$ **是它们的剩余.**

当然，在每个证明中我们也可以令 a 取偶数值；但这样我们要将 a 是 $4n+2$ 形式和 a 是 $4n$ 形式加以区分. 于是我们可以毫无困难地如上面那样继续进行下去.

▶114. 还剩下一种情形，即当素数是 $8n+1$ 形式的. 在此不能应用以前的方法，而需要特殊的方法.

令 $8n+1$ 是一个素数模，a 是一个原根. 于是我们有 $a^{4n}\equiv -1\,(\text{mod } 8n+1)$（见第 62 节）. 这个同余式可表示为 $(a^{2n}+1)^2\equiv 2a^{2n}$（mod $8n+1$），或 $(a^{2n}-1)^2$

$\equiv -2a^{2n}$. 由此推出 $2a^{2n}$和$-2a^{2n}$是 $8n+1$ 的剩余；但因为 a^{2n}是不被模整除的平方数，所以+2 和−2 也是剩余（见第 98 节）.

▶115. 在此补充这个定理的另一个证明将是有益的. 它与上面证明之间的关系就如同以前第 108 节定理的第二个证明（见第 109 节）与第一个证明（见第 108 节）间的关系. 熟练的数学家可以看出这两对证明并不像初看起来有那么大的差别.

Ⅰ. 对于任何 $4m+1$ 形式的素数模，在数 1，2，3，…，$4m$ 中存在 m 个数可同余于双二次数，而其余 $3m$ 个数则不能.

这容易从前节的原理推出，但即使不应用它们也不难得到. 因为我们已经证明−1 对于这样的模总是二次剩余. 于是设 $f^2\equiv -1$. 显然，如果 z 是任何一个不被模整除的数，4 个数$+z$. $-z$，$+fz$，$-fz$（显然它们互不同余）的 4 次方是互相同余的. 并且任何一个不与这四个数同余的数的 4 次方不可能与它们的 4 次方同余（不然同余式 $x^4\equiv z^4$ 是 4 次的，但根的个数多于 4，与第 43 节的结果矛盾）. 因此我们推出所有的数 1，2，3，…，$4m$ 只能提供 m 个互不同余的双二次数，并且在同样的这些数中有 m 个数与双二次数同余. 而其余的数不可能与双二次数同余.

Ⅱ. 对于 $8n+1$ 形式的素数模，−1 可以同余于双二次数（−1 被称为这个素数模的**双二次数剩余**）.

所有小于 $8n+1$ 的双二次数剩余的个数（排除 0）$=2n$，亦即是一个偶数. 容易证明若 r 是 $8n+1$ 的双二次数剩余，则表达式 $1/r \pmod{8n+1}$ 的值也是这种剩余. 因此所有双二次数剩余可以像在第 109 节划分二次剩余那样分成一些类，而证明的其余部分几乎与那里完全一样.

Ⅲ. 设 $g^4\equiv -1$，h 是表达式 $1/g \pmod{8n+1}$ 的值. 那么我们有

$$(9\pm h)^2=g^2+h^2\pm 2gh\equiv g^2+h^2\pm 2$$

（因为 $gh\equiv 1$）. 但 $g^4\equiv -1$，因而$-h^2\equiv g^4h^2\equiv g^2$. 于是 $g^2+h^2\equiv 0$，并且 $(g\pm h)^2\equiv \pm 2$，亦即+2 和−2 都是 $8n+1$ 的二次剩余.（证完）

▶116. 由前面的结果我们容易推出下列一般法则：**+2 是任何不被 4 或任何 $8n+3$ 及 $8n+5$ 形式的素数整除的数的剩余，以及所有其他数**〔例如所有 $8n+3$ 和 $8n+5$ 形式的数（无论是素数还是合数）〕**的非剩余；−2 是任何不被 4 或任何 $8n+5$ 及 $8n+7$ 形式的素数整除的数的剩余，以及所有其他数的非剩余**.

这些机巧的定理对于富有洞察力的费马是已知的结果（见 *Opera Mathem.*[22]），但他从来没有公布过他所断言的他给出的证明. 后来欧拉徒劳地对

它们进行了研究，但拉格朗日发表了第一个严格的证明（*Nouv. mém. Acad. Berlin*，1775）．看来欧拉在写他的 *Opuscula Analytica*（1）[23]中的论文时对此还不知情.

▶**117.** 我们来考虑剩余+3 和−3，并且从第二个数开始.

由表 2 我们发现以−3 为剩余的素数是 3，7，13，19，31，37，43，61，67，73，79，97① 它们中没有一个是 $6n+5$ 形式的．下面我们证明在这个表的范围之外没有一个这种形式的素数以−3 为剩余．首先，任何 $6n+5$ 形式的合数必然有一个同样形式的素因子．于是当我们证明了不存在 $6n+5$ 形式的素数可以以−3 为剩余，那么我们也就证明了没有这样的合数能具有这种性质，假设在我们的表的范围之外存在这样的数．令它们中最小的 $=t$，并令 $-3=a^2-tu$．现在若取 a 为小于 t 的偶数，那么我们有 $u<t$，且−3 是 u 的剩余．但若 a 是 $6n+2$ 形式时，则 tu 是 $6n+1$ 形式的，而 u 是 $6n+5$ 的形式，这不可能，因为我们已设 t 是最小数，与我们的归纳矛盾．现在若 a 是 $6n$ 形式的，则 tu 是 $36n+3$ 形式的，而 $tu/3$ 有 $12n+1$ 的形式．于是 $u/3$ 是 $6n+5$ 形式的．但显然−3 也是 $u/3$ 的剩余，而 $u/3<t$．这不可能．因此−3 不可能是 $6n+5$ 形式的数的剩余.

因为每个 $6n+5$ 形式的数必然包含在 $12n+5$ 或 $12n+11$ 形式的数中，并且因为其中前一种数包含在 $4n+1$ 形式的数中，后一种数包含在 $4n+3$ 形式的数中，所以我们有下列定理：

Ⅰ．−3 和+3 **是所有** $12n+5$ **形式的素数的非剩余**.

Ⅱ．−3 和+3 **分别是所有** $12n+11$ **形式的素数的非剩余和剩余**.

▶**118.** 由表 2 我们发现素数 3，11，13，23，37，47，59，61，71，73，83，97 以+3 为剩余，其中没有 $12n+5$ 或 $12n+7$ 形式的数．我们可将与第 112，113，117 诸节中所用的相同方法证明不存在 $12n+5$ 和 $12n+7$ 形式的数以 3 为剩余．我们略去细节．将此结果与第 111 节中结果合并，我们有下列定理：

Ⅰ．+3 和−3 **是所有** $12n+5$ **形式的素数的非剩余**（正如前节所证）.

Ⅱ．+3 和−3 **分别是所有** $12n+7$ **形式的素数的非剩余和剩余**.

▶**119.** 对于 $12n+1$ 形式的数我们从上面的方法得不到什么结果，因此我们必须另行单独应用特殊方法．通过归纳易见+3 和−3 是所有这种形式的素数的剩余．但我们只需证明−3 是剩余，因为由此必然得知+3 也是剩余（见第 111 节）．但我们将证明更一般的结果，亦即−3 是任何 $3n+1$ 形式的素数的剩余.

设 p 是一个素数，a 是一个对于模 p 属于指数 3 的数（因为 3 整除 $p-1$，所

① 原书此句有误，已改.

以由第 54 节知这样的数显然存在）．于是我们有 $a^3\equiv1(\mathrm{mod}\ p)$，亦即 a^3-1 或 $(a^2+a+1)(a-1)$ 被 p 整除．但显然 a 不能 $\equiv1(\mathrm{mod}\ p)$，因为 1 属于指数 1；因而 $a-1$ 不能被 p 整除，而 a^2+a+1 则能．因此 $4a^2+4a+4$ 也能被 p 整除，亦即 $(2a+1)^2\equiv-3\ (\mathrm{mod}\ p)$，从而 -3 是 p 的剩余．（证完）

显然这个证明（它与前面的那些证明是独立的）也包括 $12n+7$ 形式的素数，对此我们在前研究过．

我们还要注意，我们也可应用第 109 和 115 节的方法，但为简明起见我们不给出这种证明．

▶120. 由这些结果我们容易推出下列定理（见第 102，第 103，第 105 诸节）：

Ⅰ．-3 **是任何不被** 8 **或** 9 **及** $6n+5$ **形式的素数整除的数的剩余，是所有其他数的非剩余．**

Ⅱ．$+3$ **是任何不被** 4 **或** 9 **及** $12n+5$ **或** $12n+7$ **形式的素数整除的数的剩余，是所有其他数的非剩余．**

注意它们的特殊情形：

-3 是所有 $3n+1$ 形式的素数的**剩余**，或者完全相同的说法，是**所有是** 3 **的剩余的那些素数的剩余**．它是所有 $6n+5$ 形式的素数，或所有 $3n+2$ 形式的素数（但除去 2）的数的**非剩余**；亦即是**所有是** 3 **的非剩余的那些素数的非剩余**．所有其他情形自然地由此推出．

与剩余 +3 和 −3 有关的命题对于费马是已知的结果（*Opera Mathem. Wall.*）[24]，但欧拉第一个给出它们的证明（*Novi comm. acad. Petrop.*，8［1760−61］，1763）[25]．这就是为什么对于与剩余+2 和−2 有关的命题的证明一直使他困惑这件事更为令人惊讶，因为它们①基于类似的方法．还可见拉格朗日在 *Novi. mém. Acad. Berlin*（1775）中的评论．

▶121. 归纳显示+5 不是 $5n+2$ 或 $5n+3$ 形式的奇数的剩余，亦即不是任何是 5 的非剩余的那些奇数的剩余．我们下面来证明这个法则无例外地成立．设使这个法则不成立的最小数 $=t$．它是数 5 的非剩余，但 5 是 t 的剩余，设 $a^2=5+tu$，且使 a 是小于 t 的偶数．那么 u 是奇数且小于 t，并且+5 是 u 的剩余．现在若 a 不被 5 整除，则 u 也不被 5 整除．但显然 tu 是 5 的剩余；而因为 t 是 5 的非剩余，

① 即与剩余+3 和−3 以及与剩余+2 和−2 有关的命题的证明．欧拉只给出前者而未能给出后者（参见第 116 节）．

所以 u 也是非剩余，这就是说，存在一个小于 t 的奇数是数 5 的非剩余，并且以+5 作为剩余，这与假设矛盾. 若 a 被 5 整除，令 $a=5b$ 及 $u=5v$，则 $tv\equiv-1\equiv4(\bmod 5)$，亦即 tv 是数 5 的剩余. 由此我们可以如在前面的情形中那样继续进行证明.

►**122.** 因此+5 和−5 都是所有同时是 5 的非剩余且有 $4n+1$ 形式的素数的非剩余，亦即所有 $20n+13$ 或 $20n+17$ 形式的素数的非剩余；并且+5 和−5 分别是所有 $20n+3$ 或 $20n+7$ 形式的素数的非剩余和剩余.

用完全相同的方法可以证明−5 是所有 $20n+11$，$20n+13$，$20n+17$，$20n+19$ 形式的素数的非剩余；并且由此容易推出+5 是所有 $20n+11$ 或 $20n+19$ 形式的素数的剩余，以及所有 $20n+13$ 或 $20n+17$ 形式的素数的非剩余. 并且因为除去 2 和 5（它们以±5 作为剩余），任何素数含于 $20n+1$，3，7，9，11，13，17，19① 形式的数中之一，显然我们能够对除 $20n+1$ 或 $20n+9$ 形式外的所有素数作出判断.

►**123.** 通过归纳容易确立+5 和−5 是所有 $20n+1$ 或 $20n+9$ 形式的素数的剩余. 并且如果这个结论一般地正确，那么我们就得到一个机巧的法则：+5 **是所有是 5 的剩余的那些素数的剩余**（因为这些数包含在 $5n+1$ 或 $5n+4$ 形式，或者 $20n+1$，9，11，19 形式之一的数中；我们已经考虑过后四种数中的第三，第四形式的数），**以及所有是 5 的非剩余的那些奇数的非剩余**（如我们上面已经证明的）. 显然这个定理足够用来判断+5(或−5，若将它考虑为+5 和−1 之积）是否是任何给定的数的剩余或非剩余. 并且最后要注意这个定理与第 120 节中关于剩余−3 的定理之间的类似.

然而要证实这个归纳并不那么容易，当考虑一个 $20n+1$ 或更一般的 $5n+1$ 形式的素数时，用类似于第 114 节和第 119 节的方法就可解决问题. 设 a 是某个对于模 $5n+1$ 属于指数 5 的数. 显然由前节知这样的数是存在的. 于是我们有 $a^5\equiv 1$，或 $(a-1)(a^4+a^3+a^2+a+1)\equiv0(\bmod 5n+1)$. 但因为不可能 $a\equiv1$，因而不可能 $a-1\equiv0$，所以必定有 $a^4+a^3+a^2+a+1\equiv0$. 于是 $4(a^4+a^3+a^2+a+1)\equiv(2a^2+a+2)^2-5a^2\equiv0$，亦即 $5a^2$ 是 $5n+1$ 的剩余，但因为 a^2 是不被 $5n+1$ 整除的剩余（因为 $a^5\equiv1$，所以 a 不被 $5n+1$ 整除），因而 5 也是 $5n+1$ 的剩余.（证完）

$5n+4$ 形式的素数的情形需要更精巧的方法. 但因为我们以后将更一般地研究我们在此考虑的命题，所以对它们只作简要论述.

Ⅰ. 如果 p 是素数，g 是给定的 p 的二次非剩余，那么表达式

① 这里 3 代表 $20n+3$，等等；后文也有类似情形.

$$A=\frac{(x+\sqrt{b})^{p+1}-(x-\sqrt{b})^{p+1}}{\sqrt{b}}$$

（显然这个表达式不含无理数）无论 x 取什么（整数）值，总可被 p 整除. 因为考察 A 的展开式的系数，显然可知其中从第二项到倒数第二项（包括在内）都被 p 整除，因而 $A\equiv 2(p+1)(x^p+xb^{(p-1)/2})(\bmod p)$. 但因为 b 是 p 的非剩余，所以我们有 $b^{(p-1)/2}\equiv -1(\bmod p)$（见第 106 节）；但 x^p 总 $\equiv x$（见前章），因此 $A\equiv 0$.（证完）

Ⅱ. 在同余式 $A\equiv 0(\bmod p)$ 中不定元 x 的最高次数是 p，且数 0，1，2，…，$p-1$ 都是根. 现在设 e 是 $p+1$ 的一个因子. 表达式

$$\frac{(x+\sqrt{b})^{e}-(x-\sqrt{b})^{e}}{\sqrt{b}}$$

（我们将它记作 B）是有理数，不定元 x 的最高次数是 $e-1$，因此由分析学基本结果可知 A 被 B（按不定元）整除. 现在我断言：存在 x 的 $e-1$ 个这样的值，将它们代入 B，可使 p 整除 B. 这是因为令 $A\equiv BC$，我们发现在 C 中 x 的最高次数是 $p-e-1$，因而同余式 $C\equiv 0(\bmod p)$ 有不多于 $p-e-1$ 个根. 并且由此推出 0，1，2，3，…，$p-1$ 中其余 $e-1$ 个数将是 $B\equiv 0$ 的根.

Ⅲ. 现在设 p 是 $5n+4$ 形式的，$e=5$，b 是 p 的非剩余，并且选取数 a 使得

$$\frac{(a+\sqrt{b})^{5}-(a-\sqrt{b})^{5}}{\sqrt{b}}$$

被 p 整除. 但这个表达式

$$=10a^4+20a^2b+2b^2=2[(b+5a^2)^2-20a^4].$$

于是我们得知 $(b+5a^2)^2-20a^4$ 也被 p 整除，亦即 $20a^4$ 是 p 的剩余；但因为 $4a^4$ 是不被 p 整除的剩余（因为易见 a 不能被 p 整除），所以 5 也是 p 的剩余.（证完）

因此本节开始所宣布的定理显然是一般地正确的.

我们注意这两种情形的证明都属于拉格朗日（*Novi. mém Acad. Berlin*，1775）.

►**124.** 用类似的方法可以证明：-7 **是任何是 7 的非剩余的数的非剩余**. 通过归纳我们可以得到结论：-7 **是任何是 7 的剩余的素数的剩余**.

但迄今还没有人严格地证明它. 对于那些 $4n-1$ 形式的 7 的剩余证明是容易的；因为应用前节方法可以证明 $+7$ 总是这样的素数的非剩余，因而 -7 是它们的剩余. 但用这种方法我们所获不多，因为其余情形不可能用同样的方法处理. 有一种情形可以用第 119 节和第 123 节中的方式解决. 如果 p 是 $7n+1$ 形式的素数，而 a 对于模 p 属于指数 7，那么易见

$$\frac{4(a^7-1)}{a-1}=(2a^3+a^2-a-2)^2+7(a^2+a)^2$$

被 p 整除，因而 $-7(a^2+b^2)^2$ 是 p 的剩余. 但 $(a^2+b^2)^2$ 作为平方数，是 p 的剩余，且不被 p 整除；这是因为我们已设 a 属于指数 7，所以它既不可能 $\equiv 0$，也不可能 $\equiv -1 \pmod p$，亦即 a 和 $a+1$（因而平方数 $a^2(a+1)^2$）不能被 p 整除. 于是 7 也是 p 的剩余.（证完）但 $7n+2$ 或 $7n+4$ 形式的素数不可能用到目前为止我们所使用的任何方法来处理. 不过拉格朗日第一个在他同一个著作中揭示了这个证明. 在后面第 7 章中我们将证明表达式 $4(x^p-1)/(x-1)$ 总可以归结为 $X^2 \mp pY^2$ 的形式（此处当 p 是 $4n+1$ 形式的素数时取负号，当 p 有 $4n+3$ 形式时取正号）. 在这个表达式中 X，Y 是 x 的有理式，避免了分式. 除 $p=7$ 外拉格朗日没有完成这个分析.

►125. 因为以前的方法不足以给出一般性证明，所以我们现在给出一个这样的方法. 我们从这样一个定理开始，它的证明长期使我们困惑，虽然初看起来它似乎是显然的，以至许多作者相信不需要证明. 这个定理如下：**除非零平方数外，每个数都是某个素数的非剩余**. 但因为我们只需应用这个定理作为证明其他结果的辅助命题，所以我们在此仅仅说明有此需要的那些情形. 其他情形将在以后研究. 因此我们来证明**任何 $4n+1$ 形式的素数，无论它取正号或负号，都是某个素数的非剩余**[26]，并且实际上（如果它>5）是比它小的某个素数的非剩余.

首先，当 p 是 $4n+1$ 形式的素数（>17 但 $-13N3$，$-17N5$）[27]时，它取**负**号，令 $2a$ 是大于 $\sqrt{p}$ 且最接近于它的偶数，那么 $4a^2$ 将始终 $<2p$，或者 $4a^2-p<p$. 但 $4a^2-p$ 是 $4n+3$ 形式的，而 p 是 $4a^2-p$ 的二次剩余（因为 $p\equiv 4a^2 \pmod{4a^2-p}$）；并且若 $4a^2-p$ 是素数，则 $-p$ 是非剩余，因为不然 $4a^2-p$ 的某个因子就必然是 $4n+3$ 形式的；并且因为 $+p$ 是剩余，所以 $-p$ 是非剩余.（证完）

对于**正**素数，我们区分两种情形. **首先**设 p 是 $8n+5$ 形式的素数. 令 a 是任何一个 $<\sqrt{p/2}$ 的正数. 那么 $8n+5-2a^2$ 是 $8n+5$ 或 $8n+3$ 形式的正数（依 a 是偶数或奇数），因而必定被某个 $8n+3$ 或 $8n+5$ 形式的素数整除，这是因为 $8n+1$ 和 $8n+7$ 形式的数之积不可能有 $8n+3$ 或 $8n+5$ 的形式. 设在此用 q 表示它，则我们有 $8n+5\equiv 2a^2 \pmod q$. 但 2 是 q 的非剩余（见第 112 节），因而 $2a^2$ 和 $8n+5$ 也是 q 的非剩余[28].（证完）

►126. 我们没有如此显然的方法去证明任何 $8n+1$ 形式且取正号的素数总是某个比它小的素数的非剩余. 但因为这个定理非常重要，所以我们不能省略它的严格证明，虽然证明有点长. 我们开始证明如下：

引理　设我们有两组数

$$A, B, C, \cdots, (\mathrm{I}) \qquad A', B', C', \cdots (\mathrm{II})$$

（不管每组中项数相同还是不同，这是无关紧要的事）**如此地排列：若 p 是素数或素数幂，它整除第二组数中的一项或多项，则在第一组数中至少存在同样多项被 p 整除. 那么，我断言：（Ⅰ）中所有数之积可被（Ⅱ）中所有数之积整除.**

例　设（Ⅰ）由数12，18，45组成；（Ⅱ）由数3，4，5，6，9组成，那么如果我们逐次取数2，4，3，9，5，可以发现在（Ⅰ）中存在2，1，3，2，1项，及在（Ⅱ）中存在2，1，3，1，1项，它们分别被所取的这些数整除；并且（Ⅰ）中所有项之积=9720，它可被（Ⅱ）中所有项之积3240整除.

证　设（Ⅰ）组中各项之积$=Q$，（Ⅱ）组中各项之积$=Q'$. 显然Q'的任何素因子也是Q的素因子. 现在我们证明Q'中任何素因子出现的次数至少等于它在Q中出现的次数. 设这样一个因子是p，并设在组（Ⅰ）中有a项被p整除，b项被p^2整除，c项被p^3整除，…. 类似地在组（Ⅱ）中分别是a'，b'，c'，…. 在Q中，p出现的次数是$a+b+c+\cdots$，在Q'中，则是$a'+b'+c'+\cdots$. 但a'必然不大于a，b'不大于b，…（依假设）；因而$a'+b'+e'+\cdots$必不$>a+b+c+\cdots$. 于是没有一个素数在Q'中的次数比在Q中的高，从而Q'整除Q（见第17节）.（证完）

►127. 引理　在级数 1，2，3，4，…，n 中可被数 h 整除的数的个数不可能多于在相同项数的级数 a，$a+1$，$a+2$，…，$a+n-1$ 中被数 h 整除的数的个数.

我们毫无任何困难地看到，如果n是h的倍数，那么每个级数中有n/h项被h整除；如果n不是h的倍数，那么令$n=eh+f$，其中$f<h$. 于是在第一个级数中有e项被h整除，在第二个级数中则有e或$e+1$个这样的项.

作为它的推论，我们得到形数理论中的一个著名命题，即

$$\frac{a(a+1)(a+2)\cdots(a+n-1)}{1\cdot 2\cdot 3\cdots n}$$

总是一个整数. 但据我所知，至今没有一个人给出它的直接证明.

最后，这个引理可以更一般地表述如下：

在级数a，$a+1$，$a+2$，…，$a+n-1$中对于模h与任何给定的数r同余的项的个数不小于级数1，2，3，…，n中可被h整除的项的个数.

►128. 定理　设 a 是任何 $8n+1$ 形式的数；p 是某个与 a 互素且以 $+a$ 为剩余的数；还设 m 是一个任意数，那么，我断言：级数

$$a,\frac{1}{2}(a-1),2(a-4),\frac{1}{2}(a-9),2(a-16),\cdots,2(a-m^2)\text{ 或}\frac{1}{2}(a-m^2)$$

(依 m 是偶数或奇数)中，可被 p 整除的项的个数至少等于级数

$$1, 2, 3, \cdots, 2m+1$$

中被 p 整除的项的个数.

我们将第一个级数记为(Ⅰ)，第二个级数记为(Ⅱ).

证 Ⅰ. 当 $p=2$ 时，在(Ⅰ)中除第一项外所有项(即共 m 项)都可被 p 整除；在(Ⅱ)中有相同个数的项可被 p 整除.

Ⅱ. 设 p 是奇数或一个奇数的 2 倍或 4 倍，并设 $a\equiv r^2(\bmod p)$. 那么在级数$-m$, $-(m-1)$, $-(m-2)$, $\cdots$, $+m$［它的项数与级数(Ⅱ)相同，我们称它为(Ⅲ)］中对于模 p 与 r 同余的项的个数等于级数(Ⅱ)中被 p 整除的项的个数(见前节). 但在它们中不可能存在一对数只相差符号[29]. 并且它们每个在级数(Ⅰ)中都有一个对应的被 p 整除的值. 这意味着如果$\pm b$ 是级数(Ⅲ)中对于 p 与 r 同余的项，那么 $a-b^2$ 被 p 整除. 因而若 b 是偶数，则级数(Ⅰ)的项 $2(a-b^2)$ 被 p 整除. 但若 b 是奇数，则项 $(a-b^2)/2$ 被 p 整除；这是因为，由于 $a-b^2$ 可被 8 整除(由假设，a 是 $8n+1$ 形式的，b^2 作为奇数的平方是同样形式的，而它们的差是 $8n$ 形式的)，而 p 至多被 4 整除，从而 $(a-b^2)/p$ 显然是一个偶数. 于是我们得到结论：级数(Ⅰ)中被 p 整除的项的个数等于级数(Ⅲ)中对于p 与 r 同余的项的个数，亦即等于或大于级数(Ⅱ)中被 p 整除的项的个数. (证完)

Ⅲ. 设 p 是 $8n$ 形式的，并且 $a\equiv r^2(\bmod 2p)$. 依假设 a 是 p 的剩余，易见也是 $2p$ 的剩余. 于是级数(Ⅲ)中对于 p 与 r 同余的项的个数至少等于级数(Ⅱ)中被 p 整除的项的个数，并且它们所有的值不相等. 但对于它们每个在级数(Ⅰ)中存在被 p 整除的对应项. 因为如果$+b$ 或$-b\equiv r(\bmod p)$，那么我们将有 $b^2\equiv r^2(\bmod 2p)$[30]，并且项 $(a-b^2)/2$ 可被 p 整除. 因此级数(Ⅰ)中可被 p 整除的项的个数至少等于级数(Ⅰ)中这种项的个数. (证完)

▶129. 定理 如果 a 是 $8n+1$ 形式的素数，那么必定存在某个小于 $2\sqrt{a}+1$ 的素数以 a 为非剩余.

证 如果可能，我们设 a 是所有小于 $2\sqrt{a}+1$ 的素数的剩余. 那么 a 将是所有小于 $2\sqrt{a}+1$ 的合数的剩余(见第 105 节中判断一个给定数是否是一个合数的剩余的法则). 令最接近 $\sqrt{a}$且小于 $\sqrt{a}$的数$=m$. 那么在级数

(Ⅰ) $a,\ \frac{1}{2}(a-1),\ 2(a-4),\ \frac{1}{2}(a-9),\ \cdots,\ 2(a-m^2)$ 或$\frac{1}{2}(a-m^2)$

中被某个小于 $2\sqrt{a}+1$ 的数整除的项的个数等于或大于在

（Ⅱ） $1, 2, 3, 4, \cdots, 2m+1$（见前节）

中有同样性质的项的个数. 并且由此推出（Ⅰ）中所有项之积可被（Ⅱ）中所有项之积整除（见第 126 节）. 但前一个积等于乘积 $a(a-1)(a-4)\cdots(a-m^2)$ 或此乘积的一半（依据 m 是偶数或奇数）. 因而乘积 $a(a-1)(a-4)\cdots(a-m^2)$ 必被（Ⅱ）中所有项之积整除，并且因为所有这些项与 a 互素，所以这个乘积去掉因子 a 后也与 a 互素. 但（Ⅱ）中所有项之积可表示为

$$(m+1)[(m+1)^2-1][(m+1)^2-4\cdots][(m+1)^2-m^2],$$

因而

$$\frac{1}{m+1}\cdot\frac{a-1}{(m+1)^2-1}\cdot\frac{a-4}{(m+1)^2-4}\cdots\frac{a-m^2}{(m+1)^2-m^2}$$

是一个整数，虽然上式是小于 1 的分数（这是因为，由于 $\sqrt{a}$ 必是无理数，所以 $m+1>\sqrt{a}$，从而 $(m+1)^2>a$）之积. 因此我们的假设不可能成立.（证完）

现在因为 a 必定 >9，所以我们有 $2\sqrt{a}+1<a$，从而存在一个素数 $<a$ 以 a 为非剩余.

▶130. 现在我们来严格地建立，任何一个取正号或负号的 $4n+1$ 形式的素数是某个小于它的素数的非剩余，我们来进行更精确和更一般的素数比较，其中一个是另一个的剩余或非剩余.

我们前面已经证明 -3 和 $+5$ 是所有分别是 3 和 5 的剩余或非剩余的素数的剩余或非剩余.

通过归纳可以发现数 -7，-11，$+13$，$+17$，-19，-23，$+29$，-31，$+37$，$+41$，-43，-47，$+53$，-59 等等分别是所有取正号是这些素数的剩余或非剩余的那些素数的剩余或非剩余. 这个归纳可以借助表 2 容易地完成.

可以看到在这些素数中 $4n+1$ 形式的是正的，$4n+3$ 形式的是负的.

▶131. 我们马上就要证明我们通过归纳发现的结果在一般情形是正确的，但做这之前，我们有必要揭示这个定理（设它成立）的所有推论：

如果 p 是 $4n+1$ 形式的素数，那么 $+p$ 是任何取正号是 p 的剩余或非剩余的素数的剩余或非剩余. 如果 p 是 $4n+3$ 形式的，那么 $-p$ 也有同样的性质.

因为几乎关于二次剩余可说的每个结果都基于这个定理，从现在起我们称它为**基本定理**应当是可以接受的.

为使我们的推理尽可能地简明，我们用字母 a，a'，a'' 等表示 $4n+1$ 形式的素

数，用字母 b，b'，b''等表示 $4n+3$ 形式的素数；任何 $4n+1$ 形式的数将用 A，A'，A''等表示，任何 $4n+3$ 形式的数将用 B，B'，B''等表示；最后，字母 R 放在两个量之间表示前者是后者的剩余，而字母 N 之意义则相反．例如，$+5R11$，$\pm 2N5$ 表示+5 是 11 的剩余，+2 或−2 是 5 的非剩余．现在借助第 11 节的定理我们容易从基本定理推出下列命题①

	如果	那么
1.	$\pm aRa'$	$\pm a'Ra$
2.	$\pm aRa'$	$\pm a'Na$
3.	$+aRb$ 或 $-aNb$	$\pm bRa$
4.	$+aNb$ 或 $-aRb$	$\pm bNa$
5.	$\pm bRa$	$+aRb$ 及 $-aNb$
6.	$\pm bNa$	$+aNb$ 及 $-aRb$
7.	$+bRb'$	$+b'Nb$
	$-bNb'$	$-b'Rb$
8.	$+bNb'$	$+b'Rb$
	$-bRb'$	$-b'Nb$

►132. 这个表包含了当两个素数可比较时的所有情形；下表是关于任意数的，但它们的证明不够显然．

	如果	那么
9.	$\pm aRA$	$\pm ARa$
10.	$\pm bRA$	$+ARb$ 及 $-ANb$
11.	$+aRB$	$\pm BRa$
12.	$-aRB$	$\pm BNa$
13.	$+bRB$	$-BRb$ 及 $+BNb$
14.	$-bRB$	$+BRb$ 及 $-BNb$

因为同样的原理导致所有这些命题的证明，所以我们不必给出所有证明．我们给出命题 9 的证明作为例子就足够了．首先我们注意任何 $4n+1$ 形式的数或者没有 $4n+3$ 形式的因子，或者有 2 个或 4 个等等这样的因子，亦即这样的因子

① 下表的形式有微小改动．

（包括它们相等的情形）个数总是偶数；并且任何 $4n+3$ 形式的数含有奇数个 $4n+3$ 形式的因子（亦即是 1 个，3 个或 5 个等等），而 $4n+1$ 形式的因子的个数仍然是不确定的.

命题 9 可如下地证明. 设 A 是素因子 a'，a''，a'''，…，b，b'，b''，…之积；因子 b，b'，b''，…的个数是偶数（或者它们不出现，也将此归结为这种情形）. 现在如果 a 是 A 的剩余，那么它也是所有因子 a'，a''，a'''，…，b，b'，b''，…的剩余，由前节命题 1，3，每个这些因子是 a 的因而也是乘积 A 及 $-A$ 的剩余. 并且如果 $-a$ 是 A 的剩余，那么正是由于这个事实它也是所有因子 a'，a''…，b，b'，…的剩余；a'，a''，…中每个数是 a 的剩余，b，b'，…中每个数是非剩余. 但因为后者个数是偶数，所以它们的乘积即 A 是 a 的剩余，因而 $-A$ 也是 a 的剩余.

▶133. 我们现在开始更一般的研究. 考虑任何两个互素的奇数，将它们记做 P 和 Q. 我们不考虑符号将 P 分解为素因子之积，并用 p 表示以 Q 为非剩余的素因子的个数. 任何一个以 Q 为非剩余的素数在 P 的因子中出现多少次就计多少次. 类似地，设 q 是以 P 为非剩余的 Q 的素因子的个数，数 p，q 将会有某种依赖于数 P，Q 的性质的相互关系. 这就是，若 p，q 之一是偶数或奇数，则数 P，Q 的形式将指出另一个数是偶数还是奇数. 我们用下表显示这个关系.

当 P，Q 具有下列形式，p，q 将同为偶数或同为奇数：

1.	$+A$,	$+A'$
2.	$+A$,	$-A'$
3.	$+A$,	$+B$,
4.	$+A$,	$-B$,
5.	$-A$,	$-A'$
6.	$+B$,	$-B'$

另一方面，当 P，Q 具有下列形式，p，q 将一个为偶数而另一个为奇数：

7.	$-A$,	$+B$
8.	$-A$,	$-B$
9.	$+B$,	$+B'$,
10.	$-B$,	$-B'$[31]

例 设给定的数是 -55 和 $+1197$，这是第 4 种情形；1197 是 55 的一个素因子即 5 的非剩余. 但 -55 是 1197 的三个素因子即 3，3，19 的非剩余.

如果 P 和 Q 是素数，这些命题就归结为我们在第 131 节中考虑过的命题. 这里 p 和 q 不能大于 1，因而当 p 是偶数时它必然 $=0$；亦即 Q 是 P 的剩余. 但当 p 是奇数时，Q 将是 P 的非剩余，并且反过来也对. 因而若用 a，b 代替 A，B，那么从第 8 种情形可推出：如果 $-a$ 是 b 的剩余或非剩余，则 $-b$ 是 a 的非剩余或剩余，这与第 131 节的情形 3 和情形 4 相一致.

一般地 Q 不可能是 P 的剩余，除非 $p=0$；因此如果 p 是奇数，那么 Q 一定是 P 的非剩余.

前节的命题可以毫无困难地从这个事实推出.

这种一般表示显然要比无效的推测多，因为没有它基本定理的证明将是不完整的.

▶**134.** 我们现在来推导这些命题.

Ⅰ. 和以前一样，我们忽略符号将 P 分解为素因子之积. 设无论用什么方法将 Q 分解因子，但在此要考虑 Q 的符号，现将前者的每个因子与后者的每个因子加以组合. 那么，若用 s 表示所有这种组合的个数：其中 Q 的因子是 P 的因子的非剩余，则 p 和 s 或者都是偶数，或者都是奇数. 设 P 的素因子是 f, f', f'',…. 并且在 Q 所分解成的那些因子中，有 m 个是 f 的剩余，m' 个是 f' 的剩余，m'' 个是 f'' 的剩余，…. 那么显然 $s=m+m'+m''+\cdots$，并且 p 表示 m，m'，m''，…中奇数的个数. 于是当 p 是偶数时 s 是偶数，当 p 是奇数时 s 为奇数.

Ⅱ. 无论怎样将 Q 分解因子这都是一般地正确的. 现在考虑特殊情形. 对第一种情形，设其中一个数，P 是正的，而另一个，Q 是 $+A$ 或 $-B$ 形式. 将 P，Q 作素因子分解，P 的每个因子取正号，Q 的每个因子依它们有形式 a 或 b 而取正号或负号；显然 Q 将有 $+A$ 或 $-B$ 形式，合乎要求. 将 P 的每个因子与 Q 的每个因子加以组合，并如前用 s 表示 Q 的因子是 P 的因子的非剩余的那种组合的个数. 但由基本定理可推出这些组合必定是完全一样的，所以 $s=t$. 最后，从我们刚证明的结果可知 $p\equiv s \pmod 2$，$q\equiv t \pmod 2$，因而 $p\equiv q \pmod 2$.

于是我们得到第 133 节中的命题 1，3，4 和 6.

其他的命题可以用类似的方式直接证明，但它们需要一种新的考虑；用下列方式容易从前节结果推出它们.

Ⅲ. 我们仍然用 P，Q 表示任何互素的奇数，p，q 分别表示 P 的以 Q 为非剩余的素因子个数以及 Q 的以 P 为非剩余的素因子个数. 还令 p' 是 P 的以 $-Q$ 为非剩余的素因子个数（若 Q 是负的，则显然 $-Q$ 是正的）. 现在将 P 的所有素因子分为 4 类：

1）以 Q 为剩余的形式 a 的因子.

2）以 Q 为剩余的形式 b 的因子；设其个数是 χ.

3）以 Q 为非剩余的形式 a 的因子；设其个数是 ψ.

4）以 Q 为非剩余的形式 b 的因子；设其个数是 ω

易见有 $p=\psi+\omega$，$p'=\chi+\psi$.

现在当 P 是 $+A$ 形式时，$\chi+\omega$ 和 $\chi-\omega$ 是偶数；因而 $p'=p+\chi-\omega\equiv p(\bmod 2)$. 当 P 是 $\pm B$ 形式时，那么我们由类似的计算发现数 p，p'对于模 2 不同余.

Ⅳ. 让我们将此结果应用于单个情形. 设 P 和 Q 是 $+A$ 形式的. 由命题 1，我们有 $p\equiv q(\bmod 2)$；但 $p'\equiv p(\bmod 2)$，因而也 $p'\equiv q(\bmod 2)$. 这就是命题 2. 类似地，如果 P 是 $-A$ 形式的，Q 是 $+A$ 形式的，那么由刚才所见的命题 2，我们有 $p\equiv q(\bmod 2)$；于是因为 $p'\equiv p$，我们得到 $p'\equiv q$. 因此命题 5 得证.

同样地命题 7 可由命题 3 推出；命题 8 可由命题 4 或命题 7 推出；命题 9 可由命题 6 推出；命题 10 可由命题 6 推出.

►135. 在前节我们没有证明第 133 节的命题，但我们仍然要基于基本定理的正确性证明它们成立. 显然，依据我们所用的方法，即使基本定理并不一般地成立而仅仅对它们中这些进行比较的数的所有素因子成立，那么这些命题对于数 P，Q 也是正确的. 现在我们来进行基本定理的证明. 我们以下列表述作为开始：

我们说基本定理正确到某个数 M，如果它对任何两个都不大于 M 的素数正确.

如果我们说第 131，第 132 及第 133 节的定理正确到某项，也应该按同样的方式来理解. 如果基本定理正确到某项，那么显然这些命题也正确到同样的项.

►136. 通过归纳容易证实基本定理对较小的数正确，因而界限可以确定到确实应用到的程度. 我们假设这个归纳已经完成；我们已经达到什么程度是无关紧要的事. 比如证实它达到数 5 就够了，因为$+5N3$，$\pm 3N5$，所以这通过单个观察就可做到.

现在如果基本定理并不一般地正确，那么存在某个界限 T，直到它定理是正确的，但到下一个较大的数 $T+1$ 就不正确. 这可同样地说成存在两个素数，其中较大的一个是 $T+1$，使得在一起比较时它们与基本定理矛盾. 然而它蕴涵其他任何一对素数仅当它们都小于 $T+1$ 时才符合定理的要求. 由此可知第 131，第 132 和第 133 节的命题也正确到 T. 我们现在来证明这个假设将导致矛盾. 存在我们必须按照 $T+1$ 及可能有的小于 $T+1$ 的素数的不同形式来加以区分的各种情形.

我们用 p 表示素数.

当 $T+1$ 和 p 都是 $4n+1$ 形式时，基本定理可以在两种方式下是错误的，亦即如果我们同时有

或者 $\pm pR(T+1)$ 并且 $\pm(T+1)Np$,

或者 $\pm pN(T+1)$ 并且 $\pm(T+1)Rp$.

当 $T+1$ 和 p 都是 $4n+3$ 形式时，基本定理是错误的，如果我们同时有

或者 $+pR(T+1)$ 并且 $-(T+1)Np$,

[或者，等价地，$-pN(T+1)$ 并且 $+(T+1)Rp$,]

或者 $+pN(T+1)$ 并且 $-(T+I)Rp$.

[或者，等价地，$-pR(T+1)$ 并且 $+(T+1)Np$.]

当 $T+1$ 是 $4n+1$ 形式，而 p 是 $4n+3$ 形式时，基本定理是错误的，如果我们有

或者 $\pm pR(T+1)$ 并且 $+(T+1)Np$[或 $-(T+1)Rp$],

或者 $\pm pN(T+1)$ 并且 $-(T+1)Np$[或 $+(T+1)Rp$].

当 $T+1$ 是 $4n+3$ 形式，而 p 是 $4n+1$ 形式时，基本定理是错误的. 如果我们有

或者 $+pR(T+1)$[或 $-pN(T+1)$] 并且 $\pm(T+1)Np$,

或者 $+pN(T+1)$[或 $-pR(T+1)$] 并且 $\pm(T+1)Rp$.

如果能够证明这 8 种情形没有一个成立，那么基本定理的正确性必然同样是不受限制的. 我们现在继续进行论述，但因为其中一些情形与其他情形有关，所以我们不能保持上面用来列举它们的顺序.

▶137. 第一种情形. 当 $T+1$ 是 $4n+1(=a)$ 形式，而 p 是同样形式时，我们不可能有 $\pm pRa$ 及 $\pm aNp$，或者若 $\pm pRa$ 则我们不可能有 $\pm aNb$.

设 $+p\equiv e^2(\bmod a)$，其中 e 是偶数且 $<a$（这总是可能的）. 我们可以区分两种情形.

Ⅰ. 当 p 不能整除 e 时，令 $e^2=p+af$. 这里 f 是 $4n+3$ 形式（B 形式）的正数，$<a$ 且不被 p 整除. 还有 $e^2\equiv p(\bmod f)$，亦即 pRf，因而由第 132 节的命题 11 得到 $\pm fRp$（因为 p，$f<a$）. 但我们也有 $afRp$，因而 $\pm aRp$.

Ⅱ. 当 p 能整除 e 时，令 $e^2=gp$ 及 $e^2=p+aph$ 或 $pg^2=1+ah$. 那么 h 是 $4n+3$ 形式（B 形式）的，且与 p 及 g^2 互素. 我们还有 pg^2Rh，因而 pRh，并且由此得（见第 132 节的命题 11）$\pm hRp$. 但因为 $-ah\equiv1(\bmod p)$，所以我们也有 $-ahRp$；于是 $\mp aRp$.

▶138. 第二种情形. 当 $T+1$ 是 $4n+1(=a)$ 形式，而 p 是 $4n+3$ 形式，并且 $\pm pR(T+1)$ 时，我们不可能有 $+(T+1)Np$ 或 $-(T+I)Rp$. 这是上面的第 5 种情形.

同上，我们设 $e^2=p+fa$，并且 e 是 $<a$ 的偶数.

Ⅰ. 当 p 不能整除 e 时，p 也不能整除 f. 还有，f 是 $4n+1$ 形式（A 形式）的 $<a$ 的正数；但 $+pRf$，因而 $+fRp$（见第 132 节的命题 10）. 但也有 $+faRp$，因此 $+aRp$ 或 $-aNp$.

Ⅱ. 当 p 能整除 e 时，令 $e=pg$ 及 $f=ph$. 因而 $g^2p=1+ha$. 于是 h 是$4n+3$ 形式（B 形式）的正数，并且与 p 和 g^2 互素. 另外，$+g^2pRh$，因而 $+pRh$；于是得到 $-hRp$（见第 132 节的命题 13）. 但我们有 $-haRp$，因此 $+aRp$ 及 $-aNp$.

▶139. 第三种情形，当 $T+1$ 是 $4n+1(=a)$ 形式，而 p 是同样形式，并且 $\pm pNa$ 时，我们不可能有 $\pm aRp$（这是上面的第 2 种情形）.

取任何小于 a 且以 $+a$ 为非剩余的素数. 我们已经证明这样的素数存在（见第 125 和 129 节）. 但我们在此必须依据这个素数是 $4n+1$ 或 $4n+3$ 形式分别考虑两种情形，因为我们没有证明存在**每种**形式的这样的素数.

Ⅰ. 设这个素数是 $4n+1$ 形式的并且 $=a'$. 那么我们有 $\pm a'Na$（见第 131 节），因而 $\pm a'pRa$. 现在令 $e^2\equiv a'p \pmod a$，且 e 是 $<a$ 的偶数. 那么我们还要区分 4 种情形.

1）当 e 不被 p 或 a' 整除时，令 $e^2=a'p\pm af$，此处无论选取哪个符号要使 f 是正数. 那么我们有 $f<a$，与 a' 及 p 互素，并且双重号中取正号时是 $4n+3$ 形式的，取负号时是 $4n+1$ 形式的. 为简明起见，我们用 $[x, y]$ 表示以 x 为非剩余的数 y 的素因子的个数. 那么我们有 $a'pRf$，因而 $[a'p, f]=0$. 于是 $[f, a'p]$ 是偶数（见第 133 节的命题 1，3），亦即它或者 $=0$，或者 $=2$. 所以 f 是每个数 a'，p 的剩余，或者都不是这两个数的剩余. 前一情形是不可能的，这是因为 $\pm af$ 是 a' 的剩余，且 $\pm aNa'$（由假设），因而 $\pm fNa'$. 于是 f 必然是每个数 a'，p 的非剩余. 但因为 $\pm af\ Rp$，所以我们有 $\pm aNp$.（证完）

2）当 e 被 p 整除但不被 a' 整除时，令 $e=gp$ 及 $g^2=a'\pm ah$，其中符号的确定要使 h 是正数. 那么我们有 $h<a$，与 a'，g 和 p 互素，并且双重号中取正号时是 $4n+3$ 形式的，取负号时是 $4n+1$ 形式的. 如果我们用 p 及 a' 乘方程 $g^2p=a'\pm ah$，那么容易推出

$$pa'Rh(\alpha);\quad \pm ahpRa'(\beta);\quad aa'hRp(\gamma).$$

由（α）可得 $[pa', h]=0$，因而 $[hp, a']$ 是偶数（见第 133 节的命题 1，

3)，亦即 h 是两个数 p，a' 的非剩余，或者都不是它们的非剩余，**在前一情形**，由（β）得到 $\pm apNa'$，并且因为由假设 $\pm aNa'$，所以我们有 $\pm pRa'$. 于是由基本定理（它对数 p，a' 有效，因为这它们小于 $T+1$），我们有 $\pm a'Rp$. 现在 hNp，因而由（γ）得到 $\pm aNp$.（证完）**在后一情形**，由（β）推出 $\pm apRa'$，所以 $\pm pNa'$，$\pm a'Np$. 但因为 hRp，我们从（γ）得到 $\pm aNp$.（证完）

3）当 e 被 a' 整除但不被 p 整除时，对此情形的证明几乎与前一情形一样，并且对任何理解了这个证明的人都不会有困难.

4）当 e 不被 a' 也不被 p 整除时，则也不被乘积 $a'p$ 整除（我们已经假设 a'，p **不相等**，因为不然假设 aNa' 将蕴含 aNp）. 令 $e=ga'p$ 及 $g^2a'p=1\pm ah$. 那么我们有 $h<a$，与 a' 及 p 互素，并且双重号中取正号时是 $4n+3$ 形式的，取负号时是 $4n+1$ 形式的. 由此方程容易推出

$$a'pRh(\alpha);\quad \pm ahRa'(\beta);\quad \pm ahRp(\gamma).$$

这里的（α）与2）中的（α）相同，由它可得相同结果. 这就是，我们有或者 hRp，hRa'，或者 hNp，hNa'. 但在前一情形由（β）我们得 aRa'，这与假设矛盾. 因而 hNp，而且由（γ）还有 aNp.

Ⅱ. 设这个素数是 $4n+1$ 形式的，则证明和上面非常类似，看来不必作多余的重复. 我们仅需注意对于愿意自行完成这个证明的读者（我们强烈地建议这样做），我们仅提醒：得到方程 $e^2=bp\pm af$（b 表示素数）后要预先分别考虑每种符号.

►140. 第四种情形. 当 $T+1$ 是 $4n+1(=a)$ 形式，而 p 是 $4n+3$ 形式，并且 $\pm pNa$ 时，我们不可能有 $+aRp$ 或 $-aNp$（这是上面的第6种情形）.

因为它的证明恰好与第三种情形类似，为了简明我们将它省略.

►141. 第五种情形. 当 $T+1$ 是 $4n+3(=b)$ 形式，而 p 是同样形式并有 $+pRb$ 或 $-bNp$ 时，我们不可能有 $+bRp$ 或 $-bNp$（这是上面的第3种情形）.

令 $p\equiv e^2(\mathrm{mod}\ b)$，且 e 是 $<b$ 的偶数.

Ⅰ. 当 e 不被 p 整除时，令 $e^2=p+bf$，此处，f 是 $<b$ 的 $4n+3$ 形式的正数，并且与 p 互素，还有 pRf，因而 $-fRp$（见第132节的命题13）. 于是因为 $+bfRp$，我们得到 $-bRp$ 及 $+bNp$.（证完）

Ⅱ. 当 e 能被 p 整除时，令 $e=pg$ 及 $g^2p=1+bh$. 那么 h 有 $4n+1$ 形式且与 p 互素，还有 $p\equiv g^2p^2(\mathrm{mod}\ h)$，因而 pRh. 由此我们有 $+hRp$（见第132节命题10），并且因为 $-bhRp$，得到 $-bRp$ 及 $+bNp$.（证完）

►142. 第六种情形. 当 $T+1$ 是 $4n+3(=b)$ 形式，而 p 是 $4n+1$ 形式，并且

pRb **时，我们不可能有**$\pm bNp$（这是上面的第7种情形）.

证明从略，因为与前一情形完全相同.

▶143. 第七种情形. 当 $T+1$ **是** $4n+3(=b)$ **形式，而** p **是同样形式，并且** $+pNb$ **或**$-pRb$ **时，我们不可能有**$+bNp$ **或**$-bRp$（这是上面的第4种情形）.

令$-p\equiv e^2(\bmod b)$，其中 e 是小于 b 的偶数.

Ⅰ. 当 e 不被 p 整除时，令$-p=e^2-bf$，此处f是与 p 互素的$4n+1$ 形式的正数，并且小于 b（因为 e 不大于 $b-1$，$p<b-1$，因而 $bf=e^2+p<b^2-b$，亦即 $f<b-1$）. 此外，我们有$-pRf$，由此$+fRp$（见第132节的命题10）. 并且因为 $bfRp$，所以我们得到$+bRp$ 或$-bNp$.

Ⅱ. 当 e 能被 p 整除时，令 $e=pg$ 及 $g^2p=-1+bh$. 那么 h 是$4n+3$ 形式的小于 b 的正数，并且与 p 互素，我们还有$-pRh$，因而$+hRp$（见第132节的命题14）. 并且因为 $bhRp$，所以可推出$+bRp$ 或$-bNp$.（证完）

▶144. 第八种情形. 当 $T+1$ **是** $4n+3(=b)$ **形式，而** p **是** $4n+1$ **形式并有** $+pNb$ **或**$-pRb$ **时，我们不可能有**$\pm bRp$（这是上面的最后一种情形）.

证明与前一情形相同.

▶145. 在上面的证明中我们总是取 e 为偶数（见第137和144节）；取奇数值也是可以的，但这样将会引起很多的差别（喜爱这个研究的读者将会发现自行完成这个工作是非常有益的）. 此外，与剩余$+2$ 和-2 有关的定理也应被包含在内. 但因为我们的证明没有导致这些定理，所以我们将用新的方法给出它们，而且这种方法并非不屑一顾，因为它比我们以前证明±2 是任何 $8n+1$ 形式的素数的剩余所用的方法更直接，我们将认为其他情形（关于$8n+3$，$8n+5$，$8n+7$ 形式的素数）的结果已经用上面的方法建立，并且（关于$8n+1$ 形式的素数的）定理仅仅通过归纳建立，下面的考察将这个归纳上升为必然的结果.

如果±2 不是所有 $8n+1$ 形式的素数的剩余，那么令以±2 为非剩余的最小素数$=a$，于是定理对所有小于 a 的素数成立. 现在取某个$<a/2$ 的以 a 为非剩余的素数（由第129节可知这显然可以做到）. 令这个数$=p$，并且由基本定理有 PNa. 因而$\pm2pRa$. 于是若令 $e^2\equiv2p(\bmod a)$，则 e 是$<a$ 的奇数，现在必须区分两种情形.

Ⅰ. 当 p 不能整除 e 时，令 $e^2=2p+aq$，其中 q 是$8n+7$ 或$8n+3$ 形式（依 p 是$4n+1$ 或$4n+3$ 形式）的$<a$ 的正数，并且不能被 p 整除. 现在 q 的所有素因子可分为4类：e 是$8n+1$ 形式的，f 是$8n+3$ 形式的，g 是$8n+5$ 形式的，h 是$8n+7$ 形式的；设第一类因子之积是 E，第二类，第三类，第四类因子之积分别是 F，G，

H.[32] **首先**考虑 p 是 $4n+1$ 形式，q 是 $8n+7$ 形式的情形，显然我们有 $2RE$，$2RH$，因而有 pRE，pRH，最终有 ERp，HRp. 此外，2 是任何 $8n+3$ 或 $8n+5$ 形式的因子的非剩余，因而也是 p 的非剩余；于是这样的因子是 p 的非剩余，并且最后得知：若 $f+g$ 是偶数，则 FG 是 p 的剩余，若 $f+g$ 是奇数，则它是 p 的非剩余. 但 $f+g$ 不可能是奇数；因为无论 e，f，g，h 各自是什么形式的，若 $f+g$ 是奇数，则在每个情形 $EFGH$ 即 q 将是 $8n+3$ 或 $8n+5$ 形式的，而这与假设矛盾. 于是我们得到 $FGRp$，$EFGHRp$，即 qRp，但因 $aqRp$，所以这蕴含 aRp，这与假设矛盾，**其次**，当 p 是 $4n+3$ 形式时，我们可以类似地证明 pRE，因而 ERp，$-pRF$，于是 FRp；因为 $g+f$ 是偶数，我们得到 $GHRp$，从而最后得到 qRp，aRp，这与假设矛盾.

Ⅱ. 当 p 能整除 e 时，可以类似地进行证明. 熟练的数学家（这节是为他们而写）能够毫无困难地完成它. 为了简明我们从略.

▶**146.** 由基本定理及关于 -1 和 ± 2 的剩余的命题，总可以确定一个给定的数是否是任何其他给定的数的剩余或非剩余. 但为了将解决问题所必需的结果汇集在一起，重新叙述上面得到的结论是有益的.

问题. 给定任意两个数 P，Q，揭示 Q 是 P 的剩余还是非剩余.

解. Ⅰ. 令 $P=a^{\alpha}b^{\beta}c^{\gamma}\cdots$，其中 a，b，c，$\cdots$是不相等的正素数（因为显然我们必须考虑 P 的绝对值）. 为了简明，本节中我们将简略地说两个数 x，y 的**关系**，这意味着前者 x 是后者 y 的剩余或非剩余. 于是 Q，P 的关系依赖于 Q，a^{α}；Q，b^{β}；Q，c^{γ}；$\cdots$的关系（见第 105 节）.

Ⅱ. 为了确定 Q，a^{α}（以及 Q，b^{β}；等等）间的关系，必须区分两种情形.

1. 当 a 整除 Q 时，令 $Q=Q'a^{e}$，其中 a 不能整除 Q'. 那么若 $e=\alpha$ 或 $e>\alpha$，则我们有 QRa^{α}；但若 $e<\alpha$ 且是奇数，则我们有 QNa^{α}；若 $e<\alpha$ 且是偶数，则 Q 与 a^{α} 间有和 Q' 与 $a^{\alpha-e}$ 间相同的关系. 这归结为下列的情形：

2. 当 α 不能整除 Q 时，我们必须再区分两种情形.

（A）当 $a=2$. 那么当 $\alpha=1$ 时我们总有 QRa^{α}；当 $\alpha=2$ 时则要求 Q 是 $4n+1$ 形式的；而当 $\alpha=3$ 或 >3 时，Q 必须是 $8n+1$ 形式的. 若这个条件成立，则有 QRa^{α}.

（B）当 a 是任何其他的素数，那么 Q 与 a^{α} 间的关系和它与 a 间的关系相同（见第 101 节）.

Ⅲ. 我们下面研究任意数 Q 与（奇）素数 a 间的关系. 当 $Q>a$ 时，Q 用它对于模 a 的最小正剩余来代替[33]. 它及 Q 与 a 有相同的关系.

将 Q 或代替它的数分解为它的素因子 p，p'，p''，$\cdots$，当 Q 是负数时要算上因子-1. 那么显然 Q 与 a 的关系依赖于单个数 p，p'，p''，…与 a 的关系. 这就是说，若这些因子中存在$2m$ 个 a 的非剩余，则我们有 QRa；若它们中存在$2m+1$ 个 a 的非剩余，则有 QNa. 因为易见若因子 p，p'，p''，…中有一对，4 个，6 个，或一般地 $2k$ 个相等，则毫无问题可将它们略去.

Ⅳ. 如果-1 和 2 出现在因子 p，p'，p''，…中，那么它们与 a 的关系可以由第 108，第 112，第 113，第 114 诸节确定. 其余的因子与 a 的关系取决于 a 与它们的关系（依基本定理及第 131 节的命题）. 设 p 是它们中的一个，我们发现（就像当 Q 和 a 分别较大时处理它们那样地处理 a，p）a 和 p 之间的关系可以由第 108 ~ 第 114 节来确定［只要 a 的最小剩余（mod p）不含奇素因子］，或者这个关系依赖于 p 与小于 p 的素数的关系，这对于其他因子 p'，p''，…同样成立. 连续实施这个运算我们最终得到其关系可以应用第 108 ~ 第 114 节命题来确定的那些数. 通过例子可对此看得更清楚.

例 我们来求数$+453$ 与 1236 的关系：$1236=4\cdot3\cdot103$；由 Ⅱ. 2（A）得$+453R4$；由 Ⅱ. 1 得$+453R3$. 现在来揭示$+453$ 与 103 的关系. 这与$+41$［$\equiv453$（mod 103）］与 103 的关系是一样的；或与$+103$ 与 41（依基本定理）或-20 与 41 的关系一样. 但$-20R41$；且因$-20=-1\cdot2\cdot2\cdot5$，有$-1R41$（见第 108 节）以及$+5R41$，于是 $41\equiv1$，因而它是 5 的剩余（依基本定理）. 由此可知$+453R103$，因而$+453R1236$. 确实，$453\equiv297^2$（mod 1236）.

▶**147.** 如果给定一个数 A，那么可以证明某个**公式**包含所有以 A 为剩余且与 A 互素的数，或者所有可能是 x^2-A 形式的数的**因子**的数（这里 x^2 是不定元的平方）[34]. 为简明计，我们仅考虑与 A 互素的奇因子，因为所有其他因子容易归结到这些情形.

首先令 A 或者是 $4n+1$ 形式的正素数，或者是 $4n-1$ 形式的负素数. 那么依据基本定理所有是 A 的剩余的素数（取正号）是 x^2-A 的因子；并且所有是 A 的非剩余的素数（除去 2，因为它总是一个因子）是 x^2-A 的非因子. 设 A 的所有小于 A 的剩余（包括 0 在内）记作 r，r'，r''，…，非剩余记作 n，n'，n''，…. 那么任何含在 $Ak+r$，$Ak+r'$，$Ak+r''$，…形式之一中的素数是 x^2-A 的因子；但任何含在 $Ak+n$，$Ak+n'$，$Ak+n''$，…形式之一中的素数是 x^2-A 的非因子. 在这些公式中 k 是未定整数. 我们称第一个集合为 x^2-A 的**因子形式**，第二个集合为它的**非因子形式**. 每个集合的成员个数是 $(A-1)/2$. 此外，如果 C 是奇合数，并且 ARB，那么 B 的所有素因子都含于上面形式之一，因而 B 也是如此. 于是含在非因子形式中的**任何**奇数是形式 x^2-A 的非剩余，但这个定理不可逆；因为若 B 是

形式 x^2-A 的一个奇合数非因子，那么 B 的素因子中有一些将是非因子，并且它们中将有一个**偶数**，但 B 本身是在因子形式中找到的（见第 99 节）.

例 对于 $A=-11$，x^2+11 的因子形式是 $11k+1$，3，4，5，9；非因子形式是 $11k+2$，6，7，8，10. 于是 -11 是所有含在后一形式中的奇数的非剩余，而所有素数的剩余属于前一形式.

无论 A 是什么样的数，对于 x^2-A 的因子和非因子我们都有类似的形式. 显然，我们仅需考虑 A 的这些值，它们不能被某个平方数整除；因为如果 $A=a^2A'$，那么 x^2-A 的所有因子[35]也都是 x^2-A' 的因子，并且对于非因子也是如此. 但我们必须区分三种情形：（1）当 A 是 $+(4n+1)$ 或 $-(4n-1)$ 形式；（2）当 A 是 $-(4n+1)$ 或 $+(4n-1)$ 形式；（3）当 A 是 $\pm(4n+2)$ 形式，亦即是偶数.

▶148. 第一种情形，A 是 $+(4n+1)$ 或 $-(4n-1)$ 形式，将 A 分解为素因子，$4n+1$ 形式的因子取正号，$4n-1$ 形式的因子取负号（所有因子之积 $=A$）. 设这些因子是 a，b，c，d，…. 现在将所有小于 A 且与 A 互素的数分为两类. 第一类中是所有这样的数：它们不是 a，b，c，d，…中任何一个数的非剩余，或是其中 2 个数的，或是其中 4 个数的，或一般地，是其中偶数个数的非剩余；第二类中是所有这样的数：它们是 a，b，c，d，…中任何一个数的，或其中 3 个数的，或一般地，其中奇数个数的非剩余，将前者记为 r，r''，r''，…，后者记为 n，n'，n''，…. 那么形式 $Ak+r$，$Ak+r'$，$Ak+r''$，…是 x^2-A 的因子形式，形式 $Ak+n$，$Ak+n'$，…是 x^2-A 的非因子形式（亦即**每个素数除去 2 依据它含在前一形式或后一形式之一中，分别是 x^2-A 的因子或非因子**）. 因为如果 p 是正素数，并且是 a，b，c，…之一的剩余或非剩余，那么这个数就是 p 的剩余或非剩余（依基本定理）. 所以如果在数 a，b，c，…中存在 m 个以 p 为非剩余的数，那么同样的数将是 p 的非剩余，于是若 p 含在前一种形式之一中，则 m 是偶数，且 ARp. 但若 p 含在后一种形式之一中，则 m 是奇数，并且 ANp.

例 设 $A=+105=(-3)(+5)(-7)$. 那么数 r，r'，r''，…是 1，4，16，46，64，79（它们不是 3，5，7 中任一数的非剩余）；2，8，23，32，53，92（它们是数 3，5 的非剩余）；26，41，59，89，101，104（它们是数 3，7 的非剩余）；13，52，73，82，97，103（它们是数 5，7 的非剩余）. 数 n，n'，n''，…是 11，29，44，71，74，86；22，37，43，58，67，88；19，31，34，61，76，94；17，38，47，62，68，83（其中最初 6 个是 3 的非剩余，其次的 6 个数是 5 的非剩余，接下来是 7 的非剩余，最后是同时是所有 3 个数的非剩余）.

由组合理论及第 32 和 96 节我们易见数 r，r'，r''，…的个数

$$=t\left[1+\frac{l(l-1)}{1\cdot 2}+\frac{l(l-1)(l-2)(l-3)}{1\cdot 2\cdot 3\cdot 4}+\cdots\right],$$

而 n，n'，n''，…的个数

$$=t\left[l+\frac{l(l-1)(l-2)}{1\cdot 2\cdot 3}+\frac{l(l-1)\cdots(l-4)}{1\cdot 2\cdots 5}+\cdots\right],$$

其中 l 由数 a，b，c，…的个数确定；$t=2^{-l}(a-1)(b-1)(c-1)\cdots$，并且每个级数都延伸到它终止［有 t 个数是 a，b，c，…的剩余，$tl(l-1)/(1\cdot 2)$ 个数是这些数中 2 个数的非剩余，等等，但为简明计没有给出更完整的展开式］. 每个级数的和 $=2^{l-1}$[36]. 这就是说，前者由

$$1+(l-1)+\frac{(l-1)(l-2)}{1\cdot 2}+\cdots$$

将其中第二项和第三项相加，第四项和第五项相加，…得到的，后者由同一个方程将其中第一项和第二项相加，第三项和第四项相加，…得到. 因此 x^2-A 的因子形式个数与非因子形式个数一样多，都等于 $(a-1)(b-1)(c-1)\cdots/2$.

►**149.** 我们可以一起考虑**第二种情形**和**第三种情形**. 我们可将 A 表示为 $=(-1)Q$，或 $=(+2)Q$，或 $(-2)Q$，其中 Q 是 $+(4n+1)$ 或 $-(4n-1)$ 形式的数，如同我们在上节考虑的那样. 一般地令 $A=\alpha Q$，其中 $\alpha=-1$ 或 $\alpha=\pm 2$. 那么 A 是所有这种数的剩余：α 和 Q 都是或都不是它的剩余；并且是所有这种数的非剩余：α 和 Q 中仅有一个是它的非剩余. 由此容易推导出 x^2-A 的因子形式和非因子形式. 若 $\alpha=-1$，则将所有小于 $4A$ 且与它互素的数分为两类. 含在 x^2-A 的某个因子形式中同时是 $4n+1$ 形式的数以及含在 x^2-A 的某个非因子形式中同时是 $4n+3$ 形式的数，放在第一类；所有其他的数放在第二类. 令前一类中的数是 r，r'，r''，…，后一类中的数是 n，n'，n''，…，那么 A 是所有含在任何形式 $4Ak+r$，$4Ak+r'$，$4Ak+r''$，…中的素数的剩余；以及所有含在任何形式 $4Ak+n$，$4Ak+n'$，…中的素数的非剩余.

若 $\alpha=\pm 2$，则将所有小于 $8Q$ 且与它互素的数分为两类. 放在第一类的是：含在 x^2-Q 的某个因子形式中同时是 $8n+1$，$8n+7$ 形式之一的数（当双重号取正号）或 $8n+1$，$8n+3$ 形式之一的数（当双重号取负号）；以及含在 x^2-Q 的某个非因子形式中同时是 $8n+3$，$8n+5$ 形式之一的数（当双重号取正号）或 $8n+5$，$8n+7$ 形式之一的数（当双重号取负号）. 所有其他的数放在第二类. 那么，若我们将前一类中的数记为 r，r'，r''，…，后前一类中的数记为 n，n'，n''，…，则 $\pm 2Q$ 是所有含在任何形式 $8Qk+r$，$8Qk+r'$，…中的素数的剩余，以及所有含在任

何形式 $8Qk+n$，$8Qk+n'$，$8Qk+n''$，…中的素数的非剩余．并且易见在此 x^2-A 的因子形式个数与非因子形式个数也是一样多．

例 用这个方法我们求出 +10 是所有含在任何一个 $40k+1$，3，9，13，27，31，37，39 形式中的素数的剩余，以及所有含在任何一个 $40k+7$，11，17，19，21，23，29，33 形式中的素数的非剩余．

►150. 这些形式有非常值得注意的性质，但我们仅指出其中一个．如果 B 是与 A 互素的合数，并且在它的素因子中有 $2m$ 个含在 x^2-A 的某个非因子形式中，那么 B 将含在 x^2-A 的某个因子形式中；并且如果 B 的含在 x^2-A 的某个非因子形式中的素因子的个数是奇数，那么 B 也含在一个非因子形式中．证明不难，我们从略．从所有这些结果可推出，不仅任何素数，而且任何与 a 互素且含在某个非因子形式中的奇合数本身也是非因子；因为这样的数的某个素因子必然是一个非因子．

►151. 基本定理肯定必须看作最机巧类型的命题之一．至今还没有人如我们上面那样简洁地给出它．更为令人惊讶的是，欧拉已经知道依赖于这个定理的其他命题，因而应当导致他发现它，他意识到存在包含 x^2-A 形式的数的所有素因子的某种形式，以及包含同样形式的数的所有素非因子的形式，而且这两个集合互相排斥．另外他还知道找出这些形式的方法，但他试图对此加以证明时却归于徒劳，而他的成功仅仅在于给出了很大程度上接近于真理的通过归纳发现的结果．在题为"*Novae demonstrationes circa divisores numerorum formae xx+nyy*"的论文（他曾于 1775 年 11 月 20 日在彼得堡科学院宣读过，并在他死后发表[37]）中看出，他似乎相信他已经完全解决了问题．但他的论文潜藏着一个错误，因为他**暗中**预设了存在这样的因子和非因子形式[38]，并且不难由此发现它们的**形式**应该是**什么样的**．但他用来证明这个推测的方法看来并不合适，在另一篇论文 *De criteriis aequationis fxx+gyy=hzz uttumque resolutionem admittat necne*"[39]（见 *Opuscula Analytica*，I，其中 f，g，h 给定，x，y，z 不定）中，他通过归纳发现如果方程对 h 的一个值 s 可解，那么它对任何对模 $4fg$ 与 s 同余的其他值（只要它是素数）也可解．由这个命题就容易证明我们所说的那个推测．但这个定理的证明也使他的努力受挫[40]．这是不值得注意的，因为依我们的判断，它必须从基本定理出发．这个命题的正确性将由我们下一章中证明的结果自动地产生．

在欧拉之后，颇负盛名的拉格朗日在他的杰出的专著 *Recherches d'analyse indétérminée*（*Hist. Acad. Paris*，1785）中致力于同一问题的研究．他基本上获得了与基本定理相同的结果. 他证明了如果 p，q 是两个正素数，那么幂 $p^{(q-1)/2}$，$q^{(p-1)/2}$ 分别对于模 q，p 的绝对最小剩余当 p 或 q 是 $4n+1$ 形式时或者都是+1，或者都是-1；但当 p 和 q 都是 $4n+3$ 形式时一个最小剩余是+1，另一个是-1. 依据第 106 节，由此我们推出下列事实：当 p 或 q 是 $4n+1$ 形式时，p 对于 q 以及 q 对于 p 的**关系**（其意义按第 146 节理解）是相同的；当 p 和 q 都是 $4n+3$ 形式时是**相反的**. 这个命题包含在第 131 节的命题中，并且也可以从第 133 节的情形 1，3，9 推出；另一方面，基本定理也可以从它推出. 拉格朗日也试图进行证明，因为它极为精巧，所以我们在下一章用一些篇幅论述它. 但因为他预先假设了许多未加证明的结果（正如他所坦承的：“**不过我们应当假定……**”），其中有些至今尚未被任何人证明过，并且依我们的判断，其中有一些若不借助基本定理本身是不可能证明的，他所走的这条路看来终究要引向死胡同，所以我们的证明应当看作是第一个. 以后我们将给出这个最重要的定理的**两个其他的证明**，它们完全不同于前面的证明，而且互相也不同.

▶152. 到现在为止，我们已经研究了纯同余式 $x^2\equiv A(\bmod m)$，并且学习了辨别它是否可解. 由第 105 节，**根本身**的研究归结为 m 是素数或素数幂的情形，并且其后将第 101 节应用于 m 是素数的情形. 对此情形，我们在第 61 节所说的结果以及在第 5 章和第 8 章[41]中将要证明的结果包含了几乎所有可用直接方法推出的结果. 但在可以应用直接方法的情形，与我们将要在第 6 章给出的非直接方法相比，它们经常显得更为冗长，因而它们值得我们注意的不是它们在实际中有用，而是方法的美妙. **二次同余式（它不是纯同余式）**可以容易地归结为纯同余式. 设我们给出同余式

$$ax^2+bx+c\equiv 0,$$

它对于模 m 可解. 下列同余式是等价的：

$$4a^2x^2+4abx+4ac\equiv 0(\bmod 4am)$$

亦即任何一个数若满足其中一个则也满足另一个. 第二个同余式可改写为

$$(2ax+b)^2\equiv b^2-4ac(\bmod 4am),$$

并且由此可求出 $2ax+b$ 的所有小于 $4m$ 的值（如果有任何一个值存在）. 如果我们将它们记为 r，r'，r''，…，那么原同余式的所有解可以归结为同余式

$$2ax\equiv r-b,\ 2ax\equiv r'-b,\ \cdots(\bmod 4am)$$

的解，而在第 2 章我们已经讲过怎样求这些解. 但我们要注意，可能由于不同的技巧而使解减少；例如，代替给定的同余式可能找到另外一个与它等价的同余式

$$a'x^2+2b'x+c'\equiv 0,$$

其中 a' 整除 m. 为简明计我们不可能在此考虑这个问题，但对此可见最后一章.

注 释

[1] 这个文献是1640年10月18日费马给夫雷涅克尔（Bernard Frénicle de Bessy）（1607—1675）的信.

[2] 在早先的评论（*Comm acad Petrop*, 6 [1723—1733], 1738 [“Observationes de theoremare quodam Fermatiano aliisque ad numeros primos spectantibus”]）中，这位伟人还没有得到这个结果，在 Maupertuis 和 König 之间关于最小作用原理的著名争论，也是一个导致奇怪的离题的争论中，König 宣称他手中有莱布尼茨的一份手稿，它包含这个定理的一个证明，与欧拉的证明非常类似. 我们不想否定这个证据，但莱布尼茨肯定没有公布过他的发现. 对此可见 *Hist de l'Acade Prusse*, 6 [1750], 1752 [这个文献是“*Lettre de M Euler à M Merian（traduit du Latin）*”，它于1752年9月3日由柏林寄出.]

[3] “Adnotata quaedam de numeris eorumque anatomia”.

[4] “Solutio problematis de investigatione trium numerorum, quorum tan summa quarm productum necnon summa productorum ex binissint numeri quadrati.”

[5] 第8章没有发表.

[6] “De mumeris qui sunt aggregata duorum quadratorum”.

[7] “Suite des Recherhes d'arithmétipue imprimées dans le volume de l'année 1773”.

[8] 但不同点在于对于对数系统的个数是无限的，而在此系统个数与原根个数一样多，因为显然同余的底产生相同的系统.

[9] “Disquisitio accuratior circa residua ex divisione qudratorum altiorumque potestatum per numeros primos relicta.”

[10] 不必知道这些幂，因为最小剩余可以由前一个幂的最小剩余容易地得到.

[11] 由第18节我们看到可以怎样不困难地做到这一点. 预先将 y 分解为不同素数或不同素数之幂的积. 每个这些素因子整除 t 或 u（或同时整除它们）. 依据这些素因子整除 t, u 中哪一个就将它分配给 t 或分配给 u. 若同时整除 t, u, 则可任意分配. 令分配给 t 的素因子之积 $=m$, 其余素因子之积 $=n$. 显然, m 整除 t, n 整除 u, 并且 $mn=y$.

[12] 在拉格朗日引用过的1770年的第一版中.

[13] “Démonstration d un théoreme noveau 1 concernant les nombres premiers”

[14] “Miscellanea Analytica Theorema a Cl Waring sine demonstratione propositum”

[15] 设数 a, b, c, …这样地确定，使得 $a\equiv1\pmod{a^\alpha}$, 且 $\equiv0\pmod{b^\beta c\cdots}$; $b\equiv1\pmod{b^\beta}$, 且 $\equiv0\pmod{a^\alpha c^\gamma\cdots}$; 等等（见第32节）; 因而 $a+b+c+\cdots\equiv1\pmod{p-1}$（见第19节）. 现在如果任意一个原根 r 表示为乘积形式 $ABC\cdots$, 那么我们得到 $A\equiv r^a$, $B\equiv r^b$, $C\equiv r^c$, …, 并且 A 属于指数 a^α, B 属于指数 b^β, …; 而乘积 $ABC\cdots\equiv r\pmod p$; 并且易见 A, B, C, …不可能用其它方法确定.

[16] 对于论文5的标题，见论文8的脚注9：“De quisbusdam eximiis proprietatibus circa divisores potestarum occurrentibus”

[17] 实际上，在这种情形我们对这些术语赋予的意义与迄今我们所理解的是不同的. 当 $r\equiv a^2$(mod

m）时我们说 r 是平方数 a^2 对于模 m 的剩余；但为简明起见，在本章我们将始终称 r 为 m **本身**的二次剩余，并且没有产生意义含糊的危险. 从现在起我们将不再使用术语**剩余**去表达是同余的数这种意义，也许除非我们所说的是**最小**剩余，而在此不可能对我们要表达的这个意义产生疑问.

［18］我们马上就会看到怎样省略合数模.

［19］因为小于 2^{n-2} 的奇数的个数是 2^{n-3}.

［20］因此当我们谈及一个数是 $4n+1$ 形式的素数的剩余或非剩余时，我们完全可以忽略符号，或者使用双重号±.

［21］即将−2 作为+2 和−1 之积（见第 111 节）.

［22］见本书脚注［1］. 此处所说的文献是 1640 年 8 月 2 日夫雷涅克尔（Frénicle）给费马的信.

［23］该书中的论文 8. 见本书脚注［16］.

［24］这个文献是信件："Epistola Ⅺ. Ⅵ，D. Fermatii ad Kenelmum Digby"

［25］"Supplementum quorundam theorematum arithmeticorum，quae in nonnullis demonnsttrationibus supponuntur"

［26］显然我们必须排除+1.

［27］$-13N3$ 表示−13 是 3 的非剩余；$-17N5$ 表示−17 是 5 的非剩余.

［28］见第 98 节，显然 a^2 是 q 的剩余且不被 q 整除，因为不然素数 p 将被 q 整除，这不可能.

［29］因为若 $r\equiv -f\equiv +f\ (\bmod p)$，则 p 整除 $2f$，因而也整除 $2a$［因为 $f^2\equiv a\ (\bmod p)$］. 除非 $p=2$，这是不可能的，因为由假设 a 与 p 互素. 而 $p=2$ 的情形我们已经处理过.

［30］这就是，我们有含两个因子的合数 $b^2-r^2=(b+r)(b-r)$，其中一个被 p 整除（依假设），另一个被 2 整除（因为 b 和 r 是奇数），因而 b^2-r^2 被 $2p$ 整除.

［31］若 P 和 $Q\equiv 3(\bmod 4)$，则令 $l=1$，不然令 $l=0$. 若 P 和 Q 是负数，则令 $m=1$，不然令 $m=0$. 于是这些关系依赖于 $l+m$.

［32］若不存在这些类中某个类的因子，则其因子之积为 1.

［33］此处**剩余**按第 4 节的意义理解. 取**绝对**最小剩余是特别有用的.

［34］我们简称这些数为 x^2-A 的**因子**，而**非因子**的意义是显然的.

［35］这就是说，它们与 A 互素.

［36］不计因子 t.

［37］见 *Nova acta acad. Petrop.*，1［1783］，1787.

［38］亦即存在数 r，r'，r''，…，n，n'，n''，…，并且 $<A$ 的所有因子，使得 x^2-A 的所有素因子含在形式 $4kA+r$，$4kA+r'$，…（k 是不定元）之一中，而所有素非因子含在形式 $4kA+n$，$4kA+n'$，…（k 是不定元）之一中.

［39］原文将"uttumque"写作"utrum ea".

［40］如他本人坦承（见 *Opuscula Analytica*，*I*）："这个最为机巧的定理的证明仍在探求中，虽然它已被徒劳地研究了如此长的时间并付出如此多的精力……，并且任何一个能成功地找到这个证明的人肯定必须被认为是最杰出的."这位伟人以如此的热情探求这个定理以及其他一些仅是基本定理的特殊情形的那些结果的证明，而这些结果可以在许多其他地方，如 *Opuscula Analytica*，*I*（Additamenrum ad Diss. 8）和 2

(Diss. 13) 以及在许多我们不时地加以赞扬的 *Comm. acad. Petrop.* 中的学位论文（其中 Dissertation 13 的题目是“De insigni promotione sccientiae numerorum”——编注）中找到.

[41] 第 8 章没有发表.

（朱尧辰　译）

奥古斯丁·路易·柯西（1789—1857）

生平和成果

欧几里得（Euclid）以教学为生．当时的埃及国王托勒密一世（Ptolemy Ⅰ）就是他的学生．托勒密国王曾经问欧几里得学习几何有无捷径，欧几里得回答："陛下，几何学里没有专为国王铺设的皇家大道．"也许对于学习数学尤其是几何学而言并没有什么所谓的皇家大道．然而，如果有哪位数学家与皇室"同路而行"的话，那么这个数学家就是奥古斯丁·路易·柯西（Augustin-Louis Cauchy）．

奥古斯丁·路易·柯西出生于1789年8月21日，适逢法国革命初期．他的父亲路易·弗朗索瓦·柯西（Louis-François Cauchy）和母亲玛丽亚·马黛丽·迪珊丝·柯西（Marie-Madeleine Cauchy，neé Desestre）以柯西的出生月份以及其父亲的名字为其命名．路易·弗朗索瓦在1760年出生于鲁昂（Rouen）的技工家庭，玛丽亚·马黛丽在1767年生于巴黎的官僚家庭，他们在1787年结为夫妻．

路易·弗朗索瓦·柯西曾经以律师的身份接受过培训，并且成为皇家政权统治下的巴黎警察局局长. 后来因为巴士底（Bastille）的政治风暴而失业，迫于生计不得不在一家慈善机构谋职. 随着1792年恐怖统治在巴黎的施行，路易·弗朗索瓦担心他的保皇派立场会危及到生命安全，于是带着两个儿子举家迁至阿尔克伊（Arcueil）避难，这应该是奥古斯丁·路易·柯西平生第一次政治避难.

柯西一家在阿尔克伊背井离乡，生活虽然艰辛但也有一些裨益，他们在阿尔克伊的邻居中就有大数学家皮埃尔·西蒙·拉普拉斯（Pierre Simon Laplace）和约瑟夫·路易·拉格朗日（Joseph Louis Lagrange），后者曾预言过柯西的科学天赋，并提醒柯西父亲禁止柯西在17岁之前阅读一切数学书籍. 或许是缘于路易·弗朗索瓦自己接受过经典的教育，也或许是因为拉格朗日的建议，路易·弗朗索瓦利用在阿尔克伊充足的闲暇时间来教育他的长子，并为他在希腊语和拉丁文方面打下了坚实的基础. 直到1794年7月，罗伯斯庇尔（Robespierre）下台以及恐怖统治的结束，他们一家重返巴黎，路易·弗朗索瓦仍然继续亲自教育他的儿子.

路易·弗朗索瓦的好运随着拿破仑（Napoleon）的上台接踵而至，当拿破仑在1800年1月1日成为第一执政官后，路易·弗朗索瓦也当选为新产生的参议院的秘书长，当时的参议院成员就有拉普拉斯和拉格朗日. 路易·弗朗索瓦听从拉格朗日的建议让13岁的儿子进入巴黎先贤祠中心学校学习. 在先贤祠学校里，年轻的柯西用了两年时间学习古代语言、绘画以及自然史，他在古代语言方面表现突出，并获得了拉丁文写作和希腊语诗歌竞赛的第一名. 尽管他在学习古典语言方面展现出过人的天赋，但奥古斯丁·路易·柯西在巴黎综合工科学校时只专注于学习工程学. 1805年，柯西以第二名的成绩考入巴黎综合工科学校，秋天开学时，他选取了公共服务领域来作为自己的专业，因为这样的专业可以让他一旦毕业就能进入相关领域，由于对公路和桥梁的兴趣，他选择了土木工程专业. 柯西很快就在他的班里出类拔萃，并在1807年以优异成绩毕业，在路桥学院继续深造. 这所学校里的学生每年在课堂学习时间是12月到3月，其余时间都是在野外实践.

1810年，再次以优异成绩毕业的柯西成为交通部门的一名工程师，在瑟堡（Cherbourg）的一个海军军事基地工作，这个基地是拿破仑为入侵英格兰而修建的. 柯西在致父亲的信函中提到了瑟堡之行，他在旅途中仅带了这样4本书：维吉尔（Virgil）的诗集，托马斯·坎贝斯（Thomas à Kempis）的《效仿基督》（*Imitation of Christ*），拉普拉斯的《天体力学》（*Mécanique céleste*）以及拉格朗日的《解析函数论》（*Traité des fonctiones analytiques*）. 对于柯西在瑟堡的情况我们所知甚少，只知道他曾被介绍给在 1811 年 5 月访问瑟堡时的拿破仑.

1812 年，柯西回到巴黎打算谋取一个学术职位以便有经济收入和精力来满足自己对数学的追求. 但是由于长期疾患在身不得已以失败告终，后来成为一名修建奥勒运河（Oureq Canal）的技术人员. 他曾经的良师益友拉格朗日在 1813 年去世以后，柯西参加了竞选拉格朗日在法兰西学院数学部的职位. 他不仅在竞选中落败，而且在第一轮投票中就惨遭淘汰. 此后两年，柯西竞选了研究院里的每一个空缺职位，但都没有成功. 最终在 1814 年底，作为一种安慰，他被选入了巴黎数学爱好者学会. 3 个月之后，就在柯西准备开始他的教师生涯之际，随着拿破仑由流亡的厄尔巴岛（Elba）返回巴黎，法国再一次分崩离析.

1814 年，波旁（Bourbon）王朝复辟，巴黎的许多主要机构开始肃清支持拿破仑的激进分子. 柯西试图谋求曾经由西米恩·丹尼斯·泊松（Siméon-Denis Poisson）担任的力学教职的努力也失败了. 他最终在巴黎综合工科学校获得了一个教席，因为数学家路易·庞赛特（Louis Poinsot）身体不好以至于不能进行长达 3 年的教学工作，所以由柯西作为他的分析学课程的“替补”教授，后来柯西凭借自身能力成为了分析学和力学的专职教授.

柯西终于有了一个正式的工作，他的父母开始催促他结婚. 事实上，他们不仅催促他结婚，他的父亲还为柯西选好了新娘——爱萝丝·德·巴蕾（Aloïse de Bure）——一个以家族名字命名的出版公司老板的女儿. 她带来了相当可观的嫁妆，并且举行了一场彰显其社会地位的结婚典礼. 路易十八及整个皇室家庭都签署了结婚契约.

似乎所有迹象都表明，柯西对他的妻子和女儿如同可随时弃置脑后的装饰品一样漠不关心. 也许他结婚只是为了满足父母那庸俗市侩的虚荣心. 他和爱萝丝有两个女儿，生于 1819 年的玛丽·弗朗索瓦·艾丽西娅（Marie Françoise Alicia）以及生于 1823 年的玛丽·玛蒂尔达（Marie Mathilde）. 她们后来都嫁入了贵族家庭.

柯西开始有意识地把他在巴黎综合工科学校数学课程的重点放在纯粹数学上. 他最初关注的是微积分，也就是本章所摘选的主题. 牛顿和莱布尼茨为解决特定的数学问题而发明了微积分. 比如，牛顿是为了解决涉及椭圆和抛物线的天体运动问题. 微积分在 18 世纪逐步发展起来，但是却是建立在一个不确定的基础之上. 一个函数的导数被认为是求曲线在某点 P 处切线的公式的一种表示方法.

一个函数的积分被认为是无穷多个无穷小矩形的和，这些矩形的高是函数

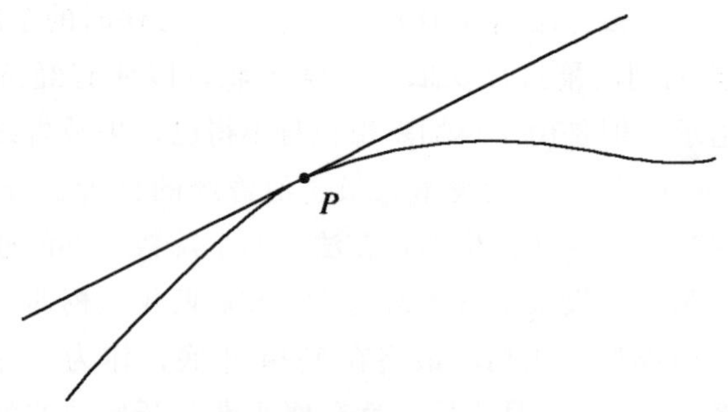

值、宽是以 dx 表示的无穷小量．莱布尼茨在 $\int_a^b f(x)\,\mathrm{d}x$ 中准确地引入了积分符号，绝妙之处在于“summation”的首字母 S 的简洁性．因此，对于良态函数，比如 $f(x)=x^2$，求一个函数的积分问题就简化成了求一个具体级数的极限．对于函数 $f(x)=x^2$，积分就是高为 x^2、宽为 dx 的矩形的和．

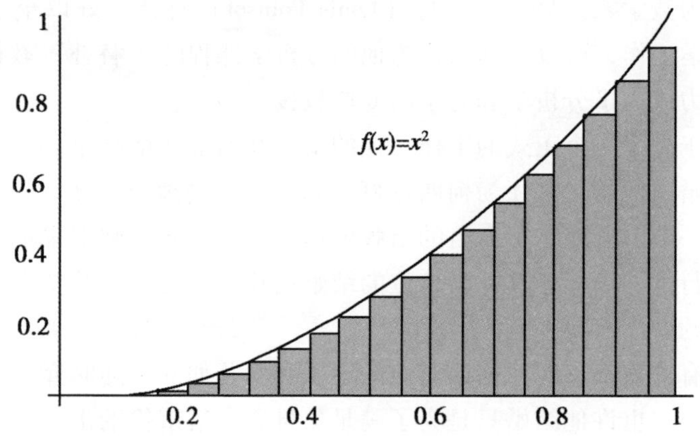

因此，求函数 $f(x)=x^2$ 从 0 到 1 的积分就是求 $\dfrac{(\frac{1}{N})^2+(\frac{2}{N})^2+(\frac{3}{N})^2+\cdots+(\frac{(N-1)}{N})^2}{N}$ 当 $N\to\infty$ 时的极限，即 $\dfrac{2N^3-3N^2+N}{6N^3}=\dfrac{1}{3}$（$N\to\infty$）．18 世纪初期，数学家们很快就意识到积分和微分互为逆运算．直到 18 世纪中叶，莱昂哈德·欧拉（Leonhard Euler）和约翰·伯努利（Johann Bernoulli）才认定积分就是微分的逆运算．事实上，欧拉仅在求一个积分的近似值时使用到莱布尼茨对于积分就是求和的概念．求一个函数 $f(x)$ 的积分，就必须找到另一个函数 $g(x)$，其导数就是 $f(x)$．因此，函数 $f(x)=x^2$

的积分就是 $g(x)=x^3/3$，因为 $f(x)=x^2$ 是 $g(x)=x^3/3$ 的导数.

这些就是 1818 年柯西开始在巴黎综合工科学校任教时，微积分所立足的基础知识. 仅仅有关于求良态函数积分的方法，但是没有积分理论. 也许是受傅里叶（Fourier）证明了任意函数都可表示成一个无穷三角级数的启发，柯西建立了第一套积分理论，这套理论不依赖于特殊函数、不依赖于被他同样建立了新基础的微分、也不依赖于几何直观. 在 1821 年出版的《分析教程》（*Cours d' Analyse*）的引言中，柯西说他希望为数学分析寻求一个与欧几里得《原本》（*Elements*）一样的严密性. 他尤其关注的是如何消掉无穷小，这就需要一个关于连续性的新定义. 柯西给出了关于单变量实值函数的连续性的以下定义：

设 $f(x)$ 是变量 x 的函数，并设对介于两给定限之间的每一个 x 值，该函数总有一个唯一的有限值. 如果在这两给定限之间有一个 x 值，当变量 x 获得一个无限小增量 α，函数本身将增加一个差量 $f(x+\alpha)-f(x)$，这个差同时依赖于新变量 α 和原变量 x 的值. 如果对变量 x 在两给定限之间的每一个中间值，差 $f(x+\alpha)-f(x)$ 的绝对值都随 α 的无限减小而无限减小，那么就说函数 $f(x)$ 是变量 x 在这两个限之间的一个连续函数. 换言之，函数 $f(x)$ 在给定限之间关于 x 保持连续，如果在这两个限之间变量的每个无限小增量总产生函数 $f(x)$ 本身的一个无限小增量.

柯西在 1823 年出版的《无穷小计算概要》（*Résumé des Lecons sur le Calcul Infinitésimal*）的第一部分主要内容是微分，重点就是求一个函数 $y=f(x)$ 的导数，他从老师拉格朗日那里选取术语“导数”以及符号“$f'(x)$”. 然而，拉格朗日一直认为导数通常在语义上就是一条曲线的切线，寻求特定导数的公式仍是必要的. 柯西远远超越了拉格朗日，并且定义 f 在 x 的导数就是当 i“趋近”0 时，差分比 $\dfrac{\Delta y}{\Delta x}=(f(x+i)-f(x))/i$ 的极限，也就是现代数学中对于导数的非几何形式的定义.

在他的《无穷小计算概要》的第二部分主要内容是积分的概念. 柯西定义了一个连续函数 $f(x)$ 从 a 到 b 的积分 $\int_a^b f(x)\mathrm{d}x$，就是当区间 $[a,b]$ 被分割成 $n+1$ 个小区间，n 个端点是 x_1，x_2，…，x_{n-1}，x_n，并且 $a<x_1<x_2<\cdots<x_{n-1}<x_n<b$ 时，和 $(x_1-a)f(x_1)+(x_2-x_1)f(x_2)+\cdots+(x_n-x_{n-1})f(x_n)+(b-x_n)f(b)$ 或 $(x_1-a)f(a)+(x_2-x_1)f(x_1)+\cdots+(x_n-x_{n-1})f(x_{n-1})+(b-x_n)f(x_n)$ 的极

限．柯西将点 x_1，x_2，$\cdots x_{n-1}$，x_n 的集合称为区间（a，b）的一个分割，$(x_i - x_{i-1})$ 中的最大值称为分割的范数，$S = (x_1 - a)f(a) + (x_2 - x_1)f(x_1) + \cdots + (x_n - x_{n-1})f(x_{n-1}) + (b - x_n)f(x_n)$ 称为分割的柯西和．

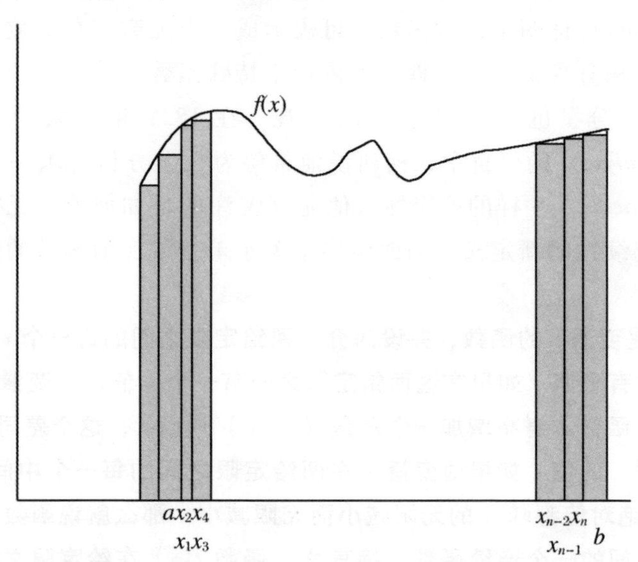

利用他的连续性定义，柯西证明了对于任意的两个分割 P、P'，如果 P 和 P' 的分割范数充分小，那么其相应的和 S 与 S' 就无限地彼此趋近．

通过定义积分理论，柯西接下来就能够证明积分和导数之间的内在联系了，也就是现在所称之为的“微积分学基本定理”．这个定理指出，如果 f 是区间 $[a, b]$ 上的可积函数，并且如果 $G(x) = f(t)$ 从 a 到 $x(\leqslant b)$ 的积分，那么 $G(x)$ 的导数就等于 $f(x)$，也即，$G'(x) = f(x)$．

尽管柯西能够启发那些最有天赋的学生，但他从不改变自己的课程去迎合资质一般的学生，这些学生来求学的目的也只是为了学习数学的基础知识来满足工程师职业的需要．因为柯西的讲座内容高深以至于不可能在规定的时间段内很好地展示，所以不得不经常延时．1821 年 4 月，只是因为讲座超过了规定的时间，一些学生对此不满，对柯西喝倒彩并且擅自离开了课堂．

由于没有取悦于巴黎综合工科学校的校委员会，柯西的《无穷小计算概要》遭到了他们对于此书理论性有余而实用性不足的质疑．事实上，在 1823 年底，内务部部长就指派了一个包括拉普拉斯和泊松在内的委员会来保证数学教学适应工程学生的需要．于是，在接下来几年里，巴黎综合工科学校的管理部门持续监督柯西的讲座以确保其适合工程专业的学生．

在重新即位的国王路易十八（Louis XⅧ）的统治下，法国经历了一段相对平静、稳定的时期. 路易十八在1824年去世后，由他的弟弟查理十世（Charles X）继位，查理十世企图恢复在革命之前的君主专制. 由于整个法国都弥漫着对于共和党人的同情，政府试图压制他们，并且寻求那些支持君主专制的组织机构的帮助. 柯西也是一个激进的保皇党人和天主教徒，并且还是保护天主教协会的奠基人之一.

1830年7月的革命推翻了查理十世的政权，其堂弟奥尔良公爵（Duke of Orleans）路易·菲利普（Louis-Phillipe）继位，学术界人士被要求像所有公职人员一样要对国王宣誓效忠. 柯西不仅拒绝这样做，还自行流亡国外，也许他认为新政权会迫害像他这样的天主教徒. 自然而然，柯西失去了工作.

他离开妻儿独自流亡国外，先是在瑞士边境的弗里堡（Fribourg）的一个城镇里和一群耶稣会信徒住在一起. 这些人很快就把柯西推荐给他们的捐助人之一的撒丁王国（Sardinia）国王，国王为柯西在都灵（Turin）大学提供了一个职位. 但是，柯西仅仅在那里待了三年多时间，因为他收到了查理十世自布拉格（Prague）发出的邀请，让柯西去教育查理十世同样流亡在外的孙子，也就是王储. 直到那时，柯西才让人把他的家人接来与他开始了别离4年之后的团聚.

查理十世赏赐男爵头衔以奖励柯西，1838年，查理十世去世，王储的教育也随着他的18岁生日的到来而结束. 随着为王室的工作暂告一段落，加之母亲的身体每况愈下，柯西返回巴黎，因为流亡在外使他失去了学术职位，柯西仅剩下的唯一能重新开始工作的身份，就是作为科学院的成员之一了. 幸运的是，他以前的老师普朗尼（Prony）在他回国的第一年就去世了，柯西接替他当选为度量衡局的几何学教授.

随着政治环境逐渐宽松，学者们不再被要求宣誓效忠. 尽管柯西对于新政权的冷漠不会危及到他的性命，但这的确阻碍了他的职业生涯，使得柯西在几家政府主办的机构里工作得很不愉快. 1843年，柯西成为法兰西学院一个空缺的数学职位的3个候选人之一，尽管是候选者之中最优秀的那个，但由于他的极端保皇派立场以及耶稣信徒的同情者身份使得多数选举人并不支持柯西. 最终，他在拥有24名成员的委员会的选举中仅仅得了3票. 倍感羞辱的柯西宣布他不再争取任何一个哪怕是只有一丁点失败可能性的职位.

他在1838年到1848年间没有教学工作. 仅仅是在科学院的工作为他提供了一个展示他为之热烈追求的科学工作的平台，在这10年间，柯西写出了 240 篇评论、札记以及研究论文. 1848 年 2 月的革命推翻了路易 · 菲利普政权，柯西希望他以前的学生波尔多公爵（Duke of Bordeaux）也即亨利五世能取得王位. 但结果并非如此. 第二共和国取代了路易 · 菲利普政权. 尽管柯西不是一个共和党人，他却受益于共和国对于宣誓效忠废止的规定. 很快他就在巴黎大学竞得了一个职位. 当拿破仑三世在 1852 年成为国王之际，他赦免了柯西的宣誓效忠.

柯西的一生近乎狂热地工作，他共发表了 789 篇数学以及科学文章，这种惊人的创作直到他在 1857 年 5 月 23 日因风湿去世才终结. 自 1882 年就开始出版他的《全集》(*Oeuvres complètes*)，一直到 1970 年第 27 卷以及最后一卷出版，此项工作才全部完成.

《奥古斯丁·柯西全集》节选*

微　分

第三讲[1]　单变量函数的导数

如果函数 $y=f(x)$ 在变量 x 的两给定限之间连续，并在这两个限之间指定变量的一个值，那么这变量的一个无限小增量 Δx 将产生函数本身的一个无限小增量．因此若设 $\Delta x=i$，则下列差[2]商

$$(1)\qquad \frac{\Delta y}{\Delta x}=\frac{f(x+i)-f(x)}{i}$$

中的两项均为无限小量．虽然这两项同时趋于零，但比值本身却可能收敛于另一个极限，它可以是正数，也可以是负数．这个极限，如果存在的话，对于每个特殊的 x 值都将有一个确定的值，但这个值将随 x 的变化而变化．这样，例如我们取 $f(x)=x^m$，m 是一个整数，则无限小差的比将是[3]

$$\frac{(x+i)^m-x^m}{i}=mx^{m-1}+\frac{m(m-1)}{1\cdot 2}x^{m-2}i+\cdots+i^{m-1}$$

其极限[4]等于量 mx^{m-1}，也就是说是变量 x 的一个新的函数．同样的事实普遍成立，只是作为比 $\frac{f(x+i)-f(x)}{i}$ 的极限的这个新函数的形式将随已给函数 $y=f(x)$ 的不同而不同．为了表明这种依赖关系，我们称这个新的函数为导函数[5]，并用带撇的符号 y' 或 $f'(x)$ 来表示它．

在研究单变量函数的导数时，注意区分简单函数和复合函数，简单函数就是对函数变量只施行一种运算的结果，复合函数是施行多种运算的结果．进行代数以及三角函数运算（参见《分析教程》第一章第一部分）的简单函数可以化简成以下形式：

$$a+x,\ a-x,\ ax,\ \frac{a}{x},\ x^a,\ A^x,\ \mathrm{L}x,\ \sin x,\ \cos x,\ \arcsin x,\ \arccos x,$$

* 英译本译者为 John Anders.

A 表示一个常数，$a = \pm A$ 是一个常量[6]，L 表示以 A 为底的对数函数. 通常用 y 表示一个简单函数，易得导函数 y'，例如：

$$y = a + x,\ \frac{\Delta y}{\Delta x} = \frac{(a + x + i) - (a + x)}{i} = 1,\ y' = 1;$$

$$y = a - x,\ \frac{\Delta y}{\Delta x} = \frac{(a - x - i) - (a - x)}{i} = -1,\ y' = -1;$$

$$y = ax,\ \frac{\Delta y}{\Delta x} = \frac{a(x + i) - ax}{i} = a,\ y' = a;$$

$$y = \frac{a}{x},\ \frac{\Delta y}{\Delta x} = \frac{\frac{a}{x + i} - \frac{a}{x}}{i} = -\frac{a}{x(x + i)},\ y' = -\frac{a}{x^2};$$

$$y = \sin x,\ \frac{\Delta y}{\Delta x} = \frac{\sin \frac{1}{2}i}{\frac{1}{2}i}\cos\left(x + \frac{1}{2}i\right),\ y' = \cos x = \sin\left(x + \frac{\pi}{2}\right);$$

$$y = \cos x,\ \frac{\Delta y}{\Delta x} = -\frac{\sin \frac{1}{2}i}{\frac{1}{2}i}\sin\left(x + \frac{1}{2}i\right),\ y' = -\sin x = \cos\left(x + \frac{\pi}{2}\right).$$

而且，令 $i = \alpha x$，$A^i = 1 + \beta$，且 $(1 + \alpha)^a = 1 + \gamma$，则

对于 $y = \mathrm{L}x$，$\dfrac{\Delta y}{\Delta x} = \dfrac{\mathrm{L}(x + i) - \mathrm{L}x}{i} = \dfrac{\mathrm{L}(1 + \alpha)}{\alpha x} = \dfrac{\mathrm{L}(1 + \alpha)^{\frac{1}{\alpha}}}{x}$，$y' = \dfrac{\mathrm{L}e}{x}$；

对于 $y = A^x$，$\dfrac{\Delta y}{\Delta x} = \dfrac{A^{x+i} - A^x}{i} = \dfrac{A^i - 1}{i}A^x = \dfrac{A^x}{L(1 + \beta)^{\frac{1}{\beta}}}$，$y' = \dfrac{A^x}{Le}$；

对于 $y = x^a$，$\dfrac{\Delta y}{\Delta x} = \dfrac{(x + i)^a - x^a}{i} = \dfrac{(1 + \alpha)^a - 1}{\alpha}x^{a-1} = \dfrac{\mathrm{L}(1 + \alpha)^{\frac{1}{\alpha}}}{\mathrm{L}(1 + \gamma)^{\frac{1}{\gamma}}}ax^{a-1}$，$y' = ax^{a-1}$.

上述公式中，e 表示数字 2.718…，也就是表达式 $(1 + \alpha)^{\frac{1}{\alpha}}$ 的极限形式[7]. 如果设这个数为对数系的底，将得到纳皮尔或双曲对数[8]，通常用字母 l 来表示. 那么，显然有

$$\mathrm{le} = 1,\ \mathrm{Le} = \frac{\mathrm{Le}}{\mathrm{L}A} = \frac{\mathrm{le}}{\mathrm{l}A} = \frac{1}{\mathrm{l}A}$$

而且，对于 $y = \mathrm{l}x$，$y' = \dfrac{1}{x}$；

对于 $y = \mathrm{e}^x$，$y' = \mathrm{e}^x$.

因为上述公式是仅由与 y 的实值相对应的 x 值而确定的，所以应在这些包含 Lx 、lx [9] 甚至是函数 x^a（如果 a 表示一个分母是偶数的分数[10]或是一个无理数[11]）的公式中假设 x 值为正.

设 z 是与 x 的第一个函数 $y=f(x)$ 由公式

(2) $$z=F(y)$$

相联系的第二个函数. z 或 $F[f(x)]$ 称作变量 x 的函数的函数；如果用 Δx，Δy，Δz 表示无穷小增量，x，y，z 表示变量，则有

$$\frac{\Delta z}{\Delta x}=\frac{F(y+\Delta y)-F(y)}{\Delta x}=\frac{F(y+\Delta y)-F(y)}{\Delta y}\frac{\Delta y}{\Delta x},$$

取极限，得到

(3) $$z'=y'F'(y)=F'(x)f'[f(x)].$$

例如，如果令 $z=ay$，$y=lx$，则有

$$z'=ay'=\frac{a}{x}.$$

如果已知函数 Lx，$\sin x$，$\cos x$ 的导函数，那么由公式（3），易得简单函数 A^x，x^a，$\arcsin x$，$\arccos x$ 的导函数. 因此，

对于 $y=A^x$，$Ly=x$，$y'\frac{Le}{y}=1$，$y'=\frac{y}{Le}=A^x lA$；

对于 $y=a^x$，$ly=alx$，$y'\frac{1}{y}=\frac{a}{x}$，$y'=a\frac{y}{x}=ax^{a-1}$；

对于 $y=\arcsin x$，$\sin y=x$，$y'\cos y=1$，$y'=\frac{1}{\cos y}=\frac{1}{\sqrt{1-x^2}}$；

对于 $y=\arccos x$，$\cos y=x$，$y'\times(-\sin y)=1$，$y'=\frac{-1}{\sin y}=-\frac{1}{\sqrt{1-x^2}}$

而且，由公式（3），复合函数

$$A^y,\ e^y,\ \frac{1}{y}$$

的导函数分别是

$$y'A^y lA,\ y'e^y,\ -\frac{y'}{y^2},$$

于是以下这些函数

$$A^{B^x},\ e^{e^x},\ \sec x=\frac{1}{\cos x},\ \mathrm{cosec}\,x=\frac{1}{\sin x}$$

的导函数将是

$$A^{B^x} B^x lAlB, \quad e^{e^x} e^x, \quad \frac{\sin x}{\cos^2 x}, \quad -\frac{\cos x}{\sin^2 x}.$$

复合函数的导函数往往比那些简单函数容易求得. 比如，对于

$y=\tan x=\frac{\sin x}{\cos x}$，$\frac{\Delta y}{\Delta x}=\frac{1}{i}\left[\frac{\sin(x+i)}{\cos(x+i)}-\frac{\sin x}{\cos x}\right]=\frac{\sin i}{i\cos x\cos(x+i)}$，$y'=\frac{1}{\cos^2 x}$；

对于 $y=\cot x=\frac{\cos x}{\sin x}$，$\frac{\Delta y}{\Delta x}=\frac{1}{i}\left[\frac{\cos(x+i)}{\sin(x+i)}-\frac{\cos x}{\sin x}\right]=\frac{\sin i}{i\sin x\sin(x+i)}$，$y'=\frac{1}{\sin^2 x}$；

最后，对于 $y=\arctan x$，$\tan y=x$，$\frac{y'}{\cos^2 y}=1$，$y'=\cos^2 y=\frac{1}{1+x^2}$；

对于 $y=\operatorname{arccot} x$，$\cot y=x$，$\frac{-y'}{\sin^2 y}=1$，$y'=-\sin^2 y=-\frac{1}{1+x^2}$.

第四讲　单变量函数的微分

设 $y=f(x)$ 是一个独立变量 x 的函数，设 i 为一无穷小量，而 h 为一有限量. 如果我们设 $i=\alpha h$，那么 α 将是一个无穷小量，同时我们将有恒等式：

$$\frac{f(x+i)-f(x)}{i}=\frac{f(x+\alpha h)-f(x)}{\alpha h},$$

由此可得：

$$\frac{f(x+\alpha h)-f(x)}{\alpha}=\frac{f(x+i)-f(x)}{i}h. \tag{1}$$

当变量 α 趋于零而 h 保持不变时，方程（1）左端所收敛的极限叫做函数 $y=f(x)$ 的微分[12]. 我们用符号 d 来表示这个微分，记作

$$dy \text{ 或 } df(x).$$

如果我们已经知道导函数 y' 或 $f'(x)$ 的值，那就很容易得到微分的值. 事实上，在方程（1）两边取极限，我们就得到一般的结论

$$df(x)=hf'(x) \tag{2}$$

在 $f(x)=x$ 这一特殊情形，方程（2）变成

$$dx=h. \tag{3}$$ [13]

因此独立变量 x 的微分就是常量 h. 也就是说，方程（2）变成

$$df(x)=f'(x)dx, \tag{4}$$

或者是与之等价的表达式

$$dy=y'dx. \tag{5}$$

由最后一个方程可知，一个函数 $y=f(x)$ 的导函数 $y'=f'(x)$ 恰等于 $\frac{dy}{dx}$，也即导数等于函数的微分与变量的微分之比，或者说，导数就是为了得到第一个微分而与第二个微分相乘的系数. 因此，我们通常称导函数为微分系数.

微分一个函数就是求它的微分. 这样的运算称为微分法.

其实由公式（4）可立即得到已知导数的函数的微分. 如果先把这个公式应用于简单函数，则有

$$d(a+x)=dx，\ d(a-x)=-dx，\ d(ax)=a dx，$$

$$d\frac{a}{x}=d\frac{dx}{x^2}，\ dx^a=ax^{a-1}dx；$$

$$dA^x=A^x lA dx，\ de^x=e^x dx；$$

$$dLx=Le\frac{dx}{x}，\ dlx=\frac{dx}{x}；$$

$$d\sin x=\cos x dx=\sin\left(x+\frac{\pi}{2}\right)dx，\ d\cos x=-\sin x dx=\cos\left(x+\frac{\pi}{2}\right)dx；$$

$$d\arcsin x=\frac{dx}{\sqrt{1-x^2}}，\ d\arccos x=-\frac{dx}{\sqrt{1-x^2}}.$$

同样，可以建立以下等式：

$$d\tan x=\frac{dx}{\cos^2 x}，\ d\cot x=-\frac{dx}{\sin^2 x}；$$

$$d\arctan x=\frac{dx}{1+x^2}，\ d\operatorname{arccot} x=-\frac{dx}{1+x^2}；$$

$$d\sec x=\frac{\sin x dx}{\cos^2 x}，\ d\operatorname{cosec} x=-\frac{\cos x dx}{\sin^2 x}.$$

在之前讲座中已经得到的那些方程一直到（这一讲座中的）这些特殊方程，所有这些不同的方程可以看作是对于与（已求得导数的）实值函数对应的 x 值的证明.

因此，简单函数 $a+x$，$a-x$，ax，$\frac{a}{x}$，A^x，e^x，$\sin x$，$\cos x$ 以及函数 x^a（如果 a 是一个整数或是分母为奇数的分数[14]）的微分对于变量 x 的任意实值都可以求得，但是在求简单函数 arcsin$x$ 和 arccos$x$ [15]的微分时，我们必须假定变量 x 值范围是在−1 到+1 之间的，求 Lx 和 lx 的微分时[16]，变量 x 值范围限定在 0 到 ∞ 之间，求 x^a 的微分时，如果 a 的值是一个分母为偶数的分数或是一个无理数，则变量 x 值应大于或等于零[17].

需要注意的是，我们遵循着《分析教程》第一部分中所作的约定，符号 $\arcsin x$，$\arccos x$，$\arctan x$，$\mathrm{arccot}\,x$，$\mathrm{arcsec}\,x$，$\mathrm{arccosec}\,x$ 不仅仅是用来表示其相应的三角函数线等于 x 的任意弧度，而且是表示这些值中数值最小的那个[18]，或者如果这些弧度两两相等、符号相反，则表示其中最小正值的那个[19].

因此，$\arcsin x$，$\arctan x$，$\mathrm{arccot}\,x$，$\mathrm{arccosec}\,x$ 都是介于限 $-\frac{\pi}{2}$ 到 $+\frac{\pi}{2}$ 之间的；$\arccos x$，$\mathrm{arcsec}\,x$ 是介于限 0 到 π 之间的.[20]

如果我们设 $y=f(x)$ 以及 $\Delta x=i=\alpha h$，方程（1）（其第二项的极限是 $\mathrm{d}y$）就取以下形式

$$\frac{\Delta y}{\alpha}=\mathrm{d}y+\beta,$$

β 表示一个无穷小量[21]，由此可推出

$$\Delta y=(\mathrm{d}y+\beta)\alpha \tag{6}$$

设 z 是变量 x 的第二个函数，同样地，有

$$\Delta z=(\mathrm{d}z+\gamma)\alpha,$$

γ 也表示一个无穷小量. 立即得到

$$\frac{\Delta z}{\Delta y}=\frac{\mathrm{d}z+\gamma}{\mathrm{d}y+\beta},$$

取极限有

$$\lim\frac{\Delta z}{\Delta y}=\frac{\mathrm{d}z}{\mathrm{d}y}=\frac{z'}{y'}\frac{\mathrm{d}x}{\mathrm{d}x}=\frac{z'}{y'} \tag{7}$$

因此，变量 x 的两个函数的不同的无穷小函数值之比的极限就是它们的微分或导数之比.

现在，假设函数 y 和 z 由方程

$$z=F(y) \tag{8}$$

相联系. 可以推出

$$\frac{\Delta z}{\Delta y}=\frac{F(y+\Delta y)-F(y)}{\Delta y},$$

取极限并且联立公式（7），$\frac{\Delta z}{\Delta y}=\frac{z'}{y'}=F'(y)$，得到

$$\mathrm{d}z=F'(y)\mathrm{d}y,\ z'=y'F'(y). \tag{9}$$

方程（9）的第二项与上一讲的方程（3）一致.

而且，如果在第一个表达式中用 $F(y)$ 替换 z，得到

（10）　　$$dF(y)=F'(y)dy,$$

形式上与方程（4）相同，即使 y 不是一个独立变量，也可用于求 y 的函数的微分.

例如：

$$d(a+y)=dy,\ d(-y)=-dy,\ d(ay)=ady,\ de^y=e^ydy,$$

$$dly=\frac{dy}{y},\ dly^2=\frac{dy^2}{y^2}=\frac{2dy}{y},\ d\frac{1}{2}ly^2=\frac{dy}{y},\ \cdots,$$

$$d(ax^m)=adx^m=max^{m-1}dx,\ de^{e^x}=e^{e^x}de^x=e^{e^x}e^xdx,$$

$$dl\sin x=\frac{d\sin x}{\sin x}=\frac{\cos x dx}{\sin x}=\frac{dx}{\tan x},\ dl\tan x=\frac{dx}{\sin x\cos x},\ \cdots.$$

第一个公式说明一个函数与一个常数相加，微分不变，于是导数也不变.

积　　分

第二十一讲　定积分

假设函数 $y=f(x)$ 关于变量 x 在两个有限界限 $x=x_0$ 和 $x=X$ 之间连续，我们用 $x_1, x_2, \cdots, x_{n-1}$ 来表示 x 的位于这两个限之间的一些新值，并假定它们在第一个限与第二个限之间或者总是递增，或者总是递减[22]. 我们可以用这些值将差 $X-x_0$ 划分成元素

（1）　　$$x_1-x_0,\ x_2-x_1,\ x_3-x_2\cdots,\ X-x_{n-1},$$

这些元素都有相同的符号[23]. 作了这样的划分后，我们将每个元素与该元素左端点所对应的 $f(x)$ 值相乘，即：元素 x_1-x_0 乘以 $f(x_0)$，元素 x_2-x_1 乘以 $f(x_1)$，…，最后，元素 $X-x_{n-1}$ 乘以 $f(x_{n-1})$，同时设

（2）　$$S=(x_1-x_0)f(x_0)+(x_2-x_1)f(x_1)+\cdots+(X-x_{n-1})f(x_{n-1})$$

是这样一些乘积的和. 显然量 S 将依赖于：第一，差 $X-x_0$ 被分成的元素个数 n；第二，这些元素的数值，从而也就依赖于所采用的划分方法. 注意到以下事实十分重要：如果这些元素的值变得非常小而数 n 变得非常大，那么划分方法对 S 的值将没有实质性影响[24]. 这一点可具体证明如下.

如果假设差 $X-x_0$ 的所有元素化简成一个差，也即与其自身相同的差，直接得到

(3) $$S=(X-x_0)f(x_0).$$

反之，如果用（1）表示差 $X-x_0$ 的元素，则由等式（2）得到的 S 的值就等于这些元素的和乘以系数 $f(x_0)$，$f(x_1)$，…，$f(x_{n-1})$ 的一个平均值（参见《分析教程》引言部分，定理Ⅲ的推论）[25]. 而且，由于这些系数都是与 θ 有关的表达式 $f[x_0+\theta(X-x_0)]$ 的值（θ 介于 0 到 1 之间），可以证明（通过类似于在“十七讲”中所使用的推理[26]）我们所感兴趣的平均值是同一个表达式的另一个值，这个值也与在相同界限中的 θ 值有关. 这样我们代换等式（2）就得到

(4) $S=(X-x_0)f[x_0+\theta(X-x_0)]$，其中 θ 是小于 1 的数[27].

把这种划分方式变换为另外一种方式，也就是 $X-x_0$ 的元素数值更小一些，可以把表达式（1）中的每一部分划分成新的元素. 在等式（2）的第二项中，把乘积 $(x_1-x_0)f(x_0)$ 替换为类似形式的乘积 $(x_1-x_0)f[x_0+\theta_0(x_1-x_0)]$ 之和，其中 θ_0 是小于 1 的非负数. 我们希望在这个和与乘积 $(x_1-x_0)f(x_0)$ 之间的关系类似于由等式（4）和（3）产生的 S 值之间的关系. 基于同样的原因，替换乘积 $(x_2-x_1)f(x_1)$ 为形如 $(x_2-x_1)f[x_1+\theta_1(x_2-x_1)]$ 之和，其中 θ_1 仍然是小于 1 的非负数. 继续这样下去，可以推导出在新的划分方式下，S 的值将会是以下形式：

(5) $S=(x_1-x_0)f[x_0+\theta_0(X-x_0)]+(x_2-x_1)f[x_1+\theta_1(x_2-x_1)]+\cdots+(X-x_{n-1})f[x_{n-1}+\theta_{n-1}(X-x_{n-1})]$.

如果令

$$f[x_0+\theta_0(x_1-x_0)]=f(x_0)\pm\varepsilon_0,$$
$$f[x_1+\theta_1(x_2-x_1)]=f(x_1)\pm\varepsilon_1,$$
$$\cdots\cdots\cdots\cdots\cdots\cdots$$
$$f[x_{n-1}+\theta_{n-1}(X-x_{n-1})]=f(x_{n-1})\pm\varepsilon_{n-1},$$

则有

(6) $$S=(x_1-x_0)f[x_0\pm\varepsilon_0]+(x_2-x_1)f[x_1\pm\varepsilon_1]+\cdots+(X-x_{n-1})f[x_{n-1}\pm\varepsilon_{n-1}]$$

展开得到

(7) $$S=(x_1-x_0)f(x_0)+(x_2-x_1)f(x_1)+\cdots+(X-x_{n-1})f(x_{n-1})\pm\varepsilon_0(x_1-x_0)\pm\varepsilon_1(x_2-x_1)\pm\cdots\pm\varepsilon_{n-1}(X-x_{n-1})$$

需要补充一点的是，如果元素 x_1-x_0，x_2-x_1，$x_3-x_2\cdots$，$X-x_{n-1}$ 取非常小的数值，那么每一个 $\pm\varepsilon_0$，$\pm\varepsilon_1$，$\cdots\pm\varepsilon_{n-1}$ 都趋近于零；因此，和 $\pm\varepsilon_0(x_1-x_0)\pm\varepsilon_1(x_2-x_1)\pm\cdots\pm\varepsilon_{n-1}(X-x_{n-1})$ 也是趋近于零，等价于 $X-x_0$ 与这些不同量的平均

值的乘积. 之所以成立，是因为比较方程（2）和（7），当我们以差 $X-x_0$ 的元素取非常小的数值的方式进行划分，或是如果以第二种方式进行划分，也即这些元素的被划分成更多部分计算时，并没有明显[28]地改变 S 的值.

现在我们来考虑差 $X-x_0$ 的两种不同的划分方法，在两种分法中这个差的所有元素的数值都非常小. 我们可以将这两种分法与第三种分法进行比较，后者是这样选取的，使得前两种划分中的任一元素，都可以看作是由这第三种划分的若干元素合并形成. 为了满足这一条件，只要使前两种划分中位于 x_0 和 X 两限之间的每一个 x 值在第三种划分中全部被用到. 我们可以证明，当从第一种或第二种划分转为第三种划分时，S 的值只有很微小的变化——因此从第一种划分转为第二种划分时情形也一样. 于是当差 $X-x_0$ 的元素变为无限小时，划分方法对 S 的值的影响无足轻重[29]；这样，如果我们让这些元素的数值随着它们个数的无限增加而无限减小，S 的值最终将变为常数[30]. 或者说，它最终将达到一个确定的极限，而这个极限仅依赖[31]于函数 $f(x)$ 的形式和变量 x 的边界值 x_0 和 X. 这个极限就叫做定积分.

现在如果我们用 $\Delta x=h=\mathrm{d}x$ 来表示变量 x 的一个有限增量，构成 S 值的不同项使得乘积

$$(x_1-x_0)f(x_0)\ ,\ (x_2-x_1)f(x_1)\ ,\ \cdots$$

都包含在通式

$$hf(x)=f(x)\,\mathrm{d}x \tag{8}$$

中，乘积可以一一被推导出来，首先设

$$x=x_0 \quad \text{和} \quad h=x_1-x_0\ ,$$

然后是

$$x=x_1 \quad \text{和} \quad h=x_2-x_1\ ,\ \cdots$$

这样我们可以说，S 是形如表达式（8）的乘积的和，通常使用符号 $\sum$ 表示，写作

$$S=\sum hf(x)=\sum f(x)\,\Delta x\ , \tag{9}$$

这样表示定积分很方便，当差 $X-x_0$ 的元素趋于无穷小时，S 收敛，利用符号 $\int hf(x)$ 或 $\int f(x)\,\mathrm{d}x$，字母 $\int$ 代替了 $\sum$，不再表示形如表达式（8）的乘积之和，而是表示这种类型乘积的和的极限. 而且，由于定积分的值依赖于变量 x 的边界值 x_0 和 X，因此把这两个值的第一个放在积分号 $\int$ 的下面，第二个放在上

面，并且都放在$\int$的一边，这样的记法很简便，用以下符号来表示[32]：

$$(10)\qquad \int_{x_0}^{X} f(x)\,\mathrm{d}x\ ,\ \int f(x)\,\mathrm{d}x\begin{bmatrix} x_0 \\ X \end{bmatrix}\ ,\ \int f(x)\,\mathrm{d}x\begin{bmatrix} x = x_0 \\ x = X \end{bmatrix}$$

第一个符号是傅里叶发明的，也是最为简洁的. 当函数 $f(x)$ 替换为一个常量时，我们发现，无论差 $X - x_0$ 的划分方式是什么，都有 $S = a(X - x_0)$，而且由此可以得出

$$(11)\qquad \int_{x_0}^{X} a\,\mathrm{d}x = a(X - x_0)\ .$$

如果在上式中令 $a = 1$，得到

$$(12)\qquad \int_{x_0}^{X} \mathrm{d}x = (X - x_0)\ .$$

第二十二讲　求定积分的精确值或趋近定积分的值的公式

根据上一讲内容，如果把 $X - x_0$ 划分成无穷小元素 $x_1 - x_0$，$x_2 - x_1$，$x_3 - x_2 \cdots$，$X - x_{n-1}$，和

$$(1)\quad S = (x_1 - x_0)f(x_0) + (x_2 - x_1)f(x_1) + \cdots + (X - x_{n-1})f(x_{n-1})$$

会收敛于一个由定积分

$$(2)\qquad \int_{x_0}^{X} f(x)\,\mathrm{d}x$$

表示的极限.

由已知原理可建立这个命题，如果 S 的值不是由方程（1）求得，而是由类似于方程（5）和（6）（“二十一讲”）的公式求得，也会得到相同的极限，也就是说，如果我们假设

$$(3)\quad S = (x_1 - x_0)f[x_0 + \theta_0(x_1 - x_0)] + (x_2 - x_1)f[x_1 + \theta_1(x_2 - x_1)] + \cdots + (X - x_{n-1})f[x_{n-1} + \theta_{n-1}(X - x_{n-1})],$$

θ_0，θ_1，$\cdots$，θ_{n-1} 是小于 1 的非负数，或者

$$(4)\qquad S = (x_1 - x_0)f[x_0 + \varepsilon_0] + (x_2 - x_1)f[x_1 + \varepsilon_1] + \cdots + (X - x_{n-1})f[x_{n-1} + \varepsilon_{n-1}]$$

ε_0，ε_1，$\cdots$，ε_{n-1} 表示那些与差 $X - x_0$ 的元素一起消失的数. 如果令

$$\theta_0 = \theta_1 = \cdots = \theta_{n-1} = 0\ ,$$

上述第一个公式就是方程（1），或者，令

$$\theta_0 = \theta_1 = \cdots = \theta_{n-1} = 1\ ,$$

就得到

(5) $$S=(x_1-x_0)f(x_1)+(x_2-x_1)f(x_2)+\cdots+(X-x_{n-1})f(X).$$

在上面最后这个公式里，如果每一个在两个量 x_0 和 X 之间的那些值交换次序，就得到一个新的 S 值，这个值与方程（1）产生的值大小相等、符号相反. 因此，这个新的 S 值的极限将会收敛，并与积分（2）大小相等、符号相反，可以通过互换 x_0 和 X 而得到. 因此通常有

(6) $$\int_{x_0}^{X}f(x)\,\mathrm{d}x=-\int_{X}^{x_0}f(x)\,\mathrm{d}x.$$

我们经常利用公式（1）和（5）来求趋近于定积分的值. 为简便起见，一般假设这些公式中的量 x_0，x_1，x_2，…，x_{n-1}，X 是一个等差数列. 那么差 $X-x_0$ 的元素就等于 $\frac{X-x_0}{n}$；用 i 表示这个分数，方程（1）和（5）就化简成以下两个方程：

(7) $$S=i[f(x_0)+f(x_0+i)+f(x_0+2i)+\cdots+f(X-2i)+f(X-i)]$$

(8) $$S=i[f(x_0+i)+f(x_0+2i)+\cdots+f(X-2i)+f(X-i)+f(X)].$$

然后，再假设 x_1，x_2，…，x_{n-1}，X 构成一个等比级数，这个级数的几何增减率与 1 相差无几. 根据这样的假设，并且令 $\left(\frac{X}{x_0}\right)^{\frac{1}{n}}=1+\alpha$，由公式（1）和（5）得到两个新的 S 值；第一个是

(9) $$S=\alpha\left\{x_0f(x_0)+x_0(1+\alpha)f[x_0(1+\alpha)]+\cdots+\frac{X}{1+\alpha}f\left[\frac{X}{1+\alpha}\right]\right\}.$$

在很多情形中，由方程（7）和（9）不仅可以得到趋近于积分（2）的值，而且还可以得到它的精确值或是 $\lim S$[33].

例如：

(10) $$\int_{x_0}^{X}x\,\mathrm{d}x=\lim\frac{(X-x_0)(X+x_0-i)}{2}=\frac{X^2-x_0^2}{2},$$

(11) $$\int_{x_0}^{X}A^x\,\mathrm{d}x=\lim\frac{i(A^X-A^{x_0})}{A^i-1}=\frac{A^x-A^{x_0}}{\mathrm{l}A},\ \int_{x_0}^{X}\mathrm{e}^x\,\mathrm{d}x=\mathrm{e}^X-\mathrm{e}^{x_0},$$

(12) $$\int_{x_0}^{X}x^a\,\mathrm{d}x=\lim\frac{\alpha(X^{a+1}-x_0^{a+1})}{(1+\alpha)^{a+1}-1}=\frac{X^{a+1}-x_0^{a+1}}{a+1},$$

$$\int_{x_0}^{X}\frac{\mathrm{d}x}{x}=\lim n\alpha=\mathrm{l}\,\frac{X}{x_0}.$$

最后一个方程仅当 x_0、X 符号相同时成立[34]. 需要补充说明一点，往往较易

把求一个定积分转化为求相同类型的另一个积分. 例如，由公式（1）可得到

$$(13)\quad \int_{x_0}^{X} a\varphi(x)\,\mathrm{d}x = \lim a[(x_1 - x_0)\varphi(x_0) + \cdots + (X - x_{n-1})\varphi(x_{n-1})] = a\int_{x_0}^{X}\varphi(x)\,\mathrm{d}x$$

$$(14)\quad \int_{x_0}^{X} f(x+a)\,\mathrm{d}x = \lim[(x_1 - x_0)f(x_0 + a) + \cdots + (X - x_{n-1})f(x_{n-1} + a)] = \int_{x_0+a}^{X+a} f(x)\,\mathrm{d}x$$

$$(15)\quad \int_{x_0}^{X} f(x-a)\,\mathrm{d}x = \int_{x_0-a}^{X-a} f(x)\,\mathrm{d}x\,,$$

$$\int_{x_0}^{X}\frac{\mathrm{d}x}{x-a} = \int_{x_0-a}^{X-a}\frac{\mathrm{d}x}{x} = \mathrm{l}\,\frac{X-a}{x_0-a}\,,$$

上述最后一个方程仅当 $x_0 - a$ 与 $X - a$ 符号相同时成立[35]. 而且在公式（8）中令 $x_0 = 0, f(x)$ 替换为 $f(X - x)$，则可得到

$$(16)\quad \int_{0}^{X} f(X-x)\,\mathrm{d}x = \lim i[f(X-i) + f(X-2i) + \cdots + f(2i) + f(i) + f(0)] = \int_{0}^{X} f(x)\,\mathrm{d}x\text{。}$$

再看方程（14），由公式（8）可得

$$(17)\quad \int_{0}^{X-x_0} f(X-x)\,\mathrm{d}x = \int_{0}^{X-x_0} f(x+x_0)\,\mathrm{d}x = \int_{x_0}^{X} f(x)\,\mathrm{d}x\,.$$

最后，如果在公式（9）中令 $f(x) = \frac{1}{x\mathrm{l}x}$、$\mathrm{l}(1+\alpha) = \beta$，则得到

$$(18)\quad \int_{x_0}^{X}\frac{\mathrm{d}x}{x\mathrm{l}x} = \lim\beta\left(\frac{1}{\mathrm{l}x_0} + \frac{1}{\mathrm{l}x_0 + \beta} + \cdots + \frac{1}{\mathrm{l}X - \beta}\right)\frac{e^{\beta} - 1}{\beta} = \int_{\mathrm{l}x_0}^{\mathrm{l}X}\frac{\mathrm{d}x}{x} = \mathrm{l}\,\frac{\mathrm{l}X}{\mathrm{l}x_0}\,,$$

其中的 x_0、X 为正数且同时大于 1 或同时小于 1[36].

上一讲中的方程（4）和（5）中的 S 值的不同形式都收敛于积分（2）. 因此，如果把差 $X - x_0$ 或是 $x_1 - x_0$，$x_2 - x_1$，$x_3 - x_2\cdots$，$X - x_{n-1}$ 划分成无穷小元素，用其中一个方程来替换另一个方程，那么，它们在趋于极限时仍然成立，并且有

$$(19)\quad \int_{x_0}^{X} f(x)\,\mathrm{d}x = (X - x_0)f[x_0 + \theta(X - x_0)]$$

以及

(20) $\int_{x_0}^{X} f(x)\,\mathrm{d}x = (x_1 - x_0)f[x_0 + \theta_0(x_1 - x_0)] + (x_2 - x_1)f[x_1 + \theta_1(x_2 - x_1)] + \cdots + (X - x_{n-1})f[x_{n-1} + \theta_{n-1}(X - x_{n-1})]$,

θ，θ_0，θ_1，…，θ_{n-1} 表示小于 1 的非负数. 为简便起见，如果我们假设量 $x_1 - x_0$，$x_2 - x_1$，$x_3 - x_2$…，$X - x_{n-1}$ 彼此相等，设 $i = \frac{X - x_0}{n}$，则有

(21) $\int_{x_0}^{X} f(x)\,\mathrm{d}x = i[f(x_0 + \theta_0 i) + f(x_0 + i + \theta_1 i) + \cdots + f(X - i + \theta_{n-1} i)]$.

如果函数 $f(x)$ 自 $x = x_0$ 到 $x = X$ 一直是递增或递减的，公式（21）的第二个元素明显介于方程（7）和（8）所产生的两个 S 值之间——差是 $\pm i[f(X) - f(x_0)]$ 的两个值. 因此，基于这样的假设，用这两个值的和的一半或是表达式

(22) $i\left[\frac{1}{2}f(x_0) + f(x_0+i) + f(x_0+2i) + \cdots + f(X-2i) + f(X-i) + \frac{1}{2}f(X)\right]$

来代替积分（21）所趋近的值，这样就产生了一个比半差 $\pm i\left[\frac{1}{2}f(X) - \frac{1}{2}f(x_0)\right]$ 小得多的误差.

例如：

如果假设 $f(x) = \frac{1}{1 + x^2}$，$x_0 = 0$，$X = 1$，$i = \frac{1}{4}$，

表达式（22）就变成

$$\frac{1}{4}\left(\frac{1}{2} + 1\,\frac{6}{7} + \frac{4}{5} + \frac{1}{2}\,\frac{6}{5} + \frac{1}{4}\right) = 0.78\cdots.$$

因此，积分 $\int_0^1 \frac{\mathrm{d}x}{1 + x^2}$ 趋近 0.78. 在本例中产生的误差不大于 $\frac{1}{4}\left(\frac{1}{2} - \frac{1}{4}\right) = \frac{1}{16}$. 事实上，我们在后面将可以看到，这个误差小于 $\frac{1}{100}$[37].

如果函数 $f(x)$ 在边界限 $x = x_0$ 和 $x = X$ 之间时而递增时而递减，我们在用方程（7）和（8）所产生的其中一个 S 值来代换积分（2）的趋近值过程中所产生的误差显然小于 $ni = X - x_0$ 与由差

(23) $$f(x + \Delta x) - f(x) = \Delta x(f'(x + \theta\Delta x))$$

所产生的最大值的乘积，其中我们假设 y 包含介于 x_0 和 X 之间的 x 值以及介于 0 和 i 之间的 Δx 的值. 这样，如果我们称 $f(x)$ 当 x 自 $x = x_0$ 到 $x = X$ 变化时取得的最大值为 k，所产生的误差一定介于 $-ki(X - x_0)$ 和 $+ki(X - x_0)$ 之间.

第二十三讲　定积分的分解、虚定积分、实定积分的几何表示、符号$\int$下的函数分解为两个因子（其中之一保持符号不变）

把定积分

$$(1)\qquad \int_{x_0}^{X} f(x)\,\mathrm{d}x$$

分解成多个与之相同类型的定积分，可以把符号$\int$下的函数进行分解，也可以将差 $X-x_0$ 进行分解．假设

$$f(x)=\varphi(x)+\chi(x)+\psi(x)+\cdots$$

可得

$$\begin{aligned}&(x_1-x_0)f(x_0)+\cdots+(X-x_{n-1})f(x_{n-1})\\ &=(x_1-x_0)\varphi(x_0)+\cdots+(X-x_{n-1})\varphi(x_{n-1})\\ &\quad+(x_1-x_0)\chi(x_0)+\cdots+(X-x_{n-1})\chi(x_{n-1})\\ &\quad+(x_1-x_0)\psi(x_0)+\cdots+(X-x_{n-1})\psi(x_{n-1})+\cdots,\end{aligned}$$

取极限，得到

$$\int_{x_0}^{X} f(x)\,\mathrm{d}x=\int_{x_0}^{X}\varphi(x)\,\mathrm{d}x+\int_{x_0}^{X}\chi(x)\,\mathrm{d}x+\int_{x_0}^{X}\psi(x)\,\mathrm{d}x+\cdots.$$

由上式，与方程（13）（“二十二讲”）联立，用 u，v，w 表示变量 x 的不同函数，用 a，b，c 表示常量，即得到

$$(2)\qquad \int_{x_0}^{X}(u+v+w+\cdots)\,\mathrm{d}x=\int_{x_0}^{X}u\mathrm{d}x+\int_{x_0}^{X}v\mathrm{d}x+\int_{x_0}^{X}w\mathrm{d}x+\cdots;$$

$$(3)\qquad \int_{x_0}^{X}(u+v)\,\mathrm{d}x=\int_{x_0}^{X}u\mathrm{d}x+\int_{x_0}^{X}v\mathrm{d}x,\ \int_{x_0}^{X}(u-v)\,\mathrm{d}x=\int_{x_0}^{X}u\mathrm{d}x-\int_{x_0}^{X}v\mathrm{d}x;$$

$$(4)\qquad \int_{x_0}^{X}(au+bv+cw+\cdots)\,\mathrm{d}x=a\int_{x_0}^{X}u\mathrm{d}x+b\int_{x_0}^{X}v\mathrm{d}x+c\int_{x_0}^{X}w\mathrm{d}x+\cdots.$$

如果 $f(x)$ 为虚函数，按照积分（1）的定义展开，当常量 a，b，c 为虚常数时，方程（4）仍然成立．因此，有

$$(5)\qquad \int_{x_0}^{X}(u+v\sqrt{-1})\,\mathrm{d}x=\int_{x_0}^{X}u\mathrm{d}x+\sqrt{-1}\int_{x_0}^{X}v\mathrm{d}x.$$

现在假设在将差 $X-x_0$ 分割成多个元素 x_1-x_0，x_2-x_1，$x_3-x_2\cdots$，$X-x_{n-1}$ 之前，把每一元素都划分成许多无穷小的元素，结果，改变了由方程（1）（“二

十二讲”）产生的 S 值. 乘积 $(x_1 - x_0)f(x_0)$ 被替换为那些形如以定积分 $\int_{x_0}^{x_1} f(x)\,\mathrm{d}x$ 为极限的乘积的和. 同样地，乘积 $(x_2 - x_1)f(x_1)$，…，$(X - x_{n-1})f(x_{n-1})$ 将由那些以 $\int_{x_1}^{x_2} f(x)\,\mathrm{d}x$，…，$\int_{x_{n-1}}^{X} f(x)\,\mathrm{d}x$ 为极限的和所替换. 而且，重新结合这些不同的和，会得到一个总和，这个总和的极限就是积分（1）. 于是，由和的极限等于极限的和，有

$$(6)\qquad \int_{x_0}^{X} f(x)\,\mathrm{d}x = \int_{x_0}^{x_1} f(x)\,\mathrm{d}x + \int_{x_1}^{x_2} f(x)\,\mathrm{d}x + \cdots + \int_{x_{n-1}}^{X} f(x)\,\mathrm{d}x\,.$$

需要注意的是，整数 n 是一个有限值. 如果在 x_0 和 X 之间插入 x 的一个值 ξ，方程（6）变成

$$(7)\qquad \int_{x_0}^{X} f(x)\,\mathrm{d}x = \int_{x_0}^{\xi} f(x)\,\mathrm{d}x + \int_{\xi}^{X} f(x)\,\mathrm{d}x.$$

易证，当 x_1，x_2，…，x_{n-1}，ξ 中的一些值没有被包含在 x_0 和 X 之间时，方程（6）和（7）仍然成立，而此时差 $x_1 - x_0$，$x_2 - x_1$，$x_3 - x_2$…，$X - x_{n-1}$，$\xi - x_0$，$X - \xi$ 的符号不再相同. 比如，差 $\xi - x_0$，$X - \xi$ 的符号相反. 另外，假设 x_0 介于 ξ 和 X 之间，或者是 X 介于 x_0 和 ξ 之间. 将会得到

$$\int_{\xi}^{X} f(x)\,\mathrm{d}x = \int_{\xi}^{x_0} f(x)\,\mathrm{d}x + \int_{x_0}^{X} f(x)\,\mathrm{d}x$$

或者

$$\int_{x_0}^{\xi} f(x)\,\mathrm{d}x = \int_{x_1}^{X} f(x)\,\mathrm{d}x + \int_{X}^{\xi} f(x)\,\mathrm{d}x\,.$$

但是，通过“二十二讲”中的公式（6），可以证明我们得到的这两个方程是如何与方程（7）一致的. 后者在所有假设情形中都成立，无论 x_1，x_2，…，x_{n-1} 是什么，都可以从中推导出方程（6）.

在前一讲中可以看到，如果函数 $f(x)$ 自 $x = x_0$ 到 $x = X$ 一直递增或是一直递减，不仅易求趋近于积分（1）的值，而且也易求所产生误差的极限. 当后一个条件不能满足时，利用方程（6）可以把积分（1）分解成多个积分，对于每一个积分来说，都满足相同的条件.

现在假设边界值 X 大于 x_0，函数 $f(x)$ 自 $x = x_0$ 到 $x = X$ 一直为正，x 、y 表示直角坐标，A 是一张平面，这张平面的一部分包含在 x 轴和曲线 $y = f(x)$ 之间，另一部分包含在纵坐标 $f(x_0)$ 和 $f(X)$ 之间. 这张底在 x 轴上的长度为 $X - x_0$ 的平面，其面积等于底为 $X - x_0$、高分别是对应于这个底的不同点处的纵坐标的最小值和最大值的两个矩形面积的平均值. 这样，就等于高是由 $f[x_0 + \theta(X - x_0)]$ 表

示的纵坐标的平均值的矩形；因此有

(8) $A=(X-x_0)f[x_0+\theta(X-x_0)]$ 表示小于 1 的数.

如果我们把底 $X-x_0$ 划分成非常小的元素 x_1-x_0，x_2-x_1，$x_3-x_2\cdots$，$X-x_{n-1}$，平面 A 也被划分成与之相应的元素，这些元素的值由类似于公式（8）的方程给出. 这样就有

(9) $$A=(x_1-x_0)f[x_0+\theta_0(x_1-x_0)]+(x_2-x_1)f[x_1+\theta_1(x_2-x_1)]+\cdots+(X-x_{n-1})f[x_{n-1}+\theta_{n-1}(X-x_{n-1})],$$

θ_0，θ_1，…，θ_{n-1}，θ 表示小于 1 的数. 如果在这个方程中无限地减小 $X-x_0$ 元素的数值，取极限得到

(10) $$A=\int_{x_0}^{X}f(x)\,\mathrm{d}x.$$

例如：

把公式（10）应用于曲线 $y=ax^2$，$xy=1$，$y=\mathrm{e}^x$，…[38].

在结束本讲之前，我们来揭示实定积分的一个显著特征. 如果假设 $f(x)=\varphi(x)\chi(x)$，其中 $\varphi(x)$ 和 $\chi(x)$ 是在边界限 $x=x_0$ 到 $x=X$ 之间连续的两个新函数，第二个函数在这些边界限之间保持符号不变，在“二十二讲”中由方程（1）给出的 S 值将变成

(11) $$S=(x_1-x_0)\varphi(x_0)\chi(x_0)+(x_2-x_1)\varphi(x_1)\chi(x_1)+\cdots+(X-x_{n-1})\varphi(x_{n-1})\chi(x_{n-1}),$$

并且等于和

$$(x_1-x_0)\chi(x_0)+(x_2-x_1)\chi(x_1)+\cdots+(X-x_{n-1})\chi(x_{n-1}).$$

乘以系数 $\varphi(x_0)$，$\varphi(x_1)$，…，$\varphi(x_{n-1})$ 的平均值，或者是，乘以形如 $\varphi(\xi)$ 的一个量，其中 ξ 表示介于 x_0 和 X 之间的 x 的一个值. 这样就得到

(12) $$S=[(x_1-x_0)\chi(x_0)+(x_2-x_1)\chi(x_1)+\cdots+(X-x_{n-1})\chi(x_{n-1})]\varphi(\xi),$$

求 S 的极限，有

(13) $$\int_{x_0}^{X}f(x)\,\mathrm{d}x=\int_{x_0}^{X}\varphi(x)\chi(x)\,\mathrm{d}x=\varphi(\xi)\int_{x_0}^{X}\chi(x)\,\mathrm{d}x,$$

ξ 是介于 x_0 和 X 之间的 x 的一个值.

例如：

如果依次令

$$\chi(x)=1,\ \chi(x)=\frac{1}{x},\ \chi(x)=\frac{1}{x-a},$$

得到公式

(14) $$\int_{x_0}^{X} f(x)\,\mathrm{d}x = f(\xi)\int_{x_0}^{X}\mathrm{d}x = (X - x_0)f(\xi);$$

(15) $$\int_{x_0}^{X} f(x)\,\mathrm{d}x = \xi f(\xi)\int_{x_0}^{X}\frac{\mathrm{d}x}{x} = \xi f(\xi)\,\mathrm{l}\,\frac{X}{x_0};$$

(16) $$\int_{x_0}^{X} f(x)\,\mathrm{d}x = (\xi - a)f(\xi - a)\int_{x_0}^{X}\frac{\mathrm{d}x}{x - a} = (\xi - a)\,\mathrm{l}\,\frac{X - a}{x_0 - a}.$$

第一个公式与“二十二讲”中的方程（19）一致. 需要补充说明的是，总是假定在第二个公式中的关系式 $\frac{X}{x_0}$ 以及第三个公式中的关系式 $\frac{X-a}{x_0-a}$ 为正[39].

第二十四讲　一些值为无穷大或不确定的定积分、不确定积分的主值

在前几讲中，我们已经论证了定积分

(1) $$\int_{x_0}^{X} f(x)\,\mathrm{d}x$$

的许多显著性质，但是这些性质成立的前提是，边界限 x_0、X 是定值，然后是函数 $f(x)$ 在这两个边界限之间有限且连续. 如果满足这两个条件，在边界限 x_0 和 X 之间插入新的 x 值 x_1，x_2，…，x_{n-1}，得到：

(2) $$\int_{x_0}^{X} f(x)\,\mathrm{d}x = \int_{x_0}^{x_1} f(x)\,\mathrm{d}x + \int_{x_1}^{x_2} f(x)\,\mathrm{d}x + \cdots + \int_{x_{n-1}}^{X} f(x)\,\mathrm{d}x$$

当这些中间值简化为两个值时，其中一个值 ξ_0 趋近于 x_0，另一个值 ξ 趋近于 X，方程（2）变成

$$\int_{x_0}^{X} f(x)\,\mathrm{d}x = \int_{x_0}^{\xi_0} f(x)\,\mathrm{d}x + \int_{\xi_0}^{\xi} f(x)\,\mathrm{d}x + \int_{\xi}^{X} f(x)\,\mathrm{d}x,$$

可以记作

$$\int_{x_0}^{X} f(x)\,\mathrm{d}x = (\xi_0 - x_0)f[x_0 + \theta_0(\xi_0 - x_0)] + \int_{\xi_0}^{\xi} f(x)\,\mathrm{d}x + (X - \xi)f[\xi + \theta(X - \xi)],$$

其中 θ_0, θ 表示两个小于 1 的非负数. 如果在上式中, ξ_0 趋近于 x_0 且 ξ 趋近于 X，取极限得到

(3) $$\int_{x_0}^{X} f(x)\,\mathrm{d}x = \lim\int_{\xi_0}^{\xi} f(x)\,\mathrm{d}x$$

如果边界限 x_0、X 是无穷大，或者，若函数 $f(x)$ 在 $x = x_0$ 到 $x = X$ 之间并非是有限且连续的，则我们不敢确定前面讲座中的 S 所表示的量有一个确定的极限，因此，通常用来表示 S 的极限的符号（1）的具体含义[40]也有所改变. 为了去掉

所有不确定的因素，并且在所有情形中为符号（1）赋予一个清晰而精确的定义，即使并不能严格地进行论证，但只要以类推法[41]展开方程（2）和（3）即可，在一些例子中可以看到这种情形.

首先，考虑积分

(4) $$\int_{-\infty}^{\infty} \mathrm{e}^{x}\mathrm{d}x$$

如果以 ξ_0 和 ξ 表示两个变量，第一个变量趋近于极限 $-\infty$，第二个变量趋近于极限 ∞，则公式（3）变为

$$\int_{-\infty}^{\infty} \mathrm{e}^{x}\mathrm{d}x = \lim\int_{\xi_0}^{\xi} e^{x}\mathrm{d}x = \lim(\mathrm{e}^{\xi} - \mathrm{e}^{\xi_0}) = \mathrm{e}^{\infty} - \mathrm{e}^{-\infty} = \infty$$

这样，积分（4）的值就是正无穷大.

然后，考虑积分

(5) $$\int_{0}^{\infty} \frac{\mathrm{d}x}{x},$$

两个上下限的其中一个是无穷大，而另一个使得符号 $\int$ 下的函数也即 $\frac{1}{x}$ 为无穷大. 以 ξ_0 和 ξ 表示两个正值，第一个趋近于0，第二个趋近于极限 ∞，写成公式（3）的形式

$$\int_{0}^{\infty} \frac{\mathrm{d}x}{x} = \lim\int_{\xi_0}^{\xi} \frac{\mathrm{d}x}{x} = \lim \mathrm{l}\frac{\xi}{\xi_0} = \mathrm{l}\frac{\infty}{0} = \infty$$

这样积分（5）也是一个正无穷大.

如果变量 x 和函数 $f(x)$ 都对于积分（1）的其中一个边界限保持有限，则可以把公式（3）写成以下两种形式之一：

(6) $$\int_{x_0}^{X} f(x)\,\mathrm{d}x = \lim\int_{x_0}^{\xi} f(x)\,\mathrm{d}x, \quad \int_{x_0}^{X} f(x)\,\mathrm{d}x = \lim\int_{\xi_0}^{X} f(x)\,\mathrm{d}x$$

由上述方程可以得到以下结果：

(7) $$\int_{-\infty}^{0} \mathrm{e}^{x}\mathrm{d}x = \mathrm{e}^{0} - \mathrm{e}^{-\infty} = 1, \quad \int_{0}^{\infty} \mathrm{e}^{x}\mathrm{d}x = \mathrm{e}^{\infty} - \mathrm{e}^{0} = \infty$$

$$\int_{-1}^{0} \frac{\mathrm{d}x}{x} = \mathrm{l}0 = -\infty, \quad \int_{0}^{1} \frac{\mathrm{d}x}{x} = \mathrm{l}\frac{1}{0} = \infty$$

现在考虑积分

(8) $$\int_{-1}^{+1} \frac{\mathrm{d}x}{x},$$

其中符号 $\int$ 下的函数也即 $\frac{1}{x}$，对于两个边界限 $x=-1$、$x=1$ 之间的值 $x=0$

是无穷大. 写成公式（2）的形式，得到

$$(9)\qquad \int_{-1}^{+1}\frac{dx}{x}=\int_{-1}^{0}\frac{dx}{x}+\int_{0}^{1}\frac{dx}{x}=-\infty+\infty$$

这样积分（8）的值似乎是不确定的. 事实上，如果以 ε 表示一个无穷小量，以 μ，ν 表示任意的两个正常数，由（6）中的公式得到

$$(10)\qquad \int_{-1}^{0}\frac{dx}{x}=\lim\int_{-1}^{-\varepsilon\mu}\frac{dx}{x},\ \int_{0}^{1}\frac{dx}{x}=\lim\int_{\varepsilon\nu}^{1}\frac{dx}{x}.$$

因此，公式（9）变成

$$(11)\qquad \int_{-1}^{+1}\frac{dx}{x}=\lim\left(\int_{-1}^{-\varepsilon\mu}\frac{dx}{x}+\int_{\varepsilon\nu}^{1}\frac{dx}{x}\right)=\lim(\mathrm{l}\varepsilon\mu+\mathrm{l}\frac{\mu}{\nu})=\mathrm{l}\frac{\mu}{\nu}$$

而且，积分（8）会产生一个完全不确定的值，因为这个值将是一个任意常数 $\frac{\mu}{\nu}$ 的“纳皮尔对数”[42].

现在假设函数 $f(x)$ 对于两个边界限 $x=x_0$、$x=X$ 之间的 x 值 x_1，x_2，…，x_m 是无穷大. 如果 ε 表示一个无穷小量，μ_1，ν_1，μ_2，ν_2，…，μ_m，ν_m 表示任意的正常数，由公式（2）和（3）有

$$(12)\qquad \int_{x_0}^{X}f(x)\,dx=\int_{x_0}^{x_1}f(x)\,dx+\int_{x_1}^{x_2}f(x)\,dx+\cdots+\int_{x_m}^{X}f(x)\,dx$$

$$=\lim\left[\int_{x_0}^{x_1-\varepsilon\mu_1}f(x)\,dx+\int_{x_1+\varepsilon\nu_1}^{x_2-\varepsilon\mu_2}f(x)\,dx+\cdots+\int_{x_m+\varepsilon\nu_m}^{X}f(x)\,dx\right.$$

如果极限 x_0、X 替换为 $-\infty$、∞，将得到

$$(13)\qquad \int_{-\infty}^{\infty}f(x)\,dx=\lim\left[\int_{\frac{1}{-\varepsilon\mu}}^{x_1-\varepsilon\mu_1}f(x)\,dx+\int_{x_1+\varepsilon\nu_1}^{x_2-\varepsilon\mu_2}f(x)\,dx+\cdots+\int_{x_m+\varepsilon\nu_m}^{\frac{1}{\varepsilon\nu}}f(x)\,dx\right.$$

μ，ν 表示任意两个正常数. 在公式（13）的等式右端，如果 x_0 和 X 其中之一变成无穷大时，则以 X 代替 $\frac{1}{\varepsilon\nu}$ 或以 x_0 代替 $-\frac{1}{\varepsilon\nu}$. 由方程（12）和（13）推导出来的积分

$$(14)\qquad \int_{x_0}^{X}f(x)\,dx,\qquad \int_{-\infty}^{\infty}f(x)\,dx$$

的值可能是无穷大或是有限而确定的量或是不确定的量，这取决于函数 $f(x)$ 的性质，也与任意常数 μ，ν，μ_1，ν_1，…，μ_m，ν_m 的任意值有关.

如果在公式（12）和（13）中把任意常数 μ，ν，μ_1，ν_1，…，μ_m，ν_m 都简化为 1，将会得到

$$(15)\qquad \int_{x_0}^{X}f(x)\,dx=\lim\left[\int_{x_0}^{x_1-\varepsilon}f(x)\,dx+\int_{x_1+\varepsilon}^{x_2-\varepsilon}f(x)\,dx+\cdots+\int_{x_m+\varepsilon}^{X}f(x)\,dx\right.$$

$$(16)\ \int_{-\infty}^{\infty} f(x)\,\mathrm{d}x = \lim \Big[\Big[\int_{\frac{1}{-\varepsilon}}^{x_1-\varepsilon} f(x)\,\mathrm{d}x + \int_{x_1+\varepsilon}^{x_2-\varepsilon} f(x)\,\mathrm{d}x + \cdots + \int_{x_m+\varepsilon}^{\frac{1}{\varepsilon}} f(x)\,\mathrm{d}x$$

如果（14）中的积分变得不确定，方程（15）和（16）的每一项都可以产生一个唯一的值，我们称之为“主值”. 如果把积分（8）看作一个例子，虽然一般而言这个值是不确定的，但是我们会发现其主值为零.

注　释

[1] 我选取与“课程”相对应的“讲座”这个词汇，是因为觉得如果称这些内容为“课程”，似乎就隐含着柯西认为这些论文就是对于众所周知的知识的介绍，尽管关于导数与积分的基本概念在柯西之前已被熟知，而且柯西的文章结构与风格在许多方面都是教学形式的，但是柯西把他自己对于已知知识的方法看作是新颖的，是因为他认为在某种程度上为这类问题建立了之前不曾有过的严格基础.

[2] “差”是 Δy 和 Δx .

[3] 柯西通过二项式展开（“帕斯卡展开”），然后再减去 x^m ，除以 i ，就得到这个方程

[4] 当 x 或 i 趋于零时的极限. 通常，柯西提到极限时，是指当一个变量或几个变量趋于零时的极限.

[5] fonction dérivée（导函数）

[6] 柯西似乎是用数（nombre）来表示我们今天称之为正实数的数，用量（quantité）表示所有实数（这样，量可以看作是+的或-的数）.

[7] 也即当 α 趋于 0 时的极限.

[8] 今天，我们称这个对数为“自然对数”.

[9] 柯西担心遇到求一个负数的对数的情形，这种情形的结果一般不是一个实数.

[10] 若 x 为负数或分数 a 分母为偶数，则这个分数应重写成另一种形式，其中 a 为一个可被 2 整除的有理数，这就表示，整个表示式就是一个负数的有理数幂的平方根. 因此，对于某些幂次而言，这个表示式就是虚数.

[11] 柯西担心出现 $(-3)^{\pi}$ 和 $(-5)^{e}$ 的情形.

[12] Diefférentille（微分）

[13] 正如柯西所言，这个 $\mathrm{d}x$ 既不是 Δx ，也不是 Δx 的极限，它是函数 $f(x) = x$ 的微分.

[14] 见注 10

[15] 这些函数仅从-1 到 1 之间取值.

[16] 见注 9

[17] 见注 10 和 11

[18] 例如，arcsin(1) 可以看作是这个问题的答案：什么弧度的正弦是 1 呢？然而，由于三角函数的周期性质，这个问题有无穷多个答案：$\frac{\pi}{2}$，$\frac{5\pi}{2}$，…. 若我们把这些值都看作是函数在 1 处的值，则对于一个给定的变量，函数是多值的. 为了避免这种情况出现，柯西告诉我们要把答案的范围限定在这些值的最小的那个.

[19] 例如，$\arccos\left(\frac{\sqrt{2}}{2}\right)$ 等于 $\left(\frac{\pi}{4}\right)\pm n2\pi$ 和 $-\left(\frac{\pi}{4}\right)\pm n2\pi$，即使有了柯西的限定，对于这个反余弦函数，仍然能得到两个值．通常这些值都是成对出现，并且大小相等，符号相反．为了保证给定一个变量能得到唯一函数值，柯西把函数的范围限定在这些成对出现的数中取正值的那一个．

[20] 反三角函数（也就是 arc 函数）把三角函数的结果作为它们的自变量，把弧度看作是它们的函数值．由于柯西对自变量作出的限制范围，“arc 函数”的弧度或是函数值也被限定在指定的范围之内．

[21] 正如柯西所暗示的，方程（1）的第二项可以看作是已求得的微分（仅在极限处存在）加上一个无穷小量，这个无穷小量将取极限之前的表达式与取极限之后的表达式——也即微分本身——分离开来．

[22] 今天称最后这个条件为“单调性”．

[23] 因为单调性的要求．

[24] 影响微乎其微．

[25] 柯西全集 S. Ⅱ，t. Ⅲ

[26] 本文未选录此讲．尽管在我们所选录的讲座中，柯西并没有证明这一点，但是这并不困难，可以直观地发现为什么这是正确的．因为 $0<\theta<1$，函数单调，$f[x_0+\theta(X-x_0)]$ 介于 $f(x_0)$ 与 $f(x)$ 之间，因此对于适当的 θ，$f[x_0+\theta(X-x_0)]$ 即为所求的平均值．

[27] 正如前面所注明的，柯西把我们称之为正实数的数称为数．因此，这个条件表示 θ 是介于 0 与 1 之间的数（柯西此前已明确说明）．

[28] 显然地．

[29] 影响微乎其微．

[30] 显然地．

[31] 也即，对于每个给定端点的函数，有且只有一个极限．

[32] 在第二个和第三个表达式（已不再使用）中，上下标的顺序似乎颠倒了．也许是印刷错误，也许是柯西的描述仅与第一种符号相符．

[33] 柯西的意思是，当 i 和 α 趋于 0 时的极限．

[34] 正如在“第三讲”中所指出的，因为柯西担心可能取到负数的对数，所以他这样规定以使其合理．

[35] 同样，柯西担心取到负数的对数．

[36] 对数函数在 1 两侧改变符号，因此，需要保证上述最后一项（也即，两个对数的商的对数）的自变量为正．

[37] 此积分的精确小数值是 0. 785398…．

[38] 柯西把这个作为练习留给读者．

[39] 这样可以保证对数函数的自变量为正值．

[40] Sens（含义）．

[41] d'étendre par analogie（类推法）．

[42] 今天称之为“自然对数”．

（周　畅　译，李文林校）

乔治·布尔（1815—1864）

生平和成果

（被雨淋透的）人组成的类等同于（［被雨淋透的］又［被雨淋透的］）人组成的类. 这是**幂等**（字面意义为“自幂”）原则的一个例子. 乔治·布尔发现了它的威力. 他妻子对它的误解则导致了他的英年早逝.

乔治·布尔出生在英格兰北部的林肯市，这里离英国有史以来最伟大的科学家伊萨克·牛顿爵士的出生地不远. 布尔的父亲约翰·布尔来自在林肯郡生活了许多个世纪但从未发达过的一个家族. 尽管接受的是作为一名鞋匠的训练，但是约翰·布尔却对科学仪器尤其是望远镜情有独钟. 1800 年他 23 岁时去了伦敦，想在那里碰碰运气.

对于约翰而言伦敦并不拥有财富，而只有新娘. 1806 年，他遇到了正在伦敦做女佣的玛丽·安·乔伊斯，一位来自一个古老的贝克郡家族的年轻姑娘. 他们恋爱不久便结婚了，但却不得不在长达 6 个月的时间里分开居住在各自的工作场所. 和现在一样，那时的伦敦是英格兰生活消费最高的地方. 在意识到他绝不会在伦敦致富后，约翰·布尔于 1807 年搬回林肯，操起了鞋匠的行当.

起初，玛丽·安·布尔可能不适应英格兰北方的气候. 她尝试了许多年希望怀上孩子但都没有成功. 因此，当在结婚超过 8 年她 34 岁时怀上他们的第一个孩子后，她和她的丈夫高兴万分. 1815 年 11 月 2 日，她生下一个儿子，并按照他刚刚过世的祖父的名字取名乔治. 母亲这边的人肯定同意玛丽·安·布尔这么做. 在不长的时间里，她又接连生了一个女儿和另外两个儿子.

虽然乔治·布尔生性腼腆，不喜交往，并且这一性格伴随终生，但他在当地学校上学时成绩优异. 他在课下学了很多东西以弥补课堂教育的不足. 作为第一个孩子，布尔是父母的掌上明珠. 他父亲曾花了许多个晚上和他一起制作照相机、万花筒、显微镜、望远镜和日晷.

然而，布尔第一次出名是因为他对古典语言的兴趣. 在跟一位当地的书商学习了拉丁语之后，布尔又自学了古典希腊语. 14 岁时，他以诗体翻译了希腊诗人梅利格尔所写的一篇长诗. 布尔的父亲对这篇译文十分欣赏，于是说服当地的《林肯先驱报》刊登出来并附上了译者的年龄. 一位当地的中学校长给编辑写信说，这篇翻译远远超出了任何一位 14 岁孩子的能力. 无疑这位校长也将会怀疑布尔的数学天才.

甚至在他十几岁时，布尔就已成为一个不信奉英国国教派的信徒. 尽管是在英国正统教会家庭成长起来的，但他的语言能力使他有可能阅读范围广泛的基督教神学著作. 在一些早期的笔记本中，布尔将基督的三位一体与空间的三维作了比较. 早年，布尔曾被上帝作为一个绝对统一体的古老希伯来观念所吸引. 有段时间，布尔甚至有过皈依犹太教的想法. 最终他成为一个不信奉国教的唯一神教派成员.

假如他出身于一个更富足的家庭的话，他一定会去牛津或剑桥的. 但那绝不会是他的命运. 作为一名在为生计奋斗的鞋匠之子他甚至无法奢望大学教育，更不要说他的非正统宗教信仰可能引发的问题了.

因此，年轻的乔治·布尔决定从事教育，而不是接受教育. 17 岁时，他成了唐开斯特一所中学的教师. 他的非正统宗教观点使他在那里只待了很短的时间，不到一年布尔就转往利物浦的一所中学. 由于自信有作为一名教师和管理者的能力，仅 6 个月后他离开了他在利物浦的岗位回到林肯，在那里他于 1834 年面向少男少女们开办了一所集古典教育，商业教育，和数学教育为一体的全日制私立中学.

布尔作为这所学校的校长一定很成功. 1838 年他完全接管了沃丁顿的一所更大的私立中学. 由于沃丁顿距林肯只有 4 英里，所以布尔能够同林肯的慈善机构和教育机构保持联系. 如果说布尔从他父亲那里得到了科学方面的指导的话，那么他一定从他母亲那里学到了施善举的重要性. 20 岁时，他成为位于林肯的女性忏悔之家——任性妇女的矫正中心的共同创办人和受托人. 他还是名为提早歇业协会的一个负责人. 这并不是一个戒酒团体，而是追求合理的工作时限的一个组织.

作为市民，布尔在林肯最重要的事情是同力学协会交往，它刚好是在布尔返回林肯那一年（1834）建立的. 这是一个商贸学校和大众图书馆的联合体，其目的是为了改善劳工阶层的境况. 约翰・布尔曾是它的第一任负责人，他设法确保图书馆完整地收藏皇家学会的出版物和伟大的英国数学家和大陆数学家的著作，如牛顿的《原理》，拉普拉斯的《天体力学》和拉格朗日的《分析力学》. 乔治・布尔不止一次对这类读物进行了如饥似渴的阅读，而且如有必要还反复阅读，以便掌握它.

布尔也通过和力学协会的赞助人之一，皇家学会会员爱得华・布龙希德爵士相识而获益匪浅. 布龙希德毕业于剑桥，是一位有才智的业余数学家，对数学天才独具慧眼. （他最近刚刚资助了诺丁汉数学家乔治・格林.）布尔一定多次访问过布龙希德位于林肯郊外的庄园瑟尔比府邸，并从布龙希德那里借过许多书.

林肯城内和周围的环境肯定适合布尔. 1838 年，他发表了他的第一篇论文《论变分法中的某些定理》. 他的早期论文涵盖了广泛的论题：微分方程，积分，逻辑，概率，几何和线性变换. 这些论文都发表在新近创办的《剑桥数学杂志》上. 到 1843 年，布尔已经有信心将他的论文《论分析中的一个一般方法》投给皇家学会这一英国科学的最高殿堂. 皇家学会差一点儿就忽略掉了布尔的论文，因为学会理事会中没有人知道布尔. 幸运的是，学会数学委员会的负责人建议两位专家评阅这篇论文. 其中的一位专家想要拒绝这篇论文. 他的意见没有获得多数人的支持. 另一位专家不仅推荐发表，而且还提名这篇论文获学会颁发的 1841 至 1844 年间最佳投稿金质奖章. 他的推荐那天得以通过，使布尔在英国数学界赢得了声誉.

虽然获奖，但布尔仍旧不愿意让人把自己引见给那些杰出的数学家，因为他觉得自己的工作比起他们的来要逊色. 事实上，迟至 1845 年在他差不多 30 岁时，布尔曾考虑到剑桥去修一个本科学位. 当他意识到他不能逃避对其父母的财务责任时，布尔反其道而行之决定寻求一个大学教授职位，而不是注册入学. 对布尔来说幸运的是，罗伯特·皮尔的政府于 1846 年通过了在爱尔兰建立三个新女王学院的一项法案. 布尔很快就到这些新的学院去申请一个教授职位并希望年内获得任命. 然而他希望的结果并没有发生. 由于马铃薯减产导致的爱尔兰大饥荒使得政府将注意力从建立学院转向了更重要的问题. 但最终布尔在 1849 年 8 月，也就是他父亲刚去世后不久，接到了位于爱尔兰西南的科克女王学院的任命.

布尔的论文《论分析中的一个一般方法》是他在逻辑方面的开拓性工作的一个先兆. 它的讨论集中于数学分析对象的结构和形式，从而为他关注逻辑本身的结构和形式奠定了基础. 在其论文的后记中布尔写道：

> 我急于想要证实的观点是，高等分析中的任何重大进展，一定是通过日益关注符号组合的规律获得的. 这一原则的价值无论如何估计都不会过高.

在女王学院，布尔很快被任命为系主任. 处在这个位置，他要在每学年伊始面向全院教职工发表年度演说. 他在 1851 年的演说题为《科学的主张，尤其是像在它与人类本性的关系中所建立的那种主张》，其中包含了他将要在三年后的《思维规律》中提出的那些思想的暗示. 在此演说中他问道：

> 首先，关于我们的智力，是否存在正如构成一门科学所必需的那种一般规律；因为我们已经看到，科学本质上在于对一般规律而不是特殊事实的认识.
>
> 其次，假设这种一般规律是可以被发现的，那么关于它们心智所维系的关系的本质是什么？它像外在的本质规律那样是一种必须服从的关系吗？抑或它是某种在物质系统中没有成例也没有类比物的与众不同的关系……
>
> 如果要问从这些共同的理性原则我们能否推论出它们的基本规律的实际表达式，那么我将回答这是可能的，并且这些结果构成了数学的真正起点. 我这里所讲的不单是关于数和量的数学，而是在其更广的，我相信也是更真实的意义上所说的作为普遍推理的数学，它是用符号形式表达的，并且是根据最终寓于人类心智中的规律来进行的.

布尔之前两位最伟大的逻辑学家亚里士多德和莱布尼茨相信，应该有可能用数学形式表达逻辑的基本规律．许多数学家已经先于布尔做过这样的尝试了．实际上，莱布尼茨已经制订了一套方案，其中命题“所有 X 是 Y”被表示成“X/Y”．因而类比于算术，

$$X/Y * Y/Z = X/Z$$

就表示如果所有 X 是 Y 并且所有 Y 是 Z，那么所有 X 是 Z．但这对于布尔之前的所有尝试来说几乎是一种限制．先前用代数形式翻译逻辑的所有尝试都试图将实数代数强加于它．布尔认识到需要另一种代数．在《思维规律》中，他沿着抽象的道路前行，对于代表从前完全不被当成数学对象的事物之符号进行代数运算．两个类的交用一种类似于乘法的运算来表示，而两个类的并用一种类似于加法的运算来表示．

经典逻辑只考虑命题的“四种形式”——所有 X 是 Y，没有 X 是 Y，有些 X 是 Y，有些 X 不是 Y．布尔从集中讨论这些形式中的第一个：所有 X 是 Y 开始．他把断言所有 X 是 Y 表示成 $XY=X$①．于是，如果所有 X 是 Y 并且所有 Y 是 X，则 $XY=YX$．特别，$XX=X$；即 $X^2=X$，这就是对于所有的类而不只是对于数字代数中两个特定的值成立的幂等原则．用“+”表示类的并②，布尔证明了类的交对于类的并的分配律，即 $Z(X+Y)=ZX+ZY$ 例如，左撇子人构成的类 Z 与英格兰人构成的类 X 和爱尔兰人构成的类 Y 的并的交，等同于左撇子英格兰人构成的类和左撇子爱尔兰人构成的类的并．

布尔接着证明了对于类表达式的纯粹符号操作如何被用来表示经典的蕴涵模式，而在论证中并不涉及这些模式本身的含义．下面就是布尔证明如果所有 X 是 Y 并且所有 Y 是 Z，那么所有 X 是 Z 的例子．假设所有 X 是 Y 并且所有 Y 是 Z．写成符号，就是 $X=XY$ 并且 $Y=YZ$．在 $X=XY$ 中替换 $Y=YZ$ 得

$$X=XY=X(YZ)=(XY)Z=XZ,$$

或 $X=XZ$，这是所有 X 是 Z 的表达式．

当布尔引入符号 1 表示全类，符号 0 表示空类，运算“−”表示补（类 $P-Q$ 是在 P 中而不在 Q 中的元素的集合）后，他甚至得到了更强有力的结果．通过这么做，他能够证明对于所有 X，有不矛盾原则 $X(1-X)=0$ 成立（任何事物都不会既有某种性质又没有那种性质）：

① 原文误作 $XY=Y$．

② 原文误作“交”．

$$X = X^2,$$
$$X - X^2 = 0,$$
$$X1 - X^2 = 0,$$
$$X(1 - X) = 0.$$

亚里士多德已经讨论过不矛盾原则和处于同等地位的幂等原则，二者对于逻辑推理来说都是必要的假设．利用他的逻辑代数，布尔已经证明不矛盾原则能够从更直观的幂等原则——具有性质 X 与性质 X（事实上，随便多少次）的事物的类等同于具有性质 X 仅一次的事物的类——推导出来．在《思维规律》写就后半个世纪，伯特兰·罗素将它描述为“在其中发现了纯数学”的著作．

如果说科克目睹了布尔最重要的数学成就，那么它也见证了他一生中最幸福的时光．在他到达科克后，布尔很快就成为学院的副院长兼希腊语教授约翰·赖尔的密友．1850 年，布尔与赖尔 18 岁的外甥女玛丽·埃佛勒斯相见．玛丽·埃佛勒斯出身于格洛斯特郡一个乡绅家庭．她父亲托马斯是圣公会的一位牧师．托马斯的兄长乔治·埃佛勒斯爵士曾任印度的勘测总监并且是第一个测量世界第一高峰的人，他后来用他本人的名字命名了这座山峰！①

不像布尔只是对英格兰北部严酷的气候条件留存着孩提时就有的记忆，玛丽·埃佛勒斯则见过些世面．她的父亲患有肺结核，有好多年他在法国有益健康的气候条件下度假，接受顺势疗法的治疗．顺势疗法（字面意思是“像小病一样”）强调的是通过服用小剂量的药物治疗某种小病，而如果让健康人服用的话将会引起正要治疗的那种病的症状．埃佛勒斯牧师还相信早餐前的长距离行走和冷水浴作为提振精神的晨练方式．这次治疗的效果很好使得埃佛勒斯一家人得以回到家乡居住．

布尔在他的日记中坦承自己是一个情种，曾经历过多次的恋爱和失恋．然而当他们第一次见面时他对玛丽·埃佛勒斯似乎没有产生丝毫的浪漫情感．从 1850 年到 1852 年他只是在暑假教她数学．1852 年到 1855 年，乔治和玛丽只是在通信中讨论数学问题，再没有见面．这种状况在 1855 年 6 月结束，当时托马斯·埃佛勒斯突然去世使得玛丽衣食无着．未曾有过的浪漫发生了，乔治·布尔立即提出了结婚请求．玛丽接受了，那年的 9 月 11 日他们结了婚．

婚后两年，他们住在一幢称为“学院景观”的房子里，从它步行到学院大约有十分钟的路程．虽然方便，但对布尔一家人来说在 1856 年他们的第一个女

① 珠穆朗玛峰在国外通常称埃佛勒斯峰．

儿玛丽・艾伦出生后房子很快变得拥挤了，而随着他们的另一个女儿玛格丽特在1858年出生将会变得更加拥挤．就在玛格丽特出生前不久，他们搬到了布莱克斯顿村一处租来的房子，这里距学院4英里但离火车站只有半英里．布尔一家人喜欢这处房子．从它可以观看到科克壮丽的海港景色．

但这所房子对于他们不断扩大的家庭来说很快就变得太小了，现在又多了两个女儿，爱丽莎生于1860年，露西生于1862年．就在期待着另一个孩子（仍旧是一个女儿，取名艾瑟儿，1864年出生）的到来时，布尔一家搬到了波林坦普尔村的一所名为里奇费尔德农庄的房子，它距离学院一英里但离火车站非常远．玛丽・布尔将此视为乔治的一次机会，以进行她父亲为帮助缓解布尔经常抱怨的风湿病痛曾鼓励的那种长距离行走．

然而长距离行走并没有治愈布尔的风湿病．其中的一次反而要了他的命．1864年11月24日，布尔在疾风骤雨中进行了从波林坦普尔到学院的长距离行走．在穿着湿透的衣服讲完课后又进行了长距离行走返回波林坦普尔．刚一到家，他便一头倒在床上，发起了高烧．玛丽・布尔依然相信顺势疗法的正确性，她用一桶又一桶的冷水浇她的丈夫为他治疗．但自然布尔得的支气管肺炎不是幂等的．冷水疗法只能使他病情恶化．12月5日玛丽・布尔终于同意去请医生．然而为时已晚．当时布尔已经因高烧身陷昏迷．三天后他离开了人世．

布尔一生中获得过许多荣誉．都柏林三一学院和牛津大学授予他荣誉博士学位．1857年被选为皇家学会会员．但也许后代给予了布尔最大的荣誉．许多计算机语言都有取真假值的对象．它们被称为“布尔值”．

乔治·布尔（1815—1864）

《思维规律研究》

第 I 章　本书的性质和宗旨

1. 以下论述的宗旨是要研究使推理得以进行的那些心智运作的基本规律；用一种演算的符号语言来表达它们，在此基础上建立逻辑科学并构作其方法；使这一方法本身成为应用于概率之数学理论的一种一般方法的基础；最后，从这些研究过程中所揭示的各种真理成分收集一些有关人类心智的本质和构成方面的可能暗示.

2. 几乎不必说这一宗旨不全是新的，众所周知，对于它的两个主要实践部门逻辑和概率，哲学家们已经给予了相当大的关注. 的确，就其古代的和经院哲学时期的形式而言，逻辑学科几乎毫无例外的是与亚里士多德这个伟大名字相联系的. 如同古希腊人在《工具论》的半技术性的，半形而上学的专题讨论中看到的一样，这样的内容延续至今，几乎没有任何实质性的改变. 最初的研究更多的是针对一般哲学的问题，虽然这些问题产生于逻辑学家的争论，但是它们已经超越了其起源，并在人们经年累月的思索中留下了它们特有的取向和属性. 作为这种研究对人类思维进程产生的较微弱影响的例子，波菲利和普洛克罗斯的时代，圣安塞姆和阿伯拉尔的时代，拉米斯的时代，和笛卡儿的时代，连同培根和洛克的最后抗争浮现在人们的脑海中，其影响部分地在于启发了丰富多彩的论题，部分地在于激起了对这种研究本身之矫揉造作的抱怨. 另一方面，概率论的历史已经呈现出更多的属于科学的那种稳步增长的特征. 无论是早先帕斯卡在它起源时期所做的天才工作，还是拉普拉斯在它发展的较成熟阶段所建立的非常深奥的数学理论都在致力于它的进步；这里忽略了不像他们那样杰出的其他人的名字. 正如逻辑研究因它引起的类似形而上学问题引人注目一样，概率研究也因为它对数学科学的高级部门的推动而令人刮目相看. 而且，这两门学科中的每一个都被人们合理地认为既与某种思辨目的有关也与某种实际目的有关. 能使我们从给定的前提推出正确的结论并不是逻辑的仅有目标；教我们如何在一个安全的基础上建立起人寿保险行业；如何从天文学，物理学，或正在迅速获得重要性的社会调查领域的无数观测记录中提炼有价值的数据，也不是概率论的唯一要求. 这两方面的研究还具有源于阐明智力的另一种吸引力. 它们指导我们关心语言和数用作推理过程之辅助工具的方式；它们在某种程度上向我们揭示了我们不同的普通智力之间的联系；它们在我们面前确立了什么是论证知识和可能知识两个领域中真理和正确性的基本标准——这些标准并非凭空而来，而是深深植根于人类能力的构成之中. 这些思辨目的既没有在趣味性方面，也没有在尊贵性方面，也许还可以加上也没有在重要性方面让位于实际目的，伴随着对后者的追求，它们已经被历史地结合在一起了. 展现那些高级思维能力——借此我们达到或形成了关于世界和我们自身的所有超越感性知觉的知识——的隐秘规律和联系，对于有理智的头脑来说是一个并不需要称道的目标.

3. 然而尽管本书宗旨的某些部分已被其他人考虑过，但是它的总体构想，它的方法，以及在很大程度上它的结果我相信是原创性的. 为此我将在本章中提供一些预备材料和说明，以使读者有可能了解本书的实际目的，也使得对本书主题的处理更容易些.

首先，本书旨在研究那些使推理得以进行的心智运作的基本规律. 在此不需要进行任何论证以证明心智运作在某种现实的意义上有规律可循，从而一门关于心智的科学是**可能的**. 假如这些问题受到怀疑，那么这里也不打算通过事先努力解决争论之点来应对这种怀疑，而是通过将反对者的注意力引向实际规律的证据，使他们求助于一门实际的科学来应对它. 因此解决这种怀疑将不属于本书导言的范畴，而是这部著作本身的任务. 让我们假定一门关于智力能力的科学是可能的，并且让我们考虑一下如何获得关于它的知识.

4. 如同所有其他科学一样，关于智力运作的科学必须首先基于观察——这样一种观察的对象正是我们想要确定其规律的操作和过程. 然而尽管这样一种经验基础对于所有的科学来说都是一个必要条件，但是当研究对象是心智，并且当这一对象是客观性质时，应用上述原则确定普遍真理的那些模式之间还是有一些超乎寻常的差别. 对此有必要引起注意.

大自然的一般规律多半并非感官知觉的直接对象. 它们要么是从一大堆事实归纳推论出的它们所表达的共同真理，要么至少在它们起初，是关于用来解释具有恒定精确度的现象，并使我们能够预测它们的新组合的某种因果性的物理假设. 它们在任何情况下，并且就该词最严格的意义而言，都是**可能的**结论. 的确，随着它们获得越来越多的经验证实，它们也越发接近确实性. 但是关于概率的属性，就该词严格的和真正的意义来说，它们从来没有被完全剥夺过. 另一方面，关于心智规律的知识并不要求任何广泛收集的观察结果作为其基础. 普遍真理是在特定的事例中被察看到的，但它不是通过事例的重复而被证实的. 我们可以用一个明显的例子来说明这种观点. 那个被称为亚里士多德的**曲全公论**的推理形式是否表达了人类推理的一个基本规律也许还有疑问；但它表达了逻辑中的一个普遍真理却是毫无疑义的. 由于真理在人们反思其应用的个别事例时才以最一般的形式彰显出来，因此这既表明所论问题中的特殊原理或公式是建立在某个或某些心智规律的基础之上的，也说明对于这些普遍真理的感知并非从许多事例的归纳中得到，而是涉及对于单个事例的清晰理解. 有关这一真理，重要的是我们看到，我们关于智力能力所基于的规律的知识无论其广度或缺陷可能是什么，都不是概然知识. 因为我们不仅在特定的例子中看出普遍真理，而且我们也把它看作是一种确定的真理——一种我们对它的信赖将不随着对它的实际检验经验的不断积累而继续增加的真理.

5. 然而如果逻辑的普遍真理具有这样一种性质，使得当它们被呈现给心智时就立刻获得认可，那么构建逻辑科学的困难何在呢？人们也许回答说，它不在于收集知识材料，而在于区分它们的本质，并决定它们的相互位置和关系. 所有科学都由普遍真理构成，但这些真理中只有一些是首要的和基本的，其他的都是从属的和导出的. 开普勒所发现的椭圆运动规律是天文学中的普遍真理，但它们并非其基本真理. 在纯粹的数学科学中也是如此. 那些几乎漫无边际的已知定理和无穷无尽的未知定理全都建立在少数简单的公理基础之上；然而这些都是**普遍**真理. 还可以补充说，它们是这样一些真理，对于一个足够完善的头脑而言它们将依靠自身发出光芒，而无需那些思维的环节，也无需那些用来实际获得有关其知识的乏味且常常是费力的推理步骤. 我们来定义那些基本的定律和原理，从它们出发所有其他的普遍科学真理可以被推演出来，而且后者全都可以再被分解成那些基本的定律和原理. 那么，我们把那种制定了某些仅由心智申明确认的基本规律之后，准许我们由此经过按部就班的过程推导出它的全部次级结果，并且为它的实际应用提供完美的一般方法的理论，当作真正的逻辑科学会有错吗？我们考虑一下是否在任何被看成是真理系统或者是实践技艺基础的科学中，除了其导出真理系统的完全性和它足以建立的方法的一般性外，真的存在任何其他的关于其规律的完全性和基本特征的检验标准. 当然其他的问题可能会出现. 方便，规定，个人偏好的问题可能被提出而值得注意. 但对于什么构成了科学的抽象整体这个问题来说，我认识到除上面的讨论外没有什么是有任何真正的价值的.

6. 下一步，我们打算在本书中用一种演算的符号语言给出推理的基本规律的表达式. 对于这个问题我们只须说，那些规律已经达至使人想到这种表达方式，并且特别适合我们所考虑的目的的程度．一般推理中的心智运作和特定的代数科学中的运算之间不仅存在着一种高度的类似，而且在很大程度上两类操作的实施规律之间也存在着一种精确的一致．当然两种情形中的规律必须是独立确定的；它们之间任何形式上的一致只能通过实际的比较凭经验来建立．借用数的科学的符号，然后假定在它的新应用中支配其用法的规律仍不改变，仅仅是一种假设．的确，存在着正是按照语言属性建立的某些一般原理，根据它们确定了符号——它们仅仅是科学语言的元素——的用法．在某种程度上，这些元素是任意的．它们的解释纯粹是约定的：允许我们按我们所希望的任何意义使用它们．然而这种允许受到两个必不可少的条件的限制——首先，在同一推理过程中，该意义一旦按约定被确立我们就绝不背离；其次，执行这一过程所依据的定律无一例外地建立在所用符号的上述意义或含义的基础之上．根据这些原理，逻辑符号的规律与代数符号的规律之间可能建立的任何一致只可能出现在过程的某种一致中．两种解释的范围仍保持分离和独立，每一种都服从其自身的规律和条件．

以下所作的实际研究将在逻辑的实践方面将其展现为一个过程系统，它借助具有确定的解释并服从只建立在这种解释基础之上的符号来执行．但同时，它们显示的那些规律在形式上等同于一般的代数符号规律，唯一补充的就是逻辑符号还要服从一个特殊的规律（第 II 章），量的符号本身并不服从它．这里不打算详述这一规律的本质和证据．这些问题将在后面作充分的讨论．但是由于它构成了逻辑所涉及的那些推理形式和在特定的数的科学中呈现它们自身的那些形式之间的本质差别，所讨论的这一规律值得我们多加注意．可以说，它是一般推理的真正基础——它支配着那些对于逻辑推理过程来说是初步的构想或想象的智力行为，并且它给这些过程本身提供了它们的大部分实际形式和表达式．因此可以断定这一规律充满生机，所有与逻辑中的一般方法相类似的结果都或多或少是它的完善和发展．

7．我们已经制定了这样的原则（5），即逻辑科学中任何假定的规律系统的充分性和真正基本的特征，必须在完善它们显示给我们的方法的过程中被部分地观看到．接着，还要考虑对于逻辑中的一般方法的要求是什么，以及在本书的系统中它们在多大程度上得以完成．

逻辑涉及两种关系——事物之间的关系和事实之间的关系．但由于事实是用命题来表达的，所以后一种关系至少对于逻辑的目的而言，可以被分解成命题之间的关系．事实或事件 A 是事实或事件 B 的一个恒定推论这一断言，至少在这种程度上可以看成等价于断言：肯定事件 B 的发生为真的命题总蕴含着肯定事件 A

的发生为真的命题．因此，我们不说逻辑涉及的是事物之间的关系和事实之间的关系，而是说它涉及的是事物之间的关系和命题之间的关系．关于前一种关系，我们有命题——“所有人都会死”为例；关于后一种，我们有命题——“如果太阳被完全遮蔽，那么星星将会被看到”为例．一个表达的是“人”和“会死的生物”之间的关系，另一个表达的是两个初级命题——“太阳被完全遮蔽”和“星星将会被看到”之间的关系．在这样的关系中我认为应包括那些对事物的存在性进行肯定或否定的情形，以及那些对命题的真进行肯定或否定的情形．现在令其间表达了关系的那些事物或那些命题称为表达这种关系的命题的元．从这一定义出发进行下去，我们于是可以说任何逻辑论证的前提都表达某些元之间的**给定**关系，而**结论**则一定表达这些元之间，或它们中的一部分之间的一种**蕴含**关系，即在前提中蕴含的或由前提推论出的一种关系．

8．有了这一假设，对于逻辑中一般方法的要求似乎就是：

第一，因为结论必须表达前提中涉及的全部元或部分元之间的关系，所以要求我们应该具有消去那些我们不希望在结论中出现的元，并在我们希望保留的元中确定由前提所蕴含之全部关系的方法．那些本身不在结论中出现的元，用通常的逻辑语言讲称为中项；逻辑论著中作为例子的消去类型在于从包含一个共同元或中项的两个命题，推导出联系着两个剩下的项的一个结论．然而消去问题，正如在本书中所考虑的那样，具有广泛得多的内容．它意味着不仅从两个命题消去一个中项，而且是一般地从命题消去中项而不顾及它们中任何一个的个数，或它们的关联性质．为此目的，无论逻辑过程还是代数过程，就它们的实际状态而言，都不呈现任何严格意义的相似之处．在后一门科学中已知消去问题限于下列方式：从两个方程我们可以消去一个量的符号；从三个方程消去两个符号；一般地，从 n 个方程消去 $n-1$ 个符号．然而尽管这种状况在代数中是必要的，在现行的逻辑中似乎也流行，但它在作为一门科学的逻辑中却不具有不可或缺的地位．在那里，没有哪种关系能被证明在被消去的项的个数和对其实施消去法的命题的个数之间起支配作用．在这种逻辑中，从表示一个单独命题的方程，可以消去任意个数的表示项或元的符号；而从任意个数的表示命题的方程，可以用类似的方式消去一个或若干个这种符号．对于这种消去法存在着一个能应用于所有情形的一般过程．这是那个著名的逻辑符号规律的许多惊人结果之一，对此我们已经注意到了．

第二，用任何**种类**的允许命题，或以任何选定的项的**次序**表达结论中元之间的最终关系，应该属于逻辑中一般方法的研究领域．在各种各样的命题中，我们可以考虑那些逻辑学家已经用直言的，假言的，析取的等术语命名的命题．至于项的次序的选择或选取，我们可以认为取决于特定的元在形成“结论”的那个命题的主词或谓词中，前件或后件中的出现．但是我们要放弃学究式的语言，而考虑那些引起我们注意的真正不同以往的种种问题．我们已经看到最终的或推断出的关系中的元可以是**事物**或者是**命题**．假设是前一种情形；则可能需要从前提推演出某一个事物或事物类的一个定义或描述，它是由前题中所涉及的其他事物构成的结论中的一个元．或者我们可能形成涉及结论中多个元的某个事物或事物类的概念，并需要用其他的元表达它．再假设保留在结论中的元是命题，我们可能期望弄清楚如下问题，即根据前提，那些命题中的任何一个被单独考虑时是真还是假？它们中的特定组合是真还是假？假定一个特定的命题为真，是否将推导出关于其他命题的任何结论，如果是，是什么结论？关于某些命题假定了任何特殊条件，是否将推导出关于其他命题的任何结论，什么结论？等等．我认为这些是一般性的问题，应该归入逻辑中一般方法的范围或领域加以解决．也许我们可以将它们全都包括在实践逻辑的最终问题这一表述之下．给定表达某些元——无论事物还是命题——之间关系的一组前提：明确要求在任何预设的条件下，并以任何预设的形式在**任意**个数的那些元之间推论出的全部关系．这一问题将在以后出现，从各方面看它都是可解的．但是引入对于逻辑中一般方法的本质和功能的上述研究并不是为了注意到这个事实．必要的是，读者应当把握我们正在进行的研究的特殊目的，以及将要引导我们达至它们的那些原理．

9．人们在此可能会说，亚里士多德逻辑以其三段论规则和换位规则阐明了一切推理所包括的基本过程，除此之外没有给一般方法留有余地．我不打算指出普通逻辑的缺陷，除必须外也不希望进一步涉及它，为的是让本书的性质真正显现出来．单考虑到这一目的，我就会说：第一，三段论，换位等并不是逻辑的终极过程．本书将要表明它们基于并且能分解为更隐秘和更简单的过程，后者构成了逻辑方法的真正要素．事实上所有推理都能归约为特定形式的三段论和换位并不正确．——参看第 XV 章．第二，即便所有推理都能归约为这两种过程（并且人们已经坚称它能单独归约为三段论），仍将存在对于一般方法同样的需求．因为仍然需要确定这些过程应该以何种顺序相互接替，以及它们的特性，以便得到想要的关系．所谓想要的关系我是指就前提而言的那种完整关系，它连接着随意取自前提的任何元，并且以任何想要的形式和次序表达这种关系．如果我们可以从数学科学的角度判断，什么是最完美的已知方法的例子，那么一般方法的这种**指导**功能就构成了它的主要任务和特色．例如，基本的算术过程本身不过是一种可能科学的组成部分．确定它们的本质是其方法所要处理的第一件事，但是安排它们的接替顺序则是其后继的并且是更高的功能．在更复杂的逻辑推理例子中，尤其是在那些成为解概率论中困难问题的基础的例子中，一种指导方法的帮助，比如单独一种演算所能提供的帮助，是必不可少的．

10．出于什么原因最终的逻辑规律在其形式上是数学的？为什么它们除了单独一点外等同于通常数的规律？并且它们为什么在那特定一点上不同？——从假设出发经过努力我们在不远的将来也许有可能对这些问题作出积极的判断．也可能它们是我们有限的能力所不及的．或许对于心智来说可以允许我们获得关于它本身所服从的规律的知识，但并不想让我们了解它们的根据和起源，甚至和其他的可以想到的规律体系相比，除了在非常有限的程度上外，也不想让我们把握它们所适合的目的．的确，这样的知识对于科学的目的来说并不是必要的，它真正关心的是：是什么，而不是寻求偏好的根据，或约定的理由．这些思考足以回答所有对于将逻辑表现为一种演算形式所持的异议．这不是因为我们决定赋予它这样一种表现模式，而是因为最终的思维规律使得那种模式成为可能，并规定其特征，而且看来它似乎禁止以任何其他的形式完整地展现这门科学，从而需要采纳这样一种模式．要记住科学的任务是发现规律，而不是创造它们．我们无法创造我们自己心智的构成，但却可以用我们的能力极大地改善它们的特征．由于人类智力的规律并不依赖于我们的意志，因此构成这门科学基础的形式，在所有本质的方面都独立于个体的选择．

11．除关于上述方法的原理的一般陈述外，本书还将展示它对于分析大量各种各样的命题，以及一系列构成论证前提的命题的应用．这些例子选自各种类型的作者，它们在复杂程度上相差极大，并且涵盖了广泛的主题．尽管就这一特定方面来说有可能在一些人看来所作的选择太过宽泛，但我不认为有必要对这一解释表示任何歉意．人们承认，逻辑作为一门科学能具有非常广泛的应用；但同样肯定的是它的最终形式和过程是数学的．因此，对于在道德或一般哲学问题的讨论中采纳这种形式和过程的任何先验的反对意见，一定是建立在误解或虚假的类比基础之上的．熟知数和量的概念并非数学的本质．作为一般的心智习惯是否值得对于道德论证应用符号过程，则是另一个问题．也许，正如我在别处评论过的[1]，逻辑方法的完善之主要价值可能是作为其原理的思辨真理的证据．取代通常的推理，或使其服从专门形式的严格性将是了解那种智力耕耘和智力竞争——它赋予心智以健康的活力，教会它同困难作斗争，并在紧急关头依靠自身——之价值的人的最终愿望．不过，即使在那些众所公认受普通的理性支配的事物中，也有可能出现其中可以感受到科学过程的价值的情况. 读者将会在本书中找到一些这方面的例子.

12. 以上所解释的逻辑的一般理论和方法也构成了某种概率理论和相应方法的基础. 因此, 基于上述原理对这样一种理论和方法的发展, 将构成本书不同的研究对象. 关于这种应用的本质, 尤其是对于它所导致的解决方法的特征, 在此作一些说明也许是值得的. 关于这个对象有必要就逻辑分析所呈现的形式作一些进一步的详细讨论.

对于先前的逻辑方法作为概率理论的基础这一必要性的根据, 可以用几句话来表述. 在我们能够决定一个特定事件预期的发生频率依赖于其他任何事件已知的发生频率的模式之前, 我们必须熟悉事件本身的相互依赖关系. 用专门术语讲, 我们必须能够将所求概率的事件表达成已知概率的事件的函数. 在所有的情形中明确地确定这一点属于逻辑的范围. 然而, 就其数学含义而言, 概率允许数值度量. 因此概率的主题既属于数的科学也属于逻辑科学. 在确认这两种因素的共存方面, 本书不同于所有以前的著作; 由于这一差别在大量情形中不仅影响对问题解的可能性的讨论, 而且将新的且重要的因素引入到所获得的解答中, 我认为有必要在此用一定的篇幅叙述一下后面各章所发展的理论的若干专门结果.

13. 对于一个事件概率的度量通常定义为一个分数, 其中分子表示对该事件有利的情形数, 而分母则表示对该事件有利和不利的情形总数; 所有的情形都被假定是等可能发生的. 本书采纳了这一定义. 同时本书还要表明存在着该主题(马上就会涉及) 的另一个方面, 它同样可以被认为是基本的, 而且它实际上将导致相同的一组方法和结论. 还可以补充道, 就概率理论所提供的被普遍接受的结论而言, 以及就它们是其基本定义的推论而言, 它们与用本书方法所得(假定在推理中同样正确的) 结果没有差别.

再者, 尽管概率论中的问题出现在各个方面, 并且可以用代数的和其他的条件来限定, 但似乎存在着一种普遍的类型, 所有这些问题, 或如此多的真正属于概率论的这种问题都可以归结于它. 从**数据**和**目标**方面考虑, 可以将这种类型描述如下:——首先, 数据是一个或更多个已知事件的概率, 每个概率要么是它所关联的事件无条件实现的概率, 要么是在已知的假定条件下它实现的概率. 其次, **目标**, 或所求对象是表达式不同于数据中的表达式, 但或多或少涉及相同因素的其他事件无条件或有条件实现的概率. 至于数据, 它们要么是**按因果关系给定的**——正如特定的一次掷一颗骰子的概率是由关于其构成的知识推出的, ——要么它们是从对事件实现或不实现的重复事例的观察得到的. 在后一种情形, 事件的概率可以定义为当无限期地持续观察时被观察情形的有利数与总数之比所趋向的极限（预先假定具有一致的属性）．最后，关于所讨论的事件的本质或关系，还有一个重要特点，即那些事件要么是**简单的**，要么是**复合的**．所谓复合事件是指其中之一在语言中的表达或在思维中的构想依赖于其他事件的表达或构想，对于它，后者可以视作**简单**事件．说“下雨”，或者说“打雷”，表达的是简单事件的发生；但是说“既下雨又打雷”，或者说“要么下雨要么打雷”，表达的则是复合事件的发生．因为该事件的表达依赖于基本表达“下雨”，“打雷”．因此，简单事件的判断标准本质上并非任何假定的简单性．它完全建立在它们在语言中的表达或者在思维中的构想方式的基础之上．

14．现有的概率理论能使我们解决的一个一般问题就是：——已知任何简单事件的概率，求一个给定的复合事件（即从已知的简单事件出发依给定方式复合而成的事件）的概率．如果复合事件（其概率为所求）服从给定的条件，即服从同样依给定方式依赖于已知的简单事件的条件，那么该问题也可以被解决．除了这个一般问题外，还存在着已经知道解的原理的特殊问题．在原因是相互排斥的特定假设下，与**原因**和**结果**有关的各种问题可以用已知方法来解决，而显然用别的方法则不能．除此之外并不清楚对于解这门科学的一般问题有任何进展，这个一般问题就是：已知任何事件的概率，无论事件是简单的还是复合的，有条件的还是无条件的，求在表达和构想方面同样随意的任何其他事件的概率．在这一问题的表述中甚至没有假设已知概率的事件和所求概率的事件应该涉及一些共同的因素，因为一种方法的任务就是要确定一个问题的数据对于所考虑的目的而言是否是充分的，并表明如果不是这样，在哪方面存在不足．

这一问题，就其最宽松的表述形式来说，可以用本书的方法解决；或者更确切地说，我们完全给出了它的理论解法，并使其实际解法仅仅依赖于像方程的求解和分析这样的纯粹数学过程．因此我们可以描述一般解法的程序和特征．

15．首先，借助初步的逻辑演算方法，总可以将所求概率的事件表达为已知概率的事件的一个逻辑函数．该结果具有下列特征：假设 X 表示其概率为所求的事件，A，B，C 等表示其概率为已知的事件，那些事件要么是简单的要么是复合的．则事件 X 与事件 A，B，C 等的**全部**关系以数学家称为**展开**的形式推出，在最一般的情形，它包括四个不同的由项组成的类．第一个类表达的是事件 A，B，C，既必然伴随又必然表明事件 X 的发生的那些组合；第二个类表达的是它们必然伴随但不必然蕴涵事件 X 的发生的那些组合；第三个类表达的是它们的发生不可能与事件 X 有关，但在其他方面并非不可能的那些组合；第四个类表达的是它们在任何情况下都不可能发生的那些组合. 我先不详述作为该问题逻辑分析结果的这一论断，而想说的是它呈现的因素正是事件 X 当依赖于我们关于事件 A, B, C, 的知识时，或单独时影响它的期望的那些因素. 一般性的推理将会证实这一结论；但一般性的推理通常无助于解开复杂的事件和情况之网，而上述解法必须从它发展而来. 这一目标的取得构成了完全解决所提问题的第一步. 要注意的是到目前为止解的过程是逻辑的，即由具有逻辑意义的符号操控的，并导致一个可解释成**命题**的方程. 让我们把这一结果称为**最终逻辑方程**.

这一过程的第二步值得仔细评说. 从先前步骤引导我们达到的最终逻辑方程出发，通过检查推出一系列隐含涉及所提问题的完全解的代数方程. 关于这一过渡实现的模式，我们只需说将事件的概率表达成它们所依赖的其他事件概率的代数函数的规律，与表达这些事件的逻辑联系本身的规律之间存在着一种确定的关系. 这一关系像已经提到的形式规律的其他一致之处一样，并非建立在假设基础之上，而是通过观察（Ⅰ.4）和沉思为我们所知的. 然而，如果其实在性被先验地假定为正是概率定义的基础，那么作为一种必然的结果，严格的推理将由此把我们引导到普遍接受的数值定义. 正如我们已经说过的（Ⅰ.12），概率论与逻辑和算术保持着同等的密切关系；就结果而言，我们将其视为这两门科学中的后者萌发出的，还是以将两者联系在一起的相互关系为基础建立的，并不重要.

16. 也许值得注意的是，有一些数学家可能感兴趣的情形，他们关注于上述方法推导出的一般解.

首先，由于该方法与数和数据的本质无关，所以当后者不足以确定所求的值时，它仍能继续使用. 如果情况是这样，解的最终表达式将包含带有任意常系数的项. 在最终逻辑方程（Ⅰ.15）中将存在着与此对应的项，对于它们的解释将使我们了解为了确定那些常数的值需要什么新数据，从而使得数值解变得完全. 如果这样的数据不能获得，通过给常数提供其界限值 0 和 1，我们不借助所有其他经验仍能确定所求概率必须位于的界限范围. 当所求概率的事件**完全**独立于那些已知概率的事件时，这样得到的其值的界限将是 0 和 1，因为显然它们应该如此，而对于常数的解释将只是导致关于原来问题的重新表述.

其次，在各种情况下解的最终表达式将涉及一个特定的数量元，它可以由一个代数方程的解来确定. 这时候如果那个方程的次数是上升的，那么在选取适当的根时似乎就会产生困难. 的确存在着这样的情况其中已知元与所求元两者都明显地受到必要条件的限制，以致没有选择的余地. 然而，在复杂的事例中，只凭借推理的力量去发现这种条件将是毫无希望的. 为此目的需要一种不同的方法——一种有可能不适于称为统计条件演算的方法. 这里我不准备进一步讨论这一方法的本质，而是表明，它像前面的方法一样基于“最终逻辑方程”的使用，并且它明确地指定了，第一，数据的数值元之间必须满足的条件，以便该问题能够是真实的，即从**可能的经验**得出；第二，所求概率一定受到限制的数值界限，假如它是从得出数据的同一现象系统通过观测直接推论出而不是由理论直接确定的话. 显然，这些界限将是所求概率的实际界限. 假设这些数据服从上述指定给它们的条件，现在看来在我们已经分析的每个例子中，存在服从所要求限制的最终代数方程的一个根，且仅一个根. 于是任何模棱两可之处都被移除了. 甚至看来与代数方程理论有关的新真理也因此而被偶然地揭示出来. 值得注意的是，与前面的讨论有关的特殊数量元仅依赖于这些**数据**，而完全不依赖于所提问题的**目标**. 因此每个特定问题的解打开了一组问题——即那组以具有独立于它们的**目标**之本质的共同数据为标志的问题——的困难之结. 当要求从特定的一组数据推论出一系列相关的结论时，这一情形是重要的. 它进一步赋予特定问题的解那种关系特征，这是从它们对于一个重要的和基本的统一体的依赖性导出的，常常标志着一般方法的应用.

17. 但是尽管上述考虑以及其他类似的考虑证明，本书的方法对于解概率论问题来说是一种一般方法的断言是正确的，然而却不能由此推断在所有情形中我们都从求助于假设根据的必然性里解脱出来. 人们已经注意到，一个解可以全部由受任意常系数影响的项构成——事实上，可以是完全不确定的. 这项工作的方法对于其领域中一些最重要问题的应用将——假如仅使用经验数据的话——呈现具有这一特征的结果. 在这些情形中，为了得到一个**确定的**解，有必要求助于或多或少具有独立概率但却不能精确证实的假设. 一般来说，这些假设将不同于直接的经验结果，在于它们带有某种逻辑特征而非数值特征；还在于它们规定了现象发生的条件，而不是指定它们发生的相对频率. 然而，这种情况并不重要. 无论它们的本质可能是什么，这些采纳的假设此后必须被看成是属于实际的数据，尽管显然它倾向于赋予解本身某种程度的假设特征. 由于对实际使用的数据的可能来源有这种理解，该方法是相当一般的，但是对于引入的假设因素的正确性来说它当然并不比从经验得到的数值数据的正确性更可信赖.

在解释这些评论时我们可能注意到天文观测[2]的约化理论，部分地依赖于假设根据. 它假定了关于误差本质及其以盈或亏等形式出现的等概率性的某种观点，没有这些将不可能从一组不一致的观测数据中得到任何**确定的**结论. 但是如果承认以上观点，那么本研究余下的部分就严格地属于概率论的范畴. 类似的观测适用于试图从大多数评议会的纪录推论出在其成员之一中作出正确判断的平均概率这一重要问题. 如果本书的方法仅仅被应用于数值数据，所得到的解就是上述完全不确定的那一种. 为了更突出地表明那些数据本身的不足，对于该解中出现的任意常数（Ⅰ.16）的解释只有导致关于原始问题的重新表述. 然而，要么绝对地承认个体头脑独立形成意见的假设，如像在拉普拉斯和泊松的思考中那样，要么在实际数据强加的限制下这么做，正如在本书第 XXI 章将要看到的那样，无论怎样该问题都表现出一种更加确定的特征. 我们将会清楚概率论的隐秘价值必须极大地依赖于正确地形成这样的中间假设，其中纯粹的实验数据对于**确定的**解来说是不够的，并且通过解释最终逻辑方程所表明的那种更深层的经验是无法达到的. 另一方面，不恰当地打算在本质上超出人类理解范围的学科中形成假设，一定会对概率论的声誉产生影响，并且会造成人们普遍对其最合理的结论产生怀疑.

18. 或许，我们在此推测是否抽象科学的方法有可能在未来的日子里为社会问题的研究提供它们已经在物理研究的各部门提供的同样帮助这一问题还为时过早. 以**先验的**推理为根据解决这一问题的某种企图很可能会误导我们. 例如，对于人类的自由行动的考虑乍看起来似乎排斥这样的思想，即社会系统的运动将会在任何时候显示我们准备期待的那种在物理必然性的主宰下有序进化的特征. 然而统计学家所作的研究已经向我们揭示出与这种预期存在差异的事实. 于是犯罪和贫穷记录提供了在未感受到人类需求和激情之躁动影响的地区所不知道的某种程度的规律性. 另一方面，季节的紊乱，火山的喷发，枯萎病在蔬菜中或流行性疾病在动物界中的传播，这些显然或主要是由自然原因产生的事情则不服从正常的和可理解的规律. “像风一样反复无常”是对此所作的一种谚语式表达. 关于这些观点的反思在某种程度上教导我们去纠正我们早先的判断. 我们了解我们并不是要在必然性的支配下期待某种可被人类观测察觉的秩序，除非它产生的原因足够简单；另一方面，也不是认为个体的自由行动与其构成一个组分单元的系统运动的规律性不相协调. 人类自由是作为我们意识中的一个明显事实而受到关注的，而我认为它也很有可能是从我们能够研究其科学构造的那部分心智的本性类比推出的结论（第 XXII 章）. 但是无论作为依靠意识的一个事实，还是作为诉诸理性的一个推论来接受，对它的解释都必须不与所建立的观测结果相冲突，也就是说，大批人所关心的那种现象的产生，实际上展现出非常不同寻常的规则性，使我们能够在每个相继的时代收集要素，就外在结果显示的来看这些要素是我们在对它的状态和进展进行估计时必须依赖的. 因此对于一种社会统计的科学之实验基础所必需的那种数据的可能性，并不存在任何合理的**先验的**反对意见．再有，无论本书可能达到的其他目标是什么，都将假定对于一种抽象原理的系统和建立在这些原理基础之上的方法的存在性深信不疑，据此可以以一种明晰的形式获得任何社会数据的总体，不论它们隐含涉及的信息是什么．当数据极其复杂时，获取这种信息有可能非常困难——困难并不是由于该理论的任何不完善造成的，而是由于它所指向的分析过程的艰难性造成的．相当可信的是，在许多例子中那种困难也许是仅通过联合的努力就能克服的．但是理论上我们在所有情形中具有，并且只要可以提供必要的计算劳动，就实际上具有从统计记录开发出被埋藏在大量数字中间的普遍真理之种的方法，我认为，这是一种完全有把握可以肯定的立场．

19．但是超出了这些一般的立场，我则不敢作出保证．从科学方法对于统计记录的应用中可以预期的结果（那些无需借助这种方法而发现的结果除外），是否将大大抵消所涉及的劳动以致于值得在一个合适的量的规模基础上着手这种研究，是一个或许只能用经验决定的事情．人们希望，并且人们可能无需很多的假设预期，在这里如同在其他例子中一样，抽象的科学原理应该不只是服务于智力上的满足．考虑到显而易见的科学演化顺序，及其已经对人类公用事业所作的成功帮助，将来可能会从与人类福利因素更密切有关的知识领域的各部门自然产生出类似的帮助，这一天的到来似乎并非完全没有可能．然而，目前我们假设本书的推论简单地基于将它们的断言看成是真的．

20．最后，我打算试图从先前考察的科学结论推演出一些有关人类心智的本质和构成的一般暗示．在此不必考虑这种推理的可能性之根据．一两句一般性的评论可以用来表明我将试图遵循的道路．不得不承认我们关于逻辑科学的观点一定极大地影响了，或许主要地决定了我们对于智力官能的看法．例如，是否推理仅存在于原本铭刻在心智中的某些首要的或必然的真理的应用中，或者是否心智本身是规律之所在，其运作在特殊的公式中和在一般的公式中一样明显并令人信服，或者是否像一些并非平庸的作者似乎主张的，所有推理都具有特殊性的问题；我认为，这一问题不仅影响逻辑科学，而且涉及关于智力官能构成的正确观点的形成．再者，如果断定心智按原有的构成是规律之所在，那么有关它服从于该规律的本质这一问题，也是具有强烈的思辨兴趣的，而不管它是一种（例如像维系天体运转）保持自然秩序那样的基于必然性的服从，还是某种完全不同类型的服从．而且，如果心智真地被确定为是服从规律的，并且如果其规律也被确实赋予了，那么它们对于不同时代人类思维进程的可能的或必然的影响就是一个极其重要的探索项目，从而值得作为哲学问题同时也作为历史问题加以耐心的研究. 这些问题以及其他的问题尽管不完全，我还是打算在本书的结论部分进行讨论. 也许，它们属于可能的或推测的而不是确定的知识领域. 但是也可能出现这样的情形，其中对于科学的确实性没有充分的根据，而对于具有高度盖然性的意见和建议却存在着足够的类比依据. 对于我来说似乎更好的做法应该是将这一讨论完全放到本书主要议题的续篇中，——那将是对科学的真理和规律的研究. 经验足以教导我们，在对真理的所有探求中进步的恰当顺序是从已知前进到未知. 即便关于人类心智的基本原理和构成，也存在着我们完全能够研究的部分. 为了充分了解那些属于我们的天性的部分，所有尝试透过昏暗和不确定进入那个横亘其面前的推测王国的方法，是最符合我们现有条件之限制的做法.

第Ⅱ章　关于一般符号，特别是专属于逻辑科学的符号；以及那类符号所服从的规律

1. 语言是人类推理的一种工具，而不仅仅是表达思想的一种媒介，这是得到普遍承认的真理. 在这一章我们打算探讨是什么使得语言如此从属于我们的智力官能的最重要部分. 在这一探讨过程的各个阶段，我们将考虑被当作一种适应某个目标或目的之系统的语言之构成；研究其组成要素；试图确定它们的相互关系和隶属状况；并探讨它们以何种方式有助于达至它们作为一个系统的配套部分所涉及的目标.

在进行这些探讨时，我们不必讨论那个著名的经院哲学问题：语言是被看成推理的**必要**工具，还是相反不借助语言也能进行推理. 我想这一问题与本书的宗旨无关，基于的是下列理由，即科学的任务是研究规律；而且无论我们认为符号表示的是事物和它们的关系，还是表示人类心智的概念和运作，在研究符号的规律时，我们实际上是在研究显而易见的推理规律. 假如两种研究之间存在着差异，那么它并不影响形式规律的科学表达式——这是本书现阶段研究的对象，而只与那些结果呈现给心智方面的模式有关. 因为尽管是在研究符号规律，但凭经验，直接的检验对象是语言，以及支配其使用的规则；而在使内在的思维过程成为直接的探究对象时，我们则以一种更直接的方式诉诸我们个人的意识——我们将发现两种情形中所得到的结果在形式上是等价的. 我们很难想象地球上数不清的语言和方言经历了漫长的岁月更替后还能保留下如此多的共同点和通性，我们

也不确信它们在心智本身的规律上的一致方面存在着某种深层的基础.

2. 所有语言的组成要素都是符号或记号. 词是符号. 有时我们说它们代表事物；有时心智通过运作将关于事物的简单概念组合在一起成为复杂概念；有时它们表达我们在经验对象中意识到的行为，激情，或仅是品质的关系；有时表达的是正在感知的心智的情感. 然而尽管词在这一方面和其他方面履行着符号或代理符号的职责，但它们并不是我们能够利用的仅有符号. 只传达给眼睛的任意标记，和传达给某个其他感官的任意声音或行为，假如它们的代理职责被定义并且被理解的话，就同样具有符号的性质. 在数学科学中，字母和记号+，-，=等被用作符号，尽管术语“符号”被应用于后一类的记号表示运算或关系，而不是用于前者表示数和量的元. 由于一个符号的实际意义决不依赖于它特定的形式和表达式，因此也不依赖于决定其用法的规律. 然而，在本书中，我们打交道的是书写符号，并且术语“符号”毫无例外地用于指这些符号. 以下定义列举了符号的本质属性.

定义 一个符号是一个任意的标记，它具有固定的解释，并能与其他的符号按依赖于它们彼此解释的固定规律进行组合.

3. 我们分开来讨论上述定义中所涉及的细节.

（1）首先，一个符号是一个**任意的**标记. 它显然不关心我们联系一个给定概念的特定单词或记号是什么，只要这一联系一旦作出就固定下来. 罗马人用“civitas”这个词表达我们用“state”一词所指的事物①. 但他们和我们两者都同样有可能使用其他任何词表示这同一概念. 事实上，就语言的本质来说没有什么能阻止我们仅用一个字母表达同样的意思. 如果这么做了，那么在使用该字母时要遵循的规律与在拉丁语中支配“civitas”的用法的规律和在英语中支配“state”的用法的规律本质上是相同的，至少对于那些受所有类似语言共同具有的任何一般原理支配的词的用法来说是这样.

（2）其次，每个符号在相同的论述或推理过程中必须具有一种固定的解释. 这一条件的必要性是显然的，并且似乎就是按照这门学科的本性建立的. 然而，对于词或记号在推理过程中用作名称的表示功能之确切本质还存在着争论. 一些人主张，它们只表示心智概念；另一些人则主张，它们代表事物. 这个问题在此并没有太大的重要性，因为对它的裁决无法影响在使用符号时所遵循的规律. 然而，我觉得对于这个问题和诸如此类问题的一般回答是，在推理过程中，符号取

① 这两个词的意思都是“城邦”.

代并完成概念和心智运作的任务；但由于那些概念和运作代表事物，以及事物的关联和关系，因此符号表示事物以及它们的关联和关系；最后，由于符号取代概念和心智运作，它们将服从那些概念和运作的规律. 这一观点将在下一章得到更全面的阐述；而在这里解释一下这些细节中的第三个就足够了，它牵涉到符号的定义，即它服从固定的依赖于其解释之本性的组合规律.

4. 我们将在以下命题中对于那些用来做推理运算的符号进行分析和分类：

命题 1

作为一种推理工具，所有的语言操作都可以通过包含下列组成要素的一组符号来处理，即：

第一，字母符号，如 x，y，等，表示作为我们的概念主体的事物.

第二，运算符号，如+，−，×，表示这样一些心智运作，借此有关事物的概念被组合或分解以形成涉及相同元的新概念.

第三，等号，=.

并且，这些逻辑符号的使用服从确定的规律，它们部分地符合，部分地区别于代数科学中相应符号的规律.

作为理性论述的真正要素的一种判别标准，应该假设它们能以最简单的形式并按最简单的规律来组合，而这样的组合应该产生出所有已知的和能想到的语言形式；让我们接受这一原理，考虑下面的分类.

类别 I

5. 表达某事物的名称，或属于它的某些性质或情形的名称符号或描述符号.

显然，我们可以将专有名词或普通名词，以及形容词归入这一类. 的确，可以认为这些词仅在这方面不同，即前者表达的是它指称的单个事物或多个事物的真实存在；后者则暗示着那种存在. 如果我们将人们普遍理解的主词“存在”或“事物”附着在形容词上，那么它实际上就成了名词，并且对于一切必要的推理目的来说可以替换成名词. 总之，在任何特定的心智方面，说“水是流动的事物”和说“水是流动的”是一样的；至少在表达推理过程方面是等价的.

同样显然的是，我们必须将任何传统上用来表达某些情形或关系的符号归入上述类别，对于它们的详细说明将涉及到许多符号的用法. 带有诗意的描述词语常常属于这一类. 它们通常是复合形容词，单独完成多词形容的任务. 荷马的

“波涛汹涌变幻莫测的大海”实际上是用单独一个词 βαθυδίνης[①]描述的形象化.从传统来看，对于想象或智力的任何其他描述同样可以用单独一个符号来表示，其用法在所有本质的地方都服从和形容词“好的”或“伟大的”之用法一样的规律.与主词“事物”相结合，这样一个符号实际上将成为一个名词；而使用单独一个名词能够表达事物和属性两者的组合含义.

6. 既然将符号已经定义为一种任意的标记，这就允许我们用字母替换上述所有种类的符号.因此让我们商定单个字母如 x 代表个体类，对于它可以使用特定的名称或描述词.例如，如果名称是“男人”，则令 x 表示“所有男人”，或“男人”类.所谓类通常是指由个体组成的总体，对其每个个体我们可以赋予特定的名称或进行描述；但在本书中词项的意义将被扩展到包括只有单独一个个体符合所要求的名称或描述词的情形，以及由词项“虚无”和“全域”所表示的情形，它们作为“类”应被理解为分别由“无物”和“全部事物”组成.同样地，如果一个形容词比如“好的”被用作描述项，则令字母 x 表示描述词“好的”可以应用的所有事物，即“所有好的事物”，或“好的事物”类.

进一步，令组合 xy 表示可以同时应用由 x 和 y 所代表的名称或描述词的事物类.于是，如果 x 单独代表“白色的事物”，而 y 代表“羊”，则令 xy 代表“白羊”；同样，如果 z 代表“有角的事物”，而 x 和 y 保持先前的解释，则令 zxy 代表“有角的白羊”，即名称“羊”，描述词“白色的”和“有角的”可以共同应用的事物之总汇.

现在我们来考虑用于上述意义的符号 x，y，等等所服从的规律.

7. 首先，按照上面的组合，两个符号的书写次序显然是无关紧要的.表达式 xy 和 yx 同样都表示名称或描述词 x 和 y 可以一起应用于其若干成员的事物类.因此我们有

$$xy=yx. \tag{1}$$

在 x 表示白色事物，y 表示羊的情形中，这个等式两个成员中的任何一个都将表示“白羊”这个类.也许其中概念形成的次序存在差别，但是它所涵盖的单个事物之间并不存在差别.同样地，如果 x 表示“入海口”，而 y 表示“河流”，则表达式 xy 和 yx 将毫无区别地表示“入海口处的河流”，或“河流的入海口”，这一情形中的组合在日常语言中是由两个名词构成的，而不像在前一个例子中是由一个名词和一个形容词构成的.设有第三个符号 z，表示词项“能通航

---

① 这个希腊词的原义是“很深的漩涡”.

的”可应用的事物类，则下列表达式

$$zxy, \ zyx, \ xyz, \ 等等,$$

中的任何一个，都将表示“能通航的入海口处的河流”这个类.

如果描述词项之一隐含地指称另一个词项，那么只需明确地在其陈述的意义中将那个所指包括进来，以便使上述评论仍然能够适用. 于是，如果 x 表示“聪明的”而 y 表示“律师”，那么我们将不得不定义是 x 在绝对的意义上有聪明的意思，还是指律师的聪明. 按照这样的定义，规律 $xy=yx$ 依然成立.

因此，我们有可能在名词，形容词和描述性短语的位置应用符号 x，y，z，等等，它们服从解释规则：若干这样的符号写在一起的任何表达式将表示其若干涵义合起来可应用的对象或个体，还服从规律：符号的相继次序无关紧要.

因为解释规则已经得到充分的例示，所以我认为在确定用于形容词的某个符号的解释时，不必总是表达主词“事物”. 当我说设 x 表示“好”时，将理解为当满足那种属性的主词由另一符号提供时，x 仅表示“好”，而单独使用时，它的解释将是“好的事物”.

8. 对于上面所确定的规律，可以附上如下评论，它们也大致适用于此后推导出的其他规律.

首先我要说的是，这一规律是一种思维规律，而且严格说来，不是关于事物的规律. 除了所有的因果问题外，一个物体的品质或属性在等级方面的差别，仅仅是观念方面的差别. 作为一个普遍真理，规律（1）表达的是同一事物可以从不同的方面来理解，并且说明了那种不同的本质；仅此而已.

其次，作为一种思维规律，它实际上是在语言规律中逐步形成的，语言则是思维的产物和工具. 尽管散文写作的趋势趋向一致，然而即便在那里，具有独立含义且应用于同一主词的形容词串的顺序也是无关紧要的，但是诗歌的词语也从提供给名词的同样合法的自由中借用了非常丰富的多样性. 弥尔顿的语言尤其以这种多样性著称. 不仅名词常常位于限制它的形容词之前，而且经常位于它们之间. 在祈求光明的最初几行，我们碰到了如下这样的例子：

初生的上天之子
昏暗幽深的新兴水世界.

光明精华之光芒绽放.①

现在这些倒置的形式不单是诗歌创新的产物. 它们是对思维的本质规律所认可的自由之自然表达，但为便于交流还没有在语言的普通用法中运用.

第三，由（1）表达的规律其说法上的特点在于：字母符号 x，y，z **像代数符号一样是可交换的**. 这么说，并非断定代数中的乘法过程——其中的基本规律由等式

$$xy=yx$$

表达——本身与上述 xy 所代表的逻辑组合过程有任何相似性；而只是说算术过程和逻辑过程如果以相同的方式来表达，那么它们的符号表达式将服从同样的形式规律. 这种服从的证据在两种情形中是相当明显的.

9. 由于形式为 xy 的两个字母符号的组合表达的是 x 和 y 所代表的名称或属性可以一起应用的事物类的总体，所以由此可以推出如果两个符号具有完全相同的含义，那么其组合表达的不过是这两个符号之一单独应用时的结果. 因此在这一情形我们应该有

$$xy=x.$$

然而，由于假设 y 具有与 x 相同的含义，因此我们得到

$$xx=x.$$

在普通代数中组合 xx 多半简记为 x^2. 这里我们采用相同的记号原理；因为表达特定的一系列心智运作的方式本质上同表达一个单独的概念或操作一样随意（Ⅱ.3）. 于是依照这个符号，上述等式具有形式

$$x^2=x, \tag{2}$$

并且，事实上表达的是那些代表名称，性质或描述词的符号的第二个一般规律.

读者必须记住，尽管符号 x 和 y 在前述例子中具有公认的彼此不同的含义，但是并没有什么阻止我们赋予它们刚好一样的含义. 显然，它们彼此的实际含义越接近，组合 xy 所表示的事物类就越接近于等同 x 所表示的事物类，以及 y 所表示的事物类. 在等式（2）的证明中假设的情形是**绝对的**含义上的恒等. 它表达的规律实际上体现在语言中. 关于任何对象，说“好，好”与说“好”是相同

---

① 这几行诗句的原文是

“Offspring of heaven first-born.”

“The rising world of waters dark and deep.”

“Bright effluence of bright essence increate.”

出自《失乐园》第三卷.

的，尽管听起来笨拙冗余．因此，“好，好”人等价于“好”人．这样的词语重复的确有时用来增强某种特性或加强某种肯定．但这一效果只是次要的和常规的；它并不是建立在语言和思维的内在联系的基础上．我们在自然界中观察到的或我们自己所进行的大多数操作属于这一类，它们的效果因重复而增强，这一情况使我们准备在语言中期待同样的事情，甚至我们打算在说话时用重复来强调．然而无论在严格的推理中，还是在确切的论述中，这样一种实践都没有任何合理的根据．

10．下面我们来讨论另一类语言表达符号，以及与其使用有关的规律．

类别Ⅱ

11．**我们将部分聚合为一个整体或将一个整体分离成其部分所依靠的心智运作的符号．**

我们不仅能够持有关于事物的观念，正如由可以应用于所考虑的群体中每个个体的名称，属性，或条件所刻画的那样，而且能够形成由部分群体构成的一群事物的集合观念，其中每一个则是被分别命名或描述的．为此目的我们使用联结词“和”，“或”，等等．“树和矿物”，“贫瘠的山地，或肥沃的山谷”就是这种例子．严格地说，置于描述两个或多个事物类的词项之间的词语“和”，“或”意味着那些类是完全不同的，因此在一个类中找不到另一个类的成员．从各方面看，词语“和”，“或”都类似于代数中的+号，而它们的规律是相同的．因此如果将通常的含义放在一边，那么“男人和女人”的表达与“女人和男人”的表达是等价的．令 x 代表“男人”，y 代表“女人”；并令+表示“**和**”和“**或**”，则我们有

$$x+y = y+x, \tag{3}$$

如果 x 和 y 代表数，+是算术的加法符号，那么这个等式同样成立．

令符号 z 代表形容词“欧洲的”，因为说“欧洲的男人和女人”与说“欧洲的男人和欧洲的女人”实际上是一回事，所以我们有

$$z(x+y) = zx+zy. \tag{4}$$

这个等式当 x，y，和 z 是数的符号，以及两个字母符号的并置代表它们的代数积（正如在前面给出的逻辑含义中，它代表两个形容词联合适用的事物类）时也同样成立．

以上是支配符号+的用法的规律，这里用来表示将部分聚合为一个整体的正向操作．然而正是这样一个产生某种正向改变的想法似乎使我们想到了一种相反的或负向的操作，其效果是撤销先前所进行的操作．因此我们不能认为可以将部

分聚合为一个整体，而不认为也可以从一个整体分离出一部分．在日常语言中我们用除外符号表达这一操作，如“**除**亚洲人**以外**的所有人”，“**除了**君主制国家**以外**的所有国家”．这里意味着除去的事物形成了它们要被除去的那个事物的一部分．如同我们用符号+表达聚合操作一样，我们可以用减号-表达上述负向的操作．因此，如果选取 x 代表人，而 y 代表亚洲人，则概念“除亚洲人以外的所有人”可以用 $x-y$ 来表达．如果我们用 x 代表“国家”，y 代表描述性质“具有君主制的形式”，则概念“除了君主制国家以外的所有国家”可以用 $x-xy$ 来表达．

正如我们在说话次序上最先还是最后表达除外情形对于一切**必要的**推理目标来说无关紧要一样，我们以什么次序写出任何一系列词项（其中有一些被-号作用）也是无关紧要的．因此如同在普通代数中一样，我们有

$$x-y=-y+x. \tag{5}$$

仍用 x 代表“人”这个类，y 代表“亚洲人”，设 z 表示形容词“白的”．则将形容词“白的”应用于短语“除亚洲人以外的人”，相当于说“除白亚洲人以外的白人”．因此我们有

$$z(x-y)=zx-zy. \tag{6}$$

这也与普通的代数规律一致．

等式（4）和（6）可以当作一个单独的一般规律的范例，它可以表述为，**字母符号 x，y，z 等在其运算中适用分配律**．该定律所表达的一般事实是这样的，即：任一属性或状况如果被赋予一个要么由聚集部分群体要么由排除部分群体形成的群体的所有成员，则结果概念相当于先将属性或状况赋予部分群体的每个成员，然后再施行聚集或排除．赋予整体成员的属性或状况被赋予所有其部分的成员，无论如何，那些部分是被联接在一起的．

类别Ⅲ

12．**表达关系的符号，借此我们形成命题．**

虽然所有动词都可以适当地归属到这一类别，然而对于逻辑来说我们认为它仅包括存在动词**是**就足够了，因为任何其他的动词都可以转化为这个元，和包括在类别Ⅰ下的一个符号．正如那些符号被用于表达各种属性或状况一样，它们可以用来表达动词主语涉及过去，现在或未来时的主动或被动关系．于是命题“凯撒征服了高卢人”，可以转化成“凯撒是征服高卢人的那个人”．我认为这种分析的根据如下：——除非我们理解，征服了高卢人，即“征服高卢人的人”的表达是什么意思，否则我们就不能理解所讨论的语句．因此，它确实是那个语句

的一个元；另一个元是“凯撒”，并且另外还需要系词**是**，以表明这二者的联系．然而，我不是说除了上面考虑的命题“凯撒征服了高卢人”表达的关系外就不存在其他方式了；而只是断言这里所给的分析对于已经采取的特定观点来说是正确的，并且这对于逻辑推演的目的而言足够了．可以说，希腊语的被动分词和将来分词意味着已经断言的原理的存在，即符号**是**可以看成是任何人称动词的一个元．

13．以上符号**是**可以用记号=表达．接下来讨论该记号引入的规律，或如通常所说的公理．

我们考虑命题“恒星是太阳和行星”，并且用 x 代表恒星，y 代表太阳，z 代表行星；因而我们有

$$x=y+z. \tag{7}$$

如果恒星是太阳和行星为真，那么将推出除了行星以外的恒星是太阳．这将产生等式

$$x-z=y, \tag{8}$$

因此它一定由（7）推出．于是通过改变其符号，一个项 z 被从等式的一边移到了另一边．这是与代数的移项规则相一致的．

然而我们可以先来肯定一般的公理，而不是详述特殊的情形：

第一，如果相等的事物被加到相等的事物上，则总体相等．

第二，如果从相等的事物中取出相等的事物，则剩余部分相等．

因此似乎我们可以加上或减去等式，而且正如在普通代数中那样使用移项规则．

再有：如果两个事物类 x 和 y 等同，即如果一个的成员都是另一个的成员，则一个类的具有给定性质 z 的那些成员将等同于另一个类的具有同样性质 z 的那些成员．因此如果我们有等式

$$x=y,$$

则无论 z 表示什么类或性质，我们也有

$$zx=zy.$$

这在形式上等同于代数定律——如果一个等式的两个成员都乘以同一个量，则积相等．

用类似的方式可以证明，如果两个等式的相应成员乘在一起，那么作为结果的等式成立．

14．然而，目前的系统与通常所说的代数系统在此进行的类比似乎走到了尽

头．假设类 x 的具有某种性质 z 的那些成员与类 y 的具有相同性质 z 的那些成员等同，则并不能推出类 x 的成员完全等同于类 y 的成员．因此从等式

$$zx=zy,$$

不能推出等式

$$x=y$$

也成立．换句话说，代数学家的公理，即等式的两边可以除以相同的量在此没有形式的等价物．我说没有**形式的等价物**，是因为按照这些探究的一般精神，它甚至不试图确定是否从一个组合 zx 除去一个逻辑符号 z 的心智运作本身类似于算术中的除法运算．那种心智运作的确等同于通常所称的抽象，此后将会看到它的规律依赖于本章中已经推出的规律．现在我们已经表明的是，在那些定律中不存在任何**形式**上与通常公认的一个代数公理类似的东西．

但是稍作思考就会看出即便在通常的代数中那个公理也不具有我们考虑过的其他公理的那种一般性．从等式 $zx=zy$ 推出 $x=y$ 只有当已知 z 不等于 0 时才成立．因此如果假设在代数系统中允许值 $z=0$，那么上述公理就不能应用，而先前举例说明的类比至少仍然有效．

15．然而，一般来说除作为一种推测问题外，并不是因为量的符号使得追寻这样的相似具有任何重要性．我们已经看到（Ⅱ.9）逻辑符号服从特殊的规律

$$x^2=x.$$

目前关于数的符号只有两个，即 0 和 1 服从相同的形式规律．我们知道 $0^2=0$，并且 $1^2=1$；而当 $x^2=x$ 被视作代数方程时除 0 和 1 外没有其他的根．因此，对于我们更直接的启发是将它们与**仅允许值为** 0 和 1 的量作比较，而不是一般地确定逻辑符号与数的符号形式上一致的尺度．让我们设想一种代数，其中符号 x，y，z，等等不分轩轾地取值 0 和 1，并且只取这两个值．这样一种代数的定律，公理，和过程在其整体内容上都将等同于一种逻辑代数的定律，公理，和过程．区分它们的只有不同的解释．以下工作所使用的方法正是基于这一原则．

16．现在剩下来要说明的是，在本章前面各节中没有考虑的日常语言的那些组成部分或者可以分解为与已经考虑过的那些要素同样的要素，或者从属于那些被加以更精确定义的要素．

我们已经考虑了名词，形容词，和动词，以及小品词**和**，**除去**．代词可以看成是一种特殊形式的名词或形容词．副词修饰动词的意义，但不影响它的本质．介词有助于状况或关系的表达，因此常常为字母符号提供精确的和详尽的意义．连词**如果**，**要么……要么**主要用于表达命题之间的关系，以后我们将说明同样的

关系可以完全用一种基本符号来表达，它们与本章已经阐述过其用途和意义的符号在解释上类似，在形式和规律方面等同．至于任何剩下的语言要素，经检查将会发现它们或者用于给语词提供更确定的意义，从而形成已经考虑的字母符号的解释的一部分，或者表达与一个命题的陈述相伴随的某些情感或知觉状态，因此不属于理解的范围，而我们目前所关心的只是后者．对于其使用的经验将证实已经采取的分类是充分的．

第Ⅲ章　从人类心智运作的规律导出的逻辑符号的规律

1．科学的对象，恰当地说是关于规律和关系的知识．能够从仅仅偶然与之关联的事物中区分出对这一目标来说是本质的东西，是科学进步最重要的前提之一．我说在这些因素之间**作出区分**，是因为对于科学的不懈追求并非要求我们的注意力完全脱离其他的，经常是带有形而上学性质的思考，它会时不时地与之关联．例如，像现象的维持理由之存在性，原因的真实性，意味着由**运算**连接的事物之相继状态的言语形式之恰当性这样的问题，以及其他类似的问题，也许本质上并不是科学的，但却具有与科学有关的极大兴趣和重要性．的确，如果不借助这些观念的语言就几乎不可能表达自然科学的结论．由这一源头也并不必然产生任何实际的麻烦．那些相信和那些拒绝相信在原因和结果的关系中存在不止一种恒定的相继顺序的人，在他们解释物理天文学的结论时达成了一致．但他们只是因为确认了一种独立于他们特定的因果观的科学真理之共同要素才达成一致的．

2．如果这种区分在物理科学中是重要的，那么它在与有关智力能力的科学的联系中更加值得注意．因为这门科学呈现的问题，至少在表达上几乎必然混合着思维模式和语言模式，它们显示出某种形而上学的起源．理想主义者会给推理规律提供一种表达形式；怀疑主义者——假如符合其原则的话——则会提供另一种形式．那些把我们在这一探究中考虑的现象看成仅仅是缺乏任何因果联系的思维对象的**相继状态**的人，和那些将它们当成一种能动的智力**运作**的人，即使可调和的话，同样在其陈述方式上存在差异．类似的差异也由关于心智官能分类的某种差异所导致．作为在如此多表面的和实质的多样性中给予我们的唯一信任和稳定基础，我将在此表明的原则如下，那就是，如果所论规律是由观测推导出的，则它们具有和人类心智的规律一样的真实存在，而且独立于它们的陈述方式似乎有可能涉及的任何形而上学理论．它们包含一种对于心智运作的本质乃至现实的任何别有用心的批评基本上都不能影响的真理因素. 甚至假设心智只是既非外部因素引起也非内部因素引起，产生自虚无又回到虚无的一连串意识状态，一系列短暂印象——持怀疑态度之人的最终精妙用语，但作为一系列规律，或者至少过去的一系列规律，观测已经导致的结果依然是真实的. 它们需要被解释成一种语言，诸如原因和结果，操作和对象，物质和属性这样的术语已经从其词汇表中排除；但它们作为科学真理仍是有效的.

而且，由于思维规律的任何表述都建立在实际观测的基础之上，因此一定包含独立于有关心智本质的形而上学理论的科学要素，这些要素对于构建一种推理系统或方法的实际应用，也一定独立于形而上学的特征. 因为任何实际的应用都将依赖于规律的表述中所涉及的科学要素，正如物理天文学的实际结论独立于任何有关引力原因的理论，而仅依赖关于其现象的影响的知识一样. 因此，对于思维规律的确定以及当它们被发现后的实际用途，就一切真正的科学目的而言，我们并不关心任何形而上学理论的真或假，无论它是什么.

3. 在这些情况下，所采取的做法（对我来说它似乎是权宜之计）就是尽可能地利用日常谈话的语言，而不考虑有可能被认为是它体现的关于心智本质和能力的任何理论. 例如，就通常的用法来说人们同意我们相互间是通过交流思想或观念进行交谈的，这种交流是言语的功能；至于任何呈现给它的特定想法或观念，心智则具有某种能力或官能，借此可以关注于某些想法而排除其他的想法，或借此给定的观念或想法被以各种方式组合在一起. 人们已经对这些官能或能力赋予了各种名称，如注意力，单纯领悟，构想或想象，抽象等——这些名称不仅为有关人类心智的哲学之不同部门提供了名字，而且变成了人们的日常语言. 于是，当有机会使用这些名称时我将这么做，但并不因此就意味着我接受心智具有这样或那样的能力和官能作为其活动的不同要素的理论. 的确也无需探究这种理解力是否具有不同的存在形式. 我们可以将这些不同的名称合并在人类心智的**运作**这个一般名称下，就本书的目的而言在需要时定义这些运作，然后试图表达他们的终极规律. 这将是我所遵循的做法的一般顺序，尽管我也会偶尔提到有可能引起我们注意的特定之心智状态或运作的那些已经公认的名称.

最方便的做法是将以下研究的更为确定的结果分摊给不同的命题.

命题 I

4. **从对严格使用作为一种推理工具的语言所暗示的那些心智运作之考虑推导出逻辑符号的规律.**

任何论述，不管涉及的是心智与其自身思想的对话，还是个体与其他人的交流，都存在着一个假定的或表明的范围在其中它的讨论对象受到限制．最不受约束的讨论是那种我们在其中使用的词语被认为具有最广泛的应用可能性，对于它们来说讨论的范围和全域一样广泛．但更通常的做法是我们将自己限制在不太宽泛的领域．有时，在讨论人时我们暗示（而不表明限制）我们谈到的只是在某种环境和条件下作为文明人的人，或具有生命活力的人，或处在某些其他条件或关系中的人．于是，包括所有我们讨论对象的领域无论广泛程度可能如何，它都可以适当地被称为论域．

5．而且，这一论域在最严格的意义上是讨论的终极**对象**．在假定限制下使用的任何名称或描述项的功能不是要在心智中培育那个名称或描述项可适用的一切存在物或对象的观念，而仅仅是培育存在于假定论域内的那些对象的观念．如果那个论域是事物的实际范围——当我们的词语取其真实的和字面的意义时总是如此，那么就人来说我们指**所有存在的人**；但是如果论域被任何先前暗示的理解所限制，那么我们谈到的是在这样引入的限制下的人．在两种情形中，词语**人**的作用是指向某种心智运作，据此我们从合适的论域中选取或选定具有所示含义的个体．

6．使用形容词意味着完全一样的心智运作．例如，设论域是实际的宇宙．则由于**人**这个词引导我们凭心智从宇宙中选取词项“人”可应用的所有存在物；因此组合“好人”中的形容词“好”更进一步引导我们凭心智从**人**这个类中选取所有具有进一步属性“好”的那些人；如果在组合“好人”之前放上另一个形容词，那么它将引导到具有相同性质的进一步运作，涉及可能被选择来表达的进一步属性．

重要的是要仔细注意这里描述的运作的真正本质，因为可以想象得出，它有可能不同于它的本来面目．假如形容词的角色仅仅是修饰词，则似乎当一组存在物被定名为**人**时，前置形容词**好**就会引导我们在心智中对所有那些存在物附加上好的属性．但是这并非形容词的真正功能．我们实际进行的操作是**按照一种指定的原则或想法做的一种选择**．按照公认的对其能力的分类来研究这样一种操作将涉及心智的哪些官能，是没有任何特殊的意义的，但是我认为它将依赖于构想或想象以及专心这两种官能．这两种官能之一可能与一般观念的形成有关；另一种可能与心智关于指定论域中符合该观念的那些个体的确定有关．然而，正像看来有可能那样，如果专心能力不过是继续运用任何其他心智官能的能力，那么我们就可以将整个上述心智过程适当地看成可涉及想象或构想的心智官能，该过程的第一步是设想论域本身，而每个相继的步骤则是按某种确定的方式限制这样形成的观念．一旦采纳了这一观点，我将把每个这样的步骤，或任何确定的这种步骤的组合描述为一种**确定的构想行为**．我还将拓展这一术语的使用范围，使得其含义不仅包括由特定的名称或简单的品质属性表示的事物类的观念，而且也包括按与人类心智的能力和限度相一致的方式组合起来的这种观念；实际上包括除此之外和语句或命题的结构有密切关系的任何智力运作．我们现在来考虑这种心智运作所服从的一般规律．

7．下面将要表明对于字母逻辑符号的使用来说，前面一章中从语言构成角度出发后验地确定的规律，实际上是刚刚描述的那种明确的心智运作的规律．在开始我们的讨论的同时我们还要了解一些对于其对象的限制，即对于其论域的限制．我们所使用的每个名称，每个描述项都将我们与之讲话的人引向关于那个对象的某种心智运作的实现．因此是思想的交流．但是由于每个名称或描述项如此看来不过是某种智力运作的代表，并且该运作在自然顺序中也占据优先位置，所以显然有关名称或符号的规律一定具有推演出的特征，事实上，一定产生于它们所代表的运作的规律．我们将证明符号的规律与心智过程的规律在表达式上是等同的．

8．接下来让我们假设我们的论域就是实际的宇宙，以便词语在其完全的意义上被使用，我们考虑词语“白色的”和“人”所意味的两个心智运作．词语“人”意味着在思想中从宇宙这一对象选取所有的人这个运作；而作为结果的概念**人**，则成了下一个运作的对象．词语“白色的”意味着从“人”这一对象选取所有白色的那类这个运作．最终作为结果的概念是“白人”．十分显然的是如果上述运作以相反的次序进行，则结果是一样的．无论我们开始于形成“**人**”的概念，然后借助第二次智力行动将这一概念限制为“白人”，还是开始于形成“白色事物”这一概念，然后将其限制为“人”这个类，就所考虑的结果来说，是完全无关紧要的．显然，如果对于词语“白色的”和“人”不管我们用任何其他什么描述项或名词项替换，只要它们的含义是固定的和绝对的，则心智过程的次序同样是无关紧要的．因此，不理会构想官能两次相继行为的次序——其中之一为另一次提供了运作的对象——是运用那种官能的一般条件．它是一种心智规律，并且是构成第Ⅱ章形式表达式（1）的字母逻辑符号规律的真正来源．

9．同样清楚的是，上述心智运作具有这样一种性质使得其结果不因重复运作而改变．假定通过某种明确的构想行为我们专注于人类，再通过相同官能的运用我们将注意力限于其中的白色人种．于是关于后一心智行为的任何进一步的重复——通过它我们将注意力限于白色事物——都决不会改变构想所达到的结果，即白人. 这也是一般心智规律的一个例子，它具有以字母符号规律［第Ⅱ章(2)］表现的形式表达式.

10. 再有，显然从对两个不同事物类的构想我们可以形成一起取这两个类而组成的事物类的构想；那些类以什么样的位置次序或优先级别呈现给心智显然是无关紧要的. 这是另一个一般心智规律，它的表达式出现在第Ⅱ章（3).

11. 不必继续遵循这一探究和比较路线. 我们已经给出足够的例证使得以下立场是明显的，即：

首先，心智运作服从一般的规律，通过运用其想象或构想能力，心智结合并修改有关事物或属性的简单概念，不亚于运用在真值和命题上的那些推理操作.

其次，那些规律在形式上是数学的，它们实际上是在人类语言的基本规律中逐渐形成的. 因此逻辑符号规律是可以从对推理中的心智运作的讨论推导出的.

12. 本章剩下的部分将讨论与表达式为 $x^2=x$（Ⅱ.9）的思维规律有关的问题，正如我们已经暗示的（Ⅱ.15)，与从事一般的量的代数时的心智运作相比，这一规律形成了在其通常论域和推理中的心智运作的特征区别. 以下探讨中的一个重要部分在于证明符号 0 和 1 在逻辑符号中占有一席之地，并允许接受某种解释；也许首先必须要说明像上面的那种特定符号如何可以恰当和方便地被用来表示不同的思维系统.

这一恰当性的基础不能存在于任何解释的共同性中. 因为在像逻辑和算术（我在数的科学这一最广泛的意义上使用后一术语）那样如此真正不同的思维系统中，严格地说，不存在任何主题的共同性. 其中的一个与事物的真实概念有关，另一个仅考虑它们的数值关系. 但是鉴于任何推理系统的形式和方法直接依赖于符号所服从的规律，而只是间接地通过上面的连接物的联系依赖于它们的解释，因此在不同的思维系统中使用相同的符号可能是既恰当又便利的，只要这样的解释能够指派给它们使得它们的形式规律恒等，它们的使用前后一致. 因此那种应用的基础将不是解释的共同性，而是在其各自系统中它们所服从的形式规律的共同性. 除了对我们所见独立地出自正在考虑的系统之解释的那些结果进行仔细观察和比较外，这种形式规律的共同性不必建立在任何别的基础之上.

这些评论将说明下列命题所采取的探究过程. 字母逻辑符号普遍服从于表达式为 $x^2=x$ 的规律. 在数的符号中只有两个，0 和 1，满足这个规律. 但这些符号中的每一个也服从数量系统中独有的规律，这就启发我们去研究必须给予字母逻辑符号什么样的解释，以便同样独有的和形式的规律也可以在逻辑系统中实现.

命题Ⅱ

13. **确定符号 0 和 1 的逻辑值和意义**.

正如在代数中的用法一样，符号 0 满足下列形式规律：

$$0\times y=0 \quad 或 \quad 0y=0, \tag{1}$$

而无论**数** y 可能代表什么. 这一形式规律可以在逻辑系统中成立，我们必须赋予符号 0 这样一种解释使得 $0y$ 代表的**类**可以等同于 0 代表的类，无论类 y 可能是什么. 稍作思考就会看出如果符号 0 表示虚无则满足这一条件. 按照先前的定义，我们可以将虚无称为一个类. 事实上，虚无和全域是类广延的两个界限，因为它们是普通名称的可能解释的界限，其中没有哪一个涉及比组成虚无还少的个体，或者涉及比构成全域还多的个体. 无论类 y 可能是什么，它和"虚无"类共有的个体与组成"虚无"类的个体是等同的，因为它们什么都没有. 因此通过将 0 解释成虚无，规律（1）得以满足；否则它无法始终如一地满足类 y 的完全一般的特征.

其次，在数系统中符号 1 满足下列规律，即

$$1\times y=y，或 1y=y,$$

无论数 y 可能代表什么. 假定这一形式方程在本书的系统中同样正确，其中 1 和 y 表示类，符号 1 看来必须表示这样一个类使得在**任何**给出的类 y 中遇到的所有个体也是在 $1y$ 中的所有个体，即类 y 和 1 代表的类的共同个体. 在此稍作思考就会看出 1 表示的类一定是"全域"，因为这是在其中能找到任何类中存在的**所有**个体的唯一的类. 因此符号 0 和 1 在逻辑系统中各自的解释分别是**虚无**和**全域**.

14. 由于对于任何像"人"那样的事物类的概念，都使心智想起相反的非人的存在物的类之概念；并且由于整个全域是由这两个类一起组成的，因为我们可以断言它包含的每个个体要么是人，要么不是人，所以探究如何表达这样的相反名称是件十分重要的事情. 这是下列命题所考虑的对象.

命题Ⅲ

如果 x 代表任何事物类，则 $1-x$ 将表示相反的或相补的事物类，即包括不含在类 x 中的所有事物的类.

为使概念更加清晰起见，令 x 表示人这个类，并根据上面最后一个命题用 1 表示全域；现在如果从由"人"和"非人"组成的全域概念除去"人"的概念，那么作为结果的概念就是相反的类"非人". 因此"非人"这个类将被表示成 $1-x$. 一般来说，无论符号 x 表示何种事物类，相反的类都将表达成 $1-x$.

15. 尽管以下命题严格地说属于本书今后专门讨论**普遍真理**或**必然真理**的一

章，但是，由于它所涉及的思维规律的极其重要性，我认为在此引入它是合适的.

命题Ⅳ

称为矛盾原理的形而上学家的公理——它断言任何存在物不可能既具有某种性质同时又不具有那种性质，是表达式为 $x^2=x$ 的基本思维规律的一个推论.

我们将这一方程写成形式

$$x - x^2 = 0,$$

据此我们有

$$x(1-x)=0. \tag{1}$$

这两个变形由作为公理的组合律和移项律（Ⅱ.13）证明是成立的. 为使概念简明起见，我们赋予符号 x 以人这一特定解释，则 $1-x$ 表示类“非人”（命题Ⅲ）. 既然两个类的表达式的形式乘积表示两者共有的个体之类（Ⅱ.6），因此 $x(1-x)$ 表示其成员同时是“人”又是“非人”的类，于是方程（1）表达的是原理，**不存在其成员同时是人又是非人的一个类**. 换句话说，**同一个体同时既是人又是非人是不可能的**. 现设符号 x 的含义从表示“人”推广到由具有任何无论什么属性刻划的任何存在物的类；于是方程（1）将表示对于一个存在物来说不可能具有某种属性同时又不具有那种属性. 而这等同于“矛盾原理”，亚里士多德已经将其描述为一切哲学的基本公理. “同一属性不可能既属于又不属于同一事物……这在所有原理中是最为肯定的……这就是为什么那些从事证明的人把它当作一种终极意见的原因. 因为本质上它是所有其他公理的根源. ”[3]

引入以上解释不是因为它在本系统中的直接价值，而是作为对智力哲学中的一个重要事实的说明，即通常被认为是基本的形而上学公理不过是某个具有数学形式的思维规律的推论. 我还想直接关注用来表达那个基本思维规律的方程（1）是一个二次方程的情形.[4]在本章中丝毫没有对那种情形本质上是否必需的问题进行思考的前提下，我们可以大胆断言，如果它不存在，那么整个理解过程将全然不同. 因此我们通过划分成相互对立的对偶，或用术语讲，通过**二分法**进行的分析和分类操作，是基本的思维方程为二次的这一事实的一个结果. 如果所讨论的方程是三次的，仍然允许这样的解释，那么心智划分一定是三重的，而我们一定得通过一种三分法来进行，虽然利用我们现有的官能，不足以设想它的真正本质，但是我们仍能将其规律作为一种智力思考的对象加以研究.

16. 由于以上讨论所阐明的原因，我们将时不时地称方程（1）表达的思维规律为“二重律”.

第Ⅳ章　关于将命题划分为“初级的”和“二级的”两类；这两类的特征性质，以及初级命题表达式的规律

1. 在研究了与构想或想象过程有关的那些心智运作的规律，并且解释了用于表示它们的相应符号规律后，我们该到考虑所得结果实际应用的时候了：首先，是在表达命题的复合项中的应用；其次，是在表达命题中的应用；最后，是在构建一般的演绎分析方法中的应用. 在本章中我们将主要讨论这些对象当中的第一个，作为先导有必要建立如下命题：

命题 I

所有的逻辑命题都可以看成是属于两大类命题中的一类或另一类，对它们可以分别赋予“初级的”或“具体的命题”和“二级的”或“抽象的命题”之名称.

我们作出的每一个断言可以认为属于下面两种中的一个或另一个. 要么它表达的是事物之间的一种关系，要么它表达，或等价于表达命题之间的一种关系. 关于事物的属性，或关于它们显示的现象，或关于它们所处的环境的断言，恰当地说是对事物之间某种关系的断言. 说“雪是白的”就逻辑目的而言等价于说“雪是一种白色的事物”. 关于事实或事件，它们的相互关联和依赖的某种断言，就相同的目的来说，通常等价于断定关于那些事件的这样那样的命题在涉及它们彼此的真或假方面具有某种相互关系. 前一类命题与**事物**有关，我称“初级的”；后一类命题与**命题**有关，我称“二级的”. 事实上这一区分差不多相当于但并不完全等同于普通逻辑中将命题区分为直言的或假言的.

例如，命题“太阳闪耀光芒”，“地球是温暖的”是初级的；命题“如果太阳闪耀光芒那么地球是温暖的”是二级的. 说“太阳闪耀光芒”就是说“太阳是闪耀光芒的事物”，它表达的是两个事物类，即“太阳”和“闪耀光芒的事物”之间的关系. 然而，上面给出的二级命题表达的是两个初级命题“太阳闪耀光芒”和“地球是温暖的”之间的依赖关系. 我并不因此肯定这些命题之间的关系就像是它们表达的事实之间存在的那样，是一种因果关系，而只是肯定命题之间的关系如此蕴含事实之间的关系，以及命题之间的关系如此被事实之间的关系所蕴含，就逻辑的目的而言它可以用作那种关系的一个合适的代表.

2. 如果取代命题“太阳闪耀光芒”我们说“太阳闪耀光芒是真的”，那么

我们没有直接谈到事物而是谈到有关事物的一个命题，即“太阳闪耀光芒”. 因此，我们这样谈到的命题是一个二级命题. 于是每个初级命题都可以产生一个二级命题，即产生断言其真或宣布其假的那个二级命题.

通常会出现的情况是，小品词**如果，要么，要么**表明一个命题是二级的；但是它们并不必然意味着情况是这样. 命题“动物是要么有理性的要么非理性的”是初级的. 它不能分解为“要么动物是有理性的，要么动物是非理性的”，因此它不表达后一析取语句中联结在一起的两个命题之间的依赖关系. 小品词**要么，要么**事实上并非命题性质的判断标准，尽管我们常常发现它们出现在二级命题中. 甚至在初级命题中也可能找到联结词**如果**. “人，如果聪明的话，是有节制的”就是这样一个例子. 它不能被分解成“如果所有人是聪明的，那么所有人是有节制的”.

3. 因为我的目的不是讨论通常的命题划分的优点或缺点，因此这里我只评论说，目前的分类所基于的原则在应用上是清晰和明确的，它涉及命题中真实而基本的区别，并且它对于一般的推理方法的发展是十分重要的. 一个初级命题可以被完全翻译成二级命题的形式这个事实与这里所持的观点并不冲突。因为在这样假设的情形中，任何直接考虑的对象不是初级命题中联结在一起的事物，而只是被看成**真**或看成**假**的命题本身。

4. 在表达初级命题和二级命题时，本书将使用相同的符号，我们将会看到这些符号服从相同的规律. 两种情形之间的差别不在于形式而在于解释. 在两种情形中实际的关系将用符号=来表示，它是命题要表达的对象. 在初级命题的表达式中，这样联结起来的成员通常代表一个命题的“词项”，或者如更专门的名称所指的那样，表示它的主词和谓词.

命题Ⅱ

5. 对于可以构成初级命题的“词项”的任何事物类或事物的汇集的表达式，基于各种可能的列举，推演出一般的方法.

首先，如果要表达的事物类或汇集只由它包含的所有个体的共同名称或属性定义，那么它的表达式将由单独一个词项组成，其中表达那些名称或属性的符号将组合在一起而不需任何连接符号，就好像代数中的乘法过程一样. 因此，如果 x 表示不透明的物质，y 表示有光泽的物质，z 表示石头，我们有，

xyz = 不透明有光泽的石头；

$xy(1-z)$ = 不透明有光泽而非石头的物质；

$x(1-y)(1-z)$ = 不透明没有光泽，且非石头的物质；

对于任何其他的组合也如此．我们注意到，像它所包含的单个符号一样，这些表达式的每一个都满足相同的二重律．于是，

$$xyz \times xyz = xyz;$$

$$xy(1-z) \times xy(1-z) = xy(1-z);$$

等等．对于任何上面这样的词项我们将命名为“类项”，因为它借助于这种类的个体成员的共同性质或名称表达了一个事物类．

其次，如果我们谈论的一组事物其不同部分由不同的性质，名称，或属性定义，那么必须要分别形成那些不同部分的表达式，然后用符号+连接起来．但如果我们想要谈论的那组事物是由某个更广大的组排除了其成员的一个确定的部分形成的，那么符号-必须置于被排除部分的符号表达式之前．有关这些符号的使用我们可以作进一步的评论．

6．一般来说，符号+相当于连词“和”，“或”；符号-相当于介词“除外”．至于连词“和”与“或”，前者通常用于要描述的汇集构成一个命题主语的时候，后者通常用于它构成一个命题谓语的时候．“学者**和**老于世故者渴求幸福”，可以当作其中一种情形的例证．“具有功效的事物**要么**产生快乐**要么**防止痛苦”，可以提供另一种情形的例子．当含有这些小品词的一个词语出现在一个初级命题中时，了解在思想中被它们分开的组或类是否意味着彼此完全不同且相互排斥就变得极其重要．词语“学者**和**老于世故者”包括还是排除了那些二者皆是之人？词语“**要么**产生快乐**要么**防止痛苦”包括还是排除了那些具有这两种属性的事物？我理解连词“和”，“或”按照严格的含义确实具有这里所指的分离或排斥功能；形式化表述“所有 x 要么是 y 要么是 z”，按照严格的解释，意思是“所有的 x 要么是 y，但不是 z”，要么，“是 z 但不是 y”．但同时必须承认，“语法和语言规则”（jus et norma loquendi）似乎更倾向于相反的解释．表述形式“要么是 y 要么是 z”，一般地将被理解成同时包括既是 y 又是 z 的事物，以及属于其中之一但不属于另一个的事物．然而，要记住符号+确实具有曾经讨论的分离功能，我们必须将面前的任何析取表达式分解成在思想中真正分离的元，然后用符号+连接起它们各自的表达式．

因此，根据暗含的意义，表述形式“要么是 x 要么是 y 的事物”将具有两种不同的符号等价物．如果我们意指“是 x 但不是 y，或者是 y 但不是 x 的事物”，则表达式为

$$x(1-y)+y(1-x),$$

符号 x 代表全体 x，符号 y 代表全体 y．然而，如果我们意指“要么是 x，要么假

如不是 x 就是 y 的事物"，则表达式为

$$x+y(1-x),$$

这一表达式假定了允许同时既是 x 又是 y 的事物. 它可以更完全地表示成形式

$$xy+x(1-y)+y(1-x),$$

但这一表达式在将前两项加起来后，只是重新产生出前一表达式.

请注意上面给出的表达式满足基本的二重律（Ⅲ.16）. 因此我们有

$$\{x(1-y)+y(1-x)\}^2=x(1-y)+y(1-x),$$

$$\{x+y(1-x)\}^2=x+y(1-x).$$

以后我们将会看到，这只是表示"事物的类或汇集"的表达式之一般规律的一种特定表现形式.

7. 这些研究的结果可以具体化为下面的表达式规则.

规则　用符号 x，y，z，等等表示单独的名称或属性，它们的对立表示成 $1-x$，$1-y$，$1-z$，等等；由普通名称或属性定义的事物类用像在乘法中那样连接相应的符号表示；由彼此不同的部分组成的事物汇集用符号+连接那些部分的表达式表示. 特别，令表达形式"或者是 x 或者是 y"，当由 x 和 y 表示的类相互排斥时表示为 $x(1-y)+y(1-x)$，当它们不相互排斥时表示为 $x+y(1-x)$. 类似地，令表达形式"或者是 x，或者是 y，或者是 z"，当由 x，y 和 z 表示的类设定为相互排斥时表示为 $x(1-y)(1-z)+y(1-x)(1-z)+z(1-x)(1-y)$，当它们不是相互排斥时表示为 $x+y(1-x)+z(1-x)(1-y)$，等等.

8. 相反的解释规则建立在这一表达式的基础之上. 在以下例子中我们对于这两者都将给出（或许是）足够完全的具体说明. 为简洁起见我们略去一般主语"事物"，或"存在物"，假设

$$x=\text{坚硬的},\ y=\text{有弹性的},\ z=\text{金属},$$

则我们有下列结果：

"没有弹性的金属"，表示为 $z(1-y)$；

"弹性物质以及没有弹性的金属"，表示为 $y+z(1-y)$；

"除金属外的坚硬物质"，表示为 $x-z$；

"除那些既不坚硬也没弹性的金属以外的金属物质"，表示为

$$z-z(1-x)(1-y),\text{或 } z\{1-(1-x)(1-y)\},\text{ 参见第Ⅱ章(6)}.$$

在最后一个例子中，我们实际表达的是"除了不坚硬，没弹性的金属以外的金属". 用于**形容词**之间的连词通常是多余的，因此不必用符号来表达.

于是，"坚硬的且有弹性的金属"等价于"坚硬的有弹性的金属"，并被表

示成 xyz.

接下来考虑表达形式“除那些既是金属又没弹性和那些既有弹性又非金属外的坚硬物质”. 这里词语**那些**的含义是坚硬物质，因此这个表达形式的实际含义是，**除金属的非弹性的坚硬物质和非金属的有弹性的坚硬物质以外的坚硬物质；**词语**除外**的作用延伸到了紧随其后的两个类. 完整的表达式则是

$$x-\{xz(1-y)+xy(1-z)\},$$

或

$$x-xz(1-y)-xy(1-z).$$

9. 前面的命题，以及我们已经给出的关于它的各种说明，对于下列命题来说是一个必要的准备，由此将完成本章的计划.

命题Ⅲ

从对初级命题或具体命题各种可能变形的考察推演出表达它们的一般方法.

从最一般的意义上说，一个初级命题由两个词项构成，其间被断言存在着某种关系. 这些词项不必是单一词语表示的名称，而可以代表任何的对象汇集，如我们曾在前面的章节中考虑过的那样. 因此，那些词项的表达方式包含在上面给出的一般规则中，唯一剩下的是要找到如何表达词项之间的关系的方法，尤其是有关词项在这一关系中被理解为全称的还是特称的问题，即我们谈论的是词项所指的那个对象汇集的整体，还是前缀“某些”的通常含义所指的总体的不定属性或它的某个部分.

假设我们想要表达“恒星”和“太阳”这两个类之间的一种恒等关系，即表达“所有的恒星是太阳”以及“所有的太阳是恒星”. 在此，如果 x 代表恒星，y 代表太阳，那么我们所要求的等式就是

$$x=y.$$

在命题“所有的恒星是太阳”中，词项“所有的恒星”将被称为**主词**，而“太阳”则被称为**谓词**. 假设我们以下面的方式对术语**主词**和**谓词**的含义进行推广. 所谓**主词**我们指任何肯定命题的第一个词项，即在系词**是**之前的词项；所谓**谓词**我们都是指第二个词项，即紧随系词之后的词项；并且我们允许假设这两个词项可以要么是全称的，要么是特称的，因此，在两种情形的任何一个中，可以意味着要么是全类，要么是它的一部分. 于是对于上一个例子中的情形，我们有以下规则：

10. **规则　当一个命题的主词和谓词两者都是全称的时，分别构成它们的表达式并用符号 = 将它们连接起来.**

这一情形通常出现在科学定义的表达中，或出现在仿效纯粹科学处理的学科

中. 西尼尔（Senior）先生关于财富的定义为这种情形提供了一个很好的例子，即：

“财富由可转让的，限供的事物构成，并且要么产生快乐要么防止痛苦.”

在对这一定义用符号进行表达之前，必须注意到连词并且是多余的. 财富实际上是由它具有的三个性质或属性定义的，而不是由三个事物类或汇集组成的. 因此略去连词并且，我们令

w = 财富，

t = 可转让的事物，

s = 限供的事物，

p = 产生快乐的事物，

r = 防止痛苦的事物.

由主词的性质显而易见，上面定义中的表达形式“要么产生快乐要么防止痛苦”，在意思上与“要么产生快乐；否则，如果不产生快乐，就防止痛苦”是等价的. 因此上面表达形式定义的事物类单独来看将包括所有产生快乐的事物，以及所有不产生快乐但防止痛苦的事物，它的符号表达式是

$$p+(1-p)r.$$

于是如果我们将这一表达式置于括号内表示它所涉及的两个项，附加上符号 s 和 t 限制其应用到“可转让的”和“限供的”事物，那么对于原始定义我们就得到下面的符号等价式，即

$$w=st\{p+r(1-p)\}. \tag{1}$$

如果表达形式“要么产生快乐要么防止痛苦”打算仅仅指那些产生快乐而不防止痛苦的事物，$p(1-r)$，或者仅仅指那些防止痛苦而不产生快乐的事物，$r(1-p)$（排出了那些既产生快乐又防止痛苦的事物），那么该定义的符号表达式为

$$w=st\{p(1-r)+r(1-p)\}. \tag{2}$$

所有这一切都与以前更一般的说明相一致.

读者可能好奇地要问，如果我们把表达形式“产生快乐或防止痛苦的事物”照字面翻译成 $p+r$，使该定义的符号方程为

$$w=st(p+r), \tag{3}$$

会产生什么样的结果. 回答是，这一表达式将等价于（2），并具有附加含义：由 stp 和 str 代表的事物类完全不同，因此对于可转让的事物和限供的事物，在全域中不存在同时既产生快乐又防止痛苦的那种东西. 以后我们将解释如何来确定任何一个方程的完整意义. 我们已经论述过的可以表明，在尝试将数据翻译成严格

的符号语言之前，首先有必要确定我们所使用的词语的**预期**意义．但这一必要性不能被那些重视思维的正确性，并把语言的正确使用当做思维之工具和保证的人视为一种恶行．

11．我们接下来考虑命题的谓词是特称的情形，例如，“所有人都是会死的”．

在此情形，我们的含义显然是“所有人都是一些会死的生物”，而我们必须要寻求谓词“一些会死的生物”的表达式．因此，用 v 表示除此之外的任何方面都不确定的一个类，即它的成员中有些是会死的生物，并设 x 代表“会死的生物”，则 vx 表示“一些会死的生物”．因此如果 y 表示人，那么要寻求的方程将是

$$y=vx.$$

从这些讨论我们得出下列规则，用来表达其谓词是特称的一个全称肯定命题：

规则　像以前一样表达主词和谓词，对于后者附加上不定符号 v，并使表达式相等．

显然 v 是和 x，y 等同一种类的符号，于是它服从一般规律

$$v^2=v，\text{或 } v(1-v)=0.$$

因此，为了表达命题“行星要么是初级的要么是二级的”，根据规则，我们应该这样进行：

令 x 表示行星（主词）；

$y=$初级的天体；

$z=$二级的天体．

接着，假设连词“或”绝对地将“初级的”天体之类与“二级的”天体之类相分离，就我们在所给命题中对它们的考虑而言，我们给出该命题的方程为

$$x=v\{y(1-z)+z(1-y)\}. \tag{4}$$

值得注意的是，在这一情形中将该前提**照字面**翻译成形式

$$x=v(y+z) \tag{5}$$

是完全等价的，v 是一个不定类符号．然而，形式（4）更好，因为表达式

$$y(1-z)+z(1-y)$$

由表示彼此完全不同的项组成，并满足基本的二重律．

如果我们以命题“天体要么是太阳，要么是行星，要么是彗星”为例，用 w，x，y，z 分别表示这些事物类，那么在没有天体同时属于上述两个分组项目的

假设下，它的表达式将是

$$w=v\{x(1-y)(1-z)+y(1-x)(1-z)+z(1-x)(1-y)\}.$$

然而，如果它的意思是指天体要么是太阳，要么，若不是太阳，则是行星，要么，若既非太阳，也非行星，则是彗星[①]，不排除它们中的一些同时属于太阳，行星和彗星[①]三个分组项目中的两个或全部三个的假设，那么所要求的表达式将是

$$w= v\{x+y(1- x)+z(1- x)(1- y)\}. \quad (6)$$

上面的例子属于描述类，而不是定义．的确，命题的谓词通常是特称的．当情况并非如此时，要么谓词是一个单一词项，要么我们使用一些连接形式以代替系词“是”，这意味着谓词取全称形式．

12．下面考虑全称否定命题的情形，例如，“没有人是完美的生物”．

显然在这一情形我们谈论的不是一个称作“没有人”的类，并对这个类断言它的所有成员是“完美的生物”．我们实际上是关于“**所有人**”作了一个断言，相当于说他们是“**不完美的生物**”．因此该命题的真实含义为：

“所有人（主词）是（系词）不完美的（谓词）”；据此，如果 y 代表“人”，x 代表“完美的生物”，我们就有

$$y=v(1-x),$$

并且在其他情形中也类似．因此我们有下面的规则：

规则　为了表达“没有 x 是 y”形式的命题，将其转换为形式“所有 x 是非 y，然后像前一情形那样依次进行下去．

13．最后，考虑其中命题的主词是特称的情形，例如，“有些人是不聪明的”．正如曾经说过的，这里的否定词**不**至少就逻辑的目的而言，的确可以严格地指称谓词**聪明的**；因为我们所说的意思并非“有些人是聪明的”是不真实的，而是想断定“有些人”缺乏聪明的属性．因此，所要求的已知命题的形式为“有些人是非聪明的”．于是，设 y 代表“人”，x 代表“聪明的”，即“聪明的生物”，引入 v 作为除此之外的所有方面都不确定的一个类的符号，这个类包含其形式被它前置的那个类的一些个体，我们有

$$vy=v(1-x).$$

14．我们可以用下面的一般规则囊括我们已经确定的一切：

初级命题符号表达式的一般规则

---

① 原文写作恒星（fixed stars），但按上下文应为彗星．

第一，如果命题是肯定的，则构作主词和谓词的表达式．假如它们中任何一个是特称，就将不定符号 v 附加于它，然后使作为结果的表达式相等．

第二，如果命题是否定的，首先通过将否定小品词添加到谓词表达其真实含义，然后按上面的步骤进行．

再举一两个例子足以对此进行说明．

例　“没有人处于高位，又免遭妒忌”．

令 y 代表人，x 代表“处于高位”，z 代表“免遭妒忌”．

则“处于高位”，并且“免遭妒忌”所描述的类的表达式为 xz．因此相反的类，即这一描述不适用的那一类将用 $1-xz$ 来表示，而对这一类所有的人都涉及．因此我们有

$$y=v(1-xz).$$

如果这样表达的命题用等价形式“处于高位的人是无法免遭妒忌的”替代，那么它的表达式将是

$$yx=v(1-z).$$

以后将看到，在所涉及的特定假设下，即 v 是一个不定类符号，这一表达式实际上与前一个是等价的．

例　“没有人是英雄，那些将自我否定结合上勇气的人除外”．

令 x =“人”，y =“英雄”，z =“实践自我否定的那些人”，w =“具有勇气的那些人”．

该断言实际上是“不具有勇气且不实践自我否定的人不是英雄”．

因此我们有

$$x(1-zw)=v(1-y)$$

为所求方程．

15．在要结束本章的时候，我们把用符号表达的最主要的命题类型一起作一比较也许是有趣的．如果我们同意用 X 和 Y 代表”词项”或有关事物的符号表达式，那些类型就是

$$X=vY,$$

$$X=Y,$$

$$vX=vY.$$

在第一个中，只有谓词是特称的；在第二个中，两个词项都是全称的；在第三个中，两个都是特称的．一些次要的形式实际上包括在这些当中．因此，如果 $Y=0$，则第二个形式成为

$$X=0;$$

而如果 $Y=1$，它成为

$$X=1.$$

它的两个形式都允许解释. 进一步注意到，表达式 X 和 Y，如果以对命题“词项”之意义的一种充分细致的分析为基础，则满足所要求的基本二重律，从而我们有

$$X^2=X \text{ 或 } X(1-X)=0,$$
$$Y^2=Y \text{ 或 } Y(1-Y)=0.$$

第V章 关于符号推理的基本原则，以及涉及逻辑符号的表达式的展开

1. 本书前面各章专门探讨了推理中的心智运作的基本规律；其表现为逻辑符号规律的展开式；以及表达式的原理，据此那种所谓的初级命题可以表示成符号语言. 这些讨论就最严格的意义来说是预备性的. 对于本书的主要目标之一——在精确地概括基本的思维规律基础上构建某种逻辑系统或方法，它们构成了一个必不可少的导引. 还存在着关于这一目标的本质，和达至它的方法的一些思考，我认为有必要在此加以注意.

2. 首先我想说的是逻辑中某种方法的一般性必须在很大程度上依赖于其初级过程和规律的一般性. 例如，在本书前面的章节中我们已经讨论过用符号+表达的**加法**那种逻辑过程的规律. 这些规律已经由对例子的研究所确定，就所有这些例子而言，在思维中加起来的类或事物应该互相排斥已经成为一个必要条件. 表达式 $x+y$ 似乎确实是不可解释的，除非假定 x 表示的事物与 y 表示的事物完全分离；即它们不包括共同的个体. 与此类似的条件已经在那些构想行为中涉及到，从对它们的研究我们已经弄清了其他符号操作的规律. 于是产生这样的问题，是否有必要通过相同的解释性条件限制这些符号规律和过程，在该条件下我们获得了关于它们的知识. 如果说这样的限制是必要的，则显然不可能有像逻辑中的一般方法这种东西. 另一方面，如果说这样的限制是不必要的，那么我们从何种角度去思考那些在它们预备提供帮助的思维领域中似乎是不可解释的过程? 这些问题不只属于逻辑科学. 它们同样和基于使用某种符号语言的人类推理之所有发展形式都有关.

3. 其次我注意到，过程与解释之间这种明显的对应缺失在人类理性的通常运用中并不出现. 因为关于在那里进行的运作没有哪一个的意义和应用是人们不理解的；而对于大多数的心智来说仅由形式推理连接其前提和结论是不够的；相反，连接链的每一步，证明过程中所建立的每个中间结果也必须是可理解的. 无疑，在日常生活的推理和谈话中，这既是一个现实条件，也是一个重要保证.

也许有很多人想要把同样的原理推广到作为推理工具的符号语言的通常使用上去. 可以指出的是，由于支配符号应用的规律或公理是以对那些允许解释的情形之研究为基础建立起来的，因此我们无权将它们的应用推广到解释在其中是不可能的或令人怀疑的其他情形，尽管（如应该准许的那样）这种应用只用于证明的中间步骤. 即使这种反对是决定性的，也必须承认我们将从逻辑的一种符号方法的使用中获得少许益处. 也许该益处将限于使用简洁方便的符号代替较为笨拙的符号这种工具性收益. 然而这一反对本身是错误的. 无论我们的先验预期可能是什么，由任何符号推理过程得出的结论之有效性不依赖于我们解释那些已经在研究的不同阶段呈现它们自身的形式结果之能力，却是一个不争的事实. 实际上，存在着某些与符号方法的使用有关的一般原理，因为属于特定的逻辑主题，我将首先表述它们，接下来我将对它们获得认同的本质和根据作些评论.

4. 借助符号进行有效推理的条件是：

第一，对于数据表达式中使用的符号指派一个固定的解释；那些符号的组合规律由该解释完全确定.

第二，求解和证明的形式过程自始至终按照上面确定的规律的要求进行，而不考虑所得特定结果的可解释性问题.

第三，最终结果在形式上是可解释的，它实际上是按照已经用于数据表达式的解释系统来解释的. 关于这些原理，可以作出以下评论.

5. 我们已经充分阐述了（Ⅱ.3）关于符号的固定解释的必要性. 固定结果应该以这样一种形式准许应用该解释之必要性，是以这种显然的原理为基础的，即符号的使用是朝向一个目标的一种手段，而那个目标是关于某个可理解的事实和真理的知识. 并且这一目标可以被达到，表达符号结论的最终结果必须具有一种可解释的形式. 然而，与上述一般原理或条件（Ⅴ.4）的第二个有关，它是有可能使人感受到的最大困难，关于这一点有必要再多说几句.

那么我要说的是，可以认为所讨论的原理依赖于一般的心智规律，有关它的知识不是先验的，即先于经验地赋予我们的，而是像关于其他心智规律的知识一样，是从对特定例子中的一般原理的清晰展现中得到的. 一个单独的推理例子——其中符号的使用服从在其解释的基础上建立的规律，但并不维持那个解释，证明之链引导我们通过不可解释的中间步骤，到达可解释的最终结果——似乎不仅建立起特定应用的有效性，而且使我们了解其中展现的一般规律．任何例子的堆积都不能增加这一证据的份量．它可以向我们提供应用该原理所依赖的那种共同真理因素之较为清晰的概念，从而为人们接受它铺平道路．在没有感觉到直接的证据效力的地方，它可以充当关于所论原理之实际有效性的一种**后验**的证实方法．但是这并不影响要确认的立场，即一般原理必须见于特定的例子之中，必须在应用中显示出一般性以及在特殊例子中表现出真实性．在三角学的中间过程中使用不可解释的符号 $\sqrt{-1}$，为上述说法提供了一个例证．我感觉解释那种应用的任何方式无一不暗中假设了所论及的这个原理．然而我想，那个原理尽管没有被基于其他理由的形式推理所证实，但它在那些从某种意义上讲构成一般知识的可能性之基础的自明真理中，似乎值得占有一席之地，并且可以被适当地看成心智自身规律和构成的表达式．

6．下面是在本书中应用上述原理的模式．我们已经看到，任何一组命题都可以用涉及符号 x，y，z 的方程表达，当可解释时，它们所服从的规律在形式上与仅取值 0 和 1 的一组量的符号的规律相等同（Ⅱ.15）．但是由于形式的推理过程仅依赖于符号的规律，而不依赖于其解释的属性，因此允许我们将符号 x，y，z 当作好像是上述那种量的符号一样来对待．**事实上我们可以把给定方程中符号的逻辑解释放在一边；将它们转换成量的符号，只允许值 0 和 1；针对它们本身执行所有必需的求解过程；最后恢复它们的逻辑解释**．这是我们将实际采取的处理方式，尽管我们认为没有必要在每个例子中都重申所应用的转换的本质．被当作量的符号和上述种类的符号 x，y，z，遵循的过程，如果针对纯粹的逻辑符号来进行的话，则不受它们所服从的那些思维条件的限制，而在我们使用它们时，给我们以一种运算的自由，没有它，对于逻辑中一种一般方法的探求将会是毫无希望的．

注意上面的过程系统会把我们引向不可解释的结果，除非由此导出的逻辑方程具有一种形式使得它们的解释在恢复了符号的逻辑意义后成为可能．然而，存在一种将方程归约为这样一种形式的一般方法，本章余下的部分将对此进行讨论．我将极少谈到该方法使得解释成为可能的方式，把这一点保留到下一章，而在这里主要将自己限于所使用的纯粹过程，它可以被刻画成一种“展开”过程．作为关于这一过程的引导，首先谈几点看法或许是适当的．

7．假设我们正在考虑涉及这一问题的任何事物类，即它的成员处在具有或

缺乏某种性质 x 的关系中．由于每个个体在所讨论的类中要么具有要么不具有所说的性质，所以我们可以将这个类分成两部分，前者包括那些具有该性质的个体，后者包括那些不具有该性质的个体．在思想中将整个类划分为两个组成部分这种可能性先于所有关于从其他来源得到的类之组成的知识；有关这一知识该结果只能大致精确地告知我们，具有和不具有给定性质的类的部分服从什么进一步的条件．因此，假设这一知识有下面的意思，即具有性质 x 的那部分的成员，也具有某个性质 u，并且这些条件合在一起足以界定它们．于是我们可以用表达式 ux 表示原来类的那部分（Ⅱ.6）．如果我们进一步获得信息不具有性质 x 的原来类的成员服从某个条件 v，并这样来定义，则显然那些成员将由表达式 $v(1-x)$ 表示．因此该类总体将被表示为

$$ux+v(1-x),$$

它可以被看成是具有或缺乏某种性质 x 的任何事物类的表达式的一般展开形式．

这种建立在纯粹逻辑基础上的一般形式，也可以从明确讨论可应用于已经提到的既具有逻辑解释又具有量的解释的符号 x，y，z 的形式规律（Ⅴ.6）推演出．

8．**定义　任何涉及一个符号 x 的代数表达式称为 x 的函数，并且可以用简化的一般形式 $f(x)$ 表示．任何涉及两个符号 x 和 y 的表达式类似地称为 x 和 y 的函数，并且可以表示成一般形式 $f(x, y)$，对于其他情形也一样．**

因此形式 $f(x)$ 将不加区别地表达下列函数，即 x，$1-x$，$\frac{1+x}{1-x}$等中的任何一个；$f(x, y)$ 将同等地表达形式 $x+y$，$x-2y$，$\frac{x+y}{x-2y}$等中任何一个．

根据同样的记号原则，如果在任一函数 $f(x)$ 中，我们将 x 变成 1，结果将表达为形式 $f(1)$；如果在同一函数中我们将 x 变成 0，结果将表达为形式 $f(0)$．因此，如果 $f(x)$ 表示函数$\frac{a+x}{a-2x}$，$f(1)$将表示$\frac{a+1}{a-2}$，而$f(0)$将表示$\frac{a}{a}$．

9．**定义　任何函数 $f(x)$ ——其中 x 是一个逻辑符号，或者是一个只允许取值 0 和 1 的量的符号——称为是展开的，如果它被化成形式 $ax+b(1-x)$，这里 a 和 b 通过使该结果与由之得到它的函数相等来确定．**

这个定义假定有可能用设想的形式表示任何函数 $f(x)$．该假定由以下命题所证实．

命题 I

10．**展开其中 x 是一个逻辑符号的任一函数 $f(x)$．**

根据本章中已经肯定的原理，将 x 视为一个仅允许取值 0 和 1 的量的符号是合法的.

因此假定

$$f(x)=ax+b(1-x),$$

使 $x=1$，我们有

$$f(1)=a.$$

在同一方程中，再使 $x=0$，我们有

$$f(0)=b.$$

于是 a 和 b 的值得到确定，在第一个方程中替换它们，我们有

$$f(x)=f(1)x+f(0)(1-x) \tag{1}$$

作为所寻求的展开.[5]无论函数 $f(x)$ 的形式如何，方程的右边都足以表示这个函数. 因为 x 视作量的符号仅允许取值 0 和 1，而对于这些值中的每一个，展开式

$$f(1)x+f(0)(1-x)$$

取与函数 $f(x)$ 相同的值.

作为一个例子，我们来展开函数 $\frac{1+x}{1+2x}$. 这里，当 $x=1$ 时，我们得 $f(1)=\frac{2}{3}$，当 $x=0$ 时，我们得 $f(0)=\frac{1}{1}$，或 1. 因此所求表达式为

$$\frac{1+x}{1+2x}=\frac{2}{3}x+1-x.$$

而这个方程对于允许符号 x 取的每个值都满足.

命题Ⅱ

展开包含任意个数的逻辑符号的一个函数.

我们以讨论有两个符号 x 和 y 的情形作为开始，并用 $f(x, y)$ 表示要展开的函数.

首先，把 $f(x, y)$ 看成单独 x 的一个函数，应用一般定理（1）展开它，我们有

$$f(x, y)=f(1, y)x+f(0, y)(1-x), \tag{2}$$

其中 $f(1, y)$ 表示当我们把所设函数中的 x 记为 1 时所得，而 $f(0, y)$ 表示当我们把所说的函数中的 x 记为 0 时所得.

现取出系数 $f(1, y)$，将它看成 y 的一个函数，接着展开它，我们有

$$f(1, y)=f(1, 1)y+f(1, 0)(1-y), \tag{3}$$

其中 $f(1, 1)$ 表示当我们把 $f(1, y)$ 中的 y 记为 1 时所得，而 $f(1, 0)$ 表示当

我们把 $f(1, y)$ 中的 y 记为 0 时所得.

同样地，系数 $f(0, y)$ 展开后给出

$$f(0, y)=f(0, 1)y+f(0, 0)(1-y). \tag{4}$$

将（2）中的 $f(1, y)$，$f(0, y)$ 替换为它们在（3）和（4）中的得到的值，我们有

$$f(x, y)=f(1, 1)xy+f(1, 0)x(1-y)+f(0, 1)(1-x)y \\ +f(0, 0)(1-x)(1-y) \tag{5}$$

为所求展开式. 这里 $f(1, 1)$ 表示当我们使其中的 $x=1$，$y=1$ 时 $f(x, y)$ 所得；$f(1, 0)$ 表示当我们使其中的 $x=1$，$y=0$ 时 $f(x, y)$ 所得，其余依此类推.

因此，如果 $f(x, y)$ 表示函数 $\dfrac{1-x}{1-y}$，我们得

$$f(1,1)=\frac{0}{0}, f(1,0)=\frac{0}{1}=0, f(0,1)=\frac{1}{0}, f(0,0)=1,$$

由此给定函数的展开式为

$$\frac{0}{0}xy+0x(1-y)+\frac{1}{0}(1-x)y+(1-x)(1-y).$$

在下一章我们将会看到，形式 $\frac{0}{0}$ 和 $\frac{1}{0}$（前者对于数学家来说以不定量的符号著称）在上面这样的表达式中可以有非常重要的逻辑解释.

其次，假设我们要展开的函数有三个符号，对此我们可以表示为一般形式 $f(x, y, z)$. 按照前面的步骤进行，我们得到

$$\begin{aligned} f(x, y, z)=&f(1, 1, 1)xyz+f(1, 1, 0)xy(1-z)+f(1, 0, 1)x(1-y)z \\ &+f(1, 0, 0)x(1-y)(1-z)+f(0, 1, 1)(1-x)yz \\ &+f(0, 1, 0)(1-x)y(1-z)+f(0, 0, 1)(1-x)(1-y)z \\ &+f(0, 0, 0)(1-x)(1-y)(1-z), \end{aligned}$$

其中 $f(1, 1, 1)$ 表示当我们使其中的 $x=1$，$y=1$，$z=1$ 时 $f(x, y, z)$ 所得，其余依此类推.

11. 现在容易看出确定任何已给函数的展开式的一般规律，并且不难把进行展开的方法简化成一种规则. 但在表达这样一种规则之前，预先给出以下评论将是方便的：

我们已经得到的每种形式的展开式包括一些项——其中涉及到符号 x，y 等，再乘上系数——其中不涉及那些符号. 因此 $f(x)$ 的展开式包括两项 x 和 $1-x$，分别乘上系数 $f(1)$ 和 $f(0)$. $f(x, y)$ 的展开式包括四项 xy，$x(1-y)$，$(1-x)y$ 和

$(1-x)(1-y)$，分别乘上系数 $f(1,1)$，$f(1,0)$，$f(0,1)$，$f(0,0)$. 对于前一情形中的项 x，$1-x$，后一情形中的项 xy，$x(1-y)$ 等，我们将称其为展开式的**分支**. 显然它们在形式上独立于要展开的函数的形式. 在分支 xy 中，x 和 y 称为**因子**.

因此一般的展开规则将由两部分组成，首先是构造展开式的分支，其次是确定它们各自的系数. 具体如下：

第一，展开任何涉及符号 x，y，z 的函数. 按照以下方式构成一系列分支：令第一个分支是这些符号之积；在此积中将任何符号 z 改成 $1-z$，作为第二个分支. 然后在这两个分支中将任何其他符号 y 改成 $1-y$，作为另外两个分支. 接着在这样得到的四个分支中将任何其他符号 x 改成 $1-x$，作为四个新分支等直到穷尽可能的改变数.

第二，找出任何分支的系数. 如果那个分支包含 x 作为一个因子，则将原来函数中的 x 改成 1；但是如果它包含 $1-x$ 作为一个因子，则将原来函数中的 x 改成 0. 关于符号 y，z 等应用相同的规则：最终计算出的这样发生改变的函数值就是所求的系数.

每个分支乘以其各自的系数后的和就是所求的展开式.

12. 值得注意的是，一个函数可以关于它不显含的符号展开. 因此，如果按照规则我们来求函数 $1-x$ 关于符号 x 和 y 的展开式，就有

当 $x=1$　且 $y=1$　给定函数 $=0$.

$x=1$　且 $y=0$　给定函数 $=0$.

$x=0$　且 $y=1$　给定函数 $=1$.

$x=0$　且 $y=0$　给定函数 $=1$.

由此展开式为

$$1-x=0xy+0x(1-y)+(1-x)y+(1-x)(1-y).$$

这是一个正确的展开式. 项 $(1-x)y$ 和 $(1-x)(1-y)$ 之和产生函数 $1-x$.

因此根据规则，符号 1 关于符号 x 展开得

$$x+1-x.$$

关于 x 和 y 展开，得到

$$xy+x(1-y)+(1-x)y+(1-x)(1-y).$$

类似地，关于任何一组符号展开，它将产生包括那些符号的所有可能分支的一个系列.

13. 关于一般展开式的性质可以适当地多说几句. 作为例证，我们来考虑一

般定理（5），它提供了具有两个逻辑符号的函数的展开类型.

首先，当 x 和 y 是本章中曾讨论过的那种量的符号时，无论函数 $f(x, y)$ 具有怎样的代数形式，该定理都是完全真实的和可理解的，因此它可以被明白无误地应用于将符号解释从逻辑系统转换为上述量的系统，与最终恢复逻辑解释之间的分析过程的任何阶段.

其次，当 x 和 y 是逻辑符号时，倘若函数 $f(x, y)$ 的形式表示的是一个**类或事物的汇集**，在此情形等式右边总是逻辑上可解释的，那么该定理是完全真实的和可理解的. 例如，如果函数 $f(x, y)$ 表示函数 $1-x+xy$，则应用这一定理我们得

$$
\begin{aligned}
1-x+xy &= xy+0x(1-y)+(1-x)y+(1-x)(1-y),\\
&= xy+(1-x)y+(1-x)(1-y),
\end{aligned}
$$

而这一结果是可理解的和真实的.

于是我们可以认为该定理对于上述那种量的符号**总是**真实的和可理解的；对于逻辑符号**当可解释的时候总是**真实的和可理解的. 因此无论何时当它用于本书时，即使所得展开式是不可解释的，符号 x，y 仍是量的符号和提到的那个特殊种类的符号.

然而尽管展开式并不总是直接可解释的，但是它总是立即将我们引向可解释的结果. 于是表达式 $x-y$ 展开后得到形式

$$x(1-y)-y(1-x),$$

它一般来说是不可解释的. 我们在思维中无法从是 x 但不是 y 的事物类，取出是 y 但不是 X 的事物类，因为后一类不包含在前者中. 但是如果形式 $x-y$ 本身出现在一个方程的左边，它的右边是 0，展开后我们应该有

$$x(1-y)-y(1-x)=0.$$

在下一章我们将证明，如果 x 和 y 被看成量的符号和所描述的那种符号，那么以上方程马上可以分解为两个方程

$$x(1-y)=0,\ y(1-x)=0,$$

而当赋予符号 x 和 y 逻辑解释后，这些方程在逻辑中就成为直接可解释的. 可以说，尽管**函数**展开后不必成为可解释的，但是**方程**经过这种处理总是可以化成可解释的形式.

14. 以下命题建立了分支的一些重要性质. 在其阐述中符号 t 用来不加区分地表示一个展开式中的任何分支. 因此如果展开式是两个符号 x 和 y 的函数展开所得，那么 t 表示四个形式 xy，$x(1-y)$，$(1-x)y$，和 $(1-x)(1-y)$ 中的任何一

个．如有必要就用单个符号表示一个展开式的分支，而为了它们彼此区别，将标以下标区分．于是 t_1 可能用来表示 xy，t_2 用来表示 $x(1-y)$，等等.

命题Ⅲ

一个展开式的任一单个分支 t 满足二重律，其表达式为

$$t(1-t)=0.$$

一个展开式的两个不同分支之积等于 0，所有分支之和等于 1.

第一，考虑特定的分支 xy．我们有

$$xy \times xy = x^2y^2.$$

但是根据类符号的基本定律，有 $x^2=x$，$y^2=y$；因此

$$xy \times xy = xy.$$

用 t 表示 xy，

$$t\times t=t,$$

或

$$t(1-t)=0.$$

类似地，分支 x（$1-y$）满足同一规律．因为我们有

$$x^2=x,\ (1-y)^2=1-y,$$

$$\therefore \{x(1-y)^2=x(1-y),\ 或\ t(1-t)=0.$$

由于每个分支的每个因子要么具有形式 x，要么具有形式 $1-x$，所以每个因子的平方等于那个因子，从而因子之积，即分支的平方等于该分支；为此用 t 表示任何分支，我们有

$$t^2=t \quad 或 \quad t(1-t)=0.$$

第二，任何两个分支的乘积是 0．这从方程 x（$1-x$）$=0$ 表达的一般符号规律看是显然的；因为在的同一展开式中无论我们考虑什么分支，都将在其中之一至少存在一个因子 x，它将对应于其他分支中的一个因子 $1-x$.

第三，一个展开式的所有分支之和是 1．这从把两个分支 x 和 $1-x$ 相加，或将四个分支 xy，$x(1-y)$，$(1-x)y$，$(1-x)(1-y)$ 相加看是显然的．但是它也可以通过将 1 用任何一组符号展开（V. 12）更一般地加以证明．在这一情形，分支的形成和平常一样，而所有系数则是 1.

15．我们可以将以下命题与上述命题相联系.

命题Ⅳ

如果 V 表示任何一列分支之和，它们的系数分别为 1，则满足条件

$$V(1-V)=0.$$

令 t_1，t_2，…，t_n 是所论及的分支，则

$$V = t_1 + t_2 + \cdots + t_n.$$

两边平方，并注意到 $t_1^2 = t_1$，$t_1 t_2 = 0$ 等，我们有

$$V^2 = t_1 + t_2 + \cdots + t_n,$$

因此

$$V = V^2.$$

从而

$$V(1 - V) = 0.$$

第Ⅵ章　关于逻辑方程的一般解释，和所导致的对命题的分析，以及逻辑函数的可解释性条件

1. 我们已经注意到，利用上一章证明的一般规则对任意函数所作的完全展开包括两组不同的要素，即展开式的分支和它们的系数. 我打算在本章中首先探讨分支的解释，然后探讨与它们关联的系数限定那种解释的模式.

术语“逻辑方程”，“逻辑函数”等将被一般地用于表示涉及符号 x，y 等的任何方程或函数，它要么可能出现在一组前提的表达式中，要么可能出现在介于前提和结论之间的一连串符号结果中. 如果那个函数或方程的形式在逻辑中不能直接得到解释，那么当符号 x，y 等满足规律

$$x(1 - x) = 0$$

时，必须被看成是前面章节（Ⅱ.15），（Ⅴ.6）中所描述的量的符号.

因此，所谓任何这种逻辑函数或方程的解释问题，是指将它归约为某个形式，当把逻辑值指派给其中的 x，y 等时，连同作为结果的解释，它将成为可解释的. 这些常规定义与在前一章中制定的用于处理本书方法的一般原理是一致的.

命题Ⅰ

2. **关于逻辑符号 x，y 等的任何函数之展开式的分支是可解释的，并代表论域的若干相互排斥的分划，它们由对符号 x，y 等表示的品质的每种可能方式的断定和否定形成.**

为使概念更加清楚起见，我们假定所展开的函数包括两个符号 x 和 y，并已得到关于它的展开式. 因此我们有以下分支，即：

$$xy, \ x(1-y), \ (1-x)y, \ (1-x)(1-y).$$

显然，其中的第一个 xy 表示同时具有由 x 和 y 表达的基本品质的事物类，第二个 $x(1-y)$ 表示具有属性 x 但不具有属性 y 的类．同样地，第三个分支代表具有由 y 表示的属性但不具有由 x 表示的属性的事物类；第四个分支 $(1-x)(1-y)$ 代表其成员不具有所论品质中任何一个的事物类．

因此在刚刚考虑的情形中的分支，表示全部四个事物类，它们能够用对 x 和 y 表达的属性所作的断定和否定来刻画．那些类彼此不同．没有一个的成员是另一个的成员，因为每个类都具有与任何其他一个类的某个属性或品质相对立的一个属性或品质．而且，这些类一起构成了全域，因为任何事物都可以被刻画成存在或缺乏某个事先给出的品质，于是全域中的每个单独的事物总可以指称两个给定的类 x 和 y 和它们的对立的可能组合构成的四个类中的一个．

在此关于 $f(x, y)$ 的分支所作的评论本质上是完全一般的．任何展开式的分支代表类——那些类通过拥有对立的品质而彼此不同，并且它们一起构成了论域．

3．分支的这些属性已经表现在上一章结论里证明的定理中，因此有可能被推导出．从每个分支满足单个符号的基本规律这一事实出发，可以猜想每个分支将表示一个类．从一个展开式的任意两个分支的乘积为零这一事实出发，可以得出结论它们所表示的类是相互排斥的．最后，从一个展开式的分支之和是一这个事实出发，可以推断它们所表示的类合起来构成了全域．

4．上面确定的分支的规律和它们的解释，为逻辑方程的分析和解释提供了基础．所有这种方程都允许用已经表述的展开定理进行解释．在此我打算探讨那些在一系列推理的结论中如此显示其本身的可能解的形式，并说明这些形式是如何产生的．尽管严格地讲，它们不过是表达式的一种基本类型或原理的表现形式，但是如果它们显示的微小变化是孤立地呈现给心智的，这将有助于理解的清晰性．

这些形式有三个，它们如下：

形式 I

5．我们首先将要讨论的是当展开任何逻辑方程 $V=0$ 时产生的形式，以及在分解为其分支方程后打算要解释的结果．假定函数涉及逻辑符号 x，y 等的并非分式的组合．的确，分式组合仅出现在当我们谈到上面所指的解的第三种形式时才要考虑的问题类中．

命题Ⅱ

解释逻辑方程 $V=0$.

为简单起见，我们设 V 只包含两个符号 x 和 y，并用

$$axy + bx(1-y) + c(1-x)y + d(1-x)(1-y) = 0 \tag{1}$$

表示给定方程的展开式；a，b，c 和 d 是确定的数值常数.

现在假设任何系数，比如 a 不为零. 用分支 xy 乘该方程两边，附带上它的系数，我们有

$$axy=0,$$

因 a 不为零，由此得

$$xy=0,$$

这一结果完全独立于展开式的其他系数的性质. 一旦指派了 x 和 y 的逻辑意义，它的解释便是“不存在同时属于 x 代表的类和 y 代表的类的个体”.

但是如果系数 a **确实**为零，则项 axy 不在展开式（1）中出现，因此方程 $xy=0$不能从那里推导出来.

同样，如果系数 b 不为零，我们有

$$x(1-y)=0,$$

它容许有解释，“不存在同时属于类 x，又不属于类 y 的个体”.

然而，正如接下来将要表明的，以上两个解释中的任何一个都可以显示为不同的形式.

从系数不为零的展开式的各个项如此得到的不同解释之和，将构成方程 $V=0$ 的完整解释. 这一分析本质上独立于包含在函数 V 中的逻辑符号的个数，因此，在所有例子中本命题的目标将由下列规则达到：

规则　展开函数 V，使系数不为零的每个分支等于 0. 这些结果的解释合在一起将构成已给方程的解释.

6. 让我们举犹太法律中规定的“干净的牲畜”的定义为例，即“干净的牲畜是指那些既分蹄又反刍的牲畜”，并假设

$x=$干净的牲畜；

$y=$分蹄的牲畜；

$z=$反刍的牲畜.

则已给命题将表示成方程

$$x=yz,$$

对此我们还原为形式

$$x-yz=0,$$

并寻求目前方法导致的解释形式. 完全展开方程的左端，我们有

$$0xyz+xy(1-z)+x(1-y)z+x(1-y)(1-z)-(1-x)yz+$$
$$0(1-x)y(1-z)+0(1-x)(1-y)z+0(1-x)(1-y)(1-z).$$

由此那些系数不为零的项表明

$$xy(1-z)=0,\ xz(1-y)=0,\ x(1-y)(1-z)=0,\ (1-x)yz=0.$$

这些方程表达了对于某些事物类的存在性的否定，即：

第一，对于那些干净的，分蹄的，但不反刍的牲畜.

第二，对于那些干净的，反刍的，但不分蹄的牲畜.

第三，对于那些干净的，既不分蹄也不反刍的牲畜.

第四，对于那些分蹄的，反刍的，但不干净的牲畜.

现在所有这些单独的否定实际上都包括在原来的命题之中. 反之，如果承认这些否定，那么原来的命题将作为一个必然的结果推出. 事实上，它们是该命题各个不同的元. 因此每个初级命题可以被分解为关于某些明确的事物类之存在性的否定，而从那组否定出发，可以重构自身. 在此人们可能要问，从一系列的否定如何可能作出一个肯定的命题？从什么来源得出肯定的元？我的回答是，心智假定了某个全域的存在性不是先验地作为独立于经验的一个事实，而是要么后验地作为来自经验的一个推断，要么**假设地**作为肯定推理的可能性的一个基础. 因此从命题"没有人不是易犯错误的"，即对"不易犯错误的人"之存在性的否定，要么可以假设地推出"所有人（如果人存在的话）都是易犯错误的"，要么可以绝对地推出（经验已经使我们确信人类的存在性）"所有人都是易犯错误的".

用该命题的方法所显示的结论的形式可以称为"单一的或合取的否定"形式.

形式Ⅱ

7. 正如前面的形式是从右端为 0 的一个方程的展开和解释导出的，目前的形式（它是上面形式的补充）将从右端为 1 的一个方程的展开和解释导出. 不过，它立刻使人由对前面命题的分析联想到.

例如在上面讨论的例子中，我们从方程

$$x-yz=0$$

推出关于系数不等于 0 的分支

$$xy(1-z),\ xz(1-y),\ x(1-y)(1-z),\ (1-x)yz$$

所代表的类之存在性的联合否定. 由此得知剩余的代表类的分支构成了全域. 因此我们将有

$$xyz+(1-x)y(1-z)+(1-x)(1-y)z+(1-x)(1-y)(1-z)=1.$$

这等价于断定所有存在的事物总是属于以下类中的一个，即：

第一，既分蹄又反刍的干净牲畜.

第二，分蹄但不反刍的不干净牲畜.

第三，反刍但不分蹄的不干净牲畜.

第四，既不是干净的牲畜，也不是反刍的东西，还不是分蹄的东西那种事物.

这种结论形式可以称为“单一的或析取的肯定”形式，——当只有一个分支出现在最后的方程中时是单一形式；当像上面那样多于一个的分支出现在那里时是析取形式.

任何方程 $V=0$，其中 V 满足二重律，通过还原为形式 $1-V=1$，并展开其左端也可以使它得到这种解释形式. 不过，这种情形实际上包括在下一个一般形式中. 与下面一个相比前面两个形式都不太重要.

形式Ⅲ

8. 在前面两个情形中要展开的函数分别等于0和1. 在目前的情形中我将假设相应的函数等于任何逻辑符号 w. 接着我们要试图解释方程 $V=w$，其中 V 是关于逻辑符号 x，y，z 等的一个函数，然而首先，我认为必需说明方程 $V=w$，或者，如它通常所呈现的那样，$w=V$，是如何产生的.

我们再来看前面例子中曾使用的“干净牲畜”的定义，即“干净的牲畜是指那些既分蹄又反刍的牲畜”，并假设需要确定这种关系其中“反刍牲畜”支持“干净牲畜”和“分蹄牲畜”. 表达已给命题的方程是

$$x=yz,$$

而如果能够将 z 确定为 x 和 y 的一个可解释的函数那么我们的目的就将达到.

现在将 x，y，z 当作服从某个特定规律的量的符号看待，通过解上述方程，我们可以推出

$$z=\frac{x}{y}.$$

但目前这个方程不具有一种可解释的形式. 如果我们能够把它归约为这样一种形式那么它将提供所需要的关系.

展开上述方程的右端，我们有

$$z = xy + \frac{1}{0}x(1-y) + 0(1-x)y + \frac{0}{0}(1-x)(1-y),$$

此后（命题3）将证明这允许下列解释：

“反刍牲畜包括所有干净牲畜（它们也是分蹄的），以及不分蹄的不干净牲畜的一个不确定（一些，没有，或所有）的剩余部分.”

9. 以上是逻辑中的极其一般性的一个特定例子，因此它可以表述成：“给定联系着符号 x，y，z，w 的任何逻辑方程，对于由 w 表示的类与其他符号 x，y，z 等所表示的类的关系求一个可解释的表达式.”

这问题的解在于，从**已知**方程出发，用其他的符号确定上述符号 w 的表达式，并通过展开使那个表达式成为可解释的. 既然已知方程关于所涉及的每个符号总是一次的，因此对于 w 而言所要求的表达式总能被找到. 事实上，如果我们展开已知方程，则关于 w 无论其形式可能如何，我们都得到形式为

$$Ew + E'(1-w) = 0 \tag{1}$$

的一个方程，E 和 E' 是其余符号的函数. 从上面的式子我们有

$$E' = (E' - E)w,$$

于是

$$w = \frac{E'}{E' - E}. \tag{2}$$

利用展开规则展开其右端，剩下的仅是利用下一个命题在逻辑中解释该结果.

如果分式 $\frac{E'}{E'-E}$ 在其分子和分母中具有公因式，那么我们不允许去掉它们，除非它们仅仅是数值常数. 对于符号 x，y 等，当作为量时允许 0 和 1 这种值以至于产生等于 0 的公因子，在此情形代数中的约分规则将失效. 这是在我们谈到代数的除法公理不成立时（Ⅱ.14）所考虑的情形. 将解**表达成**形式（2），而不试图进行任何未经授权的化简，使用展开定理解释这个结果，是严格地遵循本书中的一般原理的一个过程.

如果要求的是表达成 $1-w$ 的类与其他的类 x，y 等的关系，我们用同上类似的方法从（1）推出，

$$1-w = \frac{E}{E-E'},$$

至于对它的解释也使用下面命题的方法：

命题Ⅲ

10. **确定形式 $w=V$ 的任何逻辑方程的解释，其中 w 是一个类符号，而 V 是**

其他类符号的一个函数并在形式上完全没有限制.

令上述方程的右端被完全展开. 该结果的每个系数将属于四类中的某一个，我们依次讨论它们各自的解释.

第一，令系数为1. 由于这是全域的符号，并且由于任何两个类符号的乘积表示那些在两个类中都可以找到的个体，因此任何以一为其系数的分支都必须毫无限制地加以解释，即意味着它所代表的那个类的全体.

第二，令系数为0. 由于在逻辑中和在算术中一样，这是虚无的符号，因此以它为系数的分支所表示的类的任何部分都一定不被取到.

第三，令系数为$\frac{0}{0}$的形式. 由于在算术中，除非在其他方面被某个特殊的条件所确定，符号$\frac{0}{0}$表示一个**不定的数**，因此类比使我们想到在本书的系统中同样的符号将表示一个**不定的类**. 从下面的例子我们将清楚地看出这就是它的真正含义：

让我们举命题“不会死的人不存在”为例；以符号表示这个命题；并依照那些符号已经被证明所服从的规律，寻求“会死的存在物”用“人”表达的一个反向定义.

如果我们用y表示“人”，用x表示“会死的存在物”，那么命题“不会死的人不存在”将被表达为方程

$$y(1-x)=0,$$

由此我们要求x的值. 从以上方程得

$$y-yx = 0，或\ yx = y.$$

假如这是一个普通的代数方程，下一步我们就应该用y除它的两边. 但是在第Ⅱ章我们已经说过，使用我们目前的符号不能**进行**除法运算. 因此，我们的对策是**表达**该运算，并用前一章的方法展开这一结果. 于是，我们首先有

$$x=\frac{y}{y},$$

然后，如指出的那样展开右端，

$$x = y + \frac{0}{0}(1 - y).$$

这意味着那些会死的存在物（x）包括所有的人（y），以及由系数$\frac{0}{0}$表明的是非人的存在物（$1-y$）的一个剩余部分. 现在我们来探讨前提蕴含了“非人”的什

么剩余部分. 有可能出现的情况是该剩余部分包括所有是非人的存在物，或者它仅包括它们中的某些而不是另一些，或者它什么也不包括，这些假设中的任何一个都完全符合我们的前提. 换句话说，无论那些是非人的存在物中的**全体**，**某些**，或者**无物**是**会死**的，该前提（它实际上断定所有人是会死的）的真实性同样将不受影响，因此这里的表达式$\frac{0}{0}$表明必须取它附加的表达式所表示的类的**全体**，**某些**，或者**无物**.

以上关于符号$\frac{0}{0}$之意义的确定虽然是以对一个特定情形的考察为基础建立的，然而论证中所涉及的原理是一般的，还没有出现该符号显示时同样的分析模式不能应用的情况. 我们完全可以称$\frac{0}{0}$为一个**不定类符号**，并且，如果需要方便的话，可以用一个服从基本规律 $v(1-v)=0$ 的纯粹符号 v 代替它.

第四，有可能出现一个展开式中某个分支的系数不属于前面任何一个的情形. 当这种情形出现时，有必要预述下面的定理：

11. **定理　如果展开我们想要表示任何一个事物类或事物的汇集 w 的一个函数 V，并且如果在其展开式中任何一个分支的数值系数 a 不满足规律**

$$a(1-a)=0,$$

则必须要使所谈论的这个分支等于 0.

为了一般地证明这个定理，我们把已知的展开式表达成下面的形式

$$w = a_1t_1 + a_2t_2 + a_3t_3 + \&c.\,, \tag{1}$$

其中 t_1，t_2，t_3，等表示分支，a_1，a_2，a_3，等表示系数；我们还假设 a_1 和 a_2 不满足规律

$$a_1(1-a_1)=0,\ a_2(1-a_2)=0,$$

但其他的系数服从所谈论的规律，因此我们有

$$a_3^2 = a_3,$$

等等. 现在将方程（1）的两边自乘. 结果将是

$$w = a_1^2t_1 + a_2^2t_2 + \&c. \tag{2}$$

根据它必须表示方程

$$w = V^2$$

的展开式的事实这是显然的，但是它也可以通过实际平方（1）来证明，并注意到根据分支的性质，我们有

$$t_1^2 = t_1,\ t_2^2 = t_2,\ t_1t_2 = 0,$$

等等. 现在从（1）减去（2），我们有

$$(a_1 - a_1^2)t_1 + (a_2 - a_2^2)t_2 = 0.$$

或

$$a_1(1 - a_1)t_1 + a_2(1 - a_2)t_2 = 0.$$

用 t_1 乘最后一个方程；则因 $t_1t_2 = 0$，我们有

$$a_1(1 - a_1)t_1 = 0，由此 t_1 = 0.$$

类似地用 t_2 乘同一方程，我们有

$$a_2(1 - a_2)t_2 = 0，由此 t_2 = 0.$$

因此可以一般地证明任何分支如果其系数不服从它们本身的符号所服从的相同基本规律的话必须分别等于0. 产生这种系数的通常形式是$\frac{1}{0}$. 这是一个关于无穷的代数符号. 于是（在允许这样一个表达式的情况下）任何数越接近无穷，它离开满足上面所指的基本规律的条件就越远.

符号$\frac{0}{0}$（其解释在前面讨论过）不必违背我们在此考虑的规律，因为它无差别地容许数值0和1. 然而，作为一个不定类符号，我想除了根据类比外，它的实际解释不能从它的算术性质推导出，而必须通过实验来建立.

12. 现在我们可以把已经得到的结果集中总结如下：

第一，符号1，作为展开式中项的系数，表明要取那个分支所表示的类的全体.

第二，系数0表明没有类要取.

第三，符号$\frac{0}{0}$表明要取这个类的一个完全不定的部分，即其成员的**某些**，**无物**，或者**全体**.

第四，作为系数的任何其他符号表明附加上它的那个分支必须等于0.

因此推出如果由展开式得到的一个问题的解具有形式

$$w = A + 0B + \frac{0}{0}C + \frac{1}{0}D,$$

则那个解可以分解为下面两个方程，即，

$$w = A + vC, \tag{3}$$

$$D = 0, \tag{4}$$

v 是一个不定类符号. （3）的解释表明什么元是，或者可以是其定义为所求的事物类 w 的组成的一部分；（4）的解释表明什么关系以完全独立于 w 的方式存在

于原初问题的元之中.

这是解释的标准. 可以补充说，它们在其应用中是普遍的，并且它们的应用总是因为例外或失败而不那么令人窘迫.

13. **推论　如果 V 是一个独立地可解释的逻辑函数，它将满足符号规律 $V(1-V)=0$.**

所谓一个独立地可解释的逻辑函数，我指的是它是可解释的，并且无需预先假设它涉及的符号所代表的事物之间的任何关系. 因此 $x(1-y)$ 是独立地可解释的，但 $x-y$ 不是这样. 作为其解释的一个条件，后一函数预先假设了 y 所代表的类完全包含在 x 所表示的类中；前一函数则没有暗含任何这样的要求.

现在如果 V 是独立地可解释的，并且如果 w 表示它包含的个体的汇集，则方程 $w=V$ 将成立而无需作为在 V 的展开式中消去任何分支的结果；因为分支的这种消去意味着 V 中符号表示的事物类之间的关系. 因此 V 的展开式将具有形式

$$a_1t_1 + a_2t_2 + \&c.$$

系数 a_1，a_2 等全都满足条件

$$a_1(1-a_1)t_1=0,\ a_2(1-a_2)t_2=0,$$

等等. 所以借助第 V 章命题 4 的推理，函数 V 将服从规律 $V(1-V)=0$. 这个结果，尽管从 V 应该表示一个事物类或事物之汇集的事实先验地看是显然的，但它也可以看成是从组成它的分支的性质推出的. 条件 $V(1-V)=0$ 可以称为“逻辑函数的可解释性条件”.

14. 解的一般形式，或在上一个命题中展开的逻辑结论，可以命名为一种“项之间的关系”. 和以前一样，我使用词语“项”表示一个简单或复合命题的部分，它们由系词“是”联系着. 由个体符号表示的事物类可以称为命题的元.

15. **例 1**　回到“干净牲畜”的定义，（Ⅵ.6），要求关于“不干净牲畜”的一个描述.

和以前一样，这里 x 代表“干净牲畜”，y 代表“分蹄牲畜”，z 代表“反刍牲畜”，我们有

$$x=yz, \tag{5}$$

由此

$$1-x=1-yz.$$

展开右端，

$$1-x=y(1-z)+z(1-y)+(1-y)(1-z).$$

它能解释成以下命题：**不干净牲畜是所有那些分蹄但不反刍的牲畜，所有那些反**

刍但不分蹄的牲畜，以及所有那些既不分蹄也不反刍的牲畜.

例 2 已知同样的定义，要求关于不分蹄牲畜的一个描述.

从方程 $x=yz$ 我们有

$$y=\frac{x}{z},$$

因此

$$1-y=\frac{z-x}{z}.$$

展开右端，

$$1-y=0xz+\frac{-1}{0}x(1-z)+(1-x)z+\frac{0}{0}(1-x)(1-z).$$

根据规则，这里的系数为$\frac{-1}{0}$的项必须单独等于0，于是我们有

$$1-y=(1-x)z+v(1-x)(1-z).$$
$$x(1-z)=0.$$

通过解释其中第一个方程给出命题：**不分蹄牲畜包括所有不干净但反刍的牲畜，以及不反刍的不干净牲畜的一个不确定的剩余部分（某些，无物，或全体）**.

第二个方程给出命题：**不存在不反刍的干净牲畜**. 这是上面提到的独立关系之一. 我们要找的是“不分蹄牲畜”与“干净牲畜和反刍牲畜”之间的直接关系. 然而，情况却是独立于与不分蹄牲畜的任何关系，依靠前提得知，存在着干净牲畜与反刍牲畜之间的一种单独关系. 这一关系也必然由该过程给出.

例 3 我们来考虑下面的定义，即：“负责任的人是要么自由行动，要么自愿牺牲其自由的有理智的人”，并对它应用前面的分析.

令 x 表示 负责任的人.

y 表示 有理智的人.

z 表示 那些自由行动的人，

w 表示 那些自愿牺牲其行动自由的人.

在这一定义的表述中，我将假定它里面出现的两个选择项，即“自由行动的有理智的人”，和“自愿牺牲其行动自由的有理智的人”，是互相排斥的，因此没有个体同时出现在这两个分划中. 这将允许我们用符号语言逐字解释该命题如下：

$$x=yz+yw. \tag{6}$$

因此我们首先来确定“有理智的人”与负责任的人，自由行动的人，和自

愿放弃行动自由的人之间的关系. 或许这一目标通过以下说法将得到更好的表述，即我们想要表达的是前提的各个元之间具有这样一种形式的关系，它将能够使我们确定在多大程度上理性可以从责任感，行动自由，对于自由的一种自愿牺牲和它们的对立面推出.

从 (6) 我们有

$$y=\frac{x}{z+w},$$

展开右端，但去掉系数为 0 的项，

$$y=\frac{1}{2}xzw+xz(1-w)+x(1-z)w+\frac{1}{0}x(1-z)(1-w)$$
$$+\frac{0}{0}(1-x)(1-z)(1-w),$$

由此令系数$\frac{1}{2}$和$\frac{1}{0}$的项等于 0，我们有

$$y=xz(1-w)+xw(1-z)+v(1-x)(1-z)(1-w);\tag{7}$$

$$xzw=0;\tag{8}$$

$$x(1-z)(1-w)=0.\tag{9}$$

由此通过解释有

直接结论 有理智的人是所有要么自由行动但不自愿牺牲其自由，要么不自由行动但自愿牺牲其自由的负责任的人，连同不负责任，不自由，并且不自愿牺牲其自由的人的一个不确定的剩余部分（某些，无物，或全体）.

第一独立关系 没有负责任的人同时自由行动，并且处在自愿牺牲其自由的状态.

第二独立关系 没有负责任的人不自由行动，并且同时处在不自愿牺牲其自由的状态.

然而，上面确定的独立关系可以表达为另一种更方便的形式. 因此 (8) 给出

$$xw=\frac{0}{z}=0z+\frac{0}{0}(1-z),$$

或者

$$xw=v(1-z).\tag{10}$$

以同样的方式 (9) 给出

$$x(1-w)=\frac{0}{1-z}=\frac{0}{0}z+0(1-z),$$

或者

$$x(1-w)=vz. \tag{11}$$

解释（10）和（11）给出以下命题：

第一，自愿牺牲其自由的有理智的人是不自由的.

第二，不自愿牺牲其自由的负责任的人是自由的.

然而，这些仅是前面所确定的关系的不同形式.

16. 在考察这些结果时，读者必须记住，一种推理或分析方法的唯一职责，是确定词项在最初命题中的**联系**所必需的那些关系. 因此，在估计这一目标得以实现的全部条件时，我们完全不考虑所使用的词项之**含义**可能暗示给我们心智的，不同于它们表达的联系的那些别的关系. 于是，说“自愿牺牲其自由的人是不自由的”，这作为隐含在词项本义中的一种关系似乎是显然的. 因此也许看来，由该方法确定的两个独立关系的前一个，一方面不必是受限制的，而另一方面是过剩的. 然而，如果仅注意到最初的前提中词项的联系，那么我们将看到正在谈论的关系不可能受到任何一种这样的指责. 正如在直接结论和独立关系中联合表达的那样，该解答是十分完整的，在任何方面都不是过剩的.

如果我们希望考虑上面所指的隐含关系，即“自愿牺牲其自由的人是不自由的”，那么我们可以通过将此写成一个不同的命题而这么做，它的正确表达式将是

$$w=v(1-z).$$

我们必须连同表达最初前提的方程一起应用这个方程. 当我们在今后的一章中着手讨论命题组的理论时将出现这样一种考察必须遵循的模式. 这种分析所导致的结果的唯一差别，在于上面推出的独立关系的第一个被取代了.

17. **例 4** 假设和例 3① 同样的定义，要求我们得到关于不理智的人的一个描述.

我们有

$$1-y=1-\frac{x}{z+w}$$

$$=\frac{z+w-x}{z+w}$$

$$=\frac{1}{2}xzw+0xz(1-w)+0x(1-z)w-\frac{1}{0}(1-z)(1-w)$$

① 原文误作例 2.

$$+ (1-x)zw + (1-x)z(1-w) + (1-x)(1-z)w + \frac{0}{0}(1-x)(1-z)(1-w)$$
$$= (1-x)zw + (1-x)z(1-w) + (1-x)(1-z)w + v(1-x)(1-z)(1-w)$$
$$= (1-x)z + (1-x)(1-z)x + v(1-x)(1-z)(1-w),$$

其中　$xzw=0$,　$x(1-z)(1-w)=0$.

正如它们显然应该的那样，这里给出的独立关系与我们先前得到的是相同的，因为无论什么关系独立于一个给定事物类 y 的存在性而占主导地位，它也独立于相反的类 $1-y$ 的存在性而占主导地位.

第一个方程提供的直接解答是：**不理智的人包括所有要么自由行动，要么自愿牺牲其自由且不自由行动的不负责任的人；连同不牺牲其自由，且不自由行动的不负责任的人的一个不确定的剩余部分**.

18. 本章中所分析的命题是那种称为定义的命题. 我没有讨论其中第二项或谓项是特称的命题和一般形式为 $Y=vX$ 的命题，这里 Y 和 X 是逻辑符号 x，y，z 等的函数，v 是一个不定类符号. 关于这种命题的分析通过消去符号 v 而变得非常容易（尽管该步骤并不是必不可少的），而这一过程依赖于下一章的方法. 我还将推迟讨论为完成单一命题理论所必需的另一个重要问题，但对于它的分析实际上依赖于本书不久即将展开的命题组的归约方法.

第Ⅶ章　关于消去法

1. 在上一章讨论的例子中，原始前提中的所有元都重新出现在结论中，只是次序不同，并且具有不同的联系. 但是在普通推理中，尤其是当我们不止有一个前提时，更经常发生的是所需要的一些元不出现在结论中. 这些元，或者如我们通常所称的“中项”，可以看成仅仅是为了帮助在其他元（只有它们被设想成为结论的表达式的一部分）之间建立联系而引入到原始命题中的.

2. 关于这些中间元，或中项，流行着一些错误的观念. 一般认为（然而，上一章包含的例子对此提供了反驳），推理主要在于消去这种项，而这一过程的基本类型表现在从两个前提消去一个中项，以便产生一个该项不在其中出现的单一结论. 因此，通常认为，**三段论**是所有推理的基础，或者说，共同类型，因此一个推理无论其形式和结构有多复杂，如此都可以分解为一系列三段论. 这一观点的正确性将在随后的某一章考虑. 目前，我希望专注于一个重要的，但至今未被注意的问题，这就是在涉及消去法这一主题时，表达为符号的逻辑系统与普通代数系统之间的差异. 在代数系统中，我们能够从两个方程消去一个符号，从三个方程消去两个符号，一般地从 n 个方程消去 $n-1$ 个符号. 因此，在给定的独立方程的个数与能够从它们消去的量的符号的个数之间，存在着确定的联系. 但是就逻辑系统来说则不然. 在那里表示命题或前提的给定方程的个数与能够被执行消去的典型符号的个数之间没有固定的联系. 从单个方程可以消去不定数目这样的符号. 另一方面，从不定数目的方程，只能消去单个的类符号. 我们可以肯定，在这一特定系统中，消去问题在所有相类似的情况下都是可解的. 这是逻辑符号所服从的那个不同寻常的二重律的一个推论. 对于由给定前提产生的方程，存在着从基本思维规律本身推导出的额外附加方程或方程组，并为所论问题的求解提供了必要手段. 在从二重律产生的许多推论中，这可能是最值得注意的.

3. 正如在代数中，常常会发生从一个给定方程组仅仅导出形式为 $0=0$ 的恒等式的情况，此时没有联系余下符号的独立关系；同样的结果可能出现在逻辑系统中，并允许类似的解释. 这种情况不会降低前述原理的一般性. 我们打算开始谈论的方法之目标是要从任意个数的逻辑方程消去任意个数的符号，并在结果中要显示剩下的实际关系. 现如今有可能不存在这样的剩余关系. 在这种情况下该方法的真实性表现为它仅仅将我们引导到一个恒等的命题.

4. 下列命题中采纳的记号与上一章中所用的记号类似. $f(x)$ 是指包含逻辑符号 x，具有或没有其他逻辑符号的表达式. $f(1)$ 是指在其中当 x 变成 1 时所成的结果；$f(0)$ 是指当 x 变成 0 时所成的结果.

命题 I

5. **如果 $f(x)=0$ 是包含类符号 x 的逻辑方程，并且具有或不具有其他的类符号，则方程**

$$f(1)f(0)=0$$

将独立于 x 的解释而成立；它将是从上面的方程消去 x 的完整结果.

换句话说，从任何给定方程 $f(x)=0$ 消去 x，将通过在该方程中相继把 x 变成 1 和把 x 变成 0，并把两个结果方程乘在一起来实现.

类似地，从形式为 $V=0$ 的任何方程消去任何类符号 x，y 等的完整结果，将通过以给定符号的分支完全展开该方程，并把这些分支的所有系数乘起来，使乘积等于 0 得到.

展开方程 $f(x)=0$ 的左边，我们有（V.10），

$$f(1)x+f(0)(1-x)=0,$$

或

$$\{f(1)-f(0)\}x+f(0)=0. \tag{1}$$

$$\therefore x=\frac{f(0)}{f(0)-f(1)},$$

并且

$$1-x=-\frac{f(1)}{f(0)-f(1)}.$$

用这些表达式替换基本方程

$$x(1-x)=0$$

中的 x 和 $1-x$，由此导致

$$-\frac{f(0)f(1)}{\{f(0)-f(1)\}^2}=0,$$

或

$$f(1)f(0)=0 \tag{2}$$

即所要求的形式.

6. 我们在这一过程中看到，消去实际上是在给定方程 $f(x)=0$ 与普遍成立的方程 $x(1-x)=0$ 之间进行的，后者表达的是逻辑符号本身的基本规律. 因此，为了使得有可能消去某个项，不需要有一个以上的前提或方程，这个必然的思维规律实际上提供了另一个前提或方程. 尽管这一结论的证明可以用其他形式展示，然而我们仍将实际呈现由心智本身提供的同样的元. 因此我们可以照如下进行：

用 x 乘（1），我们有

$$f(1)x=0, \tag{3}$$

接着我们来寻求利用普通代数的形式从这个方程和（1）消去 x.

现在如果我们有两个代数方程，形式为

$$ax+b=0,$$

$$a'x+b'=0,$$

那么众所周知消去 x 的结果是

$$ab'-a'b=0. \tag{4}$$

但是将上面一对方程分别与（1）和（3）比较，我们发现

$$a=f(1)-f(0),\qquad b=f(0);$$

$$a'=f(1),\qquad b'=0.$$

替换（4），得

$$f(1)f(0)=0,$$

如前. 在这种形式的证明中，基本方程 $x(1-x)=0$ 出现在从（1）导出（3）的过程中.

7. 我还将补充上另一种形式的证明，由于具有一种半逻辑的特征，因此它可以更清晰地阐释这一重要定理的证明.

和从前一样我们有

$$f(1)x+f(0)(1-x)=0.$$

先将这一方程与 x 相乘，其次与 $1-x$ 相乘，我们得

$$f(1)x=0,\ f(0)(1-x)=0.$$

从这两个方程通过解并展开我们有

$$f(1)=\frac{0}{x}=\frac{0}{0}(1-x),$$

$$f(0)=\frac{0}{1-x}=\frac{0}{0}x.$$

这两个方程的直接解释是：

第一，由 $f(1)$ 表示的类中所包含的无论什么个体都不是 x.

第二，由 $f(0)$ 表示的类中所包含的无论什么个体都是 x.

由此据普通逻辑，没有个体同时既在 $f(1)$ 中又在 $f(0)$ 中，即在类 $f(1)f(0)$ 中不存在个体. 因此

$$f(1)f(0)=0. \tag{5}$$

或者将展开的方程乘起来就够了，由此将立即推出这一结果.

8. 定理（5）为我们提供了以下规则：

从一个选定的方程消去任何符号

规则　该方程的项已经（如有必要通过移项）移至方程左边，相继给该符号赋值 1 和 0，然后将结果方程乘在一起.

现在该命题的第一部分得证.

9. 接下来考虑一般方程

$$f(x,\ y)=0,$$

其左边表示关于 x，y，和其他符号的任何函数.

根据已经证明了的，从这个方程消去 y 的结果将是

$$f(x,\ 1)f(x,\ 0)=0,$$

因为这是我们相继将给定方程中的 y 变成 1，再将 y 变成 0，然后将结果乘在一起得到的形式.

此外，如果我们相继在所得结果中将 x 变成 1，再将 x 变成 0，然后将结果乘起来，我们有

$$f(1,1)f(1,0)f(0,1)f(0,0)=0 \tag{6}$$

作为最终的消去结果.

但是这个方程左边的四个因子，是原方程左边 $f(x, y)$ 的完全展开式的四个系数；由此该命题的第二部分是显然的.

例子

10. **例 1** 给定命题“所有人都会死”，及其用方程表示的符号表达式

$$y=vx,$$

其中 y 表示“人”，x 表示“会死的生物”，要求消去不定类符号 v，并解释这一结果.

使各项置于方程左边，我们有

$$y-vx=0.$$

当 $v=1$，这成为

$$y-x=0,$$

当 $v=0$，它成为

$$y=0.$$

将这两个方程乘起来，注意到 $y^2=y$，得

$$y-yx=0,$$

或者

$$y(1-x)=0.$$

以上方程就是所要求的消去结果，它的解释是，**不会死的人不存在**，——一个明显的结论.

如果从上面得到的方程我们寻求关于不会死的生物的一种描述，我们有

$$x=\frac{y}{y},$$

$$\therefore 1-x=\frac{0}{y}.$$

由此，经展开，$1-x=\frac{0}{0}(1-y)$，它经解释得，**不会死的生物不是人**. 这是在普通逻辑中称为换质位，或否定换位[6]的一个例子.

例 2 考虑命题“没有人是完美的”，表示为方程

$$y=v(1-x),$$

其中 y 表示“人”，x 表示“完美的生物”，要求消去 v，并从该结果找出**完美的生物**和**不完美的生物**两者的描述．我们有

$$y-v(1-x)=0.$$

由此，根据消去规则，

$$\{y-(1-x)\}\times y=0,$$

或者

$$y-y(1-x)=0,$$

或者

$$yx=0.$$

据此命题其解释为，**完美的人不存在**．从上面的方程我们有

$$x=\frac{0}{y}=\frac{0}{0}(1-y).$$

由此，通过解释得，**任何完美的生物都不是人**．类似地，

$$1-x=1-\frac{0}{y}=\frac{y}{y}=y+\frac{0}{0}(1-y).$$

经解释后，得，**不完美的生物是所有人，以及不是人的生物的一个不定部分**．

11．在处理命题时，通常最方便的途径是首先消去不定类符号 v，无论它出现在相应方程的何处．这只会修改它们的形式，而不会损害它们的意义．让我们把这个过程应用于第Ⅳ章的一个例子．对于命题，“没有人处于高位，又免遭妒忌”，我们有表达式

$$y=v(1-xz),$$

而对于等价的命题，“处于高位的人是无法免遭妒忌的”，表达式为

$$yx=v(1-z).$$

我们注意到，这些方程本身是等价的，这里 v 是一个不定类符号．为了证明这件事，只需从每个方程消去符号 v．第一个方程是

$$y-v(1-xz)=0,$$

由此，先使 $v=1$，再使 $v=0$，然后将结果相乘，我们有

$$(y-1+xz)y=0,$$

或

$$yxz=0.$$

第二个给定方程移项后得

$$yx-v(1-z)=0,$$

由此

$$(yx-1+z)yx=0,$$

或

$$yxz=0,$$

同前．读者将很容易解释这个结果．

12. **例 3** 作为本章的一般方法的一个对象，我们将重拾西尼尔先生关于财富的定义，即："财富由可转让的，限供的事物构成，并且要么产生快乐要么防止痛苦."和从前的说法一致，我们将认为这一定义包括同时具有该定义后一部分表达的两种属性的所有事物，基于这一假设我们有

$$w = st\{pr + p(1 - r) + r(1 - p)\},$$

作为我们的表示方程，或者，

$$w = stp + r(1 - p),$$

其中

w 代表 财富

s 代表 限供的事物.

t 代表 可转让的事物.

p 代表 产生快乐的事物.

r 代表 防止痛苦的事物.

从上面的方程我们可以消去我们不想考虑的任何符号，并按照主词和谓词的任何设想安排，用解和展开表达这个结果.

让我们首先考虑，如果消去指称防止痛苦的元 r，那么 w，即财富的表达式将会是什么. 现在将方程的项置于左边，我们得

$$w - st(p + r - rp) = 0.$$

使 $r=1$，左边成为 $w-st$，使 $r=0$，它成为 $w-stp$；由此根据规则我们有

$$(w - st)(w - stp) = 0, \tag{7}$$

或

$$w - wstp - wst + stp = 0. \tag{8}$$

由此

$$w = \frac{stp}{st + stp - 1}.$$

展开这一方程的右边得

$$w = stp + \frac{0}{0}st(1 - p). \tag{9}$$

由此我们有结论：**财富包括所有限供的，可转让的，并产生快乐的事物，连同限供的，可转让的，但不产生快乐的事物的一个不定的剩余部分**. 这是十分清楚的.

这里要说的是，为了确定 w 表示成其他符号的表达式，不必进行（7）所显

示的乘法，而把该方程归约为形式（8）．在所有情形中，展开过程可以用来替代乘法过程．因此如果我们按 w 展开（7），我们得

$$(1-st)(1-stp)w+stp(1-w)=0.$$

由此

$$w=\frac{stp}{stp-(1-st)(1-stp)}.$$

和以前一样，展开这个方程将得到

$$w=stp+\frac{0}{0}st(1-p).$$

13．接下来假设我们要寻求限供事物随它们与财富，可转让性，和产生快乐取向的关系而定的描述，同时略去所有与防止痛苦的关联．

从方程（8）——它是从原来方程消去 r 的结果——我们有

$$w-s(wt+wtp-tp)=0.$$

由此

$$\begin{aligned}s&=\frac{w}{wt-wtp-tp}\\&=wtp+wt(1-p)+\frac{1}{0}w(1-t)p+\frac{1}{0}w(1-t)(1-p)\\&\quad+0(1-w)tp+\frac{0}{0}(1-w)t(1-p)+\frac{0}{0}(1-w)(1-t)p\\&\quad+\frac{0}{0}(1-w)(1-t)(1-p).\end{aligned}$$

我们首先逐项对上面的解给出直接解释；然后，我们将给出它所暗示的一些一般评论；最后，说明关于结论的表达式如何可以被稍许简化．

于是，首先直接解释是，限供事物包括**所有可转让的且产生快乐的财富——所有可转让的但不产生快乐的财富，——一个不定量的非财富，而它要么可转让但不产生快乐，要么不可转让但产生快乐，要么既不可转让也不产生快乐**．

对于系数为$\frac{1}{0}$的项，允许我们补充下列独立关系，即：

第一，不可转让的且产生快乐的财富不存在．

第二，不可转让的且不产生快乐的财富不存在．

14．关于这个解，我以为有可能作出以下评论．

首先，可以说，在上面得到的“限供事物”的表达式中，词项“所有可转让的财富”等，在某种程度上是多余的；因为所有财富（正如在原来命题中所

隐含的，和在**独立关系**中所直接断言的）都必须是可转让的.

我的回答是，虽然在日常语言中我们应该认为，如果我们推理的另外部分已经将我们引导到表达结论：不存在不可转让的财富，就没有必要将形容词“可转让的”加到“财富”上，然而它与该方法的完美有关，通过表明由结论的每一项表示的对象与我们已经决定使用的每个不同性质或不同元之间的关系，它在所有情形中完全定义了它们. 为了使解的不同部分真正不同并独立，这是必要的，而且实际上防止了不必要的重复. 假设我们一直在考虑的这对词项已经不包含“可转让的”这个词，而是统一为“所有财富”，于是我们能够在逻辑上将单个词项“所有财富”分解为两个词项“所有可转让的财富”和“所有不可转让的财富”. 但是“独立关系”表明后一词项不出现. 因此它不构成所要求的描述的任何部分，从而是多余的. 实际得到的是与结论一致的剩余词项.

其中不能通过逻辑划分产生任何过剩的或多余的项的解可以称为**纯粹解**. 这就是通过上面解释的展开和消去方法得到的全部解. 值得注意的是，如果在可以允许目前系统中的方法的情形中采取普通代数的消去法，我们将不能够依靠所得解的纯粹性. 而缺乏一般性并不是它的唯一缺陷.

15. 其次，我们说，这个结论包含两个词项，它们总的意义用一个单个词项表达将更方便. 代替“所有产生快乐，且可转让的财富”和“所有不产生快乐，且可转让的财富”，我们可以简单地说，“所有可转让的财富”. 这一说法相当正确. 但是我们必须注意到每当任何这种简化成为可能时，它们立即为我们得要解释的形式所暗示；如果那个方程被归约为其最简单的形式，则对它的解释也将具有最简单的形式. 因此在原来的解中，项 wtp 和 $wt(1-p)$ 具有系数 1，相加后得 wt；项 $w(1-t)p$ 和 $w(1-t)(1-p)$，它们的系数为$\frac{1}{0}$，给出 $w(1-t)$；项 $(1-w)(1-t)p$ 和 $(1-w)(1-t)(1-p)$，它们的系数为$\frac{0}{0}$，给出 $(1-w)(1-t)$. 由此完全解是

$$s = wt + \frac{0}{0}(1 - w)(1 - t) + \frac{0}{0}(1 - w)t(1 - p),$$

以及独立关系

$$w(1 - t) = 0, \text{ 或 } w = \frac{0}{0}t,$$

目前的解释将是：

第一，限供事物包括所有可转让的财富，连同非财富且不可转让，以及非财

富且不产生快乐的可转让事物的一个不定剩余部分.

第二，所有财富都是可转让的.

这是该一般结论及其伴随条件所能表达的最简单形式.

16. 当要求我们从一个所考虑的方程消去两个或更多个符号时，我们可以要么应用命题Ⅰ（6），要么逐次消去它们，这一过程的次序则无关紧要. 从方程

$$w = st(p + r - pr).$$

我们消去 r，并得到结果

$$w - wst - wstp + stp = 0.$$

假设要求我们既消去 r 也消去 t，则将上面的过程当作第一步，剩下的就是从最后一个方程消去 t. 当 $t = 1$ 时该方程的左边成为

$$w - ws - wsp + sp,$$

当 $t = 0$ 时这同一边成为 w. 由此我们有

$$w(w - ws - wsp + sp) = 0,$$

或
$$w-ws=0,$$

即所要求的消去结果.

如果从最后一个方程我们确定 w，我们有

$$w = \frac{0}{1 - s} = \frac{0}{0}s,$$

由此"所有财富都是限供的". 由于 p 不是该方程的一部分，因此上面的方程显然成立，而不管该结论中的元与"产生快乐"这一属性之间存在何种关系.

重新考虑原来的方程，要求我们消去 s 和 t. 我们有

$$w = st(p + r - pr).$$

然而，我们不是按照规则分别消去 s 和 t，而是完全将 st 看作一个单个符号，因为它满足方程

$$st(1 - st) = 0$$

表达的符号的基本规律. 因此，将给定方程写成形式

$$w - st(p + r - pr) = 0,$$

并使 st 相继等于 1 和 0，将结果相乘，我们有

$$(w - p - r + pr)w = 0,$$

或
$$w - wp - wr + wpr = 0,$$

即为所求结果.

作为一个特殊例证，让我们对于"产生快乐的事物"（p），推出一个用"财

富”（w）和“防止痛苦的事物”（r）表示的表达式.

解这个方程后，我们有

$$p=\frac{w(1-r)}{w(1-r)}$$

$$=\frac{0}{0}wr+w(1-r)+\frac{0}{0}(1-w)r+\frac{0}{0}(1-w)(1-r)$$

$$=w(1-r)+\frac{0}{0}wr+\frac{0}{0}(1-w).$$

由此有下面的结论：——**产生快乐的事物是，所有不防止痛苦的财富，防止痛苦的财富的一个不定量，和非财富的事物的一个不定量**.

从同一方程我们得

$$1-p=1-\frac{w(1-r)}{w(1-r)}=\frac{0}{w(1-r)},$$

将其展开，得

$$1-p^{①}=\frac{0}{0}wr+\frac{0}{0}(1-w)r+\frac{0}{0}(1-w)(1-r)=\frac{0}{0}wr+\frac{0}{0}(1-w).$$

由此，**不产生快乐的事物要么是防止痛苦的财富，要么不是财富**.

任何类似的情形同样容易讨论.

17. 在上一个消去例子中，我们已经通过将复合符号 st 当成一个单个符号，从给定方程消去了它. 同样的方法可以应用于满足单个符号的基本规律的任何符号组合. 因此表达式 $p+r-pr$ 在与自身相乘后将复制自身，因此如果我们将 $p+r-pr$表示成一个单独符号 y，我们将有，因满足方程

$$y=y^2，或\ y(1-y)=0,$$

从而服从基本规律. 因为符号的消去规则建立在每个单个符号服从那个规律的基础之上；因此从一个方程消去这种符号的任何函数或组合，当函数满足那个规律时，可以通过单独运算来进行.

虽然本章和前一章采取的解释形式显示出符号 1 和$\frac{0}{0}$的也许比其他解释更好的直接含义，但是可以应用同样真实也同样合适并与日常话语更一致的表达方式. 因此方程（9）可以用下列方式解释：**财富要么是限供的，可转让的并产生快乐的，要么是限供的，可转让的但不产生快乐的. 反之，限供的，可转让的并产生快乐的无论什么都是财富**. 当最终的展开式引进了具有系数 1 的项时，总能

① 原文写作 $w(1-p)$.

提供与上面类似的反向解释.

18. **注记** 基本方程$f(1)f(0)=0$表达的是从任何方程$f(x)=0$消去符号x的结果，它允许一种不同寻常的解释.

应该记住，所谓方程$f(x)=0$是指某个命题其中涉及到类x（假定“人”）表示的个体，也许，连同其他的个体；我们的目的是要确定，独立于人这个类中出现的那些关系，在此命题中是否隐含着存在于其他个体间的任何关系. 现在方程$f(1)=0$表达的是如果人构成全域那么原来的命题将为何，而方程$f(0)=0$表达的是如果人不存在那么原来的命题将为何，因此方程$f(1)f(0)=0$表达的是在两个假设之一下凭借原来的命题都为真的事物，即，无论“人”是“全部事物”还是“虚无”它都为真. 因此该定理表达的是**无论一个给定的事物类包括整个全域还是不存在，都为真的事物完全独立于那个类，反之亦然**. 在此我们看到了关于形式结果之解释的另一个例子，它直接从思维的数学规律推出，而成为一般的哲学原理.

第Ⅷ章　关于命题组的归约

1. 出于最基本的目的，我们在前一章已经充分确定了单个初级命题的理论，或者更确切地说，由单个方程表达的初级命题的理论. 而且我们已经在这一理论的基础上建立了一种适当的方法. 我们已经指出怎样可以消去包含在给定方程组中的任何元，并以任何设想的形式推导出连接着剩余元的关系，无论它是否定的，还是肯定的，或者是更通常的主词和谓词的关系. 剩下我们要做的是考虑命题组，并对它们进行一系列类似地研究. 我们要探讨是否有可能从表达命题组的方程，**随意地**消去所包含的任意个数的符号；根据对结果的解释推导出隐含在剩余符号中的全部关系；尤其是要确定任何单个元，或者任何可解释的元的组合关于其他元的表达式，以便以任何可接受的形式呈现可能需要的结论. 通过表明有可能将任何方程组，或一个方程组中包含的任何方程归约为一个等价的单个方程——对于它可以立即应用前一章的方法，这些问题将得到回答. 我们还将看到，在这一归约过程中涉及对于单个命题理论的一种重要推广，而此前我们不得不先对这一主题进行讨论. 这一情况就其本质来说并不特别. 有许多特殊的科学部门无法从内部进行全面的考察，而还需要从某种外部的视角进行研究，并且要在与其他的邻近学科的联系中去看待，以便它们的全部命题能够被理解.

本章将给出将方程组归约为等价的单个方程的两种不同方法．第一种方法依赖于任意常数乘子的应用．这一方法在理论上足够简单，但是它使得接下来的消去过程和展开过程不够方便，有些冗长乏味．然而，它是第一个被发现的归约方法，而且部分地由于这个原因，部分地由于它的简单性，我们认为保留它是合适的．第二种方法不需要引入任意常数，并且几乎在所有方面都比前一方法更好．因此，在本书随后的研究中通常采取这一方法．

2．我们先来考虑第一种方法．

命题 I

任何逻辑方程组，通过将第一个方程以后的每个方程乘上一个不同的任意常量，并将包括第一个方程在内的所有结果加在一起，可以归约为一个等价的单个方程．

根据第Ⅵ章命题 2，任何单个方程 $f(x, y, \cdots)=0$ 的解释是通过将左边展开后使那些系数不为 0 的分支等于 0 得到的．因此，如果给定两个方程 $f(x, y, \cdots)=0$ 和 $F(x, y, \cdots)=0$，那么它们的联合含义将包含在所有使这样的分支——它们出现在给定方程的两者或两者之一按照第Ⅵ章的规则得到的展开式中——等于 0 形成的结果组中．因此假设我们有两个方程

$$xy-2x=0, \tag{1}$$

$$x-y=0. \tag{2}$$

展开第一个方程得

$$-xy-2x(1-y)=0.$$

从而

$$xy=0,\ x(1-y)=0. \tag{3}$$

展开第二个方程得

$$x(1-y)-y(1-x)=0.$$

从而

$$x(1-y)=0,\ y(1-x)=0. \tag{4}$$

两个展开式中系数不为 0 的分支是 xy，$x(1-y)$，和 $(1-x)y$，这些将一起引出方程组

$$xy=0,\ x(1-y)=0,\ (1-x)y=0. \tag{5}$$

这等价于由展开式分别给出的两组方程，因为在这两组中方程 $x(1-y)=0$ 是重复的．假设我们将讨论限于二元方程组，那么剩下的事情就是要确定某个单个方程，它在展开后将得到与两个给定方程产生的系数不为 0 的分支同样的分支．

于是如果我们用

$$V_1=0,\ V_2=0,$$

表示给定的方程，V_1 和 V_2 是逻辑符号 x，y，z 等的函数；则单个方程

$$V_1+cV_2=0, \tag{6}$$

将实现所需的目标，这里 c 是一个任意常量．因为令 At 表示在 V_1 的完全展开中的任一项，其中 t 是一个分支而 A 是它的数值系数，再令 Bt 表示在 V_2 的完全展开中的任一项，则在（6）的展开式中的相应项将是

$$(A+cB)t.$$

如果 A 和 B 都为 0 则 t 的系数为 0，但其他情况则不然．因为如果我们假定 A 和 B 不都为 0，同时使

$$A+cB=0, \tag{7}$$

那么可能出现下列情形之一．

第一，A 等于 0 而 B 不等于 0．在这一情形上面的方程成为

$$cB=0,$$

从而要求 $c=0$．但是这与假设 c 是一个**任意**常量相矛盾．

第二，B 等于 0 而 A 不等于 0．这个假设将（7）归约为

$$A=0,$$

由此与假设本身相违背．

第三，A 和 B 都不为 0．于是方程（7）给出

$$c=\frac{-A}{B},$$

这是一个确定值，因此，与 c 是任意的这一假设相矛盾．

因此当 A 和 B 都为 0 时系数 $A+cB$ 等于 0，但其他情况则不然．因此，与在方程 $V_1=0$，$V_2=0$ 单独一个或二者一起的情形中相同的系数不为 0 的分支，将出现在（6）的展开式中．方程 $V_1+cV_2=0$ 将等价于方程组 $V_1=0$，$V_2=0$．

根据类似的推理，看来一般的方程组

$$V_1=0,\ V_2=0,\ V_3=0,\ \text{等等},$$

可以由单个方程

$$V_1+cV_2+c'V_3+\cdots=0$$

替代，c，c' 等是任意常量．因此这样形成的方程可以在所有方面像前一章的普通逻辑方程那样来对待．任意常量 c_1，c_2 等不是**逻辑**符号．它们不满足规律

$$c_1(1-c_1)=0,\ c_2(1-c_2)=0.$$

但是它们的引入受到了在（Ⅱ.15）和（Ⅴ.6）中已经得到表述，并在几乎所有我们后来的研究中得到例证的那个一般原则的保证，即对于包含逻辑符号的方程在所有方面都可以这样来处理，就好像那些符号是服从特殊规律 $x(1-x)=0$ 的量的符号一样，直到解的最后阶段它们呈现出一种在与逻辑有关的思维系统中可解释的形式.

3. 下面的例子将用来说明以上方法.

例 1 假设对于特定的一类物质的分析导致下列一般结论，即：

第一，无论性质 A 和性质 B 在哪里结合，要么性质 C，要么性质 D 也呈现；但是它们不共同呈现.

第二，无论性质 B 和性质 C 在哪里结合，性质 A 和性质 D 要么都和它们一起呈现，要么都不呈现.

第三，无论性质 A 和性质 B 在哪里都不呈现，性质 C 和性质 D 也都不呈现；反之，性质 C 和性质 D 都不呈现的地方，性质 A 和性质 B 也都不呈现.

接着我们要求根据上述来确定，在任何特定例子中从性质 A 的呈现关于性质 B 和 C 的呈现或不呈现，而不考虑性质 D，可以推论出什么.

x 表示 性质 A；

y 表示 性质 B；

z 表示 性质 C；

w 表示 性质 D.

因此前提的符号表达式将是

$$xy = v\{w(1-z)+z(1-w)\};$$

$$yz = v\{xw+(1-x)(1-w)\};$$

$$(1-x)(1-y)=(1-z)(1-w).$$

从这些方程中的前两个，分别消去不定类符号 v，我们有

$$xy\{1-w(1-z)-z(1-w)\}=0;$$

$$yz\{1-xw-(1-x)(1-w)\}=0.$$

现在如果我们注意到经过展开

$$1-w(1-z)-z(1-w)=wz+(1-w)(1-z)$$

和

$$1-xw-(1-x)(1-w)=x(1-w)+w(1-x),$$

并且为简单起见在这些表达式中，

用 $\bar{x}$ 代替 $1-x$，用 $\bar{y}$ 代替 $1-y$，等等，

那么由最后三个方程我们将有

$$xy(wz+\bar{w}\bar{z})=0; \tag{1}$$

$$yz(x\bar{w}+\bar{x}w)=0; \tag{2}$$

$$\bar{x}\bar{y}=\bar{w}\bar{z}. \tag{3}$$

从这组方程我们必须消去 w.

用 c 乘上面第二个方程，c'乘第三个方程，并将结果与第一个方程相加，我们有

$$xy(wz+\bar{w}\bar{z})+cyz(x\bar{w}+\bar{x}w)+c'(\bar{x}\bar{y}-\bar{w}\bar{z})=0.$$

如果使 w 等于1，则有 $\bar{w}$ 等于0，上面方程的左边成为

$$xyz=c\bar{x}yz+c'\bar{x}\bar{y}.$$

而如果在同一边使 w 为0，$\bar{w}=1$，它成为

$$xy\bar{z}+cxyz+c'\bar{x}\bar{y}-c'\bar{x}.$$

因此消去 w 的结果可以表达为形式

$$(xyz+c\bar{x}yz+c'\bar{x}\bar{y})(xy\bar{z}+cxyz+c'\bar{x}\bar{y}-c'\bar{z})=0, \tag{4}$$

由此方程 x 得以确定.

假如我们现在像在前面例子中那样去做，我们应该将以上方程左边的因子相乘；但是可以表明这一过程完全是不必要的. 我们来对 x，也就是我们要找它的表达式的那个符号，展开（4）的左边，我们得

$$yz(y\bar{z}+cyz-c'\bar{z})x+(cyz+c'\bar{y})(c'\bar{y}-c'\bar{z})(1-x)=0;$$

或

$$cyzx+(cyz+c'\bar{y})(c'\bar{y}-c'\bar{z})(1-z)=0;$$

由此我们有

$$x=\frac{(cyz+c'\bar{y})(c'\bar{y}-c'\bar{z})}{(cyz+c'\bar{y})(c'\bar{y}-c'\bar{z})-cyz};$$

关于 y 和 z 展开右边，

$$x=0yz+\frac{0}{0}y\bar{z}+\frac{c'^2}{c'^2}\bar{y}z+\frac{0}{0}\bar{y}\bar{z};$$

或

$$x=(1-y)z+\frac{0}{0}y(1-z)+\frac{0}{0}(1-y)(1-z);$$

或

$$x=(1-y)z+\frac{0}{0}(1-z).$$

关于它的解释是，**无论性质 A 在哪里呈现，都有要么性质 C 呈现且性质 B 不呈**

现，要么性质 C 不呈现．反之，无论在哪里性质 C 呈现，且性质 B 不呈现，都有性质 A 呈现．

这些结果可以由接下来将要解释的方法更加容易地得到．然而，拥有达至同一结论的不同方法用来相互验证也是令人满意的．

4．我们来看第二种方法．

命题 II

如果任何方程，$V_1=0$，$V_2=0$，等等，使得它们左边的展开式只包含具有正系数的分支，则那些方程可以通过加法结合成一个等价的单个方程．

因为，和以前一样，令 At 表示函数 V_1 的展开式中的任一项，Bt 是 V_2 的展开式中的相应项，等等．于是通过将几个给定方程相加形成的方程

$$V_1+V_2+\cdots=0 \tag{1}$$

的相应项是

$$(A+B+\cdots)t.$$

但是根据假设系数 A，B，等等都是非负的，从而导出方程中的结合系数 $A+B$，等等只有当分开的系数 A，B，等等一起为 0 时才为 0．因此和在共同考虑的原来方程组的几个方程 $V_1=0$，$V_2=0$，等等中相同的分支将出现在（1）的展开式中，从而关于方程（1）的解释将等价于它由之导出的那几个方程的共同解释．

命题 III

5．**如果 $V_1=0$，$V_2=0$，等等表示任一组方程，其项已经通过移项被置于方程的左边，则此组方程的联合解释将包含于由给定方程的平方加在一起形成的单个方程**

$$V_1^2+V_2^2+\cdots=0.$$

因为令组中任一方程，比如 $V_1=0$，展开后产生一个方程

$$a_1t_1+a_2t_2+\cdots=0,$$

其中 t_1，t_2 等是分支，而 a_1，a_2 等是其相应的系数．于是方程 $V_1{}^2=0$ 展开后将产生一个方程

$$a_1^2t_1+a_2^2t_2+\cdots=0,$$

这可以由展开定律证明，或者通过在服从第 V 章命题 3 确定的条件

$$t_1^2=t_1,\ t_2^2=t_2,\ t_1t_2=0$$

下将函数 $a_1t_1+a_2t_2$，等等平方来证明．因此出现在方程 $V_1{}^2=0$ 的展开式中的分支与出现在方程 $V_1=0$ 的展开式中的分支相同，但它们具有正的系数．同样的说明

也适用于方程 $V_2=0$ 等. 由此根据上一个命题，方程

$$V_1^2 + V_2^2 + \cdots = 0$$

在解释上将等价于方程组

$$V_1 = 0, \ V_2 = 0, \ 等等.$$

推论. 其中左边已经满足条件

$$V^2 = V, \ 或 \ V(1 - V) = 0$$

的任何方程 $V=0$，不需要平方过程（因为它不受此过程的影响）. 事实上，这样的方程即刻可以展成一系列系数等于 1 的分支，第 V 章命题 4.

命题Ⅳ

6. **每当一组方程经由上面的平方过程，或通过任何其他过程已经归约为某个形式，使得在其展开式中显示的所有分支具有正的系数，则通过消去得到的任何导出方程将具有同样的特征，并且可以通过加法与其他方程相结合.**

假设任何方程 $V=0$ 在其左边的完全展开式中没有分支具有负的系数，我们必须要从它消去一个符号 x. 那个展开式可以写成形式

$$V_1x + V_2(1 - x) = 0,$$

V_1 和 $V_2$① 每一个具有形式

$$a_1t_1 + a_2t_2 + \cdots + a_nt_n,$$

其中 $t_1t_2\cdots t_n$ 是其他符号构成的分支，$a_1a_2\cdots a_n$ 在每种情形是正的量或 0. 消去的结果是

$$V_1V_2 = 0,$$

并且因为 V_1 和 V_2 的系数中没有一个是负的，所以乘积 V_1V_2 中不会有负的系数. 因此方程 $V_1V_2= 0$ 可以加上任何其他的其分支系数是正的方程，而结果方程将结合它由之得到的那些方程的全部意义.

命题Ⅴ

7. **从先前的命题推导出一种实用的规则或方法以归约表达逻辑命题的方程组.**

通过前面的研究我们已经建立了以下要点，即：

第一，任何具有形式 $V=0$ 的方程，其中 V 满足基本的二重律 $V(1-V)=0$，都可以通过简单的加法结合起来.

第二，任何具有形式 $V=0$ 的其他方程可以通过平方过程归约为某种形式，

① 这里和上面公式中的 V_2 在原文中都写成了 V_0，现据后面的叙述改正.

其中可以应用相同的单纯相加这一结合原理.

于是剩下的仅仅是要确定，在实际的命题表达式中，哪些方程属于前一类，哪些属于后一类.

在第Ⅳ章的末尾已经陈列出命题的一般类型. 它们所表示的命题的划分如下：

第一，主词是全称，而谓词是特称的命题.

这类命题的符号形式（Ⅳ.15）是

$$X=vY,$$

X 和 Y 满足二重律. 消去 v，我们有

$$X(1-Y)=0, \tag{1}$$

我们也将发现它满足相同的规律. 不需要通过平方过程进一步归约.

第二，两个词项都是全称的命题，这类命题的符号形式是

$$X=Y,$$

X 和 Y 分别满足二重律. 将该方程写成形式 X−Y=0，平方，我们有

$$X-2XY+Y=0,$$

或者

$$X(1-Y)+Y(1-X)=0. \tag{2}$$

这一方程的左边满足二重律，因为从它本身的形式看是显然的.

我们可以使用不同的方式得到同样的方程. 方程

$$X=Y$$

等价于两个方程

$$X=vY,\ Y=vX,$$

（因为要断定 X 和 Y 相同就是既断定所有 X 是 Y，又断定所有 Y 是 X）. 现在消去 v，从这些方程得出

$$X(1-Y)=0,\ Y(1-X)=0,$$

将它们相加，就得到（2）.

第三，两个词项都是特称的命题. 这种命题的形式是

$$vX=vY,$$

但是 v 不完全是任意的，因此一定不要消去. 因为 v 代表的是**有些**，尽管在其含义中可以包括**所有**，但它不包括**没有**. 因此我们必须将右边移项至左边，并按照规则平方结果方程.

该结果显然是

$$vX(1-Y)+vY(1-X)=0.$$

将以上结论具体化为一个规则可能是便利的，它将经常用作未来的指导.

8. **规则　假设在以下列典型形式表达的方程中词项 X 和 Y 服从二重律，将方程**

$X=vY$　**转换成**　$X(1-Y)=0$,

$X=Y$　**转换成**　$X(1-Y)+Y(1-X)=0.$

$vX=vY$　**转换成**　$vX(1-Y)+vY(1-X)=0.$

任何以形式 $X=0$ 给出的方程无需转换，而任何以形式 $X=1$ 呈现其自身的方程可以替换为 $1-X=0$，如上面转换中的第二个所显示的.

当这组中的方程已经被如此归约，它们中的任何一个，以及通过消去过程从它们导出的任何方程可以通过加法结合起来.

9. **注记**　我们已经在第Ⅳ章看到，在照字面将一个方程的词项翻译成符号语言，而不关心它的真实含义时，我们可能会得到其中词项 X 和 Y 不服从二重律的方程. 在该章命题3（3）中涉及的方程 $w=st(p+r)$ 就属于此类. 然而，如我们已经看到的，这样的方程具有某种含义. 如果为了好奇，或任何其他动机决定使用它们，那么最好是利用规则（Ⅳ.5）将它们归约.

10. **例2**　我们来考虑以下初等几何命题：

第一，相似形包括所有对应角相等，对应边成比例的图形.

第二，对应角相等的三角形其对应边成比例，反之亦然.

为了表示这些前提，我们设

$s=$相似.

$t=$三角形.

$q=$具有相等的对应角.

$r=$具有成比例的对应边.

则这些前提由下列方程表达：

$$s=qr, \tag{1}$$

$$tq=tr. \tag{2}$$

根据规则归约，或者相当于做同样的事情，将这些方程的项置于左边，平方每个方程，然后相加，我们有

$$s+qr-2prs+tq+tr-2tqr=0. \tag{3}$$

我们需要推出由词项，**三角形**，具有相等的对应角，具有相等的对应边表达的元形成的关于不相似图形的一个描述.

由（3）我们有，

$$s=\frac{tq+qr+rt-2tqr}{2qr-1},$$

$$\therefore 1-s=\frac{qr-tq-rt+2tqr-1}{2qr-1}. \tag{4}$$

完全展开右边，我们得

$$\begin{aligned}1-s=&0tqr+2tq(1-r)+2tr(1-q)+t(1-q)(1-r)\\&+0(1-t)qr+(1-t)q(1-r)+(1-t)r(1-q)\\&+(1-t)(1-q)(1-r).\end{aligned} \tag{5}$$

在上面的展开式中有两项的系数是 2，根据规则这些项必须等于 0，然后丢弃那些系数为 0 的项，我们有

$$\begin{aligned}1-s=&(1-q)(1-r)+(1-t)q(1-r)+(1-t)r(1-q)\\&+(1-t)(1-q)(1-r);\end{aligned} \tag{6}$$

$$tq(1-r)=0; \tag{7}$$

$$tr(1-q)=0. \tag{8}$$

其直接解释是

第一，不相似图形包括所有对应角不相等且对应边不成比例的三角形，和所有那些要么具有相等的角及不成比例的边，要么具有成比例的对应边及不等的角，要么其对应角不等而对应边也不成比例的不是三角形的图形.

第二，不存在其对应角相等，但对应边不成比例的三角形.

第三，不存在其对应边成比例，但对应角不相等的三角形.

11. 这就是最终方程的直接解释. 与一般理论相一致，我们看到在推导特定的事物类，即不相似图形关于原来前提中某些其他元之表示的一种描述时，我们也得到了存在于那些依赖同一前提的元之间的独立关系. 容易证明，甚至就探究的直接对象来说，这都不是多余的信息. 例如，如果想要的话，总可以利用独立关系将直接寻求的那种关系的表达式归约为更简洁的形式. 因此，如果我们将（7）写成形式

$$0=tq(1-r),$$

并将它加到（6），由于

$$t(1-q)(1-r)+tq(1-r)=t(1-r),$$

我们得

$$1-s=t(1-r)+(1-t)q(1-r)+(1-t)r(1-q)+(1-t)(1-q)(1-r),$$

经解释后，它将给出关于不相似图形的描述的第一项为，“对应边不成比例的三角形”，以代替原来得到的完全描述. 对于便利性的某种考虑总是不可避免地决定了这种归约的恰当性.

12. 总是便利的一种归约（Ⅶ.15）在于将所寻求的直接描述之项，如（5）和（6）的右边，聚集成尽可能少的组. 这样（6）的右边的第三和第四项相加产生一个单独的项 $(1-t)(1-q)$. 如果这一归约与上面一个相结合，我们有

$$1-s=t(1-r)+(1-t)q(1-r)+(1-t)(1-q),$$

其解释是

不相似图形包括所有对应边不成比例的三角形，和所有那些要么具有不相等的对应角，要么具有相等的对应角，但对应边不成比例的不是三角形的图形.

因此一般解的完全性不是一种多余. 在它给出我们所寻求的所有信息的同时，它也提供给我们以最便利的方式表达那种信息的方法.

13. 还需作出另外的评论，以说明已经表述过的一个原理. 在（5）中 $1-s$ 的完全展开式的项中有两个的系数是 2，而不是 $\frac{1}{0}$. 以后我们将证明这种情况显示这两个前提不是独立的. 为了验证这一点，我们继续考虑前提的方程归约后的形式，即，

$$s(1-qr)+qr(1-s)=0,$$

$$tq(1-r)+tr(1-q)=0.$$

现在如果这些方程的左边有任何共同的分支，那么在把这些方程乘起来后它们将出现. 如果我们这么做我们得

$$stq(1-r)+str(1-q)=0.$$

由此将导致

$$stq(1-r)=0,\ str(1-q)=0,$$

这些方程能够从原来方程中的任何一个推出. 它们的解释是：

对应角相等的相似三角形它们的对应边成比例.

对应边成比例的相似三角形它们的对应角相等.

这些结论从任何一个前提同样能够单独推导出来. 在这方面，根据所下的定义，前提不是独立的.

14. 最后，让我们重新考虑在说明本章的第一种方法时讨论过的问题，并根据目前的方法尽力弄清楚，从性质 C 的呈现，关于性质 A 和性质 B 可以推出什么结论.

消去符号 v 后我们得到下面的方程，即

$$xy(wz + \bar{w}\bar{z}) = 0, \tag{1}$$

$$yz(x\bar{w} + \bar{x}w) = 0, \tag{2}$$

$$\bar{x}\bar{y} = \bar{w}\bar{z}. \tag{3}$$

从这些方程我们要消去 w 并确定 z. 现在（1）和（2）已经满足条件 $V(1-V)=0$. 第三个方程当把项置于左边，并平方后得

$$\bar{x}\bar{y}(1 - \bar{w}\bar{z}) + \bar{w}\bar{z}(1 - \bar{x}\bar{y}) = 0. \tag{4}$$

将（1）（2）和（4）相加，我们有

$$xy(wz + \bar{w}\bar{z}) + yz(x\bar{w} + \bar{x}w) + \bar{x}\bar{y}(1 - \bar{w}\bar{z}) + \bar{w}\bar{z}(1 - \bar{x}\bar{y}) = 0.$$

消去 w，我们得

$$(xyz + yz\bar{x} + \bar{w}\bar{y})\{xy\bar{z} + yzx + \bar{x}\bar{y}z + \bar{z}(1 - \bar{x}\bar{y})\} = 0.$$

现在，用第一个因子中的各项相继乘第二个因子中各项，注意到

$$x\bar{x} = 0, \ y\bar{y} = 0, \ z\bar{z} = 0,$$

几乎全部消失，我们只剩下

$$xyz + x\bar{y}z = 0. \tag{5}$$

由此

$$\begin{aligned} z &= \frac{0}{xy + \bar{x}\bar{y}} \\ &= 0xy + \frac{0}{0}x\bar{y} + \frac{0}{0}\bar{x}y + 0\bar{x}\bar{y} \\ &= \frac{0}{0}x\bar{y} + \frac{0}{0}\bar{x}y \end{aligned}$$

提供了解释. **无论性质 C 在哪里出现，要么性质 A 要么性质 B 也将在那儿出现，但不是两者一起出现**.

从方程（5）我们可以立即推出在前面的研究中利用任意常数乘子的方法得到的结果，以及 x，y 和 z 之间关系的任何其他设想形式；例如，**如果性质 B 不呈现，则要么 A 和 C 将共同呈现，要么 C 将不呈现**. 反之，**如果 A 和 C 共同呈现，则 B 将不呈现**. 这一结论的反向部分的根据是在 $\bar{y}$ 的展开式中，项 xz 的系数为 1.

第Ⅸ章　关于某些简略方法

1. 虽然在前几章建立和阐明的展开，消去和归约三种基本方法，对于逻辑

的所有实用目的而言是足够了，然而它们在某些情形中，尤其是消去方法，在很大程度上有可能被简化；对此我希望在本章中予以直接考虑．我将首先说明其中包含上述简略方法原理的一些命题，然后我将把它们应用于特定的例子．

让我们将满足基本规律 $V(1-V)=0$ 的任何项称为类项．这些项将单独成为分支；但是，当一起出现时，正如一个展开式中的项一样，它们中的每一个将不必包含相同的符号．因此 $ax+bxy+cyz$ 可以被描述成由三个类项，x，xy，和 yz，分别乘以系数 a，b，c 组成的一个表达式．在下面两个命题中应用的原理——在一些例子中，它极大地省略了消去过程——是**舍弃多余的类项**．那些被认为多余的类项将不加到最终结果的分支上．

命题Ⅰ

2．**从任何方程，$V=0$，其中 V 包括具有一系列正系数的类项，我们可以舍弃任何包含另一个项作为因子的项，并将每个正系数变成** 1．

因为这一系列正项的含义仅依赖于它的最终展开式，即它关于其涉及的所有符号之展开式的分支的个数和性质，而完全不依赖于该系数实际的值（Ⅵ．5）．现令 x 是这系列的任何项，xy 是有 x 作为一个因子的任何其他项．x 关于符号 x 和 y 的展开式将是

$$xy+x(1-y).$$

x 与 xy 之和的展开式将是

$$2xy+x(1-y).$$

但是根据我们已经说过的，出现在一个方程（其右边为 0，并且其左边的所有系数都是正的）左边的这些表达式是等价的；因为在最终展开式中一定确实存在两个分支 xy 和 $x(1-y)$，由此将完全产生结果方程

$$xy=0,\ x(1-y)=0.$$

因此，项的聚合 $x+xy$ 可以由单个项 x 代替．

同样的推理适用于该命题囊括的所有情形．因此，如果重复项 x，则聚合 $2x$ 可以由 x 代替，因为在此情况下方程 $x=0$ 一定出现在最终的归约式中．

命题Ⅱ

3．**每当在消去过程中我们必须要把两个因子乘起来，而每个因子只包括正项，并满足逻辑符号的基本规律时，则允许我们从这两个因子舍弃任何共有的项，或者从两个因子中的任何一个舍弃被另一因子中的一个项可除的任何项；假设总是将被舍弃的项加到结果因子的乘积上．**

在此命题的阐述中，“可除的”一词是一个在代数意义上使用的方便术语，

其中 xy 和 $x(1-y)$ 称为是被 x 可除的.

为了使这个命题的含义更清楚，我们假设要乘在一起的因子是 $x+y+z$ 和 $x+yw+t$. 于是断定，从这两个因子我们可以舍弃项 x，而从第二个因子我们可以舍弃项 yw，假如这些项被移至最终乘积的话. 因此，结果因子是 $y+z$ 和 t，如果我们把项 x 和 yw 加到它们的乘积 $yt+zt$，我们有

$$x+yw+yt+zt$$

作为给定因子 $x+y+z$ 和 $x+yw+t$ 之积的一个等价表达式；即在消去过程中等价.

我们首先来考虑其中两个因子有一个共有项 x 的情形，并用表达式 $x+P$，$x+Q$ 表示这两个因子，假定在一种情况中的 P 和在另一种情况中的 Q 是另外加到 x 上的正项之和.

现在，

$$(x+P)(x+Q)=x+xP+xQ+PQ. \tag{1}$$

但是消去过程在于将某些因子乘在一起，并使该结果等于 0. 于是要么上面方程的右边等于 0，要么它是某个等于 0 的表达式的一个因子.

如果考虑前一种情况，则根据上面的命题，允许我们舍弃项 xP 和 xQ，因为它们是具有另一个项 x 作为一个因子的正项. 结果表达式为

$$x+PQ,$$

它是我们从两个因子舍弃 x，并将它加到剩余因子之积应该得到的.

考虑第二种情况，(1) 的右边能够影响最终消去结果的唯一模式，一定依赖于其分支的个数和性质，它的两个元都不受舍弃项 xP 和 xQ 的影响. 因为 x 的那个展开式包括所有 x 是其中一个因子的可能分支.

最后考虑其中一个因子包含一个项，比如 xy，被另一个因子中的一个项 x 可除的情形.

令 $x+P$ 和 $xy+Q$ 是因子. 现在

$$(x+P)(xy+Q)=xy+xQ+xyP+PQ.$$

但是根据上面命题的推理，项 xyP 由于包含另一个正项 xy 作为一个因子从而可以被舍弃，因此我们有

$$\begin{aligned}&xy+xQ+PQ\\&=xy+(x+P)Q.\end{aligned}$$

但是这表达了从第二个因子舍弃项 xy，并将它转移到最终的乘积上. 因此该命题是显然的.

命题Ⅲ

4. **如果 t 是在从任何方程组消去任何其他符号的最终结果中保留的任何符号，这一消去过程的结果可以表达为形式**

$$Et+E'(1-t)=0,$$

其中 E 是在所考虑的方程组中使 $t=1$，并消去相同的其他符号形成的；而 E' 是在所考虑的方程组中使 $t=0$，并消去相同的其他符号形成的.

因为令 $\phi(t)=0$ 表示消去的最终结果. 展开这个方程我们有

$$\phi(1)t+\phi(0)(1-t)=0.$$

现在通过无论何种过程从设想的方程组推导出函数 $\phi(t)=0$，那么如果在那些方程中将 t 改成 1，经过相同的过程我们也应该推导出 $\phi(1)$；而如果在相同的方程中将 t 改成 0，经过相同的过程我们也应该推导出 $\phi(0)$. 由此该命题的真是显然的.

5. 关于上面证明的三个命题，可以说，虽然对于一般理论的严格发展或者应用完全是不必要的，然而它们却达到了具有某种实用特征的重要目的. 借助命题 1 我们能够简化加法的结果；借助命题 2 我们能够简化乘法的结果；借助命题 3 我们能够将冗长的消去过程拆分成两个不同的过程，一般而言它们具有非常少的复杂特征. 当探究的最终目标是确定用消去过程完成后剩下的其他符号表示的值时，这一方法将被频繁地采用.

6. **例 1** 亚里士多德在《尼各马可伦理学》第Ⅱ卷第 3 章，确定行为是有德行的，不是作为其本身具有的某种特征，而是作为实施它们的人的心智中蕴含的某种状态（即他在实施它们时是完全知觉的，带有主观偏好的，出于自身缘故的，并且根据的是固有的行为原则）之后，进入到接下来的两章开始讨论德行是否被归类于激情，官能，或习惯，以及其他一些相关论题. 他将其研究建立在以下前提的基础上，从它们，他还推出了道德德行的一般学说和定义，对此我们在本书余下的部分中作出了一种阐释.

前提

1. 德行要么是一种激情（παθος），要么是一种官能（δὐναμις），要么是一种习惯（εξις）.

2. 激情不是我们依据它被称赞或被指责，或者在其中我们发挥主观偏好的事物.

3. 官能不是我们依据它被称赞或被指责，并伴有主观偏好的事物.

4. 德行是我们依据它被称赞或被指责，并伴有主观偏好的某物.

5．无论艺术还是科学都使其行为处于一种相对于人的本性来看避免极端，保持中道的善的状态（τὸ μέσον…πρὸς ἡμᾶς）.

6．德行比任何艺术或科学更精密和卓越.

这是一种**理由更充分的**论证．如果科学和真正的艺术避开了不足之处和类似的过剩之处，那么德行所追逐的更是不偏不倚的温和路线．如果**它们**使其行为处于一种善的状态，那么我们更有理由说德行使其特定的行为处于"一种善的状态"．让我们如此解释最终的前提．我们也忽略所有涉及的称赞或指责，因为在前提中提到这些，伴随而来的仅仅是提到主观偏好，而这是我们有意保留的一个元．因此作为我们的表示符号我们可以假定

v＝德行.

p＝激情.

f＝官能.

h＝习惯.

d＝伴有主观偏好的事物.

g＝使其行为处于一种善的状态的事物.

m＝相对于人的本性来看保持中道的事物.

于是，用 q 作为不定类符号，我们的前提将表达为以下方程：

$v = q\{p(1-f)(1-h)+f(1-p)(1-h)+h(1-p)(1-f)\}.$

$p = q(1-d).$

$f = q(1-d).$

$v = qd.$

$g = qm.$

$v = qg.$

从这些分别消去符号 q，

$$v\{1-p(1-f)(1-h)-f(1-p)(1-h)-h(1-p)(1-f)\}=0. \quad (1)$$

$$pd = 0. \quad (2)$$

$$fd = 0. \quad (3)$$

$$v(1-d)=0. \quad (4)$$

$$g(1-m)=0. \quad (5)$$

$$v(1-g)=0. \quad (6)$$

我们将先从（2），（3）和（4）消去符号 d，然后关于 p，f 和 h 确定 v．现将（2），（3）和（4）相加有

$$(p+f)d+v(1-d)=0.$$

按通常方法从它消去 d，我们得

$$(p+f)v=0. \tag{7}$$

将此加到（1），并确定 v，我们得

$$v=\frac{0}{p+f+1-p(1-f)(1-h)-f(1-p)(1-h)-h(1-f)(1-p)}.$$

由此展开，

$$v=\frac{0}{0}h(1-f)(1-p).$$

这个方程的解释是：**德行是一种习惯，而不是一种官能，或一种激情**.

接下来，我们将从原来的方程组消去 f，p 和 g，然后关于 h，d 和 m 确定 v. 在此情形，我们将同时消去 p 和 f. 通过将（1），（2）和（3）相加，我们得

$$v\{1-p(1-f)(1-h)-f(1-p)(1-h)-h(1-p)(1-f)\}+pd+fd=0.$$

关于 p 和 f 将此展开，我们有

$$(v+2d)pf+(vh+d)p(1-f)+(vh+d)(1-p)f+v(1-h)(1-p)(1-f)=0.$$

由此消去的结果将是

$$(v+2d)(vh+d)(vh+d)v(1-h)=0.$$

现在 $v+2d=v+d+d$，据命题Ⅰ，它可归约为 $v+d$. 这与第二个因子的乘积是

$$(v+d)(vh+d),$$

根据命题Ⅱ，它归约为

$$d+v(vh) \text{ 或 } vh+d.$$

按照相同的方式，用第三个因子乘这一结果，仅仅得到 $vh+d$. 最后，用第四个因子 v（$1-h$）乘这一结果，得最终方程

$$vd(1-h)=0. \tag{8}$$

剩下的是要从（5）和（6）消去 g. 结果是

$$v(1-m)=0. \tag{9}$$

最后，将方程（4），（8）和（9）相加得到

$$v(1-d)+vd(1-h)+v(1-m)=0,$$

由此我们有

$$v=\frac{0}{1-d+d(1-h)+1-m}.$$

将这一结果展开得

$$v=\frac{0}{0}hdm,$$

有关它的解释是：**德行是伴有主观偏好，并且相对于人的本性来看保持中道的一种习惯**.

严格地说，这不是关于德行的定义，而是对它的描述. 然而，它却是能够正确地从前提推导出来的**全部**. 亚里士多德特别将它与谨慎的必要性相联系，以确定保险且折中的行动路线；毫无疑问德行的古代理论一般来说比现今最流行的那些理论（功利理论除外）具有更多的理智特征. 德行被认为是存在于全部心智的正确状态和习惯中，而不是存在于单一的良心至上或道德能力中. 在某种程度上这些理论无疑是正确的. 因为尽管无条件的顺从良心的支配是有道德的行为的一个基本要素，然而遵从那些不变的公正原则（αὶώγια δίκαια）——它们存在于，或更确切地说它们本身就是事物构成的基础——的要求，则是另一个要素. 一般来说这种遵从至少在任何高级程度上是与某种无知状态和心智迟钝不一致的. 回到亚里士多德的特殊理论，它在大多数人看来很可能具有过于负面的特征，而避开极端并没有为我们人类较高贵的能力提供一个充分的施展空间. 当亚里士多德在其第七卷开头谈到一种高出人性标准的“英雄品质”[7]时，他似乎已经部分地意识到他的体系的这一缺陷.

7. 我已经说过（Ⅷ.1）单个方程或命题的理论包含着不能够被完全回答的问题，除非它与方程组理论相联系. 这一说法的例证是设想从一个给定的单个方程确定并非某些单个初等类而是某些复合类的关系，在其表达式中涉及由其余元表示的一个以上的元. 下面的特殊例子，以及随后的一般问题具有这一性质.

例 2 让我们回想在第Ⅶ章使用的关于财富定义的符号表达式，即

$$w=st\{p+r(1-p)\},$$

在此，和以前一样，

w = 财富，
s = 限供的事物，
t = 可转让的事物，
p = 产生快乐的事物，
r = 防止痛苦的事物；

由此，假定要求确定可转让的和产生快乐的事物与该定义的其他元，即财富，限供的事物和防止痛苦的事物的关系.

可转让的和产生快乐的事物的表达式为 tp. 让我们用一个新的符号 y 表示

它. 于是，我们有方程

$$w=st\{p+r(1-p)\},$$

$$y=tp,$$

如果我们消去 t 和 p，从它我们可以确定 y 作为 w，s 和 r 的一个函数. 解释该结果将得出所寻求的关系.

将这些方程的项移到左边，我们有

$$w-stp-str(1-p)=0.$$

$$y-tp=0. \qquad (3)①$$

将这些方程的平方加起来，

$$w+stp+str(1-p)-2wstp-2wstr(1-p)+y+tp-2ytp=0. \qquad (4)$$

关于 t 和 p 展开左边，以便消去那些符号，我们有

$$(w+s-2ws+1-y)tp+(w+tr-2wst+y)t(1-p)$$
$$+(w+y)(1-t)p+(w+y)(1-t)(1-p); \qquad (5)$$

使 tp，$t(1-p)$，$(1-t)p$，和 $(1-t)(1-p)$ 的四个系数之积等于0将得到消去 t 和 p 的结果. 或者，根据命题3，从上面的方程消去 t 和 p 的结果将具有形式

$$Ey+E'(1-y),$$

其中 E 是在给定方程中将 y 变成1，然后消去 t 和 p 得到的结果；E'是在同一方程中将 y 变成0，然后消去 t 和 p 得到的结果. 而在每种情形中，消去 t 和 p 的模式就是将四个分支 tp，$t(1-p)$，等等的系数乘在一起.

如果我们使 $y=1$，则系数成为：

第一，$w(1-s)+s(1-w)$.

第二，$1+w(1-sr)+s(1-w)r$，据命题Ⅰ等价于1.

第三和第四，$1+w$，据命题Ⅰ等价于1.

因此 E 的值将是

$$w(1-s)+s(1-w).$$

又，在（5）中使 $y=0$，我们有系数：

第一，$1+w(1-s)+s(1-w)$，等价于1.

第二，$w(1-sr)+sr(1-w)$.

第三和第四，w.

这些系数的乘积给出

---

① 原书缺编号（1）和（2）.

$$E' = w(1 - sr).$$

因此，由之确定 y 的方程是

$$\{w(1 - s) + s(1 - w)\}y + w(1 - sr)(1 - y) = 0,$$

$$\therefore y = \frac{w(1 - sr)}{w(1 - sr) - w(1 - s) - s(1 - w)};$$

展开右边，

$$y = \frac{0}{0}wsr + ws(1 - r) + \frac{1}{0}w(1 - s)r + \frac{1}{0}w(1 - s)(1 - r) + 0(1 - w)sr$$

$$+ 0(1 - w)s(1 - r) + \frac{0}{0}(1 - w)(1 - s)r + \frac{0}{0}(1 - w)(1 - s)(1 - r);$$

由此归约为

$$y = ws(1-r) + \frac{0}{0}wsr + \frac{0}{0}(1-w)(1-s). \tag{6}$$

$$\text{及 } w(1-s) = 0. \tag{7}$$

其解释是：

第一，可转让的和产生快乐的事物包括所有（限供的且）不防止痛苦的财富，一个不定量的（限供的且）防止痛苦的财富，和一个不定量的非财富且不限供的事物.

第二，所有财富是限供的.

我已经在上面的解中将由相伴的独立关系（7）意味的那部分完整描述写在括号中.

8. 以下问题具有更一般的性质，并且将为如上面的问题提供一种容易的实用规则.

一般问题

给定任何连接符号 x，y，…，w，z，… 的方程.

要求用剩余的符号 w，z，等等，确定由符号 x，y，… 以任何方式表示的任何类的逻辑表达式.

让我们限于其中只有两个符号 x，y，和两个符号 w，z 的情形，这足以确定一般规则.

令 $V=0$ 是给定的方程，而令 $\phi(x, y)$ 表示要确定其表达式的类.

假定 $t=\phi(x, y)$，然后，从上面两个方程消去 x 和 y.

现在方程 $V=0$ 可以展成形式

$$Axy + Bx(1 - y) + C(1 - x)y + D(1 - x)(1 - y) = 0, \tag{1}$$

A，B，C，和 D 是符号 w 和 z 的函数.

又，因为 $\phi(x,\ y)$ 表示一个类或事物的汇集，它一定包括一个分支，或一系列分支，其系数是1.

因此如果 $\phi(x,\ y)$ 的**完全**展开表示成形式

$$axy+bx(1-y)+c(1-x)y+d(1-x)(1-y),$$

系数 a，b，c，d 每一个一定是1或0.

现在通过移项和平方，将方程 $t=\phi(x,\ y)$ 归约为形式

$$t\{1-\phi(x,y)\}+\phi(x,y)(1-t)=0.$$

关于 x 和 y 展开，我们得

$$\{t(1-a)+a(1-t)\}xy+\{t(1-b)+b(1-t)\}x(1-y)$$
$$+\{t(1-c)+c(1-t)\}(1-x)y$$
$$+\{t(1-d)+d(1-t)\}(1-x)(1-y)=0.$$

将上式加到（1），我们有

$$\{A+t(1-a)+a(1-t)\}xy+\{B+t(1-b)+b(1-t)\}x(1-y)+\&c.=0.$$

令消去 x 和 y 的结果具有形式

$$Et+E'(1-t)=0,$$

则按前面所说，E 将是当 $t=1$ 时上面展开式的系数所成的归约积，E' 是类似地由条件 $t=0$ 归约的同样因子之积.

因此 E 将是归约积

$$(A+1-a)(B+1-b)(C+1-c)(D+1-d).$$

考虑这一展开式的任一因子，如 $A+1-a$，我们看到当 $a=1$ 时它成为 A，而当 $a=0$ 时它成为 $1+A$，并根据命题Ⅰ它归约为1. 因此我们可以推断 E 将是 V 的展开式中的那些分支的系数之积，其系数在 $\phi(x,\ y)$ 的展开式中是1.

另外 E' 将是归约积

$$(A+a)(B+b)(C+c)(D+d).$$

考虑这些因子中的任一个，如 $A+a$，我们看到当 $a=0$ 时它成为 A，而当 $a=1$ 时归约为1；对于其他因子也如此. 因此 E' 将是 V 的展开式中的那些分支的系数之积，其系数在 $\phi(x,\ y)$ 的展开式中是0. 将这些情形合在一起考虑，我们可以建立以下规则：

9. 从一个逻辑方程推演由一个给定的符号 x，y，等等的组合表达的任何类与由该给定方程包含的任何其他符号表示的类的关系.

规则 **关于符号 x，y 展开给定方程. 然后形成方程**

$$Et+E'(1-t)=0,$$

其中 E 是上面展开式中所有那些分支的系数之积，其系数在给定类的表达式中是 1，而 E' 是该展开式的那些分支的系数之积，其系数在给定类的表达式中是 0. 通过解和解释从上面的方程推演出的 t 的值将是所求的表达式.

注记　虽然在这一规则的证明中假设 V 只包含正项，但是容易证明这一条件是不必要的，该规则是一般的，而且实际上不需要准备给定方程.

10. **例 3**　设给予财富如例 2 中一样的定义，要求**可转让的，但不产生快乐的事物**，$t(1-p)$，关于 w，s，和 r 表示的其他元的一个表达式.

方程

$$w-stp-str(1-p)=0$$

当平方后，给出

$$w+stp+str(1-p)-2wstp-2wstr(1-p)=0.$$

关于 t 和 p 展开左边，

$$(w+s-2ws)tp+(w+sr-2wst)t(1-p)+w(1-t)p+w(1-t)(1-p)=0.$$

最好将其系数展示为以下方程：

$$\{w(1-s)+s(1-w)\}tp+\{w(1-st)+st(1-w)t\}t(1-p)+w(1-t)p+w(1-t)(1-p)=0.$$

假设将要确定的函数 $t(1-p)$ 表示为 z；则 z 关于 t 和 p 的完全展开式是

$$z=0tp+t(1-p)+0(1-t)p+0(1-t)(1-p).$$

因此，根据上一个问题，我们有

$$Ez+E'(1-z)=0;$$

其中

$$E=w(1-st)+st(1-w);$$

$$E'=\{w(1-s)+s(1-w)\}\times w\times w=w(1-s).$$

$$\therefore\ \{w(1-sr)+st(1-w)\}z+w(1-s)(1-z)=0.$$

因此

$$z=\frac{w(1-s)}{2wsr-ws-sr}=\frac{0}{0}wsr+0ws(1-r)+\frac{1}{0}w(1-s)r+\frac{1}{0}w(1-s)(1-r)+0(1-w)st+\frac{0}{0}(1-w)s(1-r)+\frac{0}{0}(1-w)(1-s)r+\frac{0}{0}(1-w)(1-s)(1-r),$$

或者

$$z=\frac{0}{0}wsr+\frac{0}{0}(1-w)s(1-r)+\frac{0}{0}(1-w)(1-s),$$

以及

$$w(1-s)=0.$$

因此，**可转让的且不产生快乐的事物要么是（限供的防止痛苦的）财富；要么是非财富，但是限供的且不防止痛苦的事物；要么是非财富也不限供的事物.**

容易证实用类似方法推导出的下列结果：

不是财富的限供的且产生快乐的事物——是不可转让的.

不产生快乐的财富是可转让的，限供的，且防止痛苦的.

要么是财富，要么产生快乐，但非二者的限供事物——要么是可转让的且防止痛苦的，要么是不可转让的.

11. 从自然史领域可以挑选大量奇特的例子. 然而，我不认为这样的应用具有任何独立的价值. 例如，它们对于动物科学中真正的分类原则没有给出任何阐释. 为了发现这些原则需要有一些实证知识的基础，——熟悉一些有机体的结构，目的适应性；这是只能从使用观察和分析的外在手段获得的一种知识. 然而，考虑任何一组自然史中的命题，无论所采纳的分类体系如何，都将有大量的逻辑问题出现. 也许在形成这样的例子的过程中，最好避免提到（因为多余）由其名称立刻使人想起的纲或物种的那种性质，比如属于环节动物门（包括蚯蚓和蚂蟥一类动物）的环结构.

例 4　1. 环节动物是软体的，并且要么是光溜溜的，要么是包裹在管中的.

2. 环节动物包括具有在一个双循环血管系统中的红色血液的所有无脊椎动物.

假定　a=环节动物；

s=软体动物；

n=光溜溜的；

t=包裹在管中的；

i=无脊椎动物；

r=具有红色血液，等等.

因此给定命题将表达为方程

$$a=vs\{n(1-t)+t(1-n)\};\tag{1}$$

$$a=ir.\tag{2}$$

对此我们可以补充上隐含的条件，

$$nt=0. \tag{3}$$

消去 v 后，将方程组归约为一个单个方程，我们有

$$a\{1-sn(1-t)-st(l-n)\}+a(1-ir)+ir(1-a)+nt=0. \tag{4}$$

假设我们想要得到这样的关系，其中包裹在管中的软体动物关于下列元，即具有红色血液，一种外部覆盖，一根脊椎，（借助前提）得以确认.

我们必须首先消去 a. 结果是

$$ir(\{1-sn(1-t)-st(1-n)\}+nt=0.$$

于是（Ⅸ．9）关于 s 和 t 展开，并根据命题 1 归约第一个系数，我们有

$$nst+ir(1-n)s(1-t)+(ir+n)(1-s)t+ir(1-s)(1-t)=0. \tag{5}$$

因此，如果 $st=w$，我们得

$$nw+ir(1-n)\times(ir+n)\times ir(1-w)=0,$$

或者

$$nw+ir(1-n)(1-w)=0,$$

$$\therefore w=\frac{ir(1-n)}{ir(1-n)-n}$$

$$=0irn+ir(1-n)+0i(1-r)n+\frac{0}{0}i(1-r)(1-n)+0(1-i)rn$$

$$+\frac{0}{0}(1-i)r(1-n)+0(1-i)(1-r)n+\frac{0}{0}(1-i)(1-r)(1-n),$$

或者

$$w=ir(1-n)+\frac{0}{0}i(1-r)(1-n)+\frac{0}{0}(1-i)(1-n).$$

因此，**包裹在管中的软体动物包括所有具有红色血液且不是光溜溜的无脊椎动物，以及不具有红色血液且不是光溜溜的无脊椎动物，和不是光溜溜的脊椎动物的一个不定剩余部分**.

按照完全类似的方式，我们从展开式（5）推演出下列归约后的方程，其解释则留给读者.

$$s(1-t)+irn+\frac{0}{0}i(1-n)+\frac{0}{0}(1-i);$$

$$(1-s)t=\frac{0}{0}(1-i)r(1-n)+\frac{0}{0}(1-r)(1-n);$$

$$(1-s)(1-t)=\frac{0}{0}i(1-r)+\frac{0}{0}(1-i).$$

在以上例子中我的目的并不是以任何特定的方式展示该方法的力量. 我认为，它只有与概率的数学理论相联系才能够被完全展示. 然而，对于任何关于这一点想要形成某种正确意见的人，我将建议他们在检查其解答**之前**，根据普通逻辑的规则考察下列问题；同时记住，无论它具有的是何种复杂性，都有可能不确定地增加，除了使得用本书的方法给出其解答更为费事但并非一定不能得到外，没有任何其他影响.

例 5 假定关于一类自然产物的观察已经导致下列一般结果.

第一，在这些产物的任何一个中，找不到性质 A 和 C，找得到性质 E，以及性质 B 和 D 之一，但非二者.

第二，当找不到 E 时，无论在哪儿找到性质 A 和 D，则要么性质 B 和 C 两者都将被找到，要么两者都找不到.

第三，无论在哪儿性质 A 连同要么 B 要么 E，或者两者被找到，则在那里要么性质 C 要么性质 D 但非二者将被找到. 反之，无论在哪儿性质 C 或 D 单独一个被找到，则在那里性质 A 连同要么 B 要么 E，或者两者将被找到.

然后我们需要断定，首先，在任一特定例子中，从性质 A 的确定出现，关于性质 B，C 和 D 可以推出什么；此外性质 B，C 和 D 之间是否独立地存在着任何关系. 其次，用同样的方式，关于性质 B，以及性质 A，C 和 D 可以推出什么.

我们将会注意到，在这三组资料的每一组中，关于性质 A，B，C 和 D 所传达的信息与另一个元 E 缠绕在一起，关于它我们不想在我们的结论中说些什么. 因此必须从方程组消去表示性质 E 的符号，借此给定命题将得以表达.

让我们用 x 表示性质 A，y 表示 B，z 表示 C，w 表示 D，v 表示 E. 则三组资料为

$$\bar{x}\bar{z} = qv(y\bar{w} + w\bar{y}); \tag{1}$$

$$\bar{v}xw = q(yz + \bar{y}\bar{z}); \tag{2}$$

$$xy + xv\bar{y} = w\bar{z} + z\bar{w}. \tag{3}$$

$\bar{x}$ 代表 $1-x$，等等，q 是一个不定类符号. 分别从第一和第二个方程消去 q，并将结果加到根据第Ⅷ章（5）归约后的第三个方程，我们得

$$\begin{aligned}\bar{x}\bar{z}(1 - vy\bar{w} - vw\bar{y}) + \bar{v}xw(y\bar{z} + z\bar{y}) + (xy + xv\bar{y})(wz + \bar{w}\bar{z})\\ + (w\bar{z} + z\bar{w})(1 - xy - xv\bar{y}) = 0.\end{aligned} \tag{4}$$

必须从这个方程消去 v，并从结果确定 x 的值. 为了实现这一目标，利用本章命题 3 的方法将是方便的.

于是令消去结果表示为方程

$$Ex + E'(1 - x) = 0.$$

为了得到 E 在（4）的左边使 $x=1$，我们得

$$\bar{v}w(y\bar{z} + z\bar{y}) + (y + v\bar{y})(wz + \bar{w}\bar{z}) + (w\bar{z} + z\bar{w})\bar{v}\bar{y}.$$

消去 v，我们有

$$(wz + \bar{w}\bar{z})\{w(y\bar{z} + z\bar{y}) + y(wz + \bar{w}\bar{z}) + \bar{y}(w\bar{z} + z\bar{w})\}.$$

根据条件 $w\bar{w} = 0$，$z\bar{z} = 0$ 等实际相乘后，它给出

$$E = wz + y\bar{w}\bar{z}.$$

接下来，为求 E'，在（4）中使 $x=0$，我们有

$$z(1 - vy\bar{w} - v\bar{y}w) + w\bar{z} + z\bar{w}.$$

由此，消去 v，并根据命题 1 和 2 归约该结果，我们得

$$E' = w\bar{z} + z\bar{w} + \bar{y}\bar{w}\bar{z};$$

因此，最终我们有

$$(wz + y\bar{w}\bar{z})x + (w\bar{z} + z\bar{w} + \bar{y}\bar{w}\bar{z})\bar{x} = 0. \tag{5}$$

由此

$$x = \frac{w\bar{z} + z\bar{w} + \bar{y}\bar{w}\bar{z}}{w\bar{z} + z\bar{w} + \bar{y}\bar{w}\bar{z} - wz - y\bar{w}\bar{z}},$$

因此，经展开，

$$x = 0yzw + yz\bar{w} + y\bar{z}w + 0y\bar{z}\bar{w} + 0\bar{y}zw + \bar{y}z\bar{w} + \bar{y}\bar{z}w + \bar{y}\bar{z}\bar{w},$$

或者，将纵列的项集合在一起，

$$x = z\bar{w} + \bar{z}w + \bar{y}\bar{z}\bar{w}. \tag{6}$$

其解释为：

无论在何种物质中找到性质 A，在那里也将找到要么性质 C 要么性质 D，但非二者，否则性质 B，C 和 D 都将缺失. 反之，在要么性质 C 要么性质 D 被单独找到，要么性质 B，C 和 D 一起缺失的地方，性质 A 也将在那里被找到.

此外似乎在性质 B，C 和 D 之间不存在任何独立的关系.

其次，我们打算得到 y. 现在关于这个符号展开（5）：

$$(xwz + x\bar{w}\bar{z} + \bar{x}w\bar{z} + \bar{x}z\bar{w})y + (xwz + \bar{x}w\bar{z} + \bar{x}z\bar{w} + \bar{x}\bar{z}\bar{w})\bar{y} = 0.$$

由此，像以前那样进行下去，

$$y = \bar{x}\bar{w}\bar{z} + \frac{0}{0}(\bar{x}wz + xw\bar{z} + xz\bar{w}), \tag{7}$$

$$xzw = 0, \tag{8}$$

$$\bar{x}\bar{z}w = 0, \tag{9}$$

$$\bar{x}z\bar{w}=0, \tag{10}$$

从（10）通过求解归约为形式

$$\bar{x}z=\frac{0}{0}w,$$

我们有独立关系：**如果性质 *A* 缺失，而 *C* 出现，则 *D* 出现**. 另外，通过将（8）和（9）相加并求解给出

$$xz+\bar{x}\bar{z}=\frac{0}{0}\bar{w}.$$

由此我们有一般解和剩下的独立关系：

第一，如果性质 *B* 出现在这些产物之一中，则要么性质 *A*，*C* 和 *D* 都缺失，要么它们中的某一个单独缺失. 反之，如果它们都缺失则可以断定性质 *B*[①] 出现（7）.

第二，如果 *A* 和 *C* 两者都出现或都缺失，则完全独立于 *B* 的出现或缺失，*D* 将缺失（8）和（9）.

我没有尝试去验证这些结论.

第X章　关于一种完美方法的条件

1. 初级命题这一主题已经得到了详尽的讨论，我们将着手考虑二级命题. 逻辑科学的这两大部分之间的过渡间隙可以为我们的暂时停顿提供一个合适的时机，在回顾我们以往的一些前进脚步的同时，去探询一下在我们已经从事的这样一个主题的研究中是什么构成了方法之完美. 我在此谈到的完美不仅仅在于力量，而且也植根于适宜和优美的观念中. 也许，对于这个问题的仔细分析将把我们引导到如下面的一些结论，即一种完美的方法对于完成设想的目标应该不仅是有效的，而且应该在它的所有方面和过程中显示出某种和谐与统一. 如果即便该方法的形式本身也暗示着基本的原理，并且如果可能的话它们建立在一个基本原理的基础上，那么这一观念将最完全地得以实现. 在将这些思考应用于推理科学时，最好将我们的视野扩展到纯粹的分析过程以外，不仅对于推演的模式或形式，而且对于由之作出推演的数据系统或前提，去探询什么是最好的.

① 原文误作 *A*.

2. 单就力量来说，在第Ⅷ章所发展的方法中的第一个，在其适用的领域内无疑是完美的. 任意常数的引入使我们不依赖于前提的形式，以及表示它们的方程之间的任何条件. 但是它似乎引入了一种外部因素，尽管它花的工夫更多，但它却是比同一章中展示的第二种归约方法缺少优美的一种解形式. 然而，存在着这样的条件，在这些条件下后一方法表现为一种比它在别的情况下更完美的形式. 使得由方程

$$x(1-x)=0$$

表达的一个基本条件成为普遍的形式种类，将赋予过程和结果一种特征方面的统一，这在其他方面是无法达到的. 假如简洁和方便是一种方法唯一有价值的属性，那么采用这样一种原理将不会产生任何益处. 因为在解的每一步硬塞进上述特征，将涉及某些需要大量初步简化工作的情形. 但是知道可以这么做仍是有趣的，甚至了解这样一种解形式将自动产生的条件具有某种重要性. 这其中的一些观点将在本章中予以讨论.

命题Ⅰ

3. **将任何逻辑符号的方程归约为形式 $V=0$，其中 V 满足二重律**

$$V(1-V)=0.$$

第Ⅴ章命题4表明，每当 V 是一系列分支之和时上面的条件满足. 由第Ⅵ章命题2，显然所有如下面这样的方程是等价的，当通过移项将它们归约为形式 $V=0$后，展开其左边将产生相同的一系列具有不为0系数的分支；那些系数的特定数值则无关紧要.

因此通过将一个方程的所有项置于左边，完全展开这一边，并在结果中将所有不为0的系数变成1（除非它的值已经是1），总可以达到这一命题的目标.

但是因为展开包含许多符号的函数将把我们引向由于其非常长而变得不方便的表达式，所以我们希望表明在实际引起我们注意的最佳情形中，如何可以避免这种复杂性的根源.

在第Ⅷ章我们已经讨论了方程最基本的形式. 它们是

$$X=vY,$$

$$X=Y,$$

$$vX=vY.$$

我们已经看到，当条件 $X(1-X)=0$，$Y(1-Y)=0$ 满足时，上面方程的前两个把我们引到形式

$$X(1-Y)=0, \tag{1}$$

$$X(1-Y)+Y(1-X)=0. \tag{2}$$

在同样的条件下可以证明它们中的最后一个给出

$$v\{X(1-Y)+Y(1-X)\}=0, \tag{3}$$

所有这些结果在它们的左边显然满足条件

$$V(1-V)=0.$$

由于上述内容确实是一个适当表达的逻辑系统之方程实际上呈现其自身的形式和条件，因此借助以上方法将它们归约为服从所要求的规律的形式总是可能的. 然而，尽管分开来的方程如此可以满足该规律，但是它们的等价和（Ⅷ.4）却可能不满足，剩下来则是要说明如何也可以将所必需的条件强加于它.

我们将该系统几个归约后的方程加起来形成的方程表达为形式

$$v+v'+v''+\&c.=0, \tag{4}$$

这个方程独自等价于它由之得来的方程组. 我们假设 v，v'，v''等是类项（Ⅸ.1），满足条件

$$v(1-v)=0,\ v'(1-v')=0,\ \text{等等}.$$

现在关于它包含的所有基本符号 x，y，等等展开左边，并使所有系数不为0的分支（换句话说，所有在 v，v'，v''，等等任一个中得到的分支）等于0，将会得到（4）的完全解释. 但是那些分支包括：第一，如在 v 中出现的那种；第二，如不在 v 中出现，而在 v'中出现的那种；第三，如既不在 v 中出现，也不在 v'中出现，但在 v''中出现的那种，等等. 因此，它们将是如在表达式

$$v+(1-v)v'+(1-v)(1-v')v''+\&c. \tag{5}$$

中出现的那种，其中没有分支是重复的，并且它显然满足规律 $V(1-V)=0$.

因此如果我们有表达式

$$(1-t)+v+(1-z)+tzw,$$

其中，项 $1-t$，$1-z$ 被置于括号内表示被当作单个的类项，依据（5），我们应该用 t 乘第一项以后的所有项，然后用 $1-v$ 乘第二项以后的所有项；最后，用 z 乘第三项后剩余的项，将它归约为一个满足条 $V(1-V)=0$ 的表达式；结果是

$$1-t+tv+t(1-v)(1-z)+t(1-v)zw. \tag{6}$$

4. 因此所有的逻辑方程都可以归约为 $V=0$，V 满足二重律. 但是如果方程总是以这样一种形式呈现自身，无需任何种类的准备工作，并且不仅在它们原来的陈述中显示这一形式，而且在经过为把方程组归约为单个的等价形式所必需的那些加法后，仍未受到影响，那么它显然是一种更高级的完美. 它们并不自动地呈现这一特征不能完全归因于方法的缺陷，而是我们的前提不总是完全的，精确

的和独立的这一事实的一个推论．当它们涉及实质的（以区别于形式的）没有表达出的关系时，它们是不完全的．当它们暗示着未预期的关系时它们是不精确的．然而把在本例中我们很少关心的这些论点放在一边，让我们来考虑在什么意义上它们可能是缺乏独立的．

5．一个命题组可以称为独立的，如果从该组的任何部分不可能推出可从它的任何其他部分推出的一个结论．假设表示那些命题的方程全部归约为形式

$$V=0,$$

则以上条件意味着没有分支能出现在该组的一个特定函数 V 的展开式中，又能出现在同组的任何其他函数 V' 的展开式中．当这个条件不满足时，该组的方程不是独立的．这可以在各种情况中发生．令所有方程的左边满足二重律，则如果在一个方程的展开式中出现一个正项 x，而项 xy 出现在另一个方程的展开式中，那么这些方程不是独立的，因为项 x 可进一步展开成 $xy+x(1-y)$，因此方程

$$xy=0$$

涉及该组中的这两个方程．另外，令项 xy 出现在一个方程中，项 xz 出现在另一个方程中．可以展开这两项以便得到共同分支 xyz．容易想象得到那些前提乍看起来似乎完全独立的其他情形并非真的如此．当形式为 $V=0$ 的方程像这样并不真正独立时，尽管它们个别地可以满足二重律

$$V(1-V)=0,$$

但是将它们加起来得到的等价方程将不满足那个条件，除非利用本章的方法已经进行了足够的归约．另一方面，当一组方程既满足上面的规律，又彼此独立时，它们的和也将满足同一规律．我已经比在其他方面所必需的更为详尽地论述了这些观点，因为它在我看来对于我们自身力图形成以及对于我们在所有研究中保持一种理想的完美模式是重要的，——这是我们今后努力的目标和指南．在目前的这类探讨中方法改进的主要目的，就与简洁性一致而言，应该是使方程的变形更为容易，以便上面提到的基本条件更加普遍．

关于这一主题下面的命题值得注意．

命题 Ⅱ

如果任何方程 $V=0$ 的左边满足条件 $V(1-V)=0$，并且如果那个方程的任何符号 t 的表达式作为其他符号的一个展开函数被确定，那么该展开式的系数只能采取形式 1，0，$\frac{0}{0}$，$\frac{1}{0}$．

因为如果关于 t 展开这个方程，作为结果我们得

$$Et + E'(1 - t), \tag{1}$$

E 和 E'是当那里的 t 相继变成 1 和 0 时 V 所取的值. 因此 E 和 E'本身将满足条件

$$E(1 - E) = 0, \ E'(1 - E') = 0. \tag{2}$$

现在由（1）得到

$$t = \frac{E'}{E' - E},$$

其右边要展开为剩余符号的一个函数. 显然在计算系数时 E 和 E'只能取数值 1 和 0. 因此只能出现下列情形：

第一，$E'=1$，$E=1$，则 $\frac{E'}{E'-E} = \frac{1}{0}$；

第二，$E'=1$，$E=0$，则 $\frac{E'}{E'-E} = 1$；

第三，$E'=0$，$E=1$，则 $\frac{E'}{E'-E} = 0$；

第四，$E'=0$，$E=0$，则 $\frac{E'}{E'-E} = \frac{0}{0}$.

由此该命题的真实性是明显的.

6. 可以说出现在方程解中的形式 1，0，和$\frac{0}{0}$与条件 $V(1-V)=0$ 没有任何关联. 但关于系数$\frac{1}{0}$并非如此. 当上述条件满足时附加上这个系数的项可以取除三个值 1，0，和$\frac{0}{0}$外的任何其他值，这时那个条件不满足. 我们允许在这一命题中将不以提到的四个形式的任何一个呈现自身的一个展开式的任何系数变成$\frac{1}{0}$，将此看成适合表明它附加上的系数应该等于 0 的符号，这将有助于一致性. 我将频繁地采用这种做法.

命题Ⅲ

7. 从一个方程 $V=0$ 消去任何符号 x，y 等的结果——其中左边恒满足二重律

$$V(1-V)=0,$$

——可以通过将给定方程关于其余符号展开，并使那些在展开式中的系数等于 1

的分支之和等于 0 得到.

假设给定方程 $V=0$ 只涉及三个符号，x，y，和 t，其中 x 和 y 要被消去. 令该方程关于 t 的展开式为

$$At+B(1-t)=0, \tag{1}$$

A 和 B 独立于符号 t.

据第Ⅸ章命题 3，从已给方程消去 x 和 y 的结果将具有形式

$$Et+E'(1-t)=0, \tag{2}$$

其中 E 是从方程 $A=0$ 消去符号 x 和 y 所得的结果，E'是从方程 $B=0$ 通过消去所得的结果.

现在 A 和 B 满足条件

$$A(1-A)=0,\ B(1-B)=0.$$

因此 A（我们暂且限于考虑这一系数）将要么是 0 要么是 1，或者是一个分支，或者是包含符号 x 和 y 的一部分分支之和. 如果 $A=0$，则显然 $E=0$；如果 A 是单独一个分支，或者是包含 x 和 y 的一部分分支之和，E 将是0. 因为 A 关于 x 和 y 的**完全**展开将包含系数为 0 的项，而 E 是所有系数的乘积. 因此当 $A=1$ 时，E 等于 A，但在其他情形 E 等于 0. 类似地，当 $B=1$ 时，E'等于 B，但在其他情形 E'等于 0. 因此表达式（2）将包括其中的系数 A，B 为 1 的（1）的那部分（如果有任何这种部分的话）. 这个推理是一般性的. 例如，假设 V 涉及符号 x，y，z，t，要求我们消去 x 和 y. 因此如果 V 关于 z 和 t 的展开式是

$$zt+xz(1-t)+y(1-z)t+(1-z)(1-t),$$

所求结果将是

$$zt+(1-z)(1-t)=0,$$

这正是其中的系数为 1 的展开式的那部分.

因此，如果我们从任何方程组推出一个单独的等价方程 $V=0$，V 满足条件

$$V(1-V)=0,$$

通常的消去过程可以完全不需要，而单独的展开过程则派上了用场.

8. 有可能在如此指出的方法中不存在任何实际上的便利，但是它具有一种理论上的一致性和完全性使得它值得关注，因此我将用后面的一章（XIV.）对它进行说明. 对于将问题组或方程组归约为受某个主要的但普遍的规律支配的情形，应用数学的进步已经提供了其他出色的例子.

9. 从前面的论述我们看到存在着一类命题，对于它们上述预备方法的所有特殊应用是不必要的. 这就是由下列条件所刻画的命题：

第一，命题属于由系词**是**的使用所暗示的普通类型，谓词是特称的.

第二，命题的项是可理解的，而无需假定这些项的表达式所含的元之间任何隐含的关系.

第三，命题是独立的.

我们可以（假如这种考虑不完全是徒劳的）允许自己猜测这是永不犯错的生物使用语言作为一种表达和思维工具所服从的条件，它只是宣称它们意味着什么，而不是一方面抑制，另一方面重复. 由于既考虑了它们与一种完美语言观念的关系，又考虑了它们与一种严格方法程序的关系，这些条件同样值得学生注意.

第Ⅺ章　关于二级命题，及其符号表达式的原则

1. 我们已经在第Ⅳ章建立了这样的理论，每个逻辑命题可以归属于两大类，即初级命题和二级命题中的一个或另一个. 我们在本书前几章已经讨论了这两类中的前一个，现在我们可以来考虑二级命题，即涉及，或有关被视为真或假的其他命题的命题. 我们要开始的研究，在其一般顺序和进展方面与我们已经做过的类似. 两种研究的不同在于它们所要认识的思维对象，而不在于它们所揭示的形式规律和科学规律，或者那些规律由之建立的方法或过程. 在某种程度上概率将有利于对这样一种结果的期待. 设想在心智中应该存在一种其真实性不亚于物理科学的研究使我们知道的和谐一致，这是与我们关于大自然的齐一性所知道的一切，以及我们关于造物主的永恒性所信奉的一切相符合的. 我们的心智已经被赋予了这种高级能力，不仅是为了与周围的场景交流，也是为了了解其自身，并反思它自己的构成规律. 像这样的期待从来都没有成为我们探究的主要支配力量，也没有在任何程度上使我们从那些耐心研究的劳作转移开来，而通过这种研究我们将弄清特定研究领域内的事物的真正组成是什么. 但是当相似的基础被严格地且独立地确定后，使得那种相似成为一种沉思的对象，追踪它的范围，接收好像传达给我们的尚未发现的真理之暗示，即便具有纯粹的科学目的，也并非是不合适的. 最终诉诸事实的必要性并没有因此而被放弃，对于类比的使用也没有超越它的正常范围，——关于独立探究必须要么验证，要么加以拒斥的关系的暗示.

2. **二级命题是那些涉及或有关被视为真或假的命题的命题**. 我们用初级命题表达事物的关系. 但是我们也能够使命题本身成为思维的对象，并表达我们关

于它们的判断. 任何这种判断的表达式构成一个二级命题. 对于无论什么命题足够程度的知识都能使我们作出这两个断言的一个或另一个，即要么该命题是真的，要么它是假的；而这两个断言的每一个都是一个二级命题. “太阳发光是真的”；“行星靠它们自身的光发光不是真的”；就是这种例子. 在前一个例子中我们断定命题“太阳发光”是真的. 在后者，我们断定命题“行星靠它们自身的光发光”是假的. 二级命题还包括我们用来表达命题之间的某种关系或相关的所有判断. 对于这一类或部分我们可以提到条件命题，如“如果太阳发光那么天将会晴朗”. 还包括大多数析取命题，如”要么太阳将会发光，要么计划将被推迟”. 在前面的例子中，我们表达的是命题“天将会晴朗”的真依赖于命题“太阳将会发光”的真. 在后者我们表达的是两个命题“太阳将会发光”与“计划将被推迟”之间的某种关系意味着一个的真排斥另一个的真. 对于同一类二级命题我们还必须提到所有那些断定命题同时为真或同时为假的命题，如“‘太阳将会发光’同时‘旅行将被推迟’是不真的”. 我们已经注意到不同的元甚至可以被混合在同一个二级命题中. 它既可以包含由**要么**，**要么**表达的析取元，也可以包括由**如果**表达的条件元；除此之外，被联接的命题本身可以具有某种复合特征. **如果**“太阳发光”**并且**“允许闲暇”，则**要么**“开始计划”，**要么**“采取一些预备步骤”. 在这个例子中，若干命题不是随意地和无意义地被联接在一起，而是按照这样一种方式来表达它们之间某种**确定**的联系，即一种涉及它们各自的真和假的联系. 因此，根据我们的定义这种组合构成了一个二级命题.

二级命题理论值得仔细研究，既由于它的各种应用，也因为我们已经提到的它与初级命题理论维持的密切而完美的类比. 关于这些观点的每一个我想提出几点进一步的看法.

3. 首先我会说，以二级命题形式表现的日常生活的推理，至少同以初级命题形式表现的那些一样频繁. 同样，道德学家和形而上学家的论述涉及原则和假设的，和涉及真以及真之间的相互联系和关系的，或许超过了那些涉及事物及其性质的. 在有关尚未解决的道德与社会的主要问题方面，我们的狭隘经验得来的结论以不止一种方式显示出其人性本源的局限性；尽管普遍原则的存在性毋庸置疑，但是构成我们关于其应用的知识的部分原则却受制于条件，例外和失败. 因此，在那些从其论题的性质来看应该引起大多数人兴趣的探究领域，我们的大部分实际知识是假设性的. 在思辨哲学的作者中今后将会出现采取相同思维形式的一种强烈趋势. 因此引入讨论假言命题和其他种类的二级命题，将为我们开辟比我们以前遇到的更加有趣的一种应用领域.

4. 其次从它与初级命题理论的密切而显著的类比来说，关于二级命题理论的讨论是有趣的. 我们将看到，心智运作所服从的形式规律在两种情形的表达式方面是等同的. 因此，在那些规律的基础上建立的数学过程也是等同的. 从而在本书前面部分已经研究的方法在我们将要进行的新应用中将继续有效. 然而尽管该方法的规律和过程仍保持不变，但是解释规则必须适应新的条件. 我们将用命题取代事物的类，对于类和个体的关系，我们将转而考虑命题或事件的联系. 可是，两种系统之间，尽管在目的和解释上不同，但我们仍将看到存在着一种普遍的和谐关系，一种类比，它本身就是一个有趣的研究对象，是标志人类禀赋构成特征之统一的一个确凿证据，同时它使我们克服任何仍旧存在的困难变得容易.

命题 I

5. **研究二级命题与时间观念的联系之本质.**

在开始进行这一研究时，有必要清楚地说明联系二级命题与初级命题的类比之本质.

初级命题表达事物之间的关系，它们被看成是一个论域的组成部分，我们的论题被限制在该论域的范围内（无论是否达到实际宇宙的范围）. 所表达的关系本质上是**真实的**. 一个给定类的某些元，或全部元，或无物，也是另一个类的元. 初级命题涉及的对象——这些对象之间的关系是它们所表达的——全都具有上述特征.

然而在讨论二级命题时，我们发现我们所关心的是另一类的对象和关系. 因为我们与之打交道的对象本身是命题，所以可以问，——我们能把这些对象也看作**事物**，并类比于前面的情形，将它们归属于它们自己的一个论域吗？而且，这些对象命题之间的关系是同时存在的，不具有实体等价的真或假的关系. 当表达两个不同命题的联系时，我们不说一个**是**另一个，而是根据我们想要传达的意思，使用诸如下面的语言："要么命题 X 为真，要么命题 Y 为真"；"如果命题 X 为真，则命题 Y 为真"；"命题 X 和 Y 一起为真"；等等.

目前，在考虑任何像上面这样的关系时，我们不要求探究它们的可能意义的全部范围（因为这有可能使我们陷入有关因果性的形而上学问题，而这些问题超出了科学的正常界限）；确定它们无疑具有的某些含义就够了，这足以适应逻辑推导的目的. 作为一个供检验的例子，我们来看条件命题，"如果命题 X 为真，则命题 Y 为真". 这个命题的一个毫无疑问的含义是，命题 X 在其中为真的**时间**，是命题 Y 在其中为真的**时间**. 这的确是唯一的一种共存关系，可以穷尽也可以不穷尽该命题的含义，但却是在表述该命题时真正涉及的一种关系，而且，它对于逻辑推理的所有目的而言足够了.

日常生活的语言支持二级命题与时间观念具有本质联系这种观点. 因此我们用"有些"这个词限制一个初级命题的应用, 而用"有时"这个词限制一个二级命题的应用. 说"非正义有时获胜"相当于断定存在着在其中命题"非正义此时获胜"是一个真命题的时间. 的确存在着命题, 其真并不像这样限于特定的一段时间或一些时刻; 这就是在所有时期都为真的命题, 并且已经获得了"永恒真理"这一名称. 对于柏拉图和亚里士多德著作的每位读者来说一定熟悉这种区别, 尤其是, 它被后者用于表示抽象的科学真理之间的差别, 比如始终为真的几何命题, 与有时真有时假关于事物的偶然关系或现象关系的命题. 但两类命题得以表达的语言形式表明了对于时间观念的一种共同依赖; 如在一种情形中受限于某个有限的时间段, 而在另一情形中, 则延伸到永恒.

6. 的确可以说, 在日常推理中, 我们常常根本没有意识到我们使用的语言就涉及这一时间观念. 然而这一说法尽管合理, 但只适合表明我们通常借助词语和一种精心构造的语言形式进行的推理, 而不关注那些形式真正赖以建立的隐秘基础. 本研究过程将为这同一原理提供一种说明. 为了确定二级命题表达式的规律, 以及用以表达它们的符号组合的规律, 我将利用时间观念. 而当那些规律和那些形式一旦被确定, 这个时间观念(我相信它对于以上目的来说是必要的)实际上就可以被免除. 接下来我们可以将日常语言的形式转化为这里关于思维的符号工具所发展的极其类似的形式, 并使用它的处理方法, 解释它的结果, 而完全不用顾及任何时间观念.

命题 II

7. **为二级命题的表达式建立一个符号系统, 并表明它包含的符号服从与在初级命题表达式中所使用的相应符号同样的组合规律.**

我们用大写字母 X, Y, Z 表示初级命题, 对它们我们想要作出一些有关其真或假的断言, 或者设法以二级命题的形式表达它们之间的一些关系. 我们在以下意义上使用相应的小写字母 x, y, z, 并把这看成是心智运作的表现, 即: 令 x 表示一种心智行为, 借此我们专注于使命题 X 为真的那部分时间; 并且当我们断言 x **表示**命题 X 为真的时间时, 就按这种含义来理解. 进一步, 我们在下述意义上使用连接符号+, -, =, 等等, 即: 令 $x+y$ 表示使命题 X 和命题 Y 分别为真的那两部分时间的合计, 这两部分时间彼此是完全分离的. 类似地, 令 $x-y$ 表示当我们从使 X 为真的那部分时间去除(假定)所包括的使 Y 为真的那部分时间后剩余的时间. 此外, 令 $x=y$ 表示使命题 X 为真的那部分时间与使命题 Y 为真的那部分时间是等同的．我们将称 x 为命题 X 的**代表符号**．等等．

从上面的定义将会推出，我们总有

$$x+y=y+x,$$

即任何一边都表示相同的时间合计．

我们进一步用 xy 表示由 y 和 x 所代表的两个操作的相继行为，即由下列要素构成的全部心智运作，也就是，第一，心智选择使命题 Y 为真的那部分时间．第二，从那部分时间，心智选择出它包含的使命题 X 为真的部分——这个相继过程的结果就是心智关注的使命题 X 和 Y 都为真的那部分时间的整体．

从这个定义将会推出，我们总有

$$xy=yx. \tag{1}$$

因为无论我们在心智中先选择使命题 Y 为真的那部分时间，然后从该结果选择出所包含的使命题 X 为真的部分；还是先选择使命题 X 为真的那部分时间，然后从该结果选择出所包含的使命题 Y 为真的部分；我们将达到相同的最终结果，即，使命题 X 和 Y 都为真的那部分时间．

继续这一推理方法可以确认，符号 x，y，z，等等的组合规律按照这里赋予它们的解释形式，与相同符号的组合规律按照本书第一部分中赋予它们的解释，在表达式上等同．这一最终等同的原因是明显的．因为在这两种情形中，我们研究的是相同官能，或相同的官能组合的运作；无论我们假设它们在包含所有存在物的事物域中进行，还是在全部事件得以实现的整个时间中进行，并且所有的断言，真理，和命题至少涉及它的某个部分，这些运作的本质特征未受影响．

因此，除上面表述的规律外，根据第Ⅱ章（4），我们将有表达式为

$$x(y+z)=xy+xz \tag{2}$$

的规律；尤其是基本的二重律——第Ⅱ章（2），其表达式为

$$x^2=x \text{ 或 } x(1-x)=0. \tag{3}$$

这个规律当用来区分逻辑中的思维系统与量的科学中的思维系统时，为前者的过程提供了一种它们在其他方面不可能具有的完全性和一般性．

8．再者，因为符号 0 和 1 满足这一规律（3）（以及其他的规律），和先前一样，我们可以问这些符号是否不容许目前思维系统中的解释．和我们先前进行的一样的推理过程表明，它们是容许的，并且为我们采取以下两点主张提供保证，即：

第一，在二级命题的表达式中，0 表示无物与时间因素有关．

第二，在同一系统中，1 表示全域，或全部时间，并认为论述以任何方式与

之相关.

由于在初级命题中论域有时限于实际的事物域的一小部分，有时具有和该事物域同样的范围；因此在二级命题中，论域可以限于单独一天或短暂的瞬间，或者它可以包括整个持续时间．在最严格的意义上它可以是“永恒”．实际上，除非论述的本质表现出或隐含着某种限制，二级命题中符号 1 的本来解释总是“永恒”；正如在初级系统中它的本来解释是实际存在的全域一样.

9. 同样适宜的是，我们可以用符号 x，y，z 表示事件的发生，而不是用它们表示命题的真值．事实上，一个事件的发生既蕴含着同时也蕴含于一个命题（即断定该事件发生的命题）的真．符号 x 的一个含义必然包含另一个含义．能够按照这些实际上等价的解释——它最好可以由一个问题的情境使我们联想到——中的任何一个使用我们的符号将会带来极大的方便；当有必要时我将利用这一点．在纯逻辑问题中我将视符号 x，y 等等表达初级命题，其中的关系表达为前提．在概率的数学理论中［正如在先前曾表明的（Ⅰ.12），它依赖于一个逻辑基础，我打算在本书后面部分讨论它］，我将使用相同的符号表示简单事件，其隐含的或所要求的发生频率被视为它的元之一.

命题Ⅲ

10. 推导二级命题表达式的一般规则.

在由这一命题产生的各种研究中，证明的完全性将没那么必要，因为它们完全类比于关于初级命题已经完成的类似研究．我们将首先考虑项的表达式；其次是把它们连接起来的命题的表达式.

由于 1 表示全部持续时间，x 表示使命题 X 为真的那部分时间，所以 $1-x$ 将表示使命题 X 为假的那部分时间.

另外，由于 xy 表示使命题 X 和 Y 两者都为真的那部分时间，所以将此与前面的评述相结合，我们得到下面的解释，即：

表达式 $x(1-y)$ 表示使命题 X 为真，而使命题 Y 为假的时间.

表达式 $(1-x)(1-y)$ 表示使命题 X 和 Y 同时为假的时间.

表达式 $x(1-y)+y(1-x)$ 将表示要么 X 为真，要么 Y 为真，但并非二者都为真的时间；因为那部分时间是它们单独地且排他地为真的时间之和．表达式 $xy+(1-x)(1-y)$ 将表示 X 和 Y 要么都为真要么都为假的时间.

如果出现另一个符号 z，同样的原则仍然适用．因此 xyz 表示命题 X，Y，和 Z 同时为真的概率；$(1-x)(1-y)(1-z)$ 表示它们同时为假的时间；而这些表达式之和将表示它们要么一同为真要么一同为假的时间.

对于上述例子中涉及的一般解释原则我们不必作进一步的说明或更详细的表述.

11. 命题表达式的规律目前可以在它们出现的不同情形中得以显示和研究. 然而，我希望首先注意到，存在着一个绝对重要的基本原则. 尽管已经制定的表达式的原则完全一般，并能使我们将我们关于命题的真或假的断言限于构成我们论域的整个时间（无论它是一个没有限制的永恒，还是其开始和结束被明确固定的一段时间，或瞬间）的任何特定部分，但是在人类推理的实际过程中，通常不使用这样的限制. 当我们断定一个命题是真的时，我们一般是指它在我们的论域涉及的整个持续时间自始至终是真的；而当关于命题的绝对真或假的不同断言被当作一个逻辑证明的前提共同作出时，那些断言涉及的是同一个时间域，而不是其特定的和有限的部分. 在属于精密科学的对象或领域的那种必然问题中，每一个关于真理的断言都可能是关于一个“永恒真理”的断言. 在关于暂时现象（如一些社会危机）的推理中，每个断言可能被直接涉及的现在时间“此刻”所限定. 但在两种情形中，每个单独命题关联的是相同的持续时间，除非存在着相反的不同表达式. 因此，我们需要考虑的情形如下：

第一，**表达命题，“命题 X 是真的”**.

这里，我们要表达在制约我们所谈事物的时间范围内命题 X 为真. 用 x 表示使得命题 X 为真的时间，用 1 表示我们的论域所指的时间范围. 于是我们有

$$x=1 \tag{4}$$

作为所要求的表达式.

第二，**表达命题，“命题 X 是假的”**.

这里，我们要表达在与我们的论域有关的时间范围内，命题 X 为假；或者在那些时间范围内没有哪部分时间使得它为真. 使得它为真的部分时间是 x. 于是所要求的方程将是

$$x=0. \tag{5}$$

这一结果也可以通过令使命题 X 为假的时间表达式，即 $1-x$ 等于整个持续时间 1 而得到. 由此得

$$1-x=1,$$

于是 $$x=0.$$

第三，**表达析取命题，“要么命题 X 是真的，要么命题 Y 是真的”；因此这意味着所说的命题是相互排斥的，也就是说，它们中只有一个是真的**.

要么命题 X 为真，要么命题 Y 为真，但不是二者同时为真的时间由表达式

$x(1-y)+y(1-x)$ 表示. 于是我们有

$$x(1-y)+y(1-x)=1 \tag{6}$$

为所要求的方程.

如果在上述命题中假设小品词**要么**，**要么**不具有绝对析取的效力，因此不排除命题 X 和 Y 同时为真的可能性，那么我们必须在上述方程的左端加上词项 xy. 于是我们有

$$xy+x(1-y)+(1-x)y=1,$$

或

$$x+(1-x)y=1. \tag{7}$$

第四，**表达条件命题，"如果命题 Y 是真的，那么命题 X 是真的"**.

因为当命题 Y 为真时，命题 X 为真，所以当且仅当在此表达命题 Y 为真的时间是命题 X 为真的时间；也就是说，在整个时间的某个不确定部分命题 X 为真. 命题 Y 为真的时间是 y，命题 X 为真的整个时间是 x. 令 v 是一个不定时间符号，则 vx 将表示整个时间 X 的一个不定部分. 因此我们将有

$$y=vx$$

作为给定命题的表达式.

12. 因此当 v 被视作一个不定时间符号时，vx 可以理解成表达整个时间 x 的全部，或一个不定的部分，或虚无部分；因为这些含义中的任何一个都可以通过专门确定任意符号 v 来实现. 于是，如果确定 v 表示包括整个时间 x 在内的一段时间，则 vx 将表示整个时间 x. 如果确定 v 表示其某个部分包括在时间 x 中但它没有充满那个时间的一段时间，则 vx 将表示时间 x 的一部分. 最后，如果确定 v 表示其没有部分与时间 x 的任何部分相同的一段时间，则 vx 将取值 0，并将等价于"没有时间"或"从不".

我们注意到，命题"如果 Y 是真的，那么 X 是真的"不包含关于命题 X 和 Y 任何一个为真的断言. 它同样可以与命题 Y 为真是命题 X 为真的一个不可或缺的条件这一假定相一致，在该情形我们将有 $v=1$；或者与尽管 Y 表达一种条件，当其实现时使我们确信 X 为真，但 X 可以为真并不意味着满足该条件这一假定相一致，在此情形 v 表示其某个部分包括在整个时间 x 中的一段时间；最后，或者与命题 Y 根本不为真这一假定相一致，在该情形 v 表示其没有部分与时间 x 的任何部分相同的某段时间. 所有这些情形都包含在 v 是一个不定时间符号这个一般假定中.

第五，**表达一个命题，其中既有条件特征又有析取特征**.

一个条件命题的一般形式是"如果 Y 是真的，那么 X 是真的"，而根据上一

节，其表达式为 $y=vx$. 类比于已经在初级命题中确立的用法，我们可以适当地称 Y 和 X 为条件命题中的**词项**；而且我们可以进一步采纳普通逻辑的语言，称词项 Y(在它前面附有小品词**如果**）为命题的“前件”，称词项 X 为命题的“后件”.

不像上面的情形那样，词项是简单命题，我们令每个词项或它们中的任一个是包含由小品词**要么**，**要么**连接的不同词项的一个析取项，如下面的说明性例子，其中 X，Y，Z，等等表示简单命题.

第一，如果要么 X 为真，要么 Y 为真，则 Z 为真.

第二，如果 X 为真，则要么 Y 为真，要么 Z 为真.

第三，如果要么 X 为真，要么 Y 为真，则要么 Z 和 W 两者都真，要么它们两者都假.

显然在上述情形中前件与后件的关系不受那些项之一或两者具有析取特征这一事实的影响. 因此按照已经建立的原理，只需获得前件和后件的正确表达式，用不定符号 v 作用于后者，然后将结果等起来. 于是对于上述命题我们分别有方程，

第一，$$x(1-y)+(1-x)y=vz.$$

第二，$$x=v\{y(1-z)+z(1-y)\}.$$

第三，$$x(1-y)+y(1-x)=v\{zw+(1-z)(1-w)\}.$$

这里示例的规则具有一般性.

可以想象出，析取元和条件元按不同于上面的方式成为一个复合命题表达式组成部分的情形，但是我不知道它们曾通过人类理性自然的迫切需要呈现给我们，因此我将避免对它们作任何讨论. 这种忽略将不会产生任何严重的困难，因为已经构成上面应用之基础的一般原理是完全一般的，而稍微努力思考一下将使它们适应任何可想象的情形.

13. 在上述表达式的规律中那些解释是被隐含涉及的. 方程

$$x=1$$

必须被理解成表示命题 X 为真；方程

$$x=0$$

表示命题 X 为假. 方程

$$xy=1$$

将表示命题 X 和 Y 两者一起为真；而方程

$$xy=0$$

则表示它们两者并非一起为真.

同样的，方程

$$x(1-y)+y(1-x)=1,$$
$$x(1-y)+y(1-x)=0$$

将分别断定析取命题，“要么 X 为真，要么 Y 为真” 的真和假. 方程

$$y=vx,$$
$$y=v(1-x)$$

将分别表示命题，“如果命题 Y 为真，那么命题 X 为真”；“如果命题 Y 为真，那么命题 X 为假”.

在本书随后的章节中，我们将经常给出关于一种情形的例子，其中一个方程特定一端的某些词项受到不定符号 v 的作用，而另一端则不受这种作用. 下面的例子将用作说明. 假设我们有

$$y=xz+vx(1-z),$$

这里隐含着命题 Y 为真的时间包括 X 和 Z 一起为真的全部时间，以及 X 为真但 Z 为假的时间的一个不定部分. 由此可以看出，第一，如果 Y 为真，则要么 X 和 Z 一起为真，要么 X 为真但 Z 为假；第二，如果 X 和 Z 一起为真，则 Y 为真. 这当中的后者可以称为反向解释，它的关键在于从方程的右端找出前件，从方程的左端找出后件. 系数为 1 的项在右端的存在，使得这后一解释模式成为可能. 它涉及的一般原理可以这样来表述：

14. **原理　在一个方程特定的一端具有系数 1 的任何组成项或若干项，可以被当作一个命题的前件，而另一端的所有项构成关于它们的后件.**

因此方程

$$y = xz + vx(1 - z) + (1 - x)(1 - z)$$

将具有以下解释：

直接解释　如果命题 Y 为真，则要么 X 和 Z 为真，要么 X 为真而 Z 为假，要么 X 和 Z 都为假.

反向解释　如果要么 X 和 Z 为真，要么 X 和 Z 为假，则 Y 为真.

这些部分解释合在一起将表达给定方程的全部意义.

15. 这里我们可以再次留意这种评论，即尽管时间观念在二级命题的解释理论中似乎是一个必不可少的要素，但是一旦确立了表达式的规律和解释的规律，那么它实际上可以被忽略. 的确，那些规律所引起的形式似乎与一种完美语言的形式相一致. 让我们设想没有习语而且去除了冗余的任何已知或现存的语言，并

且用那种语言以一种最简单直白的——按照所有语言基于的那些纯粹和普遍的思维原则是最简单直白的，而关于那些原则所有语言都有所表现，但都或多或少有所背离——方式表达任何给定的命题. 从这样一种语言过渡到分析符号不过是用一组符号替代另一组符号，无论形式和特征都没有本质的改变. 对于在其间表达了关系的元，无论事物还是命题，我们应该代以字母；对于析取连接词我们应该写作+；对于系词或关系符号，我们应该写作=. 我不必继续这一类比. 考虑到对于在本理论随后应用中出现的那些表达形式的研究，其现实性和完全性从与虽不完美但却高贵的思维工具——英语更直接的比较来看将更为明显.

16. 我希望在离开本章的主题之前，再就初级命题理论与二级命题理论之间的大致类比多说几句.

毫无疑问，按照将二级命题理论建立在时间观念的基础之上同样的方式，我们有可能将初级命题理论建立在简单的空间观念基础之上. 或许假如这么做了，我们正在考虑的类比就会有几分接近于符合那些将空间和时间仅仅视为“人类理解的形式”的人的观点，这一形式正是心智的组成强加于所有接受理解的事物的认识条件. 然而这种观点尽管一方面不能够证明，但却在另一方面将我们束缚在“场所”（τὸ ποῦ）作为一种基本的存在范畴的认识上. 的确，我认为，它是否如此的问题超出了我们的能力所及；但是有可能确认，我想已经确认了，作为一个必不可少的条件，初级命题中推理的形式过程不需要在我们对其进行推理的事物的空间中显现；它们对于存在的形式——如果有这种形式的话，那将超出感官所及的范围——仍旧是可应用的. 或许，事实是，在与此相似的某种程度上，我们能够在几何学和动力学中的许多已知例子中，展示对于建立在不同于感官呈现给我们的理智空间观念基础上的问题所作的形式分析，或者可以通过想象来实现[8]. 因此，我认为空间观念对于发展初级命题理论来说，并非是必不可少的，但是我倾向于认为——尽管对谈论这样一个极端困难的问题信心不足，时间观念对于建立二级命题理论来说是必不可少的. 似乎有理由料想，如果**推理**中涉及的那些官能不作任何改变，那么空间对于心智的显现有可能不同于它的本来样子，但是没有（至少同样的）理由认为，时间的显现有可能不同于我们感知它的那样. 然而，摒弃可能完全是臆断的这些推测，我们确信符号 1 在初级命题中表示事物域，而非它们所占的空间的真正理由是，连接相应方程两端的等号=意味着它们代表的事物是同一的，不仅仅是它们存在于空间的相同部分. 类似地，我们确信符号 1 在二级命题中不表示事件域，而表示在它们发展的相继时刻和时期的永恒之原因是，连接相应方程的逻辑分支的同样等号意味着，并非那些分支所表示的事件是同一的，而是它们发生的时间相同. 这些原因在我看来对于直接的解释问题而言是决定性的. 在先前关于这一主题的论述中（《逻辑的数学分析》，p. 49），我按照沃利斯关于复合命题的归约的理论，将二级命题中的符号 1 解释成“情况”或“事件组合”的论域；但是这种观点涉及必须对什么是“情况”或“事件组合”加以定义；毫无疑问，不管这个词语涉及什么，除了时间观念外，都与形式逻辑的目标格格不入，并且是对其过程的限制.

第Ⅻ章　关于处理二级命题时所采取的方法和过程

1. 从前面的研究（Ⅺ. 7）我们已经看出字母逻辑符号的组合规律是相同的，无论那些符号被用于初级命题的表达式还是二级命题的表达式，两种情形之间唯一存在的差别是一种解释上的差别. 我们也已经确立（Ⅴ. 6），当不同的思维和解释系统关联着同一形式规律，即与符号的组合及使用有关的规律的系统时，一个问题的原始条件的表达式与它的符号解的解释之间的伴随过程在两者是相同的. 因此，由于在初级命题和二级命题这两种形式表现的思维系统之间，存在着这种形式规律的共性，所以我们在对前一类命题的讨论中已经建立和阐明的过程，无需任何修改，即可应用于后者.

2. 因此在二级命题的系统中消去和展开这两个基本过程的规律与在初级命题的系统中相同. 而且，我们已经看到（第Ⅵ章命题 2），在初级命题中，任何没有分数形式的所考虑的方程的解释如何可以通过将它展开为一系列分支，并使系数不为 0 的每个分支等于 0 来实现. 对于二级命题的方程可以应用相同的方法，并且和前面的情形（Ⅵ. 6）一样，它最终给我们带来的经过解释的结果是一组共存的否定. 但是在前面的情形中，那些否定的作用施加于某些事物类的存在，而在后者它与给定前提的项所包含的基本命题的某些组合的真值有关. 正如在初级命题中那样，我们看到这组否定容许转化成各种其他的命题形式（Ⅵ. 7），等等，我们将发现这样的转化在此也是可能的，唯一的差别不在于方程的形式，而在于其解释的本质.

3. 而且，如同在初级命题中，我们可以得到一组方程中的任何元表示为剩余元（Ⅵ. 10），或任何选定个数的剩余元的表达式，并将那个表达式解释成一个逻辑推理，在二级命题的系统中，仅除了解释的差异外，使用相同的方法可以达到同样的目的. 消去我们想要在最终解中排除的那些元，将该方程组归约为一个单个方程，将代数解和它的展开方式变成一种可解释的形式，在任何方面都与在初级命题中讨论的相应步骤并无二致.

然而，为了消除任何可能的困难，也许值得将处理二级命题的过程中出现的不同情形汇集到一个一般规则的名下.

规则　符号地表达给定命题（XI.11）.

从每个方程分别消去找到的不定符号 v（VII.5）.

从最终解中消去我们想要排除的剩余符号：在消去之前总是将发现有要消去的符号的那些方程归约为一个单个方程（VIII.7）. 将结果方程汇集成一个单个方程 $V=0$.

然后按照所希望具有的特定形式表达最终关系，如

第一，如果具有一种否定的，或一组否定的形式，则展开函数 V，并使所有其系数不为 0 的那些分支等于 0.

第二，如果具有一个析取命题的形式，则使那些其系数为 0 的分支之和等于 1.

第三，如果具有一个条件命题的形式而以单一的元 x 或 $1-x$ 为其前提，则确定该元的代数表达式，并展开该表达式.

第四，如果具有一个条件命题的形式而以一个复合表达式，如 xy，$xy+(1-x)(1-y)$，等等为其前提，则使该表达式等于一个新符号 t，并且要么借助通常的方法，要么借助特殊的方法（IX.9）确定 t 作为将要在结论中出现的符号的一个展开函数.

第五，应用（XI.13，14）解释这些结果.

如果只是想要弄清一个特定的基本命题 x 是真还是假，我们必须消去除 x 外的所有符号；于是方程 $x=1$ 将表示该命题为真，$x=0$ 表示它为假，$0=0$ 表示该前提不足以确定它是真的还是假的.

4. **例 1**　以下预言是西塞罗（Cicero）的残篇《论命运》中一段奇特讨论的主题："如果一个人（费比乌斯）诞生在天狼星升起之时，那么他将不会死在海里"①. 我将把本章的方法应用于它. 令 y 表示命题"费比乌斯诞生在天狼星升起之时"；x 表示命题"费比乌斯将死在海里". 在说 x **表示**命题"费比乌斯，等等"时，它仅是指 x 是一个如此适合于（XI.7）以上命题的符号，使得方程 $x=$

① 原文为拉丁文 Si quis (Fabius) natus est oriente Canicula, is in mari non morietur. 费比乌斯系古罗马政治家，将军.

1 断言，而方程 $x=0$ 否定，该命题的真. 我们需要讨论的方程将是

$$y=v(1-x). \tag{1}$$

首先需要将给定的命题归约为一个否定或一组否定（Ⅻ.3）. 通过移项，我们有

$$y-v(1-x)=0.$$

消去 v，

$$y\{y-(1-x)\}=0$$

或

$$y-y(1-x)=0$$

或

$$yx=0. \tag{2}$$

这一结果的解释是：——“费比乌斯诞生在天狼星升起之时，并且将死在海里不是真的.”西塞罗称这一形式的命题为“不相容合取”（Conjunctio ex repugnantibus）. 他说克吕西波（Chrysippus）想用这种方法回避他认为在关于未来的条件性断言中存在的困难：“在这一点上克吕西波表现出不安，他希望迦勒底人和其余的先知是错的，并希望他们将不使用形式为：如果任何人诞生在天狼星升起之时，那么他将不会死在海里的命题连接词发布他们的言论，而是说：某个人既诞生在天狼星升起之时又将死在海里是不对的. 多么有趣的推测！……有许多方式表述一个命题，然而没有哪一种比这一种更兜圈子了，克吕西波希望迦勒底人通过接受它而接受斯多葛派的观点.”① ——西塞罗《论命运》，7，8.

5. 将给定命题归约为一个析取形式.

没有成为（2）的左边一部分的分支是

$$x(1-y),\ (1-x)\ y,\ (1-x)(1-y).$$

由此我们有

$$x(1-y)+(1-x)y+(1-x)(1-y)=1. \tag{3}$$

其解释是：**要么费比乌斯诞生在天狼星升起之时，并且将不会死在海里；要么他不是诞生在天狼星升起之时，并且将死在海里；要么他不是诞生在天狼星升起之时，并且将不会死在海里**.

然而，在像上面的情形中，其中存在的分支仅仅因为一个单独的因子而彼此

① 原文为拉丁文 Hoc loco Chrysippus aestuans falli sperat Chaldaeos caeterosque di Ⅵ nos，neque eos usuros esse conjunctionibus ut ita sua percepta pronuntient：Si quis natus est oriente Canicula is in mari non morietur；sed potius ita dicant：Non et natus est quis oriente Canicula，et in mari morietur. O licentiam jocularem！… Multa genera sunt enuntiandi，nee ullum distortius quam hoc quo Chrysippus sperat Chaldaeos contentos Stoicorum causa fore.

不同，正如我们已经看到的（Ⅶ.15），将这样的分支集合成一个单独的项最为方便．因此如果我们将（3）的第一项和第三项联接起来，我们有

$$(1-y)x+1-x=1;$$

类似地，如果我们将第二和第三项联接起来，我们有

$$y(1-x)+(1-y)=1.$$

这些方程形式分别给出解释：

要么费比乌斯不是诞生在天狼星升起之时，并且将会死在海里，要么他将不会死在海里．

要么费比乌斯诞生在天狼星升起之时，并且将不会死在海里，要么他不是诞生在天狼星升起之时．

显然这些解释严格等价于前面的一个．

我们用条件命题的形式来确定从假设"费比乌斯将会死在海里"推出的结论．

在表达从最初的方程消去 v 的结果的方程（2）中，我们必须寻求确定 x 作为 y 的一个函数．

我们有

$$x=\frac{0}{y}\text{ 展开后 }=0y+\frac{0}{0}(1-y),$$

或者

$$x=\frac{0}{0}(1-y);$$

其解释是：**如果费比乌斯将会死在海里，那么他不是诞生在天狼星升起之时．**

这些例子在某种程度上用来说明前面几节已经建立的初级命题与二级命题之间的联系，这一联系的两个显著特征是过程的同一和解释的类比．

6．**例 2**　在柏拉图的《国家篇》第二卷中有一个引人注目的论证，其意图是要证明神的不变性．它既是从熟知的事例仔细归纳的极好例子，借此柏拉图得出一般的原理，也是清晰连贯的逻辑的极好例子，借此他从它们推断出他想要建立的特定结论．该论证包含在下面的对话中："任何事物一旦离开它本来的形式不是一定要被它本身或另一事物改变吗？必然如此．当事物处于最好的状态时最不易受影响，比如身体之受饮食和劳作，任何种类的植物之受热和风，诸如此类的影响，不是吗？最健康的和最强壮的不是最不易受改变吗？的确．最坚强的和最智慧的心灵不也是最不容易受到来自外部困难的干扰和改变吗？至于所有制成

的器皿，家具，和服装，根据相同的原则，如果精心制作并处于良好状态的话，不也最不容易受到时间和其他因素的改变吗？完全是这样. 因此无论什么处于最好的状态，不管是自然的还是人造的，都最不容易受到任何其他事物的改变. 似乎是这样. 然而神和具有神性的事物在任何意义上都处于最佳状态. 的确. 因此这样的话，神是最不可能具有许多形式的，是吗？的确，最不可能. 再有，神应该变形和改变自己吗？显然，如果他被完全改变，他必须这么做. 那么他把自己变得较好较公正呢，还是变得较坏较卑鄙呢？如果他被改变，必然变坏. 因为我们绝不能说神缺乏美或善. 你说得对极了，我说，如果事情是这样，阿底曼特斯，在你看来神或人**愿意**使自己在任何意义上变坏吗？不可能，他说. 因此，我说，一个神不可能希望改变自己；每个神永远是尽善尽美的，他完全停留在相同的形式.”

以上论证的前提如下：

第一，如果神遭受改变，那么他要么被自己改变，要么被另一事物改变.

第二，如果他处于最佳状态，那么他不会被另一事物改变.

第三，神处于最佳状态.

第四，如果神被自己改变，那么他将变得较坏.

第五，如果他愿意行动，那么他不会变坏.

第六，神愿意行动.

我们来把这些前提的元表达如下：

令 x 表示命题“神遭受改变”.

y，他被自己改变.

z，他被另一事物改变.

s，他处于最佳状态.

t，他将变得较坏.

w，他愿意行动.

于是用符号语言表达的前提在消去不定类符号 v 后，得出下列方程：

$$xyz+x(1-y)(1-z)=0, \tag{1}$$

$$sz=0, \tag{2}$$

$$s=1, \tag{3}$$

$$y(1-t)=0, \tag{4}$$

$$wt=0, \tag{5}$$

$$w=1. \tag{6}$$

保留 x，我将相继消去 z，s，y，t 和 w（这是那些符号在上面方程组中出现的次序），并解释相继的结果.

从（1）和（2）消去 z，我们得

$$xs(1-y)=0. \tag{7}$$

从（3）和（7）消去 s，

$$x(1-y)=0. \tag{8}$$

从（4）和（8）消去 y，

$$x(1-t)=0. \tag{9}$$

从（5）和（9）消去 t，

$$xw=0. \tag{10}$$

从（6）和（10）消去 w，

$$x=0. \tag{11}$$

由（8）开始，这些方程给出下列结果：

从（8）我们有 $x=\frac{0}{0}y$，因此，**如果神遭受改变，那么他被自己改变**.

从（9）有，$x=\frac{0}{0}t$，如果神遭受改变，那么他将变得较坏.

从（10），$x=\frac{0}{0}(1-w)$，**如果神遭受改变，那么他不愿意行动**.

从（11），**神不遭受改变**. 这是柏拉图的结果.

我们以前曾说过，消去次序是无关紧要的. 在目前的情形中，我们试图从 w 开始，按相反的次序消去相同的符号来验证这个事实. 结果方程是

$$t=0,\ y=0,\ x(1-z)=0,\ z=0,\ x=0.$$

我们得到下面的解释：

神不会变坏.

他不被自己改变.

如果他遭受改变，那么他被另一事物改变.

他不被另一事物改变.

他不遭受改变.

我们因此通过一条不同的途径得到了相同的结论.

7. 作为初级命题系统与二级命题系统之间类比的最后一个例子，可以说在后一个系统中，基本方程

$$x(1-x)=0$$

也允许解释．它表达公理，**一个命题不能同时既真又假**．让我们将此与相应的解释（Ⅲ．15）作比较．按如下形式求解，并展开

$$x=\frac{0}{1-x}=\frac{0}{0}x,$$

它提供了各自的公理：“一个事物就是它是的那种东西”：“如果一个命题是真的，那么它是真的”：即已经被称为“同一律”的那种形式．关于这些公理的本质和价值已经出现了非常对立的观点．一些人已经将它们视作哲学的真正精华．洛克用题为“无聊的命题”一章的篇幅讨论它们．[9]在这两种观点中似乎存在着真理和谬误的一种混合体．当被视作用来替代经验，或者为学校中徒劳冗长的饶舌提供材料时，这种命题比无聊还要糟糕．另一方面，当被看成是密切关联着思维的真正规律和条件时，它们至少得到一种思辨的重要性．

注 释

[1]《逻辑的数学分析》(Mathematical Analysis of Logic. London：G. Bell. 1847).

[2] 作者打算在单独一本著作或在将来的附录中讨论这一主题．在本书中他避免使用积分学．

[3] *Tὸ γὰρ αὐτὸ ἅμα ὑπάρχειν τε καὶ μὴ ὑπάρχειν ἀδύνατον τῷ αὐτῷ καὶ κατὰ τὸ αὐτό . . . Αὕτη δὴ πασῶν ἐστὶ βεβαιοτάτη τῶν ἀρχῶν . . . Διὸ πάνες οἱ ἀποδεικνύντες εἰς ταύτην ἀνάγουσιν ἐσχάτην δόξαν· φύσει γὰρ ἀρχὴ καὶ τῶν ἄλλων ἀξιωμάτων αὕτη πάντων.* ——《形而上学》，Ⅲ．3.

[4] 如果我们在此说方程 $x^2=x$ 的存在也使三次方程 $x^3=x$ 的存在成为必然，并询问该方程是否表明一个**三分法**的过程；则回答是，方程 $x^3=x$ 在逻辑系统中是不可解释的．因为将其写成下面两种形式之一

$$x(1-x)(1+x)=0, \tag{2}$$

$$x(1-x)(-1-x)=0, \tag{3}$$

我们看到其解释，如果真有可能的话，必须涉及因子 $1+x$ 或因子 $-1-x$ 的解释．前者是不可解释的，因为我们不能设想将任何类 x 加到全域1；后者是不可解释的，因为符号 -1 不服从所有的类符号都服从的规律 $x(1-x)=0$．因此方程 $x^3=x$ 不允许任何与方程 $x^2=x$ 的解释类似的解释．然而，假如前一方程独立于后者成立，即假设由符号 x 表示的心智行为，使得它的第二次重复再产生出一个单独运作的结果，但不是其第一次或仅有的重复，那么我们也许能够解释形式（2），（3）中的一个，这在实际的思维条件下是无法做到的．数学家知道，存在着其规律可以适当地由方程 $x^3=x$ 表达的运算．但是它们本质上完全不属于一般推理的范围．

在表明可以想象出思维规律很有可能不同于它的本来样子时，我仅指我们可以构建这样一种假设，并研究它的推论．这么做的可能性不涉及人类推理的实际规律是机会或主观意志的产物这种学说．

[5] 对于某些读者来说，谈谈下面的事实也许不无趣味，即本章中得到的 $f(x)$ 的展开式在逻辑系统中的地位完全相当于 $f(x)$ 按 x 升幂的展开式在普通代数系统中的地位．因此它可以通过将条件 $x(1-x)=0$，从而 $x^2=x$，$x^3=x$，等等引入泰勒的著名定理，即：

$$f(x)=f(0)+f'(0)x+f''(0)\frac{x^2}{1.2}+f'''(0)\frac{x^3}{1.2.3}+\&c. \tag{1}$$

得到，于是

$$f(x)=f(0)+\{f'(0)x+\frac{f''(0)}{1.2}+\frac{f'''(0)}{1.2.3}+\&c\}x. \tag{2}$$

但在（1）中使 $x=1$，我们得

$$f(1)=f(0)+f'(0)+\frac{f''(0)}{1.2}+\frac{f'''(0)}{1.2.3}+\&c.;$$

由此

$$f'(0)+\frac{f''(0)}{1.2}+\&c.\quad =f(1)-f(0),$$

通过替换，（2）成为

$$\begin{aligned}f(x)&=f(0)+\{f(1)-f(0)\}x,\\&=f(1)x+f(0)(1-x),\end{aligned}$$

即我们正在谈论的形式．这个证明由于假设了 $f(x)$ 能够按 x 的升幂展成一个级数因而不如正文中的证明具有一般性．

［6］威特利（Whately）的《逻辑》（Logic，Book II．chap．II．sec．4）．

［7］*τὴν ὑπὲρ ἡμᾶς ἀρετὴν ἡρωϊκήν τινα καὶ θείαν.*（这句希腊文的意思是：超出我们的一种英雄般和神一样的德行．——中译者注）——《尼各马可伦理学》第Ⅶ卷．

［8］空间是在知觉中呈现给我们的，具有长，宽，纵三个维度．但是在与曲面性质，固体绕轴旋转，弹性介质振动等有关的一大类问题中，这一限制在解析研究中似乎具有一种任意性，如果我们只是专注于解的过程，那么就不会发现为什么空间不应该以四维或任何更大数目的维度存在的原因．由此使人联想到的虚幻空间中的智力过程可以通过最清晰的类比来理解．

亚里士多德这样阐述了三维空间的存在，以及古代宗教和哲学思想家对此的观点：

—Μεγέθος δὲ τὸ μὲν ἐφ ἓν, γραμμή, τὸ δ᾽ ἐπὶ δύο ἐπίπεδον, τὸ δ᾽ ἐπὶ τρία σῶμα· Καὶ παρὰ ταῦτα οὐκ ἔστιν ἄλλο μέγεθος, διὰ τὸ τριά πάντα εἶναι καὶ τὸ τρὶς πάντῃ. Κάθαπερ γάρ φασι καὶ οἱ Πυθαγόρειοι, τὸ πᾶν καὶ τὰ πάντα τοῖς τρισὶν ὥρισται. Τελευτὴ γὰρ καὶ μέσον καὶ ἀρχὴ τὸν ἀριθμὸν ἔχει τὸν τοῦ παντός· ταῦτα δὲ τὸν τῆς τριάδος. Διὸ παρὰ τῆς φύσεως εἰληφότες ὥσπερ νόμους ἐκείνης, καὶ πρὸς τὰς ἁγιστείας χρώμεθα τῶν θεῶν τῷ ἀριθμῷ τούτῳ.

——《论天》，1．

（这段希腊文引文的意思是：一个量如果在一个方向上可分是一条线，如果在两个方向上可分是一个面，如果在三个方向上可分是一个体．除了这些以外不存在任何其他的量，因为三维就是存在的全部，而在三个方向上可分就在所有方向上可分．正如毕达哥拉斯学派的人所说，宇宙及其中的一切是由三确定的，因为开始、中间和结尾给出了全部的数，它们给出的数是三元组．因此，在从自然获得这些三作为它的规律后，我们将在对神的崇拜中进一步使用数三．——中译者注）

［9］《人类理解论》，第Ⅳ篇，第Ⅷ章．

（程　钊　译）

伯恩哈德·黎曼（1826—1866）

生平和成果

波士顿和芝加哥是美国的主要城市中数学研究的两大基地，如果你去问波士顿的一个棒球迷，在他一生中最想看到的是什么时，在波士顿红袜队获得2004年棒球世界大赛冠军前，他们的回答肯定是红袜队夺取冠军，而芝加哥小熊队只能等待．去问问这些城市的或者世界任何地方的数学家们，在他们一生中最想看到的是什么时，他们极有可能回答："黎曼假设的证明！"也许数学家像红袜队球迷那样也在祷告，祈求在他们活着时能看到答案，或者至少在小熊队赢得世界大赛前看到．

伯恩哈德·黎曼的生命跨越了不到四十个年头，一生中的著作仅仅够出单独的一本文集，其中的一些文章是在他于1866年初逝世后才发表的，不管怎样，或者可以说，正是由于他的这本薄薄的文集，他涉及的每一个问题都使得数学发生了革命性的变化．

黎曼（Georg Friedrich Bernhard Riemann）于 1826 年 9 月 17 日出生在德国北部的布雷塞棱茨，是弗里德里奇·伯恩哈德·黎曼和他的妻子夏洛蒂·艾贝尔的六个孩子中的老二，一年后全家搬到了附近的城市奎克伯恩，他的家庭没有任何东西可预示出黎曼的数学天才，他的父亲继承了一个悠久的路德教派的牧师家系，他的外祖父则是汉诺威法院的律师，不过，黎曼的天分不久就完全显现出来了，尽管他一生都具有难于与人交往的羞怯性格，但这也掩盖不了这种天分，黎曼在奎克伯恩当地的学校显得如此超群，以致校方专门给他安排了一个指导老师来教他高等的算术和几何，不久，这位老师已经意识到他从黎曼的精巧的解答中学到的比他教给黎曼的要多了.

留心到儿子的这种天分，在黎曼 14 岁时，他的父亲坚持让小伯恩哈德进了汉诺威的负有盛誉的文科中学. 第一次离开双亲对黎曼来说十分艰辛，他不久便写信回家诉说他无法抵御的孤独感，只是由于他可以与他的外祖母住在一起，才使得这个感到痛苦的羞怯的男孩可以忍受与父母的分离. 当两年后，他的外祖母逝世，他的父母勉强同意将他转学到邻近洛恩贝格的文科中学去完成高中的学业.

对于黎曼来说选择洛恩贝格的文科中学是一件幸运的事，当认识到这个新学生的天分后，洛恩贝格学校的校长允许黎曼进入他的私人图书馆，在那里有许多高等的数学著作. 在黎曼请求校长为他推荐一本不要太容易的书时，他建议的是勒让德的巨著《数论》. 一个星期后，当黎曼还书时，校长问他是否是一个大的挑战，黎曼对此的回答是，他很高兴得到这样一本让他花了整整一个星期才掌握的书，要知道它全部有 859 页！勒让德的《数论》无疑第一次向黎曼介绍了素数分布的研究，这是我们在这里所选择的的第三个主题. 两年之后，黎曼要求将对勒让德的书的考试作为他的毕业考试的一部分，尽管在两年中再也没有看过这本著作，他却毫无疑义地完美地回答了每一个问题！

总是顺从于父母的黎曼进了格丁根大学，计划去取得神学和哲学的学位，从而可以追随他父亲的牧师职业，尽管他做了很大的努力去满足家庭的愿望，但仍然抵抗不了格丁根的一个也是唯一的一个明星数学家——卡罗·弗里德里希·高斯的吸引力，黎曼被高斯的关于最小二乘法的演讲迷住了，从而决定以数学作为他的事业. 那时，高斯已经年逾八十，而且身体状况不佳. 他建议黎曼转学到柏林大学去，在那里他可以跟新一代的德国数学家学习，他们包括：施耐德·雅可比、爱森斯坦，特别是狄利克雷. 黎曼觉得柏林离奎克伯恩太远，但他父母力主他听从高斯的建议，于是他去了柏林.

在 1849 年得到了学士学位后，黎曼便回到了格丁根继续跟高斯读博士.

1851 年黎曼将他的博士论文交给了高斯，论文的标题是“单复变函数一般理论的基础”. 接近他在格丁根学习结束的时候，高斯意识到他已最终找到了一个合格的接班人，并不吝溢美之词地赞扬了黎曼的学位论文.

> 由黎曼先生提交这份学位论文提供了作者对于文中所处理的这门学科的那些部分的彻底和具洞察力研究的令人信服的证据，证明他具有一个富于创造性的，能动的，真正数学的大脑，并具有辉煌而丰富的原创性，论文的表述清晰而简明，有些地方还颇具美感. 大多数读者还希望文章的结构能有一个更加清晰的安排才好. 整体上它是一个具有实质内容的，有价值的工作，不仅满足了对博士论文要求的标准，而且大大地超过了它.

一个月后黎曼成功地通过了他的论文答辩.

由于在德国的大学里只有少许的教学位置，刚毕业的博士生们还不得不干一些没有薪水的工作，然后继续写第二份称之为“*Habilitation*（大学授课资格）”的论文，然后还要给一个“Habilitation”演讲以证明有资格取得一份有薪水的岗位. 对于他的 Habilitation”，黎曼选的是《论函数的三角函数级数表示》，目的在于回答他的老师狄利克雷关于在傅里叶公式中积分的意义的质询. 作为我们在这里选登的第一篇的便是他所写的这篇文章，那时他是 W. 韦伯的数学物理讨论班的不拿薪水的助手.

对于莱布尼茨，定积分 $\int y(x)\,\mathrm{d}x$ 是无穷多个小项的和：$\sum y_i(x)\,\Delta_i(x)$.

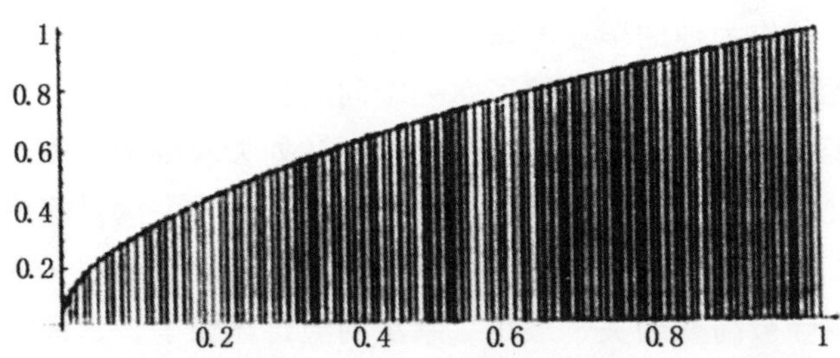

但是，当发现积分就是切线的逆时，数学家们便避开了求和的计算而偏爱于取不定积分的差. 傅里叶关于用三角函数作函数表示的工作迫使数学家们处理没有显然的不定积分的函数积分，它让他们不得不在一般的不定积分的原函数没有找到时去找出一个积分的方法. 按照柯西处理积分的方法，数学家们能够容易建立逐段连续函数的积分，这已为狄利克雷在 1829 年做到了. 狄利克雷把设计一

个对于一个极大类函数的积分的方法的任务留给了他的后继者，黎曼便是找到了一个解决办法的人．柯西在计算收敛于定积分的柯西和时，是将函数值取在每个子区间的两个端点中的一个上的．

（在左端点取值的）柯西积分

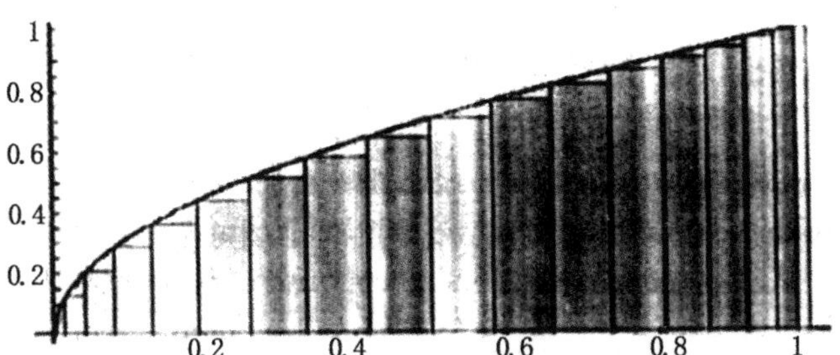

相对照地，黎曼要求在每个子区间可以选取**任意**值来计值的黎曼和必须在分割的范数递降为零时收敛于一个极限．

（在任意点取值的）黎曼积分

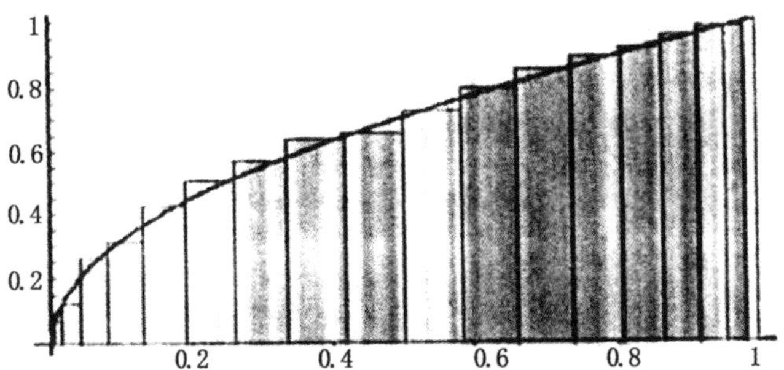

对于在区间 $[a, b]$ 中函数的柯西积分的存在性依赖于 $f(x)$ 在区间 $[a, b]$ 中的**连续性**，对于函数 $f(x)$ 的黎曼积分的存在性依赖于一个有关联但完全不同的概念：**变差**．黎曼像柯西那样，以点集 x_1，x_2，x_3，…，x_{n-1}，x_n 来划分区间 $[a, b]$ 着手，使得 $a=x_0<x_1<x_2<x_3<\cdots<x_{n-1}<x_n=b$，然后他考虑了 $f(x)$ 在每个子区间 $[x_{k-1}, x_k]$ 上的变差，即该函数在子区间 $[x_{k-1}, x_k]$ 上值差的最大值，也就是对满足 $x_{k-1}<s$，$t<x_k$ 的任意 t，s 的

$$D_k = \max | f(s) - f(t) |.$$

函数 $f(x)$ 在区间上的变差是指每个 D_k 与相应的子区间 $[x_{k-1}, x_k]$ 的长度的乘积的和；即

$$\sum D_k(x_k - x_{k-1}).$$

黎曼意识到当分割的范数，即（$x_k - x_{k-1}$）中的最大值趋向于0时，这个和必须要趋向0. 非正式地说，这可以描述为除了在任意小长度的区间外它是连续的. 那么，譬如狄利克雷函数，它的取值如下：

$$D(x)=\begin{cases}\dfrac{1}{b}，\text{如果 } x \text{ 是有理数并且表示为形如} \dfrac{a}{b} \text{ 的既约分式，}\\ 0，\text{如果 } x \text{ 是无理数}\end{cases}$$

便可以积分，这是因为 $D(x)$ 的值在有理点全都小于1，而且 x 的有理值是可数的，而它的第 n 个这样的值包含在一个长度为$\frac{\varepsilon}{2^n}$的区间中，故他们的总和为可以选为任意小的 ε.

对于 $x=\frac{a}{b}$的 $D(x)=\frac{1}{b}$的小区间.

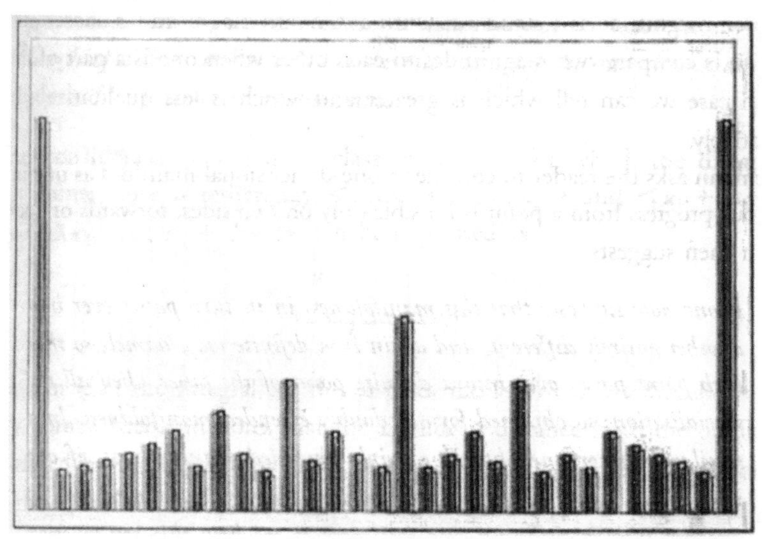

在黎曼活着的时候他从不对发表自己的这篇文章操心. 他的朋友和同事 R. 戴德金在黎曼死后两年的1868年发表了它. 在这几页中，黎曼给予了严格的测度论和积分理论五十年的发展动力，最后在1904年勒贝格的测度和积分论中达到了顶峰，在本书后面将加以叙述.

在完成他的 *Habilitation* 文章后，在他能够拿到他的付薪职位前，他还有最后一个障碍需要清除：他的 *Habilitation* 报告. 高斯要求黎曼提出3个主题，黎曼以以下3个主题予以回应：

●一个函数以三角级数表示问题的历史；
●两个未知量的二次方程的解；
●关于几何基础中的假设.

黎曼预料高斯会选择第一个主题作为他教学资格文章的陈述. 让黎曼大吃一惊，高斯选择了第三个. 戴德金认为这是由于高斯对这位年轻人如何掌握如此难的课题感觉好奇而为的，在克服了最初的惊愕之后，黎曼意识到他现在有机会写一篇能让广大听众能够理解的文章了，他也确实努力在这样做.

黎曼的分析一开始便将离散的各种形式与连续的各种形式区分开来. 他注意到离散的，譬如自然数，相互的比较是由计数完成的. 对照地，对于连续的，譬如空间，它们的比较则是由度量完成的. 度量是由一个选取了的尺度作为标准去进行叠合做成的，只要一个标准的尺度选定了，我们所能做的也就是比较两个对象的相互大小，当一个是另一个的一部分时，我们则可以说出在数量上哪一个更大哪一个较小，但不是性质上的.

黎曼要求读者将一维流形想成是在其上从一个点能够向两个方向连续前进，向前或向后的流形. 于是黎曼提出：

> 如果现在人们设想，这次这个流形以一种确定的方式过渡到完全不同的另一个流形，即每个点因而过渡到另一个的确定的点，那么如此得到的特定的情形构成了一个双向延伸的流形. 以相似的方式人们得到一个三向延伸的流形，这只要人们想象一个双向延伸的流形，以一个确定的方式过渡到另一个完全不同的流形；容易看出这个构造该如何进行下去. 如果人们将这个可变的对象看做替代它的确定性的概念，那么这个构造就可以描述为一个出自 n 维的可变性和一个一维可变性合成的 $n+1$ 维的可变性.

黎曼解释说，以一种相似的方式固定一个 n 维流形的一维的值结果得到一个 $n-1$ 维的流形. 于是黎曼做出了关键性的步骤.

> 在构建了 n 维流形的概念之后，而且发现它的真正的特性在于这个性质，即在其中位置的确定可归结为 n 个量的确定，我们于是出现了上面所提出的第二个问题，即研究一个流形有可能具有的度量关系，以及足以确定它们的条件，这些度量关系只能利用数量的抽象观念予以研究，它们对于其他量的相关性也只能以公式来表达.

让黎曼感兴趣的测度自然是两个点之间的距离，它等价地等于它们之间线段的长.

> 位置的固定可归于数量的固定，从而在 n 维流形的一个点的位置可借助于 n 个变量 x_1，x_2，x_3，…，x_n 表达，于是一条曲线的决定则归结为将这些变量作为同一个单独变量的函数. 问题在于对于一条曲线的长度的数学公式；为此目的我们必须考虑将这些量 x 借助于一些确定的单位来进行表达.

黎曼考虑了一个非常广的度量类，对它而言在靠近的点之间的距离 ds，譬如（x_1，x_2，x_3…，x_n）与（$x_1+\Delta x_i$，$x_2+\Delta x_2$，$x_3+\Delta x_3$，…，$x_n+\Delta x_n$）的距离可表示为

$$\left(\sum_{i,\ j=1}^{n} G_{ij}\Delta x_i\Delta x_j\right)^{\frac{1}{2}},$$

而且这些 ds 的和（即积分）给出了任意两个点之间线段的长. 黎曼注意到从原点到由 n 个变量（x_1，x_2，x_3，…，x_n）的欧几里得距离，即变量平方和的平方根

$$(x_1^2+x_2^2+\cdots+x_n^2)^{\frac{1}{2}}$$

仅仅是多种特别形式中的一个（如果 $i=j$ 有 $G_{ij}=1$，否则为零），对于它而言的空间是**平坦**的.

黎曼认识到在空间的一个非常值曲率的物体上可以进行无伸缩的运动. 他也证明了，如果一个三角形的角的和总是大于两个直角之和，则这个空间必是一个正曲率空间，如果这个和总是小于两个直角之和则此空间具负的曲率，而如果该和总恒等于两个直角之和，则此空间必是处处平坦. 当然，空间不必是平坦的，甚至不必是具常曲率的，这是因为三角形的角之和必须是不变的.

注意到了高斯对于考察其角之和不同于两个直角的三角形的无功而返的尝试，黎曼写道：

> 如果我们认为物体独立于位置而存在，那么曲率便处处为常值，而又由天文观测得知它不能不为零；或者不管怎么说，较之于我们的天文望远镜的观测范围而言其大小可忽略不计. 但是如果物体对于位置的独立性不存在，我们就不能从相对于无穷小的那些度量关系的大度量关系得出什么结论；在那种情形，如果空间的每个可测部分的总曲率明显地

> 不同于零，则在每点的曲率在三个方向可能取任意值．如果我们不再假定线元可表示为一个二次微分的平方根，则可能会存在依然很复杂的关系．现在似乎赖以建立空间确定的度量基础的经验性的观念，一个实体和一条光线的观念不再对于无穷小有效了．因此我们可以十分自由地假定空间在无穷小处的度量关系不与几何假设相一致；事实上，如果我们因而能得到各种现象的更简单的解释，我们就应该做出这样的假定．
>
> 几何假设在无穷小处的有效性问题与空间的度量关系的依据问题紧密相关联．

黎曼的演讲以提出我们所在的物理空间仅是许多种三维空间中的一个作为开始，他说，我们的三维空间的度量性质必定是从经验导出的，它们不能仅仅从几何的公理和假设推导出来．在结束他的演讲时，黎曼说，

> 因此，要么在空间上的客观存在的事物一定形成了一个离散的流形，否则我们就必须在它外部去寻找作为作用于它的约束力量的度量关系的依据．
>
> 对这些问题的回答只能从一些现象的概念出发才能得到，这些现象迄今已被经验所证实，并被牛顿取作了一个基础，而且已经造成了在这个概念中的一些实际存在的事实所需要一系列的改变，而这些事实又是不能够予以解释的．从一般观念出发的研究，就像我们刚刚所做的那种研讨，只能在阻止这个工作不为过分狭隘的看法所牵制方面，以及在阻止被传统偏见阻挡了事物间相互关联的知识进步方面有用．这将我们引进了另一门物理学科的领域，在那里，我们到现在还达不到这个工作的目的．

黎曼不会知道在他死后的五十年，这个工作给爱因斯坦所构建的广义相对论提供了数学基础．

本书的所选的他的第二篇文章的这个演讲必定取得了成功，因为高斯和韦伯每个人都给予了很高的赞扬．在过了最后这道关后，黎曼终于在 1854 年秋季开始了他的教学生涯，给总数为 8 个的学生讲了一系列关于偏微分方程的课，这个数量可比他预期的大了一倍．但这是个很难维持生计的方式，在他父亲在 1855 年死后，他的三个姐妹不得不从她们的另一个兄弟那里寻求资助，他是个邮局职

员，挣的比穷困的数学家要多得多. 这一年高斯也去世了，黎曼的朋友们知道了高斯的位置会落到黎曼以前的老师狄利克雷手中，他们劝说学校当局任命黎曼一个助教职位，但这个努力落空了.

父亲的逝世以及加剧的经济紧张对于黎曼温弱的性格而言过于沉重，以致在1855年后期使他精神崩溃. 为了解除紧张情绪，黎曼退隐到了山区，与他的同事戴德金一起进行长距离的远足，使自己重新振作起来. 在1875年校方给了他一个助教职位，好运似乎在敲他的门了. 1858年，意大利数学家E. 贝蒂(Enrico Betti)，F. 卡索拉蒂(Felice Casorati)，和F. 布里奥史(Francesco Brioschi)到格丁根拜访了黎曼，来与他讨论他的数学工作.

黎曼刚开始感觉到有了点经济保障时，他的兄长死了，留下三个未婚的姐妹让他来支持. 不管是否巧合，黎曼第一次开始在这个经济状况最麻烦的时期中经受到肺病的痛苦. 在一年里由于他的一个妹妹玛丽的早逝多少减轻了一点他的负担，一年后的1859年，随着他以前的老师狄利克雷逝世，黎曼继任了他在格丁根的位置，终于获得了他完全有资格取得的教授职位.

1859年也记录了黎曼被选进柏林科学院的事件. 为了纪念对他的任命，黎曼写了他唯一的一篇关于数论的文章，标题为“论小于一个给定数的素数的个数”. 无疑，他对这门学科的兴趣还是在15年前，当他还是洛恩贝格文学中学的学生时，在阅读勒让德的《数论》时萌生的.

勒让德和高斯都猜测计算小于x的所有素数个数的函数$\pi(x)$由$\mathrm{Li}(x)$当x增大时渐近地趋近(即比值$\pi(x)/\mathrm{Li}(x)\rightarrow 1$)，其中

$$\mathrm{Li}(n)=\int_{2}^{n}\frac{\mathrm{d}x}{\log x}.$$

我以为这是篇最高级的数学精品；在这篇划时代的文章里黎曼引进了解决这个问题的全新的方法. 他首先引进了倒数的s幂级数

$$\frac{1}{1^{s}}+\frac{1}{2^{s}}+\frac{1}{3^{s}}+\frac{1}{4^{s}}\cdots+\frac{1}{n^{s}}+\cdots,$$

这是欧拉在18世纪中期第一个研究了的级数，他证明了对于$s=2$，此级数和取极限值等$\frac{\pi^{2}}{6}$. 黎曼以希腊字母称它为ζ函数. 更正式地，ζ函数可表示为

$$\zeta(s)=\sum_{n=1}^{\infty}\frac{1}{n^{s}}.$$

乍看起来，一个涉及所有正整数的无穷级数如何能与素数联系起来似乎远非显然. 但是，欧拉已经提供了这种联系：他首先注意到由于整数的唯一分解定理，

这个正整数倒数的 s 幂的无穷和

$$\frac{1}{1^s}+\frac{1}{2^s}+\frac{1}{3^s}+\frac{1}{4^s}\cdots+\frac{1}{n^s}+\cdots$$

可以表示为每个素数 p 的无穷几何级数的乘积：

$$\left(1+\frac{1}{2^1}+\frac{1}{2^2}+\frac{1}{2^3}+\cdots+\frac{1}{2^k}+\cdots\right)\cdot$$

$$\left(1+\frac{1}{3^1}+\frac{1}{3^2}+\frac{1}{3^3}+\cdots+\frac{1}{3^k}+\cdots\right)\cdot$$

$$\left(1+\frac{1}{5^1}+\frac{1}{5^2}+\frac{1}{5^3}+\cdots+\frac{1}{5^k}+\cdots\right)\cdot$$

$$\cdots\cdot$$

$$\left(1+\frac{1}{p^1}+\frac{1}{p^2}+\frac{1}{p^3}+\cdots+\frac{1}{p^k}+\cdots\right)\cdot$$

$$\cdots,$$

然后应用无穷几何级数的基本性质知

$$1+\frac{1}{p^1}+\frac{1}{p^2}+\frac{1}{p^3}+\cdots+\frac{1}{p^k}+\cdots$$

之和为$\frac{1}{(1-p^{-1})}$，从而 ζ 函数可表示为无穷乘积

$$\zeta=\prod_{\mathrm{p}}\frac{1}{1-\mathrm{p}^{-1}}.$$

这些才是这种数学**绝技**的第一步，作为由这些无穷和和无穷乘积表示的 ζ 函数值在实部大于 1 的复数上收敛，从他的博士论文中提取了一些突破性的结果，黎曼将这个 ζ 函数延拓到了所有的复数，而只有在 $s=1$ 有一个无穷值奇点.

在这篇文章中，黎曼做了一个随笔式的注解：

> 极有可能［一个相关的函数 $\zeta(x)$ 的］所有的根都是实的，人们的确会希望在这里有一个严格的证明；其间，在一些短暂的无果尝试之后，我已暂时将这个研究搁置一旁了.

（一个值 x 是函数 $f(x)$ 的根是说如果 $f(x)=0$. 函数 $\zeta(x)$ 的一个根为实的当且仅当 ζ 函数的一个根是个实部等于$\frac{1}{2}$ 的复数.）在作了关于 ζ 函数的这个假设之后，黎曼最后写道：

著名的近似公式 $F(x)=\mathrm{Li}(x)$ [$F(x)$ 也被称为 $\pi(x)$，是计算小于 x 的素数个数的函数] 的值因而准确到 $x^{\frac{1}{2}}$ 的量级.

ζ 函数根的值决定了 $\pi(x)$ 和 $\mathrm{Li}(x)$ 之间的相差量. ζ 函数的根的实部等于$\frac{1}{2}$的假定已经以**黎曼假设**而知名.

几年后，黎曼的前景短暂地光明一片，他在 1862 年 7 月与伊莉斯·柯赫(Elise Koch)结婚，柯赫是他姐妹们的一个朋友. 婚后仅一月，黎曼便患了肋膜炎并随后又得了肺病，有影响力的朋友们劝说大学当局资助黎曼到意大利度过冬天以便康复. 觉得自己已经恢复，黎曼在春季里便离开了意大利，并在穿过阿尔卑斯山进入瑞士的旅途中愚蠢地走进深雪中. 接着便是旧病复发，他又在 1863 年 8 月返回了意大利，先停留在比萨，在那里他的妻子生了他们的第一个也是唯一的一个孩子艾达(Ida). 在比萨时，黎曼时不时地到当地的大学参加一些讲座，不久，那里的大学便在数学系的贝蒂. 卡索拉蒂以及教育部长布里奥史的催促下要提供给黎曼教授职位. 虽然他与格丁根大学的合同期阻止他接受这个提议，但德国的大学还是允许他延期在比萨的逗留，希望他能够恢复健康. 不幸他没能恢复. 黎曼在 1866 年 7 月死于 Maggiore 湖边的 Salasco 村，这时离他的四十岁生日还不足两个月.

在黎曼关于素数分布的文章发表好几十年之后，数学家们仍不知道他是如何得到 ζ 函数的所有零点都有实部$\frac{1}{2}$这个猜想的. 这篇文章不仅没有给出黎曼是如何得到这个猜想的线索，而且甚至没有给出过知道 ζ 函数有任何一个零点的实部为$\frac{1}{2}$的背景. 一些数学家直接认为黎曼拥有某种奇妙的洞察力.

事实上，黎曼是通过大量的计算得到 ζ 函数性态的. 在他死后，他的妻子从一位过分热心的女佣那里抢救出一大部分他的私人文稿，这位女佣正准备将这些放在炉中烧掉. 伊莉斯·黎曼在她的余生中一直把它们锁藏了起来，只是到了 1920 年代才得以公开. 在它们被公开后，对于编辑它们的数学家西格尔(C. L. Siegel)无疑是一件宝藏. 西格尔看到，在迄今六十年间其他数学家们发现的许多具有强大威力的计算技术黎曼早就已发现了. 完美主义者的黎曼没有发表这些方法是由于他缺少对于它们的有效性的证明. 我们只能设想黎曼所完成的那些东西已经足以让他再享受二三十年的幸福生活了.

在黎曼逝世后的三十年间，在素数分布问题上没有任何真正的进展. 之后，到了1890年代，阿达马(Hadamard von Mangold)，瓦勒-泊桑(Vallée-Poissin)开拓出黎曼文章中的思想，证明了他的 $\pi(x)$ 主公式及素数定理：

$$\pi(x) \sim \mathrm{Li}(x),$$

其中

$$\mathrm{Li}(n)=\int_2^n \frac{\mathrm{d}x}{\ln x},$$

而这原是高斯和勒让德在一个世纪前的猜想.

希尔伯特将黎曼假设作为他在1900年国际数学家大会上提出的二十三问题中的第八个. 希尔伯特充满信心地期待在十多年内这个假设就会被证明. 由于黎曼假设抗拒了所有要破解它的企图，希尔伯特修改了他的预期. 在他1943年逝世前不久，有人问希尔伯特如果他在500年后复活的话，他要问的第一个问题是什么. 这位伟大的数学家立刻回应道，我会问："有人解决了黎曼假设吗？".

一个世纪后它仍未被证明，现在有一笔一百万美元的奖金正等待着那位去证明这个假设是对还是错的人.

没有人指望去证明它是不正确的.

数学家已经证明了至少解中的40% 其实部为$\frac{1}{2}$；的确如此，前面的**十五亿**个解的实部都是$\frac{1}{2}$，但它还是没有被证明.

黎曼死在一个太早的年纪. 我们只能问道，如果他能再过上二三十年正常的，不为生计所累的日子，他会严格地证明以他自己的名字命名的假设吗？或许我们有幸会遇到它的出现，那么如果那个证明了的根就是黎曼的划时代的文章里写的，我们一点也不会感到惊讶.

《论函数的三角级数表示》*

（取自皇家科学协会文集（格丁根），13 卷）[1]

XII

以下关于三角函数的文章由两个实质上不同的部分组成. 第一部分包含了关于任意函数（包括图形显示的）和将他们表示为三角函数可能性的看法以及历史. 在写作时，我能够用到这位著名数学家的一些提示，这要感谢他在这个课题上的第一个的深入的工作. 在第二部分中，我给出了对于是否函数可通过三角级数表示的研究，其中包括了一些还远未解决的情形. 有必要在正式论述前写一个短的开篇文字，论述一下定积分的概念以及它所适用的范围.

是否已知的任意函数可以以三角级数表示：历史及问题

1

三角级数，或称做傅里叶级数，即形如

$$a_1\sin x+a_2\sin 2x+a_3\sin 3x+\cdots$$
$$1/2b_0+b_1\cos x+b_2\cos 2x+b_3\cos 3x+\cdots$$

的级数，对那些涉及完全任意的函数的数学分支来说，起着重要的作用；的确如此，有理由断言在这个对于物理学如此重要的数学分支中，最重大的进展来自对于对这些级数性质的更加清晰的洞察，即便是引向考虑任意函数的最早的数学研究中就已经出现了对这种问题的讨论，即，是否这样一个完全任意的函数能够通过上面所说的那种类型的级数来表达.

这出现在上一个世纪中期研究弦振动的进程中，这是一个当时最著名的数学

* 英译本译者为 Michael Analdi，John Anders 对英译本完成提供了技术上的帮助.

问题，它们对于我们当前的课题的观点，如果不是讨论这个问题，自然是不用提及的.

在一定的假设下，事实上是以某种近似方式成立的假设下，人们已经很好地了解了伸展在一个曲面上的振动弦的形式，其中 x 代表在它上面一个给定点到原点的距离，y 则是这个点到时刻 t 时所处位置的距离，该形式由偏微分方程

$$\frac{\partial^2 y}{\partial t^2}=\alpha\alpha\,\frac{\partial^2 y}{\partial x^2}$$

给出，其中 α 与 t 和 x 无关而不管整条弦是否有厚度.

达朗贝尔第一个给了这个方程一个通解.

他证明了[2]上面方程的 x 和 t 的解函数 y 必定包含在形式

$$f(x+\alpha t)+\varphi(x-\alpha t)$$

之中，它是在引进了独立变量 $x+\alpha t$ 和 $x-\alpha t$ 来代替 x 和 t，从而

$$\frac{\partial^2 y}{\partial t^2}-\alpha\alpha\,\frac{\partial^2 y}{\partial x^2},$$

转换成

$$4\,\frac{\partial\,\dfrac{\partial y}{\partial(x+\alpha t)}}{\partial(x-\alpha t)}$$

而得到的.

除去从一般运动法则得到的这个偏微分方程外，y 还必须要满足在弦的接触点处总等于 0. 因此，如果在这些点有 $x=0$，而在另外的点有 $x=l$，我们便得到

$$f(\alpha t)=-\varphi(-\alpha t),\ f(l+\alpha t)=-\varphi(l-\alpha t),$$

从而

$$f(z)=-\varphi(-z)=-\varphi(l-(l+z))=f(2l+z),$$

$$y=f(\alpha t+x)-f(\alpha t-x).$$

在达朗贝尔对此问题的通解给出结果后，又在一个该文的续篇[3]中处理了方程 $f(z)=f(2l+z)$；即他寻求在 z 增长了 $2l$ 保持不变时的解析表达式.

欧拉的实质性的成就（他在次年的 *Berliner Abhandlungen*[4] 中对达朗贝尔的这个工作做了新的表述）在于他更加正确地认识到函数，$f(z)$ 必须满足的条件的性质，他注意到，根据这个问题的性质，弦的运动在弦的形状和任意点的速度（从而 y 和 $\frac{\partial y}{\partial t}$）给定的时刻是完全确定的，这表明，如果人们想到这些函数都被任意画出的曲线定义，那么达朗贝尔的曲线 $f(x)$ 就可用简单的几何构造得到.

事实上，如果假定

$$t = 0,\quad y = g(x) \text{ 和 } \partial y/\partial t = h(x)\ ,$$

于是，对于 0 和 l 之间的 x 的值便得到

$$f(x) - f(-x) = g(x),\ f(x) + f(-x) = \frac{1}{\alpha}\int h(x)\,\mathrm{d}x,$$

从而得到$-l$ 和 l 之间的函数$f(z)$. 由此我们能够用下面的方程得到对于每个 z 的其他值：

$$f(z) = f(2l + z)$$

这个以抽象的然而如今已为普遍熟悉的关系所表述的是欧拉对于函数 $f(z)$ 的定义，达朗贝尔立即对欧拉将他的方法推广提出反对意见[5]，因为他的方法必须假定 y 可以用 t 和 x 解析地表达.

还没有等到欧拉对此做出回答，与这两个十分不同的对此问题的第三个处理方法出现了，这是属于丹尼尔·伯努利的[6]. 甚至早在达朗贝尔之前，泰勒[7]就已经看出$\frac{\partial^2 y}{\alpha t^2}=\alpha\alpha\ \frac{\partial^2 y}{\partial x^2}$，对于 $x=0$ 以及 $x=l$，如果 $y=\sin\frac{n\pi x}{l}\cos\frac{n\pi\alpha t}{l}$且 n 为整数时，y 总等于0. 由此他解释说，物理的事实是，除了它自己的主音阶外一根弦也会产生弦的$\frac{1}{2}$，$\frac{1}{3}$，$\frac{1}{4}$，…长的音阶（至少是一种方式），而且将他的特解看作是通解，即他相信，如果整数 n 按照音调的音高确定，则弦的振动总是，或者至少非常接近于这个方程，弦可以在同一时刻产生各种各样的音阶的这个事实现在便可让伯努利注意到（在理论上）弦可以按照方程

$$y = \sum a_n \sin\frac{n\pi x}{l}\cos\frac{n\pi x}{l}(t - \beta_n)$$

振动，并且因为所有观察到的对此现象的修正可以用这个方程去加以解释，他相信它是最一般的情形.[8] 在这个观点支持下，他研究了一个伸展的无质量细线，在单个点上则载有有限的质量，证明了他的振动总可以分裂成许多振动（等于有限质点的数目)，它们中的每一个振动在全体质量振动的时间中一直持续着.

伯努利的这个工作引出了欧拉的新文章，它直接发表在 *Abhandlungen der Berliner Akademie* 的文章之后.[9] 在这里，他在回应达朗贝尔时认为[10]函数，$f(z)$ 在$-l$ 到 l 的范围内是完全任意的，并且注意到[11]伯努利的解（欧拉较早时已作为一个特例得出过这个解）要成为通解当且仅当级数

$$a_1\sin\frac{x\pi}{l} + a_2\sin\frac{2x\pi}{l} + \cdots$$

$$+\frac{1}{2}b_0+b_1\cos\frac{x\pi}{l}+b_2\cos\frac{2x\pi}{l}+\cdots$$

对于作为横坐标的 x，可代表在 0 与 l 之间完全任意一条曲线的坐标，当时没有人怀疑可施行的所有关于分析表达的变换，不管是有限还是无限的，对于未知量的任何值都是成立的，否则，如果它们不成立，那么它们便不可能只被用到十分特殊的情形. 因此似乎不可能使用上述表达式来表示任意代数曲线，或者更一般地，一个解析表达的非周期函数；从而欧拉相信他需要去决定与伯努利相反的问题.

然而欧拉与达朗贝尔的争辩并未得到解决. 这使得一位年轻的，那时还是鲜为人知的数学家拉格朗日试图以一种全新的方式去解决这个问题，依此方法他达到了欧拉的结果. 他采取的办法是[12]给定一条无质量的线，并在不确定个数的等间隔的点载以相等的质量，然后研究当这些质点数增至无穷时这些振动是如何变化的. 做这项研究的第一部分，不管他用的技巧有多丰富，不管他用的分析艺术有多高超，从有限到无限的过渡还是留下了许多需要进一步解决的地方，这使得达朗贝尔在他的 *Opuscules mathématiques*（《数学文选》）中一开头就能够宣称他的解将得到广大公众的承认，于是，那时的著名数学家们的观点在此问题上分成了派别，并继续分道扬镳；甚至在他们以后的工作中，每一方基本上都坚持着他们的立场.

最后，综合起来看，这个问题让他们有了关注任意函数是否可以被三角级数表示的情形，而欧拉则是第一个将这些函数引进微积分的人，并使它们有一个几何背景的支撑；他将微分学用于它们. 拉格朗日[13]认为欧拉的结果（他的对振动过程的几何构造）是正确的；但是欧拉对这些函数的几何处理并没有使他满足，相反地，达朗贝尔[14]采用了欧拉的微分方程却只限于支持他的结果的正确部分，这是由于对于完全任意的函数不可能知道它们的微商是否连续. 至于伯努利的结果，他们三个全都认为它不能被看成是通解；达朗贝尔却趁此宣称伯努利的解没有他自己的广，并不得不承认一个解析表示的周期函数甚至也不总能表示为三角级数，拉格朗日[15]则相信他能够证明这是可能的.

2

几乎五十年过去了，任意函数是否可以被分析地表达的问题未能取得任何重大进展，然后，傅里叶的一篇评注给予这个课题以新的希望. 这个数学分支发展的新纪元开始了，很快，特别在纯数学之外，它就以对数学物理的极其巨大的推

升宣示了自己的存在. 傅里叶注意到在三角级数

$$f(x)=\begin{cases}a_1\sin x+a_2\sin 2x+\cdots\\ +\dfrac{1}{2}b_0+b_1\cos x+b_2\cos 2x+\cdots\end{cases}$$

中，这些系数可以以下面的公式

$$a_n=\frac{1}{\pi}\int_{-\pi}^{\pi}f(x)\ \sin nx\mathrm{d}x,\ \ b_n=\frac{1}{\pi}\int_{-\pi}^{\pi}f(x)\cos nx\mathrm{d}x,$$

定义

他看出这种定义它们的方法可以对于即便函数 $f(x)$ 为完全任意时也可继续使用. 对于 $f(x)$ 他给出了一个所谓的不连续函数(对于横坐标 x 的一条间断直线的坐标) 作为例证，得到了一个级数，而它实际上连续地给出了这个函数的值.

在他把关于热力学的之一著作中第一部分提交给法国科学院时(1807 年 12 月)[16]，他第一次建立了一个定理，表明一个能画成图形的任意函数可以通过三角级数表示，这个断言让有点年纪的拉格朗日如此惊讶，以致他几乎决定要反对他. 据推测[17]，一份关于这件事的书面文字仍可在巴黎科学院的档案中找到，尽管泊松(Poisson) 关于用三角函数来表示任意函数的做法他都说参考了[18] 拉格朗日关于弦振动著作中的一段，并说在那里这个表示法是可以找到的. 这个说法如果是假的也只能通过傅里叶和泊松之间的对立状态去解释了[19]；要推翻这个说法，我们必须再次回到拉格朗日的文章，这是因为科学院没有出版过这方面的记录.

事实上，在泊松所引述的段落[20] 中，我们找到了公式：

“$y=2\int Y\sin x\pi\mathrm{d}X\times\sin X\pi+2\int Y\sin 2X\pi\mathrm{d}X\times\sin 2x\pi+2\int Y\sin 3X\pi\mathrm{d}X\times\sin 3x\pi$

$+\ etc.\ +2\int Y\sin nX\pi\mathrm{d}X\times\sin nx\pi$,

故而，当 $x=X$ 时我们将得到 $y=Y$，Y 是对应于横坐标 X 的坐标. ”

的确如此，这个公式看起来十分像傅里叶级数，以致乍看起来容易混淆。但是这个外表仅仅是来自拉格朗日使用的记号 $\int\mathrm{d}X$，按现在的习惯在这里他会用记号 $\sum\Delta X$. 它提供了这个问题的解，即，如何以一种方法去确定一个正弦函数的有限级数

$$a_1\sin x\pi+a_2\sin 2x\pi+\cdots+a_n\sin nx\pi,$$

使得对应于 x 的值

$$\frac{1}{n+1}, \frac{2}{n+1}, \cdots, \frac{n}{n+1},$$

它应该给出事先给定的值，拉格朗日把这些给定的值以不定的方式记为 X. 如果拉格朗日在此公式中曾让 n 变到无限大的话，他或许真的已经得到了傅里叶的结果. 但是如果人们通读了他的这篇文章，就会看出他并不真正相信一个任意函数可以用正弦函数的无穷级数来表示. 更确切地说，由于他不相信这些任意函数能够通过一个公式表示，而相信三角函数的级数可以表示任何解析表达的周期函数，他已在进行着一项完整的计划. 当然，现在我们看来几乎不会怀疑拉格朗日会从他的求和公式达到傅里叶级数. 但是其结果或许可以解释为，通过欧拉-达朗贝尔争辩，他已形成一个对于走哪条路的的确定趋向. 他认为在将他的想法用到极限之前，他首先要完全解决对于不确定的有限个质点的振动问题. 这些要求有一个相当广泛的研究[21]才行，但如果他熟悉傅里叶级数的话，这完全就是不必要的了，三角级数的性质的确为傅里叶所完全正确地认识到了[22]. 自此之后，它们便被大量地用于数学物理之中来表示任意函数，并且在每一个个体情形，人们很容易相信傅里叶级数事实上收敛于这个函数的值. 但是给这个重要的定理一个一般的证明还需等待很长的时间.

柯西在 1826 年 2 月 27 日向巴黎科学院宣读的文章被证明[23]是不合适的，就如狄利克雷所指出的那样[24]，柯西假设了如果在一个任意给定的周期函数 $f(x)$ 中，对 x 应用了一个复的变量 $x+iy$，而这个函数对于每个 y 值是有限的. 但是这只会当此函数等于常量时才会发生. 然而容易看出这个假定对于要得到更为大范围的结论而言是不必要的. 它只要有一个函数 $\varphi(x+iy)$ 对于所有 y 的正值为有限而它的实部对于 $y=0$ 等于所给定的周期函数 $f(x)$ 就可以了. 由假定，这个实际上是正确的定理[25]真能够沿着柯西所设计的路线把我们带到我们希望去的地方（反过来说，就是这个定理可以由傅里叶级数推导出来）.

3

一直到 1829 年，狄利克雷关于不具有无穷个极大和极小值的函数的完全可积性的文章才在克雷尔期刊（Crelle’s Journal）[26]中出现，他对于任意函数是否可以有三角函数表示的问题给出了完全严格的回答.

他洞察到无穷级数可以根据它们能否当将它们所有项变为正数时仍能保持收敛划分为两个本质上不同的范畴，从而认识到应选择哪条路线来解决这个问题. 对于前者，这些项可以随意地安排，而后者的值则依赖于项的次序. 事实上，如

果在第二类的一个级数中我们按次序列出该级数的项

$$a_1, \ a_2, \ a_3, \ \cdots$$

以及负数项

$$-b_1, \ -b_2, \ -b_3, \ \cdots,$$

显然，$\sum a$ 同样还有 $\sum b$ 必为无穷，这是因为如果都为有限，那么这个级数的项都改为相等的符号时也收敛了；而如果其中一个无穷，这个级数就会发散. 显然，在适当安排项时这个级数包含任意给定的数 C，这是因为如果人们交错地将这级数的正项相加到大于 C 的程度然后再将负的项加到使其值变成小于 C，但与 C 的偏离不会大于上一次偏离符号改变时的值. 又因为 a 和 b 的值在指标增大时最终都将变为无穷小，故而当我们在级数的足够远处时，这个和与 C 的偏离便可以任意小，就是说，级数将收敛于 C. 只有对第一类的级数才可应用有限和的规则；只有它们才能真正看成是它们的项的整体形象，而第二类级数则不能；这是一个为上一世纪数学家所忽视的情况，无疑主要是由提升一个变量的幂形成的级数总体来说（即除去这个变量的个别值）属于第一类的原因.

显然，傅里叶级数不必属于第一类；他的收敛性确实不能像柯西的没有成果的尝试[27]那样，寻求从使项递降的规则中导出它的收敛性. 需要证明的，更正确的是，有限级数

$$\begin{aligned}&\frac{1}{\pi}\int_{-\pi}^{\pi} f(\alpha)\sin\alpha\,\mathrm{d}\alpha\ \sin x+\frac{1}{\pi}\int_{-\pi}^{\pi} f(\alpha)\sin 2\alpha\,\mathrm{d}\alpha\ \sin 2x\\&+\cdots+\frac{1}{\pi}\int_{-\pi}^{\pi} f(\alpha)\sin n\alpha\,\mathrm{d}\alpha\ \sin nx\\&+\frac{1}{\pi}\int_{-\pi}^{\pi} f(\alpha)\,\mathrm{d}\alpha+\frac{1}{\pi}\int_{-\pi}^{\pi} f(\alpha)\cos\alpha\,\mathrm{d}\alpha\ \cos x+\frac{1}{\pi}\int_{-\pi}^{\pi} f(\alpha)\cos 2\alpha\,\mathrm{d}\alpha\ \cos 2x\\&+\cdots+\frac{1}{\pi}\int_{-\pi}^{\pi} f(\alpha)\cos n\alpha\,\mathrm{d}\alpha\ \cos nx\end{aligned}$$

或者等价地，积分

$$\frac{1}{2\pi}\int_{-\pi}^{\pi} f(\alpha)\,\frac{\sin\frac{2n+1}{2}(x-\alpha)}{\sin\frac{x-\alpha}{2}}\mathrm{d}\alpha$$

当 n 增大到无穷时趋向于值 $f(x)$. 狄利克雷以两个定理支持了这个证明：

（1）如果 $0<c<\frac{\pi}{2}$，最终 $\int_0^c \varphi(\beta)\,\frac{\sin(2n+1)\beta}{\sin\beta}\mathrm{d}\beta$ 当 n 增大时无限接近于值 $\frac{\pi}{2}\varphi(0)$；

（2）如果 $0<b<c<\frac{\pi}{2}$ 最终 $\int_b^c \varphi(\beta)\frac{\sin(2n+1)\beta}{\sin\beta}d\beta$ 当 n 增大时无限趋向于 0，其中假定了函数 $\varphi(\beta)$ 在此积分范围内或者总是下降或者总是增大.

借助于这两个定理知道，如果函数 f 不会无限次地从增大转到减小也不会从减小转到增大，则函数

$$\frac{1}{2\pi}\int_{-\pi}^{\pi} f(\alpha)\frac{\sin\frac{2x+1}{2}(x-\alpha)}{\sin\frac{x-\alpha}{2}}d\alpha$$

显然可以被分裂成**有限**多个项，其中一个[28]趋向于 $\frac{1}{2}f(x+0)$，而另一个趋向 $\frac{1}{2}f(x-0)$，而其余的，当 x 增大到无穷时，趋向于 0. 由此得到，三角级数可以表示**每一个**按 2π 间隔周期重复的函数，它

1. 是完全可积的，
2. 不具有无穷多个极小和极大值，并且
3. 在它间断的地方取其两边极限的平均值.

一个具有前两个而不具有第三个性质的函数显然不能够用一个三角级数表示，一个表示它的三角级数除了不连续性外在它的不连续点自身发散. 但是即便如此，这个研究仍然留下了在什么情形下一个不满足前两个条件的函数可以由三角级数表示的问题没有解决.

狄利克雷的工作对于整整一大堆重要的分析研究提供了坚实的基础. 这是由于他完全澄清了欧拉出错的地方，并且成功地解决了许多卓越数学家从事了七十年（从 1753 年以来）的一个问题. 事实上，它对于在自然界的我们所关切的所有情形给予了完全解决；但是我们对于物质力中的时空变化以及在无穷小中的状态极其无知，即便如此，我们还是能够保证狄利克雷的研究所不能延伸的地方那些函数在自然界并不存在.

虽然如此，有两个理由说明似乎还值得注意一下狄利克雷没有解决的情形，第一，如狄利克雷自己在他的文章最后面注意到的，这个课题与无穷小计算（微分学）有着极其紧密的联系，因而可以将这些原理弄得更加清晰和更加具有确定性. 就这方面而言，它对于处理这个课题有着直接的好处. 第二，傅里叶级数的可应用性不仅局限于物理学的研究. 现在它已成功地应用于纯数学的领域：数论，而恰恰在这里，那些没有被狄利克雷研究到它们的三角函数表示的函数起着

重要作用.

在他的文章结尾，狄利克雷的确许诺以后将回来讨论这些情形，但是这个许诺还远未完成，迪尔克森（Dirksen）和贝塞尔（Bessel）关于余弦和正弦级数方面的工作也没能填补上这个缺口. 再说，他们比起狄利克雷在严谨性和一般性上要差了很多. 迪尔克森的文章[29]几乎与后者属于同时代的，显然在写的时候并不知道后者；文章所进行的路线总的来说是正确的，但在细节上却包含了许多不确之处. 抛开它在一个特殊情形对级数的和的一个错误结果[30]不谈，在一个旁注中它还依赖了一个只在特殊情形才可能成立的一个级数展式[31]，故而他的证明仅对具有有限的一阶微商的函数才是完全的. 贝塞尔[32]寻求的是简化狄利克雷的证明. 但是对此证明的变动并没有赐予其结论的任何根本性的变化，最多是给它披上了更为人们熟悉的概念的外衣罢了，因而显著地削弱了它的严谨性和一般性.

因此，是否一个函数可以用一个三角级数表示的问题至此仅在两个假设的基础上做出了回答：函数为完全可积与它不具有无穷多个极小和极大. 如果没有作后一个假定，狄利克雷的两个积分定理都不适合于回答这个问题. 但是如果前者被丢弃一边，那么傅里叶系数的定义就不再能用. 我们将会看到这确定了我们将要建立的路线，在那里我们将在对函数的性质不作任何特别假定下对此问题进行研究. 就目前情形来看，狄利克雷所指出的路线是行不通的.

定积分的概念和它有效的范围

4

现在不确定性仍然影响着定积分理论的许多关键点，这使我们不得不对定积分的概念和它的有效范围做一点开场白式的注释.

那么，首先是：我们所理解的 $\int_a^b f(x)\,\mathrm{d}x$ 究竟是什么？

要确定这一点，让我们假定有一系列在 a 与 b 之间按大小递增排列的值 x_1，x_2，…，x_{n-1}，并为简便起见我们用 δ_1 代表 x_1-a，δ_2 代表 x_2-x_1，…，δ_n 代表 $b-x_{n-1}$，而 ε 代表一个正实分数. 于是和

$$S=\delta_1 f(a+\varepsilon_1\delta_1)+\delta_2 f(x_2+\varepsilon_2\delta_2)+\delta_3 f(x_2+\varepsilon_3\delta_3)+\cdots+\delta_n f(x_{n-1}+\varepsilon_n\delta_n)$$

依赖于间隔 δ 和数 ε 的选取. 但现在不管 δ 和 ε 如何选取，如果当这些 δ 变为无穷小时，这个和具有性质：趋向于一个固定的极限 A；我们称这个极限值为 $\int_a^b f(x)\,\mathrm{d}x$.

如果它不具有这个性质，则 $\int_a^b f(x)\,\mathrm{d}x$ 没有意义.

然而即便是这样也曾有过多次的尝试，想要赋予这个符号一个意思，在这些对定积分概念的推广之中有一个是为所有数学家接受的，即，当变量趋向于区间（a，b）的一个特殊值 c 时如果函数 $f(x)$ 变到无穷大，则不管我们使得这些 δ 如何小，显然和 S 可以得到任意值. 因此它没有极限值，而 $\int_a^b f(x)\,\mathrm{d}x$，按照上面所说，就没有意义. 但是倘若 α_1 和 α_2 是无穷小时，如果

$$\int_a^{c-\alpha_1} f(x)\,\mathrm{d}x + \int_{c+\alpha_2}^b f(x)\,\mathrm{d}x$$

在该点趋向于一个固定的极限，则可理解 $\int_a^b f(x)\,\mathrm{d}x$ 为这个极限值.

被柯西看成是定积分概念的其他陈述，虽然在基本概念下并不存在却对个例的研究有用. 但是，它们并不具普遍性而且有相当的随意性，因此的确不甚适合引进.

5

其次，我们现在来观察一下这个概念的有效范围，或者说考虑以下问题：在什么情形下一个函数可积，什么情形下不可积？

我们首先看一下积分的狭义概念，即我们假定当这些 δ 变到无穷小时和 S 收敛，故而如果函数在 a 与 x_1 间的最大变差，即它在此区间的最大值与最小值之间的差为 D_1，以及在 x_1 与 x_2 之间的最大变差为 D_2，…，还有 x_{n-1} 与 b 之间的为 D_n，于是

$$\delta_1 D_1+\delta_2 D_2+\cdots+\delta_n D_n$$

必须随 δ 一起变为无穷小. 进一步我们假设，只要所有的 δ 保持小于 d，这个和能够达到的最大值为 Δ. Δ 在这样的观点下是 d 的一个函数，它随 d 递降，并与其一起变为无穷小. 如果此时在其上变差大于 σ 的这些区间的总长 $=s$，那么这些区间对于和 $\delta_1 D_1+\delta_2 D_2+\cdots+\delta_n D_n$ 的贡献显然 $\geqslant \sigma s$. 因此我们得到

$$\sigma s \leqslant \delta_1 D_1+\delta_2 D_2+\cdots+\delta_n D_n \leqslant \Delta,$$

因此

$$s \leqslant \frac{\Delta}{\sigma}.$$

现在如果给定 σ，$\frac{\Delta}{\sigma}$在适当选取 d 时总可以成为无穷小；从而 s 也是如此，那么它便推出了如下断言：

为使和 S 在所有 δ 成为无穷小时收敛，不仅函数 $f(x)$ 必须为有限，而且使变差 $>\sigma$（σ 为任意）的那些区间的总长必须在适当选取 d 时可以成为任意小.

这个定理也可转换为以下形式：

如果函数 $f(x)$ 总为有限，且对于函数 $f(x)$ 在其上的变差大于一个给定数 σ 的这些区间的总长度，在 σ 的所有值无限递降时最终连续地变为无穷小，则当所有的 δ 变为无穷小时，和 S 收敛.

对于那些在其上变差 $>\sigma$ 的区间贡献给和 $\delta_1 D_1+\delta_2 D_2+\cdots+\delta_n D_n$ 的总量小于 s 乘以该函数在 a 与 b 之间的最大变化值，（按假定）为有限. 其他的区间贡献的总量 $<\sigma(b-a)$. 显然可以首先假定有一个任意小的 σ，然后（按假定）确定这些区间的长，使得 s 也变成任意小，因而和 $\delta_1 D_1+\delta_2 D_2+\cdots+\delta_n D_n$ 可按想要的任意小给出，因此和 S 便可以被包含在一个任意狭窄的范围之中.

因此我们已经找到当 δ 的值无限递降时和数 S 收敛于一个有限值的充分必要条件，并且在此情形我们可以以一种狭义的方式谈及函数 $f(x)$ 在 a 和 b 之间的积分(2).

如果现在的积分的概念像上面那样进行了拓展，我们发现这两个条件的后一个在为了可能进行完全积分的情形中仍旧必要. 但是代替函数总为有限条件的是，函数仅在变量趋向特定值时变为无穷，从而如果积分极限无限靠近这个值，一个确定的极限值便出现了.

6

我们已经研究了可以在一般情形下存在定积分的条件，即在对于函数的性质在没有特殊假设下的可积条件，在这之后，现在这个研究一方面应该得到应用，而另一方面则应该被细化到特殊的情形，就是说首先是那些函数，它们在任意两个十分靠近的界限之间有着无穷多个不连续点.

由于这些函数还没有被人们考察过，先在一个特殊的例子的基础上进行处理是有好处的. 为简短计，我们用（x）表示对最靠近 x 的整数的余值，如果 x 处在两个整数的正中，这个定义不甚明确，就让（x）表示对它的余值$\frac{1}{2}$和$-\frac{1}{2}$的

平均值，即0. 另外我们用 n 表示整数，p 表奇数，这样，我们构造一个级数

$$f(x)=\frac{(x)}{1}+\frac{(2x)}{4}+\frac{(3x)}{9}+\cdots=\sum_{1,\infty}\frac{(nx)}{nn}$$

容易看出，这个级数对于 x 的每个值都收敛. 如果由变量给出的值逐渐变到 z（持续下降和上升），则这个级数会连续地趋向于一个固定的极限，事实上，如果 $x=\frac{p}{2n}$（其中 p 和 n 互素），则

$$f(x+0)=f(x)-\frac{1}{nn}\left(1+\frac{1}{9}+\frac{1}{25}+\cdots\right)=f(x)-\frac{\pi\pi}{16nn},$$

$$f(x-0)=f(x)+\frac{1}{nn}\left(1+\frac{1}{9}+\frac{1}{25}+\cdots\right)=f(x)+\frac{\pi\pi}{nn},$$

其余处处有 $f(x+0)=f(x)$，$f(x-0)=f(x)$.

这个函数因而对于每个为化成既约形式的有理数 x 是一个具偶数分母的分式. 因此无论这两个极限如何靠近，这个函数总具有无限多个不连续点，但却是这样一种方式，即使得大于一个给定值的跳跃的个数是有限的. 它是完全可积的. 除了它的有限性外，事实上还有两个性质对于这个目的而言是充分的：对于 x 的每个值它在任一边都有极限 $f(x^+)$ 和 $f(x^-)$，以及大于或等于一个给定数 σ 的跳跃点的个数总有限. 如果我们应用上面的研究，这两个情形的显然推论便是，σ 总可假定为足够小，使得那些不包含这些跳跃的所有区间中，变差小于 σ，而包含这些跳跃的区间的总长可以任意小.

值得注意那些不具有无穷多个极大和极小值的函数（刚才所考察的函数不属此例），它们在这些地方没有变为无穷，故总具有这两个性质，因而只要它们不是无穷就是可积的；这可直接证明(3).

现在让我们对在一个特定值成为无穷大而可积的函数 $f(x)$ 的情形作更仔细的考察；设这出现在 $x=0$，故而对于一个递减的正 x，它的值最终会增大到超过任何设定的界限.

容易证明，当 x 从一个有限的界开始减小时，$xf(x)$ 不能永远保持大于一个有限值 c. 因为这表明会有

$$\int_x^a f(x)\,\mathrm{d}x>c\int_x^a\frac{\mathrm{d}x}{x},$$

因而会大于 $c\left(\log\frac{1}{x}-\log\frac{1}{a}\right)$，当 x 递降时它的值会最终增大到无穷，因此，如果这个函数在 x 附近没有无穷多个极大和极小值，$xf(x)$ 必定与 x 一起成为无穷

小，以使得 $f(x)$ 可积，另一方面，如果

$$f(x)x^{\alpha}=\frac{f(x)\,\mathrm{d}x(1-\alpha)}{\mathrm{d}(x^{1-\alpha})}$$

在 $\alpha<1$ 时随着 x 一起成为无穷小，可清楚看出这个积分当下限变为无穷小时收敛.

同样地可以知道，在积分收敛的场合，当 x 从一个有限的界开始递降时，函数

$$f(x)x\log\frac{1}{x}=\frac{f(x)\,\mathrm{d}x}{-\mathrm{d}\log\log\frac{1}{x}},\ f(x)\log\frac{1}{x}\log\log\frac{1}{x}=\frac{f(x)\,\mathrm{d}x}{-\mathrm{d}\log\log\frac{1}{x}},\ \cdots,$$

$$f(x)x\log\frac{1}{x}\log\log\frac{1}{x}\cdots\log^{n-1}\frac{1}{x}\log^{n}\frac{1}{x}=\frac{f(x)\,\mathrm{d}x}{-\mathrm{d}\log^{1+n}\frac{1}{x}}$$

不会永远保持大于一个有限值，因而如果它们没有无穷多个极大和极小值，必定随 x 一起成为无穷小. 另一方面我们发现当下限为无穷小时，一旦

$$f(x)x\log\frac{1}{x}\cdots\log^{n-1}\frac{1}{x}\left(\log^{n-1}\frac{1}{x}\right)^{\alpha}=\frac{f(x)\,\mathrm{d}x(1-\alpha)}{-\mathrm{d}\left(\log^{n}\frac{1}{x}\right)^{1-n}}$$

对于 $\alpha>1$，随 x 一起成为无穷小，则积分 $\int f(x)\,\mathrm{d}x$ 收敛.

但是，如果 $f(x)$ 具有无穷多个极大和极小值，则不能确定它变为无穷的阶. 事实上，如果我们假定函数由其绝对值给出，并且它变到无穷时的阶仅依赖于此，则适当地定义符号总可使积分 $\int f(x)\,\mathrm{d}x$ 在下限为无穷小时收敛. 函数

$$\frac{\mathrm{d}(x\cos\mathrm{e}^{\frac{1}{x}})}{\mathrm{d}x}=\cos\mathrm{e}^{\frac{1}{x}}+\frac{1}{x}\mathrm{e}^{\frac{1}{x}}\sin\mathrm{e}^{\frac{1}{x}}$$

是那样一个例子：一个以无穷大的阶变到无穷大的函数（将 $\frac{1}{x}$ 的阶作为 1）.

让这个话题就谈到这里吧，它基本上属于另一个领域. 我们现在转到我们的真正的任务，即是否一个函数可以用一个三角函数表示的一般性研究.

伯恩哈德·黎曼（1826—1866）

在没有对函数性质作特别假定下对于一个函数是否可以用三角函数表示的研究

7

迄今在这方面的研究的目标是对天然存在的情形证明傅里叶级数的存在性. 因此可开始于对完全任意函数进行这种证明，并在此后，对这个函数的研究可使其受制于任意限制以有助于证明，只要这样做不会有损于这个目标就行. 就我们的目的而言，我们只能将证明限于使一个函数成为可表示的必要条件中. 因此必须首先找出对于可表示性的必要的条件，然后必须从中挑出对于可表示的充分条件. 然而早先的工作表明：如果一个函数具有这样和那样一些性质，它便可以由傅里叶级数表示；于是，我们必须从反向提出问题：如果一个函数是用三角级数表示的，那么，对于如何使该函数能运作，并且对于当变量连续变化时它的值如何改变方面我们能够推出什么结果?

让我们来看一看级数

$$a_1\sin x+a_2\sin 2x+\cdots+\frac{1}{2}b_0+b_1\cos x+b_2\cos 2x+\cdots,$$

或者为简便计令

$$\frac{1}{2}b_0=A_0,\ a_1\sin x+b_1\cos x=A_1,\ a_2\sin 2x+b_2\cos 2x=A_2,\ \cdots,$$

于是我们可将该级数用

$$A_0+A_1+A_2+\cdots$$

给出. 记此表达式为 Ω，并记其值为 $f(x)$，故而此函数只代表这个级数在 x 为收敛的那些值.

为了使一个级数收敛，它的项必须最终变成无穷小. 如果系数 a_n 和 b_n 当 n 向无穷增大时减小，则级数 Ω 的项对于每个 x 的值最终变成无穷小；但这种情形或者只出现在 x 的特殊的值上. 需要分别对待这两种情形.

8

因此，首先我们假定级数 Ω 的项对于每个 x 的值最终变成无穷小.

在此假设下，由 Ω 经过对每一项按 x 积分两次得到的级数

$$C + C'x + A_0 \frac{xx}{2} - A_1 - \frac{A_2}{4} - \frac{A_3}{9} - \cdots = F(x)$$

对于每个 x 都收敛. 值 $f(x)$ 随 x 连续地变化，从而 x 的这个函数 F 处处可积.

为了了解如下两个性质，即这个级数的收敛性，以及函数 $f(x)$ 的连续性，让我们用 N 来表示该级数一直到项 $-\frac{A_n}{nn}$ 的和，R 表示级数其余的项，即级数

$$-\frac{A_{n+1}}{(n+1)^2}-\frac{A_{n+2}}{(n+2)^2}-\cdots,$$

并且以 ε 表示对于 $m>n$ 的所有 A_m 中的最大值，这时，不管此级数被延续到多远 R 的值显然一直可因表达式

$$< \varepsilon\left(\frac{1}{(n+1)^2} + \frac{1}{(n+2)^2} + \cdots\right) < \frac{\varepsilon}{n}$$

而舍去，因而只要假定 n 充分大，它就可以包含在任意小的范围之内；于是级数收敛.

另外，函数 $f(x)$ 连续，即对于任意给定的小的范围，如果对于 x 的相应变化可指定一个充分小的范围，使此函数值在所给定的小范围内变化. $f(x)$ 的变化由 R 的变化和 N 变化组成；现在显然可以一开始就假定 n 足够大，不管 x 如何，对于 x 的每个变化. R 因而 R 的变化都可任意小，然后假定 x 的变化足够小使得 N 的变化也任意小.

陈述几个关于这个函数 $f(x)$ 的定理，并将对它们的证明插入我们的研讨过程中应该是个不错的主意.

定理 1. 如果级数 Ω 收敛，则当 α 和 β 变成无穷小且保持它们的比为有限时，则

$$\frac{F(x+\alpha+\beta) - F(x-\alpha-\beta) - F(x-\alpha+\beta) + F(x-\alpha-\beta)}{4\alpha\beta}$$

收敛于级数的同一值.

事实上，

$$\frac{F(x+\alpha+\beta) - F(x+\alpha-\beta) - F(x-\alpha+\beta) + F(x-\alpha-\beta)}{4\alpha\beta}$$

$$= A_0 + A_1 \frac{\sin\alpha}{\alpha}\frac{\sin\beta}{\beta} + A_2 \frac{\sin 2\alpha}{2\alpha}\frac{\sin 2\beta}{2\beta} + A_2 \frac{\sin 3\alpha}{3\alpha}\frac{\sin 3\beta}{3\beta} + \cdots,$$

或者，首先解决 $\beta=\alpha$ 的较为简单的情形，

$$\frac{F(x+2\alpha)-2F(x)+F(x-2\alpha)}{4\alpha\alpha}=A_0+A_1\left(\frac{\sin\alpha}{\alpha}\right)^2+A_2\left(\frac{\sin2\alpha}{2\alpha}\right)^2+\cdots$$

如果无穷级数

$$A_0+A_1+A_2+\cdots=f(x)$$

是序列

$$A_0+A_1+\cdots A_{n-1}=f(x)+\varepsilon_n$$

则，对于给定 σ 的任何值，必定可以指定 n 的一个值 m，使得如果 $n>m$，有 $\varepsilon_n<\delta$. 如果我们现在假定 α 如此之小使得 $m\alpha<\pi$，并且如果进一步假定

$$\sum_{0,\infty}\left(\frac{\sin n\alpha}{n\alpha}\right)^2A_n$$

在替换 $A_n=\varepsilon_{n+1}-\varepsilon_n$ 下的形式为

$$f(x)+\sum_{1,\infty}\varepsilon_n\left\{\left(\frac{\sin(n-1)\alpha}{(n-1)\alpha}\right)-\left(\frac{\sin n\alpha}{n\alpha}\right)\right\},$$

再将最后的这个级数分成三个部分之和，即

1. 级数的从 1 到 m 的项，

2. 级数的从 $m+1$ 到小于$\dfrac{\pi}{\alpha}$的最大整数的项，设为 s，

3. 级数的从 $s+1$ 到无穷的项.

第一部分于是由有限个连续变化的项组成，从而如果让 a 变成无穷小则它可以任意地靠近它的极限值 0.

第二部分，由于 εn 的因子始终都是正的，故它显然因表达式

$$<\delta\left\{\left(\frac{\sin m\alpha}{m\alpha}\right)^2-\left(\frac{\sin s\alpha}{s\alpha}\right)^2\right\},$$

而舍去.

最后，为了让第三部分包含在范围以内，应该分解通项为

$$\varepsilon_n\left\{\left[\frac{\sin(n-1)\alpha}{(n-1)\alpha}\right]-\left[\frac{\sin(n-1)\alpha}{n\alpha}\right]\right\}$$

和 $$\varepsilon_n\left\{\left[\frac{\sin(n-1)\alpha}{n\alpha}\right]-\left(\frac{\sin n\alpha}{n\alpha}\right)\right\}=-\varepsilon_n\frac{\sin(2n-1)\alpha\sin\alpha}{(n\alpha)^2};$$

它于是显然

$$<\delta\left\{\frac{1}{(n-1)^2\alpha\alpha}-\frac{1}{nn\alpha\alpha}\right\}+\delta\frac{1}{nn\alpha},$$

从而从 $n=s+1$ 到 $n=\infty$ 的和

$$<\delta\left\{\frac{1}{(s\alpha)^2}+\frac{1}{s\alpha}\right\}.$$

当 α 变小，级数

$$\sum \varepsilon_n \left\{ \left(\frac{\sin(n-1)\alpha}{(n-1)\alpha} \right) - \left(\frac{\sin n\alpha}{n\alpha} \right) \right\}$$

因而趋向一个极限值，而这个值不会大于

$$\delta\left\{1+\frac{1}{\pi}+\frac{1}{\pi\pi}\right\}$$

因此必为零，从而当 a 变成无穷小时，

$$\frac{F(x+2\alpha)-2F(x)+F(x-2\alpha)}{4\alpha\alpha}$$

$$=f(x)+\sum_{1,\infty}\varepsilon_n\left\{\left(\frac{\sin(n-1)\alpha}{(n-1)\alpha}\right)-\left(\frac{\sin n\alpha}{n\alpha}\right)\right\},$$

随同 $f(x)$ 一起收敛，于是我们的定理在 $\beta=\alpha$ 的情形得证.

为证明一般情形，设

$$F(x+\alpha+\beta)-2F(x)+F(x-\alpha-\beta)=(\alpha+\beta)^2(f(x)+\delta_1),$$

$$F(x+\alpha-\beta)-2F(x)+F(x-\alpha+\beta)=(\alpha-\beta)^2(f(x)+\delta_2),$$

由此，

$$F(x+\alpha+\beta)-F(x+\alpha-\beta)-F(x-\alpha-\beta)+F(x-\alpha-\beta)$$
$$=4\alpha\beta f(x)+(\alpha+\beta)^2\delta_1-(\alpha-\beta)^2\delta_2,$$

由我们刚才证明的结果知，δ_1 和 δ_2 当 α 和 β 变成无穷小时则也变成了无穷小；如果 δ_1 和 δ_2 的系数不同是变为无穷大，则

$$\frac{(\alpha+\beta)^2}{4\alpha\beta}\delta_1-\frac{(\alpha-\beta)^2}{4\alpha\beta}\delta_2$$

也变成了无穷小，而这种同时变为无穷大的情形在 $\frac{\beta}{\alpha}$ 同时保持有限的情形是不会出现的，因此

$$\frac{F(x+\alpha+\beta)-F(x+\alpha-\beta)-F(x-\alpha+\beta)+F(x-\alpha-\beta)}{4\alpha\beta}$$

随同 $f(x)$ 一起收敛. *Q. E. D.*

定理 2.

$$\frac{F(x+2a)+F(x-2a)-2F(x)}{2\alpha}$$

与 α 一起变成无穷小.

为证此，我们将级数

$$\sum An\left(\frac{\sin n\alpha}{n\alpha}\right)^2$$

分成三组，其中的第一个包含直到一个具固定指标 m 的项，使得在其后面的 A_n 总小于 ε；第二组包含了所有那些接续的项使得它们的 $n\alpha\leqslant$ 一个固定的值 c，而第三组则由级数的其他项组成. 于是容易看出，如果 α 变成无穷小，第一组的和仍旧有限即小于一个固定的值 Q；第二组的和 $<\varepsilon\frac{c}{\alpha}$，而第三个和

$$<\varepsilon\sum_{c<n\alpha}\frac{1}{nn\alpha\alpha}<\frac{\varepsilon}{\alpha c}.$$

因此仍有 $=2\alpha\sum A_n\left(\frac{\sin n\alpha}{n\alpha}\right)^2$ 的 $\frac{F(x+2\alpha)+F(x-2\alpha)-2F(x)}{2\alpha}$ 小于 $2\left(Q\alpha+\varepsilon\left(c+\frac{1}{c}\right)\right)$，由此得到了定理的证明.

定理 3. 如果我们以 b 和 c 表示两个常数，其中 c 较大，而 $\lambda(x)$ 表示一个函数，它及其一阶微商都在 b 与 c 间连续，并在这两个边界等于零，而其二阶微商没有无穷多个极大和极小值，于是积分

$$\mu\mu\int_b^c F(x)\cos\mu(x-\alpha)\lambda(x)\,\mathrm{d}x$$

当 μ 增大到无穷时，最终成为小于任意给定的值.

如果将 $F(x)$ 换成它的级数展开式，则对于

$$\mu\mu\int_b^c F(x)\ \cos\mu(x-\alpha)\lambda(x)\,\mathrm{d}x$$

可得到级数 Φ：

$$\mu\mu\int_b^c\left(C+C'x+A_0\frac{xx}{2}\right)\cos\mu(x-\alpha)\lambda(x)\,\mathrm{d}x$$

$$-\sum_{1,\infty}\frac{\mu\mu}{nn}\int_b^c A_n\cos\mu(x-\alpha)\lambda(x)\,\mathrm{d}x.$$

现由于 $A_n\cos\mu(x-a)$ 显然可以表达为 $\cos(\mu+n)(x-a)$，$\sin(\mu+n)(x+a)$，$\cos(\mu-n)(x-a)$，$\sin(\mu-n)(x-a)$ 的总和，并且如果在其中用 $B_{\mu+n}$ 表示前两项的和，$B_{\mu-n}$ 表示后两项之和，于是我们得到 $\cos\mu(x-a)A_n=B_{\mu+n}+B_{\mu-n}$，

$$\frac{\mathrm{d}^2B_{\mu+n}}{\mathrm{d}x^2}=-(\mu+n)^2B_{\mu+n},\quad\frac{\mathrm{d}^2B_{\mu-n}}{\mathrm{d}x^2}=-(\mu-n)^2B_{\mu-n},$$

而且，不管 x 如何，$B_{\mu+n}$ 和 $B_{\mu-n}$ 当 n 递增时最终变成无穷小.

对于级数（Φ）的通项表达式

$$-\frac{\mu\mu}{nn}\int_b^c A_n\cos\mu(x-\alpha)\lambda(x)\,\mathrm{d}x$$

因而

$$=\frac{\mu^2}{n^2(\mu+n)^2}\int_b^c\frac{\mathrm{d}^2B_{\mu+n}}{\mathrm{d}x^2}\lambda(x)\,\mathrm{d}x+\frac{\mu^2}{n^2(\mu-n)^2}\int_b^c\frac{\mathrm{d}^2B_{\mu-n}}{\mathrm{d}x^2}\lambda(x)\,\mathrm{d}x$$

或者，在分部积分两次后，第一次将 $\lambda(x)$，第二次将 $\lambda'(x)$ 看作常量，

$$=\frac{\mu^2}{n^2(\mu+n)^2}\int_b^c B_{\mu+n}\lambda''(x)\,\mathrm{d}x+\frac{\mu^2}{n^2(\mu-n)^2}\int_b^c B_{\mu-n}\lambda''(x)\,\mathrm{d}x,$$

由于 $\lambda(x)$ 和 $\lambda'(x)$ 为常量，从而在积分号内级数的项在边界为零.

容易看出，当 μ 增至无穷，对于任意的 n，$\int_b^c B_{\mu\pm n}\lambda''(x)\,\mathrm{d}x$ 变成无穷小；由于该表达式等于积分

$$\int_b^c\cos(\mu\pm n)(x-a)\lambda''(x)\,\mathrm{d}x,\ \int_b^c\sin(\mu\pm n)(x-\alpha)\lambda''(x)\,\mathrm{d}x$$

的总和，并且如果 $\mu\pm n$ 变到无穷大，则这些积分亦然，但如果不是如此，因为 n 成为了无穷大，则在此表达式中它们的系数便变为了无穷小，

因此对于所有满足条件 $n<-c'$，$c''<n<\mu-c'''\mu+c^{IV}<n$（对于不管什么的变量 c 的任意值）的整数展开的和

$$\sum\frac{\mu^2}{(\mu-n)^2n^2},$$

如果能证明当 μ 变为无穷大时此和保持有限，这显然就足以证明我们的定理了. 除去满足 $-c'<n<c''$ 和 $\mu-c'''<n<\mu-c^{IV}$ 的那些项，它们显然无穷小且项数有限外，级数（Φ）显然保持小于乘以成为无穷小的 $\int_b^c B_{\mu\pm n}\lambda''(x)\,\mathrm{d}x$ 的该和数的最大值.

但现在，如果 c 的值>1，和数

$$\sum\frac{\mu^2}{(\mu-n)^2n^2}=\frac{1}{\mu}\sum\frac{\frac{1}{\mu}}{\left(1-\frac{n}{\mu}\right)^2\left(\frac{n}{\mu}\right)^2}$$

在上述范围内小于

$$\frac{1}{\mu}\int\frac{\mathrm{d}x}{(1-x)^2x^2},$$

并且是它在

$$-\infty\ 到 -\frac{c'-1}{\mu},\ \frac{c''-1}{\mu}到\frac{c'''-1}{\mu},\ 1+\frac{c^{IV}-1}{\mu}到\infty$$

S 中的展开式，因为如果我们将整个由 $-\infty$ 到 ∞ 的区间，从 0 开始分割成长为 $\frac{1}{\mu}$ 的区间，并且如果我们处处将积分号内的函数以它们在这些区间中的最小值替代，并由于该函数在积分区间中并非处处有极大值，故我们得到该级数的所有的项，如果进行积分，我们便得到了

$$\frac{1}{\mu}\int\frac{\mathrm{d}x}{x^2(1-x)^2}=\frac{1}{\mu}\left(-\frac{1}{x}+\frac{1}{1-x}+2\log x-2\log(1-x)\right)+\text{const}.,$$

从而是一个在以上范围内的值，它不随 $\mu^{(4)}$ 一起变为无穷小.

9

借助于这些定理，在下面可以确定通过三角级数来表示一个函数的能力，其中这个级数的项对于每个变量值都最终变成无穷小.

Ⅰ. 对于一个可通过其项对于 x 的每个值最终成为无穷小的三角级数表示的周期为 2π 的函数 $f(x)$，则必存在连续函数 $F(x)$，使 $f(x)$ 以如下方式依赖于它，即使

$$\frac{F(x+\alpha+\beta)-F(x+\alpha-\beta)-F(x-\alpha+\beta)+F(x-\alpha-\beta)}{4\alpha\beta}$$

在 α 与 β 保持无穷小的同时它们之间的比保持有限时，它随同 $f(x)$ 一起收敛.

另外，对于积分

$$\mu\mu\int_b^c F(x)\cos\mu(x-\alpha)\lambda(x)\,\mathrm{d}x\ ,$$

如果在积分区间端点 $\lambda(x)$ 和 $\lambda'(x)=0$，并且 $\lambda(x)$ 和 $\lambda'(x)$ 在它们之间连续，而如果 $\lambda''(x)$ 不具有无穷多个极大和极小值，则当 μ 递增时该积分最终变成无穷小.

Ⅱ. 反之，如果这两个条件都满足，则有一个三角级数，其系数最终变成无穷小，并在收敛的点代表了这个函数.

因为，如果我们定义 C' 和 A_0 为使

$$F(x)-C'x-A_0\frac{(xx)}{2}$$

是一个周期地重复在一个 2π 区间的函数，而且如果将后者按照傅里叶的方法展开为三角级数

$$C-\frac{A_1}{1}-\frac{A_2}{4}-\frac{A_3}{9}-\cdots,$$

其中有如下的等式：

$$\frac{1}{2\pi}\int_{-\pi}^{\pi}\left(F(x)-C't-A_0\frac{tt}{2}\right)\mathrm{d}t=C,$$

$$\frac{1}{\pi}\int_{-\pi}^{\pi}\left(F(x)-C't-A_0\frac{tt}{2}\right)\cos n(x-t)\,\mathrm{d}t=-\frac{A_n}{nn},$$

于是

$$A_n=-\frac{nn}{\pi}\int_{-\pi}^{\pi}\left(F(x)-C't-A_0\frac{tt}{2}\right)\cos n(x-t)\,\mathrm{d}t$$

当 n 递增时最终必定（按假定）变成无穷小，按前面的定理 1 其结论是，级数

$$A_0+A_1+A_2+\cdots$$

与 $f(x)$ 一起收敛于同一值[(5)].

Ⅲ. 设 $b<x<c$，而 $\rho(t)$ 是个使得 $\rho(t)$ 和 $\rho'(t)$ 在 $t=b$ 和 $t=c$ 取值 0 的函数，并且在这两个之间连续地变化，另外，还设 $\rho''(t)$ 没有无穷多个极大和极小值，并且对于 $t=x$，设 $\rho(t)=1$，$p'(t)=0$ 以及 $p''(t)=0$，但，最后，设 $p'''(t)$ 和 $p^{IV}(t)$ 为有限且连续；因此在序列

$$A_0+A_1+\cdots+A_n$$

与积分

$$\frac{1}{\pi}\int_b^c F(t)\frac{\mathrm{dd}\dfrac{\sin\dfrac{2n+1(x-t)}{2}}{\sin\dfrac{(x-t)}{2}}}{\mathrm{d}t^2}\rho(t)\,\mathrm{d}t$$

之差当 n 递增时最终变成无穷小，级数

$$A_0+A_1+A_2+\cdots$$

或收敛或不收敛，于是取决于当 n 递增时，

$$\frac{1}{\pi}\int_b^c F(t)\frac{\mathrm{dd}\dfrac{\sin\dfrac{2n+1(x-t)}{2}}{\sin\dfrac{(x-t)}{2}}}{\mathrm{d}t^2}\rho(t)\,\mathrm{d}t$$

是否最终趋向还是没有趋向一个固定的极限.

事实上，

$$A_1+A_2+\cdots+A_n=\frac{1}{\pi}\int_{-\pi}^{\pi}\left(F(x)-C't-A_0\frac{\pi}{2}\right)\sum_{1,\infty}-nn\cos n(x-t)\,\mathrm{d}x,$$

或者，由于

$$2\sum_{1,n} -nn\cos n(x-t) = 2\sum_{1,n} \frac{d^2\cos n(x-t)}{dt^2} = \frac{dd\dfrac{\sin\dfrac{2n+1(x-t)}{2}}{\sin\dfrac{(x-t)}{2}}}{dt^2}$$

于是它

$$=\frac{1}{2\pi}\int_{-\pi}^{\pi}\left(F(x)-C't-A_0\frac{\pi}{2}\right)\frac{dd\dfrac{\sin\dfrac{2n+1(x-t)}{2}}{\sin\dfrac{(x-t)}{2}}}{dt^2}dt.$$

但现在由前面的定理3，

$$=\frac{1}{2\pi}\int_{-\pi}^{\pi}\left(F(x)-C't-A_0\frac{\pi}{2}\right)\frac{dd\dfrac{\sin\dfrac{2n+1(x-t)}{2}}{\sin\dfrac{(x-t)}{2}}}{dt^2}\lambda(t)dt,$$

如果$\lambda(t)$连同它的一阶微商均连续，$\lambda''(t)$没有无穷多个极大和极小值，且对于$t-x$，$\lambda(t)=0$，$\lambda''(t)=0$，但λ'''和λ^{IV}为有限且连续[(6)]，则当n无线递增时它变成无穷小.

如果在此令$\lambda(t)$在端点b，c外等于1，而在其间$=1-\rho(t)$，这显然可以做到；由此得到，序列$A_1+A_2+\cdots+A_n$和积分

$$\frac{1}{\pi}\int_{-\pi}^{\pi}\left(F(x)-C't-A_0\frac{\pi}{2}\right)\frac{dd\dfrac{\sin\dfrac{2n+1(x-t)}{2}}{\sin\dfrac{(x-t)}{2}}}{dt^2}\lambda(t)dt$$

之差当n递增时最终变成无穷小. 但是由分部积分容易知道，

$$\frac{1}{\pi}\int_{-\pi}^{\pi}\left(-C't-A_0\frac{\pi}{2}\right)\frac{dd\dfrac{\sin\dfrac{2n+1(x-t)}{2}}{\sin\dfrac{(x-t)}{2}}}{dt^2}\lambda(t)dt$$

当n趋于无穷大则收敛于A_0，由此我们便得到上述定理.

10

因此，研讨得到的结果是这样的：如果级数Ω最终成为无穷小则该级数对

于 x 的一个确定值的收敛性仅依赖于 $f(x)$ 在这个值的非常靠近处的行为.

是否该级数的系数最终成为无穷小在许多情形不一定由它们的定积分展开式而是由其他的方式决定，即便如此，还是值得特别提出一个情形，在此它可以直接由函数的特性决定，即是否函数 $f(x)$ 一直保持有限并可积.

在这种情形，如果我们将此级数分别分解到从 $-\pi$ 到 π 的整个区间分成的一小段一小段上，这些小段的长分别为

$$\delta_1,\ \delta_2,\ \delta_3,\ \cdots,$$

并用 D_1 表示该函数在第一段的最大变差，D_2 代表在第二段上的，等等，于是一旦所有 δ_i 变为无穷小，

$$\delta_1 D_1+\delta_2 D_2+\delta_3 D_3+\cdots$$

必变为无穷小，

但是，如果将积分 $\int_{-\pi}^{\pi} f(x)\sin n(x-a)\,\mathrm{d}x$ 分解，$\Bigl($除去因子$\frac{1}{\pi}$外，级数的系数均包含在此形式中$\Bigr)$，或者，等于说，将 $\int_{a}^{a+2\pi} f(x)\sin n(x-a)\,\mathrm{d}x$ 从 $x=a$ 起分成长为$\frac{2\pi}{n}$的区间，每一段上对于总的和所贡献的小于$\frac{2}{n}$乘以在此区间上函数的最大变差，从而它的和小于一个值，按假定它必与$\frac{2\pi}{n}$一起变成无穷小.

事实上，这些积分具有形式

$$\int_{a+\frac{s}{n}2\pi}^{a+\frac{s+1}{n}2\pi} f(x)\sin(x-a)\,\mathrm{d}x,$$

正弦函数在前半为正而在后半为负，如果用 M 代表 $f(x)$ 在该积分区间中的最大值，而 m 表示最小值，显见，如果我们在前半段以 M 置换 $f(x)$，以 m 在后半段置换，然而如果在前半段以 m 置换 $f(x)$，后半以 M 转换 $f(x)$，则此积分便变小，但是在前半我们得到了值$\frac{2}{n}(M-m)$，而在后半得到$\frac{2}{n}(m-M)$，从而积分

$$\int_{a}^{a+2\pi} f(x)\sin(x-a)\,\mathrm{d}x$$

小于

$$\frac{2}{n}(M_1-m_1)+\frac{2}{n}(M_2-m_2)+\frac{2}{n}(M_3-m_3)+\cdots,$$

其中 M_s 表示 $f(x)$ 在第 s 个区间上的最大值，而 m_s 是最小值；但是，如果 $f(x)$ 为

可积，这个和数当 n 无穷大，即区间的长$\frac{2\pi}{n}$为无穷小时变为无穷小.

因此在我们上面的情形级数的系数变为无穷小.

11

现在我们仍需研讨如下情形，此时级数 Ω 的项最终不是对于变量 x 的所有值成为无穷小. 这种情形可以化到前面的情形.

就是说，如果在此级数中对于变量值 $x+t$ 和 $x-t$ 添加进同等的项，便得到

$$2A_0+2A_1\cos t+2A_2\cos 2t+\cdots,$$

它的项最终对 t 的每个值变成无穷小，从而对它可应用前面的研究.

为此，如果我们用 $G(x)$ 表示

$$C+C'x+A\frac{xx}{2}+A_0\frac{tt}{2}-A_1\frac{\cos t}{1}-A_2\frac{\cos 2t}{4}-A_3\frac{\cos 3t}{9}-\cdots,$$

故在那些使 $F(x+t)$ 和 $F'(x+t)$ 收敛之处有$\frac{F(x+t)+F(x-t)}{2}=0$，结果如下：

Ⅰ. 如果级数 Ω 的项对于变量 x 最终成为无穷小，则

$$\mu\mu\int_b^c G(t)\cos\mu(t-a)\lambda(t)\mathrm{d}t$$

当 λ 递增，且如果 μ 如第 9 节中的那个函数，它最终成力无穷小.

这个积分的值由下面的部分构成：

$$\mu\mu\int_b^c\frac{F(x+t)}{2}\cos\mu(t-a)\lambda(t)\mathrm{d}t \text{ 和 } \mu\mu\int_b^c\frac{F(x+t)}{2}\mu(t-a)\lambda(t)\mathrm{d}t,$$

当然假定这些表达式要有一个值，是函数 F 在对称地处于 x 两侧的两个点上的形态使得它变为无穷小的. 但必须注意到在此有点，使得每个部分在其上不变为无穷小；否则级数的每一项就会对每个变量的值最终成为无穷小. 因此对称地处于 x 两侧的两点所做的贡献必定相互抵消，故对于一个无穷的 μ 它们的和变为了无穷小.

由此得出，级数 Ω 只对变量 x 的那些处于对称位置的点的值可以收敛，且在这些对称点

$$\mu\mu\int_b^c F(x)\cos\mu(x-a)\lambda(x)\mathrm{d}x$$

对于一个无穷的 μ 不为无穷小，因此仅当这些点的个数无限大时，一个具有不降到无穷的系数的三角级数对于变量的无穷多个值才能收敛.

反之，对于

$$A_n = -nn\frac{2}{\pi}\int_0^{\pi}\left(G(t) - A_0\frac{2}{\pi}\right)\cos nt\mathrm{d}t,$$

如果

$$\mu\mu\int_b^c G(t)\cos\mu(t-a)\lambda(t)\mathrm{d}t$$

对于一个无穷的 μ 总变为无穷小，则它当 n 递增时变成了无穷小.

Ⅱ. 如果对于 x 的某些值级数 Ω 的项最终变成无穷小，则此级数收敛与否取决于函数 $G(t)$ 对于一个无穷小的 t 是如何运作的，事实上，在

$$A_1 + A_2 + \cdots + A_n$$

与积分

$$\frac{1}{\pi}\int_0^b G(t)\frac{\mathrm{dd}\dfrac{\sin\frac{2n+1}{2}t}{\sin\frac{t}{2}}}{\mathrm{d}t^2}\rho(t)\mathrm{d}t$$

之间的差当 n 递增时最终成为无穷小，其中 b 是个在 0 与 π 之间任意小的一个常数，$\rho(t)$ 与 $\rho'(t)$ 为连续，并对 $t=b$ 时为零，$\rho''(t)$ 没有无穷多个极大和极小值，而且对于 $t=0$ $\rho(t)=1$，$\rho'(t)=o$ 和 $\rho''(t)=0$，但 $\rho''(t)$ 和 $\rho^{IV}(t)$ 为有限和连续.

12

一个函数可以以一个三角级数表示的条件当然可以进一步做点紧缩，因而多少可以将我们的研究向前推进而无需对于函数的性质做特别的假定，举例来说，在我们得到的最后那个定理中，条件 $\rho''(0)=0$ 可以去掉，这只要在积分

$$\frac{1}{\pi}\int_0^b G(t)\frac{\mathrm{dd}\dfrac{\sin\frac{2n+1}{2}t}{\sin\frac{t}{2}}}{\mathrm{d}t^2}\rho(t)\mathrm{d}t$$

中将 $G(t)$ 换作 $G(t)-G(0)$ 即可，但这并没有实现任何有意义的事，故而我们转而观察特别的情形，首先要力图给出对那些不具有无限个极大和极小值的函数的研究，这也完成了自狄利克雷以来仍未处理完的问题.

前面已经注意到，这样的函数只要不成为无穷便总可以积分，并且显见，只对于变量的有限个值容许出现无穷的情形. 还有，如果我们去掉函数为连续的必要假定，那么实际在狄利克雷的证明中，级数的第 n 项的以及前 n 项之和的积分

表示中便没有留下什么想要的东西了，而当 n 递增时，每个部分的贡献最终成了无穷小（除了那些使函数成为无穷大的部分以及那些处于无限接近级数变量的值部分），并且

$$\int_x^{x+b} f(x)\frac{\sin\frac{2n+1}{2}(x-t)}{\sin\frac{x-t}{2}}\mathrm{d}t$$

当 $0<b<\pi$ 且 $f(x)$ 在积分范围内不为无穷时收敛. 因此我们仍然必须研讨的是，在哪些情形下，在这些积分表达式中，函数最终成为无穷大的点贡献是当 n 递增时变成无穷小. 这个研究还没有进行. 更准确地说，狄利克雷有时仅仅表明如果我们假定了被表示了的函数是可积的它便会发生，但并非必需的.

我们在前面曾看到，如果级数 Ω 的项对于 x 的每个值最终成为无穷小，则二阶微商等于 $f(x)$ 的函数 $F(x)$ 必为有限且连续，并且

$$\frac{F(x+\alpha)-2F(x)+F(x-\alpha)}{\alpha}$$

与 α 一起连续地变成无穷小. 现在如果 $F'(x+t)-F'(x-t)$ 不具有无穷多个极大和极小值，如果 t 变为零，它必收敛于一个固定的极限值 L 或成为无穷大，于是显然

$$\frac{1}{\alpha}\int_0^\alpha (F'(x+t)-F'(x-t))\mathrm{d}t=\frac{F(x+\alpha)-2F(x)+F(x+\alpha)}{\alpha}$$

必定同样地收敛于 L 或 ∞，因而当 $F'(x+t)-F'(x-t)$ 收敛于零时必定只能成为无穷小. 于是，如果对于 $x=a$. $f(x)$ 变为无穷大，则 $f(a+t)+f(a-t)$ 必定直到 $t=0$ 都可积. 对于

$$\left(\int_b^{a-\varepsilon}+\int_{a+\varepsilon}^c\right)\mathrm{d}x(f(x)\cos n(x-a))$$

当 ε 递降时收敛并当 n 递增时变为无穷小是充分的. 另外，因为函数 $F(x)$ 为有限且连续，于是 $F'(x)$ 必可积到 $x=a$，且如果 $(x-a)F'(x)$ 不具有无穷多个极大和极小值，则它必定与（$x-a$）一起变为无穷小；由此得到

$$\frac{d(x-a)F'(x)}{\mathrm{d}x}=(x-a)f(x)+F(x),$$

从而还有（$x-a$）f（x）可积到 $x=a$，因此，$\int f(x)\sin n(x-a)\mathrm{d}x$ 直到 $x=a$ 也可积，而且为使该级数的系数最终成为无穷小，显然仍为必要的事是

$$\int_b^c f(x)\sin n(x-a)\mathrm{d}x,\ b<a<c$$

当 n 递增时最终成为无穷小，如果令

$$f(x)(x-a)=\varphi(x),$$

则如狄利克雷表明的那样，如果这个函数没有无穷多个极大和极小值，则对于一个无穷的 n 有

$$\int_b^c f(x)\sin n(x-a)\,\mathrm{d}x=\int_b^c \frac{\varphi(x)}{x-a}\sin n(x-a)\,\mathrm{d}x=\pi\,\frac{\varphi(a+0)+\varphi(a-0)}{2}$$

因此，
$$\varphi(a+t)+\varphi(a-t)=f(a+t)t-f(a-t)t$$
必与 t 一起成为无穷小，并由于

$$f(a+t)+f(a-t)$$

可以积分到 $t=0$ 从而

$$f(a+t)t+f(a-t)t$$

也与 t 一起成为无穷小，$f(a+t)t$ 和 $f(a-t)t$ 两者当 t 递降时都最终成为无穷小，除了具有无穷多个极大和极小值的函数外，使函数 $f(x)$ 可被系数下降为无穷小的三角级数表示的充分必要条件（如果对 $x=a$ 它成为无穷）是，对于 $f(a+t)t$ 和 $f(a-t)t$ 与 t 一起成为无穷小，并对于 $f(a+t)t$ 和 $f(t-a)t$ 直到 $t=0$ 可积.

一个不具有无穷多个极大和极小值的函数 $f(x)$（由于仅对有限个点如此，

$$\mu\mu\int_b^c F(x)\cos\mu(x-a)\lambda(x)\,\mathrm{d}x$$

对于一个无穷的 μ 不会成为无穷小）可被一个系数最终不成为无穷小的三角级数表示——也只对变量的有限个值——对此已无需再花费更多的时间了.

13

至于那些确实具有无穷多个极大和极小值的函数，我们或许应该注意到，一个具有无穷多个极大和极小值的函数 $f(x)$ 可以是完全可积的，但却没有一个傅里叶级数的表示[7].

例如，这出现当 $f(x)$ 在 0 与 2π 之间等于

$$\frac{\mathrm{d}\left(x^{\nu}\cos\frac{1}{x}\right)}{\mathrm{d}x},\quad 0<\nu<\frac{1}{2}$$

的场合.

因为在 n 递增的积分 $\int_0^{2\pi} f(x)\cos n(x-a)\,\mathrm{d}x$ 中，一般说来，在 x 几乎等于 $\sqrt{\frac{1}{n}}$ 的那些点的贡献最终成为无限大，故而这个积分与

$$\frac{1}{2}\sin\left(2\sqrt{n}-na-\frac{\pi}{4}\right)\sqrt{\pi}\,n^{\frac{1-2\nu}{4}}$$

的比值收敛于1，这我们将很快看出，为了给出它的更一般的例子，使其本质更好地凸显，让我们令

$$\int f(x)\,\mathrm{d}x=\varphi(x)\cos\psi(x)\ ,$$

并设对于无穷小的 x, $\varphi(x)$ 成为无穷小而 $\psi(x)$ 成为无穷大，但除此之外，让这些函数与它们的微商为连续并没有无穷多个极大和极小值，于是

$$f(x)=\varphi'(z)\cos\psi(x)-\varphi(x)\psi'(x)\ \sin\psi(x)$$

以及

$$\int f(x)\cos n(x-a)\,\mathrm{d}x$$

变为等于下面4个积分的和：

$$\frac{1}{2}\int\psi'(x)\ \cos(\psi(x)\ \pm n(x-a))\,\mathrm{d}x,$$

$$-\frac{1}{2}\int\psi'(x)\ \psi'(x)\ \pm n(x-a)\,\mathrm{d}x.$$

取 $\psi(x)$ 为正，让我们现在考虑项

$$-\frac{1}{2}\int\psi(x)\psi'(x)\ +n(x-a))\,\mathrm{d}x,$$

并在此积分中寻找正弦函数改变符号最慢的点，如果令

$$\psi(x)\ +n(x-a)=y,$$

这个点出现在使 $\mathrm{d}y/\mathrm{d}x=0$ 处，因此假定

$$\psi'(\alpha)\ +n=0,$$

即出现在 $x=\alpha$. 那么我们来考虑积分

$$-\frac{1}{2}\int_{\alpha-\epsilon}^{\alpha+\epsilon}\psi(x)\psi'(x)\ \sin y\,\mathrm{d}x$$

在对于无穷大的 n，ε 成为无穷小的情形时的性态，而为此目的我们引进了变量 y. 如果令

$$\psi(\alpha)\ +n(\alpha-a)=\beta,$$

对于充分小的 ε，我们得到

$$y=\beta+\psi''(\alpha)\ \frac{(x-\alpha)^2}{2}+\cdots,$$

当然 $\psi''(\alpha)$ 为正，这是因为 $\psi(x)$ 对于无穷小的 x 在正方向成为无穷大；我们还

得到

$$\frac{\mathrm{d}y}{\mathrm{d}x}=\psi''(\alpha)\ (x-\alpha)\ =\pm\sqrt{2\psi''(\alpha)\ (y-\beta)},$$

其符号取决于 $x-a>0$ 还是 $x-a<0$，从而

$$-\frac{1}{2}\int_{\alpha-\varepsilon}^{\alpha+\varepsilon}\varphi(x)\psi'(x)\sin y\mathrm{d}x$$

$$=\frac{1}{2}\left(\int_{\beta+\psi''(\alpha)\frac{\varepsilon\varepsilon}{2}}^{\beta}-\int_{\beta}^{\beta+\psi''(\alpha)\frac{\varepsilon\varepsilon}{2}}\right)\left(\sin y\ \frac{\mathrm{d}y}{\sqrt{y-\beta}}\right)\frac{\psi(\alpha)\psi'(\alpha)}{\sqrt{2\psi''(\alpha)}}$$

$$=-\int_{0}^{\psi''(\alpha)\frac{\varepsilon\varepsilon}{2}}\sin(y+\beta)\frac{\mathrm{d}y}{\sqrt{y}}\frac{\varphi(\alpha)\psi'(\alpha)}{\sqrt{2\psi''(\alpha)}}.$$

当 n 递增时，如果我们设值 ε 递降使得 $\psi''(\alpha)\varepsilon\varepsilon$ 成为无穷小，那么，如果

$$\int_{0}^{\infty}\sin(y+\beta)\frac{\mathrm{d}y}{\sqrt{y}}$$

[我们知道它等于 $\sin\left(\beta+\frac{\pi}{4}\right)\sqrt{\pi}$] 不为零，则除去较低阶的值外我们得到

$$-\frac{1}{2}\int_{\alpha-\varepsilon}^{\alpha+\varepsilon}\varphi(x)\psi'(x)\sin[\psi(x)+n(x-a)]\mathrm{d}x=-\sin\left(\beta+\frac{\pi}{4}\right)\sqrt{\frac{\pi\varphi(\alpha)\psi'(\alpha)}{\sqrt{2\psi''(\alpha)}}}$$

因此，如果这个值没有成为无穷小，则

$$\int_{0}^{2\pi}f(x)\cos n(x-a)\mathrm{d}x$$

与这个值的比值，当 n 无限递增时将收敛于 1，这是因为这个值的剩余部分成为无穷小.

如果我们假设对于无穷小的 x，$\varphi(x)$ 和 $\varphi'(x)$ 具有与 x 的幂相同的阶，特别地设 $\varphi(x)$ 具 x^{ν}，而 $\varphi(x)$ 具 $x^{-\mu-1}$，故必有 $\nu>0$ 且 $\mu\geqslant0$，于是对于一个无穷大的 n 我们得到

$$\frac{\varphi(\alpha)\psi'(\alpha)}{\sqrt{2\psi''(\alpha)}}$$

具有像 $\alpha^{\nu-\mu/2}$ 同样的阶，从而如果 $\mu\geqslant2\nu$ 则它便不是无穷小. 但是，总的来说，如果 $x\psi'(x)$，或者等价地 $\frac{\psi(x)}{\log x}$ 对于无穷小的 x，$\varphi(x)$ 为无穷大，则 $\varphi(x)$ 总可以那样选取使得对一个无穷小的 x 为无穷小，但使得

$$\varphi(x)\ \frac{\psi'(x)}{\sqrt{2\psi''(x)}}=\frac{\varphi(x)}{\sqrt{-2\frac{d}{\mathrm{d}x}\frac{1}{\psi'(x)}}}=\frac{\varphi(x)}{\sqrt{-2\lim\frac{1}{x\psi'(x)}}}$$

成为无穷大，因而 $\int_x f(x)\,\mathrm{d}x$ 可以拓展到 $x=0$，而

$$\int_0^{2\pi} f(x)\cos n(x-a)\,\mathrm{d}x$$

对一个无穷的 n 不成为无穷小，我们可以看到，在积分 $\int_x f(x)\,\mathrm{d}x$ 中，当 x 变到无穷小时积分的增量相互抵消，由于函数 $f(x)$ 快速的符号变化，即便它们与 x 的变化的比值增长得非常快也是如此；然而当引进了因子 $\cos n(x-a)$ 时，这些增量在这里被一起求和了.

如刚才所说，即便一个函数是完全可积的，它的傅里叶级数也可不收敛（甚至该级数的一个项可以最终变为无穷大），同样如此，尽管 $f(x)$ 是完全不可积的，在任意两个不管有多靠近的值之间，可以有无穷多个 x 的值，在那里级数 Ω 收敛.

级数

$$\sum_{1,\infty} \frac{(nx)}{x},$$

其中（nx）的意思如前（第 6 节），给出的函数提供了一个例子，即这是一个对 x 的所有有理数的值存在，并可由如下的三角级数

$$\sum_{1,\infty}^{n} \frac{\sum^{\theta} -(-1)^{\theta}}{n\pi}\sin 2nx\pi, \quad ^{(8)}$$

表示，其中的 θ 取 $\leqslant n$ 的所有的数；这个级数没有被包含在任何一个有限长区间的范围内，不管这个长有多小，从而不是处处可积的.

我们还可举出其他一个例子. 如果在级数

$$\sum_{0,\infty} c_n \cos nnx,\quad \sum_{0,\infty} c_n \sin nnx$$

中，对于 c_0，c_1，c_2，…我们给予它们以最终为无穷小的递降的正值，而 $\sum_{1,n}^{s} c_s$ 却与 n 一起成为无穷大. 因为，如果 x 与 2π 的比是有理数，并化为既约形式时其分母为 m，则显然这些级数将收敛或增大到无穷，这取决于

$$\sum_{0,m-1} \cos nnx,\quad \sum_{0,m-1} \sin nnx$$

等于零还是不等于零. 然而根据著名的循环除法定理[33]，对于一组无穷多个 x 值在任两个界限之间，不管间隔多小，这两种情形都要出现.

容易看出，在没有由对 Ω 逐项积分得到的级数

$$C' + A_0 x - \sum \frac{1}{nn}\frac{\mathrm{d}A_n}{\mathrm{d}x}$$

的值在一个任意小的区间上可积的条件下，级数 Ω 也可以收敛.

例如，如果取表达式

$$\sum_{1,\ \infty} \frac{1}{n^3}(1-q^n)\log\left[\frac{-\log(1-q^n)}{q^n}\right],$$

其中的对数对于 $q=0$ 应该取消；将它按 q 的升幂展开，令 $q=e^{xi}$，它的虚部构成一个三角级数，在对 x 微分两次后，它在每个不管大小的区间常常收敛，而它的第一次微商则在无穷多个点成为无穷大.

在同一程度上，即在变量的任意两个值之间，不管多靠近，如果级数的系数没有最终成为无穷小，这个三角级数自己也可以收敛. 这种级数的一个简单例子是 $\sum_{1,\ \infty}\sin(n!\ x\pi)$，其中 $n!$ 如通常那样为

$$1\cdot 2\cdot 3\cdot \cdots \cdot n,$$

这是一个仅对 x 的每个有理数值不收敛，只要看它的部分和即知；但却在无穷多个无理数值上收敛，其中最简单的是 $\sin 1$，$\cos 1$，$2/e$ 以及它们的倍数，还有

$$e,\ \frac{e-\frac{1}{e}}{4}$$

的奇倍数，等等. (9)

注

(1) 如果我们假设函数 $f(x)$ 在 x 与 $x_1>x$ 之间的区间 Δ 中不增，且如果用 g 表示它的值的上极限，这些值是对于 $0<\xi<\Delta$ 的 $f(x+\xi)$，即是那样的一个值，它不被这些函数值中任一个超过，但却可按想要的任意程度被它们逼近，于是 $g-f(x+\xi)$ 当 ξ 递增时从不递降，然而它会变成任意小，即它是 $\lim_{\xi=o}[g-f(x+\xi)]=0$，$g=f(x+0)$. 由外尔斯特拉斯首次清楚表达并证明了的一个定理说，一个有限或无穷的实数系 S，其中的个体为 s，它们都不超过一个有限的数值，则它存在一个上极限［参考 O. Biermann，《函数论》(Theorie der analytischen Funktionen)，ξ16. Leipzig：Teubner，1884］. 证明基于戴德金关于无理数的观点(《连续性与无理数》. Braunschweig：Vieweg，1872)，是相当容易的. 即，如果将实数系分成两部分，A 和 B，使得 A 中的每个数 α 都被 S 中的数超过，而 B 中的不被超过，则这两部分 A 和 B 被一个存在的数 g 分开，它便具有 S 的上极限性质.

(2) 关于这一点，有黎曼手稿的一个片段，我们试图在后面将它做出来，因

为有必要完成Δ与 d 一起消失也是 S 收敛的充分条件的证明. 似乎像是这样的：虽然对于两个不同的剖分，其中间隔长 δ'，δ''小于 d，在和数 S 的最大和最小值（上和下极限）的差（对应这两个剖分得和数分别记为 S'和 S''）小于一个已给定值 δ. 即便如此，和数 S'与 S'' 它们自身可能在一个有限部分的附近. 为了看出这是不可能的，我们来给出第三个剖分 δ，它对应得和数记为 S，这个剖分是将 δ'与 δ'' 的剖分点直接合在一起形成的. 现由于每个 δ'的元是由整数个 δ 的元构成，如果我们观察任一个 S 的值，S 中对应于这些 δ 元的项的和便在 S'的最大值与最小值之间，因此整个和数 S 也就在 S'的最大与最小值之间，同样的，也在 S'' 的极大与极小值之间；因此，S，S'，S'' 相互之间的相差不会大于 ε.

（3）这里给出的是我们对每个在两个界限 a 与 b 之间非增的有限函数 $f(x)$，从而每个不具有无穷多个极大和极小值的函数是可积的这个论断的证明.

设

$$a=x_1<x_2<x_3<\cdots<x_n=b,$$

$$\delta_1=x_2-x_1,\ \delta_2=x_3-x_2,\ \cdots,\ \delta_{n-1}=x_n-x_{n-1},$$

$$D_1=f(x_1)-f(x_2),\ D_2=f(x_2)-f(x_3),\ \cdots D_{n-i}=f(x_{n-1})-f(x_n),$$

$$D_1+D_2+\cdots+D_{n-1}=f(a)-f(b).$$

由于由假设，$f(x)$ 非增，故值 D_1，D_2，…，D_{n-1}是在区间 δ_1，δ_2，…，δ_{n-1}上的最大变差，并且全为正，或至少没有一个是负的. 如果 m 是使 $D>\sigma$ 的这种区间的个数，则 $ma<f(a)-f(b)$，或者

$$m<\frac{f(a)-f(b)}{\sigma}.$$

如果所有 δ 区间均小于 d，则那些最大变差大于 σ 的区间的总长 $\ll \frac{f(a)-f(b)}{\sigma}d$，因而与 d 起成为无穷小. Q. E. D.

（4）用在这里的值 $B_{\mu\pm n}$可表达为

$$B_{\mu+n}=\frac{1}{2}\cos(\mu+n)(x-a)(a_n\sim na+b_n\cos na)$$

$$+\frac{1}{2}\sin(\mu+n)(x-a)(a_n\cos na+b_n\sin na),$$

$$B_{\mu-n}=\frac{1}{2}\cos(\mu-n)(x-a)(a_n\mathrm{sin}na+b_n\cos na)$$

$$-\frac{1}{2}\sin(\mu-n)(x-a)(a_n\cos na+b_n\sin na).$$

要完成此，还必须证明

$$\mu\mu\int_b^c\left(C+C'x+A_0\frac{xx}{2}\right)\cos\mu(x-a)\lambda(x)\mathrm{d}x$$

也具有极限值0. 得到此的最容易的办法是，规定下面的值

$$\left(C+C'x+A_0\frac{xx}{2})\right)\cos\mu(x-a)=-\frac{1}{\mu\mu}\frac{d^2B}{\mathrm{d}x^2},$$

$$B=\left(C-\frac{3A_0}{\mu\mu}+C'x+A_0\frac{xx}{2}\right)\cos\mu(x-a)-2(C'+A_0x)\frac{\sin\mu(x-a)}{\mu},$$

并两次进行偏积分. 那些如同

$$\int_b^c cos\mu(x-a)\lambda''(x)\mathrm{d}x,\ \int_b^c\sin\mu(x-a)\lambda''(x)\mathrm{d}x$$

的积分随同一个无穷增大的 μ 一起消失这个事实，或者可由狄利克雷方法证明，或者更简单地由 P. du Bois-Reymond 均值定理证明，根据这个定理，如果 $\varphi(x)$ 是一个在界 b 和 c 之间的非增或非降函数，而 ξ 是 b 与 c 间的一个值，则

$$\int_b^c f(x)\varphi(x)\mathrm{d}x=\varphi(b)\int_b^\xi f(x)\mathrm{d}x+\varphi(c)\int_\xi^c f(x)\mathrm{d}x.$$

（5）需要对在Ⅱ下陈述的定理进行讨论. 由于函数 $f(x)$ 假设为具有周期 2π，于是

$$F(x+2\pi)-F(x)=\varphi(x)$$

必具有性质：

$$\frac{\varphi(x+\alpha+\beta)-\varphi(x+\alpha-\beta)-\varphi(x-\alpha+\beta)+\varphi(x-\alpha-\beta)}{4\alpha\beta}$$

在正文中所作假定下随 a 与 β 一起趋向0. 因此，$\varphi(x)$ 是 x 的线性函数，因而常数 C' 与 A_0 可被如此定义使得

$$\Phi(x)=F(x)-C'x-A_0\frac{xx}{2}$$

是一个 x 的以 2π 为周期的函数.

现在关于函数 $F(x)$ 可进一步假定对于任意的界限 b 和 c

$$\mu\mu\int_b^c F(x)\cos\mu(x-a)\lambda(x)\mathrm{d}x$$

在 λ 满足正文中条件时，当 μ 无穷增大时趋向于极限0；由此，在相同的假定下，得到

$$\mu\mu\int_b^c\Phi(x)\cos\mu(x-a)\lambda(x)\mathrm{d}x$$

趋向于极限0.

现在设 $b < -\pi$ 以及 $c > \pi$，并设在从 $-\pi$ 到 π 中取 $\lambda(x)=1$，这是容许的；于是也推出

$$\mu\mu\int_{b}^{-\pi}\Phi(x)\cos\mu(x-a)\lambda(x)\mathrm{d}x + \mu\mu\int_{\pi}^{c}\Phi(x)\cos\mu(x-a)\lambda(x)\mathrm{d}x +$$

$$\mu\mu\int_{-\pi}^{\pi}\Phi(x)\cos\mu(x-a)\mathrm{d}x$$

以 0 为极限，现在由于 $\Phi(x)$ 的周期性，如果 u 是个整数 n，我们可置此和为

$$nn\int_{b+2\pi}^{c}\Phi(x)\cos n(x-a)\lambda_1\mathrm{d}x + nn\int_{-\pi}^{+\pi}\Phi(x)\cos n(x-a)\mathrm{d}x,$$

其中在从 $b+\pi$ 到 π 的区间内 $\lambda_1(x)=\lambda(x-2\pi)$，而在 π 到 c 的区间内 $\lambda_1(x)=\lambda(x)$ 故而在界 $b+2\pi$ 与 c 之间，$\lambda_1(x)$ 满足加在 $\lambda(x)$ 上的条件.

于是，在上面的和中的第一项以 0 为极限值，从而

$$\mu\mu\int_{-\pi}^{+\pi}\Phi(x)\cos\mu(x-a)\mathrm{d}x$$

的极限值也等于零.

(6) 在这里，对于函数 $\lambda(x)$，看来必须加上条件说，它在 2π 区间上重复（这与后文中所作的假设一致）. 事实上，对于所论及的这个积分，譬如，如果我们在其中令 $F(t)-C't-A_0tt/2=$ 常数，而 $\lambda(t)=(x-t)^3$，那么它就不趋于极限 0. 另一方面，假定 $\lambda(t)$ 具周期性，通过应用第 8 节的定理 3 以及与在注(5)中相 似的步骤，进行微分

$$\frac{\mathrm{dd}\dfrac{\sin\dfrac{2n+1}{2}(x-t)}{\sin\dfrac{x-t}{2}}}{\mathrm{d}t^2}$$

则容易证明此积分化为零.

阿斯科利（Ascoli）在一篇论三角级数的论文（Accademia dei Lincei，1880）中，对于这里的注（5）和（6）提出了一系列的疑问，这两个注在《全集》第一版中被列为（1）和（2）. 它们在这里仍未改动；仅仅可能添加了如下的内容：

在注（5）中通过 $\varphi(x)$ 必为线性的定理证明（对此我参考了 G. 康托尔在 *Crelle'sJournal* 72 卷 141 页的一篇文章）的确没有预先假定函数. $f\varphi(x)$ 对于每个 x 的存在性（因而也没假定有限性）. 但是我觉得好像在第 9 节的 Ⅰ 和 Ⅱ 仅当假定了这个存在性时才完全讲得通，如阿斯科利已指出的，如果还对 $f(x)$ 假定了要求通过添加表达式 $-C'x-A_0xx/2$ 使其转换为周期函数条件，这便的确可行，

如果我们放弃 $f(x)$ 处处存在的假定，则就可能存在无穷多个不同的，相互之间不仅仅差一个线性表达式的函数 $F(x)$. 当然甚至不假定 $f(x)$ 处处存在，而要求 $F(x)$ 像第 8 节中那样由级数 $C-A_1/1-A_2/4-A_3/9-\cdots$ 定义，第 9 节的Ⅲ也仍然有意义.

至于注（6），正文中的公式必须承认它，这是由于函数 $\lambda(x)$ 只存在于从 $-\pi$ 到 $+\pi$ 之间的区间上，无需假定 $\lambda(x)$ 和 $\lambda''(x)$ 的周期性，而只需公式 $\lambda(\pi)=\lambda(-\pi)$ 和 $\lambda'(\pi)=\lambda'(-\pi)$ 就够了，因此真正要说的不是周期性，而是连续的周期扩张的可能性. 然而由于函数 $F(t)-C't-A_0/2t^2$ 是由级数 $C-A_1/1-A_2/4-A_3/9-\cdots$ 定义，而不是像阿斯科利所假定的，由 $-A_1/1-A_2/4-A_9-\cdots$ 定义，这个例子的假定：$F(t)-C't-A_0/2t^2$ 为非零常数，是极其容易得到接受的.

我应用类比于注（5）的方法，来证明积分

$$\frac{1}{2\pi}\int_{-\pi}^{+\pi}\Phi(t)\frac{\mathrm{dd}\dfrac{\sin\dfrac{2n+1}{2}(x-t)}{\sin\dfrac{x-t}{2}}}{\mathrm{d}t^2}\lambda(t)\,\mathrm{d}t$$

也需要更加精确一点安排.

如果在积分下进行微分，将得到一个有几个部分的表达式，其中第一项（为简单，令 $\frac{2n+1}{2}=\mu$）是

$$-\mu^2\int_{-\pi}^{+\pi}\Phi(t)\frac{\lambda(t)}{\sin\dfrac{x-t}{2}}\sin\mu(x-t)\,\mathrm{d}t.$$

或者如果令 $\lambda(t)=\lambda_1(t)\sin\frac{x-t}{2}$ 和 $x=a+\pi$，为

$$(-1)^n\mu^2\int_{-\pi}^{+\pi}\Phi(t)\lambda_1(t)\cos\mu(a-t)\,\mathrm{d}t.$$

现选取 b 使得从 b 到 c 的区间包含了从 $-\pi$ 到 $+\pi$ 的区间，并在第一个区间中定义了函数 $\lambda(x)$ 使得，在 $-\pi$ 到 $+\pi$ 之间 $\lambda(t)=\lambda_1(t)$ 但 $\lambda(t)$ 与 λ'') 在端点消失，另外，在 $b+2\pi$ 到 c 上定义一个函数 $\lambda_2(t)$，使得在 $b+2\pi$ 到 π 为 $\lambda_2(t)=-\lambda(-\pi)$，而在 π 到 c 间 $\lambda_2(t)=$ 入(t)，因而有 $\lambda_2(\pi)=-\lambda(-\pi)$ 和 $\lambda'(\pi)=\lambda'_1(-\pi)$. 于是，如注(5) 中那样，这给出了

$$\mu^2\int_{-\pi}^{+\pi}\Phi(t)\lambda_1(t)\cos\mu(x-t)\,\mathrm{d}t=\mu^2\int_b^c\Phi(t)\lambda_1(t)\cos\mu(a-t)\,\mathrm{d}t$$

$$-\mu^2\int_{b+2\pi}^{c}\Phi(t)\lambda_2(t)\cos\mu(a-t)\mathrm{d}t,$$

且右端的两部分当μ增至无穷时，按第 8 节的定理 3 消失，以此方式继续处理该积分余下的部分，便得到我们所想要的.

（7）这里的参考文献可见 P. du Bois - Reymond 的工作，它是在黎曼之后给出的三角级数理论中的重大进步. 在其中，举出了一些例子，表明甚至有完全有限且连续，并有无穷多个极大极小值的函数，它们可以通过三角级数表示.

（8）符号$\sum^{\theta}-(-1)^{\theta}$应该理解为正与负的单位 1 的一个和，使得对于$n$的每个偶因子，对应了一个负项，对每个奇因子对应一个正项. 我们找到了这个的展开式（虽然是以一个不是完全难于反对的方式得到的）：如果我们将函数（x）通过著名的公式

$$-\sum_{1,\infty}^{m}(-1)^{m}\frac{\sin 2m\pi x}{m\pi}$$

代入和$\dfrac{\sum(nx)}{n}$中，并对得到的和移项.

（9）值$x=\dfrac{1}{4}\left(e-\dfrac{1}{e}\right)$不属于使级数$\sum\limits_{1,\infty}\sin(n!\,x\pi)$收敛的$x$值，这是 Genochi 在处理这些例子时注意到的（Intorno ad alcune serie，Turin，1875）. 但正如 Genochi 宣称的，甚至对$x=\dfrac{1}{2}\left(e-\dfrac{1}{e}\right)$该级数也不收敛.

注　释

［1］这篇文章由作者作为他的 *Habilitation* 于 1859 年提交给格丁根大学哲学系. 虽然作者明显地无意将其发表，尽管如此，我们在这里对它不加改动的发表，无疑完全出于该文主题本身所具有的极大兴趣，同样还有它所建立的处理微积分的最重要原理的方法这样的正当理由，布劳恩维格，1867 年 7 月—R. 戴德金.

［2］*Mémoires de l'aca démiede Berlin*（1747），p. 214.

［3］同上所引，p. 220.

［4］Mémoires de l'académie de Berlin（1748）p. 69.

［5］*Memoires de l'académie* de Berli（1750），*p.* 358“事实上，似乎对我来说，除了假定它是一个x和t的函数外，人们不会将y解析地表达为一个更一般的方式，但是如此假定，只能找到这个问题的一个那种情形的解，那里振动弦的不同形状可以在一个相同的方程中了”（引言是法文的）.

［6］*Mémoires de l académie* de Berlin（1753），p. 147.

［7］Taylor，*De methodo incdementorum.*

［8］所引同前，p. 157，art. XⅢ.

［9］*Mémoires de l´académie* de Berlin（1753），p. 196.

［10］同前所引，p. 214.

[11] 同前所引，art. Ⅲ-X.

[12] *MiscellaneaTaurinensia* Tom Ⅰ，"Recherches sue la nature et la propagation du son".

[13] *Miscellanea Taurinensia Tom* Ⅱ，*Pars math.*，p. 18.

[14] *Op'uscules mathematiqué* Tome Ⅰ，p. 42，art. XXIV.

[15] *Miscellanea Taurinensia* Tom Ⅲ，Pars math.，p. 221，art. XXV.

[16] *Bulletin des scieces p la soc. Philomatique*, *Tome I*, p. 112. (1807 年 12 月 21 日).

[17] 由狄利克雷的一份口头报告得知.

[18] 在他扩充了的 *Treité de mécannique*, *no.* 323, p. 638, *inter alia* 中.

[19] 在 *Bulletin des sczences* 中关于傅里叶提交给科学院的文章的报告是泊松做的.

[20] *Mise. Taut* Tom. Ⅲ Pars math, p. 261.

[21] *Misc. Taut* Tom. Ⅲ Pars math, p. 251.

[22] *Bulletin de sciences*, Tom I, p. 115 "系数 a，a'，a''，…，因而已被决定，等等"(译自法文).

[23] *Mémoires de l'acadeie de sciences de Paris* Yom. VI, p. 603.

[24] *Crelle Journal fäir die Math.* Bd. IV, p. 157 &158.

[25] 其证明可在作者的就职论文中找到.

[26] 同脚注 [24], IV, p. 157.

[27] 见狄利克雷：*Crelle's Journal* BdIV, p. 158：(法文).

[28] 不难证明—个不具无穷多个极大极小值的函数 f 当递降和递升的变量的值等于 x 时，两者总是或去向固定的极限值，$f(x+0)$ 和 $f(x-0)$（采用狄利克雷在 "Dove's Repertorium der Physik, Bd, p. 170 中的记号)，或者比变为无穷大. (1).

[29] Crelle'sjournaI. Bd. IV, p. 170.

[30] 同上所引，公式 22.

[31] 同前, Art. 3.

[32] Schumacher, Astronomische Nachridhten, no. 374 (Bd16, p. 229).

[33]《算术研究》356-art. 636 页(《高斯全集》, 卷 I, 442 页).

（胥鸣伟　译）

伯恩哈德·黎曼（1826—1866）

《关于几何基础中的假设》*

［*Nature*, Vol. VⅢ. Nos. 183, 184, pp. 14 - 17, 36, 37. ］

研讨方案

就已知情形而言，几何既假定了空间的概念也假定了在空间进行构造的基本原则，然而它只是给出了它们名称上的定义，而真正决定性的东西是以公理的形式出现的. 这些假定之间的关系依然处在模糊之中，我们既不能感受到它们的关联有多远，是否必要，事先也不了解这是否可能.

从欧几里得到勒让德（最著名的现代几何学家的名字），这种模糊状态既没有被数学家们，也没有被那些对此关心的哲学家们厘清. 个中的原因无疑在于多重的广义量的一般概念仍然没有完全成形. 因此我首要给我自己订立的任务是由一般的量的概念构建一个多重的广义量概念. 由此得到的推论表明，一个多重的广义量应能容纳不同的量关系，因而我们日常的空间只不过是个三重广义量的一个特殊情形，然而由此的一个必然推论是，几何的命题不能由量的一般概念导出，而将通常的空间与其他可想象的三重广义量区别开来的仅仅出自经验，因此引发了寻找能确定空间量关系的最简单事实的问题；这不是一个由此情形的性质能完全决定的问题，原因在于由许多事实构成的体系才足以决定空间的量关系：对于我们当前目的而言的最重要体系是欧几里得作为基础所制定的. 这些事实，像所有其他事实一样，并非必要，它们只不过由经验得到肯定；它们是些假设. 因此我们可以研究它们是合理的概率有多少，这种概率当然在可观测的范围内非常大，需要问的是，在超越观测范围外，在无穷大和无穷小两侧，它们扩展的正当性如何.

Ⅰ. n 重广义量的概念

在尝试进行解决这些问题中的第一个，即发展出一个多重广义量的概念，我

---

* 英译本译者为 William Kindon Clifford.

觉得我需要对我从事这种带有哲学性质的事的非熟练性能有更宽容的批评，那里的困难更多地在于概念本身而不是构造；除了枢密顾问高斯发表在他在《格丁根学人观点》（*Gottingen Gelehrte Anzeige*）中的关于双二次剩余的第二篇文章，及他的纪念小册子中极短的对此的暗示，以及 Herbart 的一些哲学研究外，我没有其他先行的工作可用.

§1. 有了一个预先的，确认了各种不同特定对象的一般概念之后，才可能有量概念，按照在这些特定对象之间是否存在从一个到另一个的连续路径，它们形成了一个**连续**的或**离散的**流形；在第一种情形中，称个体的特定对象为该流形的点，而在第二种情形称其为元素. 其特定对象构成一个**离散**流形的这个概念是如此普通，至少在高雅的语言中，任何一些指定的事物总可以找到它们所隶属的概念（数学家们因而会毫不犹豫地根据公设：所给定的事物视为彼此等价找出离散量的理论）. 另一方面，其特定对象构成一个**连续**流形的概念的场合是如此之少且相距遥远，以致其特定对象构成多重广义流形的仅有的简单概念只是可感对象的位置以及色彩. 这些概念的创造和发展首先出现在高等数学之中.

称由一个标记或者一条边界区分开的一个流形的确定部分为**量块**. 它们之间在量方面的比较，在离散量情形是由计数完成的. 而在连续量情形则由测量完成. 测量在于将那些进行比较的量进行叠加；因此需要一个方法，使用一个量作为其他量的标准. 没有这个，我们只能在一个量是另一个的一部分时进行比较；在这种情形我们也只能决定较多或者较少，而不是有多少. 在这种情形所能进行的研究形成了一门有关量的一般的科学分支，在那里的量既不是被看作独立于位置的存在，也不是看作借助单位表达的，而是作为一个流形中的区域. 这样的研究对于数学的许多分支已成为必要，譬如，对于多值解析函数的处理；另外需要它们的一个首要原因无疑在于，阿贝尔的著名定理以及拉格朗日，普法夫，雅可比对于微分方程的一般理论为何在如此长的时间里会没有成果. 从有关广义量科学中没有任何假定而只有它的概念的一般层面出发，就我们当前的目标而言，它已足以带来两个显著的结果：第一个与构造多重广义流形的概念有关，第二个则与在一个已知流形中的位置的确定化成数量的确定有关，并且它还将厘清一个 n 重扩充的真正特性.

§2. 在其特定对象构成一个连续流形的这种概念的情形，如果现在人们设想，这次这个流形以一种确定的方式过渡到完全不同的另一个流形，即每个点因而过渡到另一个的确定的点，那么如此得到的特定的情形构成了一个双向延伸的流形. 以相似的方式人们得到一个三向延伸的流形，这只要人们想象一个双向延伸的流形，以一个确定的方式过渡到另一个完全不同的流形；容易看出这个构造该如何进行下去. 如果人们将这个可变的对象看作替代它的确定性的概念，那么这个构造就可以描述为一个出自 n 维的可变性和一个一维可变性合成的 $n+1$ 维的可变性.

§3. 我将表明如何反向地分解一个给定区域的可变性为一个一维可变性和一个较低维可变性. 为此让我们假定有一个一维流形的可变段，从一个固定的原点算起，而它的值可以相互比较，对应于所给流形的每个点有它一个确定的值并随点的变化一起变化；或者，换句话说，让我们在所给流形内取一个位置的连续函数，另外，它在该流形的任何部分均不为常值，使此函数为相同值的点系于是构成一个连续流形，其维数低于所给的那个. 这些流形当该函数变化时便相互连续地转移；因此，我们可假定由它们中的一个出发，去生成其他的，一般说来，这可在这样一种方式下实现，即每个点转移到另外流形上的确定点；在这里例外情形没有予以考虑（对它的研究是重要的）. 据此，在所给流形上确定位置化成了决定一个数量和确定在一个低维流形上的位置. 现在容易证明，当给定流形是 n 重广义的时，这个流形的维数为 $n-1$. 那么，重复这个运作 n 次，在一个 n 重广义流形上确定位置便化为 n 个数量的确定，因而，**当这是可能的时**，在一个给定流形上确定位置便化为了有限个数量的确定. 存在一些流形，要确定在它们上的位置需要的不是有限个数而是一个无穷的序列，或者数量的确定本身构成了一个连续的流形，例如，确定在一个给定的区域上所有可能的函数，一个实心体的所有可能的形状，等等.

Ⅱ. n 维流形的度量关系容许这种假设，即曲线有一个与位置无关的长度，从而每条曲线都可被其他的每条度量

在构建了 n 维流形的概念之后，发现它的真正的特性在于这个性质，即在其中位置的确定可归结为 n 个量的确定，我们于是出现了上面所提出的第二个问题，即研究一个流形有可能具有的度量关系，以及足以确定它们的条件. 这些度量关系只能利用数量的抽象观念予以研究，它们对于其他量的相关性也只能以公

式来表达. 但是按照某些假定，它们可以分解为能够几何表示的各自分离的关系；因而几何地表达计算结果成为可能. 这样，要达到坚实的基础，的的确确，我们回避不了在我们的公式中的抽象考虑，但至少计算的结果随后能以一种几何的形式表述. 在高斯的著名的论文《曲面的一般研究》（Disqusitiones generales circa superficies curvas）中已建立了该问题的这两部分的基础.

§1. 确定度量应该要求这些数量与位置无关，这可以以各种方式实现. 首先提出的，也是我在此要发展的假设是，根据它曲线的长度与它的位置无关，从而每条曲线是可用其他的每条曲线来度量的. 固定位置化为固定数量，从而在 n 维流形中一个点的位置可借助于 n 个变量 x_1，x_2，x_3，…，x_n 表达，确定一条曲线归结为将这些量作为同一个单变量的函数给出. 因此问题在于建立对于一条曲线的长度的数学表达式，为此目的我们必须将这些量 x 看成是可用某个单位表达的，我将只在某些限制下处理这个问题，而我自己则主要局限在曲线上，这时各个变量的增量值 $\mathrm{d}x$ 连续变化. 我们可以确信，这些线可被分割成元（小段），在其上量 $\mathrm{d}x$ 的值可以看为常数. 于是问题化成在每个点建立一个对于从该点算起的线元 $\mathrm{d}s$ 的一般表达式，这个表达式因此含有各个量 x 和 $\mathrm{d}x$. 其次，我将假定线元的长度，当这个元的所有点受到同一个无穷小位移下，在一阶量级上不变，这同时意味着如果所有的量 $\mathrm{d}x$ 以同一比率增加时，该线元也以相同的比率变化. 在这些假定下，线元将会是这些量 $\mathrm{d}x$ 的一阶齐次函数，它在所有 $\mathrm{d}x$ 的符号改变时不变，且其中的任意常数是量 x 的连续函数. 为了找出最简单的情形，我首先找寻对于 $n-1$ 维的流形的一个表达式，这个流形的各处与线元的原点等距；那就是说，我要找一个位置的连续函数，使它在这个位置的值与其他的相互区别开. 从这个原点向外，它的值必定或沿所有方向都增大，或沿所有方向都减小；我假定沿所有方向增大，因而在那个点有极小值. 然后如果这个函数的一次和二次微分的系数为有限，那么它的一次微分必为零，而二次微分不可能为负；我设其总为正. 这个二次的微分表达式当 $\mathrm{d}s$ 保持常值时为常值，且当 $\mathrm{d}x$ 从而 $\mathrm{d}s$ 以同一比率增大时它以二重的比率增大；因此它必定为 $\mathrm{d}s^2$ 乘以一个常数，于是 $\mathrm{d}s$ 是量 $\mathrm{d}x$ 的一个二次的总为正的整齐次函数的平方根，而且它的系数为量 x 的连续函数. 对于空间，当点的位置由直角坐标表示时，$\mathrm{d}s=\sqrt{\sum(\mathrm{d}x)^2}$；因此空间是最简单情形之一. 其次简单的情形包括有那些流形，它们的线元可表达为一个二次微分的表达式的四次根，对这种更加一般类型的研讨并不需要真正不同的原理，只是要花相当多的时间而对空间的理论却少有新意，特别这些结果并不能几何地表达；因此我自己只局限在一个其线元为二次的微分式的平方根表达式的流形上.如果把 n 个独立变量的函数替换成 n 个新的独立变量，我们则将这样的流形变化为相似的另一个. 但按此方式我们不能将任何一个表达式表换成任何其他一个；由于这个表达式包含有 $\frac{1}{2}n(n+1)$ 个系数，而它们是这些独立变量的任意函数；现在用引进新变量的方式也只能满足 n 个条件，因而只能使最多 n 个系数等于事先设定的量. 剩余的$\frac{1}{2}(n-1)$ 个于是完全被所表述的连续体的性质所决定，从而 $\frac{1}{2}n(n-1)$ 个位置的函数被要求用来确定其度量关系. 像在平面和空间那样其线元可化为形式$\sqrt{\sum \mathrm{d}x^2}$的流形，因而只是在这里所研讨流形的一个特别情形；它们需要一个特殊的名称，以表明这些流形的线元平方可表达成完全微分的平方和，我称其为**平坦**流形，现在为了仔细查验具有这种形式的我们所陈述的这类连续体，有必要从由于表达方式而出现困难的状况中摆脱出来：这只要按照一个确定的原则选取变量就可做到.

§2. 为此目的，设想我们已经从任意给定点出发构造了最小范围内的一个系统；在其中任意一个点的位置由它所在的通过该定点的最短线的初始方向，以及从定点沿该线所测出的距离决定. 因此它可用 $\mathrm{d}x$ 在此最短线上的值 $\mathrm{d}x_0$ 与这条线的长 s 的比值表达. 让我们现在以它们的线性函数 $\mathrm{d}x$ 代替 $\mathrm{d}x_0$，使得线元平方的初始值等于这些表达式的平方和，故而这些独立变量现在成了长度 s 及增量 $\mathrm{d}x$ 的函数. 最后取与它们成比例的量 x_1，x_2，x_3，…，x_n 代替 $\mathrm{d}x$，但使得它们的平方和等于 s^2. 当我们引进这些量时，线元的平方对于 x 的无穷小值是$\sum \mathrm{d}x^2$，然而在它中的下一个阶的项等于 $\frac{1}{2}n(n-1)$ 的量$(x_1\mathrm{d}x_2-x_2\mathrm{d}x_1)$，$(x_1\mathrm{d}x_3-x_3\mathrm{d}x_1)$，…的二次齐次函数，因而是一个四阶的无穷小，故而除以顶点在（0，0，0，…），（x_1，x_2，x_3，…），（$\mathrm{d}x_1$，$\mathrm{d}x_2$，$\mathrm{d}x_3$，…）的三角形面积的平方便得到了一个有限量. 这个量只要 x 和 $\mathrm{d}x$ 仍旧在同一个二次线性形式中，或者只要从 0 到 x 和从 0 到 $\mathrm{d}x$ 的两条最短线仍然在同一个曲面元中，这个量就保持原来的值不变；因此它只取决于位置和方向，当所考虑的流形为平坦，即当线元的平方可化为$\sum \mathrm{d}x^2$时，它显然为零，因而可将它看作该流形在此点沿所给曲面方向对平坦性离差的度量. 乘以$-\frac{3}{4}$它便成了枢密顾问高斯所谓的曲面的全曲率. 为了决定一个能够以所假定的这个形式表示的流形的度量关系，我们发现 $\frac{1}{2}n(n-1)$ 个位置函数是必需的；因此如果给出了在 $\frac{1}{2}n(n-1)$ 个曲面方向中的每点的曲率，那么这个连续体的度量关系便可由它们决定——但要假定在这些之中没有恒等关系；事实上，一般说来，情况并非如此，这样，一个线元是二次微分的平方根的流形的度量关系可以以完全独立于独立变量选取的方式表达，为同一目的，一个完全相似的方法也可应用于其线元不是如此简单的表达式的流形上，譬如线元为二次微分的四次根的流形. 这种情形一般说来其线元不再能化成平方和的平方根，因而在平方线元时与平坦性的离差是一个二阶无穷小，而在后一种情形的流形则为四阶. 从而这种情形下的连续体的性质可以称做最小部分的平坦性. 我们在这里为此目的对这些连续体进行研讨的最重要的性质是，二维连续体这些关系可以用曲面来几何地表示，而更高维的连续体的这些关系则可化到它们所包含的曲面的那些关系上；对此需要进行简短的讨论.

§3. 在曲面的概念中，有只考虑了曲面上曲线长度的内蕴的度量关系，而这个内蕴关系总与位于曲面外的点的位置混杂在一起. 但如果我们考虑那些使得曲线长不变的形变，即如果将曲面按任意方式弯曲而不进行拉伸，并将所有如此处理的相关曲面看成相互等价，那么我们便能从外在的关系中将内在的抽象出来. 譬如，可将任一柱面或锥面等价地算作一个平面，这是因为这可通过弯曲而保持内在的度量关系不变做到，因此全部平面度量的几何在它们那里保持有效. 另一方面，它们在本质上不同于球面：球面在无伸缩下不可能变成平面. 根据我们前面的研讨，一个像曲面那样具有表达为二次微分平方根线元的二维流形，其内蕴度量关系由全曲率刻画. 在曲面情形这个量可以形象地解释为两个主曲率的乘积，或者，该主曲率乘以测地小三角形的面积等于相同的三角形的球面角盈. 第一个定义假定了命题：两个曲率半径的乘积在只有弯曲的变化时不变；而第二个，则假定了在同一处一个小三角形的面积与它的球面角盈成比例. 为了在 n 维流形的一个点以及通过此点的一个曲面方向上给出一个有意义的曲率，我们必须从如下事实着手，即从一个点出发的测地线，当初始方向给定时就完全决定. 按照这个方式，如果我们从所给点延伸所有的测地线并一开始便在所给曲面方向内，则得到了一个确定的曲面；这个曲面在所给点具有一个确定的曲率，它也就是这个 n 维连续体沿所给曲面方向在该点的曲率.

§4. 在应用于空间前，有必要对于一般的平坦流形做一些考察，也就是考虑一下那些在它们上线元的平方表示为完全微分的平方和的流形.

一个平坦的 n 维流形在其每点沿所有方向的曲率为零；然而为了确定度量关系（根据前面的讨论）只要知道在每点沿 $\frac{1}{2}n(n-1)$ 个独立的曲面方向上的全曲率为零就可以了. 曲率处处为零的流形可以作为曲率为常数的特殊情形加以处理. 曲率为常值的那些连续体共同特性因而也可表达成，它上面的图形可看作是没有伸缩的. 无疑，如果在每点的曲率在所有方向上不相同的话，这些图形在它们中便不能随意移动或翻转；另一方面，流形的度量关系却完全由曲率确定；从而曲率在在此点和在其他点的在所有方向都是完全一样的，因此由它可以做出相同的构造：在一个常曲率的流形上，图形可给予其任意的位置. 这类流形的度量关系依赖于曲率的值，而涉及解析表达式则可注意到，如将此值记为 α，则其线元的表达式可写为

$$\frac{1}{1+\frac{1}{4}\alpha\sum x^2}\sqrt{\sum \mathrm{d}x^2}.$$

§5. 常曲率的曲面理论可以用作一类几何的示例. 容易看出正曲率的曲面可以附着在一个半径是此曲率平方根倒数的球面上；但为了观察这些曲面的完全的流形性质，我们让其中一个具有球面的形式，而其余的为在赤道与球面相切的旋转曲面的形式，具有比球面曲率大的那些曲面从内部切于该球面，而且具有一个环面（在轴）外侧部分的形状；它们可能附着在具新半径的球面上，但可能绕其不止一次. 那些具较小曲率的曲面可从较大半径的球面上切去有两个大半圆界定的月形区域，然后将切口线黏合得到. 零曲率曲面是与赤道相切的柱面；具有负曲率的曲面则从外侧与柱面相切并像环面内侧（朝向轴）的形状. 如果我们将这些曲面看做是在其中移动的曲面区域的“现场（locus in quo）”，而空间则是实体移动的“现场”，曲面区域则可以在所有这些曲面中无伸缩地移动. 具正常曲率的曲面总可以由曲面区域不通过**弯曲**构成，也就是说它们可构成球形曲面；但负常曲率的则非如此. 除了曲面区域与位置的独立性外，在零曲率曲面上还与从位置出发的**方向**无关，在前面的那些曲面中则没有这个性质.

Ⅲ. 对空间的应用

§1. 如果我们假定了曲线长与位置的独立性以及线元由二次微分的平方根的可表示性，也就是说，最小部分的平坦性，则借助于对确定 n 维流形的度量关系的探讨，我们便可以叙述确定空间度量性质的充分必要条件了.

首先，它们因而可表达为：在每点的三个曲面方向的曲率为零；从而如果一个三角形的角之和总为两个直角，则空间的度量性质便被决定.

其次，如果按照欧几里得那样不仅假定存在线与位置的独立性. 而且还假定了立体的位置独立性，则得出了曲率处处为常值；于是如果知道了一个三角形的内角和则在所有的三角形的角之和便确定了.

第三，人们可以不采用曲线长独立于位置和方向而是假定曲线的长和方向对于位置的独立性，按照这个概念，位置的差别或变化可以用三个独立单位的数组表达.

§2. 在前面的探讨过程中，我们首先区分开了扩充或细分关系与度量关系，并发现相同的扩充性质可以具有不同的度量关系；于是我们研究了简单的确定大小的体系，利用它，空间的度量关系被完全决定，而有关它们的所有命题是这个体系的必然结果；仍然需要讨论的问题是，如何、在什么程度上以及在多大范围内，这些假定为经验所证实. 对于这方面，在单纯的扩充关系和度量关系间有一个真正的区别. 就前者而言，所有可能的情形构成了一个离散的流形，处于经验的断言在这里的确不能完全肯定，但却并非不准确；而后者中，所有可能的情形构成了一个连续的流形，由经验给出的每个界定仍然表现出不准确性：但其成立的可能性如此之大，以致可以说它几乎是完全正确的. 但当这些由经验给出界定扩充到了可观察的范围以外，到了大小都不能测量的无穷大和无穷小的程度时，后一种关系无疑变得更为不准确，而前者则不然.

在空间构造被扩充到无穷大的程度时，我们必须区分**无界性**与**无穷大性**，前者属于扩充关系. 而后者属于度量关系，空间是个无界的三维流形这个陈述是被外部世界的每个概念发展出来的一个假设；按照这个假设，认知的范围在每个瞬间都被完善着，被追寻物体的可能位置都被构造出来，而通过这些应用这个假设总是得到了自我肯定. 按照这样的方式，空间的无界性拥有比外在经验更大的经验上的可靠性. 但是由此绝对不能推出它的无穷大牲质；另一方面，如果我们假定了物体对于位置的独立性，从而由此可归结到空间的常曲率，那么，当这个曲率是个非常小的正值时这个空间必定有限. 如果我们延拓所有从一个已知的曲面元出发的测地线，则应该得到一个常曲率的无界曲面，即在**平坦**的三维流形中的一个曲面，它具有一个球面的形式，从而有限.

§3. 关于无穷大的问题对于解释自然界没有什么意义，然而关于无穷小的问题则不然. 这取决于精确性，为此我们可以追踪现象直到无穷小，而我们对于那些现象间的因果关联的知识正是有赖于这种无穷小的观察. 近几个世纪在力学知识方面的进步几乎完全依靠于构造的精确性，而这种精确构造之所以成为可能，则是通过无穷小分析的发明，以及通过由阿基米德、伽利略、和牛顿发现的简明原理，而这些仍为现代物理在使用. 然而在自然科学中仍然需要对于这种构造的简明原理，我们寻求通过追踪这些现象到显微镜能够看到的极其微小的程度，以便发现这些因果关联，关于在无穷小的空间度量关系的问题因而并非是多余的.

如果我们认为物体独立于位置而存在，那么曲率便处处为常值，而又由天文观测得知它不能不为零；或者不管怎么说，较之于我们的天文望远镜的观测范围而言其大小可忽略不计. 但是如果物体对于位置的独立性不存在，我们就不能从相对于无穷小的那些度量关系的大度量关系得出什么结论；在那种情形，如果空间的每个可测部分的总曲率明显地不同于零，则在每点的曲率在三个方向可能取任意值. 如果我们不再假定线元可表示为一个二次微分的平方根，则可能会存在依然很复杂的关系. 现在似乎赖以建立空间确定的度量基础的经验性的观念，一个实体和一条光线的观念不再对于无穷小有效了. 因此我们可以十分自由地假定空间在无穷小处的度量关系不与几何假设相一致；事实上，如果我们因此而能得到各种现象的更简单的解释，我们就应该做出这样的假定.

几何假设在无穷小处的有效性问题与空间的度量关系的依据问题紧密相关联. 我们可将其视为属于空间理论的后一个问题，对后一个问题，已经发现有如上所说的那种应用；就是说在一个离散的流形中，它的度量关系的依据已经由它的概念给出，而在一个连续流形中，这个依据必定来自外部. 因此，要么在空间上的客观存在的事物一定形成了一个离散的流形，否则我们就必须在它外部去寻找作为作用于它的约束力量的度量关系的依据.

对这些问题的回答只能从一些现象的概念出发才能得到，这些现象迄今已被经验所证实，并被牛顿取做了一个基础，而且已经造成了在这个概念中的一些实际存在的事实所需要的一系列改变，而这些事实又是不能够予以解释的. 从一般观念出发的研究，就像我们刚刚所做的那种研讨，只能在阻止这个工作不为过分狭隘的看法所牵制方面，以及在阻止被传统偏见阻挡了事物间相互关联的知识进步方面有用.

这将我们引进了另一门物理学科的领域，在那里，我们到现在还达不到这个工作的目的.

（胥鸣伟　译）

《论不大于一个给定值的素数的个数》*

（柏林科学院月度报告，1859年11月）

Ⅶ

我相信我可以这样地为科学院给予我作为她的通讯院士中的一员的荣誉表示衷心的感谢，即最迅速地使用由此给予我的特许来做关于素数出现频率的报告，这是由于其重要性而被高斯和狄利克雷长期研究的一个课题，看来也许并非完全不值得作这样的报告.

我用来作为这个研究的出发点的是欧拉的考察结果：乘积

$$\prod \frac{1}{1-\frac{1}{p^s}} = \sum \frac{1}{n^s},$$

如果我们（在其中）对于 p 代以每个素数，对于 n 代以每个（正）整数. 只要这两个表达式收敛，这个复变量 s 的函数就由它们表示，我称它为 $\zeta(s)$. 这两个表达式仅当 s 的实部大于1时收敛；同时我们容易找到一个始终有效的函数表达式. 应用方程

$$\int_0^\infty e^{-nx} x^{s-1} dx = \frac{\prod(s-1)①}{n^s},$$

---

* 英译本译者为 Michael Ansalcli，John Anders 对英译提供了技术上的帮助。

① 应用现在人们熟悉的伽玛函数 $\Gamma(z)$，有 $\prod(s-1)=\Gamma(s)$. 我们在此保留原文中的阶乘函数记号 $\prod$.

我们首先得到

$$\prod(s-1)\zeta(s)=\int_0^\infty\frac{x^{s-1}}{e^x-1}dx.$$

如果我们现在考虑积分

$$\int\frac{(-x)^{s-1}}{e^x-1}dx,$$

其中积分线路由+∞到-∞按正向绕过一个含有0但不含被积函数其他间断点的区域，那么容易将它写成

$$(e^{-\pi si}-e^{\pi si})\int_0^\infty\frac{x^{s-1}}{e^x-1}dx.$$

此处在取定的多值函数 $(-x)^{s-1}=e^{(s-1)\log(-x)}$ 中，$-x$ 的对数是对于负的 x 为实值的那一支. 因此我们有

$$2\sin\pi s\prod(s-1)\zeta(s)=i\int_\infty^\infty\frac{(-x)^{s-1}}{e^x-1}dx,$$

这就是我们前面要找的表达式.

现在这个方程给出了函数 $\zeta(s)$ 对于每个任意复数 s 的值，并表明它是单值的，而且对除 $s=1$ 外的所有有限的 s 取有限值；它还表明当 s 是负偶数时函数值为 0.

如果 s 的实部是负的，那么代替正方向，积分路线也可取作按负方向绕过含有所有其他复数的区域，这是因为此时当自变量取模为无穷大的值时被积函数是无穷小，但在这个区域内被积函数仅当 x 为 $\pm2\pi i$ 的倍数时才不连续，因而这个积分等于按负向围绕这些点所取积分之和. 围绕点 $n2\pi i$ 所取积分 = $(-n2\pi)^{s-1}(-2\pi i)$，于是我们得到

$$2\sin\pi s\prod(s-1)\zeta(s)=(2\pi)^s\sum n^{s-1}((-i)^{s-1}+i^{s-1})①,$$

从而应用函数 $\prod$ 的熟知性质，也可将 $\zeta(s)$ 和 $\zeta(1-s)$ 间的关系表述为：当 s 变换为 $1-s$ 时

$$\prod\left(\frac{s}{2}-1\right)\pi^{-s/2}\zeta(s)$$

保持不变.

函数的这个性质使我们可以在级数 $\sum 1/n^s$ 的一般项中用积分 $\prod(s/2-1)$ 代

---

① 原书此处有误，已改.

替 $\prod(s-1)$，由此得到函数 $\zeta(s)$ 的一个非常方便的表达式. 事实上，我们有

$$\frac{1}{n^s}\prod\left(\frac{s}{2}-1\right)\pi^{-s/2}=\int_0^\infty e^{-n^2\pi x}x^{s/2-1}\mathrm{d}x,$$

因此，若令 $\sum_1^\infty e^{-n^2\pi x}=\psi(x)$，我们得

$$\prod\left(\frac{s}{2}-1\right)\pi^{-s/2}\zeta(s)=\int_0^\infty\psi(x)x^{s/2-1}\mathrm{d}x,$$

或者，因为

$$2\psi(x)+1=x^{-1/2}\left[2\psi\left(\frac{1}{x}\right)+1\right],\text{（Jacobi, Fund. p. 184）}$$[1]

所以我们有

$$\prod\left(\frac{s}{2}-1\right)\pi^{-s/2}\zeta(s)=\int_1^\infty\psi(x)x^{s/2-1}\mathrm{d}x+\int_0^\infty\psi\left(\frac{1}{x}\right)x^{(s-3)/2}\mathrm{d}x$$

$$+\frac{1}{2}\int_0^1\left(x^{(s-3)/2}-x^{s/2-1}\right)\mathrm{d}x.$$

$$=\frac{1}{s(s-1)}+\int_1^\infty\psi(x)\left(x^{s/2-1}-x^{-(1+s)/2}\right)\mathrm{d}x.$$

我现在令 $s=\frac{1}{2}+ti$ 及

$$\prod\left(\frac{s}{2}\right)(s-1)\pi^{-s/2}\zeta(s)=\xi(t),$$

则有

$$\xi(t)=\frac{1}{2}-\left(t^2+\frac{1}{4}\right)\int_1^\infty\psi(x)x^{-3/4}\cos\left(\frac{1}{2}t\log x\right)\mathrm{d}x,$$

或者

$$\xi(t)==4\int_1^\infty\frac{d\left(x^{3/2}\psi'(x)\right)}{\mathrm{d}x}x^{-1/4}\cos\left(\frac{1}{2}t\log x\right)\mathrm{d}x.$$

这个函数对于 t 的所有有限值都是有限的，并且可以展开为 t^2 的快速收敛的幂级数. 因为对于实部大于 1 的 s 值，$\log\zeta(s)=-\sum\log(1-p^{-s})$ 仍是有限的，并且对于 $\xi(t)$ 的其他因子的对数也是如此，所以仅当 t 的虚部落在 $i/2$ 和 $-i/2$ 之间时 $\xi(t)$ 才会为 0. $\xi(t)=0$ 的实部落在 0 和 T 之间的根的个数大约

$$=\frac{T}{2\pi}\log\frac{T}{2\pi}-\frac{T}{2\pi};$$

这是因为按正向围绕所有的虚部在 $i/2$ 和 $-i/2$ 之间而实部落在 0 和 T 之间的点 t

所取的积分 $\int \mathrm{d}\log\xi(t)$ 等于 $(T\log(T/2\pi)-T)i$（但相差一个阶为 $1/T$ 的部分）；而这个积分等于 $\xi(t)=0$ 的落在上述区域中的根的个数乘以 $2\pi i$. 现在我们的确发现在这个界限内有很多实根，并且完全可能［方程 $\xi(t)=0$ 的］所有的根都是实的. 确实值得给出它的严格证明；但是做了一些不成功的尝试后，我暂时把这个证明的研究放在一边，因为看来它对于我的研究的直接目标并非必需.

如果我们用 α 表示方程 $\xi(\alpha)=0$ 的根，那么 $\log\xi(t)$ 可以表示为

$$\sum \log\left(1-\frac{t^2}{\alpha^2}\right)+\log\xi(0)\ ;$$

这是因为，由于 $\xi(t)=0$ 的根对于变量 t 的频率①仅仅如同 $\log(t/(2\pi))$ 那样随 t 增加，因而上面的表达式收敛，并且当 t 为无穷时它仅如 $t\log t$ 那样地变为无穷；于是它与 $\log\xi(t)$ 相差一个 t^2 的函数，这个函数对于有限的 t 保持有限且连续，而且被 t^2 除后当 t 无穷时成为无穷小. 因此，这个差是一个常数，其值可由令 $t=0$ 来确定.

应用上面这些结果我们现在可以来确定小于 x 的素数的个数.

如果 x 不是素数，那么用 $F(x)$ 表示这个数；如果 x 是素数，那么令它比这个数大 1/2，于是对于 $F(x)$ 在那里有跳跃的点 x，

$$F(x)=\frac{F(x+0)+F(x-0)}{2}$$

现在如果在

$$\log\xi(s)=-\sum\log(1-p^{-s})=\sum p^{-s}+\frac{1}{2}\sum p^{-2s}+\frac{1}{3}\sum p^{-3s}+\cdots \text{②}$$

中用 $s\int_p^\infty x^{-s-1}\mathrm{d}x$ 代替 p^{-s}，用 $s\int_{p^2}^\infty x^{-s-1}\mathrm{d}x$ 代替 p^{-2s}，等等，我们可得

$$\frac{\log\zeta(s)}{s}=\int_1^\infty f(x)x^{-s-1}\mathrm{d}x,$$

其中 $f(x)$ 表示

$$F(x)+\frac{1}{2}F(x^{1/2})+\frac{1}{3}F(x^{1/3})+\cdots,$$

这个方程对于 s 的每个复值 $a+bi$（$a>1$）成立. 但如果对 s 值的这个范围方程

$$g(s)=\int_0^\infty h(x)x^{-s}d\log x$$

① 现在称为密度.

② 原书此处有误，已改.

成立，那么借助傅里叶（Fourier）定理我们可以用函数 g 表示函数 h. 如果 $h(x)$ 是实的，并且

$$g(a+bi)=g_1(b)+ig_2(b),$$

那么这个方程分解为下列两个方程：

$$g_1(b)=\int_0^\infty h(x)x^{-\alpha}\cos(b\log x)\mathrm{d}\log x,$$

$$ig_2(b)=-i\int_0^\infty h(x)x^{-\alpha}\sin(b\log x)\mathrm{d}\log x.$$

如果用 $(\cos(b\log y)+i\sin(b\log y))db$ 乘这两个方程然后从 $-\infty$ 到 $+\infty$ 积分，那么由傅里叶定理我们在两个方程的右边得到 $\pi h(y)y^{-a}$，因此若将两个方程相加并乘以 iy^a，就可得到

$$2\pi i h(y)=\int_{\alpha-\infty i}^{\alpha+\infty i} g(s)y^s\mathrm{d}s,$$

此处取积分路线使得 s 的实部保持为常数[2].

对于使得函数 $h(y)$ 有跳跃的 y 的值，这个积分表示函数 h 在间断点的任何一侧的平均值. 依这里函数 $f(x)$ 的定义，它有相同性质，因而我们完全一般地得到

$$f(y)=\frac{1}{2\pi i}\int_{\alpha-\infty i}^{\alpha+\infty i}\frac{\log\zeta(s)}{s}y^s\mathrm{d}s.$$

我们现在可以用以前得到的表达式

$$\frac{s}{2}\log\pi-\log(s-1)-\log\prod\left(\frac{s}{2}\right)+\sum_\alpha\log\left(1+\frac{\left(s-\frac{1}{2}\right)^2}{\alpha^2}\right)+\log\xi(0)$$

来代替 $\log\zeta$，但这样一来这个表达式中趋于无穷的那些项的积分就不收敛，这表明为什么应用分部积分将这个方程变换成

$$f(x)=-\frac{1}{2\pi i}\frac{1}{\log x}\int_{\alpha-\infty i}^{\alpha+\infty i}\frac{\mathrm{d}\frac{\log\zeta(s)}{s}}{\mathrm{d}s}x^s\mathrm{d}s$$

是有用的. 因为

$$-\log\prod\left(\frac{s}{2}\right)=\lim\left(\sum_{n=1}^{m}\log\left(1+\frac{s}{2n}\right)-\frac{s}{2}\log m\right),$$

所以当 $m=\infty$ 时我们有

$$-\frac{\mathrm{d}\frac{1}{s}\log\prod\left(\frac{s}{2}\right)}{\mathrm{d}s}=\sum_1^\infty\frac{\mathrm{d}\left[\frac{1}{s}\log\left(1+\frac{s}{2n}\right)\right]}{\mathrm{d}s},$$

于是 $f(x)$ 的表达式中的所有项，除

$$\frac{1}{2\pi i}\frac{1}{\log x}\int_{a-\infty i}^{a+\infty i}\frac{1}{s^2}\log\xi(0)x^s\mathrm{d}s = \log\xi(0)$$

外，都取形式

$$\pm\frac{1}{2\pi i}\frac{1}{\log x}\int_{a-\infty i}^{a+\infty i}\frac{d\left(\frac{1}{s}\log\left(1-\frac{s}{\beta}\right)\right)}{\mathrm{d}s}x^s\mathrm{d}s.$$

但现在有

$$\frac{d\left(\frac{1}{s}\log\left(1-\frac{s}{\beta}\right)\right)}{d\beta}=\frac{1}{(\beta-s)\beta},$$

并且若 s 的实部大于 β 的实部，则依 β 的实部是负或正有

$$-\frac{1}{2\pi i}\int_{a-\infty i}^{a+\infty i}\frac{x^s\mathrm{d}s}{(\beta-s)\beta}=\frac{x^\beta}{\beta}=\int_{\infty}^{x}x^{\beta-1}\mathrm{d}x,$$

或

$$=\int_0^x x^{\beta-1}\mathrm{d}x,$$

于是我们得到

$$\begin{aligned}&\frac{1}{2\pi i}\frac{1}{\log x}\int_{a-\infty i}^{a+\infty i}\frac{d\left[\frac{1}{s}\log\left(1-\frac{s}{\beta}\right)\right]}{\mathrm{d}s}x^s\mathrm{d}s\\&=-\frac{1}{2\pi i}\int_{a-\infty i}^{a+\infty i}\frac{1}{s}\log\left(1-\frac{s}{\beta}\right)x^s\mathrm{d}s\\&=\int_{\infty}^{x}\frac{x^{\beta-1}}{\log x}\mathrm{d}x+\text{第一种情形中的积分常数,}\end{aligned}$$

以及

$$=\int_0^x\frac{x^{\beta-1}}{\log x}\mathrm{d}x+\text{第二种情形中的积分常数.}$$

在第一种情形如果我们令 β 的实部趋于负无穷就可确定积分常数；在第二种情形积分取 0 和 x 间相差 $2\pi i$ 的值，这取决于积分是由具有正的还是具有负的辐角的复数来计算，如果对于前者，值 β 中的 i 的系数趋于正无穷，但对于后者这个系数趋于负无穷，那么积分常数成为无穷小. 由此我们得到定义左边的 $\log(l-s/\beta)$ 的方法，使得积分常数为 0.

将这些值代入 $f(x)$ 的表达式，我们得到

$$\begin{aligned}f(x)=\mathrm{Li}(x)-\sum_\alpha\left(\mathrm{Li}\left(x^{1/2+\alpha i}\right)+\mathrm{Li}\left(x^{1/2-\alpha i}\right)\right)\\+\int_x^\infty\frac{1}{x^2-1}\frac{\mathrm{d}x}{x\log x}+\log\xi\ (0)^{(3)},\end{aligned}$$

其中$\sum_\alpha$对方程$\xi(\alpha)=0$的按大小顺序排列的所有正根（或具有正实部的根）求和. 借助对函数ξ的更细致的讨论，容易证明，在这种排列顺序下，级数

$$\sum_\alpha \left(\mathrm{Li}(x^{1/2+\alpha i})+\mathrm{Li}(x^{1/2-\alpha i})\right)\log x$$

的值与

$$\frac{1}{2\pi i}\int_{a-bi}^{a+bi}\frac{d\left(\frac{1}{s}\sum\log\left(1+\frac{\left(s-\frac{1}{2}\right)^2}{\alpha^2}\right)\right)}{\mathrm{d}s}x^s\mathrm{d}s$$

当b无限增长时的极限相一致；但若排列顺序改变，则它可以有任意的实值.

把关系式

$$f(x)=\sum\frac{1}{n}F(x^{1/n})$$

反转，我们可以由$f(x)$求出$F(x)$，作为结果得到方程

$$F(x)=\sum(-1)^\mu\frac{1}{m}f(x^{1/m}),\text{①}$$

其中级数对不被任何平方数（1除外）整除的数m求和，μ表示m的素因子个数.

如果我们限定$\sum_\alpha$是有限多项求和，那么$f(x)$的表达式的导数，即

$$\frac{1}{\log x}-2\sum_\alpha\frac{\cos(\alpha\log x)x^{-1/2}}{\log x}$$

（但要相差一个当x增加时下降得很快的部分）为素数对于值x的频率+素数平方对于值x的频率的一半+素数立方对于值x的频率的1/3+…给出一个近似表达式.

于是已知的近似公式$F(x)=\mathrm{Li}(x)$仅准确到一个增长阶为$x^{1/2}$的项，并且有时给出太大的值；这是因为除了随x不增长到无穷的量外，$F(x)$的表达式中非周期部分是

$$\mathrm{Li}(x)-\frac{1}{2}\mathrm{Li}(x^{1/2})-\frac{1}{3}\mathrm{Li}(x^{1/3})-\frac{1}{5}\mathrm{Li}(x^{1/5})+\frac{1}{6}\mathrm{Li}(x^{1/6})-\frac{1}{7}\mathrm{Li}(x^{1/7})+\cdots$$

实际上，当高斯和哥得施密特（Goldschmidt）将$\mathrm{Li}(x)$和不超过x（直到$x=300$万）的素数个数相比较时，早从$x=10$万起素数个数就保持小于$\mathrm{Li}(x)$. 并且实际上这个差虽有许多摆动但随x缓慢地增加，但当做过这些计算后，素数怎样依

① 原书此处有误，已改.

赖于周朝部分偶尔以大的或很小的频率出现也引起了注意（但是没有规则的形式被记录下来）. 应该进行任何新的计算，追踪素数频率表达式中的单个周期项产生的影响将是有意义的. 在这个工作中应用函数 $f(x)$ 比应用 $F(x)$ 更可靠，在最初 100 个数据中就已非常清楚地显示出它在大部分情形与 $\mathrm{Li}(x)+\log\xi(0)$ 相符.

注

在黎曼遗稿中的一份信件里我们发现下列研究结果，后来它们曾被报告过：

“我还没有完全完成这个证明，并且在这方面我还要……增加考察两个定理，我在这里只是将它们引述一下，

- 在 0 和 T 之间存在方程 $\xi(\alpha)$ 的大约 $(T/2\pi)\log(T/2\pi)-T/2\pi$ 个实根，以及
- 级数 $\sum\limits_{\alpha}(\mathrm{Li}(x^{1/2+\alpha i})+\mathrm{Li}(x^{1/2-\alpha i}))$（其中 α 按递增顺序排列）收敛于

$$\frac{1}{2\pi i}\frac{1}{\log x}\int_{a-bi}^{a+bi}\frac{d\left[\frac{1}{s}\log\frac{\xi\left(s-\frac{1}{2}\right)i}{\xi(0)}\right]}{\mathrm{d}s}x^{s}$$

当 b 趋向无穷时的极限，这可以从函数 ξ 的新的结果推出，但我还没有将这个新的结果简化得足以使我能报告它.”

尽管后来有许多研究［夏伯纳（Scheibner），皮兹（Pilz），司梯尔杰斯（Stieltjes）］但这个工作的不明确之处仍然没有被完全解释清楚.

（1） 函数 $\zeta(s)$ 的这个性质可以应用这个函数的第二个表达式

$$2\zeta(s)=\pi i\prod(-s)\int_{\infty}^{\infty}\frac{(-x)^{s-1}\mathrm{d}x}{\mathrm{e}^{x}-1},$$

并且依据 $1/(e^{x}-1)+1/2$ 的按 x 升幂排列的展开式只含有奇次幂这个事实推出.

（2） 这个定理的表述并不完全准确. 如果两个积分限 0 和 ∞ 应用于 $\log x$，那么按照所说的方式单个地处理两个方程，将产生 $\pi y^{-\alpha}(h(y)\pm h(1/y)$，因而仅在它们的和中才产生正文中的公式.

（3） 对于 x 的大于 1 的实值，函数 $\mathrm{Li}(x)$ 是由积分 $\int_{0}^{x}\mathrm{d}x/\log x\pm\pi i$ 定义，此处双重符号的选取依据积分是由具有正的还是具有负的辐角的复数来计算. 由此我们容易推出夏伯纳给出的结果（见 Schlömilch 的 Zeitschrift，Vol. V）

$$\mathrm{Li}(x)=\log\log x-\Gamma'(1)+\sum_{n=1}^{\infty}\frac{(\log x)^{n}}{n^{2}l},$$

它对 x 的所有值成立，并且对负实值产生间断性［见高斯-贝塞尔（Bessel）通信］.

如果我们按照黎曼的提示进行计算，那么可以发现公式中的 $\log\xi(0)$ 应是 $\log(1/2)$. 可能这只是微小的笔误或印刷错误，将 $\log\zeta(0)$ 误作 $\log\xi(0)$，因为 $\zeta(0)=1/2$.

注 释

［1］见《雅可比文集》第一卷.

（朱尧辰 译）

卡尔·魏尔斯特拉斯（1815—1897）

生平和成果

你希望自己成为一名彪炳史册的数学家，这真有点异想天开．而且，如果你的职业生涯中有 12 年的时间并不是讲授数学，而是在中学教授书法，甚至体育等课程，又想成为一名大数学家，那更是想入非非．不过，这就是卡尔·魏尔斯特拉斯的一部分人生，甚至他本人，对那一段人生的回忆也是充满“无尽的沉闷与厌倦”．对于任意一个 ε，总存在一个 δ！

1815 年 10 月 31 日，卡尔·魏尔斯特拉斯出生于西威斯特法伦地区的奥斯登费尔德，现属德国，他出生时是惠灵顿在滑铁卢战役中击败拿破仑之后的四个半月．魏尔斯特拉斯的长辈中没有谁有科学文化成就，更不用说数学领域了，魏尔斯特拉斯是威廉和泰奥多拉的长子．我们对他母亲家族的情况知之甚少，唯一知道的是，与魏尔斯特拉斯的家庭一样，信奉天主教．父亲威廉·魏尔斯特拉斯受过良好的艺术和科学教育．在威斯特法伦做过小官，之后进入普鲁士政府机构工作. 卡尔 8 岁时，他父亲进入税务系统后开始频繁搬家，这样不稳定的家庭生活在他母亲去世后变得更加糟糕，他母亲在生下两个女儿和一个儿子之后，于 1827 年离世. 他父亲在其母去世两年后再婚，给年幼的卡尔增加了悲伤.

1828 年，卡尔进入威斯特法伦天主教高级中学，这所中学位于帕德伯恩镇的威斯特法伦地区. 父亲的工作也有了变动，成为帕德伯恩镇的助理税务官，但魏尔斯特拉斯的家庭经济状况仍很困难. 14 岁时，年轻的卡尔为当地一位商人的妻子做记账员. 他父亲认为这是一个施展他算术才能的机会. 他完全想象不到卡尔在中学里还能有空余时间阅览《纯粹与应用数学杂志》的复印本，这是当时全欧洲顶级的数学期刊！卡尔 · 魏尔斯特拉斯如饥似渴地阅读这些复印本，下定决心要成为一名数学家.

但威廉 · 魏尔斯特拉斯另有打算. 尽管他儿子在 1834 年中学毕业时获得很多数学奖，但威廉仍坚持让卡尔在波恩大学注册学习公共财政与管理. 年轻的卡尔勉强同意. 在波恩的 4 年里，他身心疲惫，常常沉溺于饮酒与击剑以发泄自己的不满情绪. 好几次他在击剑中几乎受到重伤.

4 年之后，魏尔斯特拉斯没有参加学位考试就离开了波恩大学，令他的父亲极度失望. 4 年的大学教育并没有使卡尔成为心胸狭窄的官僚人员. 同年，他家中的一位朋友建议卡尔在明斯特的神学与哲学学院注册，这样他就可以在一年内参加教师资格考试.

于是魏尔斯特拉斯在 1840 年参加了考试，在数学考试中被要求解决难度很大的问题. 他并不知道自己是如何出色完成了这个问题，学校领导也只是简单告诉他通过了考试. 他们并不介意告诉他，数学考官是数学家克里斯托夫 · 古德曼，他是伟大数学家高斯的学生之一. 古德曼看出魏尔斯特拉斯在考试中的解答在椭圆函数理论的数学分支中做出了重大进展. 但十几年里魏尔斯特拉斯对此褒奖始终一无所知.

此后，魏尔斯特拉斯度过了 15 年的中学数学教师生涯，面对不感兴趣的学生，也缺乏可供交流的同事. 令人惊讶的是，魏尔斯特拉斯在中学校刊上发表了第一篇研究论文，旨在吸引家长们让孩子们到学校里上学. 我们能够想象这些家长读到这些数学时完全不可思议的反应！

为了在这些年沉闷单调的中学教学中保持敏锐的头脑，魏尔斯特拉斯沉浸于他能找到的所有同时代的数学中. 多年的教学与研究的负荷终于将他压垮. 1850 年，魏尔斯特拉斯开始持续不断地眩晕，甚至持续一小时，只有在一阵剧烈的呕吐之后才有所缓解.

但成功总在转角处. 1854 年，魏尔斯特拉斯向《纯粹与应用数学》杂志提交了论文《论阿贝尔函数理论》，这成为他一生的转折点，魏尔斯特拉斯开始受到关注. 柯尼斯堡大学（现为但泽）授予他荣誉博士头衔. 为了留住他，布朗斯贝格中学提升他为高级讲师，并在 1855 年准予他一年的带薪年假. 但魏尔斯特拉斯真正期望的是大学的任命，如东普鲁士的布雷劳斯（现今为波兰的佛罗茨瓦夫）大学的教授，但他未能获得此职. 不过在这之后，职位接踵而来.

1856 年，他出版了关于阿贝尔函数的第二篇论文之后不久，参加了维也纳的一个会议，他获得一个机会，可以选择任意一所奥地利的大学职位. 那时，奥地利的数学还处于比较落后的地位，所以魏尔斯特拉斯犹豫是否要接受. 之后，他接受了柏林工业学院提供的一个全职教授的职位. 虽然他明白这不是最有名气的学院，但终归好于奥地利!

毕竟它不如柏林大学有名望，命运之神再次降临，柏林大学提供魏尔斯特拉斯副教授的职位，他很想接受此邀请，但清楚自己必须在工业学院完成 7 年的任命. 虽然工业学院不是德国很有名的学院，但提供魏尔斯特拉斯从事研究、并传授数学于学生的机会.

魏尔斯特拉斯著名的成就是发展了一套现今我们所知的“ε 方法”（ε 取自希腊字母），这一章我们将给予介绍. 魏尔斯特拉斯在 1859 年至 1860 年间开设的《分析导论》课上，发展了 ε 方法. ε 方法为数学家提供了严格的方法，来研究达到一个极限的无穷序列或无穷级数. 举例来阐述魏尔斯特拉斯的 ε 方法的作用.

考虑从 1 开始、以 $\frac{1}{2}$ 的幂为公比的几何级数，$1+\frac{1}{2}+\frac{1}{4}+\frac{1}{8}+\frac{1}{16}+\frac{1}{32}+\cdots$ 连续到“无穷”. 读者知道有限项几何级数的和：$a\sum_{k=0}^{n-1} r^k = a\frac{r^n-1}{r-1}$. 此公式中，$n$ 可以为任意有限项，令 $a=1$，$r=\frac{1}{2}$，有 $\dfrac{1-\left(\frac{1}{2}\right)^n}{1-\frac{1}{2}}$，数学家们从直觉上推断，当 n 达到无穷时，表达式中分子项的极限为 1，因为当 n 达到无穷时，$\left(\frac{1}{2}\right)^n$ 达到 0，但是“n 达到无穷”究竟是什么意思? 这是自古希腊数学家、哲学家芝诺（逝世于公元前 425 年）时代以来，令数学家、哲学家们倍感困惑的问题.

魏尔斯特拉斯的 ε 方法解决了这一问题：n 不必达到无穷，而是对趋于无穷

过程中的 n 定义极限. 魏尔斯特拉斯定义了无穷序列的极限，对任意的 ε ，可以找到整数 n ，使得对于所有整数 $m \geqslant n$ ，序列的第 m 项总是在限 ε 内. 不难将 ε 方法应用到当 n 趋于无穷时 $\left(\frac{1}{2}\right)^n$ 的极限为 0 的证明中来. 对于任意的 ε ，找到 $\frac{1}{2}$ 的幂，使其小于 ε ，显然所有更大的幂均小于 ε .

ε 方法在函数理论方面产生很大影响，比较 19 世纪中期，数学家们的注意力集中于像正弦波这样的函数，这类函数的图像可以（至少部分地）用笔不离纸地（至多偶尔离开）画出. 这是连续的几何直观.

ε 方法使数学家们免于以上述几何方式考虑连续. 魏尔斯特拉斯定义在点 x_0 处连续的函数 f 如下：

如果对于每一个 ε ，能够找到一个 δ（希腊字母），使得对于所有满足 $x_0 - \delta < x < x_0 - \varepsilon$ 的 x 的值，均有

$|f(x) - f(x_0)| < \varepsilon$ 成立［也就是说 $f(x)$ 与 $f(x_0)$ 之间的差小于 ε ］.

这个定义符合直观解释，在一点附近画出一个连续函数，则一定在此点处接近函数的值，但这一点可以做得更好.

在 19 世纪早期，德国数学家古斯塔 · 狄利克雷（Gustav Dirichlet）定义了两个奇异函数. 第一个函数 $\chi(x)$ 称作实数域内有理特征函数，具有下列值：

$$\chi(x) = \begin{cases} 1，若 x 为有理数 \\ 0，若 x 为非有理； \end{cases}$$

第二个函数 $D(x)$ 更加奇异，称作狄利克雷函数，具有下列值：

$$D(x) = \begin{cases} \frac{1}{b}，若 x 为有理数且能表示为\frac{a}{b}, \\ 0，若 x 为无理数. \end{cases}$$

这两个函数均不能像正弦曲线那样被画出. 因为第一类函数在每一点处都不连续（取 $\varepsilon < 1$，在附近总会有一点的值不等于 1，因为有理数和无理数处处相混合）.

并非所有数学家都认识这类奇异函数的价值. 20 世纪早期伟大的法国数学家亨利 · 庞加莱（Henri Poincáre）就抱怨过这类函数：

> 逻辑有时会制造怪物. 半个世纪来稀奇古怪的函数鹊声噪起，力图标新立异，它们与正常的实用函数颇相迳庭.

1861 年，首次总结出 ε 方法的两年内，魏尔斯特拉斯证明了狄利克雷函数 $D(x)$ 在 x 任意无理值处连续．当 $x=\sqrt{2}$ ，运用 $\varepsilon-\delta$ 方法，令 $\varepsilon=0.1$；即 $\varepsilon=\frac{1}{10}$．我们知道 $D(\sqrt{2})=0$，那么 δ 取何值，当 x 落在以 $\sqrt{2}$ 为中心的 δ 区间内时，选择不等于 0.0 的 ε ，能使 $D(x)$ 所有的值不超过 0.1？

一旦意识到仅有那些分母不大于 10 的有理数才能够使 $D(x)>0.1$（我们选取的 ε ），那么证明将很直接．$\sqrt{2}$ 附近所有的有理数能够被列出并能确定离 $\sqrt{2}$ 最近的一个（有理数）．我们可以借助于表格来说明．下面这张值表，显示了对于所有介于 1.0 至 2.0 的分母不超过 10 的有理数，相应的 $D(x)$ 的值．

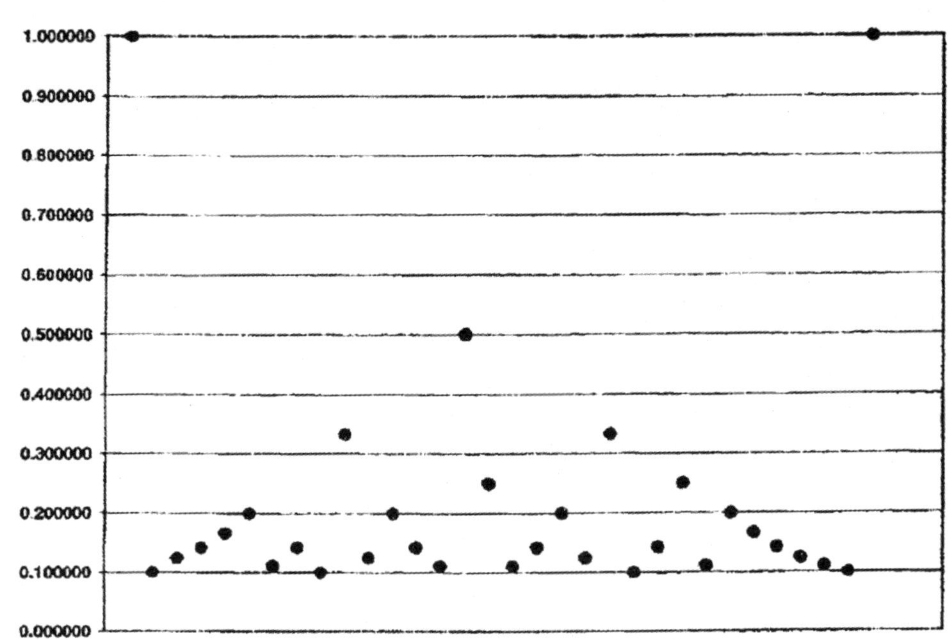

结果表明，使 $D(x)$ 接近 0 的有理数是 $x=1.30$ 或 $\frac{13}{10}$．

柏林初期大量的数学工作令魏尔斯特拉斯很疲劳．1859 年至 1861 年间的奠基性研究不久后，他患上了所谓“脑痉挛”．最终，他不得不休假一年．1863 年当他重返教学时，总是坐着讲课，高年级的学生将教学内容抄在黑板上．

8 年之后，他最终得到了柏林大学的固定职位．由于一直追求完善，魏尔斯特拉斯直到 19 世纪 80 年代中期才发表他的 ε 方法．德国最好的一代学生齐聚柏林大学跟随魏尔斯特拉斯学习数学，而且直接学习 ε 方法．

乔治·康托尔（Georg Cantor），本书后面将介绍其工作，算得上魏尔斯特拉斯所有学生中最著名的一位. 康托尔的工作也成为魏尔斯特拉斯与其好友利奥波德·克罗内克（Leopold Kronecker）之间产生矛盾的原因，克罗内克有句名言："上帝创造了整数，其余是人类的工作"，这句话被本书用作标题. 克罗内克可以容忍所有类型的数：有理数、实数，甚至虚数. 但是他不能容忍无穷，而那正是康托尔工作的核心. 克罗内克认为康托尔的无穷数学对象不可能存在，他的工作毫无意义也毫无用处.

撇开数学不谈，魏尔斯特拉斯的晚年生活并不舒心. 同许多数学家一样，魏尔斯特拉斯终生未婚，其弟妹也都未婚. 魏尔斯特拉斯晚年坐了 3 年的轮椅，生活不能自理. 1897 年初，他在 81 岁生日过后的几个月，逝世于柏林.

伟大的法国数学家庞加莱，早年曾抱怨人们对诸如狄利克雷函数之类古怪的数学对象过于热衷，他却给予魏尔斯特拉斯高度评价，认为除了不可比拟的高斯与不可估量的黎曼，魏尔斯特拉斯是德国 19 世纪第三位伟大的数学家.

卡尔·魏尔斯特拉斯（1815—1897）

《函数论》*

§7　一致连续性

我们定义开[1]连续域上 n 个变量 u_1，u_2，…，u_n 的函数，这里连续域可以是整个 n 维流形（但排除连续域的边界，如同早前定义单变量函数的方式）．之前我们定义函数的取值在 $-\infty$ 到 ∞ 或在 a 和 b 之间，但对于函数在这样选择的边界上是否有意义却未作明确规定[2]．

如果有且仅有一个函数 x 的值，对应每个值系 $(u_1, u_2, \cdots, u_n)$，那么我们称其为变量 u_1，u_2，…，u_n [3]的唯一函数．然而，仅用这种定义还不完善；引进"连续"概念后，将极大地丰富我们的分析．以常用的方式定义如下连续的概念：变量为 $(u_1, u_2, \cdots, u_n)$ 的函数 x 在点[4] $a=(a_1, \cdots, a_n)$ 的邻域[5]内连续，如果给定任意小的正量 ε，总可以确定一个 δ，使得当 $|u_\lambda - a_\lambda| < \delta$ $(\lambda = 1, 2, \cdots, n)$ 有 $|x-b| < \varepsilon$，其中 b 指函数 x 在 $(a_1, \cdots, a_n)$ 处的值．

我们也可以这样刻画连续：函数 x 在 a 的邻域内连续，如果对于任意给定的 ε，可以确定一个以 a 点为中心，半径为 ρ 的区域，使得当 $\sum_1^n (u_\lambda - a_\lambda)^2 < \rho^2$，则有 $|x-b| < \varepsilon$．

上述两种定义相互等价．

最后，正确理解"无穷小"[6]的概念，就可以定义函数在 a 点邻域内的连续：对于自变量在 a 的邻域内任意小的变化，相应地，函数值也有任意小的变化．如果我们仅应用此定义于函数首先[7]被定义的点 $(u_1, u_2, \cdots, u_n)$ 处，那就不难将这个定义扩展到函数在连续域的某些点处没有定义的情形．

从函数的连续性定义延伸到另一个作为其结果的概念——"一致连续"[8]的概念，此概念在过去往往被忽视．我们称一个函数在某个确定区间[9] $[a, \cdots, b]$ 上一致连续，是指给定任意小的正量 ε，能够确定一个正量 δ，使得下列条件成立：对于在区间 $[a, \cdots, b]$ 内任意多的值对 u，u'：当

* 英译本由 John Anders 翻译．

$|u'-u|<\delta$ 时，则有 $|f(u')-f(u)|<\varepsilon$.

于是[10]，如我们上述所说，一致连续是连续的结果，我们将对单变量函数给出证明，单变量函数[11]的情形能够应用于多变量函数，没有本质不同[12]（此证明是以我们此前已全面建立的流形理论的基本命题为基础[13]的）.

证明：划分一个奇[14]流形（当分配[15]所有从 $-\infty$ 到 ∞ 的值到变量 u 时首先会出现）为区间，在选择某个正数 n 后，允许存在一个量 μ，取遍所有正、负整数. 由此构造区间：$\left[\frac{\mu}{n},\ \cdots,\ \frac{\mu+1}{n}\right]$ $(\mu=0,\ \pm 1,\ \pm 2,\ \cdots,\ \pm\infty)$. [16]

所有 u 的值包含在某个这样的区间[17]中，并且只要 $\frac{\mu}{n}\leqslant u\leqslant\frac{\mu+1}{n}$，$u$ 就一定在区间 $\left[\frac{\mu}{n},\ \cdots,\ \frac{\mu+1}{n}\right]$ 内. 现在对 n，μ 赋值，使得由 n，μ 定义的区间包含了在其上函数有定义的 u 值. 对于包含在该区间内的 $f(u)$ 的值，一定存在上、下限 g，g'，使得 $g-g'$ 表示这个区间内函数值的最大变差[18]. 因此，$|f(u')-f(u'')|<|g-g'|$，其中 u'，u'' 是这些给定区间内任意变量值，且 $|f(u')-f(u'')|$ 为正的变量，当 u'，u'' 位于 $\left[\frac{\mu}{n},\ \cdots,\ \frac{\mu+1}{n}\right]$，其上限为 $g-g'$.

现在考虑全部[19]区间 $\left[\frac{\mu}{n},\ \cdots,\ \frac{\mu+1}{n}\right]$ $(\mu=0,\ \pm 1,\ \pm 2,\ \cdots,\ \pm\infty)$，我们仅保留那些函数在其上如此[20]定义的区间. 想象对于每一个这样的区间，都确定区间内值的最大变化（量），然后我们选择这些变化的最大值，设为 g_n. 显然 g_n 依赖于 n 的取值[21]（在区间 $\left[\frac{\mu}{n},\ \cdots,\ \frac{\mu+1}{n}\right]$ 中可能存在许多 μ 使变差达到最大值 g_n，但这并不重要）.

对于 n 来说可以取无穷多值，因此存在无穷多个这样的区间 $\left[\frac{\mu}{n},\ \cdots,\ \frac{\mu+1}{n}\right]$. 为了认识这一点，例如，若用 n 表示每一个素数的值，那么每个区间只出现一次. 由于素数无穷多，则存在上述定义的无穷多个区间. 现在由点 $\frac{\mu}{n}$ 完全确定这样一个区间，并根据我们的重要理论的基本引理[22]，至少存在一点，在其邻域内聚集着任意多个这样定义的点 $\frac{\mu}{n}$[23]. 如果存在许多这样的点，则我们从中选取一点 u_0. 然后选择一个任意小的量 ε，因为所选择的函数在 u_0 邻域内稳定变化，[24]那么能够确定一个量 δ，使得当 $|u-u_0|<\delta$ 时，有

$|f(u)-f(u_0)|<\varepsilon$.

现在若考虑区间 $[u_0-\delta, \cdots, u_0+\delta]$，那么在每个 u_0 的邻域内，分布无穷多个点 $\frac{\mu}{n}$. 由此我们能够找到 $\frac{\mu}{n}$ 及 $\frac{\mu+1}{n}$，使得 $\left[\frac{\mu}{n}, \cdots, \frac{\mu+1}{n}\right]$ 全部位于区间 $[u_0-\delta, \cdots, u_0+\delta]$ 内，为了达到这一点，显然我们只需要选择一个足够大的 n，而在区间 $\left[\frac{\mu}{n}, \cdots, \frac{\mu+1}{n}\right]$ 内两个自变量（其中之一为 u_0）的差一定小于 δ；由于满足上述[25]条件，因此有 $|f(u)-f(u_0)|<\varepsilon$. 接下来，若 u'，u'' 为在区间 $\left[\frac{\mu}{n}, \cdots, \frac{\mu+1}{n}\right]$ 上产生 $f(u)$ 的最小和最大值的自变量值，那么有 $|f(u')-f(u'')|<2\varepsilon$，从而有 $g_n<2\varepsilon$. 由于在每个给定区间 $\left[\frac{\mu'}{n}, \cdots, \frac{\mu'+1}{n}\right]$ 上函数值的最大改变量小于或等于 g_n，那么此区间内的任意两个自变量的函数值之差小于量 2ε，ε 本身可以任意小.

性质由此得证；可以划分变量 u 的区域[26]为区间，使得每一个区间内，任意两个函数值之差小于给定的任意小的量.

于是，给定 $|u'-u''|<\delta$，为了使 $|f(u')-f(u'')|<\varepsilon$，只需选择一个 n，使得 $g_n<\frac{1}{n}\varepsilon$，那么 $\delta<\frac{1}{n}$ 满足我们的条件. 即便 u'，u'' 位于两个相邻区间（另一种情形是 u'，u'' 不位于同一区间，二者必居其一，因为总会有 $|u'-u''|<\frac{1}{n}$），那么仍将有 $|f(u')-f(u'')|<2\varepsilon$，$2\varepsilon$ 当然可以和 ε 一样任意小.

至此，性质完全被证明；一致连续能够作为连续的结果导出.[27] 这条性质的重要性首先在于，对于任意连续性被证明的特殊函数，一致连续的证明就已经完成了[28]——许多特殊情形的证明也许会繁琐些.

1886 年 6 月 26 日 星期六

现在我们从单变量函数命题的证明扩展到任意多个变量函数的证明上来.

令 $f(u_1, \cdots, u_n)$ 为 n 个变量 $(u_1, \cdots, u_n)$ 的唯一函数[29]，定义在一个闭或开连续统[30]上，且在所定义的区域[31]内连续，这样，我们的任务是从这个函数在区域内的连续性证明其一致连续.

称函数 $f(u_1, \cdots, u_n)$ 一致连续是，当给定任意小的量 ε，总可能确定另一个量 δ，使得当 $|u'_\lambda-u''_\lambda|<\delta$ ($\lambda=1, 2, \cdots, n$)，则有 $|f(u'_1, \cdots, u'_n)-$

$f(u''_1, \cdots, u''_n) | < \varepsilon$，对两点 u 成立（当然上述不等式仅在函数有定义的区域内成立）．现在，对比单变量函数的证明来证明 n 变量函数的命题．

证明：称所有点 $(u_1, \cdots, u_n)$，$a_\lambda \leqslant u_\lambda \leqslant a_\lambda + d_\lambda$（$\lambda = 1, 2, \cdots, n$）（其中 d_λ 是给定的正量）的全体为变量 $(u_1, \cdots, u_n)$ 的已知区域，此区域表示为：

$[a_1, \cdots, a_1 + d_1, a_2, \cdots, a_2 + d_2, \cdots, a_n, \cdots, a_n + d_n]$，

考虑区域 $\left[\frac{\mu_1}{m}, \cdots, \frac{\mu_1 + 1}{m}, \cdots, \frac{\mu_n}{m}, \cdots, \frac{\mu_n + 1}{m}\right]$，其中 μ_λ 能够取遍所有可能的正、负整数且 m 为固定的正数．这样，每一点 $(u_1, u_2, \cdots, u_n)$ 将唯一属于这些区域之一，它们全体构成 n 维流形，因为 d_λ 有相同的值，即 $\frac{1}{m}$，对于所有的 λ 能够通过特殊的数 μ_λ（$\lambda = 1, 2, \cdots, n$）来刻画区域．若有两点 $(u'_1, u'_2, \cdots, u'_n)$ 和 $(u''_1, u''_2, \cdots, u''_n)$ 位于这些区间之一内，那么对于每个 $|f(u'_1, u'_2, \cdots, u'_n) - f(u''_1, u''_2, \cdots, u''_n)|$，存在一个上限为 g 的变量，在所有被考虑的区间内具有一个确定的值[32]．

想象那些函数首先[33]被定义的区间；其个数为无限多，因为函数在无限连续统上定义．对于每一个这样的区间，存在上述所给差的绝对值的上限[34]，（在这些区间中）存在一个或多个使函数差值达到最大[35]的点．若 $\left[\frac{\mu_1}{m}, \cdots, \frac{\mu_n}{m}\right]$[36] 为这些区域之一，其中 g 达到最大值．显然若允许其像已知的那样变化，固定 m，将得到无穷多个这样的区间．这样至少存在一点 $(a_1, a_2, \cdots, a_n)$，在此点的每个邻域内将出现无穷多个被定义的点 $\left[\frac{\mu_1}{m}, \cdots, \frac{\mu_n}{m}\right]$[37]．

若从中任取一点 $(a_1, a_2, \cdots, a_n)$，根据连续的假设，可以确定一个量 δ，使得当 $(u'_1, u'_2, \cdots, u'_n)$ 和 $(u''_1, u''_2, \cdots, u''_n)$ 包含在区间 $[a_1 - \delta, \cdots, a_1 + \delta, \cdots, a_n - \delta, \cdots, a_n + \delta]$ 中，有 $| f(u'_1, u'_2, \cdots, u'_n) - f(u''_1, u''_2, \cdots, u''_n) | < \varepsilon$．

进一步，选择 m，可以确定 $(a_1, a_2, \cdots, a_n)$ 的意义，使得区域 $\left[\frac{\mu_1}{m}, \cdots, \frac{\mu_n}{m}\right]$ 完全位于 $[a_1 - \delta, \cdots, a_1 + \delta, \cdots, a_n - \delta, \cdots, a_n + \delta]$ 内，因为我们只需要首先确定商 $\frac{\mu_\lambda}{m}$，使得 a_λ 如期望的那样接近这些商．通过适当放大 m，可以令 $\frac{1}{m}$ 和 δ 一样小，而 $\frac{\mu_\lambda}{m}$ 和 $\frac{\mu_\lambda + 1}{m}$ 都位于 $[a_\lambda - \delta, \cdots, a_\lambda + \delta]$ 内．将

上述不等式[38]应用到所有点（u'_1，u'_2，…，u'_n）和（u''_1，u''_2，…，u''_n），这些点包含在区域 $\left[\frac{\mu_1}{m}, \cdots, \frac{\mu_n}{m}\right]$ 内，则 $g < \varepsilon$ 是在此区域内函数值的最大差，在其余的每个区间内，差 $\leqslant g$，则 a 一定 $< \varepsilon$.

因而，我们已将函数在其上定义的整个连续域划分为许多部分区域，使得在每一个部分区域内，函数值的最大变化小于任意小的、给定的量 ε.

现在，任意选择一点（a'_1，a'_2，…，a'_n），在这一点上函数有定义，以此点为心划定一个区域 $[a'_1 - d'_1, \cdots, a'_n + d''_1, \cdots, a'_n - d'_n, \cdots, a'_n + d''_n]$，使得对此区域内所有的点来说，两函数值的差 $< \varepsilon$；为了做到这一点，首先需要选择一个足够大的 m，使得在区域 $\left[\frac{\mu_1}{m}, \cdots, \frac{\mu_n}{m}\right]$ 的所有部分内，函数值的最大变差 $< \frac{1}{2}\varepsilon$. 根据上面所述，总可以做到这一点. 如果选择点（a'_1，a'_2，…，a'_n）所位于的那部分区域，且选择 δ'_λ，$\delta''_\lambda < \frac{1}{2}m$，则要么所有 $[a'_1 - d'_1, \cdots, a'_n + d''_1, \cdots, a'_n - d'_n, \cdots, a'_n + d''_n]$ 属于同一个部分区域，即 $\left[\frac{\mu_1}{m}, \cdots, \frac{\mu_n}{m}\right]$，要么同时属于这个区域及 $3^n - 1$ 个邻域的 $2^n - 1$ 个部分[39]. 前一种情形中，区间 $[a'_1 - d'_1, \cdots, a'_n + d''_1, \cdots, a'_n - d'_n, \cdots, a'_n + d''_n]$ 上任意两个函数值的第二个差不仅小于 ε，而且小于 $\frac{1}{2}\varepsilon$；后一种情形中，两自变量值显然属于 2^n 个部分的两个不同区域，它小于 ε.

相应地，以定义函数的连续域的**每个**点为心，都可以定义一个区域，使得其中的函数最大变化值任意小. 因此，这一部分开篇提出的命题得证，的确，再次强调一下，一致连续已作为连续的结果而导出.[40]

例：当 $n = 2$（偶），$3^n - 1 = 8$，$2^n - 1 = 3$.

注 释

[1]“unabgeschlossen”译作“开的”，字面意思是“非闭”. 以前的版本（这里未出版），魏尔斯特拉斯在下面的讨论中定义“开连续”：如果（一个流形的）边界点完全包含在点的闭集合内，那么每个不包含在这个点集中的点包含在连续内（或，如果流形划分为若干个连续通过【确定】点集，那么（每个不包含在给定点集的点）包含在这些连续【之一内】)，我们称这样一个连续为“开连续”.

[2] 不包括之前的部分.

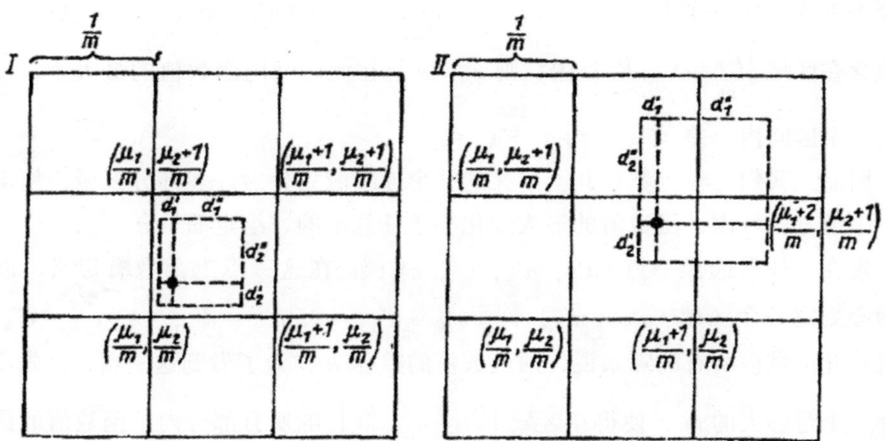

[3] (u_1, u_2, …, u_n) 为给定值，相应的变量为 u_1, u_2, …, u_n , n 个函数；魏尔斯特拉斯称此函数为 x，是在同样的表达中定义相同的函数，与现今的表达相反，魏尔斯特拉斯使用“x”表示因变量（也就是我们常说的 $f(x)$ 或 y），使用“u”表示自变量（即我们今天使用的 x）.

[4] 此处及下文的“Punkte”和“Stelle”均译作“点”，此处魏尔斯特拉斯使用“Stelle”.

[5] 此处及下文的“Nähe”译作“邻域”.

[6] 此处魏尔斯特拉斯一语双关地使用了“endlich”（最后，终于）和“unendlich”（无限，无尽头）.

[7] “überhaupt”译作“首先”.

[8] “gleichmässigen Stetigkeit”字面意思是“相同测度的连续”，“一致连续”是现代英语表达. 然而，魏尔斯特拉斯的术语比我们如今使用的更具描述性. “一致的”连续与 ε 和 δ 确定或衡量的完全一致. 参见魏尔斯特拉斯下面的定义.

[9] 后文将对“Intervals”详述，我使用方括号对应于魏尔斯特拉斯的圆括号，他为了更清晰地表示闭区间. 他在讲课过程中，始终这样使用.

[10] “Überhaupt”译作“如此”或者也可以说“一般的”，魏尔斯特拉斯并未强调这样的事实：在给定函数的给定区间上，虽然函数的一致连续包含着连续，一般情况下，连续并不一定一致连续（函数在区间上连续但不一定一致连续的经典例子就是函数 $f(x) = x^{-1}$ 在区间 (0, 1)）事实上他在此处和其他一些地方的措辞会引起误导，使人认为相反的命题一般是成立的，而这是错误的. 诚然，许多特殊情形中，连续蕴含了一致连续，并且魏尔斯特拉斯确实处理了这样一个特例（见下面的脚注）.

[11] 注意到，魏尔斯特拉斯从 n 变量函数的连续转变到单变量的一致连续. 此处暗含了魏尔斯特拉斯后来关于 n 变量函数一致连续的表述. 就在下面的证明中，魏尔斯特拉斯处理的是单变量函数.

[12] 这是魏尔斯特拉斯在下面第二部分所做的工作（1866 年发表）.

[13] 同样这些早先部分并不包含在内. 这里魏尔斯特拉斯似乎是指我们现今所谓的波尔查诺–魏尔斯特拉斯聚点定理.

[14] Einfache.

[15] “teilen”和“zuteilen”两个词之间的关联无法用英语表达出来.

［16］同脚注9，我改变了魏尔斯特拉斯的记法：他使用圆括号的地方我用了方括号，以表示区间是闭的，非开的. 魏尔斯特拉斯使用的是闭区间是关键的一点. 这也是从连续导出一致连续必须成立的一个条件.

［17］这是正确的，因为区间取遍所有的实数.

［18］事实上，魏尔斯特拉斯假设，函数在给定区间上存在上、下极限这一条件，是他证明连续推出一致连续一定成立的. 没有这一假设（即一般情况），连续并不一定包含一致连续，一般来讲，一致连续是强条件.

［19］此处及下文的“Gesamtheit”译作“全部”.

［20］“Überhaupt”译作“如此，这样”.

［21］因为区间包含最大变化值，即 g_n，一般说来，此值取决于划分区间的精细度，反之，依赖 n 的取值.

［22］同样地，此处并不包含在内.

［23］现今我们称之为波尔查诺-魏尔斯特拉斯定理. 其现代表述为：实线上每一个有界无限点集具有一个聚点.

［24］也就是说，假设函数连续，见上述连续的定义.

［25］即，若 $|u'-u|<\delta$，那么有 $|f(u')-f(u)|<\varepsilon$.

［26］此处及下文的“Bereich”译作“区域”.

［27］“Überhaupt”译作“同样地”.

［28］“Überhoben”字面意思为“攻克”当然，如上述所说，连续隐含着一致连续仅对特定函数的特定区间成立，也就是说，并不是一般成立.

［29］此术语在本节的首页介绍过.

［30］对于术语“闭连续”和“开连续”，见脚注1中魏尔斯特拉斯的定义.

［31］此处及下文的“Gebiete”译作“区域”.

［32］这是魏尔斯特拉斯从连续中证明一致连续非常关键的假设，对比脚注18.

［33］Überhaupt 译作“首先”.

［34］即 $|f(u'_1, u'_2, \cdots, u'_n)-f(u''_1, u''_2, \cdots, u''_n)|$ 在每一对点处.

［35］也就是说，或者最大值 g 出现在某一区间中（其余的区间具有稍小一些的 g），或者最大值 g 出现在几个区间中（恰好共同具有 g）.

［36］作者的注释：从现在起我们将用更简洁地指代上述基本区域的部分.

［37］从魏尔斯特拉斯的聚点定理得出，见脚注23.

［38］即 $|f(u'_1, u'_2, \cdots, u'_n)-f(u''_1, u''_2, \cdots, u''_n)|<\varepsilon$.

［39］见魏尔斯特拉斯的图表.

［40］Überhaupt.

（潘丽云　译　李文林　校）

理查德·居理斯·威尔姆·戴德金
(1831—1916)

生平和成果

R·J·W·戴德金于1831年10月6日出生在德国的布朗斯威克(Brunswick)市,这也是卡尔·弗里德里赫·高斯(C. F. Gauss)的故乡,戴德金是J. L. U. 戴德金和C. M. H. 戴德金[娘家姓埃姆派里斯(Emperius)]的四个孩子中最年幼的一个. 他们家是人们公认的书香门第,他在一个有进取精神的知识分子家庭中长大. 他的父亲是布朗斯威克的卡罗琳学院(Collegium Carolinum)的法律教授,J. L. U. 戴德金本人的父亲是著名的化学家和物理学家,戴德金的外祖父也是卡罗琳学院的教授. J. L. U. 戴德金的另一个儿子长大后成了一名法官,戴德金的姐姐居理(Julie)发表过一些小说.

戴德金紧紧跟随他的兄长,并在布朗斯威克的玛提诺-卡塔琳娜(Martino-Catharineum)预科学校开始接受正规教育. 起初,化学和物理是他喜爱的学科,而数学恰好是为它们服务的有用的工具．然而，到他1848年进入当地的卡罗琳学院学习时，由于在他看来化学和物理学的混乱的逻辑结构使他的学科兴趣由它们转向了数学，在他学院2年的学习期间，戴德金除了数学和最抽象的物理科学外，其他什么也不学，很快他就掌握了解析几何，微积分，以及分析学基础．

当1850年戴德金进入附近的格丁根（Göttingen）大学学习时，他是同年级成绩最为优秀的学生，戴德金很快通过了格丁根的数学课程．他听了高斯关于最小二乘法理论的讲座．50年后他还回忆起这是他所听过的最美妙和最富数学逻辑性的课．同时在格丁根他还参加了数论讨论班，这是数学系最高级的课程．在讨论班上他遇到了稍微年长的本哈德·黎曼（Bernhard Riemann），戴德金成了他的挚友．在高斯指导下，1852年春戴德金完成了关于欧拉积分理论的博士论文，他是高斯的6个博士生中的最后一个．

虽然他获得了博士学位，但戴德金认为他所接受的数学教育还不完整，在他参加获得大学讲师资格的考试前他花了两年时间去听课以弥补他认为的知识上的缺陷．当然，他非常成功地获得通过，使他作为**编外讲师**（Privatdozent）在格丁根取得一个普通的教师职位，给大学生讲授几何和概率论．

1855年高斯逝世，戴德金认为这是特别巨大的损失，但是戴德金的损失很快由于他与高斯的继任者，彼得·古斯塔夫·勒荣·狄利克雷（Peter Gustave Lejeune Dirichlet）极其满意的合作而弥补．虽然他本人是数学系的一个教员，戴德金并不为听狄利克雷的课感到后悔，狄利克雷的讲课范围非常广泛，包括数论，位势理论，定积分及偏微分方程．他们两人关系如此紧密，以至格丁根数学界不少人开玩笑说他们是难分难舍的孪生兄弟．但是如果要说有人是戴德金的孪生兄弟，那应该是黎曼，他们确实分不开，常常花费好几个小时一起在格丁根附近的森林里边散步边讨论数学问题．当苏黎世工业大学（Zurich Polytechnic）向戴德金提供一个更好的职位时，他为离开格丁根和黎曼而痛心疾首，最后戴德金接受了在遥远的苏黎世的职位．

戴德金虽然身处瑞士，但心系德国．当1859年黎曼被选为柏林科学院院士时，戴德金立即就此机会陪同他的朋友访问柏林，事后来看这是明智的决定．在柏林他遇到德国数学界的领袖人物：库麦（Kummer），克罗内克（Kronecker），特别是外尔斯特拉斯（Weierstrass）．这些交往富有成效．1862年，他们为戴德金在布朗斯威克工业大学（它的前身是卡罗琳学院）安排了一个职位，戴德金返回了他的父亲曾在那里任教的母校．虽然在以后的岁月里有一些更有声望的职位向他提供，但戴德金觉得在他的故乡非常满足而从未改换其他职位．

在苏黎世的第一年戴德金讲授微分学课程，引起了他对数学基础的兴趣．随着课程的展开，他认识到他不能向他的学生对组成实直线的实数连续统给出坚实的理论基础，他着手弥补这个缺陷. 14 年后，他发表了他的经典著作**连续性与无理数**(1872)，给出实数连续统的第一个严格的基础．该文与他的文集**数的性质和意义**一起汇编在本书中．

实直线的性质甚至从公元前 5 世纪毕达哥拉斯发现 $\sqrt{2}$ 的无理性起就一直困扰着数学家．回顾了数学的发展后，戴德金认识到逐次地将一类数扩充到以它们作为一个部分的更大的一类数．首先，（正）整数 1，2，3，…，扩充为整个整数类：正整数，零，负整数．负整数的数学运算可以通过正整数来表达，然后整数扩充为有理数，而它们是有理数的一部分．其后不久，戴德金的导师高斯将实数扩充为具有实部和虚部的复数．

戴德金用**分割**的概念作为整个实直线，有理数和无理数在有理数中的基石．他开始注意到每个有理数 a 把有理数集合分划为两个类：

· A_1，小于 a 的有理数的集合；

· A_2，大于 a 的有理数的集合．

此外，每个属于 A_1 的有理数小于每个属于 A_2 的有理数．于是借助序关系**小于/大于**，有理数 a 将所有有理数**分割**为互相分离的不同的两类数．

戴德金认为可以在有理数中产生许多其他的分割，例如，$\sqrt{2}$将有理数分割为两类①：

· A_1，平方小于 2 的正有理数（加上 0 及所有负有理数）的集合；

· A_2，平方大于 2 的正有理数的集合．

在此再一次地，每个属于 A_1 的有理数小于每个属于 A_2 的有理数．类似的，π 可以通过将有理数分割为下列两类来定义：

· A_1，a/b 形式的正有理数（加上 0 及所有负有理数）的集合，其中 a 与 b 之比小于圆周长与它的直径之比；

· A_2，a/b 形式的正有理数的集合，其中 a 与 b 之比大于圆周长与它的直径之比．

其中，每个属于 A_1 的有理数小于每个属于 A_2 的有理数．

给出了分割的例子后，戴德金推广了这个概念，于是任何一个无遗留地把所有有理数分成两个集合 A_1 和 A_2，使 A_1 的每个成员小于 A_2 的每个成员的划分，

---

① 原书下面两段有误，已改．

定义一个等同于一个实数的**分割**，如果这个等同的实数不是有理数，如同定义$\sqrt{2}$的分割的那种情形，那么它必定是无理数.

通过分割定义了实数后，因为加减法算术运算保持了正有理数中的**小于/大于**关系，所以戴德金接着证明实数的算术恰好与我们所希望的完全一样. 例如，考虑由$\sqrt{2}$和$\sqrt{3}$产生的分别划分为集合 A_1 和 A_2 以及 B_1 和 B_2 的分割. 取 A_1 中的任何一个有理数及 B_1 中的任何一个有理数. 它们的乘积将小于 A_2 中的任何一个有理数与 B_2 中的任何一个有理数的乘积，并且这个分割对应于$\sqrt{6}$，恰好是我们所想要的.

戴德金经常在夏季到瑞士或蒂罗尔（Tyrolean）① 的阿尔卑斯山区度假. 在1874 年的假日，他在英特莱肯市（Interlaken）第一次遇见乔治·康托尔（Georg Cantor）. 戴德金对连续统的开创性的分析是康托尔关于超限数的革命性工作（本书将在后文介绍）的灵感的主要源泉，正是通过 18 世纪 70 ~ 80 年代康托尔与戴德金的通信历史学家才能理解康托尔思想的发展.

当格丁根在数学上超过柏林的时候，布朗斯威克工业大学还是一个死气沉沉的学校. 在这里，戴德金从来没有带过博士生，但布朗斯威克工业大学的一个不起眼的请求使他获得监管出版两本数学名著的机会. 1863 年，主要根据他所作的笔记，出版了狄利克雷的**数论讲义**. 到 1894 年，出了 3 个以上的版本. 当黎曼过早地离世时，他自行决定出版他的朋友的**选集**，他的朋友去世 10 年后这个经典著作才问世. 他还监管出版了他的导师卡尔·弗里德里赫·高斯的选集.

在布朗斯威克，戴德金还被要求担任工业大学的领导职务（1872 ~ 1875 年）. 虽然他不喜欢行政事务，但戴德金为这个事实感到高兴：他获得了他的父亲及他的外祖父以前曾拥有过的地位. 戴德金于 1894 年从他的大学职位退休，虽然他已退休，但还继续讲课直到他迈入 70 高龄，与许多数学家不一样，他喜欢讲课.

戴德金一生获得过许多荣誉，第一个荣誉来自格丁根，他于 1862 年当选为它的科学院的通讯院士. 1880 年从柏林科学院，1902 年从巴黎科学院和罗马科学院分别获得类似的荣誉称号. 1902 年在他获得格丁根大学博士学位 50 周年纪念日他被授予多个名誉博士称号.

---

① 即 Tyrolien，奥地利的西部地区.

戴德金安于在布朗斯威克的生活，终生未婚，一直与他的姐姐居理生活在一起直到她 1914 年去世. 他在经受短暂的病痛折磨后于 1916 年 2 月 12 日逝世. 虽然当时欧洲处于第一次世界大战的中期，法国和英国的数学家还是为他的去世致哀，他们知道最后一个与伟大的高斯直接连接的纽带已经丧失.

理查德·居理斯·威尔姆·戴德金（1831—1916）

《数论①文集》

第一版前言

在科学中没有可以予以证明却能够不加证明地被接受的事物，虽然这个要求看来如此地合乎情理，但是当我在作为最简单的科学基础的最新方法中，亦即在研究数论的逻辑部分中遇到它时却没有引起注意[1]. 在谈到算术（代数，分析）作为逻辑的一部分时，我的意思是，我认为数的概念与空间和时间的观念或直觉完全无关，并且我将它看做思维规律的直接结果，那么我对这篇论文标题所提出的问题的回答，简要地说，就是：数是人类大脑的自由创造；它们被用作更容易和更清晰地理解事物差别的手段. 这个创造仅仅通过建立数的科学的纯粹逻辑过程来实现，并且由此获得我们准备用来精确地研究我们的时空观念的连续数域，而这种研究是借助确立我们的时空观念与我们大脑中创造的这个数域之间的关系进行的[2]. 如果我们仔细观察一下在清点某些事物的个数或统计它们的总数时做了什么，那么就会导致我们去考虑大脑将事物与事物相联系，或将事物与事物相对应，以及用一个事物表示另一个事物的能力，并且没有这种能力就不可能进行思考. 如我在这篇论文的简报[3]中已经断言过的，依我的判断，必然是将整个数的科学建立在这个唯一的因而绝对必不可少的基础上. 在我关于**连续性**的论文发表前这个工作的轮廓已经形成，但仅仅在这篇论文问世并且经历了由于行政工作量的增加以及其他必要的事务所引起的多次中断后，我才能在 1872 ~ 1878 年期间把经过几位数学家审查并且特别和我进行了讨论的初稿加工成正式的文稿. 它保留了相同的标题和内容，虽然安排的顺序并非最好，但所有实质性的基本思想都在文中更认真地作了详细论述. 作为这样的要点，我在此要提到：有限与无限的明显的差别（64）②，事物的个数(*Anzahl*）的概念（161），证明称做完全归纳法（或从 n 到 $n+1$ 的推断）的推理形式是真实可信的（59），（60），（80），因而归纳（或递推）定义是确定而且可靠的（126).

① 即论文《数的性质和意义》.

② 括号中的数字是论文《数的性质和意义》的小节数.

这篇论文可被任何一个具有通常称作正常普通理智的人理解，对知识程度的要求是最低的，不需要专业性的哲学和数学修养. 但是我清醒地感觉到一个又一个读者仅仅是被我带领着朦朦胧胧地认识作为他的忠实而亲近的朋友伴随他终身的数；他将被一系列与我们一步步的理解相对应的简单推理以及对数的定律所依赖的一串串论证的枯燥的分析吓坏，并且将由于强迫他跟随我们去证明他直觉想象看似显然且必然的真理而感到厌烦. 与此相反，恰是在将这些真理归结为其他更简单的真理的可能性中，无论这一系列推理有多长和看来多么人为化，我辨认出一个方便的证明，拥有它们或确信它们从来不是借助直觉想象，而始终仅仅是全部或部分地重复单个推理得到. 我想将由于完成迅速而难以描绘的推理行为与一个有能力的读者在阅读中完成的行为加以比较；这种阅读始终是全部或部分地重复那些使初学者因为要弄清楚它们而感到厌倦的单个步骤；只能以很大的可能性肯定，其中很小一部分，对于受过训练的读者为了弄清楚它们真实的意义只需付出很小的努力或智力就足够；因为，如我们知道的，偶尔出现多数受过证明训练的读者会让印刷错误从他们眼下逃脱，也就是说出现误读，如果完全重复与读懂相联系的思维链，那么这是不可能发生的事. 因此，从出生之日起，我们连续地与日俱增地被引向将事物与事物相联系，从而发挥数的创造所依赖的那种大脑功能；由于这种实践连续地出现，虽然没有确定的目的，但在我们幼年及判断力和思维链趋于成熟时，我们要求存储真实的算术真理，我们的启蒙老师不适当地将它们看做一些简单自明的由直觉想象给出的东西；因而发生了许多将非常复杂的概念［例如事物的数目（*Anzahl*）的概念］错误地看成是简单的东西的事，在这个意义下（我想用后来形成的名言 *αει ο ανθρωποζ αριθμητιξει* 来表达），我希望本文作为将数的科学建立在统一的基础上的一种尝试而受到慷慨的欢迎，并且导致其他数学家将长的推理系列简化到更适当和更有吸引力的程度.

依据本文的目的，我限于考虑所谓自然数列. 这样，数概念的逐步扩充，零，负数，分数，无理数及复数的产生是通过归并到先前的概念来完成，而不需要引进任何外来概念（如可测量的概念，依我的看法只通过数的科学完全可以将它讲清楚），至少在我以前关于**连续性**的论文（1872）中对于无理数已经证明了这一点；如我在本文第 3 节已经证明的，用完全类似的方法，其他的扩充也能够处理，并且我准备在某个时候系统地给出整个主题. 由刚才这个观点，代数和高等分析的每个定理无论它们有多大差别，都可以表示为关于自然数的定理，这看来多少有点儿是自明的并且不是新的——我反复听到狄利克雷亲口这样说过. 但是我没有看到有什么是值得赞赏的——并且这确实来自狄利克雷的思想——实际就是完成这个令人厌倦的冗长的论述并坚持不使用和不承认有理数以外的结果. 与此相反，新概念的创造和引进已经永恒地造就了数学和其他科学的最伟大和最富有成果的进展，而只靠旧观念困难地控制的复杂现象的频繁反复出现使得这些新概念的提出是必要的. 1854 年夏天我在被聘为格丁根编外讲师之际对哲学系的报告中曾论述过这个主题. 这个报告的观点得到高斯的认同，但这里不宜进一步给出有关的细节.

我倒是要借此机会就上面提到的我以前关于**连续性与无理数**的工作做一些注释，这里给出的无理数理论是 1853 年完成的，它基于有理数域中出现的一个现象，我将它称为分割(*Schnitt*)，并且是我第一个对它进行了详细研究（第 4 章）；它以新的实数域的连续性的证明结束（第 5 章的 iv）. 就我来说，比起外尔斯特拉斯及康托尔提出的两个与它不同的理论（并且它们也互相不同），看来它要简单些，我应该说它更加容易，并且同样完全是严格的，因为它被迪尼（U. Dini）在他的《实变函数论基础》（*Fondamenti per lateorica detle funzioni di variabili reali*, Pisa，1878）中没有做本质性的修改加以引用了；而在这个论述过程中提到我的名字，但在作者讨论与分割相对应的可测量的存在性时在对分割这个纯算术现象的描述中却没有提到我，这个事实容易使人们认为我的理论是以考虑这种量为基础的. 事实并非如此；相反地，在我的论文的第 3 章中我预先提出了为什么完全拒绝引进可测量的几个理由；实际上，关于它们的存在性，在论文的末尾我已经指出：在几何研究中只是偶然提到但从未清楚地定义过算术这个术语，因而不可能在证明中应用它；此外，对于空间科学的大部分，它的结构的连续性甚至不是必要的条件. 为了更清楚地说明这件事，我注意到下面的例子：如果我们任意选取 3 个不共线的点 A，B，C，只有单个限制条件：距离 AB，AC，BC 的比是代数数[4]，并且认为在空间中只存在使 AM，BM，CM 与 AB 的比都是代数数的点 M，那么空间由这些点 M 组成，易见处处不连续；但尽管有这种不连续性，并且这个空间中存在空隙，欧几里得(Euclid) 的《原本》（*Elements*）中出现的所有构造，如我可以见到的，都恰如在完全连续的空间中那样地精确地有效；这种空间的不连续性在欧几里得几何中未被注意，甚至完全没有被发现，如果有人要说排除了连续性我们不能想象空间是什么样的，那么我要大胆对此表示怀疑，并且要提请注意下面的事实：为了清晰地领悟连续性的本质和理解除了有理的数量关系外还可以想象无理的数量关系，除了代数的数量关系外还可以想象超越的数量关系，我们需要更高级、更精细的科学训练. 依我看，这一切都更漂亮：不用任何可测量概念并且只借助有限多个简单思考步骤系列，人们就可创造纯粹的连续数域；并且仅用这种方法在我的观点下人们就能够给出清晰而确定的空间概念.

相同的基于分割现象的无理数理论，坦耐利（J. Tannery）在他的《单变量函数引论》（*Introduction à lathéorie des fonctions d' une variable*, Paris，1886）中也论述过，如果我正确地理解了该书前言中的一段话，那么作者认为他的理论是独立的，这就是说，不仅对于我的论文，而且还有上面我引述的迪尼的《实变函数论基础》，当时他都是不知情的. 这个看法对我而言，令人满意地证明了我的观念与无理数情形的本性，亦即其他数学家［例如，帕希（Pasch）的《微积分计算引论》（*Einleitung in die Differential-und Integral-rechnung*, Leipzig，1883］承认的事实是一致的. 但是我完全不能同意坦耐利下面的说法：这个理论是贝特朗（J. Bertrand）的思想的发展，并且已经包含在他的《算术教程》（*Traité d' arithmétique*）中. 这本书中无理数是用这样的说法定义的：无理数由所有小于它的及所有大于它的有理数来定义，斯托尔兹（Stolz）在他的《一般算术讲义》（*Vorlesungen über allgemeine Arithmetik*, Leipizig，1886）的第2部分的前言中——看来他未加认真研究——重复了这种说法. 恕我对于这种说法发表如下的看法：认为无理数由刚才引述的说法完全定义了的观点，在贝特朗时代之前很长时间以来肯定是所有与无理数概念有关的数学家所共有的认识. 这种确定无理数的方式恰好深藏在每个计算员的大脑中，他们用这种方式近似地计算方程的无理根，并且如果把无理数看做是两个可测量的比是贝特朗在他的书中所独有的（我面前放着它的1885年的第8版），那么在欧几里得给出的著名的两个比相等的定义（见《几何》，V.，5）中已经用最可能清晰的方式阐明的事正是这个确定方式，这同一个最古老的共识是我的理论以及贝特朗的理论还有许多其他将引进无理数的基础放到算术中的完全或不完全的尝试的源泉. 虽然到此为止所说的与坦耐利相当一致，但经过实际检查，他不能不跟随贝特朗的工作，而贝特朗的工作就其纯粹逻辑性而言甚至没有提到分割现象，这与我的工作毫无类似之处，因为它立即求助于可测量的存在性，这是一个由于上面提到的理由被我完全拒绝的概念. 除了这个事实外，表达方法看来也是采取一个个定义和证明的形式，但它们基于可测量存在性的假定，表现出与我的论文的本质性差别. 我还注意到我的论文中关于定理$\sqrt{2}\cdot\sqrt{3}=\sqrt{6}$的严格证明是其他任何文献所没有的，这也证实了我的论文的意义，因此最好还有更多其他的并且当时我没有注意到的这样的例证.

戴德金　于哈尔兹堡（Harzburg），1887. 10. 5

理查德·居理斯·威尔姆·戴德金（1831—1916）

注　释

［1］在引起我的注意的著作中，我要提及施罗德（E. Schroder）的有价值的书《算术与代数教程》［*Lehrbuch der Arithmetik und* Algebra（Leipzig，1873）］，它包含了这个主题的参考文献，还要提到克罗内克（Kronecker）及赫姆霍尔茨（Helmholtz）关于数的概念及计数和测量方面的论文［在为纪念 E. Zell 而出版的哲学论文集（Leipzig，1887）中］．这些论文的出现导致我发表我自己的观点．我的观点在很多方面与他们类似，但在基础方面是本质上不同的，并且是我在很多年前绝对独立于其他人的工作形成的．

［2］见我的论文《连续性与无理数》（*Braunschweig*，1872），第 3 节．

［3］见狄利克雷的《数论讲义》（*Vorlesungen Über Zahlentheorie*，3rd edition，1897），§163．

［4］见狄利克雷的《数论讲义》，第 2 版的 §159，第 3 版的 §160．

第二版前言

本文问世后立即得到赞赏和反对两种评价；的确，一些严重的缺点招来反对之声，我不能使自己信服这些指责的公正性，并且我现在推出它的不久将印刷完毕的新版本．新版本没有变动，我只对第一版前言做下列补充．

我用作无限系的定义的性质在我的论文发表前就已经由康托尔（见 *Ein Beitrag zur Mannigfaltigkeitsteher. Crelle' s Jourrnal*，Vol. 84，1878）以及波尔查诺（Bolzano）（见 *Paradoxien des Unendlichen*，§20，1851）指出．但是这些作者没有试图应用这个性质来定义无限并用严格的逻辑将数的科学建立在这个基础上，并且在它所有本质性的方面恰好是我在康托尔的论文发表前好几年并且在不知道波尔查纳的工作（甚至连他的名字都没有听说过）的情况下付出大量的辛劳完成的．为对此感兴趣并且理解这个研究的困难性的人着想，我要作下列补充：我们可以给出完全不同的有限和无限的定义，这看来还是比较简单的，因为还没有假设变换的相似性概念，亦即："系 S 称作是有限的，如果它可以变换为它自身（36），使得没有 S 的真部分（6）被变换为自身；在相反情形 S 称作无限系．"

现在让我们试图将大厦建立在这个新的基础上！我们将立即遇到严重的困难，并且我自己相信有理由说只当容许我们假设自然数系已经建立并应用（131）中的最后的考虑才可能（因而容易）证明这个定义与先前的定义完全一致；并且更不待说所有这些事情或者是一个定义或者是别的一个什么事物．由此我们可以看到这样修改一个定义所需要的思维步骤是多么巨大．

我的论文发表大约一年后我才知道 1844 年就已出版的弗雷格（G. Frege）的《算术基础》（*Grundlagen der Arithmetik*）．虽然此书采用的关于数的本质的观点与我的不同，但它，特别是从 §79 起，包含了与我的论文非常接近的内容. 由于不同的表达形式，肯定不容易发现这种一致性；但可以肯定，作者所说的从 n 到 $n+1$ 的逻辑推理（第 93 页及其后）清楚地表明他在此与我是基于同一个基础. 另外，施罗德（E. Schröder）的《逻辑代数讲义》（*Vorlesungen über die Algebra der Logik*）差不多要完稿（1890—1891）. 基于这部极富启发性的著作的重要性，我要给予它最高的赞赏，但在此我不可能作进一步介绍；我要坦率地承认，虽然在本文第 1 节的第 253 页做了说明，我保留了笨拙的符号（8）和（17）；我不要求一般地采用它们，但只想用来为这篇算术论文的目的服务，依我的看法，它们比和与积的符号更适合些.

戴德金　于哈尔兹堡，1887. 10. 5

《连续性与无理数》

1858 年秋天我的注意力第一次瞄准这本小册子所考虑的主题，作为苏黎世工业大学的教授，我第一次发现我有责任讲清楚微分学的基础，并且甚至比在面对缺乏真正的算术科学基础时的感觉更要强烈. 在讨论变量趋向固定的极限值时，特别是证明每个连续增加但不超过一个界值的变量必定趋于一个极限的定理时，我求助几何的显然性. 我认为，即使现在，在初次讲述微分学时这样求助于几何直观从教学的观点看是极为有用的；并且如果不愿意花费太多的时间，它确实是必不可少的. 但是，无可否认，这种引进微分学的形式可以断言是不科学的. 对我本人而言，这种不满意感是如此不可抗拒，使我作出不可动摇的决定：坚持探讨这个问题直到我找到无穷小分析的纯粹算术的并且完全严格的基础. 人们经常提出这样的看法：微分学处理连续量，并且在任何地方也没有给出这种连续性的阐述；甚至微分学的最严格的讲法也并非建立在它的连续性证明上，而是或多或少借助于直观，它们要么像是几何概念，要么是通过几何暗示的概念，或者基于从来未用纯算术方式建立的定理. 例如，经过非常细致的研究使我确信，在上面提到的这些定理中有一个定理或者它的任何等价形式，可以在某种方式下看作无穷小分析的充分的基础，于是剩下的只是发现它在算术元素中的真实起源因而同时确保连续性概念的真正的定义. 1858 年 11 月 24 日我获得成功，并且几天后我将我考虑的结果告知了我的挚友杜雷基(Durège)，他善意地与我作了长时间讨论. 后来我向我的几个弟子讲述了这些关于算术的科学基础的观点，并且在布朗斯威克教授科学俱乐部宣读了关于这个主题的论文，但是我不能作出将它发表的决定，因为首先，它的表达看来不完全简洁，其次，理论本身成功的希望还没太多把握. 不过，由于这个原因我已经大体上决定选择这个主题作为课题，几天前即 3 月 14 日，我收到海恩（E. Heine）出于友情向我提供的他的论文《函数论基础》（*Die Elemente der Funktionenlehre*）时，我更加确信我的决定的正确性. 总的说来，我完全同意这篇论文的主旨，并且的确很难再说些什么，但我要坦率地承认，我自己的结果就我看来形式上要简单些，并且更加清楚地给出了重点. 当我写这个前言时（1872 年 3 月 20 日），我恰好收到康托尔的有意义的论文《三角级数理论中的一个定理的推广》（*Über die Ausdehnung eines Satzen aus der Theorie der trigonometrischen Reihen*），我要为此对这位有创造性的作者致以衷心的感谢. 认真阅读后，我发现这篇论文第 2 节给出的公理除了表达形式外，与我在第 3 章作为连续性的本质所给出的结果是一致的. 由于它是更高类型的纯粹抽象的定义，所以有其某种优点. 但我当时还不可能看到这篇论文，而是完全由我自己完成实数域的研究.

第 1 节　有理数的性质

我们在此预先假定有理数的算术已经建立，但同时我认为只阐明下面认定的观点而不加证明地回顾一些重要的事实是有益的. 我认为整个算术是必要的，或者至少自然数，最简单的算术作用的结果，计数的结果是必要的，并且计数本身除了逐次产生正整数的无穷系列外（其中每个数由它紧前面的数定义），其他什么都不需要；最简单的作用是从一个已经形成的一个数到按顺序形成的新的一个数，这串数本身形成非常有用的人类智力手段；它提供通过引进四种基本算术运算而得到的无穷无尽的值得注意的定律. 加法是上面提到的最简单的作用到单个作用的任何任意重复的组合；由它类似地产生乘法，同时这两个运算的实施总是可能的，其逆运算减法和除法的实施是有限制的. 无论会有什么直接的原因，也无论是与经验或直觉相比较或类比，都可能导向那里；可以肯定，在每种情形这种实施非直接运算的限制恰是新的创造性作用的真正的起因；于是负数和分数被人类大脑创造；并且在所有有理数的体系中赢得无限完美的机制. 我们用 R 表示这个数系，它首先具有作为**数域**(Zahlkörper) 特征的完备性和自封性（我们在别处[1]论述过），这就是说对于 R 中任何两个数四种运算始终可以实施，亦即运算得到的结果总是 R 中的一个数，只是在除法情形要排除零作为除数.

为了我们的直接目的，体系 R 的另一个性质更加重要；它可以表述为：体系 R 形成一个向相反的两侧伸展到无穷的一维良序域. 我们通过借助几何思想的表达就足以说明它意味着什么；但恰是由于这个原因我们有必要清楚地引进对应的纯算术性质，以免看起来好像算术需要它本身以外的思想.

为表明符号 a 和 b 代表同一个有理数以及相同的有理数，我们令 $a=b$ 及 $b=a$. 两个有理数是不同的这个事实在此表现为差 $a-b$ 或者是正的或者是负的. 在前一情形称 a **大于** b，b **小于** a；这也可以用符号 $a>b$，$b<a$ 表示[2]. 因为在后一情形 $b-a$ 有正值，所以 $b>a$，$a<b$. 对于两个不同的数的这两种情形有下列性质：

Ⅰ. 如果 $a>b$，并且 $b>c$，那么 $a>c$. 只要 a，c 是两个不同（或不相等）的数，而 b 大于其中一个且小于另一个，那么由于几何思想的启示，无疑我们可以将此简明地说作：b 落在两个数 a，c 之间.

Ⅱ. 如果 a，c 是两个不同的数，那么有无穷多个不同的数落在 a，c 之间.

Ⅲ. 如果 a 是任何一个确定的数，那么数系 R 的所有的数落在两个类 A_1 和 A_2 之中，它们每个都含有无穷多个数；第一个类 A_1 由所有 $<a$ 的数 a_1 组成，第二个类 A_2 由所有 $>a$ 的数 a_2 组成；数 a 本身可以根据意愿算作第一类或第二类中的数，并且分别是第一类中的最大数或第二类中的最小数. 在每种情形，数系 R 分划为两个类 A_1，A_2 都是使第一类中的每个数小于第二类中的每个数.

第 2 节　有理数与直线上的点的比较

上面所说的有理数的性质导致直线 L 上点的位置的对应关系. 如果把现存的两个相反的方向区分为“左边”和“右边”，并且 p，q 是两个不同的点，那么或者 p 在 q 的右边，同时 q 在 p 的左边，或者因而 q 在 p 的右边，同时 p 在 q 的左边，如果 p，q 确实是不同的点，那么第三种情形是不可能的. 对于这种位置上的差别有下列的性质：

Ⅰ. 如果 p 在 q 的右边，而 q 在 r 的右边，那么 p 在 r 的右边；并且我们说 q 在点 p 和 r 之间.

Ⅱ. 如果 p，r 是两个不同的点，那么总有无穷多个点落在 p 和 r 之间.

Ⅲ. 如果 p 是 L 上的一个确定的点，那么 L 上的所有的点落在两个不同的类 P_1 和 P_2 之中，它们每个都含有无穷多个点；第一个类 P_1 含有所有位于 p 左边的点，第二个类 P_2 含有所有位于 p 右边的点；点 p 本身可以根据意愿算作属于第一类或第二类. 在每种情形，直线 L 分划为两个类或两个部分 P_1，P_2 具有这样的特性：第一类 P_1 的每个点都在第二类 P_2 的每个点的左边.

如我们所知，当我们在直线上选定原点或零点 O 并且确定了测量线段长度的单位，有理数与直线上的点间的类似就成为真实的对应. 借助于这样的直线对于每个有理数 a 可以构造对应的长度，并且依据 a 是正的或负的，在直线上向 O 的右侧或左侧截取这个长度，我们得到一个确定的终点 p，它可以看作对应于数 a 的点；点 O 对应于有理数 0. 这样，对于每个有理数 a 亦即 R 的每个成员，都有且仅有一个点 p 即 L 中的一个成员与之对应. 对于两个数 a，b 分别有两个点 p，q 分别与它们对应，并且若 $a>b$，则 p 位于 q 右边，这里的性质Ⅰ，Ⅱ，Ⅲ完全对应于对于前章的性质Ⅰ，Ⅱ，Ⅲ.

第 3 节　直线的连续性

最重要的事实是直线 L 上有无穷多个不对应于有理数的点. 如果点 p 对应于有理数 a，那么如我们所知，长度 Op 与构造中所使用的不变度量单位是可公度的，亦即存在第三个长度，它称作公度，使这两个长度都是这个公度的整数倍. 但古希腊人就已经知道并且证明了存在着与给定长度单位不可公度的长度，例如，单位边长的正方形的对角线. 如果我们从 O 点起在直线上截取一个这样的长度，那么我们得到一个端点，它不对应于有理数. 因为还容易证明存在无穷多个与长度单位不可公度的长度，因此我们可以肯定地说：直线 L 上点的个体要比有理数域 R 中数的个体无限地多.

现在，如我们所希望的，如果试图把直线上的所有现象算术地探究下去，那么有理数域就不再满足需要，而且，借助于创造新的数将通过创造有理数所建立起来的机制 R 进行本质的改进，以使数域获得与直线相同的完备性（或者，如同我们马上就要说的，相同的连续性），就绝对地必要了.

前面的考虑对于大家是如此的熟悉而且是众所周知的，以致多数人都认为将它们重复是完全多余的. 但我还是认为作这个简单的重述对于我们的主要问题是真正必要的准备. 因为，通常引进无理数的方法是直接基于扩充数量的概念，而这个概念本身无论在哪里都没有仔细地定义，并且把数解释为用另一个同类的数来度量一个数的结果[3]．我不用这种方法，而是要求算术本身来产生．

一般地说，我们可以认为这样地比较非算术概念提供了扩充数的概念的直接机会（虽然在引进复数时一定不是这样的情形）；但这对于把这些外来概念引进数的科学——算术中必定不是充分的基础．正如负数和有理小数是由新的创造形成的，并且这些数的运算必须而且能够归结为正整数的运算，所以我们必须努力只用有理数完整地定义无理数．剩下的问题只是怎样去做这件事．

上面比较有理数域 R 和直线使我们认识到前者存在间断，某种不完备性或不连续性，同时我们把完备性，无间断，或连续性归之于直线．那么这个连续性是由什么组成的呢？每件事都必定和这个问题的答案有关，并且只有通过它我们才能得到**一切**连续区域研究的科学基础．显然，借助于关于各个微小部分的不明确联系的模糊议论将什么也得不到；问题是指出连续性的精确特征以作为有效演绎的基础．很长一段时间内，我对此问题的思考是徒劳的，但最后我终于发现了我所要找的东西．也许这个发现是别人难以估量的；多数人会认为它的实质是非常平凡的．它的组成如下．在前节我们注意到直线上每个点 p 把它分划为两部分，其中一个部分的每个点都在另一部分的每个点的左边．反过来我找到了连续性的本质，亦即下列的原则：

“如果直线上所有的点落在两个类中，使得第一类中每个点都在第二类的每个点的左边，那么存在一个而且只有一个点，它产生这个将所有点分为两类的分划，即它将直线分为两个部分．”

如我已经说过的，我认为，假定每个人都会承认这段话正确，是不会错的；我的多数读者当听到用这个平凡的论述来揭示连续性的秘密，一定会非常失望．对此我可以说，如果每个人都认为上面的原则是如此的显然并且和他们自己关于直线的想法是如此的协调，那么我将非常高兴；因为我完全不能提供它的正确性的任何证明，任何人也没有这个能力．假设直线有这个性质，并不比把连续性归于直线（由此得到直线的连续性）的公理少任何东西．如果空间终究有其真实的存在性，那么“它是连续的”对于它就不是必要的了；即使它不连续，它的许多性质仍然保持不变．并且如果我们确实知道空间是不连续的，那么并没有任何东西妨碍我们，以防万一，我们还是希望通过填补它的想象中的间隙以使它连续；这个填补将由创造新的点的个体来组成，因而就要依照上面的原则来实施．

第4节　无理数的创造

从最后的论述显然可知只需要说明如何使不连续的有理数域 R 成为完备的以使形成连续的域．在第1节我们已经指出，每个有理数 a 都将数系 R 分划为两个类，使得第一个类 A_1 中的每个数 a_1 都小于第二个类 A_2 中的每个数 a_2，数 a 或是类 A_1 中的最大数，或是类 A_2 中的最小数．现在如果给定任意一个将数系 R 分为两个类 A_1，A_2 的分划，而且它仅仅是由 A_1 中每个数 a_1 小于 A_2 中每个数 a_2 这个特征性质产生的，那么为简便计，我们称这样的分划为**分割**（Schmitt），并记作（A_1，A_2）．于是我们可以说，每个有理数产生一个分割，或者严格地说，两个分割①，我们不把它们看成本质上不同；**另外，**这个分割具有这样的性质：或者在第一类的数中存在最大数，或者在第二类的数中存在最小数．并且反过来，如果一个分割具有这个性质，那么它是由这个最大的或最小的有理数产生．

但容易证明存在无穷多个不是由有理数产生的分割，下面的例子是十分容易提出来的：

设 D 是正整数但不是整数的平方，那么存在正整数 λ 满足

$$\lambda^2<D<(\lambda+1)^2.$$

如果我们设每个平方>D 的正有理数 a_2 属于第二类 A_2，其他所有的数 a_1 属于第一类，这个分划形成一个分割（A_1，A_2），亦即每个数 a_1 小于每个数 a_2．因为如果 $a_1=0$ 或是负的，那么依定义任何数 a_2 都是正的，从而 a_1 小于任何数 a_2；如果 a_1 是正的，那么它的平方≤D，因而 a_1 小于任何一个平方>D 的正数 a_2．

但这个分割不是由有理数产生的．为了证明它，我们必须首先证明不存在任何有理数其平方等于 D．虽然这由数论的初等原理即可知道，但我们还是要在此给出下列非直接证明，如果存在一个平方等于 D 的有理数，那么存在两个正整数 t 和 u 满足方程

$$t^2-Du^2=0,$$

并且我们可以假定 u 是具有下列性质的最小的正整数：它的平方用 D 乘后将变为某个整数 t 的平方，因为显然有

$$\lambda u<t<(a+1)u,$$

① 这个有理数可以属于第一类，也可属于第二类，从而得到两个分割．

所以数 $u'=t-\lambda u$ 一定是小于 u 的正整数，如果我们还令

$$t'=Du-\lambda t,$$

则 t' 同样是正整数，并且我们有

$$t'-Du'^2=(\lambda^2-D)(t^2-Du^2)=0,$$

这和我们关于 u 的假定矛盾.

因此每个有理数 x 的平方或者 $<D$，或者 $>D$. 由此容易推出在类 A_1 中既没有最大数，在类 A_2 中也没有最小数. 因为，如果我们令

$$y=\frac{x(x^2+3D)}{3x^2+D},$$

那么我们有

$$y-x=\frac{2x(D-X^2)}{3x^2+D},$$

以及

$$y^2-D=\frac{(x^2-D)^3}{(3x^2+D)^2}.$$

如果我们在其中设 x 是类 A_1 中的正数，那么 $x^2<D$，因而 $y>x$ 及 $y^2<D$. 于是 y 也属于类 A_1. 但如果我们设 x 是类 A_2 中的数，那么 $x^2>D$，因而 $y<x$，$y>0$ 及 $y^2>D$. 于是 y 也属于类 A_2. 因此这个分割不是由有理数产生的.

有理数域 R 的不完备性或不连续性就存在于不是所有的分割都是由有理数产生的这个性质之中.

于是，无论如何，我们已经做出了一个不是由有理数产生的分割（A_1，A_2），我们创造了一个新的数，即一个**无理数** α，我们把它看成是由这个分割（A_1，A_2）完全定义的；我们将说数 α 对应于这个分割，或者说它产生这个分割. 因此，从现在起，每个确定的分割对应于一个确定的有理数或无理数，并且当且仅当两个数对应于本质上不同的两个分割时，我们认为它们是**不同的或不相等的**.

为了得到将所有**实数**亦即所有有理数和无理数有序排列的基础，我们必须研究由任意两个数 α 和 β 产生的分割（A_1，A_2）和（B_1，B_2）间的关系. 显然，如果两个类中有一个，例如第一个类 A_1 已经知道，那么分割（A_1，A_2）就完全给定了，这是因为第二个类 A_2 将由所有不含在 A_1 中的有理数组成，并且还因为这个第一类的特征性质是：若数 a_1 含在其中，则它也含有所有小于 a_1 的数. 现在如果我们互相比较两个这样的第一类 A_1，B_1，那么能够发生下列几种情形：

1. 它们完全一致，亦即 A_1 中的每个数也含在 B_1 中，并且 B_1 中的每个数也

含在 A_1 中．此时 A_2 必然和 B_2 一致，因而这两个分割完全相同，我们用符号将此记作 $\alpha=\beta$ 或 $\beta=\alpha$.

但如果两个类 A_1 和 B_1 并不一致，那么在其中一个，例如在 A_1 中存在数 $a'_1=b'_2$，其中 b'_2 是不含在另一个第一类 B_1 中的一个数，因而是在 B_2 中；因此所有含在 B_1 中的数都一定小于这个数 a'_1（$=b'_2$），从而所有的数 b_1 含在 A_1 中.

2. 现在如果 a'_1 是 A_1 中仅有的一个不含在 B_1 中的数，那么每个含在 A_1 中的其他数 a_1 也含在 B_1 中，因而$<a'_1$，亦即 a'_1 是所有的数 a_1 中的最大的数，因此分割（A_1，A_2）由有理数 $\alpha=a'_1=b'_2$ 产生．关于另一个分割（B_1，B_2），我们已经知道 B_1 中的所有的数 b_1 也含在 A_1 中，并且小于数 $a'_2=b'_2$，而 b'_2 是含在 B_2 中的；但每个含在 B_2 中的其他数 b_2 必定大于 b'_2，因若不然则 b_2 将小于 a'_1，于是而它含在 A_1 中从而含在 B_1 中；因此 b'_2 是所有含在 B_2 中的数中最小的，因而分割（B_1，B_2）由相同的有理数 $\beta=b'_2=a'_1=\alpha$ 产生，于是这两个分割仅仅是非本质地不同.

3. 但是，如果在 A_1 中至少存在两个不同的数 $a'_1=b'_2$ 及 $a''_1=b''_2$ 不含在 B_1 中，那么在 A_1 中存在无穷多个不含在 B_1 中的数，这是因为 a'_1 和 a''_2 间的无穷多个数显然含在 A_1 中（见第一节，Ⅱ）但不含在 B_1 中．在此情形我们说对应于这两个本质上不同的分割（A_1，A_2）和（B_1，B_2）的两个数 α 和 β 是**不同的，**并且还说 α **大于** β，β **小于** α，我们用符号将此记作 $\alpha>\beta$ 以及 $\beta<\alpha$．要注意，这个定义与我们早先当 α，β 是有理数时所给出的定义完全一致.

剩下的可能情形是下面这些：

4. 如果在 B_1 中存在且仅存在一个数 $b'_1=a'_2$，这里 a'_2 是一个不含在 A_1 中的数，那么两个分割（A_1，A_2）和（B_1，B_2）仅是非本质地不同，因而它们由一个相同的有理数 $\alpha=\alpha'_2=b'_1=\beta$ 产生.

5. 但如果 B_1 中至少有两个不含在 A_1 中的数，那么 $\beta>\alpha$，$\alpha<\beta$.

因为上面列举了所有可能情形，所以推出在两个不同的数中，必定是一个较大，另一个较小，这给出两种可能性，第三种情形是不可能的．这确实涉及使用**比较级**（较大，较小）去指明 α，β 间的关系；但这个用法仅仅是现在才令人满意，恰是在这样的研究中人们需要倍加小心，使得如我们真诚希望的那样，他不会由于仓促选取从其他业已发展的概念中借用过来的表达方法而误入歧途，令人不可接受地从一个数域转换到另一个数域.

如果现在我们再稍许仔细地考虑 $\alpha>\beta$ 的情形，那么显然可见，若较小的数 β 是有理数，则它一定属于类 A_1；这是因为，由于 A_1 中存在一个数 a'_1 与类 B_2 中

的一个数 b'_2 相等，于是无论数 β 是 B_1 中的最大数还是 B_2 中的最小数，它必定 $\leqslant a'_1$，所以它含在 A_1 中. 类似地，由 $\alpha>\beta$ 显然可知，若较大的数 α 是有理数，则它必属于类 B_2（因为 $\alpha\geqslant a'_1$）. 合并这两个考察结果，我们得到下列结论：如果一个分割是由数 α 产生，那么任一个有理数依据它是小于或大于 α 而属于类 A_1 或类 A_2；如果数 α 本身是有理数，那么它可以属于两个类中的任一个.

最后，我们由此得到：若 $\alpha>\beta$，亦即 A_1 中有无穷多个数不含在 B_1 中，则存在无穷多个与 α 和 β 都不同的数；每个这样的数 c 都 $<\alpha$（因为它含在 A_1 中），同时 $>\beta$（因为它含在 B_2 中）.

第 5 节　实数域的连续性

作为刚才建立的特性的推论，全体实数组成的数系 $\mathfrak{R}$ 形成一维良序域；这乃是意味着下列法则成立：

Ⅰ. 如果 $\alpha>\beta$，$\beta>\gamma$，那么也有 $\alpha>\gamma$. 我们说 β 落在 α 和 γ 之间.

Ⅱ. 如果 α 和 γ 是任何两个不同的数，那么存在无穷多个不同的数 β 落在 α 和 γ 之间.

Ⅲ. 如果 α 是任何一个确定的数，那么数系 $\mathfrak{R}$ 的所有的数落在两个类 $\mathfrak{U}_1$ 和 $\mathfrak{U}_2$ 中，每个类都含有无穷多个数；第一个类 $\mathfrak{U}_1$，由所有小于 α 的数 a_1 组成，第二个类 $\mathfrak{U}_2$ 由所有大于 α 的数 a_2 组成；数 α 本身可根据意愿指派在第一类或第二类中，并且它分别是第一类中的最大数或第二类中的最小数. 在每种情形将数系 $\mathfrak{R}$ 分为两个类 $\mathfrak{U}_1$ 和 $\mathfrak{U}_2$ 的分划是这样的：第一类 $\mathfrak{U}_1$ 中的每个数都小于 $\mathfrak{U}_2$ 中的每个数，并且我们说这个分划是由数 α 产生的.

为简明计，并且不使读者感到冗繁，我略去这些定理的证明，它们可以立即由前节中的定义推出.

但是，除了这些性质外，域 $\mathfrak{R}$ 也有**连续性**，亦即下列定理成立：

Ⅳ. 如果全体实数组成的数系 $\mathfrak{R}$ 被分力两个类 $\mathfrak{U}_1$ 和 $\mathfrak{U}_2$，使得类 $\mathfrak{U}_1$ 中的每个数 α_1 都小于类 $\mathfrak{U}_2$ 中的每个数 α_2，那么存在一个且仅存在一个一个数 α，由它产生这个分划.

证明　因为 $\mathfrak{R}$ 被分划或分割为 $\mathfrak{U}_1$ 和 $\mathfrak{U}_2$，我们同时得到全体有理数组成的数系 R 的一个分割（A_1，A_2），其定义如下：A_1 含有类 $\mathfrak{U}_1$ 中的所有有理数，A_2 含有其他的有理数，亦即类 $\mathfrak{U}_2$ 中的所有有理数. 令 α 是产生这个分割（A_1，A_2）

的一个完全确定的数．如果β是任何一个与α不同的数，那么总存在无穷多个有理数c落在α和β之间．如果$\beta<\alpha$，那么$c<\alpha$；因此c属于类A_1因而也属于类$\mathfrak{U}_1$，并且因为同时有$\beta<c$，于是β也属于同一类$\mathfrak{U}_1$．但如果$\beta>\alpha$，那么$c>\alpha$；因此c属于类A_2因而也属于类$\mathfrak{U}_2$，并且因为同时有$\beta>c$，于是β也属于同一类$\mathfrak{U}_2$（因为$\mathfrak{U}_1$中的每个数小于$\mathfrak{U}_2$中的每个数c）．因此每个与α不同的数β依据$\beta<\alpha$或者$\beta>\alpha$而属于类$\mathfrak{U}_1$或类$\mathfrak{U}_2$；因而α本身或者是$\mathfrak{U}_1$中的最大数，或者是$\mathfrak{U}_2$中的最小数，亦即α是一个而且显然是仅有的一个产生将$\mathfrak{R}$分为类$\mathfrak{U}_1$和$\mathfrak{U}_2$的分划的数，这正是所要证明的结论．

第6节　实数的运算

为了把两个实数α，β的任何运算归结为有理数的运算，只需要从在数系R中由数α和β产生的分割（A_1，A_2）和（B_1，B_2）出发去定义对应于运算结果γ的分割（C_1，C_2）．在此我们仅限于讨论最简单的情形即加法情形．

如果c是任一有理数，只要存在两个数，一个是a_1在A_1中，一个是b_1在B_1中，使它们的和$a_1+b_1\geqslant c$，那么我们就把数c放在类C_1中；所有其他的有理数放在类C_2中，这个将全体有理数分为两个类C_1和C_2的分划显然形成一个分割，这是因为C_1中的每个数c_1小于C_2中的每个数c_2．如果α和β都是有理数，那么含于C_1中的每个数$c_1\leqslant\alpha+\beta$，这是因为$a_1\leqslant\alpha$，$b_1\leqslant\beta$，因而$a_1+b_1\leqslant\alpha+\beta$；此外，如果在$C_2$中含有一个数$c_2<\alpha+\beta$，那么$\alpha+\beta=c_2+p$，其中$p$是一个正有理数，于是我们有

$$c_1=\left(\alpha-\frac{1}{2}p\right)+\left(\beta-\frac{1}{2}p\right).$$

但因为$\alpha-p/2$是A_1中的数，$\beta-p/2$是B_1中的数，所以上式与数c_2的定义矛盾；于是每个含在C_2中的数$c_2\geqslant\alpha+\beta$．因此在此情形分割（C_1，C_2）由和$\alpha+\beta$产生，于是如果在所有情形把任何两个实数α，β的和$\alpha+\beta$理解为产生分割（C_1，C_2）的数γ，我们将不会违反在有理数的算术中成立的定义．另外，如果两个数α，β中只有一个，例如α是有理数，那么容易看出，无论是把数α放在类C_1中还是放在类C_2中都不会影响和$\gamma=\alpha+\beta$.

恰如加法被定义了一样，我们也可以定义所谓基本算术的其他运算，也就是构成差，积，商，幂，方根，对数，因而我们可以得到一些定理（例如，像

$\sqrt{2}\cdot\sqrt{3}=\sqrt{6}$）的真正的证明，据我所知，以前从未有人做过这样的证明．在更加复杂的运算的定义中，令人畏惧的过度冗长部分地是出于该主题的内在性质，但在大部分情形是可以避免的．在这方面一个非常有用的概念是**区间，**亦即具有下列特征性质的有理数组成的数系 A：如果 a 和 a' 是数系 A 中的数，那么落在 a 和 a' 之间的所有的数也含在 A 中．全体有理数组成的数系 R，以及任何分割中的两个类都是区间．如果存在一个有理数 a_1，它小于区间 A 中的每个数，以及一个有理数 a_2，它大于区间 A 中的每个数，那么 A 称为有限区间；于是存在无穷多个满足与 a_1 相同条件的数及无穷多个满足与 a_2 相同条件的数；整个域 R 可以分为三个部分 A_1，A，A_2，并且有两个完全确定的有理数或无理数 α_1，α_2，它们可以称作区间 A 的下（或较小的）**限**和上（或较大的）**限；**下限 α_1 由数系 A_1 形成第一类的那个分割确定，而上限 α_2 由数系 A_2 形成第二类的那个分割确定，落在 α_1 和 α_2 之间的每个有理数和无理数 α 被称为落在区间 **A 内．**若区间 A 的所有的数也是区间 B 的数，则称 A 是 B 的部分．

当我们试图让有理数的算术的几个定理［例如像定理 $(a+b)c=ac+bc$］也能适用于任何实数，似乎就要出现还要长些的考察．但实际并非如此，容易看出，这全部归结为证明算术运算具有某种连续性，这句话的意思可以用一般性定理的形式来表达：

“如果数 λ 是对数 α，β，γ，…，实施某个运算的结果，并且 λ 落在区间 L 内，那么我们可以选取区间 A，B，C，…，使这些数 α，β，γ，…，分别落在其中，并且当用区间 A，B，C，…，中的任意数代替数 α，β，γ，…，作相同的运算时，所得的结果总是落在 L 中的一个数．”但是，这样一个定理的叙述所显示的可怕的冗长使我们确信，必须引进某些东西来帮助我们表达，实际上，这是通过引进**不定元，函数，极限值**的思想用最令人满意的方式实现的．并且最好是使甚至最简单的算术运算的定义也以这些思想为基础，但我们不能在此进一步做这些事了．

第 7 节　无穷小分析

在结束本文时，我们要在此阐述前面的研究与无穷小分析的某些基本定理间的联系．

我们说变量 x 通过逐次定义的数值趋向一个固定的极限值 α，如果在这个过

程中 x 最终位于 α 本身所位于的两个数之间，或者，同样的，如果差 $x-\alpha$ 最后绝对地变得小于任何给定的异于零的值.

最重要的定理之一可以用下列形式叙述：“如果变量 x 连续增长但始终不超出一个界限，那么它趋于一个极限值.”

我用下列方式证明它. 假设存在一个因而存在无穷多个数 α_2 使得 x 连续地保持 $<\alpha_2$；我用 $\mathfrak{U}_2$ 表示所有这些数 α_2 组成的数系，用 $\mathfrak{U}_1$ 表示所有其他的数组成的数系；后者中的每个数具有这样的性质：在这个过程中 x 最终变得 $\geqslant\alpha_1$，因此每个数 α_1 小于每个数 α_2，并且因而存在一个数 α，它或者是 $\mathfrak{U}_1$ 中的最大数，或者是 $\mathfrak{U}_2$ 中的最小数(见第 5 节，Ⅳ）. 前一情形是不可能的（因为 x 从不停止增长)，因此 α 是 $\mathfrak{U}_2$ 中的最小数. 无论怎样取数 α_1，我们最终将有 $\alpha_1<x<\alpha$，亦即 x 趋于极限值 α.

这个定理等价于连续性原理，亦即如果我们假设一个单个实数不含在 $\mathfrak{R}$ 中，那么它立即失效；或者换一种说法：如这个定理正确，那么第 5 节中的定理Ⅳ也正确.

无穷小分析中另一个也是比较经常使用的定理（看来与上面定理等价）可以叙述如下：“如果在量 x 变化时对于每个给定的正数 δ 我们可以确定一个相应的位置，从它开始 x 的变化始终小于 δ，那么 x 趋于一个极限值.”

对于每个趋于一个极限值的变量其变化最终小于任何给定的正数这个容易证明的定理，它的逆定理可以由前面的定理也就是连续性原理直接推出，设 δ 是任何正数（即 $\delta>0$)，那么由假设将从某个时刻起 x 的变化小于 δ，亦即，若在这个时刻 x 有值 a，那么其后我们就将持续地有 $x>a-\delta$ 及 $x<a+\delta$. 我现在暂时将原来的假设放在一边，并且仅应用刚才证明的定理：变量 x 的所有以后的值都落在两个可确定的有限值之间. 基于这个定理我建立所有实数的双重分划. 我将在这个过程中最终 x 成为 $\leqslant\alpha_2$ 的这种数 α_2（例如，$a+\delta$）归于数系 $\mathfrak{U}_2$，不含于 $\mathfrak{U}_2$ 中的每个数归于数系 $\mathfrak{U}_1$；如果 α_1 是这样的数，那么无论这个过程推进到什么程度，$x>\alpha_1$① 还将发生无穷多次. 因为每个数 α_1 小于每个数 α_2，所以存在一个完全确定的数 α 产生数系 $\mathfrak{R}$ 的这个分割（$\mathfrak{U}_1$，$\mathfrak{U}_2$），并且我将它称为变量 x 的上极限，而且它总是有限的. 类似地，由于变量 x 的性状可以产生数系 $\mathfrak{R}$ 的第二个分割（$\mathfrak{B}_1$，$\mathfrak{B}_2$）②；将在这个过程中最终 x 成为 $\geqslant\beta_1$ 的这种

① 原文误为 $x>\alpha_2$.

② 原文下面是第二个分割($\mathfrak{B}_1$，$\mathfrak{B}_2$）的定义，但包含多处下标错误，此处已改.

数 β_1（例如，$\alpha-\delta$）归于数系 $\mathfrak{B}_1$，每个其他的数 β_2 有这种性质：最后 x 从不 $\geqslant\beta_1$，将它归于数系 $\mathfrak{B}_2$；于是 x 无穷多次变得 $<\beta_2$；我们将产生这个分割的数 β 称作变量 x 的下极限. α，β 二数显然以下列性质为其特征：如果 ε 是一个任意的小的正数，那么我们最后总有 $x<\alpha+\varepsilon$ 及 $x>\beta-\varepsilon$，但最终不可能 $x<\alpha-\varepsilon$ 及 $x>\beta+\varepsilon$. 现在有两种可能的情形，如果 α 和 β 互异，那么必然 $\alpha>\beta$，因为持续地有 $\alpha_2\geqslant\beta_1$①；变量 x 摆动，并且无论这个过程推进到什么程度，总是经历总量超过值（$\alpha-\beta$）-2ε 的变化，此处 ε 是一个任意的小的正数. 我现在回到原来的假设，它与这个推论矛盾；因此只剩下第二种情形 $\alpha=\beta$，并且因为已经证明无论正数 ε 多么小，我们最终总有 $x<\alpha+\varepsilon$ 及 $x>\beta-\varepsilon$，所以 x 趋于极限值 α，这正是所要证的.

这些例子足以给出连续性原理与无穷小分析间的联系.

注释

[1] 见狄利克雷的《数论讲义》，第 2 版，§159.

[2] 因此在下文理解为所谓“代数地”大于和小于，除非被加上修饰语“绝对地”.

[3] 当我们考虑复数时，这个数的定义的一般性的显然的优点立即消失. 另一方面，依我看，两个同类数的比的概念显然只有在引进无理数后才能产生.

《数的性质与意义》

第 1 节　元素系

1. 下文中我把**事物**理解为我们考虑的每个对象. 为了能够容易地谈论事物，我们用符号，例如用字母表示它们，并且当我们用 a 表示一个事物而不是字母 a 本身时，我们就可以简明地说事物 a 或干脆说 a. 一个事物由所有可以证实它或认为是关于它的那些性质完全确定，当所有可以认为是关于事物 a 的性质也可以认为是关于事物 b 的性质，并且所有对 b 成立的性质也认为对 a 成立，就说事物 a 与事物 b 相同（恒同），并且 b 与 a 相同. a 和 b 仅仅是对于一个相同的事物的

① 原文误为 $\alpha_2>\beta_2$.

符号或名字，这样的事实用记号 $a=b$ 表示，并且也可用 $b=a$ 表示. 如果还有 $b=c$，这就是说，c 与 a 同样是对于用 b 表示的那个事物的符号，因此也有 $a=c$. 如果不存在上述用 a 表示的事物与用 b 表示的事物之间的一致性，那么称事物 a，b 是不同的，或 a 是 b 以外的另一个事物，b 是 a 以外的另一个事物；这时存在某个性质，它属于其中一个事物而不属于另一个.

2. 非常经常发生这样的情形：由于某个原因，不同的事物 a，b，c，…，可以从一个公共的观点来考虑，在我们大脑中联系起来，对此我们说它们形成一个系；并将事物 a，b，c，…，称作系 S 的**元素**，还说它们**含在** S 中；反过来，说 S 由这些元素**组成**. 这样一个系（聚集体，复合体，总体）作为我们的思考对象同样也是一个事物（1）①；当对于每个事物都可以确定它是否是 S 的元素时，S 是完全确定的[1]. 因此当 S 的每个元素也是 T 的元素，并且 T 的每个元素也是 S 的元素，那么系 S 与系 T 是相同的，并用符号表示为 $S=T$. 为了表达的统一性，将系 S 由**单个**（一个且仅一个）元素 a 组成（亦即事物 a 是 S 的元素，但每个与 a 不同的事物不是 S 的元素）的特殊情形也包括进去是有好处的. 另一方面，我们在此由于某种原因完全排除空系（即它不含任何元素），虽然对于其他研究可能适宜想象这样的系.

3. **定义** 若系 A 的每个元素也是系 S 的元素，则系 A 称为系 S 的**部分**. 因为系 A 和系 S 间的这个关系在下文经常出现，我们用符号将它简记为 $A<S$. 相反的记号 $S>A$ 也可用来表达相同的事实，为简明计我们完全避免使用它，但因为没有更好的名称，我们有时说 S 是 A 的**总体**，用它来表示可以在 S 的元素中找到 A 的所有元素. 还有，因为由（2），系 S 的每个元素 s 本身可以看做一个系，所以我们可以使用记号 $s<S$.

4. **定理** $A<A$［根据（3）］.

5. **定理** 如果 $A<B$ 并且 $B<4$，那么 $A=B$.

证明可由（3），（2）得到.

6. **定义** 系 A 称为 S 的**真**（echter）部分，如果 A 是 S 的部分，但它与 S 不相同. 于是依据（5），S 不是 A 的部分，也就是说，在 S 中存在一个元素不是 A 的元素.

7. **定理** 如果 $A<B$ 并且 $B<C$（这可以简记为 $A<B<C$），那么 $A<C$，并且如果 A 是 B 的真部分，或 B 是 C 的真部分，那么 A 必定是 C 的真部分.

---

① 括号中的数字是让读者参见的本文小节的节数，后文同此.

证明可由（3），（6）得到.

8. **定义** 我们用记号 $\mathfrak{M}(A, B, C, \cdots,)$ 表示由任何系 A，B，C. …**合成**得到的系，这意味着它的元素按照下列规则确定：一个事物作为 $\mathfrak{M}(A, B, C, \cdots,)$ 的元素，当且仅当它是系 A，B，C，…，中的某一个的元素，亦即它是 A，**或** B，**或** C，…，的元素. 我们也将仅有单独一个系的情形包括进来；于是此时显然有 $\mathfrak{M}(A) = A$. 我们还要注意，要小心地将由 A，B，C，…合成得到的系 $\mathfrak{M}(A, B, C, \cdots,)$ 与元素是 A，B，C，…，本身的系加以区分.

9. **定理** 系 A，B，C，…，是 $\mathfrak{M}(A, B, C, \cdots,)$ 的部分.

证明可由（8），（3）得到.

10. **定理** 如果 A，B，C，…，是系 S 的部分，那么 $\mathfrak{M}(A, B, C, \cdots,) < S$.

证明可由（8），（3）得到.

11. **定理** 如果 P 是系 A，B，C，…，中某个的部分，那么 $P < \mathfrak{M}(A, B, C, \cdots,)$.

证明可由（9），（7）得到.

12. **定理** 如果系 P，Q，…，中的每一个都是系 A，B，C，…，中某一个的部分，那么 $\mathfrak{M}(P, Q, \cdots,) < \mathfrak{M}(A, B, C, . \cdots)$.

证明可由（11），（10）得到.

13. **定理** 如果 A 是系 P，Q，…，中的任何一些系的合成，那么有 $A < \mathfrak{M}(P, Q, \cdots,)$.

证 因为由（8），A 的每个元素是 P，Q，…，之一的元素，因而由（8），也是 $\mathfrak{M}(P, Q, \cdots,)$ 的元素，因此由（3）得到定理.

14. **定理** 如果系 A，B，C，…，中每一个都是系 P，Q，…，中任何一些系的合成，那么 $\mathfrak{M}(A, B, G\cdots) < \mathfrak{M}(P, Q, \cdots,)$.

证明可由（13），（10）得到.

15. **定理** 如果系 P，Q，…，中每一个都是系 A，B，C，…，中某个的部分，并且后者中每个也是前者中某个的部分，那么 $\mathfrak{M}(P, Q, \cdots,) = \mathfrak{M}(A, B, C, \cdots,)$.

证明可由（12），（14），（5）得到.

16. **定理** 如果 $A = \mathfrak{M}(P, Q)$，且 $B = \mathfrak{M}(Q, R)$，那么 $\mathfrak{M}(A, R) = \mathfrak{M}(P, B)$.

证 由前面的定理（15）可得 $\mathfrak{M}(A, R)$ 及 $\mathfrak{M}(P, B) = \mathfrak{M}(P, Q, R)$.

17. **定义** 事物 g 称为系 A，B，C…的**公共**元素，如果它含在这些系的每一个之中（亦即含在 A **及** B **及** C…之中）. 同样，系 T 称为 A，B，C，…，的**公共部分**，如果它是这些系中每一个的部分；我们还将由系 A，B，C，…，的所有公共元素 g 组成的完全确定的系 $\mathfrak{G}(A, B, C, \cdots,)$ 称为系 A，B，G…的**共有体**(Gemeinheit)，因此它也是这些系的公共部分，我们也将只出现单个系 A 的情形包括进去；于是 $\mathfrak{G}(A)$（已定义）$=A$. （但也可能出现系 A，B，C，…，完全没有公共元素的情形，于是此时它们没有公共部分，没有共有体；并且它们被称做**无**公共部分系，因而记号 $\mathfrak{G}(A, B, C, \cdots,)$ 无意义［请与（2）的结尾那段话相比较］. 但我们几乎总是在涉及共有体的定理中让读者考虑补充它们的存在性条件，并且去发现在不存在的情形这些定理意义的真实解释.

18. **定理** A，B，C，…，的每个公共部分是 $\mathfrak{G}(A, B, C, \cdots,)$ 的部分.

证明可由（17）得到.

19. **定理** $\mathfrak{G}(4, B, C, . \cdots)$ 的每个部分是 A，B，C，…，的公共部分.

证明可由（17），（7）得到.

20. **定理** 如果系 A，B，C，…，中每个都是系 P，Q，…，中之一的总体［参见（3）］，那么 $\mathfrak{G}(P, Q, \cdots,) < \mathfrak{G}(A, B, C, \cdots,)$.

证 因为 $\mathfrak{G}(P, Q, \cdots,)$ 的每个元素都是 P，Q，…，的公共元素，因而也是 A，B，C，…，的公共元素，这正是所要证明的.

第 2 节　系的变换

21. **定义**[2] 系 S 的**变换**（Abbildung）ϕ是指一个规则，依据它，对于 S 的每个确定的元素 s 存在一个确定的**属于**它的事物，它称为 s 的**变形**，并记作$\phi(S)$；我们也说$\phi(s)$ 对应于元素 s，$\phi(s)$ 由变换ϕ从 s **产生**或**生成**，s 被变换ϕ**变成**$\phi(s)$. 现在如果 T 是 S 的任何部分，那么一个确定的 T 的变换同样包含在 S 的变换中；为简明计，可以用同一个符号ϕ来记它，其意义是：对于系 T 的每个元素 t，令 t 作为 S 的元素所生成的变形$\phi(t)$ 与它对应；同时由所有的变形$\phi(t)$ 组成的系称为 T 的变形并记作$\phi(T)$. $\phi(S)$ 的意义也可由它来定义. 作为系的变换的例子，我们可以将它看做只是将确定的符号或名字分配给它的元素. 最简单的系的变换是将它的每个元素变为它自身；它称为这个系的**恒等**变换. 为方便计，在下面的定理（22），（23），（24）中（它们涉及任意系 S 的任意变换），我们将元

素 s 和部分 T 的变形分别记为 s'和 T'；另外，我们约定不带撇号的斜体小写和大写字母表示这个系 S 的元素和部分.

22. **定理**[3] 如果 $A<B$，那么 $A'<B'$.

证 因为 A'的每个元素是 A 中某个元素的变形，因而也是 B 中某个元素的变形，从而是 B'中的元素，这正是所要证明的.

23. **定理** $\mathfrak{M}(A, B, C, \cdots,)$ 的变形是 $\mathfrak{M}(A', B', C', \cdots,)$.

证 依（10），$\mathfrak{M}(A, B, C, \cdots,)$ 同样是 S 的部分，如果将它记为 M，那么它的变形 M'的每个元素都是 M 的某个元素 m 的变形 m'；因为由（8）可知 m 也是系 $A, B, C, \cdots,$ 中某个的元素，所以 m'是系 $A', B', C', \cdots,$ 中某个的元素，因而由（8），它也是 $\mathfrak{M}(A', B', C', \cdots,)$ 的元素，由（3）我们有 $M'<\mathfrak{M}(A', B', C', \cdots,)$. 另一方面，因为由（9），$A, B, C, \cdots,$ 是 M 的部分，因此由（22），$A', B', C', \cdots,$ 是 M'的部分，由（10），我们有 $\mathfrak{M}(A', B', C', \cdots,)<M'$. 合并上面所得两个结果，由（5）我们证得定理：

$$M'=\mathfrak{M}(A', B', C', \cdots,).$$

24. **定理**[4] $A, B, C, \cdots,$ 的每个公共部分的变形，以及（因而）它们的共有体 $\mathfrak{G}(A, B, C, \cdots,)$ 的变形是 $\mathfrak{G}(A', B', C', \cdots,)$ 的部分.

证 因为由（22），它是 $A', B', C', \cdots,$ 的公共部分，因此由（18）得到定理.

25. **定义和定理** 如果ϕ是系 S 的变换，而 ψ 是变形 $S'=\phi(S)$ 的一个变换，那么总可得到 S 的一个变换 θ，称为ϕ和 ψ 的**合成**[5]，它的意义是：对于 S 的每个元素 s 都存在变形

$$\theta(s)=\psi(s')=\psi\ [\phi(s)]$$

与之对应，其中我们已令$\phi(s)=s'$. 为简明计，变换 θ 可以记作 $\psi\cdot\phi$或 $\psi\phi$，变形 $\theta(s)$ 记作 $\psi\phi(s)$，其中符号ϕ，ψ 的次序是必须考虑的，因为一般说来，符号$\phi\psi$ 的意义并未明确，并且实际上它只当 $\psi(s')<s$ 时才有意义. 现在如果χ 表示系 $\psi(s')=\psi\phi(s)$ 的一个变换，而 η 是系 S'的由 ψ 和χ 合成得到的变换$\chi\psi$，那么$\chi\theta(s)=\chi\psi(s')=\eta(s')=\eta\phi(s)$；因此对于 S 的每个元素 s 合成变换$\chi\theta$ 和 $\eta\phi$ 是一致的，亦即$\chi\theta=\eta\phi$. 根据 θ 和 η 的意义，这个定理最后可用

$$\chi\cdot\psi\phi=\chi\psi\cdot\phi$$

来表述，并且由ϕ，ψ，χ 合成而得的变换可以简明地记为$\chi\psi\phi$.

第3节　变换的相似. 相似系

26. **定义**　系 S 的变换 ϕ 称做是**相似的**（ähnlich）或**相异**的，如果对于 S 的任何两个不同的元素 a，b 总存在不同的元素 $a'=\phi(a)$，$b'=\phi(b)$ 分别与它们对应. 因为在此情形我们总可以反过来从 $s'=t'$ 得到 $s=t$，所以系 $S'=\phi(S)$ 的每个元素是系 S 的完全确定的单个元素 s 的变形 s'，并且我们因而可以对于 S 的变换 ϕ 确定系 S' 的**逆**变换，并将它记做 $\bar{\phi}$，其意义是：对于 S' 的每个元素 s' 存在变形 $\bar{\phi}(s')=s$ 与它对应，并且显然这个变换也是相似的. 显然有 $\bar{\phi}(S')=S$，而 ϕ 也是属于 $\bar{\phi}$ 的逆变换，并且 ϕ 和 $\bar{\phi}$ 的合成［见（25）］$\bar{\phi}\phi$ 是 S 的恒等变换［见（21）］. 由此我们立即得到下列的对第2节的补充结果（保持那里的记号）：

27. **定理**[6]　如果 $A'<B'$，那么 $A<B$.

证　因为如果 a 是 A 的一个元素，那么 a' 是 A' 的一个元素，因而也是 B' 的一个元素，从而 $=b'$，其中 b 是 B 的一个元素；但因为我们从 $a'=b'$ 总可得到 $a=b$，因此 A 的每个元素也是 B 的元素，这正是所要证的.

28. **定理**　如果 $A'=B'$，那么 $A=B$.

它可应用（27），（4），（5）证明.

29. **定理**[7]　如果 $G=\mathfrak{G}(A, B, C, \cdots,)$，那么 $G'=\mathfrak{G}(A', B', C', \cdots,)$.

证　$G'=\mathfrak{G}(A', B', C', \cdots,)$ 的每个元素一定含在 S' 中，因而它是 S 中的某个元素 g 的变形 g'；但因为 g' 是 A'，B'，C'，…，的公共元，因此由（27）可知 g 必是 A，B，C…的公共元，从而也是 G 的元；于是 $\mathfrak{G}(A', B', C', \cdots,)$ 的每个元素是 G 的某个元素 g 的变形，因而是 G' 的一个元素，亦即 $\mathfrak{G}(A', B', C', \cdots,)<G'$，因此我们的定理可由（24），（5）推出.

30. **定理**　一个系的恒等变换总是相似变换.

31. **定理**　如果 ϕ 是 S 的相似变换，而 ψ 是 $\phi(S)$ 的相似变换，那么 ϕ 和 ψ 的合成变换 $\psi\phi$ 是 S 的一个相似变换并且相应的逆变换 $\overline{\psi\phi}=\bar{\phi}\bar{\psi}$①.

证　因为对于 S 的不同元素 a，b 有不同的变形 $a'=\phi(a)$，$b'=\phi(b)$ 与之对应，后者又有不同的变形 $\psi(a')=\psi\phi(a)$，$\psi(b')=\psi\phi(b)$，于是 $\psi\phi$ 是一个相似

① 原文将 $\bar{\phi}\bar{\psi}$ 误为 $\overline{\phi\psi}$.

变换. 此外，系 $\psi\,\phi(S)$ 的每个元素 $\psi\,\phi(s)=\psi(s')$ 被$\overline{\psi}$变换为 $s'=\phi(s)$，而它又被$\overline{\phi}$变换为 s，因而 $\psi\,\phi(s)$ 被$\overline{\phi}\,\overline{\psi}$变换为 s，这恰是所要证的事.

32. **定义**　系 R，S 称为是**相似的**，如果存在 S 的相似变换ϕ使得$\phi(S)=R$. 并且因而$\overline{\phi}(R)=S$. 显然，由（30），每个系与自身相似.

33. **定理**　如果 R，S 是相似系，那么每个与 R 相似的系 Q 也与 S 相似.

证　因为如果ϕ，ψ 分别是 S，R 的相似变换使得$\phi(S)=R$，$\psi(R)=Q$，那么由（31）可知 $\psi\,\phi$是 S 的相似变换使得 $\psi\,\phi(S)=Q$，这就是要求证明的.

34. **定义**　因此我们可以将所有的系分为一些**类**：所有与一个确定的系 R（它是这个类的**代表**）相似的系 Q，R，S，…，并且仅仅是这样的系归于一个确定的类；由（33），取属于这个类的任何其他的系做代表，不会改变这个类.

35. **定理**　如果 R，S 是相似系，那么 S 的每个部分也与 R 的某个部分相似，S 的每个真部分也与 R 的某个真部分相似.

证　因为如果ϕ是 S 的相似变换，$\phi(S)=R$，并且 $T<S$，那么由（22），相似于 T 的系$\phi(T)<R$；如果 T 还是 S 的真部分，并且 s 是 S 的不含在 T 中的一个元素，那么由（27），含在 R 中的元素$\phi(s)$ 不可能含在$\phi(T)$ 中；因此$\phi(T)$ 是 R 的真部分. 于是定理得证，

第 4 节　系到自身中的变换

36. **定义**　如果ϕ是系 S 的相似或非相似的变换，而$\phi(S)$ 是系 Z 的部分，那么ϕ称做 **S 到 Z 中的变换，**并且我们说 S 被ϕ变换到 Z 中. 因此当$\phi(S)<S$ 时，我们称ϕ是系 S **到自身中**的变换，并且我们在本节研究这种变换ϕ的一般性质. 为此我们将应用与第 2 节相同的记号，并且仍然令$\phi(s)=s'$，$\phi(T)=T'$. 由（22），（7）可知，这些变形 s'，T'本身仍是 S 的元素或部分，它们与用斜体字母表示的事物是一样的.

37. **定义**　如果 $K'<K$. 那么 K 称为一个**链**（Kette）. 我们要特别注意，这个名称本身并不属于系 S 的部分 K，只是对于特定的变换ϕ给出的；对于系 S 本身的其他变换，K 可以根本不是一个链.

38. **定理**　S 是一个链.

39. **定理**　链 K 的变形 K'是一个链.

证 因为依（22），从 $K' < K$ 可知 $(K')' < K'$，所以定理得证.

40. **定理** 如果 A 是链 K 的部分，那么 $A' < K$.

证 因为依（22），从 $A < K$ 可知 $A' < K'$，并且由（37）得 $K' < K$，从而由（7）推出 $A' < K$，所以定理得证.

41. **定理** 如果变形 A' 是链 L 的部分，那么存在链 K 满足条件 $A < K$；并且 $\mathfrak{M}(A, L)$ 正是这样的链 K.

证 如果我们确实令 $K = \mathfrak{M}(A, L)$，那么由（9）得如条件 $A < K$ 满足. 又因为由（23）有 $K' = \mathfrak{M}(A', L')$，并且由假设，$A' < L$，$L' < L$，所以由（10）可知另一条件 $K' < L$ 也满足，并且因为由（9）知 $L < K$，所以还推出 $K' < K$，亦即 K 是一个链，这恰是要求证明的.

42. **定理** 单纯地由链 A，B，C，…，合成的系 M 是一个链.

证 因为由（23）得 $M' = \mathfrak{M}(A', B', C', \cdots,)$，并且由假设有 $A' < A$，$B' < B$，$C' < C$，…，所以由（12）得到 $M' < M$，这就是要求证明的.

43. **定理** 链 A，B，C，…，的共有体 G 是一个链.

证 因为依据（17），G 是 A，B，C，…，的公共部分，所以由（22）可知 G' 是 A'，B'，C'，…，的公共部分，并且由假设，$A' < A$，$B' < B$，$C' < C$，…，所以根据（7），G' 也是 A，B，C，…，的公共部分，因而从（18）可知它也是 C 的部分，于是定理得证.

44. **定义** 如果 A 是 S 的任意部分，我们用 A_0 表示所有以 A 为其部分的链（例如 S）的共有体；因为 A 本身就是所有这些链的公共部分，所以这个共有体 A_0 存在［参见（17）］. 又因为由（43）可知 A_0 是一个链，所以我们将 A_0 称做**系 A 的链**，或简称 A 的链. 这个定义同样地适用于系 S 到自身中的确定的基本变换 ϕ，并且在这种情形，为简明计，如有必要，也可以将记号 A_0 换做 $\phi_0(A)$，对于 A 的对应于另一个变换 ω 的链同样可记做 $\omega_0(A)$. 对于这个非常重要的概念有下列一些定理成立.

45. **定理** $A < A_0$.

证 因为 A 是所有共有体为 A_0 的那些链的公共部分，因此定理可由（18）推出.

46. **定理** $(A_0)' < A_0$.

证 因为由（44），A_0 是一个链［参见（37）］.

47. **定理** 如果 A 是链 K 的部分，那么 $A_0 < K$.

证 因为 A_0 是共有体因而也是所有以 A 为部分的链 K 的公共部分.

48. **注** 我们容易方便地将（44）中定义的链 A_0 的概念完全由前面的定理（45），（46），（47）来刻画.

49. **定理** $A' < (A_0)'$.

证明可由（45），（22）得到.

50. **定理** $A' < A_0$.

证明可由（49），（46），（7）得到.

51. **定理** 如果 A 是一个链，那么 $A_0 = A$.

证 因为 A 是链 A 的部分，所以由（47），$A_0 < A$，因而由（45），（5）推出定理.

52. **定理** 如果 $B < A$，那么 $B < A_0$.

证明可从（45），（7）得到.

53. **定理** 如果 $B < A_0$，那么 $B_0 < A_0$，并且反过来也成立.

证 因为 A_0 是链，所以由（47）得 $B < A_0$，因此我们也有 $B_0 < A_0$；反之，如果 $B_0 < A_0$，那么因为由（45）知 $B < B_0$，所以由（7）我们也有 $B < A_0$.

54. **定理** 如果 $B < A$，那么 $B_0 < A_0$.

这个定理的证明可从（52），（53）得到.

55. **定理** 如果 $B < A_0$，那么也有 $B' < A_0$.

证 因为由（53），$B_0 < A_0$，并且因为由（50），$B' < B_0$，于是应用（7）定理即可得证. 如我们容易看到的，由（22），（46），（7），或者由（40）也可得到同样的结论.

56. **定理** 如果 $B < A_0$，那么也有 $(B_0)' < (A_0)'$.

这个定理的证明可从（53），（22）得到.

57. **定理和定义** $(A_0)' = (A')_0$，亦即 A 的链的变形同时也是 A 的变形的链. 因此我们可以将这个系简记为 A'_0，并且也可以称做 A 的**链变形或变形链**. 应用（44）中给出的更为清晰的记号，这个定理可以表述为 $\phi[\phi_0(A)] = \phi_0[\phi(A)]$.

证 为简明计，令 $(A_0)' = L$，依（44），L 是一个链，并且由（45），$A' < L$；因此由（41），存在链 K，满足条件 $A < K$，$K' < L$；因此由（47）我们有 $A_0 < K$，从而 $(A_0)' < K'$，于是由（7），也有 $(A_0)' < L$ 亦即

$$(A_0)' < (A')_0.$$

又因为依（49），$A' < (A_0)'$，并且由（44），（39）可知 $(A_0)'$ 是一个链，所以根据（47）也有

$$(A')_0 < (A_0)',$$

于是将这两个结果与前面的结果（5）合并即得定理.

58. **定理** $A_0=\mathfrak{M}(A, A'_0)$，亦即 A 的链是 A 和 A 的变形链的合成.

证 为简明计，令 $L=A'_0=(A_0)'=(A')_0$ 及 $K=\mathfrak{M}(A, L)$，那么由（45），$A'<L$，并且因为 L 是链，所以由（41），同样的结论对 K 也正确；又因为从（9）知 $A<K$，因此由（47）得到

$$A_0<K.$$

另一方面，因为由（45），$A<A_0$，并且由（46），也有 $L<A_0$，因此从（10）得到

$$K<A_0,$$

于是将这两个结果与前面的结果（5）合并即得 $A_0=K$，这就是要证的结论.

59. **完全归纳法定理** 为了证明链 A_0 是任何系 Σ（它可以是也可以不是 S 的部分）的部分，只需证明

ρ. $A<\Sigma$，以及

σ. A_0 和 Σ 的每个公共元素的变形也是 Σ 的元素.

证 因为如果 ρ 正确，那么由（45），共有体 $G=\mathfrak{G}(A_0, \Sigma)$ 一定存在，并且由（18），$A<G$；另外，因为由（17），

$$G<A_0,$$

所以 G 也是我们的系 S 的部分，它被ϕ变换到自身中，并且我们立即由（55）得到 $G'<A_0$. 如果 σ 也正确，亦即 $G'<\Sigma$，那么由（18），G'作为系 A_0，Σ 的公共部分必定是它们的共有体 G 的部分，亦即，依（37），G 是一个链，并且因为，如上面注意到的，$A<G$，所以由（47），也有

$$A_0<G,$$

于是与前面得到的结果相结合产生 $G=A_0$，因此由（17）也有 $A_0<\Sigma$，这恰是所要证明的.

60. 如我们以后将要证明的，前面这个定理构成称做完全归纳法（从 n 到 $n+1$ 的推断）的证明形式的科学基础；它也可以叙述为下列形式：为了证明链 A_0 的所有元素具有某种性质 $\mathfrak{E}$（或证明一个涉及不定事物 n 的定理 $\mathscr{S}$ 确实对链 A_0 的所有元素 n 成立），只需证明

ρ. 系 A 的所有元素 A 具有性质 $\mathfrak{E}$（或 $\mathscr{S}$ 对所有 a 成立），以及

σ. 同样的性质 $\mathfrak{E}$ 也属于 A_0 的每个具有性质 $\mathfrak{E}$ 的元素 n 的变形 n'（或只要定理 $\mathscr{S}$ 对 A_0 的一个元素 n 成立，那么它必然对它的变形 n'也成立）.

实际上，如果我们用Σ表示所有具有性质 $\mathfrak{E}$（或定理 $\mathscr{S}$ 对它们成立）的事物

的系，那么现在叙述定理的方式显然与（59）中采用的方式是一致的.

61. **定理** $\mathfrak{M}(A, B, C, \cdots,)$ 的链是 $\mathfrak{M}(A_0, B_0, C_0, \cdots,)$.

证 如果我们用 M 表示前者，用 K 表示后者，那么由（42），K 是一个链. 因为由（45），每个系 A，B，C，…，都是系 A_0，B_0，C_0，…，中之一的部分，因而由（12），$M<K$，于是依（47）我们也有

$$M_0<K.$$

另一方面，因为由（9），每个系 A，B，C，…，都是 M 的部分，因而从（45），（7）可知它们也是链 M_0 的部分，因此由（47），每个系 A_0，B_0，C_0，…，必然也是 M_0 的部分，于是依（10），我们有

$$K<M_0,$$

由此与上面结果相结合，并注意（5），可得 $M_0=K$，即得定理.

62. **定理** $\mathfrak{G}(A, B, C, \cdots,)$ 的链是 $\mathfrak{G}(A_0, B_0, C_0, \cdots,)$ 的部分.

证 如果我们用 G 表示前者，用 K 表示后者，那么由（43），K 是一个链，因为由（45），每个系 A_0，B_0，C_0，…，都是系 A，B，C，…，之一的总体，因而由（20），$G<K$，于是由（47）得 $G_0<K$，定理得证.

63. **定理** 如果 $K'<L<K$（因而 K 是一个链），那么 L 也是一个链. 如果对于 K 的真部分上述条件成立，而 U 是 K 的所有不含在 L 中的元素形成的系，并且还设链 U_0 是 K 的真部分，而 V 是 K 的所有不含在 U_0 中的元素形成的系，那么 $K=\mathfrak{M}(U_0, V)$ 并且 $L=\mathfrak{M}(U'_0, V)$. 最后，如果 $L=K'$，那么 $V<V'$.

定理的证明（它与前两个定理的证明类似）留待读者完成，此处从略.

第 5 节　有限与无限

64. **定义**[8] 系 S 称做是**无限的**，如果它相似于自身的一个真部分［参见（32）］；反之 S 称做**有限**系.

65. **定理** 每个由单个元素组成的系是有限的.

证 因为这样的系不具有真部分［参见（2），（6）］.

66. **定理** 存在无限系.

证[9] 我所拥有的思想领域，亦即所有可以成为我的思考对象的事物的总体

S 是无限的. 因为，如果 s 表示 S 的一个元素，那么 s' 就是思想，这样的 s'①可以成为我思考的对象，所以它本身是 S 的一个元素. 如果我们将这看作元素 s 的变形 $\phi(s)$，那么就有了 S 的变换 ϕ，于是确定了变形 S' 是 S 的部分这个性质；并且 S' 肯定是 S 的真部分，这是因为 S 中存在一些元素（例如，我的自我意识），它们与这个思想 s' 不同，因而不含在 S' 中. 最后，显然如果 a，b 是 S 的两个不同的元素，那么它们的变形 a'，b' 也是不同的，因而变换 ϕ 是一个相异（相似）变换［参见（26）］. 因此 S 是无限的，这就是要求证明的.

67. **定理** 如果 R，S 是相似系，那么依 S 有限或无限的，R 也有限或无限的.

证 如果 S 是无限的，因而与它自身的一个真部分 S' 相似，于是如果 R 和 S 相似，那么由（33），S' 必然与 R 相似，并且由（35），它也与 R 的一个真部分相似，而由（33），这个真部分本身与 R 相似；于是 R 是无限的，定理得证.

68. **定理** 如果系 S 有一个部分是无限的，那么它也是无限的；换言之，有限系的每个部分是有限的.

证 如果 T 是无限的，那么存在 T 的一个相似变换 ψ，使得 $\psi(T)$ 是 T 的真部分，因此，如果 T 是 S 的部分，那么我们可以将这个变换 ψ 按下列方式扩充为 S 的变换 ϕ：若 s 表示 S 的任意元素，则依据 s 是或不是 T 的元素令 $\phi(s)=\psi(s)$ 或 $\phi(s)=s$. 这个 ϕ 是相似变换；因为，如果 o，b 是 S 的不同元素，那么，若它们都含在 T 中，则由于 ψ 是相似变换而得知变形 $\phi(a)=\psi(a)$ 与变形 $\phi(b)=\psi(b)$ 不相同；若 a 含在但 b 不含在 T 中，则因 $\psi(a)$ 含在 T 中而推出 $\phi(a)=\psi(b)$ 与 $\phi(b)=b$ 不同；最后若 a，b 都不含在 T 中，则依上面所设，$\phi(a)=a$ 与 $\phi(b)=b$ 也不相同. 又因为 $\psi(T)$ 是 T 的部分，并且因为依（7），它也是 S 的部分，所以显然也有 $\phi(S)<S$. 最后，因为 $\psi(T)$ 是 T 的真部分，所以在 T 中因而在 S 中存在一个元素 t 不含在 $\psi(T)=\varphi(T)$ 中；但因为每个不含在 T 中的元素 s 的变形 $\phi(s)$ 等于 s，因而它与 t 不同，从而 t 不可能含在 $\phi(S)$ 中；因此 $\phi(S)$ 是 S 的真部分，从而 S 是无限的，于是定理得证.

69. **定理** 每个与一个有限系的部分相似的系也是有限的.

它可应用（67），（68）证明.

70. **定理** 如果 a 是 S 的一个元素，并且 S 的所有与 a 不同的元素的聚集体 T 是有限的，那么 S 也是有限的.

---

① 原文误为 s.

证 依（64），我们要证明，如果ϕ是S到自身中的任意相似变换，那么变形$\phi(S)$或S'绝非S的真部分而总是$=S$. 显然$S=\mathfrak{M}(a, T)$，因而由（23）得$S'=\mathfrak{M}(a', T')$（其中撇号仍然表示变形），并且考虑到变换ϕ的相似性，可知a'不含在T'中［见（26）］. 又因为由假设，$S'<S$，所以a'，并且同样地T'的每个元素，或者$=a$，或者是T的元素. 于是，如果a不含在T'中（这是我们首先要研究的情形），那么必然$T'<T$，因而$T'=T$（因为ϕ是相似变换，且T是有限系）；又因为，如已注意到的，a'不含在T'中，因而不在T①中，所以必然$a'=a$，因而在这种情形，正如所说的，我们确实有$S'=S$. 在相反的情形，即当a含在T'中，因而它是T中某个元素b的变形b'，我们用U表示T中所有不同于b的元素u的聚集体；于是$T=\mathfrak{M}(b, U)$，并且由（15），$S=\mathfrak{M}(a, b, U)$，因此$S'=\mathfrak{M}(a', a, U')$. 我们现在确定$T$的一个新变换$\psi$如下：令$\psi(b)=a'$，并且一般地令$\psi(u)=u'$，那么由（23）知$\psi(T)=\mathfrak{M}(a', U')$. 显然$\psi$是一个相似变换（因为$\phi$也是这种变换，而且$a$不含在$U$中，因而$a'$也不含在$U'$中）. 又因为$a$及每个元素$u$与$b$不相同，所以（考虑$\phi$的相似性）$a'$以及每个元素$u'$必然也与$a$不同，从而含在$T$中；因此$\psi(T)<T$，并且因为$T$是有限的，所以必定有$\psi(T)=T$，以及$\mathfrak{M}(a', U')=T$. 应用（15），由此我们得到

$$\mathfrak{M}(a', a, U')=\mathfrak{M}(a, T),$$

依据前面所证，这就是$S'=S$. 于是在这种情形也完成了所要的证明.

第6节　简单无限系. 自然数列

71. **定义**　一个系N称做**简单无限**的，如果存在N到自身中的相似变换ϕ使得N成为一个不含在$\phi(N)$中的元素的链［链的概念见（44）］. 我们称这个元素为N的**基元素**，在下文中用符号1来表示，并说简单无限系N被这个变换ϕ**定序**（geordnet）. 如果我们保持早先约定的对于变换和链的符号（见第4节），那么简单无限系N的实质就在于存在N的一个变换ϕ及一个元素1满足下列条件α，β，γ，δ：

α. $N'<N$.

β，$N=1_0$.

① 原文误为T'.

γ. 元素 1 不含在 N'中.

δ. 变换ϕ是相似的.

显然，从 α，γ，δ 可推出每个简单无限系 N 确实是一个无限系［参见（64）］，因为它与它本身的真部分 N'相似.

72. **定理** 简单无限系 N 作为部分含在每个无限系 S 中.

证 由（64），存在 S 的相似变换ϕ使得$\phi(S)$ 或 S'是 S 的真部分；因此 S 中存在一个元素 1 不含在 S'中. 与系 S 到它自身中的这个变换ϕ对应的链 $N=1_0$［参见（44）］是一个被ϕ定序的简单无限系；因为显然（71）中的特征条件 α，β，γ，δ 完全满足.

73. **定义** 如果在考虑被变换ϕ定序的简单无限系 N 时我们完全忽略元素的特殊特征；只是保持它们的可区别性，并且仅考虑它们间由定序变换ϕ所安排的相互关系，那么将这些元素称做**自然数或序数，**或直接称为**数，**并且基元素 1 称做**数列** N 的**基数**. 鉴于使这些元素摆脱每个其他的事项（即抽象）的做法，我们说数是人类大脑的自由创造是恰当的. 完全由（71）中的条件 α，β，γ，δ 推出的并且因而在所有有序的简单无限系中总是相同的关系或法则，无论对单个元素可能给出什么名称［请与（134）比较］，它们形成**数的科学**或**算术**的第一个主题. 由第 4 节关于一个系到它自身中的变换的一般性概念和定理我们立即得到下列一些基本法则，其中 a，b，…，m，n，…，始终表示 N 的元素，因而表示数，A，B，C，…，表示 N 的部分，a'，b'，…，m'，n'…，A'，B'，C'，…，表示相应的变形，它们由用来定序的变换ϕ生成并且总是 N 的元素或部分；数 n 的变形 n'也称为**后继** n 的数.

74. **定理** 每个数 n 含在它的链 n_0 中［由（45）］，并且条件 $n<m_0$ 等价于 $n_0<m_0$［由（53）］.

75. **定理** $n'_0=(n_0)'=(n')_0$［由（57）］.

76. **定理** $n'_0<n_0$［由（46）］.

77. **定理** $n_0=\mathfrak{M}(n, n_0)$［由（58）］.

78. **定理** $N=\mathfrak{M}(1, N')$，因此每个不同于基数 1 的数是 N'的元素，即某个数的变形.

它可用（77）和（71）证明.

79. **定理** N 是仅有的含有基数 1 的数链.

证 因为如果 1 是某个数链 K 的元素，那么由（47），与它相关的链 $N<K$ 因为显然 $K<N$，所以 $N=K$.

80. **完全归纳法（从 n 到 n' 的推理）定理** 为了证明一个定理对某个链 m_0 的所有数成立，只需证明

ρ. 它对 $n=m$ 成立，以及

σ. 由这个定理对链 m_0 的一个数 n 成立总可推出它对后继数 n' 也成立.

这个结果可由更一般的定理（59）或（60）立即推出. 最经常出现的情形是 $m=1$，因而 m_0 是整个数列 N.

第 7 节 较大数和较小数

81. **定理** 每个数 n 不同于后继数 n'.

用完全归纳法（80）证明：

ρ. 定理对数 $n=1$ 正确，这是因为，数 1 不含在 N' 中［见（71）］，并且后继数 $1'$ 作为含在 N 中的数 1 的变形是 N' 的元素.

σ. 如果定理对某个数 n 正确，我们令后继数 $n'=p$，那么 n 与 p 不相同，因此由（26），考虑到用来定序的变换ϕ的相似性［见（71）］，可知 n' 因而 p 与 p' 不同，因此定理对 n 的后继数 p 也成立，这正是所要证明的.

82. **定理** 数 n 的变形 n' 含在它的变形链 n'_0 中［由（74），（75）］，但数 n 本身不含在其中.

用完全归纳法（80）证明：

ρ. 定理对 $n=1$ 正确，这是因为，$1'_0=N'$，并且由（71）基数 1 不含在 N' 中.

σ. 如果定理对某个数 n 正确，我们仍然令 $n'=p$，那么 n 不含在 p_0 中，因而与每个含在 p_0 中的数 q 不同，由此从ϕ的相似性推出 n'，因而 p 与每个含在 p'_0 中的数 q' 不同，从而不含在 p'_0 中. 因此定理对 n 的后继数 p 也成立，这正是所要证明的.

83. **定理** 变形链 n'_0 是链 n_0 的真部分.

它可用（76），（74），（82）证明.

84. **定理** 从 $m_0=n_0$ 可推出 $m=n$.

证 由（74），m 含在 m_0 中，并且由（77），$m_0=n_0=\mathfrak{M}(n,\ n'_0)$，于是，若定理不正确，则 m 与 n 不同，m 将含在链 n'_0 中，因此由（74），也有 $m_0<n'_0$，亦即 $n_0<n'_0$；但这与定理（83）矛盾，因此定理得证.

85. **定理** 如果数 n 不含在数链 K 中，那么 $K<n'_0$.

用完全归纳法（80）证明：

ρ. 由（78），定理对 $n=1$ 正确.

σ. 如果定理对某个数 n 正确，那么它对后继数 $p=n'$ 也正确；因为，如果 p 不含在数链 K 中，那么由（40），n 也不可能含在 K 中，因此由我们的假设知 $K<n'_0$；现在因为由（77），$n'_0=p_0=\mathfrak{M}(p,\ p'_0)$，因此 $K<\mathfrak{M}(p,\ p'_0)$，且 p 不含在 K 中，从而必然 $K<p'_0$，这恰是所要证明的.

86. **定理** 如果数 n 不含在数链 K 中，但它的变形 n' 含在其中，那么 $K=n'_0$.

证 因为 n 不含在 K 中，因此由（85），$K<n'_0$，并且因为 $n'<K$，所以由（47）知也有 $n'_0<K$，从而 $K=n'_0$. 于是定理得证.

87. **定理** 在每个数链 K 中存在一个并且［依（84）］仅存在一个数 k，它的链 $k_0=K$.

证 如果基数 1 含在 K 中，那么由（79），$K=N=1_0$. 在相反的情形，令 Z 是所有不含在 K 中的数的系；因为基数 1 含在 Z 中，但 Z 仅是数系 N 的真部分，所以由（79），Z 不可能是链，亦即 Z' 不可能是 Z 的部分；于是在 Z 中存在一个数 n，其变形 n' 不含在 Z 中，因而必定含在 K 中；还因为 n 含在 Z 中，因而不含在 K 中，所以由（86）得 $K=n'_0$，因此 $k=n'$，于是定理得证.

88. **定理** 如果 m，n 是不同的数，那么［由（83），（84）］链 m_0，n_0 中有一个而且仅有一个是另一个的真部分，并且或者 $n_0<m'_0$，或者 $m_0<n'_0$.

证 如果 n 含在 m_0 中，因而由（74）也有 $n_0<m_0$，于是 m 不可能含在链 n_0 中［因为不然由（74）我们将有 $m_0<n_0$，因而 $m_0=n_0$，从而由（84），也有 $m=n$］，因此由（85）推出 $n_0<m'_0$. 在相反的情形，即 n 不含在 m_0 中，由（85），我们必然有 $m_0<n'_0$. 定理得证.

89. **定义** 数 m 称做**小于**数 n，并且同时 n **大于**数 m，并用符号 $m<n$，$n>m$ 表示，如果它们满足条件 $n_0<m'_0$［按（74），它也可表示为 $n<m'_0$］.

90. **定理** 如果 m，n 是任何数，那么下列情形 λ，μ，ν 中总有一个而且仅有一个出现：

λ. $m=n$，$n=m$，亦即 $m_0=n_0$.

μ. $m<n$，$n>m$，亦即 $n_0<m'_0$.

ν. $m>n$，$n<m$，亦即 $m_0<n'_0$.

证 因为，如果情形 λ 出现［参见（84）］，那么因为由（83）知我们不可能有 $n_0<n'_0$，所以无论是情形 μ 还是情形 ν 都不可能出现，但如果情形 λ 不出

现，那么由（88），情形μ，ν中有一个并且仅有一个出现，这正是要求证明的.

91. **定理** $n<n'$.

证 因为在（90）的情形ν中的条件（其中$m=n'$）被满足.

92. **定义** 为表示m或者$=n$，或者$<n$，因而（依（90））不$>n$，我们应用记号$m\leqslant n$或$n\geqslant m$，并且我们说m**至多等于**n，以及n**至少等于**m.

93. **定理** 条件

$$m\leqslant n,\ m<n',\ n_0<m_0$$

互相等价.

证 因为，如果$m\leqslant n$，那么依据（90）中的情形λ，μ我们总有$n_0<m_0$(因为由（76），$m'_0<m$)．反之，如果$n_0<m_0$，那么由（74）也有$n<m_0$，从而由$m_0=\mathfrak{M}(m,\ m'_0)$推出或者$n=m$，或者$n<m'_0$，亦即$n>m$. 因此条件$m\leqslant n$等价于$n_0<m_0$. 另外，从（22），（27），（75）可知条件$n_0<m_0$又等价于$n'_0<m'_0$，依据（90）中的情形$\mu$，亦即等价于$m<n'$，于是定理得证.

94. **定理** 条件

$$m'\leqslant n,\ m'<n',\ m<n$$

中每个互相等价.

由（93）(如果在其中用m'代替m,）以及（90）中的情形μ可以立即得到这个定理的证明.

95. **定理** 如果$l<m$且$m\leqslant n$，或者$l\leqslant m$且$m<n$，那么$l<n$. 但是如果$l\leqslant m$且$m\leqslant n$，那么$l\leqslant n$.

证 因为，从（89)，(93）可知相应的条件是$m_0<l'_0$以及$n_0<m_0$，从而由（7）我们有$n_0<l'_0$，并且由条件$m_0<l_0$及$n_0<m'_0$也可得到这个同样的结果(因为由前一条件我们可推出还有$m'_0<l'_0$)．最后，从$m_0<l_0$及$n_0<m_0$我们还有$n_0<l_0$，这正是要证的.

96. **定理** 在N的每个部分T中存在一个并且仅存在一个**最小数**k，亦即k小于T中每个其他的数. 如果T由单个数组成，那么这个数也是T中的最小数.

证 因为T_0是一个链［参见（44)］，所以由（87），存在一个数k，它的链$k_0=T_0$. 因为由此及（45），（77）可推出$T<\mathfrak{M}(k,\ k'_0)$，所以首先k本身必然含在T中［因为不然$T<k'_0$，因而由（47），也有$T_0<k'_0$，亦即$k<k'_0$，由（83）这不可能］；并且此外系T的每个与k不同的数必定含在k'_0中，亦即$>k$［参见（89)］，于是立即由（90）推出在T中存在一个并且仅存在一个最小数，于是定理得证.

97. **定理** 链 n_0 的最小数是 n，并且基数 1 是所有数中最小的.

证 因为由（74），（93）可知条件 $m < n_0$ 等价于 $m \geqslant n$. 或者，也可从前一定理的证明立即推出我们的定理，因为若在其中设 $T = n_0$，则显然 $k = n$［参见（51）］.

98. **定义** 如果 n 是任何一个数，那么我们用 Z_n 表示所有**不大于** n 因而**不含**在 n'_0 中的数的系. 由（92），（93）可知条件 $m < Z_n$ 显然等价于下列条件之一：

$$m \leqslant n, \ m<n', \ n_0 < m_0.$$

99. **定理** $1 < Z_n$，并且 $n < Z_n$.

它可由（98）或者由（71）和（82）证明.

100. **定理** 下列互相等价［依（98）］的条件

$$m < Z_n, \ m \leqslant n, \ n<n', \ n_0 < m_0$$

中每个都与条件 $Z_m < Z_n$ 等价.

证 因为，若 $m < Z_n$，则 $m \leqslant n$，而且若 $l < Z_m$，则 $l \leqslant m$，所以由（95），也有 $l \leqslant n$，亦即 $l < Z_n$；于是，如果 $m < Z_n$ 那么系 Z_m 的每个元素也是 Z_n 的元素，亦即 $Z_m < Z_n$. 反过来，如果 $Z_m < Z_n$，那么因为由（99）有 $m < Z_m$，从而由（7），必然也有 $m < Z_N$. 于是定理得证.

101. **定理** （90）中的情形 λ，μ，ν 中的条件也可表示为下列形式：

λ. $m = n$，$n = m$，$Z_m = Z_n$.

μ. $m<n$，$n>m$，$Z_{m'} < Z_n$.

ν. $m>n$，$n<m$，$Z_{n'} < Z_m$.

如果我们注意，由（100）. 条件 $n_0 < m_0$ 与 $Z_m < Z_n$ 是等价的，那么由（90）立即得到这个定理的证明.

102. **定理** $Z_1 = 1$.

证 因为由（99），基数 1 含在 Z_1 中，而由（78），每个与 1 不同的数含在 $1'_0$ 中，因而由（98），它们不含在 Z_1 中，于是定理得证.

103. **定理** $N = \mathfrak{M}(Z_n, n'_0)$［由（98）］.

104. **定理** $n = \mathfrak{B}(Z_n, n_0)$，亦即 n 是系 Z_n 和 n_0 的唯一的公共元.

证 由（99）和（74）可推出 n 含在 Z_n 和 n_0 中；但由（77），链 n_0 的每个不同于 n 的元素含在 n'_0 中，因而由（98），不含在 Z_n 中. 于是定理得证.

105. **定理** 数 n' 不含在 Z_n 中［由（91），（98）］.

106. **定理** 如果 $m<n$，那么 Z_m 是 Z_n 的真部分，并且反过来也正确.

证 如果 $m<n$，那么由（100），$Z_m < Z_n$，并且因为数 n 含在 Z_n 中［依

(99)]，但不可能含在 Z_m 中［依 $n>m$ 及（98)]，所以 Z_m 是 Z_n 的真部分. 反过来，如果 Z_m 是 Z_n 的真部分，那么由（100）可知 $m\leqslant n$，并且因为 m 不可能 $=n$（不然将有 $Z_m=Z_n$），所以我们必有 $m<n$. 因此定理得证.

107. **定理** Z_n 是 $Z_{n'}$，的真部分.

它可由（106）推出，因为依（91）有 $n<n'$.

108. **定理** $Z_{n'}=\mathfrak{M}(Z_n, n')$.

证 因为由（98)，每个含在 $Z_{n'}$ 中的数 $\leqslant n'$，因此或者 $=n'$，或者 $<n'$，因而依（98）是 Z_n 的元素. 于是必然 $Z_{n'}\prec\mathfrak{M}(Z_n, n')$. 反过来，因为由（107）知 $Z_n\prec Z_{n'}$，以及由（99）知 $n'\prec Z_{n'}$，所以由（10）我们有 $\mathfrak{M}(Z_n, n')\prec Z_{n'}$，于是由（5）推出我们的定理.

109. **定理** 系 Z_n 的变形 Z'_n 是系 $Z_{n'}$ 的真部分.

证 因为 Z'_n 中的每个数是 Z_n 中的某个数 m 的变形 m'，并且因为 $m\leqslant n$，所以由（94）得 $m'\leqslant n'$，从而由（98）得 $Z'_n\prec Z_{n'}$. 又因为由（99)，数 1 含在 $Z_{n'}$ 中，但由（71)，它不含在变形 Z'_n 中，所以 Z'_n 是 $Z_{n'}$ 的真部分，这正是要求证明的.

110. **定理** $Z_{n'}=\mathfrak{M}(1, Z'_n)$.

证 由（78)，系 Z'_n 中的每个与 1 不同的数是某个数 m 的变形 m'，因而必 $\leqslant n$，从而依（98）含在在 Z_n 中［因若不然 $m>n$，则由（94)，也有 $m'>n'$，因而由（98)，m' 将不含在 $Z_{n'}$ 中]；但从 $m\prec Z_n$ 我们得到 $m'\prec Z'_n$，因而必有 $Z_{n'}\prec\mathfrak{M}(1, Z'_n)$. 反过来，因为由（99)，$1\prec Z_n$，并且由（109)，$Z'_n\prec Z_{n'}$，所以由（10）我们有 $\mathfrak{M}(1, Z'_n)\prec Z_{n'}$，于是依据（5）推出我们的定理.

111. **定义** 如果在数系 E 中存在一个元素 g 大于 E 中每个其他的数，那么 g 称做系 E 的**最大**数，并且由（90)，E 中显然只有一个这样的最大数，如果这个系由单个数组成，那么这个数本身就是系的最大数.

112. **定理** n 是系 Z_n 的最大数［依（98)].

113. **定理** 如果 E 中存在最大数 g，那么 $E\prec Z_g$.

证 因为每个含在 E 中的数 $\leqslant g$，因而由（98)，也含在 Z_g 中，这正是要求证明的.

114. **定理** 如果 E 是系 Z_n 的部分，或者同样地，存在数 n 使得 E 中的所有数 $\leqslant n$，那么 E 有最大数 g.

证 所有满足条件 $E\prec Z_p$ 的数 p(依我们的假设，这样的数存在）组成的系是一个链［参见（37)]，因为由（107）和（7）可知也有 $E\prec Z_{p'}$，因而由

（87），$=g_0$，其中 g 表示这些数中的最小数［参见（96），（97）］. 因此也有 $E<Z_g$，于是由（98），E 中每个数 $\leqslant g$，并且我们只需证明数 g 本身含在 E 中. 若 $g=1$，则这是显然的，这是因为由（102），Z_g 因而 E 也是由单个数 1 组成，但若 g 异于 1，因而依（78），数 f 的变形 f' 也异于 1，于是由（108）得 $E<\mathfrak{M}(Z_f, g)$；因此，如果 g 不含在 E 中，那么 $E<Z_f$，从而由（91），在这些数 p 中存在一个数 $f<g$，这与前面的假设矛盾；因此 g 含在 E 中. 这就完成了定理的证明.

115. **定义** 如果 $l<m$ 并且 $m<n$，那么我们说数 m **落在** l **与** n **之间**（或 n 与 l 之间）.

116. **定理** 没有数落在 n 与 n' 之间.

证 因为只要 $m<n'$. 依（93）就有 $m\leqslant n$，因此由（90），我们不可能有 $n<m$. 定理得证.

117. **定理** 如果 t 是 T 中的一个数，但不是最小数［参见（96）］，那么 T 中存在一个而且只存在一个**次小**数 s，亦即这样的数 s：$s<t$，并且在 T 中没有落在 s 与 t 之间的数. 类似地，如果 t 不是 T 中的最大数［参见（111）］，那么 T 中总存在一个而且只存在一个**次大**数 u，亦即这样的数 u：$t<u$，并且在 T 中没有落在 t 与 u 之间的数，同时 t 是 T 中比 s 次大且比 u 次小的数.

证 如果 t 不是 T 中的最小数，那么令 E 是 T 中所有 $<t$ 的数形成的系；于是由（98），$E<Z_t$，并且因而由（114）知在 E 中存在最大数 s，显然 s 具有定理所说的性质，并且它是仅有的这样的数. 又如果 t 不是 T 中的最大数，那么由（96），在 T 的所有 $>t$ 的数中一定存在最小数 u，它并且只有它具有定理所说的性质. 类似地可证定理最后部分的正确性.

118. **定理** 在 N 中数 n' 是比 n 次大的数，而 n 是比 n' 次小的数.

它可由（116），（117）证明，

第 8 节　数列的有限部分和无限部分

119. **定理** （98）中的每个系 Z_n 是有限的.

用完全归纳法（80）证明：

ρ. 由（65），（102）可知定理对 $n=1$ 正确.

σ. 如果 Z_n 是有限的，那么由（108）和（70）推出 $Z_{n'}$ 也是有限的，因此定理得证.

120. **定理** 如果 m，n 是不同的数，那么 Z_m，Z_n 是不相似的系.

证 由对称性及（90）我们可设 $m<n$；于是由（106），Z_m 是 Z_n 的真部分，并且因为由（119）知 Z_n 是有限的，所以由（64），Z_m 和 Z_n 不可能相似，定理得证.

121. **定理** 数列 N 的每个有最大数［参见（111）］的部分 E 是有限的.

它可由（113），（119），（68）证明.

122. **定理** 数列 N 的每个没有最大数［见（111）］部分 U 是简单无限的［参见（111）］.

证 如果 u 是 U 中任何一个数，那么由（117），在 U 中存在一个且仅存在一个比 u 次大的数，我们将它记做 $\psi(u)$，并看作 u 的变形. 这个这样完全确定的系 U 的变换 ψ 显然具有性质

α. $\psi(U) \prec U$,

亦即 U 被 ψ 变换到自身中. 如果还设 u，v 是 U 中不同的元素，那么由对称性及（90），我们可以认为 $u<v$；于是由（117）及 ψ 的定义可推出 $\psi(u) \leqslant v$ 以及 $v<\psi(v)$. 因而由（95）得到 $\psi(u)<\psi(v)$；因此由（90）可知变形 $\psi(u)$，$\psi(v)$ 是不同的，亦即

δ. 变换 ψ 是相似的.

此外，如果 u_1 表示系 U 的最小数［参见（96）］，那么 U 中每个数 $u \geqslant u_1$，并且因为一般地有 $u<\psi(u)$，所以由（95）得到 $u_1<\psi(u)$，从而由（90）知 u_1 与 $\psi(u)$ 不同，亦即

γ. U 的元素 u_1 不含在 $\psi(U)$ 中.

因此 $\psi(U)$ 是 U 的真部分，因而由（64）可知 U 是无限系，于是，如果我们与（44）保持一致，当 V 是 U 的任何部分时用 $\psi_0(V)$ 表示 V 的对应于变换 ψ 的链，那么我们最后要证明

β. $U=\psi_0(u_1)$.

实际上，因为由它的定义［参见（44）］每个这样的链 $\psi_0(V)$ 是系 U 的被 ψ 变换到自身中的部分，所以显然 $\psi_0(u_1) \prec U$；反过来，首先显然由（45）可知含在 U 中的元素 u_1 必含于 $\psi_0(u_1)$；但如果我们假设存在 U 的不含在 $\psi_0(u_1)$ 中的元素，那么依（96），它们中必有最小数 w，并且因为由前面可知它与系 U 的最小数 u_1 不同，因此由（117）得知 U 中也必然存在次小于 w 的数 v，由此立即推出 $w=\phi(v)$；于是因为 $v<w$，由 w 的定义推知 v 必含在 $\psi_0(u_1)$ 中；但由此依（55）推知 $\psi(v)$ 并且因而 w 也必含在 $\psi_0(u_1)$ 中，由于这与 w 的定义矛盾，所以我们

所做的假设是不可能成立的；因此 $U<\psi_0(u_1)$，并且从而也有 $U=\psi_0(u_1)$，这正如上面所说. 于是，由 α，β，γ，δ 以及（71）推出 U 是由 ψ 定序的简单无限系. 于是定理得证.

123. **定理** ［依据（121），（122）］数系 N 的任何部分 T 依其存在或不存在最大数是有限的或简单无限的.

第 9 节　数系的变换的归纳定义

124. 下文中我们将用小写斜体字母表示数，并保留前面第 6–第 8 节的所有记号，同时用 Ω 表示任意一个系，其元素不一定含在 N 中.

125. **定理** 如果给定系 Ω 到自身中的一个（相似或非相似）变换 θ，以及 Ω 中的一个确定的元素 ω，那么对于每个元素 n 相应地有一个且仅有一个相关数系 Z_n［见（98）］的变换 ψ_n 满足下列条件[10]：

Ⅰ. $\psi_n(Z_n)<\Omega$.

Ⅱ. $\psi_n(1)=\omega$.

Ⅲ. $\psi_n(t')=\theta\psi_n(t)$（当 $t<n$），其中符号 $\theta\psi_n$ 的意义见（25）.

用完全归纳法（80）证明.

ρ. 定理当 $n=1$ 时正确，在这种情形由（102）可知系 Z_n 由单个数 1 组成，因而变换 ψ 由条件Ⅱ完全定义，所以条件Ⅰ被满足，而条件Ⅲ可完全省略.

σ. 如果定理当某个数 n 正确，那么我们来证明它当后继数 $p=n'$ 也正确，并且我们首先证明：仅可能存在系 Z_p 的一个相应的变换 ψ_p. 事实上，如果变换 ψ_p 满足条件

Ⅰ′. $\psi_p(Z_p)<\Omega$,

Ⅱ′. $\psi_p(1)=\omega$,

Ⅲ′. $\psi_p(m')=\theta\psi_p(m)$（当 $m<p$），

那么因为 $Z_n<Z_p$［见（107）］，所以由（21），它也包含 Z_n 的一个变换，显然这个变换满足与 ψ_n 同样的条件Ⅰ，Ⅱ，Ⅲ，因而完全与 ψ_n 相一致；于是，对于 Z_n 中的所有数并且因而［参见（98）］对于所有 $<p$ 亦即 $\leqslant n$ 的数 m 必有

$$\psi_p(m)=\psi_n(m), \qquad (m)$$

因此作为特殊情形有

$$\psi_p(n)=\psi_n(n); \qquad (n)$$

还因为由（105），（108），p 是 Z_p 中仅有的不含在 Z_n 中的数，并且因为由Ⅲ′和（n），我们必然也有

$$\psi_p(p)=\theta\psi_n(n), \tag{p}$$

因为由条件（m）和（p），所得到的 ψ_p 恰好完全归结为 ψ_n，于是得知我们前面关于仅可存在一个系 Z_p 的满足条件Ⅰ′，Ⅱ′，Ⅲ′的变换 ψ_p 的论断是正确的. 我们下面反过来证明：这个由（m）和（p）完全确定的系 Z_p 的变换 ψ_p 确实满足条件Ⅰ′，Ⅱ′，Ⅲ′. 显然，条件Ⅰ′可以从（m）和（p）并且依据条件Ⅰ以及 $\theta(\Omega)\prec\Omega$ 推出，因为由（99），数 1 含在 Z_n 中，所以类似地，条件Ⅱ′可以从（m）和条件Ⅱ推出. 条件Ⅲ′的正确性可以首先对于$<n$ 的那些数 m 由（m）和Ⅲ推出，而对于剩下的单个的数 $m=n$ 可以由（p）和（n）推出. 于是完全证明了：从我们的定理对数 n 的正确性总可推出它对后继数 p 的正确性. 因此定理得证.

126. **关于归纳定义的定理** 如果 θ 是任意给定的系 Ω 到自身中的一个（相似或非相似）变换，ω 是 Ω 的一个确定的元素，那么存在一个且仅有一个数列 N 的变换 ψ 满足条件：

Ⅰ. $\psi(N)\prec\Omega$.

Ⅱ. $\psi(1)=\omega$.

Ⅲ. $\psi(n')=\theta\psi(n)$ 其中 n 表示任何一个数.

证 因为，如果确实存在这样的变换 ψ，那么由（21），其中包含系 Z_n 的一个满足在（125）中所说的条件Ⅰ，Ⅱ，Ⅲ的变换 ψ_n，于是因为存在且仅存在一个这样的变换，所以必有

$$\psi(n)=\psi_n(n). \tag{n}$$

因为 ψ 是完全确定的，所以推知仅可能存在一个这样的变换 ψ［参见（130）的注记］. 反过来，从（n）并依据性质Ⅰ，Ⅱ和在（125）中证明的（p），容易推出由（n）确定的变换 ψ 也满足我们的条件Ⅰ，Ⅱ，Ⅲ. 于是定理得证.

127. **定理** 在上述定理的条件下，有

$$\psi(T')=\theta\psi(T),$$

其中 T 表示数列 N 的任何部分.

证 因为如果 t 表示系 T 的任意数，那么 $\psi(T')$ 由所有元素 $\psi(t')$ 组成，并且 $\theta\psi(T)$ 由所有元素 $\theta\psi(t)$ 组成；由于从（126）中的性质Ⅲ知 $\psi(t')=\theta\psi(t)$，因此推出我们的定理.

128. **定理** 如果我们保持同样的假设，并用 θ_0 表示与系 Ω 到自身中的变换

θ 相对应的链［参见（44）］，那么

$$\psi(N)=\theta_0(\omega).$$

证 我们首先用完全归纳法（80）证明

$$\psi(N)\prec\theta_0(\omega),$$

亦即每个变形 $\psi(n)$ 也是 $\theta_0(\omega)$ 的元素. 事实上，

ρ. 因为由（126，Ⅱ），$\psi(1)=\omega$，且由（45），$\omega\prec\theta_0(\omega)$，所以定理当 $n=1$ 时正确，

σ. 如果定理对某个数 n 正确，因而有 $\psi(n)\prec\theta_0(\omega)$，那么由（55），也有 $\theta(\psi(n))\prec\theta_0(\omega)$，亦即［由（126，Ⅲ）］$\psi(n')\prec\theta_0(\omega)$，因此定理对后继数 n' 正确，这恰是要求证明的.

为进一步证明链 $\theta_0(\omega)$ 的每个元素 ν 含在 $\psi(N)$ 中，因而有

$$\theta_0(\omega)\prec\psi(N),$$

我们同样将完全归纳法，亦即将定理（80）应用于 Ω 和变换 θ. 事实上，

ρ. 元素 $\omega=\psi(1)$，因此 ω 含在 $\psi(N)$ 中.

σ. 如果 ν 是链 $\theta_0(\omega)$ 和系 $\psi(N)$ 的公共元，那么 $\nu=\psi(n)$，其中 n 是某个数，并且由（126，Ⅲ），我们有 $\theta(\nu)=\theta\psi(n)=\psi(n')$，因而 $\theta(\nu)$ 含在 $\psi(N)$ 中，这正是所要证明的.

从刚才证明的结果可知 $\psi(N)\prec\theta_0(\omega)$ 及 $\theta_0(\omega)\prec\psi(N)$，因此我们由（5）得到 $\psi(N)=\theta_0(\omega)$，于是定理得证.

129. **定理** 在同样的假设下，我们一般地有

$$\psi(n_0)=\theta_0(\psi(n)).$$

用完全归纳法（80）证明，因为

ρ. 因为 $1_0=N$，及 $\psi(1)=\omega$，所以由（128）知定理对 $n=1$ 成立.

σ. 如果定理对某个数 n 正确，那么

$$\theta(\psi(n_0))=\theta(\theta_0(n));$$

因为由（127），（75），我们有

$$\theta(\psi(n_0))=\psi(n'_0),$$

并且由（57），（126，Ⅲ）得

$$\theta(\theta_0(\psi(n)))=\theta_0(\theta(\psi(n)))=\theta_0(\psi(n')),$$

我们得到 $\psi(n'_0)=\theta_0(\theta(\psi(n')))$，亦即定理对 n 的后继数 n' 正确，于是定理得证.

130. **注记** 在我们给出（126）中证明的关于归纳定义的定理的最重要的应

用（见第10–第14节）之前，值得提请注意这个定理与（80）中或更确切地说在（59），（60）中证明的关于归纳证明的定理本质上是不同的，虽然这个事实可以近似地看做前者与后者之间的关系．因为尽管定理（59）对每个链 A_0［这里 A 是系 S 的任何部分，由 S 的任何到自身中的变换 ϕ 产生（参见第4节）］完全一般地正确，但这个情形与只是断言简单无限系 1_0 的一致（或一对一）变换 ψ 的存在性的定理（126）是完全不同的．如果在后一定理中（仍然保持关于 Ω 和 θ 的假设）我们用来自这样的系 S 的任何一个链 A_0 代替数系 1_0，并且用与（126，Ⅱ，Ⅲ）中类似的方式通过下列假设在 Ω 中定义 A_0 的变换 ψ：

ρ．对 A 的每个元素 α 在 Ω 中都有一个确定的元素 $\psi(a)$ 与它对应，并且

σ．对 A_0 中的每个元素 n 及它的变形 $n'=\phi(n)$，条件 $\psi(n')=\theta\psi(n)$ 成立，那么非常经常地发生变换 ψ 不存在的情形，因为可以证明这些条件 ρ，σ 是不相容的，甚至包含在条件 ρ 中的选取的自由性当初就由于要与条件 σ 保持一致而被限制．下面的例子足以使我们相信这点．如果系 S 由不同的元素 a，b 组成，使得被 ϕ 变换到自身中：$a'=b$，$b'=a$，那么显然 $a_0=b_0=S$；还假设由不同的元素 α，β 及 γ 组成的系 Ω 这样地被 θ 变换到自身中：$\theta(\alpha)=\beta$，$\theta(\beta)=\gamma$，$\theta(\gamma)=\alpha$；如果我们现在要求 a_0 到 Ω 中的变换 ψ 满足 $\psi(a)=\alpha$，此外，对 a_0 中的每个元素 n 总有 $\psi(n')=\theta\psi(n)$，我们就得到矛盾；因为对于 $n=a$，我们有 $\psi(b)=\theta(\alpha)=\beta$，因此对于 $n=b$，我们必有 $\psi(a)=\theta(\beta)=\gamma$，同时我们已经假设 $\psi(a)=\alpha$．

但如果存在 A_0 到 Ω 中的变换 ψ 无矛盾地满足前面的条件 ρ，σ，那么从（60）容易推出它是完全确定的；这是因为，如果变换 χ 也满足同样的条件，那么因为由条件 ρ 知这个定理对所有含在 A 中的元素 $n=a$ 正确，并且因为若它对 A_0 的某个元素 n 正确则由条件 σ 知对它的变形 n' 必然也正确，所以一般地，我们有 $\chi(n)=\psi(n)$．

131．为了清楚地理解定理（126）的重要性，我们插入一段讨论，它对于其他一些研究，例如对于群论是有用的．

我们考虑一个系，它的元素容许某种组合，使得总可以从一个元素 ν 通过某个元素 ω 的作用又产生同一个系 Ω 中的一个确定的元素，它可以记作 $\omega\cdot\nu$ 或 $\omega\nu$，并且一般地它与 $\nu\omega$ 不同．对此我们还可以这样来考虑：对于每个确定的元素 ω，对应地存在一个 Ω 到自身中的变换（记作 ω），使得对每个元素 ν 提供一个属于它的变形 $\omega(\nu)=\omega\nu$．如果我们对这个系 Ω 以及它的元素 ω 应用定理（126），在此用 θ 表示记作 ω 的变换，那么对于每个数 n 对应地存在一个确定的含在 Ω 中的元素 $\psi(n)$，我们现在可以将它用符号 ω^n 来表示并且有时称作 ω 的 n

次幂；这个概念由附加给它的条件

Ⅱ. $\omega^{1}=\omega$,

Ⅲ. $\omega^{n'}=\omega\omega^{n}$

完全确定，并且它的存在性是由定理（126）的证明确立的.

如果前面的元素组合进一步这样描述：对于任意元素 μ，ν，ω，我们总有 $\omega(\nu\mu)=\omega\nu(\mu)$，那么定理

$$\omega^{n'}=\omega^{n}\omega,\ \omega^{m}\omega^{n}=\omega^{n}\omega^{m},$$

也正确，它容易用完全归纳法证明，我们留给读者完成.

前面的一般考虑可以立即应用于下列例子. 如果 S 是任意元素的系，Ω 是一个相关的系，其元素是所有 S 到自身中的变换［参见（36）］，那么由（25），因为 $\nu(S)<S$，并且由这种变换 ν 和 ω 合成而得的变换 $\omega\nu$ 本身又是 Ω 的元素，所以这些元素可以持续地合成. 于是所有元素 ω^{n} 也是 S 到自身中的变换，并且我们说它们由变换 ω 的重复而得到. 我们现在提请注意：在这个概念和（44）节中定义的链 $\omega_0(A)$ 的概念之间存在简单的联系，其中 A 仍然表示 S 的任何部分. 为简明计，如果我们用 A_n 表示由变换 ω^{n} 产生的变形 $\omega^{n}(A)$，那么从Ⅲ和（25）可推出 $\omega(A_n)=A_{n'}$. 因此容易用完全归纳法（80）证明所有这些系 A_n 是链 $\omega_0(A)$ 的部分；这是因为

ρ. 由（50），这个结论对 $n=1$ 正确，并且

σ. 如果它对某个数 n 正确，那么由（55）以及 $A_{n'}=\omega(A_n)$ 可推出它对后继数 n' 也正确，因而上述结论成立.

此外，因为由（45），$A<\omega_0(A)$，所以从（10）得知由 A 和所有变形 A_n 合成而得的系 K 是 $\omega_0(A)$ 的部分. 反过来，因为由（23），$\omega(K)$ 是 $\omega(A)=\omega_1$ 和所有系 $\omega(A_n)=A_{n'}$ 合成而得，因而依（78），它由所有系 A_n 合成而得，而由（9），A_n 是 K 的部分，因此从（10）可知 $\omega(K)<K$，亦即 K 是一个链［参见（37）］，并且因为由（9）知 $A<K$，所以依（47），也有 $\omega_0(A)<K$. 因此 $\omega_0(A)=K$，亦即下列定理成立：如果 ω 是系 S 到自身中的变换，而 A 是 S 的任意部分，那么 A 的对应于变换 ω 的链是由 A 和所有由 ω 重复而得的变形 $\omega^{n}(A)$ 合成而得. 我们建议读者返回去将链的这个概念与以前的定理（57），（58）加以比较.

第 10 节　简单无限系的类

132. **定理**　所有简单无限系相似于数系 N，因而［由（33）］也相似于其他

的简单无限系.

证 设简单无限系 Ω 由变换 θ 定序［参见（71）］，并设 ω 是由此得到的 Ω 的基元；如果我们仍然用 θ_0 表示与变换 θ 对应的链［参见（44）］，那么由（71），下列结论正确

α. $\theta(\Omega) < \Omega$.

β. $\Omega = \theta_0(\omega)$.

γ. ω 不含在 $\theta(\Omega)$ 中.

β. 变换 θ 是相似的.

于是，如果用 ψ 表示（126）中定义的数系 N 的变换，那么由性质 β 及（128），我们首先得到 $\psi(N)=\Omega$，因而我们仅需还要证明 ψ 是相似变换，亦即不同的数 m，n 对应不同的变形 $\psi(m)$，$\psi(n)$［参见（26）］. 考虑到对称性，依（90），我们可以认为 $m>n$，因而 $m<n'_0$，并且要证明的定理归结为 $\psi(n)$ 不含在 $\psi(n'_0)$ 中，因而由（127），也不含在 $\theta\psi(n_0)$ 中. 我们用完全归纳法（80）证明这个定理. 实际上，

ρ. 因为 $\psi(1)=\omega$，而 $\psi(1_0)=\psi(N)=\Omega$，所以由性质 γ，这个定理对 $n=1$ 正确.

σ. 如果定理对某个数 n 正确，那么它对后继数 n' 也正确；因为，如果 $\psi(n')$ 亦即 $\theta\psi(n)$ 含在 $\theta\psi(n'_0)$ 中，那么由性质 δ 和（27），$\psi(n)$ 也含在 $\psi(n'_0)$ 中，同时我们的假设正好与它相反；于是定理得证.

133. **定理** 每个相似于简单无限系的系，因而［依（132），（33）］每个相似于数系 N 的系是简单无限系.

证 如果系 Ω 相似于数系 N，那么由（32），存在 N 的相似变换 ψ 使得

Ⅰ. $\psi(N)=\Omega$;

于是我们令

Ⅱ. $\psi(1)=\omega$.

如果我们如在（26）中那样用 $\overline{\psi}$ 表示逆变换，它也是 Ω 的相似变换，那么对于 Ω 的每个元素 ν 都对应地存在一个确定的元素 $\overline{\psi}(\nu)=n$，亦即这个数的变形 $\psi(n)=\nu$. 因为对于这个数 n 对应地存在一个确定的后继数 $\varphi(n)=n'$，并且对此在 Ω 中又对应地存在一个确定的数 $\psi(n')$，因此对于系 Ω 的每个元素 ν 都有这个系的一个确定的属于它的元素 $\psi(n')$ 作为 ν 的变形，我们将此变形记作 $\theta(\nu)$. 于是 Ω 到自身中的变换 θ 是完全确定的[11]，并且为了证明我们的定理，我们将

证明 Ω 通过 θ 定序［参见（71）］是一个简单无限系，亦即（132）的证明中所说的条件 α，β，γ，δ 全被满足. 首先，由 θ 的定义立即可知条件 α 显然满足. 又因为对于每个数 n 都对应于一个满足 $\theta(\nu)=\psi(n')$ 的元素 $\nu=\phi(n)$，所以我们一般地有

Ⅲ. $\psi(n')=\theta\psi(n)$，

并且由此与条件Ⅰ，Ⅱ，α 相结合得知变换 θ，ψ 满足定理（126）中所有的条件；因而由（128）和条件Ⅰ推出条件 β. 另外，由（128）和条件Ⅰ有

$$\psi(N')=\theta\psi(N)=\theta(\Omega),$$

因而与条件Ⅱ及变换 ψ 的相似性相结合就可推出条件 γ 成立［因为不然 $\psi(1)$ 必含在 $\psi(N')$ 中，因而由（27）知数 1 含在 N' 中，而由（71，γ）知这不可能］. 最后，若用 μ，ν 表示 Ω 的元素，m，n 表示对应的数，它们的变换是 $\psi(m)=\mu$，$\psi(n)=\nu$，那么由假设 $\theta(\mu)=\theta(\nu)$ 并应用前述结果①得到 $\psi(m')=\psi(n')$，由此由于 ψ，ϕ 的相似性可知 $m'=n'$，$m=n$，从而也 $\mu=\nu$；因此条件 δ 也成立，这正是所要证的.

134. **注记** 由前面两个定理（132），（133）可知，所有简单无限系在（34）的意义下形成一个类. 同时，由（71），（73）显然可知每个关于数的定理，亦即关于由变换 ϕ' 定序的简单无限系 N 的元素 n 的定理，以及实际上每个这样的定理：在其中我们完全不考虑元素 n 的特殊的特征，而仅讨论由于排序 ϕ 而产生的那些概念，对于每个其他的由变换 θ 及它的元素 ν 定序的简单无限系 Ω 是完全一般地有效的，并且从 N 到 Ω 的过渡（例如，也就是一个算术定理由一种语言转换为另一种语言）是通过（132），（133）中考虑的变换 ψ 来实现，其中 ψ 将 N 的每个元素变换为 Ω 的元素 ν，亦即 $\psi(n)$. 这个元素 ν 可以称作 Ω 的第 n 个元素，并且相应地数 n 本身是数系 N 的第 n 个数. 变换 ϕ 对于范围 N 内的法则，就每个元素 n 紧接一个确定的元素 $\phi(n)=n'$ 而言，所具有的意义，在通过 ψ 实施的变换后，属于变换 θ 的对于范围 Ω 内的同样的法则，就元素 $\nu=\psi(n)$（它由 n 的变形产生）紧接一个确定的元素 $\theta(\nu)=\psi(n')$（它由 n' 的变形产生）而言，同样的意义也被发现；因此我们有理由说 ϕ 被 ψ 变换为 θ，这可用符号表示为 $\theta=\psi\phi\overline{\psi}$，$\phi=\overline{\psi}\theta\psi$. 由这个注记，我相信，（73）中给出的数的概念的定义是完全合理的，我们现在给出定理（126）的其他应用.

---

① 即 $\theta(\nu)=\psi(n')$.

第 11 节　数的加法

135. **定义**　自然地，要将在关于数系 N 的变换 ψ 的定理（126）中提出的定义，或由 ψ 确定的**函数** $\psi(n)$ 的定义应用于这种情形，其中在定理中记作 Ω 的含有变形 $\psi(N)$ 的系是数系 N 本身，这是因为对于这个系 Ω，Ω 到自身中的变换 θ 已经存在，这也就是用来将 N 定序为简单无限系的变换 ϕ［参见（71），（73）］. 于是也有 $\Omega=N$，$\theta(n)=\phi(n)=n'$，因而

Ⅰ. $\psi(N)<N$，

并且为了完全确定 ψ 只是还需要从 Ω 亦即从 N 中任意选取元素 ω. 如果我们取 $\omega=1$，那么显然 ψ 成为 N 的恒等变换［参见（21）］，因为条件

$$\psi(1)=1,\ \psi(n')=(\psi(n))'$$

被 $\psi(n)=n$ 一般地满足. 于是，如果我们要产生 N 的其他变换 ψ，那么由（78），必须选取 N 中不同于 1 的数 m' 作为 ω，其中 m 本身表示任何数；因为变换 ψ 显然依赖于数 m 的选取，所以我们用符号 $m+n$ 表示任意数 n 的相应的变形 $\psi(n)$，并称作由数 m 与数 n **相加**得到的**和**，或简称为数 m，n 的和. 因此由（126）可知和由下列条件完全确定[12]：

Ⅱ. $m+1=m'$，

Ⅲ. $m+n'=(m+n)'$.

136. **定理**　$m'+n=m+n'$.

用完全归纳法（80）证明，因为

ρ. 定理 $n=1$ 时成立，因为由（135，Ⅱ）有 $m'+1=(m')'=(m+1)'$，并且由（135，Ⅲ）有 $(m+1)'=m+1'$.

σ. 如果定理对某个数 n 成立，并且我们令后继数 $n'=p$，那么 $m'+n=m+p$①，因此也有 $(m'+n)'=(m+p)'$，于是由（135，Ⅲ）得 $m'+p=m+p'$；因此定理对后继数 p 也成立，这正是要证的.

137. **定理**　$m'+n=(m+n)'$.

证明可由（136）和（135，Ⅲ）得到.

138. **定理**　$1+n=n'$.

---

① 原书此式误为 $m'+n'=m+p$.

用完全归纳法（80）证明，因为

ρ. 由（135，Ⅱ）可知定理对 $n=1$ 成立.

σ. 如果定理对某个数 n 成立，并且我们令后继数 $n'=p$，那么 $1+n=p$，因此也 $(1+n)'=p'$，于是由（135，Ⅲ）得 $1+p=p'$，亦即定理对后继数 p 也成立，于是定理得证.

139. **定理** $1+n=n+1$.

证明可由（138）和（135，Ⅱ）得到.

140. **定理** $m+n=n+m$.

用完全归纳法（80）证明. 因为

ρ. 由（139）可知定理对 $n=1$ 成立.

σ. 如果定理对某个数 n 成立，那么也有 $(m+n)'=(n+m)'$，由（135，Ⅲ），也就是 $m+n'=n+m'$，因此由（136）得 $m+n'=n'+m$①，因此定理对后继数 n' 也成立，因而定理得证.

141 **定理** $(l+m)+n=l+(m+n)$.

用完全归纳法（80）证明. 因为

ρ. 由（135，Ⅱ，Ⅲ，Ⅱ）得 $(l+m)+1=(l+m)'=l+m'=l+(m+1)$，所以定理对 $n=1$ 成立.

σ. 如果定理对某个数 n 成立，那么也有 $((l+m)+n)'=(l+(m+n))'$，亦即（由（1135，Ⅲ））$(l+m)+n'=l+(m+n)'=l+(m+n')$，因此定理对后继数 n' 也成立，于是定理得证.

142. **定理** $m+n>m$.

用完全归纳法（80）证明，因为

ρ. 由（135，Ⅱ）及（91）可知定理对 $n=1$ 成立.

σ. 如果定理对某个数 n 成立，那么因为由（135，Ⅲ）及（91）可得 $m+n'=(m+n)'>m+n$，于是由（95），定理对后继数 n' 也成立. 定理证完.

143. **定理** 条件 $m>a$ 和 $m+n>a+n$ 是等价的，

用完全归纳法（80）证明. 因为

ρ. 由（135，Ⅱ）及（94）可知定理对 $n=1$ 成立.

σ. 如果定理对某个数 n 成立，那么定理对后继数 n' 也成立，这是因为由（94），条件 $m+n>a+n$ 等价于 $(m+n)'>(a+n)'$，因而由（135，Ⅲ），也等价于

① 原书此式误为 $(m+n)'=(n+m)'$.

$m+n'>a+n'$，这就是要求证明的.

144. **定理** 如果 $m>a$ 及 $n>b$，那么也 $m+n>a+b$.

证 因为由我们的假设及（143），我们有 $m+n>a+n$ 及 $n+a>b+a$，同样，由（140）得 $a+n>a+b$，因此由（95）得到定理.

145. **定理** 如果 $m+n=a+n$，那么 $m=a$.

证 因为如果 m 不 $=a$，那么由（90），或者 $m>a$，或者 $m<a$，于是由（90），分别有 $m+n>a+n$ 或者 $m+n<a+n$，因而由（143），我们一定不可能有 $m+n=a+n$. 于是定理得证.

146. **定理** 如果 $l>n$，那么存在一个并且［由（157）］仅存在一个数 m 满足条件 $m+n=l$.

用完全归纳法（80）证明. 因为

ρ. 定理对 $n=1$ 成立. 事实上，如果 $l>1$，也就是说［依（89）］如果 l 含在 N' 中，那么它是某个数 m 的变形 m'，因而由（135，Ⅱ）推出 $l=m+1$，这就是要求证明的.

σ. 如果定理对某个数 n 成立，那么我们要证明它对后继数 n' 也成立. 实际上，如果 $l>n'$，那么由（91），（95），也有 $l>n$，因此存在数 k 满足条件 $l=k+n$；因为由（138），这个数不同于 1（不然 l 将 $=n'$），于是由（78），它是某个数 m 的变形 m'，因而 $l=m'+n$，而由（136），也有 $l=m+n'$，这恰是要求证明的.

第 12 节　数的乘法

147. **定义** 在第 11 节找到数列 N 到自身中的新的变换的无限系后，我们可以依（126）应用它们中每个去产生 n 的新变换 ψ. 当我们取 $\Omega=N$，以及 $\theta(n)=m+n=n+m$，其中 m 是一个确定的数，那么我们肯定又有

Ⅰ. $\psi(n)\prec N$，

并且为了完全确定 ψ 只是还需要从 Ω 亦即从 N 中任意选取元素 ω. 当我们令 $\omega=m$，使这个选取与 θ 的选取保持某种一致性，就出现最简单的情形. 这样，由于 ψ 的确定完全取决于这个数 m，所以我们用符号 $m\times n$ 或 $m\cdot n$ 或 mn 表示与任何数 n 对应的变形 $\psi(n)$，并称为由数 m 与数 n **相乘**得到的**积**，或简称为数 m，n 的积，因此由（126）可知积由下列条件完全确定：

Ⅱ. $m\cdot 1=m$，

Ⅲ. $mn'=mn+m$.

148. **定理** $m'n=mn+n$.

用完全归纳法（80）证明．因为

ρ. 由（147，Ⅱ）及（135，Ⅱ）可知定理当 $n=1$ 时成立.

σ. 如果定理对某个数 n 成立，那么我们有 $m'n+m'=(mn+n)+m'$，因而由（147，Ⅲ），（141），（140），（136），（141），（147，Ⅲ）推出

$$m'n'=mn+(n+m')=mn+(m'+n)=mn+(m+n')=(mn+m)+n'=mn'+n';$$

因此定理对后继数 n' 也成立，于是定理得证.

149. **定理** $1\cdot n=n$.

用完全归纳法（80）证明．因为

ρ. 由（147，Ⅱ）可知定理当 $n=1$ 时成立.

σ. 如果定理对某个数 n 成立，那么我们有 $1\cdot n+1=n+1$，由（147，Ⅲ），（135，Ⅱ）可知这就是 $1\cdot n'=n'$，因此定理对后继数 n' 也成立．于是定理得证.

150. **定理** $mn=nm$.

用完全归纳法（80）证明．因为

ρ. 由（147，Ⅱ），（149）可知定理当 $n=1$ 时成立.

σ. 如果定理对某个数 n 成立，那么我们有 $mn+m=nm+m$，由（147，Ⅲ），（148）可知这就是 $mn'=n'm$，因此定理对后继数 n' 也成立，从而定理得证.

151. **定理** $l(m+n)=lm+ln$.

用完全归纳法（80）证明．因为

ρ. 由（135，Ⅱ）.（147，Ⅲ），（147，Ⅱ）可知定理当 $n=1$ 时成立.

σ. 如果定理对某个数 n 成立，那么我们有 $l(m+n)+l=(lm+ln)+l$；但由（147，Ⅲ），（135，Ⅲ），我们有 $l(m+n)+l=l(m+n)'=l(m+n')$，并且由（141），（147，Ⅲ）可知 $(lm+ln)+l=lm+(ln+l)=lm+ln'$，从而 $l(m+n')=lm+ln'$，因此定理对后继数 n' 也成立，于是定理得证.

152. **定理** $(m+n)l=ml+nl$.

由（151），（150）即可证明定理.

153. **定理** $(lm)n=l(mn)$.

用完全归纳法（80）证明．因为

ρ. 由（147，Ⅱ）可知定理当 $n=1$ 时成立.

σ. 如果定理对某个数 n 成立，那么我们有 $(lm)n+lm=l(mn)+lm$，由（147，Ⅲ），（151），（147，Ⅲ）可知这就是 $(lm)n'=l(mn+m)=l(mn')$，因此

定理对后继数 n' 也成立. 定理证完.

154. **注记** 如果我们在（147）中假设 ω 和 θ 之间没有关系，但令 $\omega=k$，$\theta(n)=m+n$，那么由（126）我们将有一个数列 N 的不够简单的变换 ψ；对于数 1 将有 $\psi(1)=k$，并且对于每个其他的数（因而具有形式 n'）有 $\psi(n')=mn+k$；因为容易借助前面的定理验证条件 $\psi(n')=\theta\psi(n)$，亦即 $\psi(n')=m+\psi(n)$ 对所有数 n 成立.

第 13 节　数的乘方

155. **定义** 如果在定理（126）中我们仍然令 $\Omega=N$，并且还设 $\omega=a$，$\theta(n)=an=na$，那么我们得到 N 的一个变换 ψ，它仍然满足条件

Ⅰ. $\psi(N)<N$;

我们用符号 a^n 表示任何一个数 n 对应的变形 $\psi(n)$，并将这个数称作**底** a **的幂**，而 n 称作 a 的这个幂的**指数**. 因此这个概念由下列条件完全确定：

Ⅱ. $a^1=a$,

Ⅲ. $a^{n'}=a\cdot a^n=a^n\cdot a$,

156. **定理** $a^{m+n}=a^m\cdot a^n$.

用完全归纳法（80）证明. 因为

ρ. 由（135，Ⅱ），（155，Ⅲ），（155，Ⅱ）可知定理当 $n=1$ 时成立.

σ. 如果定理对某个数 n 成立，那么我们有 $a^{m+n}\cdot a=(a^m\cdot a^n)\ a$；但由（155，Ⅲ），（135，Ⅲ）可得 $a^{m+n}\cdot a=a^{(m+n)'}=a^{m+n'}$，并且由（153），（155，Ⅲ）知 $(a^m\cdot a^n)a=a^m(a^n\cdot a)=a^m\cdot a^{n'}$；因此 $a^{m+n'}=a^m\cdot a^{n'}$，亦即定理对后继数 n' 也成立. 定理证完.

157. **定理** $(a^m)^n=a^{mn}$.

用完全归纳法（80）证明. 因为

ρ. 由（155，Ⅱ），（147，Ⅱ）可知定理当 $n=1$ 时成立.

σ. 如果定理对某个数 n 成立，那么我们有 $(a^m)^n\cdot a^m=a^{mn}\cdot a^m$，但由（155，Ⅲ），我们有 $(a^m)^n\cdot a^m=(a^m)^{n'}$，并且由（156），（147，Ⅲ）可知 $a^{mn}\cdot a^m=a^{mn+m}=a^{mn'}$；因此 $(a^m)^{n'}=a^{mn'}$，亦即定理对后继数 n' 也成立，于是定理得证.

158. **定理** $(ab)^n=a^nb^n$.

用完全归纳法（80）证明. 因为

ρ. 由（155，Ⅱ）可知定理当 $n=1$ 时成立.

σ. 如果定理对某个数 n 成立，那么我们由（150），（153），（155，Ⅲ）可知还有 $(ab)^n \cdot a = a(a^n \cdot b^n) = (a \cdot a^n)b^n = a^{n'} \cdot b^n$，因而 $((ab)^n \cdot a)b = (a^{n'} \cdot b^n)b$；但由（153），（155，Ⅲ）得到 $((ab)^n \cdot a)b = (ab)^n \cdot (ab) = (ab)^{n'}$，并且同样有 $(a^{n'} \cdot b^n)b = a^{n'} \cdot (b^n \cdot b) = a^{n'} \cdot b^{n'}$；因此 $(ab)^{n'} = a^{n'} \cdot b^{n'}$，这就是说定理对后继数 n' 也成立，于是定理得证.

第 14 节　有限系的元素个数

159. **定理**　如果 Σ 是一个无限系，那么每个在（98）中定义的数系 Z_n 都可相似地变换到 Σ 中（即与 Σ 的某个部分相似），并且反过来也成立.

证　如果 Σ 是无限的，那么由（72）可知一定存在 Σ 的一个部分 T 是简单无限的，从而由（132）知 T 与数系 N 相似，并且因而由（35）知每个系 Z_n 作为 N 的部分与 T 的一个部分相似，所以也与 Σ 的一个部分相似. 于是定理得证.

逆定理的证明（虽然它看起来可能是显然的）要复杂得多. 如果每个系 Z_n 可以相似地变换到 Σ 中，那么对于每个数 n 有一个 Z_n 的相似变换 α_n 与之对应，使得 $\alpha_n(Z_n) < \Sigma$，由这样一列变换 α_n 的存在（我们将它们看做是给定的，但仅此而已，没有其他假设），我们首先来借助定理（126）推出存在这样一列新的变换 ψ_n，它们具有下列特殊性质：每当 $m \leqslant n$ 因而（依（100））$Z_m < Z_n$ 时部分 Z_m 的变换 ψ_m 含在 Z_n 的变换 ψ_n 中［参见（21）］，亦即对于 Z_m 中所有的数变换 ψ_m 和 ψ_n 完全一致，因而总有

$$\psi_m(m) = \psi_n(m).$$

为了应用所说的这个定理获得上述结果，我们把 Ω 理解为以所有可能的由所有系 Z_n 到 Σ 中的相似变换为元素的系，并且我们借助给定的同样含在 Ω 中的元素 α_n，用下列方式定义 Ω 到自身的变换 θ. 如果 β 是 Ω 的任一元素，这就是，例如由确定的系 Z_n 到 Σ 中的相似变换，那么系 $\alpha_{n'}$（$Z_{n'}$）不可能是 $\beta(Z_n)$ 的部分，因为若不然，则由（35），$Z_{n'}$将相似于 Z_n 的部分，因而由（107），相似于它自身的真部分，从而是无限的，这与定理（119）矛盾；因此在 $Z_{n'}$中一定存在一个或几个数 p，使得 $\alpha_{n'}$（p）不含在 $\beta(Z_n)$ 中；从这些数 p 中我们总是选取（只不过是规定某个确定的事物）最小的 k［参见（96）］，并且因为由（108）知 $Z_{n'}$，是由 Z_n 和 n'合成而得，所以我们定义 $Z_{n'}$的一个变换 γ，使得对于 Z_n 中的所有数

m，变形 $\gamma(m)=\beta(m)$，并且还有 $\gamma(n')=\alpha_{n'}(k)$；于是我们将这个显然是 $Z_{n'}$ 在 Σ 中的相似变换 γ 看作变换 β 的变形 $\theta(\beta)$，这样，系 Ω 到自身中的变换 θ 就被完全定义. 在（126）中所说的 Ω 和 θ 被确定后，我们最后取给定的变换 α_1 作为 Ω 的记作 ω 的元素；于是由（126）可知存在一个确定的数系 N 在 Ω 中的变换 ψ，如果我们不用 $\psi(n)$ 而是用 ψ_n 来记属于任意数 n 的变形，那么这个变换满足下列条件：

Ⅱ. $\psi_1=\alpha_1$,

Ⅲ. $\psi_{n'}=\theta(\psi_n)$.

用完全归纳法（80），首先得知 ψ_n 是一个 Z_n 到 Σ 中的相似变换；因为

ρ. 由条件Ⅱ. 可知这当 $n=1$ 时成立.

σ. 如果这个结论对某个数 n 成立，那么从条件Ⅲ以及上面刻画的将 β 转为 γ 的变换 θ 的特性可知它对于后继数 n' 也成立，这就是所要证明的.

下面我们同样用完全归纳法（80）证明：如果 m 是任何一个数，那么上面所说的性质

$$\psi_m(m)=\psi_n(m)$$

确实对于所有 $\geqslant m$ 的数 n，因而由（93），（74），对所有链 m_0 成立；事实上，

ρ. 这个性质显然对 $n=m$ 成立.

σ. 如果这个性质对某个数 n 成立，那么仍然从条件Ⅲ及 θ 的特性可知，它对数 n' 也成立，这正是要求证明的. 建立了我们新的一列变换 ψ_n 的这个特殊性质后，就容易证明我们的定理. 我们定义数系 N 的变换 χ：对于每个数 n 我们令它对应于变形 $\chi(n)=\psi_n(n)$；显然由（21），所有变换 ψ_n 都包含在这一个变换 χ 中. 因为 ψ_n 是 Z_n 到 Σ 中的变换，所以首先可以推出数系 N 同样被 χ 变换到 Σ 中，因而 $\chi(N)\prec\Sigma$. 此外，如果 m，n 是不同的数，那么由于对称性，依据（90）可设 $m<n$；于是由前述结果可得 $\chi(m)=\psi_m(m)=\psi_n(m)$，以及 $\chi(n)=\psi_n(n)$；但因为 ψ_n 是 Z_n 到 Σ 中的相似变换，并且 m，n 是 Z_n 的不同的元素，所以 $\psi_n(m)$ 与 $\psi_n(n)$ 不同，因而 $\chi(m)$ 与 $\chi(n)$ 也不同，亦即 χ 是 N 的相似变换. 又因为 N 是一个无限系（见（71）），而由（67），与它相似的系 $\chi(N)$ 也是无限的，而因为 $\chi(N)$ 是 Σ 的部分，所以由（68）得知 Σ 的无限性. 定理证完.

160. **定理** 系 Σ 是有限或无限的，依据存在或不存在与它相似的系 Z_n.

证 如果 Σ 是有限的，那么由（159），存在不可能相似地变换到 Σ 中的系 Z_n；因为由（102），系 Z_1 由单个数 1 组成，因此可以相似地变换到每个系中，因此使 Z_k 不能相似地变换到 Σ 中的最小的数［参见（96）］必然不等于1，从而

由（78），这个数$=n'$，并且因为$n<n'$［见（91）］，所以存在一个Z_n到Σ中的相似变换ψ；于是如果$\psi(Z_n)$仅是Σ的真部分，亦即存在一个Σ中的元素α不含在$\psi(Z_n)$中，那么由于$Z_{n'}=\mathfrak{M}(Z_n\cdot n')$［见（108）］，我们可以通过令$\psi(n')=\alpha$将这个变换$\psi$扩充为$Z_{n'}$到$\Sigma$中的相似变换$\psi$，同时由我们的假设，$Z_{n'}$不可能相似地变换到$\Sigma$中. 因此$\psi(Z_n)=\Sigma$，亦即$Z_n$和$\Sigma$是相似系. 反过来，如果系$\Sigma$相似于某个系$Z_n$，那么由（119）和（67）知$\Sigma$是有限的. 于是定理得证.

161. **定义**　如果Σ是一个有限系，那么由（160），存在一个并且［依据（120），（33）］仅存在一个单个的数n使得一个与系Σ相似的系Z_n与它对应；这个数n称为含在Σ中的元素的**个数**(Anzahl)（或者也称为系Σ的**次数**），并且说Σ由n个元素组成，或是一个有n个元素的系，或者说数n表明有多少个元素含在Σ中[13]. 如果一些数实际上是用来表示有限系的这个确定的性质，那么它们称作**基数**. 一旦选取了系Z_n的一个确定的相似变换ψ使得$\psi(Z_n)=Z$，那么对于每个含在Z_n中的数n(亦即每个$\leqslant n$的数m）对应地存在系Σ的一个确定的元素$\psi(m)$，而反过来，由（26）可知，借助逆变换$\bar{\psi}$，对于Σ的每个元素存在Z_n中一个确定的m与之对应. 我们经常用单个字母，例如α表示Σ的所有元素，对于它我们附加不同的数m以表明用α_m表示$\psi(m)$. 我们还说这些元素是用确定的方式通过ψ**计数**和**定序**，并且称α_m是Σ的第m个元素；如果$m<n$，那么$\alpha_{m'}$称为α_m的**后继**元素，并且α_n称为**最后**元素. 因此在这个元素记数中数m又作为基数出现［参见（73）］.

162. **定理**　所有与一个有限系相似的系具有相同的元素个数.

证明可由（33），（161）立即得到.

163. **定理**　含在Z_n中的数的个数亦即$\leqslant n$的数的个数是n.

证　因为由（32），Z_n与自身相似.

164. **定理**　如果一个系由单个元素组成，那么它的元素个数$=1$，并且反过来也正确.

证明可由（2），（26），（32），（102），（161）立即得到.

165. **定理**　如果T是有限系Σ的真部分，那么T的元素个数小于Σ的元素个数.

证　由（68），T是有限系，因此相似于系Z_m，其中m表示T的元素个数；如果还设n是Σ的元素个数，那么Σ相似于Z_n，因此由（35）知T相似于Z_n的真部分E，并且由（33），Z_m和E也互相相似；于是若我们有$n\leqslant m$，则$Z_n<Z_m$，

而由（7），E 也是 Z_m 的真部分，因而 Z_m 是无限系，这与定理（119）矛盾；因此由（90）可知 $m<n$. 于是定理得证.

166. **定理** 如果 $\Gamma=\mathfrak{M}(B, \gamma)$，其中 B 表示 n 个元素的系，而 γ 是 Γ 的不含在 B 中的元素，那么 Γ 由 n' 个元素组成.

证 因为如果 $B=\psi(Z_n)$，其中 ψ 表示 Z_n 的一个相似变换，那么根据（105），（108），它可以通过令 $\psi(n')=\gamma$ 扩充为 $Z_{n'}$ 的相似变换，并且得到 $\psi(Z_{n'})=\Gamma$. 于是定理得证.

167. **定理** 如果 γ 是由 n' 个元素组成的系 Γ 的一个元素，那么 Γ 的所有其他元素的个数是 n.

证 因为，如果 B 表示 Γ 的所有与 γ 不同的元素的总体，那么 $\Gamma=\mathfrak{M}(B, \gamma)$；于是如果 b 是有限系 B 的元素个数，那么由前面定理可知 b' 是 Γ 的元素个数，因而 $=n'$，从而由（26）得 $b=n$. 于是定理得证.

168. **定理** 如果 A 由 m 个元素组成，B 由 n 个元素组成，并且 A 和 B 没有公共元素，那么 $\mathfrak{M}(A, B)$ 由 $m+n$ 个元素组成.

用完全归纳法（80）证明. 因为

ρ. 由（166），（164），（135，Ⅱ）可知定理当 $n=1$ 时成立.

σ. 如果定理对某个数 n 成立，那么它对后继数 n' 也成立. 事实上，如果 Γ 是 n' 个元素的系，那么由（167），我们可令 $\Gamma=\mathfrak{M}(B, \gamma)$，其中 γ 表示 Γ 的一个元素，而 B 表示 Γ 中 n 个其他元素组成的系，于是如果 A 是 m 个元素的系，它的每个元素都不含在 Γ 中，那么也不含在 B 中，并且我们令 $\mathfrak{M}(A, B)=\Sigma$，由我们的假设，$\Sigma$ 的元素个数是 $m+n$；并且因为 γ 不含在 Σ 中，所以由（166）可知含在 $\mathfrak{M}(\Sigma, \gamma)$ 中的元素个数 $=(m+n)'$①，因此由（135，Ⅲ）推出它 $=m+n'$；但因为由（15），显然 $\mathfrak{M}(\Sigma, \gamma)=\mathfrak{M}(A, B, \gamma)=\mathfrak{M}(A, \Gamma)$，所以 $\mathfrak{M}(A, \Gamma)$ 的元素个数是 $m+n'$. 定理证完.

169. **定理** 如果 A，B 分别是 m 个和 n 个元素的有限系，那么 $\mathfrak{M}(A, B)$ 是有限系，并且它的元素个数 $\leqslant m+n$.

证 如果 $B<A$，那么 $\mathfrak{M}(A, B)=A$，并且由（142）可知这个系的元素个数 $m<m+n$，这正是定理断言的. 但如果 B 不是 A 的部分，并且 T 是 B 中所有不含在 A 中的元素形成的系，那么由（165）推出这些元素的个数 $p\leqslant n$，并且因为显然 $\mathfrak{M}(A, B)=\mathfrak{M}(A, T)$，所以由（143）得知这个系的元素个数 $m+p\leqslant m+n$.

① 原书将 $(m+n)'$ 误为 $m+n'$.

于是定理得证.

170. **定理** 每个由 n 个有限系合成得到的系是有限的.

用完全归纳法（80）证明. 因为

ρ. 由（8），定理当 $n=1$ 时是显然的.

σ. 如果定理对某个数 n 成立，并且如果 Σ 由 n' 个有限系合成，那么令 A 是这些系之一，而 B 是所有其余的系的合成；因为由（167）知它们的个数 $=n$，所以由我们的假设，B 是有限系. 因为显然 $\Sigma=\mathfrak{M}(A, B)$，所以由此及（169）推出 Σ 也是有限系，于是定理证完.

171. **定理** 如果 ψ 是 n 个元素的有限系 Σ 的非相似变换，那么变形 $\psi(\Sigma)$ 的元素个数小于 n.

证 如果我们从 Σ 的所有具有同一个变形的元素中任意选取其中一个，并且总是选取一个，那么因为 ψ 是 Σ 的非相似变换，所以依（26），所有这样选取出来的元素组成的系 T 显然是 Σ 的真部分. 同时由（21）可知包含在 ψ 中的这个部分 T 的变换显然是相似变换，并且 $\psi(T)=\psi(\Sigma)$；因此系 $\psi(\Sigma)$ 相似于 Σ 的真部分 T，从而我们的定理可从（162），（165）推出.

172. **结束语** 虽然刚才已经证明了 $\psi(\Sigma)$ 的元素个数 m 小于 Σ 的元素个数 n，在许多情形我们还是爱说 $\psi(\Sigma)$ 的元素个数 $=n$. 因此此处名词“个数”的含义自然是与迄今为止（161）中所说的意义是不同的；因为如果 α 是 Σ 的一个元素，而 α 是 Σ 中所有具有同一个变形 $\psi(\alpha)$ 的元素的个数，那么后者作为 $\psi(\Sigma)$ 的元素经常还被看作 a 个元素的代表，至少从它们的来源可以看做互不相同，因而作为 $\psi(\Sigma)$ 的 a 重元素来记数，这样我们得到一个在许多情形非常有用的关于系的概念，在这些系中，每个元素被赋予某个频数，它表示该元素应该多少次被看做系的成员. 在前面提到的情形，例如我们说 n 是 $\psi(\Sigma)$ 的元素个数就是在这种意义下计数的，同时这个系中确实不同的元素的个数 m 与 T 中的元素个数是一致的，类似地由专业术语的原始意义产生的差别是原始概念的直接扩充，它们极为经常地出现在数学中；但这不在本文需要进一步讨论的范围之中.

注 释

[1] 用什么方式来完成这种确定，以及我们是否知道作出决定的方法，对于以后所有的讨论是无关紧要的事；一般性的法则的建立与此无关；它们在所有情形下成立. 我之所以明确地说起这点，是因为克罗内克不久前（*Crelle's Journal* Vol. 99，pp. 334-336）力图将某些限制强加在一些我不相信是令人满意的数学概念的随意的表达上；但直到这位著名的数学家发表他关于这些限制是必要的或仅仅是为了方便的理由

之前，看来还没有引起对此事的深入探讨.

［2］见狄利克雷的《数论讲义》，第3版，1879，§163.

［3］见定理27.

［4］见定理29.

［5］几乎不用担心这里变换的合成会与元素系的合成相混淆.

［6］见定理22.

［7］见定理24.

［8］如果有人不小心使用相似系概念［见（32）］，他应该说：S被称做是无限的，如果存在S的真部分［参见（6）］，使S可以被相异（相似）地变换到其中［参见（26），（36）］. 在这种形式下，我将无限的定义（它的形成是我1882年9月整个研究的核心）与康托尔保持一致，而更早几年则与施瓦兹（Schwarz）及韦伯（Weber）保持一致，所有我所知道的其他的区分无限与有限的尝试，就我看来是如此地不成功，以致我认为我不能容许自己放弃对它们的批评.

［9］类似的考虑可在波尔查诺（Bolzano）的 *Paradoxien des Unendlichen*（Leipzig，1851）中找到.

［10］为清晰起见，这里及下面的定理（126）特别提到条件Ⅰ，虽然实际上它是条件Ⅱ和Ⅲ的推论.

［11］显然θ是由$\overline{\psi}$，Φ，ψ合成而得的变换$\psi\Phi\overline{\psi}$［参见（25）］.

［12］上面直接基于定理（126）的加法定义就我看是比较简单的. 但借助在（131）中论述的概念我们可以用$\Phi^n(m)$或$\Phi^m(n)$定义和$m+n$，其中Φ仍然具有上述的意义. 为了证明这个定义和上面的定义完全一致，我们仅需证明：如果用$\psi(n)$表示$\Phi^n(m)$或$\Phi^m(n)$，那么容易借助（131）用完全归纳法（80）证明满足条件$\psi(1)=m'$，$\psi(n')=\Phi\psi(n)$.

［13］为清晰和简单起见，下文中我们将数的概念始终仅限于有限系情形；于是如果我们说到某种事物的个数，总理解为以这些事物为元素的系是有限的.

（朱尧辰　译）

乔治·康托尔（1845—1918）

生平和成果

康托尔攀登上了无穷性的峰顶，然后坠落到心灵的深渊：精神忧郁症.

G. 康托尔（Georg Ferdinand Ludwig Phillipp Cantor）是长子，他的名字是按照新教徒的父亲和天主教徒的母亲取的，他的父亲乔治·瓦尔德马·康托尔是位德裔新教徒，移居在沙皇俄国的首都圣彼得堡，是个股票经纪人，康托尔最终成为名人是由于秉承了他父亲这方面的数学天分. 但他却先是因拉得一手漂亮的小提琴而名声远扬，这无疑传承了他母亲玛丽·波姆的才能，她是俄罗斯本地人，来自一个颇具声誉的小提琴名家家庭.

他的父亲因再也无法忍受严酷的俄罗斯冬天，带着全家返回德国并在法兰克福定居，康托尔在圣彼得堡的早期学校生活的资料必定在那时丢失殆尽，而他在法兰克福和靠近威斯巴登的高级中学却有一份极好的记录，康托尔的父亲认为年轻的乔治对数学的热爱会使他成为“在工程师的天空中一颗闪耀的星辰”，康托尔勉强同意了他父亲的坚定提议，认定苏黎世综合工科学校是一个学习工程的好学校．在一个学期后，年轻的乔治终于鼓起勇气要求他的父亲允许他转学到柏林大学，在那里他可以学习纯数学．

使康托尔大为惊讶的是，他的父亲同意了这个改变，在 1863 年 6 月当他完成了在苏黎世的一学年后，康托尔获悉了他父亲突然逝世的消息．老康托尔永远也看不到他儿子作为在数学天空中闪耀星辰的第一个成就了！康托尔迅速地完成了他在柏林的数学课程，在那里他是新近才坐上数学教授职位的伟大的魏尔斯特拉斯的学生．在四年时间里他不仅本科毕业而且同时还取得了博士学位．

在一个地方女子学校教了两年书之后，康托尔接到了他的第一个在大学教学的任命，这是哈雷大学．哈雷是作曲家韩德尔（George Friedrich Handel）的出生地，在柏林以南 100 千米处．10 年后，他得到了正教授的职位．他整个的职业生涯都是在那里度过的．

当康托尔到了哈雷后，他的新同事，数学家海因里奇·海涅（Heinrich Heine），向他提出一个挑战问题，即证明一个函数的三角级数表示的唯一性，其中的这个级数是傅里叶级数的一个推广，就是这个研究将康托尔引向了 19 世纪 70 年代的无穷性问题的研究．

康托尔并不是第一个规定无穷概念的数学家．在他之先，戴德金（Richard Dedekind 1831 ~ 1916）在判定如何**识别**（recognize）无穷，而不是如何**构造**（construction）方面跨出了巨大的一步，因而避免了如伟大的高斯所做出的如下那样的反对之声：

> 我反对将无穷量作为一个完全的东西来使用，这在数学中是从不允许的，无穷仅仅是一种说话的方式，真实的意思是一个极限，当其他的量被容许无限制地增大时，一些确定的比例在不确定地靠近它．

戴德金将自然数 0，1，2，3，4，…作为无穷集合的一个范例，并定义一个集合是无穷的是指，如果自然数可以与此集合或它的一个子集一一对应．因此，按定义，自然数为无穷，故而整数、有理数、实数均为无穷，这是因为每一个自然数也是一个整数、一个有理数和一个实数．

对于戴德金已经取得的这些成果，康托尔提出了两个有趣的问题．第一，无穷是否不用参照物就可以识别？第二，是否有不同程度的无穷？

康托尔是这样回答他的第一个问题的，即定义一个集合为无穷是说，它可以与自己的一个真子集一一对应，而所谓真子集是指不同于自己的子集．应该立即就看出自然数满足这个条件，只要考虑将 0→1，1→2，2→3，3→4，…映射即可．的确，这个映射表明任何一个满足戴德金无穷定义的集合都自动地满足康托尔的定义．要证明反过来也对则需要一个 20 世纪数学称作“选择公理”的东西．

康托尔的突破性工作的主体与他的第二个问题相关，而它却建立在第一个问题的基础之上，将无穷推广到比自然数的无穷更多时，康托尔便打开了存在有不同程度无穷的可能性，他定义两个集合可以看作**等数的**（equinumerous）[①] 是说，如果他们之间可以建立相互一一对应．因此，由映射 $n \leftrightarrow -n$（对于正整数 n）知正整数与负整数等数．

类似地，用相似的映射可知正实数与负实数等数（你可试着自己证明正整数与所有的整数等数）．

当他构造这个证明时，康托尔区分了一个集合的基数（cardinaltity）与它的**序型**（order-type），前者是指它有多少个．他注意到虽然正和负整数具有相同的基数，但它们的序型不同．使用大于/小于的序，正整数有第一个数但没有最后一个数．反过来，用大于/小于的序，负整数有最后一个负整数但没有第一个．康托尔使用希伯来字母表示基数 $\aleph_0$（用带有脚标 0 的希伯来字母阿列夫表示第一个无限基数）．用希腊字母表示序型．希腊字母 ω 代表那个有首元而无尾元的像正整数的集合的序型，而 ω^*（带有星号上标的 ω）代表像负整数那样有尾元而无首元的集合的序型．（序型 $\omega+1$ 描述了一个如同正整数加上一个大于所有正整数的元的集合．全体整数具有序型 $\omega^*+\omega$，你能猜一下什么样的集合的序型可以用 $\omega+\omega^*$ 在描述？这不难．它并不是你习惯于处理的那些！）

然后康托尔展示了他建立于等数性上的定义的威力．首先他证明了正有理数与正整数等数．康托尔意识到正有理数中不能放入大于/小于的序来排列，于是他进行了重排！

1/1	2/1	3/1	4/1	5/1	6/1	7/1	8/1	9/1	10/1
1/2	2/1	3/2	4/2	5/2	6/2	7/2	8/2	9/2	10/2
1/3	2/3	3/3	4/3	5/3	6/3	7/3	8/3	9/3	10/3
1/4	2/4	3/4	4/4	5/4	6/4	7/4	8/4	9/4	10/4
1/5	2/5	3/5	4/5	5/5	6/5	7/5	8/5	9/5	10/5
1/6	2/6	3/6	4/6	5/6	6/6	7/6	8/6	9/6	10/6

① 也常称为等势的．

1/7 2/7 3/7 4/7 5/7 6/7 7/7 8/7 9/7 10/7
1/8 2/8 3/8 4/8 5/8 6/8 7/8 8/8 9/8 10/8
1/9 2/9 3/9 4/9 5/9 6/9 7/9 8/9 9/9 10/9
1/10 2/10 3/10 4/10 5/10 6/10 7/10 8/10 9/10 10/10

他按照它们的分子和分母之和进行重排，而后开始如下这样开始数它们：1/1，2/1，1/2，1/3，2/2，3/1，4/1，3/2，…，因而证明了正有理数与正整数等数.

然后康托尔开始着手解决实数并证明了它们与整数不等数. 实数严格地比整数多. 这里是康托尔的证明要点（对于大于零小于一的实数）：如果大于零小于一的实数是与正整数等数的，则它们全部可以列成一个如下的序到

第 1 个 0. **2**09211964443…
第 2 个 0. 3**1**08131969619…
第 3 个 0. 24**2**5129315441…
第 4 个 0. 348**0**075560872…
第 5 个 0. 0415**8**10010525…
第 6 个 0. 47027**4**2494171…
第 7 个 0. 659837**1**022485…
第 8 个 0. 4153943**6**69555…
第 9 个 0. 88325973**6**2598…
第 10 个 0. 247964657**6**200…
第 11 个 0. 7400378254**5**61…
第 12 个 0. 65230954343**7**1…
第 13 个 0. 351396247085**1**…

康托尔伟大的洞察力现在显现出来了. 他考虑了在对角线上加了粗体的数字并当这些数字是 0 到 8 中一个时，把每一个都加上 1，而将 9 变成 0，这构成了实数 0. 3231952777682…，因为它不同于此列表中的每一个数，故它不可能在此列表中！康托尔用了**归谬法**（reduction ad absurdum）的一个特别的形式，称之为**对角线论证**（diagonalization argument）的来证明了实数严格地多于整数，我们将会看到在哥德尔（Gödel）和图灵（Turing）的著作中对角线论证的饶有趣味的再现.

由于**无穷**（infinity）这个字眼背负了一个长久的历史包袱，康托尔引进了一个词**超限数**（transfinite numbers）来表示他全部的无穷数，既是指基数也是指序数（序型）.

然后康托尔问了一个至今仍然未解的问题：已知实数严格多于整数，那么实数中有多少不同类型的无穷子集？是否只有两种类型的实数的无穷子集，即那些等数于实数的和那些等数于整数的？还是在这两个类之间有更多的子集的类型？康托尔相信实数的子集只有两个无穷子集的类型，但是证明不了它．这个现在称之为康托尔连续统假设的猜想仍然没有被证明或者被证明不成立，尽管数学家们作了最大的努力也无济于事，甚至当他们对于康托尔集合论添加公理后依然如此．

康托尔在哈雷的最初的年月里必定充满了欢乐，他于 1874 年与他妹妹的一个朋友古特曼（Vally Guttmann）结了婚．在瑞士度了蜜月并返回到康托尔用他父亲的遗产建的一座房子．这里成了以后 12 年里他们的五个孩子的出生地．

康托尔逐渐增大的家庭对于按边远省份相对微薄薪金标准的教授提出了更多的要求．希望能减轻这方面的问题，康托尔想在他的柏林母校谋求一个教授职位．康托尔对于超限数的工作已在数学界引起了广泛的赞扬，他希望这些称赞能为他在一个高声誉的大学譬如柏林大学赢得一个任命．他的老导师魏尔斯特拉斯也给予他的工作特别完美的赞扬．但有少许反对者反对任何谈及实际的无穷性．其中一位便是柏林大学的处于高位的教授克罗内克（Leopold Kronecker）．

按照克罗内克的观点，数学处理的是结构，而这恰好是康托尔和戴德金在他们处理无穷时所要回避的东西．尽管魏尔斯特拉斯做出了努力，克罗内克还是有能力阻挡任何使康托尔得到柏林大学教授职位的企图．

正值转向四十岁之际，个人和职业的压力合起来已大大地超出了康托尔所能承受的．他得了第一回合的深度精神抑郁症，这让他在疗养院花了几个星期．在解除病症后，康托尔给他的一位数学伙伴写了一封信，其中写道：

> 我不知道什么时候才能回来继续我的科学工作，目前我完全干不了有关它的任何事，只能局限于最必要的教学职责，只要我能有从事科学活动所必需的清醒智力，我将会多么快乐啊．

的确，康托尔作为一个数学家的黄金时期已经结束了．或许认识到此，康托尔全身心地以极大的精力投入到建立一个跨新近统一的德国的数学家协会．他成为 1890 年建立的协会的第一任主席直到 1893 年，那时他又罹患了第二轮的抑郁症．

在他生命的最后 20 年里，康托尔总是进进出出精神病院与抑郁症作斗争．

1894 年，他发表了一篇作为一位有名望的数学家的非常奇怪的文章，当他还在精神医院时，他被哥德巴赫著名的猜想所吸引，猜想说每个偶数均可表示成两个素数之和. 1894 年他发表了一篇一直算到 1000 的偶数均可表述为两个素数之和的证明文章，40 年后一位不出名的数学家甚至将同样的事算到了所有 10000 之前的偶数，

随岁月流逝，康托尔的精神状态越来越坏. 在后来这些日子里，他投身于研读莎士比亚，他甚至打算证明诗圣莎翁与哲学家培根是同一个人！

德国数学会计划举办一个康托尔七十寿诞的盛大庆祝活动，但是第一次世界大战的窘境使它变得不可能了. 康托尔于 1917 年 6 月最后一次走进了精神病院. 1918 年 1 月，他去世了，他不会知道就在这一年的年终德意志帝国也消亡了.

乔治·康托尔（1845—1918）

《创建超限数理论的贡献》节选

第一篇[①]

"Hypotheses non fingo"

"Neque enim leges intellectui aut rebus damus ad arbitrium nostrum, sed tanquam scriba fidels ab ipsius nature voce latas et prolatas excipimus et describimus."

"Veniet tempus, quo ista que nunc latent, in lucem dies extrahat etlongioris avi diligetia."

§1　势或基数的概念

对于一个"集合（aggregate）"（Menge）我们理解为任意一些确定的且分离的对象 m，它们出于我们的直觉或我们的想象，而我们则将它们看做是一个整体（Zusammenfassung zu einem Ganzen）M. 称那些对象为 M 的"元素".

我们用符号表达此为

$$M=\{m\}. \tag{1}$$

多个没有公共元素的集合 M，N，P，…联合为一个单独的集合

$$\{M, N, P, \cdots\}. \tag{2}$$

这个集合的元素是将 M 的，N 的，P 的，…放在一起的元素.

我们称一个集合 M 的"部分"或"部分集合"是指任何一个其元素也是 M 的元素的另一个集合 M_1.

如果 M_2 是 M_1 的一部分，而 M_1 是 M 的一部分，则 M_2 是 M 的一部分.

一个集合 M 具有一个确定的"势（Power）"，我们也称它为"基数（cardinal number）"，这是我们利用我们思想的能动力，从集合 M 中抽取掉它的各个元素的属性和已给出的它们的次序后产生的一个一般概念，并给予它以"势"或"基数"的名字.

---

① 转载自 *Contributions to the Founding of the Theory of Transfinite Numbers*. New York：Dover，文中所用术语与当今通行的略有不同，中文译文也力求与原文同步.

[482]

我们以

$$\overline{\overline{M}} \tag{3}$$

表示双重抽象的结果，即 M 的基数或势.

由于每个单独的元素 m，如果从它的本性中抽象出来的话，则成为一个“单元（unit）”，基数$\overline{\overline{M}}$是一个由单元组成的确定集合，而这个数在我们的思想中是作为给定集合 M 的思维或投影而存在的.

我们说两个集合 M 和 N 是“等价的”，并以符号

$$M \sim N \text{ 或 } N \sim M \tag{4}$$

表示，是指，如果有可能在它们间按照某种规则设定一个的关系，使得它们中每一个集合的每个元素对应于另一个集合的一个且唯一的一个元素. 对 M 的每个部分集合 M_1 于是对应于一个 N 的等价部分集合 N_1，反之亦然，

如果我们有一个给出两个等价集合的规则，那么除去它们每个仅由一个元素组成的情形外，我们可以有多种方式来修改这个规则. 譬如，我们总可以留意将 M 的一个特定的元素 m_0 对应到 N 的一个特定元素 n_0. 由于，如果按照原来的规则元素 m_0 与 n_0 并不相互对应，而是 M 的 m_0 对应于 N 的 n_1，且 N 的 n_0 对应于 M 的 m_1，我们则可按照 m_0 对应 n_0，m_1 对应 n_1，其余的保持原规则不动来修改规则. 这便达到了目的，

每个集合与自己等价：

$$M \sim M. \tag{5}$$

如果两个集合都与某个第三个等价，则它们之间也等价. 那就是说：

$$\text{从 } M \sim P \text{ 及 } N \sim P \text{ 得到 } M \sim N. \tag{6}$$

具有基本意义的定理是：两个集合 M 和 N 有相同的基数当且仅当它们等价. 因此，从 $M \sim N$ 我们得到

$$\overline{\overline{M}} = \overline{\overline{N}}, \tag{7}$$

并且从$\overline{\overline{M}} = \overline{\overline{N}}$我们得到

$$M \sim N. \tag{8}$$

因此集合的等价性形成了它们基数的相等的充分必要条件.

[483]

事实上，根据上面势的定义，基数$\overline{\overline{M}}$在将 M 中的一个或许多个甚至全部元素 m 都替换成其他的东西仍保持不变. 如果现在 $M \sim N$，则就有了一个协调一致的

规则，利用它 M 和 N 唯一地且互逆地相互指认；根据它，N 中的元素 n 对应于 M 中元 m. 于是我们可以想象，在 M 的每个元素 m 的位置上换成了 N 的对应的元素 n，并在此方式下，M 转换成了 N 而没有改变基数. 因此

$$\overline{\overline{M}}=\overline{\overline{N}}.$$

这个定理的逆定理可由如下注释得到. 在 M 的元素与 M 的基数的不同单元之间存在着一个互逆的一意［或双方一意（*bi-vocal*）］的对应关系，如我们已知道的，可以说，$\overline{\overline{M}}$是从 M 中由 M 的每个元素 m 产生 M 的一个特定单元这种方式生成的. 因此我们可以说

$$M \sim \overline{\overline{M}}. \tag{9}$$

按同样的方式 $N \sim \overline{\overline{N}}$. 如果$\overline{\overline{M}}=\overline{\overline{N}}$，我们则由（6）有 $M \sim N$.

我们还要提及下述定理，而它立即可由等价概念得到. 设 M，N，$P\cdots$为无公共元素的集合，M'，N'，P'，…也是具有同样性质的集合，如果

$$M \sim M',\ N \sim N',\ P \sim P',\ \cdots,$$

于是我们总有

$$(M,\ N,\ P,\ \cdots) \sim (M',\ N',\ P',\ \cdots).$$

§2　势的“大于”和“小于”

如果对于两个集合 M 和 N，$a=\overline{\overline{M}}$，$b=\overline{\overline{N}}$，满足条件：

（a）M 的任何部分集合均不等价于 N；

（b）N 有一个部分集合 N_1 使得 $N_1 \sim M$.

显然在这些条件中如果将 M 和 N 换作等价的集合 M'和 N'条件仍然成立. 因此它们表达了基数 a 与 b 间的一个确定的关系.

［484］

进一步，M 和 N 的等价性，从而 a 与 b 的相等，不会满足这些条件；否则如果我们有 $M \sim N$，因为 $N_1 \sim M$，从而 $N_1 \sim N$，于是由于 $M \sim N$，故存在 M 的一个部分集合 M_1 使得 $M_1 \sim N$；而这与条件（a）矛盾.

第三，a 相 b 的这个关系使得不可能在 b 和 a 之间也有同样的这个关系；因为如果在（a）和（b）中由 M 和 N 所扮演的角色进行了交换，这样产生的条件与前面的那个条件相矛盾，

我们将由（a）和（b）所刻画的 a 和 b 的这个条件表达为：a“小于”b，或者 b“大于”a；记号为

$$a<b \quad 或者 \quad b>a. \tag{1}$$

我们容易证明，如果 $a<b$ 且 $b<c$，则总有

$$a<c. \tag{2}$$

类似地，由定义可立即得出：如果 P_1 是集合 P 的一个部分，则由 $a<\overline{\overline{P_1}}$ 得到 $a<\overline{\overline{P}}$，并且由 $\overline{\overline{P}}<b$ 得到 $\overline{\overline{P_1}}<b$.

我们已经看到三个关系

$$a=b, \quad a<b, \quad b<a$$

中每一个均排斥另两个. 另一方面，对于任意两个基数 a 和 b，必定会实现这三个关系中的一个，这是个定理但绝非自明的，在目前阶段还是难于证明的.

直到以后，当我们对于超限基数的递增序列有了进一步了解，并对它们之间的联系有了深入的观察，这才能证明以下定理为真：

A. 如果 a 和 b 为任两基数，则或者 $a=b$，或 $a<b$，或 $a>b$.

由此定理可非常简单地推出下面的这些定理，但我们在此将不会用到它们.

B. 如果两个集合 M 和 N 使得 M 等价于 N 的一个部分集合 N_1 且 N 等价于 M 的一个部分集合 M_1，则 M 和 N 等价.

C. 如果 M_1 是集合 M 的一个部分，M_2 是 M_1 的一个部分，并且如果集合 M 和 M_2 为等价则 M_1 等价于 M 和 M_2.

D. 如果 M 和 N 为两个集合，使得 N 既不等价于 M 也不等价于 M 的一个部分，则有 N 的一个部分集合 N_1 等价于 M.

E. 如果两个集合 M 和 N 不等价，且有 N 的一个部分集合 N_1 等价于 M，则 M 的任何部分集合都不等价于 N.

［485］

§3 势的加法和乘法

两个没有公共元素的集合 M 和 N 的并在 §1 的（2）中记为 (M, N). 我们称其为“M 和 N 的并集合”（Vereinigungsmenge）.

如果 M' 和 N' 是两个没有公共元素的集合，并且如果 $M \sim M'$，$N \sim N'$，我们则可看出

$$(M,N) \sim (M',N').$$

从而 (M, N) 的基数只依赖于基数 $\overline{\overline{M}}=a$ 和 $\overline{\overline{N}}=b$.

这引向了 a 与 b 和的定义. 我们令

$$a+b=\overline{\overline{(M,\ N)}}. \tag{1}$$

由于在势的概念中，我们抽去了元素的次序，故立刻得出结论

$$a+b=b+a; \tag{2}$$

并且对于任意三个基数 a，b，c，我们有

$$a+(b+c)=(a+b)+c. \tag{3}$$

现在来做乘法. 一个集合 M 的任一元素 m 可以想成与另一个集合 N 中的任意元素相联结从而形成一个新的元素（m，n），我们以（$M\cdot N$）表示所有这些相联结元素（m，n）的集合，并称其为“M 和 N 的连结集合”（Verbindungsmenge），因此

$$(M\cdot N)=\{(m,n)\}. \tag{4}$$

我们看出（$M\cdot N$）只依赖于势$\overline{\overline{M}}=a$ 和$\overline{\overline{N}}=b$；因为，如果将集合 M 和 N 换作分别等价于它们的集合

$$M'=\{m'\} \text{ 或 } N'=\{n'\},$$

并设想 m，m'和 n，n'是对应的元素，则集合

$$(M'\cdot N')=\{(m',n')\}$$

被一个互反的且一意的对应带到（$M.\ N$），即将（m，n）视为（m'，n'）的对应元. 因此

$$(M'\cdot N')\sim(M\cdot N). \tag{5}$$

我们现在以下述方程定义 a 与 b 的积

$$a\cdot b=\overline{\overline{(M\cdot N)}}. \tag{6}$$

[486]

一个具有基数 $a\cdot b$ 的集合也可以做成由两个各具基数 a 和 b 的集合 M 和 N 给出，做法可按以下规则进行：从集合 N 着手，在其中将每个元素 n 置换为一个集合 $M_n\sim M$；于是，如果我们将所有这些集合 M_n 的元素汇拢为一个整体 S，我们看到

$$S\sim(M\cdot N), \tag{7}$$

从而

$$\overline{\overline{S}}=a\cdot b.$$

因为，如果用两个等价集合 M 和 M_n 的任何已知的对应关系，我们可以以 m 表示 M 中对应于 M_n 中的元素 m_n 的元素，我们便有了

$$S=\{m_n\}; \tag{8}$$

从而集合 S 与 $M\cdot N$ 可以通过将 m_n 和（m, n）看作对应元素而互返且一意，

由我们的定义容易得到定理：

$$a\cdot b=b\cdot a; \tag{9}$$

$$a\cdot(b\cdot c)=(a\cdot b)\cdot c; \tag{10}$$

$$a\cdot(b+c)=a\cdot b+a\cdot c. \tag{11}$$

这是因为

$$(M\cdot N)\sim(N\cdot M),$$
$$(M\cdot(N\cdot P))\sim((M\cdot N)\cdot P),$$
$$(M\cdot(N,P))\sim((M\cdot N),(M\cdot P)).$$

势的加法与乘法因而服从于交换，结合，分配律，

§4 势的取幂

对于“以集合 M 的元素对集合 N 的覆盖（covering）”或更简单的“M 覆盖 N”，我们理解为一个规则，按此规则 N 的每个元素 n 联结了 M 的一个确定元素，其中 M 的同一个元素可以重复地被使用. 与 n 相联结的 M 的元素以某种方式成为一个 n 的单值函数，记其为 $f(n)$；称它为一个“n 的覆盖函数”. 对应的 N 的覆盖可以叫做 $f(N)$.

［487］

称两个覆盖 $f_1(N)$ 和 $f_2(N)$ 为相等当且仅当对于 N 的所有元素 n 满足方程

$$f_1(n)=f_2(n), \tag{1}$$

故而如果此方程哪怕只对单独一个元素 $n=n_0$ 不成立，$f_1(N)$ 和 $f_2(N)$ 就会被刻画为 N 的不同覆盖. 譬如，如果 m_0 是 M 的一个特定元，我们对于所有 n 可固定取

$$f(n)=m_0,$$

这个规律构成了 M 对 N 的一个特别的覆盖. 另一类覆盖是，如果 m_0 和 m_1 为 M 的两个特定元素，n_0 是 N 的一个特定元素，则给出

$$f(n_0)=m_0,$$
$$f(n)=m_1$$

对所有不同于 n_0 的 n 成立.

M 覆盖 N 的全体构成一个确定的集合，其元素为 $f(N)$；我们称它为“M 对 N 的覆盖-集合”（Betegungsmenge），并以（$N|M$）表示. 因此：

$$(N|M)=\{f(N)\}. \tag{2}$$

如果 $M \sim M'$，$N \sim N'$，我们可容易得出

$$(N|M) \sim (N'|M'). \tag{3}$$

因此（$N|M$）的基数只依赖于基数$\overline{\overline{M}}=a$ 和$\overline{\overline{N}}=b$；它可以当做 a^b 的定义：

$$a^b=\overline{\overline{N|M}}. \tag{4}$$

对于任意三个集合 M，N，P，可容易证明定理：

$$((N|M)\cdot(P|M)) \sim ((N,P)|M), \tag{5}$$

$$((P|M)\cdot(P|N)) \sim ((P|(M\cdot N)), \tag{6}$$

$$(P|(N|M)) \sim ((P\cdot N)|M), \tag{7}$$

由此，如果令$\overline{\overline{P}}=c$，利用（4）并注意到 §3，我们有对于任意三个基数 a，b，c 的定理：

$$a^b\cdot a^c=a^{b+c}, \tag{8}$$

$$a^c\cdot b^c=(a\cdot b)^c, \tag{9}$$

$$(a^b)^c=a^{bc}. \tag{10}$$

［488］

我们通过下面的例子可以看出，这些扩展到势的简单公式是多么重要和意义深远的. 如果我们以 θ 表示线性连续统 X（即使得 $x\geqslant 0$ 且$\leqslant 1$ 的实数 x 的总体）的势，那么我们容易看出，可以由其中的一个公式

$$\theta=2^{\aleph_0} \tag{11}$$

表示，这里$\aleph_0$的意义将在 §6 给出，事实上，由（4），$2^{\aleph_0}$是所有数 x 的二进位表示

$$x=\frac{f(1)}{2}+\frac{f(2)}{2^2}+\cdots+\frac{f(\nu)}{2^\nu}+\cdots\quad（其中 f(\nu)=0 或者 1）. \tag{12}$$

如果我们注意到除去数 $x=\frac{2\nu+1}{2^\nu}<1$ 外每个数只被表示一次（那些除外的数可表示两次）这个事实，并且如果我们表示所有这些例外“可数的”总体为$\{s_\nu\}$，我们则有

$$2^{\aleph_0}=\overline{\overline{(\{s_\nu\},X)}}.$$

如果我们从 X 中取走任意一个“可数集”$\{t_\nu\}$并记余下的集为 X_1，我们则有

$$X=(\{t_\nu\},X_1)=(\{t_{2\nu-1}\},\{t_{2\nu}\},X_1),$$

$$(\{s_\nu\},X)=(\{s_\nu\},\{t_\nu\},X_1),$$

$$\{t_{2\nu-1}\}\sim\{s_\nu\},\ \{t_{2\nu}\}\sim\{t_\nu\},\ X_1\sim X_1;$$

$$X\sim(\{s_\nu\},X),$$

因而（§1）

$$2^{\aleph_0}=\overline{\overline{X}}=\theta.$$

由（11）取平方［§6，（6）］得

$$\theta\cdot\theta=2^{\aleph_0}\cdot 2^{\aleph_0}=2^{\aleph_0+\aleph_0}=2^{\aleph_0}=\theta.$$

从而，继续乘以 θ，有

$$\theta^{\nu}=\theta, \tag{13}$$

其中 ν 是任意一个有限基数.

如果我们在（11）两端取幂[1] $\aleph_0$，我们得到

$$\theta^{\aleph_0}=(2^{\aleph_0})^{\aleph_0}=2^{\aleph_0\cdot\aleph_0}.$$

但由于§6，（8），有 $\aleph_0\cdot\aleph_0=\aleph_0$，故有

$$\theta^{\aleph_0}=\theta. \tag{14}$$

式（13）和式（14）表明 ν-维与 $\aleph_0$-维的连续统具有一维连续统一样的势，因此我在 Crelle 的 *Journal*, vol. lxxxiv，1878 中的文章的整个内容是由基数计算的基本公式经由纯代数一步一步推导出来的.

［489］

§5 有限基数

我们下面将表明我们所制定的实际上为无穷或超限基数理论的那些原理是如何构建的，并也给出对有限数理论的最自然、最简短和最严格的基础.

对于一个单个的事物 e_0，如果我们把它算作是一个集合 $E_o=(e_0)$ 的概念，则对应了一个我们称之为“一”的这个基数，并记为1；我们有

$$1=\overline{\overline{E_0}}. \tag{1}$$

让我们用另一个事物 e_1 与 E_0 相并，并称其为并集 E_1，故

$$E_1=(E_0,\ e_1)=(e_0,\ e_1). \tag{2}$$

称 E_1 的基数为“二”，记为2：

$$2=\overline{\overline{E_1}}. \tag{3}$$

用添加新元素的方法我们便得到一系列的集合

$$E_2=(E_1,e_2),E_3=(E_2,e_3),\cdots,$$

它给出了接续无限制的序列，我们将其他的也都称为“有限基数”，记为3，4，5，…在这里作为下标的这些数的使用也由如下的事实表明是合理的：仅当它已经作为基数被定义了才被用作为下标. 如果 $\nu-1$ 被理解为是在以上序列中紧靠

ν，前面的数，我们便有

$$\nu=\overline{\overline{E_{\nu-1}}}, \tag{4}$$

$$E_{\nu}=(E_{\nu-1},e_{\nu})=(e_0,e_1,\cdots,e_{\nu}). \tag{5}$$

由§3中和的定义得到

$$\overline{\overline{E_{\nu}}}=\overline{\overline{E_{\nu-1}}}+1, \tag{6}$$

那就是说，除了1以外，每一个基数都是紧靠其前一个与1的和.

现在，我们现在有了下面的前三个定理：

A. 有限基数的无限序列的项

$$1，2. 3，\cdots，\nu，\cdots$$

互不相同（这就是说，对于每项所对应的集合不满足在§1中建立的等价条件）.

[490]

B. 这些数ν中的每一个均大于前面的那些数而小于后面的那些数（§2）.

C. 在两个相邻的数ν和$\nu+1$之间，按大小，没有其他的数（§2）.

我们对于这些定理的证明建立在下面两个定理D和E之上. 我们将在稍后给出上面这些定理的严格证明.

D. 设M是一个不与自己的部分集合具相等势的集合，则对由M集合添加单个新的元素e得到的（M，e）具有同样的性质，即不与自己的部分集合具相等的势.

E. 设N是一个具有限基数ν的集合，且N_1为N的任一部分集合，则N_1的基数是前面的数1，2，3，…，$\nu-1$中的一个.

D的证明 假设集合（M，e）等价于它的一个部分集合，记其为N. 于是可分为两种情形，而每一种情形均引出矛盾：

(a) 集合N包含e，以其为元素；令$N=(M_1,\ e)$；由于N是（M，e）的部分集合，故M_1是M的部分集合. 如我们在§1所见，两个等价的集合（M，e）与（M_1，e）之间的对应规律可以加以修改，使得一个中的元素e对应于另一个中同一个元素e；由此，M与M_1之间便有互返的，一意的指认，但这与M与它的部分集合M_1不等价的假定相矛盾.

(b)（M，e）的部分集合N不包含元素e，故M或者是N或者是M的一个部分集合. 在（M，e）与N的等价规律中，基于我们的假定，对于前者的元素e对应了后者的一个元素f. 设$N=(M_1,\ f)$；于是集合M与M_1间便有了个互返的一意关系，但M_1是N的从而是M的部分集合. 因而这里M又与它的部分集合等价，与假定矛盾.

E **的证明** 我们将假定此定理直到某个 ν 的正确性，然后证明它对于 $\nu+1$ 成立，这可由以下方式立即得到：我们从集合 $E_\nu=(e_0, e_1, \cdots, e_\nu)$ 着手，它是一个具基数 $\nu+1$ 的一个集合. 如果定理对于此集合为真，那么由 §1，对于任何具同样基数 $\nu+1$ 的集合也为真. 设 E' 为 E_ν 的任意部分集合；我们将分成三种情形考虑：

（a）E' 不包含 e_ν 为元素，则 E 或为 $E_{\nu-1}$.

[491]

或为 $E_{\nu-1}$ 的一个部分集合，故具有基数或为 ν 或为数 1，2，3，…，$\nu-1$ 中的一个，这是因为我们以假定我们的定理对于具基数 ν 的集合为真.

（b）E' 由单个元素 e_ν 组成则 $\overline{\overline{E'}}=1$.

（c）E' 由 e_ν 以另一个集合 $\overline{\overline{E''}}$ 组成，即 $E'=(E'', e_\nu)$. 于是 E'' 是 $E_{\nu-1}$ 的部分集合从而由假定，其基数为 1，2，3，…，$\nu-1$ 中的一个. 然而 $\overline{\overline{E'}}=\overline{\overline{E''}}+1$，故 E' 的基数为 2，3，…，ν 中之一.

A **的证明** 每一个集合 E_ν 均具有性质：不等价于它的任意部分集合. 因为如果我们假设一直到一个确定的 ν 该断言成立，则由定理 D 立即得知对下一个数 $\nu+1$ 它也成立. 对于 $\nu=1$，我们立刻知道集合 $E_1=(e_0, e_1)$ 不等价于它的任意部分集合，即（e_0）和（e_1）. 现在考虑序列 1，2，3，…中的任意两个数 μ 和 ν，那么，如果 μ 在 ν 之前，则 $E_{\mu-1}$ 是 $E_{\nu-1}$ 的部分集合. 因此 $E_{\mu-1}$ 与 $E_{\nu-1}$ 不等价，从而基数 $\mu=\overline{\overline{E_{\mu-1}}}$ 与 $\nu=\overline{\overline{E_{\nu-1}}}$ 不相等.

B **的证明** 如果这两个有限基数 μ 和 ν 中，μ 是前面的而 ν 是它后面的，即 $\mu<\nu$. 考虑两个集合 $M=\overline{\overline{E_{\mu-1}}}$ 和 $N=\overline{\overline{E_{\nu-1}}}$，对于它们，§2 的关于 $\overline{\overline{M}}<\overline{\overline{N}}$ 的两个条件均满足. 条件（a）之所以满足是因为由定理 E，$M=E_{\mu-1}$ 的部分集合只能具有基数 1，2，3，…，$\mu-1$ 之一，从而由定理 A，不可能等价于集合 $N=E_{\nu-1}$. 又因为 M 本身是 N 的一个部分集合，故条件（b）也满足.

C **的证明** 设 a 是一个小于 $\nu+1$ 的基数. 由于 §2 的条件（b），存在一个 E_ν 的部分集合其基数等于 a. 根据定理 E，E_ν 的一个部分集合只能具基数 1，2，3，…，ν 中的一个. 由定理 B，它们中没有一个是大于 ν 的. 因此没有基数 a 是小于 $\nu+1$ 而大于 ν 的.

下面是一个对后面具重要性的定理：

F. 如果 K 是任一由不同的有限基数构成的集合，则在其中有一个 κ_1，它比其他的小，因而是所有中最小的.

［492］

证明 集合 K 或包含了 1，这时 $\kappa_1=1$ 为最小，或者不包含 1. 这时设 J 为那些 1，2，3⋯中小于 K 中的基数的集合. 如果一个基数 ν 属于 J，则所有小于 ν 的基数也属于 J. 然而 J 必定有一个元素 ν_1 使得从 ν_1+1 起，所有更大的数都不属于 J，否则 J 就会包含所有的有限数但属于 K 的数并不包含在 J 中. 因此 J 是一个截段（Abschnitt）（1，2，3，⋯，ν_1）. 数 ν_1+1 必定是 K 中的一个元素，并且小于其他的数.

由 F 得到：

G. 每个由不同的有限基数组成的集合 $K=\{\kappa\}$ 可以做成一个序列的形式

$$K=(\kappa_1, \kappa_2, \kappa_3, \cdots),$$

使得

$$\kappa_1<\kappa_2<\kappa_3<\cdots.$$

§6 最小超限数 $\aleph_0$

称具有有限基数的集合为“有限集合”，其他所有的则称之为“超限集合”，而称它们的基数为“超限基数”.

所有有限基数 ν 的总体给出了超限集合的第一个例子；我们称它的基数（§1）为“$\aleph_0$”（阿列夫零）；因此我们定义

$$\aleph_0=\overline{\overline{\{\nu\}}}. \tag{1}$$

$\aleph_0$ 是**超限数**就是说它不等于任意有限数 μ. 这由下面简单事实得到：如果对于集合 $\{\nu\}$ 添加一个新的元素 e_0，则并集合（$\{\nu\}$，e_0）等价于原来的集合 $\{\nu\}$. 因为我们可以想出它们之间的一个互返的一一对应：对于第一个集合的元素 e_0 对应于第二个的 1，而第一个的 ν 对应于第二个的 $\nu+1$. 由 §3 我们便得到

$$\aleph_0+1=\aleph_0. \tag{2}$$

但我们在 §5 证明了 $\mu+1$ 总不同于 μ，因而 $\aleph_0$ 不等于任何有限数 μ.

数 $\aleph_0$ 总大于任意有限数 μ：

$$\aleph_0>\nu. \tag{3}$$

［493］

如果我们注意到 §3，由三个事实：$\mu=\overline{\overline{(1, 2, 3, \cdots, \mu)}}$、没有集合（1，2，3，⋯，$\mu$）的任何部分集合等价于集合 $\{\nu\}$ 以及（1，2，3，⋯，μ）自身是

$\{\nu\}$ 的一个部分集合，便可得出这个断言.

另一方面，$\aleph_0$ 是最小的超限数. 即如果 a 是任一异于 $\aleph_0$ 的超限数，则

$$\aleph_0<a. \tag{4}$$

这有赖于以下定理：

A. 任意超限集合 T 都有含有具超限数 $\aleph_0$ 的部分集合.

证明 如果按任何方式取走有限个元素 t_1，t_2，…，$t_{\nu-1}$，总还可以在取走一个元素 t_ν，集合具任意有限基数 ν 的集合 $\{t_\nu\}$ 是 T 的一个部分集合，其基数为 $\aleph_0$，这是因为 $\{t_\nu\}\sim\{\nu\}$（§1）.

B. 如果 S 是个具基数 $\aleph_0$ 的超限集合，而 S_1 是 S 的任意超限部分集合，则 $\overline{\overline{S_1}}=\aleph_0$.

证明 我们已经假定 $S\sim\{\nu\}$. 选取这两个集合间的一个确定的对应规则，并按此规则以 s_ν 记对应于 $\{\nu\}$ 的元素 S 中的元素，故而

$$S=\{s_\nu\}.$$

S 的部分集合 S_1 由 S 中一些确定的元素 s_κ 组成，而这里的数 κ 的总体构成集合 $\{\nu\}$ 的一个超限部分集合 K. 由 §5 的定理 G，集合 K 可以记成序列形式

$$K=\{\kappa\},$$

其中

$$\kappa_\nu<\kappa_\nu+1;$$

从而我们有

$$S_1=\{s_{\kappa_\nu}\}.$$

因此得到 $S_1\sim S$，从而 $\overline{\overline{S_1}}=\aleph_0$.

如果我们注意到 §2，那么从 A 和 B 便得到了（4）.

由（2）我们在两端各加上 1，便得到

$$\aleph_0+2=\aleph_0+1=\aleph_0,$$

并重复此过程得到

$$\aleph_0+\nu=\aleph_0. \tag{5}$$

我们也有

$$\aleph_0+\aleph_0=\aleph_0. \tag{6}$$

［494］

因为

$$\overline{\overline{\{a_\nu\}}}=\overline{\overline{\{b_\nu\}}}=\aleph_0,$$

故由§3的（1），$\aleph_0+\aleph_0$ 是基数 $\overline{\overline{(\{a_\nu\},\{b_\nu\})}}$. 现在显然有

$$\{\nu\}=(\{2\nu-1\},\{2\nu\}),$$

$$(\{2\nu-1\},\{2\nu\})\sim(\{a_\nu\},\{6_\nu\}),$$

从而

$$\overline{\overline{(\{a_\nu\},\{b_\nu\})}}=\overline{\overline{\{\nu\}}}=\aleph_0.$$

方程（6）也可以写成

$$\aleph_0\cdot 2=\aleph_0;$$

并且重复地在两端添加 $\aleph_0$，我们得到

$$\aleph_0\cdot\nu=\nu\cdot\aleph_0=\aleph_0. \tag{7}$$

我们还有

$$\aleph_0\cdot\aleph_0=\aleph_0. \tag{8}$$

证明 由§3的（6），$\aleph_0\cdot\aleph_0$ 是连结集合

$$\{(\mu,\nu)\}$$

的基数，其中 μ 和 ν 为相互独立的任意有限基数．如果 λ 也代表了任意有限基数，则 $\{\lambda\}$，$\{\mu\}$，$\{\nu\}$ 是同一个所有有限基数的集合的基数，而只是记号不同；我们必须证明

$$\{(\mu,\nu)\}\sim\{\lambda\}.$$

我们记 $\mu+\nu$ 为 ρ；于是 ρ 取所有的数2，3，4，…，并且对于满足 $\mu+\nu=\rho$ 的元素（μ，ν）总共有 $\rho-1$ 个，即

$$(1,\ \rho-1),\ (2,\ \rho-2),\ \cdots,\ (\rho-1,\ 1).$$

在此序列中我们设想第一个元素为 $\rho=2$ 的（1，1），然后是 $\rho=3$ 的两个元素，然后是 $\rho=4$ 的，等等．因此我们将所有元素（μ，ν）排成简单的序列：

（1，1）；（1，2），（2，1）；（1，3），（2，2），（3，1）；（1，4），（2，3），…，

从而我们容易看出，元素（μ，ν）的位置 λ 为

$$\lambda=\mu+\frac{(\mu+\nu-1)(\mu+\nu-2)}{2},$$

变量 λ 取所有的值1，2，3，…一次．因此，根据（9），在集合 $\{\nu\}$ 与 $\{(\mu,\nu)\}$ 之间存在一个互反的一意关系．

［495］

在方程（8）的两端如果乘以 $\aleph_0$，我们便得到 $\aleph_0^3=\aleph_0^2=\aleph_0$，并且重复地乘以 $\aleph_0$，对于每个有限基数 ν 成立一下方程

$$\aleph_0^\nu=\aleph_0. \tag{10}$$

§5 的定理 E 和 A 导出了对于有限集合的如下定理：

C. 每个有限集合 E 均不等价于它的任一部分集合.

这个定理与对超限集合的以下定理完全对立：

D. 每个超限集合 T 均有与它等价的部分集合.

证明 由这一节的定理 A，存在 T 的一个部分集合 $S=\{t_\nu\}$，它具有基数 $\aleph_0$. 设 $T=(S, U)$，使 U 由 T 中那些不同于元素 t_ν 的元素组成. 我们令 $S_1=\{t_{\nu+1}\}$，$T_1=(S_1, U)$；于是 T_1 是 T 的一个部分集合，事实上，就是 T 中去掉一个元素 $t_{\nu+1}$的那个部分集合. 由于 $S\sim S_1$，由本节的定理 B 以及 $U\sim U$，根据 §1 我们得到 $T\sim T_1$.

在定理 C 和 D 中的对于有限和超限集合之间的本质差异的表示，我曾在 1877 年，Crelle 的 *Journal*，vol. lxxxiv［1878］中也有所叙述，但这里是最为清晰的，

在我们引进了最小的超限基数 $\aleph_0$ 并导出了那些最容易掌握的性质之后，便出现了关于更高基数以及它们如何从 $\aleph_0$ 继续向前的问题. 我们将要证明超限数可以按其大小进行排列，并依此次序，像有限数那样，形成一个扩充了意义的“良序集合”. 从 $\aleph_0$ 出发，依照一定的规律有下一个较大的基数 $\aleph_1$，然后由此按同一规律得到再下一个大的 $\aleph_2$ 等，但是即便基数的无限序列

$$\aleph_0, \aleph_1, \aleph_2, \cdots, \aleph_\nu, \cdots$$

也没有穷竭超限数这个概念，我们将证明存在一个我们记为 $\aleph_\omega$ 的超限数，它是所有数 $\aleph_\nu$ 的下一个大的数；像由 $\aleph_0$ 推出 $\aleph_1$ 一样，我们也由此得到 $\aleph_{\omega+1}$，等等，永无止尽.

［496］

对于每个超限基数 a 有一个按照统一规律由此推出下一个较大的数，并且对于每个无限递增的超限数的良序集合 $\{a\}$，总有由此集合按同一规律得到下一个更大的数.

对此事的严格基础已在 1882 年发现并写在了小册子 *Grundlagen einer allgemeinen Mannichfaltigkeitslehre*（Leipzig，1883）以及在 *Mathematische Annalen* 的 xxi 卷中，我们在那里利用了所谓的“序型”；这个理论将在后面的几节中阐明.

§7 单序集合的序型

我们称一个集合 M 为“单序集合”是说，如果在它的元素 m 上有一个确定

的“前后次序”（Rangordnung）的规则，使得在每两个元素之间，一个取“低”，另一个取“高”的等级，并使得，如果在三个元素 m_1，m_2 和 m_3 之间，譬如说，m_1 比 m_2 更低，而 m_2 比 m_3 更低，则 m_1 比 m_3 更低.

设两个元素 m_1 和 m_2 的关系为在这个前后次序中 m_1 较低而 m_2 较高，我们则以公式表达此为

$$m_1 < m_2, \quad m_2 > m_1. \tag{1}$$

那么，譬如对于定义在一条直线上的点的集合 P，如果设属于它的每两个点 p_1 和 p_2 之间，其中一个的坐标（已在该直线上给定了原点及正向）较小，则给予其较低的等级.

显见，同一个集合可以根据完全不同的规则被赋予“单序”. 例如，对于所有大于 0 小于 1 的所有正有理数 p/q（其中 p 和 q 为互素整数）的集合 R，首先它们根据大小的“自然”序，另外，它们还可这样安排（我们记在此序下的集合为 R_0），使得，两个数 p_1/q_1 和 p_2/q_2 当 p_1+q_1 和 p_2+q_2 为不同值时，对应于较小值的那个取较低等级，而当 $p_1+q_1=p_2+q_2$ 时，两个它理数中较小者为较低.

[497]

在此前后次序下，由于具相同 $p+q$ 的只有有限个有理数 p/q 属于我们的集合，故此集合明显地具有形式

$$R_0=(r_1,r_2,\cdots,r_\nu,\cdots)=\left(\frac{1}{2},\frac{1}{3},\frac{1}{4},\frac{2}{3},\frac{1}{5},\frac{1}{6},\frac{2}{5},\frac{3}{4}\cdots\right),$$

其中

$$r_\nu < r_{\nu+1}.$$

因此，当我们谈及一个“单序”集合时，我们总设想在它们的元素间制定了一个确定的，上面所解释的意义下的，那种前后次序.

还有二重的，三重的，ν-重的，a-重的序集合，但我们目前将不考虑它们. 故而在一下我们只使用词“有序集合”来替代“单序集合”.

每一个有序集合 M 有一个确定的“序型”，或者更简短地，一个确定的“型”，并以记号

$$\overline{M}$$

表示. 我们对此的理解为，从 M 中抽取掉元素 m 的属性而只保留了它们之间的前后次序的一个一般性概念. 因此序型 $\overline{M}$ 自身是一个有序集合，其元素为作为 M 中具有同一前后次序的元素所构成的单元，并由此经抽象得出.

我们称两个有序集合 M 和 N 为“相似”（ähnlich）是说，如果它们相互之间

有一个双方一意的对应使得当 m_1 和 m_2 为 M 中任意两个元素，而 n_1 和 n_2 为 N 中的对应元素，则 m_1 对于 m_2 的等级关系与 n_1 对于 n_2 的等级关系相同. 我们称这样一个相似集合的对应为这些集合相互的一个“映像”（Abbildung），在这样一个图像中，每一个 M 的部分集合 M_1（它显然也是有序集合）对应于 N 的一个相似部分集合 N_1.

我们以公式

$$M \simeq N$$

表示两个有序集合 M 与 N 的相似性.

每个定向集合与自己相似.

如果两个有序集合均与第三个有序集合相似则它们之间也相似.

[498]

通过简单考虑可知，两个有序集合具有同一序型当且仅当它们相似，故而这两个公式

$$\overline{M} = \overline{N}, \ M \simeq N \tag{4}$$

中任一个总是另一个的推论.

如果对于序型$\overline{M}$我们抽取掉元素的前后次序，我们则得到（§1）集合 M 的基数$\overline{\overline{M}}$，它同时也是序型$\overline{M}$的基数，由$\overline{M}=\overline{N}$总可推出$\overline{\overline{M}}=\overline{\overline{N}}$，那就是说，具相同型的有序集合总具有相同的势或者说基数；由有序集合的相似性得到了它们的等价性. 另一方面，两个集合可以等价而不相似.

我们将用小写的希腊字母来表示序型，如果 α 是一个序型，则

$$\overline{\alpha} \tag{5}$$

便被看成是相应的基数.

有限有序集合的序型没有什么特别有趣的东西. 我们很容易知道，对于具同一个有限基数 ν 的所有单序集合全都彼此相似，从而具有同一个序型，因此有限的单序型服从于像有限基数一样的规律，尽管从概念上说它们不同于基数，但我们仍可用同样的记号 1，2，3，…，ν，…来表示它们. 对于超限序型情形就完全不同了：不可数多个不同的单序集合的序型同属于一个基数，它们的全体构成一个特别地“序型类”（Typenclass）. 因此每个这种序型类由这个类的所有序型公共的超限基数 a 所决定. 于是我们简短地称为序型类［a］我们首次要面对的类自然是序型类［$\aleph_0$］，它包括所有具最小超限数 $\aleph_0$ 的所有序型；因而对它的完全研究必定是超限集合理论的下一个特定目标. 我们必须区分**决定**序型类［a］

的基数和那种基数 a'，它的部分集合

［499］

是**被**序型类［a］**决定**的. 这指的是与序型类［a］相关的那种基数，它是一个确有定义的集合，其元素全都是具基数 a 的序型 α. 我们将看到，a'不同于 a，实际上总大于 a.

如果在一个有序集合 M 中将它的元素的所有前后次序翻转过来，故各处的"较低"变为了"较高"，而"较高"变成了"较低"，于是我们又得到了一个有序集合，记其为

$$^{*}M, \tag{6}$$

并称其为 M 的"逆". 如果 $a=\overline{\overline{M}}$，则记 $^{*}M$ 的序型为

$$^{*}\alpha. \tag{7}$$

可能会出现 $^{*}\alpha=\alpha$ 的情形，例如在有限序型的情形或者所有大于 0 而小于 1 的在通常自然前后次序下的有理数集合. 我们在研究这种序型时给予其 η 这个记号.

我们进一步注意到，两个相似的有序集合可以被一种方式或多种方式相互映像；在第一种情形，所考虑的序型只以一种方式与自身相似，而在第二种情形则有多种方式. 我们今后将要处理的，不仅仅是有限序型，而且还有那些只容许它们间有单独一个映像的所谓的超限"良序集合"，另一方面，序型 η 以无穷多种方式与自身相似.

我们用两个简单例子来将这个差异表达清楚，以 ω 表示良序集合

$$(e_1,\ e_2,\ \cdots,\ e_\nu,\ \cdots)$$

的序型，其中

$$e_\nu \prec e_{\nu+1},$$

而 ν 代表所有的有限基数，另一个良序集合

$$(f_1,\ f_2,\ \cdots,\ f_\nu,\ \cdots),$$

满足

$$f_\nu \prec f_{\nu+1},$$

且具有同一个序型 ω，显然可以以唯一地将 e_ν 与 f_ν 对应的方式映像到前者，对于前者的最低的元素 e_1 必定在此映像下与后者的最低元素 f_1 相关联，e_1 的下一个等级的元素 e_2 与 f_1 的下一个关联，等等.

［500］

两个等价集合 $\{e_\nu\}$ 和 $\{f_\nu\}$ 之间每个其他的相互一意的对应，在我们前面对于序型理论所固定的意义下都不是"映像".

另一方面，设我们有一个形如

$$\{e_\nu\}$$

的有序集合，其中 ν 表示所有正的和负的有限整数，包括 0，且同样地，

$$e_\nu < e_{\nu+1}.$$

这个集合没有最低也没有最高等级的元素. 由在 §8 所给的和的定义，它的序型为

$$^*\omega+\omega.$$

它有无穷多种方式与自己相似. 让我们考虑取同一序型的集合

$$\{f_{\nu'}\},$$

其中

$$f_{\nu'} < f_{\nu'+1}.$$

于是这两个有序集合可以这样相互映像，使得如果我们以 ν'_0 表示数 ν' 中特定的一个，那么第二个的元素 $f_{\nu'_0}$ 对应于第一个的元素 $e_{\nu'}$. 因为 ν'_0 任意，故我们有无穷多个映像.

在此所陈述的“序型”概念，当它以相同的方式转到“乘以有序集合”，并涉及 §1 中引进的“基数”或“势”概念时，它便包括了所有能够数（Anzahlemässige）的任何可以想到的事物，并且再不能进一步推广. 它并非是随意的，而是数概念的自然拓展. 特别应该强调相等判定准则（4）经由通常序型概念来达到是完全必要的，而不容有其他的选择. 韦罗内塞（G. Veronese）的 *Grundzüge der Geometrie*（几何基础，德文，A. Schepp，Leipzig，1894）的重大错误的主要原因便是没有认识到这一点.

“一个有序组的数（Anzahi oder Zahl）”应准确地像我们称之为“一个单序集合的序型”那样定义（*Zur Lehre vom Transfiniten*，Halle，1890，根据 1887 年的 *Zeitischr. für Philos. und philos. Kritik*）.

[501]

但是韦罗内塞认为，他必须要对相等判别准则做些添加. 他说：“那些它们的单元相互唯一地对应，保持相同次序，且它们中的一个既不是另一个的部分集合也不等于另一个的部分集合的两个数相等，”[2] 这个相等的定义包含了一个循环，因而没有意义. 添加上的“不等于另一个的部分集合”是什么意思？要回答这个问题，我们必须首先知道两个数何时相等或不等. 因此，除了他的相等定义的随意性之外，他已事先假定了相等性的定义，从而这又要事先假定一个相等性的定义，其中我们又必须知道什么是相等或不等，等等无穷无尽. 可以这么

说，在韦罗内塞放弃了他自己的之后，对数进行比较的不可或缺的基础便空缺了，我们不应该对于它的无规则感到惊奇，随后，他又操作其他的伪超限数，并将各种性质归因于它们，而不能拥有它们，按照他的想象，只不过它们自己除了在纸上外并不存在. 因此，同样地，与在 Fontenelle 的 *Géométrie de l'Infini*（巴黎，1727）中的他的“数”与极其荒诞的“无穷数”的极端相似性便是可以理解的了. 最近，W. Killing 将关于韦罗内塞的在 1895—1896 明斯特科学院的 *Index lectionum* 的书中的基础的疑问给出了受到欢迎的表达.[3]

§8 序型的和与积

两个集合 M 和 N 的并集合（M, N），当 M 和 N 是有序集合时，可以设想为一个有序集合，其中 M 的元素间的前后关系，同样还有 N 中元素的前后关系分别保持与 M 和 N 中一样，而 M 中的所有元素均比 N 中所有元素等级低. 如果 M' 和 N' 为另外两个有序集合，$M \backsimeq M'$ 及 $N \backsimeq N'$，

[502]

于是 $(M, N) \backsimeq (M', N')$；故（$M$, N）的序型仅依赖于序型 $\overline{M}=\alpha$ 和 $\overline{N}=\beta$. 因此我们定义：

$$\alpha+\beta=\overline{(M, N)}. \tag{1}$$

我们称在和 $\alpha+\beta$ 中的 α 为“被加数”而 β 为“加数”.

对于三个序型容易证明它们的结合律：

$$\alpha+(\beta+\gamma)=(\alpha+\beta)+\gamma. \tag{2}$$

另一方面，对于型的加法，一般说来，不满足交换律.

如果 ω 是在 §7 提到的那个良序集合

$$E=(e_1, e_2\cdots, e_\nu, \cdots), e_\nu < e_{\nu+1},$$

于是 $1+\omega$ 不等于 $\omega+1$. 因为，如果 f 是个新的元素，我们由（1）有

$$1+\omega=\overline{(f, E)},$$

$$\omega+1=\overline{(E, f)},$$

但集合

$$(f, E)=(f, e_1, e_2, \cdots, e_\nu, \cdots)$$

与集合 E 相似，从而

$$1+\omega=\omega.$$

相反地，集合 E 和（E, f）不相似，这是因为第一个集合没有最高项，而第二

个则有最高项 f，因此 $\omega+1$ 不同于 $\omega=1+\omega$.

从两个具有型 α 和 β 的有序集合 M 和 N，我们可以将 N 的每个元素 n 以一个有序集合 M_n 替换建立了集合 S，其中每个有序集合 M_n 具有与 M 同一个序型 α，即

$$\overline{M_n}=\alpha; \tag{3}$$

并且，对于在集合

$$S=\{M_n\} \tag{4}$$

中的前后次序我们给出两个规则：

（1）S 中每两个同属于一个集合 M_n 的元素在 S 中仍保持在 M_n 中的前后次序；

（2）S 中每两个属于不同集合 M_{n_1} 和 M_{n_2} 元素具有同于在 N 中 n_1 与 n_2 的前后次序.

我们容易看出，S 的序型只依赖于序型 α 和 β；定义

$$\alpha\cdot\beta=\overline{S}. \tag{5}$$

[503]

称在此乘积中的 α 为“被乘数”，而 β 为“乘数”.

在任一确定的 M 在 M_n 上的映像中，设 M_n 中的元素 m_n 为 M 中元素 m 的对应；我们于是可以写成

$$S=\{m_n\}. \tag{6}$$

考虑第三个集合 $P=\{p\}$，其具有序型 $\overline{P}=\gamma$，于是由（5）有

$$\alpha\cdot\beta=\overline{\{m_n\}},\ \beta\cdot\gamma=\overline{\{n_p\}},$$

$$(\alpha\cdot\beta)\cdot\gamma=\overline{\{(m_n)_p\}},\ \alpha(\beta\cdot\gamma)=\overline{\{m_{(n_p)}\}}.$$

但是这两个有序集合 $\{(m_n)_p)\}$ 和 $\{m_{(n_p)}\}$ 相似，并且如果我们将元素 $(m_n)_p$ 与 $m_{(n_p)}$ 相对应，则得到它们之间的一个对应. 因此，对序型 α，β 和 γ 结合律成立

$$(\alpha\cdot\beta)\cdot\gamma=\alpha\cdot(\beta\cdot\gamma). \tag{7}$$

由（1）和（5）容易得到分配律

$$\alpha\cdot(\beta+\gamma)=\alpha\cdot\beta+\alpha\cdot\gamma; \tag{8}$$

但是只有在这个形式中，这含两个项的因子是乘数.

相反地，型的积与它们的和一样，交换律一般并不成立，例如，$2\cdot\omega$ 与 $\omega\cdot 2$ 为不同的序型；因为，由（5），

$$2\cdot\omega=\overline{(e_1,f_1;e_2,f_2;\cdots;e_\nu,f_\nu;\cdots)}=\omega;$$

而

$$\omega\cdot 2=\overline{(e_1,\ e_2,\ \cdots,\ e_\nu,\ \cdots;\ f_1,\ f_2,\ \cdots,\ f_\nu,\ \cdots)}$$

显然不同于 ω.

如果我们将 §5 中基数的初等运算的性质与这里建立的对序型的性质比较，容易看出两个序型和的基数等于每个单个序型的基数之和，而两个序型积的基数等于两个单独的序型的基数的积．那么由两个初等运算推出的序型间的每个方程，如果将其中的序型换作它们的基数则仍然正确.

[504]

§9　所有大于 0 小于 1 的有理数在其自然的前后次序下的集合 R 的序型 η

像在 §7 中那样我们将 R 理解为所有 >0 且 <1 的有理数 p/q 的集合（p 和 q 互素），并在它们的自然前后次序下的体系，其中数的大小确定了它们的等级．我们以 η 表示 R 的序型：

$$\eta=\overline{R}. \tag{1}$$

但是我们也已经在着同一个集合中赋予了另一个前后次序，我们曾称它为 R_0. 这个次序第一位的是由 $p+q$ 的大小决定．然后第二位的，即对于 $p+q$ 相等的那些数，由 p/q 本身的大小决定．集合 R_0 是具序型 ω 的良序集合：

$$R_0=(r_1,\ r_2,\ \cdots,\ r_\nu,\ \cdots),\ r_\nu\prec r_\nu+1, \tag{2}$$

$$\overline{R_0}=\omega. \tag{3}$$

由于 R 和 R_0 仅仅在元素的前后次序上不同，故而它们具有相同的基数，而且因为我们显然有 $\overline{\overline{R_0}}=\aleph_0$，从而我们也有

$$\overline{\overline{R_0}}=\overline{\eta}=\aleph_0. \tag{4}$$

因此序型 η 属于序型类 [$\aleph_0$]．这是 R 的第一个性质.

第二，我们注意到，在 R 中既没有最低等级的也没有最高等级的元素，第三，R 具有性质：在任意两个元素之间存在有其他的元素．我们由如下语句来表达此性质：R“处处稠密”（überalldicht）.

我们现在要证明这三个性质给出了 R 的序型 η 的特征刻画，故而我们有以下定理：

如果我们有单序集合 M 使得

(a) $\overline{\overline{M}}=\aleph_0$；

(b) M 不具有最低也不具有最高元素；

(c) M 处处稠密.

则 M 的序型为 η：

$$\overline{M}=\eta.$$

证明 由于条件 (a)，M 被赋予了

[505]

具有序型 ω 的单序集合的形式；固定此形式，并记其为 M_0，令

$$M_0=(m_1,\ m_2,\ \cdots,\ m_\nu,\ \cdots). \tag{5}$$

我们现在必须证明

$$M\simeq R. \tag{6}$$

这就是说，我们必须证明 M 可以被映像到 R，使得 M 的每两个任意元素的先后次序与 R 中对应元素间的关系相同.

设 R 中元素 r_1 与 M 中元素 m_1 关联. 元素 r_2 与 r_1 在 R 中有一个确定的先后次序. 由条件 (b)，有无限多个 M 中元素 m_v 使得在 M 中与 m_1 的先后次序同于 r_2 对 r_1 的. 我们在其中选一个在 M_0 中具最小指标的元素. 记其为 m_{l_2}，让它与 r_2 关联. 元素 r_3 在 R 中与 r_1 和 r_2 有确定的先后次序；因为条件 (b) 和 (c)，有无限多个 M 的元素 m_v 使得它们对于 m_{l_1} 和 m_{l_2} 之间的先后关系同于 r_3 与 r_1 和 r_2 之间的. 在它们中选取一个在 M_0 中具最小指标的，记为 m_{l_3}. 按此规律，我们设想此相关过程一直进行下去. 如果对于 R 中 ν 个元素

$$r_1,\ r_2,\ r_3,\ \cdots,\ r_\nu$$

相关联，作为映像，确定的元素

$$m_1,\ m_{l_2},\ m_{l_3},\ \cdots,\ m_{l_\nu}$$

在 M 中相互具有 R 中对应元素间同样的先后次序，于是对于 R 中的元素 $r_{\nu+1}$，有 M 中相关联的 $m_{\nu+1}$，使得它在 M 中与

$$m_1,\ m_{l_2},\ m_{l_3},\ \cdots,\ m_{l_\nu}$$

的先后次序同于 R 中 $r_{\nu+1}$ 与 $r_1,\ r_2,\ \cdots,\ r_\nu$ 的那些元素中在 M_0 中具最小指标.

按此方式，我们有与所有 R 中元素 r_ν 相关联的 M 中确定的元素 m_{l_ν}，而元素 m_{l_ν} 在 M 中的具有 r_ν 在 R 中同样的先后次序. 然而我们还必须证明元素 m_{l_ν} 包含了 M 中**所有**的元素 m_ν，或者同样的，序列

$$1,\ l_2,\ l_3,\ \cdots,\ l_\nu,\ \cdots$$

［506］

只是序列

$$1,\ 2,\ 3,\ \cdots,\ \nu$$

的一个置换. 我们以完全归纳法来证明：我们将证明，如果元素 m_1，m_2，…，m_ν 在映像中出现，那么 $m_{\nu+1}$同样也在其中出现.

设 λ 如此之大，使得在元素

$$m_1,\ m_{l_2},\ m_{l_3},\ \cdots,\ m_{l_\lambda}$$

中包含了元素

$$m_1,\ m_2,\ \cdots,\ m_\nu,$$

按假定它们出现在映像中. 可能也可发现 $m_{\nu+1}$，也在其中；于是 $m_{\nu+1}$，便出现在映像中. 但如果 $m_{\nu+1}$不在元素

$$m_1,\ m_{l_2},\ m_{l_3},\ \cdots,\ m_{l_\lambda}$$

之中，那么 $m_{\nu+1}$，在 M 中有一个确定的先后位置，在 R 中有无限多个元素，它们相对于 r_1，r_2，…，r_λ 在 R 中有相同的前后位置，在它们中间设 $r_{\lambda+\sigma}$为在 R_0 中具最小指标的那个. 于是容易确定，$m_{\nu+1}$相对于

$$m_1,\ m_{l_2},\ \cdots,\ m_{l_{\lambda+\sigma-1}}$$

具有与 $r_{\lambda+\sigma}$相对于

$$r_1,\ r_2,\ \cdots,\ r_{\lambda+\sigma-1}$$

相同的前后位置，由于 m_1，m_2，…，m_ν 一经出现在映像中，$m_{\nu+1}$便是在 M 中相对于

$$m_1,\ m_{l_2},\ \cdots,\ m_{l_{\lambda+\sigma-1}}$$

的前后次序具有最小指标的元素. 因此，根据我们的关联规则，

$$m_{l_{\lambda+\sigma}}=m_{\nu+1}.$$

从而在这种情形，元素 $m_{\nu+1}$，也出现在映像之中，而 $r_{\lambda+\gamma}$是它在 R 中所关联的元素.

我们于是看到，按照我们的关联方式，**整个集合** M 是**整个集合** R 的映像；M 和 R 是相似集合. 这便是我们要证明的.

由我们刚证明的这个定理可以得到，譬如，下面的一些定理：

［507］

· 包含 0 的所有正和负的有理数集合在其自然前后次序下的序型为 η.

· 所有大于 a 小于 b 的有理数集合，在它们自然的前后次序下的序型为 η，其中 a 和 b 为满足 $a<b$ 的任意实数.

· 所有实代数数的集合在它们自然前后次序下的序型为 η.

· 所有大于 a 小于 b 的实代数数在其自然前后次序下的序型为 η，其中 a 和 b 是满足 $a<b$ 的任意实数.

这是因为所有这些集合全都满足我们定理中对 m 所要求的三个条件（见 Crelle 的 *Journal*, vol. lxxvii).

进而，如果我们根据 §8 中所给的定义，考虑被写成 $\eta+\eta$，$\eta\eta$，$(1+\eta)\eta$，$(\eta+1)\eta$，$(1+\eta+1)\eta$ 的序型，我们发现它们也全都满足这三个条件. 因此我们有以下定义：

$$\eta+\eta=\eta, \tag{7}$$

$$\eta\eta=\eta, \tag{8}$$

$$(1+\eta)\eta=\eta, \tag{9}$$

$$(\eta+1)\eta=\eta, \tag{10}$$

$$(1+\eta+1)\eta=\eta. \tag{11}$$

反复应用（7）和（8），对于任意有限数 v 有

$$\eta\cdot\nu=\eta, \tag{12}$$

$$\eta^{\nu}=\eta. \tag{13}$$

另一方面，我们容易看出对于 $\nu>1$，序型 $1+\eta$，$\eta+1$，$\nu\cdot\eta$，$1+\eta+1$ 全都互不相同且不同于 η. 我们有

$$\eta+1+\eta=\eta, \tag{14}$$

但 $\eta+\nu+\eta$ 对于 $\nu>1$ 不同于 η，

最后应该着重指出

[508]

§10 包含在一个超限有序集合中的基本序列

让我们来考虑任意一个单序的超限集合 M. M 的每个部分集合自身也是个单序集合. 为了研究序型 $\overline{M}$，M 中那些具有序型 ω 和 ${}^*\omega$ 的部分集合有着特殊的价值；我们称它们是"包含在 M 中的第一级基本序列"，而称前者，即具序型 ω 的为"递增"序列，而后者，即具序型 ${}^*\omega$ 的为"递降"的. 由于我们仅局限于考虑第一级的基本序列（以后我们也将对更高级的基本序列进行研究），我们在此将直接称它们为"基本序列". 因此一个"递增基本序列"具有形式

$$\{a_\nu\}\text{，其中 } a_\nu<a_{\nu+1}, \tag{1}$$

一个"递降基本序列"的形式为

$$\{b_\nu\}，其中 b_\nu > b_{\nu+1}. \tag{2}$$

字母 ν 还有 κ，λ 和 μ 在我们所考虑的范围内是有限基数或者一个有限序型（一个有限序数）的意思.

我们称在 M 中的两个递增基本序列 $\{a_\nu\}$ 和 $\{\alpha'_\nu\}$ 为"协同（coherent）"的（Zusammengehörig），并记以

$$\{a_\nu\} \parallel \{a'_\nu\}, \tag{3}$$

是说，如果对于每个元素 a_ν，存在元素 a'_λ 使得

$$a_\nu < a'_\lambda,$$

同时，对于每个元素 a'_ν 存在元素 a'_λ，使得

$$a'_\nu < a_\mu.$$

称两个递降基本序列 $\{b_\nu\}$ 和 $\{b'_\nu\}$ 为"协同"，并记以

$$\{b_\nu\} \parallel \{b'_\nu\}, \tag{4}$$

是说，如果对于每个元素 b_ν 存在元素 b'_λ 使得

$$b_\nu > b'_\lambda,$$

同时，对于每个元素 b'_ν 存在元素 b_μ，使得

$$b'_\nu > b_\mu.$$

称一个递增的基本序列 $\{a_\nu\}$ 和一个递降的基本序列 $\{b_\nu\}$ 为"协同"的，并记以

[509]

$$\{a_\nu\} \parallel \{b_\nu\}, \tag{5}$$

是说，（a）对于所有的 ν 和 μ 的值有

$$a_\nu < b_\mu,$$

以及（b）在 M 中最多存在一个（因而或者只有一个或者根本没有）元素 m_0，使得对所有的 ν 有

$$a_\nu < m_0 < b_\nu.$$

于是我们有以下定理：

A. 如果两个基本序列协同于第三个，则它们也相互协同.

B. 两个以同样方向进行的基本序列，其中一个是另一个的部分集合，为协同.

如果在 M 中存在一个元素 m_0，它相对于递增基本序列 $\{a_\nu\}$ 有如下位置：

（a）对于每个 ν

$$a_\nu < m_0,$$

（b）对于 M 中每个在 m_0 前面的元素 m，存在一个确定的 ν_0，使得对于 $\nu \geqslant \nu_0$，

$$a_\nu > m,$$

我们则称 m_0 为“a_ν 在 M 中的极限元素（Grenzelement）”. 也称其为一个“M 的主元素（Hauptelement）”. 以同样方式，如果满足如下条件：

（a）对于每个 ν

$$b_\nu > m_0,$$

（b）对于 M 的每个在 m_0 之后的元素 m 存在一个确定的数 ν_0，使得对于 $\nu \geqslant \nu_0$，

$$b_\nu < m,$$

我们则称 m_0 为一个“M 的主元素”，也称之为“$\{b_\nu\}$ 在 M 中的极限元素”.

一个基本序列在 M 中永不会有多于一个的极限元素；但一般来说，M 有许多主元素.

我们认识到下列定理的真实性：

C. 如果一个基本序列在 M 中有一个极限元素，则所有与它协同的基本序列在 M 中有同一个极限元素.

D. 如果两个基本序列（不管是按同一方向还是相反方向进行的）在 M 中有一个相同极限元素，则它们协同.

如果 M 和 M' 为两个相似地有序集合从而

$$\overline{M} = \overline{M'}, \tag{6}$$

并且我们固定着两个集合间的任一个映像，则容易看出成立以下定理：

[510]

E. 对于 M 中每个基本序列作为映像对应了 M' 中的一个基本序列，反之亦然；对于每个递增的对一个递增的，递降的对应递降的；对于 M 中协同的基本序列作为映像对应了 M' 中协同的基本序列，反之亦然.

F. 如果 M 中一个基本序列有属于 M 的极限元素，这对应的 M' 中的基本序列有属于 M' 的极限元素，反之亦然；而且这两个极限元素也相互为映像.

G. M 中的主元素对应于作为映像的 M' 的主元素，反之亦然，

如果一个集合 M 由主元素组成，即它的每个元素均为主元素，我们则称它为“自身稠密的集合（insichdichte Menge）”. 如果对 M 中每一个基本序列在 M 中总有一个极限元素，我们则称 M 为一个“闭（abgeschlossene）集合”. 一个集合同时“自身稠密”与“闭”，则称之为“完全集合”. 如果一个集合满足这三

个断言中的一个，则相似地集合也满足同一个断言；从而这些断言也可归于对应的序型故而有“自身稠密的序型”，“闭序型”，“完全序型”，还有“处处稠密序型”（§9）.

举例说，η 是一个“自身稠密”的序型，而且依照在 §9 中证明的，它也是“处处稠密”的，但它不是“闭”的，序型 ω 和 $^*\omega$ 没有主元素，但 $\omega+\nu$ 和 $\nu+{}^*\omega$ 每个都有一个主元素，从而是“闭”的. 序型 $\omega\cdot 3$ 有两个族元素，但不是“闭”的；序型 $\omega\cdot 3+\nu$ 具有三个主元素，并且是“闭”的.

§11　线性连续统的序型 θ

我们转向研究集合 $X=\{x\}$ 的序型，其中 X 为所有满足 $x\geqslant 0$ 且 $\leqslant 1$ 的实数 x 的集合，具有自然的前后次序，故对于它的两个元素 x 和 x'，如果 $x<x'$，则

$$x \prec x'.$$

记它的序型

$$\overline{X}=\theta. \tag{1}$$

［511］

由有理数相无理数的基本原理，我们知道 X 的每个基本序列 $\{x_\nu\}$ 在 X 有一个极限元素 x_0，并且反过来，X 的每个 x 都是 X 中协同基本序列的一个极限元素. 因此 X 是个“完全集合”，从而 θ 是个“完全序型”.

但是 θ 还不足以被这些特征描述；除此以外我们必须将我们的注意力放在 X 的下面的性质上. 集合 X 包含了作为在 §9 中讨论过的序型 η 的部分集合 R，使得在 X 中任意两个元素 x_0 与 x_1 之间有 R 中的元素.

我们现在要证明上面所有这些性质一起给出了线性连续统 X 的序型 θ 彻底的特征描述，故而我们有定理：

如果一个有序集合 M 使得（a）它为“完全”，并且（b）在它中包含了一个集合 S，它的基数 $\overline{\overline{S}}=\aleph_0$，并满足一个对 M 的关系：在 M 的任意两个元素 m_0 与 m_1 之间有 S 中的元素，则 $\overline{M}=\theta$.

证明　如果 S 有一个最低或最高的元素，由（b），它们与 M 中元素有同样的性质；我们于是可以将它们移出 S 而不会改变由（b）表达的它与 M 之间的关系. 因此我们可假定 S 无最低和最高元素，故而由 §9，它具有序型 η：由于 S 是 M 的部分集合，在任意两个 S 的元素 s_0 与 s_1 之间，由（b），必定有 S 的其他元素. 另外由（b），我们有 $\overline{\overline{S}}=\aleph_0$. 因此集合 S 与 R 相互“相似”：

$$S \simeq R.$$

我们固定任意一个 R 到 S 上的"映像"，并可按如下方式断言，它给出了 X 到 M 上的一个确定的"映像"：

设 X 中所有那些同时属于集合 R 的元素作为映像对应于 M 中那些元素，使它们同时是 S 的元素，并且在 R 到 S 上的设定的那个映像下对应于所说的 R 的元素. 但是如果 x_0 是 X 中不属于 R 的元素，则可将 x_0 看作是在 X 中的一个基本序列的极限元素，从而这个基数可以被一个包含在 R 中的协同的基本序列 $\{r_{\kappa_\nu}\}$ 替换.

[512]

这对应了作为映像 S 中的和 M 中的一个基本序列 $\{S_{\lambda_\nu}\}$，并且由于 (a)，它有一个在 M 中的不属于 S 的一个极限元素 m_0 (§10，F). 设这个 M 中的元素 m_0 (如果基本序列 $\{x_\nu\}$ 和 $\{r_{\kappa_\nu}\}$ 被其他的同一个元素 x_0 为极限元素的基本序列替换，则根据 §10 的 E，C，和 D 知它仍然一样) 是 X 中 x_0 的映像. 反之，对于每个 M 中不属于 S 的元素 m_0 有一个属于它的 X 的完全确定的元素 x_0，它不属于 R 且以 m_0 为映像.

按此方式便建立了在 X 与 m 之间的双方一意的对应，而我们现在则必须证明它给出这些集合的一个"映像".

当然，这是 X 的属于 R 的那些元素和对于 M 的属于 S 的那些元素的情形. 让我们将 R 的一个元素与 X 中的不属于 R 的一个元素 x_0 进行比较；设在 M 中的对应元素为 s 和 m_0. 如果 $r<x_0$，则有一个递增基本序列 $\{r_{\kappa_\nu}\}$，它以 x_0 为极限，并且从某一个 ν_0 往后，对于 $\nu \geqslant \nu_0$，有

$$r<r_{\kappa_\nu}.$$

r_{κ_ν}在 M 中的影响是一个递增序列 $\{s_{\lambda_\nu}\}$，它以 x_0 为极限元素，从而对于每个 ν 我们有 (§10) $s_{\lambda_\nu}<m_0$，以及对于 $\nu \geqslant \nu_0$ 有 $s<s_{\lambda_\nu}$. 因此 (§7) $s<m_0$.

如果 $r>x_0$，我们则相似地得到 $s>m_0$.

最后让我们考虑两个不属于 R 的元素 x_0 和 x'_0，以及在 M 中它们的对应元素 m_0 和 m'_0；于是以同样的考虑我们可证明，如果 $x_0<x'_0$，则 $m_0<m'_0$.

X 与 M 相似性的证明现在完成，我们因而有

$$\overline{M}=\theta.$$

1895 年 3 月于哈雷

注 释

[1] 在英文中"幂"与"势"都是同一个字"power"，有点混淆.

［2］在原来的意大利文的版本中是这样的："Numeri le unità dei quali si corrispondono univocamentee nel medesimo ordine，e di cui l'uno non èparte o uguale ad una parte dell' altro sono uguali"．

［3］韦罗内塞在 *Math. Ann.*，vol. xivii，1897，对此作出了回答；参看 Killin，同上，vol. xiviii，1897.

第二篇

§12　良序集合

在单序集合中良序集合应该有一个特殊的位置；我们称之为"序数"的它们的序型构成对于高次的超限基数或势的准确定义的自然选材：这是一个那样的定义，它与由所有有限数体系 ν 给予我们最小超限基数 $\aleph_0$（§7）的定义完全一致.

我们称一个单序集合 F（§7）为"良序"的是说，如果它的元素 f 从一个最低元素 f_1 以一个确定的接替顺序按以下方式递增：

Ⅰ. 在 F 中有一个最低等级的元素 f_1.

Ⅱ. 如果 F' 是 F 的任一部分集合，且 F 有一个或多个比 F' 中所有元素更高等级的元素，则 F 中有一个元素 f' 紧随在 F' 的总体之后，即使得在 F 中没有按等级处在 f' 与 F' 之间的元素.[1]

特别地，对于 F 的单个元素 f，如果它不是最高的，按等级在它后面有另一个紧随的确定的元素 f'；如果我们将 f' 作为条件Ⅱ中的 F' 则得到此断言. 进而，譬如，如果一个邻接元素的无穷序列

$$e' \prec e'' \prec e''' \prec \cdots \prec e^{(\nu)} \prec e^{(\nu+1)} \cdots$$

如此地包含在 F 中，使得在 F 中有比所有 $e^{(\nu)}$ 更高的元素，

［208］

则由第二个条件，将整个 $\{e^{\nu}\}$ 作为 F'，必存在元素 f' 使得不仅对所有的 ν 有

$$f' \succ e^{\nu},$$

而且也没有 F 的元素 g 能满足下面两个条件：

$$g \prec f',$$

$$g \succ e^{\nu}$$

对所有的 ν 都成立.

因此，举例说，三个集合

$$(a_1, a_2, \cdots, a_\nu, \cdots),$$
$$(a_1, a_2, \cdots, a_\nu, \cdots, b_1, b_2, \cdots, b_\mu, \cdots),$$
$$(a_1, a_2, \cdots, a_\nu, \cdots, b_1, b_2, \cdots, b_\mu, \cdots c_1, c_2, c_3),$$

其中
$$a_\nu < a_{\nu+1} < b_\mu < b_{\mu+1} < c_1 < c_2 < c_3,$$

都是良序的. 前两个没有最高元素，第三个有最高元素 c_3；在第二个和第三个中，b_1 紧接着在所有元素 a_ν 之后，在第三个中，c_1 紧接在所有 a_ν 和所有 b_μ 之后.

在下面我们要将符号＜和＞在 §7 中的用法加以扩张，将那里用于两个元素间的次序关系扩张到元素的集群之间，从而公式

$$M < N,$$
$$M > N$$

表达了事实：在一个给定顺序下，集合 M 的所有元素具有较集合 N 的所有元素的等级较低或较高.

A. 一个良序集合 F 的每个部分集合 F_1 都有一个最低元素，

证明 如果 F 的最低元素 f_1 属于 F_1，则它也是 F_1 的最低元素，在其他情形，设 F' 为所有 F 中较 F_1 中所有元素的等级都低的元素的全体，于是由此，F 中没有元素介于 F' 与 F_1 之间，因此如果 f'（按Ⅱ）紧随在 F' 之后，则它必定要属于 F_1 并取最低等级.

B. 如果一个单序集合 F 使得它与它的所有部分集合都有最低元素，则 F 是个良序集合.

[209]

证明 因为 F 有一个最低元素，条件Ⅰ得以满足，设 F' 为 F 的部分集合，使得 F 中有一个或更多的元素在 F' 之后；设 F_1 为所有这些元素的全体，而 f' 为 F_1 的最小元素，于是显然 f' 是 F 中紧随于 F' 的元素. 因此条件Ⅱ也被满足，从而 F 是个良序集合.

C. 一个良序集合的每个部分集合也是良序集合.

证明 由定理 A，集合 F' 连同 f' 的每个部分集合 F''（因为它也是 F 的部分集合），都有最低元素；因此由定理 B，集合 F' 为良序集合.

D. 每个与一个良序集合 F 相似的集合 G 也是良序的.

证明 如果 M 是一个具有最低元素的集合，于是由相似性的概念（§7）立即得到相似于它的每个集合 N 均有一个最低元素，现在由于我们有 $G \simeq F$，而 F

因为良序故有最低元素，故 G 亦如此. 因此 G 的每个部分集合 G' 也都有最低元，这是因为在 G 与 F 的映像下有 F 的部分集合 F' 作为映像对应于 G'，故

$$G' \simeq F'.$$

但由定理 A，F' 有最低元素，因此 G' 也有，从而 G 连同它的每个部分集合都有最低元素，根据定理 B，G 为良序集合.

E. 如果在一个良序集合 G 中，在它的元素 g 的位置上替换为一个良序集 F_g 使得如果 F_g 和 $F_{g'}$，占据了元素 g 和 g' 的位置，而 $g<g'$，则也有 $F_g<F_{g'}$，于是按这样的方式将 F_g 组合在一起形成的集合 H 是个良序集合.

证明 H 与 H 的每个部分集合 H' 均具有最低元素，则由定理 B，这将 H 特征刻画为一个良序集合. 因为，如果 g_1 是 G 的最低元素，则 F_{g_1} 的最低元素同时也是 H 的最低. 如果，进一步，我们有一个 H 的部分集合 H_1，它的元素属于一些确定的 F_g，它们是将这些 F_g 放在一起形成了集合 $\{F_g\}$ 的一个部分集合，而这里的 $\{F_g\}$ 是个由元素 F_g 组成的集合，相似于集合 G. 如果，譬如 F_{g_0} 是这个部分集合的最低元素，则 H_1 中含在 F_{g_0} 中元素构成的部分集合的最低元素同时也是 H_1 的最低元素.

［210］

§13 良序集的截段

如果 f 是良序集合 F 的任一不同于起始元素 f_1 的元素，则我们称 F 中所有在 f 前面的元素的集合为“F 的一个截段（*Abschnitt*）”或则更全面点，“由元素 f 定义的 F 的截段”. 另一方面，F 的所有其他元素，包括 f 的集合 R 成为一个“F 的余段”. 或更全面地，“由元素 f 决定的余段”. 由 §12 的定理 C，集合 A 和 R 都是良序的，根据 §8 和 §12，我们可写成

$$F=(A,\ R), \tag{1}$$

$$R=(f,\ R'), \tag{2}$$

$$A<R, \tag{3}$$

其中 R' 是 R 的部分集合，它在起始元素 f 之后，且如果 R 除 f 外没有其他元素，则化为 Ø.

例如，在良序集合

$$F=(a_1,\ a_2,\ \cdots,\ a_\nu,\ \cdots,\ b_1,\ b_2,\ \cdots,\ b_\mu,\ \cdots,\ c_1,\ c_2,\ c_3)$$

中，截段

$$(a_1,\ a_2)$$

及相应的余段

$$(a_3, a_4, \cdots, a_{\nu+2}, \cdots, b_1, b_2, \cdots, b_\mu, \cdots, c_1, c_2, c_3)$$

都是由 a_3 决定的；截段

$$(a_1, a_2, \cdots, a_\nu, \cdots)$$

及相应的余段

$$(b_1, b_2, \cdots, b_{\mu+1}, \cdots, c_1, c_2, c_3\cdots)$$

都是由元素 b_1 决定的；截段

$$(a_1, a_2, \cdots, a_\nu, \cdots, b_1, b_2, \cdots, b_\mu, \cdots c_1)$$

及相应的余段

$$(c_2, c_3)$$

由元素 c_2 决定.

如果 A 和 A' 为 F 的两个截段，f 及 f' 为它们的决定元素，且

$$f'<f, \tag{4}$$

则 A' 是 A 的一个截段. 我们称 A' 为 F 的“较小”，A 为“较大”截段：

$$A'<A. \tag{5}$$

因此，我们可以说 F 的每个 A 都“小于” F 本身：

$$A<F.$$

[211]

A. 如果两个相似的良序集合 F 和 G 相互映像，则对于 F 的每个截段 A 对应一个相似的 G 的截段 B，并对于 G 的每个截段 B 对应了 F 的一个相似的截段 A，并且在此映像下 F 和 G 中决定 A 和 B 的元素 f 和 g 也相互对应.

证明 如果我们有两个相似的单序集合 M 和 N 相互映像，而 m 和 n 为两个相应元素，且 M' 是 M 中所有在 m 前面的元素的集合，N' 为 N 中所有在 n 前面的元素的集合，于是 M' 和 N' 作为映像相互对应. 因为，如果对于 M 中每个在 m 前面的元素 m'，根据 §7，必定对应 N 中一个在 n 前面的一个元素 n'，反之亦然. 如果我们将此一般性定理应用于良序结合 F 和 G，则得到我们所要的.

B. 一个良序集 F 不相似于它的任一截段 A.

证明 我们假设有 $F\simeq A$，则我们可设想已建立了一个 F 到 A 上的映像，由定理 A，A 的截段 A' 对应于 F 的截段 A，故 $A'\simeq A$. 因此我们也有 $A'\simeq F$ 且 $A'<A$. 以同样的方式，由 A' 也可以产生出一个 F 中更小的截段 A''，使得 $A''\simeq F$ 且 $A''<A'$；等等. 因此我们便会得到一个 F 截段的无穷序列

$$A>A'>A''>\cdots>A_{(\nu)}>A^{(\nu+1)}>\cdots,$$

它们越来越小，并全都相似于集合 F. 我们以 $f, f', f'', \cdots, f^{(\nu)}, \cdots$ 表示 F 中决定这些截段的元素；于是我们便会有

$$f>f'>f''>\cdots>f^{(\nu)}>f^{(\nu+1)}\cdots.$$

因此我们有一个 F 的无限部分集合，它没有一个元素为其最低等级元素. 但由 §12 的定理 A，F 不可能有这样的部分集合. 因此 F 与其一个截段相似的假设导出了矛盾，从而集合 F 不相似于它的任何截段.

尽管根据定理 B，一个良序集合 F 不相似于它的任一截段，但如果 F 是无穷集合，总有

[212]

F 的其他部分集合与 F 相似，譬如，集合

$$F=(a_1, a_2, \cdots, a_\nu, \cdots)$$

相似于这些余段

$$(a_{\kappa+1}, a_{\kappa+2}, \cdots, a_{\kappa+\nu}, \cdots)$$

中的任一个. 因此，我们可以将下面的定理与定理 B 放在一起，这是重要的.

C. 一个良序集合 F 不与它的任何一个截段的部分集合相似.

证明 我们假设 F'是 F 的一个截段 A 的部分集合且 $F'\simeq F$. 我们设想有一个 F 到 F'的映像；于是由定理 A，对于良序集合 F 的一个截段 A，对应着作为映像的 F'的截段 F''；设此截段由 F'中的元素 f'决定. 元素 f'也是 A 的，从而决定了 A 的一个截段 A'，而 F''则成了它的部分集合. F 的一个截段 A 的一个部分集合 F'使得 $F'\simeq F$ 的假设因而将我们引到了 A 的一个截段 A'的一个部分集合 F''，使得 $F''\simeq A$. 同样的推断方式给了我们 A'的一个截段 A''的一个部分集合 F'''，使得 $F'''\simeq A'$. 如此进行下去，像在定理 B 的证明那样，我们得到了一个 F 的截段的无限序列，它们越来越小：

$$A>A'>A''>\cdots>A^{\nu}>A^{\nu+1}>\cdots,$$

从而有一个决定这些截段的元素的无限序列：

$$f>f'>f''>\cdots>f^{\nu}>f^{\nu+1}>\cdots,$$

在其中没有最低元素，由 §12 的定理 A，这是不可能的. 因此没有 F 的一个截段 A 的部分集合 F'使得 $F'\simeq F$.

D. 一个良序集合的两个不同的截段 A 和 A'互不相似.

证明 如果 $A'<A$，则 A'是良序集合 A 的一个截段，因此根据定理 B，它不能相似于 A.

E. 两个相似的良序集合 F 和 G 相互间映像的方式是唯一的.

证明 假定有两个 F 到 G 上的映像，并设 F 的元素 f 在这两个映像下对应了 G 中的 g 和 g'. 设 A 为 F 的由 f 决定的截段，而 B 和 B' 为 G 中由 g 和 g' 决定的截段，由定理 A，同时有 $A\simeq B$

[213]

和 $A\simeq B'$，从而 $B\simeq B'$，与定理 D 矛盾.

F. 如果 F 和 G 是两个良序集合，F 的一个截段 A 最多可以有相似于它的 G 中的一个截段 B.

证明 如果 F 的截段 A 可以有相似于它的 G 中的两个不同的截段 B 和 B'，则它们相互相似，由定理 D，这是不可能的.

G. 如果 A 和 B 分别为两个良序集合 F 和 G 的两个相似的截段，则对于 F 的每个更小的截段 $A'<A$ 便有一个 G 中更小的相似截段 $B'<B$，并且对 G 的每个更小的截段 $B'<B$ 有 F 的相似截段 $A'<A$.

将定理 A 应用到相似地集合 A 和 B 便得到证明.

H. 如果 A 和 A'为良序集合 A 的两个截段，B 和 B'是相似于它们的良序集合 G 中的两个截段，且 $A'<A$，于是，$B'<B$.

由定理 F 和 G 得到证明.

I. 如果良序集合 G 的一个截段 B 不相似于一个良序集合 F 的任何截段，则 G 的每个截段 $B'>B$ 和 G 本身都不与 F 的任意截段和 F 本身相似.

证明由定理 G 得到.

K. 如果对良序集合 F 的任一截段有另一个良序集合 G 的一个相似截段 B，并且对于 G 的任一截段 B 有一个 F 的相似截段 A，则 $F\simeq G$.

证明 我们可将 F 按照以下规则映像到 G：让 F 的最低元素 f_1 对应于 G 的最低元素 g_1. 如果 $f>f_1$ 是 F 的任一个元素，它决定了 F 的一个截段 A 根据假设，有一个相应于 A 的确定的 G 的相似截段 B，那么让 f 对应于决定 B 的 G 中元 g. 另外，如果 g 是 G 的任一个元素，根据假设，有 F 的一个相应的相似截段 A. 设决定 A 的元素 f 的映像为 g. 容易得出结论说，如此定义的 F 与 G 的这个双方一意的对应是 §7 意义下的一个映像，因为，如果 f 和 f'为 F 的任意两个元素，g 和 g'

[214]

是 G 中的对应元素，A 和 A'为 f 和 f'决定的截段，B 和 B'为 g 和 g'决定的截段；如果，譬如，

$$f'<f,$$

则有

$$A'<A.$$

根据定理 H，我们便有

$$B'<B.$$

从而

$$g' \prec g.$$

L. 如果对于一个良序集合 F 的每个截段 A，在另一个良序集合 G 中有一个相似的截段 B，但是另一方面，如果在 G 中至少有一个截段不相似于 F 的任一截段，则存在一个 G 的截段 B_1 使得 $B_1 \simeq F$.

证明 考虑 G 中那些不相似于 F 中任何截段的截段全体，其中必定有一个最小的截段，记其为 B_1. 这由如下事实得到：由 §12 的定理 A，所有决定这些截段的元素的集合具有一个最低元；由该元素决定的 G 的截段 B_1 不相似于 F 中的任何截段. 根据定理 I，G 中大于 B_1 的截段使得所有与它相似的截段均不在 F 中，因此对应于 F 中相似截段的 G 中截段 B 必定小于 B_1，并且每个截段 $B<B_1$ 和对应于 F 中的一个相似截段，这是因为 B_1 是所有那些对应于 F 中不相似截段的截段中最小的. 因此，对 F 中每个截段有一个 F 的相似截段 A. 根据定理 K，我们有 $F \backsimeq B_1$.

M. 如果良序集合 G 至少有一截段不相似于良序解 F 中的一个截段，则 F 中每个截段必定有一个在 B 中的相似截段.

证明 设 B_1 为 G 中不相似于 F 中任何截段的截段集合中最小者.[2] 如果在 F 中有截段不对应于 G 中截段那么在其中也必有一个最小的，记其为 A_1. 对于 A_1 的每个截段也就会存在一个 B_1 的相似截段，并且对于 B_1 的每个截段有一个 A_1 的相似截段，从而我们就会有

$$B_1 \simeq A_1.$$

[215]

但是这对假定 B_1 不相似于 F 的任何截段相矛盾，故而，在 F 中不可能有一个截段不对应于 G 中一个相似截段.

N. 如果 F 和 G 为任何两个良序集，则或者

（a）F 和 G 相互相似，或者

（b）存在 G 中一个确定的截段 B_1，使 F 与它相似；

（c）存在 F 中一个确定的截段 A_1，使 G 与它相似；

并且这三个情形相互排斥.

证明 F 对于 G 的关系可属于以下三种情形之一：

（a）对于 F 的每个截段 A，有一个属于 G 的相似截段 B，并反过来，对于 G 的每个截段 B 有属于 F 的相似截段 A；

（b）对于 F 的每个截段 A 有属于 G 的相似截段 B，但至少有一个 G 的截段不对应于 A 中的一个截段；

（c）对于 G 中每个截段 B 有属于 F 的一个相似截段 A，但至少有一个 F 的截段不对应于 F 中的相似截段.

F 中有一个截段不与 G 中任何截段相似，同时 G 也有一个截段不与 F 中任何截段相似的情形是不可能的，它被定理 M 排除在外.

根据定理 K，在第一种情形我们有

$$F \simeq G.$$

在第二种情形，由定理Ⅰ，有一个 G 的确定截段 B_1 使得

$$B_1 \simeq F;$$

而在第三种情形，则有 F 的一个确定的截段 A_1，使得

$$A_1 \simeq G.$$

我们不能同时又 $F \simeq G$ 及 $F \simeq B_1$，否则就会有 $G \simeq B_1$，与定理 B 矛盾；出于同一理由，也不能同时有 $F \simeq G$ 和 $G \simeq A_1$. 另外。同时 $F \simeq B_1$ 和 $G \simeq A_1$ 也是不可能的，因为，由定理 A，有 $F \simeq B_1$ 可以得到 B_1 中一个截段 B'_1 使得 $A_1 \simeq B'_1$ 的存在性. 因此我们将会有 $G \simeq B'_1$，与定理 B 矛盾.

O. 如果良序集 F 的部分集合 F' 不相似于 F 的任何截段，那么它则相似于 F 本身.

证明 根据 §12 的定理 C，F' 为良序集合，如果 F' 不相似于 F 的任何截段也不相似于 F 自己，那么由定理 N，就会有 F' 的一个截段 F'_1 相似于 F. 但 F'_1 是 F 的一个截段 A 的一个部分集合，其中

[216]

A 是由决定 F'_1 为 F' 的同一个元素决定的. 因此集合 F 就必须相似于它的一个截段的一个部分集合，这与定理 C 相矛盾.

§14 良序集合的序数

根据 §7，每个单序集合 M 都有一个序型 $\overline{M}$；这个序型是个一般性的概念，它是我们从元素性质中抽象出它们之间的前后次序得到的，故而从它们产生出单元（*Einsen*）的概念，这些单元按照一个确定的次序排列. 所有那些相互相似

的，也只有那些集合具有同一个序型．我们称一个良序集合的序型为“序数”．

如果 α 和 β 为任意两个序数，则我们将在三种可能关系中居其一，因为如果 F 和 G 为两个良序集合使得

$$\overline{F}=\alpha,\ \overline{G}=\beta,$$

于是，根据 § 13 中定理 N，有三个可能的相互排斥的可能情形：

（a）$F\simeq G$;

（b）存在 G 的一个确定截段 B_1，使得

$$F\simeq B_1;$$

（c）存在 F 的一个确定截段 A_1，使得

$$G\simeq A_1.$$

我们容易看出，这些情形的每一个当 F 和 G 被分别换成它们的相似集合时仍然维持不变．因此，我们便有了序型 α 和 β 之间的与其相关的三种相互排斥的关系．第一种情形，$\alpha=\beta$；在第二种情形，我们说 $\alpha<\beta$；在第三种情形则说 $\alpha>\beta$．因此我们有定理：

A．如果 α 和 β 为两个序数，我们或者有 $\alpha=\beta$，或者 $\alpha<\beta$，或者 $\alpha>\beta$．

按照少和多的定义，容易得到

B．如果我们有三个序数 α，β．γ，且如果 $\alpha<\beta$ 以及 $\beta<\gamma$，则 $\alpha<\gamma$．

因此，当我们以大小安排，序数便形成了一个单序集合；以后将看到，它是一个良序集合．

［217］

定义在 § 8 的任意单序集合序型的加法和乘法运算当然可以应用于序数，如果 $\alpha=\overline{F}$，$\beta=\overline{G}$，其中 F 和 G 为良序集合，则

$$\alpha+\beta=\overline{(F,\ G)}. \tag{1}$$

并集合（F，G）显然是也是良序集合；因而我们有定理

C．两个序数之和仍是序数．

在和 $\alpha+\beta$ 中的 α 被称为“被加数”，β 为“加数”．

由于 F 是（F，G）的一个截段，我们有

$$\alpha<\alpha+\beta. \tag{2}$$

另一方面，G 不是（F，G）的一个截段，而是一个余段，因此如我们在 § 13 中曾看到的，它可能会相似于集合（F，G）．若非如此，按照 § 13 的定理 O，它则相似于（F，G）的一个截段．因此

$$\beta\leqslant\alpha+\beta. \tag{3}$$

从而我们有

D．两个序数的和总大于被加数，但大于或等于加数．如果有 $\alpha+\beta=\alpha+\gamma$，我们总有 $\beta=\gamma$.

一般来说，$\alpha+\beta$ 与 $\beta+\alpha$ 不相等，另一方面，如果 γ 是第三个序数，我们有

$$(\alpha+\beta)+\gamma=\alpha+(\beta+\gamma). \tag{4}$$

那就是说，

E．在序数的加法中结合律总成立.

如果我们将序型为 β 的集合 G 的每个元素 g 替换为序型为 α 的集合 F_g，根据§12 的定理 E，我们得到一个连续集合 H，它的序型完全由序型 α 和 β 决定，并称其为积 $\alpha\cdot\beta$：

$$\overline{F_g}=\alpha, \tag{5}$$

$$\alpha\cdot\beta=\overline{H}. \tag{6}$$

F．两个序数的积仍是序数，

在积 $\alpha\cdot\beta$ 中，称 α 为“被乘数”，而 β 为“乘数”.

一般说来，$\alpha\cdot\beta$ 与 $\beta\cdot\alpha$ 不相等．但我们有（§8）

$$(\alpha\cdot\beta)\gamma=\alpha\cdot(\beta\cdot\gamma). \tag{7}$$

那就是说：

[218]

G．在序数的乘法中结合律成立.

一般地，分配律只按以下形式成立：

$$\alpha\cdot(\beta+\gamma)=\alpha\cdot\beta+\alpha\cdot\gamma. \tag{8}$$

关于积的大小，我们容易看出，成立如下定理：

H．如果乘数大于 1，则两个序数的积总大于被乘数，但大于或等于乘数，如果有我们有 $\alpha\cdot\beta=\alpha\gamma$，则总有 $\beta=\gamma$.

另一方面明显地我们有

$$\alpha\cdot 1=1\cdot\alpha=\alpha. \tag{9}$$

我们现在必须考虑减法运算了．如果 α 和 β 是两个序数，并且 α 小于 β，则总存在一个确定的序数，我们称之为 $\beta-\alpha$，它满足方程

$$\alpha+(\beta-\alpha)=\beta. \tag{10}$$

因为，如果 $\overline{G}=\beta$，则 G 有一个截段使得 $\overline{\beta}=\alpha$，记相应的余段为 S，我们有

$$G=(B,\ S),$$

$$\beta=\alpha+\overline{S};$$

因此

$$\beta-\alpha=\overline{S}. \tag{11}$$

$\beta-\alpha$ 的确定从以下事实中清楚地显现，即 G 的截段 B 是完全确定的（§13 的定理 D），从而 S 也唯一地给定，

我们着重指出以下的公式，它们由（4），（8）和（10）得到：

$$(\gamma+\beta)-(\gamma+\alpha)=\beta-\alpha, \tag{12}$$

$$\gamma(\beta-\alpha)=\gamma\beta-\gamma\alpha. \tag{13}$$

仔细思考一下无穷多个序数，它们也可取和，从而它们的和是个确定的序数，同时，这个序数依赖于取和项的顺序这个事实也是件重要的事. 如果

$$\beta_1,\ \beta_2,\ \cdots,\ \beta_\nu,\ \cdots$$

只是任意一个序数的单无穷序列，那末我们有

$$\beta_\nu=\overline{G_\nu}. \tag{14}$$

［219］

于是，根据 §12 的定理 E

$$G=(G_1,G_2,\cdots,G_\nu,\cdots) \tag{15}$$

也是一个良序集合，其叙述表示了数 β_ν 的和，我们于是有

$$\beta_1+\beta_2+\cdots+\beta_\nu+\cdots=\overline{G}=\beta, \tag{16}$$

并且我们容易从乘积的定义看出，总成立

$$\gamma\cdot(\beta_1+\beta_2+\cdots+\beta_\nu+\cdots)=\gamma\cdot\beta_1+\gamma+\beta_2+\cdots+\gamma\cdot\beta_\nu+\cdots. \tag{17}$$

如果我们令

$$\alpha_\nu=\beta_1+\beta_2\cdots+\beta_\nu, \tag{18}$$

那么

$$\alpha_\nu=\overline{(G_1,\ G_2,\ \cdots,\ G_\nu)}. \tag{19}$$

我们有

$$\alpha_{\nu+1}>\alpha_\nu, \tag{20}$$

并且，由（10），我们可以将数 β_ν 用数 α_ν 表达如下：

$$\beta_1=\alpha_1;\ \beta_{\nu+1}=\alpha_{\nu+1}-\alpha_\nu. \tag{21}$$

序列

$$\alpha_1,\ \alpha_2,\ \cdots,\ \alpha_\nu,\ \cdots$$

因而代表了序数**任意**的，满足条件（20）的无穷序列，我们称它为序数的一个“基本序列”（§10）. 在它与 β 之间存在有用以下方式表达的关系：

(a) 数 β 对所有 ν 大于 α_ν，这是因为序数为 α_ν 的集合（G_1，G_2，…，G_ν）是集合 G 的一个截段，而 G 的序数为 β 的缘故.

(b) 如果 β' 是任一个小于 β 的序数，则从某个 ν 往后，总有

$$\alpha_\nu > \beta'.$$

这是因为，由与 $\beta' < \beta$，集合 G 有一个截段 B' 具有序型 β'. G 的决定这个截段的元素必定属于部分集合 G_ν 中的一个；设其为部分集合 G_{ν_0}，那么 B' 也是（G_1，G_2，…，G_{ν_0}）的一个截段，从而 $\beta' < \alpha_{\nu_0}$，因此对于 $\nu \geqslant \nu_0$ 有

$$\alpha_\nu > \beta'.$$

于是 β 是个序数，它是在所有数 α_ν 后的按大小次序的下一个数；从而我们称它为数 α_ν 当 ν 增大时的"极限"（Grenze），并记为 $\mathrm{Lim}_\nu \alpha_\nu$，故而，由（16）和（21），有

$$\mathrm{Lim}_\nu \alpha_\nu = \alpha_1 + (\alpha_2 - \alpha_1) + \cdots + (\alpha_{\nu+1} - \alpha_\nu) + \cdots. \tag{22}$$

[220]

我们将所做的表达为如下的定理：

1. 对于每个序数的基本序列 $\{\alpha_\nu\}$ 有隶属于它的一个序数 $\mathrm{Lim}_\nu \alpha_\mu$，它在大小关系下是在所有数 α_μ 后的下一个数；它由公式（22）表示.

如果以 γ 表示任一个固定的序数，借助于公式（12），（13）和（17），我们容易证明含在下列公式中的定理：

$$\mathrm{Lim}_\nu (\gamma + \alpha_\nu) = \gamma + \mathrm{Lim}_\nu \alpha_\nu; \tag{23}$$

$$\mathrm{Lim}_\nu \gamma \cdot \alpha_\nu = \gamma \cdot \mathrm{Lim}_\nu \alpha_\nu. \tag{24}$$

我们在 §7 中已提到所有给定了有限基数 ν 的单序集合有且只有一个序型，可以证明如下，每个具有限基数的单序集合是一个良序集合；对于它以及它的每一个部分集合，必有一个最低元素，并且根据 §12 的定理 B，这特征刻画出它是个良序集合，单序集合的序型因而正是有限的序数，但是两个不同的序数 α 和 β 不可能属于同一个基数 ν. 因为，如果譬如说，$\alpha < \beta$ 以及 $\overline{G} = \beta$，则，如我们已知，存在一个 G 的截段 B，使得 $\overline{B} = \alpha$. 因此集合 G 和它的部分集合 B 就会有同一个有限基数 ν，根据 §6 的定理 C，这是不可能的. 于是有限序数在性质上与有限基数相同.

对于超限序数，情形完全不同；对于同一个超限基数 a 有隶属于它的无穷多个序数，它们形成一个统一的相关联的体系，我们称之为"数类 $Z(a)$（number-class）"，它是 §7 的序型类［a］的一个部分集合，我们考虑的下一个对象将是数类 Z（$\aleph_0$），我们称它为"第二数类". 与此相关，我们称有限序数的总体

$\{\nu\}$ 为“第一数类”.

［221］

§15　第二数类 $Z(\aleph_0)$ 的数

第二数类 $Z(\aleph_0)$ 是具有基数 $\aleph_0$（§6）的良序集合的序型 α 的总体 $\{\alpha\}$.

A. 第二数类有一个最小数 $\omega=\mathrm{Lim}_\nu\nu$.

证明　以 ω 表示良序集合

$$F_0=(f_1,\ f_2,\ \cdots,\ f_\nu,\ \cdots) \tag{1}$$

的序型，其中 ν 经过所有的有限序数，并且

$$f_\nu \prec f_{\nu+1}. \tag{2}$$

因此（§7）

$$\omega=\overline{F_0}, \tag{3}$$

以及（§6）

$$\bar{\omega}=\aleph_0. \tag{4}$$

因此 ω 是一个第二数类的数，并是最小的，因为，如果 γ 是任意小于 ω 的数它必定（§14）是 F_0 的一个截段的序型，但是 F_0 只有具**有限**序数 ν 的截段

$$A=(f_1,\ f_2,\ \cdots,\ f_\nu).$$

因此没有小于 ω 的超限数，从而 ω 是它们中最小的，根据§14给出的 $\mathrm{Lim}_\nu\alpha_\nu$ 的定义，我们显然有 $\omega=\mathrm{Lim}_\nu\nu$.

B. 如果 α 是第二数类中任一个数，则 $\alpha+1$ 是随它之后的同一数类中下一个大的数.

证明　设 F 是一个序型为 α 的良序集合，并具有基数 $\aleph_0$：

$$\bar{F}=\alpha, \tag{5}$$

$$\bar{\alpha}=\aleph_0. \tag{6}$$

以 g 表示一个新元素，我们则有

$$\alpha+1=\overline{(F,\ g)}. \tag{7}$$

由于 F 是 $(F,\ g)$ 的一个截段，我们便有

$$\alpha+1>\alpha. \tag{8}$$

我们还有

$$\overline{\alpha+1}=\bar{\alpha}+1=\aleph_0+1=\aleph_0\ (\S 6).$$

因此数 $\alpha+1$ 属于第二数类，在 α 与 $\alpha+1$ 之间没有其他序数；对于每个小于 $\alpha+1$

的数 γ,

[222]

作为序型对应于 $(F,\ g)$ 的一个截段，而这样一个截段只能是 F 或者 F 的一个截段. 因此 γ 要么等于要么小于 α.

C. 如果 α_1, α_2, …, α_ν, …是第一或第二数类的任一基本序列，则按大小顺序在它们之后的数 $\mathrm{Lim}_\nu\alpha_\nu$（§14）属于第二数类.

证明 根据§14，如果我们从基本序列 $\{\alpha_\nu\}$ 构造另一个序列 β_1, β_2, …, β_ν, …，其中

$$\beta_1=\alpha_1,\ \beta_2=\alpha_2-\alpha_1,\ \cdots,\ \beta_{\nu+1}=\alpha_{\nu+1}-\alpha_\nu,\ \cdots,$$

则可得到 $\mathrm{Lim}_\nu\alpha_\nu$. 于是如果 G_1, G_2, …, G_ν, …为良序集合，使得

$$\overline{G_\nu}=\beta_\nu,$$

那么

$$G=(G_1,\ G_2,\ \cdots,\ G_\nu,\ \cdots)$$

也是一个良序集合，并且

$$\overline{\overline{G}}=\aleph_0.$$

这是由于数 β_1, β_2, …, β_ν, …属于第一或第二数类，我们有

$$\overline{\overline{G_\nu}}=\aleph_0,$$

因而

$$\overline{\overline{G}}\leqslant\aleph_0\cdot\aleph_0=\aleph_0.$$

但是在任一种情形，G 都是一个超限集合，从而应该排除 $\overline{\overline{G}}<\aleph_0$ 的情形.

我们称两个第一或第二数类的数的基本序列 α_ν 和 $\alpha'_\nu L$（§10）为记作

$$\{\alpha_\nu\}\parallel\{\alpha'_\nu\} \tag{9}$$

的"协同"是说，如果对于每个 ν 有有限数 λ_0 和 μ_0 使得

$$\alpha'_\lambda>\alpha_\nu,\ \lambda\geqslant\lambda_0, \tag{10}$$

和

$$\alpha_\mu>\alpha'_\nu,\ \mu\geqslant\mu_0. \tag{11}$$

[223]

D. 分别属于两个基本序列 $\{\alpha_\nu\}$ 和 $\{\alpha'_\nu\}$ 的极限数 $\mathrm{Lim}_\nu\alpha_\nu$ 和 $\mathrm{Lim}_\nu\alpha'_\nu$ 相等当且仅当 $\{\alpha_\nu\}\parallel\{\alpha'_\nu\}$.

证明 为简便起见，我们令 $\mathrm{Lim}_\nu\alpha_\nu=\beta$, $\mathrm{Lim}_\nu\alpha'_\nu=\gamma$. 先设 $\{\alpha_\nu\}\parallel\{\alpha'_\nu\}$；于是我们断言有 $\beta=\gamma$. 因为如果 β 不等于 γ，那么这两个数中有一个较小，假设

$\beta<\gamma$. 从某一个 ν 往后我们就会有 $\alpha'_\nu>\beta$（§14），从而根据（11），从某个 μ 往后我们就会有 $\alpha_\mu>\beta$，但因为 $\beta=\mathrm{Lim}_\nu\alpha_\nu$ 这是不可能的，因此对于所有的 μ 我们有 $\alpha_\mu<\beta$.

反之，如果我们设 $\beta=\gamma$，则由于 $\alpha_\nu<\gamma$，我们必定可断言，从某个 λ 往后有 $\alpha'_\lambda>\alpha_\nu$，并且由于 $\alpha'_\nu<\beta$，我们必定可断言从某个 μ 往后有 $\alpha_\mu>\alpha'_\nu$. 这就是说 $\{\alpha_\nu\}\parallel\{\alpha'_\nu\}$.

E. 如果 α 是第二数类中的任何数，而 ν_0 为任一有限序数，我们则有 $\nu_0+\alpha=\alpha$，从而也有 $\alpha-\nu_0=\alpha$.

证明 我们首先要让我们验证定理在 $\alpha=\omega$ 是正确的，我们有

$$\omega=\overline{(f_1,\ f_2,\ \cdots,\ f_\nu,\ \cdots)},$$

$$\nu_0=\overline{(g_1,\ g_2,\ \cdots,\ g_{\nu_0})},$$

因此

$$\nu_0+\omega=\overline{(g_1,\ g_2,\ \cdots,\ g_{\nu_0},\ f_1,\ f_2,\ \cdots,\ f_{\nu_1})}=\omega.$$

但是，如果 $\alpha>\omega$，我们则有

$$\alpha=\omega+(\alpha-\omega),$$

$$\nu_0+\alpha=(\nu_0+\omega)+(\alpha-\omega)=\omega+(\alpha-\omega)=\alpha.$$

F. 如果 ν_0 为任一有限序数我们则有 $\nu_0\cdot\omega=\omega$.

证明 为了得到一个具序型 $\nu_0\cdot\omega=\omega$ 的集合，我们必须将集合（f_1，f_2，…，f_ν，…）中每个元 f_ν 替换为具序型 ν_0 的集合（$g_{\nu,1}$，$g_{\nu,2}$，…，g_{ν,ν_0}）. 我们于是得到集合

$$(g_{1,1},\ g_{1,2},\ \cdots,\ g_1,\ \nu_0,\ g_{2,1},\ g_{2,2},\ \cdots,\ g_{2,\nu_0},\ \cdots,\ g_{\nu,1},\ g_{\nu,2},\ \cdots,\ g_{nu,\nu_0},\ \cdots),$$

它显然相似于集合 $\{f_\nu\}$. 因此，

$$\nu_0\cdot\omega=\omega.$$

也可以更简单地得到同样的结果如下. 因为 $\omega=\mathrm{Lim}_\nu\nu$. 根据§14 的（24）我们有

$$\nu_0\cdot\omega=\mathrm{Lim}_\nu\nu_0\nu.$$

另一方面，

$$\{\nu_0\nu\}\parallel\{\nu\},$$

因此

$$\mathrm{Lim}_\nu\nu_0\nu=\mathrm{Lim}_\nu\nu=\omega,$$

故

$$\nu_0 \cdot \omega = \omega.$$

［224］

G. 我们总有

$$(\alpha+\nu_0) \cdot \omega = \alpha \cdot \omega,$$

其中 α 是第二数类的数，而 ν_0 是第一数类的数.

证明 我们有

$$\mathrm{Lim}_\nu \nu = \omega.$$

根据 §14 的（24）因而有

$$(\alpha+\nu_0)\omega = \mathrm{Lim}_\nu(\alpha+\nu_0)\nu.$$

但是，

$$\begin{aligned}(\alpha+\nu_0) &= \overbrace{(\alpha+\nu_0)}^{1}+\overbrace{(\alpha+\nu_0)}^{2}+\cdots+\overbrace{(\alpha+\nu_0)}^{\nu}\\ &=\alpha+\overbrace{(\alpha+\nu_0)}^{1}+\overbrace{(\alpha+\nu_0)}^{2}+\cdots+\overbrace{(\alpha+\nu_0)}^{\nu-1}+\nu_0\\ &=\overbrace{(\alpha)}^{1}+\overbrace{(\alpha)}^{2}+\cdots+\overbrace{(\alpha)}^{\nu}+\nu_0\\ &=\alpha\nu+\nu_0.\end{aligned}$$

我们现在容易看出，

$$\{\alpha\nu+\nu_0\} \parallel \{\alpha\nu\},$$

从而

$$\mathrm{Lim}_\nu(\alpha+\nu_0)\nu = \mathrm{Lim}_\nu(\alpha\nu+\nu_0) = \mathrm{Lim}_\nu \alpha\nu = \alpha\omega.$$

H. 如果 α 是第二数类中的任一数，则所有小于 α 的第一数类和第二数类的数 α' 的总体 $\{\alpha'\}$ 在它们的大小顺序下形成一个序型为 α 的良序集合.

证明 设 F 为满足 $\overline{F}=\alpha$ 的一个连续集合并设 f_1 为 F 的最小元素. 如果 α' 是任一个小于 α 的序数，于是由 §14 知，存在 F 的一个截段 A' 使得

$$\overline{A}'=\alpha',$$

并且反过来，每个截段 A' 由它的序型 $\overline{A}=\alpha'$ 决定，而数 $\alpha'<\alpha$ 为第一或第二数类. 这是因为，由于 $\overline{\overline{F}}=\aleph_0$，故 $\overline{\overline{A}}'$ 只能或是一个有限基数或是 $\aleph_0$. 截段 A' 由 F 中元素 $f'>f_1$ 决定. 如果 f' 和 f'' 为 F 的两个元素，它们处在 f_1 之后，而 A' 和 A'' 为由它们决定的 F 的截段，α' 和 α'' 为它们的序型，并且，譬如说，$f'<f''$，于是根据 §13 有 $A'<A''$ 从而 $\alpha'<\alpha''$.

［225］

如果我们令 $F=(f_1, F')$，于是当我们使得 F'的元素 f'对应于 $\{\alpha'\}$ 的元素 α'，便得到这两个集合之间的一个映像. 因此，我们有

$$\overline{\{\alpha'\}}=\overline{F'}.$$

但是，$\overline{F'}=\alpha-1$，而按照定理 E，$\alpha-1=\alpha$. 从而

$$\overline{\{\alpha'\}}=\alpha.$$

由于$\overline{\alpha}=\aleph_0$，我们也有$\overline{\overline{\{\alpha'\}}}=\aleph_0$；因此我们有定理：

I. 小于一个第二类数 α 的第一数类或第二数类的数 α'的集合 $\{\alpha'\}$ 具有基数 $\aleph_0$.

K. 第二数类的每个数 α 或者（a）由下一个更小的数 α_{-1}，加 1 得到：

$$\alpha=\alpha_{-1}+1,$$

或者（b）有一个第一类数或第二数类的数形成的基本序列 $\{\alpha_\nu\}$ 使得

$$\alpha=\mathrm{Lim}_\nu\alpha_\nu.$$

证明 设 $\alpha=\bar{F}$. 如果 F 具有一个最高等级的元素 g，我们则有 $F=(A, g)$，其中 A 是 F 中有 g 决定的截段. 于是我们有了定理的第一种情形，即

$$\alpha=\bar{A}+1=\alpha_{-1}+1.$$

但是如果 F 没有最高元素，则考虑所有小于 α 的第一或第二数类的数的总体 $\{\alpha'\}$. 根据定理 H，按照大小安排的集合 $\{\alpha'\}$ 相似于集合 F；因此在这些数 α'中没有最大的. 由定理 I，集合 $\{\alpha'\}$ 可以直接形成一个形如 $\{\alpha'_\nu\}$ 的无穷序列，如果我们从 α_1 着手，下面依次的元素为 α'_2，α'_3，…；这个顺序不同于大小的顺序，一般来说也许会小于 α'_1；但是无论如何，在此过程推进中总会出现大于 α'_1 的项；因为 α'_1 不能大于所有其他的项，令 α'_ν 中大于 α'_1 的元素例句最小指标的为 $\alpha'_{\rho 2}$. 相似地，设 $\alpha'_{\rho 3}$ 为序列 $\{\alpha'_\nu\}$ 中大于 $\alpha'_{\rho 2}$ 的数中指标最小的数. 如此进行下去，我们得到一个递增的无穷的数序列，事实上是一个基本序列

$$\alpha'_1, \alpha'_{\rho 2}, \alpha'_{\rho 3}, \cdots, \alpha'_{\rho\nu}, \cdots.$$

［226］

我们有

$$1<\rho_2<\rho_3<\cdots<\rho_\nu<\rho_{\nu+1}<\cdots,$$

$$\alpha'_1<\alpha'_{\rho 2}<\alpha'_{\rho 3}<\cdots<\alpha'_{\rho\nu}<\alpha'_{\rho\nu+1}<\cdots,$$

$$\text{如果 } \mu<\rho_{\rho\nu} \text{ 总有 } \alpha'_\mu<\alpha'_{\rho\nu};$$

并且因为显然 $\nu\leqslant\rho\nu$，故总有

$$\alpha'_\nu\leqslant\alpha'_{\rho\nu}.$$

于是我们看出，每个数 α'_ν 从而每个数 $\alpha'<\alpha$ 对于充分大的 ν 值总被数 $\alpha'_{\rho\nu}$ 超过. 但是 α 是按照大小紧随在所有数 α' 之后的数，因而也是对于所有 $\alpha'_{\rho\nu}$ 的下一个最大的数. 因此如果我们令 $\alpha'_1=\alpha$，$\alpha'_{\rho\nu+1}=\alpha_{\nu+1}$，我们则有

$$\alpha=\mathrm{Lim}_\nu\alpha_\nu.$$

从定理 B，C，…，K 可清楚看出第二数类是由更小的数以两种方式产生的. 那些我们称之为“第一种（Art）数”的数是由下一个小的数 α_{-1}，加 1 按照公式

$$\alpha=\alpha_{-1}+1$$

得到；另外那些我们称之为“第二种数”的数没有第二个小的数，而是作为基本序列 α_ν 的极限按公式

$$\alpha=\mathrm{Lim}_\nu\alpha_\nu$$

产生的. 这里的 α 是按大小紧随在所有数 α_ν 之后的数.

我们称这两种从较小的数得出较大的数的方式为“产生第二数类的数的第一和第二原理”.

§16　第二数类的势等于第二个大的超限基数 $\aleph_1$

在我们转向下一节更详细讨论第二数类的数及控制它们的规律之前，我们将回答关于所有这些数的集合 $Z(\aleph_0)=\{\alpha\}$ 所具有的基数的问题.

［227］

A. 第二数类的所有数 α 的总体 $\{\alpha\}$ 当按大小排序时是个良序集合.

证明　如果我们以 A_α 表示小于一个给定数 α 的所有第二数类的数的总体，而且按大小排序，则 A_α 是一个具序型 $\alpha-\omega$ 的良序集合. 这可由 § 14 的定理 H 得到，第一数类和第二数类的数中被记以 α' 的集合是由 $\{\nu\}$ 和 A_α 并和成的，故

$$\{\alpha'\}=(\{\nu\},A_\alpha).$$

因此

$$\overline{\{\alpha'\}}=\overline{\{\nu\}}+\overline{A_\alpha};$$

并且由于

$$\overline{\{\alpha'\}}=\alpha,\quad\overline{\{\nu\}}=\omega,$$

我们有

$$\overline{A_\alpha}=\alpha-\omega.$$

设 J 为 $\{\alpha\}$ 的部分集合使得在 $\{\alpha\}$ 中有数大于 J 的所有数. 譬如，设 α_0 是其中那样一个数. 于是 J 也是 A_{α_0+1} 的部分集合，的确，至少在 A_{α_0+1} 中的数 α_0 大

于 J 的所有数. 因为 A_{α_0+1} 是个良序集合，根据 §12，A_{α_0} 的一个数 α'，从而也是 $\{\alpha\}$ 的一个数，必定紧随在 J 的所有数之后. 因此 §12 的条件Ⅱ在 $\{\alpha\}$ 的情形被满足；§12 的条件也被满足，这是因为 $\{\alpha\}$ 具有最小数 ω.

现在，如果我们对于良序集合 $\{\alpha\}$ 应用 §12 的定理 A 和 B，则可得到如下定理：

B. 第一数类和第二数类的不同的数的每一个总体都有一个最小数.

C. 第一数类和第二数类的不同的数的总体按大小顺序是个良序集合.

我们现在要证明第二数类的所有数的势不同于第一数类的势 $\aleph_0$.

D. 第二数类的所有数 α 的总体 $\{\alpha\}$ 的势不等于 $\aleph_0$.

证明 如果 $\overline{\overline{\{\alpha\}}}=\aleph_0$，我们就会将总体 $\{\alpha\}$ 做成一个简单的无穷序列

$$\gamma_1,\ \gamma_2,\ \cdots,\ \gamma_\nu,\ \cdots,$$

使得 $\{\gamma_\nu\}$ 能表示为第二数类的所有数的总体，

[228]

但它的顺序不同于大小顺序，并且 $\{\gamma_\nu\}$ 像 $\{\alpha\}$ 那样，不包含最大数.

从 γ_1 开始，设 γ_{ρ_2} 为这个序列中大于 γ_1 而具有最小指标的项，γ_{ρ_3} 则是序列中大于 γ_{ρ_2} 而具有最小指标的项，等等. 我们得到了一个数的无穷递增序列

$$\gamma_1,\ \gamma_{\rho_2},\ \cdots,\ \gamma_{\rho_\nu},\ \cdots,$$

使得

$$1<\rho_2<\rho_3\cdots<\rho_\nu<\rho_{\nu+1}<\cdots,$$

$$\gamma_1<\gamma_{\rho_2}<\gamma_{\rho_3}<\cdots<\gamma_{\rho_\nu}<\gamma_{\rho_{\nu+1}}<\cdots,$$

$$\gamma_\nu\leqslant\gamma_{\rho_\nu}.$$

根据 §15 的定理 C，存在一个确定的第二数类的数 δ，即

$$\delta=\mathrm{Lim}_\nu\gamma_{\rho_\nu},$$

它大于所有的数 γ_{ρ_ν}. 因此，对于所有的 ν 我们有

$$\delta>\gamma_{\nu_0}.$$

但是 $\{\gamma_\nu\}$ 包含了**所有的**第二数类的数，从而数 δ 亦如此；于是对于一个确定的 ν_0 有

$$\delta=\gamma_{\nu_0},$$

这个等式与关系式 $\delta>\gamma_{\nu_0}$ 不合，因此假设 $\overline{\overline{\{\alpha\}}}=\aleph_0$ 引出了矛盾.

E. 任一第二数类的不同的数 β 的总体 $\{\beta\}$，如果是无穷多个，则它或者有基数 $\aleph_0$，或者是第二数类的基数 $\overline{\overline{\{\alpha\}}}$.

证明：当将集合 $\{\beta\}$ 按大小安排时，由于它是良序集合 $\{\alpha\}$ 的部分集合，根据 § 13 的定理 O，它或者相似于一个截段 A_{α_0}，这个截段是按大小顺序小于 α_0 的同一数类的所有数的总体，或者相似于总体 $\{\alpha\}$ 本身. 如同在定理 A 的证明中显示的那样，我们有

$$\overline{A_{\alpha_0}}=\alpha_0-\omega.$$

因此我们或者有 $\overline{\{\beta\}}=\alpha_0-\omega$ 或者 $\overline{\{\beta\}}=\overline{\{a\}}$，因而 $\overline{\{\beta\}}$ 或者等于 $\overline{\overline{\alpha_0-\omega}}$ 或者等于 $\overline{\{\alpha\}}$. 但是 $\overline{\alpha_0-\omega}$ 或者是一个有限基数，或者等于 $\aleph_0$（§ 15 定理 1). 因为 $\{\beta\}$ 被假定为无穷集合，故第一种情形被排除，因此基数 $\overline{\overline{\{\beta\}}}$ 或为 $\aleph_0$ 或为 $\overline{\{\alpha\}}$.

§ 17　形如 $\omega^\mu\nu_0+\omega^{\mu-1}\nu_1+\cdots+\nu_\mu$ 的数

让我们首先去熟悉 Z（$\aleph_0$）的那些是 ω 的整代数函数的数，这将带来一些方便. 这样的每个数可以给予，也是以唯一的方式给予形式

$$\varphi=\omega^\mu\nu_0+\omega^{\mu-1}\nu_1+\cdots+\nu_\mu, \tag{1}$$

其中 μ，ν_0 为不同于 0 的有限数但 ν_1，ν_2，$\cdots$，ν_μ 可以为 0. 这个断言基于的事实是，如果 $\mu'<\mu$ 且 $\nu>0$，$\nu'>0$，则

$$\omega^{\mu'}\nu'+\omega^\mu\nu=\omega^\mu\upsilon, \tag{2}$$

这是因为根据 § 14 的（8)，我们有

$$\omega^{\mu'}\nu'+\omega^\mu\nu=\omega^{\mu'}(\nu'+\omega^{\mu-\mu'}\nu),$$

并且，根据 § 15 的定理 E 有

$$\nu'+\omega^{\mu-\mu'}\nu=\omega^{\mu-\mu'}\nu.$$

因此，在形如

$$\cdots+\omega^{\mu'}\nu'+\omega^\mu\nu+\cdots$$

的集合中，所有那些在跟随在其右边后面具有 ω 的高阶的项的项都可被略去. 这个方法可继续直到达到（1）中给出的形式. 我们还需强调

$$\omega^\mu\nu+\omega^\mu\nu'=\omega^\mu\ (\nu+\nu'). \tag{3}$$

现在比较 ϕ 及同一型的数 ψ

$$\psi=\omega^\lambda\rho_0+\omega^{\lambda-1}\rho_1+\cdots+\rho_\lambda. \tag{4}$$

如果 μ 和 λ 不同，譬如，$\mu<\lambda$，我们由（2）有 $\phi+\psi=\psi$，因此 $\phi<\psi$.

[230]

如果 $\mu=\lambda$，ν_0 与 ρ_0 不同，譬如 $\nu_0<\rho_0$，由（2）我们有

$$\phi+(\omega^\lambda(\rho_0-\nu_0)+\omega^{\lambda-1}\rho_1+\cdot+\rho_\mu)=\psi,$$

从而

$$\phi<\psi.$$

最后，如果

$$\mu=\lambda,\ \nu_0=\rho_0,\ \nu_1=\rho_1,\ \cdots,\ \nu_{\sigma-1}=\rho_{\sigma-1},\ \sigma\leqslant\mu,$$

但是 ν_0 不同于 ρ_σ，譬如，$\nu_\sigma<\rho_\sigma$，我们则根据（2）得到

$$\phi+[\omega^{\lambda-\sigma}(\rho_\sigma-\nu_\sigma)+\omega^{\lambda-\sigma-1}\rho_{\sigma+1}+\cdots+\rho_\mu]=\psi,$$

因此仍旧有

$$\phi<\psi.$$

于是，我们看到只有在 ϕ 和 ψ 的表达式恒同的情形下，它们所代表的数才相等.

ϕ 和 ψ 的**加法**给出了以下结果：

（a）如果 $\mu<\lambda$，如我们在上面所说，

$$\phi+\psi=\psi;$$

（b）如果 $\mu=\lambda$，我们则有

$$\phi+\psi=\omega^\lambda(\nu_0+\rho_0)+\omega^{\lambda-1}\rho_1+\cdots+\rho_\lambda;$$

（c）如果 $\mu>\lambda$，我们有

$$\phi+\psi=\omega^\mu\nu_0+\omega^{\mu-1}\nu_1+\cdots+\omega^{\lambda+1}\nu_{\mu-\lambda-1}+\omega^\lambda(\nu_{\mu-\lambda}+\rho_0)+\omega^{\lambda-1}\rho_1+\cdots+\rho_\lambda.$$

为了进行 ϕ 和 ψ 的**乘法**，我们注意到，如果 ρ 是一个不等于 0 的有限数，我们则有公式

$$\phi\rho=\omega^\mu\nu_0\rho+\omega^{\mu-1}\nu_1+\cdots+\nu_\mu, \tag{5}$$

它容易从进行 ρ 项的和 $\phi+\phi+\cdots+\phi$ 得到. 由反复应有 §15 的定理 G，并再回想 §15 的定理 F，我们便得到

$$\phi\omega=\omega^{\mu+1}, \tag{6}$$

从而也有

$$\phi\omega^\lambda=\omega^{\mu+\lambda}. \tag{7}$$

根据 §14 中标有（8）的分配律，我们有

$$\phi\psi=\phi\omega^\lambda\rho_0+\phi\omega^{\lambda-1}\rho_1+\cdots+\phi\omega\rho_{\lambda-1}+\phi\rho_\lambda.$$

因此公式（4），（5）和（7）给出了以下结果：

（a）如果 $\rho_\lambda=0$，我们有

$$\phi\psi=\omega^{\mu+\lambda}\rho_0+\omega^{\mu+\lambda-1}\rho_1+\cdots+\omega^{\mu+1}\rho_{\lambda-1}=\omega^\mu\psi;$$

（b）如果 ρ_λ 不等于零，我们有

$$\phi\psi=\omega^{\mu+\lambda}\rho_0+\omega^{\mu+\lambda-1}\rho_1+\cdots+\omega^{\mu+1}\rho_{\lambda-1}+\omega^\mu\nu_0\rho_\lambda+\omega^{\mu-1}\nu_1+\cdots+\nu_\mu.$$

[231]

我们以以下方式达到了数 ϕ 的一个值得注意的分解. 设

$$\phi=\omega^{\mu}\kappa_0+\omega^{\mu 1}\kappa_1+\cdots+\omega^{\mu\gamma}\kappa_r, \tag{8}$$

其中

$$\mu>\mu_1>\mu_2>\cdots>\mu_g\geqslant 0,$$

而 κ_0，κ_1，…，κ_r 为不等于零的有限数. 于是我们有

$$\phi=(\omega^{\mu_1}\kappa_1+\omega^{\mu_2}\kappa_2+\cdots+\omega^{\mu_r}\kappa_r)(\omega^{\mu-\mu_1\kappa}+1).$$

反复使用此公式我们得到

$$\phi=\omega^{\mu_r}\kappa\ (\omega^{\mu_{r-1}-\mu\gamma}+1)\ \kappa_{k-1}\ (\omega^{\mu_{r-2}-\mu_{r-1}}+1)\ \kappa_{r-2}\cdots\ (\omega^{\mu-\mu_1}+1)\ \kappa_0. \tag{9}$$

在这里出现的因子（$\omega^{\lambda}+1$）全都不可分解，并且一个数 ϕ 只能以一种方式表述为这个乘积形式，如果 $\mu_r=0$，则 ϕ 是第一型的而其余情形则为第二型.

这一节的公式与在 *Math. Ann.*，vol. xxi（或“*Grundlagen*”）中的公式有明显的偏差，这不过是对于两个数的乘积的不同写法而已：我们现在将被乘数放在了左面，而乘数在右，而那时我们将它们放在相反的位置.

§18 在第二数类的定义域内的幂[3] γ^{α}

设 ξ 为一个定义域由第一和第二数类的数，包括零组成. 设 γ 和 δ 为两个属于同一定义域的常数，并设

$$\delta>0,\ \gamma>1.$$

我们于是可断言成立以下定理：

A. 存在一个完全确定的变量 ξ 的单值函数 $f(\xi)$ 使得

（a）$f(0)=\delta$,

（b）如果 ξ' 和 ξ'' 为 ξ 的两个值，并且如果

$$\xi'<\xi'',$$

则

$$f(\xi')<f(\xi'').$$

[232]

（c）对于 ξ 的每个值我们有

$$f(\xi+1)=f(\xi)\gamma.$$

（d）如果 $\{\xi_\nu\}$ 是一个基本序列，则 $\{f(\xi_\nu)\}$ 也是一个基本序列，并且如果我们有

$$\xi=\mathrm{Lim}_\nu\xi'_\nu,$$

则

$$f(\xi) = \mathrm{Lim}_\mu f(\xi_\nu).$$

证明 根据（a）和（c），我们有

$$f(1)=\delta\gamma, f(2)=\delta\gamma\gamma, f(3)=\delta\gamma\gamma\gamma, \cdots,$$

而且，由于 $\delta>0$ 以及 $\gamma>1$，我们有

$$f(1)<f(2)<f(3)<\cdots<f(\nu)<f(\nu+1)<\cdots.$$

因此函数 $f(\xi)$ 对于 $\xi<\omega$ 的范围内被完全决定. 我们现在假定此定理对于所有小于 α 的 ξ 的值成立，其中 α 是第二数类中的任意一个数，于是它也对于 $\xi\leqslant\alpha$ 成立. 这是因为如果 α 是第一型的，我们则由（c）有

$$f(\alpha)=f(\alpha_{-1})\gamma>f(\alpha_{-1});$$

故条件（b），（c）和（d）对于 $\xi\leqslant\alpha$ 被满足，但是如果 α 是第二型的并且 $\{\alpha_\nu\}$ 是个基本序列，使得 $\mathrm{Lim}_\nu\alpha_\nu=\alpha$，则由（b）得出 $\{f(\alpha_\nu)\}$ 也是个基本序列从而由（d）知 $f(\alpha)=\mathrm{Lim}_\mu f(\alpha_{nu})$. 如果我们取另一个基本序列 $\{\alpha'_\nu\}$ 使得 $\mathrm{Lim}_\nu\alpha'_\nu=\alpha$，则因为（b），这两个基本序列 $\{f(\alpha_\nu\}$ 和 $\{f(\alpha'_\nu)\}$ 为协同，因而也有 $f(\alpha)=\mathrm{Lim}_\mu f(\alpha'_\nu)$. $f(\alpha)$ 的值从而在这情形也被唯一决定.

如果 α' 是任意小于 α 的数，我们容易验证 $f(\alpha')<f(\alpha)$. 条件（b），（c）和（d）也为 $\xi\leqslant\alpha$ 所满足. 因此得到，该定理对于 ξ 的**所有值**都成立的结论. 这是因为，如果有例外的 ξ 的值使它不成立，那么，根据 §16 的定理 B 知，它们中的一个，姑且记为 α，就不得不是最小的. 于是定理就会对于 $\xi<\alpha$ 成立，但不对 $\xi\leqslant\alpha$ 成立，而这就与我们已证明的结果矛盾，因此对于 ξ 的整个定义域有一个且只有一个函数 $f(\xi)$ 满足条件（a）到（d）.

[233]

如果我们赋予常数 δ 以值 1，而后以

$$\gamma^\xi$$

表示函数 $f(\xi)$，我们则可明确表达出如下的定理：

B. 如果 γ 是任意大于 1 的，属于第一或第二数类的常数，则存在一个完全确定的 ξ 的函数 γ^ξ，使得

（a）$\xi^0=1$；

（b）如果 $\xi'<\xi''$，则 $\gamma^{\xi'}<\gamma^{\xi''}$；

（c）对于 ξ 的每个值，我们有 $\gamma^{\xi+1}=\gamma^\xi\gamma$；

（d）如果 $\{\xi_\nu\}$ 是一个基本序列，则 $\{\gamma^{\xi_\nu}\}$ 也是个基本序列，并且如果 $\xi=\mathrm{Lim}_\nu\xi_\nu$，则有等式

$$\gamma^{\xi}=\mathrm{Lim}_{\nu}\gamma^{\xi_{\nu}}.$$

我们也可断定下面的定理成立：

C. 如果 $f(\xi)$ 是由定理 A 所刻画的函数我们则有

$$f(\xi)=\delta\gamma^{\xi}.$$

证明 如果我们注意到§14 的（24），则我们就容易验证函数 $\delta_{\gamma^{\xi}}$ 不仅满足定理 A 的条件（a），（b）和（c）而且还有此定理的条件（d）. 考虑到函数 $f(\xi)$ 的唯一性，它必定恒等于 $\delta_{\gamma^{\xi}}$.

D. 如果 α 和 β 为第一或第二数类中任意两个数，包括零，我们则有

$$\gamma^{\alpha+\beta}=\gamma^{\alpha}\gamma^{\beta}.$$

证明 考虑函数 $\phi(\xi)=\gamma^{\alpha\xi}$，并注意如下事实：由§14 的公式（23），有

$$\mathrm{Lim}_{\nu}(\alpha+\xi_{\nu})=\alpha\mathrm{Lim}_{\nu}\xi_{\nu},$$

从而使我们认识到 $\phi(\xi)$ 满足以下四个条件：

（a）$\phi(0)=\gamma^{\alpha}$；

（b）如果 $\xi'<\xi''$，则 $\phi(\xi')<\psi(\xi'')$；

（c）对于 ξ 的任意值我们有 $\phi(\xi+1)=\phi(\xi)\gamma$；

（d）如果 $\{\xi_{\nu}\}$ 是一个基本序列，使得 $\mathrm{Lim}_{\nu}\xi_{\nu}=\xi$，我们则有

$$\phi(\xi)=\mathrm{Lim}_{\nu}\phi(\xi_{\nu}).$$

在定理 C 中令 $\delta=\gamma^{\alpha}$ 时我们有

$$\phi(\xi)=\gamma^{\alpha}\gamma^{\xi},$$

如果我们在其中令 $\xi=\beta$，则有

$$\gamma_{\alpha+\beta}=\gamma^{\alpha}\gamma^{\beta}.$$

E. 如果 α 和 β 是第一或第二数类中的任意两个数，包括零，我们则有

$$\gamma^{\alpha\beta}=(\gamma^{\alpha})^{\beta}.$$

[234]

证明 我们来考虑函数 $\psi(\xi)=\gamma^{\alpha\xi}$，并注意到，由§14 的（24）我们总有 $\mathrm{Lim}_{\nu}\alpha\xi_{nu}=\alpha\mathrm{Lim}_{\nu}\xi_{\nu}$，于是由定理 D，可以有如下断言：

（a）$\psi(0)=1$；

（b）如果 $\xi'<\xi''$，则 $\psi(\xi')<\psi(\xi'')$；

（c）对于 ξ 的每个值有 $\psi(\xi+1)=\psi(\xi)\gamma^{\alpha}$；

（d）如果 $\{\xi_{\nu}\}$ 是个基本序列，则 $\{\psi(\xi_{\nu})\}$ 也是个基本序列，并且如果 $\xi=\mathrm{Lim}_{\nu}\xi_{\nu}$，则有等式 $\psi(\xi)=\mathrm{Lim}_{\nu}\psi(\xi_{\nu})$.

因此，如果在定理 C 中将 δ 换成 1，将 γ 换作 γ^{α}，就得到

$$\psi(\xi)=(\gamma^{\alpha})^{\xi}.$$

就**大小**而言，γ^{ξ} 与 ξ 相比有如下的定理：

F. 如果 $\gamma>1$，则对于 ξ 的任何值我们有

$$\gamma^{\xi}\geqslant\xi.$$

证明 在 $\xi=0$ 和 $\xi=1$ 的情形定理立即可得. 我们现在证明，如果它对于一个小于给定的数 $\alpha>1$ 的所有 ξ 的值都成立，那么它就对 $\xi=\alpha$ 成立.

如果 α 是第一型的数，由假定我们有

$$\alpha_{-1}\leqslant\gamma^{\alpha-1},$$

从而

$$\alpha_{-1}\gamma\leqslant\gamma^{\alpha-1}\gamma=\gamma^{\alpha}.$$

因此

$$\gamma^{\alpha}\geqslant\alpha_{-1}+\alpha_{-1}(\gamma-1).$$

由于 α_{-1}和 γ 至少等于 1，而 $\alpha_{-1}+1=\alpha$，我们便有

$$\gamma\geqslant\alpha.$$

另一方面，如果 α 是第二型的，从而有

$$\alpha=\mathrm{Lim}_{\nu}\alpha_{\nu},$$

于是由于 $\alpha_{\nu}<\alpha$，我们由假定有

$$\alpha_{\nu}\leqslant\gamma^{\alpha_{\nu}}.$$

因此

$$\mathrm{Lim}_{\nu}\alpha_{\nu}\leqslant\mathrm{Lim}_{\nu}\gamma^{\alpha_{\nu}},$$

这就是说，

$$\alpha\leqslant\gamma^{\alpha},$$

现在如果有 ξ 的值使得

$$\xi>\gamma^{\xi},$$

那么根据 §16 的定理 B，它们中有一个就必须是最小的，如记此数为 α，我们对于 $\xi<\alpha$ 就会有

[235]

$$\xi\leqslant\gamma^{\xi};$$

但是

$$\alpha>\gamma^{\alpha},$$

这与我们前面所证矛盾. 因此对于所有 ξ 的只有

$$\gamma^{\xi}\geqslant\xi.$$

§19 第二数类的数的正规形式

设 α 为第二数类中的任意数. 幂 ω^{ξ} 对于充分大的 ξ 值将大于 α. 由 §18 的定理 F，对于 $\xi>\alpha$ 就总是这样的；但是一般来说这也会发生在 ξ 的较小的值.

由 §16 的定理 B，在 ξ 的值中必定有使得

$$\omega^{\xi\alpha}$$

为最小的一个，记其为 β，我们容易验证它不可能是第二型数，实际上，如果我们有

$$\beta=\mathrm{Lim}_{\nu}\beta_{\nu},$$

并由于 $\beta_{\nu}<\beta$，我们就会有

$$\omega\leqslant\alpha,$$

因而

$$\mathrm{Lim}_{\nu}\omega^{\beta_{\nu}}\leqslant\alpha.$$

于是由此有

$$\omega^{\beta}\leqslant\alpha,$$

然而我们却有

$$\omega^{\beta}>\alpha.$$

因此 β 是第一型的数，以 α_0 记 β_{-1}，故而 $\beta=\alpha_0+1$，从而可以断言，有一个完全确定的第一数类或第二数类的数 α_0 满足下面两个条件：

$$\omega^{\alpha_0}\leqslant\alpha,\ \omega^{\alpha_0}\omega>\alpha. \tag{1}$$

由第二个条件我们得到

$$\omega^{\alpha_0}\nu\leqslant\alpha$$

不是对所有的有限数 ν 都成立，这是因为如果不是这样我们就会有

$$\mathrm{Lim}_{\nu}\omega^{\alpha_0}\nu=\omega^{\alpha_0}\omega\leqslant\alpha.$$

我们记使得

$$\omega^{\alpha_0}\nu>\alpha$$

的最小有限数 ν 为 κ_0+1. 由于（1），我们有 $\kappa_0>0$.

[236]

因此有一个完全确定的第一数类的数 κ_0 使得

$$\omega^{\alpha_0}\kappa_0\leqslant\alpha,\omega^{\alpha_0}(\kappa_0+1)>\alpha. \tag{2}$$

如果令 $\alpha-\omega^{\alpha_0}\kappa_0=\alpha'$，我们便有

$$\alpha=\omega^{\alpha_0}\kappa_0+\alpha' \tag{3}$$

以及 $$0\leqslant\alpha'<\omega^{\alpha_0},\ 0<\kappa_0<\omega,\tag{4}$$

但是 α 在条件（4）下只有唯一的一种方式表示为（3）的形式. 这是因为，从（3）和（4）可反过来推出条件（2），从而推出条件（1）. 然而只有数 $\alpha_0=\beta_{-1}$，满足条件（1），而根据条件（2），有限数 κ_0 被唯一决定，如果注意到 §18 的定理 F，从（1）和（4）便可得到

$$\alpha'<\alpha,\ \alpha_0\leqslant\alpha.$$

因此我们得到以下定理：

A. 第二数类的每个数 α 可以被给予，并且以唯一的方式被给予形式

$$\alpha=\omega^{\alpha_0}\kappa_0+\alpha',$$

其中

$$0\leqslant\alpha\alpha'<\omega^{\alpha_0},\ 0<\kappa_0<\omega,$$

并且 α' 总是小于 α，而 α_0 小于或等于 α.

如果 α' 是一个第二数类的数，我们则可对它应用定理 A，从而有

$$\alpha'=\omega^{\alpha_1}\kappa_1+\alpha'',\tag{5}$$

其中

$$0\leqslant\alpha''<\omega^{\alpha_1},\ 0<\kappa_1<\omega,$$

以及

$$\alpha_1<\alpha_0,\ \alpha''<\alpha'.$$

一般地，我们可以得到进一步相似等式的序列

$$\alpha''=\omega^{\alpha_2}\kappa_2+\alpha''',\tag{6}$$

$$\alpha'''=\omega^{\alpha_3}\kappa_3+\alpha^{iv},\tag{7}$$

……

但这不可能无限下去，必定要中断. 这是因为 α，α'，α''，α'''，按大小递降：

$$\alpha>\alpha'>\alpha''>\alpha'''>\cdots,$$

如果一个超限数的递降序列是无限的，则没有一个是最小的；由 §16 的定理 B，这是不可能的，因此有一个确定的有限数值 τ 使得

$$\alpha^{\tau+1}=0.$$

［237］

现在我们如果将等式（3），（4），（5）和（6）相互结合，便得到了定理：

B. 每个第二数类的数 α 都可以表示且以唯一的方式表示为形式

$$\alpha=\omega^{\alpha_0}\kappa_0+\omega^{\alpha_1}\kappa_1+\cdots+\omega^{\alpha_\gamma}\kappa_\gamma,$$

其中 α_0，α_1，…，α_γ，为第一或第二数类的数，使得

$$\alpha_0>\alpha_1>\alpha_2>\cdots>\alpha_\tau\geqslant 0,$$

而 κ_0，κ_1，…，κ_τ，$\gamma+1$ 为不等于 0 的第一数类的数.

称上面表示出的第二数类的数的形式为它们的"正规形式"；称 α_0 为 α 的"次数"，α_τ 为 α 的"指数". 对于 $\tau=0$，次数与指数相等.

依照指数 τ 等于或大于零表明 α 是第一还是第二数类的数.

让我们取另一个写成正规形式的数 β，

$$\beta=\omega^{\beta_0}\lambda_0+\omega^{\beta_1}\lambda_1+\cdots+\omega^{\beta_\sigma}\lambda_\sigma. \tag{8}$$

公式

$$\omega^{\alpha'}\kappa'+\omega^{\alpha'}\kappa=\omega^{\alpha'}(\kappa'+\kappa), \tag{9}$$

$$\omega^{\alpha'}\kappa'+\omega^{\alpha''\kappa''}=\omega^{\alpha''}\kappa'',\ \alpha'<\alpha'', \tag{10}$$

其中 κ，κ'，κ''代表有限数，可以作为见 α 与 β 进行比较以及进行加减的工具. 这些都是 §17 的公式（2），（3）的推广.

对于乘积 $\alpha\beta$ 的构成可考虑如下的公式：

$$\alpha\lambda=\omega^{\alpha_0}\kappa_{0\lambda}+\omega^{\alpha_1}\kappa_1+\cdots+\omega^{\alpha_\tau}\kappa_\gamma,\ 0<\lambda<\omega; \tag{11}$$

$$\alpha\omega=\omega^{\alpha_0+1}; \tag{12}$$

$$\alpha\omega^{\beta'}=\omega^{\alpha_0+\beta'},\ \beta'>0. \tag{13}$$

容易基于以下公式进行取幂 α^β：

$$\alpha^\lambda=\omega^{\alpha_0\lambda}\kappa_0+\cdots,\ 0<\lambda<\omega. \tag{14}$$

右端没有写出的项比第一个的次数低. 因此容易推导出基本序列 $\{\alpha_\lambda\}$ 和 $\{\omega^{\alpha_0\lambda}\}$ 协同，故

$$\alpha^\omega=\omega^{\alpha_0\omega},\ \alpha_0>0. \tag{15}$$

因此按照 §18 定理 E，我们有

$$\alpha^{\omega^{\beta'}}=\omega^{\alpha_0\omega^{\beta'}},\ \alpha_0>0,\ \beta'>0. \tag{16}$$

借助于这些公式我们可证明以下公式；

［238］

C. 如果这两个数 α 和 β 的首项 $\omega^{\alpha_0}\kappa_0$，$\omega^{\beta_0}\lambda_0$ 不相等，那么按照 $\omega^{\alpha_0}\kappa_0$ 是小于还是大于 $\omega^{\beta_0}\lambda_0$ 决定 α 是小于还是大于 β. 但是如果我们有

$$\omega^{\alpha_0}\kappa_0=\omega^{\beta_0}\lambda_0,\ \omega^{\alpha_1}\kappa_1=\omega^{\beta_1}\kappa_1,\ \cdots,\ \omega^{\alpha_\rho}\kappa_\rho=\omega^{\beta_\rho}\lambda_\rho,$$

而如果 $\omega^{\alpha_{\rho+1}}\kappa_{\rho+1}$小于或大于 $\omega^{\beta_{\rho+1}}\lambda_{\rho+1}$，则相应地，$\alpha$ 小于或大于 β.

D. 如果 α 的次数 α_0 小于 β 的次数 β_0，我们有

$$\alpha+\beta=\beta.$$

如果 $\alpha_0=\beta_0$，则

$$\alpha+\beta=\omega^{\beta_0}(\kappa_0+\lambda_0)+\omega^{\beta_1}\lambda_1+\cdots+\omega^{\beta_\sigma}\lambda_\sigma.$$

但是如果

$$\alpha_0>\beta_0,\ \alpha_1>\beta_0,\ \cdots,\ \alpha_\rho\geqslant\beta_0,\ \alpha_{\rho+1}<\beta_0,$$

则

$$\alpha+\beta=\omega^{\alpha_0}\kappa_0+\cdots+\omega^{\alpha_\rho}\kappa_\rho+\omega^{\beta_0}\lambda_0+\omega^{\beta_0}\lambda_1+\cdots+\omega^{\beta_\sigma}\lambda_\sigma$$

E. 如果 β 是第二型的（$\beta_\sigma>0$），则

$$\alpha\beta=\omega^{\alpha_0+\beta_0}\lambda_0+\omega^{\alpha_0+\beta_1}\lambda_1+\cdots+\omega^{\alpha_0+\beta\sigma}\lambda_\sigma=\omega^{\beta_0}\lambda_\sigma.$$

但是如果 β 是第一型的（$\beta_\sigma=0$），则有

$$\alpha\beta=\omega^{\alpha_0+\beta_0}\lambda_0+\omega^{\alpha_0+\beta_1}\lambda_1+\cdots+\omega^{\alpha_0+\beta\sigma-1}\lambda_{\sigma-1}+\omega^{\alpha_0}\kappa_0\lambda_\sigma$$
$$+\omega^{\alpha_1}\kappa_1+\cdots+\omega^{\alpha_\gamma}\kappa_\gamma.$$

F. 如果 β 是第二型的（$\beta_\sigma>0$），则

$$\alpha^\beta=\omega^{\alpha_0\beta}.$$

但是如果 β 为第一型的（$\beta_\sigma=0$），的确就有 $\beta=\beta'+\lambda_\sigma$，其中 β' 是第二型的，我们则有

$$\alpha^\beta=\omega^{\alpha_0\beta'}\alpha^{\lambda_\sigma}.$$

G. 每个第二数类的数 α 只以一种方式被表示为乘积形式：

$$\alpha=\omega^{\gamma_0}\kappa_\gamma(\omega_1+1)\kappa_{\gamma-1}(\omega^{\gamma_2}+1)\cdots(\omega^\gamma+1)\kappa_0,$$

而且我们有

$$\gamma_0=\alpha_\gamma,\ \gamma_1=\alpha_{\gamma-1}-\alpha_2,\ \gamma_2=\alpha_{\gamma-2}-\alpha_{\gamma-2},\ \cdots,\ \gamma_\gamma=\alpha_0-\alpha_1,$$

这里的 κ_0，γ_1，…，κ_τ 同于正规形式中的记号. 因式 $\omega^\gamma+1$ 全为不可分解的.

H. 属于第二数类的第二型的每个数可以被表示为，且以唯一的方式表示为形式

$$\alpha=\omega^{\gamma_0}\alpha',$$

其中 $\gamma_0>0$，而 α' 是属于第一或第二数类的第一型数.

[239]

I. 为了使第二数类的两个数 α 和 β 满足

$$\alpha+\beta=\beta+\alpha,$$

其充分必要条件是它们应该具有形式

$$\alpha=\gamma\mu,\ \beta\gamma\nu,$$

其中 μ 和 ν 属于第一数类.

K. 为了使两个第二数类的第一型的数 α 和 β 满足关系

$$\alpha\beta=\beta\alpha,$$

其充分必要条件是它们应具有形式

$$\alpha=\gamma^{\mu},\ \beta=\gamma^{\nu},$$

其中 μ 和 ν 均属于第一数类.

为了作为所处理的第二数类的数的**正规形式**以及与它直接相关联的**乘积形式**的广泛实用性的示例，我们在下面给出最后面的两个定理的证明，在其中可以发现它们是怎样起作用的，

由假定

$$\alpha+\beta=\beta+\alpha,$$

我们首先推导出 α 的次数 α_0 必须等于 β 的次数 β_0. 因为如若不然，譬如，$\alpha_0<\beta_0$，根据定理 D，我们就会有

$$\alpha+\beta=\beta,$$

从而

$$\beta+\alpha=\beta,$$

这是不可能的这是由于按照 § 14 的（2）有

$$\beta+\alpha>\beta.$$

所以我们可写成

$$\alpha=\omega^{\alpha_0}\mu+\alpha',\ \beta=\omega^{\alpha_0}\nu+\beta',$$

这里的 α' 和 β' 的次数均小于 α_0，而 μ 和 ν 是不同于 0 的有限数. 现由定理 D 我们有

$$\alpha+\beta=\omega^{\alpha_0}(\mu+\nu)+\beta',\beta+\alpha=\omega^{\alpha_0}(\mu+\nu)+\alpha',$$

因而

$$\omega^{\alpha_0}(\mu+\nu)+\beta'=\omega^{\alpha_0}(\mu+\nu)+\alpha'.$$

根据 § 14 的定理 D 我们便有了

$$\beta'=\alpha'.$$

故有

$$\alpha=\omega^{\alpha_0}\mu+\alpha',\ \beta=\omega^{\alpha_0}\nu+\alpha',$$

［240］

而如果令

$$\omega^{\alpha_0}+\alpha'=\gamma,$$

根据（11），我们有

$$\alpha=\gamma\mu,\ \beta=\gamma\nu.$$

另一方面，我们再设 α 和 β 是第二数类的第一型的数，它们满足条件

$$\alpha\beta=\beta\alpha,$$

并假定

$$\alpha>\beta.$$

根据定理 G，我们可以设想这两个数都写成了它们的乘积形式，设

$$\alpha=\delta\alpha',\ \beta=\delta\beta',$$

其中 α'和 β'没有在左边的公因子（除 1 外）. 于是有

$$\alpha'>\beta',$$

以及

$$\alpha'\delta\beta'=\beta'\delta\alpha'.$$

因为有对于 α 和 β 的假定的原因，所有出现在这里和后面的数都是第一型的，

考虑到定理 G，最后那个方程表明 α'和 β'不能同时为超限的，原因是，在这种情形会有一个左边的公因子. 它们也不能都是有限的，否则 δ 就会是超限的了，而如果 κ 是 δ 的左边的有限因子，我们就会有

$$\alpha'\kappa=\beta'\kappa,$$

因而

$$\alpha'=\beta'.$$

于是只剩下一种可能性

$$\alpha'>\omega,\ \beta'<\omega.$$

但是有限数 β'必为 1：

$$\beta'=1,$$

否则它就会包含在 α'左边的有限因子中.

我们便得到所要结果 $\beta=\delta$，从而

$$\alpha=\beta\alpha',$$

其中 α'是一个属于第二数类的数，且为第一型的，并必定小于 α：

$$\alpha'<\alpha.$$

在 α'与 β 之间存在关系

$$\alpha'\beta=\beta\alpha'.$$

［241］

因此如果也有 $\alpha'>\beta$，我们按同样的办法得到那样的第一型的超限数 α''的存在性，它小于 α'，并使得

$$\alpha'=\beta\alpha'',\ \alpha''\beta=\beta\alpha''.$$

如果也有 α'' 大于 β，则有小于 α'' 的 α'''，使得

$$\alpha''=\beta\alpha''',\ \alpha'''\beta=\beta\alpha''',$$

等等，根据 § 16 的定理 B，递降数序列 α，α'，α''，α'''，…必定会终止. 因此，对于某个有限的指标 ρ_0，我们必定有

$$\alpha^{(\rho_0)}\leqslant\beta.$$

如果

$$\alpha^{\rho_0}=\beta,$$

我们则有

$$\alpha=\beta^{\rho_0+1},\ \beta=\beta;$$

于是定理 K 就被证明，从而我们就有了

$$\gamma=\beta,\ \mu=\rho_0+1,\ \nu=1.$$

但是如果

$$\alpha^{(\rho_0)}<\beta,$$

当令

$$\alpha^{(\rho_0)}=\beta_1$$

时，则有

$$\alpha=\beta^{\rho_0}\beta_1,\ \beta\beta_1=\beta_1\beta,\ \beta_1<\beta.$$

因此也有一个有限数 ρ_1，使得

$$\beta=\beta_1^{\rho_1}\beta_2,\ \beta_1\beta_2=\beta_2\beta_1,\ \beta_2<\beta_1.$$

一般地，我们类似的有

$$\beta_1=\beta_2^{\rho_2}\beta_2,\ \beta_2\beta_3=\beta_3\beta_2,\ \beta_3<\beta_2,$$

等等，递降数的序列 β_1，β_2，β_3，…根据 § 16 的定理 B 也必定终止，因此存在一个有限数 κ 使得

$$\beta_{\kappa-1}=\beta_\kappa^{\rho_\kappa}.$$

如果令

$$\beta_\kappa=\gamma,$$

则

$$\alpha=\gamma^\nu,\ \beta=\gamma^\nu,$$

其中 μ 和 ν 为连分式

$$\frac{\mu}{\nu}=\rho_0+\cfrac{1}{\rho_1+\cfrac{1}{\rho_2+\cdots\cfrac{1}{\rho_\kappa}}}$$

的分子和分母.

［242］

§20　第二数类的 ε 数

我们只要注意到§18 的定理 F，则从数 α 的正规形式

$$\alpha=\omega^{\alpha_0}\kappa_0+\omega^{\alpha_1}\kappa_1+\cdots,\ \alpha_0>\alpha_1>\cdots,\ 0<\kappa_\nu<\omega, \tag{1}$$

就立即可知 α 的次数 α_0 从不会大于 α，但是问题是，是否就没有数使得 $\alpha_0=\alpha$? 在这种情形，α 的正规形式将化成首项，而且该项等于 ω^α，那就是说，α 是方程

$$\omega^\xi=\xi \tag{2}$$

的一个根，另一方面，这个方程的每个根 α 都会具有正规形式 ω^α；它的次数都等于它自己.

次数等于它们自己的第二数类的数因而与方程（2）的根相同，我们的问题是决定这些根的总体. 为了将它们与其他的所有数区别开来我们将它们成为“第二数类的 ε 数”. 下面的定理表明**确有**这样的数：

A. 如果 γ 是第一或第二数类的任一不满足方程（2）的数，它便以下列的等式决定了一个基本序列 $\{\gamma\}$：

$$\gamma_1=\omega^\gamma,\ \gamma_\omega=\omega^{\gamma_1},\ \cdots,\ \gamma_\nu=\omega^{\gamma_\nu-1},\ \cdots,$$

则此基本序列的极限 $\mathrm{Lim}_\nu\gamma_\nu=E(\gamma)$ 总是一个 ε 数.

证明　由于 γ 不是一个 ε 数，故我们有 $\omega^\gamma>\gamma$，就是说，$\gamma_1>\gamma$. 因此，由§18 的定理 B，我们有 $\omega^{\gamma_1}>\omega^\gamma$，这就是说，$\gamma_2>\gamma_1$；以同样的方式得到 $\gamma_3>\gamma_2$，等等. 因此序列 $\{\gamma_\nu\}$ 是个基本序列. 我们以 E（γ）表示这个极限，它是 γ 的函数，我们于是有

$$\omega^{E(\gamma)}=\mathrm{Lim}_\nu\omega^{\gamma_\nu}=\mathrm{Lim}_\nu\gamma^{\nu+1}=E(\gamma).$$

因此 E（γ）是个 ε 数.

B. 数 $\varepsilon_0=E(1)=\mathrm{Lim}_\nu\omega_\nu$ 是所有 ε 数中最小的，其中

$$\omega_1=\omega,\ \omega_2=\omega^{\omega_1},\ \omega_3^{\omega_2},\ \cdots,\ \omega_\nu=\omega^{\omega_{\nu-1}},\ \cdots.$$

［243］

证明　设 ε'为任一 ε 数，故

$$\omega^{\varepsilon'}=\varepsilon'.$$

因为 $\varepsilon'>\omega$，我们有 $\omega^{\varepsilon'}>\omega^\omega$，就是说，$\varepsilon'>\omega_1$. 类似的，$\omega^{\varepsilon'}>\omega^{\omega_1}$，就是说，$\varepsilon'>\omega_2$，等等，一般的有

$$\varepsilon'>\omega_\nu,$$

从而

$$\varepsilon' \geqslant \mathrm{Lim}_\nu \omega_\nu,$$

即

$$\varepsilon' \geqslant \varepsilon_0.$$

因此 $\varepsilon_0 = E(1)$ 是所有 ε 数中最小的.

C. 如果 ε' 是任一 ε 数，ε'' 是下一个大的 ε 数，而 γ 是任意在它们之间的一个数：

$$\varepsilon' < \gamma < \varepsilon'',$$

则

$$E(\gamma) = \varepsilon''.$$

证明 由

$$\varepsilon' < \gamma < \varepsilon''$$

得到

$$\omega^{\varepsilon'} < \omega^{\gamma} < \omega^{\varepsilon''},$$

这就是说，

$$\varepsilon' < \gamma_1 < \varepsilon''.$$

相似地，我们得到

$$\varepsilon' < \gamma_2 < \varepsilon'',$$

等等. 一般地我们有

$$\varepsilon' < \gamma_\nu < \varepsilon'',$$

因此

$$\varepsilon' < E(\gamma) \leqslant \varepsilon''.$$

根据定理 A，$E(\gamma)$ 是个 ε 数，由于 ε'' 是在 ε' 之后按大小的下一个数，$E(\gamma)$ 不能小于 ε''，从而我们必有

$$E(\gamma) = \varepsilon''.$$

由于所有的 ε 数都是由定义方程 $\xi = \omega^{\xi}$ 得到的，故是第二型的数，于是 $\varepsilon'+1$ 不是一个 ε 数，而 $\varepsilon'+1$ 又确实小于 ε''，故而我们有如下的定理：

D. 如果 ε' 是任意一个 ε 数，则 $E(\varepsilon'+1)$ 是下一个大的 ε 数.

从最小的 ε 数 ε_0 便得到第二个大的 ε 数

$$\varepsilon_1 = E(\varepsilon_0 + 1),$$

[244]

它的下一个大的数是

$$\varepsilon_2 = E(\varepsilon_1 + 1),$$

等等. 更为一般地，我们有在大小顺序下的第（$\nu+1$）个 ε 数的递归公式

$$\varepsilon_\nu = E(\varepsilon_{\nu-1} + 1). \tag{3}$$

但无穷序列

$$\varepsilon_0, \ \varepsilon_1, \ \cdots, \ \varepsilon_\nu, \ \cdots$$

绝非 ε 数的全部，这可由下面定理看出：

E. 如果 ε，ε'，ε''，为任一 ε 数的序列使得

$$\varepsilon < \varepsilon' < \varepsilon'' < \cdots < \varepsilon^{(\nu)} < \varepsilon^{\nu+1} < \cdots,$$

则 $\mathrm{Lim}_\nu \varepsilon^{(\nu)}$ 是一个 ε 数，事实上是按大小紧随在所有 ε^ν 后的 ε 数.

证明

$$\omega \mathrm{Lim}_\nu \varepsilon^{(\nu)} = \mathrm{Lim}_\nu \omega^{\varepsilon^{(\nu)}} = \mathrm{Lim}_\nu \varepsilon^{(\nu)}.$$

而 $\mathrm{Lim}_\nu \varepsilon^{(\nu)}$ 是按大小紧随在所有数 $\varepsilon^{(\nu)}$ 的断言源自后面事实：$\mathrm{Lim}_\nu \varepsilon^{(\nu)}$ 是按大小紧随在所有数 $\varepsilon^{(\nu)}$ 的第二数类的数.

F. 第二数类的所有 ε 数的总体当按大小排序时是一个良序集合，它的序型是第二数类在大小顺序下的序型 Ω，因而其势为 $\aleph_1$.

证明 第二数类的 ε 数的总体当按大小排序时，根据 §16 的定理 C，它们形成了一个良序集合：

$$\varepsilon_0, \ \varepsilon_1, \ \cdots, \ \varepsilon_\nu, \ \cdots, \ \varepsilon_{\omega+1}, \ \cdots, \ \varepsilon_{\alpha'}, \ \cdots, \tag{4}$$

它的构成规律由定理 D 和 E 表达. 现在，如果指标 α' 如果没有持续不断地取所有的第二数类的数，则就会有一个最小的它们达不到的数 α. 但如果 α 是第一型的数就与定理 D 相矛盾，如果是第二型的数就与定理 E 相矛盾，因此 α' 取所有第二数类的所有数值，

如果即第二数类的序型为 Ω，则（4）的序型为

$$\omega + \Omega = \omega + \omega^2 + (\Omega - \omega^2).$$

［245］

但因为 $\omega + \omega^2 = \omega^2$，我们有

$$\omega + \Omega = \Omega;$$

从而

$$\overline{\overline{\omega + \Omega}} = \overline{\overline{\Omega}} = \aleph_1.$$

G. 如果 ε 是一个 ε 数，而 α 是任意一个第一或第二数类的数，并且它小于 ε：

$$\alpha < \varepsilon,$$

则 ε 满足方程.

$$\alpha+\varepsilon=\varepsilon,\ \alpha\varepsilon=\varepsilon,\ \alpha^{\varepsilon}=\varepsilon.$$

证明 如果 α_0 为 α 的次数，我们有 $\alpha_0\leqslant\alpha$，因而，由于 $\alpha<\varepsilon$，我们也就有 $\alpha_0<\varepsilon$. 但是 $\varepsilon=\omega^{\varepsilon}$ 的次数为 ε；因此 α 的次数小于 ε，从而根据 §19 的定理 D，有

$$\alpha+\varepsilon=\varepsilon,$$

故

$$\alpha_0+\varepsilon=\varepsilon.$$

另一方面，由 §19 的公式（13）有

$$\alpha\varepsilon=\alpha\omega^{\varepsilon}=\omega^{\alpha_0+\varepsilon}=\omega^{\varepsilon}=\varepsilon,$$

因此

$$\alpha_0\varepsilon=\varepsilon.$$

最后注意到 §19 的公式（16），便有

$$\alpha^{\varepsilon}=\alpha\omega^{\varepsilon}=\omega_0^{\alpha}\omega^{\varepsilon=\omega^{\alpha}0\varepsilon}=\omega^{\varepsilon}=\varepsilon.$$

H. 如果 α 是第二数类中的任一数，方程

$$\alpha^{\xi}=\xi$$

除了大于 α 的 ε 数外没有其他的根.

证明 设 β 是方程

$$\alpha^{\xi}=\xi$$

的一个根，故

$$\alpha^{\beta}=\beta.$$

于是首先由此公式得到

$$\beta>\alpha.$$

另一方面，β 必为第二型的数，这是因为，如若不然，我们就会有

$$\alpha^{\beta}>\beta,$$

因此由 §19 的定理 F，有

$$\alpha^{\beta}=\omega^{\alpha_0\beta}.$$

于是

$$\omega^{\alpha_0\beta}=\beta.$$

［246］

根据 §19 的定理 F，我们有

$$\omega^{\alpha_0\beta}\geqslant\alpha_0\beta,$$

因而

$$\beta \geqslant \alpha_0\beta.$$

但是 β 不能大于 $\alpha_0\beta$；故

$$\alpha_0\beta = \beta,$$

从而

$$\omega^{\beta} = \beta.$$

因此 β 是一个大于 α 的 ε 数.

1897 年 3 月于哈雷

注　释

［1］这个“良序集合”的定义除了行文以外恒同于在 *Math*，*Ann.* vol. xxi 中（*Grundlagin einer allgemeinen Mannigfaltigkeitslehre*）所引进的.

［2］见 I 中的证明.

［3］这个字眼是德文中的“*Potenz*”而不是“*Mächtigkeit*“（前一个德文指“幂”，后一个的意思为“势强大”，在英文中都用一个“Power”表示—. ——译者注）.

（胥鸣伟　译）

亨利·勒贝格（1875—1941）

生平和成果

我曾经听过这样一个故事. 有一个研究巴比伦天文学的历史学家，他的同事拿了一份古老的天文学手稿请他帮助解释，他捋了捋自己的胡子，然后就盯着面前这份手稿上古怪的符号沉思起来. 突然，他开始给同事解释起来，那种转变之大就像从肖像模式旋转 90°到了风景模式一样. 亨利·勒贝格（Henri Lebesgue）对积分理论所做的正是这样一种改变.

1875 年 6 月 28 日，勒贝格出生于巴黎北边 50 千米外小镇博韦斯的一个中产阶级家庭. 勒贝格在一个提倡智力追求的家庭中长大，尽管他的父亲是排字工人而母亲是小学教师，但他们还是拥有一个藏书丰富的书房可以让勒贝格广泛阅读. 在他的父亲因为肺结核死后不久，当地的学校认识到了他的才华，决定由当地的慈善团体支持他继续学习.

勒贝格有着出色的学习记录，首先在当地的博韦斯学院，接下来在巴黎的圣路易斯公学（Lycee saint Louis），然后在大路易斯公学（Lycee Louis-le-Grand）学习，1894 年，勒贝格 19 岁，进入著名的巴黎高等师范学院. 在高师，勒贝格让自己沉迷于数学学习，忽视了那些他不太感兴趣的学科. 他的日记显示在通过一次化学考试时，他只是用平静的语调来回答有点耳聋的考官而没有在黑板上写任何东西.

1897 年，勒贝格毕业于巴黎高师. 两年后，为了测度和积分的新理论，他又回到了高师图书馆进行工作，而此时，他已经在索邦继续研究生学习了. 勒贝格在靠近德国边境的南希的中央公学（Lycee Central）寻求到了一个教师的职位. 在南希，勒贝格完善了他的思想，完成了那篇 1902 年获得索邦博士学位的论文. 这篇文章很快在米兰的《数学年刊》（*Annali di Matematica*）上发表，并产生了深刻的影响.

在勒贝格之前，数学家们认为黎曼全面地发展了积分理论. 在前面的章节，我们已看到柯西和黎曼建立了积分理论的基础，即对 x 轴进行分割，在每个分割的区域上取 $f(x)$ 的值.

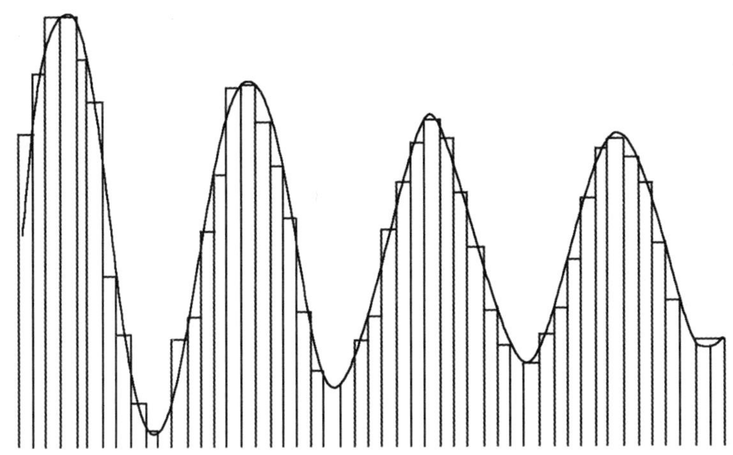

勒贝格惊人的洞察力在于将 y 轴进行分割，而不是 x 轴，不过大体上类似于柯西和黎曼对 x 轴进行的分割.

为了对 y 轴进行分割，勒贝格考虑每一个分割区域，并且寻求分割区域中被积函数所对应的 x 的值在 x 轴上所形成的部分的测度.

来看一个例子. 考虑 y 轴上的一个分割区间（y_n，y_{n+1}）.

在这个例子中，在 x 轴上使函数取值在（y_n，y_{n+1}）之间的点形成集合 M_n.

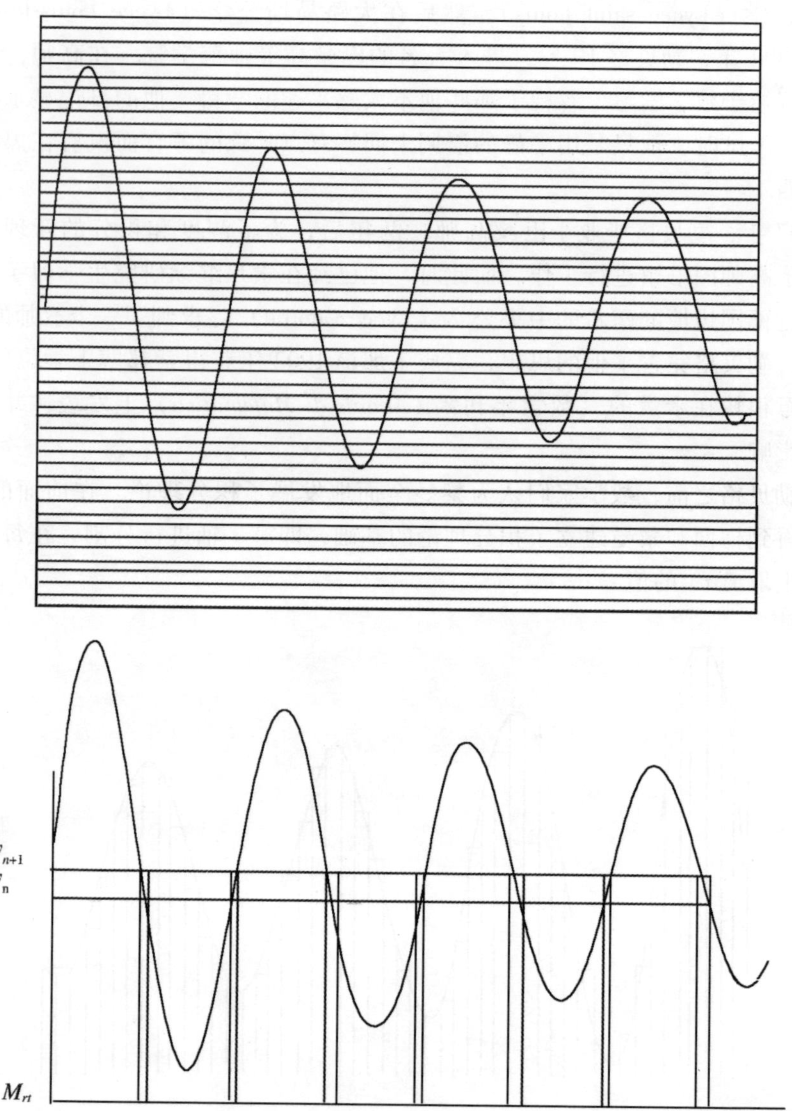

为了确定区间（y_n，y_{n+1}）对勒贝格积分的作用，勒贝格将集合 M_n 的测度和区间（y_n，y_{n+1}）上的值相乘，采用魏尔斯特拉斯标准的 $\varepsilon-\delta$ 方法，勒贝格称，如果当 y 轴上的分割区间的宽度趋近于 0 时，这个式子的极限存在，那么该极限就是勒贝格积分的值.

为了用这种方式定义积分，勒贝格首先需要对测度理论进行探讨. 如果从几何的角度来考虑这个问题，勒贝格将问题由决定一个二维物体的所占区域变为一个一维实直线上有关点集的测度. 在勒贝格的论文中，最重要的部分就在于此. 他首先作关于嵌入在一维实直线上的点集的测度的研究，而后发展了他的积分理论.

一开始，勒贝格阐述了测度需要满足的一些性质，这些性质必须与我们的直观相一致.

· 区间 $[a, b]$（即满足 $a \leqslant x \leqslant b$ 的实数 x 组成的集合）的测度为 $b-a$ 的值.

· 若实数集合 E_n 是两两互不相交的（即任何两个集合无公共元素），则集合 E_n 的并组成的集合，其测度为每个 E_n 的测度之和.

· 若实数集 E 有测度 m，则 E 中每个实数加上常数 a 后形成的集合（记为 $E+a$）的测度为 m.

在定义一个集合的测度之前，勒贝格首先定义了它的外测度和内测度. 如果一个集合具有外测度与内测度，且这两个测度的值相等，则称这个值就是该集合的测度.

一个集合的外测度按照以下方式定义. 区间的覆盖形成一个大的集合，该集合可测（这个集合正是一些形成覆盖的区间之和的一个子集）. 每一个形成覆盖的区间均有测度，而这些测度之和是有限的. 由于有界集总可以用有界的区间来覆盖，因此勒贝格认为这些有界集的覆盖之和有一个有限的下确界，这个下确界就是外测度.

康托尔曾证明有理数是可数的，利用这个结果，勒贝格将 n 个有理数放入 n 个闭区间，每个闭区间的长度为 ε^n. 这样一来，所有这些区间的测度之和为 ε 这个要多小有多小的量. 因此，勒贝格证明，有理数的外测度为 0，即有理数构成了一个测度为 0 的可测集.

勒贝格这样定义一个区间 $[a, b]$ 内的有界集 E 的内测度，即以有界集 E 在区间 $[a, b]$（$E \subset [a, b]$）内的余集部分的外测度来定义 E 的内测度. 区间 $[a, b]$ 内有界集 E 的内测度等于 $[a, b]$ 的测度减去 E 在 $[a, b]$ 内余集的外测度. 用式子表示，即为：

$$\mathrm{meas}_i(E) = b - a - \mathrm{meas}_e([a, b] - E),$$

这里，meas_i 表示内测度，meas_e 表示外测度.

由勒贝格的定义，显然 $[0, 1]$ 区间内无理数集合的内测度为 1，这是因为 $[0, 1]$ 内有理数集的外测度为 0. 因此，一个明显的结果是 $[0, 1]$ 区间内无理数集的测度为 1，有理数集的测度为 0.

由这种不同的积分理论，一大类函数变得可积了，也开始成为数学分析的研究对象. 最明显的一个勒贝格可积而黎曼不可积的例子为$\chi(x)$，即实数集中有理数的特征函数：

$$\chi(x)=\begin{cases}1, & x\text{ 是有理数},\\0, & x\text{ 是无理数}.\end{cases}$$

该函数是黎曼不可积的，因为对于x轴上的每个分割区域，不管如何分割，总会有无穷多的有理数和无理数，这样一来，其黎曼和不收敛. 另一方面，决定勒贝格积分的那些元素只是取值为0和1的那些，显然，x轴上使$\chi(x)$为1的那些点组成的集合，其测度为0，而在任何区间上，无理数的测度可以认为是区间的长度，因此，$\chi(x)$的勒贝格积分为0.

在这些成果发表后，勒贝格的学术生涯很快发生了变化. 1902到1903年，他在雷恩市的一所学校任教，但一年后，他就进入了巴黎的法兰西学院，直到3年后他接受了普瓦提埃大学（University of Poitiers）的一个职位才离开. 1910年，巴黎大学任命他为讲师. 当法国参加一战时，勒贝格在国防部工作，这使得他开始研究如何让军队更加安全地开赴前线这一问题. 战后，巴黎大学给他提供了一个全职教授职位，但他在那儿只待了3年，因为法兰西学院让他做首席教授，在这个职位上，勒贝格度过了他的余生.

尽管勒贝格的思想对数学分析产生了革命性影响，但他本人在数学家圈子中只有很小的个人影响. 勒贝格对学术以外的政治活动并不感兴趣，上上课，写写文章，过着隐士般的生活. 尽管他有着杰出的成果，终其一生也只指导过一篇博士论文而已. 但法国的数学家们还是意识到了勒贝格的重大贡献，1912年，他获得Houllevige奖，1914年获得Poncelet奖，1917年获得Santou奖，1919年获得Petit d'Ormoy奖，1922年他被选为法国科学院院士，达到了荣誉的顶峰.

勒贝格的生活一直很低调，因此关于其家庭生活，人们所知不多. 1903年，在雷恩，勒贝格和他巴黎高师的一个同学的妹妹路易丝-玛格蕾特·法勒（Louis-Marguerite Valle）结婚. 婚后，他们育有一子和一女，女儿名为苏姗娜（Suzanne），儿子叫雅各（Jacques）. 1916年，在共同走过超过12年的婚姻后，夫妻俩离婚，此后勒贝格过着单身生活，并经常遭受疾病的袭击. 1941年6月26日，在德国占领期间，勒贝格病逝于一场小病之后，享年66岁.

亨利·勒贝格（1875—1941）

《积分、长度、面积》节选

前　　言

在这篇文章中，我试图给微积分中的某些量下一个尽可能普遍和精确的定义. 譬如：定积分，曲线的长度，曲面的面积.

若尔当（Jordan）在他的《分析教程》（*Cours d' Analyse*）的第二版中，对这些量做了较为深入的研究. 尽管如此，在这本书的帮助下，我还需要对这些量进行研究，原因在于存在着不可积的导函数（这里的积分指的是黎曼定义下的积分）. 在这种定义的积分下，并不是所有情况下我们都能解决积分学的基本问题：如何在其导数已知的情况下找到这个函数.

看上去，找到另外一种积分的定义，使得在最一般的情况下，积分成为微分的逆，这似乎是很自然的事情.

另外，正如若尔当所述，对于一个切平面不连续变化的曲面，其面积并无定义. 我们希望接受的一些类似于曲线长度定义的命题却并不成立[1]. 因此，这是一个很好的理由去寻找一种面积的定义，同样地，也可以改进长度的定义，以便这两个定义尽可能的相似.

在有关实变函数问题的研究中，经常这样认为：对于一定的点集，或能赋予其具有线段的长度或多边形的面积之特性的数量将是很有用的. 但是对于这些被称之为“测度”的数量，已有不同的定义[2]被提出，其中最常用的是若尔当著作中提出并研究的定义.

在第一章中，根据波雷尔（Borel）的结果，我从集合的根本性质出发定义了集合的测度. 在对波雷尔文[3]中给出的粗略定义进行了加强和提炼之后，我指出了这种测度的定义是如何与若尔当的定义相联系的. 我所给出的定义适用于多维情形. 从平面上的点形成的集合的测度，可以定义平面区域的面积概念；如果这些元素是通常的三维空间中的点，类似地，可以定义体积概念，等等.

一旦这些准备工作完成，没有什么可以阻止我们将连续函数的积分定义为平面上某区域的面积. 实际上，这种方法的好处在于可以使我们将有界不连续函数的积分定义为某个确定点集的测度. 这就是我将于第二章中给出的几何定义. 在一个注记中，这个定义可以由分析的定义替代，在这种情况下，积分将作为一系列和的极限而出现，这在很大程度上类似于黎曼的定义. 适用这种几何定义的函数，我称之为“**可和的**”.

据我所知，还没有不可和的函数，但它们是否存在，尚未可知. 任何一个可用算术运算和极限过程定义的函数是可和的. 所有的黎曼可积函数均可和，而且这两种不同的定义得到的结果是一致的. 任何有界函数都是可和的.

一个有界函数的积分，如果看成积分上限的函数，则就是所给导函数的原函数. 因此，当所给函数有界时，积分学的基本问题就从理论上得到了解决.

为了得到更一般的结论，积分的定义必须能用到无界函数上去. 虽然这样的定义很容易找到，但在我看来最简单和最自然的定义并不能用到所有的无界函数上去，所以对于无界函数，针对所有的情况，原函数的问题并不能完全解决. 按照我所给出的定义，我发现：**一个导函数，其积分存在的充分必要条件是其原函数有有界变差. 一旦这个积分存在，那么原函数就显而易见**.

积分的实际计算很大程度上依赖于所给出的被积函数. 当函数用级数的形式定义，则下述性质可以利用［这是奥斯古特（Osgood）书中[4]一个特例］：**一个级数，其各项均可积，且级数的余部有一个小于给定数的绝对值，则该级数的积分可通过逐项积分得到**.

就这一点而言积分的定义也可扩展至多变量函数.

在第一章中，我扩展了线段长度的一般性概念；另外还推广了曲线长度的概念. 在第三章中，我对这一概念进行处理，给出了下述定义：**曲线 C 的长度就是一致地趋向于曲线 C 的折线长度的下极限**. 这个定义基本等同于经典定义[5]. 一条有有限极限的曲线被称为可求长的. 我随即重新获得了若尔当关于这类曲线的一些主要结果.

对于一条有切线的曲线长度表达式的寻找导致了前一章中定义的积分的新的应用. **若 f'，φ' 和 ψ' 存在，则曲线**

$$x = f(t), \qquad y = \varphi(t), \qquad z = \psi(t)$$

可求长的充分必要条件是 $\sqrt{f'^2 + \varphi'^2 + \psi'^2}$ 的积分存在. 一旦积分存在，该积分就表示该曲线的长度. 由杜·波瓦·雷蒙（P. Du Bois Reymond）[6]给出的定义是经典定义的一个特例，即使积分的定义已按我所做的那样有所扩展.

在第四章，我将曲面 L 的面积定义为那些一致趋向于 L 的多面体表面积之下极限. 由此，可类似于将曲线的长度定义为内接折线长度的极限那样导出面积的定义.

用一个双重积分来表示面积这一课题只在曲面的切平面是连续变化的情况下才能被讨论. 我重新得到了经典积分 $\iint \sqrt{EG - F^2}\,\mathrm{d}u\mathrm{d}v$.

最后两章致力于不同的研究，并提出了一些例子，用来看看这些扩展后的“长度”和“面积”概念是否需要对曲面几何中相关命题和观点进行相应修改. 因为这些观点一般情况下都是基于曲面和曲线是解析的这一假设，或者至少是用具有一定阶数的导数的函数来定义的.

我给自己提的第一个问题是如何找到一个曲面，使其可以与平面贴合. 这就意味着要找到一个和平面上的点一一对应的曲面，这样一来，长度就得以保存. 但是我发现，一方面**存在着可以贴合于平面的曲面，而曲面上没有直线段，另一方面也存在着挠曲线，它的每一点都有一个密切平面，而它所有的切线组成的曲面不能对应于平面**. 我所采用的基本过程并没有说明是否所有的曲面都能与平面贴合，但这些让我清楚地知道了对于柱面、锥面、挠曲线的切线组成的曲面以及旋转曲面与平面贴合的充要条件. 最终，一旦它们贴合平面，其面积就得以保留.

第二个问题是拉格朗日（Lagarnge）和普拉托（Plateau）曾经提过的：给出一个固定的轮廓，找到一个以此为边界的曲面使其面积最小. 我发现这个问题是可能的，而且允许有无限多个解.

弄清楚这些解中的曲面是否是解析曲面是很有意义的. 但是，我一开始就想到的方法却难以为用，这种方法包括了在用偏导数表示的极小曲面公式中必不可少的各阶导数的存在性证明. 然而，一些最基本的观点帮助我对一个特殊的情形证明了解曲面之一切平面的存在性.

在最后一章，我所采用的方法与希尔伯特[7]重新开始的黎曼对狄利克雷问题的研究方法类似. 希尔伯特的结果以及我所获得的都清晰地展示了，至少在目前这个时候，抛弃由变分法计算得到的偏微分方程，而去直接求积分的最小值，是完全有价值的工作.

这篇文章的一些主要结果已在 *Comptes rendus de l'Académie des Sciences* 上的几篇文章中宣布过.（1899 年 6 月 19 日和 11 与 27 日，1900 年 11 月 26 日和 12 月 3 日，1901 年 4 月 29 日）

第一章　集合的测度

§ 1. 一个集合被称为有界的，若集合中任意两点间的距离有上限. 两个集合被称为等价的，若将其中一个重新排列，就可以使二者完全一致. 给出集合 E_1，E_2，…，则和集 E 由那些至少属于其中一个 E_i 的元素组成. 我们只考虑有限个或可数个 E_i，记

$$E = E_1 + E_2 + \cdots,$$

如果 E_2 中点都是 E_1 中的，我们说 E_1 包含 E_2，而 E_1 中不属于 E_2 的元素的集合称之为 E_1 与 E_2 之差（$E_1 - E_2$）. 需要说明的是若 E_2 包含 E_3，且 E_1、E_2 和 E_3 有相同的部分，则集合

$$E_1 + (E_2 - E_3) \text{ 和 } (E_1 + E_2) - E_3$$

是不同的.

给出以下定义.

给每个有界集对应一个正数或 0，称之为测度，若其满足下列条件：

1. **存在着测度不为 0 的集合；**
2. **两个等价的集合测度相等；**
3. **有限个或可数个互不相交的集合，其和集的测度等于每一个测度之和.**

我们将只对所谓“可测的”集合研究解决“测度问题”. 另外，解决这一问题有着不同的目标，这取决于我们将问题局限于哪一方面，是直线上的点，还是平面上的点，或是其他. 要弄清这些区别，我们需要说明是线测度，还是面测度，或是其他.

需要注意的是一旦测度问题有了一个解决方案，那么我们就能得到另外一种测度体系，其中的测度是通过将所有已有的测度与同一个数相乘而得到. 我们认为这新测度与原来的解决方案并没什么不同，由此，不失一般性，我们可以将任一非零测度定为测度 1.

Ⅰ. 直线上的点集

§ 2. 假设测度问题可以解决. 单点集的测度为 0，因为一个含有有限个点的有界集应该有一个有限测度. 因此作为点集的线段 MN，无论是否包含端点 M 和 N，测度不变. 进一步，MN 的测度不会为 0，除非所有有界集的测度都为零.

选择一段线段 MN，设其测度为 1. 如果我们将 MN 取为单位测度的线段，则对于任意线段 PQ，就可以定义对应的数字即它的长度，这也是 PQ 点集的测度. 需要说明的是如果 PQ 的长度是 l，且 l 可测为 $\frac{\alpha}{\beta}$，则存在着线段 RS 是 PQ 的 α 倍，MN 的 β 倍. 若 l 不可测，则对于每一个小于 l 的数 λ，对应着 PQ 上的一个线段，其长度为 λ；对于每一个大于 l 的数 λ，也对应着一条包含 PQ 的线段，其长度为 λ.

为了满足测度问题的第三个条件，一条可以看作是有限或无限条互不重叠的线条之和的线段，其长度亦必为这些线段长度之和.

上述长度的性质在组成线段是有限的情况下成立，但有时甚至在无限时也成立.（参见 *Lecons sur la Théorie des fonctions*，Borel 著）

§ 3. 给定集合 E，用有限个或可数个区间来覆盖 E 有无穷多的方法. 所有这些区间构成的点集 E_1 包含 E；则 E 的测度 $m(E)$ 至多等于 E_1 的测度 $m(E_1)$，也就是说，E 的测度至多等于上述的区间长度之和. 这个和的下极限就是 $m(E)$ 的上极限，称之为 E 的外测度，记为 $m_e(E)$.

假设所有 E 中的点都属于线段 AB，称 $AB-E$ 为 E 关于 AB 的补集，记为 $C_{AB}(E)$. 由于 $C_{AB}(E)$ 的测度至多等于 $m_e[C_{AB}(E)]$，则 E 的测度至少等于 $m(AB)-m_e[C_{AB}(E)]$. 这个数值并不依赖于选择的包含 E 的线段 AB 的长度. 我们称其为 E 的内测度，记为 $m_i(E)$. 两个等价的集合有着相等的内测度和外测度. 进一步，因为

$$m_e(E)+m_e[C_{AB}(E)]\geqslant m(AB),$$

故外测度从不小于内测度. 如果有关测度的假设成立，那么 E 的测度就在我们所定义的外测度 $m_e(E)$ 和内测度 $m_i(E)$ 之间.

§ 4. 我们称那些外测度和内测度相等的集合为**可测集合**[8]，它们的数值就是这个集合的测度. 我们所给出的那些测度的条件，如果用 $m(E)$（只能是可测集）去验证，确实满足.

对于可测集 E，还可以这样定义：集合 E 被称为可测的如果它允许 α 个区间将其覆盖，其补集允许 β 个区间覆盖，这样一来它们的公共部分的长度要多小有多小. 不管是有限多还是可数多个集合 E_1，E_2，…，我们来证明它们的和集 E 可测.

假设所有的集合 E_i 都是线段 AB 上的点，取其补集. 将 E_1 用 α_1 个互不重叠区间覆盖，集合 $C(E_1)$ 用 β_1 个区间覆盖，α_1 和 β_1 的共同部分长度设为 ε_1；对 E_2

用α_2个区间覆盖，$C(E_2)$用β_2个，公共部分为ε_2，设α_2和β_2与β_1的公共部分为α'_2和β'_2；和E_3对应的是α_3和β_3以及数字ε_3，α_3和β_3与β_2的公共部分为α'_3和β'_3；接下来是第四个，一直进行下去.

E中的点可以用区间α_1，α'_2，$\alpha'_3\cdots$来覆盖，而$C(E)$可用β'_i来覆盖. 现在这两列区间的公共部分的长度至多为

$$l_i = \varepsilon_1 + \varepsilon_2 + \varepsilon_3 + \cdots + m(\alpha'_{i+1}) + m(\alpha'_{i+2}) + \cdots.$$

级数$\sum m(\alpha'_i)$是收敛的. 因此选择合适的ε_i，使级数$\sum \varepsilon_i$收敛，其和为ε，对足够大的i，可以使l_i小于2ε. 因此E是可和的，因为有限多或可数多个可和集合的和集也是可和的，这和可测集的情况类似. 如果E_1，E_2，$\cdots$没有公共点，则E_i中的点被α'_i个区间覆盖，而$m(\alpha'_i) - m(E_i)$至多等于ε_i. 现在，

$$m(\alpha_1) + m(\alpha'_2) + m(\alpha'_3) + \cdots$$

减去$m(E)$的值小于

$$\varepsilon_1 + \varepsilon_2 + \varepsilon_3 + \cdots,$$

因此，有

$$m(E) = m(E_1) + m(E_2) + \cdots.$$

这样一来，测度问题的第三个条件就满足了.

§ 5. 于是，测度问题对于可测集而言是可以解决的，而且只允许一种解答，这是因为我们定义集合外测度和内测度时所使用的论证，只有应用于可测集才能使之发挥应有的作用.

现在我们还不能说明一旦一个集合的外测度和内测度不等，测度问题的条件不能满足. 但接下来我们碰到的都只是可测集. 事实上，我们用来定义集合的步骤可缩减为下面两步：

1. 找到有限个或可数个已被定义的集合的和集；

2. 考虑有限个或可数无限个给定集合的公共部分.

将这两步作用于可测集，仍可得到可测集. 第一步我们可以办到，下面来证明第二步.

给定集合E_1，E_2，$\cdots$，所寻找的集合e_i可定义为E_1，E_2，$\cdots$补集的和集的补集，这就证明了命题.

e_i是个类似于e_1的集合，和集合列E_i，E_{i+1}，$\cdots$相关. e_i的和集由所有E_i的公共元素组成，而这些E_i至少是从某一个固定的i值开始，一直变化下去. 由于e_i是可测集的和集，因此也是可测集.

对于第二个步骤，还有一个应用. 当E_1包含E_2时，若$E_1 - E_2$是E_1和

$C(E_2)$ 的公共部分，且 E_1 和 E_2 均可测，则 $E_1 - E_2$ 也可测．另外，还有

$$E_1 = (E_1 - E_2) + E_2,$$
$$m(E_1 - E_2) = m(E_1) + m(E_2).$$

§ 6．我们已经认识了可测集合（由一个区间上的点形成），因此可以通过有限次应用前述两个步骤，来定义一些新的集合．又这种方法得到的这些集合，其补集正是 Borel **所称的可测集**（称为 Borel 可测，简记为 B 可测）[9]．这些集合以可数无穷多种情况来定义，而且包含它们的集合有着连续统的基数．关于这些集合，需要指出的是，它们是一些区间之和且为闭集，也即那些包含其导集[10]的集合，其补集为一些区间之和．

集合 E ，其元素由下列横坐标上的点组成的：

$$x = \frac{a_1}{3} + \frac{a_2}{3^2} + \frac{a_3}{3^3} + \cdots,$$

其中，a_i 等于 0 或 2．称其为“完备集”（perfect），E 是 B 可测的．它的补集由 1 个长度为 $\frac{1}{3}$ 的区间 $\left(\frac{1}{3},\ \frac{2}{3}\right)$ 、2 个长度为 $\frac{1}{3^2}$ 的区间 $\left(\frac{1}{9},\ \frac{2}{9}\right)$ 和 $\left(\frac{2}{3}+\frac{1}{9},\ \frac{2}{3}+\frac{2}{9}\right)$ 、4 个长度为 $\frac{1}{3^3}$ 的区间等组成，因此其测度为

$$\frac{1}{3} + 2\,\frac{1}{3^2} + 4\,\frac{1}{3^3} + \cdots = 1.$$

那么当然 E 的测度为 0．由于 E 有一个连续统的基数，则可以形成无穷多个由 E 中的点组成的集合，且由于每个外测度为 0，故均可测．由这些集合组成的集合，其基数与 E 中所有点集的集合相等，因此存在着可测的却不是 B 可测的集合，这些可测集合组成的集合，其基数与 E 中所有点集的集合相等．

§7．设 E 是一个可测集，选择一列数字 ε_1，ε_2，⋯ 趋近于 0．可以用 α_i 个可数无穷多个测度为 $m(E) + \varepsilon_i$ 的集合来覆盖 E ．由 α_1，α_2，⋯ 个集合中相同的元素组成的集合 E_1 是 B 可测的，其测度为 $m(E)$ ，且包含 E ．集合 $E_1 - E$ 的测度为 0，它可以用 β_i 个区间覆盖，这 β_i 个区间包含在 α_i 个区间中，且测度为 ε_i ．所有 β_i 个区间中相同的元素组成的集合 e 是 B 可测的，测度为 0．取 $E_2 = E_1 - e$ ，该集合是 B 可测的，测度为 $m(E)$ ；**使得每一个包含 E_1 的集合都包含 E_2，且 E_1 和 E_2 都是 B 可测的，测度相等**．因此我们称为可测的集合均是按照 Borel 的程序可测的（参见 Borel 书中 48 页尾部的注记）[11]．

类似地，可以将集合 E 的外测度看做包含 E 的可测集的测度的下极限，这

样，就存在着包含 E 的 B 可测集，其测度为 $m_e(E)$． 同样地，$m_i(E)$ 为包含于 E 的可测集的测度的上极限. 因此存在着一个 B 可测集，它包含于 E，测度为 $m_i(E)$．

§ 8. 在其进行计算的尝试中，若尔当给出下述定义：点 M 称为 E 的内点，若它在一个线段上，该线段上的点均为 E 中的点. E 的边界集是那些既不在 E 中也不在 $C(E)$ 中的点组成的集合.

将包含 E 的线段 AB 分成若干区间. 设那些所有的点都在 E 中的区间长度之和为 l，那些含有 E 中的点或含有 E 边界的区间长度之和为 L．可以看出，当改变分割 AB 的方法，使得小区间的最大长度趋近于 0 时，l 和 L 趋近于给定极限，即 **E 的内延量和外延量**. 由此定义，外延量至少等于外测度，内延量至多等于内测度. 若尔当称这些外延量和内延量相等的集合为可测集，我们称之为若尔当可测（J 可测），因此，这些集合也是我们所定义意义上的可测，这两种定义是一致的，都可以被接受. 实际上，E 的内延量就是 E 的内点集的测度，因为它是开集[12]即不包含任何边界，故其补集是闭集，是 B 可测的. 外延量是 E 和其边界集的和集的测度，是闭集，因此是 B 可测的. 因此一个集合是 J 可测当且仅当其边界集测度为 0.

一个以外延量为其测度的闭集，当其测度为 0 时，我们可以说它是 J 可测的. 特别地，§6 中定义的"完备集"为 J 可测的；所有由它们的点做成的集合也是 J 可测的. 因此 J 可测的集合组成的集合与由这些集合的点组成的集合有着相同的基数，并且存在 J 可测但 B 不可测的集合.

§9. 对于给定的集合，我们定义了测度，我们剩下要做的是研究如何计算这个数字. 显然这和确定集合的方式有着极大关系.

假设，对于给定的区间 (a, b)，我们知道在 (a, b) 中是否有 E 中的点和 E 的边界点以及是否含有 $C(E)$ 中的点. 接着，通过一系列有限的操作，我们可以计算出两个序列（一个是递减的，一个是递增的）的任意多项，其极限就是 E 的外延量和内延量. 处理级数的一般方法让我们明白所谓的内延量和外延量定义的合理性.

因此，我能够计算 J 可测集合的测度，同时考虑这两个序列则允许我们给出在任何一项停止计算时所产生的误差的上限.

对任意一个集合，要计算它的 $m_e(E)$ 和 $m_i(E)$ 是很困难的. 因为实际上这些数字的定义涉及不可数无限多个数，为了找到一列趋向于 $m_e(E)$ 的数，我们必须考虑如何将包含 E 的线段 AB 分成若干区间，而这种划分恰恰依赖于集

合 E .

如果一个集合是 B 可测的，且是基于一列区间定义的，通过我们已经指出的两个步骤，根据测度问题的第三个条件以及以下性质，很容易计算出集合的测度：集合 E 与可测集 E_1，E_2，…（前一个包含后一个）的公共部分，其测度是数列 $m(E_1)$，$m(E_2)$，… 的下极限.

实际上，$C(E)$ 正是所有那些没有公共点的集合

$$C(E_1),[C(E_2)-C(E_1)],\quad [C(E_3)-C(E_2)],\cdots$$

的和集，因此，

$$m[C(E)]=m[C(E_1)]+m[C(E_2)-C(E_1)]+\cdots,$$
$$m(E)=m(E_1)+[m(E_2)-m(E_1)]+\cdots.$$

Ⅱ. 平面上的点集

§10. 上述讨论无疑可以推广到多维空间中的点集；我们将限于讨论平面情形. 类似于 §2 的讨论，我们会发现直线上的点组成的任何有界集，其面测度为 0，而正方形上的点组成的集合，其面测度不为 0. 所以，首先，我们要定义一个测度为 1 的正方形 $MNPQ$.

初等几何中寻求三角形面积公式的论证表明，三角形点集的测度恰好等于量度其底边和高度所得数值的乘积的一半. 取 MN 为单位线段.

因此，要定义三角形的测度，**必须将三角形测度看做组成它的不重叠的三角形测度之和**. 阿达玛（Hadamard）在《初等几何》（*Géometrie élémentaire*）的一个注记 D 中证明，这是可能成立的，若那些组成三角形数目有限. 数目无限的情况将与直线上点集的情况（参见 Borel，*Théorie des fonctions*，42 页）类似地得到讨论.

§11. 现在我们可以像 §3 那样类似地给出定义.

集合 E 的外测度 $m_e(E)$ 即为那些覆盖 E 的三角形测度和的下极限（无论有限还是无限）. 由于 E 在三角形 ABC 之内，因此由定义，有

$$C_{ABC}(E)=(ABC)-E.$$

同样由定义，内测度 $m_i(E)$ 为

$$m_i(E)=m(ABC)-m_e[C_{ABC}(E)].$$

若一个集合，这两个定义的数值相等，则称该集合可测，这个相等的数即为测度.

如同 §4 那样，我们可以指出：测度问题是可能解决的，当我们只考虑可测

集时，则只有唯一的解决方法. 当我们对可测集采取类似于 §5 的两个步骤时，依然得到可测集. 当对平面上三角形中的点集重复这两个步骤有限次时，我们所得到的集合以及与之相关的补集，被称为是 B 可测的.

设 E 为开集，即每一个属于 E 的点 M 都在 E 内. 那么，相应于 M，可以找到一个以 M 为中心的正方形，其边平行于给定的直线方向，并定义其为所有的点都在 E 内的正方形中最大的那个. 由于 E 是那些与两个坐标都为有理数的点相应的正方形的和集，因此 E 是 B 可测的.

一个闭集的补集是开集，因此每一个闭集也是 B 可测的. 我们也像在直线上那样定义集合的外延量和内延量，将在直线上进行的有限个线段的覆盖替换为有限个正方形的覆盖，这样就能得到 J 可测的概念.

所有这些集合和数值之间的关系和我们前面遇到的名称相同的集合和数值的关系是一样的.

Ⅲ. 有关面积的问题[13]

§12. 我们知道，所谓“平面曲线”就是由下述两个方程

$$x = f(t), \qquad y = \varphi(t) \tag{1}$$

给出的点集，其中，f 和 φ 是定义在有限区间 (a, b) 上的连续函数. 对于每一个 t 值，都有一个与之对应的点，其两个坐标分别是相应的 x 值和 y 值. 因此，曲线可以定义为点集，并且是完备集[14]. 如果同一个点有不同的 t 值与之对应，称该点为重点. 对于一个没有重点的曲线，知道了曲线的点集就足以定义曲线了，因为我们并不认为曲线（1）和用函数 $\theta(t)$ 代替 t 得到的曲线有什么不同，不管这函数是递增还是递减.

一条曲线称为闭曲线，若它除了唯一的一个两重点 $t = a$ 和 $t = b$ 没有其他的重点. 我们认为该曲线是用其点的集合来定义的. 给出这样一条曲线，它将把平面分成两个部分，曲线的内部和曲线的外部.[15]

我们将没有重点的闭曲线 C 的内部称为“区域”. C 是这个区域的边界，区域本身是个开集. 我们说一个区域 D 可以看做若干有限或无限个区域 D_1，D_2，$\cdots$ 之和，若每一个属于 D 的点属于其中唯一的一个 D_i 或者至少是 D_i 的边界.

§13. **我们对每一个区域给出一个称之为面积的正数与之对应，它满足两个条件：**

1. **等价的区域面积相等；**

2. **有那些有限或无限个区域构成的区域，其面积等于这些区域面积之和.**

这就是所谓的面积问题.

如果这个问题可能解决，尽管有无穷多种方式，那么经过有限步可以定义一个正方形 $MNPQ$ ，其面积为 1. 由初等几何中众所周知的推理可以证明矩形面积为两个邻边长度的乘积，取 MN 为长度单位，即得该矩形的单位面测度.

作为一个开集的区域，正如我们已看到的那样，是可数无穷多个互不重叠的矩形之和. 因此它的面积为这些矩形面积之和，亦即区域看作是点集的面测度.

取 D_1 和 D_2 为两个无公共点但有唯一的公共边界 $\alpha\beta$ 的两个区域. 区域 D ，作为区域 D_1 和 D_2 以及边界 $\alpha\beta$（除了 α 和 β ）点集的和集，其测度为这三个集合的测度之和. 显然，这三个集合都是可测的，因为前两个是开集，第三个是从 α 到 β 的曲线段（除去了点 α 和 β ），是完备集. 为了满足面积的第二个条件，曲线段 $\alpha\beta$ 的面测度必须为 0.

有关面积问题的条件能得到满足，当且仅当区域边界的面测度为 0.

我们称这类区域为“可方区域”（squarable domain），面测度为 0 的曲线为“可方曲线”.

设可方区域 D 为可方区域 D_1，D_2，… 之和. 区域 D 中的点构成的集合包含了无公共点的区域 D_1，D_2，… 中的点，且没有一个 D_i 是 0 测度，它们至多有可数多个. 由于边界的面测度为 0，因此在计算区域 D 的面积时可以被忽略.

对于可方区域，面积问题是可解的，并且一旦设定了面积单位，那么满足条件的解唯一.

§14. 现在假设对于有关面积的第二个条件可以做如下修改：

一个由两个区域之和构成的区域，其面积为两个区域面积之和[16]. 继续使用前面曾用过的论证，我们将看到，区域 D 的面积介于其外延量和内延量之间. 由此，可方区域的面积也能得到很好的定义.

被一条不可方曲线 C 所限制的不可方区域 D 的面积，介于数值 $m(D)$ 和 $m(D)+m(C)$ 之间.[17]

现在我们来说明，按照这样的陈述，面积问题对不可方区域而言是不确定的. 我们需要基于以下性质：当两个区域 D_1 和 D_2 有公共边界弧 $\alpha\beta$ ，我们可以找到包含 $\alpha\beta$ 的区域 D（或许不含 α 和 β ）使得或者每一个包含在 D_1 中的 D 的点也在 D_2 中，反之也成立；或者每一个包含在 D_1 中的 D 的点不在 D_2 中，反之亦然[18]. 前一种情况，D_1 和 D_2 在 $\alpha\beta$ 的同侧，后一种情况，D_1 和 D_2 在 $\alpha\beta$ 的异侧.

对于无重点也不可方的弧曲线 $\alpha\beta$ ，设其为区域 Δ 边界的一部分. 设一区域

D，其边界为 C. C 和 $\alpha\beta$ 有公共弧线（忽略不在该弧线上的公共点，如果存在的话）. 设 E 是这样一些特殊弧线的集合，沿着这些弧线，D 和 Δ 在 $\alpha\beta$ 的同侧. 设 E_1 为不具备上述性质的弧线的集合. 一次性地选定一个 0 和 1 之间的数 θ，区域 D 的面积定义为

$$m(D)+\frac{1}{2}m(C-E-E_1)+\theta m(E)+(1-\theta)m(E_1).$$

容易看出，按这样定义的面积满足本章一开始陈述的面积问题的条件 2.[19]

概而言之，面积问题只是对可方区域而言可能解决并得到合适的面积定义. 前述类似的论证也可应用于通常三维空间**区域的体积**，并可推广到更一般的多维空间的**区域**.

第二章 积　　分

I. 单变量函数的定积分

§15. 从几何的观点来看，积分问题可以这样陈述：

对于一条由方程 $y=f(x)$（f 是连续的正的函数，且坐标轴为直线）确定的曲线 C 和给定的横坐标值 a 和 $b(a<b)$，求由 C 的一段、Ox 轴的相应部分和平行于 y 轴的两条直线围成的区域的面积.

这个面积就被定义为 f 在 a 和 b 之间的积分，记为 $\int_a^b f(x)\,\mathrm{d}x$.

为了求抛物线弓形的面积，阿基米德对特殊情形解决了这个问题. 在一般的情形，经典的方法都是用两边平行于 x 轴和 y 轴的小矩形来对该区域进行划分，然后估算区域的内延量和外延量. 为了得到这些小矩形，首先确立平行于 Oy 轴的直线，接着将这些带形用平行于 Ox 轴的线段进行分割，这些线段的 y 坐标随着带形依次变化. 为了计算一种延量，如果必须考虑这样形成的所有矩形 R 之一 R_1，那么为了计算同一延量，就必须考虑同一带形中位于 Ox 轴和 R_1 之间的所有矩形 R. 这些延量因此就是那些底线在 Ox 轴的矩形面积之和的极限.

取 δ_1，δ_2，… 为这些底边的长度，取 m_1，m_2，… 和 M_1，M_2，… 为相对应的区间上 f 的极小值和极大值. 假设 δ 的值已经给定，即平行于 Oy 轴的直线已经确定，选择平行于 Ox 轴的线段以获得尽可能地逼近延量的近似值，由这些近似

值，我们得到

$$s = \sum \delta_i m_i \,, \qquad S = \sum \delta_i M_i.$$

由此，我们知道如何来计算区域的两种延量；如果能证明这两个数值相等，那么我们给自己提出的问题就是有意义的，而且知道如何解决问题.

对于任何种类的有界函数 f，达布（Darboux）证明[20]，这两个和 s 和 S 都趋向于确定的极限，即所谓的“不足积分”和“过剩积分”. 当这两个积分相等（不只限于连续函数）时，由黎曼[21]的说法，这两个共同的极限被称为 f **定义在从 a 到 b 的区间上的积分**.

§16. 为了从几何上来解释这些数值，设对于定义在区间（a，b）上的每个正函数 f 指定点集 E，其元素为坐标满足下列条件的点：

$$a \leqslant x \leqslant b \,, \qquad 0 \leqslant y \leqslant f(x) \,,$$

则可以清楚地看到，两个和 s 与 S 近似于集合 E 的内延量和外延量，因此 s 和 S 具有适当定义的极限，即内外延量. 这样，从几何观点来说，不足积分和过剩积分的存在乃是一个有界集内外延量存在的结果. 对于一个函数 f，其可积的充分必要条件是 E 是 J 可测的，且 E 的测度即为积分.

对于任意符号的函数 f，我们可以定义与之相对的集合 E，其中的元素是坐标满足下列不等式的点：

$$a \leqslant x \leqslant b \,, \qquad xf(x) \geqslant 0 \,, \qquad 0 \leqslant y^2 \leqslant \overline{f(x)}^2 .$$

集合 E 可以表示为由 y 值大于 0 的集合 E_1 和 y 值小于 0 的集合 E_2 组成的和集[22]. 此时，不足积分就是 E_1 的内延量减去 E_2 的外延量，过剩积分即为 E_1 的外延量减去 E_2 的内延量. **如果 E 是 J 可测的（同样 E_1 和 E_2 也 J 可测的），则函数是可积的，积分为 $m(E_1) - m(E_2)$** .

§17. 这些结果立刻可以进行一般化：若集合 E 可测（ E_1 和 E_2 同样可测），我们可称量 $m(E_1) - m(E_2)$ 为 f 定义在区间从 a 到 b 上的积分. 相应的函数 f 称之为可和的.

对于不可和函数，如果存在，我们可以定义下积分和上积分等于

$$m_i(E_1) - m_e(E_2) \,, \qquad m_e(E_1) - m_i(E_2).$$

这两个数值介于不足积分和过剩积分之间.

§18. 我们现在可以解析地定义可和函数.

由于 E 是可测的，故它被包含于集合 E' ，并包含集合 E'' ；此时 E' 和 E'' 都是 B 可测的，且有测度 $m(E)$（§7）. 另外，由给出这一结果的讨论，可以认为

E' 和 E'' 是由基于 Ox 轴的平行于 Oy 轴的线段构成的，也即对应于两个函数 f_1 和 f_2 $(f_1 \geqslant f_2)$.

取 e 、e' 和 e'' 是由 E 、E' 和 E'' 中坐标 y 值大于给定数 $m>0$ 的点构成的集合；e 、e' 和 e'' 均可测，且测度相等. 取 s 、s' 和 s'' 是这些集合中由直线 $y=m+h$ 所截取的部分；s' 和 s'' 是线上 B 可测的，且当 h 趋于 0 时 $m(s')$ 和 $m(s'')$ 无减小. 设 S' 和 S'' 是其极限，现证它们相等. 事实上，若不然，对足够小的 h ，有

$$m(s') \geqslant m(s'') + \varepsilon.$$

而且，可以找到这样的足够小的 h_1 和 h_2 （ $h_1 \leqslant h_2$），使得

$$m[s'(h_1)] \geqslant m[s'(h_2)] \geqslant [s''(h_1)] + \frac{\varepsilon}{2}.$$

若 e'_1和 e''_1 是 e' 和 e'' 内被包含在 $y=h_1$ 和 $y=h_2$ 之间的点，有：

$$m(e'_1) \geqslant (h_2-h_1)m[s'(h_2)],$$
$$m(e''_1) \leqslant (h_2-h_1)m[s''(h_1)].$$

因此 $m(e'_1) \geqslant m(e''_1) + (h_2-h_1)\dfrac{\varepsilon}{2}$，这是不可能的，因为 e'_1和 e''_1 有着同样的测度.

因此 s' 和 s'' 有着同样的线测度且 s 是可测的；即，**使得 $f(x)$ 的值大于数 $m>0$ 的 x 的值的集合是可测的. 类似地，使得 $f(x)$ 的值小于数 $m<0$ 的 x 的值的集合也是可测的.**

这个结果意味着使得 $f(x)$ 的值小于等于数 $m>0$（大于等于 $m<0$）的 x 的值的集合是可测的. 因此，满足 $a \geqslant f(x) > b > 0$ 或者 $0 > c > f(x) \geqslant d$ ，或者 $e \geqslant f(x) \geqslant g$ ($eg>0$) 的点组成的集合是可测的. 而且，若 b 趋向于 a 或 d 趋向于 c 或 e 和 g 趋向于 0，则使 y 取给定值的点集也是可测的. 扼要来说，不论 a 和 b 取什么符号，**若 f 可和，则满足下式**

$$a > f(x) > b$$

的 x 值的集合是可测的.

§19. 反之，**对任意的 a 和 b ，如果满足 $a > f(x) > b$ 的 x 的集合是可测的，且函数 $f(x)$ 有界，则 $f(x)$ 是可和的.**

事实上，将 $f(x)$ 的变化区间分割成若干个小区间：设 a_0，a_1，a_2，…，a_n 为分割点.

取 e_i ($i=0, 1, \cdots, n$) 为满足 $f(x)=a_i$ 的 x 的值组成的集合.

取 e'_i ($i=0, 1, \cdots, n-1$) 为满足 $a_i < f(x) < a_{i+1}$ 的 x 的值组成的集合.

所形成$f(x)$的点集E对应于属于x值e_i的那一部分，构成了平面上测度为$|a_i|\cdot m_l(e_i)$（$m_l(e_i)$为线测度）的可测集. E中对应于e'_i的那部分，包含测度为$|a_i|\cdot m_l(e'_i)$的可测集，同时包含于测度为$|a_{i+1}|\cdot m_l(e'_i)$的可测集.

因此，E包含测度为

$$\sum_0^n |a_i|\cdot m_l(e_i) + \sum_1^n |a_{i-1}|\cdot m_l(e'_i)$$

的可测集，且包含在测度为

$$\sum_0^n |a_i|\cdot m_l(e_i) + \sum_1^n |a_i|\cdot m_l(e'_i)$$

的可测集中.

这两个测度值之差小于$(a_n - a_0)\alpha$，在这里α表示我们给出的$a_i - a_{i-1}$的最大值，因此，可以进行适当的选择使得这两个测度尽可能地接近. 那么E是可测的，因此f是可和的.

进一步，由于我们知道了如何去计算E的测度，因此，**若f是正的，其积分就等于这两个和**

$$\sigma = \sum_0^n a_i \cdot m_l(e_i) + \sum_1^n a_{i-1} \cdot m_l(e'_i),$$

$$\Sigma = \sum_0^n a_i \cdot m_l(e_i) + \sum_1^n a_i \cdot m_l(e'_i)$$

的共同极限，此处$a_i - a_{i-1}$趋近于0.

现在，若f不恒为正，由σ和Σ的正数项的和给出的极限是我们称之为集合E_1(§16)的测度，而负数项部分的极限则给出了$-m(E_2)$，因此，在所有情况下，σ和Σ定义了积分.

§20. 也许，分析的论证有助于我们考虑可和函数并说明什么是我们所称的可和函数的积分.

设$f(x)$是一个定义在α到β（$\alpha < \beta$）的连续递增函数，且变化范围从a到$b(a < b)$. 对于x，确定值

$$x_0 = \alpha < x_1 < x_2 < \cdots < x_n = \beta,$$

与之相应的$f(x)$的值为

$$a_0 = a < a_1 < a_2 < \cdots < a_n = b .$$

通常意义下的定积分就是下述两个和

$$\sum_1^n (x_i - x_{i-1}) a_{i-1},$$

$$\sum_{1}^{n}(x_i - x_{i-1})a_i$$

的共同极限，且此时 $x_i - x_{i-1}$ 的最大值趋向于 0.

但是若 a_i 已经给定，x_i 也会确定；同样地，当 $a_i - a_{i-1}$ 趋近于 0 时，$x_i - x_{i-1}$ 也趋近于 0. 因此，为了定义连续递增函数 $f(x)$ 的积分，我们需要选取 a_i 也即对 $f(x)$ 的变化区间进行分割，以便代替取 x_i 即对 x 的变化区间进行分割.

来看看如何进行这一过程，首先考虑最简单的连续函数情形，即在任意一个区间上变化且只有有限个最小值和最大值情形；接下来是任意连续函数，这样就容易将我们引导到一般性质. 设 $f(x)$ 是定义在 (α, β) 上的连续函数，且在 a 和 b 之间变化. 任取函数值

$$a_0 = a < a_1 < a_2 < \cdots < a_n = b;$$

对于闭集 e_i（$i = 0, 1, \cdots, n$）的点，$f(x) = a_i$. 对于区间 e'_i（$i = 0, 1, \cdots, n-1$）和集的集合中的点，则有 $a_i < f(x) < a_{i+1}$. 设 e_i 和 e'_i 均可测.

当随着 a_i 个数的递增，$a_i - a_{i-1}$ 的最大值趋近于 0 时，下面两个量

$$\sigma = \sum_{0}^{n} a_i m(e_i) + \sum_{1}^{n} a_i m(e'_i),$$

$$\Sigma = \sum_{0}^{n} a_i m(e_i) + \sum_{1}^{n} a_{i+1} m(e'_i)$$

趋近于 $\int_a^b f(x)\,\mathrm{d}x$.

一旦得到了这种性质，我们就可以将其作为函数 $f(x)$ 的积分定义. 不过除了连续函数，量 σ 和 $\sum$ 对于其他的可和函数也有意义. 我们需要证明对于这些函数，σ 和 $\sum$ 有着独立于 a_i 的选取的相同极限，这个极限也将被定义为 $f(x)$ 在 α 和 β 之间的积分.

当在 a_i 中间添加新的分割点时，σ 不会减少，$\sum$ 也不会增加，因此 σ 和 $\sum$ 极限存在. 由于 $\sum - \sigma$ 至多等于 $(\beta - \alpha)$ 乘以 $(a_i - a_{i-1})$ 的最大值，故它们相等.

现在设有对 $f(x)$ 值域的新的分割 b_i，取 σ' 和 $\sum'$ 为对应于 σ 和 $\sum$ 的值. 取 σ'' 和 $\sum''$ 为同时使用 a_i 和 b_i 的分割的相应值. 则由下列两个不等式

$$\sigma \leqslant \sigma' \leqslant \sum'' \leqslant \sum',$$

$$\sigma' \leqslant \sigma \leqslant \sum'' \leqslant \sum,$$

可以证明这6个和数σ，σ'，σ''，$\sum$，$\sum'$和$\sum''$有着同样的极限.

这就证明了积分的存在. 如果这种方法（说法可能偶然会有一些不同），它与黎曼关于积分的定义有无冲突并不是不证自明的. 为了证明这一点，我们需要依据以下事实：一个可积函数，其不连续点构成的集合，测度为0[23]. 取$f(x)$为可积函数，E为满足

$$a \leqslant f(x) \leqslant b$$

的点集，此处a和b是任两个数. E'的边界且不属于E的那些点，是不连续点，它们形成了一个测度为0的集合e. 由于它是闭集，$E+e$可测，故E可测. 因此，可以断定f可和.

如果在一个长度为l的区间上，函数f的最大值为M而最小值为m，积分（按我们所赋予的意义）将介于lM和lm之间. 进一步，若a_1，a_2，…，a_n是递增的数，那么

$$\int_{a_1}^{a_2} + \int_{a_2}^{a_3} + \cdots + \int_{a_{n-1}}^{n} = \int_{a_1}^{a_n},$$

这里所有的积分都是按我们所赋予的意义.

这个结果意味着可和函数的积分被包含在不足积分和过剩积分之间，特别地，当两种积分都可适用时，二者的定义是一致的.

§21. 在限a和b之间的积分只有在a小于b时才有定义. 我们将通过等式

$$\int_a^b f(x)\,\mathrm{d}x + \int_b^a f(x)\,\mathrm{d}x = 0$$

来完成定义.

结果得到

$$\int_a^b f(x)\,\mathrm{d}x + \int_b^c f(x)\,\mathrm{d}x + \cdots + \int_k^l f(x)\,\mathrm{d}x = \int_a^l f(x)\,\mathrm{d}x ,$$

此处a，b，…，l任意.

因此，我们还需要弄清这样一个概念，即函数f的积分只定义在集合E中的点上[24]. 若AB是包含E的线段，定义一个函数φ，它在E上等于f，在$C_{AB}(E)$上等于0. f在E上的积分可以定义为φ在AB上的积分. 显然，我们所定义的积分并不依赖包含E的线段AB的选取.

设E是E_1，E_2，…的和集，其中E_1，E_2，…均可测且无公共点，若f在E上可和，那么

$$\int_E f(x)\,\mathrm{d}x = \sum \int_{E_i} f(x)\,\mathrm{d}x$$

成立.

现在，我们可以将一个函数f的下积分定义为不大于f的可和函数φ积分的上极限. 存在着这样的函数φ其积分等于f的下积分. 类似的讨论也可应用于上积分.

§22. 现在，我们来证明将初等算术运算应用于可和函数产生新的可和函数.

f和φ是取值在m和M之间的两个可和函数. 对区间(m, M)进行分割，分割点为

$$m_0 = m < m_1 < m_2 < \cdots < m_n = M,$$

此处，$i = 1, 2, \cdots, n$，取e_i为满足$m_{i-1} < f \leqslant m_i$的$x$的取值集合，$e'_j$为对应于$\varphi$的同样性质的集合.

取e_{ij}为e_i和e'_j中共同点组成的集合. 对每一个这样的集合，有

$$m_{i-1} + m_{j-1} < f + \varphi \leqslant m_i + m_j,$$

e_{ij}，e_i和e'_j都是可测的.

取a和b是任两个数. 设E为e_{ij}中包含在a和b之间的点集的和集，E可测.

无限地增加数m_i，使得$m_i - m_{i-1}$趋近于0. 我们将获得无穷个可测集合E，其和集是x的取值集合，满足

$$a < f + \varphi < b,$$

因此，$f + \varphi$可和.

f的积分是f在集合e_{ij}上的积分之和，因此，有

$$\sum m(e_{ij}) m_{i-1} < \int f(x)\,\mathrm{d}x < \sum m(e_{ij}) m_i .$$

类似的，有

$$\sum m(e_{ij}) m_{j-1} < \int \varphi(x)\,\mathrm{d}x < \sum m(e_{ij}) m_j .$$

同样的，关于$f + \varphi$，有：

$$\sum m(e_{ij})(m_{i-1} + m_{j-1}) < \int (f + \varphi)\,\mathrm{d}x < \sum m(e_{ij})(m_i + m_j) .$$

由此，可得

$$\left| \int (f + \varphi)\,\mathrm{d}x - \int f \mathrm{d}x - \int \varphi \mathrm{d}x \right| < \sum m(e_{ij})(m_i + m_j - m_{i-1} - m_{j-1}),$$

因此

$$\int (f+\varphi)\,\mathrm{d}x = \int f\mathrm{d}x + \int \varphi \mathrm{d}x .$$ [25]

这一性质可以被总结为：**任意可和函数之和也为可和函数，其积分为积分之和**.

类似的，可以证明，**两个可和函数之积也是可和函数；若一个可和函数满足不等式**

$$0 < m < |f| < M,$$

则其倒数也为可和函数；一个可和函数的 m 次算术根，若根存在，也可和；若 f 和 φ 均为可和函数，且 $f(\varphi)$ 有意义，则 $f(\varphi)$ 也可和，如此等等.

更重要的是下面的推论：若有界函数 f 为一列可和函数 f_i 的极限，则 f 可和.

事实上，取 e_i 为使相应的 f_i 包含在 a 和 b 之间的 x 的取值集合，所有 e_i 的公共点组成集合 e，则至少从某个 i 开始，该集合为满足 f 在 a 和 b 之间的 x 的取值集. 由于 e_i 可测，故 e 可测，f 可和.

§23. 我们刚刚获得的结论可以帮助我们定义一类重要的可和函数.

我们的结果要基于以下事实：$y=k$ 和 $y=x$ 是可和函数，因此，kx^m 可和，多项式函数可和.

由魏尔斯特拉斯定理，我们知道每一个连续函数都是一列多项式函数的极限，因此连续函数是可和函数. 但是也存在着不连续函数为多项式极限的情况，Baire 研究了这类函数，他称之为“第一类函数”.（*Sur les functions des variables réelles*, Annali di Matematica，1899.）因此，第一类函数是可和函数，第一类函数或第二类函数的极限也为可和函数，等等. 所有 Baire 所称的构成函数集 E 的函数（*loc. cit*, 70 页）是可和函数.

这个结果给我们提供了大量的不连续以及黎曼不可积却可和的函数例子. 进一步，我们可以按下述方法得到这一类例子. 用我们在 §20 对每一个可积函数都可和一样的论证可以证明：如果在撷取一个测度为 0 的集合之后，还有另外一个集合，函数在其点上连续，那么，该函数是可和的，因此，若 f 和 φ 是两个连续函数，定义函数 F 如下：在测度为 0 的集合 E 之外的点，F 等于 f；在 E 中的点上

$$F=f+\varphi,$$

则 F 是可和的. 现在，如果 φ 恒不为 0，且 E 在每一个区间上稠密，则其每一个点都是 F 的不连续点，因此 F 是黎曼不可积的.

这一过程让我们可以构成一个可和函数集合，其基数等于函数集的基数.

§24. 在这一章一开始讨论时采用的几何方法是建立在有界集的测度之上的，也只能用于有界函数[26]. 相反的，在§20 中提到的分析方法则可应用于绝对值无上限的函数而无需实质性的改变.

一个函数被称为可和的，若对任意的 a 和 b，满足

$$a < f(x) < b$$

的 x 的取值集合是可测的. 迄今我们关注的只是有界可和函数，现在来讨论它们与无界可和函数的区别.

设 $f(x)$ 是可和函数，选取一列数

$$\cdots < m_{-2} < m_{-1} < m_0 < m_1 < m_2 < \cdots$$

在 $-\infty$ 和 ∞ 之间变化，且 $m_i - m_{i-1}$ 的绝对值有一个上界. 取 e_i 为对应于 $f(x)$ 等于 m_i 的 x 的取值集合，e'_i 为对应于 $m_i < f(x) < m_{i+1}$ 的 x 的取值集合.

考虑下列两个和

$$\sigma = \sum m_i \cdot m(e_i) + \sum m_i \cdot m(e'_i),\quad \Sigma = \sum m_i \cdot m(e_{i+1}) + \sum m_{i+1} \cdot m(e'_i),$$

在这里，$\sum$ 其实是包含两列级数的和，一列是正的，另一列是负的. 这些级数可能收敛，也可能不收敛. 如果出现在 σ 中的级数是收敛的，即有意义的，那么 Σ 也是有意义的；反过来也是如此. 而它们正确与否与 m_i 的选取无关.

就像在§20 讨论的那样，我们可以看出，当不断增加 m_i 以使 $m_i - m_{i-1}$ 的最大值趋近于0 时，两个和 σ 和 Σ 趋近于同一个极限，且独立于 m_i 的选取，这个极限正是积分.

甚至当对“可和函数”和“积分”的意义进行扩展之后，到目前为止所有的命题都依然成立[27]. 但必须要说明的是，一个无界的可和函数并不一定必须有一个积分存在.[28]

§25. 在计算一个给定集合的测度时遇到的问题，同样出现在计算给定函数的积分上.

迄今为止，几乎大多数在微积分中遇到的不连续函数都可以以级数形式定义，因此了解下面的定理是有意义的.

若对一列可和函数 f_1，f_2，…，其积分存在；这列函数有一个极限 f，且 $|f-f_n|$（n 任意）小于定数 M，则 f 有一个积分，其积分为函数 f_n 的积分的极限[29].

实际上，我们有

$$f=f_n+(f-f_n).$$

因为等式右边的两个函数都有积分，因此f也有积分，这个值等于f_n和$f-f_n$的积分之和. 现考察第二个积分的上限.

选择一个固定的正数ε，若e_n是x的取值集合，使对于任意的正数p（或0），有

$$|f-f_{n+p}|<\varepsilon,$$

则e_n是可测的.

若E是可测集，且在其上积分存在，有

$$\left|\int(f-f_n)\mathrm{d}x\right|\leqslant M\cdot m(e_n)+\varepsilon[m(E)-m(e_n)].$$

现在每一个e_n包含着更大指数的集，且所有的e_n没有公共点. 因此，$m(e_n)$随$\frac{1}{n}$趋近于0，所以对

$$\left|\int(f-f_n)\mathrm{d}x\right|$$

有同样的事实成立.

当f有界时，这个结论可这样表述：当一列绝对值有上界的可和函数f_1，f_2，… 有一个极限f时，f的积分就是f_n积分的极限.

在一般情形下，这个定理可以表述成另外一种形式：

一个收敛的可积函数项级数，其余部绝对值有上界时，这个级数逐项可积.

作为一种特殊情况，我们可以得到关于一致收敛级数的积分的定理.

Ⅱ. 单变量函数的不定积分和原函数

§26. 需要说明，一个在（α，β）上有定积分存在的函数$f(x)$的不定积分，可以表示成定义在区间（α，β）内的函数$F(x)$，使对无论怎样的a和b（包含在（α，β）内），有

$$\int_a^b f(x)\mathrm{d}x=F(b)-F(a).$$

由此等式，可得

$$F(x)=\int_a^x f(x)\mathrm{d}x+F(a).$$

因此，任一个有着定积分的函数，将产生无穷多个不定积分，它们之间只相差一个常数$F(a)$.

若函数有界，则显然**其不定积分是一个连续函数**[30]．为了证明这一点在一般情况下也成立，让我们回到§24的记号．选定 a，一旦 h 的绝对值小于定数，会得到

$$|F(a+h)-F(a)|=\left|\int_a^{a+h} f(x)\,\mathrm{d}x\right|<\varepsilon .$$

为简单起见，可以取 h 为正数．

至多存在可数无穷多个 m_i，使得与之对应的集合 e_i 具有非零测度．因此，可以假定 m_i 不包含在这些特殊值中，即可假定 $m(e_i)=0$，使其可以简化 σ 和 $\sum$．

所以，若取 $m_0=0$ [31]，有

$$\int_a^{a+h} f(x)\,\mathrm{d}x=\lim\left\{\sum_0^{\infty} m_{i+1} m[e'_i(h)]+\sum_{-1}^{-\infty} m_i m[e'_i(h)]\right\}.$$

$e'_i(h)$ 表示 e'_i 包含于 a 到 $a+h$ 的那部分．考虑固定的数组 m_i，则等式右边的两个级数将仅随着 h 的变化而变化，可以设 h 取得足够小，使得这两个级数的有限项的绝对值能够任意小．因此，可以将 h 取得足够小，使得这两个级数，其中一个只有正数项而另一个只有负数项，都有一个足够小的绝对值．

不过进一步取极限时，需要在已选择的 m_i 中添加新的成员，这一步骤将使得这两个级数之绝对值递减．这就证明了 $\int_a^{a+h} f(x)\,\mathrm{d}x$ 要多小有多小．于是，不定积分确实是连续函数．

§27．如果 M 和 m 是 $f(x)$ 在区间 $(a,\ a+h)$ 内的最小值和最大值，则有

$$mh<\int_a^{a+h} f(x)\,\mathrm{d}x<Mh,$$

因此

$$m<\frac{F(a+h)-F(a)}{h}<M;$$

于是对于 $x=a$，若 $f(x)$ 在该点连续，$F(x)$ 在该点的导数等于 $f(a)$．

若 $f(x)$ 在任意的 x 值都连续，则 $F(x)$ 是以 $f(x)$ 为导数的函数中的一个，即 $f(x)$ 的原函数之一．

对于连续函数，寻找它的原函数就等同于寻找这个给定函数的不定积分．这个众所周知的结果在处理黎曼可积的导函数时依然成立[32]．但仍然有黎曼不可积的导函数[33]，一旦给出这样一个函数，就不能用黎曼积分来计算原函数．

我们将看到，任一个有界导函数都有一个不定积分作为其原函数之一. 因此，我们可以计算一个给定有界函数的原函数（如果存在）.

对于无界的导函数，我们需要证明，如果它们有积分，那么其原函数就等于它们的不定积分.

§28. 函数 $f(x)$ 的导数是当 h 趋近于 0 时，下述表达式

$$\frac{f(x+h)-f(x)}{h}=\varphi(x)$$

的极限. 这里由于 h 是固定的，所以表达式是一个连续函数. 因此，导数是一个连续函数的极限，且可和.

设 $f(x)$ 的导函数的绝对值恒小于 M. 由有限增量定理 $\varphi(x)=f'(x+\theta h)$，函数 $f(x)$ 在其定义的集合上有界，于是有结果

$$\int_a^b f'(x)\,\mathrm{d}x=\lim\int_a^b\varphi(x)\,\mathrm{d}x=\left[\lim_{h\to 0}\int_x^{x+h}f(x)\,\mathrm{d}x\right]_a^b$$

以及

$$\int_a^b f'(x)\,\mathrm{d}x=f(b)-f(a).$$

任意一个有界导函数有一个原函数作为其不定积分. 这个结果对于导函数左有界或右有界的情况依然成立；同样对于当 h 趋近于 0，$\varphi(x)$ 的极限趋近定值时，也成立.

§29. 对前面结果的应用，我们要讨论一下按下述方式定义的函数是否有原函数.

取 E 为在（0，1）区间上每一部分都不稠密的闭集，测度不为 0. 取 (a, b) 为与 E 邻接的区间[34]，c 为该区间的中点. 则函数

$$\varphi(x-a)=2(x-a)\sin\frac{1}{x-a}-\cos\frac{1}{x-a}$$

在 a 和 c 之间有无穷多个零点. 取 $a+d$ 为 a 和 c 之间最靠近 c 的点，且函数在该点值为零.

我们所关注的函数 $f(x)$，它在 E 中的每一点都为零，而在每一个与 E 邻接的区间 (a, b) 上，在 a 和 $a+d$ 之间为 $\varphi(x-a)$，在 $a+d$ 和 $b-d$ 之间取 0，在 $b-d$ 和 b 之间为 $-\varphi(b-x)$.

这个函数在每一个与 E 邻接的区间上连续，在 E 中每个点不连续，且均为第二类不连续点.

进一步，$f(x)$ 介于 -3 和 $+3$ 之间. 为了确保 $f(x)$ 有原函数，首先要得到区间 $(0, 1)$ 上的定积分. 这个积分，如果存在，等于在 E 上的积分加上在区间 $C(E)$ 上的积分（假设它也存在）. 而 E 上的积分存在，等于 0；$C(E)$ 上的积分也存在，因为它是那些邻接 E 的区间上的积分之和，而这些积分均为 0.

由此可得函数 $F(x)$. 它在 E 中的所有点均为 0，而在邻接 E 的区间 (a, b) 上定义如下：

$$F(x)=(x-a)^2\sin\frac{1}{x-a}, \qquad \text{在 } a \text{ 和 } a+d \text{ 之间；}$$

$$F(x)=d^2\sin\frac{1}{d}, \qquad \text{在 } a+d \text{ 和 } b-d \text{ 之间；}$$

$$F(x)=(b-x)^2\sin\frac{1}{(b-x)}, \qquad \text{在 } b-d \text{ 和 } b \text{ 之间.}$$

$F(x)$ 等于 $\int f(x)\,\mathrm{d}x$.

因此，若 $f(x)$ 的原函数存在，$F(x)$ 是其中之一.

对所有 $f(x)$ 连续的点，即对 $C(E)$ 的所有点，显然有：

$$F'(x)=f(x) .$$

设 a 是集合 E 内的点，若 a 是邻接 E 的区间的端点，且在 a 的右边，$F(x)$ 显然有一个导函数，其右边值为 0. 假设在 a 的右端，有无穷多个 E 的点，且以 a 为极限点. 若 α_i 是这些点之一，对于大于 α_i 的 x 值，下述比值

$$r(x)=\frac{F(x)-F(a)}{x-a}$$

的绝对值小于

$$\frac{(x-\alpha_i)^2}{x-a}<x-a .$$

于是，当 x 趋近于 0 时，比值趋于 0.

故在 E 的所有点上，$F(x)$ 有导数，其右边为 0，且同样可以看到一个左侧为 0 的导数. 因此对任意包含在 0 和 1 之间的 x ，有

$$F'(x)=f(x) .$$

因此，函数 $f(x)$ 是导函数，且黎曼不可积. 这是因为，函数不连续点的集合有非零测度.

这个黎曼不可积函数的例子来自于 Volterra 的 Giornale de Battaglini，第 19 卷[35].

§30. 我们刚才找到的原函数，具有有界变差[36]. 我们将证明：**一个可微函数导函数（有界或无界）的不定积分存在的充要条件是这个函数具有有界变差. 如果这样，则这个函数就是其导函数的不定积分之一.**

因为 $f'(x)$ 可和，所以为了计算它的积分需要继续我们在 §24 的做法. 设所有的 e_i 测度都为 0，且进一步取 $m_0=0$；这是可能的，如果用对 $f(x)+Kx$ 的讨论来代替对所给函数 $f(x)$ 的讨论，这里 K 适当选取.

对应于每一个 e'_i 的点 x_0，可以选择区间（α，β），使得如果有

$$\alpha < a \leqslant x_0 \leqslant \beta,$$

就有

$$m_i < r(a, b) = \frac{f(b)-f(a)}{b-a} < m_{i+1}.$$

我们可以将（α，β）的区间长度取得尽可能大使之最多等于给定的数 σ，并以 x_0 为区间的中点.

若 $m_i - m_{i-1}$ 总小于 η，则 $(b-a)r(a, b)$，等于 $f'(x_0)(b-a)$ 而不会等于 $\eta(b-a)$.

取 $E_i(\sigma)$ 是对应于 e'_i 的点的区间之和，则 $E_i(\sigma)$ 可以被认为是互不重叠的区间之和. 设（a，b）是这样的一个区间，若

$$a < \alpha < \beta < b,$$

则有

$$m_i < r(\alpha, \beta) < m_{i+1}$$

成立，只要在 α 和 β 之间至少有一个 e'_i 的点存在.

$E_i(\sigma)$ 包含 e'_i. 让 σ 趋近于 0，取 x_0 属于无穷多个集合 $E_i(\sigma)$ 中的一点. $f'(x)$ 是对应于包含 x_0 的区间 $E_i(\sigma)$ 的比值 $r(\alpha, \beta)$ 的极限. 因此，x_0 是 e_i、e'_i 或是 e_{i+1} 中的点. 于是，由无限个 $E_i(\sigma)$ 中的公共元素组成的系列 E_i，与逐渐趋近于 0 的 σ 值相关，包含了 e'_i 和 e_i+e_{i+1} 的点. 因此它同 e'_i 有着相同的测度. 进一步，由于每一个 $E_i(\sigma)$ 都包含了对应于足够小的 σ 的集合，$m(E_i)$ 就是 $m[E_i(\sigma)]$ 的极限.

因此，可以选择一列数

$$\cdots\sigma_{-2}, \sigma_{-1}, \sigma_0, \sigma_1, \sigma_2, \cdots$$

使得和式

$$D=\sum_{-\infty}^{+\infty}|m_i|\cdot\{m[E_i(\sigma_i)]-m(E_i)\}$$

尽可能地小.

按以上所说，让我们注意：$\int f'\mathrm{d}x$ 和 $\int |f'|\mathrm{d}x$ 同时存在，由此，如果级数

$$\sum_{-\infty}^{+\infty} |m_i| \cdot m(e'_i) = \sum_{-\infty}^{+\infty} |m_i| \cdot m(e'_i)$$

收敛，即

$$V = \sum_{-\infty}^{+\infty} |m_i| \cdot m[E_i(\sigma_i)]$$

收敛，则 $\int f'\mathrm{d}x$ 存在.

在组成 $E_i(\sigma_i)$ 的区间中，可以选择有限个，使得这些区间 A 在 V 中的贡献当 V 发散时变得足够大，而当级数收敛时则能尽可能的接近 V 的值. 现在去掉适量的区间 A 而不改变区间的和集，同时使得没有一个留下的区间包含在其他留下的区间内. 那些被消除的区间在 V 中的小于 D.

考虑两个和 e'_i 、e'_j 相对应的互有重叠的区间 (a_i, b_i) 和 (a_j, b_j). 设

$$a_i < a_j < b_i < b_j.$$

在 a_j 和 b_i 之间，不可能存在同时属于 e'_i 和 e'_j 的点，除非 $r(a_j+\varepsilon, b_i-\varepsilon)$ 同时包含在 m_i 和 m_{i+1} 之间以及 m_j 和 m_{j+1} 之间. 因此，在 a_j 和 b_i 之间可以找到一个点 c，使得在 a_j 和 c 之间有一个 e'_i 的点，在 c 和 b_i 之间有一个 e'_j 的点. 于是，有

$$|f(c)-f(a_i)|+|f(b_j)-f(c)|=(c-a_i)|r(a_i, c)|+(b_j-c)|r(c, b_j)|.$$

因此，左半部分，即当考虑分割

$$a_i \qquad c \qquad b_j$$

时 $f(x)$ 在 a_i 和 b_j 之间的变差，等于两个区间 (a_i, b_i) 和 (a_j, b_j) 在 V 中的贡献减去量 $(b_i-a_j)|m_j-m_i|+\eta(b_j-a_i)$. 量 $(b_i-a_j)|m_j-m_i|$ 小于区间 (a_j, b_i) 在 D 中的贡献.

沿着同一思路，考虑一列递增的有限个数值 $x_0, x_1, x_2, \cdots$. 区间 A 在 V 中的贡献减去和式 $\sum |f(x_i)-f(x_{i+1})|$ 得到的值小于 $D+\eta m(A)$. 现在，这个和式小于 $f(x)$ 的全变差. 因此，V 的极限即 $\int |f'|\mathrm{d}x$ 小于或至多等于 $f(x)$ 的全变差. 这就是说，若 $f(x)$ 具有有界变差，则 $\int |f'|\mathrm{d}x$ 存在且小于 $f(x)$ 的全变差.

§31. 现在假设 $\int |f'|\mathrm{d}x$ 存在.

将 e_i 中的点装进可数无穷多的区间 A_i，将 $m(A_i)$ 选择的尽可能小. 对应于 e_i 的每一个点 x_0，都有一个长度小于 σ'_i 的最大区间（α，β）并以 x_0 作为它的中点，且包含整个 A_i，使得

$$\alpha < a \leqslant x_0 \leqslant b < \beta,$$

并有

$$m_i - \varepsilon_i < r(a, b) < m_i + \varepsilon_i$$

成立.

设 $e_i(\sigma'_i)$ 是这些区间之和，只要选择合适的 σ'_i 和 ε'_i，和

$$D' = \sum_{-\infty}^{+\infty} |m_i| \cdot m[e_i(\sigma'_i)]$$

可以要多小有多小.

每个 $E_i(\sigma_i)$ 或 $e_i(\sigma'_i)$，都是可数无穷多个互不重叠的区间之和. 若 $f(x)$ 是定义在区间（a，b）之内，则每一个在（a，b）内部的点至少属于这些区间之一，且以 a 和 b 作为区间端点. 因此，根据一个集合论定理，我们可以在组成 $E_i(\sigma_i)$ 和 $e_i(\sigma_i)$ 的区间中，选择有限个区间 B，使得任意在（a，b）内的点都在 B 的一个区间内.

我们可以假设这种选择方式使得余下的区间绝不包含于其他余下的区间. 没有用到的 $E_i(\sigma_i)$ 中的区间在 V 中的贡献至多等于 $D + D_i$，其中 D_i 为 $|f'|$ 在集合 $e_i(\sigma'_i)$ 上的积分.

在 B 上的讨论同样可用在 A 上，考虑分割

$$x_0 = a < x_1 < x_2 < \cdots < x_n = b,$$

则和 $\sum |f(x_i) - f(x_{i-1})|$ 等于 $E_i(\sigma_i)$ 余下的区间在 V 中的贡献减去 $D + D' + \eta(b - a)$.

现在，如果两个连续编号的 x_i 来自于属于某个 $E_i(\sigma_i)$ 或 $e_i(\sigma'_i)$ 的同一个区间，该区间可分解为一些长度至多为 $2\sigma_i$ 或 $2\sigma'_i$ 的小区间，则对应这样一个分割的变差之和等于 V 减去 $2D + D_1 + D' + \eta(b - a)$ 得到的值. 现在通过加进这些新的点使得 σ_i 和 σ'_i 的最大值 σ 足够小，我们可以使和 $\sum |f(x_i) - f(x_{i-1})|$ 要多接近有多接近 $f(x)$ 在（a，b）上的全变差.

由此，若 $\int f' \mathrm{d}x$ 存在，则函数 $f(x)$ 具有有界变差，这个变差等于积分 $\int |f'| \mathrm{d}x$ 的值.

§32. 因此我们就发现了 $|f'|$ 的积分存在的充要条件，也明白其意义所在.

不过，前面的讨论也支持了另外的结果. 让我们重新开始讨论，并把注意力集中在那些有正数指标的集合 e_i 、E_i 、$E_i(\sigma)$ 等上.

我们可以看到，函数 $f(x)$ 在 a 和 x 之间的正全变差等于 $f'(x)$ 再加上在其值大于 0 的那部分的积分，即积分

$$p(x) = \frac{1}{2}\int_a^x (f' + |f'|)\,\mathrm{d}x .$$

同样的，对于负变差，有

$$-n(x) = \frac{1}{2}\int_a^x (f' + |f'|)\,\mathrm{d}x .$$

于是，

$$f(x) - f(a) = p(x) - n(x),$$

$$f(x) = f(a) + \int_a^x f'(x)\,\mathrm{d}x .$$

因此，对于给定函数 $f(x)$ ，我们知道如何判断它是否是某有界变差函数的导函数. 如果是，我们也知道如何寻找它的原函数.

若 $f(x)$ 有界，其原函数如果存在，必定具有有界变差，并且，我们就可以找到它们.

但是由我们所定义的积分，并不能知道一个函数是否有无界变差的原函数[37].

§33. 取函数 $f(x)$ 为 $f(x)= x^2\sin\frac{1}{x^2}$, $(x\neq 0)$; 和 $f(0)=0$, $f(x)$ 连续但有无界变差.

事实上，

$$f\left(\frac{1}{\sqrt{k\pi}}\right) = 0 ,$$

$$f\left(\frac{1}{\sqrt{k\pi + \frac{\pi}{2}}}\right) = (-1)^k \frac{1}{k\pi + \frac{\pi}{2}} .$$

因此，变差之和为 $\sum \frac{1}{k\pi + \frac{\pi}{2}}$ ，是一个发散级数. 该函数有导数 $f'(x)$:

$$f'(x)=2x\sin\frac{1}{x^2}-\frac{2}{x}\cos\frac{1}{x^2},$$

此处，$x\neq 0$，且$f'(0)=0$. 因此，$f'(x)$ 给我们提供了一个无界可和函数却不可积分的例子，所以给定了$f'(x)$，按照前述方法将不能找到$f(x)$.

注意到以下事实是有意义的：当正数在某点的邻域内变为无限时积分的经典定义使我们能够在知道$f'(x)$ 的情况下求得$f(x)$. 这是因为在被积函数无界的情况下，我们所采用的定义并非经典定义的推广，只是二者在所有应用的场合都能够吻合一致. 另外，很容易对积分定义进行一般化推广而使得经典定义和我们所采用的定义都成为这种一般化定义的特例. 为了简化下面的定理，我们将保留以前采用“定积分”这一术语的意义，但将对不定积分概念加以推广.

我们已看到所有的不定积分均为连续函数. 如果我们将这一性质看作为不定积分定义的一部分，则我们可以说

定义在区间（α，β）上的函数$f(x)$，在该区间上有不定积分，如果存在着唯一一个函数 $F(x)$（除了一个附加的常数外唯一），使得

$$F(b)-F(a)=\int_a^b f(x)\,\mathrm{d}x$$

对任意的 a 和 b（a 和 b 在 α 和 β 之间，且使等式右端有意义）成立[38].

§34. 一个导函数的不定积分总是其原函数之一，这是因为，原函数是连续的，且根据我们刚才的讨论，当右端有意义时，满足等式

$$F(b)-F(a)=\int_a^b f(x)\,\mathrm{d}x.$$

因此，我们能够找到§30 中的函数$f'(x)$ 的原函数.

不过，可以很容易找到没有不定积分的导函数例子.

取$\varphi(x)$ 是定义在 0 和 1 之间的可微函数，在 0 和 1 不为 0，且$\varphi(x)$ 的导函数在（0，1）内的每个区间有界，但在以 0 或 1 为端点的区间上无界.

当$\varphi'(x)$ 已知，就可以找到$\varphi(x)$，这是因为$\varphi(x)$ 是$\varphi'(x)$ 的不定积分且$x=0$ 时不为 0.

现考虑一闭集 E，它在（0，1）的每一部分都不稠密，测度不为 0. [例如，可以考虑从（0，1）区间中除去一列无穷多区间而构成的集合，这些区间的中点均有有理横坐标，且区间的长度之和小于 1.]

定义一个连续函数$f(x)$，它在邻接 E 的区间（a，b）上定义为$(b-a)^2\varphi\left(\frac{x-a}{b-a}\right)$. 因此，$f(x)$ 在 E 的所有点为 0. 这个函数可微，其导函数在 E 上

为0，在邻接 E 的区间（a，b）的每点为 $(b-a)\varphi'\left(\frac{x-a}{b-a}\right)$．

这个导函数 $f'(x)$ 不存在不定积分．事实上，若存在，其不定积分应为 $f(x)+c$（c 为常数）的形式．然而，令 $\psi(x)$ 表示 E 在区间（0，x）内的点的集合的测度函数，设 $\psi(x)$ 为连续函数，在邻接 E 的区间内为常数．因此 $f(x)+\psi(x)$ 满足等式

$$[f(x)+\psi(x)]_{\alpha}^{\beta}=\int_{\alpha}^{\beta}f'(x),$$

其中，α，β 为使等式右端有意义的任意数组．

我们所给出的定义恰恰不能说明 $f'(x)$ 的不定积分存在．

寻找原函数的问题还没有完全解决[39]．

§35．令 $f(x)$ 为连续函数，h 是一列趋近于0的数值，且使

$$\frac{f(x_0+h)-f(x_o)}{h}$$

有极限．对应于正值的 h，所定义的这一列数有上极限 Λ_d 和下极限 λ_d，这两个极限是函数 $f(x)$ 在 x_0 点右侧变化时的极振幅．同样定义 Λ_g 和 λ_g．这4个数均称为导数，对于某些问题，它们提供了和导数同样的作用[40]．

接下来的问题是：**已知某函数的一个导函数，求这个函数**[41]；这正是我们刚刚处理的问题的一般化情形．

这个问题的某些特殊情形可用黎曼积分来解决（Dini，loc. cit）．我们所定义的积分，会使这个问题在更广的情况下得到解决，我们将仅限于如下的讨论．

首先，假如这四个数其中之一，比如 Λ_d，是有限的，则该函数可和．实际上，让我们考查那些使 Λ_d 比某个固定数 M 大的 x 值的集合 E．赋予 h 所有比 ε_1 小的有理正数值，则对应于每一个值有一个函数 $\frac{f(x+h)-f(x)}{h}=\varphi(x,h)$．对应于 $\varphi(x,h)$ 的，是一个可测集 $E(h)$，它由所有满足

$$\varphi(x,h)>M$$

的点组成．

令 $E(\varepsilon_1)$ 为所有 $E(h)$ 之和，它是可测的．

对应于 ε_2，ε_3，…，有集合 $E(\varepsilon_2)$，$E(\varepsilon_3)$，…．

若 ε 趋近于0，则所有这些 $E(\varepsilon_i)$ 的公共部分（可测），包含着我们所要找的集合以及满足 $\Lambda_d=M$ 的点．所有这些足以使我们判定：函数 Λ_d 是可和的．

现在假设这 4 个导函数之一是有界的（对其余的 3 个数也可作同样处理）[42]. Λ_d 将会有一个积分.

考虑一列正的趋近于 0 的数 h_1，h_2，… 以及函数

$$\varphi(x, h_i)=\frac{f(x+h_i)-f(x)}{h_i}.$$

对每一个 x 值，有一个对应的 n，使得对 $i \geqslant n$，有

$$\varphi(x, h_i) < \Lambda_d(x)+\varepsilon$$

成立.

令 E_k 为使 $n \leqslant k$ 的 x 的值集. 相对于所考虑的区间的补集 $C(E_k)$ 将有一个随着 $\frac{1}{k}$ 趋近于 0 的测度，且对该集合中的点，当 M 是 Λ_d 绝对值的上限时，有

$$|\varphi(x, h_k)-\Lambda_d(x)| \leqslant M.$$

因此[43]

$$\int_a^b \varphi(x, h_k)\mathrm{d}x < \int_a^b \Lambda_d(x)\mathrm{d}x+\varepsilon m(E_k)+Mm[C(E_k)].$$

计算第一项，得

$$\int_a^b \varphi(x, h_k)\mathrm{d}x=\int_a^b \frac{f(x+h_k)-f(x)}{h_k}\mathrm{d}x=f(b+\theta h_k)-f(a+\theta' h_k).$$

当 k 无限增长时，这个量趋近于 $f(b)-f(a)$，因此，可以得到

$$f(b)-f(a) < \int_a^b \Lambda_d(x)\mathrm{d}x.$$

同样的，可以得到

$$\int_a^b \Lambda_d(x)\mathrm{d}x < f(b)-f(a).$$

因此，**若函数 $f(x)$ 在右侧（左侧）的两个导函数有界，且积分相同，则它们的不定积分与 $f(x)$ 只差一个常数.**

Ⅲ. 多变量函数的定积分

§36. 将所得到的结果扩展至多变量函数并没有什么困难.

函数 f 称可和的，若对于任意的 a 和 b，满足

$$a < f < b$$

的点集可测.

连续函数在使它们发生变化的集合上可和．两个可和函数的和、积以及可和函数序列的极限，都是可和函数．因此，Baire 所称的那些第一类、第二类等不连续函数，都是可和函数．

含有 n 个变量的函数，若按照每一个变量连续，则至多是 $n-1$ 类函数[44]，因此也是可和函数．

令 f 为可和函数，考虑下面一组数：

$$\cdots < m_{-2} < m_{-1} < m_0 < m_1 < m_2 < \cdots,$$

其中，$m_i - m_{i-1}$ 有一个最大值 η．

所有满足 $f = m_i$ 的点组成可测集 e_i，满足 $m_i < f < m_{i+1}$ 的点组成可测集 e'_i．

两个和

$$\sigma = \sum m_i m(e_i) + \sum m_i m(e'_i),\quad \sum = \sum m_i m(e_{i+1}) + \sum m_{i+1} m(e'_i)$$

同时有意义或无意义．

若同时有意义，则无论如何选择 m_i，这两个和在 η 趋近于 0 时有同一个极限．

这个极限就是 f 的积分．当 f 有界时，σ 和 $\sum$ 有意义，**每一个有界可和函数有积分**．

先前讨论的定义可以用在那些定义在区域或点集上的函数，为了确保函数可和，这些区域或点集必须是可测的．令 f 是定义在可测集 E 上的有界函数，若 f 不可和，则有无穷多个有界可和函数 φ，使得

$$f(x) > \varphi(x)$$

成立．令 $\varphi_1(x)$，$\varphi_2(x)$，… 为一列这样的函数，其积分趋近于 φ 函数积分的上极限．令 $\psi(x)$ 为这样的函数，在每一点 x_0，其值为数列 $\varphi_1(x_0)$，$\varphi_2(x_0)$，… 的上极限．则很容易证明 $\psi(x)$ 可和．其积分不小于函数列 $\varphi_i(x)$ 的积分，且由于 $\psi(x)$ 也是一个 $\varphi(x)$ 函数，因此 $\psi(x)$ 的积分等于 $\varphi(x)$ 函数积分的上限．因此，给出一个有界函数 $f(x)$，就有一个不大于 f 的可和函数 ψ，其积分是所有不大于 f 的可和函数的积分的上极限．这就是 f 的下积分．

上积分可以同样地定义[45]．

§37．我们来看看是否能将多重积分的计算简化为简单积分的计算．限制在两个变量的情形，我们试着来推广经典的公式：

$$\iint f\mathrm{d}x\mathrm{d}y = \int\left(\int f\mathrm{d}y\right)\mathrm{d}x.$$

我们必须检验的最简单的情形是 $f=1$．然后我们需要将点集的面测度估算为

其截线线测度的函数. 用我们在 §18 和 §19 中建立的方法可以解决这一问题的一个特殊情形.

取 E 为平面可测集. 将 E 中横坐标为 x_0 的点的集合记为 $E(x_0)$，即 $x=x_0$ 在 E 中的截线. 如果存在非线可测的直线上的点集，$E(x_0)$ 就不一定可测，这是因为直线上的每个有界点集沿着其所在的面可测. 但是若 E 沿着所在面 B 可测，则 $E(x_0)$ 也是 B 线可测. 现在我们知道 E 包含一个 B 可测的集合 E_1，其测度为 $m(E)$. 因此 $E_1(x_0)$ 的测度至多等于 $E(x_0)$ 的内测度，也即至少等于 $x=x_0$ 时函数 φ 的下积分，这里 φ 在 E 中的点取 1，在其他点取 0. 因此，

$$m_l[E_1(x_0)] \leqslant \int_{\inf} \varphi(x_0, y)\,\mathrm{d}y .$$

返回到 §7，在那里我们证明了 E_1 的存在性，我们将 E_1 定义为一系列集合 A_1，A_2，… 的公共元素组成的集合. 而集合 A_i 可以定义为可数无穷多互不重叠的矩形之和，这些小矩形的边都平行于 x 轴和 y 轴. A_i 包含 A_i，A_{i+1}，…….

现在，$m_l[A_i(x)]$ 是 x 轴右侧组成 A_i 的矩形 C_{ij} 的截线的测度之和. 因此，有

$$m_l[A_i(x)] = \sum_j m_l[C_{ij}(x)] .$$

在这个级数中，其余部的绝对值有一个上限，这是因为 E_1 有界，而所有的 A_i 都在同一个有界区域内，其结果就是由 $m_l[A_i(x)]$ 组成的集合（和 i 及 x 有关）有界. 因此这个级数是逐项可积的（§25）.

$m_l[C_{ij}(x)]$ 的积分就是 C_{ij} 的面积，因此，

$$m_s[A_i] = \int m_l[A_i(x)]\,\mathrm{d}x .$$

现在，当 i 趋于无限时，数 $m_l[A_i(x)]$ 和 $m_s[A_i]$ 的极限为 $m_l[E_i(x)]$ 和 $m_s(E_1)$，且由于这些数的集合是有限的，因此，有

$$\int m_l[E_1(x)]\,\mathrm{d}x = \lim_{i=\infty}\int m_l[A_i(x)]\,\mathrm{d}x = \lim_{i=\infty} m_s[A_i] = m_s(E_1)\ (\,*\,).$$ [46]

因此，我们可以断定：

$$m_s(E) \leqslant \int_{\inf} m_{l,\ \mathrm{int}}[E(x)]\,\mathrm{d}x$$

和

$$m_s(E) \leqslant \int_{\inf}\left[\int_{\inf}\varphi(x, y)\,\mathrm{d}y\right]\mathrm{d}x .$$

同样地，可以知道

$$m_s(E) \geqslant \int_{\sup}\left[\int_{\sup}\varphi(x, y)\,\mathrm{d}y\right]\mathrm{d}x .$$

由此，得到

$$m_s(E)=\int_{\inf}\left[\int_{\inf}\varphi(x,\ y)\mathrm{d}y\right]\mathrm{d}x=\int_{\sup}\left[\int_{\sup}\varphi(x,\ y)\mathrm{d}y\right]\mathrm{d}x\ (\ *\ *\ ).$$ [47]

对于只定义在可和集 E（其截线可能不全可测）上的函数 $f=1$，

$$\iint^{E} f\mathrm{d}x\mathrm{d}y=\int_{\inf\cdot\mathrm{int}}^{e}\left[\int_{\inf\cdot\mathrm{int}}^{E(x)}f\mathrm{d}y\right]\mathrm{d}x=\int_{\sup\cdot\mathrm{ext}}^{e}\left[\int_{\sup\cdot\mathrm{ext}}^{E(x)}f\mathrm{d}y\right]\mathrm{d}x,$$

函数关于 x 的积分可以扩展到集合 e（集合 E 在 y 轴上的投影），而第二个积分可以扩展至集合 $E(x)$. 但这两个集合可能都不是线可测的. 记号 $\int_{\inf\cdot\mathrm{int}}^{A}$ 是指 f 扩展至一个包含集合 A 的可测集的下积分的上限.

前述的等式也可以写成：

$$m_s(E)=\int_{\inf\cdot\mathrm{int}}^{e}m_{l,\ \mathrm{int}}[E(x)]\mathrm{d}x=\int_{\sup\cdot\mathrm{ext}}^{e}m_{l,\ \mathrm{ext}}[E(x)]\mathrm{d}x.$$

§38. 我们发现的表示 $\iint_E f\mathrm{d}x\mathrm{d}y$ 的公式是一般化的法则，可以应用于所有的有界可和函数.

我们用 $\varphi(x,\ y)$ 来标记这样一个函数，它在集合 E 中的点取值为 f 而在其他点取值为 0. 若 E 完全包含在方形 $OACB$（两边 OA 和 OB 分别平行于 Ox 轴和 Oy 轴）内，则将要证明的法则等价于下列等式：

$$\iint_{OACB}\varphi(x,\ y)\mathrm{d}x\mathrm{d}y=\int_{O,\ \inf}^{A}\left[\int_{O,\ \inf}^{B}\varphi(x,\ y)\mathrm{d}y\right]\mathrm{d}x=\int_{O,\ \sup}^{A}\left[\int_{O,\ \sup}^{B}\varphi(x,\ y)\mathrm{d}y\right]\mathrm{d}x.$$

这也就是我们下面要证明的公式.

取 $m_0,\ m_1,\ \cdots,\ m_n$ 为在 $\varphi(x,\ y)$ 变动区间上的分割. 用 $\varphi_p(x,\ y)$ 来标记在 e_p（见 §19 注）取值为 φ 而在其他点取值为 0 的函数，用 $\varphi'_p(x,\ y)$ 来标记在 e'_p 取值为 φ 而在其他点取值为 0 的函数.

则有

$$\iint\varphi(x,\ y)\mathrm{d}x\mathrm{d}y=\sum_p\iint\varphi_p(x,\ y)\mathrm{d}x\mathrm{d}y+\sum_p\iint\varphi'_p(x,\ y)\mathrm{d}x\mathrm{d}y$$

成立. $\iint\varphi_p(x,\ y)\mathrm{d}x\mathrm{d}y$ 等于 $m_p\cdot e_p$，且由前一节，可以得到

$$\iint\varphi_p(x,\ y)\mathrm{d}x\mathrm{d}y=\int_{\inf}\left(\int_{\inf}\varphi_p(x,\ y)\mathrm{d}y\right)\mathrm{d}x.$$

$\iint\varphi'_p(x,\ y)\mathrm{d}x\mathrm{d}y$ 取值在 $m_pe'_p$ 和 $m_{p+1}e'_{p+1}$ 之间. 进一步，若我们用 ψ 来代替 φ'_p，

而 ψ 在所有 φ_p 不为 0 的点取值为 m_p 或 m_{p+1}，在 φ'_p 为 0 的点取为 0，则区间变动小于 $(m_{p+1}-m_p)m(e'_p)$. 进一步，两个表达式

$$\int_{\inf}\left(\int_{\inf}\psi\mathrm{d}y\right)\mathrm{d}x \text{ 和 } \int_{\inf}\left(\int_{\inf}\varphi'\mathrm{d}y\right)\mathrm{d}x$$

之间的差别也小于 $(m_{p+1}-m_p)m(e'_p)$. 因此，除了一个小于 $2(m_{p+1}-m_p)m(e'_p)$ 的值，我们有

$$\iint\varphi'_p(x,\ y)\,\mathrm{d}x\mathrm{d}y=\int_{\inf}\left[\int_{\inf}\varphi'_p(x,\ y)\,\mathrm{d}y\right]\mathrm{d}x\,.$$

取 η 为 $m_{p+1}-m_p$ 的最大值，则除了一个小于 $2\eta m(OACB)$ 的量，可以得到

$$\iint\varphi(x,\ y)\,\mathrm{d}x\mathrm{d}y=\sum_p\int_{\inf}\left[\int_{\inf}\varphi_p(x,\ y)\,\mathrm{d}y\right]\mathrm{d}x+\sum_p\int_{\inf}\left[\int_{\inf}\varphi'_p(x,\ y)\,\mathrm{d}y\right]\mathrm{d}x\,.$$

现在，我们得到

$$\int_{\inf}\left(\int_{\inf}\varphi\mathrm{d}y\right)\mathrm{d}x\leqslant\sum_p\int_{\inf}\left[\int_{\inf}\varphi_p(x,\ y)\,\mathrm{d}y\right]\mathrm{d}x+\sum_p\int_{\inf}\left[\int_{\inf}\varphi'_p(x,\ y)\,\mathrm{d}y\right]\mathrm{d}x\,.$$

因此，有

$$\iint\varphi(x,\ y)\,\mathrm{d}x\mathrm{d}y\leqslant\int_{\inf}\left(\int_{\inf}\varphi\mathrm{d}y\right)\mathrm{d}x+2\eta m(OACB)$$

成立（无论 η 取何值）.

由这个不等式以及类似的有关上积分的不等式，结果就可得到前面所述的公式.

§39. 若所给的函数是满足使所有 e'_p 都是 B 可测的，在这种情形下我们可以说函数是 B 可和的，则公式可以简化为

$$\iint_{OACB}\varphi(x,\ y)\,\mathrm{d}x\mathrm{d}y=\int_O^A\left[\int_O^B\varphi(x,\ y)\,\mathrm{d}y\right]\mathrm{d}x\,.$$

这是经典的公式. 我们知道，当我们涉及黎曼积分时，这一公式必须用另一个更为复杂的、类似于我们刚才得到而能应用于一般情形的公式来替代[48].

在 B 可和函数中，我们可以挑出连续函数及连续函数的极限、第一类函数及第一类函数的极限或者第二类函数以及一般地所有的 n 类函数（n 有限）.

特别的，可以将这个简单的经典公式用于 n 个变量的连续函数（关于每一个变量连续）.

这个公式同样可以用于函数 f''_{xy} 和 f''_{yx} [49]，若它们存在并有界. 因此，有

$$f(x,\ y)-f(0,\ y)-f(x,\ 0)+f(0,\ 0)=\int_0^x\left(\int_0^y f''_{xy}\mathrm{d}y\right)\mathrm{d}x=\iint f''_{xy}\mathrm{d}x\mathrm{d}y\,.$$

这个公式解决了在两个变量情况下寻找原函数的问题.

§40. 前面的一些结果可以推广至无界函数情况.

一个无界不可和函数可以有一个下积分和一个上积分. 无需重复前面的论证，我们知道必有

$$\iint \varphi(x, y)\,\mathrm{d}x\mathrm{d}y = \int_{\inf}\left[\int_{\inf}\varphi(x, y)\,\mathrm{d}y\right]\mathrm{d}x = \int_{\sup}\left[\int_{\sup}\varphi(x, y)\,\mathrm{d}y\right]\mathrm{d}x$$

成立，无论公式中出现的积分是否有意义. 同样的，经典公式

$$\iint \varphi(x, y)\,\mathrm{d}x\mathrm{d}y = \int\left[\int\varphi(x, y)\,\mathrm{d}y\right]\mathrm{d}x$$

也成立.

为了试着这个一般化的结果可得到应用，需要添加一些容易辨别的、作为前提的条件.

这儿列出一些这样的条件，我们必须有

$$\int_a^c = \int_a^b + \int_b^c \text{和} \int f + \varphi = \int f + \int \varphi .$$

被采用的定义必须要将黎曼的定义作为其特殊情形.

在单变量和多变量之间，定义也不能有本质的区别.

最后，如果我们希望积分概念能让我们解决积分学的基本问题，即寻求一个导函数已知的函数，那么一个导函数的定积分，作为其上限的函数，必须是f的一个原函数.

我所采用的定义，至少对于被积函数是有界的情况，确实完全满足所有的条件. 但是这些条件还不足以让我们定义一个有界函数（除非是黎曼可积函数与导函数的代数和）的积分而不用到第一章的方法[50]. 尽管并不能证明前述的定义就是唯一适合条件的定义，但我会指出，从几何的观点看，这是最自然而且几乎是必然会出现的一个.

我也将试图展示它的用途. 事实上，它可以帮助我们解决所有有界可微函数情形下微分学的基本问题，因此也允许可微函数的积分并可归结为面积计算. 例如，若$f(x)$是任一有界函数，我们可以知道方程

$$y' + ay = f(x)$$

是否有解，而且可能的话可以求出解来[51].

在接下来的章节，我们将处理长度和面积的概念，在那里将发现积分的更多几何应用.

注 释

[1] 参见 Schwarz 给 Genocchi 的信. 此信见于平版印刷版的 *Cours professé à la Faculté des sciences*(《理学院教程》), Ch. Hermite 著, 1882 年第二学期,(第二次印刷, 第 25 页). 亦可参见 *Atti della Accademia dei Lincei*, Peano 著, 1890.

[2] 这些定义, 参见 *Jahresbericht der deutschen Mathematiker-Vereinigung*, Schœnflies 著, 1900.

[3] *Leçons sur la théorie des Fonctions.*

[4] *American Journal*, 1897.

[5] Scheeffer, *Acta Mathematica*, 5; Jordan, *Cours d'Analyse.*

[6] *Mathematische Annalen*, Bd 15, 287 页; *Acta Mathematica*, 6.

[7] *Nouvelles Annales de Mathématiques*, 1900 年 8 月.

[8] 为了使定义便于接受, 我们修改了 Borel 的语言.

[9] *Leçons sur théorie des fonctions*, 46 ~ 50 页.

[10] 这些集合正是 Jordan 所说的"完备的"和 Borel 所说"相对完备的". 这种集合包含其边界(稍后将定义).

[11] 然而, 若一个集合 E 包含一个测度为 α_1 的可测集 E_1 的所有元素, 则无论 E 是否可测, 我们可以说其测度大于 α_1. 我们这里的所用的"大于"和"小于"有时并不排除相等的情况.

[12] 此种集合所有的点都在集合内部.

[13] Jordan, Volume Ⅰ——J Hadamard, *Géoméirie Elémentaire.*

[14] 区间(a, b)不会像在力学中经常发生的那样是无限的.

[15] Jordan, *Cours d'Analyse*, 第二版, 卷一.

[16] 这正是 Hadamard 关于多边形的面积提出的问题(*Geométrie Elémentaire*, *Note D*).

[17] 存在着不可方曲线, 这是因为存在着经过正方形所有点的曲线. 为了找到一条无重复点的不可方曲线, 我们只需要稍微修改希尔伯特在定义一条过正方形所有点的曲线时用到的方法(*Mathematische Annalen* 38 卷或 Picard, *Traité d'Analyse*, 第二版, 卷 11). 我们需要将希尔伯特定义中的每个正方形用其中一个多边形来代替, 这种多边形的面积充分大, 且每两个多边形的边至多只有一个公共顶点, 而曲线经过这些点从一个多边形进入另一个多边形.

[18] 这很容易证明.

[19] 为使之成立, 需要以下性质: 若一个区域是区域 D_1 和 D_2 之和, 则 D_1 和 D_2 有且仅有一条公共边界曲线, 且除该曲线外别无公共点.

[20] Darboux, *Mémoire sur fonctions discontinues*, Annales de l'Ecole Normale, 1873.

[21] 黎曼, *The Representation of Functions through Trigonometric Series.*

[22] 是否将 x 轴上的点考虑为 E_1 和 E_2 中的部分无关紧要.

[23] 黎曼这样陈述这一性质: 一个函数可积的必要条件是: 其上变差大于 σ(无论怎样取值)的区间之和可以变得无限小.

[24] 我们可以首先在集合 E 内定义可和函数, 然后和前面类似地定义它们的积分, 只要撇除所有不属于 E 的点.

[25] 如果我们介绍下积分和外积分的概念，我们将限于前述论证的第二部分.

[26] 另外将点集的测度问题发展到所有集合，无论有界或无界，似乎并不困难.

[27] 然而，对§22的第一个定理，需要一些解释. 若f和φ可和，则$f+\varphi$也可和. 但事实上，$\int(f+\varphi)=\int f+\int\varphi$成立，若$\int f$和$\int\varphi$有意义；不过$\int(f+\varphi)$有意义时，$\int f$和$\int\varphi$却不一定.

[28] 对f在某些x的值变为无限的情况，仍然需要检验. 若这些值都是有限数，那么为了使定理保持通常的形式，只需要将积分定义在排除了使f无限的x值的集合上.

[29] 该定理最有意思的特例，即f和f_i为连续函数的情形，已由Osgood在其关于不一致收敛的备忘录中得到（*American journal*，1894）.

[30] 可能还要加上这一条：函数的变差有界. 这个变差至多等于$\int|f-f_n|dx$. 证明类似于Jordan在*Cours d'Analyse* §81中所用的方法. 这也解释了在§30、§31和§32中得到的结果.

[31] e_0测度可能不为0，但这对下面的讨论并不重要.

[32] 参见Darboux，*Mémoire sur les fonctions discontinues.*

[33] Volterra第一次给出了这类函数的实际例子（*Giornale de Battaglini*，卷19，1881）.

[34] 这意味着，该区间不包含E中的点，但其端点属于E. ——这来自Baire的解释.

[35] 某些一致收敛的级数，各项类似于我们前面看到的函数，使得Volterra给出了在任何区间不可积的导函数的例子. 对这些级数逐项求积能够得到原函数.

[36] 这里将用到这些函数的一些性质（参见Jordan，*Comptes Rendus de l'Académie des Sciences* 1881和*Cours d' Analyse*，第二版，卷1）. 这些性质大部分会在下一章中接着阐述，这样从§30到§35的内容本应放到那一章中. 本书现在这样的安排使我们能够将与原函数有关的内容都集中在一起介绍.

[37] 后面的结果是显然的，这是因为（§26，注）任一不定积分具有有界变差. 前述证明显示，若函数$f(x)$无界且其导函数已知，为了使用类似于前述有界变差函数情形的方法求出$f(x)$，级数中诸如$\sum m_i m\mid E_i(\sigma_i)\mid$和$\sum m_i m(e'_i)$的各项须按一定次序排列.

下一节对不定积分概念的推广，将使我们得到这一结果的某些特殊情形，同时可以帮助我们求得无界变差函数的原函数.

[38] 可以和若尔当给出的无界函数的不定积分定义（*Cours d'Analys*，第二版，卷2）比较.

[39] 可以这样说，当我们将x的变化区间视为一个不稠密集E和与E邻接的区间(α,β)的集合之和时，问题可以解决，这里E可约，所述函数在每一个区间(α,β)有一个不定积分.

即使在E不可约的情况下，如果函数在E上可积且数列$\{F(\beta)-F(\alpha)\}$绝对收敛，则问题也可以得到解决. 这在前一个例子中是正确的，但一般来说则未必.

[40] 参见Dini：*Fondameni per la teorica delle funzioni di variabili reali.*

[41] 这个问题是有意义的，也就是说，所有具有同一个给定导函数的函数只相差一个常数.（Volterra，*Sui prinicipii del Calcolo Integrale*，Giornalede Battaglini，XIX）

[42] 因为若Λ_d介于A和B之间，则比值$\frac{f(b)-f(a)}{b-a}$也将介于A和B之间.（参见Dini，*Fondamenti*，*etc*）

［43］为了使 $\int_a^b \varphi(x, h_k)\mathrm{d}x$ 有意义，须将 $f(x)$ 定义在 $(a, b+h_k)$ 上，若将 $f(x)$ 在 x 大于 b 时定义为常值 $f(b)$ 就足以做到这一点.

［44］参见勒贝格，*Sur l' approximation des fonctions*（Bulletin des Sciences Mathématiques, 1898）

［45］所有这些条件都可以像一个变量的情形那样作几何解释. 当有 n 个变量时，需要在 $n+1$ 维空间中进行想象.

［46］这个讨论可以这样解释：$m_i[E_i(x)]$ 至少是第二类函数.

［47］至此，积分已被推广到 x 或 y 轴的线段上.

［48］参见 Jordan（*loc cit*）56、57、58 节.

［49］因为它们至多是第二类.

［50］这些方法类似于 Drach 所用的方法.（*Essai sur théorie générale de l'Intégration—Introduction à l'Etude de la Théorie des nombres et de l'Algèbra supérieure*）

这一部分，可以参见 Borel 著作 48 页注释 1.

也可参见 Hadamard, *Géoméirie Elémentaire* 第一部分，注 D.

［51］由此可引出一些有趣的问题. 例如，若 $f(x)$ 和 $g(x)$ 都有界，那么是否方程

$$y' + f(x)y = \varphi(x)$$

的所有解都包含在经典公式 $y = \int \varphi(x) e^{\int f(x)\mathrm{d}x}\mathrm{d}x \; e^{-\int f(x)\mathrm{d}x}$ 中？

（李文林　杨　显　译）

库尔特·哥德尔（1906—1978）

生平和成果

数学家总是以他们的怪癖闻名于世. 电影及文学作品《美丽的心灵》描述了纳什（John Forbes Nash）在麻省理工学院（MIT）以及普林斯顿大学时的种种古怪行径. 虽然纳什在麻省理工学院是一个最古怪的数学家，但他却不是普林斯顿的最古怪数学家. 普林斯顿最古怪数学家这个荣耀无疑当归于 K. 哥德尔这位跨时代的最伟大的数理逻辑学家，他的确是个极为神经错乱的人. 他的这个大脑，既有能力证明现代数学的最为深刻的结果，却又终生患有多疑病症：他总是看见每扇门背后都隐藏着阴谋.

哥德尔于 1906 年 4 月 8 日生于玛拉维亚的布尔诺（Brno，Moravia），它以前是奥匈帝国的一个省，现在则属于捷克共和国. 他是鲁道夫和玛利安那·哥德尔家族的两个儿子中的第二个，这个家族属于基督新教派的德国族裔. 哥德尔家族的各个分支中没有人曾表现出在数学或科学上的杰出才智，而哥德尔却展示了这种才智.

哥德尔快速地通过了他的早期教育，只花了4年就完成了相当于学校的前8年教育．他在1918年进入了Realgymnasium（相当于高中）；当时正值捷克斯洛伐克在一次世界大战后成了一个独立的国家．哥德尔在他的全部学校教育中几乎总是得到最高分，有点讽刺意味的是，唯一一次没有得到最高分的科目竟是数学！

这些早年的生活并没有留下什么反映出哥德尔日后取得伟大成就的苗头，由于哥德尔属于德国族裔，所以他在1924年随同其兄长鲁道夫到维也纳大学去就不足为奇了；维也纳距布尔诺约75公里，鲁道夫当时在那里学医，哥德尔原本想从事物理学．从他所保留的资料片段（他有收集小物件的癖好）中我们知道哥德尔在维也纳的早期读了许多物理方面的课本.

在1920年代，维也纳容纳了许多知识的发源点．一群自称为“维也纳圈（Vienna Circle）”的科学家和哲学家们每周聚会一次，试图将数学和物理学建立在哲学的基础之上．1926年，哥德尔的导师汉斯·哈恩（Hans Hahn）邀请他参加了这个圈子的聚会．哥德尔去了，无疑这将他的注意力从物理学转向了逻辑学.

1900年，D．希尔伯特这位世界最为显赫的数学家向在巴黎举行的第二届国际数学大会递交了一份演讲稿，在其中他提出了23个问题，“通过对于它们的讨论，或可使科学得到预期的进展”．希尔伯特所提的第一个问题是决定实数连续统的基数，即要解决康托尔的连续统问题（已在第14章中叙述）．希尔伯特的第二个问题是要证明构成数学基础的算术公理的相容性．哥德尔以一种完全出乎意料的回答彻底解决了希尔伯特的第二问题．他也对第一问题取得了第一个有实质性的结果.

哥德尔的资料片段表明他的兴趣从物理学转到逻辑学的确切时间是在1928年的夏秋季，那时他正在寻找他的博士学位论文题目．哥德尔选取了谓词演算的完全性作为他的课题．谓词演算在逻辑学中引进了**全称量词**（“FOR ALL x”（对所有的））和**存在量词**（“THERE EXISTS AN x”（存在一个x），使得我们可以对于亚里士多德逻辑进行形式体系化：在该逻辑体系中断言的一个典型示例是“All men are mortal（人总是会死的）”在谓词演算中它被表达为

FOR ALL x（IF x是一个人 THEN x一定会死的）.

这个谓词演算的一个典型定理是

THERE EXISTS AN x 使得（性质 A 对于 x 成立 AND 性质 B 对于 x 成立）

IMPLIES

THERE EXISTS AN x 使得（性质 A 成立）

AND

THERE EXISTS AN x 使得（性质 B 成立）.

哥德尔的博士论文证明了两部分的结果：

- 谓词演算的**完全性**即**所有**真命题均可被证明，
- 谓词演算的**相容性**即**只有**真命题才能被证明（否则它便是不相容的）.

哥德尔在 1929 年上半年在进行他的学位论文写作，即便当时他的母亲与姑母因其父亲在二月的突然逝世而搬来与他的长兄同住也没有使他停止. 哥德尔的指导老师们于 1929 年 7 月 6 日通过了他的学位论文，而在 7 个月之后的 1930 年 2 月，他取得了博士学位.

哥德尔的完全性定理使他获得了数学界某种程度的认可，它回答了按照一些杰出数学家以预期的方式所提出的问题. 在那个年代奥地利和德国的大学环境中，一篇博士论文和一个博士学位还不足以取得一份大学里的职位，还必须有为获得另外的一个叫做“Habilitationsschrift（取得在大学授课资格）”而做的研究，为了这个 Habilitationsschrift 哥德尔选了一个更具挑战性的问题：证明作为数学基础的算术公理的相容性，从 1930 年初起，哥德尔便开始了朝向他的 Habilitationsschrift 前进的征程，而仅仅到这一年的初秋这个征程便完成了，就像哥伦布那样，他的征程把他带到了比他预定的目标更远的地方. 像希尔伯特那样，哥德尔也采用了意大利数学家佩亚诺（Giuseppe Peano）的公理体系作为自然数的形式算术的基础.

- 公理 1. 0 是自然数.
- 公理 2. 每个自然数 n 有一个后继元（非正式地记为 $n+1$），它也是一个自然数.
- 公理 3. 没有以 0 为其后继元的自然数.
- 公理 4. 不同的自然数有不同的后继元.
- 公理 5. 如果对于某个性质 P，P 对 0 成立，并且如果 P 对一个自然数 n 成立时也对其后继元成立，则 P 对所有自然数成立.

在他的 Habilitationsschrift 中，哥德尔证明了

· 形式算术的**不完全性**（incompletement）. 他证明了在任何一个这样的形式体系中总存在一个在此体系内不能被证明的陈述，尽管该陈述的真实性是显而易

见的.

·如果形式算术是**相容的**（consistent）则该相容性（consistency）不能在形式算术**本身之内**得到证明；这不是希尔伯特所期待的结果.

在他的证明过程中，哥德尔清晰地区分了**可证明性**（provability）与**真实性**（truth）.

这就是本书打算要叙述的哥德尔的工作. 他的杰出结果建立在两块基石之上. 第一块是哥德尔配数法，即将由形式体系中的项构成的每个序列配以自然数值. 考虑简单的陈述句

$0=0'$（$0'$等于0的后继元，即$0+1$）.

假定如下的奇数指配给了出现在该陈述中的三个项：

项	奇数
0	23
=	15
′	21

于是数

$$2^{23}*3^{15}*5^{23}*7^{21}$$

唯一地表达了项的序列$0=0'$（从字面上看，它说的是，第一和第三项为“0”，第二项为“=”，而第四项为“′”）. 然后哥德尔表明了如何在形式体系内部识别有效证明的哥德尔数.

哥德尔的不完全性定理的第二块基石是陈述句“这个陈述句是不可证明的”的形式化翻版，这个陈述句断言了它自身的不可证明性. 这是一个可以追溯到古希腊时代的一个悖论，是它的一个精巧变形；那个悖论被称做说谎者悖论（即“这句话是假的”）. 在说谎者悖论中的这个句子既可是真实的也可是假的，同时还不会导致谬误.

把焦点集中在可证明性上而不是真实性上，哥德尔的语句就避免了悖论，如果形式算术是相容的，即表明只有真实的陈述才可以被证明，那么哥德尔的陈述**必定是**真实的. 因为如果它是假的，那么就表明它**可以**被证明，这违背了相容性！进一步说，它之所以不能被证明，是因为它所要证明的恰恰是它自己断言的反面，即它的不可证明性！

此外，哥德尔还证明了如果形式体系的相容性可以在该形式自身内得到证明

的话，那么刚才所给出的非形式论证则可以被自身形式化，从而已经形式化了的陈述句“这个陈述句是不可证明的”的形式化版本本身便被证明，因而与自身矛盾从而证明了该体系的**不相容性**.

哥德尔的两个不完全性定理发表于 1931 年 3 月，它们对整个数学界造成了直接的冲击，希尔伯特在获悉他为确保数学基础安全的宏大计划已被指出不可能实现之后，最初颇为愤愤不平. 但是希尔伯特的助手波尔赖斯（Paul Bernays）说服了他，使他相信哥德尔取得了一个真正的重大进展. 它们也对哥德尔的职业生涯产生了影响.

一年之后，哥德尔将这个工作作为 Habilitationsschrift 递交上去，这使他得到了在维也纳大学里的一个有报酬的职位. 更重要的是，他的这个工作引起了美国数学界的关注，这让哥德尔得到邀请，到新建立在新泽西州的普林斯顿高等研究院作一个访问学者。

在高等研究院运作的第一年的 1933 到 1934，在该院的访问学者一共有 24 人，哥德尔是其中一员. A. 爱因斯坦是该院的 8 名初创的永久成员之一. 在哥德尔逗留的这一年里他和爱因斯坦虽然也相见但并没有成为亲密的朋友，接下来的 10 年也如此.

在普林斯顿的和平与安宁中度过了非平凡的一年之后，哥德尔返回到了动乱中的维也纳，就在他返回后的一个月，一群纳粹分子冲击了总理府并刺杀了奥地利总统. 哥德尔的健康状况也平行于政治的健康，都在衰退. 整个夏天他一直受到牙痛的折磨，到了 10 月，他抱怨自己的心智已耗尽，需要一周时间在维也纳郊外的疗养院进行恢复治疗.

哥德尔又恢复了一定程度的健康，并在 1935 年 9 月返回到普林斯顿高等研究院，进行另一年度的访问. 但在两个月之后，他再次陷入到因压抑而产生的剧痛之中，并决定在 11 月返回维也纳以使健康得以恢复. 这次他需要数个月呆在疗养院中才能使身体复原.

在康复之后，哥德尔开始着手对我们前面提及的第三个伟大成果的研究，他给出了确定实数连续统的基数的希尔伯特第一问题的部分解答. 康托尔猜测连续统的势为 χ_1，即第二个超限基数. 1938 年，哥德尔证明了，如果集合论是相容的则在其中添加上连续统的势为 χ_1 为公理不会使该理论变成为不相容.

哥德尔原本要在第二次世界大战前再访问美国一次，但他有一个好理由使他不能如期开始他的学术访问年：在那个月他终于与阿黛丽 · 尼姆斯布格尔（Adele Nimsburger，出生于 Porkert）结婚，她是唯一一个与他有过浪漫爱情的女人.

哥德尔与阿黛丽的第一次邂逅发生在 1928 年末或 1929 年初，那正是他写学位论文的时候．他的双亲对他与阿黛丽的关系立即表示反对．哥德尔那时只有 22 岁，而她则 29 岁，正在准备离婚，而且她属于较为低层的天主教教派；在他们眼中最为糟糕的是，她是夜总会的一个舞女！他们谈婚论嫁的过程不为人知．与他一生中喜欢收藏大量最无意义的各种琐事相反，在其中没有发现与这延续了几乎十年的恋情有关的哪怕一封信或一张卡片．这次婚姻也令哥德尔的亲密朋友们大吃一惊：他们完全没有察觉到哥德尔与阿黛丽的这种关系．

阿黛丽是哥德尔的女保护人，她容忍他的行为举止，尽其可能的照顾好他的个人生活．哥德尔的家人并不知道，早在 1936 年当他在疗养院时阿黛丽就经常去看望他，常常与他共同品尝美食．对于哥德尔来说遗憾的是阿黛丽只能照顾到家务．

哥德尔在二战前对美国的最后一次访问中已显露出他时常对自己事务的不管不顾的行事方式．他本应在离开前往美国时将他的休假告知在维也纳他的系主任，而精神古怪的哥德尔的出格做法却是一直等到了 10 月底方才告诉了主任．当哥德尔在美国时居然还让他的领导去教他在维也纳大学的缺课．

1939 年 7 月，哥德尔返回了已经彻底纳粹化了的奥地利．随着 1938 年 3 月德国对奥地利的吞并（*Anschluss*），哥德尔和他的妻子自动地成了德国公民．在他从美国返回后不久，德帝国当局便通知他去征兵局报到．军方把哥德尔归于不适合战斗，但却适合于在后方的保卫任务的这一类．对哥德尔来说，幸亏纳粹从不知道他因抑郁而住院治疗的事，否则他们会把他送到集中营而不会把他归于适合保卫任务的人群了．

当然哥德尔不再想要呆在奥地利或德国的任何地方，而是要寻求永远离开到美国定居．1939 年的整个秋季，当德国军队横扫波兰之时，高等研究院和哥德尔一直在尽力商谈关于哥德尔夫妇的美国入境签证和德国的出境签证问题．研究院院长写信给在华盛顿的德国大使馆，煞有介事地催促说，哥德尔是雅利安人，一个世界性最伟大的数学家，德国政府应该认真考虑到，哥德尔继续从事他的数学研究远比在军队中服役要重要很多．

最终在 1940 年 1 月，哥德尔夫妇获得了所有必要的旅行文件．他们害怕采取穿越大西洋直达美洲的路线：英国人可能会袭击并击沉他们所乘的船只．如果英国人俘获了他们则会因他们是德国公民而被拘留．因此，哥德尔夫妇绕了一个大圈子才到达美国：他们乘西伯利亚火车到达符拉迪沃斯托克，然后坐船到日本的横滨，最后乘美国的一艘旗舰才到达了旧金山．全部算起来，这趟旅行花了 7

个星期，当一位美国移民局官员问哥德尔，是否他曾是一个精神病院的病人时，他机智地谎称“否”. 颇具讽刺意味的是，哥德尔所有伟大的数学成就都是在1940年取得在高等研究院的永久职位前已经完成了的. 但后来仍旧有一项伟大的科学成就. 1940年代后期，哥德尔的注意力转向了宇宙学，在向爱因斯坦表示敬意的一卷文集中的一篇预约文章里，哥德尔构造了一个满足爱因斯坦方程的宇宙**旋转**模型，他证明了在这样一个旋转宇宙里不存在可以看作整个宇宙绝对的通用时间的特许概念. 确实的，在这样一个旋转宇宙里，闭的类时线，也就是说，穿越到（遥远的）过去，理论上是可能的. 就像他的不完全定理一样，引起了预料中的强烈争论.

当哥德尔这次返回普林斯顿后，他与爱因斯坦成了亲密的朋友. 他们在许多方面都处在对立的两个极端；哥德尔冷漠孤高，极其严肃，对常识总持怀疑态度；而爱因斯坦则热情平易. 或许爱因斯坦认识到哥德尔需要有人来关心他，也可能认识到哥德尔与他在智力差异方面进行争辩的价值吧. 譬如，哥德尔对于是否能完成量子力学和引力学的统一理论持怀疑态度，而这正是爱因斯坦后期的学术思考中心点.

爱因斯坦在在哥德尔一生中的一件最奇异，最搞笑的事件中也扮演过一个角色. 1947年哥德尔归化成了一个美国公民. 在他的听证前他勤奋地进行了学习，其努力程度远远超过了为听证所需要的. 他的一个最亲密的朋友，经济学家摩根斯特恩（O. Morgenstern）注意到哥德尔随着听证会的临近变得越来越躁动不安. 摩根斯特恩不过只认为是在听证前预料中的紧张罢了. 在听证前几天，哥德尔向摩根斯特恩透露说，他发现了美国宪法中一处严重的缺陷：在参议院休假期没有参议院的批准，总统便有机会乘虚行事. 哥德尔推断说，这可能导致独裁！

摩根斯特恩意识到他和爱因斯坦需要劝说哥德尔：在他的公民资格听证期间追究这个问题将会危及到他获得公民资格的机会. 摩根斯特恩开车送哥德尔到特伦敦（Trenton，新泽西州州府），爱因斯坦同车前往. 在行驶途中，哥德尔的这两位朋友力图劝说他放弃这个话题，可他们没能办到. 当审理人菲利普·福尔曼问哥德尔“是否类似于在德国的那种独裁制度会在美国发生”时，哥德尔按照他只关注逻辑倾向而不问实际情况的风格，作了肯定的回答并开始详细说明他所认为的宪法中的缺陷. 对于哥德尔来说，幸运的是审理人福尔曼也曾主持过爱因斯坦的公民资格听证，他发现爱因斯坦的到场已足以作为哥德尔的一个旁证，从而很快将他引向了其他的话题.

哥德尔的精神和身体状况在他生命的后三十年进一步恶化. 他甚至更加与世

隔离，患了更加严重的抑郁症，也更少进食．当一些著名的欧洲数学家访问普林斯顿时，他时不时地拒绝离开他的家去会见他们，害怕他们想要杀死他．

再后来的日子里，哥德尔有时在他自己的屋子里会见访问者．他总是要他的妻子到了30分钟时让会见停止以提醒到了他小睡一下的时间了．当阿黛丽进来告诉哥德尔到了小睡时间时，他的回答却是“但是我喜欢这个人！”．这便是我曾听到的一位英国哲学家以令人惊讶的曲解所反复叙述的故事．哥德尔作的最后一次公开讲座是在1951年．1952年之后，除了早期著作的修订文本外他没有发表过任何著作．他的记事本表明他在1950年代和20世纪60年代力图继续做研究工作，但却并没有取得任何终结性的成果．在整个1960年代他仍与当时逻辑学和集合论的发展保持同步．在这些发展中最令人瞩目当属科恩（Paul J. Cohen）1963的证明：他证明了集合论的公理系可以在承认连续统的势取不同于χ_1的情形下得到相容的拓广．换句话说康托尔的连续统假设独立于集合论的公理体系．

在他生命的最后十余年里，哥德尔越来越淡出了研究院的活动，在他到达研究院时的那些老人大多数都已辞世了，他的笔记透露，几乎他的全部智力都花在了两个问题上．第一个是试图继续推进他早期关于连续统假设的成果．哥德尔相信连续统真正的势应该是χ_2，即χ_1之后的第一个基数，他力图寻找能推导出连续统势的集合论公理，但都无功而返，第二个消耗哥德尔精力的问题与他曾从事过的所有问题都不同：他试图把圣安塞姆（St. Anselm）关于上帝存在的本体论论证进行形式化！许多数学家当他们在与哥德尔一般年纪时，也经历了像他那样的倾向．但几乎没有人在精神上和生理上体验过像他那样的恶劣状况．

哥德尔总是受到他的饮食和健康的困扰，特别是他的大便问题．从1946年起他记录了他使用轻泻药的消耗量，在1951年，哥德尔需要到医院去处理他的流血性溃疡，处理之后他便为自己定下了一个非常严格的饮食安排，包括每天四分之一磅黄油，三只整鸡蛋和两个蛋白．几乎不用肉食，到1954年后期，他又经受了另一回合的严重抑郁症．毫无疑问，他能从这些情况中恢复过来一定是由于阿黛丽的温柔的，充满爱心的照顾．

整个1960年代，哥德尔的生理和精神健康状况依旧不稳定但却并不危及生命，然而到了1970年初，当他再次患上了妄想狂症并较前更少进食后，一切都改变了．按照摩根斯特恩的说法，哥德尔“看起来像个活僵尸”．对哥德尔来说，不幸的是比他大6岁的妻子阿黛丽也受到她自身严重健康问题的折磨，包括连续不断的几次轻微中风．她再也没有照顾他的能力了．

刚好在 1977 年圣诞节后，哥德尔最后一次进了医院. 他于 1978 年 1 月 11 日与世长辞，只剩下了 65 千克体重，死亡鉴定是因绝食致死.

哥德尔只从事于研究最重大的问题，做具有决定性的突破，而将深入的发展留给别人. 在他的职业生涯中他从未指导过一个研究生，而且在他居留美国之后也从来没有过任何教学任务. 但是在数学的基石上已留下了他的不可磨灭的烙印.

库尔特·哥德尔（1906—1978）

《关于数学基本原理及相关体系的形式不可判定命题》[1]

1

众所周知，由于数学朝着更高精确性方面的发展，促成了对它大范围地形式化，从而使证明可以仅依据几个机械的规则来进行，一方面有业已建立的最广泛的数学基本原理（Principia Mathematica，记为（PM））[2]的形式体系，以及另一方面的策梅洛-弗兰克尔（Zemelo-Frankel）的集合论公理体系［后来，被冯·诺伊曼（J. v. Neumann）推广］.[3]这两个体系是如此之广泛，以至于当今的数学中所使用的所有证明方法都在它们中被形式化了，就是说被归结到了几个公理和几个推理规则上了. 因此人们或许会推测说，这些公理和规则足以决定**所有**那些完全可以在所涉及体系中按任意一种方式形式表达的数学问题，我们下面将证明，情况并非如此，事实上就在前面所提及的这两个体系中便有在通常整数理论里相对简单的问题，它不能由这些公理判定.[4]而出现这种情形也并非由于以某种方式能归结到所建体系的特殊性质，而是对于非常广泛的一类形式体系都成立，特别地，包括了所有那些由对所提及的这两个体系添加了有限个公理所产生的体系[5]，但这时还需假定这种添加不会因此而出现在脚注［4］中所描述的那种命题，尽管它是假的却成为可证明的.

在进行详细讨论之前，我们首先简要说明证明的主要思路，自然并不自以为是完全准确的. 在这里我们只局限于PM体系；一个形式体系的公式从外部看，是些基本符号（变量，逻辑常量以及括号或分号）的有限序列，并且可以容易地而完全准确地说出**哪些**基本符号序列是有意义的而哪些不是[6]从形式的观点看，所谓证明也不过是公式（带有明确特征）的有限序列. 对于元数学的目标而言，将什么对象取作基本符号自然不是本质性的，而我们则建议对它们使用自然数[7]. 于是，一个公式因而是自然数的一个有限序列[8]，从而一个证明模式（proof-schema）是自然数的有限序列的一个有限序列. 数学概念和命题因而成为关于自然数或者它们的序列的概念和命题[9]，因此至少部分地可用PM体系自身的符号来表达. 特别地，可以证明“公式”，“证明模式”，“可证明的公式”的概念在 PM 体系中是可定义的，即可以给出[10] PM 的一个，例如，具一个变量 v 的（数序列形式的）公式 $F(v)$，使得 $F(v)$（根据内包赋予解释）陈述的是：v 是个可证明的公式. 我们现在按以下方式得到 PM 体系的一个不可判定的命题，即一个命题 A，对它既不是 A 也不是**非** A 是可以证明的：

我们将给 PM 的一个只具自由变量的公式，以及自然数类型的公式（类的类）指派一个**组符号**（class-sign）. 我们把这些组符号想成已按某种方式安排成了序列[11]，并且以 $R(n)$ 表示它的第 n 个组符号；并且我们注意到，“组符号”的概念同样还有有序关系 R 都在 PM 体系中可定义，设 α 为任一组符号；我们以［α; n］指定为那个由将组符号 a 中的自由变量置换成对于自然数 n 的符号而导出的公式. 三项关系 $x=[y;\ z]$ 也证明在 PM 中是可定义的，我们现在定义一个自然数的类 K 如下：

$$n \in K \equiv \overline{Bew}\ [R(n);\ n]^{[11a]}, \tag{1}$$

其中 $Bew\ x$ 的意思是：x 是一个可证明的公式. 因为出现在此定义中的概念都是在 PM 中可定义的，故由它们构成的概念 K 也是可定义的，即有一个组符号 S[12]，使得公式［S; n］（根据内包赋予解释）陈述的是：自然数 n 属于 K. 作为一个组符号的 S 等同于一个确定的 $R(q)$，即

$$S=R(q)$$

对某个确定的自然数 q 成立，我们现在要证明命题［$R(q)$; q］[13]是在 PM 中不可判定的. 因为如果假定命题［$R(q)$; q］是可证明的，那么它也就会是正确的了；但是像已说过的那样，那就意味着 q 便会属于 K，即根据（1），$\overline{Bew}$［$R(q)$; q］就会成立，这与我们的假设相矛盾，反之，如果［$R(q)$; q］的否定是可证明的，于是$\overline{n \in K}$，即 Bew［$R(q)$; q］就会成立. 因此［$R(q)$; q］像它的否定一样也是可证明的了，这仍然是不可能的.

这个结果与理查德悖论（Richard's Paradox）的相似性立刻显现出来. 这也与“说谎者”悖论[14]紧密相关，这是因为不可判定命题［$R(q)$; q］准确陈述的是，q 属于 K，即根据（1），［$R(q)$; q］是不可证明的. 因此我们直面了一个断言它自己的不可证明性的命题[15]. 刚才显示的证明方法明显可用于每一个具有下述特征的形式体系：首先按内包进行解释，并具有用来定义出现在上面论证中概念（特别是“可证明公式”的概念）的充足的表达手段；其次，它中间的每个可证明公式就其内包而言是正确的. 现在将要给出对上述证明的准确陈述中有一项任务，即要将这些假定条件的第二个替换成一个纯粹形式的而且很弱的

条件.

由［$R(q)$；q］是断言它自己的不可证明性的解释，可立即推导出［$R(q)$；q］的正确性，这是因为［$R(q)$；q］确实是不可证明的（因为是不可判定的）. 所以在 PM **体系中**不可判定的命题原来竟是由元数学的思考所决定，对这个不平凡的事实的仔细分析引出了有关形式体系相容性证明的令人吃惊的结果，对此我们将在第 4 节（命题 XI）中详细处理.

2

我们现在将前面所概述的证明严格地展开，并以给出形式体系 P 的精确描述为起点，而这个体系是我们用来证明不可判定命题的存在性的. P 本质上是由在佩亚诺公理上添加 PM 的逻辑公理[16]（作为个体的数，作为非定义基本概念的后继关系）得到的.

体系 P 的基本符号如下：

Ⅰ. 常量："~"（非）. "∨"（或），"$\prod$"（对所有的），"0"（零），"f"（…的后继元），"（"，"）"（括号）.

Ⅱ. 第一型变量（对于个体，即包括 0 的自然数）"x_1"，"y_1"，"z_1"，…，

第二型变量（对于个体的类）"x_2"，"y_2"，"z_2"，…，

第三型变量（对于个体的类的类）"x_3"，"y_3"，"z_3"，…，

等等对于所有自然数为型的变量[17].

注：将 2 项和多项函数（关系）变量作为基本符号是不必要的，这是因为关系式可以定义为有序偶的类，而有序偶又可以作为类的类，譬如，a，b 的有序偶对（(a)，(a，b)），其中（x，y）表明是仅具元素 x 和 y 的类，而（x）表示是仅具元素 x 的类.[18]

我们将**第一型符号**（sign of first type）理解为形如

$$a, fa, ffa, fffa, \cdots$$

的符号的一个组合，其中的 a 或是 0 或是一个第一型变量. 在前一种情形我们称这样一个符号为一个**数符号**（number-sign）. 对于 $n>1$，我们对于一个第 n 型符号（sign of n-th type）理解为与**第 n 型变量**（variable of n-th type）一样的意思. 称形如 $a(b)$ 的符号的组合为**初等公式**（elementary formulae），其中的 b 是一个第 n 型符号，而 a 是个第（n+1）型符号，定义**公式**（formulae）的类为包含下

面符号的最小类[19]：~（a），（a）∨（b），$x\prod(a)$（其中 x 是任何一个已给变量[18a]）a. 我们称（a）∨（b）为 a 和 b 的**析取**（disjunction），~（a）为**否定**（negation），以及 $x\prod(a)$ 为 a 的一个**推广**（generalization）. 称一个没有自由变量的公式为一个**命题公式**（propositional formulae）（**自由变量**（free variable）以通常方式定义）. 称一个正好具有 n 个自由个体变量的公式（否则便没有自由变量）为一个 **n 位关系符号**（n-place relation-sign）而对于 $n=1$ 也叫做一个**组符号**（class-sign）.

对于 $Subst\ a\binom{v}{b}$（其中 a 代表一个公式 v 为一个变量，而 b 是一个与 v 有同一类型的符号）我们理解为由 a 推导出的公式，它的意思是指，当在 a 中一旦 v 为自由时便将 v 置换为 b[20]. 我们称一个公式 a 是另一个公式 b 的一个**型提升**（type-lift）是指，如果当我们增加出现在 b 中所有变量型总和时，a 是由 b 推导出的.

以下的公式（Ⅰ-Ⅴ）被称做**公理**（它们是借助于一些习惯上定义的简略记号建立的：.，⊃，≡，（Ex）=，[21]并且遵从于关于括号省略的约定）[22]：

Ⅰ.

1. $\sim(fx_1=0)$.
2. $fx_1=fy_1 \supset x_1=y_1$.
3. $x_2(0)\cdot x_1\prod(x_2(x_1)\supset x_2(fx_1))\supset x_1\prod(x_2(x_1))$.

Ⅱ. 每一个由下列格经由关于 p，q 及 r 公式的替换导出的公式.

1. $p\vee p\supset p$.
2. $p\supset p\vee q$.
3. $p\vee q\supset q\vee p$.
4. $(p\supset q)\supset(r\vee p\supset r\vee q)$.

Ⅲ. 由两个格

1. $v\prod(a)\supset \mathrm{Subst}\ a\binom{v}{c}$,
2. $v\prod(b\vee a)\supset b\vee v\prod(a)$

经由对于 a，v，b，c 的如下替换（且在 1. 中施行记作"Subst"的运算）得到的每个公式：对 a 以任意已知公式替换，对 b 以其中 v 不是自由变量的任意公式替换，对 c 以一个与 v 同类型的符号替换，但假定 c 不含有在 a 中 v 为自由位置的是约束的变量[23].

Ⅳ. 由模式

1. $(Eu)(v\prod(u(v)\equiv a))$

经以下替换导出的每个公式：将 v 或 u 分别替换为第 n 型或第 $n+1$ 型的任意变量，将 a 替换为不含有作为自由变量的 u 的公式. 这个公理代表了可约性公理（集合论的概括公理）.

V. 由

$$1.\quad x_1\prod(x_2(x_1)\equiv y_2(x_1))\supset x_2=y_2$$

经型提升（以及该公式自己）推导出的每个公式. 这个公理陈述的是，一个类完全由它的元素决定.

称一个公式 c 是 a 和 b 的一个**直接推论**是说，如果 a 是公式 $(\sim(b))\vee(c)$；是 a 的一个**直接推**论是说，如果 c 是公式 $v\prod(a)$，其中 v 代表任意变量. 定义**可证明公式**的类为包含这些公理，并对于“为……直接推论”这个关系的最小的公式类[24].

体系 P 的基本符号现在一一对应于自然数，将其列于下：

“0”…1　　“∨”…7　　“(”…11

“f”…3　　“$\prod$”…9　　“)”…13

“~”…5

另外，n 型变量被给予形如 p^n 的数（p 是一个 >13 的素数）. 在这里，对于每一个基本符号的有限序列（还有对于每个公式）存在到自然数的有限序列的 1－1 对应，我们现在将这些自然数的有限序列映射到自然数（还是以 1－1 对应的方式），这个映射将数 $2^{n_1}\cdot 3^{n_2}\cdots p^{n_k}$对应于 n_1，n_2，…，n_k，其中 p_k 是按大小排列的第 k 个素数，因此一个自然数以一一的方式不仅被指派给了基本符号而且也指派给了每一个这些符号的有限序列. 我们以 $\Phi(a)$ 表示对应于其本符号或基本符号的序列 a 的那个数. 现假定我们有了一个基本符号或它们的序列的类或关系 $R(a_1, a_2, \cdots, a_n)$. 我们指派给它以一个自然数的类（关系）$R'(x_1, x_2, \cdots, x_n)$，使它对于 x_1，x_2，…，x_n 成立当且仅当存在 a_1，a_2，…，a_n 使得 $x_i=\Phi(a_i)(i=1, 2, \cdots, n)$ 且 $R(a_i, a_2, \cdots, a_n)$ 成立. 我们以同一些字的黑体表示业已以这种方式指派给那些前面定义过的诸如“变量”，“公式”，“命题公式”，“公理”，“可证明公式”，等数学概念的自然数的类和关系，“在体系 P 中有不可判定问题”这个命题因而可按如下读作：存在**命题公式** a 使得既非 a 也非 a **的否定**是**可证明公式**.

我们现在引进一个与形式体系没有直接关系的插入性的考虑，并首先给出下面的定义：称一个数论函数[25] $\phi(x_1, x_2, \cdots, x_n)$ 是由数论函数 $\psi(x_1,$

x_2，…，x_{n-1}）和数论函数 $\mu(x_1, x_2, \cdots, x_{n+1})$ **递归定义的**（recursively defined）是说，如果对所有的 x_2，…，x_n，k[26]成立如下的关系：

$$\begin{aligned}&\phi(0, x_2, \cdots, x_n)=\psi(x_2, \cdots, x_n),\\&\phi(k+1, x_2, \cdots, x_n)=\mu(k, \phi(k, x_2, \cdots, x_n), x_2, \cdots, x_n).\end{aligned} \qquad (2)$$

称一个数论函数 φ 为**递归的**是说，存在一个数论函数的有限序列 ϕ_1，ϕ_2，…，ϕ_n，它以 ϕ 为尾项并具有性质：序列中每个 ϕ_k 或者由其前面中的两项递归地定义，或者由前面中的某项经替换导出[27]，或者最后的情形：一个常值或后继元函数 $x+1$. 称属于一个递归函数 ϕ 的最短序列 ϕ_i 的长度为它的次. 称自然数之间的一个关系式为递归的[28]是说，存在一个递归函数 $\phi(x_1, \cdots, x_n)$ 使得对于所有的 x_1，x_2，…，x_n 有

$$R(x_1, \cdots, x_n) \sim [\phi(x_1, \cdots, x_n)=0].$$ [29]

以下命题成立：

I　由递归函数（或关系）经由在变量位置的递归函数的替换导出的每个函数（或者关系）是递归的，同样由递归函数经递归函数按照模式（2）推导出的每个函数也是递归的.

Ⅱ. 如果 R 和 S 为递归关系，则 $\overline{R}$，$R \vee S$（从而 $R\&S$）也是.

Ⅲ. 如果函数 $\phi(\mathfrak{X})$ 和 $\psi(\mathfrak{y})$ 是递归的，则关系 $\phi(\mathfrak{X})=\psi(\mathfrak{y})$ 也是.[30]

Ⅳ. 如果函数 $\phi(\mathfrak{X})$ 和关系 $R(\mathfrak{X}, \mathfrak{y})$ 为递归的，则下面的关系也是：

$$S(\mathfrak{X},\mathfrak{y}) \sim (Ex)[x \leqslant \varphi(\mathfrak{X}) \& R(\mathfrak{X},\mathfrak{y})]$$

$$T(\mathfrak{X},\mathfrak{y}) \sim (x)[x \leqslant \varphi(\mathfrak{X}) \rightarrow R(\mathfrak{X},\mathfrak{y})]$$

并且同样地，函数 ψ

$$\psi(\mathfrak{X},\mathfrak{y})=\varepsilon x[x \leqslant \varphi(\mathfrak{X}) \& R(x,\mathfrak{y})]$$

也是. 其中 $\varepsilon x F(x)$ 表示：当 $F(x)$ 成立时为使其成立的最小的 x，如果没有这样的数则为0.

命题Ⅰ立即由“递归”的定义得出，命题Ⅱ和Ⅲ则基于一个容易确定的事实. 对应逻辑概念，−，∨，=的数论函数

$$\alpha(x), \beta(x,y), \gamma(x,y),$$

即

$$\alpha(0)=1;\ \alpha(x)=0 \text{ 对于 } n \neq 0$$

$$\beta(0, x)=\beta(x, 0)=0;\ \beta(x, y)=1, \text{ 如果 } x, y \text{ 全} \neq 0$$

$$\gamma(x, y)=0, \text{ 如果 } x=y;\ \gamma(x, y)=1, \text{ 如果 } x \neq 0$$

是递归的，命题Ⅳ的证明可简述于后：根据假定，存在一个递归 $\rho(x, \mathfrak{y})$ 使得

$$R(x, \mathfrak{y}) \sim [\rho(x, \mathfrak{y}) = 0].$$

我们现在根据递归模式（2）以如下方式定义一个函数 $\chi(x, \mathfrak{y})$：

$$\chi(0, \mathfrak{y}) = 0,$$

$$\chi(n+1, \eta) = (n+1) \cdot a + \chi(n, \eta) \cdot \alpha(a)$$[31]，

其中 $a = \alpha[\alpha(\rho(0, \eta)] \cdot \alpha[\chi(n, \eta)]$.

因此，$\chi(n+1, \eta)$ 或者 $= n+1$（如果 $a=1$）或者 $=\chi(n, \eta)$（如果 $a=0$）[32]. 显然，出现第一种情形当且仅当 a 的所有构成因子为 1，即如果

$$\overline{R}(0, \eta) \& R(n+1, \eta) \& [\chi(n, \eta) = 0].$$

由此得出函数 $\chi(n, \eta)$（看成是 n 的函数）一直到是 $R(n, \eta)$ 成立的最小 n 前保持为 0，而后则等于这个值（如果 $R(0, \eta)$ 已经是这种情形了，那么对应的 $\chi(x, \eta)$ 为常数并 $=0$）. 因此，

$$\psi(\chi, \eta) = \chi(\varphi(\chi), \eta),$$

$$S(\chi, \eta) \sim R[\psi(\chi, \eta), \eta].$$

关系 T 通过否定可化成类似于 S 情形，故而命题 Ⅳ 得证.

对于函数 $x+y$，x，y，x^y，还有关系 $x<y$，$x=y$，容易发现它们是递归的；从这些概念出发，我们现在定义一系列的函数（和关系）1－45，它们中的每一个都由此系列前面的那些，通过在命题 Ⅰ－Ⅳ 中提到的运算来定义. 一般说来，这个过程将命题 Ⅰ－Ⅳ 所允许的定义步骤汇拢了一起. 包含了，例如，诸如"**公式**"，"**公理**"，以及"**直接推论**"这些概念的 1－45 中的每一个函数（关系）因而都是递归的.

1. $x/y \equiv (Ez)[z \leqslant x \& x = y.z]$[33].

x 被 y 除尽. [34]

2. $\text{Prim}(x) \equiv (\overline{Ez})[z \leqslant x \& z \neq x \& x/z] \& x > 1.$

x 是个素数.

3. $0Pr\ x \equiv 0,$

$(n+1)Pr\ x \equiv \varepsilon y[y \leqslant x \& \text{Prim}(y) \& x/y \& y > nPrx].$

$nPr\ x$ 是包含在 x 中的（按大小排序）第 n 个素数. [34a]

4. $0! = 1,$

$(n+1)! \equiv (n+1).\ n!.$

5. $Pr(0) \equiv 0,$

$Pr(n+1) \equiv \varepsilon y[y \leqslant \{Pr(n)\}! \ +1\&\mathrm{Prim}(y)\&y > Pr(n)]$.

$Pr(n)$ 是第 n 个素数(按大小排序).

6. $nGlx \equiv \varepsilon y[y \leqslant x\&x/(nPr\ x)^{y}\&\overline{x/(nPr\ x)^{y+1}}]$.

$nGlx$ 是指派给数 x 的数序列的第 n 项(对于 $n>0$ 且 n 不大于该序列的长).

7. $l(x)=\varepsilon y[y \leqslant x\&yPrx>0\&(y+1)Prx=0]$.

$l(x)$ 是指派给 x 的序列的长.

8. $x*y \equiv \varepsilon z[\leqslant[Pr\{l(x)+l(y)\}]^{x+y}$

$\&(n)n \leqslant l(x) \rightarrow nGl\ z=nGl\ x]$

$\&(n)[0 \leqslant l(y) \rightarrow \{n+l(x)\}Gf\ z=nGl\ y]$

$x*y$ 对应于将两个数的有限序列“联合一起”的运算.

9. $R(x)=2^{x}$.

$R(x)$ 对应于只由数 x(对于 $x>0$)组成的数序.

10. $E(x) \equiv R(11)*x*R(13)$.

$E(x)$ 对应于“括号运算”[11 和 13 被指派给了基本符号“(”和“)”].

11. $n\mathrm{Var}x \equiv (Ez)[13<z \leqslant x\&\mathrm{Prim}(z)\&x=z^{n}]\&n \neq 0$.

x 是个**第 n 型变量**.

12. $\mathrm{Var}(x) \equiv (En)[n \leqslant x\&n\mathrm{Var}\ x]$.

x 是个**变量**.

13. $\mathrm{Neg}(x) \equiv R(5)*E(x)$.

$\mathrm{Neg}(x)$ 是 x 的**否定**.

14. $x\mathrm{Dis}y \equiv E(x)*\ R(7)*\ E(y)$.

$x\mathrm{Dis}y$ 是 x 与 y 的**析取**.

15. $x\mathrm{Gen}y \equiv R(x)*\ R(9)*\ (y)$.

$x\mathrm{Cen}y$ 是 y 以**变量** x 所做的推广(假定 x 是个变量).

16. $0Nx \equiv x$,

$(n+1)Nx \equiv R(3)*\ nNx$.

nNx 对应于符号 f 在 x 做“n 重前缀”的运算.

17. $Z(n) \equiv nN[R(1)]$.

$Z(n)$ 是数 n 的**数符号**.

18. $\mathrm{Typ}'_{1}(x) \equiv (Em,\ n)\{m,\ n \leqslant x\&[m=1\ V\ 1\mathrm{Var}m]$

$\&x=nN[R(m)]\}$[34b].

x 是**第 1 型符号**.

19. $\mathrm{Typ}_n(x) \equiv [n = 1 \& \mathrm{Typ}'_1(x)] V [n > 1 \& (Ev)\{v \leqslant x \& n\mathrm{Var}\ v \& x = R(v)\}]$.

x 是**第 n 型符号**.

20. $Elf(x) \equiv (Ey, z, n)[y, z, n \leqslant x \& \mathrm{Typ}n(y)$
$\& \mathrm{Typ}_{n+1}(z) \& x = z * E(y)]$.

x 是个**初等公式**.

21. $Op(x, y, z) \equiv x = \mathrm{Neg}(y) \vee x = y\mathrm{Dis}\ z \vee (Ev)v \leqslant x$
$\& \mathrm{Var}(v) \& x = vGeny]$.

22. $FR(x) \equiv (n)\{0 < n \leqslant l(x) \rightarrow Elf(nGl(x) \vee (Ep, q)$
$[0 < p, q < n \& Op(nGlx, pClx, qGlx)]\} \& l(x) > 0$.

x 是一个**公式**的序列，它中的每一个或者是个**初等公式**或者通过**否定**，**析取**以及**推广**有前面的那些公式f关系）产生.

23. $\mathrm{Form}(x) \equiv (En)\{n \leqslant (Pr[l(x)^2])^{x[l(x)]2} \& FR(n) \& x = [l(n)]Gln\}$.[35]

x 是一个**公式**(即 n 的公式序列的最后一项).

24. $v\mathrm{Beb}n, x \equiv \mathrm{Var}(v) \& \mathrm{Form}(x) \& (Ea, b, c)[a, b, c \leqslant x$
$\& n = a * (v\mathrm{Gen}\ b\} c \& \mathrm{Form}(b)$
$l(a) + 1 \leqslant n \leqslant l(a) + l(v\mathrm{Gen}\ b)]$.

变量 v 在 x 的第 n 位是**约束**的.

25. $v\mathrm{Fr}n, z \equiv \mathrm{Var}(v) \& \mathrm{Form}(x) \& v = nhGl\ x$
$\& n \leqslant l(x) \& v\mathrm{Geb}n, x$.

变量 v 在 x 的第 n 位是**自由**的.

26. $vFrx \equiv (En)[n \leqslant l(x) \& vFrn, x]$.

v 在 x 中以**自由变量**出现.

27. $Su\ x\binom{n}{y} \equiv \varepsilon z\{z \leqslant [Pr(l(x) + l(y))]^{x+y}$
$\& [(Eu, v)u, v \leqslant x \& x = *R(nGlx) * v$
$\& z = u * y * v \& n = l(u) + 1]\}$.

$Sux\binom{n}{y}$ 从 x 以 y 替换 x 的第 n 项进行推导(假设了 $0 < n \leqslant l(x)$).

28. $0Stv, x \equiv \varepsilon n\{n \leqslant l(x) \& vFrn, x \& \overline{(Ep)}[n < p \leqslant l(x) \& vFrp, x]\}$
$(k+1)Stv, x \equiv \varepsilon n\{n < kStv, x \& vFrn, x \& (Ep)[n < p < kSt\ vx \& vFrp, x]\}$.

$kStv, x$ 是 x 中的第$(k+1)$位(从公式 x 的尾部数起)，而在此位置，v 在 x 中是自由的(如果没有这样的位置，则为0).

29. $A(v, x) \equiv \varepsilon n\{n \leqslant l(x) \& nSt, v, x = 0\}$.

$A(v, x)$ 是在 x 中 v 为**自由**的位置的个数.

30. $Sbo(x_y^v) \equiv x$,

$Sb_{k+1}(x_y^v) \equiv Su[Sb_k(x_y^v)]\binom{kstv\ \ x}{y}$.

31. $Sb(x_y^v) \equiv Sb_{A(v,\ x)}(x_y^v)$. [36]

(x_y^v) 是上面所定义的概念 $Subst\ a\binom{v}{a}$. [37]

32. $x$lmpy ≡ [Neg(x)]lDisy,

xCony ≡ Neg{[Neg(x)lDis[Neg(y)]},

xAeqy ≡ ($x$lmp y)Con($y$lmp$x$),

vExy ≡ Neg{vGen[Neg(y)]}.

33. $nThx \equiv \varepsilon y\{y \leqslant x^{x^n} \& (k)[k \leqslant l(x) \rightarrow (kGl\ x \leqslant 13$

$\& kGly = kGlx) V(kGlx > 13 \& kCly = kGl\ x[1Pr(kGt\ x)]^n)]\}$.

$nThx$ 是 x 的第 n 个**型提升**(如果 x 和 $nThx$ 均为公式).

对应于公理 Ⅰ 的 1 到 3, 有三个确定的数, 我们将其记为 z_1, z_2, z_3, 并定义:

34. $Z - Ax(x) \equiv (x = z_1 \vee x = z_2 \vee x = z_3)$.

35. $A_1 - Ax(x) \equiv (Ey)[y \leqslant x\&\text{Form}(y)\&x = (y\text{Dis}\ y)\text{lmp}y]$.

x 是一个公式, 它由公理 Ⅱ, 1 中的替换导出. 类似地, $A_2 - Ax$, $A_3 - Ax$, $A_4 - Ax$ 按照公理 Ⅱ 的 2 到 4 定义.

36. $A - Ax(x) \equiv A_1 - Ax(x) \vee A_2 - Ax(x) \vee A_3 - Ax(x) \vee A_4 - Ax(x)$.

x 是一个**公式**, 它由语句运算中一个公理的替换导出.

37. $Q(z, y, v) \equiv (En, m, w)[n \leqslant l(y)\&m \leqslant l(z)\&w \leqslant z$

$\&w = mGL\ x\&w\text{Geb}n, y\&vFrn, y]$.

z 不包含在 y 中 v 为**自由的**位置上的**约束变量**.

38. $L_1 - Ax(x) \equiv (Ev, y, z, n)\{v, y, z, n \leqslant x\&n\text{Var}v$

$\&Typn(z)\&\text{Form}(y)\&Q(z, y, v)$

$\&x = (v\text{Gen}y)\text{Imp}[Sb\binom{v}{z}]\}$.

x 是一个**公式**, 它由公理模式 Ⅲ, 1 经替换导出.

39. $L_2 - Ax(x) \equiv (Ev, q, p)\{v, q, p \leqslant x\&Var(v)$

$\&\text{Form}(p)\&vFrp\&\text{Form}(q)$

$\&x = [v\text{Gen}(p\text{Dis}\ q)]lmp[pDis(v\text{Gen}q])\}$.

x 是一个**公式**, 它由公理模式 Ⅲ, 2 经替换导出.

40. $R - Ax(x) \equiv (Eu, v, y, n)[u, v, y, n \leqslant x\&n\text{Var}v$

$\&(n+1)\mathrm{Var}\ u\&uFr\ y\&\mathrm{Form}(y)$

$\&x = u\mathrm{Ex}\{v\mathrm{Gen}[[R(u) * E(R(v))]\mathrm{Aeq}$ 可$]\}]$.

x 是一个**公式**，它由公理模式 Ⅳ，1 经替换导出.

对应于公理 Ⅴ，1 有一个确定的数 z_4，我们定义

41. $M - Ax(x) \equiv (En)[\leqslant x\&x = nTh\ z_4]$.

42. $Ax(x) \equiv Z - Ax(x) \vee A - Ax(x) \vee L_1 - Ax(x) \vee$
$L_2 - Ax(x) \vee RAx(x) \vee M - Ax(x)$.

x 是一个**公理**.

43. $Fl(xyz) \equiv y = zImpz \vee (Ev)[v \leqslant x\&\mathrm{Var}(v)\&x = v\mathrm{Gen}\ y]$.

x 是 y 和 z 的一个**直接推论**.

44. $Bw(x) \equiv (n)\{0 < n \leqslant l(x) \rightarrow Ax(nGf\ x)]\}\&l(x) > 0$.

x 是个**证明模式**（一个**公式**的有限序列，它的每一项或者是个公理，或者是前两个的**直接推论**.

45. $xBy \equiv Bw(x)\&[l(x)]Gl\ x = y$.

x 是**公式** y 的一个**证明**.

46. $\mathrm{Bew}(x) = (Ey)yBx$.

x 是个**可证明公式**[Bew(x) 是 1 - 46 这些概念中唯一不能断言为递归的一个概念.]

下面的命题是模糊阐述的事实“每个递推关系在体系 P（按不同内包解释）是可定义的”的准确表达，而不管对于 P 的公式作了何种解释.

命题 Ⅴ：对应于每个递归关系 $R(x_1\cdots x_n)$ 有一个 n 位的关系符号(relation-sign)r**（具有自由变量**[38]u_1，u_2，…，u_n**）使得对于每个数的 n 元组**$(x_1$，…，$x_n)$ **成立：**

$$R(x_1\cdots x_n) \rightarrow \mathrm{Bew}\left[Sb\left(r\begin{matrix}u_1\cdots u_n\\ z(xn)\cdots z(xn)\end{matrix}\right)\right], \tag{3}$$

$$\overline{R}(x_1\cdots x_n) \rightarrow \mathrm{Bew}\left[Neg\ Sb\left(r\begin{matrix}u_1\cdots u_n\\ z(xn)\cdots z(xn)\end{matrix}\right)\right]. \tag{4}$$

在这里我们只需给出该命题的证明概述就可以了，这是因为它并没有什么原则上的困难，只是有点繁杂而已. [39]我们对于所有具有形式 $x_1 = \varphi(x_2, \cdots, x_n)$ 的关系 $R(x_1, \cdots, x_n)$ 来证明此命题. [40]（其中 φ 为递归函数）并应用对于 φ 的次数的数学归纳法. 对于一次的函数（即常数以及函数 $x+1$）命题是平凡的. 那么设 φ 为 m 次的. 用替换运算或者递归的定义，它可从较低次的函数 φ_1，…，φ_n

得出．由于归纳假定，每个对于 φ_1，…，φ_n 已经证明了的事实，存在有相应的**关系符号** r_1，…，r_n 使得(3) 和(4) 成立．从而从 φ_1，…，φ_n 推导出 φ 的定义的过程(替换和递归定义) 完全可以被形式地映入到体系 P 中，如果这样做了，那么我们便从 r_1，…，r_n 得到了一个新的**关系符号** r，[41] 于是我们容易使用归纳假定证明(3) 和(4) 对于它是成立的．称按照这种方式指派给一个递归关系[42] 的一个**关系符号** r 为递归的．

我们现在来谈我们这样做的目的：

设 c 为任一**公式**的类．以 Flg(c)(c 的推论的集合) 表示包含了所有 c 的**公式**以及所有**公理**的，且对于关系"… 的直接推论" 是封闭的最小的公式的集合．称 c 是 w 相容的是说，如果没有**组符号** a 使得

$$(n)\left[Sb\left(a\begin{matrix}v\\z(n)\end{matrix}\right)\varepsilon\mathrm{Flg}(c)\right]\&\left[\mathrm{Neg}(v\mathrm{Gen}\ a)\right]\varepsilon\mathrm{Flg}(c),$$

其中 v 是**组符号** a 的**自由变量**.

每个 w 相容体系自然也是相容的．然而反过来则不如此，我们后面将证明它．

关于不可判定命题的存在性的一般结果可叙述如下：

命题 Ⅵ　对于公式的每个 w 相容的递归类 c 对应有递归的组符号 r，使得既不是 vGen$r$ 也不是 Neg(vGen r) 属于 Flg(c)(其中 v 是 r 的自由变量).

证明　设 c 为任一的**公式**的递归 ω 相容类，我们定义

$$Bw_c(x) \equiv (n)[n \leqslant L(x) \to Ax(nGlz) \vee (nGlx)\varepsilon c \vee (Ep,\ q)\{0 < p,\ q < n\&Fl(nGl\,x,\ pGl\,x,\ qGlx)\}]\&l(x) > 0 \tag{5}$$

(参看类比的概念 44)，

$$xBcy \equiv Bwc(x)\&[l(x)]Glx = y, \tag{6}$$

$$\mathrm{Bew}c(x) \equiv (Ey)yBcx \tag{6.1}$$

(参看类比的概念 45，46).

下面的显然成立：

$$(x)[\mathrm{Bew}c(x) \sim x\varepsilon\mathrm{Flg}(c)], \tag{7}$$

$$(x)[\mathrm{Bew}(x) \to \mathrm{Bew}c(x)]. \tag{8}$$

我们现在定义关系：

$$Q(x,\ y) \equiv \overline{xBc\left[Sb\left(y\begin{matrix}19\\z(v)\end{matrix}\right)\right]}. \tag{8.1}$$

由于 $xBcy$[根据(6)，(5)] 和 $Sb\left(y\begin{matrix}19\\z(y)\end{matrix}\right)$(根据定义 17，31) 是递归的，故 $Q(x,$

y）也是. 根据命题 V 和(Ⅷ) 存在一个**关系符号** q(具有**自由变量** 17，19) 使得

$$\overline{xBc\left[Sb\left(y\,{}^{19}_{z(v)}\right)\right]} \rightarrow \mathrm{Bewc}\left[Sb\left(q\,{}^{17}_{z(x)}\,{}^{19}_{z(y)}\right)\right], \tag{9}$$

$$\overline{xBc\left[Sb\left(y\,{}^{19}_{z(v)}\right)\right]} \rightarrow \mathrm{Bewc}\left[\mathrm{Neg}\,Sb\left(q\,{}^{17}_{z(x)}\,{}^{19}_{z(y)}\right)\right]. \tag{10}$$

令

$$p = 17\mathrm{Gen}\ g \tag{11}$$

（p 是具有**自由变量** 19 的**组符号**）以及

$$r = sb\left(q\,{}^{19}_{z_{(p)}}\right) \tag{12}$$

（r 是具有**自由变量** 17 的递归**组符号**），[43] 于是

$$\begin{aligned} Sb\left(q\,{}^{19}_{z_{(p)}}\right) &= Sb\left([17\mathrm{gen}\ q]\,{}^{19}_{z_{(p)}}\right) \\ &= 17\mathrm{Gen}\ Sb\left(Q\,{}^{19}_{z_{(p)}}\right) \\ &= 17\mathrm{Gen}r. \end{aligned} \tag{13}$$ [44]

[因为(11) 和(12)]. 另外还有

$$Sb\left(q\,{}^{17}_{z_{(x)}}\,{}^{19}_{z_{(p)}}\right) = Sb\left(r\,{}^{17}_{z(x)}\right), \tag{14}$$

[根据(12)]. 由于(13) 和(14)，如果我们在(9) 和(10) 中将 y 替换为 p，则有

$$xBc(17\mathrm{Gen}r) \rightarrow \mathrm{Bewc}\left[Sb\left(r\,{}^{17}_{z_{(x)}}\right)\right], \tag{15}$$

$$xBC(17\mathrm{Gen}r) \rightarrow \mathrm{Bewc}\left[\mathrm{Neg}\,Sb\left(r\,{}^{17}_{z_{(x)}}\right)\right]. \tag{16}$$

从而：

1. 17Gen r 不是 c **可证的**. [45] 因为倘若相反，就会有(根据6. 1) 一个 n 使得 nBc(17Gen r).

由(16) 从而会有

$$\mathrm{Bewc}\left[\mathrm{Neg}\,Sb\left(r\,{}^{17}_{z_{(n)}}\right)\right],$$

而另一方面，由 17Gen$r$ 的 c **可证性**也会推出 $Sb\left(r\,{}^{17}_{z_{(n)}}\right)$ 的可证性. 因此 c 就会是相容的了(更不用说 w 相容了).

2. Neg(17Gen r) 不是 c **可证的**. 证明：如上所证，17Gen$r$ 不是 c **可证的**，即 (按照 6.1) 成立 $(n)\overline{nBc(17\mathrm{Cen}r)}$. 由此用(15) 推出，$(n)\mathrm{Bew}c\left[Sb\left(r\begin{matrix}17\\ z_{(n)}\end{matrix}\right)\right]$，它连同 Bewc[Neg(17*Genr*)] 就与 c 的 w 相容性矛盾.

17*Gen r* 因此在 c 中是不可判定的，故而命题 *VI* 得证.

人们容易使自己相信上面的证明是构造性的，[45a] 即下面以一种直观的无异议的方式所证明的：给出任一递归地定义的**公式**的类 c：于是如果对于(有效可证的) **命题公式** 17Gen$r$ 给出了一个(c 中的) 形式判定，我们则可以有效地陈述：

1. 对于 Neg(17Gen$r$) 的一个**证明**.

2. 对于任意给定的 n，对 $Sb\left(r\begin{matrix}17\\ z_{(n)}\end{matrix}\right)$ 的一个**证明**，即 17Cen r 的一个形式判定会导致一个 w 相容性有效的可证明性.

我们称一个自然数的关系(类)$R(x_1, \cdots, x_n)$ 为可算的(calculable)[entscheidungdefinit] 是说，如果有一个 n 位的**关系符号** r 使得(3) 和(4) 成立(参看命题 V). 因此特别地，由命题 V，每个递归关系式可算的，相似地，称一个**关系符号**是可算的是说，如果它以这种方式指派给一个可算关系. 那么对于具有 w 相容和可算的类 c 的不可判定命题的存在性而言这也足够了. 对于是可算的这个性质从 c 可传递到 $xBcy$[(参看(5)，(6)) 和 $Q(x, y)$](参看 8.1) 并且也只有这些能应用到上面的证明中. 在这种情形不可判定命题具有形式 vGen$r$，其中 r 是可算的**组符号**(事实上，c 应在在添加 c 而扩张的体系中是可算的就足够了).

如果不是 w 相容，而仅仅是像对 c 所假定的那种相容性，的确，得到的不再是一个不可判定命题的存在性而是一个性质(r) 的存在性了，但这个性质它可能既不能给出一个反例，也不能证明它对所有的数都成立. 由于在证明 17Gen r 不是 c **可证的**中，只有 c 的相容性被用到了，并且根据(15)，从 $\overline{\mathrm{Bew}c}(17\mathrm{Gen}\ r)$ 得出对于每个数 n，$Sb\left(r\begin{matrix}17\\ z_{(n)}\end{matrix}\right)$，是 c **可证的**，从而 Neg $Sb\left(r\begin{matrix}17\\ z_{(n)}\end{matrix}\right)$ 对于任何数不是 c **可证的**.

将 Neg(17Gen r) 添加到 c，我们得到一个相容的然而不是 w 相容的**公式类** c. c' 是相容的，这是因为否则的话，17Gen$r$ 就会是 c 可证的了，但 c' 不是 w 可证的，这是由于 $\overline{Bewc}(17Genr)$ 和(15) 我们有 $(x)Sb\left(r\begin{matrix}17\\ z_{(n)}\end{matrix}\right)$ 的缘故，故而更有：$(x)\mathrm{Bew}_{c'}Sb\left(r\begin{matrix}17\\ z_{(n)}\end{matrix}\right)$，而另一方面，自然有 Bew$c'$[Neg(17Gen$r$)]. [46]

命题 Ⅵ 的一个特殊情形是，其中类 c 由有限个**公式**组成（不管有没有用**提升型**导出的那些公式）．每个有限的类 α 自然是递归的．设 a 是包含在 α 中的最大数．于是对 c 成立：

$$x\varepsilon c \sim (Em,\ n)[m \leqslant x \& n \leqslant a \& n\varepsilon x = mThn].$$

c 因而是递归的．这使我们可得出结论，例如，甚至在选择公理（所有类型的）或广义的连续统假定的帮助下，也不是所有的命题都是可判定的，在这里我们已假定了这些假设条件是 w 相容的．

在命题 Ⅵ 的证明中用到的体系 P 的性质仅仅是下面这些：

1．公理的类以及推理的规则（即关系"… 的直接推诠"）是递归可定义的（这要基本符号以任意方式被置换成自然数）．

2．每一个递归关系在体系 P 中是可定义的（在命题 Ⅴ 的意义下）．

于是在每个满足假设 1 和 2 并且是 w 相容的形式体系中，不可判定命题以 $(x)l'(x)$ 的形式存在，其中的 F 是一个自然数递归定义的性质，并且这种体系经由添加一个归纳可定义的 w 相容的公理类得到的每个扩张也都是如此，容易确认，满足假设 1 和 2 的体系包括有策梅洛-弗兰克尔以及冯·诺伊曼的集合论公理体系，[47] 也包括了有佩亚诺公理，递归定义的运算［按照模式（2）］以及逻辑规则的数论公理体系．[48] 一般说来，假设 1 其逻辑规则为普通的，而它的公理（像 P 的那样）为有限个格经替换导出的每个体系所满足．[48a]

3

由命题 Ⅵ 我们现在能得到进一步的结果，为此给出以下定义：称一个关系（类）是**算术的**（arithmetical）是说，如果它可以单独地依靠概念 +．［应用于自然数的加法和乘法］[49] 以及逻辑常量 ∨，－，(x)，=，其中的 (x) 和 = 仅仅与自然数相关联．[50]"算术命题"的概念以一种相应的方式定义，特别，关系"大于"以及"模 …… 的同余"都是算术的，这是因为

$$x > y \sim \overline{(Ez)}[y = x + z],$$

$$z \equiv y(\bmod n) \sim (Ez)[x = y.\ n \vee y = y = x + z.\ n].$$

现在我们有

命题 Ⅶ　每个递归关系是算术的．

我们以下面的形式证明该命题：形式 $x_0 = \varphi(x_1,\ \cdots,\ x_n)$，其中 φ 为递归

的，每个关系是算术的，并对 φ 的次数应用数学归纳法. 设 φ 具次数 $s(s>1)$. 于是或者

1. $\varphi(x_1,\cdots,x_n)=p[\chi_1(x_1,\cdots,x_n),\chi_2(x_1,\cdots,x_n),\cdots,\chi_m(x_1,\cdots,x_n)]$ [51]

（其中 ρ 即所有的 χ 具有的次数均小于 s）或者

2. $\varphi(0,\ x_2,\ \cdots,\ x_n)=\psi(x_2,\ \cdots,\ x_n)$,

$\varphi(k+1,\ x_2,\ \cdots,\ x_n)=\mu[k,\ \varphi(k,\ x_2,\ \cdots,\ x_n),\ x_2,\ \cdots,\ x_n]$

（其中 ψ，μ 的次数小于 s）.

在第一种情形我们有：

$x_0=\varphi(x_1,\ \cdots,\ x_n)\sim(Zy_1,\ \cdots,\ ym)[R(x_0,\ y_1,\ \cdots,\ ym\&S_1(y_1,\ x_1,\ \cdots,\ x_n)\&\cdots\&Sm(y_m,\ x_1,\ \cdots,\ x_n)]$，其中 R 和 S_i 分别是算术关系，归纳假定它们存在且等价于 $x0\rho(y_1,\ \cdots,\ y_m$ 和 $y_i=\chi(x_1,\ \cdots,\ x_n)$.

因此这时 $x_0=\varphi(x_1,\ \cdots,\ x_n)$ 是算术的.

在第二种情形我们应用如下步骤：关系 $x_0=\varphi(x_1,\ \cdots,\ x_n)$ 可借助于“数的序列”(f) 的概念[52] 表达如下：

$$xM_0=\varphi(x_1,\ \cdots,\ x_n)\sim(Ef)\{f_0=\psi(x_2,\ \cdots,\ x_n)$$
$$\&(k)[k<x_1\rightarrow f_{k+1}=\mu(k,\ f_k,\ x_2,\ \cdots,\ x_n)]\&x_0=f_{xi}\}.$$

如果 $S(y,\ x_2,\ \cdots,\ x_n)$ 和 $T(z,\ x_1,\ \cdots,\ x_{n+1})$ 分别为等价于

$$y=\psi(x_2,\ \cdots,\ x_n,\ \text{和}\ z=\mu(x_1,\ \cdots,\ x_{n+1})$$

的算术关系，而他们由归纳假定是存在的，于是成立下面的

$$x_0=\psi(x_1,\ \cdots,\ x_n)\sim(Ef)\{S(f_0,\ x_2m\cdots,\ x_n)$$
$$\&(k)[k<x_1\rightarrow T(f_{k+1},\ \ k,\ f_k,\ x_2,\ \cdots,\ x_n)]\&x_0=fxi\}.\qquad(17)$$

我们现在将概念“数的序列”置换为“一对数”，这只要指派数偶 n，d 给 $f^{(n,\ d)}$ 即可$(f_k^{(n,\ d)}=[n]_{1+(k+1)d})$，其中$[n]_p$ 表示 n 模 p 的最小非负剩余，

于是我们有

引理 1　如果 f 是任一自然数序列，k 是任一自然数，则存在一对自然数 n，d 使得 $f^{(n,\ d)}$ 与 f 在前 k 项相同.

证明　设 l 是数 k，f_0，f_1，$\cdots$，f_{k-1} 中最大的数. 设 n 由以下方式决定：

$$n=f_i[\operatorname{mod}(1+(i+1)l!\ )],\ i=0,\ 1,\ \cdots,\ k-1,$$

这是可能的，因为数 $1+(i+1)l!$，$(i=0,\ 1,\ \cdots,\ k-1$ 中的每两个都互素. 对一个包含在这些数中两个的一个素数也就包含在差$(i_1-i_2)l!$ 中，从而因为 $|i_1-i_2|<l$，它也就在 $l!$ 中这是不可能的，因此数偶 n，$l!$ 满足我们的要求.

由于关系 $x=[n]_p$，由 $x\equiv n(\operatorname{mod}p)\&x<p$ 定义，从而是算术的，且如下定

义的关系 $P(x_0, x_1, \cdots, x_n)$ 也是算术的：

$$P(x_0, x_1, \cdots, x_n) \equiv (En, d)\{[n]d+1, x_2, \cdots, x_n)$$
$$\&(k)[k < x_1 \to T[n]_{1+d(k+2)}, k, [n]'_{1+d(k+1)}x_2, \cdots, x_n)]\&x_0 = [n]_{1+d(x_1-1)}\},$$

根据(17) 及引理 1，它等价于 $x_0 = \varphi(x_1, \cdots, x_n)$(我们设计序列 f 仅仅在直到第 x_1+1 项前的过程中). 因而命题 Ⅶ 得证.

按照命题Ⅶ，对应于形如$(x)F(x)$(F 为递归) 的每个问题有一个等价的算术问题，并因为命题 Ⅶ 的整个证明都可以在体系 P 中被形式化(对每个特定的 F)，这个等价性在 P 中因而是可证明的. 于是有

命题 Ⅷ　在涉及命题 Ⅵ 中的形式体系里[53] 都有不可判定的算术命题.

对于集合论公理体系及它的用 w 相容的递归公理类的扩张也成立相同的结果(借助于在第 3 节末尾的注解).

我们最后也将证明下面的结果：

命题 Ⅸ　在涉及命题 Ⅵ 中的所有形式体系里[53] 存在限制谓词演算的不可判定问题[54](即那些它们的普遍有效性和反例存在性均不能证明的限制谓词演算的公式). [55]

它基于下面的

命题 Ⅹ　每个形如$(x)F(x)$(F 递归) 的问题可以化为限制性谓词演算公式的可满足性问题(即对于每个递归 F 可以给出一个谓词演算公式，它的可满意性等价于$(x)F(x)$ 的有效性).

我们将限制谓词演算(r. p. c.) 看为由那样一些公式组成的，即有基本符号 $-$，$V(x)$，$=$；x，y，…(个体变量) 以及 $F(x)$，$G(x, y)$，$H(x, y, z)$，…(性质和关系变量)，[56] 其中(x) 及 $=$ 只与个体相关，我们在这些符号上再添加了第三类变量 $\varphi(x)$，$\psi(x, y)$，$\chi(x, y, z)$，…，它们代表了函数对象；就是说，$\varphi(x)$，$\psi(x, y)$ 等表示单值函数，其变量和值都是个体. [57] 称除了第一个提到的 r. p. c. 符号外，还包含了第三类的变量的公式为更广意义下(i. w. s.) 的公式. [58]. “可满足的”和“普遍有效”这些概念立即可转移到 i. w. s. 的公式上，并且我们有命题说，对于每个 i. w. s. 的公式 A 我们可以给出一个 r. p. c. 的通常公式 B. 使得 A 的可满足性等等价于 B 的. 我们从 A 得到 B 使用了以下的方法：用形如$(\eta^z)F(zx)$，$(\eta^z)G(z, xy)$，… 置换出现在 A 中的第三类变量 $\varphi(x)$，$\psi(x, y)$，… 用消去 $PMI*14$ 的文字中的“描述性的”函功能，并用逻辑地乘以[59] 所得到的结果，而该结果陈述的是所有由 φ，ψ，… 替换的 F，G，… 关于第一个空位是严格单值的.

我们现在证明，对于形如$(x)F(x)$（F为递归的）的每个问题有一个等价的涉及一个 i. w. s. 公式的可满足性，由此命题X以一种刚说过的那些相一致方式得到.

由于F是递归的，故有一个递归函数$\Phi(x)$，使得$F(x) \sim [\Phi(x)=0]$，并且对于Φ有一个序列$\Phi_1, \Phi_2, \cdots, \Phi_n$，使得$\Phi_n = \Phi$，$\Phi_1(x) = x+1$. 而对于每个$\Phi_k(1 < k \leqslant n)$，或者

1.

$$(x_2, \cdots, \mathfrak{X}_m)[\Phi_K(0, x_2, \cdots, x_m) = \Phi_p(x_2, \cdots, x_m)]$$

$$(x, x_2, \cdots, x_m)\{\Phi_k[\Phi_1(x), x_2, \cdots, x_m] = \Phi_q[x, \Phi_k(x, x_2, \cdots, x_m), x_2, \cdots, x_m)\}, \ p, q < k \tag{18}$$

或者

2.

$$(x_1, \cdots, x_m)[\Phi_k(x_1, \cdots, x_m) = \Phi_r(\Phi_{i_1}(x_1), \cdots, \Phi_{i_s}(x_s))]^{[60]} \tag{19}$$

$$i < k, \ i_v < k(v = 1, 2, \cdots, s)$$

或者

3.

$$(x_1, \cdots, x_m)[\Phi_k(x_1, \cdots, x_m) = \Phi_1, \cdots \Phi_1(0))]. \tag{20}$$

除此之外，我们形成了命题

$$(x)\Phi_1(x) = 0 \& (xy)[\Phi_1(x) = \Phi_1(y) \rightarrow x = y], \tag{21}$$

$$(x)[\Phi_n(x) = 0]. \tag{22}$$

在所有的公式(18)，(19). (20)（对于$k = 2, 3, \cdots, n$）中，以及在(21)，(22)中，我们现在用函数变量φ_i置换函数Φ_i，用其余一个未出现的个体变量x_0置换数 0 并形成如此得到的公式的合取C.

公式$(Ex_0)C$于是有所需要的性质，即

1. 如果$(x)[\Phi(x) = 0]$是这种情形，则$(Ex_0)C$是可满足的，这是因为当函数$\Phi_1, \Phi_2, \cdots, \Phi_n$在$(Ex_0)C$被$\varphi_1, \varphi_2, \cdots, \varphi_n$置换，他们显然产生了正确的命题.

2. 如果$(Ex_0)C$为可满足的，则$(x)[\Phi(x) = 0]$即如此.

证明 设$\Psi_1, \Psi_2, \cdots, \Psi_n$为那些假定存在的函数，使得当将它们在$(Ex_0)C$中替换为$\varphi_1, \varphi_2, \cdots, \varphi_n$时产生正确的命题. 设他的个体的范围为$I$. 由于$(Ex_0)C$对于所有函数$\Psi_i$的正确性，于是有一个个体$a$（在$I$内）使得所有从(18)

到(22) 的公式在将 φ 置换为 Ψ_i，0 置换为 a 时变换成正确的公式(18′) 到(22′). 我们现在构建一个 I 的最小子类，使得它包含 a 并在关于运算 $\Psi_1(x)$ 下封闭. 这个子类(I') 具有性质：函数 Ψ_i 中的每一个当被用于 I' 的元素时仍旧产生出 I' 的元素. 这是由于 I' 的定义对 Ψ_1 成立；由于(18′)，(19′)，(20′)，这个性质从 Ψ_i 中的低指标传到高指标. 从 Φ_i 用到 I' 的个体范围的限制导出的函数记为 Ψ'_i，对于这些函数公式(18) 到(22) 依然全都成立(再讲 0 置换为 a，Φ 置换为 Ψ'_i).

由于(21) 对于 Ψ'_i 和 a 的正确性，我们可以将 I' 的个体以 1 -1 对应的方式映射到自然数中，而以这样的方式它将 a 变换为 0，而函数 Ψ'_1 变换成后继函数 Φ_1，但是，在此映射下，所有的函数 Ψ'_i 变换成了 Φ_i，又由于(22) 对于 Ψ'_n 和 a 的正确性，我们得到 $(x)[\Phi_n(x) = 0]$ 或者 $(x)[\Phi(x) = 0]$，它已被证明过了. [61]

由于引向命题 X 的思考(对于每个特定的 F) 也可以在体系 P 中复述，故在一个形如 $(x)F(x)$ (F 是递归的) 的命题与对应的 r. p. c. 公式之间的可满足性之间的等价性便是在 P 中可证明的，从而在命题 Ⅸ 已证明了的那里推出的这个 r. p. c. 的不可判定性也就是可证明的了. [62]

4

由第 2 节的结论得到一个有关体系 P(及其拓展) 的一个相容性的突出结果，它可表达成如下的命题；

命题 XI　如果 c 是一个已知的公式的递归的相容类[63]. 则陈述 c 是相容的这个命题公式不是 c 可证的：特别，P 的相容性在 P 中是不可证明的，[64] 这里假定了 P 是相容的(若非如此，当然每个陈述都是可证明的).

证明如下(概要)：设 c 为任一给出的**公式**的递归类，这是对于我们的目的选出的并一经选出就加以固定的类(最简单的情形是空类). 为了证明 17Gen r 不是 c **可证的**，[65] 就像在第 2 节公式(16) 下面的 1 中那样，只有 c 的相容性被用到，即

$$Wid(c) \rightarrow \overline{Bew_c}(17\,Gen\ r), \tag{23}$$

即由（6. 1）

$$Wid(c) \rightarrow \overline{(x)xB_c(17\,Gen\ r)},$$

由(13)，$17 Cen\ r = Sb(p \frac{17}{z(p)})$ 从而

$$Wid(c) \rightarrow \overline{(x) x B_c\ Sb\left(p \frac{17}{z(p)}\right)},$$

即由(8.1)

$$Wid(c) \rightarrow (x) Q(x,\ p). \tag{24}$$

我们现在要建立如下论断：所有在第 2 节[66] 和第 4 节定义的概念(或证明了的断言)也是在 P 中可表达的(或可证明的). 由于我们通篇只用了正规的定义方法和经典数学所能接受的证明，他们都可在体系 P 被北形式化. 特别是 c(所有递归类均如此) 在 P 中可定义. 设 w 为在 P 中表达了 Wid(c) 的**命题公式**. 关系 $Q(x,\ y)$ 按照(8.1)，(9) 及(10) 由**关系符号** q 表达. 从而 $Q(x,\ p)$ 由 r 表达 $\left[\text{因为由(12)，} r = Sb\left(q \frac{19}{z(p)}\right)\right]$，而命题$(x)Q(x,\ p)$ 则有 17Gen r 表达.

由于(24)，wImp(17Gen r) 因而是在 P 中**可证的**[67](更不用说是 c **可证的**了). 现在，如果 w 是 c **可证的**，那么 17Gen r 就会也是 c 可证的从而由(23) 推出 c 不是相容的.

可以注意一下：这个证明是构造性的，即如果一个对于 w 的**证明**是由 c 产生的，则它允许由一个由 c 的归谬有效导出. 命题 XI 的整个证明也可以逐字逐句地带到集合论的公理体系 M 上，也可带到经典的数学 A 上，[68] 而且在此它还产生这样的结果，即对于 M 或者 A 没有相容的证明可以各自在 M 或 A 中被形式化，这自然是在假定 M 和 A 是相容的条件下. 必须清楚地注意到，命题 XI(以及对子 M 和 A 的相应结果) 代表与希尔伯特的形式主义观点没有矛盾. 这是因为这个观点预先只假定了一个由有限手段影响的一个相容证明的存在性，并且使人相信或许有有限的证明**不能**在 P 中陈述(或在 M，或在 A 中).

因为对于每个相容类 c，w 不是 c **可证的**，故总有(由 c) 不能判定的命题，即只要 $Neg(w)$ 不是 c **可证的**，w 便是不可判定的；换句话说，人们可以在命题 VI 中置换 w 相容性的假定为：陈述句"c 是不相容的" 不是 c 可证的. (注意，存在相容的 c，对于它这个陈述是 c 可证的.)

本文通篇我们几乎将自己局限于体系 P，而仅仅简单地提及到对于其他体系的应用. 这些结果将在随后的文章中以更完全的一般形式加以叙述和证明，我们在此只给出了证明概要的命题 XI 也将在那里得到详细论述.

(1930，9，17 收到)

注　释

［1］参看该工作的结果的摘要，发表在 *Anzeige der Akad. d. Wiss*(math - naturw K1)，1930，No. 19.

［2］A. Whitehead 及 B. Russell，*Principia Mathematica*，第二版，Cambridge 1925. 特别地，我们把无限性公理（其形式为：存在有可数多个个体），可约性公理以及选择公理（所有类型的）都算进到 PM 的公理之中.

［3］A. Frankel. 'Zehn Vorlesungen über die Grundlegung der Mengenlehre'，*Wissensch. u Hyp.*，Vol. XXXI；v. Neumann，'Die Axiomatisirung der Mengenlehre'. *Math Zeitschr.* 27，1928，*journ. f. reine u angew Math* 154(1925)，160(1929). 我们或许可注意到，为了完成这个形式化，这些公理以及逻辑演算的推理规则必须要添加到前面所提及那些文章中去. 这些注解也应用到了近年来由 D. xierbote 和他的同事们提出的体系上（就已经发表了的而言）. 参看 D，Hilbert，*Math Ann* 88，*Abh aus d math*，*Semder Univ. Hamburg* Ⅰ(1922)，VI(1928). P. Bernnays，*Math Ann* 90；J. v. Neumann，*Math. Zeitschr.* 26(1927)；W. Ackermann. *Math Ann* 93.

［4］更准确地说，存在有不可判定命题，在其中除了逻辑常数：－（非），v（或），(x)（对所有的），以及 =（恒等于）之外，再没有超出 +（加）和.（乘）的其他概念，后面这两个也都指的是自然数，而前缀 (x) 也只只涉及自然数.

［5］在此背景下，只有这样的 PM 中的公理可以算作是独立的，不是由相互改变类型而产生的.

［6］由此之后，我们理解"PM 的公式"总认为是一个没有缩写的公式（即没有使用定义的）. 定义仅仅用作精简所写的文本，从而原则上说，是多余的.

［7］即我们将基本符号 1 - 1 地映射到自然数上.

［8］即包含了由自然数构成的数序列的一个截断（事实上，数不能被排列成一个空间序）.

［9］换句话说，以上所描述的步骤给出了 *PM* 体系在算术领域中的一个同构像，从而所有的数学论证可以同等有效地在这个同构像中进行. 这出现在以下概述的证明中，即"公式"，"命题"，"变量"等**总被理解为该同构像的相应对象**.

［10］实际上写出这个公式会非常简单（但相当花精力）.

［11］或许按照它们的项的和的大小排序，而相等时则按字母式排序.

［11a］符号 - 表示否定.

［12］实际上写出公式 S 还是没有一点难度.

［13］注意："［$R(q)$；q］"（或者一样的"［S；q］"）仅仅是这个不可判定性命题的**数学描述**，但是一旦人们确定公式 S，那么自然也就可以决定数 q 了，从而有效地写出这个不可判定命题自身.

［14］每个认识论的悖论同样可用作一个相似的不可判定性证明.

［15］不管表面看起来怎样，对于这样一个命题并不存在任何循环推断，这是因为它的起点是断言一个完全确定的公式（即在一个有确定替换并按字母式排序中的第 n 个）的不可证明性，而且只是到后来（有些偶然的成分）才显现出该命题自己是被这个公式准确地表达出来的这个事实.

［16］对佩亚诺公理系的添加就像在 PM 体系中所做的所有其他变化一样，只是为了简化证明，原则上是可以被摒弃的.

[17] 假定了可使用可数多个符号的的变量型.

[18] 非齐性关系也可按这样的意义定义，譬如，在个体与类之间的如下形式的关系：$((x_2), (x_1), (x_2))$. 一个简单的思考表明，关于 *PM* 中关系的所有可证明命题也都是按这种方式可证明的.

[18*a*] 因此如果 x 在 a 中不出现或者不是作为自由的出现，$x\prod$ (a) 也是一个公式. 在那种情形下 $x\prod$ (a) 自然意味着与 a 相同.

[19] 有关这个定义（以及以后将出现的类似于它的定义），可参看 J. Lukasiewicz 和 A. Tarski 的 'Untersuchungen über den Aussagenkalkül', *Comptes Rendus des séances de la Société des Scienceset des Lettres de Varsovie* XXIII, 1930, Cl. III.

[20] 其中的 v 在 a 中不以自由变量出现时，我们必须令 $Subst\ a\binom{a}{b} = a$. 注意："*Subst*"是一个属于元数学的符号.

[21] 在 PMI 中，∗13，$x_1 = y_1$ 被想成是如同 $x_2\prod(x_2(x_1) \supset x_2(y_1))$ 所定义一样（对于较高类型是相似的）.

[22] 要由所提出的（三段论法的）格（schemata）（并进行了可允许替换后的情形Ⅱ，Ⅲ和Ⅳ）得到这些公理，因此仍需

1. 消去简略记号，

2. 添加抑制性括号.

注意，所得到的结果必定是上面所说意义下的"公式".

[23] 因此 c 或为一个变量，或为 0，或为 1，或为 f 形式的符号或者 fu，其中 u 或为 0 或为关于"在 a 中一个位置上自由（约束）"这个概念的第 1 型变量. 参看在脚注 24 所引著作的 §1 A5.

[24] 这里替换规则是多余的，这是因为我们已经处理了在这些公理自身中的所有可能的替换（就像在 J. 冯·诺伊曼的'Zur Hilbertschen Beweistheorie', Math. Zeitschr. 26, (1927) 中那样）.

[25] 即它的定义领域是非负整数类（或这样的 n 一数组），同时它的值也为非负整数.

[26] 此后，小的斜体字母（不管是否有指标）总是非负整数变量（如果没有相反地陈述表达）.

[27] 更准确的，经由在前面空位中一些前述函数的替换，即 $\varphi_k(x_1, x_2) = \varphi_p[x_q(x_1, x_2), \varphi_r(x_2)]$ $(p, q, r < k)$. 并不是所有左端中的变量都必定会出现在右端（对递归模式（2）也相似）.

[28] 我们把关系中的类（1 - 位关系）也包括在内. 递归关系 R 自然具有性质：对于每个特定的数的 n 元组可以判定 $R(x_1, \cdots, x_n)$ 是否成立.

[29] 对于涉及内容的（更特别地也是一类数学的）的所有描述，使用了希尔伯特符号系统（Hilbertiansymbolism），参看 Hilbert-Ackermann, *Grundzüge der theoretischen Logik*, Berlin 1928.

[30] 我们用哥特体字母 $\mathfrak{X}$, $\mathfrak{y}$ 作为所给变量的 n 元组，譬如 $x_1, x_2, \cdots, x_n$，的简略表示.

[31] 我们认定函数 $x + y$（加）和 $x \cdot y$（乘）是递归的.

[32] a 不能取 0 和 1 以外的值，由 α 的定义这是显见的.

[33] 所用符号 ≡ 的意思是"由定义等价"，因而它在定义中行使的功能或为 = 或为 ~（不同于在希尔伯特的符号体系中的）.

[34] 在以下定义中只要出现符号 (x)，(Ex)，εx 的地方，它总跟随着一个对 x 值的限制，这个限制仅仅起着保证所定义概念的递归性（参看命题Ⅳ）. 另一方面，所定义概念的范围几乎总不会受到它被省略

的影响.

[34a] 对 $0 < n \leq z$，其中 z 是除尽 x 的不同素数的个数，注意，对 $n = z+1$，$nPrx = 0$.

[34b] m，$n \leq x$ 对于 $m \leq x \& n \leq z$ 成立(对于多余两个变量的情形类似).

[35] 限制 $n \leq (Pr[l(x)]^2)^{x[l(x)]2}$ 的意思大体上是：属于 x 的公式序列的最短长度最多可等于 x 的构成公式的个数. 但是存在有最多 $l(x)$ 个长度为 1 的构成公式最多 $l(x)-1$ 个长度为 2 的，等等，因此总体上，最多 $\frac{1}{2}[l(x)\{l(x)+1)] \leq [l(x)]^2$. n 中的素数因而可以全都假定为小于 $Pr\{l(x)]^2)\}$，它们的个数 $\leq [l(x)]^2$ 且它们的幂指数(它们为 x 的构成公式) $\leq x$.

[36] 其中若 v 不是一个变量，x 也不是一个公式，则 $(x^v_y) = x$.

[37] 替代 $Sb[(Sb(x^v_y)^z_w)]$ 我们写为：$Sb(x^{vw}_{yz})$(对于多于两个变量的情形类似).

[38] 变量 u_1，…，u_n 可以任意分配，譬如，总有一个具有自由变量 17，19，23，…，等的 r，使得 (3) 和(4) 对他们成立.

[39] 命题 V 自然是基于这样的事实，即任意递归关系 R，对于每个数的 n 元组，**从体系 P 的公理看**不管关系 R 是否成立，它都是可判定的.

[40] 由此立即可得出它对于每个递归关系均成立，这是因为任何这样的关系等价于 $0 = \varphi(x_1, \cdots, x_n)$，其中 φ 为递归的.

[41] 在此证明的准确叙述中，r 是被自然定义的，用了纯粹形式的构造而不是以一种概述其内容的迂回方法.

[42] 因此它按照其内包表达了这个关系的存在性.

[43] 事实上，r 是由递归关系符号 q 经由一个确定的数(p) 置换了一个变量导出的.

[44] 运算 Gen 和 Sb 自然数总是可交换的，虽然它们是不同的变量.

[45] c 可证的意味着：$x\varepsilon \mathrm{Flg}(c)$，由(7)，它陈述的同于 $\mathrm{Bew}c(x)$ 的.

[45a] 因为所有出现在证明中的存在性断言都建立在命题 V 的基础之上的，而它可容易看出，从直观上说是无异议的.

[46] 因此这种既相容又不 w 相容的 c 的存在性，一般说来，只有在假定了 c 的相容性后(即 P 是相容的) 才被证明.

[47] 假设 1 的证明在这里甚至比对体系 P 更简单，这是因为一类基本变量(或者对冯·诺伊曼的两类).

[48] 参看希尔伯特的演讲"Probleme der Grundlegung der Mathematik" 的问题 Ⅲ，*math*，*Ann. 102*.

[48a] 加在所有数学形式体系的不完全性的真正源头被发现(将在这文章的第 Ⅱ 部分指明) 在于这样的事实，即持续高阶类型的形成可以延拓到超限(参看希尔伯特的"Über das Unendliche"，*Math. Ann.* 95，因而在每个形式体系最多出现可数多个类型. 可以证明，这里提及的不可判定命题总可经添加适当高阶类型成为可判定的(例如对体系 P 添加 w 类型). 相似的结果也对集合论公理体系成立.

[49] 从此之后，零总被包含在自然数之内.

[50] 这样一个概念的定义因而必定构造性的，它单独地依靠了所陈述过的符号，自然数的变量 x；y，以及符号 0 和 1(函数及集合变量必不出现)(任意其他的数-变量自然可出现在 x 位置的前缀中).

[51] 当然不必所有 x_1，…，x_n 实际上都出现在 x_i 中(参看脚注 27 中的例子).

[52] 在这里f表示一个变量，其值域有自然数序列组成. f_k 代表序列f的第 $k+1$ 个项(f_0 为首项).

[53] 这是些从 P 用添加一个递归可定义的公理类导出的 w 相容体系.

[54] 参看 Hilbert - Ackermann, *Grundzüge der theoretischen Logik*. 在 P 体系中，限制谓词演算被认定为那些从 PM 的限制谓词演算用较高类型置换导出的公式.

[55] 在我的论文“Die Vollst adigkeit der Axiome des logischen Funktionkalküls”, *Monatsh f Math u Phys XXX V Ⅱ*，2 中，我已证明了每个限制谓词演算的公式它或者作为普遍成立而可证，否则就存在一个反例；但是根据命题 Ⅸ，这个反例的存在性不再总是可证的(在这里所考虑的形式体系中).

[56] 在上面引述的 Hilbert 和 Ackermann 的文章中没有将符号 = 包括在谓词演算中，但是对于 = 出现的每个公式中，存在一个没有这个符号的公式，它与原来的那个同时是可满足的(参看在脚注 55 众所引述的文章).

[57] 自然它们的定义域为全部个体.

[58] 第三类变量因而可以出现在所有的空位置上而不是个体变量的位置，例如，$y=\varphi(x)$，$F(x, \varphi(x))$,；$G[\psi(x, \varphi(y)), x]$ 等.

[59] 逻辑积，即形成合取.

[60] $\mathfrak{X}_i$，($i=1, \cdots, s$) 表示变量 x_1，x_2，…，x_m 的任意组，譬如 x_1，x_3，x_2.

[61] 由命题 X 得到，例如，如果人们解决了对于 r. p. c. 的判定性问题，那么费马及哥德巴赫问题就是可解的.

[62] 命题 Ⅸ 对于集合论的公理体系以及用可证明的 w 相容的公理体系所做的拓展自然地也都成立.

[63] c 是相容的(简记为 $Wid(c)$) 定义如下：$Wid(c) = (Ex)\{\text{Form}(x) \& \overline{\text{Bew}(x)}\}$.

[64] 如果 c 被公式的空类置换则就得到断言.

[65] 自然依赖于 c(正如 p 那样).

[66] 从“递归”的定义直到命题 Ⅵ(包括它) 前.

[67] 可以由(23) 导出的 wImp(17Gen$r$) 的正确性直接建立在以下事实上：不可判定性命题 17Gen r 断言了它自己的不可判定性，这是我们一开始就说到的.

[68] 参看 J. von Neumann, “Zur Hilbertschen Beweistheorie”, *Math. Zeitschr. 26, 1927.*

(胥鸣伟　译①)

① 本篇是根据哥德尔论文的英译本翻译的，该英译本属于 *Bernnade Meltzer*，是这篇论文的的第一件正式译文，发表于 1963 年. 曾被指出有若干不足之处.

艾伦·图灵（1912—1954）

生平和成果

正当美国原子物理学家奥本海默等待众议院的一个委员会为褫夺他的最高机密室的出入证进行听证时，奥本海默的朋友和同事拉比安慰他说："奥皮，如果现在是在英国，你应当为你在原子弹方面的贡献被授予骑士勋章."

如果说，奥本海默领导曼哈顿工程对结束太平洋战争所起的作用应当得到最高奖赏的话，那么，艾伦·图灵在破译纳粹德国密码机英格玛所做的工作对结束欧洲战争所起的作用也应当得到最高的奖赏.

二战结束后，艾伦·图灵被授予一个等级稍低于骑士勋章的奖赏. 图灵作为一枚勋章的被授予者，公众要求知道他在破解英格玛密码所做的工作，而英国当局对此保密了 25 年，公开时图灵已经去世很久了. 带有讽刺意味的是，这时的授勋对图灵已经没什么用，恰好相反，图灵在世时因为他的“严重猥亵[①]”行为被逮捕，他不但犯了严重猥亵罪而且它是与劳动阶级的某一个人发生了这类的事情。

艾伦·图灵来自一个相当显赫的家庭．图灵家族可以将他们的祖先追溯到 14 世纪苏格兰北部的阿伯丁郡．他们曾经支持过斯图亚特王朝，南下到英格兰，到 1603 年詹姆斯一世登基．查理斯二世授予约翰·图灵男爵的爵位．约翰爵士在英国内战中差一点为这付出了性命．

图灵的母亲埃塞尔·斯托尼来自一个新教的犹太家庭，他们在 1688 年起从橙色的威廉那里得到土地证．一个远房的堂兄斯托尼在原子时代的黎明 1894 年，发明了电子这个词．埃塞尔的父亲爱德华·斯托尼经历了一个不寻常的生涯，他为英属印度修铁路和桥梁．埃塞尔在 1907 年春天一次从印度出发的海上旅行中遇见艾伦的父亲朱里叶斯·图灵．朱里叶斯在牛津获得学位之后在印度行政部门服务，他们那一年 10 月结婚，并在新年回到了印度，这时他们的第一个孩子约翰在 12 月出生了．艾伦，他们的第二个孩子在 1912 年 6 月 23 日在伦敦出生，当时整个家庭正在英国休假．

那时在印度行政部门任职的英国人过着一种高福利和高消费的生活．当他们在印度时他们过着可以说是豪华的，比在本土可能得到的要好得多的生活，但是印度毕竟不是英国，特别是牵涉到小孩，他们往往长期在本土留守而身边没有父母或者只有父母中的一个．幼年艾伦就是在这样的环境中生活的，他的父亲在他 9 个月大的时候回到印度，他的母亲也在半年之后回到印度，他们把两个孩子留在距离黑斯廷斯不远的一个小镇里，让与他们没有亲属关系的退伍军人沃德夫妇看护．

沃德夫妇只有很少的时间照料图灵兄弟，他们自己有 4 个女儿，沃德上校是一个刻板冷淡的人，并且艾伦使沃德夫人感到失望，因为他对军事玩具不感兴趣．于是，图灵的性格成型时期的大部分时间里，他的父母是在遥远的印度，幸好，他的父亲在 1926 年从印度的行政部门退休回来，这时艾伦正好上舍伯恩学校，一个英国最老的寄宿学校．

艾伦在舍伯恩学校中很不适应．第一年末，校长写信给他的父母说：“他应该做得很好，如果他能够专注一些，同时，如果他能有更多的团队精神，他会做

① 实际上是同性恋．2013 年 12 月 24 日英国女皇伊利莎白二世颁布了特赦令，为图灵彻底平反，说当时的判决是不公正的。

得更好，”艾伦无论是在运动场上还是教室里都做得很差，一年半末的排名在文科中他得了倒数第一，但是他在数学和自然科学中的表现却完全不同. 在这些学科中他很快就达到优秀. 第二年的下半年，由于幸运地得了腮腺炎，他从而有机会钻研这些学科而可对其他学科只花很少的时间，他在学校疗养院住院的时间里读了爱因斯坦的狭义相对论和广义相对论的流行通俗本.

在舍伯恩学校读书期间，图灵和一个比他大一岁的同学克里斯多夫·莫科姆建立了亲密的关系，莫科姆在很多事情上和图灵相反，他在所有功课中都得到优秀并且得到很多校内的奖项，他们都对数学有浓厚的兴趣，两人都希望将来有机会能进入剑桥的三一学院深造，那里是牛顿和罗素的学院，是英国的数学中心.

1929 年 12 月他们参加了三一学院的奖学金考试，克里斯多夫高高兴兴地通过了，艾伦却没有通过，艾伦很是心烦意乱因为他只能就读于另一个剑桥学院而不能和克里斯多夫同住一个宿舍. 但是他们根本没有机会同在剑桥，1930 年 2 月，克里斯多夫由于从幼年开始就面对的顽疾肺结核突然发作而死于并发症.

克里斯多夫·莫科姆的死使艾伦·图灵感到非常的孤单. 当时，他自己的父母反而只抛开他一两年而克里斯多夫却永远离他而去，图灵决心上剑桥并独自为他们两人取得足够的成就. 图灵真的做到了，图灵最后获得了剑桥国王学院的奖学金并于 1931 年注册入学，从各方面看来剑桥国王学院比起剑桥三一学院对图灵来说要适合得多，凯恩斯和福斯特的学院不像三一学院那样传统和古板. 学院的老师甚至和学生混在一起自由行动，在剑桥研究数学对图灵来说是一件非常愉快的事，他终于来到了一个地方，在这里，舍伯恩学校所强调的品德、运动才能和风度等并不要紧. 最重要的是这里只看重数学才能，而这恰好是图灵的强项.

图灵给出了概率论的中心极限定理的一个新的证明作为他的大学毕业论文，他以最优秀的成绩通过了会考. 这些成就使他获得了国王学院博士后研究的资助并由此导致他在数学上的最伟大的成就：他的 1936 年的文章：《可计算数及其在判定问题中的应用》就是在这里孕育产生的.

1928 年，德国数学家希尔伯特，在世的最伟大的数学家，对全世界的数学家重复了他在 1900 年巴黎世界数学大会生所提出的三个挑战：

1. 证明所有真的数学论断都是可以证明的，这就是数学的完全性.

2. 证明只有真的数学论断是可以证明的，这就是数学的和谐性.

3. 证明数学的可判定性，这就是存在一个判定过程用以决定任何给定的数学命题是真的还是假的.

1934 年末，图灵听说库尔特·哥德尔已经推翻了前面两个挑战的论断. 第 3

个挑战还没有解决，图灵开始准备接受这个挑战. 他从 1935 年春天工作到 1936 年春天，为了做到这一点他必须把判定过程的概念精确化. 他需要把它形式化，也许是受到儿童时代对打字机兴趣的启发，图灵把判定过程的概念用机器表达出来，这些机器就是现在众所周知的图灵机.

图灵认识到打字机可以在一张纸上打印东西，它不能翻译印在纸上的内容，必须由打字员来理解纸上的内容，图灵意识到为了要除去人的因素，这个机器能够读进输入同时也会打印输出，为了尽可能地抽象和简单，图灵假设他的机器运转在一条含有空白的方格或者含有带记号的方格的纸带上，为了避免人类介入以达到完全的机械化的需要，对每一个机器设置，所扫描符号的组合，机器所设定的动作是确定的.

· 是否在一个空白的方格上写上一个记号，擦掉在一个方格上所看见的记号或者既不写也不擦这个方格.

· 是否保留原来的设置（也就是一些规定）或者改变原来的设置.

· 是否向左边移动一个方格，向右边移动一个方格或者留在原处不动.

写下所有这些定义，一个自动的机器的信息就会创造一个有有限条数据的动作表使得这个机器的性能完全确定. 从抽象的观点看来，这个表就是机器，会有很多这样的表，每一个表定义一个具有不同性能的机器，一个相当简单的机器可以模拟两个数相加的过程. 假设每一个数是用连续的带有同样标记的方格来表示并且两数之间用一个空格隔开，机器从两个数中的最左边的一个有标记的方格开始，一边向右移动一边留下这个方格的原来记号直到遇见第一个空格，它代表第一个数的右端. 在这个空格中印上和前面方格相同的标记，再接着向右移动并且留下这个方格的原来记号直到再遇见一个空格，这代表第二个数已经结束. 于是机器向左移动一个方格并且将这个方格里的内容擦去，一个有稍微复杂一点的定义表的图灵机可以模拟两个数相乘，这些都是简单的过程. 图灵认识到与此相反，一个希尔伯特判定问题所要求的做判定的机器是不可能直接构造出来的，至多我们可以推导出它的存在，但是如果没有这种机器，我们可以推导出它不存在，为了做到这一点也许需要考察所有的这种机器，这其实就是图灵所做的事.

他假设所有机器被安排一个确定的顺序，他将一个有记号的方格记作 1，一个空的方格记作 0. 经过这样的解释，机器可以被认为是生成 0，1 序列带子的工具. 如果在这些序列的前面放上小数点，图灵就可以把这些机器解释成一个 0，1 之间的二进位实数，图灵把这些数叫做可计算实数，然后他用康托尔对角线过程来产生一个和这些实数全都不同的数. 这个数不可能用前面列出的机器来产生，它是一个不可计算实数.

图灵没有做完，也许康托尔对角线过程本身就是一个机械性的过程. 譬如说利用第一个机器计算第一个方格的内容，（然后改变它的值），再利用第二个机器计算第二个方格的内容，（然后改变它的值），如此无限地做下去，再利用第2，241，985个机器计算第2，241，985个方格的内容，（然后改变它的值），直到无限，但是图灵认识到这样就假设第n个机器能够计算到第n个方格，而这一点并没有保证，因为第n个机器在计算到第n个方格之前也可能进入到一个无限循环. 由于没有一个判定过程，它的存在性是可疑的，因此没有办法来考察一个机器的表并且弄清它是否走进了一个无限循环的圈，想要知道一个机器是否走进了一个无限循环的圈，唯一的办法是让它走进第n个方格，这样一来，就需要在所有的机器上做完，而这些机器就是原本用来证明康托尔对角线过程本身是一个机械性过程而预先排好顺序的. 要对所有机器进行工作就需要无限多步，这不符合图灵自己制定的对一个机械性过程只能工作有限多步的要求，所以根据图灵自己的定义，康托尔对角线过程本身不是一个机械性的过程.

图灵证明了判定过程是不存在的. 这样，不到6年，哥德尔和图灵就打破了希尔伯特的梦想.

特别地，对图灵来说，他在可计算数上的工作是完全的独创而不是从其他什么人的开创性结果的推论. 事实上，它是这样的原始，图灵并不知道美国逻辑学学家丘奇已经用完全不同的方法对希尔伯特判定问题得到和图灵相同的结果. 图灵的结果是如此地具有革命性，使得伦敦数学会决定只有丘奇可以审查他的文章. 丘奇不但审查了他的文章还邀请图灵到普林斯顿大学和他一起做研究工作. 图灵的剑桥导师马科斯·纽曼批准他前往.

普林斯顿的哥特式建筑使图灵想起在剑桥的日子，但是剑桥体现等级而普林斯顿显示财富，一种图灵完全不熟悉的财富，它的研究学院的钟楼完全仿照牛津玛格德琳学院的钟楼建造，学生们开玩笑地叫它“象牙塔”，不仅仅是因为它经常可以远眺知识分子的活动，还因为它可以远眺“普罗克特大厅”，——研究生的主要公共活动室，它是由象牙肥皂的制造商宝洁公司的奠基人普罗克特捐资建造的.

在数学系的范围之内，图灵可以做一切他所想做的事. 什么事都不需要同意，在系里他就感到和在家里一样，然而，他还是没有考虑冯·诺伊曼要他留在高等研究院做助理研究员的建议，在1938年取得博士学位之后决定返回英格兰. 他觉得，美国，特别是长老制的普林斯顿，不会容忍一个像他这样的不顺从一般公认信念习惯的人.

1938 年夏天在战争即将爆发的前夕，他回到了欧洲，去剑桥之前他路过由外交部管理的政府密码和解码局（GCCS），让他们知道自己关于密码和解码技术的一些设想. 1939 年 9 月战争爆发之后，图灵离开了剑桥研究院到 GCCS 的一个机关报到，它设在布莱切利庄园这正好是在牛津剑桥铁路和由伦敦开往北方的铁路主干线的交叉点上.

在布莱切利庄园图灵和他一生中唯一相恋过的女人琼·克拉克建立了认真的关系. 1941 年春天，当琼·克拉克在布莱切利庄园报到时，她正在准备一个剑桥学位的毕业考试. 她的哥哥曾经就读于剑桥国王学院，并且她曾经在战前见过图灵. 1941 年春天，图灵开始约会她，由于上同一个班次，他们可以一起下象棋，看电影，甚至在休息日一起骑自行车游玩一整天.

经过几个月的相处，图灵向琼求婚她立刻就答应了，但是几天以后，图灵改变了他的想法，他告诉琼他有同性恋倾向，希望她能够自己取消这个婚约. 让图灵吃惊的是，琼并没有按他的想法去做，反而带他去见她的父母，图灵和琼商量好将他们的婚约保密，除了他们的密友之外，其他人都不知道这件事. 在工作地点，她从来不带订婚戒指，在那里彼此都称呼“图灵先生”和“克拉克小姐”，又过了几个月，图灵意识到他不能与琼结婚，他爱琼，但是这种爱就好像他在爱一个妹妹或者像是他对克里斯多夫. 莫科姆的母亲的爱. 他对琼有很深的感情，但是还远不如他对克里斯多夫的感觉，解除婚约之后，他和琼没再上同一个班次.

战后图灵本来可以回到他的剑桥研究员位置上以继续他的数学研究工作，但是对英格玛的破解工作使他深刻地感受到想要“建造一个脑子”. 剑桥不是做这个的地方，但伦敦的国家物理实验室却是. 于是，冯·诺伊曼（在普林斯顿）和图灵分别按照按自己的规划研制世界上第一台真正的电子计算机，他们每个人都构想一部含有储存指令的电子计算机，他们的相似之处就只是这一点，冯·诺伊曼设想他所储存在机器中的指令是不能加以修改的，它们只能是作为一个预先确定的序列被调用. 图灵则走得更远，他提出计算机存有很多指令表，这些指令表可以根据输入的要求调用，图灵巧妙地设想了一个附有储存程序可以进行程序设计的自动电子数字计算机！

在国家物理实验室时，图灵荣获英国政府授予的大英帝国勋章（OBE），这是为了表彰他在战时的工作. 但 OBE 勋章并没对图灵有多大的影响. 由于国王有病而取消了授勋仪式使图灵感到极大的解脱. 他在办公室门上贴了一张彩印纸信，用以应付那些前来问他究竟为打赢战争做了什么的人，然后他索性把勋章放在一个工具箱里藏了起来.

在计算机工程启动的两年之内，图灵发觉工程走进了官僚主义的死胡同，认识到他再不能适应这个地方，他以提前年修为由逃离了伦敦返回他的老窝剑桥，那里他恢复了他的研究职位并且教了一年数学．在回到剑桥的期间图灵开始和一个叫做内维尔·约翰逊的三年级大学生有性关系．

那一年末，内维尔毕业并且离开了剑桥．图灵也离开了剑桥，他没有回到伦敦的国家物理实验室，而是接受了在英国中部的曼彻斯特大学的一个职位．在那里，他的老导师马科斯·纽曼领导着一个卓有成就的计算机建造团队．图灵很欣赏曼彻斯特的贫瘠与粗犷，它没有剑桥或者普林斯顿那样的氛围，然而也没有像剑桥那样对另类行为的包容．

1952 年，图灵到曼彻斯特警察局报案，说他的家里被盗了，罪犯是一个叫做“哈利”的人，图灵新结识的一个同性恋伴侣，自认为比图灵更了解这个社会的习惯，哈利认为图灵是一个容易上当的盗窃对象，作为一个同性恋者，他不会得到 20 世纪中叶英国法律的保护．但是哈利算错了，图灵还是找了警务部门，在图灵的幼稚的协助之下，警务部门确认了哈利就是罪犯，并且对他的盗窃行为做出了处罚．

哈利可能算错了，但是图灵算得更错，他付出了比哈利严重得多的代价，当局控告他犯了严重猥亵罪，也许是因为图灵越过了阶级界线，和一个劳动阶级的人发生了亲密关系，如果他保持这种性关系在大学之内，在大学的回廊大厅之外就没有人会注意这件事．

在被定罪之后，图灵选择让自己参加雌性激素治疗以代替两年的入狱判决．他选择放弃自己的感情需求而不放弃一个有利于理性追求的环境．他的选择是可怜的，雌性激素治疗（和预想的一样）引起了阳痿和严重的抑郁症．有一次他对一个朋友说“我在长乳房”，在写给另一个朋友的信中，他改编说谎者悖论用来讽刺自己．

图灵相信机器会思维．

图灵对人们说谎．

因此机器不会思维．

1954 年图灵自杀身亡．

我们只能想象，如果图灵不死的话，他还会做出多么伟大的工作，我们也只能想象，如果图灵的痛苦经历提前出现 15 年，也就是在他二战中破解纳粹英格玛的密码之前，英国和整个自由世界将会面临怎样的后果．无论如何，图灵已经证明，永远没有机器可对这个问题做出判定．

《可计算实数及其在判定问题上的应用》

“可计算”数可以简单地描述为它的小数表示方式可以用有限的手段来计算的实数. 虽然表面上这篇文章主要是讨论可计算数，几乎是同样容易地可以定义和讨论整数变元或者是实数或者是可计算变元等的可计算谓词和可计算函数. 无论如何，每一种情形所涉及的基本问题是相同的. 而我之所以选择可计算数来做详尽的叙述，那是因为这样会牵涉最少的繁琐技巧，我希望能很快地给出可计算数、函数以及其他概念之间的关系的说明. 这将包含展开用可计算数来表示的一个变元等的实数函数理论，根据我的定义，如果一个数的小数可以用一个机器写出来，则一个数是可计算的.

在§§9，10 我给出一些论断是想用来说明可计算数包含了所有通常被认为是可计算的数，特别地，我指出一些很大的数类是可计算的. 它们包含例如所有的代数数中的实数，贝塞尔函数的零点中的实数，以及数 π，e 等，但是可计算数并不包含所有的可以定义的数，并且给出了一个可以定义但是不可以计算的数的例子.

虽然可计算数类是如此地庞大并且在很多方面和实数类相似，但是它是可数的. 我在§8 考察某些论断，它们好像是在证明相反的结论. 经过正确地运用这些论断中的一个，神奇地得到了和哥德尔[1]类似的结论，这些结果有有价值的应用，特别地证明了（§11）希尔伯特的判定问题无解.

在近来的一篇文章中，丘奇[2]引入了“有效可计算”的想法，它是和我的可计算性等价的，但是定义的方式有很大的不同，丘奇也得到了关于判定问题的类似结论.[3]在这篇文章的一个附录中给出了“可计算性”和“有效可计算性”之间等价的证明框架.

1. 计算的机器

我们说过，可计算数是它们的小数表示可以用有限的手段来计算的数. 这一点要更加精确地定义. 在我们到达§9之前，我们还不能对这个定义的合理性做实质上的判断．现在我们只能说这个合理性的判断有赖于人类的记忆库应该是有限制的．

我们可以将一个人在计算一个实数的过程和一个机器相比较，后者只能有有限数个条件 q_1，q_2，…，q_r，它们叫做“m 配置”．机器提供一条带（类似于纸条）从机器中运行穿过，并且划分为节（叫做“方格”），每一个方格可以载入一个“记号”，在每一瞬间恰好有一个方格，比如说第 r 个方格，载入**表示**符号 $\mathfrak{S}$（r）**是**“在机器之内”．我们可以把这个方格叫做是“被扫描的方格”．在被扫描的方格里的记号可以叫做是“被扫描的记号”．可以这样说“被扫描的记号”是唯一的机器“直接认知”的记号，当然利用变换 m 配置可以让机器有效地记住一些机器在这之前曾经“见”过的记号，在每一瞬间机器可能的行为取决于它的 m 配置 q_n 和被扫描的记号 $\mathfrak{S}$（r）．由 q_n，$\mathfrak{S}$（r）所组成的对就叫做配置：因此配置决定机器可能的行为．在某些配置之下，被扫描的记号是空白时，(也就是说方格里没有记号时)，机器在空白的方格里写下一个新的记号，在另外的配置之下机器擦去被扫描的记号．机器可以变换被扫描的方格，但是只能向左边移动一格或者向右边移动一格．除了这些动作之外可以更换 m 配置．所写下的记号中有一些是来自所计算的实数的小数数字系列．另一些仅仅是“帮助记忆”的草稿，只有这些草稿将要被消掉．

我的论点是这些操作涵盖了用于计算一个数的全部操作．当读者熟悉了这个机器的理论之后再来说明这个论点会比较容易一些，所以我在下一节进行理论的展开并且认为大家已经懂得了“机器”,“带”,“扫描”等的含义．

2．定义

自动机

如果在每一个阶段机器的动作（在 §1 的意义之下）完全由配置所确定，我们将这种机器叫做“自动机”（或者 a 机器）．

为了某些目的我们可能使用机器（选择机或者 c 机器）它的动作只是部分的被配置所决定（所以在 §1 我们用“可能的行为”的说法）．当这样的一个机器走到一个这种含混的配置时，它必须等到一个外在的运算子做出任意的选择才能继续运转下去，这就是我们使用机器来处理公理化系统的情形．在这篇文章里我只处理自动机，所以我们常常省略前缀 a-.

计算的机器

如果一个 a- 机器打印两类记号，其中第一类（叫做数字）整个地由 0 和 1 所组成，（其他的符号叫做第二类符号），那么这种机器叫做计算的机器. 如果机器备有一条空白的带并且从正确的 m 初始配置启动，它所打印出的子序列是第一类的记号叫做是**机器所计算的序列**. 在这个序列的前面放上一个小数点所得到的二进位序列所代表的实数叫做**机器所计算的数**.

在机器运转的任何阶段，扫描方格的数字，带上所有记号的完全序列，以及 m 配置称为描述了这一阶段的**完整的配置**. 机器在相邻的两个完整的配置之间的变化叫做机器的一个**动作**.

循环的和无循环的机器

如果一个计算的机器写下的第一类记号的数目永不超过一个固定的有限数，它就叫做**循环**的机器，不是这样的机器就叫做**无循环**的机器.

如果一个机器走进了一个不可能继续运行的配置，或者它继续运行但是不再打印更多的第一类记号而是打印第二类记号，它就是循环的机器. 词语“循环”的重要性将在 §8 加以解释.

可计算的序列和数

一个序列叫做是可以计算的，如果它可以被一个无循环的机器来计算. 一个数是可计算的，如果它和一个由无循环机器计算出来的数相差一个整数.

为了避免混淆，我们使用可计算序列多于可计算数.

3. 计算的机器的例子

I. 可以构造一个机器计算序列 010101…. 机器有 4 个 m 配置“$\mathfrak{b}$”，“$\mathfrak{c}$”，“$\mathfrak{f}$”，“$\mathfrak{e}$”并且可以打印“0”，和“1”. 机器的运行状况用下面的表格来描述，其中“R”表示机器要扫描紧挨着已经扫描过的方格右边的一个方格，“L”的解释类似，“E”是说要擦掉被扫描的记号而“P”表示“打印”，这个表格（以及随之而来的同样类型的表格）理解为一个在表格的第一二列所描述的配置机器的运转是依次做表格的第三列上的动作然后机器进入表格的最后一列所描述的 m 配置. 当在第二列留下空白时，这就理解为第三列和第四列可以是任何记号或者没有记号. 机器从 m 配置 𝔟 开始带子是空白的.

配　置		动　作	
m 配置	记号	运转	最后 m 配置
𝔟	空白	$P0$. R	𝔠
𝔠	空白	R	𝔢
𝔢	空白	$P1$，R	𝔣
𝔣	空白	R	𝔟

如果（和 §1 的描述相反）我们允许字母 L 和 R 在运转列出现一次以上，那么我们就可以大大地简化表格.

配　置		动　作	
m 配置	记号	运转	最后 m 配置
𝔟	空白	$P0$	𝔟
𝔟	0	R，R，$P1$	𝔟
𝔟	1	R，R，$P0$	𝔟

Ⅱ. 作为一个稍微困难一点的例子我们可以构造一个机器用来计算序列 001011011101111011111…. 机器没有 5 个 m 配置“𝔬”，“𝔮”，“𝔭”，“𝔣”，“𝔟”和打印“$ə$”，“x”，“0”，“1”的能力，带子上的前 3 个记号是“$əə$ 0”；其他的数字放在跟随着的交替的方格. 紧随的方格我们只打印“x”，其他什么也不打印，这些字母被用来替我们“保持位置”，并且在它们完成任务之后被擦掉，我们也安排数字的序列在相间的方格中使得没有空格.

配　置		动　作	
m 配置	记号	运转	最后 m 配置
$\mathfrak{b}$		$P\partial$, R, $P\partial$, R, $P0$, R, R, $P0$, L, L	$\mathfrak{o}$
$\mathfrak{o}$	1	R, Px, L, L, L	$\mathfrak{o}$
$\mathfrak{o}$	0		$\mathfrak{q}$
$\mathfrak{q}$	0 或者 1	R. R	$\mathfrak{q}$
$\mathfrak{q}$	空白	$P1$, L	$\mathfrak{p}$
$\mathfrak{p}$	x	E, R	$\mathfrak{q}$
$\mathfrak{p}$	∂	R	$\mathfrak{f}$
$\mathfrak{p}$	空白	L, L	$\mathfrak{p}$
$\mathfrak{f}$	任意	R, R	$\mathfrak{f}$
$\mathfrak{f}$	空白	$P0$, L, L	$\mathfrak{o}$

为了说明这个机器的工作方式，给出下面的表格用以表示开头几个完整的配置，这些完整的配置是用写下它们在纸带上的记号序列来呈现的，而它们的 m 配置就写在它们所扫描的记号下面，紧挨着的配置用冒号分隔开来.

```
 : ∂ ∂ 0   0 : ∂ ∂ 0   0 : ∂ ∂ 0   0 : ∂ ∂ 0   0       : ∂ ∂ 0   0   1 :
𝔟         𝔬           𝔮           𝔮           𝔮                      𝔭
∂ ∂ 0   0   1 : ∂ ∂ 0   0   1 : ∂ ∂ 0   0   1 : ∂ ∂ 0     0   1 :
      𝔭         𝔭               𝔣                  𝔣
∂ ∂ 0   0   1 : ∂ ∂ 0   0   1     : ∂ ∂ 0   0   1   0 :
            𝔣                𝔣                𝔬
∂ ∂ 0   0   1 x 0 : …
        𝔬
```

这个表格也可以用下面的形式写出来

$\mathfrak{b}$: $\partial\,\partial\,\mathfrak{o}\,0\,0$: $\partial\,\partial\,\mathfrak{q}\,0\,0$: … (C)

其中被扫描符号的左边让出一个空间用以写入 m 配置. 这种形式虽然不太容易理解，但是后面我们要用它来说明理论上的问题.

规定数字是隔一相间的方式来写是很有用的：我总是用这个办法. 这个由隔

一相间的方格所组成的序列我把它叫做 F 方格而其他的序列叫做 E 方格. E 方格上的记号是准备要消去的. 在 F 方格上的记号形成一个连续的序列，在没有到达终点以前是没有空格的，每对相邻的 F 方格之间不需要有一个以上的 E 方格，表面上需要一个以上的 E 方格可以用足够多品种的记号用来印入 E 方格，如果一个记号 β 是在一个 F 方格 S 内而一个记弓 α 是在与 S 右侧相邻的方格内，那么 S 和 β 就称为做上了记号 α. 打印这个 α 的过程就叫做将 S（或者 β）做上记号 α.

4. 简化了的表格

有一些类型的过程几乎在所有的机器中都会用到，并且这些过程在某些机器中会以多种不同的方式来应用. 这些过程包括复制记号的序列，比较序列，消去全部给定的某种形式的记号等. 考虑到这种过程，我们可以用“骨架表”的办法来极大地简化表格中的 m 配置，在骨架表中出现有大写的德文字母和小写的希腊字母，用一个 m 配置来代替表格中的大写德文字母，再用一个符号来代替表格中的小写希腊字母，就可以得到一个 m 配置的表格.

骨架表可仅仅理解为简记号：它们没有什么本质上的问题，只要读者知道如何将一个骨架表翻译成原来的表，就不需要给出对这种联系的额外定义，让我们考虑下面的例子：

m 配 置	记号	动作	最后 m 配置
$\mathfrak{f}(\mathfrak{C}, \mathfrak{B}, \alpha)$	ə	L	$\mathfrak{f}_1(\mathfrak{C}, \mathfrak{B}, \alpha)$
	其他	L	$\mathfrak{f}(\mathfrak{C}, \mathfrak{B}, \alpha)$
$\mathfrak{f}_1(\mathfrak{C}, \mathfrak{B}, \alpha)$	α		$\mathfrak{C}$
	非 α	R	$\mathfrak{f}_1(\mathfrak{C}, \mathfrak{B}, \alpha)$
	空格	R	$\mathfrak{f}_2(\mathfrak{C}, \mathfrak{B}, \alpha)$
$\mathfrak{f}_2(\mathfrak{C}, \mathfrak{B}, \alpha)$	α		$\mathfrak{C}$
	非 α	R	$\mathfrak{f}_1(\mathfrak{C}, \mathfrak{B}, \alpha)$
	空格	R	$\mathfrak{B}$

从 m 配置 $\mathfrak{f}$（$\mathfrak{C}$，$\mathfrak{B}$，α）机器寻找最左边的 α 形式的记号，找到后，机器进入 m 配置 $\mathfrak{C}$（第一个 α），如果找不到这样的一个记号，机器进入 m 配置 $\mathfrak{B}$.

如果（譬如说）我们是想将全部的 $\mathfrak{C}$ 替换成 $\mathfrak{q}$，$\mathfrak{B}$ 替换成 $\mathfrak{r}$，α 替换成 x，我们就会有一个关于 m 配置 $\mathfrak{f}$（$\mathfrak{q}$，$\mathfrak{r}$，x）的完整的表格. $\mathfrak{f}$ 叫做“m 配置函数”

或者“m 函数”.

在一个 m 函数的表达式中只有那些 m 配置和机器的符号是允许替换的. 那些表达式需要枚举得或多或少清晰一些：它们可能含有像 $\mathfrak{p}$（$\mathfrak{e}$，x）这样的表达式；如果有任何的 m 函数可以使用就应该有这种表达式. 如果我们不坚持这样清晰的枚举，而简单地认为机器有某些（枚举出来的）m 配置和所有从某些 m 函数中替换 m 配置得来的 m 配置，我们通常会得到无限多个 m 配置；例如我们可能说机器想要得到 m 配置 $\mathfrak{q}$ 并且所有 m 配置是由在 $\mathfrak{p}$（$\mathfrak{C}$）中用 m 配置替换 $\mathfrak{C}$ 而得到的，那么就有 m 配置 $\mathfrak{q}$，$\mathfrak{p}$（$\mathfrak{q}$），$\mathfrak{p}$（$\mathfrak{p}$（$\mathfrak{q}$）），$\mathfrak{p}$（$\mathfrak{p}$（$\mathfrak{p}$（$\mathfrak{q}$）））….

因此我们对规则做如下的解释：我们给出机器的 m 配置的名字，大部分使用 m 函数来表示. 我们也给出一些骨架表，所有我们需要的就是机器的完整的 m 配置表，这就可以在骨架表中反复替换而得到.

更多的例子

（“→”记号是用来表示“机器进入到 m 配置……”）

$\mathfrak{e}(\mathfrak{C}, \mathfrak{B}, \alpha)$		$\mathfrak{f}(\mathfrak{e}_1(\mathfrak{C}, \mathfrak{B}, \alpha),)$	从 $\mathfrak{e}(\mathfrak{C}, \mathfrak{B}, \alpha)$ 消去第一个 α 并且 → $\mathfrak{C}$，如果没有这样的 α，→ $\mathfrak{B}$.
$\mathfrak{e}_1(\mathfrak{C}, \mathfrak{B}, \alpha)$	E	$\mathfrak{C}$	
$\mathfrak{e}(\mathfrak{B}, \alpha)$		$\mathfrak{e}(\mathfrak{e}(\mathfrak{B}, \alpha), \mathfrak{B}, \alpha)$	从 $\mathfrak{e}(\mathfrak{B}, \alpha)$ 所有 α 都消去并且 → $\mathfrak{B}$.

最后一个例子好像是比起大部分的例子来多少有点难于解释. 让我们假设在某个机器的 m 配置清单中出现有 $\mathfrak{e}(\mathfrak{b}, x)$（譬如说 = $\mathfrak{q}$）. 表格是

$\mathfrak{e}(\mathfrak{b}, x)$	$\mathfrak{e}(\mathfrak{e}(\mathfrak{b}, x), \mathfrak{b}, x)$

或者

$\mathfrak{q}$	$\mathfrak{e}(\mathfrak{q}, \mathfrak{b}, x)$

或者，更详细一些：

$\mathfrak{q}$		$\mathfrak{e}(\mathfrak{q}, \mathfrak{b}, x)$
$\mathfrak{e}(\mathfrak{q}, \mathfrak{b}, x)$		$\mathfrak{f}(\mathfrak{e}_1(\mathfrak{q}, \mathfrak{b}, x), \mathfrak{b}, x)$
$\mathfrak{e}_1(\mathfrak{q}, \mathfrak{b}, x)$	E	$\mathfrak{q}$

在这里我们可以替换 $\mathfrak{e}_1$（$\mathfrak{q}$，$\mathfrak{b}$，x）以 $\mathfrak{q}'$，然后给出 $\mathfrak{f}$ 的表（使用右替换）最后得到一个不出现 m 函数的表.

$\mathfrak{pe}(\mathfrak{C},\beta)$			$\mathfrak{f}(\mathfrak{pe}_1(\mathfrak{C},\beta),\mathfrak{C},ə)$	从 $\mathfrak{pe}$.（$\mathfrak{C}$，β）在符号序列的末尾机器打印 β 并且→$\mathfrak{C}$.
$\mathfrak{pe}_1(\mathfrak{C},\beta)$	任意	R,R	$\mathfrak{pe}_1(\mathfrak{C},\beta)$	
	空白	$P\beta$	$\mathfrak{C}$	

$l(C)$,	L	$\mathfrak{C}$	从 $\mathfrak{f}'(\mathfrak{C}, \mathfrak{B}, \alpha)$ 它对 $\mathfrak{f}(\mathfrak{C}, \mathfrak{B}, \alpha)$ 做同样的事情，但是在 → $\mathfrak{C}$ 之前向左走.
$\mathfrak{r}(\mathfrak{C})$	R	$\mathfrak{C}$	
$\mathfrak{f}'(\mathfrak{C},\mathfrak{B},\alpha)$		$\mathfrak{f}(\mathfrak{l}(\mathfrak{C}),\mathfrak{B},\alpha)$	
$\mathfrak{f}''(\mathfrak{C},\mathfrak{B},\alpha)$		$\mathfrak{f}(\mathfrak{r}(\mathfrak{C}),\mathfrak{B},\alpha)$	
$\mathfrak{c}(\mathfrak{C},\mathfrak{B},\alpha)$		$\mathfrak{f}'(\mathfrak{c}_1(\mathfrak{C}),\mathfrak{B},\alpha)$	$\mathfrak{c}(\mathfrak{C}, \mathfrak{B}, \alpha)$. 机器将标记着 α 的第一个符号写在末尾然后 → $\mathfrak{C}$.
$\mathfrak{c}_1(\mathfrak{C})$	β	$\mathfrak{pe}(\mathfrak{C},\mathfrak{B})$	

最后一行是代表所有可能的行，它们是由相关的机器的带上可能出现的符号代入 β 而得到的.

$\mathfrak{ce}(\mathfrak{C},\mathfrak{B},\alpha)$		$\mathfrak{c}(\mathfrak{e}(\mathfrak{C};\mathfrak{B},\alpha),\mathfrak{B},\alpha)$	$\mathfrak{ce}$ ($\mathfrak{B}$, α). 机器按顺序在所有标号为 α 的记号末尾复制，擦掉记号 α，然后→$\mathfrak{B}$.
$\mathfrak{ce}(\mathfrak{B},\alpha)$		$\mathfrak{ce}(\mathfrak{ce}(\mathfrak{B},\alpha),\mathfrak{B},\alpha)$	
$\mathfrak{re}(\mathfrak{C},\mathfrak{B},\alpha,\beta)$		$\mathfrak{f}(\mathfrak{re}_1(\mathfrak{C},\mathfrak{B},\alpha,\beta),\mathfrak{B},\alpha)$	$\mathfrak{re}$ ($\mathfrak{C}$, $\mathfrak{B}$, α, β). 机器将第一个 α 换成 β 并且 → $\mathfrak{C}$，如果没有 α，→$\mathfrak{B}$.
$\mathfrak{re}_1(\mathfrak{C},\mathfrak{B},\alpha,\beta)$	$E, P\beta$	$\mathfrak{C}$	
$\mathfrak{re}(\mathfrak{B},\alpha,\beta)$		$\mathfrak{re}(\mathfrak{re}(\mathfrak{B},\alpha,\beta)\mathfrak{B},\alpha,\beta)$	$\mathfrak{re}$ ($\mathfrak{B}$, α, β) 机器将所有 α 换成 β；→$\mathfrak{B}$.
$\mathfrak{cr}(\mathfrak{C},\mathfrak{B},\alpha)$		$\mathfrak{c}(\mathfrak{re}(\mathfrak{C},\mathfrak{B},\alpha,\mathfrak{a})\mathfrak{B},\alpha)$	$\mathfrak{cr}$ ($\mathfrak{B}$, α) 与 $\mathfrak{ce}$ ($\mathfrak{B}$, α) 不同仅在于不消去字母 α. 当字母 a 在带上不出现时，m 匹配 $\mathfrak{cr}$ ($\mathfrak{B}$, α) 才会用到.
$\mathfrak{cr}(\mathfrak{B},\alpha)$		$\mathfrak{cr}(\mathfrak{cr}(\mathfrak{B},\alpha),\mathfrak{re}(\mathfrak{B},\mathfrak{a},\alpha),\alpha)$	

$\mathfrak{cp}(\mathfrak{C},\mathfrak{A},\mathfrak{E},\alpha,\beta)$		$\mathfrak{f}(\mathfrak{cp}_1(\mathfrak{E}_1,\mathfrak{A},\beta),\mathfrak{f}(\mathfrak{A},\mathfrak{E},\beta),\alpha)$
$\mathfrak{cp}_1(\mathfrak{C},\mathfrak{A},\beta)$	γ	$\mathfrak{f}(\mathfrak{cp}_2(\mathfrak{C},\mathfrak{A},\gamma),\mathfrak{A},\beta)$
$\mathfrak{cp}_2(\mathfrak{C},\mathfrak{A},\gamma)$	γ	$\mathfrak{C}$
	非 γ	$\mathfrak{A}$

将第一个标记为 α 的记号和第一个标记为 β 的记号进行比较. 如果 α 和 β 都

不存在，→𝔈；如果两个符号相同，→ℭ，余下的情况，→𝔄.

cpe(𝔈, 𝔄, 𝔈, α, β)　　　cp(e(e(ℭ, ℭ, β), ℭ, α), 𝔄, 𝔈, α, β)

cpe(ℭ, 𝔄, 𝔈, α, β) 与 cp(ℭ, 𝔄, 𝔈, α, β) 不同. 如果查出是相同时，第一个标记为 α 的记号和第一个标记为 β 的记号都要消掉.

cpe(𝔄, 𝔈, α, β)　　　cpe(cpe(𝔄, 𝔈, α, β), 𝔄, 𝔈, α, β)

cpe(𝔄, 𝔈, α, β). 将标记为 α 的记号序列和标记为 β 的记号序列进行比较，如果它们相似，→𝔈. 否则→𝔄，有些标记为 α, β 的记号要消去.

q(ℭ)	任意	R	q(ℭ)	q (ℭ, α). 机器找到最后的形为 α 的记号，然后→ℭ
	空白	R	q_1(ℭ)	
q_1(ℭ)	任意	R	q(ℭ)	
	空白		ℭ	
q(ℭ,α)			q(q_1(ℭ,α))	
q_1(ℭ,α)	α		ℭ	
	非 α	L	q_1(ℭ,α)	
pe_2(ℭ,α,β)			pe(pe(ℭ,β),α)	pe_2 (ℭ, α, β). 机器在末尾打印 $\alpha\beta$.
ce_2(𝔅,α,β)			ce(ce(𝔅,β),α)	ce_3 (𝔅, α, β, γ). 机器首先复制标号为 α 的记号于末尾，然后复制标号为 β 的记号，最后再复制标号为 γ 的记号. 复制完成之后，消去 α, β, γ.
ce_3(𝔅,α;β,γ			ce(ce_2(𝔅,β,γ),α)	
e (ℭ)	ə	R	e_1 (ℭ)	从 e (ℭ) 消去所有作为标记的记号. →ℭ.
	非 ə	L	e (ℭ)	
e_1 (ℭ)	任意	R, E, R	e_1 (ℭ)	
	空白		ℭ	

5. 可计算序列的枚举

一个可计算序列 γ 是被一个计算 γ 的机器的一个描述所确定. 所以 §3 中的序列 001011011101111…就由计算它的表格所确定，事实上任何可计算序列都可以被一个这样的表格所描述.

将这种表格设定一种标准的形式会是很有用的，首先我们假设这种表格是用同第一个表格相同的一种形式给出的，如前面 §3 的例子 1. 这就是说在动作列上的数据总是下面的形式之一 $E:E$，$R:E$，$L:P\alpha:P\alpha$，$R:P\alpha$，$L:R:L:$ 或者什么数据也没有，表格总是可以引入更多的 m 匹配来做成这种形式，现在让我们给出数字于 m 匹配，把它们像在 §1 那样叫做 q_1，…，q_R. 初始的 m 匹配总是叫做 q_1. 我们也给出数字于记号 S_1，…，S_m，并且特别地，空格 = S_0，$0=S_1$，$1=S_2$. 表格的各行现在具有下面的形式.

m 匹配	记号	动作	最后 m 匹配	
q_i	S_j	PS_k，L	q_m	(N_1)
q_i	S_j	PS_k，R	q_m	(N_2)
q_i	S_j	PS_k	q_m	(N_3)

像下面的行

q_i　　S_j　　E，R　　q_m

可以写成

q_i　　S_j　　PS_0，R　　q_m

像下面的行

q_i　　S_j　　R　　q_m

可以写成

q_i　　S_j　　PS_j，R　　q_m

于是，所有原来表中的行都可以写成 (N_1)，(N_2)，(N_3) 的形式之一.

从每一个 (N_1) 形式的行我们形成表达式 $q_iS_jS_kLq_m$，从每一个 (N_2) 形式的行我们形成表达式 $q_iS_jS_kRq_m$，从每一个 (N_3) 形式的行我们形成表达式 $q_iS_jS_kNq_m$.

让我们写下所有的如上形成的表达式并且用分号“;”将它们分隔开来. 用这个办法我们得到关于机器的一个完整的描述. 在这个描述中我们将 q_i 换成字母

D，跟着 i 个重复的字母 A，将 Sj 换成字母 D，跟着 j 个重复的字母 C. 这个对机器的新的描述可以叫做是**标准的描述**（$S.\ D$）. 它完全是由字母“A”，“C”，“D”，“L”，“R”，“N”以及符号“；”组成.

如果最后我们将“A”换成“1”，“C”换成“2”，“D”换成“3”，“L”换成“4”，“R”换成“5”，“N”换成“6”，“；”换成“7”我们得到一个完全用阿拉伯数字组成的关于机器的描述. 这些数字所组成的整数叫做机器的一个**描述数**（D. N）. D. N 唯一地决定 S. D 以及机器的结构. D. N 是 n 的机器可以描述为 $\mathscr{M}(n)$.

每一个可计算序列至少对应着一个描述数，然而没有描述数会对应到一个以上的可计算序列. 可计算序列和数这样就是可枚举的了.

让我们找到 §3 机器 I 的描述数. 当我们重新命名 m 匹配，它的表格成了：

q_1	S_0	PS_1，R	q_2
q_2	S_0	PS_0，R	q_3
q_3	S_0	PS_2，R	q_4
q_4	S_0	PS_0，R	q_1

同样的机器也可以加上无关紧要的行而得到另外的表格，譬如说：

q_1	S_1	PS_1，R	q_2

我们的第一个标准形式就是

$q_1S_0S_1Rq_2$；$q_2S_0S_0Rq_3$；$q_3S_0S_2Rq_4$；$q_4S_0S_0Rq_1$；

标准描述是

DADDCRDAA；*DAADDRDAAA*；*DAAADDCCRDAAAA*；*DAAAADDRDA*；

描述数是

31332531173113353111731113322531111731111335317

下面的数也是一个描述数

3133253117311335311173111332253111173111133531731323253117

一个数是一个非循环机器的描述数叫做**符合要求**的数，在 §8 证明了没有一个一般的过程来确定一个给定的数是否符合要求.

6. 通用计算机

发明一个单个的机器用来计算任意可计算序列是可能的，如果为这个机器 $\mathscr{U}$

提供一条带，开始时在它上面写上某一个计算机器 $\mathscr{M}$ 的 S. D，那么机器 $\mathscr{U}$ 就会计算和机器 $\mathscr{M}$ 相同的序列. 在这一节里我简略地解释这个机器的动作. 下一节专门给出机器 $\mathscr{U}$ 的完整的表格.

我们首先假设有一个机器 $\mathscr{M}'$，它将 $\mathscr{M}$ 的完整的匹配写在相继的 F 方格上. 这些可以表示成 §3 机器Ⅱ的第二种描述表达式（C）的形式，所有符号都写成一行，或者，更好一些，（像 §5 中）将这个描述用更换 m 匹配成“D”，接上适当数目的重复的“A”，更换数字成“D”，接上适当数目的重复的“C”. 字母“A”和“C”的数目符合 §5 的选择，特别地，使得“0”替换成“DC”，“1”替换成“DCC”，而空格替换成“D”. 这些替换是在完整的匹配，像在（C）那样放在一起之后完成的，如果我们先做替换就会产生困难. 在每一个完整的匹配中，空格就会被替换成“D”，使得这个完整的匹配不可能表示成一个有限的符号序列.

如果在 §3 机器Ⅱ的描述中，我们把“ɒ”替换成“DAA”，“ə”替换成“$DCCC$”，“q”替换成“$DAAA$”，那么序列（C）变成：

$$DA : DCCCDCCCDAADCDDC : DCCCDCCCDAAADCDDC : \cdots \qquad (C_1)$$

（这些是在 F 方格上的记号.）

不难看出，如果 $\mathscr{M}$ 能被构造出来，那么 $\mathscr{M}'$ 也能构造出来. $\mathscr{M}'$ 的运转方式是把它的动作（也就是说 S. D）写在它自己的某个地方（也就是说在 $\mathscr{M}'$ 内）；每一步都可以按照这些规则来执行，我们只把这些规则看作能够被取出或者是交换成别的，于是我们得到很类似于通用机器的东西.

有一样东西是缺少的：在现在机器 $\mathscr{M}'$ 不打印数字. 我们可以改进这一点，在完整的匹配的每一对相邻的方格中打印出现在新的而不是老的完整匹配中的数字. 那么（C_1）变成

$$DDA : 0 : 0 : DCCCDCCCDAADCDDC : DCCC\cdots \qquad (C_2)$$

不是全部很明显的 E 方格会留下足够的空间用以做“粗糙的工作”，但是事实上是对的.

像在（C_1）那样，冒号之间的字母序列可以用来当做完整的匹配的标准描述. 当这些字母像在 §5 里那样被替换成数字时，我们将会有数字的完整匹配的描述，它可以叫做描述数.

7. 通用机器的详细描述

下面给出关于这个通用机器运转的表格，机器功能的 m 匹配出现在表格的第一列和最后一列，再加上那些当我们写出 m 函数的非简化表格时所出现的所有 m 匹配，例如 $\mathfrak{e}$（$\mathfrak{anf}$）出现在表格中并且是一个 m 函数，它的非简化表格（见 §5）是

$\mathfrak{e}$（$\mathfrak{anf}$）	ə	R	$\mathfrak{e}_1$（$\mathfrak{anf}$）
	非 ə	L	$\mathfrak{e}$（$\mathfrak{anf}$）
$\mathfrak{e}_1$（$\mathfrak{anf}$）	任意	R，E，R	$\mathfrak{e}_1$（$\mathfrak{anf}$）
	空白		$\mathfrak{anf}$

由此得出 $\mathfrak{e}_1$（$\mathfrak{anf}$）是 $\mathfrak{U}$ 的一个 m 匹配，

当 $\mathfrak{U}$ 准备好开始工作的时候，运行穿过的纸带在一个 F 方格上带着符号 ə 且在相邻的 E 方格；在这以后，只在 F 方格，出现机器的 S. D 跟着成对的冒号“: :”（一个单个的记号，在 F 方格）. 这 S. D 含有一些用分号分隔开的指令.

每一条指令由五个部分组成

（ⅰ）“D”跟着一连串的字母“A”，描述了有关的 m 匹配.

（ⅱ）“D”跟着一连串的字母“C”，描述了被扫描的记号.

（ⅲ）“D”跟着另外一连串的字母“C”，描述记号里面被扫描的记号是要改变的.

（ⅳ）“L”，“R”，“N”，描述机器是向左，向右，或者原地不动.

（ⅴ）“D”跟着一连串的字母“A”，描述最后的 m 匹配.

机器 $\mathfrak{U}$ 可以打印“A”，“C”，“D”，“0”，“1”，“u”，“v”，“w”，“x”，“y”，“z”. 它的 S. D 由“;”，“A”，“C”，“D”，“L”，“R”，“N”形成，

附属的骨架表

$\mathfrak{con}$（$\mathfrak{C}$，α）	非 A	R，R	$\mathfrak{con}$（$\mathfrak{C}$，α）	$\mathfrak{con}$（$\mathfrak{C}$，α）从一个 F 方格譬如说 S 开始，把紧靠着 S 右边描述一个匹配的记号序列 C 做上标记 α. →$\mathfrak{C}$.
	A	L，$P\alpha$，R	$\mathfrak{con}_1$（$\mathfrak{C}$，α）	
$\mathfrak{con}_1$（$\mathfrak{C}$，α）	A	R，$P\alpha$，R	$\mathfrak{con}_1$（$\mathfrak{C}$，α）	
	D	R，$P\alpha$，R	$\mathfrak{con}_2$（$\mathfrak{C}$，α）	

$con_2(C,\ \alpha)$	C	$R,\ P\alpha,\ R$	$\mathfrak{con}_2(\mathfrak{C},\ \alpha)$	$\mathfrak{con}\ (\mathfrak{C},)$. 在最后的匹配中，机器所扫描的方格是在 C 的最后方格的右边的第四个方格. C 不做标记.
	非 C	$R,\ R$	$\mathfrak{C}$	

$\mathfrak{U}$的表格

$\mathfrak{b}$			$\mathfrak{f}(\mathfrak{b}_1,\mathfrak{b}_1,::)$	$\mathfrak{b}$. 机器在“::”之后的方格打印“:DA”→$\mathfrak{anf}$.
$\mathfrak{b}_1$		$R,R,P:,R,R,PD,R,R,PA$	$\mathfrak{anf}$	
$\mathfrak{anf}$			$\mathfrak{q}(\mathfrak{anf}_1,:)$	$\mathfrak{anf}$. 机器对最后一个完整的匹配中的匹配做上标号 y. →$\mathfrak{kom}$
$\mathfrak{anf}_1$			$\mathfrak{con}(\mathfrak{kom},y)$	
$\mathfrak{kom}$	;	R,Pz,L	$\mathfrak{con}(\mathfrak{kmp},x)$	$\mathfrak{kom}$ 机器找到最后一个没有标记 z 的分号，对这个分号标上 z 并且以匹配 x 跟着它. →$\mathfrak{kmp}$.
	z	L,L	$\mathfrak{kom}$	
	非 z 非；	L	$\mathfrak{kom}$	
$\mathfrak{kmp}$			$\mathfrak{cpe}(\mathfrak{e}(\mathfrak{kom},x,y),\mathfrak{sim},x,y)$	$\mathfrak{kmp}$ 机器比较标号为 x 的序列和标号为 y 的序列，如果它们相同，将所有字母 x 和 y 消去. →$\mathfrak{sim}$. 否则→$\mathfrak{kom}$.

$\mathfrak{anf}$. 从长远来看，与最后一个匹配相关联的最后一个指令已经找到，在这以后，它可以被认为是跟在最后一个分号后面做标记 z. →$\mathfrak{sim}$.

$\mathfrak{sim}$			$\mathfrak{f}'(\mathfrak{sim}_1,\mathfrak{sim}_1,z)$	$\mathfrak{sim}$ 机器给指令做标记. 将有关动作的指令中准备执行的部分做上标号 u，以
$\mathfrak{sim}_1$			$\mathfrak{con}(\mathfrak{sim}_2,)$	
$\mathfrak{sim}_2$	A		$\mathfrak{sim}_3$,	
	非 A	L,Pu,R,R,R	$\mathfrak{sim}_2$	

$\mathfrak{sim}_3$	非 A	L, Py	$\mathfrak{e}(\mathfrak{mk}, z)$	及最后 y 构成 m 匹配，字母 z 消去.
	A	L, Py, R, R, R	$\mathfrak{sim}_3$	
$\mathfrak{mk}$			$\mathfrak{q}(\mathfrak{mk}_1, :)$	$\mathfrak{mk}$. 最后一个完整的匹配分成 4 段来标记，匹配不加以标记，在它前面的记号以 x 标记，完整的匹配中剩下的部分分为两段，其中第一段以 v 为标记，第二段以 w 为标记，整个完成之后打印一个冒号. $\rightarrow\mathfrak{sh}$.
$\mathfrak{mk}_1$	非 A	R, R	$\mathfrak{mk}_1$,	
	A	L, L, L, L	$\mathfrak{mk}_2$	
$\mathfrak{mk}_2$	非 C	R, Px, L, L, L	$\mathfrak{mk}_2$	
	:		$\mathfrak{mk}_4$	
	D	R, Px, L, L, L	$\mathfrak{mk}_3$	
$\mathfrak{mk}_3$	非:	R, Pv, L, L, L	$\mathfrak{mk}_3$,	
	:		$\mathfrak{mk}_4$	
$\mathfrak{mk}_4$			$\mathfrak{con}(\mathfrak{l}(\mathfrak{l}(\mathfrak{mk}_5)),)$	
$\mathfrak{mk}_5$	任意	P, Pw, R	$\mathfrak{mk}_5$,	
	空格	P:	$\mathfrak{sh}$	
$\mathfrak{sh}$			$\mathfrak{f}(\mathfrak{sh}_1 \mathfrak{inst}, u)$	$\mathfrak{sh}$. 检查指令（标记了 u）. 如果找到了这些指令，它们指示打印 0 或者打印 1，那么在末尾打印 0: 或者 1:.
$\mathfrak{sh}_1$		L, L, L	$\mathfrak{sh}_2$	
$\mathfrak{sh}_2$	D	R, R, R, R	$\mathfrak{sh}_2 \mathfrak{sh}_3$	
	非 D		$\mathfrak{inst}$	
$\mathfrak{sh}_3$	C	R, R	$\mathfrak{sh}_4$	
	非 C		$\mathfrak{inst}$	
$\mathfrak{sh}_4$	C	R, R	$\mathfrak{sh}_5$,	
	非 C		$\mathfrak{pe}_2(\mathfrak{inst}, 0, :)$	
$\mathfrak{sh}_5$	C		$\mathfrak{inst}$	
	非 C		$\mathfrak{pe}_2(\mathfrak{inst}, 1, :)$	
$\mathfrak{inst}$			$\mathfrak{q}(\mathfrak{l}(\mathfrak{inst}_1), u)$	$\mathfrak{inst}$. 写下下一个完整的匹配，执行有标号的指令，字母 v，y，x，u，w 被擦掉. $\rightarrow\mathfrak{anf}$.
$\mathfrak{inst}_1$	α	R, E	$\mathfrak{inst}_1(\alpha)$	
$\mathfrak{inst}_1(L)$			$\mathfrak{ce}_5(\mathfrak{ov}, v, y, x, u, w)$	
$\mathfrak{inst}_1(R)$			$\mathfrak{ce}_5(\mathfrak{ov}, v, x, u, y, w)$	
$\mathfrak{inst}_1(N)$			$\mathfrak{ce}_5(\mathfrak{ov}, v, x, y, u, w)$	
$\mathfrak{ov}$			$\mathfrak{e}(\mathfrak{anf})$	

8. 对角线过程的应用

或许有人认为，关于实数是不可数的论证[4]可同样证明可计算数和序列也是不可数的，例如，可以认为可计算数的极限必定是可计算的，显然，如果可计算数的序列是由某些规则来定义的，这才是正确的.

或者我们可以应用对角线过程，“如果可计算序列是可数的，设 α_n 是第 n 个可计算序列，并且 ϕ_n（m）是 α_n 的第 m 个数字，设 β 是一个数字序列，它的第 n 个数字是 $1-\phi_n$（n）. 因为 β 是可计算的，存在一个数 K 使得 $1-\phi_n$（n）$=$ ϕ_K（n）对所有 n 都成立，令 $n=K$，我们得到 $1=2$（ϕ_K（K））. 这样一来，1 是一个偶数. 这是不可能的，因此可计算序列是不可数的.”

这个推断的错误在于假设 β 是可计算的，它或许会是对的，如果能够用有限的方法来枚举可计算序列，但是问题是，枚举可计算序列等价于发现一个给定的数是否是一个无循环机器的 D. N，而我们并没有一般的过程来在有限多步之内做这件事，实际上经过正确地运用对角线过程论证，我们可以证明这样的过程是不存在的.

最简单和最直接的证明就是指出，如果这样的过程存在，那么就有一个计算 β 的机器，这个证明虽然完全没有问题，但是它会使读者感觉到“一定是弄错了”，我将要给出的证明就没有这方面的缺陷，并且还对“无循环”设想的重要性做一些深入的观察，它与构造 β 没有关系，但是与构造 β' 有关，它的第 n 个数字是 ϕ_n（n）.

让我们假设存在一个这样的过程；那就是说，我们可以发明一个机器 $\mathfrak{D}$ 使得，当提供任意计算机器 $\mathscr{M}$ 的 S. D，它就试验这个 S. D，如果 $\mathscr{M}$ 是循环的机器，那么就给这个 S. D 标上记号 u，如果 $\mathscr{M}$ 是无循环的机器，那么就给这个 S. D 标上记号 s. 将机器 $\mathfrak{D}$ 和 $\mathfrak{U}$ 组合起来，我们可以构造一个机器 $\mathfrak{H}$ 用以计算序列 β'. 机器 $\mathfrak{D}$ 需要一条带，我们可以假设它的 E 方格所使用的记号与 F 方格所使用的记号完全不同，并且当它得到了结论时所有机器 $\mathfrak{D}$ 的工作痕迹都要消去.

机器 $\mathfrak{H}$ 的动作分为若干个段落，在开头的 $N-1$ 个段落，除了其他事情之外，机器写下 1，2，…，$N-1$ 并且利用机器 $\mathfrak{D}$ 试验，其中的某个数譬如说 $R(N-1)$ 个数被发现是无循环机器的 D. N. 在第 N 个段落机器 $\mathfrak{D}$ 试验数 N. 如果 N 满足要求，也就是说，如果它是无循环机器的 D. N，那么令 $R(N)=1+R(N-1)$，其中

D. N 为 N 的序列的前 $R(N)$ 个数字也就计算出来了. 第 $R(N)$ 个数字(就是 N) 可以写下来作为$\mathfrak{H}$所计算的序列 β'的一个数字. 如果 N 不满足要求, 那么 $R(N) = R(N-1)$, 并且机器运行到第 $(N+1)$ 个段落.

从$\mathfrak{H}$的构造过程我们可以看出, $\mathfrak{H}$是无循环的, 每一个$\mathfrak{H}$的运作段落都会在有限多步结束. 这是因为由我们关于$\mathfrak{H}$的假设, 确定 N 是否满足要求会在有限多步之内完成. 如果 N 不满足要求, 那么第 N 个段落已经结束. 如果 N 满足要求, 那么机器 $\mathscr{M}(N)$ 的 D. N 就是 N, $\mathscr{M}(N)$ 就是无循环的机器, 因此它的第 $R(N)$ 个数字可以在有限多步之内计算完成, 当这个数字计算完成并且写了下来作为序列 β'的第 $R(N)$ 个数字, 第 N 个段落结束, 所以$\mathfrak{H}$是无循环的.

现在设 K 是$\mathfrak{H}$的 D. N. 在第 K 个计算段落机器$\mathfrak{H}$如何运作呢? 他要试验 K 是不是符合要求, 给出一个是 "s" 或者 "u" 的判决, 由于 K 是$\mathfrak{H}$的 D. N, 并且$\mathfrak{H}$是无循环的, 判决不可能是 "u", 另一方面判决也不可能是 "s", 因为如果这样, 那么在$\mathfrak{H}$的第 K 个段落的动作中, $\mathfrak{H}$被要求计算 D. N 是 K 的机器的开头 $R(K-1)+1=R(K)$ 个数字, 然后写下第 $R(K)$ 个数字作为$\mathfrak{H}$的计算序列中的一个数字. 计算前 $R(K)-1$ 个数字可以没有什么问题要执行, 但是计算第$R(K)$个数字的指令中却有"计算 H 所计算的前 $R(K)$ 个数字并且写下第 $R(K)$ 个数字"的条文. 所以第 $R(K)$ 个数字将永远找不出来. 也就是说$\mathfrak{H}$是循环的机器, 矛盾于我们在上一节的发现, 也矛盾于 "s" 的判决, 所以两种判决都不可能并且不可能有机器$\mathfrak{D}$.

我们可以更进一步指出**不存在机器 $\mathscr{E}$, 对它当给出一个任意的机器 $\mathscr{M}$ 的 S. D 时机器是否能打印一个给定的符号 (譬如说 0)**.

我们将首先证明, 如果存这样一个机器 $\mathscr{E}$, 那么就存在一个一般的过程来决定是否存在一个机器 $\mathscr{M}$ 打印 0 无限多次. 设 $\mathscr{M}_1$ 是一个机器, 它和 $\mathscr{M}$ 打印同样的序列. 所不同的是当机器 $\mathscr{M}$ 在打印第一个 0 的位置停留时, $\mathscr{M}_1$ 打印 $\bar{0}$. $\mathscr{M}_2$ 是要将开头的两个 0 替换成 $\bar{0}$, 等. 所以, 如果 $\mathscr{M}$ 打印

$$ABA01AAB0010AB\cdots,$$

那么 $\mathscr{M}_1$ 打印

$$ABA\bar{0}1AAB0010AB\cdots,$$

并且 $\mathscr{M}_2$ 打印

$$ABA\bar{0}1AAB\bar{0}010AB\cdots.$$

现在设 $\mathscr{F}$是一个机器, 当它被提供机器 $\mathscr{M}$ 的 S. D 时, 将连续地写下机器

$\mathscr{M}$，$\mathscr{M}_1$ 和 $\mathscr{M}_2$ 的 S. D，…（有这样的一个机器）. 我们将 $\mathscr{F}$和 $\mathscr{E}$ 组合起来得到一个新的机器 $\mathscr{G}$. 在 $\mathscr{G}$的动作中首先用 $\mathscr{F}$来写下 $\mathscr{M}_1$ 的 S. D，然后用 $\mathscr{E}$ 来试验它，如果它发现 $\mathscr{M}$ 永远不打印 0 那么写下：0：；然后 $\mathscr{F}$写下 $\mathscr{M}_1$ 的 S. D，并且再对这个 S. D 进行试验，如果它发现 $\mathscr{M}_1$ 永远不打印 0 那么写下：0：；……如此进行下去，现在让我们用 $\mathscr{E}$ 来试验 $\mathscr{G}$. 如果发现 $\mathscr{G}$永远不打印 0，那么 $\mathscr{M}$ 打印 0 无限多次；如果发现 $\mathscr{G}$有时打印 0，那么 $\mathscr{M}$ 不会打印 0 无限多次.

类似地，存在一个一般的过程以决定是否 $\mathscr{M}$ 打印 1 无限多次，将这些过程组合起来，我们可以得到一个过程以试验是否机器 $\mathscr{M}$ 打印无限多个数字，也就是说，我们有一个确定机器 $\mathscr{M}$ 是否无循环的过程，所以机器 $\mathscr{E}$ 不存在.

整个小节中使用了表述“存在一个一般的过程以确定……”它等价于“存在一个机器以确定……”，它们的用法是合理的当且仅当我们关于“可计算”的定义是合理的，因为每一个“一般过程”的问题都可以表示成关于一个一般过程用来确定一个整数 n 是否具有性质 $G(n)$ 的问题，［例如 $G(n)$ 的含义可能是“n 是可满足的”或者“n 是一个可证明公式的哥德尔表示式”］，并且这等价于计算一个数，它的第 n 位数字是 1，如果 $G(n)$ 成立；或者它的 n 位数字是 0，如果 $G(n)$ 不成立.

9. 可计算数的扩充

还没有尝试证明“可计算数”包括所有自然地被认为是可计算的数. 从根本上说，所有可以给出的论断必然求助于直观，并由于这个原因，在数学上也颇为难，论断的真实问题是“什么过程在计算一个数中可以被执行?”

我将要用到的论断有三种类型.

（a）直接来源于直观.

（b）两个定义等价的证明（在新定义有更大的直观来源的情形）.

（c）给出一大类的数，它们是可计算的.

一旦所有可计算数都是“可计算的”得到认可，同样特征的其他几个命题也就得出，特别地，它推断出，如果有一个一般的过程用以决定一个希尔伯特函量演算是可以证明的，那么这个决定可以由一个机器来执行.

I. ［（a）型］这个论断仅仅是 § 1 的思想的精确化.

计算通常是在纸上写某些记号来做. 我们可以假设这张纸是像儿童的算术书

那样被划分为方格. 在初等算术里纸的二维特征有时被使用，但是这种用法通常是可以避免的，并且我想大家会同意纸的二维特征对计算不是非要不可的，那么我假设计算是在一条划分为方格的一维纸带上执行，我还假设可以打印的记号的数目是有限的，如果我们允许无限多个记号，那么就有差别极其微小的记号.[5]这个对符号数目的限制的效果并不很严重，总是可能在单个符号的地方用符号序列，所以一个阿拉伯数字例如 17 或者 999999999999999 通常地是当做一个单个符号来处理，类似地，在任何欧洲语言中，字是当做一个单个符号来处理（不过，中文则尝试用可数无限多个记号）. 从我们的观点来看，单个和复合的符号的区别在于复合的符号如果太过于长，不可能一眼就看清，这是根据经验得来的，我们不能一瞥就说出 9999999999999999 和 999999999999999 是否相同.

在任何时刻，计算机的行为是由他所观察的记号，以及他在该时刻的“思想状态”来确定的，我们可以假设在一个瞬间计算机可以观察的记号或者方格数目有一个界限 B. 如果他想观察得更多一些，他必须继续观察. 我们也假设被考虑的思想状态的数目也是有限的，这一点的理由和限制记号的数目具有相同的特征，如果我们允许无限多个思想状态，它们之中有些就会“非常接近”以至于混淆，再次，这个限制不至于严重地影响计算，因为使用更多复杂的思想状态可以用在带上多写些记号来避免，

我们想象将计算机所做的运转分解成“简单的动作”，它们是如此的初等，使得不容易再想把它们进一步分开，每一个这样的运作是由计算机的物理系统和它的带上的一些变化组成的，如果我们知道纸带上的记号序列，它们正在被计算机（可能是按一定的顺序）所观察，也知道计算机的思想状态，我们就知道系统的状态，我们可以假设在一个简单的动作中不改变超过一个以上的记号，任何其他变化可以设定为几个这一类简单变化，关于它的记号可能会以这种方式更换的方格的情况与关于被观察的方格相同，因此，不失一般性，记号被更换的方格总是被观察的方格.

除了改变这些记号之外，简单的运作必须包括改变被观察方格的分布. 新的被观察方格必须被计算机很快地认出，我想假设它们只能是离最接近的正前方被观察方格的距离不超过一个固定总数的方格. 我们说每一个新的被观察方格是在正前方的被观察方格 L 个方格之内.

关于“直接可认出”，可能会想有其他类型的方格是直接可认出的. 特别地，标记有特殊记号的方格可以认为是直接可认出的，现在如果这些方格仅仅被单个符号所标记，这种符号只有有限多个，并且我们不想添加这些有标记的方格

到被观察的方格来搞乱我们的理论，如果，从另一方面讲，它们用一序列记号来标记，我们不能将认知过程看成是一个简单的过程，这是一个需要加以说明的基本点，在大多数的数学文章中方程式和定理是编号的，通常地，这种号码不会超过（譬如说）1000. 因此可能从它的号码一眼就认出这个定理，但是如果文章很长，我们可能用到定理 157767733443477；而在文章的后面我们可能发现“…所以（应用定理 157767733443477）我们得到……”，为了弄清哪一个是有关的定理，我们必须逐个符号进行比较，可能还要用铅笔来逐个剔除符号以免某一个符号被计算两次，如果不管这个，还有人认为存在其他的“直接可认出”的方格，只要不搞乱我的论点，这些方格可以由某些过程来找到，而我这种类型的机器有这个能力就可以了，这个想法在后面Ⅲ展开，

因此简单的运作必须包含：

（a）在被观察的方格中的一个改变记号.

（b）将一个被观察方格改变成与前面被观察的某一个方格距离 L 个方格之内的另一个方格.

有可能这些变化必须连带地改变思想状态，所以最一般的单个运作必须看成是下面的一个：

（A）可能的记号变化（a）连同一个可能的思想状态的变化.

（B）可能的被观察的方格变化（b）连同一个可能的思想状态的变化.

实际执行的运作是由计算机的思想状态和被观察的方格来确定的，特别是，它们确定运作被执行之后的思想状态.

我们现在可以构造一个机器用以做这个计算机的工作，每一个计算机的思想状态对应于机器的一个 m 匹配，机器扫描方格 B 对应于 B 方格被计算机所观察，再任意动作机器能改变一个在被扫描的方格上的记号或者能改变任意一个被扫描的方格到另外一个方格距离其他的一个被扫描的方格不超过 L 个方格. 做完的这个动作及跟着的匹配是由被扫描的记号和 m 匹配所确定，刚才描述的机器和 §2 所定义的机器没有很大的区别，并且对应于任意一个这种类型的机器，可以构造一个计算同样序列的计算的机器，那就是说用计算机来计算序列.

Ⅱ. ［类型（b）］.

如果希尔伯特函量演算的概念[6]是修正了的也是系统化了的，并且也只用到有限数个记号，那么，就可能构造一个找到所有演算中可以证明的公式的自动机[7] $\mathscr{K}$.[8]

现在假设 α 是一个序列，并且我们以 $G_\alpha(x)$ 来表示命题“α 的第 x 个数字是

1”，所以$-G_\alpha(x)$[9]的含义是“α 的第 x 个数字是0”，进一步假设我们能够找到一个性质的集合，它定义序列 α 并且它也能用 $G_\alpha(x)$，命题函数 $N(x)$ 和 $F(x, y)$ 来表示，其中 $N(x)$ 的含义是“x 是一个非负整数”，$F(x, y)$ 的含义是“$y=x+1$”，当我们将所有这些命题用合取连接起来，我们将得到一个公式，譬如说 $\mathfrak{A}$. 它定义了 α. $\mathfrak{A}$ 的各项中必须包含皮亚诺公理的各个必要部分，也就是说

$(\exists u)\ N\ (u)\ \&\ (x)\quad (N(x)\ \to\ (\exists y)\ F\ (x,\ y)\ \&F\ (x,\ y)\ \to\ (N(y)).$

我们把它简单记作 P.

当我们说“$\mathfrak{A}$ 定义 α”，我们的意思是$-\mathfrak{A}$ 不是一个可以证明的公式，并且，对每一个 n，下面的两个公式 A_n 或者 B_n 之一是可以证明的.

$$\mathfrak{A}\&F^{(n)}\to G_\alpha u^{(n)}, \qquad (\mathrm{A}_n)$$

$$\mathfrak{A}\&F^{(n)}\to G_\alpha u^{(n)}, \qquad (\mathrm{B}_n)$$

其中 $F^{(n)}$ 的含义是 $F\ (u,\ u')\ \&F\ (u',\ u'')\ \&\cdots F\ (u^{(n-1)},\ u^{(n)})$.

这样我就说 α 是一个可计算序列：计算 α 的机器 $\mathscr{K}_\alpha$ 可以从 $\mathscr{K}$ 经过一个相当简单的修正而得到.

我们将 $\mathscr{K}_\alpha$ 的动作划分为段落. 第 n 个段落是要找到 α 的第 n 个数字，在第 $n-1$ 个段落结束之后两个冒号被打印在所有记号之后，并且所有以后的工作完全是做在这两个冒号的右边. 第一步是写下字母 A，接着写公式（A_n），然后 B，接着写（B_n）. 然后机器 $\mathscr{K}_\alpha$ 开始做机器 $\mathscr{K}$ 的工作，每当找到一个可以证明的公式就拿它来与（A_n），（B_n）进行比较，如果它和（A_n）一样，那么就打印数字“1”，并且第 n 段落的工作结束，如果它和（B_n）一样，那么就打印数字“0”，第 n 段落的工作也结束. 如果它和两者都不同，那么 $\mathscr{K}$ 的工作从它中断的地方重新开始，迟些或者早些就会到达一个公式（A_n）或者（B_n）；这可以从我们关于 α，$\mathfrak{A}$ 的假设以及 $\mathscr{K}$ 的特性推断出来，所以第 n 个段落最终一定会结束，$\mathscr{K}_\alpha$ 是无循环的机器，α 是可计算的.

也可以证明，按这种方法用公理来定义的数包含了所有的可计算数，这个可以用函量演算的条款描述计算的机器来完成.

需要记住，我们将比较特别的含义附着于词语“$\mathfrak{A}$ 定义 α”，可计算数不包括所有（在普通意义之下）的可定义数，设 δ 是一个序列，它的第 n 个数字是1或者0，代表 n 是不是可满足的. 由 §8 一个定理的直接推论，δ 是不可计算的，它是（到目前为止我们所知道的）每一个 δ 所指定的数字都是可计算的，但不是由统一的过程来计算的，当足够多的 δ 的数字计算完成之后，为了得到更多的数

字需要一个从本质上是新的方法.

Ⅲ. 这可以被看成是一个Ⅰ的化简或者是Ⅱ的推论.

像在Ⅰ那样，我们假设计算是在一条纸带上执行；但是我们避免引进“思想状态”而是考虑它的更加物化和确定的副本，总是可以让计算机中断它的工作走开并且整个忘掉它，然后在以后的某一个时候回来继续工作，如果它想这样做，它必须留下一条注释指令（用一种标准的方式写下来）解释怎样继续进行工作，这条注释就是“思想状态”的副本，我们将假设计算机就是这样断断续续地工作，它永不在一个座位上做多于一步，注释指令必须能够使他执行一步并且写下下一步的注释，所以计算进行的任何阶段完全由注释指令和带上的记号来确定，那是，系统的状态可以用一条单个表示式（记号的序列）和注释指令来描述，这个表示式是由带上的一些记号跟着一个 Δ（假设在其他地方没有用到过）再跟着一个注释指令，这个表示式可以叫做“状态公式”，我们知道这个状态公式在任意给定的阶段是被做上一步的状态公式所确定的，我们假设这两个公式之间的关系是可以在函量演算中表示的，换一句话说我们假设有一个公理 $\mathfrak{A}$，它用任何阶段的状态公式对于前一阶段的状态公式的关系来表示管理计算机动作的规则，如果是这样，我们可以构造一个机器来写下相继的状态公式，并且以此来计算所要求的数.

10. 可计算数的大类的例子

从定义一个整数变元的可计算函数和一个可计算变元的可计算函数开始会是有用的. 定义一个整数变元的可计算函数有很多等价的方法. 可能最简单的办法如下，如果 γ 是一个可计算序列，其中 0 出现无限多次[10]，并且 n 是一个整数，那么让我们定义 $\xi(\gamma, n)$ 作为 γ 的在第 n 个 0 和第 $n+1$ 个 0 之间的 1 的数目，那么 $\varphi(n)$ 是可计算的，如果 $\varphi(n)=\xi(\gamma, n)$，对所有 n 和某些 γ. 一个等价的定义是这样的. 设 $H(x, y)$ 的含义为 $\varphi(x)=y$. 那么，如果我们能够发现一个无矛盾的公理 $\mathfrak{A}_\varphi$，使得 $\mathfrak{A}_\varphi \to P$，并且对每一个整数 n，存在一个整数 N，使得

$$\mathfrak{A}_\varphi \& F^{(N)} \to H\left(u^{(n)}, u^{(\varphi(n))}\right),$$

并且使得，如果 $m \neq \varphi(n)$，那么对某些 N'，

$$\mathfrak{A}_\varphi \& F^{(N')} \to -H\left(u^{(n)}, u^{(m)}\right).$$

那么 φ 可以说是一个可计算函数.

我们不能一般地定义一个可计算实数函数，因为没有一个一般的方法来描述一个实数，但是我们可以定义一个可计算变元的可计算函数. 如果 n 是可以满足的，设 γ_n 为 $\mathscr{M}$（n）所计算的数，并且设

$$\alpha_n=\tan\left[\pi\left(\gamma_n-\frac{1}{2}\right)\right],$$

γ_n 只有两种可能 $\gamma_n=1$ 或者 $\gamma_n=0$，两种都能使 $\alpha_n=0$. 因此，只要 n 跑过符合要求的数，α_n 就跑过可计算数.[11]现在设 $\varphi(n)$ 是一个可计算函数，它可以被证明是对任意符合要求的变元，它的函数值是符合要求的.[12]那么由 $f(\alpha_n)=\alpha_{\varphi(n)}$，定义的函数 f 是可计算函数，并且所有一个可计算变元的可计算函数都可以表示成这种形式.

类似地，多个变元的可计算函数，一个整数变元的可计算值函数等都可以给出定义.

我将宣布一些关于可计算性的定理，但是只给出（ⅱ）和与（ⅲ）类似的一个定理的证明.

（ⅰ）一个整数变元或者可计算变元的可计算函数的可计算函数也是可计算的.

（ⅱ）用可计算函数来递归地定义的任意一个整数变元函数是可计算的. 也就是说，如果 $\varphi(m, n)$ 是可计算的，并且 r 是一个整数，那么 η（n）是可计算的，其中

$$\eta(0)=r,$$
$$\eta(n)=\varphi(n,\eta(n-1)).$$

（ⅲ）如果 $\varphi(m, n)$ 是一个含有两个整数变元的可计算函数，那么 $\varphi(n, n)$ 是一个 n 的可计算函数.

（ⅳ）如果 φ（n）是一个可计算函数，它的值总是 0 或者 1，那么第 n 个数字是 φ（n）的序列是可计算的.

戴德金定理的一般形式，如果我们将其中“实数”通篇改为“可计算数”，是不成立的，但是它的下面形式是成立的：

（ⅴ）如果 G（α）是一个可计算数的命题函数并且

$$(a)\quad \exists\alpha\exists\beta\{G(\alpha)\&(-G(\beta))\},$$
$$(b)\quad G(\alpha)\&(-G(\beta))\to\alpha<\beta,$$

并且存在一个确定 G（α）值的一般过程，那么存在一个可计算数 ξ，使得

$$G(\alpha)\to\alpha\leqslant\xi,$$

$$-G(\alpha) \to \alpha \geqslant \xi.$$

换句话说，对任意段落的可计算数这个定理成立，它们使得存在一个确定一个数属于哪一类的一般过程.

由于这个对戴德金定理的限制，我们不能说一个有界上升序列的可计算数的极限仍然是可计算的，这一点可以考虑下面的序列来理解

$$-1,\ -\frac{1}{2},\ -\frac{1}{4},\ -\frac{1}{8},\ -\frac{1}{16},\ \frac{1}{2},\ \cdots.$$

另一方面，（ⅴ）使我们能够证明

（ⅵ）如果 α 和 β 是可计算的，并且 $\alpha<\beta$，并且 $\varphi(\alpha)<0<\varphi(\beta)$，其中 $\varphi(\alpha)$ 是一个可计算上升连续函数，那么存在一个唯一的可计算数 γ，满足 $\alpha<\gamma<\beta$ 并且 $\varphi(\gamma)=0$.

可计算收敛

我们说一个可计算数的序列 β_n 是可计算地收敛的，如果有一个可计算变元 ϵ 的可计算整值函数 $N(\epsilon)$，使得我们可证明，如果 $\epsilon>0$ 并且 $n>N(\epsilon)$，$m>N(\epsilon)$，那么 $|\beta_n-\beta_m|<\epsilon$.

这样我们就可以证明

（ⅶ）一个幂级数，若它的系数形成一个可计算数的可计算序列，则该幂级数是在所有它的可计算区间内部的可计算点收敛的.

（ⅷ）可计算收敛序列的极限是可计算的.

运用“一致收敛”的明确定义：

（ⅸ）一个可计算函数的一致可计算收敛的可计算序列的极限是一个可计算函数，所以

（ⅹ）一个幂级数它的系数形成一个可计算序列，它的和是在它的收敛区间内的可计算函数.

由（viii）以及 $\pi=4\left(1-\frac{1}{3}+\frac{1}{5}-\cdots\right)$，我们可以推演出 π 是可计算的.

由 $e=1+1+\frac{1}{2!}+\frac{1}{3!}+\cdots$，我们可以推演出 e 是可计算的.

由（ⅵ），我们可以推演出所有实代数数是可计算的.

由（ⅵ）以及（ⅹ），我们可以推演出所有贝塞尔函数的实的零点是可计

算的.

（ⅱ）的证明.

设 $H(x, y)$ 的含义是"$\eta(x)=y$"，并且设 $K(x, y, z)$ 的含义是"$\varphi(x,y)=z$"，$\mathfrak{A}_{\varphi}$ 是 $\varphi(x, y)$ 的公理. 我们以 $\mathfrak{A}_{\eta}$ 表示下面的式子：

$$\mathfrak{A}_{\varphi}\&P\&(F(x,y)\rightarrow G(x,y))\&(G(x,y)\&G(y,z)\rightarrow G(x,z))$$
$$\&(F^{(r)}\rightarrow H(u,u^{(r)}))\&(F(v,w)\&H(v,x)\&K(w,x,z)\rightarrow H(w,z))$$
$$\&[H(w,z)\&G(z,t)\vee G(t,z)\rightarrow(-H(w,t))].$$

我将不给出 $\mathfrak{A}\eta$ 的相容性证明. 这样的一个证明可以利用希尔伯特和博尼斯所著"*Grundlagen der Mathematik*（Berlin，1934）"中的办法构造出来. 从含义上看相容性也是清楚的.

假设对某些 n，N，我们已经证明了

$$\mathfrak{A}_{\eta}\&F^{(N)}\rightarrow H(u^{(n-1)}, u^{(\eta(n-1))}).$$

那么对于某一个 M，

$$\mathfrak{A}_{\eta}\&F^{(M)}\rightarrow K(u^{(n)}, u^{(\eta(n-1))}), u^{(\eta(n))})$$
$$\mathfrak{A}_{\eta}\&F^{(M)}\rightarrow F(u^{(n-1)}, u^{(n)})\&H(u^{(n-1)}, u^{(\eta(n-1))})$$
$$\&K(u^{(n)}, u^{(\eta(n-1))}, u^{(\eta(n))}),$$

并且

$$\mathfrak{A}_{\eta}\&F^{(M)}\rightarrow[F(u^{(n-1)}, u^{(n)})\&H(u^{(n-1)}, u^{(\eta(n-1))})$$
$$\&K(u^{(n)}, u^{\eta((n-1))}, u^{\eta((n)})\rightarrow H(u^{(n)}, u^{(\eta(n))})].$$

所以

$$\mathfrak{A}_{\eta}\&F^{(M)}\rightarrow H(u^{(n)}, u^{(\eta(n))}).$$

也有

$$\mathfrak{A}_{\eta}\&F^{(r)}\rightarrow H(u,, u^{(\eta(0))}).$$

所以对每一个 n，这种形式的某些公式

$$\mathfrak{A}_{\eta}\&F^{(M)}\rightarrow H(u^{(n)}, u^{(\eta(n))}).$$

是可以证明的，还有，如果 $M'\geqslant M$，并且 $M'\geqslant m$，$m\neq\eta(u)$，那么

$$\mathfrak{A}_{\eta}\&F^{(M')}\rightarrow G(u^{(\eta(n))}, u^{(m)})\vee G(u^{(m)}, u^{(\eta(n))}),$$

并且

$$\mathfrak{A}_{\eta}\&F^{(M')}\rightarrow[\{G(u^{(\eta(n))}, u^{(m)})\vee G(u^{(m)}, u^{(\eta(n))}).$$
$$\&H(u^{(n)}, u^{(\eta(n))})\}\rightarrow(-H(u^{(n)}, u^{(m)})],$$

所以

$$\mathfrak{A}_{\eta}\&F^{(M')}\rightarrow(-H(u^{(n)}, u^{(m)})].$$

因此我们关于可计算函数的第二个定义的条件得到满足. 结论为 η 是一个可计算函数.

（iii）**的一个修正形式的证明.**

假设给出一个机器𝔑，它启动时带上的 F 方格子开头的两个记号是 əə，跟着是一个任意多个"F"字母所组成的 F 方格上的序列，并且 m 匹配是 b，它要依赖于数字 n 和"F"字母计算序列 γ_n. 如果 $\varphi_n(m)$ 是 γ_n 的第 m 个数字，那么其第 n 个数字是 $\varphi_n(n)$ 的序列 β 是可计算的.

我们假设𝔑的表已经用这种方式写出，每一行只有一个动作出现在动作列. 我们也假设Ξ，Θ，$\bar{0}$ 和 $\bar{1}$ 不在表中出现，并且我们将通篇的 ə 替换成 Θ，0 替换成 $\bar{0}$，并且 1 替换成 $\bar{1}$. 更多的替换可以列出.

	𝔄	α	$P\bar{0}$	𝔅
替换成	𝔄	α	$P\bar{0}$	𝔯𝔢（𝔅，𝔲，h，k）

以及

	𝔄	α	$P\bar{1}$	𝔅
替换成	𝔄	α	$P\bar{1}$	𝔯𝔢（𝔅，𝔳，h，k）

表上再加上其他的行

𝔲		𝔭𝔢（$\mathfrak{u}_1$，0）
$\mathfrak{u}_1$	R，Pk，R，$P\Theta$，R，$P\Theta$	$\mathfrak{u}_2$
$\mathfrak{u}_2$		𝔯𝔢（$\mathfrak{u}_3$，$\mathfrak{u}_3$，k，h）
$\mathfrak{u}_3$		𝔭𝔢（$\mathfrak{u}_2$，F）

还有类似的行，以 v 替换 u，以 1 替换 0，再加上下面的行

𝔠	R，P Ξ，R，Ph	𝔟.

我们这样就得到机器𝔑的表，它计算 β，初始的 m 匹配是 𝔠，并且初始的扫描符号是第二个 ə.

11. 在判定问题上的应用

§8 的结果有一些非常重要的应用. 特别地，它们可以用来证明希尔伯特判定问题是无解的. 目前我们把自己限定于这个特殊问题的证明上. 对这个问题的

表述请读者可参看希尔伯特和阿克曼所著 *Grundzüge der Theoretischen Logik*（柏林，1931），第三章.

因此我打算证明不可能有确定一个给定的函量演算 K 的公式 $\mathfrak{A}$ 是否可以证明的一般过程，也就是说没有这样的机器，如果向它提供任意的一个公式 $\mathfrak{A}$，机器会最终判定这个公式是否是可以证明的，

我也许应该提醒我要证明的内容与众所周知的哥德尔[13]的结果有很大的不同，哥德尔（在数学原理的形式主义之内）证明了存在命题 $\mathfrak{A}$，使得 $\mathfrak{A}$ 或者-$\mathfrak{A}$ 都是不可以证明的. 作为这个的一个结论，数学原理的（或者 K 的）相容性也不可能在形式主义之内加以证明，另一方面，我要证明没有能告诉我们一个给定的公式 $\mathfrak{A}$ 是在 K 之内可以证明的，或者也可以同样地说，由 K 添加一条额外的公理-$\mathfrak{A}$ 所组成的系统是否相容也是不可以证明的.

如果哥德尔所证明的反面能够加以证明，也就是说，如果对每一个 $\mathfrak{A}$，$\mathfrak{A}$ 或者-$\mathfrak{A}$ 是可以证明的 ，那么我们就可以得到判定问题的直接解. 因为我们可以发明一个机器 $\mathscr{K}$，它将一个接着一个地证明所有可以证明的公式. 迟早 $\mathscr{K}$ 会达到 $\mathfrak{A}$ 或者-$\mathfrak{A}$. 如果它达到 $\mathfrak{A}$，我们就知道 $\mathfrak{A}$ 是可以证明的，如果它达到-$\mathfrak{A}$，那么，由于 K 是相容的（希尔伯特和阿克曼，p. 65），我们就知道 $\mathfrak{A}$ 是不可以证明的.

由于 K 中没有整数，证明看起来是有些冗长，基本的设想是很直接的.

对应于每一个计算的机器 $\mathscr{M}$，我们构造一个公式 Un（$\mathscr{M}$），并且我们证明，如果我们有一般的方法来确定 Un（$\mathscr{M}$）是可以证明的，那么就有一般的方法来确定 $\mathscr{M}$ 在某一个时候会打印 0.

证明中所用的命题的函数的解释如下：

$R_{S_l}(x, y)$ 解释为"在（$\mathscr{M}$ 的）完整匹配 x 里，在方格 y 的记号是"S".

$I(x, y)$ 解释为"在（$\mathscr{M}$ 的）完整匹配 x 里，方格 y 被扫描".

$K_{q_m}(x, y)$ 解释为"在（$\mathscr{M}$ 的）完整匹配 x 里，m 匹配是 q_m".

$F(x, y)$ 解释为"y 是 x 的直接后继元素".

Inst $\{q_i S_j S_k L q_l\}$ 是下面式子的简记号

$$(x, y, x', y')\{(R_{S_j}(x, y) \& I(x, y) \& K_{q_i}(x) \& F(x, x') \& F(y', y)) \\ \rightarrow (I(x', y') \& R_{S_k}(x', y) \& K_{q_l}(x') \\ \& (z)[F(y', z) \vee (R_{S_j}(x', z) \rightarrow R_{S_k}(x', z))])\}.$$

Inst $\{q_i, S_j, S_k, R_{q_l}\}$ 和 Inst $\{q_i, S_j, S_k, N_{q_l}\}$ 是其他的一些类似构造的表示式.

让我们把 $\mathscr{M}$ 的描述按§6 的第一种标准型表示出来. 这个描述由一些诸如"$q_iS_jS_kL_{ql}$"（或者与 R 或者 N 代替 L）的表示来组成. 让我们构成所有相应的表示式类似于 Inst $\{q_iS_jS_kL_{q_l}\}$ 并做它们的逻辑和式. 这个式子我们把它记作 Des（$\mathscr{M}$）.

公式 Un（$\mathscr{M}$）成了

$$(\exists u)[N(u)\ \&\ (x)(N(x)\rightarrow(\exists x')F(x,x'))$$
$$\&\ (y,z)(F(y,z)\rightarrow N(y)\ \&N(z))\ \&\ (y)R_{S_0}(u,y)$$
$$\&I(u,u)\ \&K_{q_1}(u)\ \&\mathrm{Des}(\mathscr{M})]$$
$$\rightarrow(\exists s)(\exists t)[N(s)\ \&N(t)\ \&R_{s_1}(s,t)].$$

$[N(u)\ \&\cdots\&\mathrm{Des}(\mathscr{M})]$ 可以简记为 $A(\mathscr{M})$.

当我们按上面所给出的含义来替换时，我们发现 Un（$\mathscr{M}$）可以做这样的解释"在 $\mathscr{M}$ 的某一个完整匹配中，S_1（就是 0）在带上出现."和这一点相对应，我证明

（a）如果 S_1 在 $\mathscr{M}$ 的某一个完整匹配的带上出现."那么 Un（$\mathscr{M}$）是可以证明的.

（b）如果 Un（$\mathscr{M}$）是可以证明的，那么 S_1 在 $\mathscr{M}$ 的某一个完整匹配的带子出现.

当这些做完了以后，定理的剩余部分就是明显的了.

引理 1　如果 S_1 在 $\mathscr{M}$ 的某一个完整匹配的带上出现，那么 Un（$\mathscr{M}$）是可以证明的.

我们要指出怎样证明 Un（$\mathscr{M}$）. 假设在第 n 个完整匹配的带上出现的记号序列是 $S_{r(n,o)}$，$S_{r(n,1)}$，…，$S_{r(n,n)}$，后面的记号全部都是空格，被扫描的记号是第 $i(n)$ 个，并且 m 匹配是 $q_{k(n)}$. 然后我们就可以形成这个命题.

$$R_{s_{r(n,0)}}(u^{(n)},u)\ \&R_{s_{r(n,1)}}(u^{(n)},u')\ \&\cdots\&R_{s_{r(n,n)}}(u^{(n)},u^{(n)})$$
$$\&I((u^{(n)},(u^{(i(n))})\ \&K_{q_{k(n)}},((u^{(n)})$$
$$\&(y)F((y,u')\vee F(u,y)\vee F(u'y)\vee\cdots\vee F(u^{(n-1)},y)\vee R_{s_0}(u^{(n)},y)).$$

对它我们可以简记为 CC_n.

和以前一样 $F(u,u')\ \&F(u',u'')\ \&\cdots\&F(u^{(r-1)},u^{(r)})$ 简记为 $F^{(r)}$.

我们将证明所有形如 $A(\mathscr{M})\ \&F^{(n)}\rightarrow CC_n$（简记为 CF_n）是可以证明的. CF_n 的含义是"$\mathscr{M}$ 的第 n 个完整匹配是如此如此"，这里"如此如此"就是实际

上的 $\mathscr{M}$ 的第 n 个完整匹配，所以 CF_n 应该是可以证明的.

CF_0 肯定是可以证明的，因为在完整的匹配中所有的记号都是空格，m 匹配是 q_1，并且扫描的方格是 u，也就是说 CC_0 是

$$(y)\ R_{S_0}(u,\ y)\ \&I(u,\ u)\ \&K_{q_1}(u).$$

由此 $A(\mathscr{M}\to CC_0)$ 是明显的.

下一步我们要说 $CF_n\to CF_{n+1}$ 对每一个 n 都是可以证明的. 根据由第 n 个动作过渡到第 $n+1$ 个动作机器是向左，向右移动或者是在原地停留要考虑三种情形. 我们假设应用第一种情形，也就是说机器向左移动. 其他应用的情形类似地可以得出. 如果 $r(n,\ i(n))=a$，$r(n+1,\ i(n+1))=c$，$k(i(n))=b$，并且 $k(i(n+1))=d$，那么 Des $(\mathscr{M})$ 必定含有 Inst $\{q_aS_bS_dL_{q_c})$ 作为它的一个项，也就是说

$$\text{Des}(M)\to\text{Inst}\ \{q_aS_bS_dL_{q_c}\},$$

所以

$$A(\mathscr{M})\ \&F^{(n+1)}\to\text{Inst}\ \{q_aS_bS_dL_{q_c})\ \&F^{(n+1)}.$$

但是

$$\text{Inst}\ \{q_aS_bS_dL_{q_c}\}\ \&F^{(n+1)}\to(CC_n\to CC_{n+1})$$

是可以证明的，所以

$$A(\mathscr{M})\ \&F^{(n+1)}\to(CC_n\to CC_{n+1})$$

以及

$$(A(\mathscr{M})\ \&F^{(n)}\to CC_n)\to(A(\mathscr{M})\ \&F^{(n+1)}CC_{n+1})$$

都是可以证明的，即

$$CF_n\to CF_{n+1}.$$

CF_n 对每一个 n 都是可以证明的，现在这个引理假设 S_1，在某一个完整的匹配的某个地方，在 $\mathscr{M}$ 所打印的记号序列中出现；那就是，对某些整数 N，K，CC_N，有 $R_{S_1}(u^{(N)},\ u^{(K)})$ 作为它的一个项，因此 $CC_N\to R_{s_1}(u^{(N)},\ u^{(K)})$ 是可以证明的. 这样我们就得到

$$CC_N\to R_{S_1}(u^{(N)},\ u^{(K)})$$

以及

$$A(\mathscr{M})\ \&F^{(N)}\to CC^N.$$

我们还得到

$$(\exists u)A(\mathscr{M})(\exists u)(\exists u')\cdots(\exists u^{(N')})(A(\mathscr{M})\&F^{(N)}),$$

其中 $N'=\max(N,\ K)$. 并且因此得到

$$(\exists u)A(\mathscr{M})\to(\exists u)(\exists u')\cdots(\exists u^{(N')})R_{S_1}(u^{(N)},u^{(K)}),$$
$$(\exists u)A(\mathscr{M})\to(\exists u^{(N)})(\exists u^{(K)})R_{S_1}(u^{(N)},u^{(K)}),$$
$$(\exists u)A(\mathscr{M})\to(\exists s)(\exists t)R_{S_1}(s,t),$$

也就是说 Un（$\mathscr{M}$）得到了证明.

这就证明了引理 1.

引理 2　如果 Un（$\mathscr{M}$）是可以证明的，那么 S_1 在 Un（$\mathscr{M}$）的某个完整匹配的带上出现.

如果我们在一个可以证明的公式中以命题函数替换函数变元，我们得到一个真的命题，特别地，如果我们替换在本节开头 Un（$\mathscr{M}$）含义的表格，我们得到一个真的命题，它的含义是"S_1 在 Un（$\mathscr{M}$）的某个完整匹配的带上出现."

现在我们来证明判定问题是不可以解决的. 假设不是这样的. 那么就存在一个一般的（机械）过程用以确定 Un（$\mathscr{M}$）是否可以证明. 由引理 1 和 2，这蕴含存在一个确定 $\mathscr{M}$ 是否会打印 0 的过程，并且这由 §8 是不可能的. 所以判定问题是不可以解决的.

考虑到对带有限制量词系统的公式的大量判定问题是有解的特殊情形，将公式 Un（$\mathscr{M}$）表示成所有量词放在前面是很有用的. Un($\mathscr{M}$）实际上可以表示成如下形式：

$$(u)(\exists x)(w)(\exists u_1)\cdots(\exists u_n)\mathfrak{B}, \tag{I}$$

其中 $\mathfrak{B}$ 不含有量词，并且 $n=6$. 利用一个不重要的改进，我们可以得到一个具有形式（I）的公式保有所有 Un（$\mathscr{M}$）的性质而 $n=5$.

1936 年 8 月 28 日添加

注　释

[1] Gödel, "Uber formal unentscheidbare Sätzc der Ptincipia Mathematica und verwanvter Systeme", *Monashefie Math Phys*, 38 (1931), 173-198.

[2] A. Church, "An unsolvable problem of elementary number theory", *American J of Math*, 58 (1936), 345-363.

[3] A. Church, "A note on the Entscheidungsproblem", *J of Symbolic Logic*, 1 (1936), 40-41.

[4] Cf. Hobson," Theory of functions of a real variable" (2nd ed., 1921), 87, 88.

[5] 如果我们理解一个符号是照字面在方格上打印，我们可以假设方格是 $0\leqslant x\leqslant 1$，$0\leqslant y\leqslant 1$. 符号是定义成为方格内的点集，也就是说打印机油墨所占领的集合，如果这个集合限制是可测的，又如果移动一个单位面积打印机油墨一个单位距离的费用是一个单位，而且在 $x=2$. $y=0$ 有无限多的油墨供应，那么，我们可以定义两个符号之间的"距离"是变换一个符号到另一个符号的费用. 考虑到这个拓扑，符号形成

一个条件紧致空间.

[6] 通篇中概念"函量演算"的含义是有限制的希尔伯特函量演算.

[7] 最自然的办法是首先构造一个选择机器(§2)来做这个工作. 然后容易构造所要求的自动机器. 我们总是可以假设选择就是在0与1之间选择. 每一个证明就将会被一个选择序列 i_1, i_2. …, i_n ($i_1=0$ 或者1, $i_2=0$ 或者1, …, $i_n=0$ 或者1)所确定, 于是数 $2^n+i_1 2^{n-1}+i_2 2^{n-2}+\cdots+i_n$ 完全确定了这个证明. 这个自动的机器成功地给出了证明1, 证明2, 证明3, …….

[8] 作者发现了这个机器的描述.

[9] 公式的否定是写在一个式子的前面, 而不是在上面加横线.

[10] 如果 $\mathscr{M}$ 计算 γ, 那么 $\mathscr{M}$ 是否打印0无限多次的问题和 $\mathscr{M}$ 是否无循环的问题具有同样的特征.

[11] 一个函数 α_n 可以有很多其他的不同方法定义来跑过可计算数.

[12] 虽然不可能找到一个一般的过程来确定一个给定数是符合要求的, 总是可以证明某些数的类是符合要求的.

[13] Loc. cit. (在上述引文中.)

附　录

可计算性和可演算性

关于所有有效可演算(λ可定义)的序列是可以计算的定理以及它的逆定理在下面给出一个轮廓性的证明. 对合式公式(W. F. F.)以及"逆定理"理解为像丘奇和克林尼所用过的那样的含义. 在下面的第二个证明中承认有几个公式存在但是没有给出证明; 这些公式可以直接地构造出来, 想了解详情请参看克林尼的文章"A theory of positive integers in formal logic", *American Journal of Math.*, 57 (1935), 153-173, 219-244.

代表一个整数 n 的 W. F. F. 记作 N_n. 我们说一个序列 γ 第 n 个数字 $\varphi_y(n)$是λ可定义的或者是有效可演算的, 如果 $1+\varphi_y(u)$ 是一个 n 的λ可定义函数, 也就是说, 如果有一个 W. F. F., M_γ 使得对所有整数 n,

$$\{M_\gamma\}\ (N_n)\ \text{conv} N_{\varphi_\gamma(n)+1},$$

也就是说, 对应于根据λ的第 n 个数字是1或者0, $\{M_\gamma\}$ (N_n) 可以转化成 $\lambda xy' \cdot x\ (x\ (y))$ 或者转化成 $\lambda xy \cdot x\ (y)$.

为要证明每一个λ可计算序列 γ 是可计算的, 我们需要指出怎样构造一个机器来计算 γ, 使得机器在转换的演算中做一个简单的修改是方便的. 这个改变包

括用 x，x'，x''，…来代替 a，b，c，…．我们现在构造一个机器 $\mathscr{L}$，当提供公式 M_γ 时，能写下序列 γ．$\mathscr{L}$ 的构造和泛函数演算中证明所有可以证明的公式的机器 $\mathscr{K}$ 有些类似，我们首先构造一个选择型机器 $\mathscr{L}_1$，它如果能提供一个 W．F．F．，M，譬如说，经过适当的操作，得到任意一个 M 可以转换成的公式，然后 $\mathscr{L}_1$ 又可以改进成为一个自动机器 $\mathscr{L}_2$，它能够将所有 M 转换成的公式逐个地产生出来（请参看脚注［7］）．机器 $\mathscr{L}$ 把机器 $\mathscr{L}_2$ 包含在内作为一个部件，当提供公式 M_γ 时，$\mathscr{L}$ 的动作分成若干段落，其中第 n 个段落是专门用来找出 γ 的第 n 个数字，这个第 n 个段落的第一步是形成公式 $\{m_\gamma\}(N_n)$．然后这个公式就提供给 $\mathscr{L}_2$，它将公式逐个地转换成为各种其他的公式．每一个可以转换成的公式最终总会出现，并且每一个公式只要找到，就拿来和

$$\lambda x[\lambda x'[\{x\}(\{x\}(x'))]]\text{即}N_2$$

以及

$$\lambda x[\lambda x'[\{x\}(x')]]\text{即}N_1$$

进行比较．如果它和这两个式子中的第一个式子相同，那么机器打印数字 1，并且第 n 个段落结束．如果它和这两个式子中的第二个式子相同，那么机器打印数字 0，并且第 n 个段落结束．如果这两种情形都不是，那么 $\mathscr{L}_2$ 恢复工作，由假设 $\{M_\gamma\}(N_n)$ 可以转换成为 N_2 或者 N_1；因此第 n 段落最终一定会结束，也就是说 γ 的第 n 个数字最终一定会被写下来．

想要证明每一个可计算序列 γ 是 λ 可定义的，我们必须说明如何找到一个公式 M_γ，使得对所有整数 n，

$$\{M_\gamma\}(N_n)\operatorname{conv}N_{1+\varphi_\gamma(n)}.$$

设 $\mathscr{M}$ 能计算 γ 并且让我们用数作为工具取出 $\mathscr{M}$ 的一些完整匹配描述的机器，例如，我们可以使用§6 中的完整匹配的 D．N 描述．设 $\xi(n)$ 为这个 $\mathscr{M}$ 的第 n 个完整匹配的 D．N．机器 $\mathscr{M}$ 的表给我们一个如下形式的 $\xi(n+1)$ 和 $\xi(n)$ 之间的关系：

$$\xi(n+1)=\rho_\gamma(\xi(n)),$$

其中 ρ_γ 是一个受到严格限制的函数形式，通常不是很简单的：它是由 $\mathscr{M}$ 的 $\mathscr{M}$ 表所确定的，ρ_γ 是 λ 可定义的（我省略了这一点的证明），也就是说有一个 W．F．F．A_γ 使得对所有整数 n，

$$\{A_\gamma\}(N_{\xi(n)})\operatorname{conv}N_{\xi(n+1)}$$

设 U 代表

$$\lambda u[\{\{u\}(A_\gamma)\}(N_\gamma)],$$

其中 $r = \xi(0)$；那么对所有整数 n，

$$\{U_\gamma\}(N_n)\ \mathrm{conv} N_{\xi(n)}.$$

可以证明有一个公式 V 使得

$$\{\{V\}(N_{\xi(n+1)})\}(N_{\xi(n)})\begin{cases}\mathrm{conv}N_1,\ \text{如果从第}\ n\ \text{个到第}\ n+1\ \text{个完整匹配，打印}\ 0; \\ \mathrm{conv}N_2,\ \text{打印}\ 1; \\ \mathrm{conv}N_3\quad \text{其他}.\end{cases}$$

设 W_γ 表示

$$\lambda u[\{\{V\}(\{A_\gamma\}(\{U_\gamma\}(u)))\}(\{U_\gamma\}(u))],$$

使得对每一个整数 n，

$$\{\{V\}(N_{\xi(n+1)})\}(N_{\xi(n)})\mathrm{conv}\{W_\gamma\}(N_n),$$

并且设 Q 是一个公式，使得

$$\{\{Q\}(W_\gamma)\}(N_s)\mathrm{conv}N_{r(z)},$$

其中 $r(s)$ 是第 s 个整数 q，对于它，$\{W_\gamma\}(N_q)$ 可以转换成为 N_1 或者 N_2. 如果 M_γ 代表

$$\lambda w[\{W_\gamma\}(\{\{Q\}(W_\gamma)\}(w))],$$

就得到所要求的性质[1].

美国新泽西州普林斯顿大学研究生院

注

[1] 在一个可计算序列的 λ 可定义性的完整证明中，最好是用一个对我们的装置更加容易掌握的描述来代替完整匹配的数字化的描述来修正这个办法. 让我们选择某些整数代表机器的记号和 m 匹配. 假设在一个完整匹配中，代表带上连续记号的数字是 $s_1s_2\cdots s_n$，并且第 n 个记号被扫描，m 匹配有数字 t；于是我们就可以用这个公式来代表完整匹配

$$[[N_{s_1}, N_{s_2}, \cdots, N_{s_{m-1}}], [N_t, N_{s_m}], [N_{s_{m+1}}, \cdots, N_{s_n}]],$$

其中 [a, b] 的含义是

$$\lambda u[\{\{u\}(a)\}(b)],$$

[a, b, c] 的含义是

$$\lambda u[\{\{\{u\}(a)\}(b)\}(c)],$$

等等.

（罗里波　译）

艾伦·图灵（1912—1954）

更　正

可计算实数及其在判定问题上的应用

在一篇题为“可计算数及其在判定问题上的应用”[1]的文章中作者给出了“狭函项演算”的判定问题是不可解的一个证明. 这个证明中包含有一些形式的错误[2]，它将在这里得到改正：在同一文章的一些语句也需要得到修改，虽然它们从含义上看其实不是错误的.

$\text{Inst}\{q_iS_jS_kLq_l\}$ 的式子应该改为

$(x,y,x',y')\{(R_{S_j}(x,y)\&I(x,y)\&K_{q_i}(x)\&F(x,x')\&F(y',y))$

$\to(I(x',y')\&R_{S_k}(x',y)\&Kq_l(x')\&F(y',z)\vee[(R_{S_0}(x,z)\to R_{S_0}(x',z))$

$\&(R_{S_1}(x,z)\to R_{S_1}(x',z))\&\cdots\&(R_{S_u}(x,z)\to R_{S_u}(x',z))])\}.$

S_0，S_1，$\cdots S_M$ 是 $\mathscr{M}$ 可以打印的记号. 在引理 1 的证明中间的论断

“$\text{Inst}\{q_aS_bS_dLq_c\}\&F^{(n+1)}\to(CC_n\to CC_{n+1})$ 是可以证明的”

是错误的（即使使用 $\text{Inst}\{q_aS_bS_dLq_c\}$ 的新表示式也不行）：我们不能导出 $F^{n+1}\to(-F(u,\ u''))$ 因此不能在 $\text{Inst}\{q_aS_bS_dLq_c\}$ 中使用式子

$F(y',z)\vee[(R_{S_0}(x,z)\to R_{S_0}(x',z))\&\cdots\&(R_{S_M}(x,z)\to R_{S_M}(x',z))].$

为了改正这一点我们引入一个新的泛函变量

G［$G(x,\ y)$ 解释为 x 在 y 之前］. 那么，如果 Q 是下式的简记号

$(x)(\exists w)(y,z)\{F(x,w)\&(F(x,y)\to G(x,y))\&(F(x,z)\&G(z,y)\to G(x,y))$

$\&[G(z,x)\vee(G(x,y)\&F(y,z))\vee(F(x,y)\&F(z,y))\to(-F(x,z))]\},$

$Un(\mathscr{M})$ 的正确公式应为

$$(\exists u)A(\mathscr{M})\to(\exists s)(\exists t)R_{S_1}(s,t),$$

其中 $A(\mathscr{M})$ 是

$$Q\&(y)R_{S_0}(u,y)\&I(u,u)\&K_{q_1}(u)\&Des(\mathscr{M})$$

的简记号.

在引理 1 的证明中间的论断就可以写成

$$\text{Inst}\{q_aS_bS_dL_{q_c}\}\&Q\&F^{(n+1)}\to(CC_n\to CC_{n+1}).$$

而倒退 6 行的几个式子就变成

$$r(n,i(n))=b,\quad r(n+1,i(n))=d,\quad k(n)=a,k(n+1)=c,$$

在引理 1 之前谈到的逻辑和式就理解为“合取式”. 经过这些改善，证明就成立了. $Un(\mathscr{M})$ 可以成为写成引理 2 给出的式子（I），$n=4$ 的情形.

在第 3 节之前所定义的可计算数给这里产生了困难. 如果可计算数要满足一些直观的要求，我们就有：

如果我们能够给出一条规则，对每一个正整数 n 联系两个有理数 a_n，b_n 满足 $a_n \leqslant a_{n+1} < b_{n+1} \leqslant b_n$，$b_n - a_n < 2^{-n}$，那么存在一个可计算数 a 对每一个 n 满足 $a_n \leqslant a \leqslant b_n$. （A）

可以给出一个，在普通数学标准下是正确的，对以上论断的证明. 但是其中用到排中律原则. 另一方面，下面的论断是错误的：

存在一个一致的规则，对每一个形成（A）中序列 a_n，b_n 的规则，我们可以得到一个计算 α 的机器的 *D. N.*. （B）

（B）是错误的，至少如果我们采用 $m/2^n$ 将总是以 0 结尾的惯例，可以这样地看出：设 $\mathscr{N}$ 是一个机器，并且定义 c_n 如下：如果 $\mathscr{N}$ 在达到第 n 个完整配置时没有打印 0，$c_n=\frac{1}{2}$；如果 $\mathscr{N}$ 在达到第 m 个完整配置时打印 0 并且 $m \leqslant n$，那么 $c_n=\frac{1}{2}-2^{-m-3}$. 令 $a_n=c_n-2^{-n-2}$，$b_n=c_n+2^{-n-2}$. 那么（A）的不等式得到满足，并且如果 $\mathscr{N}$ 在什么时候打印 0，α 的第一个数字是 0；反之，这个数字就是 1. 如果论断（B）成立，我们就有办法找到 $\mathscr{N}$ 的 *D. N.* 的第一个数字 α：也就是说，我们就可以确定 $\mathscr{N}$ 是否打印 0，与第 8 节所引用的文章产生矛盾. 所以虽然（A）指出存在机器计算（譬如说）欧拉常数，我们现在不能描述任何这样的机器，因为我们还不知道欧拉常数是否具有 $m/2^n$ 形式.

这种不协调的情况可以用改善的方法来避免，其中可计算数联系着可计算序列，可计算数的整体放在那里不去改动，可以用很多方法来做出[3]，这里是一个例子. 假设一个可计算序列 γ 的第一个数字是 i，它的后面是 n 个重复的 1，然后是 0，并且最后是一个第 r 个数字是 c_r 的序列，那么序列 γ 是对应于实数

$$(2i-1)n+\sum_{r=1}^{\infty}(2c_r-1)\left(\frac{2}{3}\right)^r.$$

如果计算序列 γ 的机器也同时看成是计算这个实数，那么（B）成立. 用序列来代表实数的唯一性不复存在，但是这并不重要，因为无论如何 *D. N.* 在任何情况下都不是唯一的.

艾伦·图灵（1912—1954）

美国新泽西州普林斯顿大学研究生院

注

[1] *Proc. London Math. Soc.* (2), 42 (1936-7), 230-265.

[2] 作者感谢贝尔奈斯指出这个错误.

[3] 这种使用交叠区间来定义实数的方法最早出自布劳威尔.

（罗里波 译）